U0166679

国家科学技术学术著作出版基金资助出版

中国维管植物科属志

下 卷

主编 李德铢

副主编 陈之端 王 红 路安民 骆 洋 郁文彬

菊类

（绣球花科-伞形科）

中国科学院昆明植物研究所 iFlora 研究计划

科 学 出 版 社

北 京

内 容 简 介

《中国维管植物科属志》以被子植物系统发育专家组系统（APG 系统），以及石松类和蕨类系统（PPG 系统）、裸子植物系统（克氏裸子植物系统）为框架，结合《中国植物志》英文修订版（*Flora of China*）的成果，较为全面地反映了 20 世纪 90 年代以来分子系统学和分子地理学研究的进展，以及中国维管植物科属研究现状，是一部植物分类学与系统学专业工作者的工具书。书中记录中国维管植物 314 科 3246 属，其中石松类植物 3 科 6 属，蕨类植物 36 科 156 属，裸子植物 10 科 44 属，被子植物 265 科 3040 属。根据系统学线性排列，分为上、中、下三卷：①上卷，石松类、蕨类、裸子植物、基部被子植物、木兰类、金粟兰目和单子叶植物（石松科-禾本科）；②中卷，金鱼藻目、基部真双子叶、五桠果目、虎耳草目、蔷薇类、檀香目和石竹目（金鱼藻科-仙人掌科）；③下卷，菊类（绣球花科-伞形科）。书后附有：维管植物目级系统发育框架图、维管植物科级系统发育框架图，以及主要参考文献、主要数据库网站、科属拉丁名索引、科属中文名索引。本书依据维管植物系统学研究新成果界定了科属范畴，其中科的排列按照 APG 系统和 PPG 系统的线形排列，属仍按照字母排列。书中提供了科属特征描述、分布概况、科的分子系统框架图、科下的分属检索表、系统学评述、DNA 条形码研究概述和代表种及其用途等信息，重点介绍了传统分类系统和基于分子系统学研究成果的新系统下的各科属概况和变动。读者可以了解新近的中国维管植物科属形态特征和分布信息，亦可获悉最新的分子系统框架下科属系统研究概况及目前可用的 DNA 条形码信息。

本书可供植物学相关专业研究人员和高校师生使用，也可为农业、林业、畜牧业、医药行业、自然保护区和环境保护，以及科技情报工作者提供参考，同时对公众认识我国植物多样性也将有所助益。

图书在版编目（CIP）数据

中国维管植物科属志（全三册）/李德铢主编. —北京：科学出版社，2020.4
ISBN 978-7-03-058843-2

Ⅰ.①中… Ⅱ.①李… Ⅲ.① 维管植物–植物志–中国 Ⅳ.①Q948.52

中国版本图书馆 CIP 数据核字(2018)第 214155 号

责任编辑：王 静 王海光 王 好 赵小林 白 雪 / 责任校对：郑金红
责任印制：肖 兴 / 封面设计：杨建昆 骆 洋 王 红 刘新新

科学出版社 出版
北京东黄城根北街 16 号
邮政编码：100717
http://www.sciencep.com

北京通州皇家印刷厂 印刷
科学出版社发行 各地新华书店经销
*
2020 年 4 月第 一 版 开本：787×1092 1/16
2020 年 4 月第一次印刷 印张：155
字数：3 669 000

定价：1248.00 元（全三册）
(如有印装质量问题，我社负责调换)

Supported by the National Fund for
Academic Publication in Science and Technology

THE FAMILIES AND GENERA OF CHINESE VASCULAR PLANTS

Volume III

Editor-in-Chief LI De-Zhu

Associate Editors-in-Chief

CHEN Zhi-Duan WANG Hong LU An-Min LUO Yang YU Wen-Bin

Asterids
(Hydrangeaceae - Apiaceae)

Sponsored by the iFlora Initiative of
Kunming Institute of Botany, Chinese Academy of Sciences

Science Press
Beijing

编著者分工

山茱萸目 Cornales

绣球花科 Hydrangeaceae：严丽君、高连明

山茱萸科 Cornaceae：罗亚皇、高连明

杜鹃花目 Ericales

凤仙花科 Balsaminaceae：税玉民

花荵科 Polemoniaceae：王瑞江

玉蕊科 Lecythidaceae：李密密、杭悦宇

肋果茶科 Sladeniaceae：方伟

五列木科 Pentaphylacaceae：赵东伟、方伟、杨世雄

山榄科 Sapotaceae：李密密、杭悦宇

柿树科 Ebenaceae：李苗苗、高连明

报春花科 Primulaceae：孙卫邦、吴之坤、马永鹏

山茶科 Theaceae：赵东伟、杨世雄

山矾科 Symplocaceae：方伟

岩梅科 Diapensiaceae：李燕、高连明

安息香科 Styracaceae：王恒昌

猕猴桃科 Actinidiaceae：谭少林、高连明

桤叶树科 Clethraceae：李苗苗、高连明

杜鹃花科 Ericaceae：高连明、陆露、刘振稳、李德铢

帽蕊草科 Mitrastemonaceae：李密密、杭悦宇

茶茱萸目 Icacinales

茶茱萸科 Icacinaceae：张书东

绞木目 Icacinaceae

杜仲科 Eucommiaceae：路安民

绞木科 Garryaceae：何华杰、王红

龙胆目 Gentianales

茜草科 Rubiaceae：王瑞江

龙胆科 Gentianaceae：孙永帅、刘建全

马钱科 Loganiaceae：王瑞江

胡蔓藤科 Gelsemiaceae：王瑞江

夹竹桃科 Apocynaceae：王瑞江

紫草目 Boraginales

紫草科 Boraginaceae：韩保财、张明理、陈之端

茄目 Solanales

旋花科 Convolvulaceae：李攀

茄科 Solanaceae：张景博、路安民

尖瓣花科 Sphenocleaceae：周伟、李德铢

田基麻科 Hydroleaceae：周伟、李德铢

唇形目 Lamiales

香茜科 Carlemanniaceae：王瑞江

木犀科 Oleaceae：孙卫邦、杨静

苦苣苔科 Gesneriaceae：税玉民、陈文红

车前科 Plantaginaceae：郁文彬、李德铢

玄参科 Scrophulariaceae：陈川、傅承新

母草科 Linderniaceae：向春雷

角胡麻科 Martyniaceae：郁文彬、王红

胡麻科 Pedaliaceae：胡光万、周亚东

爵床科 Acanthaceae：邓云飞、高春明

紫葳科 Bignoniaceae：何华杰、王红

狸藻科 Lentibulariaceae：张明英、王红

马鞭草科 Verbenaceae：邱英雄、张永华

唇形科 Lamiaceae：向春雷、胡国雄、陈亚萍

通泉草科 Mazaceae：郁文彬、李德铢

透骨草科 Phrymaceae：郁文彬、王红

泡桐科 Paulowniaceae：李宏庆、赵晓冰

列当科 Orobanchaceae：郁文彬、王红

冬青目 Aquifoliales

金檀木科 Stemonuraceae：杨美青

心翼果科 Cardiopteridaceae：张书东

青荚叶科 Helwingiaceae：李燕、高连明

冬青科 Aquifoliaceae：刘大伟、陈耀文、黄家乐

菊目 Asterales

桔梗科 Campanulaceae：张书东

五膜草科 Pentaphragmataceae：胡光万、周亚东

花柱草科 Stylidiaceae：郁文彬、王红

睡菜科 Menyanthaceae：胡光万、王青锋、孙永帅、刘建全

草海桐科 Goodeniaceae：何俊

菊科 Asteraceae：王玉金、付志玺、张彩飞、高天刚

南鼠刺目 Escalloniales

南鼠刺科 Escalloniaceae：周伟、李德铢

川续断目 Dipsacales

五福花科 Adoxaceae：董洪进

忍冬科 Caprifoliaceae：董洪进

伞形目 Apiales

鞘柄木科 Torricelliaceae：罗亚皇、高连明

海桐花科 Pittosporaceae：杨美青

五加科 Araliaceae：李嵘、宋春凤

伞形科 Apiaceae：何兴金、刘启新、谭进波、胡灏禹、王长宝、廖晨阳、王志新、温珺、张琳、杨梅、余岩、谢登峰

目　　录

·上　卷·

·中 卷·

·下 卷·

Hydrangeaceae Dumortier (1829), *nom. cons.* 绣球花科

特征描述：灌木、草本或藤本，稀小乔木。叶常对生，单叶；无托叶。花两性或兼具不孕花，辐射对称，两型或一型；萼片 4 或 5，合生；花瓣 4 或 5，离生；雄蕊为 8 或 10 至多数；柱头 2-5；心皮 2-5，合生；子房半下位至下位，具肋；蜜腺盘常在子房顶部。蒴果，室背开裂或室间开裂。种子常具翅。花粉粒 3（孔）沟。染色体 x=13-18。

分布概况：17 属/190 种，世界广布，主产北半球温带至亚热带；中国 11 属/125 种，南北均产，主要分布于长江以南。

系统学评述：传统上绣球花科被置于虎耳草科下的绣球花亚科，该亚科分为 3 族，即绣球花族 Hydrangeeae、黄山梅族 Kirengeshomeae 和山梅花族 Philadelpheae[FRPS]。APG III 将其提升为独立的科处理，其单系性得到了形态学和分子数据的支持。Hufford 等[1]基于形态和分子证据，将绣球花科划分为 Jamesioideae 和绣球花亚科 Hydrangeoideae。由 *Jamesia* 和 *Fendlera* 构成的 Jamesioideae 与绣球花亚科形成了很好的姐妹

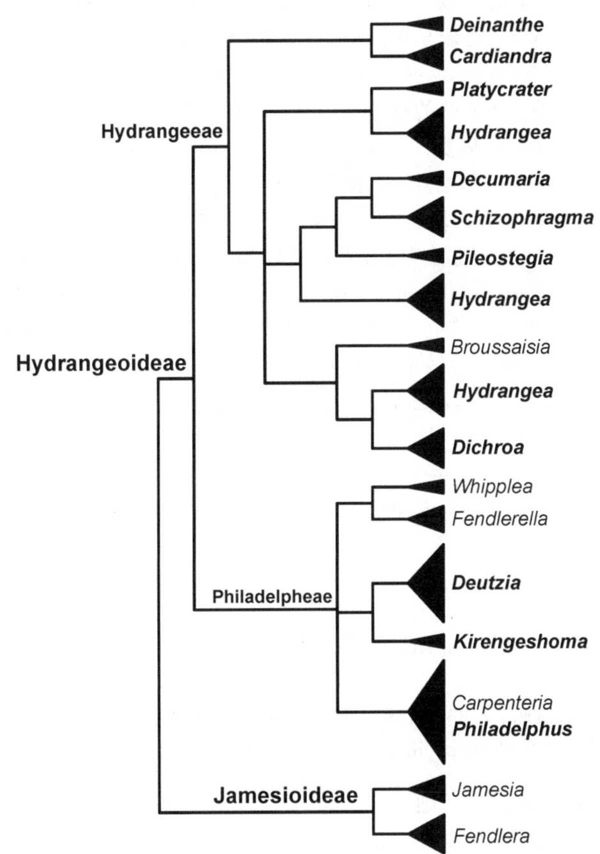

图 172　绣球花科分子系统框架图（参考 APW; Hufford 等[1]；Samain 等[2]；Mendoza 等[3]）

群关系。绣球花亚科包含了绣球花族和山梅花族，FRPS 划分的黄山梅族被归并到山梅花族中。山梅花族包括 3 个分支，即 *Fendlerella*+*Whipplea* 分支、溲疏属 *Deutzia*+黄山梅属 *Kirengeshoma* 分支和山梅花属 *Philadelphus*+*Carpenteria* 分支；绣球花族可以分为 2 支，第 1 分支包括叉叶蓝属 *Deinanthe* 和草绣球属 *Cardiandra*，第 2 分支中的绣球属 *Hydrangea* 嵌套在其他多个属中，该分支内部的系统关系未得到很好的解决。

分属检索表

1. 草本或灌木；花丝扁平，钻形，有时具齿；花序全为孕性花，花萼裂片绝不增大呈花瓣状（**山梅花族 Philadelpheae**）
  2. 多年生草本……………………………………………………………**6. 黄山梅属 *Kirengeshoma***
  2. 直立或攀援灌木
    3. 叶通常被星状毛；花瓣 5，雄蕊 10-（-12-15）；蒴果 3-5 瓣裂………………**8. 溲疏属 *Deutzia***
    3. 叶无星状毛；花瓣 4，雄蕊 20-40；蒴果 4 瓣裂……………………**7. 山梅花属 *Philadelphus***
1. 草本，直立或攀援灌木；花丝非扁平，线形，无齿；花序全为孕性花或兼具不育花，花萼裂片增大或不增大呈花瓣状（**绣球花族 Hydrangeeae**）
  4. 花序全为孕性花，其花萼裂片绝不增大呈花瓣状
    5. 直立灌木或亚灌木；花柱 3-6，细长，柱头长圆形或圆形；浆果，略干燥……**3. 常山属 *Dichroa***
    5. 攀援灌木，以气生根攀附于他物上；花柱 1，粗短，柱头膨大呈圆锥状或盘状；蒴果
      6. 花萼裂片和花瓣 7-10；雄蕊 20-30；花瓣离生；柱头扁盘状…………**4. 赤壁木属 *Decumaria***
      6. 花萼裂片和花瓣 4-5；雄蕊 8-10；花瓣上部连合成冠盖花冠，早落；柱头圆锥状……………………………………………………………………**5. 冠盖藤属 *Pileostegia***
  4. 花序具不育花和孕性花；不育花的花萼裂片增大呈花瓣状，稀不增大
    7. 叶互生；花药倒心形，药隔宽；花柱粗短…………………………**1. 草绣球属 *Cardiandra***
    7. 叶对生或近轮生；花药非倒心形，药隔狭；花柱细长
      8. 不育花仅具增大的花萼裂片 1-2，如 3-4，则合生成盾状着生
        9. 不育花的萼片盾状着生；雄蕊多数；花柱 2；蒴果成熟时于花柱基部间孔裂……………………………………………………………………**10. 蛛网萼属 *Platycrater***
        9. 不育花的萼片非盾状着生；雄蕊 10；花柱单生；蒴果成熟时棱间开裂……………………………………………………………………**11. 钻地风属 *Schizophragma***
      8. 不育花具花瓣状的花萼裂片 2-5，分离，非盾状着生
        10. 多年生草本或亚灌木，具木质、平卧的根状茎，地上茎不分枝；花瓣覆瓦状排列，花柱 1，顶端 5 裂……………………………………………**2. 叉叶蓝属 *Deinanthe***
        10. 灌木或亚灌木，稀小乔木和木质藤本，茎多分枝；花瓣镊合状排列，花柱 2-4（-5）分离或仅基部合生……………………………………………**9. 绣球属 *Hydrangea***

1. *Cardiandra* Siebold & Zuccarini 草绣球属

Cardiandra Siebold & Zuccarini (1839: 119); Wei & Bruce (2001: 406) [Type: *C. alternifolia* (Siebold) Siebold & Zuccarini (≡ *Hydrangea alternifolia* Siebold)]

特征描述：亚灌木至灌木。地上茎通常单生。叶互生或 4-8 聚生于茎。花二型，不育花少而大，孕性花多而小；萼片 2-3，具脉纹；花瓣 5；雄蕊多数，花药倒心形，药隔宽，药室 2，纵裂；子房近下位，具不完全的 2-3 室；花柱 2-4，粗短。蒴果卵球形，

近下位，顶端冠以宿存的萼齿和花柱，成熟时于花柱基部间孔裂。种子扁平，表面具脉纹，两端具翅。花粉粒 3 孔沟，穿孔状纹饰，偶具颗粒。

分布概况：3/2 种，**14SJ 型**；分布于亚热带亚洲东部；中国产东南至西南。

系统学评述：草绣球属隶属于绣球花族，与叉叶蓝属构成姐妹群，属下类群间的系统发育关系尚未见报道[2,3]。

DNA 条形码研究：BOLD 网站有该属 3 种 13 个条形码数据；GBOWS 已有 1 种 11 个条形码数据。

代表种及其用途：草绣球 *C. moellendorffii* (Hance) Migo 的根茎具有祛瘀消肿之功效，可用于治疗跌打损伤。

2. *Deinanthe* Maximowicz 叉叶蓝属

Deinanthe Maximowicz (1867: 2); Wei & Bruce (2001: 411) (Type: *D. bifida* Maximowicz)

特征描述：多年生草本。具木质、平卧的根状茎，地上茎不分枝。叶膜质，对生或 4 叶聚集于茎顶部。花二型，不育花较小，孕性花较大；花萼齿 5，花蕾时覆瓦状排列，宿存；花瓣 5-8；雄蕊极多数，着生于环状花盘的周缘，花药阔椭圆形，基着；子房半下位，侧膜胎座；花柱 5，柱头细小。蒴果半下位，室间开裂。种子多数，小，两端具翅。花粉粒 3 孔沟，粗网状纹饰。

分布概况：2/1 种，**14SJ 型**；分布于日本；中国 1 种，特有，产湖北。

系统学评述：根据 Samain 等[2]和 Mendoza 等[3]的系统学研究，该属与草绣球属形成单系分支，构成绣球花族其他类群的姐妹分支。

DNA 条形码研究：BOLD 网站有该属 2 种 6 个条形码数据；GBOWS 已有 1 种 3 个条形码数据。

代表种及其用途：叉叶蓝 *D. caerulea* Stapf 为中国特有种，仅分布于湖北西部，其种群数量极稀少，具有重要的经济、保护价值；其根和根茎可入药，有活血散瘀、止痛的功能。

3. *Dichroa* Loureiro 常山属

Dichroa Loureiro (1790: 301); Hwang & Bruce (2001: 404) (Type: *D. febrifuga* Loureiro)

特征描述：灌木或亚灌木。叶对生，稀上部互生。花全为孕性花；花萼裂片不增大，萼筒倒圆锥形，贴生于子房上，裂片 5（-6）；花瓣 5（-6），颜色鲜艳；雄蕊 4-10（-20），花丝线形或钻形，花药卵形或椭圆形，2 室；子房近下位或半下位，具不完全的 3-5 室，侧膜胎座；花柱 2-6，分离或仅基部合生，开展。浆果，略干燥，不开裂。种子无翅，具网纹。花粉粒 3 孔沟，穿孔状纹饰。

分布概况：12/6 种，**7 型**；广布于亚洲东南部的热带和亚热带，仅少数分布至太平洋诸岛；中国主要分布于西南至华东。

系统学评述：研究表明常山属可能是单系类群，与绣球属的 *Hydrangea* subsect *Petalanthe* 及 *H.* subsect *Macrophyllae* 部分物种形成姐妹群关系[2,3]。

DNA 条形码研究：BOLD 网站有该属 4 种 11 个条形码数据；GBOWS 已有 2 种 99 个条形码数据。

代表种及其用途：常山 *D. febrifuga* Loureiro 的干燥根茎、枝叶等均可入药，具截疟、祛痰、散结、清热解毒、燥湿利痰、活血止痛等功效。

4. *Decumaria* Linnaeus 赤壁木属

Decumaria Linnaeus (1763: 1663); Hwang & Bruce (2001: 403) (Type: *D. barbara* Linnaeus)

特征描述：常绿攀援状灌木。常具气生根。叶对生，易脱落。花两性、小；花冠一型，无不孕花；萼筒与子房贴生，裂片 7-10，细小；花瓣 7-10，离生；雄蕊 20-30，花丝线形，花药 2 室，药室纵裂；子房下位，5-10 室，胚珠多数，生于中央胎座上；花柱粗短，柱头扁盘状，7-10 裂。蒴果室背棱脊间开裂，果瓣除两端外，与中轴分离。种子两端有膜翅。花粉粒 3 孔沟，网状纹饰。

分布概况：2/1 种，**9 型**；分布于北美东部；中国 1 种，产四川盆地周边各省区。

系统学评述：赤壁木属的系统位置位于绣球花亚科绣球花族第 1 分支内部，与钻地风属 *Schizophragma* 聚为 1 支，共同构成冠盖藤属 *Pieostlegia* 的姐妹群，而这 3 个属组成的分支与绣球花属部分物种形成姐妹群关系[2,3]。该属是否为单系还需进一步研究明确。

DNA 条形码研究：BOLD 网站有该属 2 种 6 个条形码数据；GBOWS 已有 1 种 3 个条形码数据。

代表种及其用途：赤壁木 *D. sinensis* Oliver 具有重要的药用价值，叶可以消肿、止血，全草可用于祛风湿、强筋骨。

5. *Pileostegia* W. J. Hooker & Thomson 冠盖藤属

Pileostegia W. J. Hooker & Thomson (1858: 57); Hwang & Bruce (2001: 403) (Type: *P. viburnoides* W. J. Hooker & Thomson)

特征描述：常绿攀援状灌木。常具气生根。叶对生，革质。伞房状圆锥花序，常具二歧分枝；花全为孕性花；花萼裂片 4-5；花瓣 4-5，上部联合成冠盖状，早落；雄蕊 8-10，花药近球形，药室纵裂；子房下位，4-6 室，中央胎座；花柱粗短，4-6 浅裂，柱头圆锥状。蒴果陀螺状，具宿存花柱和柱头，沿棱脊间开裂。种子纺锤状，两端具膜质翅。花粉粒 3 孔沟，粗网状纹饰。

分布概况：2/2 种，**14SH 型**；分布于印度东部，日本，越南；中国产长江以南[4]。

系统学评述：Brummitt[5]曾将该属归入钻地风属，APW 系统接受了此观点，而最近的研究仍保留该属。该属隶属于绣球花族，与赤壁木属+钻地风属形成姐妹群关系，属下 2 个种以 100%的支持率聚为 1 支[1-3]。

DNA 条形码研究：BOLD 网站有该属 1 种 4 个条形码数据；GBOWS 已有 1 种 4 个条形码数据。

代表种及其用途：柔毛冠盖藤 *P. viburnoides* var. *glabrescens* (C. C. Yang) S. M. Hwang 茎中含有黄酮类、有机酸、糖苷类、挥发油及油脂等成分，具有进一步研究和开发的价值。

6. *Kirengeshoma* Yatabe 黄山梅属

Kirengeshoma Yatabe (1890: 433); Huang & Bruce (2001: 118) (Type: *K. palmata* Yatabe)

特征描述：多年生草本。叶对生，纸质，掌状分裂；具叶柄；无托叶。花两性，花冠一型，无不育花；萼筒半球形，上部 5 裂；花瓣 5，离生，着生于萼筒上，与花萼裂片互生；雄蕊 15，排成 3 轮，外面一轮最长，其余的较短；花丝着生于花瓣基部，向上渐狭，花药 2 室，药室纵裂；子房半下位，3-4 室，胚珠多数，中轴胎座，胚乳肉质；花柱 3-4，离生，柱头截形。蒴果椭圆形，室背开裂。种子扁平，周围具斜翅。花粉粒 3 孔沟，穿孔状纹饰。

分布概况：2/1 种，**14SJ 型**；主要分布于日本，韩国；中国产安徽和浙江。

系统学评述：黄山梅属原置于虎耳草科的黄山梅族中，APG III 将其置于绣球花科山梅花族下，该属为单系，与溲疏属构成姐妹群关系[1,6]。

DNA 条形码研究：BOLD 网站有该属 2 种 12 个条形码数据；GBOWS 已有 1 种 8 个条形码数据。

代表种及其用途：该属花大美丽，可作为观赏植物。黄山梅 *K. palmata* Yatabe 地上部分含无色花青素、槲皮素、山奈酚、咖啡酸等中药化学成分，可治全身酸疼麻木、肾气虚、疲劳等。

7. *Philadelphus* Linnaeus 山梅花属

Philadelphus Linnaeus (1753: 470); Hwang et al. (2001: 395) (Lectotype: *P. coronarius* Linnaeus)

特征描述：直立灌木，稀攀援，少具刺。叶对生，离基 3 或 5 出脉。总状花序，常下部分枝聚伞状或圆锥状排列；花全为孕性花，芳香；花萼裂片和花瓣 4（-5）；雄蕊 13-90，花丝扁平，钻形，有时具齿，花药卵形或长圆形，稀球形；子房下位或半下位，4（-5）室，中轴胎座；花柱（3）4（-5），柱头棒形或匙形。蒴果 4（-5）瓣裂，外果皮纸质，内果皮木栓质。种子极多。

分布概况：70/22 种，**8 型**；主要分布于东亚，北美东部、西部至中部，欧洲东南部；中国主产西南。

系统学评述：分子系统学研究表明，山梅花属隶属于山梅花族，为非单系类群，同族的单型属 *Carpenteria* 嵌套其中[7]。

DNA 条形码研究：BOLD 网站有该属 8 种 12 个条形码数据；GBOWS 已有 7 种 39 个条形码数据。

代表种及其用途：该属植物花多，美丽而芳香，多可栽培供观赏。

8. *Deutzia* Thunberg 溲疏属

Deutzia Thunberg (1781: 19); Hwang et al. (2001: 379) (Type: *D. scabra* Thunberg)

特征描述：落叶灌木。叶对生，边缘具锯齿，被星状毛。花两性，顶生或腋生；萼筒钟状，与子房壁合生，木质化，裂片 5；花瓣 5；雄蕊 10（-15），常成两轮，花丝常具翅，先端 2 齿，花药常具柄，近球形；子房下位，稀半下位，3-5 室，中轴胎座；花柱 3-5，柱头常下延。蒴果 3-5 室，室背开裂。种子具短喙和网纹。染色体 x=13。

分布概况：约 60/50 种，**14 型**；分布于东亚，墨西哥及中美洲；中国南北均产，以西南最多。

系统学评述：根据 Hufford 等[1]和 Qiu 等[6]的研究，溲疏属与黄山梅属是姐妹群，溲疏属可能是单系类群，但由于支持率偏低，取样数量有限，其单系性仍需进一步验证。

DNA 条形码研究：BOLD 网站有该属 4 种 8 个条形码数据；GBOWS 已有 11 种 52 个条形码数据。

代表种及其用途：该属植物花多美丽，常栽培作观赏。

9. *Hydrangea* Linnaeus 绣球属

Hydrangea Linnaeus (1753: 397); Wei & Bruce (2001: 404) (Type: *H. arborescens* Linnaeus)

特征描述：亚灌木、灌木或小乔木。茎多分枝。叶常对生，稀轮生。花二型，不育花少或缺，孕性花多而小，具短柄；苞片早落；萼片大，2 或 5，顶端 4-5 裂；花瓣 4-5；雄蕊 10（或 8 或 25），花药长圆形或近圆形；子房 2/3 上位，2-4（-5）室；花柱 2-4（或 5），具顶生或内斜的柱头。蒴果 2-5 室，于顶端花柱基部间孔裂。种子细小，种皮膜质，具脉纹。花粉粒 3 孔沟，网状纹饰。

分布概况：73/33 种，**9 型**；主要分布于亚洲东部至东南部，北美东南部至中美洲和南美洲西部；中国除海南、黑龙江、吉林和新疆外，南北均产，西南至东南尤盛。

系统学评述：系统学研究表明绣球属隶属于绣球花族，非单系，与冠盖藤等多个属聚成多个分支[1-3]。

DNA 条形码研究：BOLD 网站有该属 33 种 184 个条形码数据；GBOWS 已有 14 种 187 个条形码数据。

代表种及其用途：该属很多种类花大而鲜艳，可作为庭园观赏。

10. *Platycrater* Siebold & Zuccarini 蛛网萼属

Platycrater Siebold & Zuccarini (1938: 62); Wei & Bruce (2001: 407) (Type: *P. arguta* Siebold & Zuccarini)

特征描述：落叶灌木。叶薄纸质，对生或交互对生。花二型，不育花少而大，孕性花多而小；苞片宿存；不育花的萼片盾状着生；萼筒与子房贴生，宿存；花瓣 4；雄蕊无限，多轮着生于环状花盘下侧，花丝基部稍合生，花药阔长圆形，基部着生；子房下位，2 室，胚珠多数；花柱 2，直立或扩展，柱头乳头状或向内倾斜。蒴果倒圆锥形。种子两端具翅。花粉粒 3 孔沟，穿孔状纹饰。

分布概况：1/1 种，**14SJ 型**；分布于日本；中国产东南。

系统学评述：蛛网萼属隶属绣球花亚科绣球花族，与绣球属部分物种聚为 1 支，形成姐妹群[2,3]。

DNA 条形码研究：BOLD 网站有该属 1 种 3 个条形码数据；GBOWS 已有 1 种 16 个条形码数据。

代表种及其用途：蛛网萼 *P.* arguta Siebold & Zuccarini 系东亚特有植物，为国家 I 级重点保护野生植物。

11. *Schizophragma* Siebold & Zuccarini 钻地风属

Schizophragma Siebold & Zuccarini (1838: 58); Wei & Bruce (2001: 408) (Type: *S. hydrangeoides* Siebold & Zuccarini)

特征描述：落叶木质藤本。茎平卧或具气生根高攀。叶对生，全缘或有小齿。花二型或一型，不育花存在或缺，孕性花小；萼片大，全缘；萼筒与子房贴生，宿存；雄蕊 10，分离，花药广椭圆形；子房近下位，4-5 室，中轴胎座；花柱单生，头状，4-5 裂。蒴果倒圆锥状或陀螺状，具棱，顶端突出于萼筒外或截平。种子纺锤状，两端具狭长翅。花粉粒 3 孔沟，粗网状纹饰。

分布概况：7/6 种，**14SJ 型**；主要分布于日本，韩国；中国产华东、东南至西南[4]。

系统学评述：钻地风属隶属绣球花亚科绣球花族，可能为单系，与赤壁木属聚在一起，这 2 属可能是姐妹群关系，但由于取样有限，仍需进一步研究验证[2,3]。

DNA 条形码研究：BOLD 网站有该属 3 种 6 个条形码数据；GBOWS 已有 1 种 10 个条形码数据。

代表种及其用途：钻地风 *S. integrifolium* Oliver 的根及茎藤性味凉、淡，具有舒筋活络，祛风活血，治风湿脚气、风寒痹症、四肢关节酸痛之功效。

主要参考文献

[1] Hufford L, et al. A phylogenetic analysis of Hydrangeaceae based on sequences of the plastid gene *mat*K and their combination with *rbc*L and morphological data[J]. Int J Plant Sci, 2001, 162: 835-846.

[2] Samain MS, et al. Unraveling extensive paraphyly in the genus *Hydrangea s.l.* with implications for the systematics of tribe hydrangeeae[J]. Syst Bot, 2010, 35: 593-600.

[3] Mendoza CG, et al. Application of the phylogenetic informativeness method to chloroplast markers: a test case of closely related species in tribe Hydrangeeae (Hydrangeaceae)[J]. Mol Phylogenet Evol, 2013, 66: 233-242.

[4] Liu W, Zhu XY. Leaf epidermal characters and taxonomic revision of *Schizophragma* and *Pileostegia* (Hydrangeaceae)[J]. Bot J Linn Soc, 2011, 165: 285-314.

[5] Brummitt RK. Vascular plant families and genera[M]. Richmond: Royal Botanic Gardens, Kew, 1992.

[6] Qiu YX et al. Molecular phylogeography of East Asian *Kirengeshoma* (Hydrangeaceae) in relation to Quaternary climate change and landbridge configurations[J]. New Phytol, 2009, 183: 480-495.

[7] Guo YL et al. Molecular phylogenetic analysis suggests paraphyly and early diversification of *Philadelphus* (Hydrangeaceae) in western North America – new insights into affinity with *Carpenteria*[J]. J Syst Evol, 2013, 51: 545-563.

Cornaceae Berchtold & J. Presl (1825), *nom. cons.* 山茱萸科

特征描述：乔木或灌木，毛常钙化，呈“Y”形或“T”形着生。叶对生，稀互生和螺旋状排列，单叶，常全缘，有时有锯齿，羽状脉至掌状脉，二级脉序通常平滑弧形伸向叶缘或形成一系列的环；无托叶。花两性或单性（雌雄同株或异株），辐射对称；萼片4或5，离生或合生，常具小齿，有时缺；花瓣4或5，离生，覆瓦状或镊合状排列；雄蕊4-10，花丝离生，心皮2或3，合生，有时看似单心皮；子房下位，中轴胎座，胚珠1，着生于顶端；蜜腺盘位于子房顶部。核果。种子1至多数，具脊或翅，有薄区。花粉粒3孔沟，稀4。蜜蜂、蝇类和甲虫或风媒传粉。果实多数由鸟类和哺乳类传播，部分植物有可能随水散布。染色体*x*=8-11，13，21，22。植株常含有环烯醚萜等化合物。

分布概况：约7属/115种，世界广布，北温带常见；中国7属/47种，产西南、华南和华东等。

系统学评述：山茱萸科下属的分类一直存在争议，狭义的山茱萸科仅包括山茱萸属*Cornus*。形态学、细胞学，以及*mat*K和*rbc*L分子序列等证据支持广义的山茱萸科（包括蓝果树科Nyssaceae和八角枫科Alangiaceae）为单系[1-4]，科下可划分为2大分支，其中，蓝果树-单室山茱萸分支（nyssoid-mastixioid clade），包括蓝果树属*Nyssa*、喜树属*Camptotheca*、珙桐属*Davidia*、单室茱萸属*Mastixia*和马蹄参属*Diplopanax*；山茱萸分支（cornoid clade）包括山茱萸属和八角枫属*Alangium*。APG II和APG III采用了广义山茱萸科的概念，而APG IV重新将蓝果树科从广义山茱萸科分出，新的狭义山茱萸科包括八角枫属和山茱萸属。

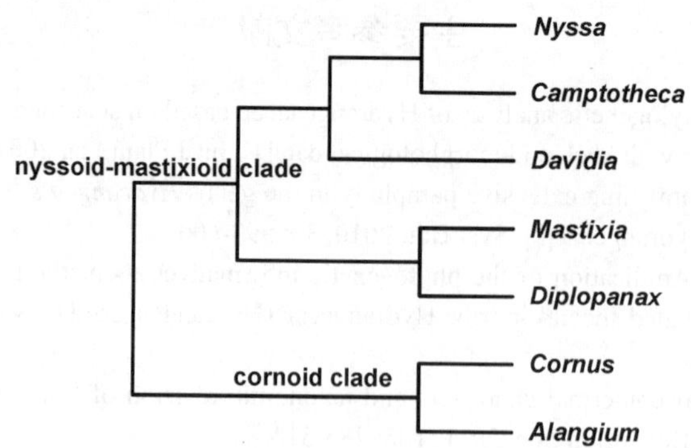

图173 山茱萸科分子系统框架图（参考APW；Eyde[1]；Xiang等[3-5]）

分属检索表

1. 花序为伞形花序或聚伞花序
   2. 叶常对生；花瓣3-5，卵形至披针形，花瓣与雄蕊等数……………………**3. 山茱萸属 *Cornus***
   2. 叶多互生；花瓣4-10，狭窄并向外翻转，雄蕊常为花瓣的2-4倍……………**1. 八角枫属 *Alangium***

1. 花序为圆锥花序，头状、总状或伞形花序
  3. 花序为圆锥花序
    4. 果为木质的干果……………………………………………………………………**5. 马蹄参属 *Diplopanax***
    4.果为核果……………………………………………………………………………**6. 单室茱萸属 *Mastixia***
  3. 花序头状、总状或伞形花序，果实核果或翅果
    5. 果实为翅果，常多数聚集成头状果序……………………………………**2. 喜树属 *Camptotheca***
    5. 果实为核果，常单生或几果簇生
      6. 核果小，常几果簇生；子房 1-2 室，花下有小苞片……………………**7. 蓝果树属 *Nyssa***
      6. 核果大，常单生；子房 6-10 室，花下有 2-3 白色大型苞片……………**4. 珙桐属 *Davidia***

1. *Alangium* Lamarck 八角枫属

Alangium Lamarck (1783: 174), *nom. cons.*; Qin & Chamlong (2007: 304) (Type: *A. decapetalum* Lamarck, *typ. cons.*)

特征描述：乔木或灌木，稀攀援。单叶互生，全缘或掌状分裂，基部两侧常不对称，毛为单细胞，呈“T”形；无托叶。花序腋生常呈聚伞状；苞片早落；花两性；萼管钟形与子房合生，具齿状或近截形的 4-10 小裂片；花瓣常 4 基数；雄蕊与花瓣同数互生或为花瓣数的 2-4 倍，花丝分离或基部与花瓣微黏合，内侧常有微毛，花药线形，2 室，纵裂；花盘肉质，子房下位，1（-2）室，柱头头状或棒状，不分裂或 2-4 裂，胚珠单生，下垂，有 2 层珠被。核果椭圆形、卵形或近球形，顶端有宿存的萼齿和花盘。种子 1。花粉粒 3 或 4 孔沟，网状、条网状或皱波状纹饰。

分布概况：约 24/11 种，**4 型**；分布于亚洲，大洋洲和非洲的热带和亚热带；中国除黑龙江、内蒙古、新疆、宁夏和青海外，南北均产。

系统学评述：传统分类将八角枫属置于八角枫科，最新的分子系统学研究将八角枫科合并至山茱萸科[3-5]。Feng 等[6]结合形态、分子证据等对八角枫属的研究强烈支持传统分类中将该属分成 4 个组的划分，其中，*Alangium* sect. *Rhytidandra*、*A.* sect. *Marlea* 和 *A.* sect. *Alangium* 聚为 1 支，与 *A.* sect. *Conostigma* 形成姐妹群。

DNA 条形码研究：BOLD 网站有该属 15 种 61 个条形码数据；GBOWS 已有 5 种 46 个条形码数据。

代表种及其用途：八角枫 *A. chinense* (Loureiro) Harms 是优良的观赏树种。

2. *Camptotheca* Decaisne 喜树属

Camptotheca Decaisne (1873: 157); Qin & Chamlong (2007: 300) (Type: *C. acuminata* Decaisne)

特征描述：乔木。单叶互生，卵形，羽状脉。头状花序近球形，苞片肉质；花杂性；花萼杯状，上部裂成 5 齿状的裂片；花瓣 5，卵形，覆瓦状排列；雄蕊 10，不等长，着生于花盘外侧，排列成 2 轮，花药 4 室；子房下位，1 室，胚珠 1，下垂，花柱的上部常分 2 枝。果实为矩圆形翅果，顶端截形，有宿存的花盘，每室 1 种子，无果梗，着生成头状果序。花粉粒 3 孔沟，穿孔状-颗粒纹饰。染色体 $2n=44$。

分布概况：2/2（2）种，**15 型**；中国特有，产长江以南。

系统学评述：暂无属下系统学研究。

DNA 条形码研究：根据报道 *rbc*L 片段对喜树 *Camptotheca acuminata* Decaisne 的鉴定率达 97%，4 个条形码片段（*mat*K、*rbc*L、*trn*H-*psb*A 和 ITS）随机组合鉴定率均为 100%。BOLD 网站有该属 1 种 22 个条形码数据；GBOWS 已有 1 种 46 个条形码数据。

代表种及其用途：喜树 *C. acuminate* Decaisne 为暖地速生物种，常用于路边的绿化植物；另外，其富含喜树碱因此常被用于抗癌有效成分的提取。

3. *Cornus* Linnaeus 山茱萸属

Cornus Linnaeus (1753: 117); Xiang & Boufford (2005: 206) (Lectotype: *C. mas* Linnaeus). ——*Bothrocaryum* (Koehne) Pojarkova (1950: 169); *Chamaepericlymenum* Hill (1756: 331); *Dendrobenthamia* Hutchinson (1942: 92); *Macrocarpium* (Spach) Nakai (1909: 38); *Swida* Opiz (1838: 174)

特征描述：落叶乔木或灌木。叶纸质，对生，卵形、椭圆形或卵状披针形，全缘。花两性；花序伞形，有总花梗；总苞片 4，两轮排列，外轮 2 较大，内轮 2 稍小，开花后脱落；花萼管陀螺形，上部有 4 齿状裂片；花瓣的数量与雄蕊的数相同，4 基数，被大的碳酸盐结晶毛；花盘垫状；子房下位，2 室，倒生胚珠，花柱短，圆柱形，柱头截形。核果长椭圆形，核骨质。花粉粒 3 孔沟，穿孔状-颗粒纹饰。染色体 $2n$=18，20，22。

分布概况：约 55/25（14）种，**8 型**；主要分布于北半球温带和亚热带，极少数至非洲热带和南美高山地区；中国秦岭以南广布。

系统学评述：山茱萸属为单系类群。Xiang 等[5]根据 *mat*K 和 ITS 序列分析表明山茱萸属下除 *Cornus* subgen. *Kraniopsis* 和 *C.* subgen. *Cornus* 外，其余亚属多为单系。结合形态学、限制性酶切位点、*mat*K、*rbc*L 和 26S 序列数据分析结果，山茱萸属被分为 4 大分支：具大苞片的山茱萸分支（包括 *Cornus* subgen. *Cynoxylon*、四照花亚属 *C.* subgen. *Syncarpea* 和 *C.* subgen. *Discocrania*）、矮山茱萸分支（包括草茱萸亚属 *C.* subgen. *Arctocrania*）、欧亚山茱萸分支（包括山茱萸亚属 *C.* subgen. *Cornus*、*C.* subgen. *Sinocornus* 和 *C.* subgen. *Afrocrania*）和蓝果或白果山茱萸分支（包括梾木亚属 *C.* subgen. *Kraniopsis*、灯台树亚属 *C.* subgen. *Mesomora* 和长圆叶梾木亚属 *C.* subgen. *Yinquania*）[5]。

DNA 条形码研究：侯典云等[8]研究表明 ITS/ITS2 序列可准确有效鉴定真伪山茱萸药材。Gismondi 等[9]利用条形码片段 *mat*K、*rbc*L、*trn*H-*psb*A 对 *C. mas* Linnaeus 的种子进行了准确的鉴定。BOLD 网站有该属 60 种 235 个条形码数据；GBOWS 已有 11 种 80 个条形码数据。

代表种及其用途：山茱萸 *C. officinalis* Siebold & Zuccarini 内含环烯醚萜和鞣质化学成分，具有明显的免疫调节，强心、抗休克、抗心律失常、降血糖、抗氧化和抗衰老作用。

4. *Davidia* Baillon 珙桐属

Davidia Baillon (1871: 114); Qin & Chamlong (2007: 300) (Type: *D. involucrata* Baillon)

特征描述：落叶乔木。叶互生，边缘有锯齿；具长叶柄。头状花序，球形，顶生；花序下面有大形乳白色的总苞，由花瓣状的2-3苞片组成；花杂性；雄花无花被，雄蕊1-7，着生于花托上；雌花或两性花常仅1，着生于头状花序的顶端，有时不发育，雌花的花被小，子房下位，与卵形的花托合生，6-10室，每室1胚珠，柱头锥形；两性花的雄蕊较短。果实为矩圆状卵圆形、倒卵圆形或椭圆形的核果，3-5室，每室1种子。花粉粒3孔沟，穿孔状-颗粒纹饰。染色体2*n*=42。

分布概况：1/1（1）种，**15型**；中国特有，产湖北西部、湖南西部、四川、贵州和云南。

系统学评述：属下暂无系统学研究。

DNA条形码研究：4个条形码片段（*mat*K、*rbc*L、*trn*H-*psb*A和ITS）任一单个和组合片段对珙桐 *D. involucrata* Baillon 鉴定率可达100%。BOLD网站有该属2种17个条形码数据；GBOWS已有1种12个条形码数据。

代表种及其用途：珙桐 *D. involucrata* Baollon 是第三纪旧热带植物区系的孑遗种，为国家I级重点保护野生植物。

5. *Diplopanax* Handel-Mazzetti 马蹄参属

Diplopanax Handel-Mazzetti (1933: 198); Xiang et al. (2005: 230) (Type: *D. stachyanthus* Handel-Mazzetti)

特征描述：无刺乔木。单叶，叶片下面沿中脉常有毛；无托叶。花两性，无花梗，聚生成顶生穗状圆锥花序，花序上部的花单生，下部的排成无总梗或有短总梗的伞形花序；苞片早落；萼下面有关节，边缘有5齿；花瓣5，在花芽中镊合状排列；雄蕊10，常5不育；子房1室，有1胚珠，花柱单生。果实较大，长圆状卵形或卵形。种子1。

分布概况：1/1种，**15型**；中国中南特有。

系统学评述：马蹄参属曾被置于五加科 Araliaceae，FOC 将该属置于单室茱萸科 Mastixiaceae。综合形态学和分子系统学研究，该属被并入广义山茱萸科[3-5]，现并入蓝果树科[APW]。

DNA条形码研究：GBOWS已有该属1种5个条形码数据。

代表种及其用途：马蹄参 *D. stachyanthus* Handel-Mazzetti 是国家II级重点保护野生植物和活化石。

6. *Mastixia* Blume 单室茱萸属

Mastixia Blume (1826: 654); Xiang et al. (2005:230) (Type: *non designatus*)

特征描述：常绿乔木。叶互生或对生。圆锥花序顶生或腋生；花两性，较小；花梗基部具2小苞片；花萼管钟状，萼片4-5；花瓣4-5，卵形，革质，镊合状排列，顶端向内反折；雄蕊4-5，与花瓣互生，花丝短，花药略呈心形；子房1室，花柱短，锥形，柱头稀2浅裂；花盘肉质，环状，微4-5裂。核果，长圆形、长卵圆形，顶端宿存萼齿及花柱，核木质，具纵槽。种皮膜质，白色。花粉粒3孔沟，穿孔状纹饰。

分布概况：约25/4种，**7型**；分布于印度，斯里兰卡，缅甸，泰国，越南，柬埔寨，老挝，马来西亚和印度尼西亚，菲律宾等，南至新几内亚，所罗门群岛；中国主产西南和华南。

系统学评述：单室茱萸属自成立以来其位置一直备受争议。该属曾分别被置于忍冬科 Caprifoliaceae、五加科、冬青科 Aquifoliaceae、铁青树科 Olacaceae、茶茱萸科 Icacinaceae 等，或被提升为单室茱萸科[FOC]。分子系统学研究表明该属为单系，隶属于蓝果树科[4,5]。

DNA 条形码研究：BOLD 网站有该属 4 种 6 个条形码数据。

代表种及其用途：中国特有种长尾单室茱萸 *M. caudatilimba* C. Y. Wu ex T. P. Soong 可用于板材，制作家具和房屋建筑。

7. *Nyssa* Linnaeus 蓝果树属

Nyssa Linnaeus (1753: 1058); Qin & Chamlong (2007: 300) (Type: *N. aquatica* Linnaeus)

特征描述：乔木或灌木。叶互生，无托叶。花杂性，花小，小苞片 1-5，花序头状或总状；雄花雄蕊 10 或更多，绕花盘成近乎两轮排列；两性花或雌花花冠管紧贴子房，花瓣通常 5-10，柱头向外弯曲，不裂或两裂，子房下位，1 室稀 2 室。核果。外种皮厚，骨质，无或有纵肋，种子萌发时有萌发瓣。花粉粒 3 孔沟，穿孔状-颗粒纹饰。染色体 $2n=44$。

分布概况：约 7/3 种，**9 型**；分布于北美和东亚；中国产长江流域及其以南。

系统学评述：Wang 等[11,12]利用核基因 ITS 和 5 个叶绿体基因片段对 FRPS 记载的 7 种蓝果树属植物，包括云南蓝果树 *Nyssa yunnanensis* W. Q. Yin、华南蓝果树 *N. javanica* Wangerin、蓝果树 *N. sinensis* Oliver、上思蓝果 *N. shangszeensis* W. P. Fang & Soong、瑞丽蓝果树 *N. shweliensis* Airy Shaw 和文山蓝果树 *N. wenshanensis* W. P. Fang & Soong，以及 2 种北美的多花蓝果树 *N. aquatica* Linnaeus 和水蓝果树 *N. sylvatica* Marshall 进行研究，表明云南蓝果树与华南蓝果树是该属的基部类群，两者亲缘关系较近。依据叶绿体片段分析结果表明，这 2 种北美的蓝果树属植物互为姐妹种。蓝果树、瑞丽蓝果树、上思蓝果树和文山蓝果树应归并到蓝果树，其与多花蓝果树的亲缘关系更近。孙宝玲等[11-13]对中国蓝果树属植物进行了分类修订，认为中国目前分布有 3 个种，即云南蓝果树、华南蓝果树和蓝果树。

DNA 条形码研究：4 个 DAN 条形码片段 *mat*K、*rbc*L、*trn*H-*psb*A 和 ITS 中，单个叶绿体片段对该属的鉴定率很低，而核基因 ITS 的分辨率较高，可达 85.71%[12]。BOLD 网站有该属 10 种 112 个条形码数据；GBOWS 已有 7 种 68 个条形码数据。

代表种及其用途：蓝果树 *N. sinensis* Oliver 可以用于园林绿化；其根皮的醇提取物有明显而稳定的抗肿瘤活性而且低毒。

主要参考文献

[1] Eyde RH. Comprehending *Cornus*: puzzles and progress in the systematics of the dogwoods[J]. Bot Rev, 1988, 54: 233-351.

[2] Fan C, Xiang QY. Phylogenetic relationships within *Cornus* (Cornaceae) based on 26S rDNA sequences[J]. Am J Bot, 2001, 88: 1131-1138.

[3] Xiang QY, et al. Phylogenetic relationships of Cornaceae and close relatives inferred from *mat*K and *rbc*L sequences[J]. Am J Bot, 1998, 85: 285-297.

[4] Xiang QY, et al. Relationships within Cornales and circumscription of Cornaceae–*mat*K and *rbc*L sequence data and effects of outgroups and long branches[J]. Mol Phylogenet Evol, 2002, 24: 35-57.

[5] Xiang QY, et al. Species level phylogeny of the genus *Cornus* (Cornaceae) based on molecular and morphological evidence-implications for taxonomy and tertiary intercontinental migration[J]. Taxon, 2006, 55: 9-30.

[6] Feng CM, et al. Phylogeny and biogeography of Alangiaceae (Cornales) inferred from DNA sequences, morphology, and fossils[J]. Mol Phylogenet Evol, 2009, 51: 201-214.

[7] Li SY. *Camptotheca lowreyana*, a new species of anti-cancer happytrees[J]. Bull Bot Res Harbin, 1997, 17: 348.

[8] Hou DY, et al. Molecular identification of Corni Fructus and its adulterants by ITS/ITS2 sequences[J]. Chin J Nat Med, 2013, 11: 121-127.

[9] Gismondi A, et al. Identification of ancient *Olea europaea* L. and *Cornus mas* L. seeds by DNA barcoding[J]. C R Biol, 2012, 335: 472-479.

[10] Liu YC, Peng H. *Mastixia mirocarpa* (Mastixiaceae), a new species from Yunnan, China[J]. Ann Bot Fenn, 2009, 46: 566-568.

[11] Wang N, et al. DNA barcoding of Nyssaceae (Cornales) and taxonomic issues[J]. Bot Stud, 2012, 53: 265-274.

[12] Wang N, et al. Phylogeny and a revised classification of the Chinese species of *Nyssa* (Nyssaceae) based on morphological and molecular data[J]. Taxon, 2012, 61: 344-354.

[13] Sun BL, et al. Cryptic dioecy in *Nyssa yunnanensis* (Nyssaceae), a critically endangered species from tropical Eastern Asia[J]. Ann MO Bot Gard, 2009, 96: 672-684.

Balsaminaceae A. Richard (1822), *nom. cons.* 凤仙花科

特征描述：草本，多汁。单叶常互生，有锯齿。花序总状或假伞形；花两性，雄蕊先熟；萼片 3，稀 5，下面 1 萼片（亦称唇瓣）花瓣状，常呈舟状、漏斗状或囊状，基部常具距；花瓣 5，分离，位于背面的 1 花瓣（即旗瓣）离生，下面的侧生花瓣成对合生成 2 裂的翼瓣；雄蕊 5，花药 2 室，缝裂或孔裂；子房上位，4 或 5 室；柱头 1-5。果实为假浆果或蒴果。种子无胚乳，种皮光滑或具小瘤状凸起。花粉粒 3-4 沟。染色体 2*n*=6-66。

分布概况：2 属/约 1001 种；分布于亚洲热带、亚热带及非洲，少数产欧亚温带及北美；中国 2 属/271 种，主产西南。

系统学评述：凤仙花科隶属于杜鹃花目 Ericales，是蜜囊花科 Marcgraviaceae+四籽树科 Tetrameristaceae 的姐妹群，三者共同构成杜鹃花目的基部分支[APW]。基于 ITS 和叶绿体 *atp*B-*rbc*L 序列的分析结果表明，水角属 *Hydrocera* 与凤仙花属 *Impatiens* 互为姐妹群[1]。水角属具有适应水生的形态和解剖学特征[1,2]。

分属检索表

1. 侧生花瓣完全离生……………………………………………………………**1. 水角属 *Hydrocera***
1. 侧生花瓣成对联合成翼瓣………………………………………………………**2. 凤仙花属 *Impatiens***

1. *Hydrocera* Blume ex Wight & Arnott 水角属

Hydrocera Blume ex Wight & Arnott (1834: 140), *nom. cons.*; Chen et al. (2007: 113) [Type: *Impatiens natans* Willdenow (= *H. triflora* (Linnaeus) Wight & Arnott ≡ *I. triflora* Linnaeus)]

特征描述：水生或沼生草本。茎中空，5 棱。叶互生。花单生叶腋，具 1-5 花；萼片 5，侧生萼片 4；花瓣 5，全部离生，旗瓣半兜形、长圆形或圆形，翼瓣 4；雄蕊 5，顶端开裂；子房 5 室，每室具 2-3 倒生胚珠，柱头 5。果为肉质假浆果，球形，不开裂，果皮硬骨质，5 室，每室具 1 种子。花粉粒 3 沟，网状纹饰。染色体 2*n*=16。

分布概况：1/1 种，**7 型**；产印度和东南亚；中国产海南。

系统学评述：水角属在凤仙花科中位于基部，与凤仙花属具 3 沟花粉的类群关系密切[1,3,4]。

DNA 条形码研究：BOLD 网站有该属 1 种 1 个条形码数据；GBOWS 已有 1 种 4 个条形码数据。

2. *Impatiens* Linnaeus 凤仙花属

Impatiens Linnaeus (1754: 403); Chen et al. (2007: 43) (Lectotype: *I. noli-tangere* Linnaeus)

特征描述：草本，常肉质。单叶常互生。花两侧对称；萼片 3-5，下面 1 萼片花瓣状，基部常具距；花瓣 5，分离，位于背面的 1 花瓣离生，下面的侧生花瓣成对合生成 2 裂的翼瓣；雄蕊 5；子房上位，4 或 5 室，柱头 1-5。假浆果或蒴果。花粉粒 3 孔（沟）或 4 沟，网状纹饰。染色体 $2n$=6-66。

分布概况：约 1000/270（187），**2-2 型**；分布于旧世界热带、亚热带山区和非洲，少数也产亚洲和欧洲温带及北美；中国产西南和西北。

系统学评述：Hooker 和 Thomson[6]按照叶的排列，花序上具有花的数目及花序排列等性状提出了凤仙花属分类总览，将该属划分为 7 组。Hooker[7]依据果实的形态将该属划分为 2 系，系下又划分为 13 类。Warburg 和 Reithe[8]则依据叶基生与茎生这个性状，将该属分为 2 亚属，又进一步划分为 14 组。Grey-Wilson[9]为了便于应用与检索，则将非洲产的种类分为 6 个类群。基于 ITS、*atp*B-*rbc*L 和 *trn*L 的分子系统发育分析将该属划分为 2 亚属，包括 8 组[5]。

DNA 条形码研究：BOLD 网站有该属 136 种 192 个条形码数据；GBOWS 已有 27 种 155 个条形码数据。

代表种及其用途：该属一些种类可供观赏和药用。

主要参考文献

[1] Janssens S, et al. Phylogenetics of *Impatiens* and *Hydrocera* (Balsaminaceae) using chloroplast *atp*B-*rbc*L spacer sequences[J]. Syst Bot, 2006, 31: 171-180.

[2] Janssens SB, et al. Floral development of *Hydrocera* and *Impatiens* reveals evolutionary trends in the most early diverged lineages of the Balsaminaceae[J]. Ann Bot, 2012, 109: 1285-1296.

[3] Grey-Wilson C. *Hydrocera triflora*, its floral morphology and relationship with *Impatiens*: studies in Balsaminaceae, V.[J]. Kew Bull, 1980, 35: 213-219.

[4] Shui YM, et al. Three new species of *Impatiens* L. from China and Vietnam: preparation of flowers and morphology of pollen and seeds[J]. Syst Bot, 2012, 36: 428-439.

[5] Yu SX, et al. Phylogeny of *Impatiens* (Balsaminaceae): integrating molecular and morphological evidence into a new classification[J]. Cladistics, 2015, 32: 179-197.

[6] Hooker JD, Thompson T. Præcursores ad floram Indicam—Balsamineæ[J]. Bot J Linn Soc, 1859, 4: 106-157.

[7] Hooker JD. *Impatiens* L.[M]//Hooker JD. The flora of British India, Vol. 1. London: L. Reeve & Co., 1874: 440-483.

[8] Warburg O, Reithe K. Balsaminaceae[M]//Engler A, Prantl K. Planzenfamilien. Berlin: Dunckel and Humblott, 1895: 583-592

[9] Grey-Wilson C. Impatiens of Africa[M]. Rotterdam: Balkema, 1980.

Polemoniaceae Jussieu (1789), *nom. cons.* 花荵科

特征描述：草本、亚灌木或藤本。叶互生或对生，羽状复叶、掌裂深裂或复合型。单花或聚伞状、总状、圆锥状或头状花序；花 4 或 5 基数，两性，辐射或两侧对称；雄蕊花丝基部常膨大并被毛，花药 2 室；子房上位，2-3 室，每室有胚珠 1 至多数，中轴胎座；柱头 2-3 条裂。蒴果室背开裂或室间开裂，果瓣间常有一半的假隔膜。种子形态多样，具棱或翅，外种皮具黏液细胞。花粉萌发孔常为 4 孔沟型或 5 至数十或近百个的孔型，表面纹饰网状、条形、条网状、具刺状凸起或近翅状。染色体 $2n$=14，16，18，32，36。

分布概况：26 属/约 400 种，主要分布于北美和南美洲，欧洲和亚洲仅有数种；中国 1 属/3 种。

系统学评述：传统上广为接受的花荵科的分类系统是 Grant[1]于 1959 年提出的。Grant[2-5]基于分子证据，以及花冠、花粉性状及化合物等进行了数次的修订。根据 Grant[4]的研究，该科可分为 3 亚科 9 族（包括了 Cobaeoideae、花荵亚科 Polemonioideae 和 Acanthogilioideae）。Porter 和 Johnson[6]提出了另外 1 个花荵科的系统，分 3 亚科 8 族，亚科名称相同但所含的范畴有着较多不同。其中，Acanthogilioideae 为 1 个单属的亚科；Cobaeoideae 包括了 3 个形态各异的属，被处理为 3 个不同的族；花荵亚科为最大的亚科，包括了花荵族 Polemonieae、Loeselieae、Gilieae 和 Phlocideae 4 族。Johnson 等[7]全面取样了 26 属，基于 1 个核基因和 5 个叶绿体基因的系统发育研究支持了 Porter 和 Johnson 的分类系统[6]，3 个亚科之间关系尚不明晰，花荵亚科下的 4 个族的单系性也得到很好支持。

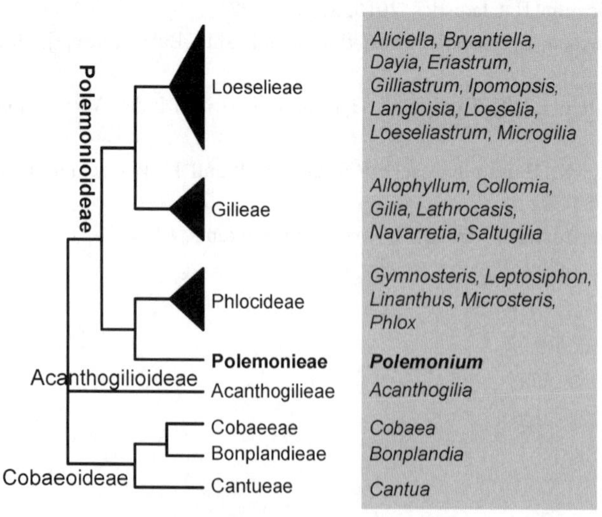

图 174　花荵科分子系统框架图（参考 Johnson 等[7]；Schönenberger 等[8]）

1. *Polemonium* Linnaeus 花荵属

Polemonium Linnaeus (1753: 162); Fang & Wilken (1995: 326) (Lectotype: *P. caeruleum* Linnaeus)

特征描述：常为多年生草本。茎直立或匍匐。茎生叶互生，基生叶常莲座状，羽状深裂、深裂或复合型。花序常聚伞状，顶生；萼裂片 5，花后扩大并包住果实；花冠辐射对称；雄蕊 5，花丝基部有髯毛，花药伸出或内藏；子房上位，3 室，每室有胚珠 2-12；柱头 3 裂，开展。蒴果，卵球形。种子黑色至棕色，具棱角。花粉粒具数十至近百个萌发孔，散孔状排列，条带状或条网状纹饰，有时具疣突。染色体 $2n$=14，18。

分布概况：约 28/3 种，**8-5 型**；分布于亚洲、欧洲和美洲温带；中国产云南西北部，经西北至东北。

系统学评述：分子系统学研究表明该属隶属于花荵族，Johnson 等[7]的研究支持该属与 Phlocideae 族为姐妹群。此外，基于 AFLP 扩增片段长度多态性研究表明，大多数的花荵属植物构成单系，一生年的植物和所有多年生植物形成姐妹群关系[8]。

DNA 条形码研究：BOLD 网站有该属 28 种 70 个条形码数据；GBOWS 已有 2 种 25 个条形码数据。

代表种及其用途：花荵 *P. coeruleum* Linnaeus 可药用，对抗动脉粥样硬化、心血管及呼吸系统有效用。

主要参考文献

[1] Grant V. Natural history of the phlox family: systematic botany[M]. The Hague: Martinus Nijhoff, 1959.

[2] Grant V. Primary classification and phylogeny of the Polemoniaceae, with comments on molecular cladistics[J]. Am J Bot, 1998, 85: 741-752.

[3] Grant V. A guide to understanding recent classifications of the family Polemoniaceae[J]. Ludellia, 2001, 4: 12-24.

[4] Grant V. Taxonomy of the Polemoniaceae: the subfamilies and tribes[J]. SIDA, 2003, 20: 1371-1385.

[5] Grant V. Taxonomy of the Polemoniaceae: *Gilia* and *Lathrocasus*[J]. SIDA, 2004, 21: 531-546.

[6] Porter JM, Johnson LA. A phylogenetic classification of Polemoniaceae[J]. Aliso, 2000, 19: 55-91.

[7] Johnson LA, et al. Nuclear and cpDNA sequences combined provide strong inference of higher phylogenetic relationships in the phlox family (Polemoniaceae)[J]. Mol Phylogenet Evol, 2008, 48: 997-1012.

[8] Schönenberger J. Molecular phylogenetics and patterns of floral evolution in the Ericales[J]. Int J Plant Sci, 2005, 166: 265-288.

Lecythidaceae A. Richard (1825), *nom. cons.* 玉蕊科

特征描述：常绿乔木或灌木。叶螺旋状排列，具羽状脉。花单生、簇生；花上位或周位，萼筒与子房贴生；花瓣基部与雄蕊管连生；雄蕊极多数，数轮，最内轮常小而无花药，外轮不发育或呈副花冠状，花丝基部合生，花药基生或背部着生；花盘整齐或偏于一边，有时分裂；子房下位或半下位，中轴胎座。浆果、核果或蒴果，具棱角或翅，宿萼。种子无胚乳。花粉粒 3 沟。鸟媒或者虫媒传粉。染色体 *x*=13，16，17。

分布概况：约 25 属/340 种，广布热带和亚热带；中国 1 属/3 种，产云南、广东、海南和台湾。

系统学评述：早期研究认为玉蕊科与桃金娘科 Myrtaceae 关系密切，将其包括在桃金娘科中。但玉蕊科植物因具托叶（早落）、无油腺等形态特征而与桃金娘科区别，故有学者主张 2 科分立[1,2]。Cronquist 分类系统将玉蕊科单独列入玉蕊目，仅包括玉蕊科。APG 系统根据 Morton 等[3]、Anderberg 等[4]及 Schönenberger 等[5]的研究将玉蕊科合并到杜鹃花目 Ericales 中。玉蕊科下划分为 5 亚科，分别为围裙花亚科 Napoleonaeoideae、革瓣花亚科 Scytopetaloideae、玉海桑亚科 Foetidioideae、玉蕊亚科 Planchonioideae 和猴钵树亚科 Lecythidoideae。

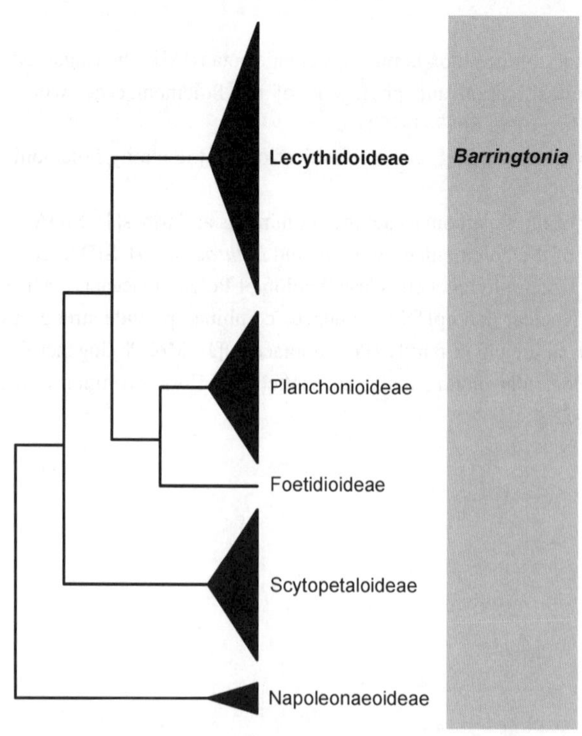

图 175　玉蕊科分子系统框架图（参考 Mori 等[6]）

1. *Barringtonia* J. R. Forster & G. Forster 玉蕊属

Barringtonia J. R. Forster & G. Forster (1775: 38), *nom. cons.*; Adanson (2007: 293) (Type: *B. speciosa* J. R. Forster & G. Forster)

特征描述：乔木或灌木，树皮开裂；有叶痕；具苞叶。叶丛生；托叶小，早落。总状花序或穗状花序，总梗基部有一丛苞叶，早落；花芽球形；萼筒倒圆锥形，花开时撕裂或环裂，裂片具平行脉；雄蕊多数，最内的 1-3 轮退化至仅存花丝，花药基部着生；花盘环状；花柱单生，宿存。外果皮稍肉质，中果皮多纤维或海绵质而兼有少量纤维，内果皮薄。种子 1，无胚乳。花粉粒 3 合沟或复合沟，穿孔状纹饰。染色体 x=13。常含有萜类化合物，特别是三萜类化合物及其皂苷。

分布概况：56/3（1）种，**4 型**；分布于非洲，亚洲和大洋洲的热带和亚热带；中国产云南、广东、海南和台湾。

系统学评述：玉蕊属隶属于玉蕊科玉蕊亚科，是单系类群。叶绿体 *rbc*L 片段分析和形态特征显示其与 *Foetidia*、*Chydenanthus* 和 *Planchonla* 构成单系分支[3]。*ndh*F 和 *trn*L-F 的片段分析也证实了这些属之间的近缘关系[6]。

DNA 条形码研究：BOLD 网站有该属 8 种 23 个条形码数据；GBOWS 已有 1 种 2 个条形码数据。

代表种及其用途：滨玉蕊 *B. asiatica* (Linnaeus) Kurz 的果和树皮有毒。玉蕊 *B. racemosa* (Linnaeus) Sprengel 的根可作退热剂；果可止咳。

主要参考文献

[1] Poiteau MA. Mémoire sur les Lecythidées[J]. Mim Mus Hist Nat, 1825, 13: 141-165.
[2] Lindley J. The vegetable kingdom[M]. London: Bradbury & Evans, 1846.
[3] Morton CM, et al. Phylogenetic relationships of Lecythidaceae: a cladistic analysis using *rbc*L sequence and morphological data[J]. Am J Bot, 1997, 84: 530-540.
[4] Anderberg AA, et al. Phylogenetic relationships in the order Ericales *s.l.*: analyses of molecular data from five genes from the plastid and mitochondrial genomes[J]. Am J Bot, 2002, 89: 677-687.
[5] Schönenberger J, et al. Molecular phylogenetics and patterns of floral evolution in the Ericales[J]. Int J Plant Sci, 2005, 166: 265-288.
[6] Mori SA, et al. Evolution of Lecythidaceae with an emphasis on the circumscription of neotropical genera: information from combined *ndh*F and *trn*L-F sequence data[J]. Am J Bot, 2007, 94: 289-301.

Sladeniaceae Airy Shaw (1965) 肋果茶科

特征描述：常绿乔木；具单细胞毛被。叶螺旋状着生或二列状排列，叶缘具锯齿或全缘，次级脉羽状；无托叶。二歧聚伞花序腋生；花小，5（6）基数；萼片和花瓣为覆瓦状排列，萼片离生；花瓣离生或基本合生；雄蕊（8-）10-15，离生或贴生于花冠，基着药，顶孔开裂或通过裂缝开裂；无蜜腺；雌蕊具3或5心皮，胚珠着生于中轴上，每心皮2胚珠或胚珠多数，花柱短，有时具很短的花柱分枝；胚直生，胚乳丰富。果实为分果状、内果皮壳质，或为室背开裂的蒴果、具宿存的中轴，萼片宿存。种子具翅或无，外种皮壳状。花粉粒3沟。染色体 n=24。

分布概况：2属/4种，其中 *Ficalhoa* 产东非，肋果茶属 *Sladenia* 产东南亚；中国1属/2种，产云南、贵州和广西。

系统学评述：肋果茶属 *Sladenia*[1]通常被放置在山茶科 Theaceae 中，或作为其独立的1个亚科[2]，或作为厚皮香亚科 Ternstroemioideae 的1个族[3]；此外，有研究将其放入五桠果科 Dilleniaceae 或亚麻科 Linaceae[4,5]；之后也被放在猕猴桃科 Actinidiaceae[6,7]中，直到 Airy Shaw[8]将其从该科中提升出来，成为1个独立的科。*Ficalhoa* 曾经被放在猕猴桃科（山榄科 Sapotaceae）中，近期也常被纳入山茶科（并看重它与厚皮香亚科的关系）[9]。叶绿体 *rbc*L 的分子证据表明肋果茶属是厚皮香科 Ternstroemiaceae 的姐妹群[10]；更广泛的研究也支持这一结果。此外，*Ficalhoa* 是肋果茶属的姐妹群也得到一定程度的支持[11]，但并未见后续研究[12]。这2个属具有一些相似性，具明显的位于深层而非表面的木栓形成层（极性不确定）、小花组成的聚伞状花序（可能为共衍征），以及直生的胚（可能是一个祖征）。它们共同构成1个单独的科应该是合理的[13]。

1. *Sladenia* Kurz 肋果茶属

Sladenia Kurz (1873: 194); Min & Bartholomew (2007: 364) (Type: *S. celastrifolia* Kurz)

特征描述：常绿乔木。单叶互生，薄革质，具小锯齿或全缘；无托叶。二歧聚伞花序单生于叶腋；花两性，辐射对称；苞片披针形，早落；小苞片2，生于花萼基部，早落；萼片5，宿存；花瓣5，白色，基部稍合生；雄蕊1轮，10-13，花丝短粗而内弯，基部膨大，顶部收缩，花药基着，内向，被毛，顶部2裂，基部箭头形，成熟时顶孔开裂；子房上位，圆锥形，无毛，3室，每室具2胚珠，花柱短，柱头3浅裂，宿存。蒴果浅灰色，圆锥形至长颈瓶状，具8-10纵棱，果熟时3裂，每室种子2。种子呈三棱状膨大，干时具不规则的翅。花粉粒3孔沟，穿孔状纹饰。

分布概况：2/2（1）种，**7-3型**；分布于泰国，缅甸；中国产云南、贵州和广西。

系统学评述：分子证据支持将分布于非洲东部的 *Ficalhoa*（2种）作为肋果茶属的姐妹群[11]。

DNA 条形码研究：BOLD 网站有该属 1 种 3 个条形码数据。

代表种及其用途：肋果茶 *S. celastrifolia* Kurz 是珍贵的用材树种，也是优良的庭园绿化树种。

主要参考文献

[1] Kurz S. On a few new plants from Yunnan[J]. J Bot, 1873, 11: 193-196.

[2] Takhtadzhian AL. Diversity and classification of flowering plants[M]. New York: Columbia University Press, 1997.

[3] Keng H. Comparative morphological studies in the Theaceae[J]. Univ Calif Publ Bot, 1962, 33: 269-384.

[4] Gilg E. Dilleniaceae[M]//Engler A, Prantl K. Die natürlichen pflanzenfamilien, 6. Lepzig: W. Engelman, 1893: 100-128.

[5] Hallier H. Beiträge zur Kenntnis der Linaceae (DC 1819) Dumort[J]. Beih Bot Centralbl, 1819, 39: 137-139.

[6] Gilg E, Werdermann E. Marcgraviaceae[M]//Engler A, Prantl K. Die natürlichen pflanzenfamilien, 21. Lepzig: W. Engelman, 1925: 36-47.

[7] Willis JC. A dictionary of the flowering plants and ferns[M]. Cambridge: Cambridge University Press, 1951.

[8] Airy Shaw HK. Diagnoses of new families, new names, etc. for the seventh edition of Willis's dictionary[J]. Kew Bull, 1964, 18: 267.

[9] Liang D, Baas P. The wood anatomy of the Theaceae[J]. IAWA, 1991, 12: 333-353.

[10] Savolainen V, et al. Phylogeny of the eudicots: a nearly complete familial analysis based on *rbc*L gene sequences[J]. Kew Bull, 2000, 55: 257-309.

[11] Anderberg AA, et al. Phylogenetic relationships in the order Ericales *s.l.*: analyses of molecular data from five genes from the plastid and mitochondrial genomes[J]. Am J Bot, 2002, 89: 677-687.

[12] Schönenberger J, et al. Molecular phylogenetics and patterns of floral evolution in the Ericales[J]. Int J Plant Sci, 2005: 166: 265-288.

[13] Stevens PF, Weitzman AL. Sladeniaceae[M]//Kubitzki K. The families and genera of vascular plants, VI. Berlin: Springer, 2004: 431-433.

Pentaphylacaceae Engler (1897), *nom. cons.* 五列木科

特征描述：常绿灌木或乔木。叶革质，互生，羽状脉。花两性、单性、杂性或单性和两性异株，具明显花梗；花瓣 5；雄蕊多数，稀仅 5，排成 1-5 轮，花药基部着生；子房上位或半下位。浆果，稀蒴果。胚弯曲，有胚乳。花粉粒 3 孔沟，光滑、皱波状或穴状纹饰。

分布概况：12 属/约 350 种，分布于热带和亚热带非洲，热带美洲，东亚，南亚和东南亚及太平洋诸岛；中国 7 属/130 种，产秦岭-淮河以南。

系统学评述：传统的五列木科仅包括单型的五列木属 *Pentaphylax* [FRPS,FOC]，分子系统学研究支持将原山茶科 Theaceae 中的厚皮香亚科 Ternstroemoideae 移入该科，构成现在的五列木科[1]。五列木科分为 3 族，即五列木族 Pentaphylaceae（仅包括五列木属）位于最基部、厚皮香族 Ternstroemieae（包括厚皮香属 *Ternstroemia* 和茶梨属 *Anneslea*）和中国产的 Frezіereae 中的 4 属，即杨桐属 *Adinandra*、红淡比属 *Cleyera*、猪血木属 *Euryodendron* 和柃木属 *Eurya*）构成单系分支[1-3]。基于 ITS 和叶绿体片段的分子系统学研究认为，中国产 Freziereae 的 4 属中，柃木属和猪血木属互为姐妹群[3,4]。闵天禄[5]认为杨桐属和红淡比属在形态学、孢粉学和胚胎学特征方面均十分相似，并将红淡比属归并入杨桐属。然而，在 FOC 中，红淡比属又被重新处理为 1 个独立的属。分子系统学研究表明，红淡比属和杨桐属可能都不是单系[3,4]，因而将它们归并成 1 个属可能更为合理。五列木科目前仍缺乏全面的分子系统学研究。

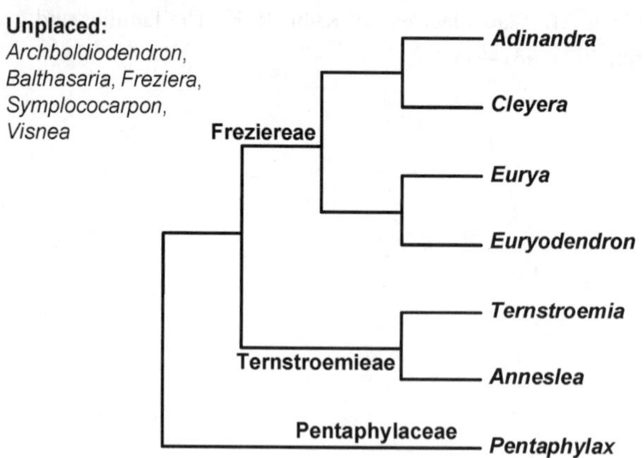

图 176　五列木科分子系统框架图（参考 Schönenberger 等[1]；Yang 等[2]；Su 等[3]；Wu 等[4]；Prince 和 Parks[6]）

分属检索表

1. 花排成腋生假穗状或总状花序，雄蕊 5；蒴果 ·· **6. 五列木属 *Pentaphylax***
1. 花单生、双生、簇生或伞房花序状生叶腋或无叶小枝，雄蕊常多于 15；浆果

2. 子房半下位 ……………………………………………………………………………**2. 茶梨属 *Anneslea***
2. 子房上位
  3. 种子具红色假种皮……………………………………………………………**7. 厚皮香属 *Ternstroemia***
  3. 种子不具假种皮
    4. 花单性……………………………………………………………………………**5. 柃木属 *Eurya***
    4. 花两性
      5. 顶芽无毛 …………………………………………………………………**3. 红淡比属 *Cleyera***
      5. 顶芽被毛
        6. 叶排成 2 列；每心室胚珠 20-100………………………………… **1. 杨桐属 *Adinandra***
        6. 叶排成多列；每心室胚珠 6-8…………………………………… **4. 猪血木属 *Euryodendron***

1. *Adinandra* Jack 杨桐属

Adinandra Jack (1822: 49); Min & Bartholomew (2007: 435) (Type: *A. dumosa* Jack)

特征描述：常绿灌木或乔木，顶芽常被毛。叶排成 2 列，具叶柄。花两性，单生或双生叶腋，花梗常下弯；小苞片 2，宿存或早落；萼片 5，厚而宿存，花后增大；花瓣 5，基部稍合生；雄蕊 15-60，排成 1-5 轮，花丝通常连合；花药长筒形，常被丝毛，药隔突出；子房 3，5-6 室，每室胚珠 20-100，花柱 1，不分裂或先端 3-5 裂。浆果，具宿存花柱。种子褐色，细小；胚弯曲，胚乳丰富。花粉粒 3 孔沟，光滑或穴状纹饰。

分布概况：85/22（17）种，**6-2 型**；分布于东亚，南亚，东南亚，热带非洲和新几内亚岛；中国产长江以南，广东、广西和云南尤盛。

系统学评述：传统的杨桐族 Adinandreae 包括杨桐属、红淡比属、猪血木属和柃木属。分子系统学分析表明，杨桐属和红淡比属构成单系类群，是杨桐族的其他 2 属的姐妹群[2,4]。ITS 片段分析表明杨桐属是个并系，红淡比属的几个种构成其中 1 支[4]，而联合了 ITS 和 2 个叶绿体片段的研究因只涉及杨桐属的 1 个种，无法进一步揭示该属的系统学关系[3]。

DNA 条形码研究：BOLD 网站有该属 6 种 12 个条形码数据；GBOWS 已有 8 种 65 个条形码数据。

代表种及其用途：亮叶杨桐 *A. nitida* Merrill ex H. L. Li 叶片作饮料。

2. *Anneslea* Wallich 茶梨属

Anneslea Wallich (1829: 5), *nom. cons.*; Min & Bartholomew (2007: 434) (Type: *A. fragrans* Wallich)

特征描述：常绿灌木或乔木。叶常聚生枝顶。花两性，花梗粗壮；小苞片 2；萼片 5；花瓣 5；雄蕊多数，排成 1-2 列，花丝离生，花药线形，顶端长尖；子房半下位，2-3（5）室，每室胚珠 3-10，花柱单一，宿存，柱头 2-3（5）裂。浆果，外果皮木质。种子具红色肉质假种皮；胚弯曲，胚乳丰富。花粉粒 3 孔沟，光滑或穴状纹饰。

分布概况：3/1（1）种，**（7a-c）型**；分布于东亚和东南亚；中国产华南和西南。

系统学评述：研究认为茶梨属和厚皮香属构成姐妹群[2,3,6]，ITS 片段分析结果表明两者构成并系群[4]。

DNA 条形码研究：BOLD 网站有该属 2 种 3 个条形码数据；GBOWS 已有 1 种 22 个条形码数据。

3. *Cleyera* Thunberg 红淡比属

Cleyera Thunberg (1783: 68), *nom. cons.*; Min & Bartholomew (2007: 443) (Type: *C. japonica* Thunberg)

特征描述：常绿灌木或乔木。嫩枝和顶芽无毛。叶全缘或有锯齿。花两性，单生或 2-3 簇生叶腋；花梗顶端粗壮；小苞片 2，细小，早落；萼片 5，宿存；花瓣 5，基部稍合生；雄蕊 25-30，离生，花药疏被丝毛；子房常无毛，2-3 室，每室胚珠 8-16，花柱单一，宿存，顶端 2-3 浅裂。浆果，球形或卵形。种子暗褐色，肾状球形或扁球形；胚弯曲，胚乳稀少。花粉粒 3 孔沟，穴状纹饰。

分布概况：24/9（7）种，**9 型**；分布于东亚，东南亚和热带美洲；中国长江以南广布，广东和广西尤盛。

系统学评述：该属被置于杨桐族，ITS 片段分析表明红淡比属是杨桐属中的 1 支[4]，而 ITS 与 2 个叶绿体片段的联合分析则显示，红淡比属是个并系群，杨桐属是其中 1 支[3]，红淡比属和杨桐属之间的系统关系及红淡比属下种间关系仍需进一步研究。

DNA 条形码研究：BOLD 网站有该属 2 种 11 个条形码数据；GBOWS 已有 2 种 11 个条形码数据。

4. *Euryodendron* H. T. Chang 猪血木属

Euryodendron H. T. Chang (1963: 129); Min & Bartholomew (2007: 446) (Type: *E. excelsum* H. T. Chang)

特征描述：常绿乔木。顶芽细小，被短柔毛。叶排成多列，网脉明显，边缘有锯齿。花两性，单生，2-3 花簇生叶腋或多至 9 花簇生于无叶小枝，具短梗；小苞片 2，宿存；萼片 5，宿存；花瓣 5，白色，基部稍合生；雄蕊 20-28，花丝离生，花药卵形，顶端尖，基部着生，被长丝毛；子房上位，3 室，每室胚珠 6-8，花柱单一，柱头不裂。浆果，球形。种子圆肾形，褐色。花粉粒 3 孔沟，细皱波状纹饰。

分布概况：1/1（1）种，**15-2 型**；中国特有，分布于广东阳春和广西平南。

系统学评述：猪血木属被置于杨桐族，以两性花区别于近缘的柃木属，与柃木属构成姐妹群[2-4]。

DNA 条形码研究：BOLD 网站有该属 1 种 1 个条形码数据；GBOWS 已有 1 种 4 个条形码数据。

代表种及其用途：猪血木 *E. excelsum* H. T. Chang 的木材细致坚硬，可作家具用材。

5. *Eurya* Thunberg 柃木属

Eurya Thunberg (1783: 67); Min & Bartholomew (2007: 447) (Type: *E. japonica* Thunberg)

特征描述：常绿灌木或小乔木。叶排成 2 列，常有锯齿。花较小，1 至数花簇生于叶腋，具短梗，单性，雌雄异株；小苞片 2，互生；萼片 5；花瓣 5，基部稍合生；雄花雄蕊 5-35，排成 1 轮，花丝无毛，花药基部着生，2 室，药隔顶端具小尖头，退化子房常显著；雌花常无退化雄蕊，子房 2-5 室，每室胚珠 3-60，花柱 2-5。浆果球形至卵形。种子黑色；胚弯曲，胚乳肉质。花粉粒 3 孔沟，光滑到粗糙纹饰。

分布概况：130/83（63）种，**3 型**；分布于热带和亚热带亚洲，西南太平洋诸岛；中国产秦岭-淮河以南，西南和华南尤盛。

系统学评述：柃木属被置于杨桐族，以单性花区别于其他属，与猪血木属构成单系类群[4]。形态上依据花药是否具分隔而将柃木属被分为 2 组 8 系。ITS 分子片段分析结果不支持形态学划分，而是将柃木属分为 5 个分支[4]。

DNA 条形码研究：该属约 30%种类有 ITS 和 *trn*H-*psb*A 信息[2,4]，后者的变异较少，可能不适用于该属的系统学研究[4]。BOLD 网站有该属 36 种 50 个条形码数据；GBOWS 已有 14 种 145 个条形码数据。

代表种及其用途：该属多数种类为优良蜜源植物。

6. *Pentaphylax* Gardner & Champion 五列木属

Pentaphylax Gardner & Champion (1849: 244); Min & Bartholomew (2007: 365) (Type: *P. euryoides* Gardner & Champion)

特征描述：常绿灌木或乔木。叶革质，全缘。花小，两性，排成腋生假穗状或总状花序；小苞片 2，宿存；萼片 5，宿存；花瓣 5，白色；雄蕊 5，与花瓣互生，花药基部着生，顶孔开裂；子房上位，5 室，每室胚珠 2，具 2 层珠被，花柱 1，宿存，先端 5 裂。蒴果椭球形，室背开裂，裂片中部具隔膜。种子长筒状，压扁，顶端具翅或无；胚马蹄形，胚乳稀少。花粉粒 3 孔沟，外壁近光滑。

分布概况：1/1（1）种，**（7a）型**；分布于东亚和东南亚；中国产长江以南。

系统学评述：分子系统学研究表明，五列木属构成五列木科的基部分支[1]。孢粉学研究认为五列木属与五列木科其他属的亲缘关系较远[7]。

DNA 条形码研究：BOLD 网站有该属 1 种 7 个条形码数据；GBOWS 已有 1 种 14 个条形码数据。

代表种及其用途：五列木 *P. euryoides* Gardner & Champion 木材坚硬，可供建筑和家具等用材。

7. *Ternstroemia* Mutis ex Linnaeus f. 厚皮香属

Ternstroemia Mutis ex Linnaeus f. (1782: 264), *nom. cons.*; Min & Bartholomew (2007: 430) (Type: *T. meridionalis* Mutis ex Linnaeus f.)

特征描述：常绿灌木或乔木，全株无毛。叶互生，常聚生枝条近顶端呈假轮生状，全缘。花单性、杂性或单性和两性异株，常单生叶腋或数花聚生于无叶小枝，有花梗；小苞片 2，近对生；萼片 5，边缘常具腺状齿突；花瓣 5，基部稍合生；雄蕊 30-50，排成 1-2 轮，花丝短，基部合生，并贴生与花瓣基部，花药基部着生，纵裂；子房上位，

2-4（5）室，每室胚珠 2。浆果。种子肾形，稍压扁，假种皮肉质，常红色。花粉粒 3 孔沟，外壁光滑到具小穴。

分布概况：90/13（10）种，**2（3）型**；分布于热带和亚热带非洲，美洲，亚洲；中国产长江以南，广东、广西和云南尤盛。

系统学评述：基于叶绿体基因和核基因 ITS 研究认为，厚皮香属是个单系[3,4,6]，并与茶梨属构成单系分支[3,6]，而扩大类群取样的 ITS 分析结果表明，厚皮香属和茶梨属可能并互为姐妹群[4]。

DNA 条形码研究：BOLD 网站有该属 13 种 50 个条形码数据；GBOWS 已有 3 种 25 个条形码数据。

代表种及其用途：厚皮香 *T. gymnanthera* (Wight & Arnott) Beddome 可作园林绿化树种。

主要参考文献

[1] Schönenberger J, et al. Molecular phylogenetics and patterns of floral evolution in the Ericales[J]. Int J Plant Sci, 2005, 166: 265-288.

[2] Yang SX, et al. Reassessing the relationships between *Gordonia* and *Polyspora* (Theaceae) based on the combined analyses of molecular data from the nuclear, plastid and mitochondrial genomes[J]. Plant Syst Evol, 2004, 248: 45-55.

[3] Su YJ, et al. Phylogeny and evolutionary divergence times in *Apterosperma* and *Euryodendron*: Evidence of a Tertiary origin in South China[J]. Biochem Syst Ecol, 2011, 39: 769-777.

[4] Wu CC, et al. Phylogeny and taxonomy of *Eurya* (Ternstroemiaceae) from Taiwan, as inferred from ITS sequence data[J]. Bot Stud, 2007, 48: 97-116.

[5] 闵天禄. 五列木科[M]//吴征镒. 云南植物志, 第八卷. 北京: 科学出版社. 1997: 336-346.

[6] Prince LM, Parks CR. Phylogenetic relationships of Theaceae inferred from chloroplast DNA sequence data[J]. Am J Bot, 2001, 88: 2309-2320.

[7] 韦仲新, 等. 五列木科和肋果茶科花粉外壁超微结构及其与山茶科的系统学关系[J]. 云南植物研究, 1999, 21: 202-206.

Sapotaceae Jussieu (1789), *nom. cons.* 山榄科

特征描述： 乔木或灌木，有时具乳汁。单叶全缘；托叶早落或无。花单生或簇生，两性，稀单性或杂性，具小苞片；花萼裂片覆瓦状排列，或成 2 轮，基部联合；花冠合瓣，具短管；能育雄蕊着生于花冠裂片基部或冠管喉部，花药 2 室，药室纵裂，外向；退化雄蕊互生或无，鳞片状至花瓣状，无残存花药；雌蕊 1，子房上位，心皮合生，中轴胎座，花柱单生，顶端分裂。浆果或核果，果肉近果皮处有厚壁组织而成薄革质至骨质外皮。种子 1 至多数，具油质胚乳或无，种皮褐色，硬而光亮，富含单宁。花粉粒 3-5 孔沟，稀 6。染色体 x=7，9-14。

分布概况： 53 属/1100 种，泛热带分布；中国 11 属/23 种，主产华南和云南，少数产台湾，1 种延至西藏东南部。

系统学评述： 传统的山榄科基于形态特征被划分为 5 族，即金叶树族 Chrysophylleae、Isonandreae、Mimusopeae、Omphalocarpeae 和铁榄族 Sideroxyleae[1-5]。Anderber 和 Swenson[6]，以及 Swenson 和 Anderber[7]基于 *ndh*F 序列证据结合形态特征，将山榄科分为 3 个亚科，即金叶树亚科 Chrysophylloideae、Sapotoideae 和肉实树亚科 Sarcospermatoideae。

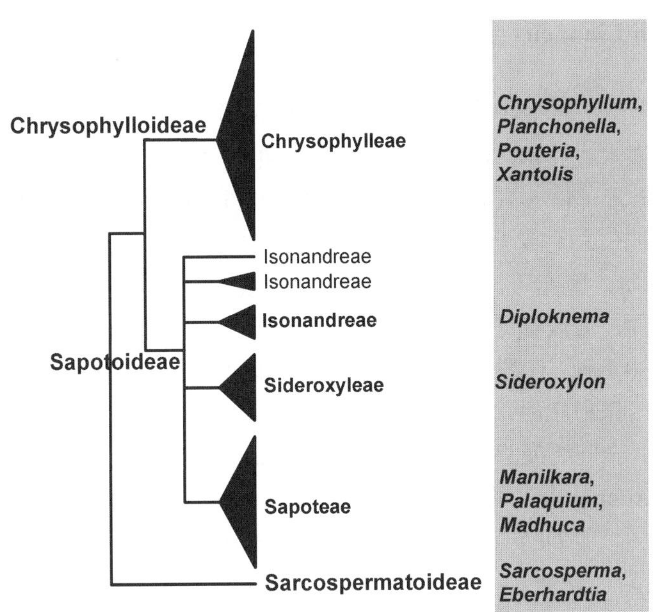

图 177　山榄科分子系统框架图（参考 Anderberg 和 Swenson[6]；Swenson 和 Anderberg[7]）

分属检索表

1. 花萼 5 裂，1 轮排列
   2. 花瓣不具附属物

3. 无退化雄蕊
4. 能育雄蕊 5-10；无托叶…………………………………………………………**1. 金叶树属 *Chrysophyllum***
4. 能育雄蕊 16-80；具托叶……………………………………………………………**2. 藏榄属 *Diploknema***
3. 具退化雄蕊
5. 花丝基部无毛；退化雄蕊顶端不为芒状；植株通常无刺
6. 种子疤痕侧生
7. 果较小，长不超过 2.5cm；种子疤痕狭长………………………………**7. 山榄属 *Planchonella***
7. 果较大，长 2.5-4.5cm；种子疤痕长圆形或阔卵形…………………………**8. 桃榄属 *Pouteria***
6. 种子疤痕基生
8. 叶对生或近对生，具托叶；子房 1-2 室；果核果状，椭圆形，果皮极薄……………………
……………………………………………………………………………………**9. 肉实树属 *Sarcosperma***
8. 叶互生，无托叶；子房 5 室；浆果卵圆形或球形，果皮厚……**10. 铁榄属 *Sideroxylon***
5. 花丝基部两侧各有一束长毛或有 1 条刚毛；退化雄蕊顶端芒状；植株通常具刺…………………
……………………………………………………………………………………………**11. 刺榄属 *Xantolis***
2. 花瓣具附属物……………………………………………………………………**3. 梭子果属 *Eberhardtia***
1. 花萼 4、6 或 8 裂，2 轮排列
9. 花萼 4 或 8 裂………………………………………………………………………**4. 紫荆木属 *Madhuca***
9. 花萼 6 裂
10. 花冠裂片两侧不具附属物；能育雄蕊 12-18，无退化雄蕊………………………**6. 胶木属 *Palaquium***
10. 花冠裂片两侧具附属物；能育雄蕊 6，具退化雄蕊…………………………**5. 铁线子属 *Manilkara***

1. *Chrysophyllum* Linnaeus 金叶树属

Chrysophyllum Linnaeus (1753: 166); Li & Pennington (1996: 208) (Type: *C. cainito* Linnaeus)

特征描述：灌木或乔木。叶互生；无托叶。花簇生叶腋；花萼具 5（6）裂片；花冠管状钟形；能育雄蕊（4）5-10，1 轮排列，着生于花冠喉部并与花瓣对生；无退化雄蕊；常无花盘；子房被长柔毛或无毛，1-10 室，每室 1 胚珠。果具厚至很薄的果皮。种子 1-8，种皮厚至纸质，脆壳质，疤痕狭或宽，侧生或几乎覆盖种子表面；胚乳无至丰富。花粉粒 3 或 4 孔沟，皱波-穿孔状纹饰。

分布概况：80/1 种，**3 型**；分布于美洲热带和亚热带，非洲大陆，马达加斯加及亚洲热带；中国产广东和广西。

系统学评述：金叶树属隶属于山榄科金叶树亚科，是个并系类群。金叶树属的分类历史较为复杂，Aubréville [2]将其分为 6 组，并被 Pennington 所接受[4]。Baehni[3]认为该属还应该包括 3 属，即 *Delpydora*、*Ecclinusa* 和 *Pradosia*；Swenson 和 Anderberg[7]的分子系统学研究认为，该属的分组应该更接近于地理分布，并且认为具有多个分支；Swenson 等[8]利用 7 个叶绿体片段和 2 个核基因片段证实无论是金叶树属还是其属下各组都是多系类群。

DNA 条形码研究：BOLD 网站有该属 22 种 151 个条形码数据；GBOWS 已有 2 种 10 个条形码数据。

代表种及其用途：金叶树 *Ch. lanceolatum* var. *stellatocarpon* P. Royen 的根和叶可入

药；果实可食用。

2. *Diploknema* Pierre 藏榄属

Diploknema Pierre (1884: 104); Li & Pennington (1996: 208) (Type: *D. sebifera* Pierre)

特征描述：乔木。叶互生，簇生枝顶，叶柄在基部增粗；托叶宿存。花序簇生于老枝的叶腋；花萼裂片（4）5（6），卵形，外面2镊合状排列，里面覆瓦状；花冠裂片7-16；能育雄蕊16-80，2-4列，着生于花冠喉部，有时雄蕊群退化，有时多数花瓣状的退化雄蕊；子房圆锥体，无毛或被绒毛，5-14室，无或具小花盘；花柱短，截形，每室具1胚珠，胚珠附着于中部或顶端。浆果。种子大，1-3（5），疤痕宽，种皮薄至厚，木质至壳质；胚乳无或存在，子叶厚，向边缘弯曲，胚根短，下位。花粉粒3-5孔沟，皱波-穿孔状纹饰。

分布概况：10/2（1）种，**7型**；分布于南亚次大陆，中南半岛，印度尼西亚，菲律宾；中国产云南和西藏。

系统学评述：藏榄属隶属于山榄科 Sapotoideae 亚科，是个并系类群。Pennington[4]将其归入 Isonandreae 族。Smedmark[9]基于5个叶绿体片段 *ndh*F、*trn*C-*pet*N、*pet*N-*psb*M、*psb*M-*trn*D 和 *trn*H-*psb*A 的研究显示，藏榄属为非单系，其中有1个种与胶木属 *Palaquium* 形成姐妹群。

代表种及其用途：云南藏榄 *D. yunnanensis* D. D. Tao & Z. H. Yang & Q. T. Zhang 为珍稀濒危物种。

3. *Eberhardtia* Lecomte 梭子果属

Eberhardtia Lecomte (1920: 345); Li & Pennington (1996: 207) (Lectotype: *E. tonkinensis* Lecomte)

特征描述：常绿乔木。单叶互生；托叶极早落，留痕迹。花簇生于叶腋，被锈色绒毛，具短柄；花萼（2）4-5（6）裂，裂片覆瓦状排列；花冠管近圆筒形，裂片5，线形，粗厚，每裂片背面有2附属物；能育雄蕊5，与花冠裂片对生，花丝下部加宽；退化雄蕊5，与花冠裂片互生，比能育雄蕊长，末端有1未发育的呈箭头状的花药，边缘具不规则细齿；子房上位，5室，每室1胚珠，花柱短，柱头不明显。核果，球形，近无毛或被毛，先端具残存花柱。种子5，室背开裂，疤痕长圆形；具油质胚乳。

分布概况：3/2 种，**4 型**；分布于越南，老挝；中国产云南东南部、广西和广东交界处。

系统学评述：梭子果属隶属于山榄科肉实树亚科，是单系类群。Pennington[4]将其归入 Minusopeae 族。分子证据显示该属与山榄科金叶树亚科和 Sapotoideae 形成姐妹群[9]。

DNA 条形码研究：BOLD 网站有该属1种1个条形码数据；GBOWS 已有1种8个条形码数据。

代表种及其用途：梭子果 *E. tonkinensis* Lecomte 是重要油料作物。

4. *Madhuca* Hamilton ex J. F. Gmelin 紫荆木属

Madhuca Hamilton ex J. F. Gmelin (1791: 773); Li & Pennington (1996: 205) (Type: *M. indica* Hamilton ex J. F. Gmelin)

特征描述：乔木，具乳汁。单叶互生，全缘，具柄；托叶极早落，稀宿存。花单生或簇生，具长梗；花萼裂片 4，2 轮排列，内轮具膜质边缘，稀 5 裂而 1 轮排列，极稀 6 裂，外轮常被粗毛，内轮仅具缘毛；花冠管圆筒形，喉部有粗毛环，裂片 8 或 5-18，在能育雄蕊之间，稀外面具绒毛，不具附属物；能育雄蕊 1-3 轮，稍分离，着生于花冠喉部且与花冠裂片互生，花丝无或极短，花药披针形或长圆状线形，药室外向开裂；无退化雄蕊；子房被毛，6-8（12）室，每室 1 胚珠，花柱钻形，宿存。浆果，具栗色、宿存增大的萼。种子 1-4，疤痕线形或长圆形；子叶肥厚；胚乳无或肉质。花粉粒 3-4（-6）沟，穿孔状纹饰。染色体 x=12，13。

分布概况：100/2 种，**5 型**；分布于斯里兰卡，印度，中南半岛，印度尼西亚，澳大利亚，马来西亚，加里曼丹；中国产云南、广东和广西。

系统学评述：紫荆木属是个多系类群，其隶属于山榄科的 Sapotoideae 亚科。Pennington[4]原来将其归入 Isonandreae 族。Smedmark[9]通过 *ndh*F、*trn*C-*pet*N、*pet*N-*psb*M、*psb*M-*trnD* 和 *trn*H-*psb*A 这 5 个叶绿体片段研究显示，紫荆木属为非单系，其中有 1 个种与 *Burckella* 形成姐妹群，但支持率不高。

DNA 条形码研究：BOLD 网站有该属 4 种 13 个条形码数据；GBOWS 已有 2 种 19 个条形码数据。

代表种及其用途：紫荆木 *M. pasquieri* (Dubard) H. J. Lam 种子含油 30%，可食；木材供建筑用。

5. *Manilkara* Adanson 铁线子属

Manilkara Adanson (1763: 166), *nom. cons.*; Li & Pennington (1996: 206) [Type: *M. kauki* (Linnaeus) Dubard, *typ. cons.* (≡ *Mimusops kauki* Linnaeus)]

特征描述：乔木或灌木。叶革质或近革质，侧脉甚密，具柄；托叶早落。花数朵簇生于叶腋；花萼 6 裂，2 轮排列；花冠裂片 6，每裂片的背部有 2 等大的花瓣状附属物；能育雄蕊 6，着生于花冠裂片基部或冠管喉部；退化雄蕊 6，与花冠裂片互生，卵形，顶端渐尖至钻形，不规则的齿裂、流苏状或分裂，有时鳞片状；子房 6-14 室，每室 1 胚珠。浆果。种子 1-6，侧向压扁，种脐侧生而长，种皮脆壳质；胚乳少；子叶薄，叶状。花粉粒 4-5 孔沟，穿孔状纹饰。染色体 2n=26。

分布概况：65/1 种，**7 型**；分布于热带；中国产广西和海南。

系统学评述：铁线子属是个多系类群，其隶属于山榄科 Sapotoideae 亚科。Pennington[4]原来将其归入 Minusopeae 族。Smedmark[9]基于 *ndh*F、*trn*C-*pet*N、*pet*N-*psb*M、*psb*M-*trn*D 和 *trn*H-*psb*A 这 5 个叶绿体片段研究显示，铁线子属包括 *Letestua* 共同聚为 1 个具有高支持率的单系分支。*Letestua* 与铁线子属形态特征较为相似，主要区别在于数目较多的花冠片、雄蕊和子房室。

DNA 条形码研究：BOLD 网站有该属 12 种 60 个条形码数据；GBOWS 已有 1 种 4 个条形码数据。

代表种及其用途：铁线子 *M. Hexandra* (Roxburgh) Dubard 种子含油 25%，可食用或者入药。

6. *Palaquium* Blanco 胶木属

Palaquium Blanco (1837: 403); Li & Pennington (1996: 206) (Lectotype: *P. lanceolatum* Blanco)

特征描述：乔木，具乳汁。小枝顶端具球果状鳞苞。叶簇生，革质，具柄；托叶极早落。花单生或簇生于叶腋，3 基数，有时成短花序生于小枝先端，花梗基部明显具苞片；花萼 6 裂，极稀 4 裂，2 轮排列，有时 5 或 7 裂，覆瓦状螺旋排列；花冠裂片 4-6，覆瓦状或螺旋排列；能育雄蕊（8）12-18（36），2 或 3 轮生于花冠喉部，花丝长，花药披针形，较短；无退化雄蕊；子房被长柔毛，（5）6（11）室，每室 1 倒生胚珠，通常悬垂，花柱 1，钻形。浆果，肉质果皮。种子 1-3，疤痕宽为种子的一半，种脐在先端，种皮坚脆或革质；胚在胚乳外，薄层；子叶肥厚，胚根极短。花粉粒 4-5 孔沟，皱波状纹饰。

分布概况：110/1 种，**7 型**；分布于亚洲东南部和太平洋诸岛；中国产台湾。

系统学评述：胶木属是单系类群，隶属于山榄科的 Sapotoideae 亚科。Pennington[4] 原来将其归入 Isonandreae 族。Smedmark[9]基于 5 个叶绿体片段 *ndh*F、*trn*C-*pet*N、*pet*N-*psb*M、*psb*M-*trn*D 和 *trn*H-*psb*A 研究显示，该属与藏榄属亲缘关系最近。

DNA 条形码研究：BOLD 网站有该属 4 种 11 个条形码数据。

代表种及其用途：台湾胶木 *P. formosanum* Hayata 木材可用；果可食。

7. *Planchonella* Pierre 山榄属

Planchonella Pierre (1890: 34), *nom. cons.*; Li & Pennington (1996: 211) [Type: *P. obovata* (R. Brown) Pierre, *typ. cons.* (≡ *Sersalisia obovata* R. Brown)]

特征描述：乔木或灌木，具乳汁。叶互生、近对生或对生，有时密聚于枝条顶端，或与花生于短枝上；托叶无或早落。花单生或簇生，具苞片；花 5 数，稀 4-6 数，两性，稀单性；花萼裂片 5，覆瓦状或螺旋状排列，基部连合成短管；花冠两面无毛，稀外面被毛；能育雄蕊 5，着生于花冠管喉部，与花冠裂片对生；退化雄蕊花瓣状，与花冠裂片互生；花盘杯状或环状，或缺，被柔毛；子房 5 室，稀 4 或 6 室，胚珠上转，着生于子房室的上半部。浆果。种子 1-6，疤痕狭长圆形，侧生，种脐在顶端；胚乳丰富；子叶薄而叶状。花粉粒 3 或 4 孔沟，穿孔状纹饰，偶为皱波状。

分布概况：100/3 种，**2 型**；分布于亚洲南部，马来西亚至澳大利亚，密克罗尼西亚，玻利尼西亚，夏威夷群岛，新西兰，塞舌耳，南美洲，新几内亚岛，其中澳大利亚和新喀里多尼亚尤盛；中国产海南和台湾。

系统学评述：山榄属是单系类群，其隶属于山榄科的 Chrysophylloieae 亚科。该属的分类处理一直存在争议，曾被置于 *Seychelles*，不同学者根据形态特征的研究对山榄属是否属于桃榄属有不同观点。Swenson[10]基于 ITS 序列的分子系统研究表明，山榄属为 1 个支持率较高的单系，属下可进一步划分为 3 个分支。

DNA 条形码研究：BOLD 网站有该属 55 种 89 个条形码数据。

代表种及其用途：山榄 *P. obovata* (R. Brown) Pierre 木材可用；叶可入药。

8. *Pouteria* Aublet 桃榄属

Pouteria Aublet (1775: 85); Li & Pennington (1996: 210) (Type: *P. guianensis* Aublet). ——*Lucuma* Molina (1782: 352)

特征描述：乔木或灌木，具乳汁。叶互生，或近对生，具叶柄；无托叶。花簇生；花萼基部联合，外面被柔毛，早落或果时宿存；花冠管状或钟状，无附属物；能育雄蕊着生于花冠管喉部上下；退化雄蕊鳞片或花瓣状，着生于花冠管喉部，与花萼裂片对生；子房基部围以杯状花盘。浆果圆球形。种子 1-5，疤痕占种子表面的一半或覆盖全表面；子叶厚。花粉粒 3-5 孔沟，光滑、皱波状、条纹状或皱波-穿孔状纹饰。染色体 $2n$=28。

分布概况：235/2 种，**2 型**；分布于热带；中国产广西、海南和云南。

系统学评述：桃榄属隶属于金叶树亚科，是山榄科最大的属。分子证据显示桃榄属为多系类群，种的划分与地理分布有关[6]。Swenson 和 Anderberg[7]基于 *ndh*F 序列分析发现，澳大利亚的桃榄属物种构成单系分支，但支持率较低，建议将其归并至其他属。Bartish 等[11]利用 ITS 片段分析证实，金叶树亚科中澳大利亚分布的几个属构成 1 个高支持率分支，但桃榄属仍是多系类群；Triono 等[12]利用 ITS 片段的研究证实了澳大利亚分布的桃榄属为多系。

DNA 条形码研究：BOLD 网站有该属 61 种 142 个条形码数据；GBOWS 已有 1 种 2 个条形码数据。

代表种及其用途：果实可食用，如桃榄 *P. annamensis* (Pierre) Baehni 等。

9. *Sarcosperma* J. D. Hooker 肉实树属

Sarcosperma J. D. Hooker (1876: 655); Li & Pennington (1996: 213) (Lectotype: *S. arboretum* J. D. Hooker)

特征描述：常绿乔木或小乔木，具乳汁。单叶全缘，具托叶痕。花单生或簇生，总状或圆锥花序；苞片小，三角形；花萼裂片 5，覆瓦状排列；花冠阔钟形，裂片 5；能育雄蕊 5，着生于花冠管上，与花冠裂片对生，花丝极短；退化雄蕊着生于花冠管喉部，与花冠裂片互生；子房无毛。核果，具白粉，果皮极薄。种皮薄，基部有一小的圆形疤痕；无胚乳。花粉粒 3-5 孔沟，穿孔状纹饰，微皱波状。

分布概况：9/5 种，**7 型**；分布于印度，马来西亚，印度尼西亚，菲律宾，中南半岛；中国产福建、广西、海南、浙江、贵州和云南。

系统学评述：肉实树属为单系类群，隶属于山榄科肉实树亚科。Pennington[4]原来将其与 *Sideroxylon*、*Argania* 和 *Diploon* 等共同归入 Isonandreae 族。Anderberg 和 Swnson[6]基于 *ndh*F 片段的分析显示，肉实树属与山榄科的其他类群构成姐妹群。

DNA 条形码研究：BOLD 网站有该属 1 种 2 个条形码数据；GBOWS 已有 3 种 10 个条形码数据

代表种及其用途：绒毛肉实树 *S. kachinense* (King & Prain) Exell 可作木材；果实可作染料。

10. *Sideroxylon* Linnaeus 铁榄属

Sideroxylon Linnaeus (1753: 192) (Lectotype: *S. inerme* Linnaeus). ——*Sinosideroxylon* (Engler) Aubréville (1963: 32)

特征描述：乔木或灌木。叶革质，无毛。花单生或簇生于叶腋，具梗；花萼裂片 5，卵形或披针形，外面被淡黄色绒毛，内面无毛；花冠 3 裂，裂片披针形或卵形，稀近圆形，形成花冠管，基部加粗；花药淡黄色，卵形，外向；退化雄蕊披针形或近三角形，近花瓣状；子房卵形，5 室，下部被锈色硬毛，顶端逐渐狭长成花柱。果无毛，果皮薄。种子 1，椭圆形，两侧压扁，疤痕基生或侧基生，近圆形；子叶薄；胚乳丰富，胚根圆柱形。花粉粒 3-4 孔沟，条纹-皱波状或皱波状纹饰。

分布概况：76/1 种，**4 型**；分布于热带非洲（包括马达加斯加），马斯克林群岛及热带美洲；中国产广东、广西、贵州南部及云南东南部。

系统学评述：铁榄属为多系类群，隶属于山榄科的 Sapotoideae 亚科。Pennington[4] 在 Aubréville[2]和 Baehni[3]分类处理基础上，将山榄科下多个属并入铁榄属，并将其归入 Sieroxyleae 族。分子证据显示所有铁榄属的种类和 *Argania* 及 *Nesoluma* 共同构成单系分支[6,7]。Smedmark 和 Anderberg[13]基于 5 个叶绿体片段 *trn*H-*psb*A、*trn*C-D、*trn*C-*psb*M、*psb*M-*trn*D 和 *ndh*F 及 1 个单拷贝核基因片段 AAT 分析证实了上述研究的结果，并且证实 *Sideroxylon oxyacanthum* Baillon 不属于上述分支，而应该属于金叶树亚科。

DNA 条形码研究：BOLD 网站有该属 9 种 37 个条形码数据；GBOWS 已有 2 种 4 个条形码数据。

代表种及其用途：革叶铁榄 *S. wightianume* W. J. Hooker & Arnott 等可作木材用。

11. *Xantolis* Rafinesque 刺榄属

Xantolis Rafinesque (1838: 36); Li & Pennington (1996: 209) [Type: *X. tomentosa* (Roxburgh) Rafinesque (≡ *Sideroxylon tomentosum* Roxburgh)]

特征描述：乔木或灌木，具刺。叶互生，全缘，侧脉羽状；无托叶。花两性，单生或簇生；苞片小；花萼具短管，宿存；花冠裂片内被毛；能育雄蕊着生于花冠裂片基部，花丝无毛，基部一侧或两侧具毛，花药箭头状；退化雄蕊花瓣状；子房无花盘。核果。种子 1-2，疤痕为种子长 2/3 或更长，或小而圆形，基生；胚乳丰富。花粉粒 3-5 孔沟，穿孔状纹饰。

分布概况：14/3 种，**7 型**；分布于亚洲大陆东南部及菲律宾；中国产广东、海南及云南。

系统学评述：刺榄属是单系类群，隶属于山榄科金叶树亚科。Pennington[4]曾将其置于金叶树族。*ndh*F 序列分析和形态证据显示刺榄属与金叶树亚科其他类群构成姐妹关系[6,7]。

DNA 条形码研究：BOLD 网站有该属 2 种 2 个条形码数据；GBOWS 已有 1 种 3 个条形码数据。

代表种及其用途：果实可食用，如滇刺榄 *X. stenosepala* (H. H. Hu) P. Royen 等。

主要参考文献

[1] Lam HJ, Varossieau WW. Revision of the Sarcospermataceae[J]. Blumea, 1938, 3: 183-200.

[2] Aubréville A. Notes sur des Sapotacées 3.1[J]. Adansonia, 1964, 4: 367-391.

[3] Baehni C. Mémoires sur les Sapotacées; tome 3: inventaire des genres. Hommage au Charles Baehni[J]. Boissiera, 1965, 11: 1-262

[4] Pennington TD. The genera of Sapotaceae[M]. Richmond: Royal Botanic Gardens, Kew, 1991: 1-13.

[5] Govaerts R, et al. World checklist and bibliography of Sapotaceae[M]. Richmond: Royal Botanic Gardens, Kew, 2001.

[6] Anderberg A, Swenson U. Evolutionary lineages in Sapotaceae (Ericales): a cladistic analysis based on *ndh*F sequence data[J]. Int J Plant Sci, 2003, 164: 763-773.

[7] Swenson U, Anderberg A. Phylogeny, character evolution, and classification of Sapotaceae (Ericales)[J]. Cladistics, 2005, 21: 101-130.

[8] Swenson U, et al. Multigene phylogeny of the pantropical subfamily Chrysophylloideae (Sapotaceae): evidence of generic polyphyly and extensive morphological homoplasy[J]. Cladistics, 2008, 24: 1006-1031.

[9] Smedmark JEE, et al. Accounting for variation of substitution rates through time in Bayesian phylogeny reconstruction of Sapotoideae (Sapotaceae)[J]. Mol Phylogenet Evol, 2006, 39: 706-721.

[10] Swenson U, et al. Molecular phylogeny of *Planchonella* (Sapotaceae) and eight new species from New Caledonia[J]. Taxon, 2007, 56: 329-354.

[11] Bartish IV, et al. Phylogenetic relationships among New Caledonian Sapotaceae (Ericales): molecular evidence for generic polyphyly and repeated dispersal[J]. Am J Bot, 2005, 92: 667-673.

[12] Triono T, et al. A phylogeny of *Pouteria* (Sapotaceae) from Malesia and Australasia[J]. Aust Syst Bot, 2007, 20: 107-118.

[13] Smedmark JEE, Anderberg AA. Boreotropical migration explains hybridization between geographically distant lineages in the pantropical clade Sideroxyleae (Sapotaceae)[J]. Am J Bot, 2007, 94: 1491-1505.

Ebenaceae Gücke (1891), *nom. cons.* 柿树科

特征描述：乔木或灌木。叶互生，常 2 列，单叶，全缘，羽状脉，下表面常含有蜜腺；无托叶。有限花序，常退化为单花，腋生；花常为单性花（雌雄异株），辐射对称；萼片 3-7，合生，常宿存且随着果实的发育而不同程度的增大；花瓣 3-7，合生，呈壶状，有覆瓦状或镊合状裂片，常卷旋；雄蕊（3-）6 至多数，花丝常贴生于花冠，花药偶从顶端开裂；心皮 3-8，合生，子房上位，中轴胎座，柱头 3-8，胚珠每室 1 或 2。浆果。种子大，外种皮薄。花粉粒 3 孔沟。植物组织中都含有黑色萘醌，有时含生氰化合物。

分布概况：4 属/548 种，泛热带分布，少数到温带；中国 1 属/60 种，产西南至东南。

系统学评述：柿树科曾经被置于柿树目 Ebenales[FRPS]，APG 系统将其置于杜鹃花目 Ericales。传统的柿树科仅包括柿属 *Diospyros* 和假乌木属 *Euclea*[1]。分子证据表明，原属于光果科 Lissocarpaceae 的光果属 *Lissocarpa* 与柿属构成姐妹关系，应置于柿树科内[2]。Duangjai 等[3]基于分子系统学研究表明，柿树科应分为柿亚科 Ebenoideae（包括柿属、假乌木属和 *Royena*）和光果亚科 Lissocarpoideae（仅含光果属）[3,4]。

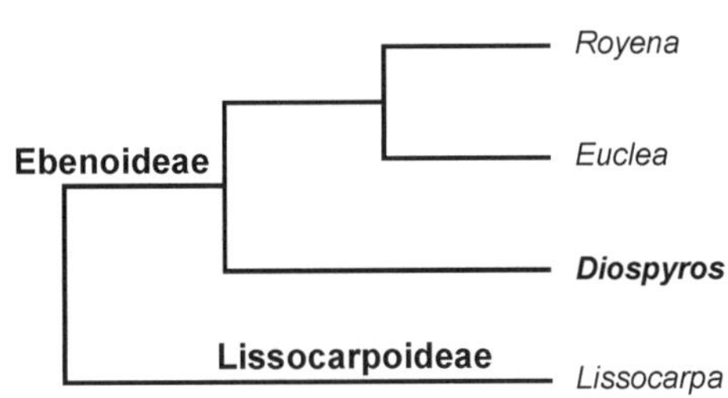

图 178　柿树科分子系统框架图（参考 Duangjai 等[3,4]）

1. *Diospyros* Linnaeus 柿属

Diospyros Linnaeus (1753: 1057); Li et al. (1996: 215) (Lectotype: *D. lotus* Linnaeus)

特征描述：落叶或常绿乔木或灌木。叶互生，偶或有微小的透明斑点。花单性，雄花常较雌花小，组成聚伞花序；雌花常单生叶腋；花萼 4（3-7）深裂，果期膨大；花冠壶形、钟形或管状，4-5（3-7）裂，裂片向右旋转排列；雄蕊 4 至多数，常 16，常 2 连生成对而形成两列；子房 2-16 室，花柱 2-5，常顶端 2 裂。浆果肉质，基部通常有增大的宿存萼。种子较大，常两侧压扁。花粉粒 3 孔沟，皱波-穿孔状纹饰。染色体 $2n=30$，60，90，135。

分布概况：约 485/60 种，**2 型**；泛热带分布，少数到温带；中国产西南和东南。

系统学评述：Duangjai 等[4]基于 8 个叶绿体片段的研究表明，该属为单系类群，与

假乌木属+*Royena*，形成姐妹群，属内可分为 11 个主要分支。

DNA 条形码研究：对中国柿属 7 种的研究表明，*mat*K、*trn*L-F、*trn*L 和 *psb*A-*trn*H 都可用于种间鉴别[5]。BOLD 网站有该属 171 种 630 个条形码数据；GBOWS 已有 20 种 136 个条形码数据

代表种及其用途：柿 *D. kaki* Debbarman & Biswas、君迁子 *D. lotus* Linnaeus 等是著名的水果。柿树的果可供提取柿漆，用于涂染鱼网，填塞船缝等。

主要参考文献

[1] Wallnöfer B. Ebenaceae[M]//Kubitzki K. The families and genera of vascular plants, VI. Berlin: Springer, 2004: 431-433.

[2] Berry PE, et al. Lissocarpa is sister to *Diospyros* (Ebenaceae)[J]. Kew Bull, 2001, 56: 725-729.

[3] Duangjai S, et al. Generic delimitation and relationships in Ebenaceae *sensu lato*: evidence from six plastid DNA regions[J]. Am J Bot, 2006, 93: 1808-1827.

[4] Duangjai S, et al. A multi-locus plastid phylogenetic analysis of the pantropical genus *Diospyros* (Ebenaceae), with an emphasis on the radiation and biogeographic origins of the New Caledonian endemic species[J]. Mol Phylogenet Evol, 2009, 52: 602-620.

[5] Huang Y, et al. Phylogenetic analysis of some androecious genotypes native to China and related *Diospyros* spp. using chloroplast fragments[J]. Int Soc Hortic Sci, 2013, 996: 103-110.

Primulaceae Batsch ex Borkhausen (1797), *nom. cons.* 报春花科

特征描述：草本、灌木、乔木或藤本。单叶互生，螺旋状排列，对生或轮生，基部常形成莲座状，全缘至有锯齿，具羽状脉。花常两性，常辐射对称；花萼 4 或 5；花瓣 4 或 5，合生，覆瓦状或旋转状排列；雄蕊 4 或 5，与花冠裂片对生；子房上位，特立中央胎座，多少呈球形；柱头点状或头状；胚珠倒生至弯生。蒴果，瓣裂或周裂；或浆果，种子嵌入肉质胎座轴中；或核果，种子 1 至多数。花粉粒多为 3 孔沟。虫媒传粉。染色体 2*n*=20，22，24，26，28，30，34，36，40，42，44，46，48，52，60，72，84，90，92，96，102，156。常含黄酮类次生代谢物。

分布概况：58 属/2590 种，分布于温带至热带；中国 17 属/652 种，南北均产，主产西南。

系统学评述：传统上报春花科隶属于报春花目 Primulales，包括约 22 属 1000 余种，多为多年生或一年生草本，稀为亚灌木。分子系统学研究表明，传统的报春花科并非单系类群，而是与假轮叶科 Theophrastaceae、紫金牛科 Myrsinaceae 和杜茎山科 Maesaceae 互相嵌套[1-3]。APG 系统采用广义报春花科的概念，科下包括杜茎山亚科 Maesoideae、假轮叶亚科 Theophrastoideae、报春花亚科 Primuloideae 和紫金牛亚科 Myrsinoideae，为单系，隶属于杜鹃花目 Ericales[APG III,APW]。在广义的报春花科中，杜茎山属 *Maesa* 位于最基部，是其他所有属的姐妹群[1-3]。

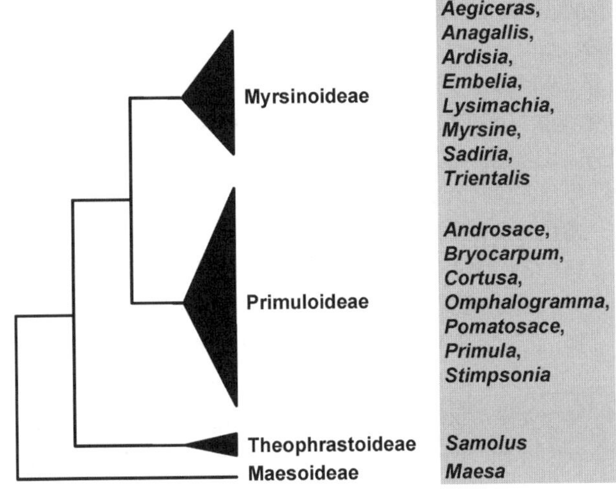

图 179　报春花科分子系统框架图（参考 Källersjö 等[1]；Trift 等[2]；Martins 等[3]）

分属检索表

1. 子房半下位；花冠裂齿内向镊合至镊合 ·························· **9. 杜茎山属 *Maesa***
1. 子房上位或少数属半下位；花冠裂片以覆瓦状排列或旋转状排列
  2. 子房半下位，保留有十分发育的退化雄蕊 ························ **15. 水茴草属 *Samolus***
  2. 子房上位，没有发育的退化雄蕊
    3. 植物通常具树脂道；具蒴果的草本植物（花冠裂片为旋转状排列）或具核果的木本植物
      4. 花通常 7 基数，单生于茎端叶腋 ······························ **17. 七瓣莲属 *Trientalis***
      4. 花通常 5 基数，如 6-9 基数，则排成腋生总状花序
        5.具蒴果的草本植物
          6. 蒴果盖裂；花丝被毛 ······································· **2. 琉璃繁缕属 *Anagallis***
          6. 蒴果瓣裂；花丝无毛 ······································· **8. 珍珠菜属 *Lysimachia***
        5.具核果的木本植物
          7. 果蒴果状，新月状圆柱形；花药具横隔；生长于江河出海口或海岸污泥滩红树林中 ··· ·· **1. 蜡烛果属 *Aegiceras***
          7. 果核果状，球形；花药无横隔；不生长于海岸或江河出海口等处
            8. 花序基部无苞片，具长总花梗或者生于特殊花枝顶端；花冠裂片螺旋状排列；柱头点尖；两性花
              9. 花冠裂片分裂近达基部，花冠筒短于花冠裂片 ·················· **4. 紫金牛属 *Ardisia***
              9. 花冠裂片分裂不达中部，花冠筒长于花冠裂片 ·················· **14. 管金牛属 *Sadiria***
            8. 总状花序、聚伞花序、伞形花序或花簇生，后两者通常无总花梗，着生于具覆瓦状排列的苞片的小短枝顶端；花冠裂片覆瓦状或镊合状排列；柱头各式；杂性花
              10. 总状花序、聚伞花序或伞形花序，顶生或腋生；通常为攀援灌木，稀藤本 ········ ·· **7. 酸藤子属 *Embelia***
              10. 花簇生或伞形花序，在顶端的叶腋；灌木或小乔木 ·············· **10. 铁仔属 *Myrsine***
    3. 植物不具树脂道；具蒴果的草本植物（花冠裂片覆瓦状或重覆瓦状排列）
      11. 雄蕊着生于花冠筒的基部；花药顶端尖锐 ·························· **6. 假报春属 *Cortusa***
      11. 雄蕊着生于花冠筒的中下部至中上部；花药先端钝
        12. 蒴果瓣裂
          13. 叶基生和茎生；花单生于茎上部叶腋成总状花序 ·········· **16. 假婆婆纳属 *Stimpsonia***
          13. 叶全部基生或在根出条上形成莲座状叶丛，极少在直立的茎上互生；花排成伞形花序、总状花序生于花葶端或单生于叶丛中
            14. 每一莲座丛具 2 至多花，花组成花序或单生，具苞片；如仅具单朵无苞片之花，则花冠必短于 2cm
              15. 花冠筒短于花萼或与花萼近等长，因筒口收缩而常成坛状；花单型；花粉粒具 3 孔沟，长球形 ·· **3. 点地梅属 *Androsace***
              15. 花冠筒通常明显长于花萼；花通常具长花柱和短花柱两型；花粉粒多型，但无明显的萌发孔 ·· **13. 报春属 *Primula***
            14. 每一莲座丛仅抽出 1 花葶，顶生单花，无苞片；花冠长 3-5cm ························ ·· **11. 独花报春属 *Omphalogramma***
        12. 蒴果周裂
          16. 花冠 7 裂；叶全缘；蒴果长筒状 ································ **5. 长果报春属 *Bryocarpum***
          16. 花冠 5 裂；叶羽状深裂；蒴果近球形 ························ **12. 羽叶点地梅属 *Pomatosace***

1. *Aegiceras* Gaertner 蜡烛果属

Aegiceras J. Gaertner (1788: 216); Chen & Pipoly (1996: 9) (Lectotype: *A. majus* J. Gaertner)

特征描述：灌木或小乔木。叶互生或于枝条顶端近对生，全缘。伞形花序，生于枝条顶端；花两性，5 数；萼片革质，斜菱形，呈左向螺旋状排列；花冠钟形，基部连合，裂片卵形或卵状披针形，呈覆瓦状排列；雄蕊的花丝基部连合成管；花药卵形，2 室，纵裂，每室具若干横隔；子房上位，向上渐窄形成花柱，柱头点尖；胚珠多数，镶入胎座内。蒴果，圆柱形，宿存萼紧包果基部。种子 1。染色体 $2n$=36，44，46，48。

分布概况：2/1 种，**7 型**；分布于东半球热带海边滩地；中国产东南至华南。

系统学评述：Hutchinson[4]将蜡烛果属独立成蜡烛果科 Aegicerataceae。Engler[5]重申 F. Pax 的观点，将蜡烛果属列为蜡烛果亚科 Aegiceratoideae，与紫金牛亚科、杜茎山亚科同属于紫金牛科[FRPS]。Källersjö 等[1]的分子系统学研究表明，蜡烛果属与 *Cybianthus* 及 *Myrsine* 聚为 1 支，但三者之间的系统发育关系未明确解决。

DNA 条形码研究：BOLD 网站有该属 1 种 28 个条形码数据；GBOWS 已有 1 种 12 个条形码数据。

代表种及其用途：该属植物的树皮可作提取栲胶原料，木材为较好的薪炭柴，如蜡烛果 *Aegiceras corniculatum* (Linnaeus) Blanco 等。

2. *Anagallis* Linnaeus 琉璃繁缕属

Anagallis Linnaeus (1753: 148); Hu & Kelso (1996: 79) (Lectotype: *A. arvensis* Linnaeus)

特征描述：草本，常无毛。茎直立或匍匐，圆柱形或具 4 棱。叶对生或互生，稀 3 轮生，全缘；无柄或具短柄。花单出腋生；花萼常深裂达基部，裂片 5，披针形或钻形，开展；花冠绯红色、青蓝色或白色，5 深裂，裂片在花蕾中旋转状排列；雄蕊 5，着生于花冠的基部，花丝常被毛，分离或基部连合成环；花药背着，先端钝；子房球形，花柱丝状，柱头钝。蒴果，成熟时自中部横裂为上下两半。花粉粒 3（4）孔沟，网状纹饰。染色体 $2n$=20，22，40。

分布概况：28/1 种，**1 型**；分布于欧洲，非洲，亚洲和南美洲温带；中国产浙江、福建、广东和台湾。

系统学评述：传统上琉璃繁缕属被置于报春花科珍珠菜族 Lysimachieae，以蒴果盖裂、花丝被毛为主要特征与珍珠菜族中的其他属区分开来[FRPS]。分子系统学研究表明，琉璃繁缕属与珍珠菜属 *Lysimachia* 系统发育关系近缘，互为姐妹群[3]。

DNA 条形码研究：BOLD 网站有该属 27 种 75 个条形码数据；GBOWS 已有 1 种 4 个条形码数据。

代表种及其用途：琉璃繁缕 *A. arvensis* Linnaeus 可用于毒蛇及狂犬咬伤、疮疡、鹤膝风等疾病。

3. *Androsace* Linnaeus 点地梅属

Androsace Linnaeus (1753: 141); Hu & Kelso (1996: 80) (Lectotype: *A. septentrionalis* Linnaeus)

特征描述：草本。叶基生或簇生于根状茎或根出条端，形成莲座状叶丛。伞形花序生于花葶端，很少单生而无花葶；花萼钟状至杯状，5 裂；花冠白色、粉红色或深红色，少有黄色，喉部常收缩成环状凸起，裂片 5，全缘或先端微凹；雄蕊 5，花丝短，贴生于花冠筒上；花药卵形；子房上位，花柱短，不伸出冠筒。蒴果近球形，5 瓣裂。种子常少数。花粉粒 3 孔沟，光滑偶具穿孔。染色体 $2n$=20，40，60。

分布概况：169/73 种，**8 型**；北半球温带广布；中国主产四川、云南和西藏。

系统学评述：点地梅属和报春花属 *Primula* 是报春花族 Primuleae 中的 2 个主要进化分支，并在各自的演化过程中分化出一些小属。花粉形态研究表明，点地梅属、羽叶点地梅属 *Pomatosace*、分布于欧洲的单种属 *Vitaliana*、分布于北美地区和亚洲北部的 *Douglasia* 花粉形态相似，均属于点地梅型，明显区别于报春花属及其近缘属植物的花粉形态[6]。分子系统发育研究表明，以上 4 属系统发育关系近缘，传统的点地梅属不是 1 个单系类群，但这 4 属能形成 1 个单系分支[7,8]，因此分子系统学证据支持将它们合并为广义的点地梅属。

DNA 条形码研究：BOLD 网站有该属 69 种 140 个条形码数据；GBOWS 已有 11 种 80 个条形码数据。

代表种及其用途：该属植物常用于布置岩石园或盆栽供观赏，如滇西北点地梅 *A. delavayi* Franchet、黄花昌都点地梅 *A. bisulca* Bureau & Franchet var. *aurata* (Petitmengin) Yung C. Yang & R. F. Huang 和景天点地梅 *A. bulleyana* Forrest 等。

4. *Ardisia* Swartz 紫金牛属

Ardisia Swartz (1788: 48), *nom. cons.*; Chen & Pipoly (1996: 10) (Type: *A. tinifolia* O. Swartz, *typ. cons.*)

特征描述：木本或亚灌木状近草本。叶常互生，全缘或具齿。聚伞花序、伞房花序、伞形花序或大型圆锥花序；两性花，常 5 数；花萼与花瓣基部连合，萼片镊合状或覆瓦状排列；花瓣右旋螺旋状排列，花时外反或开展，常具腺点；雄蕊着生于花瓣基部或中部；花药 2 室；雌蕊与花瓣等长或略长，子房常球形或卵珠形；花柱丝状。浆果核果状，球形或扁球形，具腺点。种子球形或扁球形。染色体 $2n$=24，44，46，92。

分布概况：815/68 种，**2 型**；分布于热带美洲，太平洋诸岛，印度半岛东部及亚洲东部至南部；中国产长江流域及其以南。

系统学评述：依据形态学，紫金牛属与管金牛属 *Sadiria* 亲缘关系较近。Mez[9]把 *Pimelandra* 中花冠裂片分裂近达基部的种类归为紫金牛属的 1 个亚属；其余花冠裂片分裂不达中部的种类新成立为管金牛属，花冠筒长于花冠裂片是管金牛属区分于紫金牛属的重要特征。分子系统学的证据表明紫金牛属与 *Hymenandra* 及 *Oncostemum* 具有较近的亲缘关系，但支持率不高。属下划分还需进一步研究阐明[1]。

DNA 条形码研究：BOLD 网站有该属 56 种 171 个条形码数据；GBOWS 已有 13

种 96 个条形码数据。

代表种及其用途：该属多数种类花果美丽，供观赏，有些入药，如朱砂根 *Ardisia crenata* Sims 和罗伞树 *A. quinquegona* Blume 等。有的种类还可以用嫩叶做茶，如南方紫金牛 *A. neriifolia* W. Nathaniel 等。

5. *Bryocarpum* J. D. Hooker & T. Thomson 长果报春属

Bryocarpum J. D. Hooker & T. Thomson (1857: 200); Hu & Kelso (1996: 188) (Type: *B. himalaicum* J. D. Hooker & T. Thomson)

特征描述：多年生草本，具粗短的根状茎。叶全部基生；具柄。花黄色，单生于花葶端，无苞片；花萼 7 裂，深裂达基部，裂片披针形；花冠漏斗状钟形，喉部无附属物，7 裂深达中部，裂片线形；雄蕊 7，贴生于花冠喉部，花丝极短；花药矩圆形，先端渐尖；子房窄长圆体状，先端渐尖与花柱相连；花柱细长，柱头头状；胚珠多数，着生于柱状的特立中央胎座上。蒴果，窄长筒状，顶端帽状盖裂。

分布概况：1/1 种，**14SH 型**；分布于不丹，印度（锡金）；中国产西藏南部。

系统学评述：长果报春属花单生于花葶顶端，形态学上与独花报春属 *Omphalogramma* 近缘，但花基数 7 又与独花报春属分开。分子证据表明长果报春属与独花报春属构成单系分支，并且与其姐妹群 *Soldanella* 及 *Hottonia* 共同构成支持率较高的单系分支[7]。

DNA 条形码研究：BOLD 网站有该属 1 种 2 个条形码数据；GBOWS 已有 1 种 8 个条形码数据。

代表种及其用途：长果报春 *B. himalaicum* J. D. Hooker & T. Thomson 在中国分布较狭窄，株形较好，供观赏。

6. *Cortusa* Linnaeus 假报春属

Cortusa Linnaeus (1753: 144); Hu & Kelso (1996: 79) (Lectotype: *C. matthioli* Linnaeus)

特征描述：草本。叶基生，叶片心状圆形；具长柄。伞形花序顶生，花葶直立；花梗不等长；花萼 5 深裂，裂片披针形，宿存；花冠漏斗状钟形，红色或黄色，5 裂达中部以下，裂片常卵圆形，喉部无附属物；雄蕊 5，着生于冠筒基部，花丝极短，基部膜质，连合成环；花药基部心形，向上渐狭，顶端具小尖头；子房卵珠形；胚珠多数，半倒生；花柱丝状，伸出冠筒外，柱头头状。蒴果，5 瓣裂。种子具皱纹。花粉粒 3 合孔沟，穿孔状纹饰，微皱波状。染色体 $2n=24$。

分布概况：4/1 种，**10 型**；分布于欧洲中部至亚洲北部；中国主产华北和西北。

系统学评述：假报春属隶属于报春花族，形态上以雄蕊着生于花冠筒的基部和花药顶端尖锐而与该族其他属区分开来。分子系统学研究表明，假报春属被包含在报春花属下的 *Primula* subgen. *Auganthus* 的 1 支中。假报春属与 *P.* subgen. *Auganthus* 的指叶报春组 *P.* sect. *Cortusoides* 在形态上相似，并且与该亚属内多数种类的花粉形态相似、染色体基数相同。分子系统学证据支持把假报春属并入广义的报春花属[2]。

DNA 条形码研究：BOLD 网站有该属 5 种 11 个条形码数据；GBOWS 已有 1 种 8

个条形码数据。

代表种及其用途：河北假报春 *C. matthioli* Linnaeus subsp. *pekinensis* (V. Richter) Kitagawa 可观赏。

7. *Embelia* N. L. Burman 酸藤子属

Embelia N. L. Burman (1768: 23), *nom. cons.*; Chen & Pipoly (1996: 19) (Type: *E. ribes* N. L. Burman)

特征描述：攀援灌木或藤本。单叶互生或二列或近轮生。总状花序、圆锥花序、伞形花序或聚伞花序，基部具苞片；花常单性，同株或异株，4 或 5 数；花萼基部连合；花瓣分离或仅基部连合；雄蕊在雄花中常超出花瓣，在雌花中退化，花药 2 室，纵裂；雌蕊在雄花中退化，在雌花中发达，子房球形，花柱伸长，常超出花瓣，胚珠 4。浆果核果状，光滑。种子 1。

分布概况：133/14 种，**4 型**；分布于太平洋诸岛，亚洲南部，非洲等热带及亚热带；中国东南至西南均产。

系统学评述：酸藤子属传统上属于紫金牛科下的紫金牛亚科，紫金牛科并入广义的报春花科后，酸藤子属与同样具核果的乔木和灌木类群，如紫金牛属、铁仔属 *Myrsine* 和 *Wallenia* 在广义报春花科内构成 1 个支持率较高的单系分支[10]。

DNA 条形码研究：BOLD 网站有该属 5 种 8 个条形码数据；GBOWS 已有 6 种 109 个条形码数据。

代表种及其用途：酸藤子 *E. laeta* (Linnaeus) Mez 等一些种类幼嫩部分可生吃，有酸味，亦可作蔬菜；果亦可生吃，有打虫作用，对驱蛔、绦虫有良效；茎、枝亦有供药用。

8. *Lysimachia* Linnaeus 珍珠菜属

Lysimachia Linnaeus (1753: 146); Hu & Kelso (1996: 39) (Lectotype: *L. vulgaris* Linnaeus). ——*Glaux* Linnaeus (1573: 207)

特征描述：草本。叶互生、对生或轮生，全缘。花单出腋生或排成顶生或腋生的总状花序或伞形花序，总状花序常缩短成近头状；花萼 5 深裂，宿存；花冠白色或黄色，辐状或钟状，5 深裂；雄蕊与花冠裂片同数对生；花丝分离或基部合生成筒，多少贴生于花冠上；花药部着或中部着生，顶孔开裂或纵裂；子房球形，花柱丝状或棒状。蒴果卵圆形或球形，常 5 瓣开裂。种子具棱角或有翅。花粉粒 3（4）孔沟，网状纹饰。染色体 $2n$=28，30，34，40，42，84，102。

分布概况：163/139 种，**1 型**；分布于北半球温带和亚热带；中国产江西、福建、台湾、广东、广西及云南。

系统学评述：分子系统学研究表明，传统上界定的珍珠菜属为 1 个并系类群，基于形态特征的属下划分也未得到分子证据的支持，海乳草属 *Glaux* 及琉璃繁缕属被包含进珍珠菜属这 1 支中，并与珍珠菜属中的一些种类具有非常近的亲缘关系[1,3]。形态上，除了没有花瓣这一特征外，海乳草属其他形态特征与珍珠菜属的很多种都非常一致，因此，海乳草属被并入珍珠菜属中。

DNA 条形码研究：基于 49 个种 ITS 和 *trn*L-F 序列信息分析表明，这 2 个片段对珍珠菜属物种的鉴定效果不是很明显[11]。BOLD 网站有该属 61 种 493 个条形码数据；GBOWS 已有 48 种 578 个条形码数据。

代表种及其用途：耳叶珍珠菜 *L. auriculata* Hemsleya 为民间常用草药和香料。

9. *Maesa* Forsskål 杜茎山属

Maesa Forsskål (1775: 66); Chen & Pipoly (1996: 1) (Type: *M. lanceolata* Forsskål)

特征描述：灌木。叶全缘或具齿。总状花序或圆锥花序；花 5 数，两性或杂性；花萼漏斗形，宿存；花冠白色或浅黄色，钟形至管状钟形，通常具脉状腺条纹；雄蕊着生于花冠管上，与裂片对生，内藏，杂性者在雌花中明显退化；花丝分离，常与花药等长；花药 2 室，纵裂；子房半下位或下位，胚珠多数。肉质浆果或干果，常具坚脆的中果皮（干果），顶端具宿存花柱或花柱基部，宿存萼包裹一半以上。种子多数。花粉粒 3 沟。染色体 $2n$=20。

分布概况：34/29 种，**4 型**；分布于东半球热带地区；中国产长江以南。

系统学评述：杜茎山属传统上被认为是紫金牛科中的 1 个族或亚科。分子系统学研究表明，在广义的报春花科中杜茎山属可能是其他所有属的姐妹群，并不属于传统上界定的紫金牛科中[1,2]。

DNA 条形码研究：BOLD 网站有该属 7 种 8 个条形码数据；GBOWS 已有 11 种 109 个条形码数据。

代表种及其用途：杜茎山 *M. japonica* (Thunberg) Moritzi & Zollinger 等的根和叶药用，可祛风、解疫毒、消肿胀。

10. *Myrsine* Linnaeus 铁仔属

Myrsine Linnaeus (1753: 196); Chen & Pipoly (1996: 34) (Type: *M. africana* Linnaeus). ——*Rapanea* Aublet (1775: 46)

特征描述：灌木或小乔木。叶常具锯齿，无毛；叶柄通常下延至小枝上，使小枝成一定的棱角。伞形花序或花簇生，腋生；花萼近分离或连合达全长的 1/2，萼片覆瓦状排列，常具缘毛及腺点，宿存；花瓣具缘毛及腺点；雄蕊着生于花瓣中部以下，与花瓣对生；花丝分离或基部连合；花药 2 室，纵裂；雌蕊无毛或几无毛。浆果核果状，球形或近卵形，内果皮坚脆。种子 1。花粉粒 3 沟。染色体 $2n$=46。

分布概况：104/11 种，**6 型**；分布于亚速尔群岛，非洲大陆，马达加斯加，阿拉伯，阿富汗，印度；中国产长江以南。

系统学评述：传统上铁仔属被置于紫金牛科紫金牛亚科中，被认为与密花树属 *Rapanea* 具有较近的亲缘关系，对于此 2 属是否合并，不同的学者有不同的观点[FRPS]。分子系统学研究显示，铁仔属隶属于广义报春花科的紫金牛亚科中，与同为具核果的乔木与灌木的紫金牛属、*Wallenia* 和酸藤子属构成 1 个支持率较高的单系分支[10]。

DNA 条形码研究：BOLD 网站有该属 9 种 23 个条形码数据；GBOWS 已有 3 种 75

个条形码数据。

代表种及其用途：该属中有些种类可药用，如铁仔 *M. africana* Linnaeus 等。

11. *Omphalogramma* (Franchet) Franchet 独花报春属

Omphalogramma (Franchet) Franchet (1898: 178); Hu & Kelso (1996: 185) (Type: *O. delavayi* Franchet)

特征描述：多年生草本，具木质根茎。叶基生，两面均有褐色小腺点；具柄。花深紫色至紫红色，单生于花葶端，无苞片；花萼 5-7 裂达基部，裂片披针状线形；花冠漏斗状或高脚碟状，稀为钟状，常略呈两侧对称，5-7 裂，裂片全缘或具凹缺或小齿；雄蕊 5-7，贴生于花冠筒上，花丝无毛或被毛，花药矩圆形或卵形，先端钝；子房卵圆形，胚珠多数，花柱细长，柱头头状。蒴果卵状长圆形或筒状，顶端 5-7 浅裂。花粉粒 3 孔沟，网状纹饰。染色体 $2n$=48，72，96。

分布概况：9/9 种，**14SH 型**；分布于缅甸北部；中国产云南、西藏和四川西部。

系统学评述：独花报春属形态上与同样为单花着生于花葶顶端的长果报春属相似，但长果报春属又以花基数为 7 与独花报春属相区别。分子证据表明，独花报春属与长果报春属构成单系分支，该分支又与其姐妹群 *Soldanella* 及 *Hottonia* 在共同构成 1 个支持率较高的单系分支[3]。

DNA 条形码研究：BOLD 网站有该属 8 种 84 个条形码数据；GBOWS 已有 9 种 160 个条形码数据。

代表种及其用途：该属植物在报春花科中花比较大，具有较高的观赏价值，如独花报春 *O. vinciflorum* (Franchet) Franchet 等。

12. *Pomatosace* Maximowicz 羽叶点地梅属

Pomatosace Maximowicz (1881: 499); Hu & Kelso (1996: 188) (Type: *P. filicula* Maximowicz)

特征描述：一年生或二年生草本。叶基生，羽状深裂。花 5 基数，在花葶端排成伞形花序；花萼杯状，5 裂，果时稍增大；花冠稍短于花萼，冠筒因筒口收缩而成坛状，喉部具环状附属物，冠檐 5 裂；雄蕊贴生于冠筒中上部，花丝极短，花药卵形，先端钝；子房扁球形，花柱稍粗，短于子房，柱头头状。蒴果近球形，由中部以下周裂成上下两半。染色体 $2n$=20。

分布概况：1/1（1）种，**15 型**；中国青海东部、四川西北部和西藏东北部特有。

系统学评述：分子系统发育分析表明，羽叶点地梅属、点地梅属、产欧洲的单种属 *Vitaliana* 与产北美地区和亚洲北部的 *Douglasia* 系统发育关系近缘，传统的点地梅属非单系，部分种类分别嵌套于上述 3 属内，上述 4 属共同构成单系分支[7,8]。因此，分子系统学研究倾向于将上述 4 个属合并为广义的点地梅属[7,8]。

DNA 条形码研究：BOLD 网站有该属 1 种 18 个条形码数据；GBOWS 已有 1 种 18 个条形码数据。

代表种及其用途：羽叶点地梅 *P. filicula* Maximowicz 可药用，对肝炎、高血压引起的发烧、子宫出血、月经不调、疝痛和关节炎等症有效。

13. *Primula* Linnaeus 报春花属

Primula Linnaeus (1753: 142); Hu & Kelso (1996: 99) (Lectotype: *P. veris* Linnaeus)

特征描述：草本。叶基生，莲座状。花 5 基数，常在花葶端排成伞形花序，少数为总状花序、短穗状或近头状花序，有时花单生，无花葶；花萼钟状或筒状，具浅齿或深裂；花冠漏斗状或钟状，喉部不收缩，筒部常长于花萼，裂片全缘、具齿或 2 裂；雄蕊贴生于冠筒上，花药先端钝，花丝极短；子房上位，近球形，花柱常有长短 2 型。蒴果，球形至筒状，顶端短瓣开裂或不规则开裂，稀为帽状盖裂。种子多数。花粉粒 3 合沟、3（4）沟或（5-）6（8）散孔，光滑、穿孔状或粗网状纹饰。染色体 $2n$=18，22，24，32，34，44，62，156。

分布概况：329/300 种，**8 型**；分布于北半球温带和高山地区；中国产西南和西北。

系统学评述：报春花属是传统界定的报春花科中最大的属。分子系统学研究表明，报春花属并不是单系，还包含有 *Dodecatheon*、假报春属、*Sredinskya* 及 *Dionysia* 的部分种类[12]。属的界定及属下划分仍需进一步深入研究。

DNA 条形码研究：BOLD 网站有该属 240 种 1140 个条形码数据；GBOWS 已有 69 种 916 个条形码数据。

代表种及其用途：该属多数种类花多艳丽，是优良的观赏植物，如霞红灯台报春 *P. beesiana* Forrest 等。

14. *Sadiria* Mez 管金牛属

Sadiria Mez (1902: 181) (Type: *non designates*)

特征描述：灌木或乔木。叶具柄；边缘具圆齿或全缘。圆锥花序腋生，通常少花簇生或伞形着生；花两性；花冠钟状或坛状，裂片卵圆形；雄蕊内藏，花丝极短，贴生于花冠基部；花药基着生，狭心形，偶有顶部着生，纵向开裂；子房近球形，花柱长而宽厚，柱头有凸起；胚珠少数。果球状具腺点。

分布概况：7/1 种，**14SH 型**；分布于缅甸；中国产云南东南部。

系统学评述：形态学上，管金牛属与紫金牛属亲缘关系较近，Mez[9]把 *Pimelandra* 中花冠裂片分裂近达基部的种分为紫金牛属的 1 个亚属，其余花冠裂片分裂不达中部的种类新成立为管金牛属，花冠筒长于花冠裂片是管金牛属区分于紫金牛属的重要特征。

15. *Samolus* Linnaeus 水茴草属

Samolus Linnaeus (1753: 171); Hu & Kelso (1996: 188) (Type: *S. valerandi* Linnaeus)

特征描述：草本。茎直立，单一或分枝，有时基部木质化。叶互生，有时具莲座状丛生的基生叶，全缘。花小，排成顶生总状花序或伞房花序，苞片常生长于花梗中部；花萼 5 裂，筒部与子房下部连合，宿存；花冠白色，近钟状，5 裂；雄蕊 5，贴生于花冠筒部或喉部，花丝短，花药先端钝或锐尖，药隔有时伸长；退化雄蕊 5，线形或舌状，与花冠裂片互生；子房球形，半下位，花柱短；胚珠多数，半倒生。蒴果球形，先端 5 裂。花粉粒 3 孔沟，穿孔状纹饰。染色体 $2n$=26，52。

分布概况：7/1 种，**1 型**；主产南半球；中国产云南、贵州、广东、广西和湖南。

系统学评述：传统上水茴草属被置于报春花科水茴草族 Samoleae 中，以子房半下位、苞片着生于花梗中部与传统报春花科的其他族区分。分子证据表明，水茴草属与 *Jacquinia*、*Clavija* 等近缘，构成单系分支，是广义报春花科中除杜茎山属外另一大分支中其他属的姐妹群[1]。

DNA 条形码研究：BOLD 网站有该属 3 种 12 个条形码数据。

16. *Stimpsonia* Wright ex A. Cray 假婆婆纳属

Stimpsonia Wright ex A. Cray (1858: 401); Hu & Kelso (1996: 80) (Type: *S. chamaedrioides* C. Wright ex A. Gray)

特征描述：一年生草本。基生叶具柄；茎叶互生，具短柄或无柄，边缘有粗齿。花多数，单生于茎上部苞片状叶腋，具短梗；花萼 5 深裂，裂片线状长圆形；花冠白色，高脚碟状，筒部略长于花萼，喉部不收缩，有细柔毛，裂片 5，在花蕾中覆瓦状排列；雄蕊 5，着生于花冠筒中部，花丝与花药近等长，花药近圆形，先端钝；子房球形，花柱短，长约达花冠筒中部。蒴果球形，5 瓣开裂达基部。花粉粒 3 孔沟，网状纹饰。

分布概况：1/1 种，14SJ 型；分布于亚洲东部；中国产华东和华南。

系统学评述：假婆婆纳属传统上置于报春花科报春花族中，以叶基生和茎生，花单生于茎上部叶腋成总状花序状而区别于该族内其他属植物。由于缺乏分子证据，该属在报春花科中的系统位置有待进一步研究。

DNA 条形码研究：BOLD 网站有该属 1 种 1 个条形码数据；GBOWS 已有 1 种 8 个条形码数据。

代表种及其用途：假婆婆纳 *S. chamaedryoides* Wright ex A. Gray 可药用，有活血、消肿止痛的功效。

17. *Trientalis* Linnaeus 七瓣莲属

Trientalis Linnaeus (1753: 344); Hu & Kelso (1996: 78) (Lectotype: *T. europaea* Linnaeus)

特征描述：多年生草本。茎直立。叶聚生茎端呈轮生状，下部叶极稀疏，互生，比茎端叶遥小或退化呈鳞片状。花单生于茎端叶腋；花萼通常 7 裂，宿存；花冠辐状，白色，筒部极短，常 7 裂，裂片在花蕾中旋转状排列；雄蕊与花冠裂片同数，着生于花冠裂片基部；花丝丝状；花药基部着生，线形，花后反卷；子房球形，花柱丝状；胚珠多数，半倒生。蒴果球形，5 瓣裂。种子背面稍扁平，腹面隆起，外种皮革质，具灰白色疏松的网状表皮层。花粉粒 3（4）孔沟或 4-8 散孔，穿孔状纹饰。染色体 $2n$=90，96。

分布概况：2/1 种，**8 型**；分布于北半球亚寒带；中国产东北和华北。

系统学评述：传统上七瓣莲属与珍珠菜属、海乳草属、琉璃繁缕属、*Asterolinon* 及 *Pelletiera* 被置于报春花科珍珠菜族中。分子证据表明，传统的珍珠菜族应置于紫金牛亚科中，在广义的报春花科中上述 6 属构成 1 个支持率较高的单系分支，其中，七瓣莲属是其他属的姐妹群[1]。

DNA 条形码研究：BOLD 网站有该属 2 种 13 个条形码数据；GBOWS 已有 1 种 3 个条形码数据。

代表种及其用途：七瓣莲 *T. europaea* Linnaeu 可栽培观赏。

主要参考文献

[1] Källersjö M, et al. Generic realignment in primuloid families of the Ericales *s.l.*: a phylogenetic analysis based on DNA sequences from three chloroplast genes and morphology[J]. Am J Bot, 2000, 87: 1325-1341.

[2] Trift I, et al. The monophyly of *Primula* (Primulaceae) evaluated by analysis of sequences from the chloroplast gene *rbc*L[J]. Syst Bot, 2002, 27: 396-407.

[3] Martins L, et al. A phylogenetic analysis of Primulaceae *s.l.* based on internal transcribed spacer (ITS) DNA sequence data[J]. Plant Syst Evol, 2003, 237: 75-85.

[4] Hutchinson J. The families of flowring plants[M]. Oxford: Oxford University Press, 1959.

[5] Engler A. Syllabus der pflanzenfamilien, II[M]. Berlin: Gebruder Borntraeger, 1964.

[6] Spanowsky W. Die bedeutung der pollenmorphologie fur die taxonomie der Primulaceae-Primuloideae[J]. Feddes Repert, 1962, 65: 149-214.

[7] 王玉金, 等. 点地梅属的分子系统学、生物地理学和垫状形态的趋同进化[J]. 植物分类学报, 2004, 42: 481-499.

[8] Boucher FC, et al. Reconstructing the origins of high-alpine niches and cushion life form in the genus *Androsace s.l.* (Primulaceae) [J]. Evolution, 2012, 66: 1255-1268.

[9] Mez C. Myrsinaceae[M]//Engler A. Das pflanzenreich, 9 (IV, 236). Leipzig: W. Engelmann, 1902: 1-437.

[10] Anderberg AA, Bertil S. Phylogenetic interrelationships in the order Primulales, with special emphasis on the family circumscriptions[J]. Can J Bot, 1995, 73: 1699-1730.

[11] Hao G, et al. Molecular phylogeny of *Lysimachia* (Myrsinaceae) based on chloroplast *trn*L-F and nuclear ribosomal ITS sequences[J]. Mol Phylogenet Evol, 2004, 31: 323-339.

[12] Mast AR, et al. Phylogenetic relationships in *Primula* L. and related genera (Primulaceae) based on noncoding chloroplast DNA[J]. Int J Plant Sci, 2001, 162: 1381-1400.

Theaceae Mirbel ex Ker Gawl (1816), *nom. cons.* 山茶科

特征描述：常绿灌木或小乔木。花两性，单生或2-5花簇生叶腋或近顶生；花瓣5-12，基部多少连生；雄蕊多数，排成2-6轮；子房3-5室，倒生胚珠，双孢八核葱型胚囊。蒴果。种子球形、半球形或多面体形，种脐圆形，细小，种皮角质；子叶富含油脂，留土萌发；无胚乳。花粉粒3孔沟（或拟孔沟），皱波状、颗粒状或网状纹饰。染色体 x=15。

分布概况：9属/约250种，分布于亚洲东部、南部和东南部，热带美洲和北美东南部；中国6属/145种，主要分布于秦岭-淮河以南；中国特有1属。

系统学评述：传统的山茶科包括山茶亚科 Theoideae 和厚皮香亚科 Ternstroemoideae，分子系统学研究支持后者和五列木属 *Pentaphylax* 共同构成五列木科，而山茶亚科成了山茶科[1]。山茶科包括紫茎族 Stewartieae（紫茎属 *Stewartia*）、大头茶族 Gordonieae（*Franklinia*、*Gordonia* 和木荷属 *Schima*）和山茶族 Theeae（圆籽荷属 *Apterosperma*、山茶属 *Camellia*、*Laplacea*、核果茶属和大头茶属），这3个族之间的关系并不明晰，但更多的证据支持山茶族为紫茎族和大头茶族构成的分支的姐妹群[2,3]。

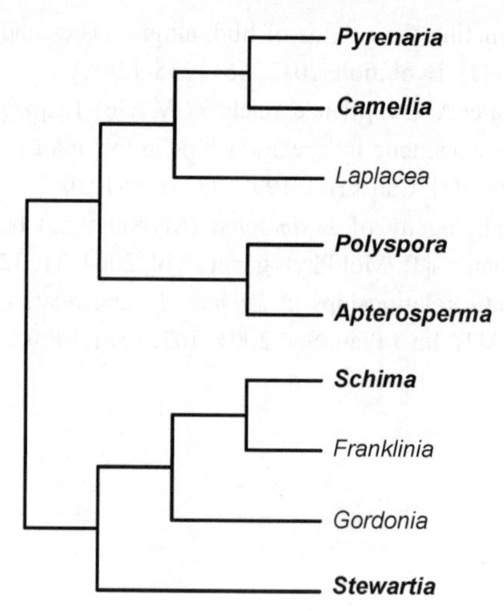

图180　山茶科的分子系统框架图（参考 Prince 和 Parks[2]；Li 等[3]）

分属检索表

1. 雄蕊2轮，花药基部着生……………………………………………………**1. 圆籽荷属 *Apterosperma***

1. 雄蕊2至多轮，花药背部着生

  2. 果为自下而上开裂的蒴果或不裂的核果……………………………………**4. 核果茶属 *Pyrenaria***

  2. 果为自上而下开裂的蒴果

    3. 种子球形，半球形或多面体形，无翅…………………………………………**2. 山茶属 *Camellia***

    3. 种子扁平，常有翅

4. 宿存萼片包住蒴果，果实无中轴或中轴长约心皮的 1/2……………………**6. 紫茎属 *Stewartia***
4. 宿存萼片不包住蒴果，果实中轴长为心皮的 2/3 或更多
    5. 蒴果长筒状；种子顶端有长膜质翅……………………**3. 大头茶属 *Polyspora***
    5. 蒴果球形；种子周围有膜质翅……………………**5. 木荷属 *Schima***

1. *Apterosperma* H. T. Chang 圆籽荷属

Apterosperma H. T. Chang (1976: 90); Min & Bartholomew (2007: 419) (Type: *A. oblata* H. T. Chang)

特征描述：常绿灌木或小乔木。叶革质，边缘具锯齿。花小，腋生，两性，有短花柄；小苞片 2，紧贴萼片下，早落；萼片 5，外面被微柔毛；花瓣 5，淡黄色，外面被粉状微柔毛；雄蕊约 30，排成 2 轮，外轮稍长，花药基部着生；子房 5 室，花柱极短。蒴果扁球形，自顶部沿室背开裂，中轴宿存。种子肾形，无翅或顶端具退化窄翅。花粉外壁光滑偶具小穴状纹饰。染色体 $2n=30$。

分布概况：1/1（1）种，**15-2 型**；仅零散分布于广东阳春、信宜和广西桂平，数量很少。

系统学评述：传统上被置于大头茶族，形态学[4]和分子系统学研究[2,5]均支持圆籽荷属区别于木荷属和山茶属，是山茶科中独立的属。分子系统学研究支持 *Laplacea*、圆籽荷属、山茶属、核果茶属和大头茶属共同组成单系的山茶族[5]。基于叶绿体 DNA 片段的研究表明该属与大头茶属有较近的亲缘关系[3]。

DNA 条形码研究：BOLD 网站有该属 1 种 4 个条形码数据；GBOWS 已有 1 种 3 个条形码数据。

代表种及其用途：圆籽荷 *A. oblata* H. T. Chang 木材细致坚硬，为优良用材。

2. *Camellia* Linnaeus 山茶属

Camellia Linnaeus (1753: 698); Min & Bartholomew (2007: 367) (Type: *C. japonica* Linnaeus)

特征描述：常绿灌木或小乔木。单叶，通常革质，边缘具锯齿。花两性，单生或 2-5 花簇生叶腋或近顶生；花瓣 5-12，基部多少连生；雄蕊多数，排成 2-6 轮，外轮花丝常基部合生成管，并与花瓣贴生，花药背部着生；子房 3-5 室，倒生胚珠，双孢八核葱型胚囊。蒴果。种子球形、半球形或多面体形，种脐圆形，细小，种皮角质；子叶富含油脂，留土萌发；无胚乳。花粉粒具皱颗粒状、皱波状、颗粒状或网状纹饰。染色体 $2n=15$。

分布概况：120/97（76）种，**7a（14）型**；分布于东亚和东南亚的亚热带和热带，个别种类北达朝鲜半岛和日本南部；中国主产秦岭-淮河以南，西至西藏东南部，东至台湾，北达山东半岛，以广西、云南的种类最为丰富。

系统学评述：ITS 片段分析支持山茶属和东亚产的大头茶属构成姐妹群[6]，其和核果茶属及圆籽荷属共同组成单系的山茶族[5]。而叶绿体分子片段分析则显示山茶属和核果茶属关系更近[3]，甚至暗示了山茶属本身并非单系类群[2]。对山茶属内系统关系的研究存在争论。根据形态学特征，张宏达[FRPS]将山茶属分为 22 组 280 种，而闵天禄[7]的世界

山茶属系统包括 14 组 119 种。ITS 片段分析仅支持张宏达的茶组和糙果茶组是单系类群[8]，然而叶绿体分子片段分析结果表明这 2 个组可能也不是单系[9]。叶绿体全基因组的分析表明，花无梗、有 5 离生花柱的滇山茶比茶组、山茶组、连蕊茶组等更早分化[10]，这和形态学分析较一致。

DNA 条形码研究：已得到山茶属约 60%的种类的 ITS 序列，然而由于可能存在的多拷贝现象等问题，ITS 序列测定的可靠性在山茶属中存在争议[11,12]。BOLD 网站有该属 135 种 457 个条形码数据；GBOWS 已有 22 种 62 个条形码数据。

代表种及其用途：茶 *C. sinensis* (Linnaeus) O. Kuntze、毛叶茶 *C. ptilophylla* H. T. Chang 和大理茶 *C. taliensis* (W. W. Smith) Melchior 等，是重要的饮料植物。该属多数种类种子含油量为 15%-65%，油茶 *C. oleifera* Abel、滇山茶 *C. reticulate* Lindley、南山茶 *C. semiserrata* C. W. Chi 和茶的种子是重要的食用和工业用油的来源。该属植物花冠白色、红色或黄色，是广泛栽培的花卉植物，较著名的有山茶 *C. japonica* Linnaeus、滇山茶、茶梅 *C. sasanqua* Thunberg 和金花茶 *C. petelotii* (Merrill) Sealy。油茶和茶等是优良的蜜源植物和薪炭用材。

3. *Polyspora* Sweet 大头茶属

Polyspora Sweet (1825: 205); Min & Bartholomew (2007: 418) [Type: *P. axillaris* (Roxburgh ex Ker Gawler) Sweet (≡ *Camellia axillaris* Roxburgh ex Ker-Gawler)]. ——*Gordonia* Ellis (1771: 520)

特征描述：常绿灌木或小乔木。叶常集生枝顶，革质，全缘或有锯齿。花腋生，有短柄；小苞片 2-7，早落；萼片 5；花瓣 5-6，基部略连生；雄蕊多数，着生于花瓣基部，花药背部着生；子房 3-5 室，柱头 3-5 裂。蒴果木质，长筒状。种子扁平，顶端有长膜质翅。花粉粒 3 孔沟，网状至皱网状纹饰。

分布概况：40/6（2）种，**14 型**；分布于东亚和东南亚；中国产华南及西南。

系统学评述：形态学研究认为应当将分布于亚洲的大头茶属类群并入 *Gordonia*[13]。分子证据表明东亚-北美间断分布的大头茶属不是单系类群，北美的 *Gordonia* 属于大头茶族，而东亚的种类则属于山茶族[5]。ITS 片段分析支持大头茶属和山茶属构成姐妹群[5]。

DNA 条形码研究：BOLD 网站有该属 6 种 24 个条形码数据；GBOWS 已有 3 种 29 个条形码数据。

代表种及其用途：大头茶 *P. axillaris* (Roxburgh ex Ker Gawler) Sweet ex G. Don 植株高大，花大美观，可供做庭园树、行道树、公园树、造林等用途。

4. *Pyrenaria* Blume 核果茶属

Pyrenaria Blume (1827: 1119); Min & Bartholomew (2007: 412) (Type: *P. serrata* Blume). —— *Parapyrenaria* H. T. Chang (1963: 287); *Tutcheria* Dunn (1908: 324)

特征描述：常绿灌木或小乔木。叶缘有锯齿。单花腋生，有柄或近无柄；萼片 5，不等大；花瓣 5，基部略连生；雄蕊多数，花药背部着生；子房 3-5 室，倒生胚珠，蓼型胚囊，花柱 3-5，离生或基部合生。果实为沿室背自下而上开裂的蒴果或不开裂的核果，每室通常 2 种子。种子纵向压扁，无翅；种皮光滑，骨质；种脐线形；无胚乳。花粉粒 3 孔沟，皱网状纹饰。

分布概况：26/13（7）种，**（7a-c）型**；分布于东亚和东南亚；中国产长江以南，云南、广西和广东尤盛。

系统学评述：ITS 片段分析支持核果茶属和山茶属构成姐妹群[6]。目前的核果茶属由多瓣核果茶属 *Parapyrenaria*、狭义的 *Pyrenaria*、石笔木属 *Tutcheria* 和华核果茶属 *Sinopyrenaria* 合并而成。根据 ITS 片段研究表明，这 4 个狭义的属都不是单系类群，它们分别和其他狭义属的种类构成不同的分支，华核果茶属构成了基部分支[6]。

DNA 条形码研究：BOLD 上有该属 7 种 14 个条形码数据；GBOWS 已有 3 种 9 个条形码数据。

5. *Schima* Reinwardt ex Blume 木荷属

Schima Reinwardt ex Blume (1823: 80); Min & Bartholomew (2007: 420) (Type: *S. excelsa* Blume)

特征描述：常绿乔木。小枝有白色皮孔；顶芽被绢毛。叶全缘或有锯齿，有柄。花常单生叶腋，近顶生，有细长花柄；小苞片通常 2，早落；萼片 5，宿存；花瓣 5，白色，基部连生；雄蕊多数，花药背部着生；子房密被绒毛，5 室。蒴果球形，木质。种子扁平，肾形，周围有膜质翅。花粉粒 3 孔沟，网状纹饰。

分布概况：20/13（6）种，**7-1 型**；分布于东亚和东南亚；中国长江以南广布，以西南种类最多。

系统学评述：叶绿体 DNA 片段分析将木荷属、*Gordonia* 和 *Franklinia* 一同置于大头茶族，构成单系，并认为木荷属和 *Franklinia* 构成姐妹群[2,3]。这一结果部分得到了 ITS 分析的支持[5,6]。

DNA 条形码研究：BOLD 网站有该属 6 种 19 个条形码数据；GBOWS 已有 6 种 74 个条形码数据。

代表种及其用途：该属的树皮含有的液汁供药用驱虫、催吐等；木材供建筑、造船及制作家具，如木荷 *S. villosa* Hu。

6. *Stewartia* Linnaeus 紫茎属

Stewartia Linnaeus (1753: 698); Min & Bartholomew (2007: 424) (Type: *S. malacodendron* Linnaeus). ——*Hartia* Dunn (1902: 2727)

特征描述：灌木或乔木，常绿或落叶。叶柄短，有对折翅或无翅，叶缘有锯齿。单花腋生或数花排列成短总状花序；小苞片 2，宿存，稀早落；萼片 5，宿存；花瓣 5，雄蕊多数，花丝基部合生成短管，并与花瓣贴生，花药背部着生；子房 5 室。蒴果被宿存萼片包裹，卵球形或圆锥形，无中轴或有短中轴。种子扁平，无翅或边缘有狭翅；胚小，胚乳丰富。花粉粒 3 孔沟，穿孔状纹饰。

分布概况：20/15（14）种，**9 型**；分布于东亚、东南亚和北美东部；中国产秦岭-淮河以南，西至西藏墨脱，北达陕西汉中，广东、广西、云南、浙江种类较多。

系统学评述：传统的紫茎属不包括叶柄有对折翅的折柄茶属 *Hartia*，由狭义的紫茎属和折柄茶属共同构成紫茎族。叶绿体分子片段分析表明紫茎族是个单系类群，折柄茶属只是狭义紫茎属其中的 1 支[3]。这 2 个狭义的属合并为紫茎属，它所包含的范围即为传统的紫茎族。分子系统学分析将紫现代茎属分为 3 支，折柄茶属为单系类群，与紫茎属中的 1 支构成姐妹群，基部 1 支为 *Stewartia malacodendron* Linnaeus[3]。

DNA 条形码研究：BOLD 网站有该属 11 种 35 个条形码数据；GBOWS 已有 4 种 24 个条形码数据。

代表种及其用途：紫茎 *S. sinensis* Rehder & E. H. Wilson 为特殊的观赏树木和优质的木材；种子榨油可食用或制皂；根、果可入药。

主要参考文献

[1] Schönenberger J, et al. Molecular phylogenetics and patterns of floral evolution in the Ericales[J]. Int J Plant Sci, 2005, 166: 265-288.

[2] Prince LM, Parks CR. Phylogenetic relationships of Theaceae inferred from chloroplast DNA sequence data[J]. Am J Bot, 2001, 88: 2309-2320.

[3] Li MM, et al. Phylogenetics and biogeography of Theaceae based on sequences of plastid genes[J]. J Syst Evol, 2013, 51: 396-404.

[4] Luna I, Ochoterena H. Phylogenetic relationships of the genera of Theaceae based on morphology[J]. Cladistics, 2004, 20: 223-270.

[5] Yang SX, et al. Reassessing the relationships between *Gordonia* and *Polyspora* (Theaceae) based on the combined analyses of molecular data from the nuclear, plastid and mitochondrial genomes[J]. Plant Syst Evol, 2004, 248: 45-55.

[6] Li R, et al. Phylogeny and taxonomy of the *Pyrenaria* complex (Theaceae) based on nuclear ribosomal ITS sequences[J]. Nord J Bot, 2011, 29: 780-787.

[7] 闵天禄. 世界山茶属的研究[M]. 昆明: 云南科技出版社, 2000.

[8] Vijayan K, et al. Molecular taxonomy of *Camellia* (Theaceae) inferred from nrITS sequences[J]. Am J Bot, 2009, 96: 1348-1360.

[9] 方伟, 等. 基于叶绿体四个 DNA 片段联合分析探讨山茶属长柄山茶组、金花茶组和超长柄茶组的系统位置与亲缘关系[J]. 云南植物研究, 2010, 32: 1-13.

[10] Yang JB, et al. Comparative chloroplast genomes of *Camellia* species[J]. PLoS One, 2013, 8: e73053.

[11] 杨俊波, 等. 四个 DNA 片段在山茶属分子系统学研究中的应用[J]. 云南植物研究, 2006, 28: 108-114.

[12] Vijayan K, Tsou CH. Technical report on the molecular phylogeny of *Camellia* with nrITS: the need for high quality DNA and PCR amplification with Pfu-DNA polymerase[J]. Bot Stud, 2008, 49: 177-188.

[13] 韦仲新. 山茶科花粉超微结构及其系统学意义[J]. 云南植物研究, 1997, 19: 143-153.

Symplocaceae Desfontaines (1820), *nom. cons.* 山矾科

特征描述：灌木或乔木，冬芽数个，上下叠生。单叶互生；无托叶。花辐射对称，多为两性，常簇生叶腋或组成花序；花萼 3-5 裂，深裂或浅裂，常宿存；花冠分裂至基部或中部，通常 5 裂；雄蕊常多数，排成数轮，分离或合成数束，着生于花冠筒上，花药近球形，2 室，纵裂；子房下位或半下位，顶端常具花盘或腺点，2-5 室，每室胚珠 2-4，下垂；花柱 1，细长，柱头小。核果，顶端冠以宿存的萼裂片，每室具种子 1。种子具丰富胚乳。花粉粒（2-）3-4 孔沟，皱波-穿孔状纹饰。染色体 *n*=11，12，14，ca. 45。

分布概况：2 属/320 种，美洲，东亚及大洋洲分布；中国 1 属 42 种，主要分布于西南至东南。

系统学评述：传统认为山矾科与柿树科 Ebenaceae、山榄科 Sapotaceae 及安息香科 Styracaceae 关系密切，应作为 1 群而置于柿树目 Ebenales 内[1]。直至 APG 系统将山矾科连同上述 3 科等一并划入杜鹃花目 Ericales。Schönenberger 等[2]的研究在一定程度上支持该科与岩梅科 Diapensiaceae 和安息香科组成的 1 支构成姐妹群关系。山矾科早期常被分作数个属，但多数研究均支持将山矾科作为 1 个单属科处理。但 Fritsch 等[3]依据 5 个基因片段（ITS、*trn*L-F、*rpl*16、*mat*K 和 *trn*C-D）的分子系统学研究和较全面的形态学性状分支分析，对该科重新进行了修订，提出了 1 个新的分类系统，其中包括 2 属，即 *Cordyloblaste* 和山矾属，而 *Cordyloblaste* 是由原来山矾属的 1 个组 *Symplocos* sect. *Cordyloblaste* 提升而成。

1. ***Symplocos*** **Jacquin** 山矾属

Symplocos Jacquin (1760: 24); Wu & Nooteboom (1996: 235) (Type: *S. martinicensis* Jacquin)

特征描述：常绿或落叶。叶中脉具沟、平或正面突出。花序腋生、假顶生或不规则联生；雌雄同株或异株；苞片与花对生，早落或宿存；花梗铰接；萼筒多漏斗状；花瓣基部合生或明显超出基部，白色、黄色、粉红色到薰衣草色，裂片纸质或类革质；雄蕊外露或在花冠内，花丝圆柱形或切向扁平，顶端收缩，无毛或短柔毛；雌蕊 2-5 心皮，子房下位；蜜腺盘无毛或短柔毛。内果皮 1-5 细胞，顶端凹陷，表面弯曲，具沟或肋。胚直或弯曲。染色体 *n*=11，12，14。

分布概况：318/42（18）种，**2-1（3）型**；美洲，东亚及大洋洲分布；中国主要分布于西南至东南，以西南的种类较多，东南仅有 1 种。

系统学评述：Don [4]首先将山矾属分为 3 组，即 *Symplocos* sect. *Alstonia*、*S.* sect. *Hopea* 和 *S.* sect. *Plaura*，之后 de Candolle [5]在此 3 组的基础上增加了 1 个组 *S.* sect. *Ciponima*。Bentham & Hooker [6]将 *S.* sect. *Plaura* 移入 *S.* sect. *Hopea*；又增加了 1 个亚洲组 *S.* sect. *Cordyloblaste*，该组最初作为属 *Cordyloblaste* Henschel ex Moritzi (1848)提出。Brand [7]

将山矾属划分 4 亚属 8 组，即 *Symplocos* subgen. *Symplocos*（包含 *S.* sect. *Symplocos* 和 *S.* sect. *Cordyloblaste*）、*S.* subgen. *Epigenia*（包含 *S.* sect. *Barberina* 和 *S.* sect. *Pseudosymplocos*）、*S.* subgen. *Hopea*（包含 *S.* sect. *Bobua* 和 *S.* sect. *Palaeosymplocos*）和 *S.* subgen. *Microsymplocos*（包含 *S.* sect. *Neosymplocos* 和 *S.* sect. *Urbaniocharis*）。在 Brand 的分类系统基础上，一些修改的系统也被提出。Nooteboom[8]将 *S.* subgen. *Epigenia* 和 *S.* subgen. *Microsymplocos* 加入 *S.* subgen. *Hopea* 之中，于是山矾属分为 2 亚属，即 *S.* subgen. *Symplocos* 和 *S.* subgen. *Hopea*。而 Fritsch 等[3]则将山矾属则分为 2 亚属，即 *S.* subgen. *Palura* 和 *S.* subgen. *Symplocos*，其中后者包含 3 组，即 *S.* sect. *Lodhra*、*S.* sect. *Barberina* 和 *S.* sect. *Symplocos*（包含 2 系，即 *S.* ser. *Urbaniocharis* 和 *S.* ser. *Symplocos*）。

DNA 条形码研究：BOLD 有该属 121 种 184 个条形码数据；GBOWS 已有 10 种 121 个条形码数据。

代表种及其用途：该属植物具有一定的药用和观赏价值，其中白檀 *S. paniculata* Miquel 是良好的园林观赏树种；其种子含油 30%左右，经提炼可作食用油，在工业上也有广泛用途；花含蜜腺，可作为蜜源植物；叶片是优良的牲畜饲料；此外，据《中华本草》记载，白檀还可作为药材，具有清热解毒、调气散结、祛风止痒等功效。

主要参考文献

[1] Nooteboom HP. Symplocaceae[M]//Kubitzki K. The families and genera of vascular plants, VI. Berlin: Springer, 2004: 431-433.

[2] Schönenberger J, et al. Molecular phylogenetics and patterns of floral evolution in the Ericales[J]. Int J Plant Sci, 2005, 166: 265-288.

[3] Fritsch PW et al. Revised infrafamilial classification of Symplocaceae based on phylogenetic data from DNA sequences and morphology[J]. Taxon, 2008, 57: 823-852.

[4] Don D. Prodromus Florae Nepalensis[M]. London: J. Gale, 1825.

[5] de Candolle. Prodromus systematis naturalis regni vegetabilis 8[M]. Paris, London, Strasbourg: Treuttel & Wurtz, 1844.

[6] Bentham G, Hooker JD. Genera plantarum, Vol. 2[M]. London: Lovell Reeve, 1876.

[7] Brand A. Symplocaceae[M]//Engler A. Das pflanzenreich, 6 (IV, 242). Leipzig: W. Engelmann, 1901: 1-111.

[8] Nooteboom HP. Revision of the Symplocaceae of the Old World *Caledonia* excepted. Leiden Botanical Series 1[M]. Leiden: Universitaire Pers, 1975.

Diapensiaceae Lindley (1836), *nom. cons.* 岩梅科

特征描述：多年生草本或常绿亚灌木。无次级木射线。叶互生或对生，单叶；无托叶；叶柄束弓形至环形。花两性，腋生，辐射对称，单生或排成总状花序；萼 5 裂；花冠 5 裂；雄蕊 5，着生于花冠上，与花瓣对生，常有退化雄蕊 5，花药纵裂，多少弯曲，花丝扁平；子房上位，3 室，有多数胚珠生于中轴胎座上，珠被具 5-7 层细胞；柱头短，3 裂。蒴果。胚乳丰富。花粉粒 3 孔沟。染色体 n=6。

分布概况：6 属/18 种，环北极圈和北温带分布，主产东亚和美国东部；中国 3 属/6 种，主产西南和台湾。

系统学评述：岩梅科是杜鹃花目 Ericales 中的小科，与安息香科系统发育关系近缘[1,2,APG]。基于 ITS、*rbc*L、*ndh*F 和 *mat*R 分子片段的分析表明，岩穗属 *Galax* 位于岩梅科最基部，构成其他属的姐妹群。岩匙属 *Berneuxia*、岩梅属 *Diapensia*、岩扇属 *Shortia* 和岩镜属 *Schizocodon* 构成单系分支（其中岩扇属与岩镜属互为姐妹群，亦有学者将岩镜属作为岩扇属的异名），与岩樱属 *Pyxidanthera* 互为姐妹群关系[3]。

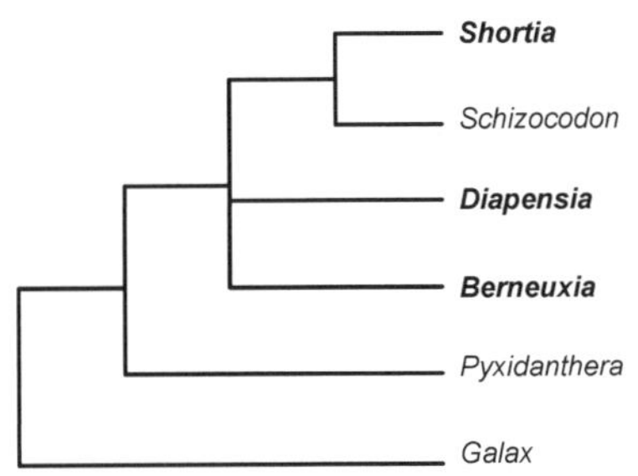

图 181　岩梅科分子系统框架图（参考 Rönblom 等[3]）

分属检索表

1. 常绿平卧半灌木；叶极小，全缘，具鞘状叶柄；花单生枝顶，几无花梗，但果期伸长；无退化雄蕊或具距状凸起的微小退化雄蕊 ………………………………………………………… **2. 岩梅属 *Diapensia***
1. 多年生草本；叶片较大，全缘或有钝齿，具长柄，柄不为鞘状；花单生或排成伞形总状花序；常具明显的鳞片状或条状匙形退化雄蕊
    2. 花 7-13 排成顶生的伞形总状花序；雄蕊和退化雄蕊连合成环状，着生于花冠筒的基部 ………………………………………………………… **1. 岩匙属 *Berneuxia***
    2. 花单生于基部，具长梗；雄蕊和退化雄蕊（如有）离生或分成上下两层，着生于花冠筒部 ………………………………………………………… **3. 岩扇属 *Shortia***

1. *Berneuxia* Decaisne 岩匙属

Berneuxia Decaisne (1873: 159); Qin et al. (2005: 237) (Type: *B. thibetica* Decne)

特征描述：多年生草本，光滑无毛。根状茎具卵状鳞片，伸长，略弯曲。叶丛生于基部根状茎上呈莲座状，革质，基部下延，全缘，微反卷，具网状叶脉；叶柄伸长，粗壮。花生于花葶上，成顶生伞形状或头状总状花序；小苞片线状披针形；花 5 数，花冠深裂；雄蕊生于花冠筒的基部，与具髯毛的短的匙状退化雄蕊连合成环，花丝伸长，略粗壮，圆柱形，花药 2 室，纵裂成肾形；子房扁球形，3 室，每室具多数倒生胚珠，花柱单一，圆柱形，柱头小，盘状，微 3 浅裂。蒴果球形，室背开裂，通常包于宿存的绿色花萼内。花粉粒 3 孔沟，网状纹饰。

分布概况：1/1（1）种，**15 型**；中国西南特有。

系统学评述：岩匙属为中国特有的单种属。基于 ITS、*rbc*L、*ndh*F 和 *mat*R 分子片段的分析表明，该属与岩扇属和岩梅属构成 1 个分支，系统发育关系较近缘[3]。

DNA 条形码研究：BOLD 网站有该属 1 种 1 个条形码数据；GBOWS 已有 1 种 4 个条形码数据。

代表种及其用途：岩匙 *B. thibetica* Decne 全草入药，可治疗风寒感冒、咳嗽、哮喘及跌打损伤。

2. *Diapensia* Linnaeus 岩梅属

Diapensia Linnaeus (1753: 141); Qin et al. (2005: 235) (Lectotype: *D. lapponica* Linnaeus)

特征描述：常绿垫状平卧亚灌木。叶小，互生。花单生枝顶，直立，花梗几无（果期伸长）；萼片 5，宽卵形，先端钝或具短尖头；花冠漏斗状钟形或高脚状碟形，5 浅裂；雄蕊 5，生于花冠筒喉部，花丝宽短，花药钝尖，2 室，纵裂；退化雄蕊无或极小；子房 3 室，胚珠多数，倒生，花柱直立，柱头 3 浅裂。蒴果近球形，3 室，室背开裂，每室具多数种子。种子近方体形，种皮海绵状；胚乳丰富。花粉粒 3 孔沟，网状纹饰。

分布概况：4/3（1）种，**8-2 型**；分布于亚洲，欧洲北部和北美；中国产西南。

系统学评述：分子证据表明岩梅属为单系类群，与岩匙属、岩扇属和岩镜属构成 1 个分支，系统发育关系近缘，但种间关系尚不清楚[3]。

DNA 条形码研究：BOLD 网站有该属 1 种 4 个条形码数据；GBOWS 已有 1 种 4 个条形码数据。

3. *Shortia* Torrey & A. Gray 岩扇属

Shortia Torrey & A. Gray (1908: 234), *nom. cons.*; Qin et al. (2005: 237) (Type: *S. galacifolia* Torrey & A. Gray)

特征描述：多年生草本，具羽状脉的卵形鳞片。叶多数，簇生于根状茎的顶端，革质或纸质；具长叶柄。花葶单 1 或 2-6，伸长，花单生顶端，俯垂，基部具苞片；花萼深 5 裂，宿存；花冠钟状，深 5 裂，边缘具齿；雄蕊 5，生于花冠筒的基部，花丝线形，花药短；退化雄蕊 5，鳞片状，贴生于花冠基部，与发育雄蕊互生，与花冠裂片对生；子房圆球形，3 室，每室具多数胚珠，花柱单一，伸长，柱头微浅 3 裂。蒴果球形，包被于膨大的花萼内，室背开裂。种子小，卵球形；胚乳肉质；子叶极短。花粉粒 3 孔沟，网状纹饰。

分布概况：4/2（1）种，**9 型**；分布于东亚和北美东部；中国云南有 1 种、台湾有 1 种。

系统学评述：岩扇属为单系类群，分子证据表明该属与岩镜属互为姐妹群（但也有学者将岩镜属作为岩扇属的异名），同时与岩匙属、岩扇属系统发育关系较近缘，但系统间关系仍不清楚[3]。

DNA 条形码研究：BOLD 网站有该属 3 种 33 个条形码数据；GBOWS 已有 1 种 4 个条形码数据。

代表种及其用途：台湾岩扇 *S. exappendiculata* Hayata 可用于园林地被。

主要参考文献

[1] Anderberg AA, et al. Phylogenetic relationships in the order Ericales *s.l.*: analyses of molecular data from five genes from the plastid and mitochondrial genomes[J]. Am J Bot, 2002, 89: 677-687.

[2] Geuten K, et al. Conflicting phylogenies of balsaminoid families and the polytomy in Ericales: combining data in a Bayesian framework[J]. Mol Phylogenet Evol, 2004, 37: 711-729.

[3] Rönblom K, Anderberg AA. Phylogeny of Diapensiaceae based on molecular data and morphology[J]. Syst Bot, 2002, 27: 383-395.

Styracaceae de Candolle & Sprengel (1821), *nom. cons.* 安息香科

特征描述：木本。单叶，互生；无托叶。常为总状、聚伞或圆锥花序；小苞片小或无，常早落；花萼杯状、倒圆锥状或钟状，通常顶端4-5齿裂；花冠常合瓣；雄蕊常为花冠裂片数的2倍，花丝常大部分合生成管，贴生于花冠管上；子房上位、半下位或下位，常3-5室，每室有胚珠1至多数；胚珠倒生，直立或悬垂，中轴胎座，珠被1或2层。核果具一肉质外果皮或为蒴果，稀浆果，具宿存花萼。种子无翅或有翅，具宽大种脐，多由风散布。花粉粒3沟孔。风媒或虫媒。染色体 $2n$=16，24。有些种类种子油称“白花油”，树脂称“安息香”。

分布概况：11属/160种。主要分布于亚洲东南部和美洲东南部（从墨西哥至南美洲热带），少数分布至地中海沿岸；我国11属/50-60种，分布北起辽宁东南部，南至海南岛，东至台湾，西达西藏。

系统学评述：早期的安息香科包括17属，但后来公认为11属。近年来南美的花弄蝶属 *Pamphilia* 被归并到安息香属下[1,2]，而长果安息香属 *Changiostyrax* 从秤锤树属 *Sinojackia* 中分离，另立为1新属[3]，并得到分子系统学支持[4]。基于以上，11属分别是

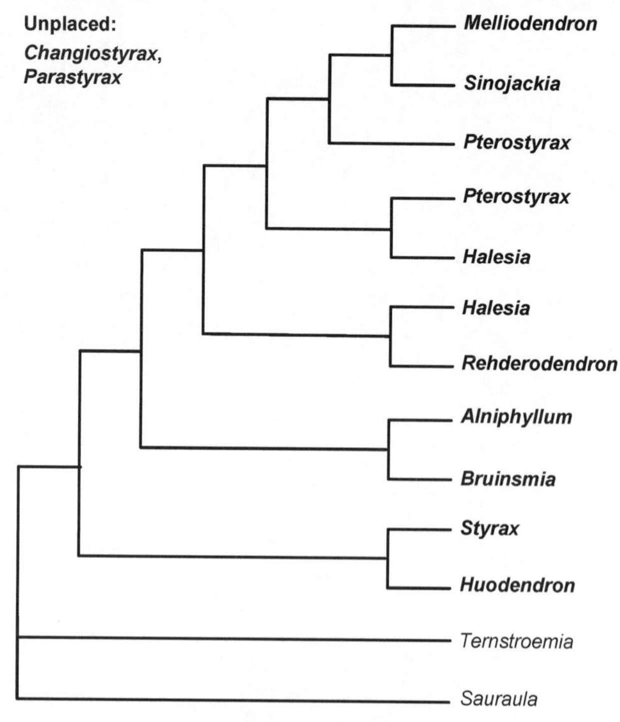

图182　安息香科分子系统框架图（参考 Fritsch 等[5]）

赤杨叶属 *Alniphyllum*、歧序安息香属 *Bruinsmia*、长果安息香属、银钟花属 *Halesia*、山茉莉属 *Huodendron*、陀螺果属 *Melliodendron*、茉莉果属 *Parastyrax*、白辛树属 *Pterostyrax*、木瓜红属 *Rehderodendron*、秤锤树属和安息香属 *Styrax*。除安息香属外，其余皆为 1-4（-5）种的少种属。因此该科仅有安息香属开展了系统学研究。基于 ITS、*rbc*L 和 *trn*L 的分子系统学研究表明[5]，安息香科为较好的单系类群，但科下属间的系统学关系不明晰，安息香属和山茉莉属聚为一支，赤杨叶属和歧序安息香属为另一支，但分支支持率皆低。其余各属位置不清，而且茉莉果属没有涉及，有待研究。

分属检索表

1. 果实与宿存花萼分离或仅基部稍合生；子房上位
  2. 子房上部 3 室，下部 1 室；种子 1-2，无翅，两端圆；花萼与花梗间无关节…… **11. 安息香属 *Styrax***
  2. 子房 5-6 室；种子多数，具翅或两端尖；花萼与花梗间具关节
    3. 花丝联合或仅基部稍贴生；核果，果皮不开裂，梨形；种子两端尖……………………………………………………………………………………**2. 歧序安息香属 *Bruinsmia***
    3. 花丝至少贴生至中部位置；蒴果，成熟时室背 5 瓣开裂；种子两端具翅……………………………………………………………………………………**1. 赤杨叶属 *Alniphyllum***
1. 果实部分或几完全贴生于宿存花萼；子房下位
  4. 果室背 3 裂；种子两端具翅；花瓣分离；药隔延伸成 2-3 齿……………… **5. 山茉莉属 *Huodendron***
  4. 果不开裂；种子无翅；花瓣基部合生（白辛树属中仅短联合）；药隔全缘
    5. 萼齿和花冠裂片 4-5；雄蕊 8-16；果具 2-4 翅……………………………………**4. 银钟花属 *Halesia***
    5. 萼齿和花冠裂片 5；雄蕊 10；果平滑或有 5-12 棱或狭翅
      6. 落叶乔木，冬芽有鳞片围绕，先开花后出叶
        7. 花单生或双生；宿存花萼包被果实约 2/3 并与其合生；花丝等长……………………………………………………………………………………**6. 陀螺果属 *Melliodendron***
        7. 圆锥花序或总状花序；宿存花萼几与果实全部合生；花丝 5 长 5 短……………………………………………………………………………………**9. 木瓜红属 *Rehderodendron***
      6. 常绿或落叶乔木或灌木，冬芽裸露，先出叶后出花
        8. 总状或聚伞花序，紧缩，花排列密集；果较大，无棱或翅，顶端具脐状凸起……………………………………………………………………………………**7. 茉莉果属 *Parastyrax***
        8. 伞房状圆锥花序或总状聚伞花序，开展，花排列稀疏；果较小，具棱或翅，顶端具圆锥状长喙
          9. 伞房状圆锥花序；花梗极短；果皮较薄，脆壳质……………… **8. 白辛树属 *Pterostyrax***
          9. 总状聚伞花序，开展；花梗长；果皮厚，木质
            10. 树干无茎刺；果特长，上部果喙细长，中部倒卵形，下部渐狭，延伸成柄状……………………………………………………………………………… **3. 长果安息香属 *Changiostyrax***
            10. 树干具茎刺；果稍短，上部果喙稍钝尖，下部不延伸成明显柄状……………………………………………………………………………………**10. 秤锤树属 *Sinojackia***

1. *Alniphyllum* Matsumura 赤杨叶属

Alniphyllum Matsumura (1901: 67); Hwang & Grimes (1996: 263) (Type: *A. pterospermum* Matsumura)

特征描述：落叶乔木。叶互生，边缘有锯齿。总状或圆锥花序；花梗与花萼间有关节；小苞片早落；花萼杯状，顶端 5 齿；花冠钟状 5 深裂；雄蕊 10，5 长 5 短，相间排

列，花丝宽扁，上部分离，下部合生成膜质短管，基部与花冠管贴生；子房5室，每室有胚珠8-10，成二列着生于中轴上。蒴果长圆形，成熟时室背纵裂成5果瓣。种子具不规则膜翅，种皮硬角质；胚直立。花粉粒3孔沟，网状纹饰。

分布概况：3/3种，**7型**；分布于缅甸，泰国，越南，印度；中国产长江以南。

系统学评述：赤杨叶属和岐序安息香属关系较近[5]。

DNA条形码研究：BOLD网站有该属1种5个条形码数据；GBOWS已有2种22个条形码数据。

代表种及其用途：赤杨叶 *Al. fortunei* Makino 木材可雕图章，也可放养白木耳。

2. *Bruinsmia* Boerlage & Koorders 岐序安息香属

Bruinsmia Boerlage & Koorders (1893: 68); Hwang & Grimes (1996: 263) (Type: *B. styracoides* Boerlage & Koorders)

特征描述：落叶乔木。叶互生，有锯齿。二歧总状或圆锥花序；每花具小苞片；花梗与花萼之间有关节；花萼阔钟状，与子房贴生，至果部膨大；花冠5裂，覆瓦状；雄蕊10（-12），花丝基部轻微相连并与花瓣贴生；子房上位，5室，多胚珠，中轴胎座，柱头具5（-6）裂。果梨状，花柱宿存，不开裂。种子多数，两端尖，种子表面多皱具蜂窝状孔；胚乳肉质角状，胚直立。花粉粒3孔沟，网状纹饰。

分布概况：2/1种，**7型**；分布于亚洲南部和东南部；中国产云南西南部。

系统学评述：岐序安息香属和赤杨叶属关系较近[5]。

DNA条形码研究：BOLD网站有该属1种2个条形码数据。

代表种及其用途：岐序安息香 *B. polyspermia* (C. B. Clarke) von Steenis 的花和果可作园林观赏。

3. *Changiostyrax* C. T. Chen 长果安息香属

Changiostyrax C. T. Chen (1995: 289-292); Yao et al. (2008: 651) [Lectotype: *Ch. dolichocarpus* (C. J. Qi) C. T. Chen (≡ *Sinojackia dolichocarpa* C. J. Qi)]

特征描述：该属与秤锤树属近缘。区别在于：树干无茎刺，具鳞芽；总状花序伞形；花无苞片，4基数，花槽管顶端平截，花冠4深裂；雄蕊8，等长，药隔不突出；子房半下位，柱头不分裂；果实特长，密被长柔毛，上果咏细长，中部倒卵形，具8纵棱，下部渐狭，延长成柄状。

分布概况：1/1（1）种，**15型**；仅分布于中国湖南石门和桑植、湖北秭归四溪。

系统学评述：该属从秤锤树属中分出[3]，并得到分子系统学支持[4]。

代表种及其用途：长果安息香 *Ch. dolichocarpus* (C. J. Qi) C. T. Chen 的花和奇特的果可作观赏用，由于数量稀少、分布区狭窄，已处于濒危状态，被列为国家II级重点保护野生植物。

4. *Halesia* Ellia ex Linnaeus 银钟花属

Halesia Ellia ex Linnaeus (1759: 1041), *nom. cons.*; Hwang & Grimes (1996: 266) (Type: *H. carolina* Linnaeus)

特征描述：落叶灌木或乔木，多少被星状柔毛。总状花序或丛生花束；萼 4 裂；花冠 4 深裂；雄蕊 8，花丝基部合生；子房下位，2-4 室，每室有胚珠 4。核果，有纵翅 2-4，顶冠有宿存的花柱和萼齿。花粉粒 3 孔沟，穴状或脑纹状纹饰，具颗粒。染色体 $2n=24$。

分布概况：4-5/1（1）种，**9 型**；分布于北美；中国仅有银钟花 *Halesia macgregorii* Chun 1 种，产湖南、江西、浙江、福建、广东、贵州、重庆和广西等。

系统学评述：分子系统学研究表明银钟花属为复系类群[5]，中国和北美的类群不在 1 个分支。中国的银钟花可能为 1 新属。

DNA 条形码研究：BOLD 网站有该属 2 种 6 个条形码数据；GBOWS 已有 1 种 7 个条形码数据。

代表种及其用途：银钟花白色的花和奇特的果具很高的园林观赏价值。

5. *Huodendron* Rehder 山茉莉属

Huodendron Rehder (1935: 341); Hwang & Grimes (1996: 264) [Type: *H. tibeticum* (Anthony) Rehder (≡ *Styrax tibeticus* Anthony)]

特征描述：乔木或灌木。圆锥花序常为伞房状；花小，有长梗；苞片和小苞片小，早落；萼管与子房合生，萼齿 5，三角形或卵形，长约为萼管之半；花瓣 5，开始基部靠合，以后分离，花后常反卷；雄蕊 8-10，与花瓣近等长，一列，花丝分离；柱头头状，子房半下位，3-4 室，胚珠在每室多数，着生于中轴上。蒴果卵形，下部约 2/3 与萼管合生，外果皮薄，内果皮较厚。种子多数，种皮薄，两端延伸成流苏状的翅；有胚乳，胚直立。花粉粒 3 孔沟，穴状或网状纹饰。

分布概况：约 4/3（1）种，**7 型**；分布于缅甸，泰国，越南；中国产西南和湖南。

系统学评述：该属和安息香属亲缘关系较近[5]。

DNA 条形码研究：BOLD 网站有该属 1 种 1 个条形码数据；GBOWS 已有 1 种 12 个条形码数据。

代表种及其用途：西藏山茉莉 *H. tibeticum* (Anthony) Rehder 木材质地坚硬，可制农具。

6. *Melliodendron* Handel-Mazzetti 陀螺果属

Melliodendron Handel-Mazzetti (1922: 109); Hwang & Grimes (1996: 266) (Type: *M. xylocarpum* Handel-Mazzetti)

特征描述：落叶乔木。冬芽卵形，多数鳞片包裹。花单生或成对；花梗与花萼间有关节；萼管倒圆锥形，与子房大部或 2/3 合生，顶端有 5 齿或稍波状；花冠钟状，5 深裂几达基部，花冠管极短；雄蕊 10，一列，等长，远较花冠短，花丝基部联合成管；柱头头状，子房 2/3 下位，不完全 5 室，每室胚珠 4。果大，木质，稍具棱或脊，宿存花萼与果实合生，包围果实全长的 2/3 或至近顶端，外果皮和中果皮木栓质，内果皮木质，坚硬。种子椭圆形，扁平，种皮膜质。花粉粒 3 孔沟，皱波-穴状纹饰。

分布概况：1/1（1）种，**15 型**；中国产长江流域及其以南。

系统学评述：该属的系统位置未定，有待进一步澄清[4,5]。

DNA 条形码研究：BOLD 网站有该属 1 种 1 个条形码数据；GBOWS 已有 1 种 6 个条形码数据。

代表种及其用途：陀螺果 *M. xylocarpum* Handel-Mazzetti 的果形奇特，可作园林观赏。

7. *Parastyrax* W. W. Smith 茉莉果属

Parastyrax W. W. Smith (1920: 231); Hwang & Grimes (1996: 270) [Type: *P. lacei* (W. W. Smith) W. W. Smith (≡ *Styrax lacei* W. W. Smith)]

特征描述：乔木。冬芽裸露。叶互生，近革质，边全缘或有硬质锯齿。总状或聚伞花序，紧缩，生于叶腋；花排列密集，近无梗；花萼杯状，与子房贴生；花冠 5 裂，裂片基部稍合生；雄蕊 10-16，内藏，近等长或 5 长 5 短，花丝下部联合成管，基部不与花冠贴生；花柱延伸成钻状，柱头头状，子房近下位，3 室，每室有胚珠多数。核果不开裂，外果皮肉质，无毛，常有皮孔或无，无翅或棱，近顶端具宿存的花萼裂片和环纹，顶端膨大成脐状凸起，种子 4-8。花粉粒 3 孔沟，皱波状纹饰。

分布概况：2/2 种，14 型；分布于缅甸；中国产云南。

系统学评述：尚无该属的分子系统学研究。

代表种及其用途：茉莉果 *P. lacei* (W. W. Smith.) W. W. Smith 为观赏树种。

8. *Pterostyrax* Siebold & Zuccarini 白辛树属

Pterostyrax Siebold & Zuccarini (1839: 94); Hwang & Grimes (1996: 267) (Type: *P. corymbosum* Siebold & Zuccarini)

特征描述：落叶乔木或灌木。叶互生，全缘或有齿缺。花芳香，排成圆锥花序；萼 5 齿裂；花冠 5 裂几达基部，裂片覆瓦状排列；雄蕊 10，突出，离生或基部合生成 1 短管；子房 3（-5）室，几乎半下位，每室有胚珠 4，花柱长。果为一有棱或有翅的坚果，有种子 1-2。染色体 n=12。

分布概况：3/2 种，14 型；分布于亚洲东部；中国主产西南和华南。

系统学评述：尚无该属的分子系统学研究。

DNA 条形码研究：BOLD 网站有该属 3 种 5 个条形码数据；GBOWS 已有 2 种 16 个条形码数据。

代表种及其用途：白辛树 *P. corymbosum* Siebold & Zuccarini 可作园林观赏；因生长快，亦可作低湿河流造林树种。

9. *Rehderodendron* H. H. Hu 木瓜红属

Rehderodendron H. H. Hu (1932: 109); Hwang & Grimes (1996: 269) (Type: *R. kweichowense* H. H. Hu)

特征描述：落叶乔木。冬芽有数鳞片包裹。叶互生，边缘有锯齿。总状或圆锥花序；

萼管倒圆锥形，与子房几全部贴生，顶端 5 齿，有 5-10 棱；花萼 5 深裂；雄蕊 10，5 长 5 短，花丝扁平，基部合生贴生于花冠管上；花柱较雄蕊长，子房下位，3-4 室，每室胚珠 4-6，胚珠中轴着生，上部的直立，下部的下垂。果实 5-10 棱，宿存花萼几包围果实的全部，具宿存的萼檐和花柱基部，外果皮薄而硬，中果皮厚，内果皮木质。种子每室 1，细长形，种皮疏松、革质。花粉粒 3（4）孔沟，穴状纹饰具颗粒。

分布概况：5/5 种，**14 型**；分布于缅甸，越南；中国产西南和华南。

系统学评述：该属的系统位置未定，有待进一步澄清[4,5]。

DNA 条形码研究：BOLD 网站有该属 2 种 3 个条形码数据；GBOWS 已有 4 种 24 个条形码数据。

代表种及其用途：木瓜红 *R. macrocarpum* H. H. Hu 树姿古雅，白花红果奇特美丽，可供庭园观赏。

10. *Sinojackia* H. H. Hu 秤锤树属

Sinojackia H. H. Hu (1928: 1); Hwang & Grimes (1996: 267) (Type: *S. xylocarpa* H. H. Hu)

特征描述：落叶小乔木。叶互生，有小锯齿。花白色，多花排成下垂的聚伞花序；萼 5-7 短裂；花瓣 5-7，基部合生；雄蕊 10-14；子房半下位，3-4 室，每室有胚珠 8，排成 2 列。果木质，干燥，不开裂。种子常 1。花粉粒 3（4）孔沟，穴状纹饰。染色体 $2n=24$。

分布概况：5/5（5）种，**15 型**；中国特有，产江苏、四川、湖南和广东。

系统学评述：Yao 等[4]基于 *psb*A-*trn*H 和微卫星标记对秤锤树属开展研究认为，长果秤锤树应该从秤锤树属中分离而另立为长果安息香属，秤锤树属与其他属的关系不清。

DNA 条形码研究：BOLD 网站有该属 5 种 5 个条形码数据；GBOWS 已有 2 种 16 个条形码数据。

代表种及其用途：该属植物均可作园林观赏用。

11. *Styrax* Linnaeus 安息香属

Styrax Linnaeus (1753: 1); Hwang & Grimes (1996: 253); Fritsch (1999: 355) (Type: *S. officinalis* Linnaeus). ——*Cyrta* Loureiro (1790: 287)

特征描述：乔木或灌木。总状、圆锥或聚伞花序；小苞片小，早落；花萼杯状、钟状或倒圆锥状，常与子房基部分离，顶端常 5 齿；花冠常 5 深裂，花冠管短；雄蕊常 10，近等长，稀 5 长 5 短，花丝基部联成管，贴生于花冠管上；子房上位，上部 1 室，下部 3 室，每室胚珠 1-4；花柱钻状，柱头 3 浅裂或头状。核果肉质，干燥，不开裂或不规则 3 瓣开裂，常与宿存花萼分离。种子 1-2，有坚硬的种皮和大而基生的种脐；胚乳肉质或近角质，胚直立，中轴着生。花粉粒 3（4）孔沟，穴状或网状纹饰。染色体 $2n=24$。

分布概况：130/31，**2 型**；主要分布于亚洲东部至马来西亚，北美东南部经墨西哥至安第斯山，只有 1 种分布至欧洲地中海周围；中国除少数种类分布至东北或西北，其余主产长江流域及其以南。

系统学评述：安息香属是安息香科较大的属（约 140 种）。Fritsch[5]运用 ITS、*trn*K、*rpoc*1 和 *rpoc*2 开展了分子系统研究，表明安息香属可以分为 2 组，即 *Styrax* sect. *Styrax* 和 *S.* sect. *Valvatae*；其中前者又分为 2 系，分别是 *Styrax* ser. *Cyrta* 和 *S.* ser. *Styrax*[6]。基于分子证据和形态证据的 *S.* ser. *Cyrta* 的范围有着较大差异[2]。

DNA 条形码研究：BOLD 网站有该属 16 种 32 个条形码数据；GBOWS 已有 9 种 69 个条形码数据。

代表种及其用途：玉玲花 *S. obassia* Siebold & Zuccarini 的花可提取芳香油；种子油可制肥皂和润滑油。

主要参考文献

[1] Fritsch PW. A revision of *Styrax* (Styracaceae) for Western Texas, Mexico, and Mesoamerica[J]. Ann MO Bot Gard, 1997, 84:705.

[2] Fritsch PW. Phylogeny of *Styrax* based on morphological characters, with implications for biogeography and infrageneric classification[J]. Syst Bot, 1999, 24: 356-378.

[3] 陈涛. 中国安息香科一新属——长果安息香属. 广西植物, 1995, 15: 289-292.

[4] Yao XH et al. Phylogeny of *Sinojackia* (Styracaceae) based on DNA sequence and microsatellite data: implications for taxonomy and conservation[J]. Ann Bot, 2008, 101: 651-659.

[5] Fritsch PW, Meldrum C. Phylogeny and biogeography of the Styracaceae[J]. Int J Plant Sci, 2001, 162: S95-S116.

[6] Fritsch PW. Phylogeny and biogeography of the flowering plant genus *Styrax* (Styracaceae) based on chloroplast DNA restriction sites and DNA sequences of the internal transcribed spacer region[J]. Mol Phylogenet Evol, 2001, 19: 387-408.

Actinidiaceae Engler & Gilg (1824), *nom. cons.* 猕猴桃科

特征描述：乔木、灌木或木质藤本。单叶，互生，有锯齿，通常被扁平状刚毛；无托叶。花两性或单性或雌雄异株，通常为聚伞花序或圆锥花序；5基数，花萼和花瓣明显分离，萼片5，花瓣5；雄蕊多数或10，花药纵裂，顶端宽；子房上位，心皮3-5或多数，中轴胎座，倒生胚珠，单层珠被，每室10或更多胚珠，花柱与心皮等数，分离，或合生，通常短。浆果或蒴果。种子无假种皮，通常具有大的胚珠；胚乳丰富。花粉扁球形，覆盖层完整，绝大多数平滑，少数具有颗粒。染色体 n=20，29，30。

分布概况：3属/357种，分布于热带，主产东南亚；中国3属/66种，产西南至华南。

系统学评述：基于分子证据，猕猴桃科隶属于杜鹃花目 Ericales，猕猴桃科+瓶子草科 Sarraceniaceae 构成桤叶树科 Clethraceae+翅萼树科 Cyrillaceae+杜鹃花科 Ericaceae 分支的姐妹群[1]。猕猴桃科包括3属，中国均产，但目前尚缺乏分子系统学研究，属间系统发育关系尚不清楚。基于生物地理学、细胞学和形态学的研究推断，分布于热带美洲和热带亚洲的水东哥属 *Saurauia*，在向亚热带扩散的过程中分化出猕猴桃属和藤山柳属[2]。

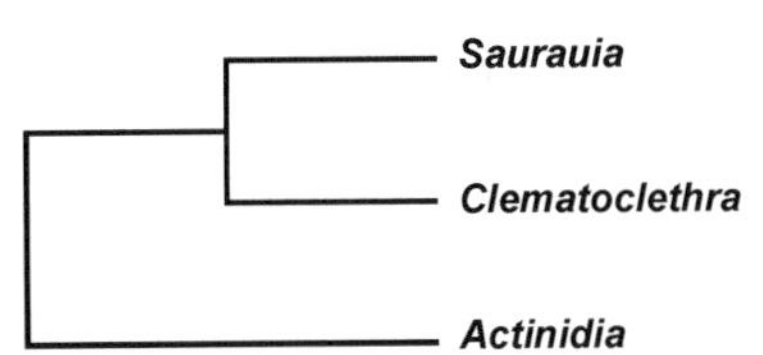

图 183 猕猴桃科分子系统框架图（参考 He 等[3]）

分属检索表

1. 乔木或灌木……………………………………………………………………**3. 水东哥属 *Saurauia***
1. 木质藤本
   2. 雄蕊15-130；子房15-30室，花柱分离；果实为浆果，无棱；种子多数……**1. 猕猴桃属 *Actinidia***
   2. 雄蕊10；子房5室，花柱合生；果实为浆果状蒴果，5棱；种子常为5……………………………………………………………………………………**2. 藤山柳属 *Clematoclethra***

1. *Actinidia* Lindley (1836) 猕猴桃属

Actinidia Lindley (1836: 439); Li & Li (2008: 334) (Type: *A. callosa* J. Lindley)

特征描述：木质藤本，光滑或具毛；分枝常具有线性纵向排列的皮孔；髓实心或片状。单叶，互生，膜质、纸质或革质，叶边缘有锯齿；叶柄长；无托叶。聚伞花序腋生，花多数或少数，或单生；花两性或单性异株；萼片2-6，分离或基部联合；花瓣5或更

多，白色、紫色、红色、黄色或绿色；雄蕊多数；子房 15-30 室，花柱分离，与心皮数相等。浆果，光滑或被毛。种子多数；胚较大，胚乳丰富。花粉粒 3 沟，穿孔状、网状或皱波-网状纹饰。染色体 2*n*=58，116，174，232。

分布概况：约 55/52（44）种，**14 型**；主要分布于东亚，少数种类分布至东南亚；中国主产华东和华中，特别是长江流域。

系统学评述：猕猴桃属原被分为 4 组，即瓶形果组 *Actinidia* sect. *Ampulliferae*、净果组 *A.* sect. *Leiocarpae*、斑果组 *A.* sect. *Maculatae* 和被毛组 *A.* sect. *Vestitae*[4]。Li 等[5]将瓶形果组归并到净果组之下，将被毛组分为星毛组 *A.* sect. *Stellatae* 和糙毛组 *A.* sect. *Strigosae*。依据 *mat*K 和 ITS 分子片段分析结果显示，4 个组均不是单系，而支持将斑果组、星毛组、糙毛组和原本置于净果组的 *A. rufa* (Siebold & Zuccarini) Planchon ex Miquel 形成单系类群，外果皮上出现皮孔是它们的共衍征；净果组其余物种构成并系[6]。基于叶绿体和线粒体分子证据表明，猕猴桃属为单系，但以形态学划分的 4 个组均不是单系[7]。Li 等[6]与 Li 和 Li[8]研究认为，Li [5]的处理反映了该属物种之间的形态差异，然而，斑果组并没有合格发表，净果组和星毛组缺少模式，因此提出用猕猴桃组 *A.* sect. *Actinidia* 替代斑果组，用被毛组替代星毛组，并对被毛组和净果组进行了后选模式指定。

DNA 条形码研究：BOLD 网站有该属 62 种 145 个条形码数据；GBOWS 已有 21 种 215 个条形码数据。

代表种及其用途：中华猕猴桃 *A. chinensis* Planchon 是重要的水果，富含维生素 C，具有较高的营养和保健价值。

2. *Clematoclcethra* Maximowicz 藤山柳属

Clematoclethra Maximowicz (1890: 36); Li & Li (2008: 334) [Type: *C. scandens* (Franchet) Maximowicz (≡ *Clethra scandens* Franchet)]

特征描述：落叶木质藤本，小枝被毛。单叶，互生，革质到纸质。花单生或组成聚伞花序；花两性；萼片 5，覆瓦状排列，宿存；花瓣 5，覆瓦状排列；雄蕊 10；子房球形，5 室，每室 8-10 胚珠，花柱合生，宿存。果实浆果状或为蒴果，干燥后出现 5 棱。种子常 5，倒三角形，光滑；具有胚乳。花粉粒 3 孔沟，皱波-穿孔状纹饰。染色体 *x*=12；2*n*=48。

分布概况：1/1（1）种，**15 型**；中国特有属，仅藤山柳 *Clematoclethra scandens* (Franchet) Maximowicz 1 种，分布于横断山脉以东、秦岭以南的亚热带和温带。

系统学评述：汤彦承和向秋云[9]通过对大量标本的形态特征和地理分布分析认为该属仅包括 1 种，种下分为 4 变种，并被 FOC 接受。

DNA 条形码研究：BOLD 网站有该属 1 种 2 个条形码数据；GBOWS 已有 2 种 16 个条形码数据。

代表种及其用途：藤山柳果实可食，可入药，治肠痈、背痈等疾病。

3. *Saurauia* Willdenow 水东哥属

Saurauia Willdenow (1801: 407), *nom. & orth. cons.*; Li & Li (2008: 334) (Type: *S. excelsa* Willdenow)

特征描述：乔木或灌木，小枝常被爪状毛或钻形鳞片。单叶，互生，多侧脉，叶边缘有锯齿；无托叶。花两性或雌雄异株；萼片 5，覆瓦状排列；花瓣 5，覆瓦状排列，常在基部联合；雄蕊多数，花丝贴生在花瓣基部；子房 3-5 室，每室多数胚珠，花柱 3-5，在中部以下联合，很少分离。果实浆果状，有棱，白色到浅绿色，很少红色，球状或压缩球状。种子小，棕褐色。花粉粒 3 孔沟，穿孔状或皱波-穿孔状纹饰。染色体 x=13；2n=78。

分布概况：约 300/13（7）种，**3 型**；分布于亚洲和美洲，尤以热带为盛；中国主产西南至华南及台湾等。

系统学评述：该属曾被置于五桠果科 Dilleniaceae 中，也有学者将其独立成科，目前被置于猕猴桃科中。微形态性状分析表明，水东哥属与藤山柳系统发育关系更近缘[3]。但该属目前尚缺乏分子系统学研究。

DNA 条形码研究：BOLD 网站有该属 5 种 7 个条形码数据；GBOWS 已有 7 种 59 个条形码数据。

代表种及其用途：该属多数种类果实可食；根叶可入药。尼泊尔水东哥 *S. napaulensis* de Candolle 是很好的绿化树种。

主要参考文献

[1] Soltis DE, et al. Angiosperm phylogeny: 17 genes, 640 taxa[J]. Am J Bot, 2011, 98: 704-730.

[2] He ZC, et al. The cytology of *Actinidia*, *Saurauia* and *Clematoclethra* (Actinidiaceae)[J]. Bot J Linn Soc, 2015, 147: 369-374.

[3] He Z, et al. Phylogenetic relationships of *Actinidia* and related genera based on micromorphological characters of foliar trichomes[J]. Genet Resour and Crop Evol, 2000, 47(6):627-639.

[4] Dunn ST. A revision of the genus *Actinidia* Lindl[J]. Bot J Linn Soc, 1911, 39: 394-410.

[5] Li HL. A taxonomic review of the genus *Actinidia*[J]. J Arnold Arbor, 1952, 33: 1-61.

[6] Li JQ, et al. Molecular phylogeny and infrageneric classification of *Actinidia* (Actinidiaceae)[J]. Syst Bot, 2002, 27: 408-415.

[7] Chat J, et al. Reticulate evolution in kiwifruit (*Actinidia*, Actinidiaceae) identified by comparing their maternal and paternal phylogenies[J]. Am J Bot, 2004, 91: 736-747.

[8] Li XW, Li JQ. A review of the infrageneric taxonomy and nomenclature of *Actinidia* (Actinidiaceae)[J]. Ann Bot Fenn, 2010, 47: 106-108.

[9] 汤彦承, 向秋云. 重订藤山柳属的分类——续谈植物分类学工作方法[J]. 植物分类学报, 1989, 27: 81-95.

Clethraceae Klolzsch (1851), *nom. cons.* 桤叶树科

特征描述：灌木或乔木。具内外生菌根。单叶互生，叶缘具锯齿，叶表皮具平列型气孔；叶柄束有弓状或环形的髓质。花两性，稀单性；单总状花序或分枝成圆锥状或近于伞形状的复总状花序或无花序，顶生，稀腋生；花萼5基数，覆瓦状排列，宿存；花瓣5（-6），离生或基部多少合生，与萼片互生；雄蕊10（-12），排列成2轮，外轮与花瓣对生，内轮与萼片对生，花药2室，倒箭头形；子房上位，具胚珠1，柱头浅裂或不裂。蒴果，花萼宿存。种子多而小，有一层疏松而透明的种皮，无翅或有翅；胚乳肉质，富油分。花粉粒3孔沟。染色体 n=8。

分布概况：2属/75种，分布于东亚至马来西亚，美国东南部至中美洲；中国1属/7种，产西南、长江流域及东南沿海。

系统学评述：桤叶树科隶属于杜鹃花目 Ericales，是翅萼树科 Cyrillaceae 和杜鹃花科 Ericaceae 的姐妹群。传统上桤叶树科仅包括桤叶树属 *Clethra*[FRPS]。基于分子证据，原置于翅萼树科的 *Purdiaea* 被归入桤叶树科[1]，因此，目前桤叶树科包括2属。

1. *Clethra* Linnaeus 桤叶树属

Clethra Linnaeus (1753: 306); Qin & Fristch (2005: 238) (Type: *C. alnifolia* Linnaeus)

特征描述：灌木或乔木。单叶互生，叶缘具锯齿，集生枝顶。花两性，稀单性；常成顶生稀腋生的单总状花序或分枝成圆锥状或近于伞形状的复总状花序；花萼碟状，5（-6）深裂，萼片覆瓦状排列，宿存；花瓣5（-6），离生，覆瓦状排列与萼片互生；雄蕊10（-12），排成2轮，花药2室，倒箭头形，成熟时以裂缝状顶孔开裂；子房上位，3室，每室有多数倒生胚珠，具中轴胎座。果为蒴果。种子多而小，有一层疏松而透明的种皮，无翅或有翅；胚乳肉质，富油分。花粉粒3孔或3沟孔，外壁光滑，偶具皱波-穿孔状纹饰。

分布概况：约65/7（3）种，**3型**；分布于东亚，东南亚和美洲的热带和亚热带；中国产长江以南。

系统学评述：桤叶树属下划分为无翅组 *Clethra* sect. *Clethra* 和有翅组 *C.* sect. *Cuellaria*[2]。分子证据表明该属为单系类群，这2个组分别聚成不同的单系分支，支持划分为2个组的观点[3]。

DNA 条形码研究：BOLD 网站有该属3种8个条形码数据；GBOWS 已有3种20个条形码数据。

主要参考文献

[1] Anderberg AA, Zhang Z. Phylogenetic relationships of Cyrillaceae and Clethraceae (Ericales) with

special emphasis on the genus *Purdiaea* Planch[J]. Organ Diver & Evol, 2002, 2: 127-137.
[2] Sleumer H. Monographia *Clethracearum*[J]. Bot Jahrb Syst, 1967, 87: 36-116.
[3] Fior S, et al. Phylogeny, taxonomy, and systematic position of *Clethra* (Clethraceae, Ericales) with notes on biogeography: evidence from plastid and nuclear DNA sequences[J]. Int J Plant Sci, 2003, 164: 997-1006.

Ericaceae Jussieu (1789), *nom. cons.* 杜鹃花科

特征描述：乔木、灌木、藤本，稀草本。叶互生，螺旋排列，有时对生或轮生，单叶，全缘至锯齿状；无托叶。花序多样；花常为两性花，稀单性；辐射对称至稍两侧对称；萼片常4或5，离生至稍合生；花瓣4或5，合生，由小到大的覆瓦状至镊合状排列的裂片，有时为钟状或漏斗状；雄蕊8-10，或2或3；花丝离生或贴生于花冠，有时合生；花药倒垂，2或1室，顶孔开裂，有时有2凸出物（芒）或顶端变狭窄，形成1对小管；心皮2-10，花柱1，中空，内部有沟。蒴果室间开裂或室背开裂，或为浆果，或为具1至数果核的核果。常呈四合花粉，3孔沟。

分布概况：约124属/4100种，世界广布；中国23属/837种，南北均产，西南地区尤盛。

系统学评述：广义杜鹃花科包括5科，即岩高兰科Empetraceae、澳石楠科Epacridaceae、水晶兰科Monotropaceae、鹿蹄草科Pyrolaceae和越橘科Vacciniaceae，它们有时被认为是相互独立的科[1,2]。因狭义杜鹃花科为并系，因此普遍接受广义杜鹃花

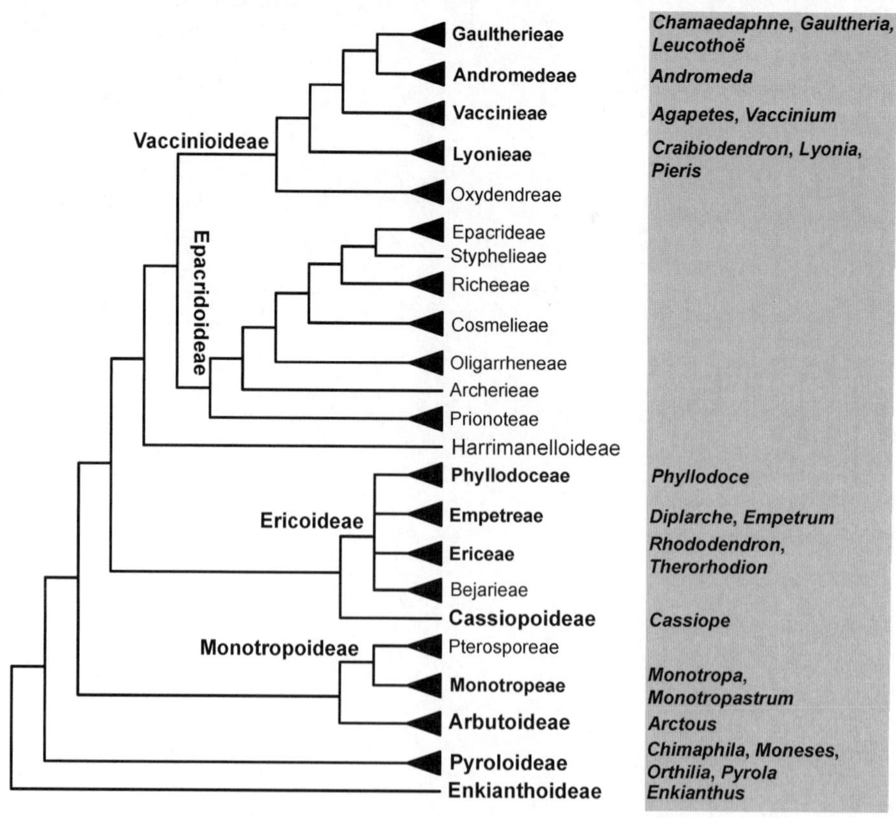

图184 杜鹃花科分子系统框架图（参考Kron等[8]）

科的观点。杜鹃花科的单系性得到了形态学和基于 *rbc*L、*mat*K 及 18S rDNA 序列的分子系统学研究的支持，并被划分为 8 亚科 20 族[3-9]。最新的分子系统学研究将杜鹃花科划分为9亚科[APW]，吊钟花亚科 Enkianthoideae 只包括分布于东亚的吊钟花属 *Enkianthus*，是杜鹃花科其他类群的姐妹群，位于杜鹃花科的最基部[3,5,6,8]。水晶兰亚科 Monotropoideae 多少具有草本的习性，包括了水晶兰类（狭义水晶兰科）和鹿蹄草类（狭义鹿蹄草科）[8]。杜鹃花亚科 Ericoideae 包括 5 族，与锦绦花亚科 Cassiopoideae 构成姐妹群，传统的岩高兰科聚于杜鹃花亚科内，与杉叶杜属 *Diplarche* 构成岩高兰族[8,10]，最近，基于多个分子片段的系统学研究将杜鹃花亚科分为 6 族[10]。越橘亚科 Vaccinioideae（曾被处理为独立的科）包括 5 个族，与澳石南亚科 Styphelioideae 形成姐妹群；草莓树亚科 Arbutoideae 是杜鹃花亚科、藓石楠亚科 Harrimanelloideae、越橘亚科和澳石南亚科共同的姐妹群，藓石楠亚科是越橘亚科和澳石南亚科的姐妹群[3,5-8]。

分属检索表

1. 草本至半灌木；无花瓣
  2. 植物体无叶绿素和绿叶；花药无孔
    3. 果实为蒴果；子房 5 室，具中轴胎座……………………**15. 水晶兰属 *Monotropa***
    3. 果实为浆果；子房 1 室，具侧膜胎座……………………**16. 沙晶兰属 *Monotropastrum***
  2. 植物通常具绿叶，自养；花药孔裂
    4. 亚灌木；叶沿茎着生；伞房或伞形花序，或单花；花丝下半部具纤毛；花柱厚而短……………………**6. 喜冬草属 *Chimaphila***
    4. 草本；叶常基生；总状花序，或单花；花丝无纤毛；花柱纤细
      5. 单花；蒴果由顶部向基部开裂，瓣裂边缘无纤维……………………**14. 独丽花属 *Moneses***
      5. 总状花序；蒴果由基部向顶部开裂，瓣裂边缘有纤维
        6. 茎生叶；花着生于总状花序一侧；花葶上部份具乳头状凸起；具花盘……………………**17. 单侧花属 *Orthilia***
        6. 近基生叶；花着生于总状花序各侧；花葶不具乳头状凸起；无花盘……………………**20. 鹿蹄草属 *Pyrola***
1. 木本；花瓣常愈合（在岩高兰属中缺失并由花瓣状萼片替代）
  7. 肉质果
    8. 子房上位，与花萼离生；种子 4-9，包被于硬核中
      9. 叶线形，全缘，微反卷；无花冠，花瓣状萼片离生盘……………………**9. 岩高兰属 *Empetrum***
      9. 叶宽，边缘具锯齿或钝齿，平展；花冠坛状，浅裂……………………**3. 北极果属 *Arctous***
    8. 子房下位，全部或稀大部分与花萼筒贴生；种子分离，多数
      10. 花冠常较短，至 1cm，坛状或钟状，稀管状；花药分离；花梗顶部常不膨大；植物体常陆生，少附生……………………**23. 越橘属 *Vaccinium***
      10. 花冠常较长，（0.5-）2-6cm，管状或圆柱状，稀坛状；花药微合生或离生；花梗常顶部膨大，有时在花萼下形成杯状托；植物体常附生……………………**1. 树萝卜属 *Agapetes***
  7. 蒴果
    11. 宿存花萼多少肉质化膨大
      12. 叶具多细胞毛；花药 2-4 芒或具小凸起……………………**11. 白珠树属 *Gaultheria***
      12. 叶无多细胞毛；花药 2 或 4 芒，无小凸起……………………**2. 仙女越橘属 *Andromeda***
    11. 宿存花萼枯萎

13. 蒴果室间开裂；花药无附属物
14. 花梗具叶状苞片……………………………………………………**22. 云间杜鹃属 *Therorhodion***
14. 花梗不具叶状苞片
15. 花瓣合生或稍离生；花冠两侧对称或多少辐射对称，漏斗状、钟状，稀轮状或圆柱状，长度大于 10mm；雄蕊伸出；叶片非线形………**21. 杜鹃属 *Rhododendron***
15. 花瓣合生；花冠辐射对称，圆柱状或坛状，4-7（-11）mm；雄蕊内含；叶片线形至椭圆状线形
16. 花序短总状至近头状；花梗较短；花冠圆柱状；花药撕裂……………………………………………………………………………………**8. 杉叶杜属 *Diplarche***
16. 花序伞状；花梗伸长，2-2.5（-4）cm；花冠坛状；花药顶孔开裂……………………………………………………………………………**18. 松毛翠属 *Phyllodoce***
13. 蒴果室背开裂；花药具或不具附属物
17. 单花；叶交互对生，覆瓦状排列，无柄，鳞片状，5-8mm………**4. 锦绦花属 *Cassiope***
17. 花序总状，圆锥状或伞状，花多数，或稀单花（吊钟花属）；叶螺旋状排列，具柄，叶片非鳞片状，大于 3cm
18. 花药顶端具 2 芒或背刺；花丝直立；叶片边缘常具锯齿
19. 花药芒下卷；圆锥状花序……………………………………………**19. 马醉木属 *Pieris***
19. 花药芒直立或展开；总状、伞状或伞房花序
20. 伞状或伞房花序，花序轴缩短或近无；花冠宽钟状至坛状；种子具翅……………………………………………………………………………**10. 吊钟花属 *Enkianthus***
20. 总状花序，花序轴伸长；花冠近坛状至管状；种子具棱或圆形……………………………………………………………………………**12. 木藜芦属 *Leucothoë***
18. 花药常不具附属物；花丝弯曲，稀直立；叶全缘
21. 幼枝及叶背腹面具鳞片……………………………………………**5. 地桂属 *Chamaedaphne***
21. 幼枝及叶背腹面不具鳞片
22. 花冠管状或坛状；蒴果近圆形，直径小于 5mm，缝线增厚；种子无翅……………………………………………………………………………**13. 珍珠花属 *Lyonia***
22. 花冠短钟状；蒴果扁圆形，直径大于 10mm，缝线不增厚；种子一侧具翅……………………………………………………………**7. 假木荷属 *Craibiodendron***

1. *Agapetes* D. Don ex G. Don 树萝卜属

Agapetes D. Don ex G. Don (1834: 862); Fang & Stevens (2005: 504) (Lectotype: *A. setigera* D. Don ex G. Don)

特征描述：灌木或乔木。具增粗块茎，根多为纺锤状。叶羽状脉至边缘内网结。花序着生叶腋或老枝上；花梗具关节，先端有时膨大为浅杯状；花 5 基数；花萼筒具棱或翅，萼檐浅或深裂；花冠伸长圆筒、狭漏斗或钟形；花药背具长或短的距，或无距；花盘环状；子房常假 10 室。浆果。种皮坚硬具黏液。花粉四合体，3 孔沟，网状或皱波状纹饰。染色体 x=12。

分布概况：80/53（17）种，**（7e）型**；分布于亚洲热带和亚热带，东南亚；中国主产西藏和云南，1 种分布至广西及贵州。

系统学评述：树萝卜属隶属越橘亚科越橘族 Vaccinieae 树萝卜分支 *Agapetes* clade，

是个多系类群[8,11,12]。Airy Shaw[13]根据形态学特征将树萝卜属分为树萝卜组 *Agapetes* sect. *Agapetes* 和拟树萝卜组 *A.* sect. *Pseudagapetes*，树萝卜组下分为 4 个系，即 *Agapetes* ser. *Robustae*、*A.* ser. *Pteryganthae*、*A.* ser. *Graciles* 和 *A.* ser. *Longifiles*，包括了分布于中南半岛到中国西南的 77 种；拟树萝卜组仅包括 *A. scortechinii* (King & Gamble) Sleumer 1 种，分布于马来半岛。基于叶表皮和叶解剖特征，Stevens[14]对该属进行了属下分类。黄素华[15]依据 Airy Shaw 系统对云南分布的树萝卜属 18 种进行了修订。分子序列分析结果表明，树萝卜属为多系类群，与越橘属 *Vaccinium* 的部分种共同构成树萝卜分支[11,12]，属下系统发育关系仍需要进一步研究。

DNA 条形码研究：BOLD 网站有该属 4 种 5 个条形码数据，GBOWS 已有 2 种 11 个条形码数据。

代表种及其用途：该属许多种类的花十分秀丽雅致，可栽培作盆景花卉；有的种类肥大的块茎及根可作药用[15]。

2. *Andromeda* Linnaeus 仙女越橘属

Andromeda Linnaeus (1753: 393); Xie et al. (2012: 157) (Lectotype: *A. polifolia* Linnaeus)

特征描述：灌木，具梫木毒素。幼枝和芽鳞被白霜。叶片长椭圆至线形，后卷。伞状伞房花序顶生，2-8 花，偶单花；花冠圆坛状，粉红色；花萼齿状三角形；花瓣 5 裂，几乎全部愈合；雄蕊 10，内藏，花药具 2 芒；心皮 5，柱头近头状。蒴果干燥，5 室（缝线不增厚），倒卵至近球状。种皮多层。花粉四合体，3 孔沟，皱波-穿孔状纹饰。染色体 x=12。

分布概况：1/1 种，**8-1 型**；广布欧亚大陆北部和北美北部；中国产仙女越橘 *A. polifolia* Linnaeus 及其原变种 *A. polifolia* Linnaeus var. *polifolia*，仅在吉林安图县发现，为新记录属。

系统学评述：仙女越橘属隶属越橘亚科缬木族 Andromedeae[8]。传统上，仙女越橘属被归入越橘亚科缬木族，但并未归入 *Lyonia* group 或 *Gaultheria* group，而作为 1 个位置独立的属[16]。该属植物叶解剖结构较独特：叶柄维管束鞘为典型的新月形，侧脉从“新月”的两端伸出，韧皮部在木质部远轴一端；叶脉为疏网状的“pleuroplastic”型，叶脉顶端纤细，具明显的大维管束鞘细胞[17]。该属植物因花萼和花冠气孔缺失，并具有多层种皮，被认为与北美分布的 *Zenobia* 近缘[18]，这一观点得到了分子系统学研究的支持，这 2 个属组成了目前的缬木族，与白珠树族 Gaultherieae 构成姐妹群[8,19]。

DNA 条形码研究：研究显示 ITS 片段难以鉴别仙女越橘属和 *Zenobia*[19]。BOLD 网站有该属 2 种 9 个条形码数据；GBOWS 已有 1 种 8 个条形码数据。

代表种及其用途：仙女越橘的叶和茎可用于制造鞣革；可提取梫木毒素（或称为乙酰梣木醇毒或木藜芦毒素）。

3. *Arctous* (A. Gray) Niedenzu 北极果属

Arctous (A. Gray) Neidenzu (1889: 144) [Type: *A. alpinus* (Linnaeus) Niedenzu (≡ *Arbutus alpina* Linnaeus)]

特征描述：落叶小灌木，多分枝。冬芽外具几深褐色芽鳞。叶互生，聚集于枝顶，边缘具细锯齿；具柄；无托叶。花 2-5 排成顶生的短总状花序或簇生；花萼小形，4-5 裂，宿存；花冠壶形或坛形，4-5 裂，淡黄绿色或淡绿色；雄蕊 8-10，先端纵裂，裂缝长为花药全长的 1/3-1/2，背部具 2 附属体；子房上位，4-5 室，每室有胚珠 1。浆果，球形，成熟时黑色或红色。种子 4-5。花粉四合体，3 孔沟，皱波-疣状纹饰。染色体 $2n$=26。

分布概况：约 5/3 种，**8-2 型**；产欧洲，北美，亚洲北部和东部，北达环极地区；中国分布于东北、西北至西南山区。

系统学评述：北极果属应归入 *Arctostaphyllus* 还是独立成属一直存有争议。Kron 和 Lutyen[23]、Stevens 等[18]将北极果属归入 *Arctostaphyllus* 中，而 Diggs[24]及 Hileman 等[25]则认为北极果属为独立的属。基于核基因 ITS 和大亚基 28S 构建的草莓树亚科分子系统树显示，北极果属和 *Arctostaphyllus* 各自构成单系，互为姐妹群[25]。两者之间的系统关系还需进一步研究。

DNA 条形码研究：BOLD 网站有该属 2 种 8 个条形码数据；GBOWS 已有 1 种 4 个条形码数据。

代表种及其用途：该属植物果实秋季呈现橘黄色、红色，可引种观赏。

4. *Cassiope* D. Don 锦绦花属

Cassiope D. Don (1834: 157); Fang & Stevens (2005: 242) [Type: *C. tetragona* (Linnaeus) D. Don (≡ *Andromeda tetragona* Linnaeus)]

特征描述：常绿矮小灌木或半灌木。叶小，互生或交互对生，鳞片状；无柄。花单一，腋生稀顶生，常弯垂；萼裂片 4-5；花冠钟形，裂片 4-5；雄蕊 8-10，着生于花冠内侧基部，花药卵形，顶部有 2 芒，芒常反折；子房 4-5 室，花柱柱状，每室有多数胚珠，具双孢子胚囊。蒴果圆球形，室背开裂。种子细小，长椭圆形。花粉四合体，3 拟孔沟，光滑、疣突或皱波状纹饰。

分布概况：17/11（6）种，**8-2（14SH）型**；主产北半球温带；中国产西南。

系统学评述：锦绦花属隶属于锦绦花亚科，为单系，与杜鹃花亚科互为姐妹群[8]。锦绦花属曾认为与杜鹃花科的白珠树族、缐木族、吊钟花族、Oxydendreae 和 Calluneae 等近缘[26,27]。Stevens[2]建立了锦绦花族（仅包含锦绦花属）。Kron 等[8]基于形态和分子系统学研究对杜鹃花科进行了全面修订，将锦绦花属置于锦绦花亚科，与杜鹃花亚科为姐妹群。Gillespie 和 Kron[28]基于 4 个叶绿体片段和 2 个核基因片段的研究证明了锦绦花属与杜鹃花亚科的姐妹群关系。Gillespie 和 Kron[29]基于叶绿体 *trn*S-G-G、核基因 *Waxy* 和 ITS 对锦绦花属 13 种进行了系统发育分析，结果表明叶绿体基因与核基因数据构建的系统树拓扑结构之间存在明显冲突，推测其中 3 种可能是杂交起源的。

DNA 条形码研究：对分布于中国的锦绦花属 4 个种的 DNA 条形码片段 ITS、*rbc*L、*mat*K 和 *trn*H-*psb*A 的分析表明 ITS 和 *mat*K 单独可以鉴定 50%的物种，*rbc*L 和 *trn*H-*psb*A 不能区分物种，而 ITS+*mat*K 组合可以区分全部 4 个种，ITS 和 *mat*K 可作为该属的物种鉴定条形码[30]。BOLD 网站有该属 7 种 36 个条形码数据；GBOWS 已有 5 种 87 个条形码数据。

代表种及其用途：该属植物可栽培观赏。

5. *Chamaedaphne* Moench 地桂属

Chamaedaphne Moench (1794: 457), *nom. cons.*; Fang & Stevens (2005: 464) [Type: *C. calyculata* (Linnaeus) Moench (≡ *Andromeda calyculata* Linnaeus)]. ——*Cassandra* D. Don (1834: 158)

特征描述：灌木；小枝被毛。叶背光滑、具银白色或褐色鳞片，成熟后有裂纹。总状花序，苞片叶状；花萼卵圆形至宽三角形；花冠白色，花瓣近 1/4 处裂开，裂片微反卷；雄蕊 10，内藏；花丝扁平锥状，基部收缩，花药具 2 芒；心皮 5，花柱在远离子房一端膨大，柱头截平状。蒴果干燥。种子扁平无翅。花粉粒四合体，3 拟沟，疣状或皱波状纹饰。染色体 2*n*=22。

分布概况：1/1 种，**8-1 型**；广布欧亚大陆和北美；中国产黑龙江、吉林和内蒙古。

系统学评述：地桂属隶属越橘亚科白珠树族，单型属[8]。传统上，地桂属被归入越橘亚科缐木族，因其茎、叶等形态学特征较该族其他属不同，未被归入 *Lyonia* group 或 *Gaultheria* group，而是作为 1 个位置独立的属[16]。该属植物叶脉是“pleuroplastic”至“basiplastic”的过渡类型，脉络较密集，近端部较纤细[17]，叶背腹面具有盾状鳞片状腺毛。分子系统学研究支持该属与北美分布的 *Eubotrys* 互为姐妹群，并与由白珠树属 *Gaultheria*、*Diplycosia* 和 *Tepuia* 构成的冬绿群（wintergreen group）系统发育关系近缘[8,19]。谱系地理学研究表明，地桂 *Chamaedaphne calyculata* (Linnaeus) Moench 种下分为欧亚/北美西北部分支和北美东北部分支，东白令陆桥和北美东南部等两个避难所决定了该种目前的地理格局[31]。

DNA 条形码研究：通过 ITS 片段分析可将该属和白珠树族其他属进行鉴别。BOLD 网站有该属 1 种 11 个条形码数据；GBOWS 已有 1 种 4 个条形码数据。

代表种及其用途：地桂可作园艺观赏[32]。

6. *Chimaphila* Pursh 喜冬草属

Chimaphila Pursh (1814: 279-280, 300); Qin & Stevens (2005: 246) [Lectotype: *C. maculata* (Linnaeus) Pursh (≡ *Pyrola maculata* Linnaeus)]

特征描述：多年生常绿小灌木。根状茎细长，横走；地上茎直立。叶对生或轮生。花聚生于茎顶端，为伞形花序或伞房花序，有时单生；萼片 5，宿存；花瓣 5；雄蕊 10，花丝短，下半部膨大，花药有小角，短，顶孔开裂；花柱极短或近无花柱，柱头宽圆呈盾状；花盘盘状。蒴果直立，由顶部向下 5 纵裂，裂瓣的边缘无毛。种子多数，细小。花粉粒由多数四分体黏合在一起形成多分体，多为 3 或 4 孔沟。染色体 2*n*=26。

分布概况：5/3（1）种，**8-1 型**；广布北温带；中国从东北至西南及台湾均产。

系统学评述：该属隶属于水晶兰亚科鹿蹄草族 Pyroleae[8]。喜冬草属为单系，得到了形态学和分子证据的支持，其共衍征包括伞形花序、花丝基部膨大、花柱极度缩短呈盾状，与独丽花属的系统关系最近缘[33,34]。叶绿体片段联合分析明晰了喜冬草属种间系统发育关系，广布北温带的 *Chimaphila umbellata* (Linnaeus) W. P. C. Barton 位于最基部，东亚的 *C. monticola* Andres 和北美东部及南部的 *C. maculata* (Linnaeus) Pursh 依次分化出来，东亚的 *C. japonica* Miquel 和北美西部的 *C. menziesii* (B. Robert) Sprengel 互为姐妹群[35,36]。

DNA 条形码研究：ITS 和 *mat*K 片段对于该属物种有很高的分辨率，均为 100%，*rbc*L 和 *trn*H-*psb*A 的分辨率为 80%。BOLD 网站有该属 4 种 24 个条形码数据；GBOWS 已有 1 种 11 个条形码数据。

7. *Craibiodendron* W. W. Smith 假木荷属

Craibiodendron W. W. Smith (1911: 276); Fang & Stevens (2005: 459) (Type: *C. shanicum* W. W. Smith)

特征描述：常绿灌木或小乔木，小枝无毛。幼芽常重叠，被 2-4 覆瓦状排列的芽鳞。叶柄幼时长为红色；叶革质，全缘。总状或圆锥花序腋生；花梗短，花小，5 基数；花冠钟状，或坛状至管状；雄蕊较花冠短；花丝近顶部下弯成曲膝状，近基部膨大，无附属物；花药多少呈卵状，通过内向顶端的椭圆形孔开裂；子房 5 室，胚珠多数。蒴果干燥，扁球形，室背开裂。种子较大，单侧有翅。花粉四合体，3 拟沟，皱波状纹饰。

分布概况：5/4 种，**7-3 型**；分布于亚洲东南部；中国产广东、广西、贵州、云南和西藏。

系统学评述：假木荷属隶属越橘亚科珍珠花族 Lyonieae[8]。基于形态学证据，Stevens[16]将假木荷属划入越橘亚科缐木族的 *Lyonia* group。分子系统发育分析支持假木荷属与珍珠花属 *Lyonia* 互为姐妹群[1]，但目前属下种间关系还未得到解决。

DNA 条形码研究：仅有广东假木荷 *Craibiodendron scleranthum* (Dop) Judd var. *kwangtungense* (S. Y. Hu) Judd 和云南假木荷 *C. yunnanense* W. W. Smith 具有分子序列数据[36-40]。BOLD 网站有该属 2 种 5 个条形码数据；GBOWS 已有 2 种 26 个条形码数据。

代表种及其用途：假木荷 *C. stellatum* (Pierre) W. W. Smith、广东假木荷和柳叶假木荷 *C. henryi* W. W. Smith 用于散瘀消肿、舒筋活血、通经活络。云南假木荷全株可用于制麻醉药；树皮可提取栲胶；根入药，治跌打损伤。

8. *Diplarche* J. D. Hooker & Thomson 杉叶杜属

Diplarche J. D. Hooker & Thomson (1854:382); Yang & Chamberlain (2005: 242). (Type: *non designatus*)

特征描述：常绿矮小灌木。叶聚生，革质，具芒刺状细锯齿。总状花序花小，密集排列于小枝顶端，或缩短成近头状花序；萼片 5，革质，具腺状缘毛；花冠管圆筒状，裂片 5，卵圆形；雄蕊 10，内藏，两轮排列；花药小，纵裂；子房圆球形，5 室，花柱短，柱头头状，花盘细小。蒴果球形，包藏于宿存萼内，室间开裂。种子倒卵状楔形，种皮具网纹，两端无翅。四合花粉、单粒花粉球形或近球形，具 3 孔沟。

分布概况：2/2 种，**14SH 型**；分布于缅甸，印度（锡金）；中国产横断山脉。

系统学评述：杉叶杜属曾隶属于杜鹃花亚科，为单系类群[2,41,42]，Airy-Shaw[43]根据花序、雄蕊的排列和花药开裂方式等特征将杉叶杜属归入岩梅科中。Stevens[2]又重新将杜杉杜属置于杜鹃花亚科，并建立了杉叶杜族（仅包含杉叶杜属）。基于分子系统学证据，Kron 等[8]首次将杉叶杜属置于杜鹃花亚科的杜鹃花族 Rhodoreae，而 Craven[44]则将杉叶杜属归并到杜鹃花属中。基于 4 个叶绿体片段和 2 个核基因片段的系统发育分析结果将杉叶杜属并入岩高兰族 Empetreae，并与岩高兰属 *Empetrum*+岩帚兰属 *Corema*+沙石南属 *Ceratiola* 分支构成姐妹群关系[28]。

DNA 条形码研究：利用 4 个 DNA 条形码片段 ITS、*rbc*L、*mat*K 和 *trn*H-*psb*A 对杉叶杜属 2 个种进行了分析，ITS、*mat*K 和 *trn*H-*psb*A 能将这 2 个物种区分开，可作为杉叶杜属物种的鉴定条形码[30]。BOLD 网站有该属 1 种 2 个条形码数据；GBOWS 已有 2 种 48 个条形码数据。

9. *Empetrum* Linnaeus 岩高兰属

Empetrum Linnaeus (1753: 1022); Min & Anderberg (2005: 242) (Lectotype: *E. nigrum* Linnaeus)

特征描述：常绿匍匐状小灌木。叶密集，轮生或近轮生或交互对生，椭圆形至线形；叶无柄；无托叶。花单性同株或异株，1-3 花生于上部叶腋；苞片 2-6，多为 4-5，鳞片状，边缘具细睫毛；萼片 3-6，覆瓦状排列；无花瓣；雄蕊 3（稀 4-6）；子房 6-9 室，每室 1 胚珠；花柱短，柱头辐射状 6-9（-12）裂。果球形，肉质，成熟时黑色或红色，每室具 1 种子。花粉四合体，3 沟或 3 拟沟，微皱波状纹饰或具疣突。

分布概况：2（-4）/1 种，**8-1 型**；间断分布于北温带至北极，南美安第斯山，马尔维纳斯群岛和特里斯坦-达库尼亚群岛；我国东北有 1 变种。

系统学评述：岩高兰属隶属于杜鹃花亚科岩高兰族，为单系类群[6,8,10,28,45]。曾长期被置于狭义岩高兰科中[41,42]。形态和分子系统发育研究将岩高兰属置于杜鹃花亚科岩高兰族[6-8,45]。基于 4 个叶绿体片段和 2 个核基因片段的研究显示，岩高兰属、岩帚兰属和沙石南属形成单系分支，与杉叶杜属构成姐妹群关系，共同组成岩高兰族[28]。Li 等[46]基于 *mat*K 和 ITS 序列的研究表明在岩高兰族中，岩帚兰属和沙石南属近缘，构成单系分支，与岩高兰属为姐妹群。基于分子系统学和生物地理学的研究表明，岩高兰属物种南北两极间断分布可能是在更新世中期由鸟类从北极通过长距离扩散到南极洲的[47]。

DNA 条形码研究：BOLD 网站有该属 5 种 40 个条形码数据；GBOWS 已有 1 种 4 个条形码数据。

代表种及其用途：东北岩高兰 *E. nigrum* var. *japoncum* K. Koch 具有药用价值，民间常用其嫩枝叶煎水饮，具有助消化、提神、养肝明目的作用。

10. *Enkianthus* Loureiro 吊钟花属

Enkianthus Loureiro (1790: 277); Fang & Stevens (2005: 244) (Lectotype: *E. quinqueflorus* Loureiro)

特征描述：落叶灌木或稀为小乔木，枝轮生；冬芽圆形。叶互生，全缘或具锯齿，常聚生于小枝之顶；具柄。花为单花或顶生、下垂的伞形花序或伞形花序状的总状花序；

花梗细长，花时常下弯，果时直立或上弯，基部具苞片；萼5裂，宿存；花冠钟状或壶状，5短裂；雄蕊10，分离，通常内藏；花丝短，基部渐粗扁，常被毛；花药卵形，顶端通常呈羊角状叉开，每室顶端具1芒，有时基部具附属物，顶孔开裂；子房5室，每室有胚珠多数枚。蒴果椭圆形，5棱，室背开裂为5果爿。种子少数，长椭圆形，常有翅或有角。花粉粒为单粒，具3-5拟孔沟，颗粒状或皱波状纹饰。

分布概况：约12/7（4）种，**14型**；分布于缅甸，印度到日本；中国产长江以南。

系统学评述：吊钟花属是吊钟花亚科唯一成员，位于杜鹃花科最基部[3,5,8,48]，其单系性得到形态和分子证据的支持[8,48-50]。该属的属下分类系统一直存有争议。徐廷志[50]根据花序、果梗及果的特征将吊钟花属分为伞形花序组 *Enkianthus* sect. *Enkianthus*、总状花序组 *E.* sect. *Racemus* 和单花组 *E.* sect. *Monanthus*；Anderberg[48]综合形态学、解剖学、胚胎学及细胞学的证据将该属划分为4组，即 *E.* sect. *Enkiantella*、*E.* sect. *Meisteria*、*E.* sect. *Andromedina* 和 *E.* sect. *Enkianthus*，这一划分得到了孢粉学证据的支持[51]。

DNA 条形码研究：BOLD 网站有该属 13 种 77 个条形码数据；GBOWS 已有 7 种 107 个条形码数据。

代表种及其用途：该属许多种类可供观赏。

11. *Gaultheria* Kalm ex Linnaeus 白珠树属

Gaultheria Kalm ex Linnaeus (1753: 395); Fang & Stevens (2005: 464), Fritsch et al. (2008: 147) (Lectotype: *G. procumbens* Linnaeus)

特征描述：常绿灌木；碾碎后通常具有浓烈的冬青油（水杨酸甲酯）气味。花单生叶腋，或总状/圆锥花序顶生或腋生；花芽有时秋季萌出；苞片1，包被总状花序于叶腋内；小苞片常2，对生，稀互生；花萼4或5裂，合生；花托和花萼花后肉质膨大，稀纸质。近球状蒴果或浆果。花粉四合体，3沟（或拟沟），光滑、颗粒或皱波状纹饰。染色体 x=11，12。

分布概况：约135/34（14）种，**3型**；环太平洋分布，广布亚洲东部和南部，大洋洲，北美，喜马拉雅；中国产长江以南，横断山脉多见。

系统学评述：白珠树属隶属越橘亚科白珠树族，为并系[8]。传统上，基于形态特征该属被划分为10组22系，其中7组为单花类群，3组为总状花序类群。中国种类被置于该系统的4组7系[52]。分子系统学研究表明，该属与 *Diplycosia* 和 *Tepuia* 组成单系的冬绿群[8]。*Diplycosia* 和 *Tepuia* 的成员各自聚成1支，前者嵌入白珠树属中，后者位于冬绿群的最基部[53]。中国白珠树属分别聚在核心东亚分支（core East Asian clade，约70种）、合轴分支（sympodial clade，约5种），*Gaultheria* ser. *Hispidulae*（2种）和 *G.* ser. *Gymnobotrys*（约8种）4个不同的分支中[19]。目前发现核心东亚分支的2种进化策略，即 *G.* ser. *Leucothoides s.l.*分支的网状进化格局和 *G.* ser. *Trichophylllae* 分支的环境趋同/隐种形成，但仍然需要进一步研究[54]。

DNA 条形码研究：ITS 和 *mat*K 的组合片段在单独或组合片段中的鉴别率最高，但综合看来，这4个分子片段或片段组合，特别是 *rbc*L、*mat*K 和 *trn*H-*psb*A，对该属的物种鉴别效率较低，有必要进一步开发适合于该属的 DNA 条形码片段[55]。BOLD 网站有该属 100 种 567 个条形码数据；GBOWS 已有 32 种 840 个条形码数据。

代表种及其用途：滇白珠 *G. leucocarpa* Blume var. *yunnanensis* (Franchet) T. Z. Hsu、芳香白珠 *G. fragrantissima* Wallich 富含芳香油（水杨酸甲酯），全株入药，可抗炎、清热、活血、祛湿等。

12. *Leucothoë* D. Don 木藜芦属

Leucothoë D. Don (1834: 159); Fang & Stevens (2005: 458);Waselkov & Judd (2008: 382) [Type: *L. axillaris* (Lamarck) D. Don (≡ *Andromeda axillaris* Lamarck)]

特征描述：灌木。茎无银白色鳞片附着。叶表面无白霜和银白色鳞片。成束或单个总状花序腋生；小苞片 2，部分包裹花梗，中或上部着生；花萼裂片披针形至宽卵状；花冠白色，裂片极小；雄蕊 8-10，花药顶孔开裂；心皮 5，子房假 10 室，花柱在雄蕊之下，柱头头状或盾状。蒴果干燥，近球形。种子扁平有乳突或狭翅。花粉四合体，3 沟或 3 拟沟，颗粒或皱波状纹饰。染色体 x=11。

分布概况：5/1 种，**9 型**；东亚-北美间断分布；中国产贵州、云南和西藏东南部。

系统学评述：木藜芦属隶属越橘亚科白珠树族，是个单系[56]。该属最初包括了热带分布的 2 组，即 *Leucothoë* sect. *Agastia* 和 *L.* sect. *Agauria*，分子证据将它们划入珍珠花族的 *Agarista*[8,18]。Waselkov 和 Judd[57]将该属其余 8 种修订为 *Eubotrys*[包括 *L. racemosa* (Linnaeus) A. Gray 和 *L. recurva* (Buckley) A. Gray]、*Leucothoe s.s.*[包括 *L. axillaris* (Lamarck) D. Don、*L. fontanesiana* (Steudel) Sleumer、*L. davisiae* Torrey ex A. Gray、尖基木藜芦 *L. griffithiana* C. B. Clarke 和 *L. keiskei* Miquel]和 *Eubotryoides*（包括 *L. grayana* Maximowicz）3 个属。基于 *ndh*F、*mat*K、ITS 片段系统发育分析也支持这种分类学处理[56]。传统上，中国的种类被置于 *L.* sect. *Oligarista*[58]，包括尖基木藜芦和圆基木藜芦 *L. tonkinensis* Dop，后者被认为与前者是同 1 种[59,60]。即目前中国仅有尖基木藜芦 1 个种。

DNA 条形码研究：GBOWS 已有该属 2 种 20 个条形码数据。

代表种及其用途：北美的种类如 *L. fontanesiana* 具有较高观赏价值，在欧美庭院广泛栽培。

13. *Lyonia* Nuttall 珍珠花属

Lyonia Nuttall (1818: 266), *nom. cons.*; Fang & Stevens (2005: 461) [Lectotype: *L. ferruginea* (Walter) Nuttall (≡ *Andromeda ferruginea* Walter)]

特征描述：灌木或乔木，有时具树节。叶表面具多细胞盾鳞片状或短柄腺毛，一般中脉和背面具单细胞毛，环结型或网结型脉序。总状花序，有时单花；小苞片 2，基生；花冠白至红色；雄蕊 10，内藏，花丝膝曲状，粗糙或具毛，花药无芒；常 5 心皮，柱头截平状。蒴果干燥，缝线增厚。种子有时具短尾。花粉四合体，3 沟（或拟沟），光滑、颗粒或皱波状纹饰。染色体 x=12。

分布概况：36/5（2）种，**9 型**；分布于东亚至马来半岛，北美至大安地列斯群岛；

中国产华东、华南及西南。

系统学评述：珍珠花属隶属越橘亚科珍珠花族，单系[8,38]。基于形态学证据，该属曾被划入越橘亚科缐木族的 *Lyonia* group[16]。珍珠花属的单系性得到了形态和分子证据的支持，花冠和子房被多细胞头状腺毛；花丝具刺，刺上呈现组织分解；蒴果缝线通常增厚等是该属的形态共衍征[36,38,61,62]。珍珠花属与假木荷属 *Craibiodendron* 互为姐妹群，构成的分支与 *Agarista* 和 *Pieris*，共同构成珍珠花族。*Lyonia ferruginea* (Walter) Nuttall 为该属较早分化的种[38]。珍珠花组 *Lyonia* sect. *Lyonia*，包含 28 种，为单系，板块运动、风媒散布、气候变化对该组目前地理的分布格局具有重要影响[63]。属下系统发育关系还需进一步研究阐明。

DNA 条形码研究：BOLD 网站有该属 7 种 18 个条形码数据；GBOWS 已有 3 种 98 个条形码数据。

代表种及其用途：该属多数种类全株含梫木毒素；茎、叶及果入药，具有活血，祛瘀，止痛的功效，外用治跌打损伤，闭合性骨折。

14. *Moneses* Salisbury ex S. F. Gray 独丽花属

Moneses Salisbury ex S. F. Gray (1821: 396); Qin & Stevens (2005: 248) [Type: *M. grandiflora* Salisbury ex S. F. Gray, *nom. illeg.* (= *M. uniflora* (Linnaeus) A. Gray ≡ *Pyrola uniflora* Linnaeus)]

特征描述：常绿草本状半灌木；具匍匐茎。叶对生或近轮生于茎基部，边缘有锯齿。花单一，生于花葶顶端，下垂；花萼 5，全裂；花瓣 5，花冠成碟状；无花盘；雄蕊 10，顶孔开裂；子房上位，5 室，每室有胚珠多数，中轴胎座，花柱长而直立，柱头头状，5 裂。蒴果近球形，直立，裂瓣的边缘无蛛丝状毛。种子多数，细小。花粉四分体，3 拟孔沟。染色体 $2n=26$。

分布概况：1/1 种，**8-1 型**；广布北温带；中国产东北、西北、西南及台湾。

系统学评述：独丽花属隶属水晶兰亚科鹿蹄草族[8]，为单种属，最初被置于鹿蹄草属 *Pyrola* 中[65]，Drude[66]和 Boivin[67]等的研究均支持这一处理。分子证据表明独丽花属应从鹿蹄草属中独立出来，单独成属，且与喜冬草属 *Chimaphila* 系统发育关系最近，构成姐妹群[34,68]。这一结论也得到形态学及解剖学证据支持[69,70]。

DNA 条形码研究：BOLD 网站有该属 1 种 4 个条形码数据；GBOWS 已有 1 种 4 个条形码数据。

15. *Monotropa* Linnaeus 水晶兰属

Monotropa Linnaeus (1753: 387); Qin & Wallace (2005: 256) (Lectotype: *M. uniflora* Linnaeus). —— *Hypopitys* Hill (1756: 221)

特征描述：多年生草本，腐生，全株无叶绿素。茎肉质不分枝。叶退化呈鳞片状，互生。花单生或多数聚成总状花序；花初下垂，后直立；苞片鳞片状；萼片 4-5，鳞片状，早落；花瓣 4-6，长圆形；雄蕊 8-12，花药短，平生；花盘有 8-12 小齿；子房 4-5 室，中轴胎座，花柱直立，短而粗，柱头漏斗状，4-5 圆裂。蒴果直立，4-5 室。种子有附属物。花粉粒 3 孔（或孔沟）或 2-4 沟（或拟沟），光滑或颗粒纹饰。染色体 $2n$=48。

分布概况：2/2 种，**8-1 型**；北温带广布；中国南北均产。

系统学评述：水晶兰属隶属水晶兰亚科水晶兰族 Monotropeae[8]。核基因分析表明，水晶兰 *Monotropa uniflora* Linnaeus 和松下兰 *M. hypopithys* Linnaeus 系统关系远。在系统树上，水晶兰和球果假水晶兰 *Monotropastrum humile* (D. Don) H. Hara 构成姐妹群，而松下兰分化较晚[71]。形态学上，两者在花序结构上有差别，水晶兰为单花，而松下兰为总状花序。松下兰也曾被从水晶兰属分出来，作为单独的属 *Hypopitys*[72,73]。

DNA 条形码研究：BOLD 网站有该属 2 种 4 个条形码数据；GBOWS 已有 2 种 2 个条形码数据。

16. *Monotropastrum* H. Andres 沙晶兰属

Monotropastrum H. Andres (1936: 766); Qin & Wallace (2005: 257) (Type: *M. macrocarpum* H. Andres).——*Eremotropa* Andres (1953: 107)

特征描述：多年生腐生草本，无叶绿素。茎单一，肉质。叶退化为鳞片状，互生。总状花序或单花，顶生；花萼鳞片状；花瓣 3-5，肉质，分离，基部囊状；雄蕊 6-10（-12）；花盘 10 齿裂，与子房基部贴生；子房葫芦形或球形，1 室，侧模胎座，花柱短，柱头大，漏斗状。浆果卵状球形，下垂。种子多数，圆形。花粉粒 3、4 孔，偶 2 或 5 孔，光滑或颗粒纹饰。

分布概况：2/2（1）种，**7 型**；分布于印度东北部，日本，马来半岛，印度尼西亚；中国产四川、贵州、云南、浙江、台湾、东北。

系统学评述：沙晶兰属隶属水晶兰亚科水晶兰族[1]。Wallace[74]将 *Ereomotropa* 归并到沙晶兰属内。核基因片段研究表明，球果假水晶兰和水晶兰属水晶兰构成姐妹群[75]。

DNA 条形码研究：BOLD 网站有该属 1 种 1 个条形码数据；GBOWS 已有 1 种 3 个条形码数据。

17. *Orthilia* Rafinesque 单侧花属

Orthilia Rafinesque (1840: 103); Qin & Stevens (2005: 248) [Lectotype: *O. parvifolia* Rafinesque, *nom. illeg.* (= *O. secunda* (Linnaeus) House ≡ *Pyrola secunda* Linnaeus)]

特征描述：多年生常绿草本。茎直立。叶于茎的下部成上下两轮着生，每轮常有叶片 3-4。花小，绿色至白色，排列成花偏向一侧并下倾的总状花序；苞片 1-3；萼片 5；雄蕊 10，花药顶端不呈管状；花柱细长，直立，柱头盘状，子房基部有花盘，花盘基部有 10 小齿。蒴果下垂，果瓣裂缝边缘有蛛网状绒毛。种子多数，细小。花粉粒 3 沟（或拟沟），颗粒或皱波状纹饰。

分布概况：2/2（1）种，**8-1 型**；广布北温带；中国产东北、西北和西南。

系统学评述：单侧花属隶属水晶兰亚科鹿蹄草族[8]。Freudenstein[68]基于核基因 ITS 和形态学联合分析表明，单侧花属和鹿蹄草属近缘，它们的蒴果均不完全开裂，果期花梗下垂。但单侧花属因染色体 x=38；花粉单粒，花药外壁有发育良好的纤维层；花瓣基部具有小瘤状体；开花期间，花茎弯曲几成直角，总状花序偏向一侧生长而有别于鹿蹄草属。基于叶绿体片段的系统发育分析结果支持单侧花属与鹿蹄草属系统关系近缘，系统位置位于鹿蹄草族最基部[34]。

DNA 条形码研究：BOLD 网站有该属 1 种 12 个条形码数据；GBOWS 已有 1 种 12 个条形码数据。

18. *Phyllodoce* Salisbury 松毛翠属

Phyllodoce Salisbury (1806:36); Yang & Chamberlain (2005: 242) [Type: *P. taxifolia* R. A. Salisbury, *nom. illeg.* (= *P. coerulea* (Linnaeus) Babington ≡ *Andromeda coerulea* Linnaeus)]

特征描述：常绿灌木。叶互生或交互对生，密集，线形，有细锯齿。花顶生，伞形花序，具苞片；花梗俯垂；花萼小，4-5 裂，宿存；花冠球状钟形，坛状或壶状，檐部 5 裂；雄蕊（8-）10（-12），内藏，花药顶孔开裂；子房近球形，5 室，柱头不明显的 5 裂或头状。蒴果室间开裂。种子小，多数，无翅。花粉四合体，3 沟（或拟沟），光滑至皱波状纹饰。

分布概况：7/2 种，**8-1 型**；分布于北温带至环北极地区；中国产吉林、内蒙古和新疆。

系统学评述：松毛翠属隶属于杜鹃花亚科松毛翠族，为单系类群[8,45,76,77]。形态和分子系统学研究表明，在松毛翠族中，松毛翠属与桃花杜属 *Kalmiopsis* 系统发育关最近，互为姐妹群[8,10,45]。

DNA 条形码研究：BOLD 网站有该属 6 种 24 个条形码数据；GBOWS 已有 1 种 4 个条形码数据。

代表种及其用途：该属植物可作观赏栽培。

19. *Pieris* D. Don 马醉木属

Pieris D. Don (1834: 159); Fang & Stevens (2005: 460); Setoguchi et al. (2008: 217) [Type: *P. formosa* (Wallich) D. Don (≡ *Andromeda formosa* Wallich)]

特征描述：灌木，具马醉木毒素。小枝或叶被多细胞具柄腺毛。叶有时假轮生，表面具粗短的多细胞具柄腺毛，环结型或网结型脉序。圆锥或总状花序；小苞片 2；花萼 5；花冠白色；花瓣几乎愈合；雄蕊 10，花丝直立或曲膝状，与花药联合处具 2 肥厚的乳突状刺，花药无芒；心皮 5，柱头头状。蒴果干燥，缝线不加厚。种子有时具翅，种皮细胞等径或伸长。花粉四合体，3 孔沟，颗粒至皱波状纹饰。染色体 x=12。

分布概况：7/3（1）种，**9 型**；分布于美国东南部，西印度群岛（古巴）和东亚；中国产长江以南。

系统学评述：马醉木属隶属于越橘亚科珍珠花族，是个单系类群[8]。基于形态学证据，Stevens[16]曾将该属划入越橘亚科缐木族的 *Lyonia* group。分子系统学支持马醉木属与 *Agarista* 互为姐妹群[8]。基于叶绿体基因分析表明，*Pieris floribunda* (Pursh) Bentham & J. D. Hooker 是马醉木属其他种的姐妹群。该属下东亚分布的类群构成了单系群。而 *P.* sect. *Pieris* 为并系，第四纪更新世中期和初期存在的陆桥对琉球群岛和台湾岛等孤立岛屿类群的异域分化具有重要作用[78]。而核基因与叶绿体基因的联合分析表明，*P. nana* (Maximowicz) Makino 是马醉木属其他种（马醉木亚属 *P.* subgen. *Pieris*）的姐妹群；*P.* sect. *Phillyreoides* 和 *P.* sect. *Pieris* 都不是单系；北美分布的 *P. phillyreifolia* (Hooker) de Candolle 与亚洲种类更近缘；生物地理学研究发现，马醉木属祖先类群曾经广泛分布于东亚、北美东部和西印度群岛等地区，随后发生了 2 次从新世界到旧世界的扩散事件[79]。

DNA 条形码研究：BOLD 网站有该属 12 种 31 个条形码数据；GBOWS 已有 2 种 34 个条形码数据。

代表种及其用途：该属植物有毒。马醉木 *P. japonica* (Thunberg) D. Don ex G. Don 的茎叶可杀虫、洗疮疥，误食致昏迷和呼吸困难；花叶观赏价值极高，可做切花、盆景、绿篱和庭园露地栽培。

20. *Pyrola* Linnaeus 鹿蹄草属

Pyrola Linnaeus (1753: 396); Qin & Stevens (2005: 249) (Lectotype: *P. rotundifolia* Linnaeus)

特征描述：多年生常绿草本状小灌木。叶常基生。花聚成总状花序，生于花葶上部；花萼 5，全裂，宿存；花瓣 5，易脱落；雄蕊 10，花丝扁平，无毛，花药有极小短角，成熟时顶端孔裂；子房上位，4-5 室，每室有胚珠多数，中轴胎座，花柱长而弯，极少短而直，柱头 5 裂。蒴果近球形，下垂，室背开裂，裂瓣边缘具蛛丝状绒毛。种子多数，细小。花粉四合体，3 拟沟，颗粒至皱波状纹饰。染色体 $2n=46$。

分布概况：30/16（10）种，**8-1 型**；北温带广布；中国南北均产，西南和东北尤盛。

系统学评述：鹿蹄草属隶属于水晶兰亚科鹿蹄草族[8]。该属因染色体 $2n=46$ 和花柱弯曲有别于鹿蹄草族内的其他 3 属，分子系统学研究支持鹿蹄草属为单系，是鹿蹄草族中继单侧花属之后的第 2 分支[34]。种间外部形态相似，且部分性状表现出一定的连续性，使得具有进化意义的共衍征难以确定，属下种间关系一直存有争议[68,69,80-82]。基于不同分子片段构建的该属的分子系统树，结合物种的形态解剖性状及地理分布规律，鹿蹄草属被划分为 2 组，即 *Pyrola* sect. *Pyrola* 和 *P.* sect. *mpliosepala*，前者包括 *Pyrola* ser. *Pyrola*、*P.* ser. *Rugosae* 和 *P.* ser. *Ellipticae*，后者包括 *Pyrola* ser. *Chloranthae*、*P.* ser. *Japoniceae* 和 *P.* ser. *Scotophyllae*[83]。

DNA 条形码研究：BOLD 网站有该属 27 种 129 个条形码数据；GBOWS 已有 5 种 38 个条形码数据。

代表种及其用途：鹿蹄草 *P. decorata* H. Andres 采摘后直接泡饮，有清热、利尿、祛风湿、强筋骨和止血功能，临床用于治疗高血压、冠心病及脉管炎等疾病。

21. *Rhododendron* Linnaeus 杜鹃属

Rhododendron Linnaeus (1753: 392); Fang et al. (2005: 260) (Lectotype: *R. ferrugineum* Linnaeus). —— *Ledum* Linnaeus (1753: 391)

特征描述：灌木或乔木，有时矮小成垫状，地生或附生。植株无毛或被各式毛被或鳞片。叶常绿或落叶、半落叶；互生，全缘，稀有不明显的小齿。花显著，形小至大，通常排列成伞形总状或短总状花序，稀单花，常顶生，少有腋生；花萼 5（-8）裂或环状无明显裂片，宿存；花冠漏斗状、钟状、管状或高脚碟状，5（-8）裂，裂片在芽内覆瓦状；雄蕊 5-10，稀 15-20（-27），花药无附属物，顶孔开裂或为略微偏斜的孔裂；子房 5 室，少有 6-20 室，花柱宿存。蒴果通常自顶部向下室间开裂，果瓣木质，稀质薄。种子多数，细小，纺锤形，两端有明显或不明显的翅，或尾状附属物。花粉四合体，具胞间连丝，3 孔沟，颗粒至皱波状纹饰。主要由蜂类传粉，稀为鸟类或蝙蝠传粉。染色体 $2n=26$。

分布概况：1000/590（428）种，**8-4（14SH，7d）型**；亚洲，欧洲和美洲广布；中国除新疆和宁夏外，南北均产，以西南尤盛。

系统学评述：杜鹃属隶属于杜鹃花亚科杜鹃花族。基于分子系统学证据，杜鹃属为并系[8,28,84,85]。璎珞杜鹃属 *Menziesia* 网节与杜鹃属内，建议将其归并到杜鹃属内[85,86]，云间杜鹃属 *Therorhodion* 聚于杜鹃花族的基部位置，形成杜鹃属和璎珞杜鹃属的姐妹群[8,28,84-86]。杜鹃属的属下分类系统一直存在争议，Sleumer[87,88]将杜鹃属分为 8 亚属，并建立了亚属下组和亚组的分类系统。Cullen 和 Chamberlain[89]将 Sleumer[87,88]系统中有鳞的 4 个亚属合并为 1 个亚属，提出 5 亚属的分类系统。Philipson 和 Philipson[90]将原置于马银花亚属 *Rhododendron* subgen. *Azaleastrum* 中的 2 个单型组纯白杜鹃组 *R.* sect. *Candidastram* 和异蕊杜鹃组 *R.* sect. *Mumeazalea* 分别提升为亚属，并将云间杜鹃属处理为杜鹃属内的 1 个亚属，提出将杜鹃属分为 8 亚属的分类系统。Kron 和 Judd[91]将杜香属 *Ledum* 并入杜鹃属中，并得到了分子证据的支持[28, 85,86]。Chamberlain 和 Rae[92]将单型属 *Tsusiophyllum* 并入映山红亚属 *R.* subgen. *Tsutsusi* 的映山红组 *R.* sect. *Tsutsusi*，将单型组假映山红组 *R.* sect. *Tsusiopsis* 移入映山红组中，这一处理得到了分子证据的支持[93]。Chamberlain 等[94]在前人研究的基础上，提出 1 个包含 8 亚属的分类系统，并得到广泛接受。分子系统学研究表明，Chamberlain 等系统[94]中的常绿杜鹃亚属 *R.* subgen. *Hymenanthes*、杜鹃亚属 *R.* subgen. *Rhododendron*、映山红亚属、异蕊杜鹃亚属和纯白杜鹃亚属为单系，而马银花亚属和羊踯躅亚属 *R.* subgen. *Pentanthera* 为多系[84-86]，支持云间杜鹃亚属为独立的属[8,28,85,86]。Goetsch 等[86]基于核基因 *RPB2* 证据，提出了杜鹃属分为 3 亚属 4 组的系统学观点，但并没有被广泛接受，因此，杜鹃属的系统发育关系还有待进一步研究。

DNA 条形码研究：通过对中国杜鹃属 173 种杜鹃 4 个 DNA 条形码 ITS、*rbc*L、*mat*K 和 *trn*H-*psb*A 的分析表明，*trn*H-*psb*A 具有最高的物种鉴定率（25.19%），3 个条形码组合 ITS + *mat*K + *trn*H-*psb*A 与 4 个条形码的物种鉴别率相同，能鉴别约 42%的物种，推荐作为杜鹃属物种鉴定的条形码组合[95]。而 Liu 等[96]通过对杜鹃属 38 种 68 份样品的 4 个 DNA 条形码 ITS2、*rbc*L、*mat*K 和 *trn*H-*psb*A 的分析，推荐 *trn*H-*psb*A 作为杜鹃属物种鉴定的 DNA 条形码。BOLD 网站有该属 320 种 1333 个条形码数据；GBOWS 已有 146 种 1830 个条形码数据。

代表种及其用途：该属大多数种被引种栽培，并培育出数万个杜鹃花品种，是世界著名的园艺花卉，如大白杜鹃 *R. decorum* Franchet、滇南杜鹃 *R. hancockii* Hemsley 等的花在云南地区作为蔬菜食用；再如羊踯躅 *R. molle* (Blume) G. Don、马缨花 *R. delavayi*

Franchet、满山红 *R. mariesii* Hemsley & E. H. Wilson 等可入药。

22. *Therorhodion* (Maximowicz) J. K. Small 云间杜鹃属

Therorhodion (Maximowicz) J. K. Small (1914: 45); Kron et al. (2002: 335) [Lectotype: *T. camtschaticum* (Pallas) J. K. Small (≡ *Rhododendron camtschaticum* Pallas)]

特征描述：矮生落叶小灌木，幼枝疏生腺毛。单叶，纸质，匙形或匙状倒披针形或倒卵形。花顶生，单生或 2-3 花成总状伞形花序；花梗被腺毛，具叶状苞片；花冠辐状，两侧对称，5 裂；雄蕊 10；子房 5 室，被毛，花柱基部被毛。花粉四合体，3 孔沟。主要由蜂类传粉。染色体 2*n*=24。

分布概况：2/1 种，**8-2 型**；分布于日本，俄罗斯远东地区，美国阿拉斯加；中国产吉林长白山。

系统学评述：云间杜鹃属隶属杜鹃花亚科杜鹃花族，是个单系类群[85]，位于杜鹃花族的最基部，是杜鹃属和瓔珞杜鹃属的姐妹群[8,28,84-86]。云间杜鹃属曾作为 1 个亚属置于杜鹃属[90,94]，分子证据支持云间杜鹃属为独立的属[8,28,84-86]。

DNA 条形码研究：依据 ITS、*rbc*L 和 *mat*K 片段分析均能将云间杜鹃属的 2 个物种区分开，可作为该属物种的鉴定条码。

代表种及其用途：可作为观赏植物栽培。

23. *Vaccinium* Linnaeus 越橘属

Vaccinium Linnaeus (1753: 349); Fang & Stevens (2005: 476); Vander Kloet & Dickinson (2009: 253) (Lectotype: *V. uliginosum* Linnaeus). —— *Oxycoccus* J. Hill (1756: 324)

特征描述：灌木；富含多酚和花青素。叶脉网结型。总状花序顶生或腋生，2-10 花，有时单花；小苞片缺失（仅在 sect. *Oxycoccos* 中存在）；花冠球、柱、坛或钟状，白或乳白，至粉、青铜或绿色，稀红色；花萼 4-5 裂，基部愈合；花瓣 4-5（-6）裂，几乎完全愈合；雄蕊 8-10，内藏，花丝直立扁平，无刺，花药孔裂；心皮 4-5；子房下位，4-5 室或假 10 室，柱头头状。浆果肉质，卵状至球状。种子椭圆状，种皮细胞网状。花粉四合体，3 孔沟或拟孔沟，光滑、颗粒至皱波纹饰。染色体 *x*=12。

分布概况：500/92（51）种，**8 型**；北温带广布，特别是马来群岛，部分到中美洲至南美洲北部，少数至非洲南部；中国产华北、华南和西南。

系统学评述：越橘属隶属越橘亚科越橘族，为多系[8,11,12]。该属及相关属因子房下位而被曾划入杜鹃花目中 1 个独立的科，即越橘科[97,98]。Drude[66]依据叶、茎、花、果等形态特征将越橘科降级为杜鹃花科下的越橘亚科。花萼、花冠、雄蕊及营养器官的茎曾被认为是越橘属及其近缘属的重要分类学特征[2,99]，但后来的研究表明这些特征不足以将越橘属与其他近缘属区分开[16,100]。因分布广、种类多、习性和形态多样性高[101]，越橘属下分类一直具有较大争议。Copeland[102]、Sleumer[99,103]、Stevens[59]、方瑞征[104]、van der Kloet[105]、Odell 和 Vander Kloet[100]先后基于表型特征对该属进行了属下分类。花粉四合体大小和外壁纹饰也被认为对于种间划分具有重要意义[106]。*mat*K 序列分析表明，越橘族为单系，但越橘属为 1 个较复杂的多系，属下不同种分别嵌于树萝卜属 *Agapetes*、*Symphysia*、*Sphyrospermum*、*Macleania*、*Satyria* 和 *Dimorphanthera* 等中[12]。ITS 和 *mat*K 片段的联合分析结果不支持基于形态学证据的越橘属分类关系。van der Kloet 和 Dickinson[107]依据已有的研究成果，对越橘属进行修订，将属下划分为 30 个组。方瑞征[104]对中国越橘属的研究将国产 91 种分别归入 15 个不同组中。越橘属完善的形态和分子系统学研究至今未见报道，属下分类及种间关系仍需进一步研究阐明。

DNA 条形码研究：在已有研究中 ITS 和 *mat*K 具有一定的种间鉴别力[8,11,12]。BOLD 网站有该属 65 种 149 个条形码数据；GBOWS 已有 11 种 96 个条形码数据。

代表种及其用途：越橘 *V. vitis-idaea* Linnaeus、笃斯越橘 *V. uliginosum* Linnaeus、蔓越莓 *V. marcocarpon* Linnaeus、兔眼越橘 *V. virgatum* Aiton 及欧洲越橘 *V. myrtillus* Linnaeus 的果实富含维生素 C、花青素、黄酮等多种多酚类生理活性成分，有较高的食用和药用价值，是著名的蓝莓类植物；具有可改善循环、抗炎、提高免疫力、抗心血管疾病、抗衰老、抗癌等功效。

主要参考文献

[1] Cronquist A. An integrated system of classification of flowering plants[M]. New York: Columbia University Press, 1981.

[2] Stevens PF. A classification of the Ericaceae: subfamilies and tribes[J]. Bot J Linn Soc, 1971, 64: 1-53.

[3] Anderberg AA. Cladistic interrelationships and major clades of the Ericales[J]. Plant Syst Evol, 1993, 184: 207-231.

[4] Chase MW, et al. Phylogenetics of sees plants: an analysis of nucleotide sequences from the plastid gene *rbc*L[J]. Ann MO Bot Gard, 1993, 80: 528-580.

[5] Judd WS, Kron KA. Circumscription of Ericaceae (Ericales) as determined by preliminary cladistic analyses based on morphological, anatomical, and embryological features[J]. Brittonia, 1993, 45: 99-114.

[6] Kron KA. Phylogenetic relationships of Empetraceae, Epacridaceae, Ericaceae, Monotropaceae, and Pyrolaceae: evidence from nuclear ribosomal, 18S sequence data[J]. Ann Bot, 1996, 77: 293-304.

[7] Kron KA, Chase MW. Systematics of the Ericaceae, Empetraceae, Epacridaceae and related taxa based upon *rbc*L sequence data[J]. Ann MO Bot Gard, 1993, 80: 735-741.

[8] Kron KA, et al. Phylogenetic classification of Ericaceae: molecular and morphological evidence[J]. Bot Rev, 2002, 68: 335-423.

[9] Soltis DE, et al. Angiosperm phylogeny inferred from 18S ribosomal DNA sequences[J]. Ann MO Bot Gard, 1997, 84: 1-49.

[10] Gillespie E, Kron KA. Molecular phylogenetic relationships and a revised classification of the subfamily Ericoideae (Ericaceae)[J]. Mol Phylogenet Evol, 2010, 56: 343-354.

[11] Kron KA, et al. Phylogenetic relationships within the blueberry tribe (Vaccinieae, Ericaceae) based on sequence data from *mat*K and nuclear ribosomal ITS regions, with comments on the placement of *Satyria*[J]. Am J Bot, 2002, 89: 327-336.

[12] Kron KA, et al. Phylogenetic relationships of epacrids and vaccinioids (Ericaceae *s.l.*) based on *mat*K sequence data[J]. Plant Syst Evol, 1999, 218: 55-65.

[13] Airy Shaw H. Studies in the Ericales, XI: further new species and notes on the *Agapetes* of continental Asia[J]. Kew Bull, 1958: 468-514.

[14] Stevens PF. Notes on the infrageneric classification of *Agapetes*, with four new taxa from New Guinea[J]. Notes Royal Bot Gard Edinb, 1972, 32: 13-28.

[15] 黄素华. 云南树萝卜属植物的初步研究[J]. 云南植物研究, 1983, 2: 17-27.

[16] Stevens PF. *Agauria* and *Agarista*: an example of tropical transatlantic affinity[J]. Notes Royal Bot Gard Edinb, 1970, 30: 341-359.

[17] Lems K. Evolutionary studies in the Ericaceae, II: leaf anatomy as a phylogenetic index in the Andromedeae[J]. Bot Gaz, 1964, 125: 178-186.

[18] Stevens PF, et al. Ericaceae[M]//Kubitzki K. The families and genera of vascular plants, VI. Berlin: Springer, 2004: 431-433.

[19] Fritsch PW, et al. Phylogenetic analysis of the wintergreen group (Ericaceae) based on six genic regions[J]. Syst Bot, 2011, 36: 990-1003.

[20] Kuzmina ML, et al. Identification of the vascular plants of Churchill, Manitoba, using a DNA barcode library[J]. BMC Ecol, 2012, 12: 1-11.

[21] Saarela JM, et al. DNA barcoding the Canadian Arctic flora: core plastid barcodes (*rbc*L + *mat*K) for 490 vascular plant species[J]. PLoS One, 2013, 8: e77982.

[22] de Vere N, et al. DNA barcoding the native flowering plants and conifers of Wales[J]. PLoS One, 2012, 7: e37945.

[23] Kron KA, Lutyen JL. Origins and biogeographic patterns in Ericaceae: new insights from recent phylogenetic analyses[M]//Friis I, Balslev H. Plant diversity and complexity pattern: local, regional and global dimensions. Copenhagen: Biologiske Skrifter, 2005, 55: 479-500.

[24] Diggs GM. Arctostaphylos [M]//Luteyn JL. Ericaceae, Part II: the superior-ovaried genera (Monotropoideae, Pyroloideae, Rhododendroideae, and Vaccinioideae p.p.). New York: Flora Neotropica by the New York Botanical Garden, 1995, 66: 133-145.

[25] Hileman LC, et al. Phylogeny and biogeography of the Arbutoideae (Ericaceae): implications for the Madrean-Tethyan hypothesis[J]. Syst Bot, 2009, 26: 131-143.

[26] Hooker JD. *Cassiope*[M]//Bentham G, Hooker JD. Genera plantarum ad exemplaria imprimis in Herbariis Kewensibus Servata Definita, Vol. 2. London: Reeve and Company, 1876: 577-579.

[27] Watson WT. A mixed - data numerical approach to angiosperm taxonomy: the classification of Ericales[J]. Proc Linn Soc London, 1967, 178: 25-35.

[28] Gillespie E, Kron KA. Molecular phylogenetic relationships and a revised classification of the subfamily Ericoideae (Ericaceae)[J]. Mol Phylogenet Evol, 2010, 56: 343-354.

[29] Gillespie E, Kron KA. Molecular phylogenetic analysis of the circumboreal genus *Cassiope* (Ericaceae) reveals trends in some morphological and wood anatomy characters and likely reticulate evolution[J]. Rhodora, 2013, 115: 221-249.

[30] Li DZ, et al. Comparative analysis of a large dataset indicates that internal transcribed spacer (ITS) should be incorporated into the core barcode for seed plants[J]. Proc Natl Acad Sci USA, 2011, 108: 19641-19646.

[31] Wróblewska A. The role of disjunction and postglacial population expansion on phylogeographical history and genetic diversity of the circumboreal plant *Chamaedaphne* calyculata[J]. Biol J Linn Soc, 2012, 105: 761-775.

[32] Szczecińska M, et al. Genetic variation of the relict and endangered population of *Chamaedaphne calyculata* (Ericaceae) in Poland[J]. Dendrobiology, 2009, 62: 23-33.

[33] Freudenstein JV. Relationships and character transformation in Pyroloideae (Ericaceae) based on ITS sequences, morphology, and development[J]. Syst Bot, 1999, 24: 398-408.

[34] Liu ZW, et al. Phylogeny of Pyroleae (Ericaceae): implications for character evolution[J]. J Plant Res, 2011, 124: 325-337.

[35] 刘振稳. 鹿蹄草亚科(杜鹃花科)的分子系统学与生物地理学研究[D]. 昆明: 中国科学院昆明植物研究所博士学位论文, 2009.

[36] Kron KA, Judd WS. Systematics of the *Lyonia* group (Andromedeae, Ericaceae) and the use of species as terminals in higher-level cladistic analyses[J]. Syst Bot, 1997, 22: 479-492.

[37] Morton C, et al. Phylogenetic relationships of Lecythidaceae: a cladistic analysis using *rbc*L sequence and morphological data[J]. Am J Bot, 1997, 84: 530.

[38] Kron KA, et al. Phylogenetic analyses of Andromedeae (Ericaceae subfam. Vaccinioideae)[J]. Am J Bot, 1999, 86: 1290-1300.

[39] Li M, et al. Phylogenetics and biogeography of *Pieris* (Lyonieae, Ericaceae) inferred from sequences of nuclear and chloroplast genomes[J]. Syst Bot, 2009, 34: 553-560.

[40] Pei N, et al. Exploring tree-habitat associations in a Chinese subtropical forest plot using a molecular phylogeny generated from DNA barcode loci[J]. PLoS One, 2011, 6: e21273.

[41] Copeland HF. A study anatomical and taxonomic of the genera of Rhododendroideae[J]. Am Midl Nat, 1943, 30: 533-625.

[42] Cox HT. Studies in the comparative anatomy of the Ericales I, Ericaceae-subfamily Rhododendroideae[J]. Am Midl Nat, 1948, 39: 220-245.

[43] Airy-Shaw HK. Studies in the Ericales XIV, the systematic position of the genus *Diplarche*[J]. Kew Bull, 1964, 17: 507-509.

[44] Craven LA. *Diplarche* and *Menziesia* transferred to *Rhododendron* (Ericaceae)[J]. Blumea, 2011, 56: 33-35.

[45] Kron KA. Phylogenetic relationships of Rhododendroideae (Ericaceae)[J]. Am J Bot, 1997, 84: 973-980.

[46] Li JH, et al. Phylogenetic relationships of Empetraceae inferred from sequences of chloroplast gene *mat*K and nuclear ribosomal DNA ITS region[J]. Mol Phylogenet Evol, 2002, 25: 306-315.

[47] Popp M, et al. A single Mid-Pleistocene long-distance dispersal by a bird can explain the extreme bipolar disjunction in crowberries (*Empetrum*)[J]. Proc Natl Acad Sci USA, 2011, 108: 6520-6525.

[48] Anderberg AA. Cladistic analysis of *Enkianthus* with notes on the early diversification of the Ericaceae[J]. Nord J Bot, 1994, 14: 385-401.

[49] Ueno J. On *Enkianthus*. A classification of the genus *Enkianthus* based upon the characters of pollen grains and of crystals in the leaf[J]. J Inst Polytechn Osaka City Univ Ser D, 1950, 1: 55-62.

[50] 徐廷志. 云南岩须属新植物[J]. 云南植物研究, 1982, 4: 263-266.

[51] Sarwar AKMG, Takahashi H. Pollen morphology of *Enkianthus* (Ericaceae) and its taxonomic significance[J]. Grana, 2006, 45: 161-174.

[52] Middleton DJ. Infrageneric classification of the genus *Gaultheria* L.(Ericaceae)[J]. Bot J Linn Soc, 1991, 106: 229-258.

[53] Bush CM, et al. Phylogeny of Gaultherieae (Ericaceae: Vaccinioideae) based on DNA sequence data from *mat*K, *ndh*F, and nrITS[J]. Int J Plant Sci, 2009, 170: 355-364.

[54] Lu L, et al. Reticulate evolution, cryptic species, and character convergence in the core East Asian clade of *Gaultheria* (Ericaceae)[J]. Mol Phylogenet Evol, 2010, 57: 364-379.

[55] Ren H, et al. DNA barcoding of *Gaultheria* L. in China (Ericaceae: Vaccinioideae)[J]. J Syst Evol, 2011, 49: 411-424.

[56] Bush CM, et al. The phylogeny of *Leucothoë s.l.* (Ericaceae: Vaccinioideae) based on morphological and molecular (*ndh*F, *mat*K, and nrITS) data[J]. Syst Bot, 2010, 35: 201-206.

[57] Waselkov K, Judd WS. A phylogenetic analysis of *Leucothoë s.l.* (Ericaceae; tribe Gaultherieae) based on phenotypic characters[J]. Brittonia, 2008, 60: 382-397.

[58] Sleumer H. Studien über die Gattung *Leucothoë* D. Don[J]. Bot Jahrb Syst, 1959, 78: 435-480.

[59] Stevens PF. Taxonomic studies in the Ericaceae[D]. PhD thesis. Edinburgh: University of Edinburgh, 1969.

[60] Melvin NC. A systematic investigation of the genus *Leucothoë* (Ericaceae)[D]. PhD thesis. Oxford, Ohio: Miami University, 1980.

[61] Judd WS. Generic relationships in the Andromedeae (Ericaceae)[J]. J Arnold Arbor, 1979, 60: 477-503.

[62] Judd WS. A monograph of *Lyonia* (Ericaceae)[J]. J Arnold Arbor, 1981, 62: 63-209, 315-436.

[63] Judd WS. Phylogeny and biogeography of *Lyonia* sect. *Lyonia* (Ericaceae)[M]//Woods CA, Sergile FE. Biogeography of the West Indies: patterns and perspectives. 2nd ed. Boca Raton, Florida: CRC Press, 2001: 63-75.

[64] Schultheis LM, Baldwin BG. Molecular phylogenetics of Fouquieriaceae: evidence from nuclear rDNA

ITS studies[J]. Am J Bot, 1999, 86: 578-589.

[65] Linnaeus C. Species plantarum[M]. Stockholm, 1753.

[66] Drude O. Die Epacridaceae[M]//Engler A, Prantl K. Die natürlichen pflanzenfamilien. Leipzig: W. Engelmann, 1889: 1-84.

[67] Boivin B. Flora of the prairie provinces. I[J]. Phytologia, 1968, 16: 1-47.

[68] Freudenstein JV. Relationships and character transformation in Pyroloideae (Ericaceae) based on ITS sequences, morphology, and development[J]. Syst Bot, 1999, 24: 398-408.

[69] Copeland HF. Observations on the structure and classification of the Pyroleae[J]. Madroño, 1947, 9: 65-102.

[70] Haber E, Cruise JE. Generic limits in the Pyroloideae (Ericaceae)[J]. Can J Bot, 1974, 52: 877-883.

[71] Bidartondo MI, Bruns TD. Extreme specificity in epiparasitic Monotropoideae (Ericaceae): widespread phylogenetic and geographical structure[J]. Mol Ecol, 2001, 10: 2285-2295.

[72] Copeland H. Further studies on Monotropoideae[J]. Madroño, 1941, 6: 97-119.

[73] Furman TE, Trappe JM. Phylogeny and ecology of mycotrophic achlorophyllous angiosperms[J]. Quart Rev Biol, 1971, 46: 219-225.

[74] Wallace GD. Transfer of *Eremotropa sciaphila* to *Monotropastrum* (Ericaceae: Monotropoideae)[J]. Taxon, 1971, 36: 128-130.

[75] Bidartondo MI, Bruns TD. Extreme specificity in epiparasitic Monotropoideae (Ericaceae): widespread phylogenetic and geographical structure[J]. Mol Ecol, 2001, 10: 2285-2295.

[76] Kron KA, King JM. Cladistic relationships of *Kalmia*, *Leiophyllum*, and *Loiseleuria* (Phyllodoceae, Ericaceae) based on *rbc*L and nrITS data[J]. Syst Bot, 1996: 21: 17-29.

[77] Anderberg AA. The circumscription of the Ericales, and their cladistic relationships to other families of “higher” dicotyledons[J]. Syst Bot, 1992, 17: 660-675.

[78] Setoguchi H, et al. Molecular phylogeny of the genus *Pieris* (Ericaceae) with special reference to phylogenetic relationships of insular plants on the Ryukyu Islands[J]. Plant Syst Evol, 2008, 270: 217-230.

[79] Li MM, et al. Phylogenetics and biogeography of *Pieris* (Lyonieae, Ericaceae) inferred from sequences of nuclear and chloroplast genomes[J]. Syst Bot, 2009, 34: 553 - 560.

[80] Křísa B. Beitrag zur Taxonomie und Chorologie der Gattung *Pyrola* L.[J]. Bot Jahrb Syst, 1971, 90: 476-508.

[81] Takahashi H. Pollen morphology of *Pyrola* and its taxonomic significance[J]. J Plant Res, 1986, 99: 137-154.

[82] Takahashi H. Seed morphology and its systematic implications in Pyroloideae (Ericaceae)[J]. Int J Plant Sci, 1993, 154: 175-186.

[83] Liu ZW, et al. A molecular phylogeny and a new classification of *Pyrola* (Pyroleae, Ericaceae)[J]. Taxon, 2010, 59: 1690-1700.

[84] Kurashige Y, et al. Sectional relationships in the genus *Rhododendron* (Ericaceae): evidence from *mat*K and *trn*K intron sequences[J]. Plant Syst Evol, 2001, 228: 1-14.

[85] 高连明, 等. 基于 ITS 序列探讨杜鹃属的亚属和组间系统关系[J]. 植物学报, 2002, 44: 1351-1356.

[86] Goetsch L, et al. The molecular systematics of *Rhododendron* (Ericaceae): a phylogeny based upon *RPB2* gene sequences[J]. Syst Bot, 2005, 30: 616-626.

[87] Sleumer H. Einsystem der gattung *Rhododendron* L.[J]. Bot Jahrb Syst, 1949, 74: 511-553.

[88] Sleumer H. A system of the genus *Rhododendron* L.[C]//Luteyn JL, O’Brien ME. Contributions toward a classification of *Rhododendron*. Proceedings of the International *Rhododendron* Conference. New York: The New York Botanical Garden, 1980: 19-26.

[89] Cullen J, Chamberlain DF. A preliminary synopsis of the genus *Rhododendron*[J]. Notes Royal Bot Gard Edinb, 1978, 36: 105-126.

[90] Philipson WR, Philipson MN. Revision of *Rhododendron*, III subgenera *Azaleastrum*, *Mumeazalea*, *Candidastrum* and *Therorhodion*[J]. Notes Royal Bot Gard Edinb, 1986, 44: 1-23.

[91] Kron KA, Judd WS. Phylogenetic relationships within the Rhodoreae (Ericaceae) with specific comments on the placement of *Ledum*[J]. Syst Bot, 1990, 15: 57-68.

[92] Chamberlain DF, Rae SJ. A revision of *Rhododendron*, IV subgenus *Tsutsusi*[J]. Edinb J Bot, 1990, 47: 89-200.

[93] 高连明, 等. 基于 ITS 序列分析探讨杜鹃属映山红亚属的组间关系[J]. 云南植物研究, 2002, 24: 313-320.

[94] Chamberlain D, et al. The genus *Rhododendron*: its classification and synonymy[M]. Edinburgh: Royal Botanic Garden Edinburgh, 1996.

[95] Yan LJ, et al. DNA barcoding of *Rhododendron* (Ericaceae), the largest Chinese plant genus in biodiversity hotspots of the Himalaya–Hengduan Mountains[J]. Mol Ecol Resour, 2015, 15: 932-944.

[96] Liu YM, et al. Species identification of *Rhododendron* (Ericaceae) using the chloroplast deoxyribonucleic acid *psb*A-*trn*H genetic marker[J]. Pharmacogn Mag, 2012, 8: 29-36.

[97] Bentham G, Hooker JD. Genera plantarum[M]. London: Reeve and Co., 1876: 562-577.

[98] Hutchinson J. The families of flowering plants[M]. Oxford: Clarendon Press, 1959:200.

[99] Sleumer H. Vaccinioideen studien[J]. Bot Jahrb, 1941, 71: 375-510.

[100] Odell EA, Vander Kloet SP. The utility of stem characters in the classification of *Vaccinium* L. (Ericaceae)[J]. Taxon, 1991, 40: 273-283.

[101] Vander Kloet SP. Ericaceae[M]//Wagner WL, et al. Manual of the flowering plants of Hawaii. Bishop Museum Special Publication 83. Honolulu: University of Hawaii Press, 1990: 591-595.

[102] Copeland HF. Philippine Ericaceae II: the species of *Vaccinium*[J]. Philipp J Sci, 1926, 30: 153-186.

[103] Sleumer H. *Vaccinium* (Ericaceae)[M]//Van Steenis CGGJ. Flora Malesiana. Groningen: Wolters-Noordhoff, 1967: 746-878.

[104] 方瑞征. 中国越桔属的研究[J]. 云南植物研究, 1986, 8:329-358.

[105] Vander Kloet SP. The genus *Vaccinium* in North America[M]. Ottawa: Agriculture Canada Publication, 1988.

[106] Sarwar AK, *et al.* An overview of pollen morphology and its relevance to the sectional classification of *Vaccinium* L.(Ericaceae)[J]. Jap J Palynol, 2006, 152: 15-34.

[107] Vander Kloet SP, Dickinson TA. A subgeneric classification of the genus *Vaccinium* and the metamorphosis of *V.* section *Bracteata Nakai*: more terrestrial and less epiphytic in habit, more continental and less insular in distribution[J]. J Plant Res, 2009, 122: 253-268.

Mitrastemonaceae Makino (1911), *nom. cons.* 帽蕊草科

特征描述：草本。常寄生于壳斗科植物的根上。叶退化为鳞片状，对生。茎短，顶部只生有 1 花。雄蕊围绕雌蕊群合生。浆果，内含许多微小的种子。花粉粒 2-3（4）沟或孔，穿孔装-颗粒纹饰。可能由蜂类或蝇类传粉，种子由动物或雨水传播。染色体 x=10。

分布概况：1 属/2 种，分布于东南亚，中美洲热带和亚热带；中国 1 属/1 种，产云南、广西、福建和台湾。

系统学评述：帽蕊草科为寄生植物，仅包括 1 个属。Cronquist[1]将其置于大花草目 Raffesiales。Barkman[2]的研究显示帽蕊草科和杜鹃花目 Ericales 中许多种类的线粒体 *mat*R 基因相似，APG III 系统将其并入杜鹃花目。

1. ***Mitrastemon*** **Makino** 帽蕊草属

Mitrastemon Makino (1909: 326); Huang & Gilbert (2003: 270) (Type: *M. yamamotoi* Makino)

特征描述：同科描述。

分布概况：2/1（1）种，**3 型**；热带亚洲和热带美洲间断分布；中国产云南、广西、福建和台湾。

系统学评述：帽蕊草属是单系类群，其为独特的寄生植物。1909 年由 Makino[3,4]建立并归入帽蕊草科，但随后被 Hayata 并入大花草科 Rafflesiaceae[5]。Matuda 认为帽蕊草属形态与多个科植物分别具有相同特征，但其又存在独特性，故独立为帽蕊草科，并认为它的系统位置应该在大花草科 Rafflesiaceae 和菌花科 Hydnoraceae 之间[6]。Barkman[2]基于线粒体 *mat*R 的研究发现，帽蕊草属与杜鹃花目的植物形成姐妹群，Nickrent[7]基于线粒体 *mat*R 和 *atp*1 及核基因 SSU rDNA 的分析证实了该结果。APG III 最终将其置于杜鹃花目。

DNA 条形码研究：GBOWS 已有 1 种 1 个条形码数据。

主要参考文献

[1] Cronquist A. An integrated system of classification of flowering plants[M]. New York: Columbia University Press, 1981.

[2] Barkman TJ, et al. Mitochondrial DNA sequences reveal the photosynthetic relatives of *Rafflesia*, the world's largest flower[J]. Proc Natl Acad Sci USA, 2004, 101: 787-792.

[3] Makino T. Observations on the Flora of Japan[J]. Bot Mag (Tokyo), 1909, 23: 325-327.

[4] Makino T. Observations on the Flora of Japan[J]. Bot Mag (Tokyo), 1911, 25: 251-257.

[5] Hayata B. On the systematic position of *Mitrastemon*[J]. Icon Plant Form, 1913, 3: 199-213.

[6] Matuda E. On the genus *Mitrastemon*[J]. J Torrey Bot Soc, 1947, 74: 133-141.

[7] Nickrent DT, et al. Phylogenetic inference in Rafflesiales: the influence of rate heterogeneity and horizontal gene transfer[J]. BMC Evol Biol, 2004, 4: 40.

Icacinaceae Miers (1851), *nom. cons.* 茶茱萸科

特征描述：乔木或藤本。单叶全缘，无托叶。花两性或单性，小，辐射对称；穗状或总状花序；花梗具关节；花萼 4-5，合生；花瓣 4-5，分离或合生，先端内折，稀无；雄蕊与花瓣同数互生，花丝常于药室下有毛；子房上位，1 室，很少 3-5 室，花柱短，纤细；胚珠通常 2，倒垂于子房室之顶。核果，1 室，有种子 1，花萼宿存，很少为翅果。花粉粒无萌发孔或 3-7 孔，具刺。染色体 $2n$=24，48。

分布概况：24-25 属/149-150 种，泛热带分布；中国 10 属/19 种，产西南和华南。

系统学评述：广义的茶茱萸科曾被置于卫矛目 Celastrales 和无患子目 Sapindales，并被认为是非单系类群，这一结论得到了最新的分子系统学和木材解剖的支持[1-4]，其包含的属被进一步划分在真菊分支 I 和 II 的绞木目 Garryales、冬青目 Aquilifoliales 和伞形目 Apiales 内[5]。APG 和 APG III 曾分别将茶茱萸科置于真菊分支 II 和 I，但其目的归属未定。APW 将茶茱萸科划分为 *Cassinopsis* 和茶茱萸亚科 Icacinoideae，茶茱萸亚科进一步划分为 4 族，包括 Icacineae、微花藤族 Iodeae、Mappieae 和刺核藤族 Phytocreneae。现采用的狭义的茶茱萸科包括 *Icacina* 及其相近的类群，但可能仍然不是个单系类群。茶茱萸科可以进一步划分为 4 个非正式的属群，即 *Icacina* group、*Cassinopsis*、*Emmotum* group 和 *Apodytes* group[5]。

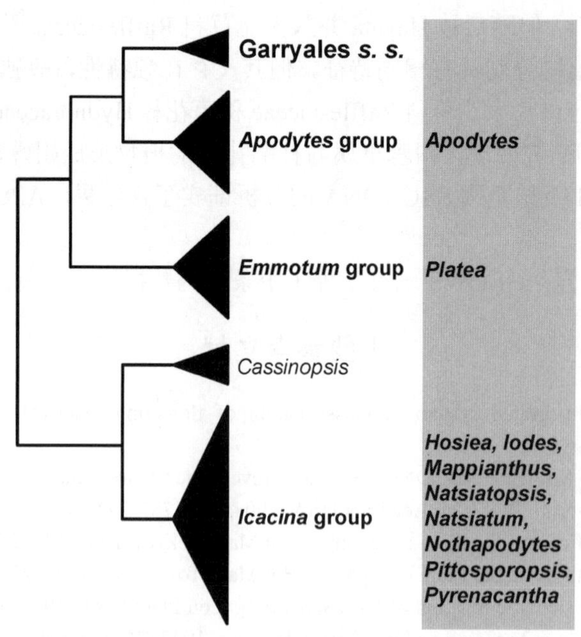

图 185　茶茱萸科分子系统框架图（参考 Kårehed[5]）

分属检索表

1. 乔木或直立灌木
  2. 花单性或杂性异株……………………………………………………………………………**9. 肖榄属 *Platea***
  2. 花两性
    3. 花柱偏生，子房一侧肿大；果基部具盘状附属物；叶干后通常黑色……**1. 柴龙树属 *Apodytes***
    3. 花柱不偏生，子房非一侧肿大；果不具附属物
      4. 叶边缘微波状软骨质；花序腋生；花瓣匙形，下部分开，外面被微柔毛，内面无毛；药隔突出；花盘与子房合生；果大而中果皮薄，核为骨质………………**8. 假海桐属 *Pittosporopsis***
      4. 叶全缘；花序顶生，稀同时腋生，常极臭；花瓣条形，下部黏合，两面被毛；药隔不突出；花盘叶状 5-10 裂，内面被毛；果小而中果皮肉质，核薄………**7. 假柴龙树属 *Nothapodytes***
1. 木质藤本或攀援灌木
  5. 叶对生或近对生，具卷须；叶全缘
    6. 叶革质；聚伞花序两侧交替腋生；花较大，花瓣两面被毛，1/3-2/3 以上连合成钟状漏斗形，肉质；花丝扁平，向上渐宽成药隔，花药背着……………………………**4. 定心藤属 *Mappianthus***
    6. 叶纸质；聚伞圆锥花序腋生或腋上生；花较小，花瓣外面密被毛，仅基部连合；花丝宽短，花药基着……………………………………………………………………………**3. 微花藤属 *Iodes***
  5. 叶互生，无卷须；叶具细齿
    7. 花两性，聚伞花序……………………………………………………………………**2. 无须藤属 *Hosiea***
    7. 花单性，花序穗状或总状
      8. 无花瓣；花序穗状……………………………………………………**10. 刺核藤属 *Pyrenacantha***
      8. 有花瓣；花序总状
        9. 叶疏生细齿；总状花序腋上生；花萼 5 裂；花瓣分离…………………**6. 薄核藤属 *Natsiatum***
        9. 叶边缘波状；总状花序数个簇生叶腋；花萼 4 裂；花瓣下面 2/3 合生成管，裂片分离……
        ……………………………………………………………………………**5. 麻核藤属 *Natsiatopsis***

1. *Apodytes* E. Meyer ex Arnott 柴龙树属

Apodytes E. Meyer ex Arnott (1840: 155); Peng & Howard (2008: 508) (Type: *A. dimidiata* E. Meyer ex Arnott)

特征描述：乔木或灌木。单叶互生，干后通常黑色，全缘，具柄。花小，两性；圆锥花序或聚伞状圆锥花序，顶生或腋生；花萼杯状，5 齿裂；花瓣 5，分离或基部稍合生，镊合状排列，通常无毛；雄蕊 5，与花瓣互生且着生其基部，花丝略扩大；子房 1 室，一侧肿大，花柱偏生，略弯曲，柱头小而斜。核果卵形或椭圆形，偏斜，果皮脆，壳质，基部具盘状附属物。种子 1。染色体 $2n$=24。

分布概况：1/1 种，**4-1 型**；分布于热带、亚热带非洲和热带亚洲；中国产云南、广西和海南。

系统学评述：分子系统学研究支持柴龙树属和 *Raphiostylis* 位于 *Apodytes* group，并具有较近的亲缘关系[5,6]，但除花粉形态以外，这一结论未得到其他形态学证据支持[7]。

DNA 条形码研究：BOLD 网站有该属 2 种 5 个条形码数据；GBOWS 网站已有 1 种 11 个条形码数据。

代表种及其用途：柴龙树 *A. dimidiata* E. Meyer ex Arnott 具有褐灰色、硬而十分坚韧的木材，非洲称“白梨木”，易于施工，宜作旋制品。

2. *Hosiea* W. B. Hemsley & E. H. Wilson 无须藤属

Hosiea W. B. Hemsley & E. H. Wilson (1906: 154); Peng & Howard (2008: 513) [Type: *H. sinensis* (Oliver) W. B. Hemsley & E. H. Wilson (≡*Natsiatum sinense* Oliver)]

特征描述：攀援藤本。茎不具卷须。单叶互生，纸质，具长柄，边缘具齿。聚伞花序腋生；花两性，绿色；花萼小，5 裂；花瓣 5，基部连合，远较花萼长，外面被柔毛，里面被微柔毛；雄蕊 5，与花瓣互生，花丝粗；肉质腺体 5，位于雄蕊之间；子房上位，1 室，1-2 胚珠，花柱显著，柱头 4 裂。核果扁椭圆形，宿萼不增大。种子 1。

分布概况：2/1（1）种，**14（SJ）型**；分布于日本；中国产湖北、湖南和四川。

系统学评述：无须藤属曾与微花藤属 *Iodes*、定心藤属 *Mappianthus*、麻核藤属 *Natsiatopsis*、薄核藤属 *Natsiatum* 和 *Polyporandra* 共同组成微花藤族[8]，但这个族显然不是一个自然的类群。Kårehed[5]的研究认为，无须藤属 *Hosiea* 及分布于中国的属应置于 *Icacina* group。

3. *Iodes* Blume 微花藤属

Iodes Blume (1825: 29); Peng & Howard (2008: 511) (Type: *I. ovalis* Blume)

特征描述：木质藤本。叶间具卷须。单叶对生，稀近对生，全缘，纸质，具柄。聚伞状圆锥花序腋生或腋上生；雌雄异株；雄花：花萼杯状，5 齿裂，花冠（3-）4-5 深裂，基部连合，外面密被毛，雄蕊 3-5，与花冠裂片互生，花丝宽短，稀无，退化子房无或极小。雌花：花萼与雄花相似，花冠 4-5 裂，下部管状，常扩大，退化雄蕊无，子房 1 室，有 2 悬垂胚珠，柱头厚盾状，顶端凹陷，有时略偏斜。核果斜倒卵形，具不增大的宿存萼及花冠，外果皮薄壳质，中果皮薄，内果皮外面具网状多角形陷穴，极稀平滑。种子 1，具肉质胚乳。花粉粒 3 孔，网状纹饰，有小刺。

分布概况：19/4（1）种，**6 型**；分布于非洲，热带亚洲；中国产西南至华南。

系统学评述：微花藤属和定心藤属曾有学者认为应予以合并[9]。Kårehed[5]通过分析确认了这 2 个属的属级地位，且均隶属于 *Icacina* group。

DNA 条形码研究：BOLD 网站有该属 2 种 4 个条形码数据；GBOWS 网站已有 3 种 12 个条形码数据。

代表种及其用途：瘤枝微花藤 *I. seguinii* (H. Léveillé) Rehder 的果肉可食，先甜后辣。大果微花藤 *I. balansae* Gagnepain 在广西用根治肾炎。微花藤 *I. cirrhosa* Turczaninow 的根可治风湿痛。

4. *Mappianthus* Handel-Mazzetti 定心藤属

Mappianthus Handel-Mazzetti (1921: 150); Peng & Howard (2008: 511) (Type: *M. iodoides* Handel-Mazzetti)

特征描述：木质藤本。卷须粗壮，与叶轮生。叶对生或近对生，全缘，革质，具柄。雌雄异株；聚伞花序两侧交替腋生；雄花：花萼杯状，5 浅裂，花冠钟状漏斗形，肉质，5 裂至 1/3 或个别超过 2/3，裂片镊合状排列，两面被毛，花盘无，雄蕊 5，分离，比花冠稍短，花丝扁平，基部稍细，向上逐渐扩大，退化子房被毛，柱头厚，先端钝。雌花：与雄花相似，但较小，退化雄蕊宿存。核果长卵圆形，压扁，外果皮薄肉质，被硬伏毛，黄红色，内果皮具下陷网纹和一些纵槽，内面平滑，胚小。

分布概况：2/1 种，**7 型**；分布于热带亚洲；中国产南岭以南。

系统学评述：传统上定心藤属曾被置于微花藤族[8]，Kårehed[5]结合形态特征与 DNA 片段的分析结果表明，该属隶属于 *Icacina* group。

DNA 条形码研究：BOLD 网站有该属 1 种 2 个条形码数据。

代表种及其用途：定心藤 *M. iodoides* Handel-Mazzetti 的果肉味甜可食，根或老藤药用。

5. *Natsiatopsis* Kurz 麻核藤属

Natsiatopsis Kurz (1876: 201); Peng & Howard (2008: 514) (Type: *N. thunbergiiaefolia* Kurz)

特征描述：攀援灌木。不具卷须。单叶互生，具长柄，边缘波状。雌雄异株；总状花序长而疏花，数个簇生叶腋；雄花：花萼 4 裂，花冠管状，花瓣合生 2/3 以上，4 裂，雄蕊 4，花丝宽线形，扁平，分离，退化子房密被黄褐色硬毛。雌花：花萼、花冠与雄花同，花药小，不发育，子房卵圆形，被长硬毛。核果卵球形，压扁，具多边形网纹。种子 1。

分布概况：1/1 种，**7-3 型**；分布于缅甸；中国产云南。

系统学评述：传统上麻核藤属曾被置于微花藤族[8]。Kårehed[5]结合形态特征与 DNA 片段的分析表明该属隶属于 *Icacina* group。

6. *Natsiatum* Hamilton ex Arnott 薄核藤属

Natsiatum Hamilton ex Arnott (1834: 314); Peng & Howard (2008: 514) (Type: *N. herpeticum* Hamilton ex Arnott)

特征描述：攀援灌木。不具卷须。单叶互生，具柄，边缘疏生细齿。雌雄异株；简单或复合的总状花序腋上生；雄花：花萼深 5 裂，宿存，花后不增大，花瓣 5，基部稍连合，雄蕊与花瓣互生，花丝宽短，基部两侧有 2 扁瓶状附属器，子房不发育。雌花：萼片、花瓣同雄花，退化雄蕊 4-6，与同数、不等大、具圆齿的腺体互生，子房 1 室，被长柔毛，具 2 并生悬垂胚珠，花柱短，先端 2-3 裂，柱头头状。核果斜卵形，扁压，中果皮薄，内果皮壳质。种子 1。花粉粒（3-）6-7 孔。

分布概况：1/1 种，**7-2 型**；分布于热带亚洲；中国产云南。

系统学评述：传统上薄核藤属曾被置于微花藤族[8]。Kårehed[5]结合形态特征与 DNA 片段的分析结果表明该属隶属于 *Icacina* group。

7. *Nothapodytes* Blume 假柴龙树属

Nothapodytes Blume (1851: 248); Peng & Howard (2008: 509) (Type: *N. montana* Blume)

特征描述：乔木或灌木。叶互生，稀对生，全缘。聚伞花序或伞房花序顶生，稀腋生；花常有特别难闻的臭味，两性或杂性；花梗在萼下具关节，无苞片；花萼小，杯状或钟状，浅 5 齿裂，宿存；花瓣 5，条形，两面被毛；雄蕊 5，通常分离，花丝丝状，肉质，通常扁平，稀基部加厚；花盘叶状，内面被毛，5-10 裂；子房被硬毛，稀无毛，1 室，有 2 倒生胚珠，花柱丝状至短圆锥形，柱头头状，截形，稀 2 裂或凹入。核果浆果状，中果皮肉质，内果皮薄。种子 1，胚乳丰富。

分布概况：7/6（5）种，**7 型**；分布于热带亚洲；中国产西南、华南和华中。

系统学评述：假柴龙树属是中美洲分布的 *Mappia* 的姐妹群[4,6]，共同构成 *Icacina* group 的一个主要分支。

DNA 条形码研究：GBOWS 网站有该属 2 种 12 个条形码数据。

8. *Pittosporopsis* Craib 假海桐属

Pittosporopsis Craib (1911: 28); Peng & Howard (2008: 508) (Type: *P. kerrii* Craib)

特征描述：灌木至小乔木。叶互生，边缘微波状，软骨质。花较大，两性，腋生聚伞花序花少；花柄短，具关节；小苞片 3-4；花萼 5 深裂，宿存，果时增大；花瓣 5，匙形，外面被微柔毛；雄蕊 5，与花瓣互生，贴生于花瓣基部，花丝扁平，向上突然收缩；花盘与子房合生；子房椭圆形，1 室，有 2 悬垂胚珠，花柱初时劲直，后膝曲，宿存。核果大，近圆形，稍偏斜，中果皮薄，内果皮近骨质。

分布概况：1/1 种，**7-3 型**；分布于老挝、缅甸、泰国、越南北部；中国产云南南部和东南部。

系统学评述：形态学分析认为假海桐属的系统位置并不确定，可能隶属于 *Icacina* group[5]，但其花瓣先端重叠，与 *Garrya* 较相似。

DNA 条形码研究：GBOWS 网站有该属 1 种 6 个条形码数据。

代表种及其用途：假海桐 *P. kerrii* Craib 的种子可食，又可作药用。

9. *Platea* Blume 肖榄属

Platea Blume (1826: 646); Peng & Howard (2008: 506) (Lectotype: *P. excels* Blume)

特征描述：大乔木。嫩枝、幼叶背面及花序被锈色星状鳞粃或单毛。叶全缘，革质。花小，杂性或雌雄异株；雄花序间断穗状或圆锥状腋生；雌花序短总状腋生；萼片 5，分离或基部稍连合；花瓣 5，基部合生成极短的管，先端分离，在雌花中早落或无；雄蕊 5，着生于花冠基部，与花冠裂片互生，花丝比花药短；子房（在雄花中退化或无）球形至圆柱形，1 室，具 2 悬垂胚珠，柱头阔盘状。核果圆柱状，外果皮蓝黑色，薄，内果皮木质，具网状肋。种子 1，具丰富胚乳及微小的胚。

分布概况：5/2（1）种，**7 型**；分布于热带亚洲；中国产广东、广西和云南。

系统学评述：Kårehed[5]基于形态特征的分析表明，肖榄属隶属于 *Emmotum* group，但其系统位置并不明确。

DNA 条形码研究：GBOWS 网站有该属 1 种 4 个条形码数据。

10. *Pyrenacantha* W. J. Hooker ex Wight 刺核藤属

Pyrenacantha W. J. Hooker ex Wight (1830: 107), *nom. cons.* ; Peng & Howard (2008: 513) (Type: *P. volubilis* R. Wight)

特征描述：木质藤本。茎无卷须。单叶互生，全缘或具齿，具柄。花单性，雌雄异株，无花瓣，穗状花序；雄花：有小苞片，花萼（3）4（5）裂，雄蕊 4，与花萼裂片互生，雌蕊退化。雌花：无小苞片；花萼和雄花的相似，宿存，外弯，退化雄蕊极短，子房 1 室，悬垂胚珠 1-2，无花柱，柱头盘状。核果稍压扁，内果皮薄，脆壳质，外面具皱纹，内面有多数疣状或刺状凸起穿入胚乳内。种子 1，有肉质、多皱褶的胚乳。

分布概况：10/1 种，**6 型**；分布于热带非洲和亚洲；中国产海南。

系统学评述：刺核藤属曾被置于 Phytocreneae。Kårehed[5]则将该属置于 *Icacina* group。

DNA 条形码研究：BOLD 网站有该属 2 种 3 个条形码数据。

主要参考文献

[1] Savolainen V, et al. Phylogenetics of flowering plants based on combined analysis of plastid *atp*B and *rbc*L gene sequences[J]. Syst Biol, 2000, 49: 306-362.

[2] Soltis DE, et al. Angiosperm phylogeny inferred from 18S rDNA, *rbc*L, and *atp*B sequences[J]. Bot J Linn Soc, 2000, 133: 381-461.

[3] Savolainen V, et al. Phylogeny of the eudicots: a nearly complete familial analysis based on *rbc*L gene sequences[J]. Kew Bull, 2000, 55: 257-309.

[4] Lens F, et al. The wood anatomy of the polyphyletic Icacinaceae *s.l.*, and their relationships within asterids[J]. Taxon, 2008, 57: 525-552.

[5] Kårehed J. Multiple origin of the tropical forest tree family Icacinaceae[J]. Am J Bot, 2001, 88: 2259-2274.

[6] Angulo DF, et al. Systematics of *Mappia* (Icacinaceae), an endemic genus of tropical America[J]. Phytotaxa, 2013, 116: 1-18.

[7] Lobreau-Callen D. Pollen des Icacinaceae: I. Atlas. II. Observations en microscopic electronique, correlations, conclusions[J]. Pollen et Spores, 1973, 15: 47-89.

[8] Engler A. Icacinaceae[M]//Engler A, Prantl K. Die natürlichen pflanzenfamilien. Vol. 3. Leipzig: W. Engelmann, 1893: 233-257.

[9] Sleumer H. Icacinaceae[M]//van Steenis CGGJ. Flora Malesiana. Series I, Vol. 7. Groningen: Noordhoff, 1971: 1-87.

Eucommiaceae Engler (1909), *nom. cons.* 杜仲科

特征描述：落叶乔木，植株各部有胶质，乳管；枝有片状髓心。单叶互生，叶片撕裂有胶丝，无托叶。雌雄异株；无花被，花先叶开放；雄花密集成头状花序生于短枝上；雄蕊（4）5-10（12），花丝很短，花药线形，药隔伸出；雌花单生于每一苞腋内；雌蕊 2，心皮合生，其中 1 心皮败育，2 胚珠，1 个不育。坚果扁，周围环以薄革质翅。种子具膜质种皮，胚乳丰富，胚大。花粉粒 3（拟）孔沟，具刺。染色体 $2n$=34。含环烯醚萜类化合物。

分布概况：1 属/1 种，中国特产，分布于陕西、甘肃、河南、湖北、四川、云南、贵州、湖南。世界普遍栽培。

系统学评述：1890 年，Oliver[1]根据 A. Henry 所采标本建立杜仲属 *Eucommia*，将其置于木兰科 Magnoliaceae。关于其系统位置颇多争论。不同的学者分别将杜仲科置于榆科 Ulmaceae 和桑科 Moraceae 之间的位置，属于荨麻目 Ultucales[2]、金缕梅目 Hamamelidales，或独立成杜仲目 Eucomiales，后 2 种划分得到花粉[3]和解剖、胚胎学证据的支持[4]。Takhtajan[5]强调杜仲科不同于金缕梅亚纲，将其置于山茱萸亚纲 Cornidae。杜仲科与山茱萸科 Cornaceae 之间的近缘关系得到分子系统学研究的支持[6]。

1. *Eucommia* Oliver 杜仲属

Eucommia Oliver (1950: 1890); Zhang et al. (2003: 43) (Type: *E. ulmoides* Oliver)

特征描述：同科描述。

分布概况：1/1（1）种，**15 型**；中国特有，分布于陕西、甘肃、河南、湖北、四川、云南、贵州、湖南，国内外普遍栽培。

系统学评述：同科评述。

DNA 条形码研究：ITS2 序列已用于杜仲 *E. ulmoides* Oliver 及其主要混伪品的鉴定。BOLD 网站有该属 1 种 14 个条形码数据；GBOWS 网站已有 1 种 20 个条形码数据。

代表种及其用途：杜仲树皮药用；植株作园林观赏树和行道树；木材供建筑及制作家具。

主要参考文献

[1] Oliver D. *Eucommia ulmoides* Oliv.[J]. Hooker's Ico Pl, 1890, 20: t. 1950.

[2] 吴征镒, 等. 中国被子植物科属综论[M]. 北京: 科学出版社, 2003.

[3] 张芝玉, 等. 杜仲花粉形态的研究[J]. 植物分类学报, 1988, 26: 367-370.

[4] 张芝玉, 路安民. 杜仲科的解剖学和胚胎学及其系统关系[J]. 植物分类学报, 1990, 28: 430-441.

[5] Takhtajan AL. Diversity and classification of flowering plants[M]. New York: Columbia University Press, 1997.

[6] Xiang QY, et al. Phylogenetic relationships of *Cornus* L. *sensu lato* and putative relatives inferred from *rbc*L sequence data[J]. Ann MO Bot Gard, 1993, 80: 723-734.

Garryaceae Lindley (1834), *nom. cons.* 绞木科

特征描述：乔木或灌木，雌雄异株。单叶对生，基部合生，全缘或有齿。花序顶生，圆锥状或总状。花4基数，雄蕊与花瓣互生，花丝极短，具退化雄蕊，腺盘四角；雌花柄常有关节，腺盘肉质，子房下位，心皮1室，胚珠1，下垂。浆果或核果。种子具肉质种皮，胚乳丰富。花粉粒3沟或3孔沟（稀4），疣状-网状纹饰，一些属花粉外壁无覆盖层。虫媒。染色体2*n*=16，22，32。

分布概况：2属/17种，分布于北美洲，中美洲，加勒比海群岛及东亚；中国1属/10种，产黄河以南。

系统学评述：传统上绞木科的桃叶珊瑚属被置于山茱萸科Cornaceae，虽然Agardh于1858年已经建立桃叶珊瑚科Aucubaceae，但直到1997年才被Takhtajan承认，并将其独立为1个目[1]；而该科的另一个属*Garrya*一直单立为绞木科，Cronquist[2]将绞木科置于山茱萸目Cornales，APG系统将其列入新设立的绞木目，APG II、APG III将桃叶珊瑚科和绞木科合并。

1. *Aucuba* Thunberg 桃叶珊瑚属

Aucuba Thunberg (1783: 61); Xiang & Boufford (2005: 222) (Type: *A. japonica* Thunberg)

特征描述：小乔木或灌木，单叶对生，常具黄色斑点，全缘或具粗锯齿。花单性，雌雄异株，圆锥花序；花4数，萼片4裂；花瓣镊合状排列，先端常具短尖头或尾状；雄花：雄蕊4，具花盘，花药2室。雌花：花柱粗短，柱头头状，子房下位，1室，常与萼管合生，具1倒生悬垂胚珠。核果肉质，顶端宿存萼齿、花柱及柱头；种子1，长圆形，种皮膜质，白色。花粉粒3孔沟或3沟，外壁光滑，无覆盖层。染色体2*n*=16，32。

分布概况：10/10（7）种，**14型**；分布于不丹，印度，缅甸，越南，日本；中国产黄河以南。

系统学评述：桃叶珊瑚属尚未提出属下分类系统，亦无全面的分子系统学研究。

DNA条形码研究：BOLD网站有该属1种12个条形码数据；GBOWS网站已有2种12个条形码数据。

代表种及其用途：该属植物多作观赏用，如洒金桃叶珊瑚*A. japonica* Variegata叶面有黄色星点，是著名的观叶植物。

主要参考文献

[1] Takhtajan AL. Diversity and classification of flowering plants[M]. New York: Columbia University Press, 1997.

[2] Cronquist A. An integrated system of classification of flowering plants[M]. New York: Columbia University Press, 1981.

Rubiaceae Jussieu (1789), *nom. cons.* 茜草科

特征描述：乔木、灌木、藤本或草本。单叶，常对生，有时假轮生或三出叶；托叶明显，宿存或早落。花单生或为各式花序；小苞片有时呈花瓣状；花 4-5 基数，两性、

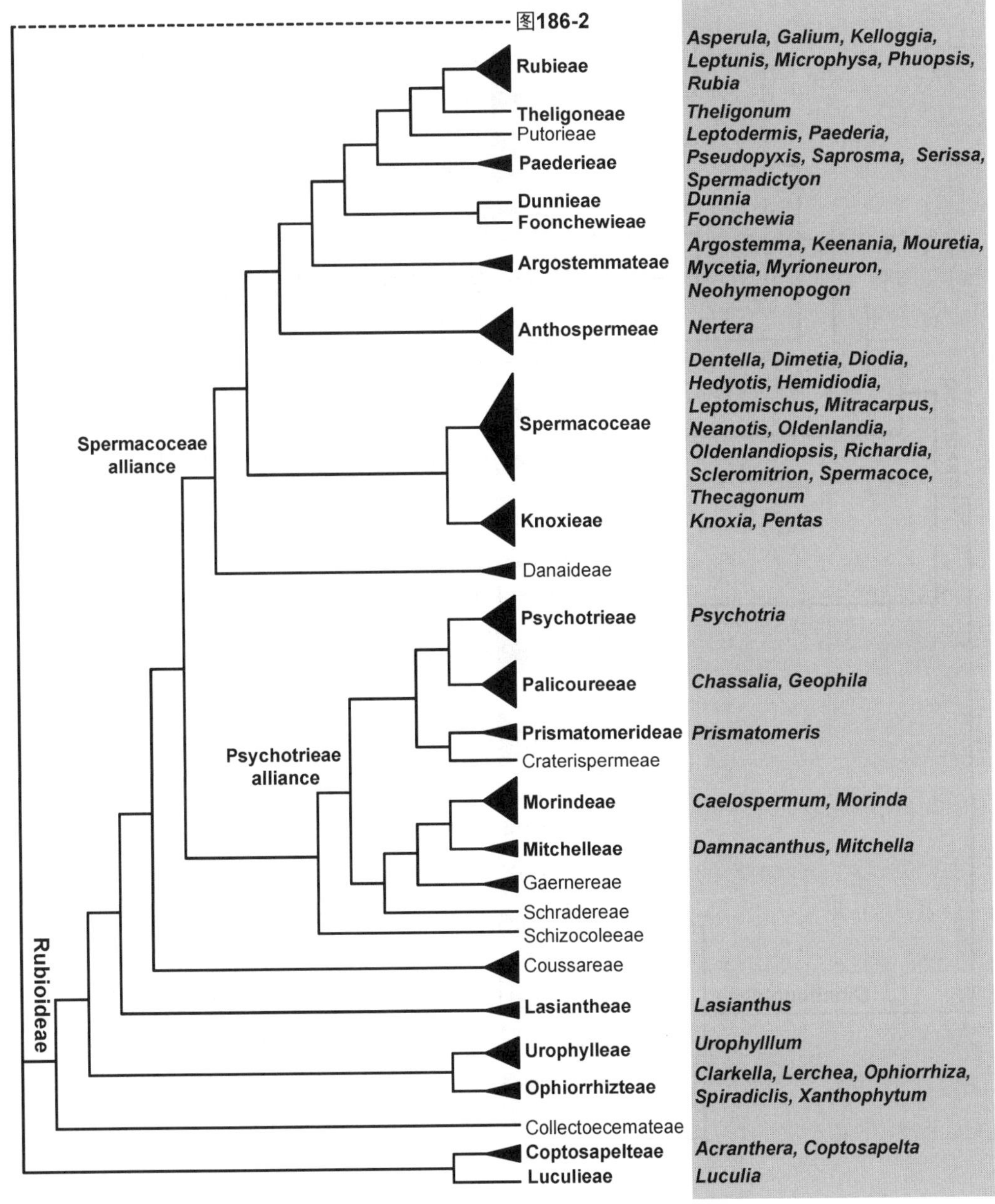

图 186-1　茜草科分子系统框架图（参考 Bremer[1]；Manns 和 Bremer[2]；Kainulainen 等[3]；Rydin 等[4]）

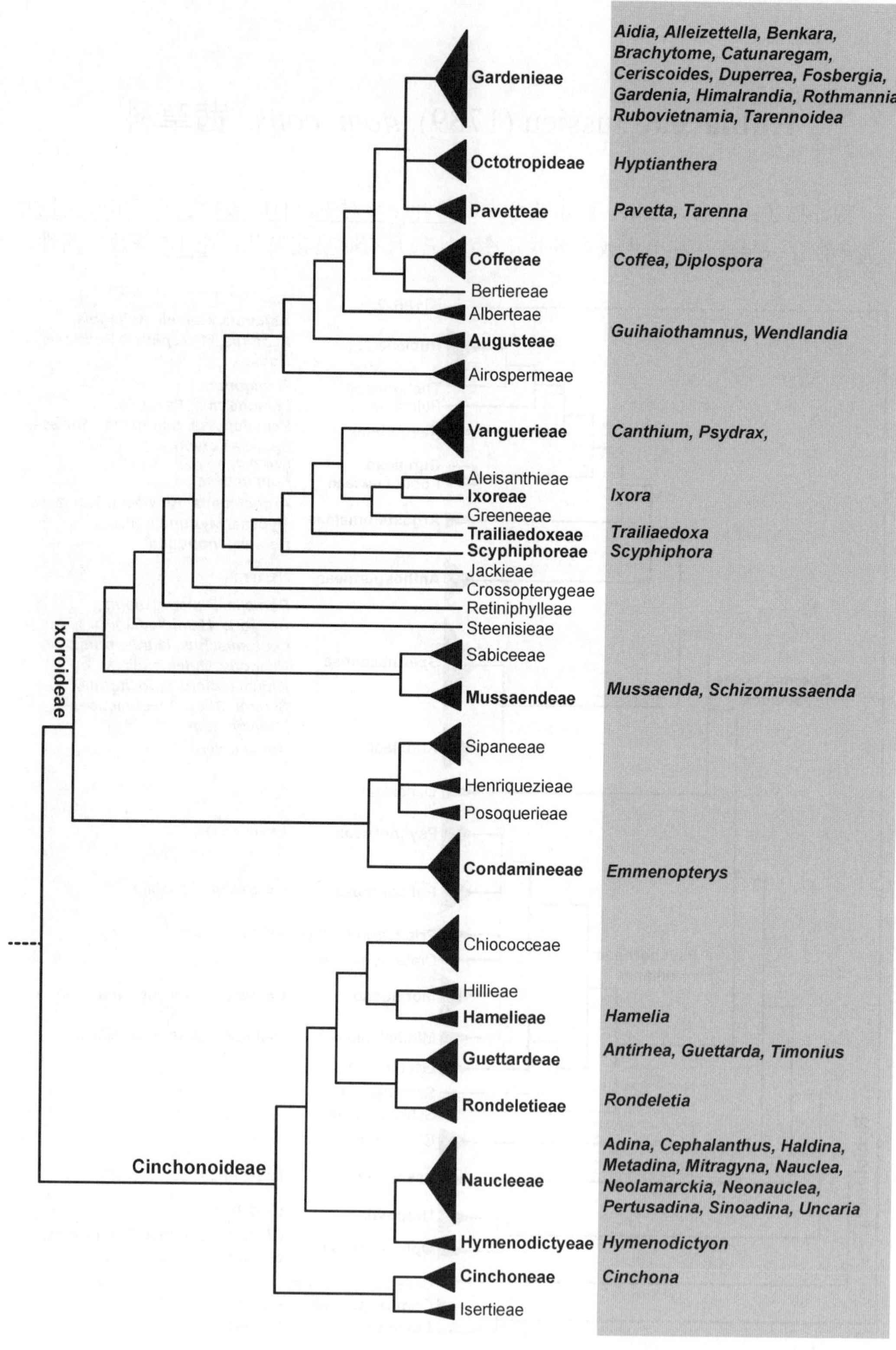

图 186-2　茜草科分子系统框架图

单性或杂性；萼裂片有时变态成叶状或花瓣状；花冠管状、漏斗状、高脚碟状、钟状、坛状或辐状，花冠裂片芽时镊合状、覆瓦状或旋转状排列；雄蕊着生在花冠管上，花药 2 室，伸出或内藏；子房常下位，1 至多室，每室具 1 至多数胚珠；柱头常 2 裂，伸出或内藏。蒴果、浆果、核果、坚果、裂果或聚合果。种子有时具翅。花粉粒 3-12 孔沟（沟型），散沟状或环沟状。染色体 x=6，9，11，17，19，22，有多倍体现象。

分布概况：约 614 属/13 150 种，广布热带和亚热带地区，少数至北温带；中国 103 属/约 743 种，主产华南和东南部，少数到西北和东北部。

系统学评述：茜草科最早被划分为子房每室有多颗胚珠的金鸡纳亚科 Cinchonoideae 和仅有 1 颗胚珠的茜草亚科 Rubioideae[5,6]，后来，在此基础上又有不同的分类系统分别将其划分为 3 亚科[7]、8 亚科[8]，或 4 亚科[9]。分子系统学研究将茜草科划分为茜草亚科、龙船花亚科 Ixoroideae 和金鸡纳亚科 Cinchonoideae，以及系统位置不确定的流苏子族 Coptosapelteae 和滇丁香族 Luculieae[1,10]。此外，假繁缕科 Theligonaceae 被归入茜草科，而原属于茜草科的香茜属 *Carlemannia* 和蜘蛛花属 *Silvianthus* 被归入香茜科 Carlemanniaceae[APG I,APG II,APG III]。

茜草亚科包括 25 族，其中 Spermacoceae alliance 和 Psychotrieae alliance 由于种类数量众多，其内部的分类学和系统学问题还有待进一步研究。金鸡纳亚科包括 9 族，与龙船花亚科形成姐妹关系，Manns 和 Bremer[2]曾对金鸡纳亚科下族的划分及其系统演化关系做了细致的研究。龙船花亚科包括 24 族，Kainulainen 等[3]基于分子证据对龙船花亚科植物的系统演化关系及族间进行划分，研究表明，Coffeeae alliances 和 Vanguerieae alliances 互为姐妹分支，共同构成核心龙船花亚科 core Ixoroideae；Condamineeae、Henriquezieae、Mussaendeae、Posoquerieae、Retiniphylleae、Sabiceeae、Sipaneeae 及 Steenisieae 等族较早分化。

分属检索表

1. 草本，偶亚灌木状；叶 4 至多片轮生；无托叶
  2. 花 5 基数
    3. 果干燥，坚果……**74. 长柱草属 *Phuopsis***
    3. 果肉质，浆果状……**82. 茜草属 *Rubia***
  2. 花 4 基数
    4. 果膨大、膀胱状……**52. 泡果茜草属 *Microphysa***
    4. 果不膨大，坚果或裂果
      5. 花序被总苞；花萼裂片存在……**89. 雪亚迪草属 *Sherardia***
      5. 花序无总苞；花萼裂片常退化至缺失
        6. 花冠辐状至钟状或阔漏斗形……**30. 拉拉藤属 *Galium***
        6. 花冠管状至高脚碟状或漏斗状
          7. 亚灌木或草本；花冠高脚碟状、漏斗状或管状漏斗形；坚果……**7. 车叶草属 *Asperula***
          7. 一年生柔弱草本植物；花冠漏斗状；裂果……**48. 里普草属 *Leptunis***
1. 草本、灌木、乔木或木质藤本；叶常对生，有时仅 3 片轮生；具托叶
  8. 子房每室胚珠多数
    9. 果干燥

10. 花单生或多朵组成聚伞花序、伞房花序、伞形花序或圆锥花序，有时为复合型
 11. 果实僧帽状或倒心形，侧扁 ······ **69. 蛇根草属 *Ophiorrhiza***
 11. 果实球形、近球形或卵球形
  12. 花单生；果实密被腺毛 ······ **21. 小牙草属 *Dentella***
  12. 花多朵形成各式花序；果实光滑，无毛
   13. 种子具明显的翅
    14. 花序中的苞片或花萼裂片中的 1 枚或数枚变态成叶状或花瓣状，白色、宿存
     15. 花序苞片变态成叶状
      16. 柱头纺锤形或头状 ······ **39. 土连翘属 *Hymenodictyon***
      16. 柱头线形 ······ **63. 石丁香属 *Neohymenopogon***
     15. 花萼裂片变态成花瓣状
      17. 花冠裂片镊合状排列 ······ **25. 绣球茜属 *Dunnia***
      17. 花冠裂片覆瓦状排列 ······ **27. 香果树属 *Emmenopterys***
    14. 苞片和萼片均正常，不变态
     18. 蒴果室背开裂 ······ **19. 流苏子属 *Coptosapelta***
     18. 蒴果室间开裂
      19. 花冠裂片镊合状排列 ······ **16. 金鸡纳属 *Cinchona***
      19. 花冠裂片覆瓦状排列 ······ **50. 滇丁香属 *Luculia***
   13. 种子无翅
    20. 花冠裂片覆瓦状或旋转状排列
     21. 花冠管喉部具一环状胼胝体；蒴果具 2 槽 ······ **80. 郎德木属 *Rondeletia***
     21. 冠管喉部无毛或被毛；蒴果不具 2 槽 ······ **102. 水锦树属 *Wendlandia***
    20. 花冠裂片镊合状排列
     22. 果盖裂或于顶端孔裂
      23. 蒴果成熟时顶端孔裂 ······ **28. 宽昭茜属 *Foonchewia***
      23. 蒴果成熟时盖裂
       24. 花冠辐状至钟状 ······ **6. 雪花属 *Argostemma***
       24. 花冠漏斗状、高脚碟状或近管状
        25. 叶稍不等大或极不等大；花冠近管状 ······ **57. 牡丽草属 *Mouretia***
        25. 叶近等大；花冠漏斗状或高脚碟状，有时膨大 ······ **47. 报春茜属 *Leptomischus***
     22. 果纵裂或不裂
      26. 花通常 4 数
       27. 匍匐草本；花单生 ······ **68. 微耳草属 *Oldenlandiopsis***
       27. 直立或近直立草本、木质藤本、亚灌木或灌木
        28. 攀援性藤状灌木或亚灌木，有时为近直立的草本；托叶全缘呈三角形或顶端撕裂成刺毛状；蒴果室间或室背开裂，或不开裂 ······ **22. 藤耳草属 *Dimetia***
        28. 直立草本、亚灌木或灌木
         29. 花粉萌发孔 5-12 个 ······ **62. 新耳草属 *Neanotis***
         29. 花粉萌发孔 3-4 个
          30. 蒴果成熟时先顶部室背开裂，然后室间再完全开

裂，形成 2 分果爿 ··················**36. 耳草属 *Hedyotis***

30. 蒴果成熟时不开裂、室背开裂或室间开裂

31. 蒴果具明显狭翅或棱角 ·································· ··························**96. 翅耳草属 *Thecagonum***

31. 蒴果不具明显狭翅或棱角

32. 一年生或多年生草本，稀为亚灌木；叶侧脉明显；托叶顶端常具 1 至数条撕裂状缘毛；花序顶生或腋生，松散或紧密，簇生或单生；花同型，有时异型 ····················· ··················**67. 非洲耳草属 *Oldenlandia***

32. 纤弱草本；叶侧脉无；托叶顶端具 3-7 条撕裂状毛刺；花序顶生，有时数朵簇生于叶腋且无梗或单花腋生且有梗；花同型 ······················**86. 蛇舌草属 *Scleromitrion***

26. 花通常 5 数

33. 对生的叶常不等大·······························**17. 岩上珠属 *Clarkella***

33. 对生的叶常等大

34. 托叶边缘常具腺齿；花萼裂片不等大 ································ ···**72. 五星花属 *Pentas***

34. 托叶边缘无腺齿；花萼裂片等大

35. 小乔木或亚灌木；茎常金黄色至锈色；果不开裂、裂果或蒴果 ····················**103. 岩黄树属 *Xanthophytum***

35. 草本至灌木；茎不为金黄色或锈色；蒴果或浆果状

36. 直立小灌木或草本；托叶多少叶状，里面基部有黏液毛；花药有时一端或两端有簇毛；浆果 ······· ··**49. 多轮草属 *Lerchea***

36. 草本，很少亚灌木状，直立、匍匐或莲座状；托叶宿存或早落；花药端部无簇毛；蒴果 ··············· ··**93. 螺序草属 *Spiradiclis***

10. 花多朵组成圆球形头状花序

37. 木质藤本；茎枝有钩刺 ···**100. 钩藤属 *Uncaria***

37. 乔木或灌木；茎枝无钩刺

38. 种子两端有短翅

39. 花序明显仅顶生于枝条

40. 花萼裂片钝头；花冠裂片芽时镊合状排列；柱头长棒形至僧帽状 ············ ··**55. 帽蕊木属 *Mitragyna***

40. 花萼裂片线形，尾尖；花冠裂片在芽内覆瓦状排列；花柱伸出；柱头球形至倒卵球形 ···**65. 新乌檀属 *Neonauclea***

39. 花序顶生或腋生

41. 花序中有 7-11 个头状花序 ···································**90. 鸡仔木属 *Sinoadina***

41. 花序中的头状花序少于 5 个

42. 花序腋生 ···**34. 心叶木属 *Haldina***

42. 花序腋生或顶生

43. 树干常有纵沟槽；子房每室有悬垂胚珠 4-10……………………………………**73. 槽裂木属 *Pertusadina***
43. 树干无纵沟槽；子房每室胚珠多达 40……………**2. 水团花属 *Adina***
38. 种子两端不具短翅
44. 胎座呈“Y”形，有时单一；柱头纺锤形或圆柱形
45. 顶芽常两侧压扁；花萼管彼此相互融合；花冠漏斗形……**61. 乌檀属 *Nauclea***
45. 顶芽圆锥状；花 5 基数；花萼管离生；花冠高脚碟状……………………………………**64. 团花属 *Neolamarckia***
44. 胎座不呈“Y”形；柱头球形、卵形或棒状
46. 花 4 基数；种子有海绵质假种皮…………………**13. 风箱树属 *Cephalanthus***
46. 花 5 基数；种子无海绵质假种皮…………………**51. 黄棉木属 *Metadina***
9. 果肉质
47. 花冠裂片镊合状排列
48. 花药黏合成管状，包围棒状柱头……………………………………**1. 尖药花属 *Acranthera***
48. 花药离生，柱头裸露
49. 花萼裂片有时变态为叶状，色白且宿存
50. 果不开裂……………………………………………**58. 玉叶金花属 *Mussaenda***
50. 果自顶端室间开裂……………………………**85. 裂果金花属 *Schizomussaenda***
49. 花萼裂片均正常发育
51. 头状花序有总苞，顶生……………………………………**42. 溪楠属 *Keenania***
51. 花序无总苞
52. 子房（4-）5（-7）室…………………………………**101. 尖叶木属 *Urophyllum***
52. 子房 2 室
53. 萼裂片间常具腺体………………………………**59. 腺萼木属 *Mycetia***
53. 萼裂片间无腺体…………………………………**60. 密脉木属 *Myrioneuron***
47. 花冠裂片旋转状或覆瓦状排列
54. 子房 1 室
55. 腋生小枝常硬化成刺；花单性，有时两性或假杂性，雌雄异株……………………………………**14. 木瓜榄属 *Ceriscoides***
55. 小枝不硬化成刺；花两性或单性，雌雄同株或异株
56. 花两性或单性，雌雄同株或异株；萼顶部常 5-8 裂；花冠裂片 5-12；子房 1 室，或因胎座沿轴粘连而为假 2 室，胚珠多数………………**31. 栀子属 *Gardenia***
56. 花两性；花萼裂片 5；花冠裂片 5；子房 1 室，胚珠 2-4，有时仅 2 枚可育……………………………………**83. 越南茜属 *Rubovietnamia***
54. 子房 2 室或 5 室
57. 子房 5 室……………………………………………**35. 长隔木属 *Hamelia***
57. 子房 2 室
58. 植株有刺
59. 花冠高脚碟状……………………………………**8. 簕茜属 *Benkara***
59. 花冠钟状…………………………………**12. 山石榴属 *Catunaregam***
58. 植株无刺
60. 花两性、单性或杂性，雌雄同株或异株
61. 托叶三角状；花序腋生或与叶对生；花 5 基数；花冠管状漏斗形或近圆筒形……………………………………**9. 短萼齿木属 *Brachytome***

61. 托叶合生；花序腋生和腋上生；花 4（-5）数；萼裂片截形或齿形；花冠高脚碟状……………………………………………**24. 狗骨柴属 *Diplospora***

60. 花仅两性，无单性或杂性

62. 花单生，不形成各式花序……………………**38. 须弥茜树属 *Himalrandia***

62. 花组成顶生或腋生的花序，有时单生

63. 花序腋生，或与叶对生，从不顶生

64. 花药和柱头均内藏…………………… **40. 藏药木属 *Hyptianthera***

64. 花药和柱头均伸出

65. 子房每室胚珠多数…………………………… **3. 茜树属 *Aidia***

65. 子房每室有胚珠 2…………………… **87. 瓶花木属 *Scyphiphora***

63. 花序顶生，有时近枝顶腋生

66. 种子嵌生于肉质的果肉中

67. 子房每室有胚珠 2-3 ………………**4. 白香楠属 *Alleizettella***

67. 子房每室胚珠多数

68. 叶对生但有时聚生于茎顶端；花冠高脚碟状；雄蕊内藏；柱头部分伸出花冠管外…**29. 大果茜属 *Fosbergia***

68. 叶对生或 3 叶轮生状；花冠漏斗形或钟状；雄蕊内藏或部分外露；柱头外露或内藏……**81. 紫冠茜属 *Rothmannia***

66. 种子裸露，不嵌生于果肉中

69. 子房每室有胚珠 1 至多数；柱头纺锤形或线形，有槽纹……………………………………………… **94. 乌口树属 *Tarenna***

69. 子房每室有胚珠 1 或常为 2-6；柱头纺锤形或柱状，无槽纹 …………………………………**95. 岭罗脉属 *Tarennoidea***

8. 子房每室有 1 胚珠

70. 花 2 朵合生；果 2 个合生……………………………………………… **53. 蔓虎刺属 *Mitchella***

70. 花单生或组成各式花序

71. 花单性，两性或杂性

72. 子房 1 室……………………………………………………………**97. 假繁缕属 *Theligonum***

72. 子房 2 至多室

73. 花萼裂片常不对称；花冠裂片 4-5，双盖覆瓦状排列；花药内藏；花柱线形；柱头头状或 2-3 裂 ……………………………………………………………**5. 毛茶属 *Antirhea***

73. 花萼对称；花冠裂片 4（-10），镊合状排列；花药伸出；花柱分枝 4-12；柱头 4-12 裂……………………………………………………………**98. 海茜树属 *Timonius***

71. 花两性

74. 果密被钩毛……………………………………………………… **43. 钩毛果属 *Kelloggia***

74. 果光滑或不具钩毛

75. 花冠裂片芽时旋转状排列

76. 花柱柱头长伸出，远超花冠裂片

77. 花萼裂片 5-6，线形，长过萼管近 2 倍；花冠裂片 5-6；花药稍伸出；柱头不分裂…………………………………………**26. 长柱山丹属 *Duperrea***

77. 花萼裂片 4-5，顶端截形；花冠裂片 4；花药伸出或内藏；柱头纺锤形或棒形，全缘或 2 裂…………………………………**71. 大沙叶属 *Pavetta***

76. 花柱稍伸出

78. 花冠裂片常 5-9 枚…………………………………………**18. 咖啡属 *Coffea***

78. 花冠裂片常 4 或 5 枚
79. 托叶在叶柄间常合生成鞘，顶端延长或芒尖；萼裂片 4（-5）；花冠高脚碟形……………………………………………………………**41. 龙船花属 *Ixora***
79. 托叶 2 裂；聚伞花序，顶生或腋生；萼裂片 5；花冠漏斗形……………………………………………………………**99. 丁茜属 *Trailliaedoxa***
75. 花冠裂片芽时覆瓦状或镊合状排列
80. 花冠裂片覆瓦状排列……………………………………**33. 海岸桐属 *Guettarda***
80. 花冠裂片镊合状排列
81. 乔木、灌木或木质藤本
82. 果为聚合果……………………………………………**56. 巴戟天属 *Morinda***
82. 果不为聚合果
83. 小苞片膜质，合生成管状；蒴果………**46. 野丁香属 *Leptodermis***
83. 小苞片不为膜质，也不合生成管状；核果
84. 枝具针状刺或无刺；根肉质，念珠状或缢缩……………………………………………**20. 虎刺属 *Damnacanthus***
84. 枝无刺；根不为念珠状或缢缩
85. 子房仅 2 室
86. 花冠管弯曲 ………………………**15. 弯管花属 *Chassalia***
86. 花冠管不弯曲
87. 托叶顶端具多条刺毛
88. 叶对生或 3-4 叶轮生；托叶全缘或具 1-3 刺毛，早落；萼裂片等大或不等大；花冠裂片常 4；花药部分伸出……………………………**84. 染木树属 *Saprosma***
88. 叶对生；托叶有 3-8 条刺毛；萼裂片等大；花冠裂片 4-6；花药伸出或内藏……………………………**88. 白马骨属 *Serissa***
87. 托叶顶端全缘或 2-3 裂，不具刺毛
89. 小枝呈压扁形或四棱柱形
90. 托叶顶端 2 裂，加厚，上部锐尖；花序顶生或兼腋生；花两型；花冠高脚碟状，喉部无毛；柱头内藏或外伸；种子腹面具 1 深凹陷种脐……………**75. 南山花属 *Prismatomeris***
90. 托叶生于叶柄间或与茎合生；花序腋生；花单型；花冠管圆筒形或漏斗状，喉部具绒毛；柱头伸出；种子腹面无深凹陷种脐……**78. 假鱼骨木属 *Psydrax***
89. 小枝圆形，不为扁形或四棱柱形
91. 叶对生或 3-4 叶轮生；萼裂片等大或不等大；花冠裂片常 4；花药部分伸出……………………**84. 染木树属 *Saprosma***
91. 叶常对生；萼裂片等大；花冠裂片 4-6；花药内藏或稍伸出……………………………

……………………**77. 九节属 *Psychotria***

85. 子房多于 2 室

92. 花序腋生

93. 植株具成对直刺或无刺；萼裂片极短或有时极度发育，边缘波状、截平或 4-5 浅裂；子房 2-5 室；柱头 2 裂或全缘…………**11. 鱼骨木属 *Canthium***

93. 植株无刺；萼裂片 3-6；子房 3-9 室；柱头 3-9 裂……………………**45. 粗叶木属 *Lasianthus***

92. 花序顶生或兼腋生，有时腋上生或假腋生

94. 藤本，常呈灌木状或小乔木状；花序顶生或兼腋生；花萼裂片合生成一环，顶截平或存留 4-5 小齿；花丝伸出；子房常 4 室，有时下部变成 2 室；柱头 2 浅裂或 2 深裂……………………**10. 穴果木属 *Caelospermum***

94. 灌木；花序顶生；萼裂片离生；花药伸出或内藏；子房 5 室；柱头 5 裂……………………**92. 香叶木属 *Spermadictyon***

81. 草本，或有时为亚灌木

95. 子房多于 2 室

96. 托叶三角形或顶端具 3 或 5 裂片，边缘具腺齿；聚伞花序，腋生或顶生；子房 4-5 室；柱头 2，4 或 5 裂……………………**76. 假盖果草属 *Pseudopyxis***

96. 托叶与叶柄合生成鞘状，上部分裂成丝状或钻状的裂片多条；子房 3-4 室；花柱有 3-4 个线状或匙形的分枝……………………**79. 墨苜蓿属 *Richardia***

95. 子房 2 室

97. 植株匍匐、缠绕或攀援

98. 缠绕灌木或藤本……………………**70. 鸡矢藤属 *Paederia***

98. 匍匐草本

99. 浆果状核果……………………**77. 九节属 *Psychotria***

99. 非浆果状核果

100. 花序具花 1 至数朵；花冠裂片 4-7 枚……………………**32. 爱地草属 *Geophila***

100. 花单生；花冠裂片常 5 枚…………**66. 薄柱草属 *Nertera***

97. 植株直立

101. 蒴果成熟时横向环形开裂…………**54. 盖裂果属 *Mitracarpus***

101. 蒴果成熟时纵裂，或具分果爿

102. 萼裂片有时不等大；种子腹部扁平，无沟槽……………………**44. 红芽大戟属 *Knoxia***

102. 萼裂片等大；种子腹部有沟槽

103. 蒴果成熟时室间再室背开裂……………………**91. 钮扣草属 *Spermacoce***

103. 蒴果成熟时不开裂或具 2 不开裂的果爿

104. 萼裂片 2 或 4；花单生或 2-3 朵组成，腋生；

果不开裂……………………**23. 双角草属 *Diodia***

104. 萼裂片 4 裂；花序单侧腋生于茎轴上，交互排列；蒴果成熟时由 2 个不开裂的分果爿组成…………**37. 鸭舌癀舅属 *Hemidiodia***

1. *Acranthera* Arnott ex C. F. Meisner 尖药花属

Acranthera Arnott ex C. F. Meisner (1838: 162), *nom. cons.* ; Chen et al. (2011: 68) (Type: *A. ceylanica* Arnott ex C. F. Meisner)

特征描述：草本或亚灌木。茎钝方柱形。叶对生，具托叶。聚伞花序；花两性；花萼裂片 4 或 5，裂片间有明显的腺体；花冠漏斗状或高脚碟状，花冠裂片 4 或 5，外向镊合状排列；雄蕊 5，着生于花冠管近基部，内藏，花药顶端锐尖或有距，黏合成管状包围棒状柱头，形成具 10 槽的受粉托；子房 2 室，胚珠多数。浆果，卵球状。种子小而多。花粉粒为三角形至四角形，各角具 1 复合型萌发孔沟，网孔状纹饰。染色体 $2n=20$。

分布概况：约 40/1（1）种，**(7a) 型**；分布于亚洲南部至东南部；中国产云南东南部。

系统学评述：分子系统学研究表明该属为单系，与流苏子属 *Coptosapelta* 互为姐妹群[4]，由这 2 个属组成的流苏子族 Coptosapelteae 与滇丁香族 Luculieae 构成姐妹分支，但其在茜草科中的系统位置仍需进一步研究[10]。

DNA 条形码研究：BOLD 网站有该属 5 种 6 个条形码数据；GBOWS 网站已有 1 种 4 个条形码数据。

2. *Adina* Salisbury 水团花属

Adina Salisbury (1808: t. 115); Chen & Taylor (2011: 69) (Type: *A. globiflora* Salisbury)

特征描述：灌木或小乔木。叶对生。花序常由 1（-3）个头状花序组成，顶生或腋生；花 5 基数；花冠高脚碟状至漏斗状，花冠裂片在芽时镊合状排列，但顶部常近覆瓦状；雄蕊伸出；子房 2 室，胚珠多数；柱头伸出。蒴果，先室间再室背开裂成 4 果爿，萼裂片宿存；种子卵球状至三角状球形，略具翅。花粉粒 3 孔沟，细网状纹饰，具小颗粒。染色体 $2n=44$。

分布概况：4/3 种，**14 型**；分布于亚洲东南部和东部；中国产广东、海南、广西、福建、江西、浙江和贵州。

系统学评述：水团花属隶属于乌檀族 Naucleeae[FRPS]，为单系类群。Razafimandimbison 和 Bremer[11]将乌檀族分为 7 亚族：Adininae、Breoniinae、Cephalanthinae、Corynantheinae、Naucleinae、Mitragyninae 和 Uncarinae。Löfstrand 等[12]的研究也支持了这一划分，但发现 *Adinauclea*、*Haldina*、*Metadina*、*Pertusadina* 和 *Sinoadina* 与 *Adina* 嵌套在一起。

DNA 条形码研究：BOLD 网站有该属 3 种 4 个条形码数据；GBOWS 网站已有 2 种 31 个条形码数据。

代表种及其用途：水团花 *A. pilulifera* (Lamarck) Franchet ex Drake、细叶水团花 *A. rubella* Hance 为常用中药，有清热解毒的功效。

3. *Aidia* Loureiro 茜树属

Aidia Loureiro (1790: 143); Chen & Taylor (2011: 70) (Type: *A. cochinchinensis* Loureiro)

特征描述：灌木或乔木。叶对生；托叶离生或基部合生。聚伞花序，腋生或与叶对生；花两性；萼裂片（4-）5；花冠高脚碟状，喉部有毛，裂片（4-）5，旋转状排列，开放时常外反；雄蕊（4-）5，伸出；子房 2 室，胚珠多数，嵌生于肉质的中轴胎座上；柱头 2 裂，伸出。浆果，球形，小，平滑或具纵棱。种子常具角，嵌生于果肉中。花粉粒 3 孔，环状内孔缺失，网状纹饰。染色体 $2n=20$。

分布概况：约 50/8（1）种，**4-1 型**；分布于非洲热带地区，亚洲南部和东南部至大洋洲；中国产西南至东南。

系统学评述：茜树属隶属于栀子族 Gardenieae。Ridsdale[13]曾对东南亚和马来西亚分布的茜树属植物进行了分类修订。

DNA 条形码研究：BOLD 网站有该属 4 种 6 个条形码数据；GBOWS 网站已有 5 种 39 个条形码数据。

4. *Alleizettella* Pitard 白香楠属

Alleizettella Pitard (1923: 278); Chen & Taylor (2011: 73) (Type: *A. rubra* Pitard)

特征描述：灌木。叶对生；托叶基部合生。聚伞花序，顶生于侧生短枝或老枝的节上；花两性，5 基数；花冠高脚碟状，冠管圆柱形，裂片旋转状排列，开放时常外反；雄蕊内藏；子房 2 室，每室有胚珠 2-3，着生在中轴胎座上；柱头 2 裂，伸出。浆果，球形，小，果皮平滑。种子椭球形到卵球形，嵌生于肉质的果肉中。

分布概况：约 2/1 种，**7-4 型**；分布于越南；中国产福建、广东、广西和海南。

系统学评述：孢粉学证据表明该属隶属于栀子族[14]，但后来又被归到 Aulacocalyceae[15]。由于缺乏分子系统学证据，白香楠属系统位置目前仍不明确。Figueiredo[16]在对 *Aulacocalyx* 进行修订时，将之放入栀子族。

5. *Antirhea* Commerson ex Jussieu 毛茶属

Antirhea Commerson ex Jussieu (1789: 204); Chen & Taylor (2011: 74) (Type: *A. borbonica* J. F. Gmelin)

特征描述：乔木或灌木。叶对生。聚伞花序，二歧状或常明显的蝎尾状，腋生；花单性；萼裂片 4-5，常不对称；花冠漏斗形，冠管常延长成狭窄的圆筒形，裂片 4-5，双盖覆瓦状排列；雄蕊内藏；子房 2 至多室，胚珠每室 1；柱头头状或 2-3 裂，内藏。核果细小，外果皮肉质，内果皮木质或骨质。种子圆柱形。花粉粒 3 孔沟或无萌发孔，网状纹饰。

分布概况：36/1（1）种，**2-1（3）型**；分布于大洋洲和热带亚洲至马达加斯加，西印度群岛至巴拿马；中国产广东、海南和香港。

系统学评述：毛茶属隶属于海岸桐族 Guettardeae，为多系类群，与海岸桐属 *Guettarda* 和海茜树属 *Timonius* 系统发育关系近缘[17]。

DNA 条形码研究：BOLD 网站有该属 5 种 8 个条形码数据；GBOWS 网站已有 1 种 3 个条形码数据。

6. *Argostemma* Wallich 雪花属

Argostemma Wallich (1824: 324); Chen & Taylor (2011: 75) (Lectotype: *A. sarmentosum* Wallich)

特征描述：草本。叶轮生或对生，同一节上的叶常不等大，较少近等大，具托叶。聚伞花序或伞形花序，顶生或腋生；花 4-5 基数；萼管常钟状；花冠阔辐状至钟状，裂片芽时覆瓦状排列，开放时伸展而稍外反；雄蕊离生或通常黏合成管状或圆锥状，部分或全部伸出；子房 2 室，胚珠多数。蒴果，萼裂片宿存，成熟时顶部盖裂。种子细小，扁而有棱角。花粉粒 3 沟，光滑或细网状纹饰。染色体 2*n*=22。

分布概况：106/6（4）种，**6 型**；分布于亚洲和非洲的热带和亚热带地区；中国产云南、广西、广东、海南和台湾。

系统学评述：雪花属与石丁香属 *Neohymenopogon* 构成姐妹群，并与腺萼木属 *Mycetia* 和牡丽草属 *Mouretia* 等共同构成茜草亚科雪花族 Argostemmateae[18,19]。

DNA 条形码研究：BOLD 网站有该属 13 种 14 个条形码数据；GBOWS 网站已有 2 种 8 个条形码数据。

7. *Asperula* Linnaeus 车叶草属

Asperula Linnaeus (1753: 103), *nom. cons.* ; Chen & Ehrendorfer (2011: 77) (Type: *A. arvensis* Linnaeus, *typ. cons.*).——*Cynanchica* Fourreau (1868: 398)

特征描述：亚灌木或草本。叶对生，常与叶状托叶 4-14 片轮生。花序头状、聚伞状或圆锥状；花两性，通常（3-）4（-5）基数；花萼裂片常退化至无；花冠高脚碟状、漏斗状或管状漏斗形，裂片镊合状排列；雄蕊伸出；子房 2 室，每室胚珠有 1，着生在隔膜上；花柱 2 裂或为 2 枚。坚果，球形，干燥或稍肉质，为 2 分果爿；果爿不开裂，背面凸，腹面平或有沟纹。种子棒状或具沟槽，外种皮膜质，具网纹。花粉粒具 6-10 萌发沟，小孔状纹饰，具小刺突。染色体 2*n*=22，44。

分布概况：约 200/2 种，**10-3（12-1）型**；分布于欧洲，亚洲，大洋洲，地中海最多；中国西藏产 1 种，华东栽培 1 种。

系统学评述：车叶草属隶属于茜草族 Rubieae，属下种间系统关系目前仍缺乏较为全面的研究。

DNA 条形码研究：BOLD 网站有该属 5 种 11 个条形码数据。

8. *Benkara* Adanson 簕茜属

Benkara Adanson (1763: 85); Chen & Taylor (2011: 78) [Type: *B. galia* Rafinesque, *nom. illeg.* (=*B.*

malabarica (Lamarck) D. D. Tirvengadum≡*Randia malabarica* Lamarck)].——*Fagerlindia* Tirvengadum (1983: 458)

特征描述：灌木或小乔木。常具直刺。叶对生。花单生或多朵簇生成聚伞状花序，生于枝顶；花两性，5 基数；花萼漏斗形；花冠高脚碟状，花冠裂片旋转状排列；雄蕊略伸出；子房 2 室，胚珠多数，中轴胎座；柱头 2 裂，伸出。浆果，球形至椭球形，果皮较薄，顶冠以宿萼。种子常具角，嵌生于果肉中，种皮具网纹。花粉粒 3 孔，网状纹饰。染色体 n=11。

分布概况：约 19/7（4）种，**7-4 型**；分布于亚洲东南部，马来西亚至菲律宾；中国产华南至西南。

系统学评述：簕茜属隶属于栀子族。Ridsdale[20]根据枝刺的形态结构特征对簕茜属、浓子茉莉属 *Fagerlindia* 和鸡爪簕属 *Oxyceros* 分类进行了讨论，将浓子茉莉属归入簕茜属，并且指出中国原定名为鸡爪簕属的种类也应归入簕茜属。

DNA 条形码研究：BOLD 网站有该属 2 种 8 个条形码数据；GBOWS 网站已有 1 种 3 个条形码数据。

9. *Brachytome* J. D. Hooker 短萼齿木属

Brachytome J. D. Hooker (1871: 70); Chen & Taylor (2011: 81) (Type: *B. wallichii* J. D. Hooker)

特征描述：灌木或小乔木。叶对生。圆锥状的聚伞花序，腋生或与叶对生；花 5 基数，杂性异株；萼裂片宿存；花冠管状漏斗形或近圆筒形，花冠裂片旋转状排列；雄蕊内藏；子房 2 室，胚珠多数，着生于盾状的隔膜胎座上；柱头 2 裂。浆果，2 室。种子常呈楔形，扁平，种皮有网纹。花粉粒 3 或 4 孔沟，细网状纹饰。

分布概况：约 5/3 种，**（7a）型**；分布于印度，不丹，缅甸，孟加拉国，越南，马来西亚；中国产海南、云南和西藏（墨脱）。

系统学评述：短萼齿木属隶属于栀子族[14]，属下系统关系尚缺乏全面的研究。

DNA 条形码研究：GBOWS 网站有该属 2 种 17 个条形码数据。

10. *Caelospermum* Blume 穴果木属

Caelospermum Blume (1826: 994); Chen & Taylor (2011: 82) (Type: *C. scandens* Blume)

特征描述：藤本，常灌木状或小乔木状。叶对生；托叶合生成半圆环状，顶截平或具 2 短尖齿。伞状、聚伞状或圆锥状花序，顶生或兼腋生；花 4 或 5 基数；花萼裂片 4-5，合生成一环；花冠高脚碟状或漏斗状，裂片芽时镊合状排列；雄蕊伸出；子房常 4 室，每室胚珠 1，有时下部变成 2 室，每室胚珠 2，着生在子房室内侧；柱头 2 裂，伸出或内藏。核果浆果状，圆球形，萼裂片宿存，通常具 4 分核，分核坚硬、扁平，近长圆形，向内弯曲。花粉粒 3 孔沟，网状纹饰。

分布概况：约 7/1 种，**5（7e）型**；分布于亚洲热带地区至澳大利亚；中国产广西和海南。

系统学评述：分子系统学研究表明穴果木属隶属巴戟天族 Morindeae，与巴戟天属 *Morinda* 等近缘[21]，并且传统定义的穴果木属为并系类群。Razafimandimbison 等[22]根据分子系统学的研究对该属进行了重新定义，新界定的穴果木属为单系。

DNA 条形码研究：GBOWS 网站有该属 1 种 7 个条形码数据。

11. *Canthium* Lamarck 鱼骨木属

Canthium Lamarck (1785: 602); Chen et al. (2011: 83) (Type: *C. parviflorum* Lamarck).——*Meyna* Roxbrugh ex Link (1820: 32)

特征描述：灌木或乔木，具成对直刺或无刺。叶对生；托叶基部合生。花单生或簇生，或排成伞房花序式的聚伞花序，腋生；花 4 或 5 基数；萼裂片极短，或有时极度发育；花冠漏斗形、坛状或管状，裂片 4-5，镊合状排列；雄蕊伸出；子房 2-5 室，每室胚珠 1。核果，近球形或肾形，肉质，小核骨质或脆壳质。种子长圆形，圆柱形或平凸形，种皮膜质。花粉粒 3 孔，细孔状或孔状纹饰。染色体 n=22，2n=22，44。

分布概况：约 30/4（1）种，**4 型**；分布于亚洲热带地区，非洲和大洋洲；中国产广东、广西、海南、云南和台湾。

系统学评述：鱼骨木属隶属于 Vanguerieae[3]，为多系类群，其属下分类及系统学有待深入研究[23]。

DNA 条形码研究：BOLD 网站有该属 15 种 27 个条形码数据；GBOWS 网站已有 2 种 12 个条形码数据。

代表种及其用途：鱼骨木属植物可用于治疗各种外伤疼痛，有退烧和抗炎的作用。

12. *Catunaregam* Wolf 山石榴属

Catunaregam Wolf (1776: 75); Chen & Taylor (2011: 85) [Lectotype: *C. spinosa* (Thunberg) Tirvengadum (≡*Gardenia spinosa* Thunberg)]

特征描述：灌木或小乔木，常具刺。叶对生或簇生于短缩的侧生短枝上。花单生或 2-3 朵簇生，生于侧生短枝顶部；花萼裂片 5；花冠钟状，裂片常 5，扩展或外反，旋转状排列；雄蕊常 5，稍伸出；子房 2 室，胚珠多数，胎座位于隔膜两边的中部；柱头常 2 裂，伸出。浆果，近球形或椭圆形，果皮厚，顶冠以宿存的萼裂片。种子椭圆形或肾形。花粉粒 3 或 4 孔，穴状纹饰。染色体 2n=22。

分布概况：约 10/1 种，**6-2 型**；分布于亚洲南部和东南部至非洲；中国产华南至西南。

系统学评述：山石榴属隶属于栀子族。属下种间关系尚缺分子系统学研究。

DNA 条形码研究：BOLD 网站有该属 2 种 14 个条形码数据；GBOWS 网站已有 2 种 9 个条形码数据。

代表种及其用途：山石榴 *C. spinosa* (Thunberg) Tirvengadum 常作为传统草药被用于催吐、抗肿瘤、驱虫和抗痢疾等。

13. *Cephalanthus* Linnaeus 风箱树属

Cephalanthus Linnaeus (1753: 95); Chen & Taylor (2011: 86) (Lectotype: *C. occidentalis* Linnaeus)

特征描述：灌木或乔木。叶轮生或对生。花序具多个头状花序，顶生或腋生；花 4 基数；花萼管筒状；花冠高脚碟状或漏斗状，裂片在芽内近覆瓦状排列；雄蕊稍伸出；有雄蕊先熟且有二次传粉的现象；子房 2 室，每室胚珠 1；柱头伸出。聚合果，由多数不开裂的小坚果聚合而成，近球形或倒圆锥形。种子有海绵质假种皮。花粉粒 3 孔沟，孔状或细网状纹饰。染色体 2*n*=44。

分布概况：约 6/1 种，**2（3）型**；分布于亚洲，非洲和美洲；中国产福建、广东、广西、海南、湖南、江西、浙江、云南和台湾等。

系统学评述：风箱树属隶属于乌檀族，Löfstrand 等[12]认可该属为一个单系，其位于乌檀族的最基部。

DNA 条形码研究：BOLD 网站有该属 5 种 12 个条形码数据；GBOWS 网站已有 1 种 2 个条形码数据。

代表种及其用途：风箱树 *C. tetrandrus* (Roxburgh) Ridsdale 的根、茎、叶、花都可入药，具有清热利湿、散瘀消肿的功效，可用于感冒发热、腮腺炎、咽喉炎、肝炎、痢疾、尿路感染、跌打损伤等。

14. *Ceriscoides* (Bentham & J. D. Hooker) Tirvengadum 木瓜榄属

Ceriscoides (Bentham & J. D. Hooker) Tirvengadum (1978: 13); Chen & Taylor (2011: 87) [Type: *C. turgida* (Roxburgh) Tirvengadum (≡*Gardenia turgida* Roxburgh)]

特征描述：灌木或小乔木；腋生小枝常硬化成刺。叶对生。花 1-3 朵生于枝顶或茎生；花单性、两性或假杂性，雌雄异株；雄花 2 或 3 个呈聚伞状，雌花常单生；花冠钟形或漏斗状，裂片 5（-7），在芽时旋转状排列；雄蕊 5（-7），内藏；子房 1 室，胚珠多数，着生于 2-4（-6）个侧膜胎座上；柱头顶端 2（6）裂，内藏。浆果，球形或椭圆状球形，光滑。种子椭圆球形或扁圆形，嵌生于肉质果皮中。花粉粒 3 孔沟，穴状纹饰。

分布概况：约 11/1（1）种，**（7ab）型**；分布于亚洲热带；中国产海南。

系统学评述：木瓜榄属隶属于栀子族。

DNA 条形码研究：BOLD 网站有该属 1 种 1 个条形码数据。

15. *Chassalia* Commerson ex Poiret 弯管花属

Chassalia Commerson ex Poiret (1812: 450); Chen & Taylor (2011: 87) (Lectotype: *C. capitata* de Candolle)

特征描述：灌木或小乔木。叶对生或三片轮生；托叶分离或合生成鞘。聚伞花序再组成各式花序，顶生；花两性，两型，5 基数；花冠管常弯曲，喉部无毛或有须毛，裂片镊合状排列；雄蕊内藏或伸出；子房 2 室，每室有基生直立的胚珠 1；柱头 2，伸出或内藏；传粉生物学研究表明，该属植物形态上为两性花且花柱异长，但功能上为单性。核果，稍肉质，分核表面平或凹陷，有时腹面具 2 条沟槽。花粉粒 3 沟。染色体 2*n*=22，44。

分布概况：约 40/1 种，**6（5/7）型**；分布于热带亚洲，非洲大陆，马达加斯加和马斯克林群岛；中国产华南、西南。

系统学评述：分子系统学研究表明该属隶属于 Palicoureeae，与爱地草属 *Geophila* 构成姐妹群[24,25]。传统分类上的弯管花属为并系类群。

DNA 条形码研究：BOLD 网站有该属 56 种 59 个条形码数据；GBOWS 网站已有 2 种 13 个条形码数据。

代表种及其用途：弯管花 *C. curviflora* (Wallich) Thwaites 在民间常用于治疗风湿、肺炎、喉痛等。

16. *Cinchona* Linnaeus 金鸡纳属

Cinchona Linnaeus (1753: 172); Chen & Taylor (2011: 88) (Type: *C. officinalis* Linnaeus)

特征描述：灌木或乔木。叶对生；托叶常脱落。圆锥状聚伞花序，顶生和腋生；花两型，两性，5 基数；花冠高脚碟状或喇叭状，花冠裂片镊合状排列；雄蕊内藏或稍伸出；子房 2 室，胚珠多数，胎座线形；柱头 2 裂，内藏或稍伸出。蒴果，通常卵形、锥形或近圆筒形，室间开裂为 2 果爿。种子稍扁平，周围具膜质的翅。花粉粒小孔状纹饰。染色体 2*n*=34，68。

分布概况：23/2 种，**（3）型**；原产中南美洲，现世界热带地区广泛引种；中国海南、广西和云南有引种。

系统学评述：金鸡纳属隶属于金鸡纳族 Cinchoneae，与 *Joosia* 构成姐妹群[26]。

DNA 条形码研究：BOLD 网站有该属 5 种 11 个条形码数据；GBOWS 网站已有 1 种 3 个条形码数据。

代表种及其用途：该属植物的根茎枝的皮部含有特有成分奎宁，是治疗恶性疟疾的特效药，也是常用的解热药，具有抗疟、健胃的作用。

17. *Clarkella* J. D. Hooker 岩上珠属

Clarkella J. D. Hooker (1880: 46); Chen & Taylor (2011: 89) [Type: *C. nana* (Edgeworth) J. D. Hooker (≡*Ophiorhiza nana* Edgeworth)]

特征描述：草本。具块根。叶对生，常不等大。聚伞花序，顶生；花两性；萼裂片 5-7 裂；花冠管细长，裂片镊合状排列；雄蕊内藏；子房 2 室，胚珠多数，胎座生于中轴的中部稍下；柱头 2 裂，内藏。果干燥，倒圆锥形，冠以扩大的宿存萼檐。种子近椭圆形。

分布概况：1/1 种，**14SH 型**；分布于亚洲南部和东南部；中国产华南至西南。

系统学评述：岩上珠属隶属于蛇根草族 Ophiorrhizeae。

DNA 条形码研究：GBOWS 网站有该属 1 种 3 个条形码数据。

18. *Coffea* Linnaeus 咖啡属

Coffea Linnaeus (1753: 172); Chen & Taylor (2011: 90) (Type: *C. arabica* Linnaeus)

特征描述：灌木或乔木。叶对生；托叶阔。头状或数花簇生而成聚伞花序，腋生；萼裂片 4-6，里面常具腺体，宿存；花冠高脚碟形或漏斗形，裂片 5-9，芽时旋转状排列；雄蕊 4-8，伸出；子房 2 室，胚珠每室 1，贴生于中部隔膜上；柱头 2 裂，伸出。核果球形或长圆形；小核背部凸起，若为革质时腹面有纵槽，膜质时则无纵槽。种子腹面凹陷或具纵槽。花粉粒 3（-4）孔沟型、4 环沟型、6 散沟型、合沟型等。染色体 $2n$=22，44，66，88。

分布概况：约 103/5 种，**6（4?）型**；原产于热带非洲大陆，马达加斯加等；中国华南至西南引种栽培。

系统学评述：咖啡属隶属于咖啡族 Coffeeae，与该族的 *Psilanthus* 共同构成单系类群，但是两者之间的系统关系仍有待研究[27]。

DNA 条形码研究：BOLD 网站有该属 115 种 216 个条形码数据；GBOWS 网站已有 1 种 4 个条形码数据。

代表种及其用途：该属植物含有的咖啡因等成分能引起大脑兴奋、减轻肌肉疲劳。17 世纪以后，就逐渐传遍全世界并成为一种重要饮料。

19. *Coptosapelta* Korthals 流苏子属

Coptosapelta Korthals (1851: 112); Chen & Taylor (2011: 92) (Type: *C. flavescens* Korthals)

特征描述：藤本或攀援灌木。叶对生；托叶生于叶柄间。花单生于叶腋或为顶生的圆锥状聚伞花序；花 5 基数；萼裂片宿存；花冠高脚碟状，裂片旋转状排列；雄蕊伸出；子房 2 室，胚珠多数，中轴胎座；柱头伸出。蒴果，近球形，室背开裂。种皮膜质，周围具翅。花粉粒 3-5 复合型萌发孔，光滑或网状纹饰，内嵌球形小颗粒。染色体 n=11。

分布概况：13/1 种，**（7b）型**；分布于亚洲南部和东南部；中国产长江以南。

系统学评述：流苏子属隶属于流苏子族 Coptosapelteae，与尖药花属构成姐妹群[10]。

DNA 条形码研究：BOLD 网站有该属 4 种 8 个条形码数据；GBOWS 网站已有 1 种 6 个条形码数据。

20. *Damnacanthus* C. F. Gaertner 虎刺属

Damnacanthus C. F. Gaertner (1805: 18); Chen & Talor (2011: 93) (Type: *D. indicus* C. F. Gaertner)

特征描述：灌木。枝具针状刺或无刺；根肉质，念珠状或不规律缢缩。叶对生；托叶上部常具 2-4 锐尖。花单生或聚伞花序，假腋生、腋上生或顶生；萼裂片 4（-5），宿存；花两型或单型，花冠管漏斗形，裂片 4，芽时镊合状排列；雄蕊 4，内藏或伸出；子房 2 或 4 室，每室具胚珠 1，着生于隔膜中部；柱头 2 或 4 裂，伸出或内藏。核果，球形；分核平凸或钝三棱形。种子角质，腹面具脐。花粉粒 3-5 沟孔或散沟。染色体 $2n$=38。

分布概况：约 13/11（6）种，**14 型**；分布于东亚温带地区；中国产南岭山脉至长江流域和台湾。

系统学评述：分子系统学研究表明，该属与蔓虎刺属 *Mitchella* 互为姐妹群，并共同构成蔓虎刺属族 Mitchelleae[21]。

DNA 条形码研究：BOLD 网站有该属 8 种 28 个条形码数据；GBOWS 网站已有 2 种 14 个条形码数据。

21. *Dentella* J. R. Forster & G. Forster 小牙草属

Dentella J. R. Forster & G. Forster (1775: 13); Chen & Talor (2011: 97) (Type: *D. repens* J. R. Forster & G. Forster)

特征描述：草本，茎平卧，多分枝。托叶与叶柄合生。花单生，腋生或生于小枝分叉处；花两性，5 基数；花萼裂片宿存；花冠漏斗状，裂片芽时镊合状排列；雄蕊内藏；子房 2 室，胚珠多数，生于半球形的胎座上；柱头 2 裂，内藏。果近球形，不开裂，被长腺毛和宿存萼裂片。种子小而有棱角，覆有网纹或斑点。花粉粒 3 或 4 孔沟，网状纹饰。染色体 $2n$=18，36。

分布概况：约 10/1 种，**5 型**；原产亚洲东南部，也到大洋洲及北美洲南部；中国产广东、海南、云南和台湾。

系统学评述：小牙草属隶属于钮扣草族 Spermacoceae[19]。

DNA 条形码研究：BOLD 网站有该属 1 种 1 个条形码数据；GBOWS 网站已有 1 种 8 个条形码数据。

22. *Dimetia* (Wight & Arnott) Meisner 藤耳草属

Dimetia (Wight & Arnott) Meisner (1838: 160) [Type: *D. scandens* (Roxburgh) R. J. Wang (≡*Hedyoits scandens* Roxburgh)]

特征描述：攀援性藤状灌木或亚灌木，有时为近直立的草本。托叶全缘呈三角形或顶端撕裂成刺毛状。圆锥状、头状、聚伞状或伞形状花序，顶生或腋生，具花梗，或为近无梗且腋生的聚伞状；花两性，两型；花冠裂片 4；雄蕊 4，内藏或伸出；子房 2，胚珠多数；柱头 2 裂，伸出或内藏。蒴果，球形至卵球形，不开裂或室间或室背开裂。种子边缘具不规则的狭翅或呈三角锥形，表面窝孔状。花粉粒（3-）4 沟。

分布概况：10/1 种，**4 型**；主要分布于亚洲，少数到非洲，太平洋群岛（密克罗尼西亚）和澳大利亚；中国产华南和西南。

系统学评述：藤耳草属隶属于钮扣草族。Guo 等[28]基于分子系统学研究确认成立了藤耳草属。该属包含以模式种 *D. scandens* (Roxburgh) R. J. Wang 为代表的蒴果开裂的 1 支和以模式种 *O. auricularia* (Linnaeus) K. Schumann 为代表的蒴果不开裂的 1 支（*Dimetia* subgen. *Exallage*）[29]，这 2 个分支需要进一步分类修订和分子系统发育研究。

23. *Diodia* Linnaeus 双角草属

Diodia Linnaeus (1753: 104); Chen & Talor (2011: 98) (Type: *D. virginiana* Linnaeus)

特征描述：草本。叶对生；托叶合生成鞘，鞘的顶部有刚毛。花单生或 2-3 朵组成，腋生，部分被托叶鞘包围；花两性，单型；萼裂片常2或4；花冠漏斗状，裂片4，镊合状排列；雄蕊4，伸出；子房2（3-4）室，胚珠每室1，生于隔膜中部；柱头2，伸出。果不开裂，肉质或干燥。种子长圆形，平凸状，腹面有纵槽。花粉粒8-18孔沟，穿孔状纹饰，偶具刺。染色体 n=14。

分布概况：约50/2种，**2型**；分布于美洲和非洲的热带与亚热带地区；中国产山东、安徽、福建、广东和台湾等地。为外来入侵植物。

系统学评述：双角草属隶属于钮扣草族。基于形态特征，该属的一些种被归到与其近缘的丰花草属 *Borreria*、*Galianthe*，或钮扣草属 *Spermacoce*。属下仍需进一步的分类修订和分子系统发育研究。

DNA 条形码研究：BOLD 网站有该属4种4个条形码数据；GBOWS 网站已有1种1个条形码数据。

24. *Diplospora* de Candolle 狗骨柴属

Diplospora de Candolle (1830: 477); Chen & Talor (2011: 99) [Type: *D. viridiflora* de Candolle, *nom. illeg.* (=*D. dubia* (Lindley) Masamune≡*Canthium dubium* Lindley)]

特征描述：灌木或小乔木。叶对生；托叶合生。聚伞花序、簇生或头状，腋生和腋上生；花4（-5）数，两性或单性，单型，雌雄同株或杂性异株；花冠高脚碟状，花冠裂片旋转状排列；雄蕊伸出；雌花具退化雄蕊；子房2室，具胚珠1-3（-6），中轴胎座；雄花子房中无胚珠；花柱2裂，微伸出或在雄花中不伸出。果实浆果状，近球形或椭圆球形，常具宿存萼。种子近球形或椭球形，具角。花粉粒3孔沟，网状纹饰。

分布概况：约20/3（1）种，**7a-c（←14）型**；分布于亚洲的热带和亚热带地区；中国产长江以南。

系统学评述：狗骨柴属隶属于咖啡族。

DNA 条形码研究：BOLD 网站有该属2种4个条形码数据；GBOWS 网站已有3种35个条形码数据。

代表种及其用途：狗骨柴属植物的根有清热解毒、消肿散结的功能，用于瘰疬痈疽、疮疖肿毒、黄疸等疾病的治疗，如狗骨柴 *D. dubia* (Lindley) Masamune。

25. *Dunnia* Tutcher 绣球茜属

Dunnia Tutcher (1905: 69); Chen & Talor (2011: 100) (Type: *D. sinensis* Tutcher)

特征描述：灌木。叶对生；托叶常2裂。伞房状聚伞花序，顶生；花两性，两型，4-5基数；花萼裂片可变态成白色花瓣状；花冠高脚碟状或漏斗状，裂片镊合状排列；雄蕊内藏或伸出；子房2室，胚珠多数；柱头2裂，伸出或内藏。蒴果，近球形，室间开裂为2果爿。种子多数，扁平，周围有膜质撕裂状的阔翅。

分布概况：1/1（1）种，**15型**；中国特有，产广东中部至西部。

系统学评述：繁殖生物学研究表明，绣球茜 *D. sinensis* Tutcher 是典型的二型花柱植物，存在极强的自交不亲和及型内不亲和现象，蝶类和蜂类为主要访花或传粉昆虫[30]。

Ridsdale[31]因忽视花萼裂片和苞片的区别曾错误地将阿萨姆石丁香 *Hymenopogon assamicus* J. D. Hooker 归入该属[32]。分子系统学研究表明该属植物隶属绣球茜族 Dunnieae[33]，与宽昭茜族 Foonchewieae 的宽昭茜属 *Foonchewia* 为姐妹关系[34]。

DNA 条形码研究：BOLD 网站有该属 1 种 6 个条形码数据；GBOWS 网站已有 1 种 4 个条形码数据。

代表种及其用途：绣球茜为国家 II 级重点保护野生植物。

26. *Duperrea* Pierre ex Pitard 长柱山丹属

Duperrea Pierre ex Pitard (1924: 334); Chen & Talor (2011: 100) [Type: *D. pavettaifoia* (Kurz) Pitard (≡*Mussaenda pavettifolia* Kurz)]

特征描述：灌木或小乔木。叶对生；托叶基部合生成鞘状。伞房状聚伞花序，顶生和腋生；花萼裂片 5-6，长过萼管近 2 倍；花冠高脚碟形，冠管外面被粗毛，裂片 5-6，芽时旋转状排列；雄蕊 5-6，着生于冠管喉部，稍伸出；子房 2 室，每室有胚珠 1，生于盾形的胎座上；柱头长伸出，远超花冠裂片。浆果，近球形，室间有浅槽。种子腹面常凹陷。

分布概况：2/1 种，**7-2 型**；分布于印度，中南半岛；中国产广西、海南和云南。

系统学评述：长柱山丹属隶属于栀子族。

DNA 条形码研究：BOLD 网站有该属 1 种 2 个条形码数据；GBOWS 网站已有 1 种 3 个条形码数据。

27. *Emmenopterys* Oliver 香果树属

Emmenopterys Oliver (1889: t. 1823); Chen & Maylor (2011: 102) (Type: *E. henryi* Oliver)

特征描述：乔木。叶对生。圆锥状聚伞花序，顶生；花 5 基数；花萼裂片覆瓦状排列，有些花的萼裂片中有 1 片变成叶状，白色且宿存；花冠漏斗形，裂片覆瓦状排列；雄蕊内藏；子房 2 室，胚珠多数，着生于盾状的胎座上；柱头头状或不明显 2 裂，内藏。蒴果室间开裂为 2 果爿，有或无 1 片花瓣状、具柄、扩大的变态萼裂片。种子不规则覆瓦状排列，有翅，具网纹。染色体 $2n=76$。

分布概况：1/1 种，**7-3 型**；分布于缅甸，泰国；中国产西北、西南、东南和华南。

系统学评述：香果树属曾被置于金鸡纳亚科金鸡纳族，分子系统学研究将其置于香果树族 Condamineeae。

DNA 条形码研究：BOLD 网站有该属 1 种 3 个条形码数据；GBOWS 网站已有 1 种 20 个条形码数据。

代表种及其用途：香果树 *E. henryi* Oliver 为古老孑遗植物，国家 II 级重点保护野生植物。香果树的根、树皮可药用，主治反胃、呕吐、呃逆；其枝皮纤维细柔，可制蜡纸及人造棉；其果实含油率高，是珍贵的油料树种。

28. *Foonchewia* R. J. Wang 宽昭茜属

Foonchewia R. J. Wang (2012: 469) (Type: *F. guangdongensis* R. J. Wang)

特征描述：亚灌木。叶对生；托叶边缘具毛。聚伞花序，顶生。花两型，5 基数；花冠漏斗状，管喉部密被短毛，裂片镊合状排列；雄蕊伸出或内藏；子房 2 室，胚珠多数，生于中轴胎座上；柱头 2 裂，内藏或伸出。蒴果，近球形，成熟时顶端开裂。种子表面具网状凸起。花粉粒 4 沟，细网状纹饰。

分布概况：1/1（1）种，**15 型**；中国特有，产广东东部。

系统学评述：宽昭茜属隶属于宽昭茜族 Foonchewieae，分子系统学研究表明该属与绣球茜属系统发育关系近缘[34]。

DNA 条形码研究：BOLD 网站有该属 1 种 3 个条形码数据。

29. *Fosbergia* Tirvengadum & Sastre 大果茜属

Fosbergia Tirvengadum & Sastre (1997: 88); Chen & Taylor (2011: 102) [Type: *F. shweliensis* (J. Anthony) W. C. Chen (≡*Randia shweliensis* J. Anthony)]

特征描述：乔木或灌木。叶对生但有时聚生于茎顶端；托叶基部合生。花单生或 2-7 朵形成聚伞花序，顶生或假腋生；花两性，单型，5 基数；花冠高脚碟状，裂片芽时旋转状排列；雄蕊内藏；子房 2 室，胚珠多数，中轴胎座；柱头 2 浅裂，部分伸出。浆果状，肉质，球形至椭球状，萼片宿存并渐落；种子卵球形或扁球形，嵌生于果肉中。染色体 $2n$=22。

分布概况：至少有 5/3（1）种，**7-4 型**；分布于缅甸，泰国，越南；中国产云南。

系统学评述：大果茜属隶属于栀子族。

DNA 条形码研究：GBOWS 网站有该属 2 种 12 个条形码数据。

30. *Galium* Linnaeus 拉拉藤属

Galium Linnaeus (1753: 105); Chen & Ehrendorfer (2011: 104) (Lectotype: *G. mollugo* Linnaeus)

特征描述：直立、攀援或匍匐草本。茎常 4 棱，具小皮刺。叶常 3 至多片轮生；托叶叶状。聚伞花序再排成圆锥花序式，腋生或顶生；花两性，常 4 基数；花萼裂片常退化至缺失；花冠辐状，稀钟状或短漏斗状，裂片镊合状排列；雄蕊伸出；子房 2 室，每室有胚珠 1，横生于隔膜上；柱头 2 裂。坚果，不开裂，常为双生、稀单生的分果爿，平滑或有小瘤状凸起。种子附着在外果皮上，背面凸，腹面具沟纹，外种皮膜质。花粉粒 5-9 沟，小孔状-具刺纹饰。染色体 $2n$=20，22，24，40，44，66，48，96。

分布概况：多于 600/63（23）种，**1（12）型**；分布于温带和亚热带地区；中国南北均产。

系统学评述：拉拉藤属隶属于茜草族，是多系类群，包括了一些分类地位还没有厘清的种类。目前对该属的分类学研究还仅限于地区性的，尚需要更全面的分类修订。

DNA 条形码研究：BOLD 网站有该属 38 种 269 个条形码数据；GBOWS 网站已有

14 种 122 个条形码数据。

31. *Gardenia* J. Ellis 栀子属

Gardenia J. Ellis (1756: 935), *nom. cons.* ; Chen & Taylor (2011: 141) (Type: *G. jasminoides* J. Ellis)

特征描述：灌木。叶对生；托叶基部常合生。花单生、簇生或组成伞房状的聚伞花序，腋生或顶生；花两性或单性，雌雄同株或异株；萼管管状或佛焰苞状，裂片常宿存；花冠高脚碟状、漏斗状或钟状，裂片旋转状排列；雄蕊内藏或伸出；子房 1 室，或因胎座沿轴粘连而为假 2 室，胚珠多数，2 列，侧膜胎座；柱头全缘或 2 裂。浆果，椭球形或近球状，平滑或具纵棱。种子常与肉质的胎座胶结而成一球状体，扁平或肿胀。花粉粒四合体，3 孔，皱穴状、瘤状到穿孔状纹饰。染色体 $2n$=22。

分布概况：约 200/53（1）种，**4（7e）型**；分布于亚洲，大洋洲，非洲和太平洋群岛热带和亚热带地区；中国产中部以南各省区。

系统学评述：栀子属隶属于龙船花亚科栀子族。

DNA 条形码研究：BOLD 网站有该属 22 种 67 个条形码数据；GBOWS 网站已有 5 种 28 个条形码数据。

代表种及其用途：栀子 *G. jasminoides* Ellis 的干燥成熟果实是中国传统中药，具有泻火除烦、清热利尿、凉血解毒等功效。

32. *Geophila* D. Don 爱地草属

Geophila D. Don (1825: 136), *nom. cons.* ; Chen & Taylor (2011: 141) [Type: *G. reniformis* D. Don, *nom. illeg.* (=*G. herbacea* (N. J. Jacquin) K. Schumann ≡*Psychotria herbacea* N. J. Jacquin)]

特征描述：匍匐草本。叶对生；托叶全缘或有时 2 裂。花序聚伞状，具花 1 至数朵，顶生或假腋生。花两性；花萼裂片 4-7；花冠管漏斗形，喉部被毛，裂片 4-7，芽时镊合状排列；雄蕊内藏或略伸出；子房 2 室，每室具 1 胚珠；柱头 2 裂，内藏或突出。核果，球形至椭球形，萼片宿存；分核 2，背面平滑或脊状，腹面具脊且有时具纵向沟槽。种皮膜质。花粉粒无萌发孔、具沟或散沟型，具孔盖。染色体 $2n$=44。

分布概况：约 30/1 种，**2（3）型**；分布于热带非洲，亚洲和美洲；中国产华南和西南。

系统学评述：爱地草属隶属于 Palicoureeae，传统分类中的爱地草属为并系类群[19]。

DNA 条形码研究：BOLD 网站有该属 3 种 6 个条形码数据；GBOWS 网站已有 2 种 10 个条形码数据。

33. *Guettarda* Linnaeus 海岸桐属

Guettarda Linnaeus (1753: 991); Chen & Taylor (2011: 141) (Type: *G. speciosa* Linnaeus)

特征描述：灌木或乔木。叶常对生，有时 3 枚丛生或轮生。聚伞花序，花序轴常二叉状或蝎尾状，腋生；花两性、杂性或杂性异株；花冠高脚碟形，裂片 4-9，芽时双覆瓦状排列；雄蕊内藏；子房 4-9 室，每室胚珠 1 枚，倒生；柱头近头状或微 2 裂，内藏。核果，卵形或近球形，有木质或骨质的小核；小核具 4-9 个角或槽并具 4-9 室。种子倒垂，直或弯曲，种皮膜质。花粉粒 3 孔或 3 孔沟，穿孔状、穴状或网状纹饰。染色体 2*n*=44，88。

分布概况：约 150/1 种，**2（3）型**；分布自非洲东部经印度洋和太平洋至热带美洲地区；中国产广东、海南和台湾。

系统学评述：海岸桐属隶属于海岸桐族，为多系类群[17]。

DNA 条形码研究：BOLD 网站有该属 15 种 44 个条形码数据；GBOWS 网站已有 1 种 4 个条形码数据。

34. *Haldina* Ridsdale 心叶木属

Haldina Ridsdale (1979: 360); Chen & Taylor (2011: 146) [Type: *H. cordifolia* (Roxburgh) Ridsdale (≡*Nauclea cordifolia* Roxburgh)]

特征描述：大乔木。叶对生。每节 1 或 2（-5）个单生的头状花序，腋生，托叶苞片状；花 5 基数；花冠高脚碟状，裂片镊合状排列，但在顶部覆瓦状；雄蕊着生于花冠管的上部，伸出；子房 2 室，胎座位于隔膜上部 1/3 处，胚珠多数；柱头伸出。蒴果，先室间再室背开裂成 4 果爿，萼裂片宿存。种子卵圆形，两侧略压扁，具短翅。花粉粒 3 孔沟，细网状纹饰。染色体 2*n*=44。

分布概况：1/1 种，**7-1 型**；分布于印度，缅甸，尼泊尔，斯里兰卡，泰国，越南；中国产西南。

系统学评述：心叶木属隶属于乌檀族。Löfstrand 等[12]的研究发现，*Adinauclea*、*Haldina*、*Metadina*、*Pertusadina* 和 *Sinoadina* 与 *Adina* 嵌套在一起。

DNA 条形码研究：BOLD 网站有该属 1 种 24 个条形码数据；GBOWS 网站已有 1 种 3 个条形码数据。

35. *Hamelia* Jacquin 长隔木属

Hamelia Jacquin (1760: 16); Cheng & Taylor (2011: 147) (Lectotype: *H. erecta* Jacquin)

特征描述：灌木或草本。叶对生或 3-4 片轮生；托叶多裂或刚毛状。二或三歧聚伞花序，分枝蝎尾状，顶生；花两性，单型，5 基数；萼裂片宿存；花冠管上具 5 纵棱，裂片覆瓦状排列；雄蕊内藏或伸出，花药药隔顶端有附属体；子房 5 室，胚珠多数；柱头稍扭曲。浆果小，冠以肿胀的花盘，5 裂。种子不规则，种皮膜质，有网纹。花粉粒 3 孔。染色体 2*n*=24。

分布概况：约 16/1 种，**（3）型**；分布于美洲中部地区；中国华南引种。

系统学评述：长隔木属隶属于金鸡纳亚科长隔木族 Hamelieae。

DNA 条形码研究：BOLD 网站有该属 5 种 16 个条形码数据；GBOWS 网站已有 1 种 4 个条形码数据。

代表种及其用途：希茉莉 *H. patens* Jacquin 为华南常见的优良园林绿化树种。

36. *Hedyotis* Linnaeus 耳草属

Hedyotis Linnaeus (1753: 101), *nom. cons.* ; Chen & Taylor (2011: 147) (Type: *H. fruticosa* Linnaeus, *typ. cons.*)

特征描述：草本至灌木。叶对生；托叶全缘，边缘常具腺齿。聚伞花序、圆锥花序、头状花序或伞形花序，顶生或腋生；萼管 4（-5）裂；花两性，两型或同型；花冠管状或漏斗状，裂片镊合状排列；雄蕊内藏或伸出；子房 2 室，胚珠多数；柱头 2 裂，伸出或内藏。蒴果，成熟时先顶部室背开裂，然后室间再完全开裂，形成 2 分果爿。种皮背面扁平，腹面凸起，有窝孔。花粉粒 3 沟，孔状纹饰。染色体 *n*=11。

分布概况：约 100/65（43）种，**5 型**；分布于亚洲热带及亚热带地区至太平洋群岛；中国产华东、华南和西南。

系统学评述：耳草属隶属于钮扣草族。由于不同学者分别采用广义耳草属或狭义耳草属的概念，因此，不断的分类组合致使许多原先在耳草属下的种类也拥有非洲耳草属 *Oldenlandia* 属下的异名，相反，许多被放在非洲耳草属中的种类也拥有耳草属属下的异名。对该属植物模式的确立[35]，以及分子系统学研究对进一步弄清该属的分类问题起了很大的推动作用[36]。一些类群，如非洲耳草属 *Oldenlandia*、翅耳草属 *Thecagonum*、藤耳草属 *Dimetia*、蛇舌草属 *Scleromitrion* 等，其习性、花序结构、果实开裂方式、种子和花粉等形态学特征与狭义耳草属有较大的不同，已从广义耳草属中分出来。

DNA 条形码研究：研究表明，ITS 或者 ITS 和 *pet*D 序列组合可以作为对包括广义耳草属种类鉴定的 DNA 条形码[36]。BOLD 网站有该属 63 种 356 个条形码数据；GBOWS 网站已有 29 种 267 个条形码数据。

37. *Hemidiodia* K. Schumann 鸭舌癀舅属

Hemidiodia K. Schumann (1888: 29) [Type: *H. ocymifolia* (Willdenow ex Roemer & Schultes) K. Schumann (≡*Spermacoce ocymifolia* Willdenow ex Roemer & Schultes)]

特征描述：直立或匍匐草本。茎基部常木质化。托叶鞘状，顶端具刚毛。花序多花簇生，单侧腋生于茎轴上，交互排列；萼裂片 4 裂；花冠漏斗形，花冠裂片 4，镊合状排列；雄蕊伸出；子房 2 室，每室具 1 胚珠；柱头 2 裂，伸出。蒴果，长圆球形，成熟时由 2 个仅基部相连的分果爿组成，果爿不开裂，表面光滑或被毛。种子长圆形，腹面具沟槽，背面具多数的横肋纹。花粉粒 6 沟。

分布概况：1/1 种，**2 型**；原产墨西哥至南美洲热带和亚热带地区，也见于亚洲东南部；中国台湾已归化。

系统学评述：鸭舌癀舅属隶属于钮扣草族，其有时被认为隶属于丰花草属[37]，分子系统学研究表明鸭舌癀舅属与钮扣草属 *Spermacoce* 种类聚于同一分支[38]，但在形态分类上还存在争议。

38. *Himalrandia* T. Yamazaki 须弥茜树属

Himalrandia T. Yamazaki (1970: 340); Chen & Taylor (2011: 174) [Type: *H. tetrasperma* (Roxburgh) T.

Yamazaki (≡*Gardenia tetrasperma* Roxburgh)]

特征描述：灌木。叶常聚生于抑缩的侧生短枝上；托叶有刚毛。花单朵，顶生于短缩的侧生短枝顶端；花 5 基数；花冠管高脚碟状，花冠裂片旋转状排列；雄蕊稍伸出；子房无毛，2 室，每室有胚珠 2；柱头常 2 裂，伸出。浆果，球形，不开裂，近肉质，花萼裂片宿存。种子椭球形。花粉粒 3-5 孔沟，网状纹饰。

分布概况：约 3/1（1）种，**14SH 型**；分布于阿富汗东部到中国；中国产云南和四川。

系统学评述：Dessein 等[14]将须弥茜树属归于龙船花亚科的栀子族，但也有研究认为该属属于 Aulacocalyceae 族[39]，但由于缺少分子证据，其系统位置仍有待进一步研究[40]。

DNA 条形码研究：GBOWS 网站有该属 1 种 8 个条形码数据。

39. *Hymenodictyon* Wallich 土连翘属

Hymenodictyon Wallich (1824: 148), *nom. cons.* ; Chen & Taylor (2011: 175) [Type: *H. excelsum* (Roxburgh) de Candolle (≡*Cinchona excelsa* Roxburgh)]

特征描述：落叶灌木或乔木。叶对生；托叶常有腺体状锯齿。花序圆锥状、总状或穗状，顶生或兼腋生；苞片 1-4 枚，叶状，大，有柄；花两性，5 基数；花冠漏斗形或钟形，裂片镊合状排列；雄蕊内藏；子房 2 室，胚珠多数，着生在隔膜上；柱头纺锤形或头状，长伸出。蒴果，室背开裂成 2 果爿。种子扁平，具膜质阔翅。花粉粒 3 孔沟、稀 4，孔状或细网状纹饰。染色体 2*n*=44。

分布概况：22/2 种，**6（14SH-7a-c）型**；分布于亚洲和非洲的热带与亚热带地区；中国产广西、四川、云南。

系统学评述：土连翘属隶属于土连翘族 Hymenodictyeae。

DNA 条形码研究：BOLD 网站有该属 17 种 26 个条形码数据；GBOWS 网站已有 2 种 7 个条形码数据。

40. *Hyptianthera* Wight & Arnott 藏药木属

Hyptianthera Wight & Arnott (1834: 399); Chen & Taylor (2011: 176) [Type: *H. stricta* (A. W. Roth ex J. A. Schultes) Wight & Arnott (≡*Rondeletia stricta* A. W. Roth ex J. A. Schultes)]

特征描述：灌木或小乔木。叶对生；托叶宿存。密伞花序，腋生；萼裂片 5，等大或不等大；花冠裂片 4-5，旋转状排列；雄蕊 4-5，内藏，花药基部和背部有柔毛；子房 2 室，胚珠每室 6-10；柱头具长硬毛，内藏。浆果，卵形或球形。种子覆瓦状排列，扁平，具角，种皮厚，纤维状及有皱褶。

分布概况：2/1 种，**7-2 型**；分布于亚洲南部至东南部地区；中国产云南和西藏。

系统学评述：Robbrecht[9]将该属放入龙船花亚科的 Hypobathreae 族，后来该族又归入 Octotropideae 族[41]。

41. *Ixora* Linnaeus 龙船花属

Ixora Linnaeus (1753: 110); Chen & Taylor (2011: 177) (Lectotype: *I. coccinea* Linnaeus).——*Tsiangia* But,

H. H. Hsue & P. T. Li (1986: 311)

特征描述：灌木或小乔木。叶常对生；托叶在叶柄间常合生成鞘，顶端延长或芒尖。稠密或扩展伞房花序式或三歧分枝的聚伞花序，顶生；萼裂片 4（-5），宿存；花冠高脚碟形，裂片 4（-5），芽时旋转状排列；雄蕊伸出；子房 2 室，每室有胚珠 1；柱头 2，伸出。核果，球形或略呈压扁形，有 2 纵槽，革质或肉质；小核革质，平凸或腹面下凹。种子与小核同形，种皮膜质。花粉粒 3 环孔沟，穿孔状至细网状纹饰。染色体 $2n$=22。

分布概况：约 500/18（9）种，**2（4）型**；分布于热带亚洲，美洲及附近岛屿，斐济群岛，非洲大陆和马达加斯加；中国产华东、华南和西南。

系统学评述：龙船花属隶属于龙船花族 Ixoreae。蒋英木属 *Tsiangia* 是基于 2 份采自香港，且花部残缺的 *Gaertnera hongkongensis* Seemann 的标本发表的新属[42]，但后来研究认为这个属就是广为栽培的龙船花 *I. chinensis* Lamarck[43]。分子系统学研究表明，龙船花属为并系类群[44]，可以划分为亚洲分支、太平洋分支和非洲-马达加斯加-美洲分支，但由于这 3 个分支缺少有力的形态学证据支持[45]，因此，龙船花属仍需进一步分类修订和分子系统学研究。

DNA 条形码研究：BOLD 网站有该属 19 种 38 个条形码数据；GBOWS 网站已有 4 种 24 个条形码数据。

代表种及其用途：龙船花属植物因其花型美观、色泽艳丽，具有重要的观赏价值，在南方地区广泛用于园林绿化。此外，还可药用，如龙船花 *I. chinensis* Lamarck 的花、叶、茎、根可入药，具有清热凉血、活血散瘀、止痛的功效。

42. *Keenania* J. D. Hooker 溪楠属

Keenania J. D. Hooker (1880: 101); Chen & Taylor (2011: 182) (Type: *K. modesta* J. D. Hooker)

特征描述：草本或亚灌木。叶对生；托叶常下部阔，上部钻状。花序头状，顶生；萼裂片 4-5（-6），不等大，覆瓦状排列；花冠与萼裂片等长或较长，裂片 4-5（-6），芽时镊合状排列；雄蕊 5，内藏或稍伸出；子房 2 室，胚珠多数，生于半球形或盾状胎座上；柱头 2 裂，伸出或内藏。

分布概况：约 5/2（1）种，**7-2 型**；分布于印度，中南半岛；中国产广西。

系统学评述：溪楠属与雪花族的腺萼木属 *Mycetia* 系统发育关系较近[46]，此处暂将该属归于雪花族，但仍需分子系统学研究的支持[40]。

43. *Kelloggia* Torrey ex Bentham & J. D. Hooker 钩毛果属

Kelloggia Torrey ex Bentham & J. D. Hooker (1873: 137); Chen & Ehrendorfer (2011: 183) (Type: *K. galioides* Torrey)

特征描述：草本，有时基部木质化。叶对生。聚伞或伞形花序，顶生和腋生；花萼管外部密被白色钩毛，萼裂片 4-5，宿存；雄蕊伸出；子房 2 室，胚珠每室 1，从基部直立；花柱有 2 条短线形的刺。分果，近球形，密被钩毛，分裂为两个平凸形的分果爿；种子长圆形，外果皮薄。花粉粒 3 沟。染色体 $2n$=22。

分布概况：2/1 种，**9 型**；分布于墨西哥，美国，不丹；中国产西南。

系统学评述：分子系统学研究表明，钩毛果属为单系，与茜草族构成姐妹群[47]，或位于茜草族基部[19,48]。分子系统学和细胞学研究也均支持该属植物为旧世界起源[47,49]。

DNA 条形码研究：BOLD 网站有该属 2 种 8 个条形码数据；GBOWS 网站已有 1 种 4 个条形码数据。

44. *Knoxia* Linnaeus 红芽大戟属

Knoxia Linnaeus (1753: 104); Chen & Taylor (2011: 184) (Type: *K. zeylanica* Linnaeus)

特征描述：草本或亚灌木。叶对生；托叶与叶柄合生成一短鞘，全缘或顶端有刺毛数条。聚伞花序、伞房花序或近头状花序，顶生；花两性，两型，4 基数；萼裂片有时不等大，宿存；花冠漏斗形、高脚碟状或管状，裂片芽时镊合状排列；雄蕊生于花冠喉部或近花冠管中部，内藏或伸出；子房 2 室，每室有倒垂的胚珠 1；柱头 2 裂，伸出或内藏。裂果，卵形至椭球形，有时侧扁，干燥，果爿 2，不开裂。种子长椭球形，扁平，种皮薄。花粉粒 3 孔沟，网状纹饰。染色体 2*n*=20，44。

分布概况：7-9/2 种，**6（7）型**；分布于亚洲热带地区和大洋洲；中国产华东、华南和西南。

系统学评述：红芽大戟属隶属于红芽大戟族 Knoxieae，与五星花属 *Pentas* 互为姐妹群[19]。

DNA 条形码研究：BOLD 网站有该属 3 种 4 个条形码数据。

45. *Lasianthus* Jack 粗叶木属

Lasianthus Jack (1823: 125), *nom. cons.* ; Zhu & Taylor (2011: 185) (Type: *L. cyanocarpus* Jack, *typ. cons.*).——*Litosanthes* Blume (1823: 21)

特征描述：灌木。叶对生，排列两行，等大或不等大。聚伞状或头状花序，腋生；花两性；花萼裂片 3-6；花冠漏斗状、高脚碟状或坛状，喉部被长柔毛，裂片 4-6，芽时镊合状排列；雄蕊 4-6，内藏或稍伸出；子房 3-9 室，每室有 1 基生、直立、线形的胚珠；柱头 3-9 裂，伸出或内藏。核果，外果皮肉质，内含 1-9 分核，分核具 3 棱，软骨质或革质；种皮膜质。花粉粒（3-）4（-5）孔，孔状或网状纹饰。染色体 2*n*=44。

分布概况：约 184/33（7）种，**2（7←14）型**；分布于亚洲的热带和亚热带地区，大洋洲及非洲；中国产长江以南。

系统学评述：粗叶木属隶属于粗叶木族 Lasiantheae[19]。基于叶绿体 *rps*16 的研究认为，该属是个并系[50]。石核木属 *Litosanthes* 曾作为 1 个独立的属，但形态学和分子系统学研究均支持将其与粗叶木属合并[51,FRPS]。

DNA 条形码研究：BOLD 网站有该属 10 种 12 个条形码数据；GBOWS 网站已有 11 种 63 个条形码数据。

46. ***Leptodermis*** **Wallich 野丁香属**

Leptodermis Wallich (1824: 191); Chen (2011: 198) (Type: *L. lanceolata* Wallich)

特征描述：灌木。叶对生。花序聚伞状或簇生，顶生或腋生；小苞片膜质，合生成具 2 凸尖的管；花两性，两型，5 基数；花冠常漏斗形，裂片镊合状排列；雄蕊伸出或内藏；子房 5 室，每室有胚珠 1；柱头 3-5 裂，伸出或内藏。蒴果，圆柱形或卵形，5 爿裂至基部。种子具网状假种皮，与种皮分离或粘贴。花粉粒环沟型具 3-5 沟、散沟，网状纹饰。染色体 $2n=22$。

分布概况：约 40/35（30）种，**14 型**；分布于阿富汗到日本南部和中南半岛；中国产西南、华北和华南，西南尤盛。

系统学评述：分子系统学研究表明，野丁香属隶属于鸡矢藤族 Paederieae，并与白马骨属 *Serissa*、香叶木属 *Spermadictyon* 和鸡矢藤属 *Paederia* 系统发育关系近缘[19,52]。该属分类学、系统发育学及生物地理学等仍需进一步研究。

DNA 条形码研究：BOLD 网站有该属 11 种 50 个条形码数据；GBOWS 网站已有 15 种 140 个条形码数据。

47. ***Leptomischus*** **Drake 报春茜属**

Leptomischus Drake (1895: 117); Chen & Taylor (2011: 211) (Type: *L. primuloides* Drake)

特征描述：草本至亚灌木。叶对生，有时聚生或莲座状；托叶大。聚伞花序头状、伞形状或钟状，顶生或假腋生；花两型，5 基数；花冠漏斗状或高脚碟状，裂片芽时镊合状排列；雄蕊伸出或内藏；子房 2 室，胚珠多数，着生于隔膜近基部；柱头 2 裂，内藏或伸出。蒴果，近球形、倒圆锥形或倒卵形，成熟时由于顶盖脱落而开裂。种子表面网状或穴状。

分布概况：7/5（3）种，**7-4 型**；分布于亚洲南部和东南部；中国产云南、海南和广西。

系统学评述：Andersson[53]的分支分析结果将报春茜属归至茜草亚科，FRPS 将该属归入耳草族 Hedyotideae。此处暂将其归于茜草亚科钮扣草族，但尚需分子系统学研究证据的支持。

DNA 条形码研究：GBOWS 网站有该属 1 种 1 个条形码数据。

48. ***Leptunis*** **Steven 里普草属**

Leptunis Steven (1856: 366); Chen & Ehrendorfer (2011: 212) (Type: *L. tenuis* Steven)

特征描述：草本。叶和叶状托叶 8-16 枚，轮生，无柄。聚伞状圆锥花序，顶生；花两性，4 基数；花萼裂片缺失；花冠漏斗状；花冠裂片 4，芽时呈镊合状排列；雄蕊 4，内藏或部分突出；子房 2 室，胚珠每室 1；柱头 2 裂，部分突出。果为裂果，分果爿倒卵形，不开裂。

分布概况：1/1 种，**12（13）型**；分布于高加索地区，中亚；中国产新疆。

系统学评述：里普草属隶属于茜草族。形态上，依据其成熟的果爿倒卵形且弯曲而曾独立成属，但该特征有时被认为是中间类型，因而该属也被归至车叶草属。该属的系统位置仍需要进一步研究。

49. *Lerchea* Linnaeus 多轮草属

Lerchea Linnaeus (1771: 155), *nom. cons.* ; Chen & Taylor (2011: 213) (Type: *L. longicauda* Linnaeus)

特征描述：小灌木或草本。叶常仅存于上部的节上；托叶多少叶状，里面基部有黏液毛。花序由聚伞花序组成，或分枝呈伞房状，分枝上的花呈蝎尾状、穗状或头状排列，顶生或假腋生；两性花，两型，5 基数；萼裂片基部有黏液毛；花冠管状或漏斗状，裂片在芽时镊合状排列；花药具端毛，伸出或内藏；子房 2 室，胚珠多数，着生在盾状中轴胎座上；柱头 2 浅裂。果浆果状，近球形，具宿存萼片。种子小而有棱。

分布概况：约 10/1（1）种，**（7a）型**；分布于印度尼西亚，越南北部；中国产云南。

系统学评述：多轮草属隶属于蛇根草族，并与螺序草属 *Spiradiclis* 和蛇根草属 *Ophiorrhiza* 系统发育关系近缘[19]。

DNA 条形码研究：BOLD 网站有该属 1 种 1 个条形码数据；GBOWS 网站已有 1 种 3 个条形码数据。

50. *Luculia* Sweet 滇丁香属

Luculia Sweet (1826: t. 145); Chen & Taylor (2011: 214) [Type: *L. gratissima* (Wallich) Sweet (≡*Cinchona gratissima* Wallich)]

特征描述：灌木或乔木。叶对生。伞房状聚伞或圆锥花序，顶生；花两型，5 基数；萼裂片近叶状；花冠高脚碟状，裂片覆瓦状排列，有时在每一裂片间的内面基部有 2 个片状附属物；雄蕊内藏或顶端伸出；子房 2 室，胚珠多数；柱头 2 裂，内藏或伸出。蒴果 2 室，室间开裂为 2 果爿。种子两端延长为狭翅。花粉粒 3 孔沟，网状纹饰。染色体 $2n=44$。

分布概况：约 5/3（1）种，**14SH 型**；分布于亚洲南部至东南部；中国产广西、云南和西藏。

系统学评述：滇丁香属隶属于滇丁香族 Luculieae，与流苏子族 Coptosapelteae 构成姐妹关系，但分子系统发育分析表明，该属均不属于茜草科已知的 3 个亚科，因此滇丁香属在茜草科中的系统位置有待进一步探讨[1]。

DNA 条形码研究：BOLD 网站有该属 5 种 36 个条形码数据；GBOWS 网站已有 3 种 91 个条形码数据。

代表种及其用途：滇丁香 *L. pinceana* Hooker 形态优美，花期是在秋冬季节，花密色艳，香味馥郁，具重要的园林观赏价值。

51. *Metadina* Bakhuizen f. 黄棉木属

Metadina Bakhuizen f. (1970: 472); Chen & Taylor (2011: 215) [Type: *M. trichotoma* (Zollinger & Moritzi) Bakhuizen f. (≡*Nauclea trichotoma* Zollinger & Moritzi)]

特征描述：乔木。叶对生。花序具多个头状花序，顶生。花 5 基数；花萼裂片三角形或椭圆形，宿存；花冠高脚碟状或窄漏斗状，裂片在芽内镊合状排列，顶部近覆瓦状；雄蕊伸出；子房 2 室，每室有胚珠 4-12；柱头伸出。蒴果，室背室间 4 爿开裂。种子近球形、三角锥形或椭球形，不具翅。花粉粒 3 沟，孔状至细网状纹饰。

分布概况：1/1 种，（**7ab**）型；分布于南亚和东南亚；中国产广东、广西、云南和湖南。

系统学评述：黄棉木属隶属于金鸡纳亚科乌檀族。

DNA 条形码研究：BOLD 网站有该属 1 种 1 个条形码数据。

52. *Microphysa* Schrenk 泡果茜草属

Microphysa Schrenk (1844: 115); Chen & Ehrendorfer (2011: 216) (Type: *M. galioides* Steven)

特征描述：直立草本，具根状茎。茎中部的叶和叶状托叶 4 枚轮生。伞房状圆锥花序，顶生；花两性，4 基数；花冠近漏斗状，裂片在芽时呈镊合状排列；雄蕊伸出；子房 2 室，每室有 1 直立、基生的胚珠；柱头 2 裂，伸出。果实不开裂或缓慢裂为 2 分果爿，果皮革质且膨大，膀胱状。种子小椭球形或平凸状，腹面有沟槽；种皮膜质。

分布概况：1/1 种，**13 型**；分布于哈萨克斯坦，乌兹别克斯坦；中国产新疆。

系统学评述：泡果茜草属隶属茜草族。泡果茜草 *M. elongata* (Steven ex Fischer & C. A. Meyer) Pobedimova 原为车叶草属的 *A. elongata* Schrenk，由于其具有独特的囊状果实而独立成属。由于泡果茜草属一些果实特征也在拉拉藤属中出现，也有研究建议将泡果茜草属与拉拉藤属合并，但仍需要更多的证据。

53. *Mitchella* Linnaeus 蔓虎刺属

Mitchella Linnaeus (1753: 111); Chen & Taylor (2011: 217) (Type: *M. repens* Linnaeus)

特征描述：半灌木状草本。茎匍匐。叶对生；托叶全缘或顶端 3-5 裂。花 2 朵合生，顶生或假腋生；花两性，两型；萼裂片 3 或 4；花冠漏斗状，裂片 3 或 4，芽时镊合状排列；雄蕊 3 或 4，伸出或内藏；子房 4 室，每室具胚珠 1，着生于子房隔膜上；柱头 4 裂，伸出或内藏。核果近球形，常 2 果合生，肉质，具 2 个宿存的萼裂片，分核 8 枚，每室 1 枚，三棱形；种子椭球形。染色体 $2n$=22。

分布概况：2/1 种，**8（9）型**；分布于美洲和亚洲（各产 1 种）；中国产浙江和台湾。

系统学评述：分子系统学研究表明蔓虎刺属与虎刺属互为姐妹群，共同构成蔓虎刺属族[21]。

DNA 条形码研究：BOLD 网站有该属 2 种 42 个条形码数据。

54. *Mitracarpus* Zuccarini 盖裂果属

Mitracarpus Zuccarini (1827: 210); Chen & Taylor (2011: 217) (Type: *M. scaber* Zuccarini)

特征描述：直立草本。茎四棱形，下部木质。叶对生。头状花序，顶生或腋生；花单型，两性；萼裂片 4-5，常 2 枚略长，宿存；花冠高脚碟形或漏斗形，裂片 4，镊合状排列；雄蕊 4，内藏或突出；子房 2（3-4）室，胚珠每室 1，生于隔膜中部盾形的胎座上；柱头 2 裂。蒴果，壁薄，成熟时在近中部环形盖裂。种子椭球形至球形，腹面 4 裂，沟槽呈“X”状，表面具网状窝孔。花粉粒 5 或 6 环沟，细网状纹饰。染色体 n=16。

分布概况：约 50/1 种，**2-1（3）型**；主要分布于美洲热带和亚热带地区，到非洲和大洋洲；中国产广东、海南和香港。为外来入侵植物。

系统学评述：盖裂果属隶属于茜草亚科钮扣草族。

DNA 条形码研究：BOLD 网站有该属 3 种 3 个条形码数据。

55. *Mitragyna* Korthals 帽蕊木属

Mitragyna Korthals (1839: 19), *nom. cons.* ; Chen & Taylor (2011: 218) [Type: *M. parvifolia* (Roxburgh) Korthals, *typ. cons.* (≡*Nauclea parvifolia* Roxburgh)]

特征描述：乔木。叶对生；托叶有明显或略明显的龙骨，内面基部有黏液毛，有时近叶状。头状花序，二歧或复二歧式分枝，有时排成聚伞状圆锥花序式，顶生；花 5 基数；花冠漏斗状至狭高脚碟状，裂片芽时镊合状排列；雄蕊伸出或内藏；子房 2 室，胚珠多数；柱头长棒形至僧帽状，伸出。蒴果 2 室，先室间开裂再室背纵裂。种子小，两端有短翅。花粉粒 3-5 孔沟，网状纹饰。染色体 2n=44。

分布概况：约 10/3 种，**6（←7b）型**；分布于非洲和亚洲热带，亚热带地区；中国产云南南部。

系统学评述：帽蕊木属隶属于乌檀族。Ridsdale[54]对该属植物进行了详细的分类修订。

DNA 条形码研究：BOLD 网站有该属 8 种 22 个条形码数据。

56. *Morinda* Linnaeus 巴戟天属

Morinda Linnaeus (1753: 176); Chen & Taylor (2011: 220) (Lectotype: *M. royoc* Linnaeus)

特征描述：藤本、藤状或直立灌木或小乔木。叶常对生；托叶分离或 2 片合生成筒状，紧贴。头状花序，腋生、对生或顶生；花两性；花冠漏斗状，高脚碟状或钟状，裂片 3-7，芽时镊合状排列；雄蕊 3-7，伸出或内藏；子房 2 室且每室具 2 胚珠，或为不完全 4 室且每室具 1 胚珠。聚合果，由合生花和花序托发育而成；分核近三棱形，外面弯拱，两侧面平或具槽。种子与分核同形。花粉粒 3 或 4 孔沟，网状纹饰。染色体 2n=22，44。

分布概况：80-100/27（18）种，**2（4）型**；分布于热带和亚热带地区；中国产西南、华南、东南和华中。

系统学评述：巴戟天属隶属于巴戟天族，为并系类群[22]。

DNA 条形码研究：核基因 ITS 对于巴戟天属具有较高的物种鉴别率，可作为该属的鉴定条码[55]。BOLD 网站有该属 21 种 146 个条形码数据；GBOWS 网站已有 8 种 102 个条形码数据。

代表种及其用途：巴戟天 *M. officinalis* How 为四大南药之一，其以肉质根入药，有补肾壮阳、强筋健骨、祛风湿、固精髓、抗肿瘤、抗衰老等功效。

57. *Mouretia* Pitard 牡丽草属

Mouretia Pitard (1922: 71); Chen & Taylor (2011: 230) (Type: *M. tonkinensis* Pitard)

特征描述：草本。叶对生，同一节上的叶稍不等大或极不等大；托叶叶状，上部常反折。花序头状、近头状或为密生的聚伞花序，顶生、假腋生或有时腋生；花 5 基数；萼裂片比管长或与之近等长；花冠裂片在芽时镊合状排列；雄蕊内藏或伸出；子房 2 室，胚珠多数；柱头 2 裂。果实蒴果状，倒圆锥形，成熟时沿宿萼内面环状盖裂。种子有棱角。花粉粒 3 沟，网状纹饰。染色体 $2n=22$。

分布概况：5/1 种，**7-4 型**；分布于亚洲东部和东南部；中国产福建、广东和广西。

系统学评述：牡丽草属隶属于雪花族，并与腺萼木属 *Mycetia* 系统关系近缘[19]。

DNA 条形码研究：BOLD 网站有该属 1 种 1 个条形码数据。

58. *Mussaenda* Linnaeus 玉叶金花属

Mussaenda Linnaeus (1753: 177); Chen & Taylor (2011: 231) (Lectotype: *M. frondosa* Linnaeus)

特征描述：乔木、灌木或缠绕藤本。叶对生或偶有 3 枚轮生；托叶全缘或 2 裂。聚伞花序，顶生；萼裂片 5 枚，有时萼裂片中有 1 枚极度发育成花瓣状；花冠高脚碟状，花冠管里面喉部密生黄毛，裂片 5 枚，在芽内镊合状排列；雄蕊 5，内藏；子房 2 室，胚珠多数，着生于肉质胎座上；柱头 2 裂，内藏或伸出。浆果，肉质，不开裂，萼裂片宿存或脱落。种子小，种皮有小孔穴状纹。花粉粒 4 孔沟，皱穴状-小穿孔纹饰。染色体 $2n=22$。

分布概况：约 132/29（18）种，**6（7e-14）型**；分布于热带亚洲，非洲大陆和太平洋群岛；中国产华东、华南和西南。

系统学评述：玉叶金花属隶属于玉叶金花族 Mussaendeae。分子系统学研究表明，虽然包括裂果金花属 *Schizomussaenda* 等在内的广义玉叶金花属为单系类群。狭义概念上的玉叶金花属仅包括了亚洲和非洲的种类，而将马达加斯加及附近岛屿的 24 种归为 *Bremeria*[56]。

DNA 条形码研究：BOLD 网站有该属 54 种 280 个条形码数据；GBOWS 网站已有 15 种 240 个条形码数据。

代表种及其用途：玉叶金花 *M. pubescens* W. T. Aiton 的藤叶为清热疏风药，有清热解毒、去湿、止咳、止渴的功效；在园林中既可作优良的地被，又可作垂直绿化，还可观花，有重要的园林观赏价值。

59. *Mycetia* Reinwardt 腺萼木属

Mycetia Reinwardt (1825: 9); Chen & Taylor (2011: 242) (Type: *M. cauliflora* Reinwardt)

特征描述：灌木。叶对生，常不等大；托叶大而叶状。聚伞花序，顶生或腋生；花两型；萼裂片（4-）5（-6），宿存，裂片间常具腺体；花冠裂片（4-）5（-6），外向镊合状排列；雄蕊（4-）5（-6），伸出或内藏；子房 2 或 4-5 室，胚珠多数，着生在肉质胎座上；柱头 2 或 4-5 裂，内藏或伸出。果浆果状或干燥时蒴果状；种子小而有棱角，有稍密的小凸点。花粉粒 3-4 孔沟，细网状或双网状纹饰。

分布概况：约 45/15（10）种，**（7a）型**；分布于亚洲热带和亚热带地区；中国产西南至东南。

系统学评述：腺萼木属隶属于雪花族，与雪花属和石丁香属 *Neohymenopogon* 系统发育关系近缘[19]。

DNA 条形码研究：BOLD 网站有该属 6 种 8 个条形码数据；GBOWS 网站已有 5 种 56 个条形码数据。

60. *Myrioneuron* R. Brown ex J. D. Hooker 密脉木属

Myrioneuron R. Brown ex Bentham & J. D. Hooker (1873: 69); Chen & Taylor (2011: 247) (Type: *non designatus*)

特征描述：草本或小灌木。叶和托叶均较大。头状花序或伞房状聚伞花序，顶生或腋生；花两型；花萼裂片 5，宿存；花冠管状，裂片 5，常直立，有时外折，芽时镊合状排列；雄蕊 5，内藏或稍伸出；子房 2 室，胚珠多数；柱头 2 裂，内藏或稍伸出。浆果，卵球状，干燥或肉质，白色。种子细小，有棱角，表面穴窝状。花粉粒 3 沟孔，网状纹饰。

分布概况：约 14/4（1）种，**（7a）型**；分布于亚洲热带地区；中国产华南和西南。

系统学评述：密脉木属与雪花族的腺萼木属系统发育关系较近[57]，因此，此处暂将该属置于雪花族，但仍需分子系统学研究的支持[40]。Robbrecht[9]也曾将该属归于 Isertieae 族。

DNA 条形码研究：GBOWS 网站有该属 4 种 42 个条形码数据。

61. *Nauclea* Linnaeus 乌檀属

Nauclea Linnaeus (1762: 243); Chen & Taylor (2011: 249) [Lectotype: *N. orientalis* (Linnaeus) Linnaeus (≡*Cephalanthus orientalis* Linnaeus)]

特征描述：乔木。顶芽常两侧压扁。叶对生；托叶有龙骨。头状花序，顶生或兼腋生，节上有退化叶和托叶；花 4 或 5 基数；萼裂片宿存；花冠漏斗形，裂片覆瓦状排列；雄蕊伸出；子房 2 室，胎座呈“Y”形，胚珠多数，多数败育；柱头伸出。聚花果由小果融合而成，不开裂。种子卵球形至椭圆形，有时两侧略压扁。花粉粒 3 孔沟，孔状至细网状纹饰。染色体 $2n=88$。

分布概况：约 10/1 种，**4（7e）型**；分布于亚洲，非洲，南美洲及澳大利亚；中国产广东、广西和海南。

系统学评述：乌檀属隶属于金鸡纳亚科乌檀族。

DNA 条形码研究：BOLD 网站有该属 7 种 17 个条形码数据；GBOWS 网站已有 2 种 12 个条形码数据。

代表种及其用途：乌檀属植物中存在着大量的吲哚类生物碱，具有显著的抗增殖、抗寄生虫和抗微生物等生物活性。乌檀 *N. officinalis* (Pierre ex Pitard) Merrill & Chun 是珍稀野生树种，也是重要的药用植物，树枝和树皮均能入药，有清热解毒、消肿止痛之效。

62. *Neanotis* W. H. Lewis 新耳草属

Neanotis W. H. Lewis (1966: 34); Chen & Taylor (2011: 249) [Type: *N. indica* (de Candolle) W. H. Lewis (≡*Putoria indica* de Candolle)]

特征描述：草本。叶对生。聚伞或头状花序，腋生或顶生；花两型；花冠漏斗形或管形，裂片 4，镊合状排列；雄蕊 4，内藏或伸出；子房常 2 室，每室胚珠多数，生于隔膜近基部的上举的胎座上；柱头常 2 裂。蒴果，扁椭球形，顶部冠以宿存的萼檐裂片，成熟时室背开裂，每室数粒种子。种子盾形、舟形或平凸形，表面具粗窝孔。花粉粒（5-）6-12 沟。染色体 $2n=72$。

分布概况：28/8（2）种，**5（7e）型**；分布于亚洲，澳大利亚和太平洋群岛；中国产华东、华南和西南。

系统学评述：新耳草属隶属于钮扣草族，其因花粉萌发孔数量较多，而被从仅有 3 或 4 萌发孔的广义耳草属（包括非洲耳草属）中独立出来[58]。

DNA 条形码研究：BOLD 网站有该属 4 种 6 个条形码数据；GBOWS 网站已有 3 种 28 个条形码数据。

63. *Neohymenopogon* Bennet 石丁香属

Neohymenopogon Bennet (1981: 436); Chen & Taylor (2011: 253) [Type: *N. parasiticus* (Wallich) Bennet (≡*Hymenopogon parasiticus* Wallich)].——*Hymenopogon* Wallich (1824: 156)

特征描述：灌木。叶对生；托叶具稍肉质腋生的黏液毛。伞房状聚伞花序，顶生；苞片有时变态为大型、白色、叶状；花两性，单型，5 基数；花萼裂片宿存；花冠高脚碟状，裂片中部有髯毛，镊合状排列；雄蕊内藏；子房 2 室，胚珠多数，着生于隔膜上的半球形胎座上；柱头 2 裂，稍突出或内藏。蒴果，椭圆球形或陀螺形，具 2 槽，室间开裂为 2 果爿，果爿 2 裂。种子两端尾状，种脐侧生，种皮膜质。

分布概况：约 3/2（1）种，**14SH 型**；分布于不丹，印度，缅甸，尼泊尔，泰国，越南；中国产云南和西藏。

系统学评述：石丁香属隶属于雪花族，与雪花属构成姐妹群，并与腺萼木属系统发育关系近缘[19]。

DNA 条形码研究：BOLD 网站有该属 1 种 2 个条形码数据；GBOWS 网站已有 1 种 19 个条形码数据。

64. *Neolamarckia* Bosser 团花属

Neolamarckia Bosser (1985: 247); Chen & Taylor (2011: 254) [Type: *N. cadamba* (Roxburgh) Bosser (≡*Nauclea cadamba* Roxburgh)]

特征描述：乔木。顶芽圆锥状。叶对生。头状花序，紧缩成圆球状，顶生；花两性，单型，5 基数；花冠高脚碟状，裂片覆瓦状排列；雄蕊稍伸出；子房基部 2 裂，顶部 2-4 室，胎座呈“Y”形或单一，胚珠多数；柱头顶部 2 裂，长伸出。果实核果状，不开裂或缓裂成 4 果瓣至 4 果爿，椭球形、柱状或倒锥形，稍肉质至膜质或纸质，花萼裂片宿存。种子小，压扁，纺锤形，有棱角，种皮膜质。花粉粒 3 孔沟，孔状至微皱波状纹饰。

分布概况：2/1 种，**5（7e）型**；分布于亚洲南部，太平洋岛屿及澳大利亚；中国产广东、海南、广西和云南。

系统学评述：团花属植物隶属于金鸡纳亚科乌檀族。

DNA 条形码研究：BOLD 网站有该属 1 种 3 个条形码数据；GBOWS 网站已有 1 种 8 个条形码数据。

代表种及其用途：团花 *N. cadamba* (Roxburgh) Bosser 为重要的材用树种，其花是良好的蜜源，果实可以食用。此外，其树干通直，叶片大而光亮，树姿挺拔秀丽，是良好的园林绿化树种。

65. *Neonauclea* Merrill 新乌檀属

Neonauclea Merrill (1915: 538); Chen & Taylor (2011: 255) [Lectotype: *N. obtusa* (Blume) Merrill (≡*Nauclea obtusa* Blume)]

特征描述：乔木或灌木。叶对生；托叶大。1-9 个头状花序排成圆锥花序状，顶生；花 5 基数；花萼裂片线形，尾尖；花冠高脚碟状至长漏斗状，裂片在芽内覆瓦状排列；雄蕊伸出；子房 2 室，胚珠多数；柱头伸出。蒴果，自基部向上先室间再室背裂成 4 果爿。种子椭球形，两侧略压扁，两端具短翅。花粉粒 3 孔沟，细网状纹饰。

分布概况：约 65/4（1）种，**5 型**；分布于亚洲东南部至澳大利亚北部，加里曼丹岛，巴布亚新几内亚，菲律宾和苏拉威西岛；中国产华东、华南至西南。

系统学评述：新乌檀属为茜草科三大蚁食植物之一，也是乌檀族中物种最多的属。狭义的新乌檀属仅包括了分布于亚洲东南部的种类，并与同样以加里曼丹岛为分布中心的 *Myrmeconauclea* 构成姐妹关系[59]。

DNA 条形码研究：BOLD 网站有该属 31 种 36 个条形码数据；GBOWS 网站已有 1 种 4 个条形码数据。

代表种及其用途：新乌檀属植物的枝干、皮可入药，具有清热解毒、消肿止痛之功效。

66. *Nertera* Banks ex Gaertner 薄柱草属

Nertera Banks ex Gaertner (1788: 124); Chen & Taylor (2011: 257) (Type: *N. depressa* Gaertner)

特征描述：匍匐草本。叶对生；托叶全缘或具 2 齿或合生成一鞘形。花单生，腋生或顶生；花两性，同型；萼裂片 4-6，宿存；花冠管漏斗形，裂片 5，芽时镊合状排列；雄蕊 4，长伸出；子房 2 或 4 室，每室有胚珠 1；花柱 2 或 4 裂，长伸出。核果，卵形或球形；小核平凸形，软骨质。种子与小核同形，种皮膜质。花粉粒 3 孔沟，孔状纹饰，表面具不规则的瘤状凸起。染色体 $2n$=44。

分布概况：约 6/3（1）种，**2-1（3）型**；分布于亚洲热带和亚热带地区，太平洋群岛，澳大利亚，美洲等；中国产华东、华南至西南等省区。

系统学评述：薄柱草属隶属于薄柱草族 Anthospermeae。

DNA 条形码研究：BOLD 网站有该属 4 种 14 个条形码数据；GBOWS 网站已有 1 种 8 个条形码数据。

67. *Oldenlandia* Linnaeus 非洲耳草属

Oldenlandia Linnaeus (1753: 119) (Lectotype: *O. corymbosa* Linnaeus)

特征描述：草本，稀为亚灌木。叶对生；托叶顶端常具 1 至数条撕裂状缘毛。花簇生或单生，顶生或腋生；花两性，多为同型，有时异型；花萼裂片 4；花冠管柱状，裂片 4，喉部常被毛；雄蕊伸出或内藏；子房 2 室，胚珠多数，着生于盾状的胎座上；柱头 2 裂，伸出或内藏。蒴果，近球形或长球形，常室背开裂。种子具棱，表面穴状。花粉粒 3-5 孔沟，网状纹饰。染色体 $2n$=18，36，54。

分布概况：70-100/1 种，**2（6）型**；分布于非洲，仅少数在热带和亚热带地区广布；中国产华东、华南和西南。

系统学评述：非洲耳草属隶属于钮扣草族[19]，分子系统学研究支持狭义的非洲耳草属为单系类群，其果实开裂方式和种子形态与狭义的耳草属不同，故应从广义的耳草属中独立出来[28]。

DNA 条形码研究：BOLD 网站有该属 42 种 143 个条形码数据。

68. *Oldenlandiopsis* Terrell & W. H. Lewis 微耳草属

Oldenlandiopsis Terrell & W. H. Lewis (1990: 185); Jung et al. (2011: 58) [Type: *O. callitrichoides* (Grisebach) Terrell & W. H. Lewis (≡*Oldenlandia callitrichoides* Grisebach)]

特征描述：匍匐草本。茎节上生根。叶对生；托叶小。花可能同型，单生，腋生，4 基数；花萼裂片顶端紫色；花冠近高脚碟状，裂片白色但顶端紫色；雄蕊伸出；子房 2 室，胚珠多数，中轴胎座；柱头 2 裂，伸出。蒴果，狭陀螺状或狭倒卵形，先室背然后再室间开裂成 4 果爿。种子椭球形，平凸状、椭球形或菱形，有时具棱角，种皮网穴状。花粉粒 8 沟孔。染色体 $2n$=22。

分布概况：1/1 种，**2 型**；原产美洲热带和亚热带地区，夏威夷和西印度群岛；在中国台湾归化。

系统学评述：微耳草属隶属于钮扣草族。

69. *Ophiorrhiza* Linnaeus 蛇根草属

Ophiorrhiza Linnaeus (1753: 150); Chen & Taylor (2011: 258) (Lectotype: *O. mungos* Linnaeus).——*Hayataella* Masamune (1934: 206)

特征描述：草本至亚灌木状。叶对生。聚伞花序或头状花序，顶生、假腋生或腋生；花常两型，有时单型，两性或单性；萼管陀螺状或倒圆锥状，常扁形，裂片 5（-6）；花冠小而近管状，或大而高脚碟状至漏斗状，花冠裂片 5（-6）；雄蕊常 5（-6），内藏或伸出；子房 2 室，胚珠多数，生于中间隔膜的中轴胎座上；柱头 2 裂，内藏或伸出。蒴果，僧帽状或倒心形，侧扁。花粉粒 3 孔。染色体 $2n=22$，44。

分布概况：约有 200/70（49）种，**（7e）型**；分布于亚洲，大洋洲和太平洋群岛的热带与亚热带地区；中国产长江以南。

系统学评述：蛇根草属隶属于蛇根草族，并与螺序草属 *Spiradiclis* 形成姐妹关系[19]。

DNA 条形码研究：BOLD 网站有该属 19 种 38 个条形码数据；GBOWS 网站已有 8 种 48 个条形码数据。

代表种及其用途：蛇根草 *O. mungos* Linnaeus 中含有抗癌物质喜树碱，在民间主要用于治疗肺结核、咯血、气管炎、月经不调等。

70. *Paederia* Linnaeus 鸡矢藤属

Paederia Linnaeus (1767: 189), *nom. cons.* ; Chen & Taylor (2011: 282) (Type: *P. foetida* Linnaeus)

特征描述：藤本。叶常对生，揉之发出强烈的臭味。圆锥花序式的聚伞花序，腋生或顶生；花萼裂片 4-5 裂；花冠管漏斗形或管形，裂片 4-5，镊合状排列；雄蕊 4-5，内藏；子房 2 室，每室有胚珠 1；柱头 2，内藏或伸出。果核果状变成裂果状，球形或扁球形，外果皮膜质，成熟时分裂为 2 个圆形或长圆形小坚果；小坚果背面压扁。种子与小坚果合生，种皮薄。花粉粒 3 沟，网状纹饰。染色体 $2n=22$，44，66，88。

分布概况：约 30/9（3）种，**（7a）型**；分布于亚洲热带地区，少数达非洲；中国产西南和中南部至东部，以西南最多。

系统学评述：鸡矢藤属隶属于鸡矢藤族，与野丁香属 *Leptodermis*、白马骨属 *Serissa* 和香叶木属 *Spermadictyon* 系统发育关系近缘[19,52]。

DNA 条形码研究：BOLD 网站有该属 29 种 84 个条形码数据；GBOWS 网站已有 4 种 68 个条形码数据。

代表种及其用途：鸡矢藤 *P. scandens* (Loureiro) Merrill 为传统中草药，其根、茎、叶、果实的提取物均可镇痛、镇静、降压、抗感染及抗病毒。

71. *Pavetta* Linnaeus 大沙叶属

Pavetta Linnaeus (1753: 110); Chen & Taylor (2011: 287) (Type: *P. indica* Linnaeus)

特征描述：灌木或小乔木。叶常对生；托叶常合生成鞘状。伞房花序式的聚伞花序，顶生或腋生；苞片托叶状；花萼裂片 4-5；花冠高脚碟形，裂片 4，芽时旋转状排列；雄蕊 4-5，伸出或内藏；子房 2 室，每室具胚珠 1，生于肉质胎座上；柱头全缘或 2 裂，长伸出，远超花冠裂片。浆果，球形，肉质，有小核两颗；小核背面凸起，腹面凹陷或平。种子与小核同形，种皮膜质。花粉粒 3-4 孔沟，细网状至孔状纹饰。染色体 $2n$=22，44。

分布概况：约 400/6（2）种，**4 型**；分布于亚洲热带地区，非洲，太平洋群岛及澳大利亚北部；中国产华南至西南。

系统学评述：大沙叶属隶属于龙船花亚科大沙叶族 Pavetteae。

DNA 条形码研究：BOLD 网站有该属 12 种 25 个条形码数据；GBOWS 网站已有 4 种 24 个条形码数据。

代表种及其用途：在非洲地区大沙叶 *P. crassipes* K. Schumann 广泛用于呼吸系统感染、血尿、发烧及腹部不适等的治疗，其水提物对胃肠和子宫等平滑肌具药理作用。

72. *Pentas* Bentham 五星花属

Pentas Bentham (1844: t. 4086); Chen & Taylor (2011: 290) (Type: *P. carnea* Bentham)

特征描述：草本或亚灌木。叶对生或轮生；托叶生于叶柄间，或有时与叶柄合生，顶端多裂或刚毛状，边缘常具腺齿，宿存。聚伞花序复合成伞房状，顶生；花两型，两性；萼裂片 4-5，不等大；花高脚碟状或细杯状，裂片 4-6，镊合状排列；雄蕊 4-6，内藏或伸出；子房 2 室，胚珠多数，着生于中轴胎座上；柱头 2 裂，伸出或内藏。蒴果，球形、卵球形或倒卵形，顶端常具延长为倒锥形的果喙，成熟时沿果顶孔室背开裂，萼裂片宿存。种子细小，具棱或近球形。花粉粒 3-5 孔沟，穿孔状或细网状纹饰，具小颗粒。染色体 $2n$=20，40。

分布概况：约 50/1 种，**（6）型**；原产非洲大陆和马达加斯加；中国华东和华南引种栽培。

系统学评述：五星花属隶属于红芽大戟族，并与红芽大戟属形成姐妹群[19]。

DNA 条形码研究：BOLD 网站有该属 12 种 16 个条形码数据。

代表种及其用途：五星花 *P. lanceolata* (Forsskål) Deflers 花小且色彩艳丽，聚生成球，花期长，为重要的园林观赏植物。

73. *Pertusadina* Ridsdale 槽裂木属

Pertusadina Ridsdale (1979: 353); Chen & Taylor (2011: 290) [Type: *P. eurhyncha* (Miquel) Ridsdale (≡*Uncaria eurhyncha* Miquel)]

特征描述：乔木或灌木；树干常有纵沟槽。叶对生。聚伞状或圆锥状花序，有 1-5 个头状花序，腋生或顶生；花 5 基数；花萼裂片宿存；花冠高脚碟状至窄漏斗形，裂片 5，在芽内镊合状排列，但顶部近覆瓦状；雄蕊伸出；子房 2 室，每室有悬垂胚珠 4-10；柱头伸出。蒴果，先室间开裂再室背开裂，形成 2 或 4 果爿，花萼裂片宿存，留附在蒴果中轴上。种子卵圆状三角形，两侧略压扁，略具翅。花粉粒 3 孔沟，细网状纹饰。

分布概况：4/1 种，**（7e）型**；原产马来半岛，巴布亚新几内亚和菲律宾；中国华东和华南有栽培。

系统学评述：槽裂木属隶属于金鸡纳亚科乌檀族。

DNA 条形码研究：BOLD 网站有该属 4 种 7 个条形码数据。

74. *Phuopsis* (Grisebach) Bentham & J. D. Hooker 长柱草属

Phuopsis (Grisebach) Bentham & J. D. Hooker (1873: 151); Chen & Taylor (2011: 290) [Type: *P. stylosa* (Trinius) J. D. Hooker ex B. D. Jackson (≡*Crucianella stylosa* Trinius)]

特征描述：草本。叶和叶状托叶 6-10 片轮生，边缘有小刺状细缘毛。头状花序，顶生，被叶状轮生的总苞片包围；花两性，5 基数；花萼裂片缺失；花冠高脚碟状，裂片 5，芽时镊合状排列；雄蕊 5，内藏或突出；子房 2 室，每室具胚珠 1；柱头微 2 裂，长伸出，远超花冠裂片。坚果，具 2 分果爿，椭球形至倒卵球形，坚硬，不开裂。种子椭球形，弯曲，光滑或有条纹。花粉粒 7、8 孔沟。染色体 $2n$=22。

分布概况：1/1 种，**13 型**；原产俄罗斯、土耳其、伊朗；中国陕西有栽培。

系统学评述：长柱草属隶属于茜草族。

DNA 条形码研究：BOLD 网站有该属 1 种 1 个条形码数据。

75. *Prismatomeris* Thwaites 南山花属

Prismatomeris Thwaites (1856: 268); Chen & Taylor (2011: 292) (Type: *P. albidiflora* Thwaites)

特征描述：灌木至小乔木；小枝具棱或略呈四棱柱形。叶对生；托叶生于叶柄间，顶端 2 裂，加厚，上部锐尖。伞形花序，顶生或兼腋生；花两型，两性；花萼裂片 4-5 或不裂；花冠高脚碟状，裂片 4-5，芽时镊合状排列；雄蕊 4-5，内藏或稍伸出；子房 2 室，每室具胚珠 1，着生于隔膜中部和上部；柱头 2 裂，伸出或内藏。核果，近球形，腹面具 1 纵沟纹，顶部常具环状宿萼。种子近球形或半球形，腹面具 1 深凹陷种脐，种皮膜质。花粉粒 3 孔沟或 5 孔沟，网状纹饰。染色体 n=11。

分布概况：约 15/1 种，**（7ab）型**；分布于亚洲南部，南部热带和亚热带地区至太平洋群岛；中国产华南至西南。

系统学评述：南山花属原隶属于巴戟天族，但由于其离生花、子房 2 室和胚珠盾形等形态特征与巴戟天族明显不同，因此新成立了南山花族（也称为三角瓣花族）Prismatomerideae[60]，并得到分子系统学研究支持[21]，但南山花族有时也被并入广义的九节族 Psychotrieae。

DNA 条形码研究：BOLD 网站有该属 3 种 7 个条形码数据；GBOWS 网站已有 1

种 8 个条形码数据。

76. *Pseudopyxis* Miquel 假盖果草属

Pseudopyxis Miquel (1867: 189); Chen & Taylor (2011: 293) (Type: *P. depressa* Miquel)

特征描述：草本。根茎匍匐，地上茎直立。叶对生；托叶三角形或顶端具 3 或 5 裂片，边缘具腺齿。聚伞花序，顶生或腋生，有叶状总苞片；花两性，单型，5 基数；花萼裂片果时增大；花冠细管状漏斗形，裂片内向镊合状排列；雄蕊内藏；子房 4-5 室，每室具 1 倒生胚珠；柱头 2，4 或 5 裂，伸出。蒴果，倒锥形至半球状，成熟后自萼筒顶盖或孔开裂。种子倒卵形，有纵沟。花粉粒 3-4 沟。染色体 $2n=22$。

分布概况：3/1（1）种，**14SJ 型**；分布于亚洲东部；中国产浙江。

系统学评述：假盖果草属隶属于鸡矢藤族[52]。

77. *Psychotria* Linnaeus 九节属

Psychotria Linnaeus (1759: 929); Chen & Taylor (2011: 294) (Type: *P. asiatica* Linnaeus).——*Cephaelis* Swartz (1788: 3)

特征描述：灌木或小乔木，有时为匍匐草本。叶常对生；托叶常合生，顶端全缘或 2 裂。花序圆锥状、聚伞状、团状或头状，顶生、近顶生或腋生；苞片和小苞片退化、增大或呈总苞状；花两型或单型，两性，4-6 基数；花萼顶端浅裂或深裂；花冠漏斗形、管形或近钟形，裂片芽时镊合状排列；雄蕊内藏或稍伸出；子房 2 室，每室有胚珠 1；柱头 2，伸出或内藏。核果，球形或椭球形，常含 2 分核。种子与小核同形，背面凸起，平滑或具纵棱，腹面平或稀凹陷，种皮薄。短柱花的花粉无萌发孔或具拟萌发孔，网状纹饰，具微刺；长柱花常具 3（-4）萌发沟，孔状或网状纹饰。染色体 $2n=22$，44，66，88。

分布概况：约 1650/18（5）种，**2（7d）型**；广布热带和亚热带地区，美洲尤盛；中国产西南、华南至华东。

系统学评述：九节属为茜草科物种数量最多的属，属下等级和种的分类学目前尚缺少该属世界范围的研究。头九节属 *Cephaelis* 具有被总苞片包裹的头状花序，海南仅有 1 种，但分子系统学研究表明头九节属和九节属均隶属九节族[19]，头九节属应归并至九节属，传统分类上的九节属为并系类群[61]。

DNA 条形码研究：BOLD 网站有该属 185 种 273 个条形码数据；GBOWS 网站已有 10 种 77 个条形码数据。

代表种及其用途：九节 *P. asiatica* Linnaeus、蔓九节 *P. serpens* Linnaeus、美果九节 *P. calocarpa* Kurz 和驳骨九节 *P. prainii* H. Léveillé 均具有药用价值，用于清热解毒、消肿拔毒、祛风除湿、舒筋活络、壮筋骨等。

78. *Psydrax* Gaertner 假鱼骨木属

Psydrax Gaertner (1788: 125); Chen & Taylor (2011: 301) (Type: *P. dicoccos* Gaertner)

特征描述：灌木至小乔木。小枝初时呈压扁形或四棱柱形，后变圆柱形。叶常对生；托叶生于叶柄间或与茎合生，三角形或卵形。聚伞花序，腋生；花单型，两性；花冠管圆筒形或漏斗状，裂片 4-5，花期明显外反，镊合状排列；雄蕊 4-5，伸出；子房 2 室，每室有胚珠 1；柱头 2 裂，伸出。核果，倒卵形或倒卵状椭球形，肉质，具宿存的萼裂片。种子椭球形、柱状或平凸，种皮膜质。花粉粒 3-4 孔（或孔孔），稀 3 孔沟，网状纹饰。染色体 2*n*=44。

分布概况：约 100/1 种，**6 型**；分布于热带亚洲和非洲；中国产西南、华南等。

系统学评述：假鱼骨木属长期以来被置于鱼骨木属，分子系统学研究表明，独立出的假鱼骨木形成单系类群，但支持率较低[62]。

DNA 条形码研究：BOLD 网站有该属 14 种 34 个条形码数据；GBOWS 网站已有 1 种 4 个条形码数据。

79. *Richardia* Linnaeus 墨苜蓿属

Richardia Linnaeus (1753: 330); Chen & Taylor (2011: 302) (Type: *R. scabra* Linnaeus)

特征描述：草本。叶对生；托叶与叶柄合生成鞘状，上部分裂成丝状或钻状的裂片多条。花序头状，顶生，有叶状总苞片；花两性，单型；花冠漏斗状，裂片 4-6，芽时镊合状排列；雄蕊 3-6，伸出；子房 3-4 室，每室有胚珠 1，生于隔膜中部；花柱有 3-4 个线状或匙形的分枝，伸出。蒴果，成熟时萼檐自基部环状裂开而脱落，分果爿不开裂，腹面有 1 至多个狭沟槽。种子椭球形至平凸状。花粉粒 13-23 环沟，刺状或颗粒状纹饰。染色体 2*n*=28。

分布概况：约 15/2 种，**3 型**；原产美洲，在亚洲和非洲成归化种；中国广东、海南和台湾等地已归化。

系统学评述：墨苜蓿属隶属于茜草亚科钮扣草族。

DNA 条形码研究：BOLD 网站有该属 4 种 7 个条形码数据；GBOWS 网站已有 1 种 8 个条形码数据。

80. *Rondeletia* Linnaeus 郎德木属

Rondeletia Linnaeus (1753: 172); Chen & Taylor (2011: 303) (Lectotype: *R. americana* Linnaeus)

特征描述：灌木或乔木。叶常对生。聚伞花序、伞房花序或圆锥花序，腋生或顶生；花单型，两性；花冠漏斗状或高脚碟状，裂片 4-5，覆瓦状排列，花冠管喉部具 1 环状胼胝体；雄蕊 4-5，内藏或伸出；子房 2 室，胚珠多数，胎座着生在隔膜上；柱头顶部不裂或短 2 裂，伸出或内藏。蒴果，常球形，具 2 槽，2 室，室背开裂为 2 果爿。种子纺锤形或盘状，扁平，有翅。花粉粒 3 复合萌发孔，有外萌发沟、中孔和内萌发孔，孔状或粗网状纹饰。染色体 $2n$=40。

分布概况：约 20/1 种，**（3）型**；原产美洲热带地区；中国广东、福建和香港等地引种栽培。

系统学评述：郎德木属隶属于郎德木族 Rondeletieae，为多系类群[2]。

DNA 条形码研究：BOLD 网站有该属 9 种 16 个条形码数据；GBOWS 网站已有 1 种 4 个条形码数据。

81. *Rothmannia* Thunberg 紫冠茜属

Rothmannia Thunberg (1776: 65); Chen & Taylor (2011: 304) (Type: *R. capensis* Thunberg)

特征描述：灌木或大乔木。叶对生或 3 叶轮生状。聚伞状花序或有时仅 1 花，顶生或假腋生；花两性；花萼裂片 5；花冠漏斗形或钟状，裂片 5，芽时卷叠成左旋或右旋状；雄蕊 5（-7），内藏或部分外露；子房部分或全部 1 或 2 室，胚珠多数，着生于 2 至多个大的侧膜或有时为中轴胎座上；柱头短 2 裂，外露或内藏。果实浆果状，厚肉质至革质，球形至椭圆球形，具宿存的萼裂片。种子具棱或近透镜状，嵌生于果肉中。花粉粒 3 孔沟，网状纹饰。染色体 $2n$=22。

分布概况：约 40/1 种，**6-1 型**；分布于亚洲南部和东南部，热带非洲大陆南部，马达加斯加和塞舌尔群岛；中国产云南。

系统学评述：紫冠茜属隶属于龙船花亚科栀子族，与 *Phellocalyx* 和 *Kochummenia* 近缘[63]。

DNA 条形码研究：BOLD 网站有该属 3 种 8 个条形码数据；GBOWS 网站已有 1 种 8 个条形码数据。

82. *Rubia* Linnaeus 茜草属

Rubia Linnaeus (1753: 109); Chen & Ehrendorfer (2011: 305) (Lectotype: *R. tinctorum* Linnaeus)

特征描述：草本。通常有糙毛或小皮刺；茎有直棱或翅。叶常 4-6 个轮生。聚伞花序，腋生或顶生；花常两性；花冠辐状或近钟状，裂片（4-）5，镊合状排列；雄蕊（4）5，内藏或稍伸出；子房 2 室或有时退化为 1 室，每室有胚珠 1 枚，生在中部隔膜上；柱头 2 裂，伸出或内藏。果浆果状，肉质，2 裂。种子近直立，腹面平坦或无网纹，和果皮贴连，种皮膜质。花粉粒 6-8 沟，小孔状纹饰，具小刺。染色体 $2n$=22，44，66，88，110。

分布概况：约 80/38（21）种，**8-4（14）型**；分布于地中海沿岸，非洲，亚洲温带和亚热带及美洲；中国产云南、四川、西藏和新疆。

系统学评述：茜草属隶属于茜草族，与拉拉藤属系统发育关系近缘[64]。

DNA 条形码研究：BOLD 网站有该属 5 种 18 个条形码数据；GBOWS 网站已有 6 种 66 个条形码数据。

代表种及其用途：茜草属多具有凉血止血、活血祛病及化痰止咳的功能。茜草 *R.*

cordifolia Linnaeus 为传统中药，其根入药，具有行血、止血、通经活络、止咳祛痰等功效，从中提取出的蒽醌类等物质具有高效低毒的抗癌成分。

83. *Rubovietnamia* Tirvengadum 越南茜属

Rubovietnamia Tirvengadum (1998: 166); Chen & Taylor (2011: 319) (Type: *R. aristata* Tirvengadum)

特征描述：灌木。叶对生，有时呈三出叶状；托叶基部合生。花单生或2-8朵组成聚伞花序，顶生或假腋生；花两性，5基数；花冠高脚碟状至漏斗状，花冠裂片芽时呈旋转状；雄蕊内藏或伸出，花药药隔突出成三角状附属物；子房1室，胚珠2-4枚，有时仅2枚可育，侧膜胎座；柱头2裂，伸出。果实浆果状，肉质至革质，近球形，光滑，萼裂片随着果实发育逐渐脱落。种子卵形至近球形，光滑。花粉粒3孔沟，孔状或穴孔状。染色体 $2n=22$。

分布概况：3/2（1）种，**7型**；分布于越南；中国产云南和广西。

系统学评述：越南茜属隶属于栀子族。中国原记载为绢冠茜属 *Porterandia* 的植物为误定，应为该属植物[65]。分子系统发育分析表明该属与长柱山丹属互为姐妹群关系。

DNA条形码研究：GBOWS网站有该属2种12个条形码数据。

84. *Saprosma* Blume 染木树属

Saprosma Blume (1826: 956); Chen & Taylor (2011: 320) (Type: *non designatus*)

特征描述：灌木。叶对生或3-4叶轮生；托叶全缘或具1-3刺毛。花单生、簇生或组成具总梗的聚伞花序，腋生或顶生；花萼裂片4-6，等大或不等大；花冠钟状、筒状或漏斗状，裂片常4，芽时内向镊合状排列；雄蕊4-6，部分伸出；子房2室，每室有胚珠1；柱头2裂，内藏或伸出。核果，有1-2个壳质的分核。种子直立，平凸，近倒卵形或椭圆形。花粉粒3、4或5孔，细网状纹饰，网脊被覆小颗粒。

分布概况：约30/5（4）种，**（7ab）型**；分布于亚洲热带地区；中国产海南和云南。

系统学评述：染木树属隶属于鸡矢藤族，为单系类群[19]。

DNA条形码研究：BOLD网站有该属3种5个条形码数据；GBOWS网站已有4种16个条形码数据。

代表种及其用途：染木树属植物作为民间常用药材被世界各地广泛使用。在马来西亚传统医学中，*S. scortechinii* King & Gamble 的根用于退热消炎；嫩叶可作为蔬菜食用。海南染木树 *S. hainanensis* Merrill 中也含有对肿瘤细胞生长具有显著增殖抑制作用的生物碱类化合物。

85. *Schizomussaenda* H. L. Li 裂果金花属

Schizomussaenda H. L. Li (1943: 99); Chen & Taylor (2011: 322) [Type: *S. dehiscens* (Craib) H. L. Li (≡*Mussaenda dehiscens* Craib)]

特征描述：灌木。叶对生；托叶顶端尾状。聚伞花序，末回分枝穗形蝎尾状，顶生；

花两型，5 基数；花萼裂片有时有一枚扩大为椭圆形或卵形的花叶；花冠高脚碟状，裂片内向镊合状排列；雄蕊内藏或部分伸出；子房 2 室，胚珠多数，胎座盾状；柱头 2，伸出或内藏。蒴果，陀螺形或倒卵形，顶部室间开裂。种子小，多数。花粉粒 3-4 孔沟，穿孔状纹饰。染色体 2*n*=22。

分布概况：1/1 种，**7-4 型**；分布于亚洲东南部地区；中国产广西和云南。

系统学评述：裂果金花属因蒴果室背开裂而从玉叶金花属中独立出来，分子系统学研究表明该属应属于玉叶金花族，但其近缘姐妹群尚未明确[56]。

DNA 条形码研究：BOLD 网站有该属 2 种 12 个条形码数据；GBOWS 网站已有 1 种 32 个条形码数据。

86. *Scleromitrion* (Wight & Arnott) Meisner 蛇舌草属

Scleromitrion (Wight & Arnott) Meisner (1838: 160) (Type: *non designatus*)

特征描述：草本。茎常常从基部开始分枝，直立或披散。叶常具 1 条中脉，侧脉无；托叶顶端具 3-7 条撕裂状毛刺。圆锥花序顶生，有时数朵簇生于叶腋且无梗或单花腋生且有梗；花两性，同型；萼裂片 4；花冠管柱状，花冠裂片 4，与花冠管近等长；雄蕊 4，伸出；花药椭球形；子房 2 室，胚珠多数；柱头 2 裂，棒状或近球形，伸出，略长于雄蕊。蒴果，近球形，仅在顶部室背开裂。种子多数，倒圆锥形，表面细小穴窝状。染色体 *n*=27。

分布概况：至少 15/5（1）种，**2 型**；主要分布于热带亚洲，少数至非洲，美洲，澳大利亚和太平洋群岛；中国产华东、华南和西南。

系统学评述：蛇舌草属隶属于钮扣草族，从广义耳草属中独立。其在习性、托叶形状和蒴果开裂方式上与非洲耳草属相似，但两者的花序和花的特征不同，后者的圆锥花序常具明显或短的总花梗，花常具花梗，且花柱等长的花雄蕊和雌蕊常内藏于花冠管中。系统发育分析显示，蛇舌草属与藤耳草属和翅耳草属 *Thecagonum* 的系统发育关系近缘[28]。

代表种及其用途：白花蛇舌草 *S. diffusum* (Willdenow) R. J. Wang 为常用中药，具有抗癌和护肝的作用，也是华南凉茶的主要原料之一。

87. *Scyphiphora* C. F. Gaertner 瓶花木属

Scyphiphora C. F. Gaertner (1805: 91); Chen & Taylor (2011: 323) (Type: *S. hydrophylacea* C. F. Gaertner)

特征描述：灌木或小乔木。叶对生。二歧式聚伞花序，腋生；花两性，单型；花萼裂片 4-5，宿存；花冠管圆筒形，裂片 4-5，旋转状排列；雄蕊 4-5，部分或全部伸出；子房 2 室，每室有胚珠 2，着生于隔膜的中部，1 直立，1 倒垂，珠柄连接成一假隔膜将室再分为 2；柱头 2 裂，伸出。核果，椭球状，有纵棱。种子脆壳质，有纵棱 5 条，椭球形，渐弯，种皮膜质。花粉粒 3 孔沟，细网状纹饰。染色体 *n*=11。

分布概况：1/1 种，**5（7e）型**；分布于亚洲南部至东南部，南至加罗林群岛，澳大利亚，新喀里多尼亚和马达加斯加；中国产海南。

系统学评述：瓶花木属隶属于龙船花亚科，与龙船花族和 Vanguerieae 近缘并构成 1 个分支[10]。分子系统学研究表明瓶花木属与龙船花亚科的 *Crossopteryx*、*Glionnetia*、*Jackiopsis* 和丁茜属 *Trailliaedoxa* 等系统发育关系近缘，位于 Vanguerieae alliance 的基部[66]，并被归入新成立的瓶花木族 Scyphiphoreae[3]。

DNA 条形码研究：BOLD 网站有该属 1 种 8 个条形码数据；GBOWS 网站已有 1 种 4 个条形码数据。

88. *Serissa* Commerson ex Jussieu 白马骨属

Serissa Commerson ex Jussieu (1789: 209); Chen & Taylor (2011: 323) [Type: *S. foetida* (Linnaeus f.) Poiret (≡*Lycium foetidum* Linnaeus f.)]

特征描述：灌木。叶对生；托叶与叶柄合生成 1 短鞘，有 3-8 条刺毛。花单朵或多朵丛生，腋生或顶生；萼裂片 4-6，宿存；花冠漏斗形，裂片 4-6，镊合状排列；雄蕊 4-6，伸出或内藏；子房 2 室，每室有胚珠 1；柱头 2 裂，伸出或内藏。核果，近球形或倒卵形，先室间再室背开裂；分核 2。花粉粒 3 沟，孔状纹饰。染色体 $2n$=22，44。

分布概况：2/2 种，**14SJ 型**；分布于尼泊尔，越南，日本；中国产华东和华南。

系统学评述：白马骨属隶属于鸡矢藤族，并与野丁香属互为姐妹群关系[19]。

DNA 条形码研究：BOLD 网站有该属 1 种 2 个条形码数据；GBOWS 网站已有 2 种 20 个条形码数据。

代表种及其用途：六月雪 *S. japonica* (Thunberg) Thunberg 和白马骨 *S. serissoides* (de Candolle) Druce 具有较好的治疗乙肝的作用。此外，也是园林和盆景植物，有很高的观赏价值。

89. *Sherardia* Linnaeus 雪亚迪草属

Sherardia Linnaeus (1753: 102) (Lectotype: *S. arvensis* Linnaeus)

特征描述：一年生柔弱草本。茎四棱形，被糙毛。叶常 6 片轮生，无柄，披针形，具缘毛。花序有花 4-10 朵，聚生成头状，顶生或腋生，下部 6-8 枚苞片合生成总苞；花萼裂片 6，宿存；花冠漏斗形，裂片 4，粉红色到紫色；雄蕊 4，伸出；雌蕊 2 室，每室胚珠 1，花柱丝状，2 不等裂，柱头头状。坚果，常具 2 分果，各有种子 1。花粉粒 10-13 沟，小刺-穿孔状纹饰。

分布概况：1/1 种，**2 型**；原产欧洲，现日本，澳大利亚，夏威夷，中美洲，新西兰，北美洲，南美洲广布；在中国台湾有归化。

系统学评述：雪亚迪草属隶属于茜草族，与 *Valantia* 形成姐妹群，并与拉拉藤属系统关系近缘[19]。

DNA 条形码研究：BOLD 网站有该属 1 种 13 个条形码数据。

90. *Sinoadina* Ridsdale 鸡仔木属

Sinoadina Ridsdale (1979: 351); Chen & Taylor (2011: 324) [Type: *S. racemosa* (Siebold & Zuccarini) Ridsdale (≡*Nauclea racemosa* Siebold & Zuccarini)]

特征描述：乔木。叶对生。聚伞状圆锥花序由 7-11 个头状花序组成，顶生；花 5 基数；花萼裂片短而钝，宿存；花冠高脚碟状或窄漏斗形，裂片镊合状排列，但在顶端近覆瓦状；雄蕊伸出；子房 2 室，每室有胚珠 4-12，胎座位于子房隔膜上部 1/3 处；柱头伸出。蒴果，内果皮硬，室背室间 4 爿开裂。种子两侧稍微或极度扁平，两端具翅。花粉粒 3 沟，皱波状至近条形纹饰。

分布概况：1/1 种，**14SJ 型**；分布于亚洲东部和东南部；中国产长江以南。

系统学评述：鸡仔木属隶属于金鸡纳亚科乌檀族。

DNA 条形码研究：BOLD 网站有该属 1 种 3 个条形码数据；GBOWS 网站已有 1 种 10 个条形码数据。

91. *Spermacoce* Linnaeus 钮扣草属

Spermacoce Linnaeus (1753: 102); Chen & Taylor (2011: 102) (Lectotype: *S. tenuior* Linnaeus). ——*Borreria* G. Meyer (1818: 79)

特征描述：草本或亚灌木。茎和枝通常四棱柱形。叶对生；托叶与叶柄合生而成一截头状的鞘，顶端具不等长的刺状毛。花数朵簇生或排成聚伞花序，腋生或顶生；萼裂片 2，4（-8）；花冠高脚碟形或漏斗形，裂片 4，镊合状排列；雄蕊 4，内藏或突出；子房 2 室，每室有胚珠 1，生于隔膜中部；柱头头状或 2 裂，内藏或伸出。蒴果，卵球形或近球形，成熟时先室间再室背开裂。种子腹面有沟槽，种皮薄。花粉粒 3 至多个（可达 30）散孔沟（孔）或环孔沟，穿孔状、颗粒状、刺状或网状纹饰。染色体 $2n$=28，32，40，56，64。

分布概况：约 275/7 种，**2-2（6）型**；广布美洲，非洲和亚洲的热带与亚热带地区；中国产华南和东南，多为归化种。

系统学评述：长期以来在属的范围划分上存在许多争论[67]。Meyer[68]认为丰花草属的蒴果具 2 分裂果爿，钮扣草属果实只有 1 个果爿，而双角草属果实不分裂，故可从形态上区分。Richard[69]认为 3 个属的花和果实的结构相同并没有明显的区别，故而将其合并处理。Verdcourt[70,71]并不认同果实的开裂特征在分类上的重要性，而接受了以果实不开裂为主要特征的双角草属，将丰花草属归入钮扣草属，这一处理得到种子和果实形态证据的支持[72]。分子系统学研究表明钮扣草属隶属钮扣草族，与双角草属、盖裂果属和墨苜蓿属等系统发育关系近缘[73]。

DNA 条形码研究：BOLD 网站有该属 14 种 21 个条形码数据；GBOWS 网站已有 3 种 19 个条形码数据。

92. *Spermadictyon* Roxburgh 香叶木属

Spermadictyon Roxburgh (1815: 32); Chen & Taylor (2011: 329) (Type: *S. suaveolens* Roxburgh)

特征描述：灌木。叶对生。三歧分枝的圆锥花序或伞形花序式的聚伞花序，顶生；花 5 基数；花萼裂片宿存；花冠漏斗形，裂片镊合状排列；雄蕊伸出或内藏；子房 5 室，每室胚珠 1；柱头 5 裂，伸出或内藏。核果，后变成蒴果状或裂果状，长椭球形，顶端 5 裂。种子长椭球形或三棱形，种皮具网状纹。花粉粒 3 沟，网状纹饰。染色体 n=11。

分布概况：约 6/1 种，**14SH 型**；原产印度和马来西亚；中国西藏引种栽培。

系统学评述：香叶木属隶属于鸡矢藤族，并与野丁香属和白马骨属系统发育关系近缘[19]。

DNA 条形码研究：BOLD 网站有该属 1 种 1 个条形码数据。

93. *Spiradiclis* Blume 螺序草属

Spiradiclis Blume (1826: 975); Chen & Taylor (2011: 330) (Type: *S. caespitosa* Blume)

特征描述：草本，直立、匍匐或莲座状，稀亚灌木状。叶对生；聚伞花序，蝎尾状或圆锥状，顶生或腋生；花常两型，两性，5 基数；花萼裂片等大；花冠钟状、漏斗状、坛状或管状，裂片背部常有龙骨或狭翅，芽时镊合状排列；雄蕊内藏或伸出；子房 2 室，胚珠多数；柱头 2 裂，内藏或伸出。蒴果，椭球形、球形或近柱状，成熟时室背室间均开裂为 4 果瓣，果瓣有时扭曲；种子多数，小而有棱角。花粉粒 3 或 4 孔沟，穿孔状纹饰。

分布概况：约 45/39（35）种，**（7a）型**；分布于亚洲东南部；中国主产云南和广西，广东、西藏、贵州、四川和海南也有。

系统学评述：螺序草属植物隶属蛇根草族，并与蛇根草属互为姐妹关系[19]。

DNA 条形码研究：BOLD 网站有该属 1 种 1 个条形码数据；GBOWS 网站已有 3 种 12 个条形码数据。

代表种及其用途：匙叶螺序草 *S. spathulata* X. X. Chen & C. C. Huang 在民间用于刀伤和跌打损伤。

94. *Tarenna* Gaertner 乌口树属

Tarenna Gaertner (1788: 139); Chen & Taylor (2011: 339) (Type: *T. zeylanica* Gaertner)

特征描述：灌木或乔木。叶对生；托叶基部合生或离生。伞房状的聚伞花序，顶生或假腋生；花 5 基数；花冠漏斗状或高脚碟状，裂片旋转状排列；雄蕊伸出；子房 2 室，每室有胚珠 1 至多数，生于肉质的中轴胎座上；柱头有槽纹，伸出。浆果，革质或肉质，具种子 1 至多数。种子平凸或凹陷，种皮膜质、革质或脆壳质。花粉粒 3 孔沟，条网状纹饰。染色体 $2n$=22。

分布概况：约 370/18（12）种，**4 型**；分布于亚洲的热带和亚热带地区，大洋洲至非洲的热带地区；中国产西南、华南至华东等地区。

系统学评述：乌口树属隶属于龙船花亚科大沙叶族。

DNA 条形码研究：BOLD 网站有该属 11 种 18 个条形码数据；GBOWS 网站已有

3 种 24 个条形码数据。

95. *Tarennoidea* Tirvengadum & Sastre 岭罗脉属

Tarennoidea Tirvengadum & Sastre (1979: 90); Chen & Taylor (2011: 345) [Type: *T. wallichii* (J. D. Hooker) Tirvengadum & Sastre (≡*Randia wallichii* J. D. Hooker)]

特征描述：乔木。叶对生；托叶基部合生。圆锥状聚伞花序，顶生或腋生；花两性；花萼裂片 5；花冠高脚碟状，裂片 5，旋转状排列；雄蕊 4-5，伸出；子房 2 室，每室有胚珠 1 或常为 2-6，生于中轴胎座上；柱头伸出。浆果，近球形，革质或肉质，萼裂片早落。种子椭球形至近球形。花粉粒 3 孔沟，穴状纹饰。染色体 $2n$=22。

分布概况：2/1 种，**（7b）型**；分布于亚洲南部至东南部；中国产华南至西南。

系统学评述：岭罗脉属隶属于龙船花亚科栀子族。

DNA 条形码研究：BOLD 网站有该属 1 种 1 个条形码数据；GBOWS 网站已有 1 种 10 个条形码数据。

96. *Thecagonum* Babu 翅耳草属

Thecagonum Babu (1971: 214) [Type: *T. pteritum* (Blume) Babu (≡*Hedyotis pterita* Blume)]

特征描述：草本。茎明显四棱形或具狭翅，基部常分枝。叶对生；托叶基部合生，顶端截平或具短齿。聚伞花序，顶生或上部腋生；花 4 基数；萼管具明显的 4 棱或为翅状；花冠管与裂片近等长，喉部被毛；雄蕊内藏；子房 2，每室胚珠多数，着生于中间长圆形的胎座上；柱头 2 裂，内藏。蒴果，近四棱锥形，具明显的 4 条狭翅或棱角，室背开裂；种子球形、近球形或卵球形，多数，具窝孔，窝孔间脊呈 S 形。花粉粒 3-4 沟孔。染色体 $2n$=54，72。

分布概况：2/2 种，**7 型**；分布于亚洲南部；中国产广东、广西和海南。

系统学评述：翅耳草属隶属于钮扣草族。

97. *Theligonum* Linnaeus 假繁缕属

Theligonum Linnaeus (1753: 993); Chen & Funston (2011: 346) (Type: *T. cynocrambe* Linnaeus)

特征描述：矮小肉质草本。通常下部叶对生，上部叶互生；托叶与叶柄基部合生。聚伞花序；花常单性，雌雄同株或偶两性花，2 或 3 基数；雄花：常 2-3 朵聚生，腋上生；花被裂片 2-5，镊合状排列，雄蕊多枚；雌花：1-3 朵聚生，腋生，花被片在喉部有 2-4 齿裂；心皮 1，胚珠 1，基生；花柱 1，伸出。核果坚果状，近球形或卵圆形，两侧压扁；种子“U”形。花粉粒 3-8 孔。染色体 $2n$=20，22。

分布概况：约 4/3（2）种，**10-1 型**；分布于地中海沿岸及亚洲东部，加那利群岛；中国产浙江、安徽、湖北、台湾和四川。

系统学评述：假繁缕属传统上为假繁缕科 Theligonaceae，但因其形态学、解剖学、胚胎学等特征与茜草科相同而被归并于茜草科[74]，这一处理得到了分子系统学研究的支持[75-77]。假繁缕属隶属于假繁缕族 Theligoneae，并与茜草族构成姐妹群关系[19]。

DNA 条形码研究：BOLD 网站有该属 1 种 3 个条形码数据。

98. *Timonius* de Candolle 海茜树属

Timonius de Candolle (1830: 461), *nom. cons.* ; Chen & Taylor (2011: 347) [Type: *T. rumphii* de Candolle, *nom. illeg.*, *typ. cons.* (=*T. timon* (Sprengel) Merrill≡*Erithalis timon* Sprengel)]

特征描述：乔木或灌木。叶对生。聚伞花序，二歧状或蝎尾状，腋生；花单性；花萼裂片 4-5，宿存；花冠漏斗形，裂片 4（-10），镊合状排列；雄蕊伸出，在雌花中不育；子房多室，每室有胚珠 1；花柱分枝 4-12，常不等长，有乳突；柱头 4-12 裂，伸出或内藏。核果，卵形或球形，有 4 或 5 条纵棱，肉质，内有小核数个至多数。种子圆柱形，直立或弯曲，倒垂，外种皮膜质。花粉粒 3 孔或 3 孔沟，网状纹饰。染色体 $2n$=44。

分布概况：154-180/1 种，**5（7d）型**；分布于亚洲东南部亚热带地区和太平洋群岛；中国产台湾。

系统学评述：海茜树属隶属于海岸桐族，与毛茶属和海岸桐属系统关系近缘[17]。

DNA 条形码研究：BOLD 网站有该属 6 种 10 个条形码数据。

99. *Trailliaedoxa* W. W. Smith & Forrest 丁茜属

Trailliaedoxa W. W. Smith & Forrest (1917: 74); Chen & Taylor (2011: 347) (Type: *T. gracilis* W. W. Smith & Forrest)

特征描述：亚灌木。叶对生；托叶 2 裂。聚伞花序，顶生或腋生；花 5 基数；萼裂片宿存；花冠漏斗形，裂片芽时旋转状排列；雄蕊稍伸出；子房 2 室，每室有胚珠 1；花柱弯曲；柱头 2 裂至花柱的 1/3-1/2，伸出。分果，干燥，倒披针形，具宿存的萼裂片，分果爿 2，不开裂；种子椭球形，种皮革质。花粉粒 3 孔沟，网状纹饰。染色体 $2n$=22。

分布概况：1/1（1）种，**15 型**；中国特有，产四川和云南。

系统学评述：丁茜属的花与非洲的丁茜族 Alberteae 接近，但其习性却又近似香叶木属 *Spermadictyon*。Robbrecht[9]将该属暂时归入毛茶亚科 Antirheoideae。FRPS 中将该属归入丁茜族。分子系统学研究表明丁茜属与龙船花亚科的 *Crossopteryx*、*Glionnetia*、*Jackiopsis* 和瓶花木属等系统发育关系近缘，位于 Vanguerieae alliance 的基部[66]，并被归入新成立的 Trailliaedoxeae[3]。

DNA 条形码研究：BOLD 网站有该属 1 种 2 个条形码数据；GBOWS 网站已有 1 种 8 个条形码数据。

100. *Uncaria* Schreber 钩藤属

Uncaria Schreber (1789: 125); Ridsdale (1978: 43); Chen & Taylor (2011: 348) [Type: *U. guianensis* (Aublet) J. F. Gmelin (≡*Ourouparia guianensis* Aublet)]

特征描述：木质藤本。茎枝方柱形或圆柱形，有钩刺。叶对生；托叶有时略呈龙骨或近叶状。头状花序单生或分枝为复聚伞圆锥花序状，顶生；花 5 基数；花冠高脚碟状或近漏斗状，花冠裂片在芽时镊合状排列，但在顶部近覆瓦状；雄蕊伸出；子房2室，胚珠多数；柱头顶部有乳突，伸出。蒴果，外果皮厚，纵裂，内果皮厚骨质，室背开裂。种子两端有长翅，下端的翅深2裂。花粉粒3沟，细网状或条形皱波状纹饰。染色体2*n*=44。

分布概况：约40/12（5）种，**2（5，7e）型**；分布于亚洲南部和东南部，澳大利亚，非洲大陆，马达加斯加及热带美洲；中国产西南、华南和华东。

系统学评述：钩藤属隶属于乌檀族，Ridsdale[54]对该属植物进行了全面的分类修订，确定其为一个单系类群。

DNA条形码研究：BOLD网站有该属22种71个条形码数据；GBOWS网站已有7种51个条形码数据。

代表种及其用途：毛钩藤 *U. hirsuta* Haviland、华钩藤 *U. sinensis* (Oliver) Haviland、大叶钩藤 *U. macrophylla* Wallich、钩藤 *U. rhynchophylla* (Miquel) Miquel 和白钩藤 *U. sessilifructus* Roxburgh 等均可药用，有镇静、抗惊、降压的功效。

101. *Urophyllum* Jack ex Wallich 尖叶木属

Urophyllum Jack ex Wallich (1824: 184); Chen & Taylor (2011: 353) (Lectotype: *U. villosum* Jack ex Wallich)

特征描述：乔木或灌木。叶对生；托叶大。头状聚伞花序或伞房状聚伞花序，腋生；花两性或有时单性；花萼裂片（4-）5（-7），宿存；花冠短管状或漏斗状，裂片（4-）5（-7），镊合状排列；雄蕊（4-）5（-7），内藏；子房（4-）5（-7）室，胚珠多数，胎座生于子房室内角；花柱基部常肿胀；柱头3-8裂，伸出。浆果，椭球形至近球形。种子近球形，种皮脆壳质。花粉粒3孔沟，穿孔状纹饰。染色体2*n*=54。

分布概况：约150/3（2）种，**6（7e-14J）型**；分布于亚洲热带、亚热带地区至非洲；中国产广东、广西和云南。

系统学评述：尖叶木属隶属尖叶木族Urophylleae，非单系[10]。

DNA条形码研究：BOLD网站有该属13种13个条形码数据。

102. *Wendlandia* Bartling ex de Candolle 水锦树属

Wendlandia Bartling ex de Candolle (1830: 411), *nom. cons.* ; Chen & Taylor (2011: 354) [Type: *W. paniculata* (Roxburgh) de Candolle, *typ. cons.* (≡*Rondeletia paniculata* Roxburgh)].——*Guihaiothamnus* H. S. Lo (1998: 279)

特征描述：亚灌木或乔木。叶对生；托叶顶端尖或上部扩大常呈圆形而反折。聚伞花序排列成顶生、稠密、多花的圆锥花序式，顶生；花单型，两性；花萼裂片5，宿存；花冠管状、高脚碟状或漏斗状，冠管喉部无毛或被毛，常（4-）5裂，覆瓦状排列；雄蕊（4-）5，伸出或稍内藏；子房2（-3）室，胚珠多数；柱头伸出。蒴果或有时呈浆果状，近球形，脆壳质，不开裂或从顶部室背开裂成2果爿，有时果爿再室间开裂。种子扁，种皮膜质，有网纹，有时有狭翅。花粉粒（2-）3（-4）复合孔沟，网状纹饰。染色体2*n*=22。

分布概况：约 91/38（22）种，**5（7a-c）型**；主要分布于亚洲热带和亚热带地区，极少数至大洋洲；中国产台湾、广东、广西、海南、贵州和云南。

系统学评述：水锦树属为单系，原属于郎德木族 Rondeletieae，分子系统学和孢粉学研究均支持将该属归入龙船花亚科，与栀子族系统发育关系近缘[1,78,79]。桂海木属 *Guihaiothamnus* 原为中国特有的单种属植物，孢粉学研究表明其与水锦树属的系统发育关系密切[80]。最新研究表明桂海木属在分子系统树上嵌入了水锦属，并因此被归并到水锦树属，隶属于水锦树族 Augusteae[81]。

DNA 条形码研究：BOLD 网站有该属 21 种 27 个条形码数据；GBOWS 网站已有 6 种 62 个条形码数据。

103. *Xanthophytum* Reinwardt ex Blume 岩黄树属

Xanthophytum Reinwardt ex Blume (1826-1827: 989); Chen & Taylor (2011: 366) (Type: *X. fruticulosum* Blume)

特征描述：亚灌木至小乔木。茎常金黄色至锈色。叶常对生；托叶有时叶状，里面基部有黏液毛。聚伞花序或密伞花序，圆锥状或头状，腋生；花两型或单型，两性，5 基数；花萼裂片内基部常有黏液毛；花冠管状或漏斗状，裂片在芽时镊合状排列，开放时顶端内弯；雄蕊内藏或伸出；子房 2 室，胚珠多数，胎座盾状，生于隔壁的中部；柱头伸出或内藏。果不开裂、裂果或蒴果，卵球形至近球形，有时室间开裂为 2 个不开裂的分果爿或再室背开裂。种子小而具角。花粉粒 3 沟或 3 孔沟，皱穴状纹饰。

分布概况：约 30/4 种，**（7a-c）型**；分布于亚洲东南部和太平洋群岛；中国产海南、广西和云南。

系统学评述：岩黄树属隶属蛇根草族，为单系[19]。

DNA 条形码研究：BOLD 网站有该属 2 种 2 个条形码数据；GBOWS 网站已有 1 种 3 个条形码数据。

主要参考文献

[1] Bremer B. A review of molecular phylogenetic studies of Rubiaceae[J]. Ann MO Bot Gard, 2009, 96: 4-26.

[2] Manns U, Bremer B. Towards a better understanding of intertribal relationships and stable tribal delimitations within Cinchonoideae *s.s.* (Rubiaceae)[J]. Mol Phylogenet Evol, 2010, 56: 21-39.

[3] Kainulainen K, et al. Phylogenetic relationships and new tribal delimitations in subfamily Ixoroideae (Rubiaceae)[J]. Bot J Linn Soc, 2013, 173: 387-406.

[4] Rydin C, et al. Deep divergences in the coffee family and the systematic position of *Acranthera*[J]. Plant Syst Evol, 2009, 278: 101-123.

[5] Schumann K. Rubiaceae[M]//Engler A, Prantl K. Die natürlichen pflanzenfamilien. Leipzig: W. Engelmann, 1891: 1-156.

[6] Hooker JD. Rubiaceae[M]//Bentham G, Hooker JD. Genera Plantaru. Vol. 2. London: Reeve, 1873: 7-151.

[7] Verdcourt B. Remarks on the classification of the Rubiaceae[J]. Bull Jard Bot État Brux, 1958, 28: 209-281.

[8] Bremekamp CEB. Remark on the position, the delimitation and subdivision of the Rubiaceae[J]. Acta Bot Neerland, 1966, 15: 1-33.

[9] Robbrecht E. Tropical woody Rubiaceae: characteristic features and progressions: contributions to a new subfamilial classification[J]. Kew Bull, 1988, 1: 1-271.

[10] Bremer B, Eriksson T. Time tree of Rubiaceae: phylogeny and dating the family, subfamilies, and tribes[J]. Int J Plant Sci, 2009, 170: 766-793.

[11] Razafimandimbison SG, Bremer B. Phylogeny and classification of Naucleeae *s.l.* (Rubiaceae) inferred from molecular (ITS, *rbc*L and *trn*T-F) and morphological data[J]. Am J Bot, 2002, 89: 1027-1041.

[12] Löfstrand SD, et al. Phylogeny and generic delimitations in the sister tribes Hymenodictyeae and Naucleeae (Rubiaceae)[J]. Syst Bot, 2014, 39: 304-315.

[13] Ridsdale CE. A review of *Aidia s.l.* (Rubiaceae) in Southeast Asia[J]. Blumea, 1996, 41: 135-179.

[14] Dessein S, et al. Palynological characters and their phylogenetic signal in Rubiaceae[J]. Bot Rev, 2005, 71: 354-414.

[15] Robbrecht E, Puff C. A survey of the Gardenieae and related tribes (Rubiaceae)[J]. Bot Jahrb Syst, 1986, 108: 63-137.

[16] Figueiredo E. A revision of *Aulacocalyx* (Rubiaceae-Gardenieae)[J]. Kew Bull, 1986, 52: 637-658.

[17] Achille F, et al. Polyphyly in *Guettarda* L. (Rubiaceae, Guettardeae) based on nrDNA its sequence data[J]. Ann MO Bot Gard, 2006, 93: 103-121.

[18] Bremer B, Manen JF. Phylogeny and classification of the subfamily Rubioideae (Rubiaceae)[J]. Plant Syst Evol, 2000, 225: 43-72.

[19] Rydin C, et al. Evolutionary relationships in the Spermacoceae alliance (Rubiaceae) using information from six molecular loci: insights into systematic affinities of *Neohymenopogon* and *Mouretia*[J]. Taxon, 2009, 58: 793-810.

[20] Ridsdale CE. Thorny problems in the Rubiaceae: *Benkara*, *Fagerlindia* and *Oxyceros*[J]. Reinwardtia, 2008, 12: 289-300.

[21] Razafimandimbison SG, et al. Evolution and trends in the Psychotrieae alliance (Rubiaceae)-A rarely reported evolutionary change of many-seeded carpels from one-seeded carpels[J]. Mol Phylogenet Evol, 2008, 48: 207-223.

[22] Razafimandimbison SG, et al. Molecular phylogenetics and generic assessment in the tribe Morindeae (Rubiaceae-Rubioideae): how to circumscribe *Morinda* L. to be monophyletic?[J]. Mol Phylogenet Evol, 2009, 52: 879-886.

[23] Razafimandimbison SG, et al. Evolutionary trends, major lineages, and new generic limits in the dioecious group of the tribe Vanguerieae (Rubiaceae): insights into the evolution of functional dioecy[J]. Ann MO Bot Gard, 2009, 96: 161-181.

[24] Barrabe L, et al. Delimitation of the genus *Margaritopsis* (Rubiaceae) in the Asian, Australasian and Pacific region, based on molecular phylogenetic inference and morphology[J]. Taxon, 2012, 61: 1251-1268.

[25] Barrabe L, et al. New Caledonian lineages of *Psychotria* (Rubiaceae) reveal different evolutionary histories and the largest documented plant radiation for the archipelago[J]. Mol Phylogenet Evol, 2014, 71: 15-35.

[26] Andersson L. Tribes and genera of the Cinchoneae complex (Rubiaceae)[J]. Ann MO Bot Gard, 1995, 82: 409-427.

[27] Maurin O, et al. Towards a phylogeny for *Coffea* (Rubiaceae): identifying well-supported lineages based on nuclear and plastid DNA sequences[J]. Ann Bot, 2007, 100: 1565- 1583.

[28] Guo X, et al. Phylogeny of the Asian *Hedyotis-Oldenlandia* complex (Spermacoceae, Rubiaceae): evidence for high levels of polyphyly and the parallel evolution of diplophragmous capsules[J]. Mol Phylogenet Evol, 2013, 67: 110-122.

[29] Wikström N, et al. Phylogeny of *Hedyotis* L. (Rubiaceae: Spermacoceae): redefining a complex Asian-Pacific assemblage[J]. Taxon, 2013, 62: 357-374.

[30] 钟智波，等. 绣球茜的二型花柱及其传粉生物学初步研究[J]. 热带亚热带植物学报，2009，17: 267-274.

[31] Ridsdale CE. The taxonomic position of *Dunnia* (Rubiaceae)[J]. Blumea, 1978, 24: 367-368.

[32] 葛学军. 阿萨姆石丁香一新异名[J]. 热带亚热带植物学报, 1998, 6: 47-48.

[33] Rydin C, et al. Rare and enigmatic genera (*Dunnia*, *Schizocolea*, *Colletoecema*), sisters to species-rich clades: phylogeny and aspects of conservation biology in the coffee family[J]. Mol Phylogenet Evol, 2008, 48: 74-83.

[34] Wen HZ, Wang RJ. *Foonchewia guangdongensis* gen. et sp. nov. (Rubioideae: Rubiaceae) and its systematic position inferred from chloroplast sequences and morphology[J]. J Syst Evol, 2012, 50: 467-476.

[35] Terrell EE, Robinson H. Survey of Asian and Pacific species of *Hedyotis* and *Exallage* (Rubiaceae) with nomenclatural notes on *Hedyotis* types[J]. Taxon, 2003, 52: 775-782.

[36] Guo X, et al. Application of DNA barcodes in *Hedyotis* L. (Spermacoceae, Rubiaceae)[J]. J Syst Evol, 2011, 49: 203-212.

[37] Bacigalupo NM, Cabral EL. Infrageneric classification of *Borreria* (Rubiaceae-Spermacoceae) on the basis of American species[J]. Opera Bot Belg, 1996, 7: 297-308.

[38] Groeninckx I, et al. Rediscovery of Malagasy *Lathraeocarpa* allows determination of its taxonomic position within Rubiaceae[J]. Taxon, 2009, 58: 209-226.

[39] Vinckier S, et al. Morphology and ultrastructure of orbicules in the subfamily Ixoroideae (Rubiaceae)[J]. Rev Palaeobot Palynol, 2000, 108: 151-174.

[40] Robbrecht E, Manen JF. The major evolutionary lineages of the coffee family (Rubiaceae, angiosperms). Combined analysis (nrDNA and cpDNA) to infer the position of *Coptosapelta* and *Luculia*, and supertree construction based on *rbc*L, *rps*16, *trn*L-*trn*F and *atp*B-*rbc*L data. A new classification in two subfamilies, Cinchonoideae and Rubioideae[J]. Syst Geogr Plant, 2006, 76: 85-146.

[41] Robbrecht E, et al. The South Indian genus *Octotropis* (Rubiaceae): an investigation of its characters and reinstatement of the tribal name Octotropideae[J]. Opera Bot Belg, 1993, 6: 81-91.

[42] But PPH, et al. *Tsiangia*, a new genus based on *Gaertnera hongkongensis* (Rubiaceae)[J]. Blumea, 1986, 31: 309-312.

[43] Bridson DM. The identity of *Tsiangia* (Rubiaceae)[J]. Kew Bull, 2000, 55: 1011-1012.

[44] Mouly A, et al. Paraphyly of *Ixora* and new tribal delimitation of Ixoreae (Rubiaceae): inference from combined chloroplast (*rps*16, *rbc*L, and *trn*T-F) sequence data 1[J]. Ann MO Bot Gard, 2009, 96: 146-160.

[45] Mouly A, et al. Phylogeny and classification of the species-rich pantropical showy genus *Ixora* (Rubiaceae-Ixoreae) with indications of geographical monophyletic units and hybrids[J]. Am J Bot, 2009, 96: 686-706.

[46] Deb DB, Dutta NK. On the identity of *Hedyotis erecta* Manilal and Sivarajan (Rubiaceae)[J]. J Bombay Nat Hist Soc, 1986, 83: 692-693.

[47] Nie ZL, et al. Monophyly of *Kelloggia* Torrey ex Benth (Rubiaceae) and evolution of its intercontinental disjunction between western North America and eastern Asia[J]. Am J Bot, 2005, 92: 642-652.

[48] Soza VL, Olmstead RG. Molecular systematics of tribe Rubieae (Rubiaceae): evolution of major clades, development of leaf-like whorls, and biogeography[J]. Taxon, 2010, 59: 755-771.

[49] Tu TY, et al. A cytological study on *Kelloggia* (Rubiaceae), an intercontinental disjunct genus between eastern Asia and western North America[J]. J Plant Res, 2006, 119: 397-400.

[50] Xiao LQ, Zhu H. Paraphyly and phylogenetic relationship in *Lasianthus* (Rubiaceae) inferred from chloroplast *rps*16 data[J]. Bot Stud, 2007, 48: 227-232.

[51] Zhu H. A revision of the genus *Lasianthus* (Rubiaceae) from China[J]. Syst Geogr, 2002, 72: 63-110.

[52] Backlund M, et al. Paraphyly of *Paederieae*, recognition of *Putorieae* and expansion of *Plocama* (Rubiaceae-Rubioideae)[J]. Taxon, 2007, 56: 315-328.

[53] Andersson L. Circumscription of the tribe Isertieae (Rubiaceae)[J]. Opera Bot Belg, 1996, 7: 139-164.

[54] Ridsdale CE. A revision of *Mitragyna* and *Uncaria* (Rubiaceae)[J]. Blumea, 1978, 24: 43-100.

[55] Li DZ, et al. Comparative analysis of a large dataset indicates that internal transcribed spacer (ITS) should be incorporated into the core barcode for seed plants[J]. Proc Natl Acad Sci USA, 2011, 108: 19641-19646.

[56] Alejandro GD, et al. Polyphyly of *Mussaenda* inferred from ITS and *trn*T-F data and its implication for

generic limits in Mussaendeae (Rubiaceae)[J]. Am J Bot, 2005, 92: 544-557.

[57] Deb DB. Taxonomic and nomenclatural status of *Myrioneuron* R. Br. ex Hook. f. (Rubiaceae)[J]. J Bomb Nat Hist Soc, 1996, 93: 30-33.

[58] Lewis WH. The Asian genus *Neanotis* nomen novum (*Anotis*) and allied taxa in the Americas (Rubiaceae)[J]. Ann MO Bot Gard, 1966, 53: 32-46.

[59] Razafimandimbison SG, et al. Re-assessment of monophyly, evolution of myrmecophytism, and rapid radiation in *Neonauclea s.s.* (Rubiaceae)[J]. Mol Phylogenet Evol, 2005, 34: 334-354.

[60] 阮云珍. 国产三角瓣花属(茜草科)订正[J]. 中国科学院大学学报, 1988, 26: 443-449.

[61] Nepokroeff M, et al. Reorganization of the genus *Psychotria* and tribe Psychotrieae (Rubiaceae) inferred from ITS and *rbc*L sequence data[J]. Syst Bot, 1999, 24: 5-27.

[62] Lantz H, Bremer B. Phylogeny inferred from morphology and DNA data: characterizing well-supported groups in Vanguerieae (Rubiaceae)[J]. Bot J Linn Soc, 2004, 146: 257-283.

[63] Mouly A, et al. Phylogenetic structure and clade circumscriptions in the Gardenieae complex (Rubiaceae)[J]. Taxon, 2014, 63: 801-818.

[64] Safford WE. The genus *Annona*: the derivation of its name and its taxonomic subdivisions[J]. J Wash Acad Sci, 1911, 1: 118-120.

[65] Tong YH, et al. *Rubovietnamia sericantha* (Rubiaceae: Gardenieae), a new combination and notes on the genus in China[J]. Gard Bull Singapore, 2013, 65: 107-114.

[66] Razafimandimbison SG, et al. Molecular support for a basal grade of morphologically distinct, monotypic genera in the species-rich Vanguerieae alliance (Rubiaceae, Ixoroideae): its systematic and conservation implications[J]. Taxon, 2011, 60: 941-952.

[67] Delprete PG. New combinations and new synonymies in the genus *Spermacoce* (Rubiaceae) for the Flora of Goiás and Tocantins (Brazil) and the Flora of the Guianas[J]. J Bot Res Inst Taxas, 2007, 1: 1023-1030.

[68] Meyer GFW. Primitiae Florae *Essequeboensis*[M]. Gottingae, Germany: Henrici Dieterich, 1818.

[69] Richard A. Mémoire sur la famille des Rubiacées[M]. Paris: J. Tastu, 1830.

[70] Verdcourt B. Rubiaceae (part 1): Spermacoce[M]//Polhill RM. Flora of Tropical East Africa. London: Crown Agents for Oversea Governments and Administrations, 1976: 339-374.

[71] Verdcourt B. New sectional names in Spermacoce and a new tribe Virectarieae (Rubiaceae)[J]. Kew Bull, 1975, 30: 366.

[72] Terrell EE, Wunderlin RP. Seed and fruit characters in selected Spermacoceae and comparison with Hedyotideae (Rubiaceae)[J]. SIDA, 2002, 20: 549-557.

[73] Kårehed J, et al. The phylogenetic utility of chloroplast and nuclear DNA markers and the phylogeny of the Rubiaceae tribe Spermacoceae[J]. Mol Phylogenet Evol, 2008, 49: 843-866.

[74] Wunderlich R. Die systematische Stellung von *Theligonum*[J]. Osterr Bot Z, 1971, 119: 329-394.

[75] Rutishauser R, et al. *Theligonum cynocrambe*: developmental morphology of a peculiar rubiaceous herb[J]. Plant Syst Evol, 1998, 210: 1-24.

[76] Behnke HD. Elektronenmikroskopische untersuchungen zur Frage der verwandtschaftlichen beziehungen zwischen *Theligonum* und Rubiaceae: feinbau der siebelement-plastiden und anmerkungen zur struktur der pollenexine[J]. Plant Syst Evol, 1975, 123: 317-326.

[77] Paliwal GS. The stomata of *Theligonum cynocrambe* L.[J]. Curr Sci India, 1968, 37: 146-147.

[78] Xie PW, Zhang DX. Pollen morphology supports the transfer of Wendlandia (Rubiaceae) out of Rondeletieae[J]. Bot J Linn Soc, 2010, 164: 128-141.

[79] Rova JHE, et al. A *trn*L - F cpDNA sequence study of the Condamineeae - Rondeletieae - Sipaneeae complex with implications on the phylogeny of the Rubiaceae[J]. Am J Bot, 2002, 89: 145-159.

[80] 谢佩吾. 中国水锦树属和桂海木属(茜草科)的系统学研究[D]. 广州: 中国科学院华南植物园博士学位论文, 2011.

[81] Xie PW, et al. Phylogenetic position of *Guihaiothamnus* (Rubiaceae): its evolutionary and ecological implications[J]. Mol Phylogenet Evol, 2014, 78: 375-385.

Gentianaceae Jussieu (1789), *nom. cons.* 龙胆科

特征描述：陆生草本。茎直立或斜升，有时缠绕。单叶，对生，全缘，基部合生，筒状抱茎或为一横线所连结；无托叶。花序为聚伞花序或复聚伞花序；花两性，辐射状或两侧对称，4-5 数；花萼筒状、钟状或辐状；花冠筒状、漏斗状或辐状，基部全缘，裂片在蕾中右向旋转呈覆瓦状排列；雄蕊着生于冠筒上与裂片互生，花药背着或基着，2 室，雄蕊由 2 枚心皮组成，子房上位，1 室，侧膜胎座；柱头全缘或 2 裂；胚珠多数；腺体或腺窝着生于子房基部或花冠上。蒴果 2 瓣裂。种子小，无种毛，常多数，具丰富的胚乳。花粉多为单粒，常为 3 孔沟，稀 3 或 4 孔沟，条状，网状或条网状纹饰，也有穿孔或皱状纹饰。

分布概况：99 属/1736 余种，世界广布（除南极洲外），主要分布于北半球温带和寒温带；中国 22 属/420 种，产西南。

系统学评述：传统上根据形态特征，龙胆科包含龙胆亚科 Gentianoideae 和睡菜亚科 Menyanthoideae[FRPS]。基于分子证据，睡菜亚科现已经独立为睡菜科 Menyanthaceae[APW]。分子系统发育研究表明，龙胆科有 7 个单系分支，可分为 7 族，即龙胆族

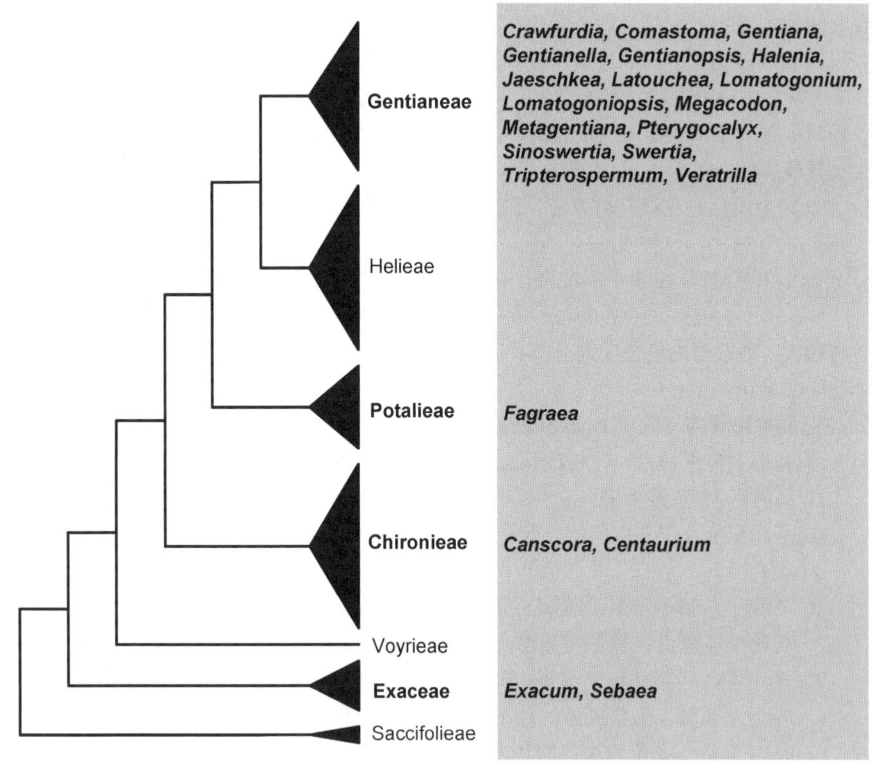

图 187　龙胆科分子系统框架图（参考 APW；Merckx 等[1]；Rybczyński 等[2]）

Gentianeae、Helieae 族、灰莉族 Potalieae、百金花族 Chironieae、Voyrieae 族、藻百年族 Exaceae 和 Saccifolieae 族[1]；但对是否划分 Voyrieae 族及其系统位置仍需进一步研究[2]，其余 6 族得到形态学数据支持[3]。中国分布有 4 族，龙胆族 Gentianeae、灰莉族 Potalieae、百金花族 Chironieae 和藻百年族 Exaceae，涉及 22 属（图 3 列出属名）。龙胆族 Gentianeae 有 2 个单系分支，可分为 2 亚族：龙胆亚族 Gentianinae，包括龙胆属 *Gentiana*、双蝴蝶属 *Tripterospermum*、蔓龙胆属 *Crawfurdia*，以及狭蕊龙胆属 *Metagentiana*，分子系统发育研究表明狭蕊龙胆属与双蝴蝶属、蔓龙胆属构成单系类群，该单系类群与龙胆属构成姐妹群[4]；獐牙菜亚族 Swertiinae 有 12 属分布于中国，其中包括最近从广义獐牙菜属中分出、发表的 1 个中国特有属—异形株属 *Sinoswertia*[5-6]。广义獐牙菜属的多个类群曾被独立为属，如腺鳞草属 *Anagallidium* 和 *Kingdon-Wardia* 等，但多数学者把这些属都放在獐牙菜属 *Swertia*[3-6]；需要指出的是，分子系统发育研究表明广义獐牙菜属是个多系类群，有些属可能应予以恢复；但是，这些属恢复后，属的范围及应包括哪些物种还需要进一步研究[2,6]。灰莉族 Potalieae 有 1 个属分布于中国；传统上根据形态特征，灰莉属 *Fagraea* 被置于马钱科 Loganiaceae，分子系统发育研究将灰莉属转移至龙胆科灰莉族 Potalieae[2-3]。百金花族 Chironieae 和藻百年族 Exaceae 各有 2 个属分布于中国。

分属检索表

1. 乔木或灌木……………………………………………………………………**6. 灰莉属 *Fagraea***
1. 多年生或一年生草本
  2. 子房完全 2 室，中央具隔膜；花粉粒极小，外壁与内壁不能区别，表面光滑
    3. 花冠辐状，深裂，冠筒远短于裂片；花药顶孔开裂……………………**5. 藻百年属 *Exacum***
    3. 花冠筒状，分裂至中部，冠筒与裂片近等长；花药纵裂……………**18. 小黄管属 *Sebaea***
  2. 子房常 1 室，中央无隔膜，稀半 2 室，中央具不完全的隔膜
    4. 花粉粒中等大小，外壁与内壁分离，表面平滑或疏生细斑点；花柱细长，线形；花序多少作假二叉分枝
      5. 雄蕊完全发育，花药初时直立，随后卷作螺旋形；花冠高脚杯状，辐射对称；子房半 2 室…………………………………………………………**2. 百金花属 *Centaurium***
      5. 雄蕊 1-2 个发育，2-3 个不发育，花药始终直立；花冠筒形或钟形，稍两侧对称；子房 1 室…………………………………………………………**1. 穿心草属 *Canscora***
    4. 花粉粒大，外壁与内壁极明显分离，表面具细瘤状凸起，组成条纹或网纹；花柱细长或短；聚伞花序或单花
      6. 花冠裂片间具褶（除了 *Gentiana lutea*）；具萼内膜（除了 *Crawfurdia* 和 *Tripterospermum*）
        7. 花基部大多无苞片；花柱线状至圆柱状，短于子房；种子椭圆、卵形至球形，非三角形；萼筒内有 15 条维管束………………………………………………**7. 龙胆属 *Gentiana***
        7. 花基部有苞片；花柱丝状，长于子房；种子三角形至扁平但具 3 棱；萼筒内有 12-15 条维管束
          8. 一年生，稀多年生；茎部有条纹，直立；花无梗，着生顶端；花苞片较茎生叶大；果实长于花冠内；种子三角形，具狭翅………………………**16. 狭蕊龙胆属 *Metagentiana***
          8. 多年生；茎圆柱形，缠绕；花 1-5，具花梗，顶生或腋生，聚伞花序；花苞片较茎生叶小；果实长出花冠外；种子扁平，具盘状翅
            9. 花萼具 5 条维管束；腺体发达，形成杯状花盘围绕子房柄基部；雄蕊不对称，不整齐，顶端一侧下弯，花丝线形，向下不增宽…………**21. 双蝴蝶属 *Tripterospermum***

9. 花萼具 10 条维管束；腺体小，裸出，不成杯状花盘；雄蕊对称，整齐，直立，顶部不下弯，花丝向下部逐渐增粗…………**4. 蔓龙胆属 *Crawfurdia***

6. 花冠裂片间无褶；无萼内膜（除了 *Gentianopsis*）

10. 花冠辐状，分裂至基部，冠筒远短于裂片；蜜腺被附属体包裹或裸露

11. 花单性，雌雄异株…………**22. 黄秦艽属 *Veratrilla***

11. 花两性

12. 蜜腺裸露…………**8. 假龙胆属 *Gentianella***

12. 蜜腺被附属体包裹

13. 茎上部的花与基部的花大小相差 2-3 倍，呈明显的异型…………**19. 异型株属 *Sinoswertia***

13. 非异型花

14. 有花柱，柱头绝不沿着子房缝合线下延；花冠裂片开放时不呈二色，基部或中部具明显的腺窝或腺斑，腺窝的边缘通常具有流苏或鳞片，稀光裸，腺斑则与花冠异色…………**20. 獐牙菜属 *Swertia***

14. 无花柱，柱头沿着子房的缝合线下延；花冠裂片在蕾中或在花闭合时深深地向右旋转状排列，开放时裂片呈明显的二色，即一侧色深，一侧色浅

15. 花冠裂片基部有明显的腺窝，腺窝下部管形，上部分裂成小裂片状或为片状，边缘齿形…………**14. 肋柱花属 *Lomatogonium***

15. 花冠裂片基部无腺窝，具片状或盔形的附属物，附属物先端全缘或稍啮齿形…………**13. 辐花属 *Lomatogoniopsis***

10. 花冠管状或钟状，冠筒长于或稍短于裂片；蜜腺裸露或无

16. 花冠有 4 个距，腺体藏于距中…………**10. 花锚属 *Halenia***

16. 花冠无距

17. 缠绕草本；花 1-3 朵腋生；花萼具 4 个翼状凸起；种子周缘有不整齐的翅…………**17. 翼萼蔓属 *Pterygocalyx***

17. 非缠绕草本；花萼无翼状凸起；种子无翅

18. 雄蕊着生于花冠裂片间弯缺处，与裂片互生

19. 子房不完全 2 室；花冠裂片扭曲；蒴果，种子多数…………**12. 匙叶草属 *Latouchea***

19. 子房 1 室；花冠裂片部分重叠着生，雄蕊着生于裂片一侧基部与冠筒交接处；蒴果，种子少数…………**11. 口药花属 *Jaeschkea***

18. 雄蕊着生于花冠筒中上部

20. 蜜腺着生于子房基部…………**15. 大钟花属 *Megacodon***

20. 蜜腺在花冠上

21. 花蕾大且稍扁压，具 4 棱；花萼裂片通常 1 对较宽而短，1 对较长而狭，裂片间弯缺下有三角形萼内膜；种子表面具指状凸起…………**9. 扁蕾属 *Gentianopsis***

21. 花蕾非扁压；花萼裂片通常整齐，裂片间弯缺下无萼内膜；种子表面近光滑

22. 花冠喉部具极多数无维管束的流苏状副冠…………**3. 喉毛花属 *Comastoma***

22. 花冠喉部光裸，稀具有维管束的流苏状副冠…………**8. 假龙胆属 *Gentianella***

1. *Canscora* Lamarck 穿心草属

Canscora Lamarck (1785: 601); Ho & Pringle (1995: 5) (Type: *C. perfoliata* Lamarck)

特征描述：一年生草本。叶对生。复聚伞花序呈假二叉状分枝或聚伞花序顶生及腋生；花 4-5 数；花萼筒形，深裂；花冠筒形或钟形，浅裂；雄蕊着生于冠筒上部与裂片互生，1-2 个具有长的花丝和发育的花药，2-3 个具有短的花丝和不发育的、小的花药；子房 1 室，无柄，花柱细长，线形。蒴果内藏，成熟后 2 瓣裂；种子扁平，近圆形，表面具网纹。花粉粒 3 沟，条网状纹饰。

分布概况：30/3（1）种，**4（7）型**；分布于非洲，亚洲，以及大洋洲的热带和亚热带地区；中国产华南。

系统学评述：穿心草属曾被置于百金花族。分子系统学研究表明穿心草属为单系类群，与百金花属 *Centaurium* 系统发育关系近缘[3,7]。

DNA 条形码研究：BOLD 网站有该属 4 种 10 个条形码数据；GBOWS 网站已有 1 种 10 个条形码数据。

代表种及其用途：中药穿心草 *C. lucidissima* (H. Léveillé & Vaniot) Handel-Mazzetti 可用来治疗癫痫、神经衰弱、肝炎、骨折、蛇虫咬伤等疾病。

2. *Centaurium* Hill 百金花属

Centaurium Hill (1756: 62); Ho & Pringle (1995: 4) [Type: *C. minus* Moench, *nom. rej.* (≡*Gentiana centaurium* Linnaeus=*C. erythraea* Rafn)]

特征描述：一年生草本。茎纤细。叶对生，无柄。花多数，排列成假二叉分枝式的聚伞花序或有时为穗状花序，4-5 数；花萼筒形，深裂；花冠高脚杯状，冠筒细长，浅裂；雄蕊着生于冠筒喉部，与裂片互生，花丝短，丝状，花药初时直立，后卷作螺旋形；子房半 2 室，无柄，花柱细长，线形，柱头 2 裂，裂片膨大，圆形。蒴果内藏，成熟后 2 瓣裂；种子多数，极小，表面具浅蜂窝状网隙。花粉粒 3 孔沟，有些为散孔沟，条形或条网状纹饰。

分布概况：40-50/2 种，**8-4 型**；除非洲外，世界广布；中国南北均产。

系统学评述：传统上，百金花属被置于百金花族。分子系统发育研究表明百金花属与穿心草属有较近亲缘关系[3]，但百金花属是个多系类群[7]，其分类学修订和系统发育有待进一步研究。

DNA 条形码研究：BOLD 网站有该属 10 种 56 个条形码数据；GBOWS 网站已有 1 种 7 个条形码数据。

代表种及其用途：小百金花 *C. minus* Moench 具有观赏价值。小百金花植株中含龙胆苦苷（gentiopicrin），具有利胆、抗炎、健胃、降压等作用。

3. *Comastoma* (Wettstein) Toyokuni 喉毛花属

Comastoma (Wettstein) Toyokuni (1961: 198); Ho & Pringle (1995: 132) [Type: *C. tenellum* (Rottbøll) Toyokuni

(≡*Gentiana tenella* Rottbøll)]

特征描述：草本。叶对生；基生叶常早落；茎生叶无柄。花 4-5 数，单生茎或枝端或为聚伞花序；花萼深裂，萼筒极短，无萼内膜，裂片 4-5，稀 2；花冠钟形、筒形或高脚杯状，4-5 裂，裂片间无褶，裂片基部有白色流苏状副冠，流苏内无维管束，冠筒基部有小腺体；雄蕊着生冠筒上，花丝有时有毛；花柱短，柱头 2 裂。蒴果 2 裂；种子小，光滑。花粉粒 3 或 4 孔沟，网状纹饰。染色体 $2n$=18（10，12，16，20，28，30，32，36），核型为 2B，2C（3C）型。

分布概况：12/11（6）种，**8（14SH）型**；分布于亚洲，欧洲和北美洲；中国产西南、西北、华北和华中。

系统学评述：形态和分子证据均支持喉毛花属隶属于獐牙菜亚族，为单系类群[3,8]。

DNA 条形码研究：ITS 可作为该属物种鉴定的 DNA 条形码[9,10]。BOLD 网站有该属 7 种 18 个条形码数据；GBOWS 网站已有 6 种 93 个条形码数据。

4. *Crawfurdia* Wallich 蔓龙胆属

Crawfurdia Wallich (1826: 63); Ho & Pringle (1995: 11) (Lectotype: *C. speciosa* Wallich)

特征描述：多年生缠绕草本。叶对生。花通常为聚伞花序，少单生，腋生或顶生，5 数；花萼钟形，萼筒具 10 条脉，无翅；花冠漏斗形，钟形或长筒形，裂片间具褶；雄蕊着生于冠筒上，整齐、直立，两侧向下逐渐加宽成翅；子房 1 室，含多数胚珠，子房柄的基部有 5 个小的腺体。蒴果；种子多数、扁平、盘状具宽翅。花粉粒近球形，条网状纹饰。染色体 $2n$=46，核型为 2B 型。

分布概况：16/14（9）种，**14SH 型**；分布于亚洲南部；中国产西南、华南和华东。

系统学评述：传统上根据形态学特征，蔓龙胆属被置于龙胆亚族。分子系统发育研究表明该属为多系类群，与双蝴蝶属、狭蕊龙胆属物种构成单系分支[3,4,11,12]。

DNA 条形码研究：BOLD 网站有该属 10 种 14 个条形码数据；GBOWS 网站已有 3 种 19 个条形码数据。

代表种及其用途：穗序蔓龙胆 *C. speciosa* Wallich 有清热解毒、活血化瘀的作用。

5. *Exacum* Linnaeus 藻百年属

Exacum Linnaeus (1753: 112); Ho & Pringle (1995: 2) (Lectotype: *E. sessile* Linnaeus).——*Cotylanthera* Blume (1826: 707)

特征描述：草本。茎分枝。叶对生。聚伞花序顶生及腋生，组成圆锥状复聚伞花序；花近辐状，4-5 数；花萼分裂至近基部，萼筒甚短，裂片背面具龙骨状凸起；花冠深裂，冠筒短，圆柱形；雄蕊着生于花冠裂片弯缺处，与裂片互生，花丝短而细，花药 2 室，顶孔开裂；子房 2 室，花柱极长，线形。蒴果，成熟后 2 瓣裂；种子多数。花粉粒 3 或 4 孔沟，条纹形或条网状纹饰。

分布概况：44/3 种，**4（←6）型**；分布于亚洲热带和亚热带地区，马达加斯加和非洲大陆热带地区；中国产云南、贵州、广西、广东和江西。

系统学评述：藻百年属曾被置于藻百年族。原藻百年族的 *Cotylanthera* 分布于国外，被划入该属中。分子系统学研究表明藻百年属为单系分支[13]，与小黄管属 *Sebaea* 系统发育关系近缘[14]。

DNA 条形码研究：BOLD 网站有该属 33 种 55 个条形码数据；GBOWS 网站已有 1 种 1 个条形码数据。

代表种及其用途：无梗藻百年 *E. sessile* Linnaeus、藻百年草 *E. tetragonum* Roxburgh 具有观赏价值。

6. *Fagraea* Thunberg 灰莉属

Fagraea Thunberg (1782: 132); Li & Leewenberg (1996: 338) (Type: *F. ceilanica* Thunberg)

特征描述：乔木或灌木。叶对生；羽状脉不明显；叶柄膨大；托叶合生成鞘。花常较大，单生或少花组成顶生聚伞花序，有时花小而多朵组成二歧聚伞花序；苞片小，2 枚，着生于花萼下面或花梗上；花萼宽钟状，5 裂，裂片宽而厚，覆瓦状排列；花冠漏斗状或近高脚碟状，花冠管顶部扩大，裂片 5 枚，在花蕾时螺旋状向右覆盖；雄蕊 5，着生于花冠管喉部或近喉部；子房具柄，椭圆状长圆形，1 室，胚珠多数，花柱细长。浆果肉质，圆球状或椭圆状，不开裂，通常顶端具尖喙；种子极多，藏于果肉中，种皮脆壳质。花粉粒 3 孔沟或孔，网状或条网状纹饰。染色体 $x=11$。

分布概况：37/1 种，**5（7e）型**；分布于亚洲东南部，大洋洲及太平洋岛屿；中国分布于广西、广东、海南、台湾和云南南部。

系统学评述：根据形态特征，灰莉属曾被置于马钱科。分子系统发育研究表明该属为单系，隶属于龙胆科灰莉族[3]。根据分子系统学分析，该属也被划分为 5 个独立属，即 *Fagraea*、*Cyrtophyllum*、*Limahlania*、*Picrophloeus* 和 *Utania*[15]，此处未采纳该分类建议。

DNA 条形码研究：BOLD 网站有该属 36 种 48 个条形码数据；GBOWS 网站已有 1 种 12 个条形码数据。

代表种及其用途：灰莉 *F. ceilanica* Thunberg 为庭园观赏植物。

7. *Gentiana* Linnaeus 龙胆属

Gentiana Linnaeus (1753: 227); Ho & Pringle (1995: 15); Chen et al. (2005: 413) (Lectotype: *G. lutea* Linnaeus)

特征描述：草本。茎四棱形，直立或斜升。叶对生，稀轮生。复聚伞花序、聚伞花序、假总状聚伞花序或花单生；花两性，4-5 数，稀 6-8 数；花萼筒形或钟形，浅裂，萼筒内面具萼内膜，萼内膜高度发育成筒形或退化，仅保留在裂片间呈三角袋状；花冠筒形、漏斗形或钟形，常浅裂，冠筒与裂片等长或较短，裂片在蕾中向右旋卷；雄蕊着生于冠筒上，与裂片互生，花丝基部略宽并向冠筒下沿成翅，花药背着；子房 1 室，花柱短或细长；腺体轮状着生于子房基部。蒴果 2 裂。种子表面具多种纹饰，常无翅。花粉圆球形、近圆球形、长球形或长菱形；3 孔沟；具条纹、穿孔或无孔、窝状或网状纹饰。染色体 $2n$=18，20，24，26，36，40（12，14，16，22，28，30，32，38，42，44，48，52，60，72，76，96-98），核型为 1A，2A（3A，1B，2B，3B）型。

分布概况：358/237（157）种，**1（14SH）型**；分布于欧洲，亚洲，澳大利亚北部，新西兰，北美（并沿安第斯山脉达合恩角）和非洲北部；中国南北均产，大多数种类集中在西南。

系统学评述：传统上根据形态特征，龙胆属物种被置于龙胆亚族，划分为 11 组。基于叶绿体 DNA 片段 *trn*L 内含子和 ITS 等序列的分子系统发育研究不支持这些分类处理；其中，龙胆属狭蕊组与龙胆属其余物种亲缘关系较远，独立为 1 个新属—狭蕊龙胆属。重新定义的龙胆属物种仍构成多系类群，与狭蕊龙胆属、双蝴蝶属和蔓龙胆属物种组成龙胆亚族；该属在较短时间内发生了快速物种辐射分化，其分类学处理需要进一步研究[3,4,11,12,16,17]。

DNA 条形码研究：*mat*K 和 ITS 可作为该属物种鉴定的 DNA 条形码[18]。BOLD 网站有该属 63 种 782 个条形码数据；GBOWS 网站已有 27 种 223 个条形码数据。

代表种及其用途：黄龙胆 *G. lutea* Linnaeus 提取物可作为治疗细菌感染的药物，与氨苄青霉素的功效相当，适于上、下呼吸道感染的治疗，如鼻窦炎和支气管炎。

8. *Gentianella* Moench 假龙胆属

Gentianella Moench (1794: 482), *nom. cons.* ; Ho & Pringle (1995: 136) [Type: *G. tetrandra* Moench, *nom. illeg.* (=*Gentianella campestris* (Linnaeus) Börner≡*Gentiana campestris* Linnaeus)]

特征描述：一年生草本。茎单一或有分枝。叶对生；基生叶早落；茎生叶无柄或有柄。花 4-5 数，单生茎或枝端，或排列成聚伞花序；花萼叶质或膜质，深裂，萼筒短或极短，裂片筒形或异形，裂片间无萼内膜；花冠筒状或漏斗状，浅裂或深裂，冠筒上着生有小腺体，裂片间无褶，裂片基部常光裸，稀具有维管束的柔毛状流苏；雄蕊着生于冠筒上；子房有花柱，柱头小，2 裂。蒴果自顶端开裂；种子多数，表面光滑或有疣状凸起。花粉粒圆球形，扁长球形；具条纹、穿孔、窝状或网状纹饰。染色体 $2n$=36（16，18，22，26，44，48，54），核型为 2B（3B，3C）型。

分布概况：125/9（3）种，**8-4（9）型**；除非洲外，分布于南北温带；中国大部分省区均有分布。

系统学评述：传统上，假龙胆属被置于龙胆族。分子系统发育研究表明现在定义的假龙胆属是个多系类群，鉴定的多个分支分别与獐牙菜亚族多个属的物种结合在一起[3,8,19]。

DNA 条形码研究：*mat*K、*trn*H-*psb*A 和 ITS 可作为鉴定该属物种的 DNA 条形码[9,10]。BOLD 网站有该属 59 种 147 个条形码数据；GBOWS 网站已有 4 种 66 个条形码数据。

代表种及其用途：黑边假龙胆 *G. azurea* (Bunge) Holub 是藏药，可治疗肝胆湿热。

9. *Gentianopsis* Ma 扁蕾属

Gentianopsis Ma (1951: 7); Ho & Pringle (1995: 130) [Type: *G. barbata* (Froelich) Ma (≡*Gentiana barbata*

Froelich)]

特征描述：草本。茎直立，多少近四棱形。叶对生，常无柄。花单生茎或分枝顶端；花蕾稍扁压，具明显的 4 棱；花 4 数；花萼筒状钟形，上部 4 裂，裂片 2 对，内对宽而短，外对狭而长，萼内膜位于裂片间稍下方，三角形；花冠筒状钟形或漏斗形，上部 4 裂，裂片间无褶，裂片下部两侧边缘有细条裂齿或全缘，腺体 4 个，着生于花冠筒基部，与雄蕊互生；雄蕊着生于冠筒中部，较冠筒稍短；子房有柄，柱头 2 裂，裂片半圆形。蒴果自顶端 2 裂；种子表面有密的指状凸起。花粉粒长球形或扁球形；3 孔沟或 4 孔沟；具网状纹饰。染色体 $2n$=26（44，52，78），核型为 2A（3A）型。

分布概况：24/5（2）种，**8（9）型**；分布于亚洲，欧洲和北美洲；除华南外，中国各省区均产。

系统学评述：传统上扁蕾属被置于龙胆族。分子系统发育研究表明现有扁蕾属物种是并系类群，还应包括翼萼蔓属[8]；扁蕾属-翼萼蔓属单系分支位于獐牙菜亚族中[3]。

DNA 条形码研究：*mat*K 和 ITS 可作为该属物种鉴定的 DNA 条形码[10,20]。BOLD 网站有该属 7 种 17 个条形码数据；GBOWS 网站已有 6 种 141 个条形码数据。

代表种及其用途：湿生扁蕾 *G. paludosa* (J. D. Hooker) Y. C. Ma 是藏药，提取的酮类化合物对真菌、细菌的生长有抑制作用。

10. *Halenia* Borkhausen 花锚属

Halenia Borkhausen (1796: 25), *nom. cons.* ; Ho & Pringle (1995: 100) [Type: *H. sibirica* Borkhausen, *nom. illeg.* (=*H. corniculata* (Linnaeus) Cornaz≡*Swertia corniculata* Linnaeus)]

特征描述：草本。茎直立，通常分枝或单一不分枝。单叶，对生，全缘，具 3-5 脉，无柄或具柄。聚伞花序腋生或顶生，形成疏散的圆锥花序。花 4 数；花萼深裂，萼筒短；花冠钟形，深裂，裂片基部有窝孔并延伸成 1 长距，距内有蜜腺；雄蕊着生于冠筒上，与裂片互生，花药丁字着生；雌蕊无柄，花柱短或无，子房 1 室，胚珠多数。蒴果室间开裂；种子小，多数，常褐色。花粉长球形，赤道面观近菱形，极面观近三角形；3 孔沟；外壁分为两层；具网状纹饰。染色体 $2n$=22。

分布概况：100/2 种，**8-4（3）型**；主要分布于北美，南美，少数种类分布于亚洲及欧洲东部；中国西南、西北、华北、东北均产。

系统学评述：传统上花锚属被置于龙胆族。分子系统发育研究表明花锚属物种构成单系类群[3,21]，位于獐牙菜亚族分支中，与獐牙菜属部分物种的亲缘关系较近。

DNA 条形码研究：*mat*K 和 ITS 可作为该属物种鉴定的 DNA 条形码[10]。BOLD 网站有该属 24 种 64 个条形码数据；GBOWS 网站已有 1 种 85 个条形码数据。

代表种及其用途：椭圆叶花锚 *H. elliptica* D. Don 含有酮类成分，具抗氧化活性。

11. *Jaeschkea* Kurz 口药花属

Jaeschkea Kurz (1870: 230); Ho & Pringle (1995: 138) [Type: *J. gentianoides* Kurz, *nom. illeg.* (≡*Gentiana jaeschkei* Kurz, "*taeschkei*")]

特征描述：一年生草本。叶对生。聚伞花序或花多数，单生小枝顶端，稀为单花；花 4-5 数；花萼深裂近基部，萼筒极短；花冠筒状，分裂至近中部，冠筒基部有腺体，裂片间无褶，不重叠或彼此以 1/3 的宽度互相覆盖，右旋呈深覆瓦状排列；雄蕊着生于裂片一侧的基部，于裂片间的弯缺处的稍下方与裂片互生，花丝短，或极短；子房无柄或有柄，花柱短，胚珠较少。蒴果 2 瓣裂；种子表面光滑。花粉粒圆球形，长球形；具窝状或网状纹饰。染色体 $2n$=16，18，20，22，核型为 1A 型。

分布概况：2/2（1）种，**14SH 型**；分布于克什米尔，印度；中国产西藏。

系统学评述：传统上口药花属被置于龙胆族。分子系统发育研究表明口药花属物种形成单系类群，位于獐牙菜亚族分支，与獐牙菜部分物种亲缘关系较近[8]。

DNA 条形码研究：BOLD 网站有该属 3 种 5 个条形码数据。

12. *Latouchea* Franchet 匙叶草属

Latouchea Franchet (1899: 212); Ho & Pringle (1995: 98) (Type: *L. fokienensis* Franchet)

特征描述：多年生矮小草本。叶大部分基生，平铺地面，匙形。轮生聚伞花序，每轮有花 3-8 朵，花下有 2 个小苞片；花 4 数；花萼深裂，萼筒短；花冠钟形，半裂，裂片间无褶；雄蕊着生于花冠裂片间弯缺处，与裂片互生，花丝短，花药小；子房不完全 2 室，花柱明显而短，腺体轮状着于子房基部。蒴果上半部扭曲，具宿存的喙状花柱；种子多数，表面具纵脊状凸起。花粉粒具穿孔纹饰，或具小刺。

分布概况：1/1（1）种，**15 型**；分布于亚洲；中国特有单种属，产西南至东南，沿南岭分布。

系统学评述：形态学和分子系统发育研究表明匙叶草属位于獐牙菜亚族 Swertiinae 分支的基部[22]。

DNA 条形码研究：BOLD 网站有该属 1 种 1 个条形码数据。

13. *Lomatogoniopsis* T. N. Ho & S. W. Liu 辐花属

Lomatogoniopsis T. N. Ho & S. W. Liu (1980: 466); Ho & Pringle (1995: 129) (Type: *L. alpina* T. N. Ho & S. W. Liu)

特征描述：一年生草本。叶对生。花多数，单生小枝顶端或呈聚伞花序，辐状，5 数；花萼深裂，萼筒甚短；花冠深裂，冠筒甚短，裂片在蕾中向右旋转状排列，互相重叠着生，开放时呈二色，一侧色深，一侧色浅，无腺窝，具 5 个与裂片对生的膜质附属物，片状或盔状，无脉纹；雄蕊着生于冠筒上与裂片互生；子房 1 室，花柱不明显，柱头 2 裂，自雌蕊顶端沿心皮的缝合线下延。蒴果 2 裂；种子多数，表面光滑。花粉粒圆球形或长球形；具网状纹饰，或具小刺。染色体 $2n$=12，核型为 1A 型。

分布概况：3/3（3）种，**15 型**；分布于亚洲；中国特有属，产青藏高原地区。

系统学评述：根据形态特征，辐花属被置于龙胆族。分子系统发育研究表明辐花属与肋柱花属 *Lomatogonium* 物种亲缘关系较近，均位于獐牙菜亚族分支[8]。该属 3 个物种是否构成单系类群目前尚不清楚。

DNA 条形码研究：*mat*K 和 ITS 可作为该属物种鉴定的 DNA 条形码[10]。BOLD 网站有该属 1 种 2 个条形码数据；GBOWS 网站已有 1 种 4 个条形码数据。

代表种及其用途：辐花 *L. alpina* T. N. Ho & S. W. Liu 含有龙胆苦苷、獐牙菜苦苷，具清热解毒的作用。

14. *Lomatogonium* Braun 肋柱花属

Lomatogonium Braun (1830: 221); Ho & Pringle (1995: 124) [Type: *L. carinthiacum* (Wulfen) Reichenbach (≡*Swertia carinthiaca* Wulfen)]

特征描述：草本。叶对生。花 5 数，单生或为聚伞花序；花萼深裂，萼筒短，裂片大都短于花冠；花冠辐状，深裂近基部，冠筒极短，裂片在蕾中右向旋转状排列，重叠覆盖，开放时呈明显的二色，一侧色深，一侧色浅，基部有 2 个腺窝，腺窝管形或片状，基部合生或否，边缘有裂片状流苏；雄蕊着生于冠筒基部与裂片互生，花药蓝色或黄色，短于花丝或幼时等长；子房剑形，无花柱，柱头沿着子房的缝合线下延。蒴果 2 裂，果瓣近革质；种子小，常光滑。花粉粒近扁球形，圆球形，长球形；3 孔沟；具网状、条纹、条纹-穿孔、瘤状纹饰。染色体 $2n$=16（10，20，24，32，48）。

分布概况：18/16（7）种，**8-4（←9）型**；主要分布于亚洲，仅少数种类到欧洲和北美洲；中国主要分布于西南。

系统学评述：传统上，肋柱花属被置于獐牙菜亚族。分子系统发育研究表明该属物种形成并系类群，分别与喉毛花属、假龙胆属、辐花属的亲缘关系较近[8]，其属的界限、系统发育和分类修订均有待进一步研究。

DNA 条形码研究：*mat*K 和 ITS 可作为该属物种鉴定的 DNA 条形码[10]。BOLD 网站有该属 12 种 219 个条形码数据；GBOWS 网站已有 9 种 128 个条形码数据。

代表种及其用途：辐状肋柱花 *L. rotatum* (Linnaeus) Fries ex Nyman 全草入蒙药，主治黄疸、发热、头痛、肝炎。

15. *Megacodon* (Hemsley) H. Smith 大钟花属

Megacodon (Hemsley) H. Smith (1936: 950); Ho & Pringle (1995: 99) [Type: *M. venosus* (Hemsley) H. Smith (≡*Gentiana venosa* Hemsley)]

特征描述：多年生高大草本。叶对生，基部 2-4 对叶小，膜质，卵形，上部叶草质，较大。花顶生及腋生，组成假总状聚伞花序；花梗长，具 2 个苞片；花大型，5 数；花萼钟形，宿存，萼筒短；花冠钟形，冠筒短，裂片间无褶，裂片有明显网脉；雄蕊着生于冠筒中上部，与裂片互生，花丝扁平；子房 1 室，花柱粗短，柱头 2 裂，腺体轮状着生于子房基部。蒴果 2 瓣裂，不扭曲；种子多数，表面具纵的脊状凸起或密网隙与瘤状凸起。花粉粒圆球形；具网状、瘤状或窝状纹饰。染色体 $2n$=28，核型为 2A 型。

分布概况：2/2（1）种，**14SH 型**；分布于喜马拉雅地区；中国产西南山地。

系统学评述：形态学和分子系统发育研究表明大钟花属位于獐牙菜亚族 Swertiinae 分支的基部[11]。

DNA 条形码研究： *mat*K 和 ITS 可作为该属物种鉴定的 DNA 条形码[10]。BOLD 网站有该属 1 种 4 个条形码数据。

代表种及其用途： 川东大钟花 *M. venosus* (Hemsley) H. Smith 有观赏价值。大钟花 *M. stylophorus* (C. B. Clarke) H. Smith 为藏药，具有抗肿瘤的活性作用。

16. *Metagentiana* T. N. Ho & S. W. Liu 狭蕊龙胆属

Metagentiana T. N. Ho & S. W. Liu (2002: 83) [Type: *M. primuliflora* (Franchet) T. N. Ho & S. W. Liu (≡*Gentiana primuliflora* Franchet)].——*M.* sect. *Stenogyne* Franchet (1884: 375)

特征描述： 一年生、稀多年生草本。基生叶不发达；茎生叶愈向上部愈大。花大型或中型；花萼裂片的中脉在背面高高凸起成龙骨状，并向萼筒下延成翅；褶极偏斜；雄蕊顶端向一侧下弯；花柱极长、丝状，长于子房。蒴果内藏，狭矩圆形，先端及两侧边缘均无翅；种子表面具增粗网纹或细网纹，周缘有翅，少无翅。花粉粒圆球形，近圆球形；具条纹-穿孔或无穿孔状纹饰。染色体 $2n$=46（34，42），核型为 3A，2B（2A）型。

分布概况： 11/11（10）种，**14SH 型**；分布于青藏高原及周围地区；中国中西部省区均有分布，主产西南。

系统学评述： 根据形态特征，狭蕊龙胆属物种被置于龙胆属狭蕊组。基于 *trn*L 和 ITS 等片段的分子系统发育研究表明，该组物种与龙胆属其他物种分别位于不同单系分支上，应独立为属[23]。但是，新定义的狭蕊龙胆属物种仍是个多系类群，与双蝴蝶属和蔓龙胆属物种没有各自形成独立的单系支，但 3 属一起组成 1 个比较大的单系类群，成为龙胆属的姐妹群[3,4,11,12]；该属在较短时间内发生了快速物种辐射分化。

DNA 条形码研究： BOLD 网站有该属 9 种 17 个条形码数据。

17. *Pterygocalyx* Maximowicz 翼萼蔓属

Pterygocalyx Maximowicz (1859: 198); Ho & Pringle (1995: 6) (Type: *P. volubilis* Maximowicz)

特征描述： 草本植物。茎缠绕。单叶对生，叶全缘，叶脉 1-3 条，具短叶柄。花 4 数，单生或成聚伞花序；花萼钟形，具 4 个翼状凸起，无萼内膜；花冠筒状，4 裂，裂片间无褶，腺体着生于花冠筒基部；雄蕊 4，着生于花冠筒上与裂片互生；雌蕊具柄，子房 1 室，胚珠多数。蒴果 2 瓣开裂；种子多数，盘状，具翅。花粉粒近圆球形；3 孔沟；具网状纹饰。染色体 $2n$=26（24），核型为 2A（3A）型。

分布概况： 1/1 种，**11 型**；分布于亚洲；中国产西南、西北、东北和华北。

系统学评述： 形态学和分子系统发育研究表明翼萼蔓 *P. volubilis* Maximowicz 位于獐牙菜亚族分支中，与扁蕾属的亲缘关系最近，可能是其中的特化成员[3,8]。

DNA 条形码研究： *mat*K 和 ITS 可作为该属物种鉴定的 DNA 条形码[10]。BOLD 网站有该属 1 种 2 个条形码数据；GBOWS 网站已有 1 种 20 个条形码数据。

18. *Sebaea* Solander & R. Brown 小黄管属

Sebaea Solander & R. Brown (1810: 451); Ho & Pringle (1995: 3) [Type: *S. ovata* (Labillardière) R. Brown (≡*Exacum ovatum* Labillardière)]

特征描述：一年生小草本。叶对生，小，鳞片形至披针形。花 5 数，顶生呈聚伞花序；花萼开展，深裂至近基部，萼筒甚短，裂片背面的中脉呈脊状凸起；花冠深裂，冠筒与裂片近等长；雄蕊着生于花冠裂片间弯缺处，花丝短，线形，花药椭圆形，纵裂；子房 2 室，花柱极长，线形，柱头 2 裂，裂片圆形。蒴果矩圆形或近圆球形，成熟时 2 瓣裂；种子极小，多数，表面具蜂窝状网隙。花粉粒 3 孔沟，网状、条网状、条状-皱状或疣状纹饰。

分布概况：100/1 种，**4-1 型**；分布于非洲大陆温带地区，马达加斯加，斯里兰卡，印度，尼泊尔和大洋洲；中国产云南。

系统学评述：传统上小黄管属被置于藻百年族。分子系统发育研究表明小黄管属与藻百年属亲缘关系较近，但该属物种形成并系类群或多系类群[13,14]；据此将该属划分为 4 个单系属，即 *Exochaenium*、*Klackenbergia*、*Lagenias* 和小黄管属 *Sebaea*，此处未采纳该分类建议。

DNA 条形码研究：BOLD 网站有该属 37 种 63 个条形码数据。

19. *Sinoswertia* T. N. Ho, S. W. Liu & J. Q. Liu 异型株属

Sinoswertia T. N. Ho, S. W. Liu & J. Q. Liu (2013: 393) [Type: *S. tetraptera* (Maximowicz) T. N. Ho & S. W. Liu (≡*Swertia tetraptera* Maximowicz)].——*Swertia* sect. *Heteranthos* T. N. Ho & S. W. Liu (1980: 85)

特征描述：一年生草本。主根粗，黄褐色。茎直立，四棱形，棱上有翅，从基部起分枝，枝四棱形；基部分枝长短不等，纤细；中上部分枝近等长，直立。异形植株；基生叶（在花期枯萎）与茎下部叶具长柄，叶片矩圆形或椭圆形，叶脉 3 条；茎中上部叶无柄，卵状披针形，半抱茎，叶脉 3-5 条；分枝的叶较小，矩圆形或卵形。圆锥状复聚伞花序或聚伞花序多花；异形花，花 4 数，主茎上部的花比主茎基部和基部分枝上的花大；大花的花萼绿色，叶状，裂片披针形或卵状披针形，背面具 3 脉；花冠黄绿色，异花授粉，裂片卵形，下部具 2 个腺窝；种子矩圆形，表面平滑；小花的花萼裂片宽卵形，先端钝，具小尖头；花冠黄绿色，常闭合，闭花授粉；蒴果宽卵形或近圆形；种子较小。花粉粒近扁球形，近球形；具条纹-穿孔状至无规则的条纹-无孔状纹饰；染色体 $2n=14$，核型为 2B 型。

分布概况：1/1（1）种，**15 型**；主要分布于中国西藏、四川、青海和甘肃。

系统学评述：历史上，异形株属物种 *S. tetraptera* Maximowicz 曾被置于獐牙菜属异形花组；基于 *trn*L-F 和 *trn*S-*Ycf*9 和 ITS 的分子系统发育研究表明，四数獐牙菜 *S. tetraptera* Maximowicz 与獐牙菜属其余物种亲缘关系较远；该种独特的形态性状和系统位置支持其独立为属，该属与花锚属有最近的亲缘关系[5,6]。

DNA 条形码研究：*trn*L-F、*trn*S-*Ycf*9 和 ITS 可作为该属的 DNA 条形码[5]。

代表种及其用途：四数獐牙菜具有清肝利胆、清热解毒等作用，对肝病尤有显著疗效。

20. *Swertia* Linnaeus 獐牙菜属

Swertia Linnaeus (1753: 226); Ho & Pringle (1995: 101) (Lectotype: *S. perennis* Linnaeus).——*Anagallidium* Grisebach (1838: 311)

特征描述：草本。叶对生，稀互生或轮生，在多年生的种类中，营养枝的叶常呈莲座状。复聚伞花序、聚伞花序或为单花；花 4 或 5 数，辐状；花萼深裂近基部，萼筒甚短，通常长 1mm；花冠深裂近基部，冠筒甚短，长至 3mm，裂片基部或中部具腺窝或腺斑；雄蕊着生于冠筒基部与裂片互生，花丝多为线形；子房 1 室，花柱短，柱头 2 裂。蒴果常包被于宿存的花被中，由顶端向基部 2 瓣裂，果瓣近革质。种子多而小，稀少而大，表面平滑、有折皱状凸起或有翅。花粉扁球形，圆球形，长球形；3 孔沟；具瘤状、刺状、条纹-穿孔或条纹-网状纹饰。染色体 2*n*=20，26（16，18，21，22，24，28，36，39，52，60，78），核型为 2B（1A，2A，3A，1B）型。

分布概况：149/74（54）种，**8-4（6）型**；主要分布于亚洲，非洲和北美洲，少数种类达欧洲；中国主产西南。

系统学评述：传统上根据形态特征，獐牙菜属被置于獐牙菜亚族，而产于中国的獐牙菜属种类被划分入 7 组，其中 1 个组已独立为新属—异形株属。*Frasera*、*Ophelia*、腺鳞草属 *Anagallidium* 曾被独立为属；基于形态、染色体和花粉特征，这 3 个属被归入獐牙菜属[6]。基于 *mat*K、*trn*L 内含子和 ITS 等的分子系统发育研究表明，獐牙菜属为并系类群或多系类群[3,8]，其分类界定和系统发育还有待今后更详细的研究[6]。

DNA 条形码研究：*mat*K 和 ITS 可作为该属物种鉴定的 DNA 条形码[10,15]。BOLD 网站有该属 56 种 209 个条形码数据；GBOWS 网站已有 20 种 259 个条形码数据。

代表种及其用途：宿根獐牙菜 *S. perennis* Linnaeus 及其他植物都含有獐牙菜苦苷、獐牙菜苷、龙胆苦苷。植株大多具有药用价值，如藏药川西獐牙菜 *S. mussotii* Franchet 可用于治疗黄疸型肝胆疾病和病毒性肝炎。

21. *Tripterospermum* Blume 双蝴蝶属

Tripterospermum Blume (1826: 849); Ho & Pringle (1995: 7) (Type: *T. trinerve* Blume)

特征描述：多年生缠绕草本。叶对生。聚伞花序或花腋生和顶生，花 5 数；花萼筒钟形，脉 5 条高高凸起成翅，稀无翅，花冠钟形或筒状钟形，裂片间有褶；雄蕊着生于冠筒上，不整齐、顶端向一侧弯曲，花丝线形，通常向下不增宽；子房 1 室，含多数胚珠，子房柄的基部具环状花盘。浆果或蒴果 2 瓣裂；种子多数、三棱形，无翅，或扁平具盘状宽翅。花粉粒近球形；具条纹-无穿孔至条纹-网状纹饰。染色体 2*n*=46（20），核型为 2B 型。

分布概况：25/19（12）种，**14 型**；分布于亚洲南部；中国分布于西南、华南、华东、西北等地区，大多数种类产云南、四川、贵州等高山地区。

系统学评述：根据形态特征，双蝴蝶属被置于龙胆亚族。分子系统发育研究表明双蝴蝶属与蔓龙胆属、狭蕊龙胆属构成单系类群；该属为并系类群，分类和系统发育有待进一步研究[3,4,11,12]。该属在较短时间内发生了快速物种辐射分化。

DNA 条形码研究：BOLD 网站有该属 20 种 22 个条形码数据；GBOWS 网站已有 11 种 76 个条形码数据。

代表种及其用途：双蝴蝶 *T. chinense* (Migo) Harry Smith 幼嫩全草具有较高药用价值，提取物具清肺止咳、止血解毒等功效，民间用于治疗肺热咳嗽、肺痨咯血等疾病，有抗高血压、抗病毒、抗血液外溢等活性。

22. *Veratrilla* (Baillon) Franchet 黄秦艽属

Veratrilla (Baillon) Franchet (1899: 310); Ho & Pringle (1995: 100) (Type: *V. baillonii* Baillon ex Franchet)

特征描述：多年生草本。叶对生，不育茎的叶呈莲座状。圆锥状聚伞花序；花单性，雌雄异株，辐状，4 数；花萼分裂至近基部，萼筒甚短；花冠深裂，冠筒短，裂片基部具 2 个异色腺斑；雄蕊着生于花冠裂片间弯缺处，与裂片互生，花丝极短；子房 1 室，花柱短。蒴果 2 瓣裂；种子多数，周缘具宽翅，表面有网纹或网隙。花粉粒近球形或球形；3 孔沟，具条状或条网状纹饰。

分布概况：2/2 种，**14SH 型**；分布于印度东北部，不丹；中国产西南。

系统学评述：形态学和分子系统发育研究表明黄秦艽属位于獐牙菜亚族分支[3,8,12]，与獐牙菜属部分物种亲缘关系较近。

DNA 条形码研究：*mat*K 和 ITS 可作为该属物种鉴定的 DNA 条形码[10]。BOLD 网站有该属 1 种 3 个条形码数据；GBOWS 网站已有 1 种 8 个条形码数据。

代表种及其用途：黄秦艽 *V. baillonii* Baillon ex Franchet 的根极苦，入藏药、维西药等民族药，具有清解毒邪、清热燥湿的效用。

主要参考文献

[1] Merckx VS, et al. Phylogenetic relationships of the mycoheterotrophic genus *Voyria* and the implications for the biogeographic history of Gentianaceae[J]. Am J Bot, 2013, 100: 712-721.

[2] Rybczyński JJ, et al. The Gentianaceae-volume 1: characterization and ecology[M]. Berlin: Springer, 2014.

[3] Struwe L, Albert VA. Gentianaceae: systematics and natural history[M]. Cambridge: Cambridge University Press, 2002.

[4] Chen S, et al. Molecular systematics and biogeography of *Crawfurdia*, *Metagentiana* and *Tripterospermum* (Gentianaceae) based on nuclear ribosomal and plastid DNA sequences[J]. Ann Bot, 2005, 96: 413-424.

[5] 何廷农, 等. 青藏高原一新特有属—异型株属及其传粉模式[J]. 植物分类与资源学报, 2013, 35: 393-400.

[6] 何廷农, 刘尚武. 獐牙菜属和近缘属的世界性分类修订[M]. 北京: 科学出版社, 2015.

[7] Mansion G, Struwe L. Generic delimitation and phylogenetic relationships within the subtribe Chironiinae (Chironieae: Gentianaceae), with special reference to *Centaurium*: evidence from nrDNA and cpDNA sequences[J]. Mol Phylogenet Evol, 2004, 32: 951-977.

[8] von Hagen KB, Kadereit JW. Phylogeny and flower evolution of the Swertiinae (Gentianaceae-

Gentianeae): homoplasy and the principle of variable proportions[J]. Syst Biol, 2002, 27: 548-572.

[9] Whitlock BA, et al. Intraspecific inversions pose a challenge for the *trn*H-*psb*A plant DNA barcode[J]. PLoS One, 2010, 5: e11533.

[10] 孙瑶, 等. 獐牙菜亚族植物 DNA 条形码研究[J]. 华中师范大学学报, 2013, 47: 551-557.

[11] Yuan YM, Küpfer P. Molecular phylogenetics of the subtribe Gentianinae (Gentianaceae) inferred from the sequences of internal transcribed spacers (ITS) of nuclear ribosomal DNA[J]. Plant Syst Evol, 1995, 196: 207-226.

[12] Favre A, et al. Phylogeny of subtribe Gentianinae (Gentianaceae): biogeographic inferences despite limitations in temporal calibration points[J]. Taxon, 2010, 59: 1701-1711.

[13] MansionYM, et al. Phylogeny and biogeography of *Exacum* (Gentianaceae): a disjunctive distribution in the Indian ocean basin resulted from long distance dispersal and extensive radiation[J]. Syst Biol, 2005, 54: 21-34.

[14] Kissling J, et al. The polyphyletic genus *Sebaea* (Gentianaceae): a step forward in understanding the morphological and karyological evolution of the Exaceae[J]. Mol Phylogenet Evol, 2009, 53: 734-748.

[15] Kshirsagar P, et al. Molecular authentication of medicinal plant, *Swertia chirayita*, and its adulterant species[J]. Proce Natl Acad Sci India, 2015, 87: 1-7.

[16] Yuan YM, et al. Infrageneric phylogeny of the genus *Gentiana* (Gentianaceae) inferred from nucleotide sequences of the internal transcribed spacers (ITS) of nuclear ribosomal DNA[J]. Am J Bot, 1996, 83: 641-652.

[17] Zhang XL, et al. Molecular phylogeny and biogeography of *Gentiana* sect. *Cruciata* (Gentianaceae) based on four chloroplast DNA datasets[J]. Taxon, 2009, 58: 862-870.

[18] Liu J, et al. The use of DNA barcoding on recently diverged species in the genus *Gentiana* (Gentianaceae) in China[J]. PLoS One, 2016, 11: e0153008.

[19] von Hagen KB, Kadereit JW. The phylogeny of *Gentianella* (Gentianaceae) and its colonization of the southern hemisphere as revealed by nuclear and chloroplast DNA sequence variation[J]. Org Divers Evol, 2001, 1: 61-79.

[20] Xue CY, Li DZ. Use of DNA barcode *sensu lato*, to identify traditional Tibetan medicinal plant *Gentianopsis paludosa* (Gentianaceae)[J]. J Syst Evol, 2011, 49: 267-270.

[21] von Hagen KB, Kadereit JW. The diversification of *Halenia* (Gentianaceae): ecological opportunity versus key innovation[J]. Evolution, 2003, 57: 2507-2518.

[22] Chassot P, et al. High paraphyly of *Swertia* L. (Gentianaceae) in the *Gentianella*-lineage as revealed by nuclear and chloroplast DNA sequence variation[J]. Plant Syst Evol, 2001, 229: 1-21.

[23] Ho TN, et al. *Metagentiana*, a new genus of Gentianaceae[J]. Bot Bull Acad Sinica, 2002, 43: 83-91.

Loganiaceae R. Brown ex Martius (1827), *nom. cons.* 马钱科

特征描述：乔木、灌木或藤本。单叶常对生或轮生；叶基部、苞片或萼片具黏液毛，托叶存在或缺，分离或连合成鞘，或为连接 2 个叶柄间的托叶线。花单生、双生或为各式花序；花常两性；花萼裂片 4-5，覆瓦状或镊合状排列；雄蕊与花冠裂片同数且互生；花药常 2 室，基部 2 裂；子房常上位，1-4 室，中轴或侧膜胎座，每室胚珠多数。蒴果或肉质核果。种子通常扁平或椭圆状球形，有时具翅。花粉粒 3 孔沟或数个萌发孔，具孔沟，孔和沟等，具沟膜，光滑、网状、条形-网状或穿孔纹饰。染色体 $2n$=32，40，44，80。

分布概况：约 15 属/400 种，分布于热带至温带地区；中国 5 属/28 种，产西南至华东，少数至西北。

系统学评述：马钱科的分类范畴存在着不同的界定。Leeuwenberg 和 Leenhouts[1]界定的马钱科植物包括 30 属 600 多种，这种处理实际上包含了 1 个多系类群。不同的学者将马钱科分为隶属于不同目的 12 个科[2]。分子系统学研究将一些类群的归属进行了重新划分，如将灰莉属 *Fagraea* 划分到龙胆科 Gentianaceae，将醉鱼草属 *Buddleja* 单列为醉鱼草科 Buddlejaceae，而后又归入玄参科 Scrophulariaceae[3]，将钩吻属 *Gelsemium* 归至新成立的胡蔓藤科 Gelsemiaceae[2,4,5]。目前一般认为马钱科的 15 属分为 4 族，包括 Antonieae、Loganieae、Spigelieae 和马钱族 Strychneae，但各族所包含的属尚存在很大的争论[4]。其与胡蔓藤科近缘。

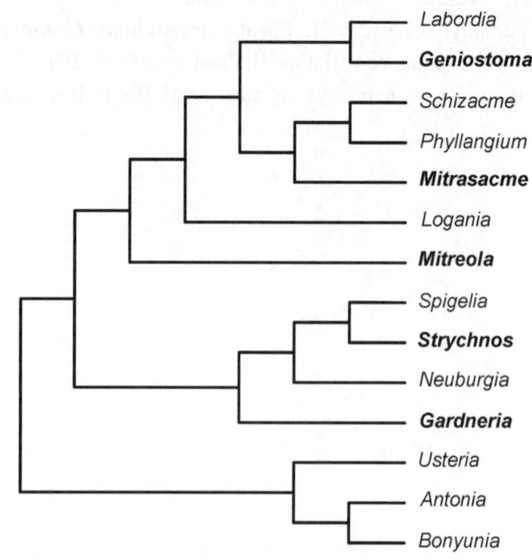

图 188　马钱科分子系统框架图（参考 Backlund 等[2]；Gibbons 等[4]）

分属检索表

1. 木质藤本，灌木或乔木；叶柄间具托叶线
  2. 小乔木或灌木……………………………………………………………… **2. 髯管花属 *Geniostoma***
  2. 木质藤本
    3. 茎上常具腋生卷须或刺钩；叶具基出脉和网状横脉；花萼裂片镊合状排列；花冠高脚碟状或近辐状；花药内藏或伸出……………………………………………………**5. 马钱属 *Strychnos***
    3. 茎上无腋生卷须或刺钩；叶具羽状脉；花萼裂片覆瓦状排列；花冠辐状；花药伸出………………………………………………………………………………………**1. 蓬莱葛属 *Gardneria***
1. 草本；叶柄间无托叶线
    4. 叶在茎上对生或在茎基部莲座式轮生；花 4 基数；蒴果裂片顶端常有宿存且上部合生的花柱·……………………………………………………………………………**3. 尖帽草属 *Mitrasacme***
    4. 叶对生；花 5 基数；蒴果侧向压扁，顶端有内弯的 2 角 ……………………**4. 度量草属 *Mitreola***

1. *Gardneria* Wallich 蓬莱葛属

Gardneria Wallich (1820: 400); Li & Gilbert (1996: 327) (Type: *G. ovata* Wallich)

特征描述：木质攀援藤本。单叶对生，羽状脉；叶柄间具托叶线。花单生、簇生或组成二至三歧聚伞花序；花 4-5 基数；花萼裂片覆瓦状排列；花冠辐状，裂片在芽时镊合状排列；花药基部 2 裂，背着，2 或 4 室，伸出；子房 2 室，每室胚珠 1-4；柱头头状或浅 2 裂。浆果，圆球状；种子椭圆形或圆形，皮厚。

分布概况：5/5（1）种，**7ab（15）型**；分布于亚洲东部及东南部；中国产长江以南。

系统学评述：根据 Heywood 等[6]的分类系统，蓬莱葛属隶属于马钱族 Strychneae，并与马钱属 *Strychnos* 系统关系近缘[2]。

DNA 条形码研究：BOLD 网站有该属 2 种 2 个条形码数据；GBOWS 网站已有 2 种 9 个条形码数据。

代表种及其用途：狭叶蓬莱葛 *G. angustifolia* Wallich 的根或茎藤入药，可温肾、祛风湿、壮筋骨。蓬莱葛 *G. multiflora* Makino 可祛风通络、止血，主治风湿麻痹、创伤出血等。

2. *Geniostoma* J. R. Forster & G. Forster 髯管花属

Geniostoma J. R. Forster & G. Forster (1775: 23); Li & Leewenberg (1996: 323) (Type: *G. rupestre* J. R. Forster & G. Forster)

特征描述：乔木或灌木。单叶对生；叶柄间具托叶线。花单生或多朵组成圆锥状聚伞花序；花 5 基数；花冠钟状，花冠管内面喉部被髯毛，花冠裂片在花蕾时覆瓦状排列，开放后其边缘向左覆盖；花药 2 室；子房 2-3 室，每室有胚珠多数；柱头头状或椭圆状。蒴果，球形或椭球形，室间或半室间开裂为 2-3 个果瓣。种子椭球状至近球状，具小疣点凸起。花粉粒 3-7 孔。染色体 x=10。

分布概况：约 20/1 种，**5（7e）型**；分布于亚洲东部及南部，马达加斯加至大洋洲各岛屿；中国产台湾。

系统学评述：根据 Heywood 等[6]的分类系统，髯管花属隶属于 Loganieae。Conn[7]将 *Labordia* 作为髯管花属的 1 个亚属 *Geniostoma* subgen. *Labordia*，但没有得到分子系统学研究的支持[4]。

DNA 条形码研究：BOLD 网站有该属 6 种 7 个条形码数据。

3. *Mitrasacme* Labillardière 尖帽草属

Mitrasacme Labillardière (1804: 35); Li & Leewenberg (1996: 322) (Type: *M. pilosa* Labillardière)

特征描述：纤细草本。叶在茎上对生或在茎基部莲座式轮生。花单生或多朵组成腋生或顶生的不规则伞形花序；花 4 基数；花萼裂片镊合状排列；花冠喉部常带黄色且被毛，花冠裂片镊合状排列；雄蕊内藏或略伸出；花药 2 室；子房 2 室，胚珠多数；花柱 2，初时合生，后基部分离而上部仍合生；柱头头状或浅 2 裂。蒴果，顶端 2 裂。种子卵球形、球形或椭球形，种皮通常有网纹或小瘤状凸起。花粉粒 3 孔沟，网状或条纹形-微网状纹饰。

分布概况：约 40/2 种，**5（7，14）型**；分布于亚洲南部，东南部及东部和大洋洲，主产澳大利亚；中国产华东、华南及云南。

系统学评述：根据 Heywood 等[6]的分类系统，尖帽草属隶属于 Loganieae，并与 *Phyllangium* 和 *Schizacme* 系统发育关系近缘[4]。

DNA 条形码研究：BOLD 网站有该属 3 种 5 个条形码数据；GBOWS 网站已有 2 种 8 个条形码数据。

4. *Mitreola* Linnaeus 度量草属

Mitreola Linnaeus (1758: 214); Li & Leewenberg (1996: 320) [Type: *Ophiorrhiza mitreola* Linnaeus (=*M. petiolata* (Walter ex J. F. Gmelin) Torrey & A. Gray≡*Cynoctonum petiolatum* Walter ex J. F. Gmelin)]

特征描述：草本。叶对生；托叶生于叶腋内或叶柄间。二至三歧聚伞花序，顶生或腋生；花常生于花序分枝一侧，5 基数；花冠裂片在芽时覆瓦状排列，开放后镊合状排列；雄蕊内藏；花药 2 室，纵裂；子房半下位，2 室，胚珠多数；花柱 2，下部分离，上部合生。蒴果，倒卵形或近球形，侧向压扁，顶端有内弯的 2 角；种子小。花粉粒条纹形-微网状纹饰。染色体 x=10。

分布概况：约 14/9（6）种，**2（14）型**；分布于亚洲，大洋洲，美洲和非洲；中国产华南、西南至湖北。

系统学评述：根据 Heywood 等[6]的分类系统，度量草属隶属于 Loganieae，是该族其他类群的姐妹群。

DNA 条形码研究：BOLD 网站有该属 1 种 3 个条形码数据；GBOWS 网站已有 2 种 12 个条形码数据。

5. *Strychnos* Linnaeus 马钱属

Strychnos Linnaeus (1753: 189); Li & Leewenberg (1996: 324) (Lectotype: *S. nux-vomica* Linnaeus)

特征描述：木质藤本，常具腋生单一或成对的卷须或刺钩。叶对生，常具基出脉和网状横脉；叶柄间具托叶线。花序圆锥状或头状，腋生或顶生；花常 5 数；花萼裂片镊合状排列；花冠裂片在芽时为镊合状排列，开花时展开或反折；花药 2 室，纵裂；子房 2 室，胚珠数颗；柱头头状或 2 裂。浆果，通常球状或椭球形，肉质；种子近圆形，平凸状，光滑。花粉粒 3（拟）孔沟，穿孔状纹饰。染色体 $2n$=24，44，88。

分布概况：约 191/11 种，**2（6）型**；分布于热带及亚热带地区；中国产西南、华南及东南。

系统学评述：根据 Heywood 等[6]的分类系统，马钱属隶属于马钱族，并与 Spigelieae 构成姐妹群[4]。

DNA 条形码研究：BOLD 网站有该属 106 种 261 个条形码数据；GBOWS 网站已有 5 种 24 个条形码数据。

代表种及其用途：该属植物多有毒，尤以马钱子 *S. nux-vomica* Linnaeus 的毒性最大，其主要成分为马钱子碱、番木鳖碱和吲哚类生物碱等，为中枢神经兴奋剂，用于治疗偏瘫、神经衰弱等。

主要参考文献

[1] Leeuwenberg AJM, Leenhouts PW. Loganiaceae[M]//Engler A, Prantl K. Die natürlichen pflanzen-familien, 28b. Berlin: Duncker & Humblot, 1980: 8-96.

[2] Backlund M, et al. Phylogenetic relationships within the Gentianales based on *ndh*F and *rbc*L sequences, with particular reference to the Loganiaceae[J]. Am J Bot, 2000, 87: 1029-1043.

[3] Tank DC, et al. Review of the systematics of Scrophulariaceae *s.l.* and their current disposition[J]. Aust Syst Bot, 2006, 19: 289-307.

[4] Gibbons KL, et al. Phylogenetic relationships in Loganieae (Loganiaceae) inferred from nuclear ribosomal and chloroplast DNA sequence data[J]. Aust Syst Bot, 2012, 25: 331-340.

[5] Oxelman B, et al. Relationships of Buddlejaceae *s.l.* investigated using parsimony jackknife and branch support analysis of chloroplast *ndh*F and *rbc*L sequences[J]. Syst Bot, 1999, 24: 164-182.

[6] Heywood VH, et al. Flowering plant families of the world[M]. Richmond: Royal Botanic Gardens, Kew, 2007.

[7] Conn BJ. A taxonomic revision of *Geniostoma* subg. *Geniostoma* (Loganiaceae)[J]. Blumea, 1980, 26: 245-364.

Gelsemiaceae Struwe & V. A. Albert (1994) 胡蔓藤科

特征描述：木质藤本，无乳汁。单叶对生；托叶生于叶柄间，线形。聚伞花序顶生或腋生；花两性，两型，5 基数；花萼裂片覆瓦状排列；花冠裂片覆瓦状排列，边缘向右覆盖；雄蕊着生于花冠管内壁上，花药 2 室，纵裂，伸出或内藏；子房上位，2 室，每室有胚珠多数，中轴胎座；柱头 2 裂。蒴果，2 室，室间开裂；种子具膜质的翅。花粉粒 3 孔沟，沟膜光滑或具颗粒状凸起，条-网状或孔状纹饰。染色体 $2n$=16，20。

分布概况：2 属/11 种，分布于亚洲东部，美洲和非洲；中国 1 属/1 种，产华东、华南和西南。

系统学评述：胡蔓藤科植物曾被认为属于夹竹桃科 Apocynaceae，或马钱科 Loganiaceae 胡蔓藤族 Gelsemieae。形态解剖学和分支分析表明胡蔓藤科为单系类群，应独立成科[1]，与夹竹桃科、马钱科和龙胆科系统发育关系近缘，但其姐妹群还未能得到充分确定[2,3]。

1. *Gelsemium* Jussieu 钩吻属

Gelsemium Jussieu (1789: 150) [Type: *G. sempervirens* (Linnaeus) J. Saint-Hilaire (≡*Bignonia sempervirens* Linnaeus)]

特征描述：灌木或木质藤本。叶对生；托叶线形。花单生或组成聚伞花序，顶生或腋生；花柱等长或异长；花冠裂片芽时覆瓦状排列，开放后边缘向右覆盖；花药 2 室，纵裂，伸出或内藏；子房 2 室，每室有胚珠多数；柱头 2 裂。蒴果，卵球形至狭椭球形，室间开裂为 2 个 2 裂的果瓣；种子椭圆形或肾形，扁平，边缘具有不规则膜质翅。花粉粒 3 孔沟，条网状纹饰。蜂类为主要传粉者。染色体 n=8。

分布概况：3/1 种，**9 型**；分布于亚洲东南部和北美洲；中国产华东、华南和西南。

系统学评述：属下暂无系统学研究。

DNA 条形码研究：BOLD 网站有该属 3 种 12 个条形码数据；GBOWS 网站已有 1 种 14 个条形码数据。

代表种及其用途：该属植物有毒，以常见的钩吻 *G. elegans* (Gardner & Champion) Bentham 的毒性最大，其含有吲哚类生物碱，可以引起人的呼吸衰竭，对人类的毒性较强；可药用，有抗肿瘤、镇痛、抗银屑病、促进造血功能等作用，也可对家畜有杀虫健胃的功效。

主要参考文献

[1] Struwe L, et al. Cladistics and family level classification of the Gentianales[J]. Cladistics, 1994, 10: 175-206.

[2] Backlund M, et al. Phylogenetic relationships within the Gentianales based on *ndh*F and *rbc*L sequences, with particular reference to the Loganiaceae[J]. Am J Bot, 2000, 87: 1029-1043.

[3] Jiao Z, Li J. Phylogeny of intercontinental disjunct Gelsemiaceae inferred from chloroplast and nuclear DNA sequences[J]. Syst Bot, 2007, 32: 617-627.

Apocynaceae Jussieu (1789), *nom. cons.* 夹竹桃科

特征描述：乔木、灌木、藤本或草本；具乳汁或水液。单叶对生，全缘；托叶无或为假托叶，托叶有时为钻状或线状腺体；叶柄顶端有时具腺体。单花或为各式花序；

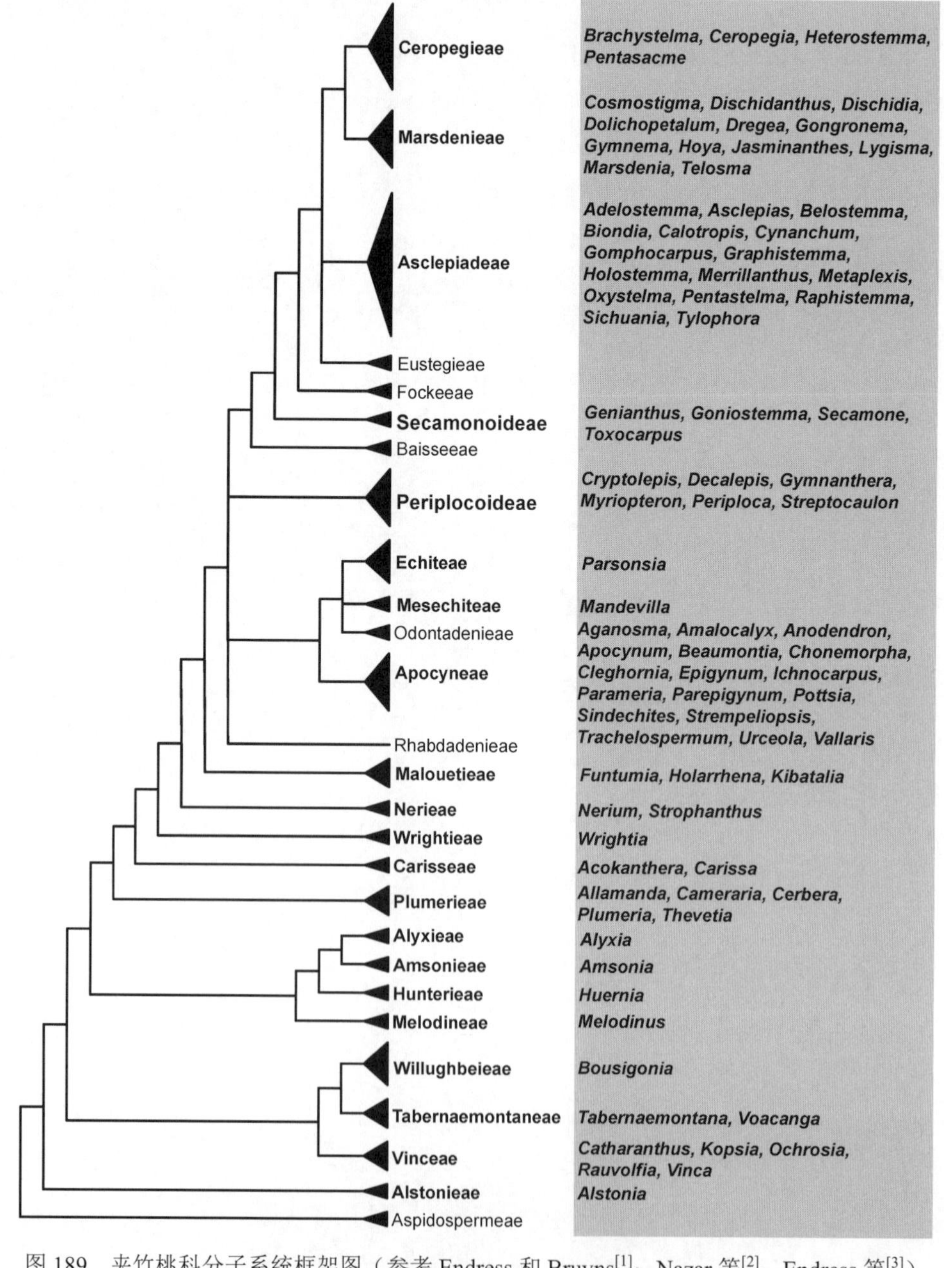

图 189　夹竹桃科分子系统框架图（参考 Endress 和 Bruyns[1]；Nazar 等[2]；Endress 等[3]）

花两性，5 基数；花萼裂片基部内面常有腺体；花喉部常具副花冠、鳞片或附属体；雄蕊离生或形成合蕊冠，有时腹部与雌蕊粘生成合蕊柱；花药 2 或 4 室，若为花粉块，常 2 或 4 个，顶端常具膜片，有时具载粉器；子房 1-2 室，每室具胚珠 1 至多数，侧膜胎座；花柱 1-2；柱头基部具 5 棱或 2 裂。蓇葖果、蒴果、浆果或瘦果。种子光滑，被端毛，具膜翅或假种皮。花粉单粒、四合花粉或花粉块，3（-4）孔沟、3 沟、（1-）2-3（-6）孔和散孔，多为穿孔，或网状或皱状纹饰，有疣状和颗粒状凸起。染色体 x=8-12。

分布概况：约 366 属/5100 种，分布于热带和亚热带，少数到温带地区；中国产 87 属/423 种，产西南至东南部。

系统学评述：传统上，因萝藦科 Asclepiadaceae 具有复杂花粉块和载粉器等形态结构而将之与夹竹桃科分开[FRPS,FOC]。但形态学研究表明此结构特征在 2 个科的类群中显示为连续状态。此外，孢粉学、生物化学和分子系统学研究表明，原萝藦科具有夹竹桃科中形态上较为进化的特征，其在系统树上并未形成单系，而是混杂在夹竹桃科内，故建议将这 2 个科进行归并[4,5]，并与胡蔓藤科 Gelsemiaceae 形成姐妹群。Endress 和 Bruyns[1] 首次将广义夹竹桃科分成 5 亚科，即罗布麻亚科 Apocynoideae、马利筋亚科 Asclepiadoideae、杠柳亚科 Periplocoideae、萝芙木亚科 Rauvolfioideae 和鲫鱼藤亚科 Secamonoideae，并得到分子系统学研究的部分支持[5,6]，然而，各亚科下面族之间的划分及其亲缘关系仍有待探讨[2,7-9]。Endress 等[3]修订了夹竹桃科的分类系统，承认了该科 366 属，并将这些属归于 25 族和 49 亚族。另外，虽然分子系统学研究支持将秦岭藤属 *Biondia* 和娃儿藤属 *Tylophora* 归入广义的白前属 *Vincetoxicum*，但各分支还未能得到较好的形态解剖学支持[10]。

分属检索表

1\. 叶腋内或腋间常具连线或腺体；托叶无或有时具假托叶；花粉常颗粒状，不形成花粉块；花丝常离生
  2\. 草本，或有时基部木质化，或为半灌木状
    3\. 植物蔓性，匍匐状……………………………………………………**85. 蔓长春花属 *Vinca***
    3\. 植物直立
      4\. 花具副花冠……………………………………………………**10. 罗布麻属 *Apocynum***
      4\. 花喉部具柔毛
        5\. 叶腋内和叶腋间有腺体；花冠喉部内面具刚毛…………**20. 长春花属 *Catharanthus***
        5\. 叶腋内和叶腋间无腺体；花冠喉部被长柔毛……………**8. 水甘草属 *Amsonia***
  2\. 乔木，灌木或木质藤本
    6\. 植物具刺……………………………………………………**19. 假虎刺属 *Carissa***
    6\. 植物无刺
      7\. 叶互生
        8\. 蓇葖果；种子具翅……………………………………………**66. 鸡蛋花属 *Plumeria***
        8\. 核果；种子无翅
          9\. 花萼裂片内面基部无腺体；子房心皮离生，每心皮有胚珠 4………**21. 海杧果属 *Cerbera***
          9\. 花萼裂片内面基部具腺体；子房 2 室，每室有胚珠 2………**79. 黄花夹竹桃属 *Thevetia***
      7\. 叶对生或轮生
        10\. 叶常轮生，偶对生或互生
          11\. 蒴果，具刺……………………………………………………**4. 黄蝉属 *Allamanda***

11. 核果或蓇葖果，光滑
12. 蓇葖果，双生
13. 花冠喉部无副花冠，而被柔毛至近无毛 ······ **5. 鸡骨常山属 *Alstonia***
13. 花冠喉部具 5 枚阔鳞片状副花冠，每片顶端撕裂 ······ **57. 夹竹桃属 *Nerium***
12. 核果
14. 果通常连结成链珠状 ······ **6. 链珠藤属 *Alyxia***
14. 果近椭球形，不为链珠状
15. 花冠裂片向右覆盖；子房每心皮有胚珠 2-6 ······ **58. 玫瑰树属 *Ochrosia***
15. 花冠裂片向左覆盖；子房每心皮有胚珠 1-2 ······ **69. 萝芙木属 *Rauvolfia***
10. 叶均对生
16. 花瓣裂片向左覆盖
17. 藤本
18. 花冠管圆筒形或喉部紧缩；浆果
19. 花萼裂片内面基部具腺体；花冠喉部无鳞片 ·· **15. 奶子藤属 *Bousigonia***
19. 花萼裂片内面基部没有腺体；副花冠呈鳞片状 ···· **53. 山橙属 *Melodinus***
18. 花冠管近漏斗状、高脚碟状或近钟状，喉部不紧缩；蓇葖果
20. 蓇葖长节链珠状 ······ **60. 长节珠属 *Parameria***
20. 蓇葖狭纺锤形 ······ **61. 富宁藤属 *Parepigynum***
17. 乔木或灌木
21. 蓇葖翅果状 ······ **18. 鸭蛋花属 *Cameraria***
21. 浆果或不为翅果状的蓇葖果
22. 浆果
23. 花药药隔凸出成被毛的短尖；子房每室有胚珠 1 ······ **1. 长药花属 *Acokanthera***
23. 花药药隔不凸出；子房每室有胚珠 2-4 ······ **45. 仔榄树属 *Hunteria***
22. 蓇葖果
24. 副花冠存在；种子具种毛 ······ **87. 倒吊笔属 *Wrightia***
24. 副花冠缺失；种子无种毛
25. 花萼裂片宿存；种子具假种皮 ··· **77. 狗牙花属 *Tabernaemontana***
25. 花萼裂片早落；种子无假种皮 ······ **86. 马铃果属 *Voacanga***
16. 花冠裂片向右覆盖
26. 花冠裂片顶部延长成一带状长尾 ······ **76. 羊角拗属 *Strophanthus***
26. 花冠裂片顶部不延长成一带状长尾
27. 乔木或灌木
28. 核果；种子无种毛 ······ **49. 蕊木属 *Kopsia***
28. 蓇葖果；种子具种毛
29. 种子不具喙 ······ **42. 止泻木属 *Holarrhena***
29. 种子具长喙
30. 花冠管中部一侧肿胀，喉部紧缩；花药内藏；蓇葖 2，分叉 ······ **33. 丝胶树属 *Funtumia***
30. 花冠管圆筒状，在喉部略为宽大；花药内藏或伸出；蓇葖 2，宽展像“人”字 ······ **48. 倒缨木属 *Kibatalia***
27. 藤本
31. 花冠漏斗状、近辐状、钟状、坛状

32. 雄蕊伸出
33. 花萼裂片内面基部腺体整齐排列；蓇葖2个合生……………………………………………………………**12. 清明花属** ***Beaumontia***
33. 花萼裂片内面基部腺体有或无；蓇葖长圆形，顶部渐尖，先合生后离生……………………………………………**84. 纽子花属** ***Vallaris***
32. 雄蕊内藏
34. 叶柄间具线状托叶或连线
35. 叶柄间具连线和腺体；总状或圆锥状聚伞花序，顶生或近腋生；花药不与柱头粘连………**23. 鹿角藤属** ***Chonemorpha***
35. 托叶线状；花序少花，腋生；花药与柱头粘连……………………………………………………………**51. 文藤属** ***Mandevilla***
34. 叶柄间无线状托叶或连线
36. 花冠近钟状，花冠管中部以下紧缩成圆筒形；蓇葖椭圆状披针形…………………………………………**7. 毛车藤属** ***Amalocalyx***
36. 花冠近坛状或近辐状；蓇葖线状披针形……………………………………………………………………**83. 水壶藤属** ***Urceola***
31. 花冠高脚碟状
37. 雄蕊伸出
38. 伞房状聚伞花序；花冠管喉部紧缩；柱头顶端2裂或全缘……………………………………………………………**62. 同心结属** ***Parsonsia***
38. 三至五歧圆锥状聚伞花序；花冠管圆筒状，喉部紧缩；柱头顶端圆锥状…………………………………………**67. 帘子藤属** ***Pottsia***
37. 雄蕊内藏
39. 花药药隔顶端具长柔毛
40. 二至三歧圆锥状或伞房状聚伞花序；雄蕊着生在花冠管的中部以下……………………………………**24. 金平藤属** ***Cleghornia***
40. 圆锥状聚伞花序；雄蕊着生在花冠管中部以上
41. 叶顶端尾尖；雄蕊着生于花冠筒近喉部；子房被柔毛……………………………………………………**72. 毛药藤属** ***Sindechites***
41. 叶顶端渐尖；雄蕊着生于花冠筒中部；子房无毛…………………………………………………………**75. 扭梗藤属** ***Streptoechites***
39. 花药药隔顶端无长柔毛
42. 种子具喙………………………………………………**9. 鳝藤属** ***Anodendron***
42. 种子不具喙
43. 雄蕊着生在花冠管中部以下，内藏
44. 花冠喉部具长柔毛…………**32. 思茅藤属** ***Epigynum***
44. 花冠喉部光滑……………………**3. 香花藤属** ***Aganosma***
43. 雄蕊着生在花冠管内部不同位置，内藏或伸出
45. 花药包围但不贴生于柱头……………………………………………………………**46. 腰骨藤属** ***Ichnocarpus***
45. 花药腹部与柱头粘生‥**81. 络石属** ***Trachelospermum***
1. 叶柄顶端常具腺体；托叶常无；花粉为四合花粉，形成花粉块；花丝常合生成筒状或合蕊冠
46. 具四合花粉；雄蕊离生或至少上部离生
47. 花药背面或顶端被毛

48. 花药背面被髯毛，围绕并与柱头粘连 ……………………………………………… **65. 杠柳属** ***Periploca***

48. 花药顶端具长毛，离生 …………………………………………………………… **73. 须药藤属** ***Stelmocrypton***

47. 花药无毛

49. 花药药隔顶端无附属物

50. 副花冠与雄蕊分离；花药每室具 1 花粉块 ……………………………… **26. 白叶藤属** ***Cryptolepis***

50. 副花冠与花丝贴生；花药每室具 2 花粉块 ……………………………… **39. 海岛藤属** ***Gymnanthera***

49. 花药药隔顶端具膜片

51. 蓇葖外果皮具有很多膜质的纵翅 ……………………………………………… **56. 翅果藤属** ***Myriopteron***

51. 蓇葖圆柱状，平滑 ………………………………………………………………… **74. 马莲鞍属** ***Streptocaulon***

46. 花粉颗粒状，形成花粉块；雄蕊花丝合生成合蕊冠

52. 花药每室具 2 个花粉块

53. 花药药隔无顶生的膜片

54. 植株光滑；花萼裂片双盖覆瓦状排列，内面基部具有 5 个小腺体；副花冠裂片与雄蕊等长；柱头纺锤形，顶端短 2 裂 …………………………………… **37. 勐腊藤属** ***Goniostemma***

54. 植株常被长柔毛、锈色绒毛；花萼裂片内面基部具 5 个腺体或全缺；副花冠裂片稍长于雄蕊；柱头长喙状膨胀或圆柱状，顶端 2 裂或全缘 … **80. 弓果藤属** ***Toxocarpus***

53. 花药药隔具膜片

55. 木质藤本；花序腋外生；花冠裂片内面被长柔毛；副花药 1 轮；花药顶端不具透明膜片 …………………………………………………………………………… **34. 须花藤属** ***Genianthus***

55. 藤状灌木或半灌木；花序腋生；花冠裂片内面光滑；副花冠常 2 轮；花药顶端具有透明膜片 ………………………………………………………………………… **70. 鲫鱼藤属** ***Secamone***

52. 花药每室具 1 花粉块

56. 植株常生于树上或石上；叶常肉质

57. 花冠坛状，花冠裂片镊合状排列；副花冠直立 ………………………… **29. 眼树莲属** ***Dischidia***

57. 花冠肉质，辐射状，裂片开放后扁平或反折；副花冠星状开展 ····· **44. 球兰属** ***Hoya***

56. 植株常生于地上；叶常膜质至革质

58. 花药顶端膜片缺失或不明显

59. 副花冠 2 轮 ………………………………………………………………… **22. 吊灯花属** ***Ceropegia***

59. 副花冠 1 轮

60. 花药顶端无附属物 ………………………………………………… **16. 润肺草属** ***Brachystelma***

60. 花药顶端具膜片

61. 木质藤本；花冠裂片向左覆盖或镊合状排列；柱头膨大，顶端近平坦，基部 5 棱 …………………………………………………… **41. 醉魂藤属** ***Heterostemma***

61. 直立草本；花冠裂片向右覆盖；花柱极短；柱头盘状五角形，顶端 2 裂 ……………………………………………………………………… **63. 石萝藦属** ***Pentasachme***

58. 花药顶端具明显的膜片

62. 副花冠 2 轮 ……………………………………………………………… **59. 尖槐藤属** ***Oxystelma***

62. 副花冠 1 轮

63. 直立草本、灌木或半灌木

64. 植株全体被灰白色绒毛或无毛 ………………………………… **17. 牛角瓜属** ***Calotropis***

64. 植株全体光滑

65. 副花冠杯状、筒状或 5 裂 …………………………… **27. 鹅绒藤属** ***Cynanchum***

65. 副花冠兜状

66. 蓇葖果外果皮光滑 ……………………………… **11. 马利筋属** ***Asclepias***

66. 蓇葖果外果皮具软刺……………………**35. 钉头果属 *Gomphocarpus***

63. 藤本或藤状、缠绕性或攀援性灌木，草质或木质

67. 副花冠裂片缺失，或退化为离生的鳞片

68. 花萼裂片近叶状……………………………………**47. 黑鳗藤属 *Jasminanthes***

68. 花萼裂片不为叶状

69. 花冠管内部具 5 条纵脊，有时更突出为肉质裂片，在脊两侧或可具毛…………………………………………………**40. 匙羹藤属 *Gymnema***

69. 花冠管不具上述特征

70. 花冠裂片比花冠管短；柱头棍棒状，顶端伸出…………………………………………………………………**2. 乳突果属 *Adelostemma***

70. 花冠裂片较花冠管长或近等长；柱头球形或圆锥形，内藏

71. 花冠坛状或钟状；副花冠裂片与雄蕊对生……………………………………………………………**36. 纤冠藤属 *Gongronema***

71. 花冠浅碗状；副花冠裂片与雄蕊互生…………………………………………………………………**71. 四川藤属 *Sichuania***

67. 副花冠发育良好，或在合蕊冠基部形成一环

72. 茎和叶被黄色长柔毛；花冠裂片上部退化成为极长钻状的尾；花药近方形，顶端线状…………………………**30. 金凤藤属 *Dolichopetalum***

72. 茎和叶无黄色长柔毛；花冠裂片上部钝圆或尖；花药顶端近圆形

73. 副花冠贴生于合蕊冠基部

74. 柱头延伸成 1 长喙……………………………**55. 萝藦属 *Metaplexis***

74. 柱头盘状或圆锥形

75. 果皮较厚

76. 叶常退化成托叶状……**38. 天星藤属 *Graphistemma***

76. 茎无托叶状的叶片

77. 花冠高脚碟状………………**78. 夜来香属 *Telosma***

77. 花冠近辐状或钟状

78. 花萼裂片内面基部无腺体；花冠辐状；副花冠环状，肉质，比花药短…………………………………………**43. 铰剪藤属 *Holostemma***

78. 花萼裂片内面基部具 5 个腺体；花冠钟状；副花冠裂片长圆状披针形，下端长尖，高出合蕊柱………**68. 大花藤属 *Raphistemma***

75. 果皮较薄

79. 花冠坛状或近钟状………………**14. 秦岭藤属 *Biondia***

79. 花冠辐状

80. 副花冠杯状、筒状或 5 深裂，其顶端具各式浅裂片或锯齿，膜质或肉质；花药顶端的膜片内弯；蓇葖外果皮平滑，有时具软刺或狭翅…………………………………**27. 鹅绒藤属 *Cynanchum***

80. 副花冠裂片 5，肉质、膨胀；花药顶端膜片拱生于柱头上方；蓇葖通常平滑…………………………………**82. 娃儿藤属 *Tylophora***

73. 副花冠生于雄蕊或合蕊冠的背部

81. 花冠裂片芽时内折，开放后向右覆盖，边缘反卷…………………………………………………… **50. 折冠藤属 *Lygisma***

81. 花冠裂片芽时不内折，卵形，伸展

82. 花冠钟状、坛状；副花冠顶端渐尖

83. 柔弱草质藤本…………**28. 马兰藤属 *Dischidanthus***

83. 攀援木质藤本或灌木

84. 花序顶生或腋外生；副花冠裂片直立、渐尖；花药顶端膜片内弯；柱头长喙状或凸起……………………………………**52. 牛奶菜属 *Marsdenia***

84. 花序腋生；副花冠直立隆起成侧面平板状；花药顶端膜片覆盖着柱头；柱头盘状，五角形，顶端略凸起…………**64. 白水藤属 *Pentastelma***

82. 花辐状、浅碗状或短钟状；副花冠顶端 2 裂或全缘

85. 花序腋外生

86. 副花冠裂片肉质，镰刀状，星状，平展；花药顶端膜片宽卵形，覆盖柱头…………………………………………………**13. 箭药藤属 *Belostemma***

86. 副花冠裂片扁平，顶端 2 裂或全缘；花药顶端膜片内弯…………**25. 荟蔓藤属 *Cosmostigma***

85. 花序腋生

87. 副花冠 5 裂，裂片肉质，呈放射状展开，外角钝或矩形，内角延长成一尖齿紧靠花药；花药顶端具内弯的膜片；蓇葖外果皮具纵棱条或横皱褶片状，或平滑………**31. 南山藤属 *Dregea***

87. 副花冠裂片 5，直立，肉质，背部隆起，基部增厚；花药顶端具有阔卵形的膜片，覆盖着柱头；蓇葖果皮多纤维，平滑…………………………………………………**54. 驼峰藤属 *Merrillanthus***

1. *Acokanthera* G. Don 长药花属

Acokanthera G. Don (1837: 485); Li et al. (1995a: 147) [Lectotype: *A. lamarckii* G. Don, *nom. illeg.* (=*A. oppositifolia* (Lamarck) Codd≡*Cestrum oppositifolium* Lamarck)]

特征描述：灌木或小乔木，含白色乳汁。叶对生。伞房花序，常簇生，腋生；花萼裂片内面无腺体；花冠高脚碟状，花冠裂片向左覆盖；副花冠缺失；雄蕊贴生于花冠管喉部；花药药隔凸尖，被毛，基部二叉；子房 2 室，每室 1 胚珠；柱头短锥形，基部具 1 圈乳突，顶端微 2 裂。浆果，球形或椭球形。花粉单粒，3 孔沟，穿孔或皱状纹饰。染色体 $2n$=22。

分布概况：5/1 种，**6 型**；原产非洲南部和东部热带地区及阿拉伯；中国北京引种栽培。

系统学评述：该属隶属于假虎刺族 Carisseae[3]。

DNA 条形码研究：BOLD 网站有该属 3 种 8 个条形码数据。

代表种及其用途：长药花 *A. oppositifolia* (Lamarck) Codd 含强心苷，可药用。

2. *Adelostemma* J. D. Hooker 乳突果属

Adelostemma J. D. Hooker (1883: 20); Li et al. (1995b: 205) [Type: *A. gracillimum* (Wallich ex Wight) J. D. Hooker (≡*Cynanchum gracillimum* Wallich ex Wight)]

特征描述：柔弱的缠绕藤本。叶对生。伞房状聚伞花序，腋生；花萼裂片双盖覆瓦状排列，内面基部具 5 个腺体；花冠钟状，裂片 5 枚，比花冠管短，向右覆盖；副花冠存在时 5 裂，裂片呈三角形，生于合蕊冠的中部；花药顶部具膜片；花粉块每室 1 个；子房由 2 枚离生心皮组成；柱头伸出，2 裂。蓇葖果，常单生，外果皮常具乳头状凸起。种子近圆形，扁平，边缘膜质，顶端具绢毛。染色体 $2n$=18。

分布概况：1/1 种，**7 型**；分布于缅甸；中国产云南、贵州和广西。

系统学评述：该属隶属于马利筋族 Asclepiadeae[3]。

代表种及其用途：乳突果 *A. gracillimum* (Wallich ex Wight) J. D. Hooker 是重要的药用植物，民间用其根作滋补强壮药，治疗小儿惊风症和风湿关节痛。

3. *Aganosma* (Blume) G. Don 香花藤属

Aganosma (Blume) G. Don (1837: 69); Li et al. (1995a: 168) (Type: *A. caryophyllata* G. Don)

特征描述：攀援灌木。叶对生。聚伞花序，顶生或腋生；苞片和小苞片萼片状；花萼裂片双盖覆瓦状排列，内面具 5 至多个腺体，常较花冠管长；花冠高脚碟状，花冠裂片芽时裂片向右覆盖；雄蕊着生于花冠管内中部以下，内藏；花药腹面靠合在柱头上；子房由 2 枚离生心皮组成，胚珠多数；柱头圆锥状，顶端 2 裂。蓇葖双生，圆柱状；种子扁平，顶端具绢毛。染色体 $2n$=22。

分布概况：8/5 种，**7 型**；分布于亚洲南部至东南部；中国产西南至华南。

系统学评述：该属隶属于罗布麻族 Apocyneae。Middleton[11]对该属的分类进行了全面修订，承认该属仅有 8 种。

DNA 条形码研究：BOLD 网站有该属 3 种 6 个条形码数据；GBOWS 网站已有 1 种 7 个条形码数据。

4. *Allamanda* Linnaeus 黄蝉属

Allamanda Linnaeus (1771: 146); Li et al. (1995a: 165) (Type: *A. cathartica* Linnaeus)

特征描述：灌木。叶轮生或对生，稀互生，叶腋内常有腺体。总状花序式的聚伞花序，顶生；花萼裂片内面基部无腺体或有少数腺体；花冠漏斗状，裂片向左覆盖；副花冠退化成流苏状，被具缘毛的鳞片或只有毛；子房 1 室，胚珠多数，具 2 个侧膜胎座，2 至多列；柱头基部膨大，顶部圆锥状。蒴果，卵圆形，有刺，开裂成 2 瓣。种子互相覆盖，扁平，边缘膜质或具翅。花粉粒 3 孔沟，穿孔或具槽纹饰。染色体 $2n$=18，36。

分布概况：约 15/2 种，**3 型**；原产热带美洲，广植于热带及亚热带地区；中国长江以南栽培。

系统学评述：该属隶属于鸡蛋花族 Plumerieae[3]。

DNA 条形码研究：BOLD 网站有该属 3 种 14 个条形码数据；GBOWS 网站已有 2 种 16 个条形码数据。

代表种及其用途：该属植物全株有毒，具有杀虫的功效，其环烯醚萜类内酯成分具有抗肿瘤和抗真菌的生物活性。同时，该属植物也为常见的观赏植物，用于园林绿化。

5. *Alstonia* R. Brown 鸡骨常山属

Alstonia R. Brown (1811: 75), *nom. cons.* ; Li et al. (1995a: 154) [Type: *A. scholaris* (Linnaeus) R. Brown, *typ. cons.* (≡*Echites scholaris* Linnaeus)].——*Winchia* A. de Candolle (1844: 326)

特征描述：乔木或灌木，具乳汁；侧枝轮生。叶常为 3-4（-8）片轮生，侧脉密生而平行。伞房状的聚伞花序，顶生或近顶生；花萼裂片为双盖覆瓦状排列，无腺体；花冠高脚碟状，喉部无副花冠，被柔毛至近无毛，花冠裂片芽期向左覆盖；雄蕊内藏；子房由 2 枚离生心皮组成，胚珠多数；柱头顶端 2 裂。蓇葖双生，离生，叉开或并行。种子扁平，两端被毛。花粉粒具 2 或 4 沟孔或“H”形内萌发孔，穿孔或不穿孔纹饰，或具槽。染色体 $2n$=22，44，80，88。

分布概况：约 60/8（3）种，**4 型**；分布于热带非洲，亚洲和澳大利亚；中国产广东、广西和云南。

系统学评述：该属隶属于鸡骨常山族 Alstonieae[3]。

DNA 条形码研究：BOLD 网站有该属 4 种 34 个条形码数据；GBOWS 网站已有 3 种 28 个条形码数据。

代表种及其用途：盆架树 *A. rostrata* Fischer 为中国南方地区优良的街道树，具有很高的观赏价值；另外，其茎皮也可药用。从鸡骨常山 *A. yunnanensis* Diels 根中提取总生物碱进行肿瘤细胞组织培养筛选，发现总碱有抑制肿瘤细胞生长的作用。

6. *Alyxia* Banks ex R. Brown 链珠藤属

Alyxia Banks ex R. Brown (1810: 469); Li et al. (1995a: 159); Middleton (2000: 1) (Type: *A. spicata* R. Brown, *typ. cons.*)

特征描述：藤状灌木，具乳汁。叶对生或 3-4 枚轮生。总状式聚伞花序，顶生或腋生；花萼裂片内无腺体；花冠高脚碟状，花冠管喉部无鳞片；花冠裂片芽期向左覆盖；雄蕊内藏；子房由 2 枚离生心皮组成，每心皮有胚珠 4-6，2 排；柱头顶端 2 裂或全缘。核果，常连结成链珠状。花粉粒圆筒形，单生，两端各具 1 个大萌发孔，光滑或颗粒状纹饰。染色体 $2n$=36。

分布概况：108/9（1）种，**5 型**；分布于亚洲东部，马来西亚，澳大利亚至太平洋群岛；中国产西南至华南。

系统学评述：该属隶属于链珠藤族 Alyxieae[3]。Middleton[12,13]对该属植物的分类进行了全面修订，确认了亚洲大陆和马来西亚地区有该属植物 69 种，澳大利亚和太平洋群岛区域有 39 种。

DNA 条形码研究：BOLD 网站有该属 7 种 11 个条形码数据；GBOWS 网站已有 3 种 14 个条形码数据。

7. *Amalocalyx* Pierre 毛车藤属

Amalocalyx Pierre (1898: 28); Li et al. (1995a: 172) (Type: *A. microlobus* Pierre)

特征描述：木质藤本。叶对生。聚伞花序近伞房状，腋生；花萼裂片内面基部腺体很多；花冠近钟状，花冠管中部以下紧缩成圆筒形，花冠裂片芽期向右覆盖；花丝具长柔毛；子房 2 心皮，胚珠多数。蓇葖双生，椭圆状披针形，向端部渐狭。种子卵圆形，种毛黄色绢质。

分布概况：1/1 种，**7 型**；分布于亚洲东南部；中国产云南。

系统学评述：该属隶属于罗布麻族[3]。

DNA 条形码研究：BOLD 网站有该属 1 种 1 个条形码数据；GBOWS 网站已有 1 种 12 个条形码数据。

8. *Amsonia* Walter 水甘草属

Amsonia Walter (1788: 98); Li et al. (1995a: 156) (Lectotype: *A. tabernaemontana* Walter)

特征描述：直立草本。叶互生。聚伞花序，顶生；花萼裂片基部内面常无腺体，双盖覆瓦状排列；花冠高脚碟状，花冠管圆筒形，上部膨大，喉部被长柔毛，花冠裂片芽期向左覆盖；雄蕊内藏；子房由 2 枚离生心皮组成，胚珠多数。蓇葖 2 个，圆筒状。种子长圆形。花粉粒 3 孔或孔沟，光滑或穿孔纹饰。染色体 $2n=22$，32。

分布概况：约 20/1 种，**9 型**；分布于南美洲，日本；中国产江苏、安徽。

系统学评述：该属原归入了蔓长春花族 Vinceae，但最新的研究将其独立成为水甘草族 Amsonieae[3]。

DNA 条形码研究：BOLD 网站有该属 2 种 6 个条形码数据。

9. *Anodendron* A. de Candolle 鳝藤属

Anodendron A. de Candolle (1844: 443); Li et al. (1995a: 181) [Type: *A. paniculatum* (Roxburgh) A. de Candolle (≡*Echites paniculatus* Roxburgh)]

特征描述：攀援灌木。叶对生。聚伞花序，顶生或腋生；花萼裂片基部内面有少数腺体，裂片双盖覆瓦状排列；花冠高脚碟状，花冠管圆筒状，花喉紧缩，无鳞片，花冠裂片芽时向右覆盖；雄蕊着生于花冠管的基部；花药粘生于柱头的中部；子房为 2 离生心皮，胚珠多数；柱头基部膨胀成环状。蓇葖双生，端部渐尖；种子呈压扁状，有喙。

分布概况：17/5（4）种，**7 型**；分布于亚洲南部和东南部；中国产长江以南。

系统学评述：该属隶属于罗布麻族。Middleton[14]对该属植物进行了全面的分类学修订。

DNA 条形码研究：BOLD 网站有该属 4 种 5 个条形码数据；GBOWS 网站已有 1 种 4 个条形码数据。

10. *Apocynum* Linnaeus 罗布麻属

Apocynum Linnaeus (1753: 213); Li et al. (1995a: 181) (Lectotype: *A. androsaemifolium* Linnaeus). ——*Poacynum* Baillon (1888: 757); *Trachomitum* Woodson (1930: 157)

特征描述：半灌木，具乳汁。叶常对生；叶柄基部及腋间具腺体。一至多歧圆锥状聚伞花序，顶生或腋生；花萼裂片内面无腺体；花冠钟状或盆状，裂片的基部芽期向右覆盖，副花冠生于花冠管内面基部；雄蕊与副花冠裂片互生；花药内藏；子房由 2 枚离生心皮组成，胚珠多数。蓇葖双生。种子顶端具绢毛。花粉四合体，多萌发孔，光滑或稀疏穿孔。染色体 2*n*=22。

分布概况：9/2 种，**9 型**；广布北美洲，欧洲东部及亚洲的温带地区；中国产西北、华北及东北。

系统学评述：该属隶属于罗布麻族[3]。

DNA 条形码研究：BOLD 网站有该属 4 种 34 个条形码数据；GBOWS 网站已有 2 种 28 个条形码数据。

代表种及其用途：该属植物的茎皮纤维坚韧，是纺织、造纸及国防工业的重要原料。此外，罗布麻 *A. venetum* Linnaeus 具有很高的药用价值，其叶含芸香苷、槲皮素等多种成分，有防治感冒、镇咳、降血压、降血脂、抗炎、抗过敏等功用，用嫩叶制成的罗布麻茶，有清凉去火、防止头晕的作用。

11. *Asclepias* Linnaeus 马利筋属

Asclepias Linnaeus (1753: 214); Li et al. (1995b: 203) (Lectotype: *A. syriaca* Linnaeus)

特征描述：多年生草本。叶对生或轮生。伞形聚伞花序，顶生或腋生；花萼裂片内面基部有腺体 5-10 个；花冠辐状，裂片芽期镊合状排列，反折；副花冠贴生于合蕊冠上，兜状，内有舌状片；花丝合生成合蕊冠；花药顶端有膜片；花粉块每室 1 个；子房由 2 枚离生心皮组成；柱头五角状或 5 裂。蓇葖果。种子顶端具绢毛。花粉无萌发孔。染色体 2*n*=22。

分布概况：约 120/1 种，**2 型**；分布于美洲，非洲，南欧和亚洲热带与亚热带地区；中国长江以南栽培。

系统学评述：该属隶属于马利筋族[3]。长期以来，对该属范围的界定一直在争论，目前倾向于按照地理分布来划分。狭义的马利筋属限于美洲的种类，分子系统学研究表明其为单系类群[15]。

DNA 条形码研究：BOLD 网站有该属 33 种 124 个条形码数据；GBOWS 网站已有 1 种 8 个条形码数据。

代表种及其用途：该属植物民间用于治疗各种肿瘤，*A. albicans* S. Watson 的提取物具有细胞毒性，并可能成为抗癌药的成分。马利筋 *A. curassavica* L.为南方常见的观赏植物。

12. *Beaumontia* Wallich 清明花属

Beaumontia Wallich (1824: 14, t. 7); Li et al. (1995a: 175) (Type: *B. grandiflora* Wallich)

特征描述：粗壮藤本。叶对生，叶腋内有腺体。花序聚伞状，或有时圆锥状或伞房状，顶生或腋生；花萼裂片大，叶状，内面基部腺体整齐排列；花冠钟状，花冠喉部宽大，无附属体，裂片芽期向右覆盖；雄蕊着生于花冠管内部狭窄处；花丝弓形；花药常伸出，贴生于柱头上；子房由 2 枚心皮合生而成，胚珠多数。蓇葖 2 个合生，木质。种子长圆状倒卵圆形，顶端有种毛。花粉粒具颗粒状纹饰。染色体 $2n$=24。

分布概况：9/5（1）种，**7 型**；分布于亚洲东部和东南部；中国产广东、广西和云南。

系统学评述：该属隶属于罗布麻族[3]。Rudjiman[16]对该属分类进行了全面修订。分子和形态数据的综合分析表明，该属与络石属 *Trachelospermum* 的关系近缘[17]。

DNA 条形码研究：BOLD 网站有该属 2 种 5 个条形码数据；GBOWS 网站已有 1 种 4 个条形码数据。

代表种及其用途：清明花 *B. grandiflora* Wallich 除可以作为观赏植物外，在民间也用于治疗跌打损伤和风湿病等。

13. *Belostemma* Wallich ex Wight 箭药藤属

Belostemma Wallich ex Wight (1834: 52); Li et al. (1995b: 251) [Type: *B. hirsutum* (Wallich) Wallich ex Wight (≡*Gymnema hirsutum* Wallich)]

特征描述：缠绕藤本或攀援半灌木。叶对生。聚伞花序，腋外生；花萼裂片双盖覆瓦状排列，内面基部有 5 个腺体；花辐状，花冠管短，花冠裂片芽期镊合状排列；副花冠着生于合蕊冠背面；花药顶端膜片宽卵形，覆于柱头；花粉块每室 1 个，近圆球状；子房由 2 枚离生心皮组成；柱头盘状五角形，伸出。蓇葖果，多单生。

分布概况：3/3（2）种，**7 型**；分布于印度，尼泊尔；中国产云南南部和四川。

系统学评述：Liede 和 Albers[18]将该属植物归入牛奶菜族 Marsdenieae，也有将其归入马利筋族，并作为广义白前属[19]，但这些不同的处理尚缺少分子系统学研究的支持。此处在分类上仍保留其作为属的处理，并将之归入马利筋族。

14. *Biondia* Schlechter 秦岭藤属

Biondia Schlechter (1905: 91); Li et al. (1995b: 223) (Type: *B. chinensis* Schlechter)

特征描述：多年生草质藤本。叶对生。聚伞花序有花单朵至数朵，腋生；花萼裂片镊合状排列，内面基部有 5 个腺体；花冠坛状或近钟状；副花冠着生于合蕊冠基部，环状，顶端 5 浅裂或齿状；花药近四方形，顶端具薄膜片；花粉块每室 1 个；子房由 2 枚离生心皮组成，柱头盘状五角形，端部略 2 裂。蓇葖果，常单生，稀双生，狭披针形。

种子线形，顶端具白色绢质种毛。

分布概况：约 13/13（13）种，**15 型**；分布于中国西北、华北、西南和华东。

系统学评述：该属隶属于马利筋族[3]。分子系统学研究表明该属应归入广义的白前属[10]，但由于这种处理尚未得到形态学证据的强力支持，故暂不做进一步处理。

代表种及其用途：宽叶秦岭藤 *B. hemsleyana* (Warburg) Tsiang 主要用于治疗胃痛。

15. *Bousigonia* Pierre 奶子藤属

Bousigonia Pierre (1894: 324); Li et al. (1995a: 150) (Type: *B. mekongensis* Pierre)

特征描述：攀援灌木，具乳汁。叶对生。聚伞花序，顶生或腋生；花萼裂片双盖覆瓦状排列，内面基部腺体多数；花冠高脚碟状，喉部无鳞片，花冠裂片芽期向左覆盖；雄蕊内藏；子房 1 室，胎座 2，每胎座有胚珠 2；柱头顶端 2 裂。浆果，肉质。种皮脆骨质。

分布概况：2/2 种，**7 型**；分布于越南；中国产云南。

系统学评述：该属隶属于 Willughbeieae[3]。

DNA 条形码研究：BOLD 网站有该属 1 种 2 个条形码数据；GBOWS 网站已有 1 种 3 个条形码数据。

16. *Brachystelma* R. Brown 润肺草属

Brachystelma R. Brown (1822: t. 2343), *nom. cons.*; Li et al. (1995b: 265) [Type: *B. tuberosum* (Meerburgh) R. Brown (≡*Stapelia tuberosa* Meerburgh)]

特征描述：直立或缠绕草本，有块根。叶对生。花单生或数朵组成腋生的伞形花序或顶生的总状花序；花萼裂片内面基部具 5 个腺体；花冠钟状或辐状，裂片芽期镊合状排列；副花冠着生在合蕊冠上，环状，顶端 5-10 裂，其中 5 裂片再分 3 小裂或呈宽膜片；合蕊柱短；花药顶端无膜片；花粉块每室 1 个；子房由 2 枚离生心皮组成。蓇葖双生，细长。种子顶端被白色绢质种毛。染色体 $2n=22$。

分布概况：约 60/2 种，**4 型**；分布于非洲，大洋洲及亚洲东南部；中国产云南和广西。

系统学评述：该属与吊灯花属 *Ceropegia* 的亲缘关系较近[20]，并共同成为吊灯花族 Ceropegieae 的核心类群[21]。

DNA 条形码研究：BOLD 网站有该属 12 种 12 个条形码数据。

17. *Calotropis* R. Brown 牛角瓜属

Calotropis R. Brown (1810: 39); Li et al. (1995b: 202) [Lectotype: *C. procera* (W. T. Aiton) W. T. Aiton (≡*Asclepias procera* W. T. Aiton)]

特征描述：灌木，被灰白色绒毛或无毛。叶对生。伞形或近总状聚伞花序，腋外生或顶生；花萼裂片内面基部有腺体；花冠宽钟状或近辐状，裂片芽期镊合状排列或向右覆盖；副花冠贴生于合蕊冠，肉质，其基部成 1 外卷的距；雄蕊着生于花冠管基部；花药顶端具内折膜片；花粉块每室 1 个；子房由 2 枚离生心皮组成；柱头五角形。蓇葖单生。种子卵圆形，顶端具白色绢质种毛。染色体 $2n$=22。

分布概况：3/2 种，**6 型**；分布于非洲北部至热带亚洲地区；中国产华南及西南。

系统学评述：该属隶属于马利筋族[3]。

DNA 条形码研究：BOLD 网站有该属 2 种 14 个条形码数据；GBOWS 网站已有 1 种 20 个条形码数据。

代表种及其用途：牛角瓜 *C. gigantea* Linnaeus 和白花牛角瓜 *C. procera* (Aiton) W. T. Aiton 为传统药用植物，具有抗菌、消炎、驱虫、化痰、解毒等作用，用于哮喘、咳嗽、麻风病、溃疡、痔疮、肿瘤等疾病的治疗。

18. *Cameraria* Linnaeus 鸭蛋花属

Cameraria Linnaeus (1753: 210); Li et al. (1995a: 165) (Lectotype: *C. latifolia* Linnaeus)

特征描述：乔木或灌木。叶对生，二级脉多而平行。聚伞状伞形花序有花 1 至多朵；花萼裂片基部无腺体；花冠漏斗形或高脚碟状，花冠管基部或顶部一边肿胀，喉部无鳞片，裂片边缘不等，芽时向左覆盖；雄蕊贴生于花冠管中上部，伸出或内藏，药隔延伸成长的具刚毛的附属物；子房 2 室，胚珠多数；柱头圆锥形，2 裂。蓇葖 2，翅果状，反折或平展。种子卵球形。

分布概况：4/1 种，**6 型**；原产加勒比地区；中国广东有引种。

系统学评述：该属隶属于鸡蛋花族[3]。

DNA 条形码研究：BOLD 网站有该属 1 种 1 个条形码数据。

代表种及其用途：该属植物可作为膏药的成分，具消肿的作用。

19. *Carissa* Linnaeus 假虎刺属

Carissa Linnaeus (1767: 135); Li et al. (1995a: 146); Leeuwenberg & van Dilst (2001: 1) (Type: *C. carandas* Linnaeus)

特征描述：灌木，具刺。叶对生。聚伞花序，顶生或腋生；花萼裂片基部内面具有离生腺体或无腺体；花冠高脚碟状，花冠喉部无鳞片，花冠裂片芽期向右或向左覆盖；雄蕊内藏；花药顶端钝或药隔具细尖头；子房 2 室，胚珠每室常 1-4，2 列；柱头顶端短 2 裂。浆果，球形或椭圆形，2 室或仅有 1 室发育。种子盾状。花粉粒 3 萌发孔，穿孔纹饰。染色体 $2n$=22，66。

分布概况：7/3 种，**4 型**；分布于亚洲，大洋洲及非洲的热带和亚热带地区；中国产台湾、广东、云南和贵州。

系统学评述：该属隶属于假虎刺族[3]。Leeuwenberg 和 van Dilst[22]对该属植物进行了全面的分类学修订，提出了 21 个新异名，该属仅包含 7 种。

DNA 条形码研究：BOLD 网站有该属 9 种 21 个条形码数据；GBOWS 网站已有 1 种 8 个条形码数据。

20. *Catharanthus* G. Don 长春花属

Catharanthus G. Don (1837: 71); Li et al. (1995a: 156) [Lectotype: *C. roseus* (Linnaeus) G. Don (≡*Vinca rosea* Linnaeus)]

特征描述：草本，有水液。叶对生，叶腋内和叶腋间有腺体。花单生或 2-3 朵组成聚伞花序，顶生兼腋生；花萼基部内面无腺体；花冠高脚碟状，花冠喉部紧缩，内面具刚毛，花冠裂片芽期向左覆盖；雄蕊着生于花冠管中部之上，内藏；子房由 2 枚离生心皮组成，胚珠多数。蓇葖双生，圆筒状具条纹。种子长圆状圆筒形，两端截形，具颗粒状小瘤。花粉粒 3 沟，表面光滑，密布小孔。染色体 2*n*=16，24，32。

分布概况：8/1 种，**6 型**；分布于马达加斯加，印度和斯里兰卡；中国长江以南引种栽培。

系统学评述：该属隶属于蔓长春花族[3]。

DNA 条形码研究：BOLD 网站有该属 2 种 19 个条形码数据；GBOWS 网站已有 1 种 8 个条形码数据。

代表种及其用途：长春花 *C. roseus* (Linnaeus) G. Don 含有萜类生物碱、二聚吲哚生物碱、单吲哚生物碱等多种生物碱类活性成分和黄酮类成分，近年来其单体成分或结构修饰物作为药物被广泛用于治疗多种癌症、糖尿病、高血压及霍奇金病。此外，该属植物也有重要的观赏价值。

21. *Cerbera* Linnaeus 海杧果属

Cerbera Linnaeus (1753: 208); Li et al. (1995a: 164) (Type: *C. manghas* Linnaeus)

特征描述：乔木，具乳汁。叶螺旋状互生。聚伞花序，顶生；花萼裂片内面基部无腺体；花冠高脚碟状，花冠管喉部具 5 枚被短柔毛的鳞片，花冠裂片芽期向左覆盖；雄蕊着生在花冠管喉部，内藏；子房由 2 枚离生心皮组成，每心皮有胚珠 4；柱头顶端 2 裂。核果，双生或单个，外果皮纤维质或木质。花粉粒 3 孔沟，外壁粗糙，穿孔，或为皱状或微网状纹饰。染色体 2*n*=40，44。

分布概况：3/1 种，**6 型**；分布于亚洲和非洲热带与亚热带地区，澳大利亚及太平洋群岛；中国产广东、广西、海南和台湾的海岸。

系统学评述：该属隶属于鸡蛋花族[3]。Leeuwenberg[23]曾对该属植物进行了全面修订。

DNA 条形码研究：BOLD 网站有该属 4 种 17 个条形码数据；GBOWS 网站已有 1 种 3 个条形码数据。

代表种及其用途：海杧果 *C. manghas* Linnaeus 和该属其他种类的主要化学成分为强心甾体类、萜类和苯丙素类，生物活性主要表现为具有毒性、杀虫、抗菌、抗氧化、抗肿瘤和中枢抑制作用，具有较高的药用价值。

22. *Ceropegia* Linnaeus 吊灯花属

Ceropegia Linnaeus (1753: 211); Li et al. (1995b: 266) (Lectotype: *C. candelabrum* Linnaeus)

特征描述：多年生草木，常具块茎；叶对生。花单生或形成伞状聚伞花序，常腋外生；花萼裂片基部具许多腺体；花冠管状，基部近漏斗状，裂片舌状，常弧形，顶端经常黏合，具缘毛；副花冠2轮，外轮5裂，合生成杯状，全缘或再深2裂成10齿裂，内轮裂片5；花丝合生成合蕊柱；花药顶端无膜片；花粉块每室1个，具膜边。蓇葖果，平滑。种子顶端具种毛。花粉粒无萌发孔，平滑有穿孔。染色体 $2n$=22，44，66。

分布概况：约200/18（12）种，**4型**；分布于亚洲东南部，经印度，澳大利亚，马达加斯加到非洲大陆；中国产西南。

系统学评述：该属隶属于吊灯花族。对该族的分子系统学研究表明其与润肺草属关系较近，并共同成为这一族的核心类群，但目前该属并非为单系类群[21]，其系统演化分支与地理分布相关[20]。

DNA条形码研究：BOLD网站有该属41种46个条形码数据；GBOWS网站已有4种20个条形码数据。

代表种及其用途：吊灯花 *C. dolichophylla* Schlechter具有明显的抗氧化活性，在抗衰老方面有广泛的应用前景。

23. *Chonemorpha* G. Don 鹿角藤属

Chonemorpha G. Don (1837: 69); Li et al. (1995a: 170) [Type: *C. macrophylla* G. Don (=*C. fragrans* (Moon) Alston≡*Echites fragrans* Moon)].——*Rhynchodia* Bentham (1876: 719)

特征描述：木质藤本，具乳汁。叶对生，叶柄间具连线和腺体。总状或圆锥状聚伞花序，顶生或近腋生；花萼裂片基部内面具腺体；花冠漏斗状，花冠喉部无副花冠；花冠裂片芽期向右覆盖；雄蕊着生于花冠管内面中部或近基部，内藏；子房由2枚离生心皮组成，胚珠多数。蓇葖双生，伸长，并行或略分叉，端部具短喙。种子扁平，具长尖喙，被毛。染色体 $2n$=20。

分布概况：约15/8（3）种，**7型**；分布于亚洲热带和亚热带地区；中国产西南和华南。

系统学评述：该属隶属于罗布麻族[3]。

DNA条形码研究：BOLD网站有该属1种2个条形码数据；GBOWS网站已有1种8个条形码数据。

代表种及其用途：该属植物具有通经活络、活血止痛、接骨生肌、降压等重要的药理活性；大多数含胶乳，可制备日常橡胶制品，为重要的橡胶植物；同时该属植物在农用上还具有较好的杀虫活性；也可作为园林景观植物，美化环境。

24. *Cleghornia* Wight 金平藤属

Cleghornia Wight (1848: 5); Li et al. (1995a: 187) (Lectotype: *C. acuminata* Wight)

特征描述：攀援灌木。叶对生。二至三歧圆锥状或伞房状聚伞花序，腋生或顶生；花萼裂片内面具腺体；花冠高脚碟状，花冠裂片芽期向右覆盖；雄蕊内藏，花药腹部与柱头粘连，顶部被长柔毛；子房由2枚离生心皮组成，胚珠多数。蓇葖双生，长圆柱形。

种子顶端具白色绢质种毛。

分布概况：4/1 种，**7 型**；分布于亚洲东南部；中国产云南南部和贵州。

系统学评述：该属隶属于罗布麻族[3]。金平藤属学名曾被误用为 *Baissea* A. de Candolle[FRPS]。

DNA 条形码研究：BOLD 网站有该属 1 种 1 个条形码数据。

25. *Cosmostigma* Wight 荟蔓藤属

Cosmostigma Wight (1834: 41); Li et al. (1995b: 238) [Type: *C. racemosum* (Roxburgh) Wight (≡*Asclepias racemosa* Roxburgh)]

特征描述：藤状灌木。叶对生。总状或伞形聚伞花序，腋外生；花萼裂片内面基部具腺体；花冠近辐状或短钟状，裂片镊合状排列或向右覆盖；副花冠裂片贴生于合蕊冠背部，顶端 2 裂或全缘；花药顶端膜片内弯；花粉块每室 1 个；子房由 2 枚离生心皮组成；柱头盘状。蓇葖果大，狭长圆形。种子顶端具白色绢质种毛。染色体 $2n=22$。

分布概况：3/1（1）种，**7 型**；分布于亚洲热带和亚热带地区；中国产海南。

系统学评述：该属隶属于牛奶菜族[3]。

DNA 条形码研究：BOLD 网站有该属 1 种 1 个条形码数据。

26. *Cryptolepis* R. Brown 白叶藤属

Cryptolepis R. Brown (1810: 69); Li et al. (1995b: 193) (Type: *C. buchananii* Roemer & Schultes)

特征描述：木质藤本，具乳汁。叶对生。聚伞花序，顶生或腋生；花萼裂片双盖覆瓦状排列，内面基部有 5-10 个腺体；花冠高脚碟状，花冠管圆筒状或钟状，花冠裂片向右覆盖；副花冠由 5 个鳞片组成；雄蕊着生于花冠管中部，内藏；每室具 1 花粉块；子房由 2 枚离生心皮组成，胚珠多数。蓇葖双生。种子长圆形，顶端具白色绢质种毛。四合花粉，4-6 萌发孔。染色体 $2n=22$。

分布概况：约 12/2 种，**6 型**；分布于亚洲和非洲热带地区；中国产华南和西南。

系统学评述：该属隶属于杠柳亚科[3]。

DNA 条形码研究：BOLD 网站有该属 7 种 7 个条形码数据；GBOWS 网站已有 1 种 12 个条形码数据。

代表种及其用途：从该属植物中分离得到的天然化合物主要有生物碱和强心苷，主要有抗菌、抗疟、消炎及抗病毒等活性。

27. *Cynanchum* Linnaeus 鹅绒藤属

Cynanchum Linnaeus (1753: 212); Li et al. (1995b: 205) (Lectotype: *C. acutum* Linnaeus).—— *Sarcostemma* R. Brown (1810: 463)

特征描述：灌木或多年生草本，直立或攀援。叶常对生。常伞形聚伞花序，腋外生，偶顶生或腋生；花萼裂片 5，基部内面有腺体 5-10 个或更多，有时无腺体，裂片常双盖覆瓦状排列；花冠辐状，比花冠管长，向左或右覆盖；副花冠杯状、筒状或5深裂，膜质或肉质，生于合蕊冠基部；花药顶端的膜片内弯；花粉块每室1个；柱头全缘或2裂。蓇葖双生或1个不发育，外果皮平滑，有时具软刺或狭翅。种子顶端具种毛。染色体 $2n=22$。

分布概况：约200/60（42）种，**1型**；分布于非洲，美洲，亚洲和欧洲的热带、亚热带及温带地区；中国产西南、西北及东北。

系统学评述：该属隶属于马利筋族[3]，其分类学问题长期以来争论很大。该属应归入到广义的白前属，也有观点认为这2个属不能归并。分子系统学的初步研究表明目前划分的该属是个多系类群[24,25]，其范畴也有待深入研究[26]。近期的研究支持将南美洲温带地区的一些种类归入 *Diplolepis* R. Brown[24]。由于肉珊瑚属 *Sarcostemma* R. Brown 在分子系统树上处于马达加斯加的具肉质多汁树干的鹅绒藤属的类群中，因此，其也被作为鹅绒藤属的异名[27,28]。

DNA 条形码研究：BOLD 网站有该属 82 种 97 个条形码数据；GBOWS 网站已有 11 种 97 个条形码数据。

代表种及其用途：鹅绒藤属植物具有较大的经济价值，大部分种类可以入药，具有抗肿瘤、免疫调节及抗氧化等功效，常见的著名的中药有徐长卿 *C. paniculatum* (Bunge) Kitagawa、白前 *C. glaucescens* (Decne) Handel-Mazzetti 和白薇 *C. atratum* Bunge 等。

28. *Dischidanthus* Tsiang 马兰藤属

Dischidanthus Tsiang (1936: 184); Li et al. (1995b: 249) [Type: *D. urceolatus* (Decaisne) Tsiang (≡*Marsdenia urceolata* Decaisne)]

特征描述：草质藤本。叶对生。聚伞花序，腋外生；花萼裂片内面基部有腺体5个；花冠坛状，花冠喉部紧缩，裂片略向右覆盖，基部加厚；副花冠生于合蕊冠背部，裂片5，肉质、两侧扁平、镰刀状、直立；花药顶端具膜片；花粉块每室1个；子房由2枚离生心皮组成。蓇葖双生。种子顶端具白色绢质种毛。

分布概况：1/1种，**7型**；分布于越南；中国产华南和西南。

系统学评述：该属是基于原为牛奶菜属而成立的，隶属牛奶菜族[3]。Forster[29]认为该属建立所依据的副花冠具直立的附属物、花冠坛状和花粉块细长等特征在属的划分上没有很大的意义，并建议将之归并到广义的牛奶菜属 *Marsdenia s.l.*，但却没有在命名上对此进行正式的归并，因此，此处也暂不做处理。

29. *Dischidia* R. Brown 眼树莲属

Dischidia R. Brown (1810: 461); Li et al. (1995b: 236) (Type: *D. nummularia* R. Brown)

特征描述：藤本或攀援半灌木，具乳汁。叶对生，肉质。聚伞花序，腋生；花萼裂片内面基部有5个腺体；花冠坛状，花冠喉部紧缩，裂片短而厚，镊合状排列；副花冠由5枚锚状片组成，着生于合蕊冠上，顶端2裂或全缘；合蕊冠极短；花粉块每室1个；花药顶端具膜片；子房由2枚离生心皮组成。蓇葖双生或单生。种子顶端具白色绢质种毛。

分布概况：约 80/7（2）种，**5 型**；分布于亚洲和大洋洲的热带与亚热带地区；中国产华南及西南。

系统学评述：该属隶属于牛奶菜族[3]。

DNA 条形码研究：BOLD 网站有该属 5 种 11 个条形码数据。

30. *Dolichopetalum* Tsiang 金凤藤属

Dolichopetalum Tsiang (1973: 137); Li et al. (1995b: 237) (Type: *D. kwangsiense* Tsiang)

特征描述：藤状灌木。茎和叶被黄色长柔毛。叶对生，基脉掌状 5 出；叶柄顶端具有 10 个丛生的小腺体。总状聚伞花序，腋生；花萼裂片双盖覆瓦状排列，内面基部具有许多小腺体；花冠管盆状，裂片镊合状排列，下部宽卵形而上部退化成为极长钻状的尾；副花冠贴生于合蕊柱的背面；花丝合生；花药顶端线状；着粉腺比花粉块略长；离生心皮 2 枚，胚珠多数；柱头短锥形，顶端微凹。蓇葖单生，平滑。种子椭圆形，顶端具丝状的种毛。

分布概况：单种属，**15 型**；特产中国广西西部和贵州。

系统学评述：该属隶属于牛奶菜族[3]。

DNA 条形码研究：GBOWS 网站有该属 1 种 4 个条形码数据。

31. *Dregea* E. Meyer 南山藤属

Dregea E. Meyer (1838: 199), *nom. cons.* ; Li et al. (1995b: 250) (Type: *D. floribunda* E. Meyer)

特征描述：攀援木质藤本。叶对生。伞形状聚伞花序，腋生；花萼裂片内面有腺体；花冠辐状至浅碗状，裂片深 5 裂，向右覆盖；副花冠 5 裂，裂片肉质，外角钝或矩形，内角延长成 1 尖齿紧靠花药；雄蕊着生于花冠的近基部；花药具膜片；花粉块每室 1 个；子房由 2 枚离生心皮组成，胚珠多数。蓇葖双生，外果皮厚，具纵棱条或横皱褶片状，或平滑。种子顶端具白色绢质种毛。花粉无萌发孔。染色体 $2n=22$。

分布概况：约 12/4（3）种，**6 型**；分布于亚洲南部和非洲南部；中国主产长江以南。

系统学评述：该属隶属于牛奶菜族，但由于与狭义牛奶菜属 *Marsdenia s.s.*植物的花冠和副花冠的形态特征之间存在连续的变异而被归并到了牛奶菜属，这种处理虽然得到了分子系统学研究的支持，但目前仍将 2 个属分开处理[29]。

DNA 条形码研究：BOLD 网站有该属 3 种 7 个条形码数据；GBOWS 网站已有 2 种 12 个条形码数据。

代表种及其用途：南山藤 *D. volubilis* (Linnaeus f.) Bentham ex J. D. Hooker 为云南傣族民间习用药物，具祛风、除湿、止痛、清热、和胃等功效。

32. *Epigynum* Wight 思茅藤属

Epigynum Wight (1848: 4); Li et al. (1995a: 1871); Middleton (2005: 67) (Type: *E. griffithianum* Wight)

特征描述：攀援灌木，具乳汁。叶对生。近伞房状或近圆锥状的聚伞花序，顶生；花萼裂片披针形，内面基部无腺体或稀有腺体；花冠高脚碟状，花冠管伸长，在雄蕊着生处膨大，花冠喉部具长柔毛；花冠裂片在花蕾中及花开时其基部向右覆盖；雄蕊着生在花冠管中部以下，内藏；子房由 2 枚离生心皮组成，胚珠多数。蓇葖双生，圆柱状。种子顶端具种毛。

分布概况：5/1 种，**7 型**；分布于亚洲南部和东南部及马来群岛；中国产云南南部。

系统学评述：该属隶属于罗布麻族[3]。Middleton[30]对该属植物进行了分类学修订，仅承认该属有 5 种。

DNA 条形码研究：BOLD 网站有该属 4 种 7 个条形码数据；GBOWS 网站已有 1 种 8 个条形码数据。

33. *Funtumia* Stapf 丝胶树属

Funtumia Stapf (1901: t. 2694); Li et al. (1995a: 180) [Type: *F. elastica* (Preuss) Stapf (≡*Kickxia elastica* Preuss)]

特征描述：乔木或灌木，具乳汁。叶对生，叶缘波状或反卷；聚伞花序，腋生或顶生；花萼裂片基部内面具腺体；花冠高脚碟状，花冠管中部一侧肿胀，喉部紧缩，无鳞片，裂片芽期向右覆盖；雄蕊生于花冠管中部，内藏，花药与柱头粘连，裂片具 1 空尾；子房 2 室，离生，胚珠多数。蓇葖 2，分叉。种子具朝向果实基部的长喙，被毛。花粉单粒，多萌发孔，赤道面分布。染色体 $2n=24$。

分布概况：2/1 种，**6 型**；原产热带非洲；中国云南南部引种栽培。

系统学评述：该属隶属于 Malouetieae[3]。

DNA 条形码研究：BOLD 网站有该属 2 种 4 个条形码数据。

34. *Genianthus* J. D. Hooker 须花藤属

Genianthus J. D. Hooker (1883: 15); Li et al. (1995b: 200) (Type: *non designatus*)

特征描述：攀援木质藤本。叶对生。聚伞花序，分枝总状或穗状，被棕色或锈色毛，腋外生；花萼裂片内面基部有腺体；花冠辐状，裂片多少镊合状排列，内面被长柔毛；副花冠 5 裂，生于合蕊冠基部，有时具舌状膜片；花粉块每室 2 个；子房由 2 枚离生心皮组成。蓇葖双生，向端部渐狭。种子长圆形，顶端具白色绢质种毛。

分布概况：15/3 种，**7 型**；分布于亚洲热带和亚热带地区；中国产云南。

系统学评述：该属隶属于鲫鱼藤族 Secamoneae[3]，与弓果藤属 *Toxocarpus* Wight & Arnott 都具有较进化的特征，如花萼裂片基部具腺体等，两者同勐腊藤属 *Goniostemma* Wight 和鲫鱼藤属 *Secamone* R. Brown 的亲缘关系较近，有时这些属也被归并到鲫鱼藤属中[31]。

35. *Gomphocarpus* R. Brown 钉头果属

Gomphocarpus R. Brown (1810: 37); Li et al. (1995b: 204) [Lectotype: *G. fruticosus* (Linnaeus) W. T. Aiton

(≡*Asclepias fruticosa* Linnaeus)]

特征描述：灌木或半灌木，具乳汁。叶对生或轮生，叶缘常反卷。聚伞花序，顶生或腋生；花萼裂片内面基部有腺体；花冠裂片辐状，裂片在芽期镊合状排列；副花冠兜状，顶端 2 裂齿；花药顶端具膜片；花粉块每室 1 个；子房由 2 枚离生心皮组成，柱头顶端五角状。蓇葖肿胀，外果皮总具软刺。种子长圆形，顶端具白色绢质的种毛。染色体 $2n$=22。

分布概况：约 50/2 种，**6 型**；原产热带非洲；中国引种栽培于长江以南。

系统学评述：该属隶属于马利筋族[3]。

DNA 条形码研究：BOLD 网站有该属 6 种 10 个条形码数据；GBOWS 网站已有 1 种 4 个条形码数据。

代表种及其用途：该属植物引种药用可治疗胃病等，也可供观赏。

36. *Gongronema* (Endlicher) Decaisne 纤冠藤属

Gongronema (Endlicher) Decaisne (1844: 624); Li et al. (1995b: 240) [Type: *G. nepalense* (Wallich) Decaisne (≡*Gymnema nepalense* Wallich)]

特征描述：木质藤本。叶对生。伞形或总状式聚伞花序，腋生；花萼裂片双盖覆瓦状排列，内面基部有 5 个腺体或缺；花冠常坛状或钟状，花冠裂片卷曲向右覆盖或近镊合状排列，较花冠管长；副花冠裂片鳞片状，着生于合蕊冠的基部，与雄蕊对生；雄蕊着生于花冠管的基部；花药顶端具膜片，与柱头等长或稍长；花粉块每室 1 个；子房由 2 枚离生心皮组成；柱头圆锥形，凸起。蓇葖双生。种子顶端具有白色绢质种毛。

分布概况：约 16/2 种，**6 型**；原产非洲，大洋洲和亚洲热带与亚热带地区；中国引种栽培于西南及华南。

系统学评述：该属隶属于牛奶菜族[3]。

代表种及其用途：纤冠藤 *G. napalense* (Wallich) Decaisne 可用来治疗跌打损伤等，也可用作纤维植物。

37. *Goniostemma* Wight 勐腊藤属

Goniostemma Wight (1834: 62); Li et al. (1995b: 199) (Type: *G. acuminatum* Wight)

特征描述：藤状灌木。叶对生。圆锥状聚伞花序；花萼裂片双盖覆瓦状排列，内面基部具有 5 个小腺体，腺体顶端有 2 个小齿；花冠裂片向左覆盖，花冠管内面有 5 枚与花冠裂片对生的鳞片；副花冠着生于合蕊冠背部，顶端短 5 裂；雄蕊腹部与雌蕊贴生，花丝合生成合蕊冠；花药顶端无膜片；花粉块在每个药室内藏 2 个，相邻两药室的 4 个花粉块连结在微小的着粉腺上；子房由 2 枚离生心皮组成；柱头顶端短 2 裂。

分布概况：2/1（1）种，**7 型**；分布于印度；中国产云南。

系统学评述：该属隶属于鲫鱼藤族[3]。

38. *Graphistemma* (Champion ex Bentham) Bentham & J. D. Hooker 天星藤属

Graphistemma (Champion ex Bentham) Bentham & J. D. Hooker (1876: 760); Li et al. (1995b: 227) [Type: *G. pictum* (Champion ex Bentham) Bentham & J. D. Hooker ex Maximowicz (≡*Holostemma pictum* Champion ex Bentham)]

特征描述：木质藤本，具乳汁。叶对生，常退化成托叶状。单歧或二歧总状聚伞花序，腋生；花萼裂片双盖覆瓦状排列，内面基部具腺体；花冠近辐状，花冠裂片向右覆盖；副花冠生于合蕊冠上，环状 5 深裂，裂片侧向外卷；雄蕊生于花冠基部，花丝合生成筒；花药顶端具膜片贴盖着柱头；花粉块每室 1 个；子房由 2 枚离生心皮组成；柱头五角状，顶端凸起。蓇葖常单生，披针状，果皮厚。种子有薄边，顶端具白色绢质种毛。

分布概况：1/1 种，**7 型**；分布于越南；中国产华南。

系统学评述：该属隶属于马利筋族[3]。

DNA 条形码研究：BOLD 网站有该属 1 种 1 个条形码数据；GBOWS 网站已有 1 种 4 个条形码数据。

39. *Gymnanthera* R. Brown 海岛藤属

Gymnanthera R. Brown (1810: 464); Li et al. (1995b: 193) (Type: *G. nitida* R. Brown)

特征描述：本质藤本，具乳汁。叶对生。聚伞花序，枝顶生或叶腋；花 5 数，花萼裂片双盖覆瓦状排列，内面具有腺体；花冠高脚碟状，花冠管圆筒状，花冠裂片向右覆盖；副花冠肉质，着生于花冠管喉部；雄蕊伸出，花药每室具 2 花粉块；子房由 2 枚离生心皮组成，胚珠多数；柱头盘状，5 棱，顶端 2 裂。蓇葖 2，叉生。种子顶端具白色绢质的种毛。四合花粉，又疏松地结合成花粉块。

分布概况：2/1 种，**5 型**；分布于亚洲南部和东南部及澳大利亚；中国产广东。

系统学评述：该属隶属于杠柳亚科[3]。

DNA 条形码研究：BOLD 网站有该属 1 种 4 个条形码数据。

40. *Gymnema* R. Brown 匙羹藤属

Gymnema R. Brown (1810: 461); Li et al. (1995b: 238) [Lectotype: *G. sylvestre* (Retzius) Schultes (≡*Periploca sylvestris* Retzius)]

特征描述：木质藤本或藤状灌木，具乳汁。叶对生。伞形状聚伞花序，腋生；花萼裂片内面基部常有 5-10 个腺体；花冠钟状，裂片略向右覆盖或近镊合状排列，与花冠管近等长；花冠管内部具 5 条纵脊，有时更突出为肉质裂片，在脊两侧或可具毛；副花冠缺失；雄蕊着生于花冠的基部，花丝合生成筒；花药顶端具膜片；花粉块每室 1 个；子房由 2 枚离生心皮组成。蓇葖双生，渐尖，基部膨大。种子顶端具白色绢质种毛。染色体 $2n=22$。

分布概况：约 25/7（4）种，**7 型**；分布于亚洲热带和亚热带地区，非洲南部及大洋洲；中国产西南和华南。

系统学评述：该属隶属于牛奶菜族[3]。Forster[29]曾将该属归入牛奶菜属，但这一处理并没有得到分子系统学研究的支持和其他学者的认可[3]。

DNA 条形码研究：BOLD 网站有该属 3 种 8 个条形码数据。

代表种及其用途：匙羹藤 *G. sylvestre* (Retzius) Schultes 等的提取物具有降血糖、抑制甜味、抗龋齿等方面的药理作用。

41. ***Heterostemma*** **Wight & Arnott 醉魂藤属**

Heterostemma Wight & Arnott (1834: 42); Li et al. (1995b: 263) [Lectotype: *H. tanjorense* Wight & Arnott (“*tanjorensis*”)]

特征描述：藤本，具乳汁。叶对生，常在叶基有 3-5 条脉。伞形状或总状聚伞花序，腋生；花萼裂片内面基部有 5-10 个小腺体；花冠裂片向左覆盖，或镊合状排列；副花冠 5 片，着生于合蕊冠的顶端；雄蕊着生于花冠管的基部；花药顶端具膜片；花粉块每室 1 个；子房由 2 枚离生心皮组成，胚珠多数；柱头基部 5 棱。蓇葖果圆柱状，光滑。种子顶端具有白色绢质种毛。染色体 $2n=24$。

分布概况：约 30/11（6）种，**7 型**；分布于亚洲热带和亚热带地区；中国产西南和华南。

系统学评述：该属隶属于吊灯花族[3]。Forster[32]对澳大利亚和西太平洋地区的该属植物进行了分类修订。

DNA 条形码研究：BOLD 网站有该属 4 种 4 个条形码数据；GBOWS 网站已有 2 种 12 个条形码数据。

42. ***Holarrhena*** **R. Brown 止泻木属**

Holarrhena R. Brown (1811: 62); Li et al. (1995a: 180) [Type: *H. mitis* (Vahl) R. Brown (≡*Carissa mitis* Vahl)]

特征描述：乔木或灌木，含乳汁。叶对生。伞房状聚伞花序，顶生或腋生；花萼裂片内面基部具腺体；花冠高脚碟状；花冠管圆筒形内面无鳞片也无副花冠，花冠裂片在花蕾时向右覆盖；雄蕊着生在花冠管近基部，内藏；子房由 2 枚离生心皮组成，胚珠多数；柱头顶端全缘或 2 裂。蓇葖 2，略叉开，内弯，圆柱状。种子线形或长圆形，顶端具绢质种毛。花粉粒 3 孔，光滑或具稀疏的穿孔纹饰。染色体 $2n=22$。

分布概况：4/1 种，**6 型**；分布于亚洲东南部和热带非洲；中国产云南，在广东、广西、海南和台湾栽培。

系统学评述：该属隶属于 Malouetieae[3]。分子和形态数据的综合分析表明该属与 *Pachypodium*、*Mascarenhasia* 和 *Funtumia* 的关系近缘[17]。

DNA 条形码研究：BOLD 网站有该属 2 种 13 个条形码数据。

代表种及其用途：止泻木 *H. pubescens* Wallich ex G. Don 具有利胆、止泻的功效，可治肝胆病、发热、厌油、腹泻等疾病。

43. *Holostemma* R. Brown 铰剪藤属

Holostemma R. Brown (1810: 42); Li et al. (1995b: 227) (Type: *H. ada-kodien* Schultes)

特征描述：藤状灌木，具乳汁。叶对生，卵状心脏形。单歧或二歧总状或伞状聚伞花序，腋外生；花萼裂片双盖覆瓦状排列，内面基部无腺体；花冠近辐状，花冠裂片向右覆盖；副花冠 10 裂，着生于合蕊冠基部；雄蕊着生于花冠基部，腹部粘生于雌蕊上；花药黏合成柱状，具 10 翅，顶端内弯；花粉块每室 1 个，花粉块柄长；子房由 2 枚离生心皮组成，胚珠多数。蓇葖双生或因 1 个不发育而成单生，果皮厚，柱状纺锤形，无毛；种子卵圆形，扁平，顶端具白色绢质种毛。

分布概况：2/1 种，**7-2 型**；分布于亚洲南部和东南部；中国产云南、贵州、广东和广西等省区。

系统学评述：该属隶属于马利筋族[3]。

DNA 条形码研究：BOLD 网站有该属 1 种 3 个条形码数据。

44. *Hoya* R. Brown 球兰属

Hoya R. Brown (1810: 459); Li et al. (1995b: 228) [Type: *H. carnosa* (Linnaeus f.) R. Brown (≡*Asclepias carnosa* Linnaeus f.)].——*Centrostemma* Decaisne (1838: 271); *Micholitzia* N. E. Brown (1909: 358)

特征描述：灌木或半灌木，附生或卧生。叶对生，常肉质、革质或硬纸质。伞形聚伞花序；花萼裂片的内面基部经常具有腺体；花冠肉质，辐射状，裂片开放后扁平或反折；副花冠 5 裂，着生于合蕊冠背部且呈星状开展，两侧反折致使背面中空，其内角经常成 1 小齿靠近在花药上；花药顶端具膜片；花粉块在每个药室有 1 个；子房由 2 枚离生心皮组成。蓇葖细长，先端渐尖，平滑；种子顶端具有白色绢质种毛。花粉无萌发孔，穿孔或具槽纹饰。该属植物花粉器常具斜向延长的花粉块，花粉块柄翅状或扭曲。染色体 $2n=22$, 44。

分布概况：至少 200/40（24）种，**5 型**；分布于亚洲东南部至大洋洲各岛；中国产长江以南。

系统学评述：该属隶属于牛奶菜族[3]。分子系统学[33]和形态学[34]研究均表明，扇叶藤属 *Micholitzia* N. E. Brown 应归入球兰属，并且当 *Absolmsia* Kuntze, *Madangia* P. I. Forster 等也并入球兰属后，形成单系类群[33,35]。

DNA 条形码研究：已报道菲律宾球兰属的 DNA 条形码研究，其中 *mat*K 片段具有较高的物种鉴别率，可作为该属植物的条形码[36]。BOLD 网站有该属 85 种 206 个条形码数据；GBOWS 网站已有 4 种 16 个条形码数据。

代表种及其用途：球兰属植物性温，味微甘，具有清热化痰、消肿止痛、通经下乳、舒筋活络的功效；外用治疗痈肿、疔疮等。此外，该属植物花型美丽，具有重要的观赏价值。

45. ***Hunteria*** **Roxburgh 仔榄树属**

Hunteria Roxburgh (1832: 695); Li et al. (1995a: 151) (Type: *H. corymbosa* Roxburgh)

特征描述：乔木，具乳汁。叶对生，侧脉密而近平行。近圆锥状或伞房状的聚伞花序，顶生或腋生；花萼裂片内面无腺体；花冠高脚碟状，花冠管圆筒形，花冠喉部膨大，裂片在花蕾时向左覆盖；雄蕊内藏；子房由 2 枚离生或基部合生的心皮组成，每心皮有胚珠 2-4；柱头顶端浅 2 裂。浆果，卵形或球形，肉质。染色体 $2n$=22。

分布概况：10/1 种，**6 型**；分布于热带非洲，仅 1 种至热带亚洲；中国产海南。

系统学评述：该属隶属于仔榄树族 Hunterieae[3]。

DNA 条形码研究：BOLD 网站有该属 1 种 2 个条形码数据；GBOWS 网站已有 1 种 4 个条形码数据。

46. ***Ichnocarpus*** **R. Brown 腰骨藤属**

Ichnocarpus R. Brown (1811: 61), *nom. cons.* ; Li et al. (1995a: 185) [Type: *I. frutescens* (Linnaeus) W. T. Aiton (≡*Apocynum frutescens* Linnaeus)]

特征描述：木质藤本或亚灌木，具白色乳汁。叶对生。总状或圆锥状聚伞花序，二歧状分枝；花萼裂片内面的腺体有或无；花冠高脚碟状，花冠管短柱形，光滑或被向上的柔毛，花冠裂片在芽期向右覆盖；雄蕊内藏或伸出；子房由 2 枚离生心皮组成，被毛，胚珠多数。蓇葖近圆柱状或纺锤形，沿腹缝线开裂。种子线形至线状长圆形，顶端具棕色种毛。染色体 $2n$=22。

分布概况：15-17/4（1）种，**5 型**；分布于喜马拉雅地区西部，斯里兰卡，印度，马来西亚，大洋洲；中国产广东、广西和云南。

系统学评述：该属隶属于罗布麻族[3]。Forster[37]对澳大利亚和巴布亚西亚地区（Papuasia）的该属植物进行了分类修订。

DNA 条形码研究：BOLD 网站有该属 4 种 5 个条形码数据；GBOWS 网站已有 1 种 7 个条形码数据。

47. ***Jasminanthes*** **Blume 黑鳗藤属**

Jasminanthes Blume (1850: 148); Li et al. (1995b: 242) (Type: *J. suaveolens* Blume)

特征描述：藤状灌木，具乳汁。叶对生。一至二歧伞形状聚伞花序，腋生；花萼裂片近叶状，双盖覆瓦状排列，内面基部常无腺体；花冠高脚碟状或近漏斗状，花冠管圆筒状，内面基部具有 5 行两列柔毛，裂片向右覆盖；副花冠缺失或 5 裂；花丝合生成筒状；花药顶端具膜片；花粉块每室 1 个；子房由 2 枚离生心皮组成。蓇葖粗厚，钝头或渐尖。种子顶端具白色绢质种毛。

分布概况：约 5/4（3）种，**7 型**；分布于泰国；中国产云南、广西、广东、湖南、福建、浙江和台湾。

系统学评述：该属隶属于牛奶菜族。Forster[38]认为该属成立时不过是将牛奶菜属的

1 个花冠较大的种作为模式，并将之进行了归并。但分子系统学研究仍承认了该属[38]，因此，此处也得以继续保留。*Stephanotis* Du Petit-Thouars 为马达加斯加特有属，该属误用此名来描述产自中国的黑鳗藤属[FRPS]。

代表种及其用途：该属植物在南方地区作为民间草药使用，具有强筋骨、祛风湿等功效，主要用于治疗类风湿性关节炎和坐骨神经痛。目前已从黑鳗藤属植物中分离得到大量具生物活性成分的甾体化合物，有抗肿瘤、调节免疫、抗氧化、保护肝脏、降血脂等作用。

48. *Kibatalia* G. Don 倒缨木属

Kibatalia G. Don (1837: 70); Li et al. (1995a: 179) [Type: *K. arborea* (Blume) G. Don (≡*Hasseltia arborea* Blume)].——*Paravallaris* Pierre ex Hua (1898: 30)

特征描述：灌木或小乔木。叶对生。伞房状聚伞花序，腋生；花萼裂片基部内面有腺体；花冠高脚碟状或近漏斗状，花冠裂片向右覆盖，花冠管圆筒状；雄蕊着生于花冠喉部；花药包围柱头并紧贴其上，伸出或内藏；子房由 2 枚离生心皮组成，顶端有长柔毛，胚珠多数。蓇葖 2，宽展像“人”字。种子狭长圆形，顶端裸露，基部具长喙，种毛沿种子的长喙而向上轮生。花粉粒 3-4 孔，光滑-穿孔纹饰。

分布概况：15/1 种，**7 型**；分布于亚洲东南部；中国产云南。

系统学评述：该属隶属于 Malouetieae[3]。Rudjiman[16]对该属分类进行了全面修订。

DNA 条形码研究：BOLD 网站有该属 2 种 3 个条形码数据。

49. *Kopsia* Blume 蕊木属

Kopsia Blume (1823: 12); Li et al. (1995a: 162); Middleton (2004: 89) (Type: *K. arborea* Blume)

特征描述：乔木或灌木，具乳汁。叶对生。聚伞花序，顶生；花萼裂片双盖覆瓦状排列，内面基部无腺体；花冠高脚碟状，花冠管细长，顶端裂片向右覆盖；雄蕊着生在花冠管中部以上，内藏；子房由 2 枚离生心皮组成，每心皮有胚珠 2。核果，双生，内有种子 1-2。种子长圆形。花粉 3 孔沟，穿孔或微网状纹饰。染色体 $2n=36$，72。

分布概况：23/3（1）种，**7 型**；分布于亚洲东南部；中国产广东、广西和云南。

系统学评述：该属隶属于蔓长春花族[3]。Middleton[39]对该属进行了全面的分类修订，但属下分子系统学还有待研究。

DNA 条形码研究：BOLD 网站有该属 3 种 5 个条形码数据；GBOWS 网站已有 1 种 3 个条形码数据。

代表种及其用途：蕊木 *K. arborea* Blume 在民间用于治疗咽喉炎、扁桃腺炎、风湿骨痛、四肢麻木、水肿等病症。

50. *Lygisma* J. D. Hooker 折冠藤属

Lygisma J. D. Hooker (1883: 18); Li et al. (1995b: 262) [Type: *L. angustifolia* (Wight) J. D. Hooker, *non. vidi.* (≡*Marsdenia angustifolia* Wight)]

特征描述：缠绕性草本或灌木；小枝具单行贴毛。叶缘毛顶端具丛生小腺体。假伞形聚伞花序，腋上生或生枝顶；花萼裂片内面基部有腺体；花冠近钟状，花冠管较花冠裂片短很多，裂片芽时内折，开放后向右覆盖，边缘反卷；副花冠在合蕊冠背部贴生；花药顶端有膜片；花粉块每室 1 个；子房无毛；柱头浅 2 裂。蓇葖果单生。种子顶端具白色绢质种毛。

分布概况：约 3（-6）/1 种，**7 型**；分布于亚洲东南部；中国产华南。

系统学评述：该属隶属于牛奶菜族[3]。

51. *Mandevilla* Lindley 文藤属

Mandevilla Lindley (1840: t. 7); Li et al. (1995a: 166) (Type: *M. suaveolens* Lindley)

特征描述：藤本，常具乳汁。叶对生，托叶线状。总状花序，腋生；萼裂片内面基部具许多腺体；花大，花冠漏斗形，花冠管狭窄，钟状，裂片向右覆盖；雄蕊贴生于花冠管肿胀处，内藏；花药与柱头粘连，药室具尾尖；子房离生，胚珠多数；柱头 2 裂。蓇葖长，纤细。种子狭长圆形，被丛毛。花粉单粒，3 孔，穿孔或轻微皱状纹饰。染色体 $2n=16$。

分布概况：约 120/1 种，**3 型**；原产中美洲和南美洲；中国广东有引种。

系统学评述：目前普遍接受的该属范围是由 Woodson[40]确定的，但分子系统学研究表明，这一概念下的属为多系类群[41]，隶属 Mesechiteae 族。

DNA 条形码研究：BOLD 网站有该属 46 种 49 个条形码数据。

52. *Marsdenia* R. Brown 牛奶菜属

Marsdenia R. Brown (1810: 460); Li et al. (1995b: 243) (Lectotype: *M. tinctoria* R. Brown)

特征描述：木质藤本。叶对生。伞形聚伞花序，顶生或腋外生；花萼裂片双盖覆瓦状排列，基部内面常有腺体和鳞片；花冠钟状或坛状，裂片向右覆盖，喉部常被毛；副花冠裂片 5，肉质，着生在合蕊冠背部；花药顶端具内弯的膜片；花粉块每室 1 个，具花粉块柄；子房由 2 枚心皮组成；柱头长喙状或凸起。蓇葖常厚，渐尖，光滑或具纵翅。种子顶端具白色绢质的种毛。花粉块为肾形，无萌发孔。染色体 $2n=22$。

分布概况：约 100/25（14）种，**2 型**；分布于美洲，亚洲及热带非洲；中国产华东、华南及西南。

系统学评述：该属隶属于牛奶菜族[3]。牛奶菜属分布较广，其形态特征变异较大，因此，该属的分类和系统学问题十分复杂。Forster[29]在研究澳大利亚和巴布亚该属植物的分类修订时讨论了牛奶菜属的范畴，认为南山藤属 *Dregea* E. Meyer、匙羹藤属 *Gymnema* R. Brown 和马兰藤属 *Dischidanthus* Tsiang 均应作为该属的异名，并且在对亚洲该属植物进行研究时，也将黑鳗藤属 *Jasminanthes* Blume 归并至牛奶菜属[38]，但这些分类处理并没有完全被目前的分子系统学研究所支持[3]。

DNA 条形码研究：BOLD 网站有该属 9 种 23 个条形码数据；GBOWS 网站已有 4 种 14 个条形码数据。

代表种及其用途：该属多种植物均有作为傣药及民间常用药的沿用历史，具有清热解毒、止咳平喘、活血止血、祛风除湿、强壮筋骨等疗效。现代药理学研究揭示该属植物具有多种药理活性，包括抗肿瘤、平喘、降压、活血、抗炎、镇痛、提高机体免疫等作用。

53. *Melodinus* J. R. Forster & G. Forster 山橙属

Melodinus J. R. Forster & G. Forster (1776: 37, t. 19.); Li et al. (1995a: 147); Leeuwenberg (2003: 3) (Type: *M. scandens* J. R. Forster)

特征描述：木质藤本，具乳汁。叶对生。三歧圆锥状或假总状的聚伞花序，顶生或腋生；花萼裂片双盖覆瓦状排列，内面基部无腺体；花冠高脚碟状，花冠管圆筒状，在雄蕊着生处膨大，花冠裂片向左覆盖；花冠喉部的副花冠呈鳞片状，5-10 枚，离生或合生；雄蕊内藏；子房由 2 枚心皮合生而成，2 室；柱头顶端 2 裂。浆果肉质。种子多数，无种毛。花粉粒单粒或四合体，3（-4）孔沟，穿孔纹饰。染色体 n=11。

分布概况：9/6（2）种，**5 型**；分布于亚洲热带，亚热带和大洋洲；中国产西南至华南及台湾。

系统学评述：该属隶属于山橙族 Melodineae。Leeuwenberg[42]对该属植物的分类进行了全面修订。

DNA 条形码研究：BOLD 网站有该属 6 种 10 个条形码数据；GBOWS 网站已有 4 种 15 个条形码数据。

代表种及其用途：山橙 *M. suaveolens* (Hance) Champion ex Bentham 的果实具有行气、止痛、除湿、杀虫等功效，用于治疗胃气痛、膈症、疝气、瘰疬、皮肤热毒、湿癣疥癞等病症。

54. *Merrillanthus* Chun & Tsiang 驼峰藤属

Merrillanthus Chun & Tsiang (1941: 105); Li et al. (1995b: 252) (Type: *M. hainanensis* Chun & Tsiang)

特征描述：木质藤本。叶对生。多歧聚伞花序，腋生；花萼裂片双盖覆瓦状排列，内面基部有 5 个腺体；花冠浅碗状，裂片与花冠管近等长，向右覆盖；副花冠 5 裂，裂片直立，肉质，背部隆起，生于合蕊冠上，较花药短；花药顶端具膜片，覆盖着柱头；花粉块每室 1 个；子房由 2 枚离生心皮组成；柱头盘状，基部 5 棱。蓇葖单生，平滑。种子卵圆形，顶端具白色绢质种毛。

分布概况：1/1 种，**7 型**；分布于缅甸；中国产海南和广东。

系统学评述：该属隶属于马利筋族[3]，其花部结构与宜昌娃儿藤 *Tylophora augustiniana* (Hemsley) Craib 非常相似，但两者果实不相同，因此，在尚未对娃儿藤属 *Tylophora* 进行分类修订之前，暂不对该属进行处理[43]。

55. *Metaplexis* R. Brown 萝藦属

Metaplexis R. Brown (1810: 48); Li et al. (1995b: 204) (Type: *M. stauntonii* Schultes)

特征描述：草质藤本或藤状半灌木，具乳汁。叶对生，卵状心形。总状聚伞花序，腋生；花萼裂片双盖覆瓦状排列，内面基部具有 5 个小腺体；花冠近辐状，花冠裂片向左覆盖；副花冠环状，着生于合蕊冠基部，5 短裂，裂片兜状；雄蕊腹部与雌蕊粘生；花丝合生成短筒状；花药顶端具内弯的膜片；花粉块每室 1 个，每个花粉块约含单粒花粉数为 800；子房由 2 枚离生心皮组成，胚珠多数；柱头延伸成 1 长喙，伸出，顶端 2 裂。蓇葖叉生。种子顶端具白色绢质种毛。蛾类为主要传粉者。染色体 $2n=24$。

分布概况：约 6/2（1）种，**7 型**；分布于亚洲东部；中国产西南、西北、东北和东南部。

系统学评述：该属隶属于马利筋族[3]。

DNA 条形码研究：BOLD 网站有该属 1 种 3 个条形码数据；GBOWS 网站已有 2 种 32 个条形码数据。

56. *Myriopteron* Griffith 翅果藤属

Myriopteron Griffith (1844: 385); Li et al. (1995b: 194) (Type: *M. paniculatum* Griffith)

特征描述：木质藤本，具乳汁。叶对生。圆锥状聚伞花序，腋生；花萼裂片双盖覆瓦状排列，内面基部具 5 个小腺体；花冠辐状或近辐状，花冠裂片芽期向右覆盖；副花冠由 5 枚鳞片组成；雄蕊花丝下部相连成一环；花药顶端具膜片，与柱头粘生；子房具 2 枚离生心皮，胚珠多数；柱头顶端 2 裂。蓇葖椭圆状长圆形，基部膨大，外果皮具膜质的纵翅。种子顶端具白色绢质种毛。四合花粉，萌发孔有 4-6 个。

分布概况：1/1 种，**7 型**；分布于亚洲南部和东南部；中国产西南。

系统学评述：该属隶属于杠柳亚科[3]。

DNA 条形码研究：BOLD 网站有该属 1 种 1 个条形码数据；GBOWS 网站已有 1 种 12 个条形码数据。

57. *Nerium* Linnaeus 夹竹桃属

Nerium Linnaeus (1753: 209); Li et al. (1995a: 173) (Lectotype: *N. oleander* Linnaeus)

特征描述：灌木，含水液。叶常轮生。伞房状聚伞花序，顶生；花萼裂片双盖覆瓦状排列，内面基部具腺体；花冠漏斗状，上部扩大成钟状；副花冠生于喉部，鳞片状，顶端撕裂；花冠裂片芽期向右覆盖；花药药隔丝状，被长柔毛；子房由 2 枚离生心皮组成，胚珠多数；花柱丝状；柱头基部膜质环状，顶端具尖头。蓇葖双生，离生。种皮被短柔毛，顶端具种毛。花粉单粒，3 至多孔，穿孔、穴状或轻微皱状纹饰。染色体 $2n=22$。

分布概况：1/1 种，**1 型**；分布于亚洲，欧洲，非洲北部和美洲；中国热带、亚热带和温带地区广为栽培。

系统学评述：该属隶属于夹竹桃族 Nerieae[3]。结合分子和形态数据的系统学研究表明，该属与羊角拗属 *Strophanthus* A. de Candolle 关系近缘[17]。

DNA 条形码研究：BOLD 网站有该属 1 种 36 个条形码数据；GBOWS 网站已有 1

种 3 个条形码数据。

代表种及其用途：夹竹桃 *N. oleander* Linnaeus 的根用于蛇伤、关节痛、慢性腹痛及麻风病，并可作为园林绿化植物。

58. *Ochrosia* Jussieu 玫瑰树属

Ochrosia Jussieu (1789: 144); Li et al. (1995a: 163); Hendrian (2004: 101) (Type: *O. borbonica* J. F. Gmelin)

特征描述：乔木。叶轮生或对生。聚伞花序，生于顶枝的叶腋内；花萼裂片内面腺体有或无；花冠高脚碟状，花冠喉部无鳞片，花冠裂片向右覆盖；子房由 2 枚离生心皮组成，每心皮有胚珠 2-6，2 排；柱头先端短 2 裂。核果近椭球形，双生，多数 1 个不发育，外果皮肉质，内果皮坚硬而厚。花粉粒 3 孔沟，具疣纹饰。染色体 $2n=22$。

分布概况：约 40/3 种，**5（4-1）型**；分布从马达加斯加到大洋洲的波利尼西亚；中国广东和台湾引种栽培。

系统学评述：该属隶属于蔓长春花族[3]。Hendrian[44]对马来西亚地区的该属植物的分类进行了全面修订，并总结了该属植物分类的历史状况。

DNA 条形码研究：BOLD 网站有该属 4 种 9 个条形码数据。

59. *Oxystelma* R. Brown 尖槐藤属

Oxystelma R. Brown (1810: 462); Li et al. (1995b: 202) [Type: *O. esculentum* (Linnaeus f.) R. Brown ex Schultes (≡*Periploca esculenta* Linnaeus f.)]

特征描述：藤状灌木或草本，具乳汁。叶对生。总状或伞形聚伞花序或花单生，腋生；花萼裂片双盖覆瓦状排列，内面基部具有 5 个或更多的小腺体；花冠骨盆状或坛状，裂片向右覆盖；副花冠 2 轮，5 裂；雄蕊腹部与雌蕊粘生，花丝合生成合蕊冠；花药顶端具有内弯的膜片；花粉块每室 1 个，柄较短；子房由 2 枚离生心皮组成，胚珠多数；柱头基部 5 棱。蓇葖双生或因 1 个不发育而成单生，两侧具纵狭翅。种子顶端具白色绢质种毛。染色体 $2n=22$。

分布概况：2/1 种，**6 型**；分布于亚洲热带，亚热带地区及热带非洲；中国产广东、广西和云南。

系统学评述：该属隶属于马利筋族[3]。

DNA 条形码研究：BOLD 网站有该属 2 种 3 个条形码数据。

60. *Parameria* Bentham 长节珠属

Parameria Bentham (1876: 715); Li et al. (1995a: 185); Middleton (1996: 69) (Type: *non designatus*)

特征描述：攀援灌木，具乳汁。叶对生。圆锥状聚伞花序；花萼裂片内面基部具腺体；花冠高脚碟状或近钟状，花冠管短，上部较宽，无鳞片，花冠顶端裂片向左覆盖；花药彼此靠合并粘着在柱头上；子房由 2 枚离生心皮组成，胚珠多数；柱头顶端钝而 2 裂。蓇葖双生，长节链珠状，具柄。种子长圆形，种皮被短柔毛，顶端具白黄色绢质的种毛。

分布概况：3/1 种，**7 型**；分布于亚洲南部和东南部；中国产云南和广西。

系统学评述：该属隶属于罗布麻族[3]。Middleton[45]曾对该属植物分类进行了全面修订，并讨论了该属及其近缘属的分类与系统关系。

DNA 条形码研究：BOLD 网站有该属 1 种 1 个条形码数据。

61. *Parepigynum* Tsiang & P. T. Li 富宁藤属

Parepigynum Tsiang & P. T. Li (1973: 394); Li et al. (1995a: 187) (Type: *P. funingense* Tsiang & P. T. Li)

特征描述：藤本。叶对生，叶脉稀。聚伞花序伞房状；花萼裂片基部内面有 5 个钻状腺体；花冠浅高脚碟状，花冠管圆筒状，内面在雄蕊背后的筒壁上具倒生刚毛，花冠裂片向左覆盖；雄蕊着生于花冠管的近基部；子房半下位，心皮 2，胚珠多数。蓇葖 2 枚合生，狭纺锤形，具粗柄。种子线状长圆形，顶端具短且宽的喙，喙缘具黄白色种毛。

分布概况：1/1（1）种，**15 型**；特产中国云南和贵州。

系统学评述：该属隶属于罗布麻族[3]。

DNA 条形码研究：GBOWS 网站有该属 1 种 4 个条形码数据。

62. *Parsonsia* R. Brown 同心结属

Parsonsia R. Brown (1810: 64); Li et al. (1995a: 172) [Type: *P. capsularis* (J. G. A. Forster) Endlicher (≡*Periploca capsularis* J. G. A. Forster)]

特征描述：攀援灌木。叶对生。伞房状聚伞花序；花萼裂片基部内面有腺体；花冠高脚碟状，花冠管喉部紧缩，无鳞片，花冠裂片向右覆盖；雄蕊伸出，花药胶粘成球状且腹面黏合于柱头的中部；子房由 2 枚离生心皮组成，胚珠多数；柱头顶端 2 裂或全缘。蓇葖圆筒状。种子线形或长圆形，向顶端渐狭，顶端具种毛。花粉粒 3 孔，外壁光滑或细皱状纹饰。染色体 $2n$=18。

分布概况：约 50/2（1）种，**5 型**；分布于亚洲东南部和太平洋群岛；中国产华南和华东。

系统学评述：该属隶属于 Echiteae 族[3]。Middleton[46]对马来西亚地区的该属植物进行了全面的分类学修订。

DNA 条形码研究：BOLD 网站有该属 9 种 10 个条形码数据。

63. *Pentasachme* Wallich ex Wight 石萝藦属

Pentasachme Wallich ex Wight (1834: 60); Li et al. (1995b: 262) (Lectotype: *P. caudatum* Wallich ex Wight)

特征描述：直立草本。叶对生。伞形状聚伞花序，腋生；花萼裂片双盖覆瓦状排列，内面基部有腺体；花冠近钟状或辐状，花冠裂片向右覆盖；副花冠 5 裂；花药顶端具膜片，内折覆盖着柱头的基部；花丝合生成合蕊冠；花粉块每室 1 个；子房由 2 枚离生心皮组成；柱头盘状五角形，顶端 2 裂。蓇葖双生，圆柱状披针形。种子顶端具白色绢质种毛。

分布概况：4/1 种，**7 型**；分布于亚洲东部和东南部；中国产华南和西南。

系统学评述：该属隶属于吊灯花族[3]。

DNA 条形码研究：BOLD 网站有该属 1 种 1 个条形码数据；GBOWS 网站已有 1 种 4 个条形码数据。

64. *Pentastelma* Tsiang & P. T. Li 白水藤属

Pentastelma Tsiang & P. T. Li (1974: 577); Li et al. (1995b: 253) (Type: *P. auritum* Tsiang & P. T. Li)

特征描述：攀援灌木，具乳汁。叶对生。聚伞花序伞形状，腋生；花萼裂片内面基部具腺体；花冠近钟状，裂片在芽期向右覆盖；副花冠裂片 5，与合蕊柱合生，并在其背部直立隆起成侧面平板状；花药顶端具膜片，覆盖着柱头；花药 2 室，每室藏有花粉块 1 个；子房由 2 枚离生心皮组成，胚珠多数；柱头盘状，五角形，顶端略凸起。

分布概况：1/1（1）种，**15 型**；特产中国海南。

系统学评述：该属隶属于马利筋族[3]。

65. *Periploca* Linnaeus 杠柳属

Periploca Linnaeus (1753: 211); Li et al. (1995b: 195) (Lectotype: *P. graeca* Linnaeus)

特征描述：藤状灌木，具乳汁。叶对生。聚伞花序，顶生或腋生；花萼裂片双盖覆瓦状排列，内面基部有 5 个腺体；花冠辐状，裂片向右覆盖；副花冠环状，着生在花冠的基部；雄蕊着生在副花冠内面不同位置；花药背面被髯毛，与柱头粘连，顶端具内弯的膜片；子房由 2 枚离生心皮组成，胚珠多数；柱头盘状，顶端 2 裂。蓇葖 2，叉生。种子长圆形，顶端具白色绢质种毛。四合花粉。染色体 $2n=22$。

分布概况：约 10/6（3）种，**1 型**；分布于亚洲温带地区，欧洲南部和非洲热带地区；中国产大部分省区。

系统学评述：该属隶属于杠柳亚科[3]。

DNA 条形码研究：BOLD 网站有该属 7 种 17 个条形码数据；GBOWS 网站已有 3 种 38 个条形码数据。

代表种及其用途：中国产杠柳植物大部分为药用植物，如杠柳 *P. sepium* Bunge 的根皮为著名的“北五加皮”，能祛风湿、壮筋骨、强腰膝等，其所含的总皂苷具有强心作用。黑龙骨 *P. forrestii* Schlechter 全株供药用，可舒筋活络、祛风除湿，可治风湿性关节炎、跌打损伤、胃痛、消化不良、闭经、痢疾等。

66. *Plumeria* Linnaeus 鸡蛋花属

Plumeria Linnaeus (1753: 209); Li et al. (1995a: 153) (Lectotype: *P. rubra* Linnaeus)

特征描述：落叶小乔木，具乳汁，枝具有明显的叶痕。叶互生。二至三歧聚伞花序，顶生，苞片大型；花萼裂片双盖覆互状排列，内面基部无腺体；花冠漏斗状，花冠管圆筒形，喉部无鳞片，裂片芽期向左覆盖；雄蕊内藏；离生心皮 2，胚珠多数；柱头顶端 2 裂。蓇葖双生，常长圆形，顶端渐尖。种子长圆形，顶端具膜质的翅，无种毛。花粉单粒，3 孔沟，外壁光滑。染色体 $2n$=36，54。

分布概况：7/2 种，**（3）型**；原产美洲热带地区，亚洲热带及亚热带地区广泛栽培；中国华南、西南及东南均有栽培。

系统学评述：该属隶属于鸡蛋花族[3]。

DNA 条形码研究：BOLD 网站有该属 5 种 32 个条形码数据；GBOWS 网站已有 2 种 11 个条形码数据。

代表种及其用途：鸡蛋花 *P. rubra* Linnaeus 品种繁多，为常见的园林观赏植物，其干燥的花常入药，可治湿热下疮、咳嗽等症，亦能清热、润肺解毒。鸡蛋花的花为“五花茶”的 1 种，可治疗奇热症。

67. *Pottsia* W. J. Hooker & Arnott 帘子藤属

Pottsia W. J. Hooker & Arnott (1837: 198); Li et al. (1995a: 173) (Type: *P. cantonensis* W. J. Hooker & Arnott)

特征描述：木质藤本，具乳汁。叶对生。三至五歧圆锥状聚伞花序，顶生或腋生；花萼裂片内面有腺体；花冠高脚碟状，花冠管圆筒状，喉部紧缩，花冠裂片向右覆盖；无副花冠；雄蕊着生在花冠喉部，伸出，花药腹部粘生在柱头上；子房具 2 枚离生心皮，胚珠多数；柱头圆锥状。蓇葖双生，细而长；种子线状长圆形，无喙，顶端具 1 簇白色绢质种毛。

分布概况：约 4/2（1）种，**7 型**；分布于亚洲东南部；中国产西南、华南至华东。

系统学评述：该属隶属于罗布麻族[3]。

DNA 条形码研究：BOLD 网站有该属 3 种 3 个条形码数据；GBOWS 网站已有 1 种 8 个条形码数据。

68. *Raphistemma* Wallich 大花藤属

Raphistemma Wallich (1831: 50); Li et al. (1995b: 226) [Type: *R. pulchellum* (Roxburgh) Wallich (≡*Asclepias pulchella* Roxburgh)]

特征描述：藤状灌木，具乳汁。叶对生，心形，基出 3-5 脉。伞形聚伞花序，腋生；花萼裂片双盖覆瓦状排列，内面基部具 5 个腺体；花冠钟状，裂片芽期右旋覆盖；副花冠着生于合蕊冠上；雄蕊腹部与雌蕊粘生成合蕊柱，花丝合生成短筒；花药顶端具有内弯的膜片；花粉块每室 1 个；子房由 2 枚离生心皮组成，胚珠多数；柱头顶端扁平。蓇葖纺锤形或圆柱形。种子卵圆形，顶端具有白色绢质种毛。

分布概况：2/2 种，**7 型**；分布于亚洲南部和东南部；中国产广西和云南。

系统学评述：该属隶属于马利筋族[3]。

DNA 条形码研究：BOLD 网站有该属 1 种 2 个条形码数据；GBOWS 网站已有 1 种 4 个条形码数据。

69. *Rauvolfia* Linnaeus 萝芙木属

Rauvolfia Linnaeus (1753: 208); Li et al. (1995a: 157); Hendrian & Middleton (1999: 449) (Type: *R. tetraphylla* Linnaeus)

特征描述：灌木或乔木。叶对生至 5 叶轮生，叶腋间及腋内具腺体。二歧伞形或伞房聚伞花序；花萼钟状，裂片基部内面无腺体；花冠钟状或高脚碟状，花冠管中部膨大，内面常具长柔毛，裂片芽期向左覆盖；子房具 2 枚心皮，离生或合生，每心皮有胚珠 1-2。核果，椭球形。种子光滑。染色体 $2n=22$，44，66，88。

分布概况：约 60/7（1）种，**1 型**；分布于热带美洲，非洲，亚洲南部和东南部及大洋洲；中国产西南、华南及台湾。

系统学评述：该属隶属于蔓长春花族[3]。Hendrian 和 Middleton[47]对马来西亚地区的该属植物分类进行了全面的修订。

DNA 条形码研究：BOLD 网站有该属 8 种 40 个条形码数据；GBOWS 网站已有 1 种 12 个条形码数据。

代表种及其用途：萝芙木 *R. verticillata* (Loureiro) Baillon 和云南萝芙木 *R. yunnanensis* Tsiang 根中提制的生物碱利血平具有良好的降压与镇静效果。

70. *Secamone* R. Brown 鲫鱼藤属

Secamone R. Brown (1810: 464); Li et al. (1995b: 200) [Lectotype: *S. emetica* (Retzius) R. Brown ex Schultes (≡*Periploca emetica* Retzius)]

特征描述：藤状灌木，具乳汁。叶对生。二至三歧聚伞花序，腋生；花萼裂片双盖覆瓦状排列，内面基部无腺体或稀有小腺体；花冠近辐状，花冠裂片芽期向右覆盖；副花冠常 2 轮；雄蕊腹面与雌蕊粘生成合蕊柱；花药顶端具膜片，覆盖于柱头；花粉块每室 2 个；离生心皮 2，胚珠多数；柱头圆锥状。蓇葖叉生，披针状圆柱形。种子顶端具白色绢质种毛。染色体 $2n=22$。

分布概况：约 80/6（3）种，**4 型**；分布于非洲大陆南部和马达加斯加，亚洲南部和东南部至大洋洲地区；中国产西南至华南。

系统学评述：该属隶属于鲫鱼藤族[3]。Klackenberg[48]曾建议将该属与弓果藤属 *Toxocarpus* Wight & Arnott 进行归并处理。

DNA 条形码研究：BOLD 网站有该属 25 种 28 个条形码数据；GBOWS 网站已有 1 种 3 个条形码数据。

71. *Sichuania* M. G. Gilbert & P. T. Li 四川藤属

Sichuania M. G. Gilbert & P. T. Li (1995a: 12); Li et al. (1995b: 227) (Type: *S. alterniloba* M. G. Gilbert & P. T. Li)

特征描述：木质缠绕藤本。节上叶柄间具狭窄但明显的连接线。叶对生。总状花序，由少数花组成的小聚伞花序沿花序轴螺旋状排列，腋上生；花冠浅碗状，光滑；副花冠鳞片状，5裂，着生于合蕊冠的基部且与花药互生，裂片短；雄蕊与花冠合生，顶端反折，花药具膜片，覆盖于柱头；花粉块每室2个。

分布概况：1/1（1）种，**15型**；特产中国四川。

系统学评述：该属隶属于马利筋族[3]，但其系统位置尚未确定，有时因具有叶柄间连线和较大下垂的花药而被认为是铰剪藤属植物，但其副花冠与花药互生而不同于两者为对生的铰剪藤属。形态比较研究表明，该属与具鳞片状副花冠的其他类群的关系也不明确，需要进一步研究。

72. *Sindechites* Oliver 毛药藤属

Sindechites Oliver (1888: t. 1772); Li et al. (1995a: 188) (Type: *S. henryi* Oliver)

特征描述：木质藤本，具乳汁。叶对生，顶端渐尖，呈尾状；叶柄间及叶腋内具线状腺体。聚伞花序，顶生或近顶生；花萼裂片双盖覆瓦状排列，内面基部具腺体，顶端2裂；花冠高脚碟状，花冠管圆筒形，裂片芽期向右覆盖；雄蕊内藏；药隔顶端被长柔毛；子房由2枚离生心皮组成，胚珠多数，被长柔毛。蓇葖双生，1长1短。种子线状披针形，顶端具种毛。

分布概况：1/1（1）种，**15型**；分布于中国西南、华中和华南部分省区。

系统学评述：该属隶属于罗布麻族[3]。分子系统学研究表明该属植物与*Amphineurion*形成姐妹关系[49]。

DNA条形码研究：BOLD网站有该属2种2个条形码数据。

73. *Stelmocrypton* Baillon 须药藤属

Stelmocrypton Baillon (1889: 812); Li et al. (1995b: 196) [Type: *S. khasianum* (Kurz) Baillon (≡*Pentanura khasiana* Kurz)]

特征描述：木质藤本，具乳汁。叶对生。聚伞花序，腋生；花萼裂片双盖覆瓦状排列，内面基部具有腺体；花冠近钟状，花冠裂片向右覆盖；副花冠裂片5，与花丝同着生在花冠的基部并合生；花药顶端具长毛，伸出；花粉器匙形，载粉器黏盘粘在柱头基部；子房具2枚离生心皮，胚珠多数。蓇葖叉生成直线。种子顶端具种毛。四合花粉（聚集在一起形成花粉块）。

分布概况：1/1种，**7型**；分布于印度；中国产贵州、云南和广西。

系统学评述：该属植物被拼写为"*Stelmocrypton*"[FOC]，有时也为"*Stelmatocrypton*"。在分类上，该属有时被归入*Finlaysonia*[50]或*Decalepis*，但未有正式发表[51]。但由于这2个属均隶属杠柳亚科，因此，此处也暂将此属归于此亚科。

DNA条形码研究：GBOWS网站有该属1种9个条形码数据。

74. *Streptocaulon* Wight & Arnott 马莲鞍属

Streptocaulon Wight & Arnott (1876: 64); Li et al. (1995b: 194) (Type: *non designatus*)

特征描述：木质藤本或灌木，具乳汁。叶对生。三歧圆锥状聚伞花序，腋生；花萼裂片双盖覆瓦状排列，内面基部具 5 个小腺体；花冠辐状，花冠裂片芽时向右覆盖；副花冠 5 裂，丝状，其基部与花丝同时着生于花冠的基部，并与花丝背部合生；花药顶端具膜片，与柱头顶部贴连；子房具 2 枚离生心皮，胚珠多数。蓇葖 2，叉生，圆柱状，平滑。种子顶端具白色绢质种毛。四合花粉（聚集在一起形成花粉块，每室有两个花粉块），皱波状纹饰。

分布概况：约 5/1 种，**7 型**；分布于亚洲东南部；中国产广西、贵州和云南。

系统学评述：该属隶属于杠柳亚科[3]。

DNA 条形码研究：BOLD 网站有该属 2 种 2 个条形码数据；GBOWS 网站已有 3 种 11 个条形码数据。

代表种及其用途：马莲鞍 *S. juventas* (Loureiro) Merrill 为传统的傣药之一，具有清热解毒、散瘀止痛的功效，主治痢疾、湿热腹泻、心胃气痛、感冒发热、慢性肾炎、跌打损伤、肿痛、毒蛇咬伤、肿瘤等症。

75. *Streptoechites* D. J. Middleton & Livshultz 扭梗藤属

Streptoechites D. J. Middleton & Livshultz (2011: 370) [Type: *S. chinensis* (Merrill) D. J. Middleton & Livshultz (≡*Epigynum chinense* Merrill)]

特征描述：木质藤本。叶对生；叶柄间具钻状腺体。圆锥状聚伞花序；花萼裂片内面具小腺体；花冠高脚碟状；雄蕊着生于花冠管中部，内藏；花药上部可育，下部不育且两侧被舌状附属物，腹面中部与柱头粘连，药隔顶端具长柔毛；子房由 2 枚离生心皮组成，光滑，每室胚珠多数；柱头基部膨大成环状，顶端 2 裂。蓇葖双生，线状长披针形，无毛，外果皮薄，果梗扭曲。种子线状长圆形，顶端具白色绢质种毛。

分布概况：1/1 种，**7 型**；分布于越南，泰国；中国产海南。

系统学评述：该属隶属于罗布麻族[3]，常规中均被认作垌藤 *Sindechites chinensis* (Merrill) Markgraf & Tsiang[FRPS,FOC]。分子系统学研究表明该种应独自成属，与清明花属 *Beaumontia* Wallich 和纽子花属 *Vallaris* N. Burman 近缘[49]。

76. *Strophanthus* de Candolle 羊角拗属

Strophanthus de Candolle (1802: 122); Li et al. (1995a: 177) (Lectotype: *S. sarmentosus* de Candolle)

特征描述：小乔木或灌木。叶对生。聚伞花序，顶生；花萼裂片双盖覆瓦状排列，内面基部有 5 个或更多腺体；花冠漏斗状，花冠管圆筒形，花冠裂片在芽时向右覆盖，裂片顶部延长成一带状长尾，副花冠生于花冠喉部，鳞片状；雄蕊内藏；花药环绕靠合在柱头上，药隔顶端丝状；子房由 2 枚离生心皮组成，胚珠多数；柱头顶端圆锥形，全缘或 2 裂。蓇葖木质，叉生，长圆形。种子扁平，顶端具细长的喙，沿喙周围生有丰富的种毛。染色体 $2n$=18，20。

分布概况：约 38/6 种，**6 型**；分布于热带亚洲和非洲；中国产华南及西南。

系统学评述：该属隶属于夹竹桃族[3]。结合分子和形态数据的系统学研究表明，该

属与夹竹桃属 *Nerium* Linnaeus 关系近缘[17]。

DNA 条形码研究：BOLD 网站有该属 7 种 12 个条形码数据；GBOWS 网站已有 3 种 11 个条形码数据。

代表种及其用途：羊角拗 *S. divaricatus* (Loureiro) Hooker et Arnott 的种子、根、茎、叶、花均可入药，具有强心、利尿、子宫兴奋、镇静、杀虫等功效，民间多用其治疗蛇伤、瓣疥、骨折、小儿麻痹后遗症、多发性脓肿等。研究表明，羊角拗全株有毒，且主要毒性成分为强心苷。

77. *Tabernaemontana* Linnaeus 狗牙花属

Tabernaemontana Linnaeus (1753: 210); Li et al. (1995a: 152) (Lectotype: *T. citrifolia* Linnaeus). ——*Ervatamia* (A. de Candolle) Stapf (1902: 126); *Rejoua* Gaudichaud-Beaupré (1828: 61; 1829: 450)

特征描述：灌木或小乔木，具乳汁。叶对生，叶腋内具假托叶；花单生或呈聚伞或伞房花序，生于小枝分叉处；花萼裂片基部腺体不明显或较多，宿存；花冠高脚碟状，花冠管圆筒形，裂片芽时向左覆盖而向右旋转；雄蕊着生在花冠管膨大处；子房由 2 枚离生心皮组成，胚珠多数；柱头顶端常 2 裂。蓇葖双生，圆形，革质。种子具假种皮，无毛。花粉沟状，颗粒状，孔状纹饰。花粉粒具 3-4（偶有 5）孔沟，外壁光滑，穿孔，或微网状纹饰。染色体 $2n$=22，33，66。

分布概况：约 100/5 种，**2（3）型**；分布于非洲，亚洲，美洲和太平洋群岛；中国产西南、华南至台湾。

系统学评述：该属隶属于狗牙花族 Tabernaemontaneae[3]。Leeuwenberg[52]对旧世界范围内的该属植物的分类进行了全面修订。分子系统学研究表明，目前划分的该属并不为单系类群，并且各分支与地理分布相关[53]，这一结论也得到花粉形态特征的支持[54]。

DNA 条形码研究：BOLD 网站有该属 66 种 93 个条形码数据；GBOWS 网站已有 4 种 19 个条形码数据。

代表种及其用途：该属植物均属于民间药物，用于治疗腹痛、喉痛及高血压等疾病。伞房狗牙花 *T. corymbosa* Roxburgh ex Wallich 的化学成分主要为吲哚类生物碱，具有抗疟、抗增殖、抗肿瘤等多种活性，云南傣族常用其茎枝治疗产后体虚、头晕目眩、恶露淋漓等。

78. *Telosma* Coville 夜来香属

Telosma Coville (1905: 384); Li et al. (1995b: 241) [Type: *T. odoratissima* (Loureiro) Coville (≡*Cynanchum odoratissimum* Loureiro)]

特征描述：藤状灌木，具乳汁。叶对生。伞形或总状聚伞花序，腋外生；花萼裂片双盖覆瓦状排列，内面基部具有 5 个小腺体；花冠高脚碟状，花冠管圆筒状，花冠裂片芽时向右覆盖；副花冠 5 片，膜质，着生于合蕊冠的基部，腹部粘生在花药背面；花药顶端有内弯的膜片；花粉块每室 1 个，直立；离生心皮 2。蓇葖圆柱状披针形，果皮厚，无毛。种子顶端具白色绢质的种毛。染色体 $2n$=22。

分布概况：约 10/3 种，**4 型**；分布于亚洲，大洋洲及非洲热带地区；中国产华南和西南。

系统学评述：该属隶属于牛奶菜族[3]。

DNA 条形码研究：BOLD 网站有该属 2 种 4 个条形码数据。

代表种及其用途：夜来香 *T. cordata* (N. L. Burman) Merrill 的花香浓馥并能产生精油，可用以观赏，也可以食用。

79. *Thevetia* Linnaeus 黄花夹竹桃属

Thevetia Linnaeus (1758: 212), *nom. cons.* ; Li et al. (1995a: 164) [Type: *T. ahouai* (Linnaeus) A. de Candolle, *typ. cons.* (≡*Cerbera ahouai* Linnaeus)]

特征描述：灌木或小乔木，具乳汁。叶互生。聚伞花序；花萼裂片内面基部具腺体；花冠漏斗状，裂片阔，花冠管短，下部圆筒状，花冠管喉部具被毛的鳞片 5 枚；雄蕊着生于花冠管的喉部；花药与花柱分离；子房 2 室，2 深裂，每室有胚珠 2。核果，内果皮木质，坚硬。花粉单粒，3 孔沟或孔，穿孔或微网状纹饰。染色体 $2n=20$。

分布概况：18/2 种，**3 型**；产热带非洲和热带美洲，现世界热带及亚热带地区均有栽培；中国华南和西南广为栽培。

系统学评述：该属隶属于鸡蛋花族[3]。

DNA 条形码研究：BOLD 网站有该属 1 种 5 个条形码数据；GBOWS 网站已有 1 种 12 个条形码数据。

代表种及其用途：黄花夹竹桃 *T. peruviana* (Persoon) K. Schumann 含多种强心苷，具有较强的强心作用，主要功能为强心利尿、祛痰定喘、镇痛、祛瘀，可治疗心力衰竭、喘息咳嗽、癫痫、跌打损伤、经闭、斑秃等。

80. *Toxocarpus* Wight & Arnott 弓果藤属

Toxocarpus Wight & Arnott (1834: 61); Li et al. (1995b: 197) (Lectotype: *T. kleinii* Wight & Arnott)

特征描述：攀援灌木。叶对生，顶端具细尖头，基部双耳形。伞状聚伞花序，腋生；花萼裂片内面基部具 5 个腺体或全缺；花冠管极短，花冠裂片芽时略向左覆盖；副花冠裂片 5，着生于合蕊冠背部；花药无附属体；花粉块每室 2 个，每个着粉腺上有 4 个花粉块；柱头长喙状膨胀或圆柱状，顶端 2 裂或全缘，伸出。蓇葖中等大，被绒毛。种子具种毛。

分布概况：约 40/9（6）种，**4 型**；分布于热带非洲，亚洲东南部和太平洋各岛；中国产西南、华南。

系统学评述：该属隶属于鲫鱼藤族[3]。Klackenberg[31]认为 Schumann[55]将该属归入鲫鱼藤属是合理的，因为鲫鱼藤属的柱头形态、副花冠裂片的形状等性状在种间和种内的变异都很大，而致使这 2 属无法截然分开，但目前大多仍将它们分开处理。

DNA 条形码研究：BOLD 网站有该属 2 种 2 个条形码数据；GBOWS 网站已有 3 种 12 个条形码数据。

81. *Trachelospermum* Lemaire 络石属

Trachelospermum Lemaire (1851: 61), *nom. coms.*; Li et al. (1995a: 166) [Type: *T. jasminoides* (Lindley) Lemaire, *typ. cons.* (≡*Rhyncospermum jasminoides* Lindley)]

特征描述：攀援灌木，具乳汁。叶对生。聚伞花序或圆锥状聚伞花序；花萼裂片双盖覆瓦状排列，花萼内面基部具 5-10 个腺体，通常腺体顶端作细齿状；花冠高脚碟状，花冠管圆筒形，裂片芽时向右覆盖；雄蕊常内藏，有时伸出；花药腹部粘生在柱头的基部；子房由 2 枚离生心皮组成，胚珠多数。蓇葖双生，长圆状披针形。种子线状长圆形，顶端具白色绢质种毛。染色体 2*n*=20。

分布概况：约 15/6（3）种，**9 型**；分布于亚洲热带和亚热带地区与北美洲；中国产华北、西北、华中、西南和华南。

系统学评述：该属隶属于罗布麻族[3]。分子和形态数据的综合分析表明，该属与清明花属关系近缘[17]。

DNA 条形码研究：BOLD 网站有该属 3 种 19 个条形码数据；GBOWS 网站已有 3 种 24 个条形码数据。

代表种及其用途：络石藤 *T. jasminoides* (Lindley) Lemaire 具有祛风通络、凉血消肿等功效，主治风湿热痹、筋脉拘挛、腰膝酸痛、喉痹、臃肿、跌打损伤等。现代研究证明，络石藤主要含黄酮类、木脂素类、三萜类等化合物，具有抗疲劳、抗炎镇痛活性及防癌、抗癌活性。

82. *Tylophora* R. Brown 娃儿藤属

Tylophora R. Brown (1810: 460); Li et al. (1995b: 253) (Lectotype: *T. flexuosa* R. Brown)

特征描述：缠绕或攀援灌木。叶对生。伞形或总状聚伞花序，常腋外生；花萼裂片双盖覆瓦状排列，内面基部有腺体或缺；花辐状或近辐状，裂片芽时向右覆盖或近镊合状排列；副花冠裂片 5，肉质、膨胀，贴生于合蕊冠的基部，不超出合蕊冠；花药顶端膜片拱生于柱头上方；花粉块每室 1 个；离生心皮 2。蓇葖常双生，平滑，长圆状披针形或纺锤形。种子顶端具白色绢质种毛。花粉块柄斜曲上升或平展，与着粉腺的基部相连，棒状纹饰。染色体 2*n*=22，24，66。

分布概况：约 60/38（27）种，**4 型**；分布于亚洲，非洲，澳大利亚的热带和亚热带地区；中国产黄河以南各省区。

系统学评述：该属隶属于马利筋族[3]。滑藤属的滑藤 *Absolmsia oligophylla* Tsiang[48]现已归并至该属[43]。此外，分子系统学研究表明娃儿藤属与白前属关系近缘[56]，且可将其与秦岭藤属等一并归入广义的白前属[10]，但这种处理还需要更多形态解剖学证据的支持。

DNA 条形码研究：BOLD 网站有该属 32 种 51 个条形码数据；GBOWS 网站已有 4 种 19 个条形码数据。

代表种及其用途：多花娃儿藤 *T. floribunda* Miquel 的根有小毒，具有祛风化痰、解毒散瘀的功效，民间主要用于治疗惊风、中暑腹痛、哮喘痰咳、咽喉肿痛、胃痛、牙痛、风湿疼痛、跌打损伤等。娃儿藤生物碱具有抗炎、抗过敏、平喘等作用。

83. *Urceola* Roxburgh 水壶藤属

Urceola Roxburgh (1799: 169), *nom. cons.* ; Li et al. (1995a: 183) (Type: *U. elastica* Roxburgh).
——*Chunechites* Tsiang (1937: 305); *Ecdysanthera* W. J. Hooker & Arnott (1837: 198); *Parabarium* Pierre (1906: 9)

特征描述：木质藤本，具乳汁；叶柄间及叶腋内具少数腺体。叶对生。圆锥状聚伞花序，腋生；花萼裂片内面基部具 5 个腺体；花冠近坛状或近辐状，花冠喉部无鳞片，花冠裂片向右覆盖；雄蕊内藏；花药腹部与柱头粘生；子房由 2 枚离生心皮组成，顶端被长柔毛，胚珠多数；柱头顶端全缘或短 2 裂。蓇葖双生，略叉开，线状披针形。种子长圆状披针形或线形，顶端具黄色绢质种毛。染色体 2*n*=12。

分布概况：16/7（1）种，**7 型**；分布于亚洲东部和东南部；中国产长江以南。

系统学评述：该属隶属于罗布麻族。Middleton[45]及 Middleton 和 Livshultz[49]曾对该属进行了分类学修订，并认为该属与 *Aganonerion* 和长节珠属 *Parameria* 等形成关系很近的一群，同时，乐东藤属 *Chunechites*、花皮胶藤属 *Ecdysanthera* 和杜仲藤属 *Parabarium* 现归至该属[FRPS,FOC]。

DNA 条形码研究：BOLD 网站有该属 4 种 6 个条形码数据；GBOWS 网站已有 2 种 10 个条形码数据。

84. *Vallaris* N. L. Burman 纽子花属

Vallaris N. L. Burman (1768: 51); Li et al. (1995a: 177) (Type: *V. pergulana* N. L. Burman)

特征描述：攀援灌木。叶对生，具有透明腺体。总状或伞房状聚伞花序，腋生；萼裂片内面基部腺体有或无；花冠近辐状，花冠管喉部无鳞片，花冠裂片向右覆盖；雄蕊着生在花冠管的中部，伸出，花药腹部黏合在柱头上，药隔上有瘤状腺体；子房由 2 枚心皮组成，具长柔毛，胚珠多数；柱头基部环状，顶部圆锥状。蓇葖长圆形，顶部渐尖。种子卵圆形，顶端具种毛。染色体 2*n*=20。

分布概况：3/2（1）种，**7 型**；分布于亚洲热带和亚热带地区；中国产华南和西南等省区。

系统学评述：该属隶属于罗布麻族[3]。

DNA 条形码研究：BOLD 网站有该属 1 种 4 个条形码数据；GBOWS 网站已有 1 种 8 个条形码数据。

代表种及其用途：大纽子花 *V. indecora* (Baillon) Tsiang & P. T. Li 的种子有毒，植株药用，可治血吸虫病，具有强心的作用。

85. *Vinca* Linnaeus 蔓长春花属

Vinca Linnaeus (1753: 209); Li et al. (1995a: 157) (Lectotype: *V. minor* Linnaeus)

特征描述：蔓性半灌木，有水液。叶对生，叶柄内和叶柄间具腺体。花常单生，腋生；花萼裂片内面基部无腺体；花冠漏斗状，花冠管比花萼长，花喉有毛或鳞片，花冠裂片斜倒卵形；花药顶端膜片具毛，粘贴于柱头；子房由 2 枚离生心皮组成，每室胚珠 6 至多数；柱头有毛，基部具增厚的圆盘。蓇葖 2，直立或开展，圆柱形，具条纹。种子无毛。花粉单粒，3-4 孔沟，外壁平滑，穿孔纹饰。染色体 $2n$=16，46，92。

分布概况：约 5/2 种，**10-1 型**；原产欧洲；中国江苏、台湾、云南和浙江有引种栽培。

系统学评述：该属隶属于蔓长春花族[3]。

DNA 条形码研究：BOLD 网站有该属 4 种 28 个条形码数据；GBOWS 网站已有 1 种 4 个条形码数据。

代表种及其用途：花叶蔓长春花 *V. minor* Linnaeus 的地上部分可全草入药，常被用来治疗疟疾、腹泻、糖尿病、高血压、皮肤病及霍奇金病。该属植物茎叶中提取到的长春胺被广泛用于治疗脑血管障碍性疾病等。

86. *Voacanga* Du Petit-Thouars 马铃果属

Voacanga Du Petit-Thouars (1806: 10); Li et al. (1995a: 151) (Type: *V. thouarsii* Roemer & Schultes)

特征描述：乔木或灌木，具乳汁。叶对生，叶柄或节上的叶基常合生成 1 短的托叶鞘，具 1 列黏液毛；聚伞花序，顶生；花萼钟状至柱状，裂片内面基部具许多腺体；花冠高脚碟状，花冠管喉部具 1 肉质环，裂片芽时向左覆盖；雄蕊伸出或内藏，花药与柱头粘连；子房 2 室，离生或基部合生，胚珠多数；柱头褶状，微 2 裂。蓇葖 2，悬垂。种子多数，嵌生于果肉中，无毛。染色体 $2n$=22。

分布概况：12/2 种，**6 型**；原产非洲和亚洲东南部；中国广东和云南有引种。

系统学评述：该属隶属于狗牙花族[3]。

DNA 条形码研究：BOLD 网站有该属 4 种 6 个条形码数据；GBOWS 网站已有 1 种 4 个条形码数据。

87. *Wrightia* R. Brown 倒吊笔属

Wrightia R. Brown (1811: 73); Li et al. (1995a: 174) [Lectotype: *W. zeylonica* (Linnaeus) R. Brown (≡*Nerium zeylonicum* Linnaeus)]

特征描述：灌木或乔木，具乳汁。叶对生，叶腋内具腺体。二歧以上聚伞花序，顶生或近顶生；花萼裂片双盖覆瓦状排列，内面基部具 5-10 鳞状腺体；花冠高脚碟状或近高脚碟状、漏斗状或近漏斗状，花冠裂片芽时向左覆盖；副花冠舌状、流苏状、齿状、杯状，顶端全缘或近全缘；雄蕊伸出，花药腹部靠合或粘贴在柱头上；心皮 2，离生或粘生，胚珠多数；柱头顶端 2 裂或全缘。蓇葖 2。种子狭纺锤形，顶端具种毛。花粉粒具 3-4 萌发孔，赤道面分布，穿孔纹饰。染色体 $2n$=20，22。

分布概况：约 23/6 种，**4 型**；分布于热带非洲，亚洲和澳大利亚；中国产西南和华南。

系统学评述：该属隶属于倒吊笔族 Wrightieae[3]。结合分子和形态学数据的系统学研究表明，该属与 *Stephanostema* 关系近缘[17]。

DNA 条形码研究：BOLD 网站有该属 11 种 31 个条形码数据；GBOWS 网站已有 4 种 21 个条形码数据。

代表种及其用途：倒吊笔 *W. pubescens* R. Brown 的根和树皮可药用，用于治疗淋巴结核，其提取物具有抗肿瘤活性。

主要参考文献

[1] Endress ME, Bruyns PV. A revised classification of the Apocynaceae *s.l.*[J]. Bot Rev, 2000, 66: 1-56.

[2] Nazar N, et al. The taxonomy and systematics of Apocynaceae: where we stand in 2012[J]. Bot J Linn Soc, 2013, 171: 482-490.

[3] Endress ME, et al. An updated classification for Apocynaceae[J]. Phytotaxa, 2014, 159: 175-194.

[4] Backlund M, et al. Phylogenetic relationships within the Gentianales based on *ndh*F and *rbc*L sequences, with particular reference to the Loganiaceae[J]. Am J Bot, 2000, 87: 1029-1043.

[5] Potgieter K, Albert VA. Phylogenetic relationships within Apocynaceae *s.l.* based on *trn*L intron and *trn*L-F spacer sequences and propagule characters[J]. Ann MO Bot Gard, 2001, 88: 523-549.

[6] Endress ME. Apocynaceae: brown and now[J]. Telopea, 2004, 10: 525-541.

[7] Lahaye R, et al. Phylogenetic relationships between derived Apocynaceae *s.l.* and within Secamonoideae based on chloroplast sequences[J]. Ann MO Bot Gard, 2007, 94: 376-391.

[8] Livshultz T, et al. Phylogeny of Apocynoideae and the APSA clade (Apocynaceae *s.l.*)[J]. Ann MO Bot Gard, 2007, 94: 324-359.

[9] Simões AO, et al. Phylogeny and systematics of the Rauvolfioideae (Apocynaceae) based on molecular and morphological evidence[J]. Ann MO Bot Gard, 2007, 94: 268-297.

[10] Liede-Schumann S, et al. *Vincetoxicum* and *Tylophora* (Apocynaceae: Asclepiadoideae: Asclepiadeae)-Two sides of the same medal: independent shifts from tropical to temperate habitats[J]. Taxon, 2012, 61: 803-825.

[11] Middleton DJ. A revision of *Aganosma* (Blume) G. Don (Apocynaceae)[J]. Kew Bull, 1996, 51: 455-482.

[12] Middleton DJ. Revision of *Alyxia* (Apocynaceae). Part 1: Asia and Malesia[J]. Blumea, 2000, 45: 1-146.

[13] Middleton DJ. Revision of *Alyxia* (Apocynaceae). Part 2: Pacific Islands and Australia[J]. Blumea, 2002, 47: 1-93.

[14] Middleton DJ. A revision of *Anodendron* A. DC. (Apocynaceae)[J]. Blumea, 1996, 41: 37-68.

[15] Fishbein M, et al. Phylogenetic relationships of *Asclepias* (Apocynaceae) inferred from non-coding chloroplast DNA sequences[J]. Syst Bot, 2011, 36: 1008-1023.

[16] Rudjiman A. A revision of *Beaumontia* Wallich, *Kibatalia* G. Don and *Vallariopsis* Woodson (Apocynaceae)[J]. Wageningen Univ Pap, 1987, 86: 1-99.

[17] Sennblad B, et al. Morphology and molecular data in phylogenetic fraternity: the tribe Wrightieae (Apocynaceae) revisited[J]. Am J Bot, 1998, 85: 1143-1158.

[18] Liede S, Albers F. Tribal disposition of genera in the Asclepiadaceae[J]. Taxon, 1994, 43: 201-231.

[19] van der Ham R, et al. Pollen morphology and phylogeny of the Alyxieae (Apocynaceae)[J]. Grana, 2001, 40: 169-191.

[20] Surveswaran S, et al. Molecular phylogeny of *Ceropegia* (Asclepiadoideae, Apocynaceae) from Indian Western Ghats[J]. Plant Syst Evol, 2009, 281: 51-63.

[21] Meve U, Liede S. A molecular phylogeny and generic rearrangement of the stapelioid Ceropegieae (Apocynaceae-Asclepiadoideae)[J]. Plant Syst Evol, 2002, 234: 171-209.

[22] Leeuwenberg AJM, van Dilst FJH. Series of revisions of Apocynaceae XLIX, *Carissa* L.[J].

Wageningen Univ Pap, 2001, 1: 1-108.

[23] Leeuwenberg AJM. Series of revisions of Apocynaceae XLVII. The genus *Cerbera* L.[M]. Wageningen Univ Pap, 1999, 98: 1-64.

[24] Hechem V, et al. Molecular phylogeny of *Diplolepis* (Apocynaceae-Asclepiadoideae) and allied genera, and taxonomic implications[J]. Taxon, 2011, 60: 638-648.

[25] Liede S, Täuber A. Circumscription of the genus *Cynanchum* (Apocynaceae-Asclepiadoideae)[J]. Syst Bot, 2002, 27: 789-800.

[26] Liede S, Kunze H. *Cynanchum* and the Cynanchinae (Apocynaceae-Asclepiadoideae): a molecular, anatomical and latex triterpenoid study[J]. Org Divers Evol, 2002, 2: 239-269.

[27] Meve U, Liede-Schumann S. Erratum to: taxonomic dissolution of *Sarcostemma* (Apocynaceae: Asclepiadoideae)[J]. Kew Bull, 2013, 68: 187-188.

[28] Meve U, Liede-Schumann S. Taxonomic dissolution of *Sarcostemma* (Apocynaceae: Asclepiadoideae)[J]. Kew Bull, 2012, 67: 751-758.

[29] Forster PI. Circumscription of *Marsdenia* (Asclepiadaceae: Marsdenieae), with a revision of the genus in Australia and Papuasia[J]. Aust Syst Bot, 1995, 8: 703-933.

[30] Middleton DJ. A revision of *Epigynum* (Apocynaceae: Apocynoideae)[J]. Harvard Pap Bot, 2005, 10: 67-81.

[31] Klackenberg J. A new species of *Secamone* (Apocynaceae, Secamonoideae) from Borneo[J]. Blumea, 2004, 49: 129-133.

[32] Forster PI. A taxonomic revision of *Heterostemma* Wight & Arn (Asclepiadaceae: Stapelieae) in Australia and the Western Pacific[J]. Aust Syst Bot, 1992, 5: 71-80.

[33] Wanntorp L, Forster PI. Phylogenetic relationships between Hoya and the monotypic genera *Madangia*, *Absolmsia*, and *Micholitzia* (Apocynaceae, Marsdenieae): insights from flower morphology[J]. Ann MO Bot Gard, 2007, 94: 36-55.

[34] Wanntorp L, et al. Towards a monophyletic *Hoya* (Marsdenieae, Apocynaceae): inferences from the chloroplast *trn*L region and the *rbc*L-*atp*B spacer[J]. Syst Bot, 2006, 31: 586-596.

[35] Wanntorp L, et al. Revisiting the wax plants (*Hoya*, Marsdenieae, Apocynaceae): phylogenetic tree using the *mat*K gene and *psb*A-*trn*H intergenic spacer[J]. Taxon, 2011, 60: 4-14.

[36] Maranan FS, Diaz MGQ. Molecular diversity and DNA barcode identification of selected Philippine endemic *Hoya* species (Apocynaceae)[J]. Philipp Agric Sci, 2013, 96: 86-92.

[37] Forster PI. A taxonomic revision of *Ichnocarpus* (Apocynaceae) in Australia and Papuasia[J]. Aust Syst Bot, 1992, 5: 533-545.

[38] Forster PI. New names and combinations in *Marsdenia* (Asclepiadaceae: Marsdenieae) from Asia and Malesia (excluding Papusia)[J]. Aust Syst Bot, 1995, 8: 691-701.

[39] Middleton DJ. A revision of *Kopsia* (Apocynaceae: Rauvolfioideae)[J]. Harvard Pap Bot, 2004, 9: 89-142.

[40] Woodson RE. Studies in the Apocynaceae. IV. The American genera of Echitoideae[J]. Ann MO Bot Gard, 1935, 22: 153-306.

[41] Simões AO, et al. Is *Mandevilla* (Apocynaceae, Mesechiteae) monophyletic? Evidence from five plastid DNA loci and morphology[J]. Ann MO Bot Gard, 2006, 93: 565-591.

[42] Leeuwenberg AJM. Series of revisions of Apocynaceae LIII. *Melodinus*[J]. Syst Geogr Pl, 2003, 73: 3-62.

[43] Gilbert MG, et al. Notes on the Asclepiadaceae of China[J]. Novon, 1995, 5: 1-16.

[44] Hendrian. Revision of *Ochrosia* (Apocynaceae) in Malesia[J]. Blumea, 2004, 49: 101-128.

[45] Middleton DJ. A revision of *Afanonerion* Pierre ex Spire, *Parameria* Benth. & Hook. f. and *Urceola* Roxb. (Apocynaceae)[J]. Blumea, 1996, 41: 69-122.

[46] Middleton DJ. A revision of *Parsonsia* R. Br. (Apocynaceae) in Malesia[J]. Blumea, 1997, 42: 191-248.

[47] Hendrian, Middleton DJ. Revision of *Rauvolfia* (Apocynaceae) in Malesia[J]. Blumea, 1999, 44: 449-470.

[48] Klackenberg J. New species and combinations of *Secamone* (Apocynaceae, Secamonoideae) from South East Asia[J]. Blumea, 2010, 55: 231-241.

[49] Middleton DJ, Livshultz T. *Streptoechites* gen. nov., a new genus of Asian Apocynaceae[J]. Adansonia, 2011, 34: 365-375.

[50] Venter HJT, Verhoeven RL. Diversity and relationships within the Periplocoideae (Apocynaceae)[J]. Ann MO Bot Gard, 2001, 88: 550-568.

[51] Ionta GM. Phylogeny reconstruction of Periplocoideae (Apocynaceae) based on morphological and molecular characters and a taxonomic revision of *Decalepis*[D]. PhD thesis. Gainesville, Florida: University of Florida, 2009.

[52] Leeuwenberg AJM. A revision of *Tabernaemontana*. The Old World species[M]. Richmond: Royal Botanic Gardens, Kew, 1991.

[53] Simões AO, et al. Systematics and character evolution of Tabernaemontaneae (Apocynaceae, Rauvolfioideae) based on molecular and morphological evidence[J]. Taxon, 2010, 59: 772-790.

[54] van der Weide JC, van der Ham RWJM. Pollen morphology and phylogeny of the tribe Tabernaemontaneae (Apocynaceae, subfamily Rauvolfioideae)[J]. Taxon, 2012, 61: 131-145.

[55] Schumann K. Asclepiadaceae[M]//Engler A, Prantl K. Die natürlichen pflanzenfamilien, 4(2). Leipzig: W. Engelmann, 1895: 189-306.

[56] Yamashiro T, et al. Molecular phylogeny of *Vincetoxicum* (Apocynaceae-Asclepiadoideae) based on the nucleotide sequences of cpDNA and nrDNA[J]. Mol Phylogenet Evol, 2004, 31: 689-700.

Boraginaceae Jussieu (1789), *nom. cons.* 紫草科

特征描述：草本、灌木至乔木，稀藤本或根寄生。单叶，无托叶。聚伞花序或镰状聚伞花序，稀单生；两性，多为辐射对称；花萼（3-4）5，常宿存；花冠喉部或筒部常具 5 个附属物；雄蕊 5，花药 2 室，基部背着；蜜腺在花冠筒内面基部或生于花盘上，雌蕊由 2 心皮组成，子房 2 室，每室 2 胚珠，或 4 室，每室含 1 胚珠，或子房 4（-2）裂，每裂瓣含 1 胚珠，花柱不分枝或分枝。核果，种子 1-4，或小坚果 4（-2）由子房裂瓣形成。花粉粒萌发孔有孔、沟、孔沟等，常具假萌发孔，光滑、穿孔、穴状、网状或皱状等纹饰。染色体 x=6，7，8，11。

分布概况：约 143 属/2785 种，主要分布于温带地区，少数到热带高山；中国 44 属/约 300 种，西南尤盛。

系统学评述：传统上紫草科有 4 亚科，包括紫草亚科 Boraginoideae、破布木亚科 Cordioideae、厚壳树亚科 Ehretioideae 和天芥菜亚科 Heliotropioideae，其中厚壳树亚科具祖征，如木本习性、顶生花序分为 2 枝、不分裂的子房、核果、扁平的子叶和具胚乳；破布木亚科基于花柱分为 4 枝，折叠子叶和缺乏胚乳，主要的热带类群还保留木本习性、顶生花柱、不分裂的子房和核果的性状，天芥菜亚科和紫草亚科均为分果，可能是独立演化而来的衍生性状[1-4]。在系统位置上，Cronquist[5]根据其花柱基生及 4 个小坚果等特征将紫草科放在唇形目 Lamiales；而 Takhtajan[6]根据形态和分子证据认为，紫草科、田基麻科 Hydrophyllaceae、盖裂寄生科 Lennoaceae 和单柱花科 Hoplestigmataceae 应该成立紫草目 Boraginales。分子系统学研究表明紫草科与茄目 Solanales 和龙胆目 Gentianales 关系很近，但不属于任何一个目，同时紫草科的概念也有所扩大，包括了原来的田基麻科和与 Ehretioideae 形成单系的盖裂寄生科 Lennoaceae，形成广义的紫草科 Boraginaceae *s.l.*[APW,APGIII]。由于广义紫草科有着不属于任何一个目和独特的形态特征，现在许多学者建议将其提升为紫草目 Boraginales。然而，APG III 暂未采用这一处理，而是仍将广义紫草科仅作为 1 个科处理。Weigen 等[7]构建了紫草目的系统发育树，该研究认可把广义紫草科拆分为 8 科，归到 2 个分支，即 Boraginales I 和 Boraginales II，前者包括狭义紫草科 Boraginaceae *s.s.*、Condonaceae 和 Wellstediaceae；后者包括破布木科 Cordiaceae、厚壳树科 Ehretiaceae、天芥菜科 Heliotropiaceae、田基麻科的 2 个分支及盖裂寄生科。紫草亚科 Boraginoideae 是紫草科 Boraginaceae *s.l.*中最大的科，一般在紫草亚科中，根据小坚果的形态和着生位置进行族的划分。被广泛接受的有 5 族，分别为紫草族 Lithospermeae、琉璃苣族 Boragineae（或牛舌草族 Achusae）、附地菜族 Trigonotideae、齿缘草族 Eritricheae 和琉璃草族 Cynoglosseae。但 Långström 和 Chase[8]利用 *atp*B 研究表明琉璃苣族和紫草族分别是单系类群；琉璃草族和齿缘草族是并系类群，这 2 个族的类群相互嵌合在一起；附地菜族是多系类群。Weigend 等[9,10]研究表明紫草亚科可分为 4 族，即琉璃苣族、琉璃草族、Echiochileae 和紫草族。

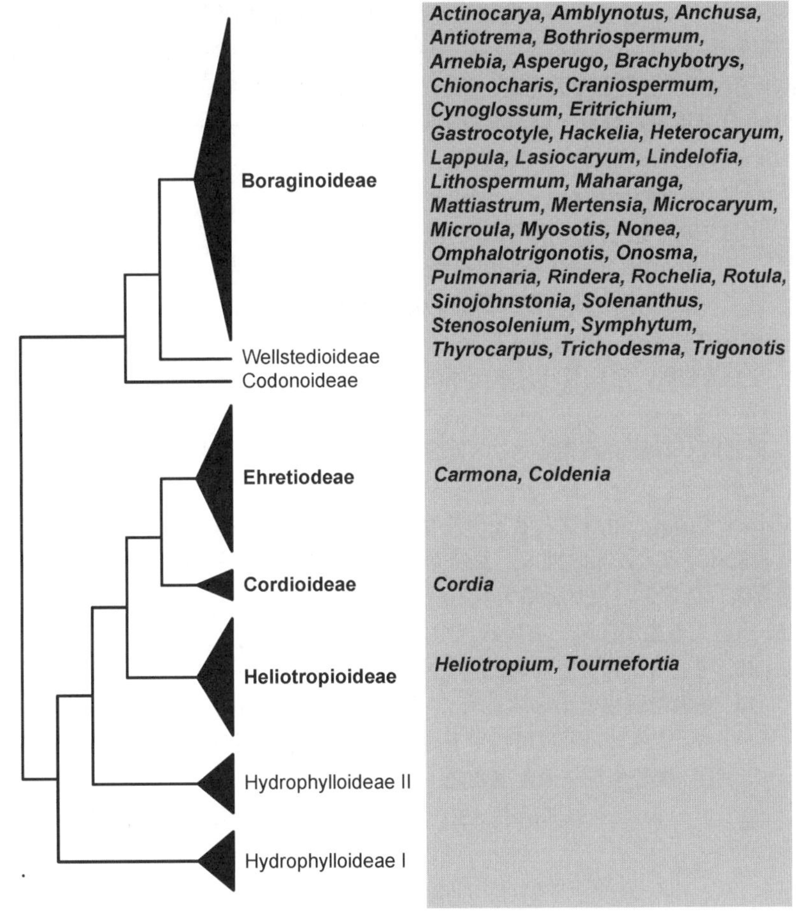

图 190　紫草科分子系统框架图（参考 Weigend 等[7]）

分属检索表

1. 子房不裂，花柱顶生；乔木或灌木，稀草本
  2. 花柱 2 次 2 裂，柱头 4；核果 1 核；子叶具褶……………………**11. 破布木属 *Cordia***
  2. 花柱 2 裂或不裂，柱头 1 或 2；核果常裂为 2 或 4 个分核；子叶无褶
    3. 花柱常 2 裂；柱头 2，基部不膨大成环
      4. 果干燥，中果皮不明显，内果皮裂成 4 个具 1 种子的分核；一年生草本……………………**10. 双柱紫草属 *Coldenia***
      4. 果浆果状或核果，不裂或裂成（2）4 个分核；灌木或乔木……………………**15. 厚壳树属 *Ehretia***
    3. 柱头 1，花柱基部膨大成环
      5. 果干燥，中果皮薄……………………**19. 天芥菜属 *Heliotropium***
      5. 果具多水分、多胶质或木栓质中果皮……………………**42. 紫丹属 *Tournefortia***
1. 子房（2）4 裂，花柱生于子房裂瓣间雌蕊基上；子房裂瓣发育成小坚果；草本
  6. 花药药隔芒状，螺旋状扭转……………………**43. 毛束草属 *Trichodesma***
  6. 花药药隔先端不呈芒状，不扭转
    7. 花冠喉部无附属物
      8. 花药离生，基部非箭头形

9. 雄蕊伸出；小坚果背面具碗状凸起，着生面位于果腹面中部以下；雌蕊基窄金字塔形或圆锥形……………………………………………………………**12. 颅果草属 *Craniospermum***

9. 雄蕊内藏；小坚果背面无碗状凸起，着生面位于果腹面基部；雌蕊基平

10. 花冠稍左右对称，后（上）面裂片较长……………………………**14. 蓝蓟属 *Echium***

10. 花冠辐射对称，5 裂片近等大；花冠筒长于冠檐

11. 雄蕊螺旋状着生；小坚果具短柄……………………………**39. 紫筒草属 *Stenosolenium***

11. 雄蕊着生同一水平面；小坚果无柄

12. 花柱不裂；小坚果平滑，着生面微凹……………………………**34. 肺草属 *Pulmonaria***

12. 花柱 2 或 4 裂；小坚果被疣状凸起；着生面平或微凹……**5. 软紫草属 *Arnebia***

8. 花药围绕花柱靠合，基部箭头形

13. 花冠筒膨胀，冠檐裂片之下具 5 纵褶及沟槽；花萼裂至中部，裂片三角形……………………………………………………………**25. 胀萼紫草属 *Maharanga***

13. 花冠筒不膨胀，冠檐裂片之下无纵褶及沟槽；花萼裂至中部或基部，裂片线形或线状披针形……………………………………………………………**33. 滇紫草属 *Onosma***

7. 花冠喉部或筒部具 5 附属物，若无附属物则具纵褶或毛条……………………………

14. 花萼裂片不等大，果时增大，呈蚌壳状，边缘具齿，网脉明显…………**6. 糙草属 *Asperugo***

14. 花萼裂片近等大，果时稍增大但不呈蚌壳状

15. 小坚果着生面凹陷；有脐状组织，周围具环状凸起

16. 花冠附属物位于喉部之下……………………………**31. 假狼紫草属 *Nonea***

16. 花冠附属物位于喉部

17. 雄蕊与花冠附属物生于同一水平；花冠浅裂…………**40. 聚合草属 *Symphytum***

17. 雄蕊生于花冠附属物之下；花冠深裂

18. 聚伞圆锥花序顶生；果的着生面在果底部，凹下，植物体被硬毛或刚毛……………………………………………………………**3. 牛舌草属 *Anchusa***

18. 花单生叶腋；果的着生面长圆形在果腹面；植物体被刺毛……………………………………………………………**17. 腹脐草属 *Gastrocotyle***

15. 小坚果着生面不凹下；无脐状组织和环状组织

19. 坚果卵形，多平滑，乳白色（田紫草例外）；花药具小尖头……………………………………………………………**24. 紫草属 *Lithospermum***

19. 小坚果非桃形；花药无小尖头

20. 小坚果无锚状刺（西藏微孔草例外）

21. 小坚果四面体形或双凸镜形

22. 小坚果背面无膜质杯状凸起

23. 雄蕊伸出花冠喉部

24. 茎上部叶近轮生……………………………**8. 山茄子属 *Brachybotrys***

24. 茎生叶互生……………………………**27. 滨紫草属 *Mertensia***

23. 雄蕊内藏

25. 花冠裂片覆瓦状排列；小坚果四面体形……………………………………………………………**44. 附地菜属 *Trigonotis***

25. 花冠裂片螺旋状排列；小坚果常卵形……………………………………………………………**30. 勿忘草属 *Myosotis***

22. 小坚果背面边缘具碗状或皿状凸起

26. 叶卵状心形；花萼果期囊状，包被果实……………………………………………………………**37. 车前紫草属 *Sinojohnstonia***

26. 叶椭圆状卵形或窄椭圆形；花萼果期稍增大，裂片平展，不包被果实……………………………………… **32. 皿果草属 *Omphalotrigonotis***

21. 小坚果非四面体形，也非双凸镜形

27. 雄蕊伸出花冠………………………………………**4. 长蕊斑种草属 *Antiotrema***

27. 雄蕊内藏

28. 花单朵顶生；叶扇状楔形；多年生高山垫状草本………………………………………………………………**9. 垫紫草属 *Chionocharis***

28. 花数朵至多数，组成各种聚伞花序

29. 小坚果具形状各异凸起

30. 小坚果腹面具环状凹陷……… **7. 斑种草属 *Bothriospermum***

30. 小坚果背面具凹陷形凸起

31. 凹陷形凸起 2 层，外层具齿………………………………………………………………………… **41. 盾果草属 *Thyrocarpus***

31. 凹陷形凸起 1 层，稀 2 层，边缘无明显齿…………………………………………………………**29. 微孔草属 *Microula***

29. 小坚果无上述凸起

32. 雌蕊基近平坦……………………………… **2. 钝背草属 *Amblynotus***

32. 雌蕊基锥状或柱状

33. 雌蕊基钻状；小坚果被短糙毛；镰状聚伞花序…………………………………………………**22. 毛果草属 *Lasiocaryum***

33. 雌蕊基柱状；小坚果无毛；伞形聚伞花序……………………………………………………**28. 微果草属 *Microcaryum***

20. 小坚果具锚状刺，如锚状刺不明显或无锚状刺，则雌蕊基呈锥形

34. 雌蕊基平，微凸、半球形或矮塔形，较小坚果矮几倍

35. 小坚果着生面位于腹面近顶端……………………… **1. 锚刺果属 *Actinocarya***

35. 小坚果着生面位于果中以下

36. 叶宽 3.5-9cm……………………………………………… **18. 假鹤虱属 *Hackelia***

36. 叶宽不及 1.5cm………………………………………**16. 齿缘草属 *Eritrichium***

34. 雌蕊基钻状或锥状，稍短或稍长于小坚果

37. 子房 2 裂，胚珠 2，花柱不裂；小坚果孪生………………………………………………………………………**36. 孪果鹤虱属 *Rochelia***

37. 子房 4 裂，胚珠 4，成熟时 4 裂片发育成 4 个小坚果，有时 1-3 个不发育

38. 花冠冠檐较冠筒短；雄蕊及花柱伸出

39. 雄蕊着生于花冠筒喉部附属物以上，花药较花丝短几倍……………………………………………………**38. 长蕊琉璃草属 *Solenanthus***

39. 雄蕊着生于花冠筒喉部附属物下方，花药与花丝近等长或较长

40. 小坚果卵形，约 6mm，无翅，密生锚状刺………………………………………………………………**23. 长柱琉璃草属 *Lindelofia***

40. 小坚果球形或卵圆形，长约 1.5cm，具宽翅……………………………………………………………**35. 翅果草属 *Rindera***

38. 花冠冠檐与冠筒近等长或较长；雄蕊及花柱内藏

41. 小坚果着生面位于腹面中部或中部以下

42. 小坚果腹面仅以着生面与雌蕊基结合… **21. 鹤虱属 *Lappula***

42. 小坚果腹面全长与雌蕊基结合………………………………………

……………………………………**20. 异果鹤虱属 *Heterocaryum***

41. 小坚果着生面位于腹面上部

43. 小坚果无翅，着生面在顶部……**13. 琉璃草属 *Cynoglossum***

43. 小坚果具宽翅，着生面靠上部…**26. 盘果草属 *Mattiastrum***

1. *Actinocarya* Bentham 锚刺果属

Actinocarya Bentham (1876: 846); Zhu et al. (1995: 401) (Type: *A. tibetica* Bentham).——*Metaeritrichium* W. T. Wang (1980: 514)

特征描述：一年生草本，茎细弱或肉质压扁，有稀疏短糙伏毛或几无毛。叶互生，倒卵状长圆形至匙形。花单生叶腋，有细花梗；花萼5深裂，开展；花冠辐射钟状，有短筒，檐部裂片5，开展，喉部具5个附属物；雄蕊5，内藏，花丝极短；子房4裂，花柱短，柱头近头状；雌蕊基微凸或平。小坚果4，狭倒卵形，有锚状刺，基部连合而成的杯状或鸡冠状凸起，着生面在腹面。花粉粒3沟或假沟，沟和假沟边缘有稀疏的刺状凸起，小穴状纹饰。

分布概况：2/2种，**14SH型**；分布于印度；中国产西南和西北。

系统学评述：颈果草 *Metaeritrichium microuloides* W. T. Wang 是 *A. acaulis* (W. W. Smith) I. M. Johnston 的同物异名，并根据小坚果的形态及着生位置将颈果草属 *Metaeritrichium* 归并到锚刺果属[9]。Weigend 等[10]利用 *trn*L-F 和 *rps*16 的分子系统研究也表明，这2个种的关系较近，但没有明显地聚为一支，是否是单系类群需要进一步研究。锚刺果属属于琉璃草族，与微孔草属 *Microula* 的关系较近。

2. *Amblynotus* Johnston 钝背草属

Amblynotus Johnston (1924: 64); Zhu et al. (1995: 377) [Type: *A. obovatus* (Ledebour) Johnston (≡*Myosotis obovata* Ledebour)]

特征描述：多年生草本，丛生，有糙伏毛。叶互生，倒披针形，先端钝。镰状聚伞花序，有苞片；花萼5裂至基部，裂片线形，直伸；花冠蓝色，筒部比萼短，檐部宽钟形，直径3-5mm，裂片钝，覆瓦状排列，喉部有附属物；雄蕊5，着生花冠筒中部，花丝很短，花药长圆形，两端钝；子房4裂，花柱短，内藏，柱头头状；雌蕊基近平坦。小坚果直立，微弯，背面凸，无毛，有光泽，腹面纵龙骨状，着生面在腹面基部，三角形。

分布概况：1/1种，**11型**；分布于俄罗斯西伯利亚地区，蒙古国；中国产黑龙江和内蒙古。

系统学评述：钝背草 *A. rupestris* (Pallas ex Georgi) Popov ex L. Sergievskaja 自发表以来一直存在争议，曾被放在勿忘草属 *Myosotis* 和齿缘草属 *Eritrichium*。Johnston[11]根据其小坚果的形态建立了钝背草属，但分子系统学研究倾向于将该属归并到齿缘草属[10,12]。

DNA条形码研究：BOLD网站有该属1种1个条形码数据。

代表种及其用途：钝背草的种子富含油脂，可用来榨油。

3. *Anchusa* Linnaeus 牛舌草属

Anchusa Linnaeus (1753: 133); Zhu et al. (1995: 358) (Lectotype: *A. officinalis* Linnaeus).——*Lycopsis* Linnaeus (1753: 138)

特征描述：一年生、二年生或多年生草本，被硬毛或刚毛。叶互生。蝎尾状聚伞圆锥花序，顶生；具苞片；花萼 5 深裂，常不等大；花冠漏斗状，筒部直或弯曲，檐部裂片 5，覆瓦状排列，先端钝；雄蕊 5，内藏；子房 4 裂，柱头头状，不裂或近 2 裂；雌蕊基平或稍凸。小坚果斜卵形，直立，有皱褶，腹面龙骨状，着生面在果的底部，凹，有环状边缘和脐状凸起。花粉粒 3-7 孔沟，穿孔状、网状纹饰。染色体 $2n$=16，32。

分布概况：约 50/3 种，**10 型**；分布于地中海沿岸，非洲，欧洲及亚洲西部；中国原产 1 种，主产华北和西北。

系统学评述：牛舌草属隶属于紫草亚科琉璃苣族，传统认为狼紫草属 *Lycopsis* 与牛舌草属 *Anchusa* 相近，但该属花冠筒膝曲，与其不同。狼紫草属与牛舌草属的分合一直存在争议，朱格麟等[FOC]和 Hilger 等[13]将狼紫草属归并到了牛舌草属，并认为牛舌草属中的 3 亚属，即 *Anchusa* subgen. *Buglossum*、*A*. subgen. *Buglossellum* 和 *A*. subgen. *Buglossoides* 可能要从牛舌草属中分出来，作为独立的属。

DNA 条形码研究：BOLD 网站有该属 20 种 53 个条形码数据；GBOWS 网站已有 1 种 4 个条形码数据。

代表种及其用途：药用牛舌草 *A. officinalis* Linnaeus 原产欧洲，中国有栽培。全草入药，治狂犬咬伤及压痛；牛舌草 *A. italica* Retzius 在中国有栽培，供观赏；狼紫草 *A. ovata* Lehmann 种子富含油脂，可榨油供食用。

4. *Antiotrema* Handel-Mazzetti 长蕊斑种草属

Antiotrema Handel-Mazzetti (1920: 239); Zhu et al. (1995: 420) [Type: *A. dunnianum* (Diels) Handel-Mazzetti (≡*Cynoglossum dunnianum* Diels)]

特征描述：多年生草本，基生叶莲座状。镰状聚伞圆锥状花序，顶生，无苞片；花冠漏斗状，檐部裂片圆形，比筒部短 2 倍以上，附属物发达；雄蕊 5，着生于花冠附属物之间，花丝下部约一半与花冠筒部贴生；雌蕊基平坦。小坚果半卵形，直立，背面凸，有疣状凸起，腹面有 2 层纵长的环状凸起，内层膜质，外层角质化，着生面在底部；宿存花柱超出小坚果约 2 倍。花粉粒 3 孔沟与 3 假沟相间排列，光滑或皱纹状纹饰，两极具穿孔。染色体 $2n$=24。

分布概况：1/1（1）种，**15 型**；中国产西南。

系统学评述：长蕊斑种草属位于紫草亚科琉璃草族。该属系统位置有待进一步研究。

代表种及其用途：长蕊斑种草 *A. dunnianum* (Diels) Handel-Mazzetti 的根和叶捣烂敷患处可治跌打、红肿。

5. *Arnebia* Forsskål 软紫草属

Arnebia Forsskål (1775: 62); Zhu et al. (1995: 344) (Type: *A. tinctoria* Forsskål)

特征描述：草本，有硬毛或柔毛。根常含紫色物质；镰状聚伞花序，苞片常与花对生。花有长柱花和短柱花异花现象；花萼5裂至基部；花冠漏斗状，喉部无附属物；长柱花中雄蕊着生花冠筒中部，内藏，花柱稍伸出喉部，短柱花中雄蕊着生花冠喉部，花柱仅达花冠筒中部；子房4裂，花柱先端2或4裂，每个分枝各具1柱头；雌蕊基平。小坚果斜卵形，有疣状凸起，着生面居腹面基部。花粉粒4-6沟（或孔沟），穿孔状、皱波状纹饰或小刺。染色体 n=7，8，11。

分布概况：约25/6（1）种，**10-2型**；分布于非洲北部，欧洲东南部，亚洲中部和西南部；中国产西北和华北。

系统学评述：软紫草属属于紫草亚科紫草族，与紫筒草属的关系较近[10]。

DNA 条形码研究：BOLD 网站有该属3种3个条形码数据；GBOWS 网站已有3种31个条形码数据。

代表种及其用途：黄花软紫草 *A. guttata* Bunge、软紫草 *A. euchroma* (Royle) I. M. Johnston 可代紫草入药，功效与紫草同。

6. *Asperugo* Linnaeus 糙草属

Asperugo Linnaeus (1753: 138); Zhu et al. (1995: 417) (Type: *A. procumbens* Linnaeus)

特征描述：一年生蔓生草本，有糙硬毛。叶互生。花单生或簇生叶腋；花萼深5裂，裂片之间各有2小齿，果期不规则增大，两侧压扁，略呈蚌壳状，有明显网脉，边缘具不整齐锯齿；花冠檐部5裂，喉部有附属物；雄蕊5，内藏；子房4裂，花柱不伸出花冠筒；雌蕊基钻状。小坚果4，直立，两侧扁，有白色疣状凸起，先端钝，着生面位于腹面近先端。花粉粒3沟与3假沟相间排列，光滑，两极有穿孔纹饰，萌发沟周围有颗粒状纹饰。染色体 2n=48。

分布概况：1/1种，**12型**；分布于欧洲，亚洲和非洲西北部；中国产西北、华北和西南。

系统学评述：糙草属属于紫草亚科，过去一直将其置于齿缘草族或糙草族。根据分子证据表明其应该属于广义琉璃草族，与滨紫草属 *Mertensia* 的关系较近[12,14]。

DNA 条形码研究：BOLD 网站有该属1种4个条形码数据；GBOWS 网站已有1种16个条形码数据。

代表种及其用途：糙草 *A. procumbens* Linnaeus 是有很高营养价值和药用价值的油脂植物，可用来研制保健食用油。

7. *Bothriospermum* Bunge 斑种草属

Bothriospermum Bunge (1835: 121); Zhu et al. (1995: 418) (Type: *B. chinense* Bunge)

特征描述：草本，被伏毛及硬毛。茎直立，常分枝。镰状聚伞花序，具苞片；花冠短筒状，冠檐5，檐部有5个附属物，近闭锁；雄蕊5，着生花冠筒近基部，内藏；子房4裂，各具1粒倒生胚珠，柱头头状，雌蕊基平。小坚果4，背面圆，具疣状凸起，腹面有长圆形、椭圆形或圆形的杯状凹陷，珠的边缘增厚而凸起，全缘或有时具小齿，着生面位于"基部"，近胚根一端。花粉粒 3 沟与 3 假沟相间排列，沟边缘具小刺突，网状皱褶纹饰，或光滑且两极有穿孔。

分布概况：约 5/5 种，**14 型**；广布亚洲热带及温带；中国南北均产。

系统学评述：斑种草属属于紫草亚科，曾被置于紫草族或附地菜族，分子系统学研究表明其应该属于琉璃草族，且与琉璃草属的关系较近[10]。长期以来，斑种草属的小坚果着生位置一直存在争议，Johnston[11]认为虽然表面看起来斑种草属的小坚果着生面位于基部，但这是小坚果在发育过程中出现倒转所致，小坚果着生面位于基部还是顶端取决于着生面和胚根的相对位置，如果着生面位于胚根的位置则位于形态学顶端，反之则位于基部。

DNA 条形码研究：GBOWS 网站有该属 2 种 24 个条形码数据。

8. *Brachybotrys* Maximowicz ex Oliver 山茄子属

Brachybotrys Maximowicz ex Olive (1878: 43); Zhu et al. (1995: 375) (Type: *B. paridiformis* Maximowicz ex Oliver)

特征描述：多年生草本，具根状茎。茎疏被短伏毛。上部 5-6 叶近轮生，倒卵形或倒卵状椭圆形。花萼 5 裂至基部；花冠筒部比檐部短，檐部裂片卵状长圆形，附属物位于喉部，顶端微 2 裂；雄蕊着生喉部之下，花丝钻形，基部稍扩展；子房 4 裂，花柱丝形，外伸，雌蕊基近平坦。小坚果四面体形，有短柔毛，黑色，有光泽，着生面位于腹面近基部。花粉粒 3 孔沟与 3 假沟交错排列，稀疏的刺状纹饰。

分布概况：1/1 种，**11 型**；分布于朝鲜，俄罗斯远东地区；中国产东北。

系统学评述：山茄子属属于紫草亚科，自建立以来其系统位置常有争议，曾先后被放在紫草族、附地菜族和狭义琉璃草族，分子系统学研究表明山茄子属应该属于广义琉璃草族[15]。

DNA 条形码研究：BOLD 网站有该属 1 种 1 个条形码数据；GBOWS 网站已有 1 种 8 个条形码数据。

代表种及其用途：山茄子 *B. paridiformis* Maximowicz 幼嫩时茎叶可作蔬菜。

9. *Chionocharis* Johnston 垫紫草属

Chionocharis Johnston (1924: 65); Zhu et al. (1995: 378) [Type: *C. hookeri* (Clarke) I. M. Johnston (≡*Myosotis hookeri* Clarke)]

特征描述：多年生垫状草本。叶互生，覆瓦状排列，密集。花单朵顶生，有细花梗；花萼 5 深裂，裂片线状匙形，果期不增大；花冠钟状，筒与萼近等长，喉部具 5 个附属物，檐部裂片钝，开展；雄蕊 5，着生喉部附属物之下，内藏，花丝很短，花药卵形，先端钝；子房 4 裂，花柱短，内藏，柱头头状，胚珠直立；雌蕊基短圆锥形。小坚果卵形，背面鼓状，有短毛，着生面居腹面基部。种子直立，子叶扁平。

分布概况：1/1 种，**14SH 型**；分布于中国西南至印度东北部（锡金）。

系统学评述：垫紫草属属于紫草亚科，传统上将其放在齿缘草族，Cohen[15]的分子系统学研究表明垫紫草属应该属于广义琉璃草族。

DNA 条形码研究：GBOWS 网站有该属 1 种 4 个条形码数据。

10. *Coldenia* Linnaeus 双柱紫草属

Coldenia Linnaeus (1753: 125); Zhu et al. (1995: 337) (Type: *C. procumbens* Linnaeus)

特征描述：一年生草本，多分枝。叶被糙毛，两侧不对称。花常单生腋外，花萼 4 裂；花冠筒状，白色，冠檐 4，喉部具鳞片状附属物或不明显；雄蕊 4-5，内藏，花丝着生于花冠筒中部；子房具 4 沟槽，2 室各含 2 胚珠，或假 4 室各含 1 胚珠，花柱 2，顶生，基部离生或合生至中部，柱头 2，通常分裂。果实肉质或干燥，分裂为 4 个不易分离、各具 1 粒种子的骨质小坚果。花粉粒 3 孔沟与 3 拟假沟交替排列，外壁近光滑。

分布概况：1/1 种，**2（3）型**；分布于亚洲南部，非洲，大洋洲和美洲；中国产海南和台湾。

系统学评述：双柱紫草属属于破布亚科，与 *Hoplestigma* 为姐妹群，但支持率不高[7]。

DNA 条形码研究：BOLD 网站有该属 1 种 3 个条形码数据。

11. *Cordia* Linnaeus 破布木属

Cordia Linnaeus (1753: 190), *nom. cons.* ; Zhu et al. (1995: 331) (Type: *C. myxa* Linnaeus, *typ. cons.*)

特征描述：乔木，稀灌木。叶互生，全缘或具锯齿；常具叶柄。聚伞花序无苞片，呈伞房状排列；花两性及雄性；花萼花后增大，宿存；花冠钟状或漏斗状，通常 5 裂，稀 4-8 裂，裂片伸展或下弯；雄蕊与花冠裂片同数，花丝基部被毛；子房 4 室，无毛，每室 1 胚珠，花柱基部合生，先端 2 次 2 裂，各具 1 匙形或头状的柱头。核果。种子无胚乳。花粉粒 3 孔（或沟、孔沟或拟孔沟），条纹形、条网状或穿孔纹饰。染色体 $2n=18$，28，30，32 等。

分布概况：约 325/6 种，**2（3）型**；分布于美洲热带；中国产西南、华南及台湾，海南尤甚。

系统学评述：破布木属可能为并系类群，属于破布木亚科，包括 *Cordia* sect. *Myxa*、*C.* sect. *Varronia*、*C.* sect. *Gerascanthus*、*C.* sect. *Sebestena* 和 *C.* sect. *Calyptrocordia*。根据 Gottsching 等[16]的初步研究表明，*Auxemma*、*Patagonula* 和 *Saccellium* 也应该属于破布木属。

DNA 条形码研究：BOLD 网站有该属 34 种 117 个条形码数据；GBOWS 网站已有 2 种 14 个条形码数据。

代表种及其用途：破布木 *C. dichotoma* G. Forster 的果实富含脂肪，可榨油，是野生木本油料植物；果可入药，有祛痰利尿之效。木材可作建筑和农具用材。

12. *Craniospermum* Lehmann 颅果草属

Craniospermum Lehmann (1818: 336); Zhu et al. (1995: 414) (Type: *C. subvillosum* Lehmann)

特征描述：多年生或二年生草本。叶互生。镰状聚伞花序；花萼 5 深裂，裂片披针状线形，具长硬毛，直伸并包住果实；花冠长筒形，花冠檐 5 裂，裂片三角形或卵形，直伸或开展，喉部无附属物，有时有皱褶状凸起；雄蕊 5，生花冠筒近中部，有长花丝，外伸；子房 4 裂，花柱长，伸出花冠，先端不裂；雌蕊基狭金字塔形。小坚果长圆形，无毛，背面有碗状凸起，凸起的边缘狭翅状，全缘或有齿，着生面位于腹面中部之下。

分布概况：4-5/2 种，**11 型**；分布于中亚及西伯利亚；中国产新疆、内蒙古。

系统学评述：Popov[17]曾将该属作为 1 个单属的颅果草族 Craniospermeae，Ovchinnikova[18]根据花粉和果实证据支持将该属置于紫草亚科琉璃草族，系统位置有待进一步澄清。

13. *Cynoglossum* Linnaeus 琉璃草属

Cynoglossum Linnaeus (1753: 134); Zhu et al. (1995: 420) (Lectotype: *C. officinale* Linnaeus)

特征描述：多年生、稀一年生草本，被柔毛或糙毛。叶全缘。镰状聚伞圆锥花序顶生及腋生；花具梗；花萼钟状，5 裂；花冠筒部短，不超过花萼，喉部有 5 个梯形或半月形的附属物，雄蕊 5，内藏；柱头头状，不伸出花冠外，子房 4 裂，胚珠倒生；雌蕊基金字塔形或金字塔状圆锥形。小坚果 4，卵形，有锚状刺，着生面居果的顶部，近胚根一端。花粉粒 6 异沟，光滑，两极有穿孔纹饰。染色体 $2n=24$，48。

分布概况：约 75/12（3）种，**8-4（5-6）型**；除北极地区外，世界广布；中国产云南、贵州、四川及西藏。

系统学评述：分子系统学研究表明长柱琉璃草属与 *Paracaryum*、长蕊琉璃草属 *Solenanthus*、翅果草属 *Rindera*、*Pardoglossum*、*Trachelanthus* 和盘果草属 *Mattiastrum* 嵌于琉璃草属中构成广义琉璃草属 *Cynoglossum s.l.*[10]。

DNA 条形码研究：BOLD 网站有该属 6 种 19 个条形码数据；GBOWS 网站已有 4 种 53 个条形码数据。

代表种及其用途：该属植物可供药用，微苦，性寒，有清热解毒、利尿消肿、活血调经等功效。内服主治急性肾炎、月经不调、肝炎、白带及水肿；外用治疗疮疖痈肿、毒蛇咬伤及跌打损伤等。种子富含油脂，可用来榨油。

14. *Echium* Linnaeus 蓝蓟属

Echium Linnaeus (1753: 139); Zhu et al. (1995: 357) (Lectotype: *E. vulgare* Linnaeus)

特征描述：草本，有糙硬毛。叶披针形。镰状聚伞花序圆锥状，有苞片；花萼深 5 裂，裂片近轴的 2 片较小；花冠左右对称，常被毛，裂片不等大，喉部无附属物，基部具环；雄蕊 5，不着生在花冠筒的同一平面上，花丝伸出花冠；子房 4 裂，花柱伸出，被毛，中部以上或顶端 2 裂；雌蕊基平。小坚果卵形或狭卵形，淡褐色，有疣状凸起或平滑，着生面居果的基部。花粉粒 3 孔沟，网状纹饰，有芽孢状凸起或为平滑、穿孔纹饰。染色体 $2n=16$，24，32。

分布概况：约 40/1 种，**10-3 型**；分布于非洲，欧洲及亚洲西部；中国产新疆。

系统学评述：传统的蓝蓟属应为多系类群，属于紫草亚科紫草族，Hilger 和 Böhle[19] 的分子系统学研究，从蓝蓟属分离出 *Pontechium*。

DNA 条形码研究：BOLD 网站有该属 17 种 55 个条形码数据；GBOWS 网站已有 1 种 4 个条形码数据。

代表种及其用途：蓝蓟 *E. vulgare* Linnaeus 可栽培供观赏。

15. *Ehretia* P. Browne 厚壳树属

Ehretia P. Browne (1756: 168); Zhu et al. (1995: 333) (Lectotype: *E. tinifolia* Linnaeus).——*Carmona* Cavanilles (1799: 22); *Rotula* Loureiro (1790: 121)

特征描述：乔木或灌木。叶互生或簇生，卵形到披针形，平滑或粗糙，边缘全缘，圆齿状或齿状。聚伞花序呈伞房状或圆锥状，顶生或腋生。花两性，有时为两型，花萼圆筒形，浅到深裂，很少增大，夏日覆瓦状排列；花冠白色、淡黄色、淡粉色或蓝色，管极短或长度超过裂片；无毛，裂片扩展或反折；花药常外露，有时内藏，离生；花柱顶生，中部以上 2 裂，柱头 2，头状或伸长。核果近圆球形，常无毛，内果皮成熟时分裂为 2 个具 2 粒种子或 4 个具 1 粒种子的分核。花粉粒 6 异沟，穿孔、条形-皱状或网状-皱状纹饰。染色体 n=9。

分布概况：约 40/18 种，**2（6）型**；主要分布于新世界和旧世界的热带地区，以非洲和东亚为分布中心；中国产长江以南。

系统学评述：厚壳树属是厚壳树亚科的主干，Rabaey 等[20]根据分子系统学和微形态学（导管外壁有无凹陷）的研究表明，破布木属分为 2 支，即 *Ehretia* I（包括 *Rotula aquatic* Loureiro）和 *Ehretia* II［包括 *Carmona retusa* (Vahl) Masamune］。

DNA 条形码研究：BOLD 网站有该属 8 种 28 个条形码数据；GBOWS 网站已有 4 种 38 个条形码数据。

代表种及其用途：厚壳树 *E. acuminate* R. Brown 的树皮可作染料，嫩芽可供食用；叶、心材、树枝可入药；基及树 *E. microphylla* Lamarck 可作盆景。

16. *Eritrichium* Schrader ex Gaudin 齿缘草属

Eritrichium Schrader ex Gaudin (1828: 57); Zhu et al. (1995: 378) [Type: *E. nanum* (Villars) Schrader ex Gaudin (≡*Myosotis nana* Villars)]

特征描述：草本，被毛。叶基生及茎生，茎生叶互生。镰状聚伞花序顶生，或为圆锥状，稀花单生。花萼 5 裂至基部；花冠钟状或漏斗状，裂片 5，喉部常具附属物；雄蕊着生于花冠筒上，内藏；雌蕊基金字塔状或半球状，高等于或小于宽。小坚果 4，完全发育或部分发育，陀螺状，或呈卵状、三角卵状和背腹压扁的两面体形；棱缘具翅、齿、刺或锚状刺，稀无。花粉粒哑铃形，6 异沟，外壁光滑，具有极疏的小穿孔，或穴状纹饰。染色体 n=12。

分布概况：约 50/40（17）种，**8（14）型**；主要分布于欧亚大陆温带地区，阿拉斯加到美国中西部，南美也有；中国产西北、西南、东北和华北。

系统学评述：在经典分类中，齿缘草属被置于齿缘草族 Eritricheae *s.s.*，但分子系统学研究表明，传统的齿缘草族应该置于广义琉璃草族，齿缘草属与假鹤虱属 *Hackelia* 和鹤虱属 *Lappula* 近缘[8-10,15]。形态学和分子系统学研究表明齿缘草属中有些种类可能属于假鹤虱属，钝背草属 *Amblynotus* 嵌于齿缘草属中，应该是齿缘草属的成员[10]。

DNA 条形码研究：BOLD 网站有该属 6 种 14 个条形码数据；GBOWS 网站已有 5 种 18 个条形码数据。

代表种及其用途：少花齿缘草 *E. pauciflorum* (Ledebour) de Candolle 是常用的蒙药之一，其味苦，具有清热解毒的功效，用于治疗高烧头痛、疫热、脉管炎、炭疽等病症。

17. *Gastrocotyle* Bunge 腹脐草属

Gastrocotyle Bunge (1854: 405); Zhu et al. (1995: 359) [Type: *G. hispida* (Forsskål) Bunge (≡*Anchusa hispida* Forsskål)]

特征描述：一年生草本。茎平卧，被具疣状基盘的白色刺毛。叶互生。花单生叶腋；花萼 5 裂至近基部；花冠宽筒状，冠筒短直，冠檐 5 裂，喉部有 5 个与花冠裂片对生的附属物，附属物具柔毛；雄蕊 5，内藏；子房 4 裂，雌蕊基突出，高达小坚果的 1/2。小坚果 4，肾形，直立，背面有龟裂状皱褶及稠密的小乳头凸起，腹面有长圆形的着生面，着生面的边缘增厚而凸起成球状。花粉粒 5 或 8 孔沟，穴状或穿孔纹饰。染色体 *n*=8，12。

分布概况：2/1 种，**12 或 12-4 型**；分布于地中海东部至中亚，印度及巴基斯坦；中国产新疆南部。

系统学评述：腹脐草属属于紫草亚科琉璃苣族，与牛舌草属关系近缘[15]。

DNA 条形码研究：GBOWS 网站有该属 1 种 4 个条形码数据。

代表种及其用途：腹脐草 *G. hispida* (Forsskål) Bunge 的叶可用来醒酒、利尿和治疗风湿。

18. *Hackelia* Opiz ex Bercht 假鹤虱属

Hackelia Opiz ex Bercht (1839: 146); Zhu et al. (1995: 390) [Lectotype: *H. deflexa* (Wahlenberg) Opiz (≡*Myosotis deflexa* Wahlenberg)]

特征描述：多年生或一年生草本，被糙毛或柔毛。叶基生及茎生，茎生叶互生。镰状聚伞花序顶生，不分枝，或呈圆锥状。花具梗；花萼 5 裂近基部，裂片果实增大，常反折；花冠钟状或筒状，冠檐具 5 裂片，开展；喉部具附属物，稀不明显，雄蕊生于花冠筒，内藏，花药卵圆形或长圆形；雌蕊基矮塔形。小坚果三角状卵圆形、卵圆形或陀螺形，背腹扁，背面盘状，边缘具扁平锚状刺；果柄反折。花粉粒 6 异沟，外壁光滑。染色体 *n*=12。

分布概况：约 47/4（1）种，**14SH 型**；分布于北半球温带，中美洲及南美洲；中国产新疆、云南、西藏、四川、甘肃、黑龙江、吉林、河北。

系统学评述：假鹤虱属属于紫草亚科琉璃草族，与齿缘草属和鹤虱属的关系较近，中国齿缘草属的部分种可能应置于假鹤虱属[10]。

DNA 条形码研究：BOLD 网站有该属 4 种 10 个条形码数据；GBOWS 网站已有 3 种 20 个条形码数据。

19. *Heliotropium* Linnaeus 天芥菜属

Heliotropium Linnaeus (1753: 130); Zhu et al. (1995: 338) (Lectotype: *H. europaeum* Linnaeus)

特征描述：一年生或多年生草木，稀亚灌木，被糙伏毛。叶互生。镰状聚伞花序；花 2 行排列于花序轴一侧。花梗短或近无梗；花萼 5 裂；花冠裂片 5，近圆形，边缘具褶或为皱波状，喉部常缢缩，无附属物；雄蕊 5，内藏；子房 4 室，或不完全 4 裂，花柱顶生，基部环状膨大，柱头不分裂。核果干燥，中果皮不明显，开裂为 4 个含单种子或 2 个含双种子的分核。花粉粒 6-8 异沟，穿孔或皱状纹饰，有颗粒状凸起。染色体 n=8，14。

分布概况：约 250/10 种，**2（3，12）型**；广布热带及温带地区；中国主产西南至东南，新疆也有。

系统学评述：天芥菜属属于天芥菜亚科，与紫丹属的关系较近，Diane 等[21]基于 ITS1 的分子系统学研究表明，天芥菜属可以分为两大分支，即旧世界分支和新世界分支，但其中有 *Tournefortia*、*Orthostachys* 和 *Schleidenia* 部分种嵌于天芥菜属中，所以这几个属的界限还需要进一步研究。

DNA 条形码研究：BOLD 网站有该属 8 种 15 个条形码数据；GBOWS 网站已有 2 种 8 个条形码数据。

代表种及其用途：南美天芥菜 *H. arborescens* Linnaeus 可供观赏；大尾摇 *H. indicum* Linnaeus 全草可入药，有消肿解毒、排脓止痛之效，主治肺炎、多发性疖肿、睾丸炎及口腔糜烂等。

20. *Heterocaryum* A. de Candolle 异果鹤虱属

Heterocaryum A. de Candolle (1846: 144); Zhu et al. (1995: 414) [Type: *H. minimum* A. de Candolle, *nom. illeg.* (=*H. echinophorum* (Pallas) A. Brand≡*Myosotis echinophora* Pallas)]

特征描述：一年生草本，被具疣状基盘的长糙毛。茎直立或外倾，有分枝。聚伞花序有苞片。花萼 5 裂至基部；花冠漏斗状或钟状，喉部具 5 个梯形附属物；雄蕊 5，内藏；子房 4 裂，花柱很短，柱头头状；雌蕊基细柱状。小坚果同型或异型，背腹扁，以腹面全长与雌蕊基结合，不易分离，背面盘状，边缘具刺状或其他形状的附属物。花粉粒 6 异沟，光滑，萌发沟周围有颗粒状纹饰。染色体 n=12。

分布概况：约 7/1 种，**12 型**；分布于亚洲中部及西南部；中国产新疆北部。

系统学评述：分子系统学研究表明异果鹤虱属属于广义琉璃草族 Eritricheae *s.l.*中的基部类群，与中亚特有属 *Suchtelenia* 亲缘关系较近[10]。

21. *Lappula* Moench 鹤虱属

Lappula Moench (1794: 416); Zhu et al. (1995: 402) [Type: *L. myosotis* Moench (≡*Myosotis lappula* Linnaeus)]

特征描述： 草本，被毛。茎生叶互生。镰状聚伞花序，有苞片。花萼5深裂；花冠筒短，檐部5裂，喉部附属物5；雄蕊5，内藏；子房球形，4裂；雌蕊基棱锥状，长于小坚果或与小坚果等长，稀较短，与小坚果腹面整个棱脊相结合或仅与其棱脊基部相结合。小坚果4，背面边缘通常具1-2（-3）行锚状刺，刺基部相互离生或邻接亦或联合成翅，稀退化成疣状凸起。花粉粒6异沟，或孔沟，外壁光滑，两极有穿孔，萌发沟周围有颗粒状纹饰。染色体 n=11，12。

分布概况： 约70/36（7）种，**8-4（12）型**；分布于亚洲，欧洲温带，非洲和北美；中国产西北、华北、内蒙古及黑龙江、吉林、辽宁。

系统学评述： 鹤虱属与齿缘草属和假鹤虱属的关系较近，属于广义琉璃草族，但分子系统学研究表明，鹤虱属可能不是单系，翅鹤虱属的 *Lepechiniella albifolia* Riedl 聚在鹤虱属中[15]。

DNA 条形码研究： BOLD 网站有该属5种11个条形码数据；GBOWS 网站已有5种42个条形码数据。

代表种及其用途： 种子富含油脂，可用来榨油。在东北、宁夏及新疆地区鹤虱 *L. myosotis* Moench 的果实可入药，有消炎杀虫之效。

22. *Lasiocaryum* Johnston 毛果草属

Lasiocaryum Johnston (1925: 45); Zhu et al. (1995: 416) [Type: *L. munroi* (Clarke) Johnston (≡*Eritrichium munroi* Clarke)]

特征描述： 一年生或二年生草本，被柔毛，茎生叶互生，全缘。镰状聚伞花序，无苞片。花萼5裂至基部，果期几不增大，花冠筒状，筒部与萼近等长，檐部5裂，裂片圆形至倒卵形，覆瓦状排列，先端钝，喉部具5个附属物；雄蕊5，着生花冠筒中部，内藏，花药卵形，微钝；子房4裂，花柱短，不伸出，柱头头状，雌蕊基钻状。小坚果狭卵形，有横皱纹和短伏毛，着生面狭长，居果的腹面中下部。

分布概况： 5-6/4种，**13-2型**；分布于伊朗；中国产西南。

系统学评述： 毛果草属属于紫草亚科，根据分子系统学研究应该属于广义琉璃草族[10]。

DNA 条形码研究： GBOWS 网站有该属2种25个条形码数据。

23. *Lindelofia* Lehmann 长柱琉璃草属

Lindelofia Lehmann (1850: 351); Zhu et al. (1995: 424) [Lectotype: *L. spectabilis* J. G. C. Lehmann, *nom. illeg.* (=*L. longiflora* (A. de Candolle) Guerke≡*Omphalodes longiflora* A. de Candolle)]

特征描述： 多年生草木，被柔毛。叶全缘；基生叶具叶柄；茎生叶互生。镰状聚伞花序无苞片；花萼5裂至近基部；花冠漏斗状，筒部长于花萼，喉部有附属物；雄蕊着生喉部之下；花柱丝形，伸出花冠外，果期增粗宿存；雌蕊基短圆锥形。小坚果背腹扁，卵形，背面具盘状凸起，有锚状刺，着生面在腹面靠上部，与雌蕊基的组织贴合牢固。花粉粒 6-8 异沟，小瘤状纹饰。染色体 n=12。

分布概况：约 10/1 种，**13-2 型**；分布于亚洲中部和西部；中国产甘肃、新疆及西藏西北部。

系统学评述：分子系统学研究表明长柱琉璃草属与 *Paracaryum*、长蕊琉璃草属、翅果草属 *Rindera*、*Pardoglossum*、*Trachelanthus* 和盘果草属 *Mattiastrum* 嵌于琉璃草属中构成广义琉璃草属[10]。

DNA 条形码研究：BOLD 网站有该属 1 种 1 个条形码数据；GBOWS 网站已有 1 种 6 个条形码数据。

代表种及其用途：长柱琉璃草 *L. stylosa* (Karelin & Kirilov) Brand 可用来治疗肺病和血液系统疾病。

24. *Lithospermum* Linnaeus 紫草属

Lithospermum Linnaeus (1753: 132); Zhu et al. (1995: 342) (Lectotype: *L. officinale* Linnaeus).——*Buglossoides* Moench (1794: 418)

特征描述：一年生或多年生草本，被短糙伏毛。叶互生。花单生叶腋或呈有苞片的顶生镰状聚伞花序；花萼 5 裂至基部；花冠喉部具附属物，或在附属物的位置上有 5 条向筒部延伸的毛带或纵褶，檐部 5 浅裂；雄蕊 5，内藏，花丝很短，花药长圆状线形，先端钝，有小尖头；子房 4 裂，花柱丝形，不伸出花冠筒，柱头头状；雌蕊基平。小坚果卵形，平滑或有疣状凸起，着生面在腹面基部。花粉粒 4-8 孔沟，外壁光滑或具皱状纹饰。染色体 n=14，18。

分布概况：约 60/5 种，**8（8-3）型**；主要分布于墨西哥，美国西南部和非洲，欧洲及亚洲也产；中国除青海、西藏外，均产。

系统学评述：紫草属属于紫草亚科紫草族，Cohen[15]利用 10 个叶绿体片段分析表明紫草属不是单系，认为应将 *Lasiarrhenum*、*Macromeria*、*Nomosa*、*Onosmodium*、*Perittostema* 和 *Psilolaemus* 的成员并入紫草属中。

DNA 条形码研究：BOLD 网站有该属 17 种 45 个条形码数据；GBOWS 网站已有 3 种 26 个条形码数据。

代表种及其用途：紫草 *L. erythrorhizon* Siebold & Zuccarini、小花紫草 *L. officinale* Linnaeus、辛木草 *L. zollingeri* A. de Candolle 等均可入药。

25. *Maharanga* A. de Candolle 胀萼紫草属

Maharanga A. de Candolle (1846: 71); Zhu et al. (1995: 346) [Lectotype: *M. emodi* (Wallich ex Roxburgh) A. de Candolle (≡*Onosma emodi* Wallich ex Roxburgh)]

特征描述：草本。镰状聚伞花序顶生，果期呈伞房状或总状；具苞片。花萼 5 裂至中部，裂片三角形；花冠筒膨胀，卵形或倒卵状椭圆形，末端缢缩，骤开展，喉部宽大，冠檐裂片下具褶及沟槽，中部以上稍外弯，喉部无附属物，蜜腺环状，稀被毛；花药线形，基部箭头状，侧面基部靠合；花柱内藏或稍伸出，雌蕊基宽塔形。小坚果卵形，稍弯，腹面龙骨状，着生面位于果基部。花粉粒 3 孔沟，具小刺。染色体 n=7。

分布概况：约 9/5 种，**14SH 型**；分布于不丹，印度，尼泊尔，泰国；中国产云南和西藏。

系统学评述：胀萼紫草属属于紫草族，胀萼紫草属和滇紫草属的分合问题一直存在争议，Cohen[15]和 Cecchi 等[22]的研究表明，胀萼紫草属和滇紫草属能较好地分开，然而滇紫草属可能包含胀萼紫草属的成员。

26. *Mattiastrum* (Boissier) Brand 盘果草属

Mattiastrum (Boissier) Brand (1914: 150); Zhu et al. (1995: 427) (Type: *non designatus*)

特征描述：多年生、二年生或一年生草本，常被毛。叶基生及茎生，基生叶具短柄。镰状聚伞花序顶生及腋生，无苞片。花萼 5 裂至近基部，花冠钟形，喉部具 5 个附属物；雄蕊着生花冠筒中部，内藏；子房 4 裂，花柱短柱状，内藏，柱头不分裂；雌蕊柱状。小坚果具宽翅，着生面在靠上部，呈狭卵形。染色体 n=11，12。

分布概况：约 30/1 种，**13-3 型**；分布于亚洲西南部；中国产西藏。

系统学评述：分子系统学研究表明盘果草属与 *Paracaryum*、*Solenanthus*、*Rindera*、*Pardoglossum*、*Trachelanthus* 和 *Lindelofia* 嵌于琉璃草属中构成广义琉璃草属[10]。

27. *Mertensia* Roth 滨紫草属

Mertensia Roth (1797: 24); Zhu et al. (1995: 375) (Type: *M. pulmonarioides* Roth)

特征描述：草本，具根状茎。茎生叶互生。聚伞圆锥状花序，无苞片；花具梗；花萼 5，半裂至深裂；花冠漏斗状，冠檐 5 裂，喉部具横皱折状或鳞片状附属物；雄蕊 5，花丝扁平，花药长圆形或卵形，比花丝长；子房 4 裂，花柱长；雌蕊基圆锥状。小坚果四面体形，无毛，背面凸，有皱纹和疣状凸起，较少沿边缘有狭翅，腹面锐，稀呈翅状纵龙骨，着生面在腹面基部。花粉粒哑铃形，6 异沟，穿孔纹饰，有颗粒、小刺或外壁光滑。染色体 n=12。

分布概况：约 45/6 种，**8（9）型**；分布于东欧，北美和亚洲；中国产山西、河北、内蒙古及东北滨海地区。

系统学评述：滨紫草属属于紫草亚科，过去一直将其置于紫草族或附地菜族，但分子系统学证据表明，其应该属于琉璃草族，与糙草属的关系较近[12]。Nazaire 等[14]对滨紫草属的研究表明，滨紫草属可以分为 2 组，即 *Mertensia* sect. *Stenhammaria* 有 12 种，分布于亚洲西北部至俄罗斯西北部，白令地区及亚洲环北部海岸，北美和欧洲；*M.* sect. *Mertensia* 有 50 种，几乎全部分布于北美，落基山地区为多样化中心。滨紫草属的祖先类群分布于亚洲，滨紫草属在晚渐新世到中新世中期（1222 万-2683 万年前）从糙草属中分化出来，在晚中新世，其冠群有了第一次分化。Nazaire 等[14]推断亚洲或横跨亚洲、白令陆桥和环北方地区为其祖先分布的区域。滨紫草属在白令地区可以分为3支：1支为包括*M. kamczatica* de Candolle和*M. pterocarpa* (Turczaninow) Tatewaki & Ohwi与亚洲和环北方地区的*M.* sect. *Stenhammaria*亲缘关系较近，可能是由亚洲的祖先类群分化而来；第2支包括白令地区的*M. rivularis* de Candolle，与北美的种类成姐妹群；第3支包括*M. drummondii* (Lehmann) G. Don，狭域分布于白令地区东部，滨紫草属在北美地区的初始扩张发生在白令陆桥和太平洋西北部（433万-770万年前），而后分为3支，即太平洋西北部分支、落基山南部分支和落基山中部分支，其中落基山南部和中部分支是由太平洋西北部分支分化而来。

DNA条形码研究：BOLD网站有该属10种31个条形码数据。

代表种及其用途：部分种类可作药用，如滨紫草*M. maritima* (Linnaeus) Gray。

28. *Microcaryum* Johnston 微果草属

Microcaryum Johnston (1924: 63); Zhu et al. (1995: 377) [Type: *M. pygmaeum* (Clarke) Johnston (≡*Eritrichium pygmaeum* Clarke)]

特征描述：一年生小草本，有长柔毛。叶互生。伞形聚伞花序顶生。花具梗；花萼5裂至基部，裂片窄；花冠宽筒形或钟形，蓝色、粉红或白色，筒部与萼等长或稍短，喉部具附属物；雄蕊5，着生花冠筒中部，内藏，花丝很短，花药卵形；子房4裂，花柱生裂片之间，柱头近头状，胚珠侧生；雌蕊基柱状。小坚果长圆状卵形，直立，背面隆起，有皱纹，无毛，中线纵龙骨状凸起，腹面纵脊上有浅沟，着生面居腹面基部。

分布概况：3/1种，**14SH型**；分布于印度东北部（锡金）；中国产四川西部。

系统学评述：微果草属属于紫草亚科，分子系统学研究表明应将其置于琉璃草族[10]。

29. *Microula* Bentham 微孔草属

Microula Bentham (1876: 853); Zhu et al. (1995: 391) (Type: *M. tibetica* Bentham)

特征描述：二年生草本，常被糙硬毛或刚毛。茎常自基部分枝。茎生叶互生。镰状聚伞花序；具苞片。花萼5深裂，果时包住小坚果；花冠低高脚碟状，檐部平展，5裂，喉部有5个附属物；雄蕊5，内藏；子房4裂，花柱内藏；雌蕊基近平或低金字塔形。小坚果卵形，通常有疣状小凸起，稀被锚状刺毛，背面有背孔，边缘1层，稀2层。花粉粒哑铃形，6异沟，外壁光滑，具密集或稀疏的空穴。染色体n=12。

分布概况：约31/31（8）种，**14SH型**；分布于不丹，印度东北部（锡金），尼泊尔，克什米尔地区；中国产陕西西南部、甘肃、青海、四川西部、云南北部和西藏。

系统学评述：微孔草属属于紫草亚科，自发表以来一直置于齿缘草族。王文采[23]认为在齿缘草族中不能找到与其近缘的属，分子系统学研究表明微孔草属与锚刺果属的亲缘关系较近，应该放在琉璃草族[10]。

DNA条形码研究：GBOWS网站有该属5种38个条形码数据。

代表种及其用途：微孔草属的种子富含油脂，青海海北有使用含有微孔草*M. sikkimensis* (Clarke) Hemsly种子油的混合菜籽油的历史，微孔草种子油可能有降脂的作用。

30. *Myosotis* Linnaeus 勿忘草属

Myosotis Linnaeus (1753: 131); Zhu et al. (1995: 360) (Lectotype: *M. scorpioides* Linnaeus)

特征描述：草本，茎细，被毛。叶基生及茎生，茎生叶互生。镰状聚伞花序，果序总状。花通常蓝色或白色，稀淡紫色；花萼 5；花冠裂片 5，喉部有 5 个鳞片状附属物；雄蕊 5，内藏；子房 4 深裂，花柱细，线状，柱头小，呈盘状，具短尖；雌蕊基平坦或稍凸出。小坚果 4，通常卵形，背腹扁，直立，平滑，有光泽，着生面小，位于腹面基部。花粉粒 6-12 异沟（或异孔沟），外壁光滑或有穿孔纹饰，沟周围或沟间区有稀疏的颗粒。染色体 *n*=9，12，22。

分布概况：约 100/5 种，**8-4（12）型**；分布于欧亚大陆的温带，非洲和大洋洲；中国产东北、西北、华北、华东及西南。

系统学评述：勿忘草属属于紫草亚科，传统认为其属于附地菜族。分子系统学研究表明附地菜族应属于广义琉璃草族，勿忘草属与附地菜属近缘[10]。

DNA 条形码研究：BOLD 网站有该属 83 种 229 个条形码数据；GBOWS 网站已有 3 种 19 个条形码数据。

代表种及其用途：许多种类作药用，可以用来治疗肺结核和肿瘤；种子富含油脂，可用来榨油。

31. *Nonea* Medikus 假狼紫草属

Nonea Medikus (1789: 31); Zhu et al. (1995: 35) [Lectotype: *N. pulla* (Linnaeus) de Candolle (≡*Lycopsis pulla* Linnaeus)]

特征描述：草本，被毛。叶互生。镰状聚伞花序，具叶状苞片；花蓝紫色或黄色；花萼筒状 5 裂至 1/3 或中部，果期囊状膨胀，裂齿长三角形；花冠筒直，裂片覆瓦状排列，附属物鳞片状；雄蕊 5，花丝极短；子房 4 裂，花柱内藏，柱头 2，球形或花柱先端短 2 裂；雌蕊基平。小坚果稍弯，具网状皱纹，无毛或稍有毛，着生面居腹面稍下方，内凹，有环状边缘和脐状凸起。花粉粒 3-8 孔沟，外壁为穿孔，赤道为网状纹饰，有时覆盖层具颗粒。染色体 *n*=7，9，16。

分布概况：约 40/1 种，**12 型**；分布于欧洲，非洲北部和亚洲西部；中国产新疆。

系统学评述：假狼紫草属属于紫草亚科琉璃苣族，与肺草属的关系较近，Hilger 等[13]和 Selvi 等[24]研究表明假狼紫草属应为并系，认为 *Elizaldia* 的部分种应该并入假狼紫草属，而假狼紫草属的部分种应该分离出来建立 *Melanortocarya*，假狼紫草属的范畴还需进一步研究。

DNA 条形码研究：BOLD 网站有该属 4 种 5 个条形码数据；GBOWS 网站已有 1 种 6 个条形码数据。

代表种及其用途：假狼紫草 *N. caspica* (Willdenow) G. Don 的种子富含油脂，可作油料；也可药用。

32. *Omphalotrigonotis* W. T. Wang 皿果草属

Omphalotrigonotis W. T. Wang (1984: 8); Zhu et al. (1995: 374) [Type: *O. cupulifera* (Johnston) W. T. Wang (≡*Trigonotis cupulifera* Johnston)]

特征描述：一年生草本。茎直立。叶互生，具柄；叶片椭圆状卵形，有短糙伏毛。镰状聚伞花序无苞片；花具短梗；花萼 5 裂至基部，裂片长圆形，近平展；花冠钟状，无毛，筒部与檐部近等长，喉部具附属物；雄蕊 5，着生于花冠筒中部稍上，内藏，花丝极短；子房 4 裂，花柱着生于子房裂片之间，不伸出花冠；雌蕊基平。小坚果四面体形，背面具皿状凸起，着生面居腹面 3 个面的汇合处。花粉粒 3 孔沟，细网状纹饰。

分布概况：2/2（2）种，**15 型**；产中国长江下游流域。

系统学评述：皿果草属属于紫草亚科，传统认为其属于附地菜族。分子系统学研究表明附地菜族应属于广义琉璃草族[10]。其果实与车前紫草属相近，但其营养器官与附地菜属相近。

DNA 条形码研究：GBOWS 网站有该属 1 种 3 个条形码数据。

33. *Onosma* Linnaeus 滇紫草属

Onosma Linnaeus (1762: 196); Zhu et al. (1995: 348) (Lectotype: *O. echioides* Linnaeus)

特征描述：草本，稀半灌木。根常含紫色素。单叶全缘。镰状聚伞花序圆锥状，顶生；具苞片；花辐射对称，花萼 5 裂至中部或基部；花冠筒状钟形或高脚碟状，内面基部有腺体，喉部无附属物，花药侧面结合成筒或仅基部连合，先端不育，微缺，常透明；子房 4 裂，花柱内藏或稍伸出，柱头头状；雌蕊基平。小坚果 4，直立，卵状三角形，腹面通常具棱，背面稍外凸，着生面位于基部。花粉粒 3 孔沟（合沟）。染色体 n=7，8，11。

分布概况：约 146/30（2）种，**10-2 型**；分布于欧洲和亚洲；中国产云南、西藏、四川、甘肃、陕西和新疆。

系统学评述：滇紫草属属于紫草族，胀萼紫草属和滇紫草属的分合问题一直存在争议，Cohen[15]和 Cecchi 等[22]的研究表明，胀萼紫草属和滇紫草属能较好地分开，滇紫草属可能还包括胀萼紫草属的成员；滇紫草属与紫草属和软紫草属有非常密切的关系。

DNA 条形码研究：BOLD 网站有该属 7 种 10 个条形码数据；GBOWS 网站已有 10 种 72 个条形码数据。

代表种及其用途：该属植物的根入药，性寒、味甘、咸，用于清热凉血、解毒透疹。

34. *Pulmonaria* Linnaeus 肺草属

Pulmonaria Linnaeus (1753: 135); Zhu et al. (1995: 357) (Lectotype: *P. officinalis* Linnaeus)

特征描述：多年生草本，有长硬毛。茎几不分枝。基生叶大型，具柄；茎生叶互生。镰状聚伞花序具苞片；花具梗；花萼钟状，5 浅裂，果时包被小坚果；花冠紫红色或蓝色，5 裂，喉部无附属物，具短毛丛；雄蕊 5，内藏；子房 4 裂，花柱丝形，柱头头状，2 裂；雌蕊基平。小坚果卵形，黑色，有光泽，腹面龙骨状，先端钝，着生面位于小坚果基部，微凹，有环状边缘。花粉粒 3-6 孔沟，穿孔纹饰，赤道部位为网状纹饰，上具颗粒。染色体 n=7，11。

分布概况：约 15/1 种，**10 型**；分布于中亚，西伯利亚至欧洲；中国产山西和内蒙古。

系统学评述：肺草属属于紫草亚科琉璃苣族，与假狼紫草属的关系较近，Hilger 等[13]和 Selvi 等[24]研究表明，*Paraskevia* 的部分种应该并入肺草属。属的范畴还需要进一步研究。

DNA 条形码研究：BOLD 网站有该属 4 种 8 个条形码数据。

代表种及其用途：部分种类的根可作药用。

35. *Rindera* Pallas 翅果草属

Rindera Pallas (1771: 486); Zhu et al. (1995: 425) (Type: *R. tetraspis* Pallas)

特征描述：多年生草本。茎丛生。叶互生。镰状聚伞花序顶生，呈伞房状或圆锥状，无苞片；花具梗；花萼 5 裂，裂片果期反折；花冠筒状钟形，淡黄色，裂片 5；雄蕊 5，花药基部箭形；子房 4 裂，花柱丝状，外伸。小坚果 4，大型，背面凹陷，无毛，中央具 1 线形的龙骨凸起，腹面具长卵形的着生面，边缘具伸展的宽翅，翅缘通常具细牙齿，稀全缘。花粉粒 3 孔沟或 6 异沟，穿孔、网状、皱波状、疣状或颗粒纹饰。染色体 n=12。

分布概况：约 25/1 种，**12 型**；分布于地中海至中亚；中国产新疆北部。

系统学评述：分子系统学研究表明翅果草属与 *Paracaryum*、长蕊琉璃草属、长柱琉璃草属、*Pardoglossum*、*Trachelanthus* 和盘果草属嵌于琉璃草属中构成广义琉璃草属[10]。

36. *Rochelia* Reichenbach 孪果鹤虱属

Rochelia Reichenbach (1824: 243), *nom. cons.* ; Zhu et al. (1995: 417) [Type: *R. saccharata* H. G. L. Reichenbach, *nom. illeg.* (=*R. disperma* (Linnaeus f.) Wettstein≡*Lithospermum dispermum* Linnaeus f.]

特征描述：一年生草本。茎细，常多分枝，被糙硬毛。茎生叶互生。镰状聚伞花序，具苞片。花具梗；萼 5 裂至基部，裂片先端常钩状；花冠漏斗状，淡蓝色，檐部 5 裂，喉部具附属物；雄蕊 5，着生于花冠筒下部，内藏，具短花丝，花药药隔微突出；子房 2 裂，胚珠 2，花柱不分裂，雌蕊基钻状。小坚果孪生，各含 1 粒种子，被疣状凸起及锚状刺，或光滑，着生面在腹面靠基部。花粉粒 6 异沟，外壁光滑。染色体 n=11。

分布概况：15/5 种，**12-1 型**；分布于亚洲西南部，中部至欧洲及大洋洲；中国产新疆。

系统学评述：分子系统学研究表明孪果鹤虱属与鹤虱属 *Lappula* 的关系较近，两者之间的界限不明朗[10]，其单系性也需进一步研究。

DNA 条形码研究：GBOWS 网站有该属 1 种 3 个条形码数据。

37. *Sinojohnstonia* H. H. Hu 车前紫草属

Sinojohnstonia H. H. Hu (1936: 201); Zhu et al. (1995: 373) (Type: *S. plantaginea* H. H. Hu)

特征描述：多年生草本，具根状茎，被短糙伏毛。基生叶具长叶柄，叶片卵状心形；茎生叶较小，互生，有短柄。镰状聚伞花序呈总状或圆锥状，无苞片；花萼5裂至近基部，果期增大成囊状；花冠筒状或漏斗状，檐部5裂，喉部具附属物5；雄蕊5，花丝丝形；子房4裂，胚珠倒生；雌蕊基低金字塔形。小坚果四面体形，背面边缘延伸出碗状凸起，着生面居果的腹面中部稍下。花粉粒6异沟，穴状或皱波状纹饰。

分布概况：3/3（3）种，**15型**；分布于华北、华东、华中、四川、甘肃和宁夏。

系统学评述：车前紫草属属于紫草亚科，传统认为其属于附地菜族。分子系统学研究表明附地菜族应属于广义琉璃草族[10]。其果实与皿果草属果实相近。

DNA条形码研究：GBOWS网站有该属2种16个条形码数据。

38. *Solenanthus* Ledebour 长蕊琉璃草属

Solenanthus Ledebour (1829: 26); Zhu et al. (1995: 425) (Type: *S. circinnatus* Ledebour)

特征描述：多年生草本，有柔毛或硬毛。茎生叶互生。镰状聚伞花序，无苞片；花萼5裂至基部；花冠筒状，筒部与檐部之间没有明显的界限，附属物长圆形；雄蕊具长花丝，通常远伸出或稍伸出花冠，着生花冠附属物之上；花柱伸出花冠；雌蕊基金字塔形。小坚果背腹扁，卵形，背面具盘状凸起，边缘及以外密生锚状刺，着生面在腹面靠上部，约占腹面的一半，与雌蕊基贴合牢固。花粉粒6异沟，光滑-穿孔纹饰。染色体n=12。

分布概况：约10/1种，**12型**；分布于欧洲东南部，以及亚洲的西部和中部；中国产新疆。

系统学评述：Weigen等[10]和Selvi等[25]的分子系统学研究表明，长柱琉璃草属与*Paracaryum*、翅果草属、*Pardoglossum*、*Trachelanthus*和盘果草属嵌于琉璃草属中构成广义琉璃草属。

代表种及其用途：长蕊琉璃草 *S. circinnatus* Ledebour可用来治疗炎症。

39. *Stenosolenium* Turczaninow 紫筒草属

Stenosolenium Turczaninow (1840: 253); Zhu et al. (1995: 346) [Type: *S. saxatile* (Pallas) Turczaninow (≡*Anchusa saxatilis* Pallas)]

特征描述：多年生草本，具硬毛。根有紫红色物质。叶互生。镰状聚伞花序。花具短梗；花萼5裂至基部；花冠淡紫色，花冠筒细长，檐部钟状，5裂，裂片宽卵形，喉部无附属物，花冠筒的基部具褐色毛环；雄蕊5，花丝短，螺旋状着生（不在一水平面上）；子房4裂，花柱不伸出花冠筒，先端短2裂，每分枝具1球形柱头；雌蕊基近平坦。小坚果斜卵形，灰褐色，密生疣状凸起，先端急尖，腹面基部有短柄。花粉粒6-7沟，具稀疏的小刺。

分布概况：1/1种，**11型**；分布于俄罗斯西伯利亚，蒙古国；中国产东北、华北至西北。

系统学评述：紫筒草属属于紫草亚科紫草族，与软紫草属的关系相近[8]。

40. *Symphytum* Linnaeus 聚合草属

Symphytum Linnaeus (1753: 136); Zhu et al. (1995: 359) (Lectotype: *S. officinale* Linnaeus)

特征描述：多年生草本，被硬毛或糙伏毛。叶常宽大。镰状聚伞圆锥花序；无苞片。花萼 5 裂，裂齿不等长；花冠筒状钟形，檐部 5 浅裂，裂片三角形或半圆形，喉部具附属物，边缘有乳头状腺体；雄蕊 5，生于喉部，不超出花冠檐；子房 4 裂，花柱丝形，伸出；雌蕊基平。小坚果卵形，有时稍偏斜，通常有疣点和网状皱纹，较少平滑，着生面在基部，碗状，边缘常具细齿。花粉粒 6 孔沟或多，穿孔纹饰，有小芽孢状或颗粒状凸起。染色体 n=16。

分布概况：约 2/1 种，**12 型**；分布于阿富汗，印度，巴基斯坦及亚洲西南部，现世界各地均有栽培；中国南北各地栽培。

系统学评述：聚合草属属于紫草亚科琉璃苣族[15]。

DNA 条形码研究：BOLD 网站有该属 9 种 21 个条形码数据。

代表种及其用途：聚合草 *S. officinale* Linnaeus 的茎叶可作家畜青饲料；也可以经过筛选培育园艺品种。

41. *Thyrocarpus* Hance 盾果草属

Thyrocarpus Hance (1862: 225); Zhu et al. (1995: 426) (Type: *T. sampsoni* Hance)

特征描述：一年生草本。茎生叶互生。镰状聚伞花序具苞片；花萼 5 裂至基部；花冠钟状，檐部 5 裂，裂片宽卵形，喉部附属物 5；雄蕊着生于花冠筒中部，内藏；子房 4 裂，花柱短，内藏；雌蕊基圆锥状。小坚果卵形，背腹稍扁，密生疣状凸起，背面有 2 层凸起，内层凸起碗状，膜质，全缘，外层角质，有篦状牙齿，着生面在腹面顶部。种子卵形，背腹扁。花粉粒 6 异沟，外壁表面光滑。染色体 n=12。

分布概况：约 3/2 种，**15 型**；分布于越南，韩国；中国产西南至西北。

系统学评述：盾果草属属于紫草亚科琉璃草族[8,26]。

DNA 条形码研究：GBOWS 网站有该属 2 种 24 个条形码数据。

代表种及其用途：盾果草 *T. sampsonii* Hance 全草可供药用，能治咽喉痛；研磨并与桐油混合外敷能治乳痈、疔疮。

42. *Tournefortia* Linnaeus 紫丹属

Tournefortia Linnaeus (1753: 140), *nom. cons.* ; Zhu et al. (1995: 341) (Type: *T. hirsutissima* Linnaeus, *typ. cons.*)

特征描述：灌木、多年生草本，稀乔木。叶互生。聚伞花序蝎尾状，顶生或腋生；无苞片。花萼 5（4），覆瓦状排列；花冠筒状或漏斗状，裂片 5（4），花期伸展，喉部无附属物；雄蕊 5（4），内藏；子房 4 室，每室 1 悬垂胚珠，花柱顶生，极短，柱头单一或稍 2 裂，基部肉质，环状膨大。核果具多水分、多胶质及木栓质的中果皮，内果皮成熟时分裂为 2 个具 2 粒种子或 4 个具单种子的分核。花粉粒 3 孔、3-4 孔沟或 6 异沟，光滑或具皱纹饰，或有芽孢状、疣状或棒状纹饰。

分布概况：约 150/4 种，**2（3）型**；分布于热带或亚热带地区；中国产云南、广东和台湾。

系统学评述：紫丹属属于天芥菜亚科。Diane 等[21]利用 ITS1 片段研究表明，紫丹属是个多系类群，其中的 *Tournefortia* sect. *Cyphocyema* 与天芥菜属和 *Ixorhea* 关系较近，而 *T.* sect. *Tournefortia* 聚在天芥菜属中，属的界限还需要进一步研究。

DNA 条形码研究：BOLD 网站有该属 2 种 4 个条形码数据；GBOWS 网站已有 3 种 8 个条形码数据。

43. *Trichodesma* R. Brown 毛束草属

Trichodesma R. Brown (1810: 496), *nom. cons.* ; Zhu et al. (1995: 415) [Type: *T. zeylanicum* (N. L. Burman) R. Brown, *typ. cons.* (≡*Borago zeylanica* N. L. Burman)]

特征描述：草本或亚灌木，有短糙硬毛。复聚伞花序呈总状或圆锥状，顶生，有苞片；萼 5 裂，呈金字塔形或卵形膨胀，基部具 5 条肋棱或翅，或有时呈耳状延伸；花冠宽筒形，里面常有绒毛，檐部 5 裂；雄蕊 5，花药先端外伸并螺旋状扭转，背面具卷毛，子房 4 裂，雌蕊基金字塔形并具 4 条纵棱，花柱伸出花冠喉部。小坚果背腹扁，背面边缘突出成腕状，有齿。花粉粒 3 孔沟，外壁粗糙。

分布概况：约 10/1（1）种，**4（5-6）型**；分布于非洲，大洋洲和亚洲热带地区；中国产云南、贵州和台湾。

系统学评述：毛束草属为单系类群，属于紫草亚科琉璃草族[10]。

DNA 条形码研究：BOLD 网站有该属 2 种 2 个条形码数据；GBOWS 网站已有 1 种 12 个条形码数据。

代表种及其用途：云南哈尼族常将毛束草 *T. calycosum* Collett & Hemsley 的花序作为蔬菜。

44. *Trigonotis* Steven 附地菜属

Trigonotis Steven (1851: 603); Zhu et al. (1995: 360) [Type: *T. peduncularis* (Treviranus) Bentham ex F. B. Forbes & Hemsley (≡*Myosotis peduncularis* Treviranus)]

特征描述：草本。茎常被糙毛或柔毛。镰状聚伞花序；花萼 5 裂；花冠筒状，蓝色或白色，冠筒常较萼短，裂片 5，喉部附属物 5；雄蕊 5，内藏；子房深 4 裂，花柱丝形，常短于花冠筒；雌蕊基平。小坚果 4，四面体形，常具光泽，具棱或棱翅，腹面具 3 个面，着生面位于三面交汇处，无柄或具短柄。胚直生。花粉茧形或哑铃形，6 异沟，外壁近光滑，有模糊的小穴。染色体 n=12。

分布概况：约 60/41（7）种，**10（14）型**；分布于亚洲东部，菲律宾，北加里曼丹岛和巴布亚新几内亚；中国产云南和四川。

系统学评述：附地菜属属于紫草亚科，传统认为其属于附地菜族。根据分子系统学研究表明附地菜族应属于琉璃草族[8,10]。

DNA 条形码研究：BOLD 网站有该属 4 种 4 个条形码数据；GBOWS 网站已有 8 种 82 个条形码数据。

代表种及其用途：附地菜 *T. peduncularia* (Treviranus) Bentham ex Baker & S. Moore、瘤果大叶附地菜 *T. macrophylla* var. *verrucosa* I. M. Johnston 均以全草入药。

主要参考文献

[1] de Candolle A. Borragineae[M]//de Candolle A. Prodromus systematis naturalis regni vegetabilis. Vol. 9. Paris: Treuttel & Wurtz, 1845: 466-566.

[2] de Candolle A. Borragineae[M]//de Candolle A. Prodromus systematis naturalis regni vegetabilis. Vol. 10. Paris: Treuttel & Wurtz, 1846: 1-178.

[3] Bentham G, Hooker JD. Boragineae[M]//Bentham G, Hooker JD. Genera plantarum, 2. Lovell Reeve, London: William & Norgate, 1876: 832-865.

[4] Gürke M. Borraginaceae[M]//Engler A, Prantl K. Die natürlichen pflanzenfamilien, IV. Leipzig: Engelmann, 1893: 71-131.

[5] Cronquist A. An integrated system of classification of flowering plants[M]. New York: Columbia University Press, 1981.

[6] Takhtajan A. Flowering plants. 2nd ed.[M]. Heidelberg: Springer, 2009.

[7] Weigend M, et al. From capsules to nutlets-phylogenetic relationships in the Boraginales[J]. Cladistics, 2014, 30: 506-518.

[8] Långström E, Chase MW. Tribes of Boraginoideae (Boraginaceae) and placement of *Antiphytum*, *Echiochilon*, *Ogastemma* and *Sericostoma*: a phylogenetic analysis based on *atp*B plastid DNA sequence data[J]. Plant Syst Evol, 2002, 234: 137-153.

[9] Weigend M, et al. Fossil and extant western hemisphere Boragineae, and the polyphyly of "Trigonotideae" Riedl (Boraginaceae: Boraginoideae)[J]. Syst Bot, 2010, 35: 409-419.

[10] Weigend M, et al. Multiple origins for Hound's tongues (*Cynoglossum* L.) and Navel seeds (*Omphalodes* Mill.)-The phylogeny of the borage family (Boraginaceae *s. str.*)[J]. Mol Phylogenet Evol, 2013, 68: 604-618.

[11] Johnston IM. Studies in the Boraginaceae VI. A revision of the South American Boraginoideae[J]. Contr Gray Herb, 1924, 78: 1-118.

[12] Nazaire M, Hufford L. A broad phylogenetic analysis of Boraginaceae: implications for the relationships of *Mertensia*[J]. Syst Bot, 2012, 37: 758-783.

[13] Hilger HH, et al. Molecular systematics of Boraginaceae tribe Boragineae based on ITS1 and *trn*L sequences, with special reference to *Anchusa s.l.*[J]. Ann Bot, 2004, 94: 201-212.

[14] Nazaire M, et al. Geographic origins and patterns of radiation of *Mertensia* (Boraginaceae)[J]. Mol Phylogenet Evol, 2014, 101: 104-118.

[15] Cohen JI. A phylogenetic analysis of morphological and molecular characters of Boraginaceae: evolutionary relationships, taxonomy, and patterns of character evolution[J]. Cladistics, 2014, 30: 139-169.

[16] Gottsching M, et al. Congruence of a phylogeny of Cordiaceae (Boraginales) inferred from ITS1 sequence data with morphology, ecology and biogeography[J]. Ann MO Bot Gard, 92: 425-437.

[17] Popov MG. Boraginaceae [M]//Shishkin BK. Flora of the URSS 19. Leningrad: Izdatel'stvo Akademii Nauk SSSR, 1953: 97-691, 704-718.

[18] Ovchinnikova S. On the position of the tribe Eritrichieae in the Boraginaceae system[J]. Bot Serbica, 2009, 33: 141-146.

[19] Hilger HH, Böhle UR. *Pontechium*: a new genus distinct from *Echium* and *Lobostemon* (Boraginaceae)[J]. Taxon, 2000, 49: 737-746.

[20] Rabaey D, et al. The phylogenetic significance of vestured pits in Boraginaceae[J]. Taxon, 2010, 59:

510-516.

[21] Diane N, et al. A systematic analysis of *Heliotropium*, *Tournefortia*, and allied taxa of the Heliotropiaceae (Boraginales) based on ITS1 sequences and morphological data[J]. Am J Bot, 2002, 89: 287-295.

[22] Cecchi L et al. Evolutionary dynamics of serpentine adaptation in *Onosma* (Boraginaceae) as revealed by ITS sequence data[J]. Plant Syst Evol, 2011, 297: 185-199.

[23] 王文采. 微孔草属的研究[J]. 中国科学院大学学报, 1980, 18: 266-282.

[24] Selvi F, et al. Molecular phylogeny, morphology and taxonomic re-circumscription of the generic complex *Nonea*/*Elizaldia*/*Pulmonaria*/*Paraskevia* (Boraginaceae-Boragineae)[J]. Taxon, 2006, 55: 907-918.

[25] Selvi F, et al. High epizoochorous specialization and low DNA sequence divergence in Mediterranean *Cynoglossum* (Boraginaceae): evidence from fruit traits and ITS region[J]. Taxon, 2011, 60: 969-985.

[26] Otero A, et al. Molecular phylogenetics and morphology support two new genera (*Memoremea* and *Nihon*) of Boraginaceae *s.s.*[J]. Phytotaxa, 2014, 173: 241-277.

Convolvulaceae Jussieu (1789), *nom. cons.* 旋花科

特征描述：草本、亚灌木或灌木，或为寄生，稀为乔木。植物体常有乳汁；具双韧维管束。茎缠绕或攀援，平卧或匍匐，偶有直立。单叶互生，螺旋排列，寄生种类无叶或退化。花单生于叶腋，或少至多花组成腋生聚伞花序。花整齐，两性，5数；花萼分离或仅基部连合，外萼片常比内萼片大，宿存，或在果期增大；花冠合瓣，漏斗状、钟状、高脚碟状或坛状，冠檐近全缘或5裂，极少每裂片又具2小裂片，蕾期旋转折扇状或镊合状至内向镊合状，花冠外常有5条明显的被毛或无毛的瓣中带；雄蕊着生花冠管基部或中部稍下，花药2室；子房上位，由2（稀3-5）心皮组成，常1-2室，中轴胎座，花柱1-2。蒴果，室背开裂、周裂、盖裂或不规则破裂，或为不开裂的肉质浆果，或果皮干燥坚硬成坚果状。花粉粒3沟、5-6沟、12沟或具散孔，平滑、穿孔或网状纹饰，或有刺或颗粒状凸起。

分布概况：58属/1650种，广布热带至温带地区，主产美洲和亚洲的热带与亚热带地区；中国20属/129种，南北均产，华南和西南尤盛。

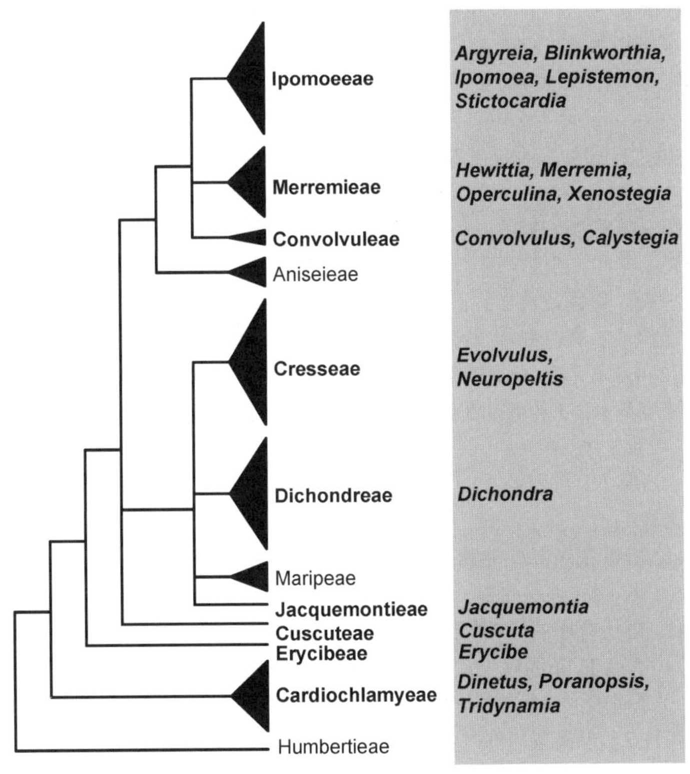

图191　旋花科分子系统框架图（参考APW；Stefanović 等[1,2]）

系统学评述：传统上将旋花科非寄生的属归入 9 族，而将菟丝子属 *Cuscuta*（寄生）处理为单属科[3]。分子系统学研究表明上述处理并不自然，其中，单种属 *Humbertia*（仅 *H. madagascariensis* Lamarck）是该科的基部类群[1,4]；旋花科应分为 2 亚科 12 族，即 Humbertoideae 亚科（包含 1 族：Humbertieae 族，仅含 1 属 1 种）和旋花亚科 Convolvuloideae（包含 11 族：Cardiochlamyeae 族、丁公藤族 Erycibeae、马蹄金族 Dichondreae、Cresseae 族、Maripeae 族、小牵牛族 Jacquemontieae、菟丝子族 Cuscuteae、Aniseieae 族、旋花族 Convolvuleae、鱼黄草族 Merremieae 和番薯族 Ipomoeeae），但其中的 Cresseae 族和鱼黄草族似乎不是单系类群，需要进一步的研究验证[1,2,4,5]；菟丝子属嵌套在该科内，不应独立成科[1,2,4,5]。

分属检索表

1\. 寄生植物；无叶，具吸器；花簇生或成短总状花序……**5. 菟丝子属 *Cuscuta***
1\. 非寄生植物；具营养叶；花序不为上述类型
　2\. 花粉具刺
　　3\. 果实 4（或更多）瓣裂
　　　4\. 花冠坛状；花丝基部膨大成 1 枚凹形的鳞片，拱盖着子房……**13. 鳞蕊藤属 *Lepistemon***
　　　4\. 花冠漏斗状、钟状或高脚碟状；花丝基部不形成鳞片……**11. 番薯属 *Ipomoea***
　　3\. 果实不裂
　　　5\. 叶背面被黑色腺点；宿存萼片增大，完全包围着成熟果实；蒴果，4 瓣裂……**18. 腺叶藤属 *Stictocardia***
　　　5\. 叶背面无黑色腺点；宿存萼片增大，反折或不完全包围着成熟果实；浆果，不开裂
　　　　6\. 少至多花成聚伞或头状花序；萼片在果时常反折；花冠膜质或透明……**1. 银背藤属 *Argyreia***
　　　　6\. 单花腋生；萼片多少包围着果实；花冠蜡质……**2. 苞叶藤属 *Blinkworthia***
　2\. 花粉无刺
　　7\. 子房深 2 裂；花柱 2，基生……**6. 马蹄金属 *Dichondra***
　　7\. 子房不分裂；花柱 1 或 2，顶生
　　　8\. 花冠深 5 裂，每裂片再 2 裂；花柱几无，柱头贴生子房……**8. 丁公藤属 *Erycibe***
　　　8\. 花冠近全缘或 5 裂，裂片全缘；花柱存在，有时很短
　　　　9\. 外面 2 或 3 枚萼片，或全部 5 枚萼片在果时增大，与果一起脱落；果实不裂；种子 1
　　　　　10\. 缠绕草本；5 枚萼片在果时相等地增大，或里面的萼片稍小；花冠外面无毛……**7. 飞蛾藤属 *Dinetus***
　　　　　10\. 木质藤本；外面的 2 或 3 枚萼片在果时极增大，里面的萼片只稍增大；花冠外面瓣中带被毛
　　　　　　11\. 圆锥花序多少密集；小苞片小，鳞片状；萼片在果时具 1 条主脉及次级网脉……**17. 白花叶属 *Poranopsis***
　　　　　　11\. 总状花序或稀疏的圆锥花序；小苞片呈萼片状，形成 1 轮副萼；萼片在果时具 7、9 或 11 条纵向平行脉……**19. 三翅藤属 *Tridynamia***
　　　　9\. 萼片在果时增大或不增大，果开裂后，宿萼留于果梗；种子 4（或较少）
　　　　　12\. 花柱 2，分离或基部联合
　　　　　　13\. 直立或平卧，但不缠绕；苞片小，果时不增大；每一花柱顶端 2 尖裂；柱头圆柱形、丝状或稍棒状……**9. 土丁桂属 *Evolvulus***

13\. 缠绕植物；苞片在果时极增大，翅状；花柱不裂；柱头盾状、肾形、马蹄形或浅裂……………………………………………………………………**15. 盾苞藤属 *Neuropeltis***

12\. 花柱 1，不裂或微 2 裂

14\. 萼片在果时增大，常包围果实；柱头多少呈球形

15\. 平卧草本；叶线形、长圆状披针形、披针状椭圆形或倒披针形至匙形，基部戟形，多少抱茎；里面 3 枚萼片顶端渐尖成 1 锐尖的细长尖头；花粉具散孔……………………………………………………………**20. 地旋花属 *Xenostegia***

15\. 缠绕草本或木质藤本；叶形多样，通常较宽，基部极少抱茎；萼片不同于上述情况；花粉具沟

16\. 茎圆柱形或有条纹，无翅；蒴果 4 瓣裂或不规则开裂……………………………………………………………………**14. 鱼黄草属 *Merremia***

16\. 茎有翅；蒴果上半部具 1 多少肉质的盖，成熟时脱落，下半部不规则纵长开裂……………………………………………………………**16. 盒果藤属 *Operculina***

14\. 萼片在果时不增大，或外面 3 枚增大；柱头椭圆形、卵形或线形，多少扁平

17\. 苞片或小苞片萼片状或叶状，果时宿存

18\. 花冠淡黄色或白色，中心紫色；苞片长圆状披针形，着生于萼片以下；蒴果被毛……………………………………………………………**10. 猪菜藤属 *Hewittia***

18\. 花冠粉红色或白色，中心颜色稍暗；苞片阔卵形或椭圆形，包藏着花萼；蒴果无毛……………………………………………………………**3. 打碗花属 *Calystegia***

17\. 苞片或小苞片不明显，鳞片状，线形或钻形，脱落或宿存

19\. 柱头线形或棒状；花粉椭圆形，多为 3 沟…………**4. 旋花属 *Convolvulus***

19\. 柱头椭圆形或长圆形；花粉球形，3 沟、散沟或环沟……………………………………………………………**12. 小牵牛属 *Jacquemontia***

1. *Argyreia* Loureiro 银背藤属

Argyreia Loureiro (1790: 95); Fang & Staples (1995: 313) (Lectotype: *A. obtusifolia* Loureiro)

特征描述：攀援灌木或藤本。叶具柄，全缘。花序腋生，聚伞状，散生或密集成头状。萼片 5，草质或近革质，形状及大小多变，常外面被毛，内面无毛，宿存，果时稍增大或增大，增大者内面常红色；花冠钟状，或管状漏斗形，瓣中带外面常被毛；雄蕊着生于花冠近基部；花盘环状或杯状；子房 2-4 室，胚珠 4，花柱 1。果球形或椭圆形，肉质，革质或被粉的浆果，紫色、红色、橙色或带黄色。种子 4 或较少，无毛，稀在种脐上被疏柔毛。花粉粒具刺。染色体 2*n*=（28），30。

分布概况：90/22 种，**5 型**；主产热带亚洲，1 种产澳大利亚；中国产广东、广西、贵州、海南、台湾和云南。

系统学评述：银背藤属隶属于番薯族分支 I，若包含 *Rivea* 则是个单系类群。番薯族分支 I 主要由番薯属 *Ipomoea* 的旧热带种类和少数新热带种类构成。此外，银背藤属、鳞蕊藤属 *Lepistemon*、*Paralepistemon*、腺叶藤属 *Stictocardia* 和 *Turbina* 等也嵌套在其中[1,5,6]。基于核基因 ITS 和 *Waxy* 序列的分子系统学研究显示，东南亚产的 *Rivea* 嵌套在银背藤属内[5]。银背藤属目前尚未有属下分类系统，亦无全面的分子系统学研究。然

而通过比较中国及东南亚产的该属标本，发现该属的实际种数可能远远小于 FOC 记录的 90 种，故有待于进一步的分类修订。

DNA 条形码研究：BOLD 网站有该属 9 种 12 个条形码数据；GBOWS 网站已有 6 种 36 个条形码数据。

代表种及其用途：白鹤藤 *A. acuta* Loureiro、银背藤 *A. mollis* (N. L. Burman) Choisy 全株入药。

2. *Blinkworthia* Choisy 苞叶藤属

Blinkworthia Choisy (1834: 430); Fang & Staples (1995: 313) (Type: *B. lycioides* Choisy)

特征描述：攀援小灌木。茎伸长，被长柔毛或粗伏毛。叶线形或椭圆形，背面被丝毛或粗伏毛。单花腋生；具苞片 3 枚，近叶状。萼片卵状长圆形，近等长，革质，结果时稍增大；花冠圆筒状至坛状，或钟状，冠檐 5 齿裂；雄蕊内藏；子房圆锥状，无毛，花柱 1，丝状，柱头头状，2 裂。浆果不开裂，为宿萼包围，无毛。种子 1，无毛。花粉粒散孔，具刺。

分布概况：2/1 种，**7 型**；分布于缅甸，泰国；中国产广西和云南。

系统学评述：苞叶藤属缺少分子系统学研究。依据其果实不裂，具革质果皮的特征，苞叶藤属应隶属于番薯族[2]。Handel-Mazzetti[7]曾根据广西的标本发表了 *B. discostigma* Handel-Mazzetti，但目前普遍认为其是苞叶藤 *B. convolvuloides* Prain 的异名。

代表种及其用途：苞叶藤 *B. convolvuloides* Prain 的根可入药。

3. *Calystegia* R. Brown 打碗花属

Calystegia R. Brown (1810: 483); Fang & Brummitt (1995: 286) [Type: *C. sepium* (Linnaeus) R. Brown (≡*Convolvulus sepium* Linnaeus)]

特征描述：多年生缠绕或平卧草本。叶箭形或戟形，具圆形，有角或分裂的基裂片。花腋生，单一或稀为少花的聚伞花序；苞片 2，叶状，卵形或椭圆形，包藏着花萼，宿存。萼片 5，近相等，卵形至长圆形，锐尖或钝，草质，宿存；花冠钟状或漏斗状，外面具 5 条明显的瓣中带；雄蕊及花柱内藏；花盘环状；子房 1 室或不完全的 2 室，胚珠 4，花柱 1，柱头 2，长圆形或椭圆形，扁平。蒴果卵形或球形，4 瓣裂。种子 4。花粉粒散孔（20-40），穿孔纹饰，有小刺。染色体 $2n=22$。

分布概况：25/6 种，**2 型**；主要分布于南北半球温带地区，少数延伸至热带；中国南北均产。

系统学评述：打碗花属隶属于旋花族，是个单系类群。该属有时被归入旋花属 *Convolvulus*，作为属下的 1 个组。分子系统学研究表明该属嵌套于旋花属内，并可能与田旋花 *C. arvensis* Linnaeus 互为姐妹群[1,8]，因此其属的地位似不成立，而应并入旋花属下。除肾叶打碗花 *C. soldanella* Linnaeus 外，打碗花属几乎所有的类群都与邻近类群存在着地理上的渐变和过渡，当 2 个类群在地理上邻近时，它们之间存在一些中间类型，因而没有清晰的种间界限。Kim 和 Park[9]基于核基因 ITS 和叶绿体 *psb*A-*trn*H 片段研究了韩国产的打碗花属 4 种 1 变种的系统关系，发现肾叶打碗花构成 1 个基部分支，而打碗花 *C. hederacea* Wallich 或旋花 *C. sepium* (Linnaeus) R. Brown 则不能各自单独聚为 1 支，此外，长裂旋花 *C. sepium* var. *japonica* Makino 与毛打碗花 *C. dahurica* (Herbert) Choisy 较为近缘[9]。

DNA 条形码研究：BOLD 网站有该属 28 种 104 个条形码数据；GBOWS 网站已有 4 种 44 个条形码数据。

4. *Convolvulus* Linnaeus 旋花属

Convolvulus Linnaeus (1753: 153); Fang & Staples (1995: 289) (Lectotype: *C. arvensis* Linnaeus)

特征描述：一年生、多年生直立或缠绕草本，直立亚灌木或有刺灌木。叶全缘。花腋生，由 1 至少数花组成聚伞花序或成密集具总苞的头状花序，或为聚伞圆锥花序；萼片 5，等长或近等长，钝或锐尖；花冠钟状或漏斗状，具 5 条常不太明显的瓣中带，冠檐浅裂或近全缘；雄蕊及花柱内藏；花盘环状或杯状；子房 2 室，胚珠 4，花柱 1，柱头 2，线形或近棒状。蒴果 2 室，4 瓣裂或不规则开裂。种子 1-4，通常具小瘤突，无毛，黑色或褐色。花粉粒 3、4、6 沟或散沟，穿孔或网状纹饰，有小刺或小芽孢状凸起或无。染色体 $2n$=18，20，22，24，26，30，40，44，48，50，60，78。

分布概况：250/8 种，**1 型**；世界广布（除南极洲外）；中国产北方，少数种类可延伸至四川、云南。

系统学评述：旋花属隶属于旋花族，若包含打碗花属则是个单系类群。打碗花属常被作为该属的 1 个组。分子系统学研究表明打碗花属嵌在该属内[1,8]，而 *Polymeria* 是该属（包含打碗花属）的姐妹群[4]。旋花属尚未有属下分类系统，亦无全面的分子系统学研究。Carine 等[8]发表了迄今取样较全面的分子系统树，包含旋花属 43 种和打碗花属 3 种，但该研究是关注马卡罗尼西亚群岛特有的旋花属植物的起源，而未涉及属下分类的问题。

DNA 条形码研究：BOLD 网站有该属 121 种 367 个条形码数据；GBOWS 网站已有 4 种 33 个条形码数据。

代表种及其用途：田旋花 *C. arvensis* Linnaeus 全草可入药。

5. *Cuscuta* Linnaeus 菟丝子属

Cuscuta Linnaeus (1753: 124); Fang et al. (1995: 322) (Lectotype: *C. europaea* Linnaeus)

特征描述：寄生草本；不被毛。无根。茎缠绕，不为绿色，借助吸器固着寄主。无叶，或退化成小的鳞片。花序成穗状、总状或簇生成头状。花小，4-5 数；萼片近于等大，基部连合；花冠管内面基部具有边缘分裂或流苏状的鳞片；雄蕊着生于花冠喉部或花冠裂片相邻处，常稍微伸出；子房 2 室，每室 2 胚珠，花柱 2。蒴果稍肉质。种子 1-4。花粉粒 3-7 沟，光滑、穿孔、皱波状、微网或网状纹饰，具小刺或无。染色体 $2n$=8，10，14，16，18，20，26，28，30，32，34，38，42，56，60。

分布概况：170/11 种，**2 型**；主要分布于南北美洲，少数到亚洲和欧洲；中国南北均产。

系统学评述：菟丝子属是菟丝子族 Cuscuteae 下仅有的单系类群。该属有时被独立成菟丝子科 Cuscutaceae。分子系统学研究表明该属隶属于旋花科[1,4,10]。基于叶绿体、线粒体和核基因组的分子系统学研究表明，该属或是马蹄金族+Cresseae+Maripeae+小牵牛族分支的姐妹群，或与上述分支及（Aniseieae（旋花族+鱼黄草族+Ipomoeeae））分支一起构成3叉分支[4]。菟丝子属依据花柱数目及柱头形状可分为单柱亚属 *Cuscuta* subgen. *Monogyna*、菟丝子亚属 *C.* subgen. *Cuscuta* 和线茎亚属 *C.* subgen. *Grammica*，并且这 3 个亚属依次可再分为 2、4 及 2 组，即 *C.* subgen. *Monogyna* sect. *Callianche* 和 *C.* subgen. *Monogyna* sect. *Monogynella*；*C.* subgen. *Cuscuta* sect. *Cleistococca*、*C.* subgen. *Cuscuta* sect. *Epistigma*、*C.* subgen. *Cuscuta* sect. *Eucuscuta* 和 *C.* subgen. *Cuscuta* sect. *Pachystigma*；*C.* subgen. *Grammica* sect. *Cleistogrammica* 和 *C.* subgen. *Grammica* sect. *Eugrammica*。中国产的 11 种分属于上述的 3 亚属。基于核基因 ITS 及叶绿体 *rps*2、*rbc*L 和 *mat*K 片段的分子系统学研究表明，单柱亚属是该属基部的单系类群，菟丝子亚属为并系类群，位于次基部的线茎亚属亦为单系类群；此外，至少有 3 组不是单系类群[11]。基于核基因 ITS 和叶绿体 *trn*L 内含子片段的分子系统学研究表明，菟丝子亚属下的 *C.* subgen. *Cuscuta* sect. *Eucuscuta* 可能是并系类群[12]。

DNA 条形码研究：BOLD 网站有该属 73 种 212 个条形码数据；GBOWS 网站已有 5 种 57 个条形码数据。

代表种及其用途：该属植物为寄生，因此往往对寄主植物尤其是某些农作物造成危害；但有些种类的种子可入药，如菟丝子 *C. chinensis* Lamarck。

6. *Dichondra* J. R. Forster & G. Forster 马蹄金属

Dichondra J. R. Forster & G. Forster (1775: 20); Fang & Staples (1995: 275) (Type: *D. repens* J. R. Forster & G. Forster)

特征描述：匍匐小草本；无毛或被丝毛至柔毛。叶小，具柄，肾形或心形至圆形，全缘。花单生叶腋；苞片小；花小；萼片 5，分离，近等长，常匙形，草质；花冠宽钟形，深 5 裂，裂片内向镊合状，或近覆瓦状排列；雄蕊较花冠短；花盘小，杯状；子房深 2 裂，2 室，每室有胚珠 2，花柱 2 枚，基生。蒴果，分离成 2 个直立果瓣。种子近球形，光滑；子叶长圆形至线形，折叠。花粉粒 3 沟，外壁平滑。染色体 $2n=28$。

分布概况：14/1 种，**2 型**；分布于南北美洲；中国产长江以南。

系统学评述：马蹄金属属于马蹄金族，是单系类群。基于 4 个叶绿体片段的分子系统学研究表明，该属可能和 *Falkia* 互为姐妹群[4]。Tharp 和 Johnston[13]根据果实形状及每心皮的种子数将马蹄金属划分为 2 亚属，即 *Dichondra* subgen. *Dichondra* 和 *D.* subgen. *Capsularia*。中国产马蹄金 *D. micrantha* Urban 属于前一亚属。马蹄金曾用 *D. repens* J. R. Forster & G. Forster 这一名称[FRPS]，但 Tharp 和 Johnston 认为 *D. repens* 只分布于澳大利亚及新西兰[13]。

DNA 条形码研究：BOLD 网站有该属 5 种 11 个条形码数据；GBOWS 网站已有 2 种 10 个条形码数据。

代表种及其用途：马蹄金全草可入药。

7. *Dinetus* Buchanan-Hamilton ex Sweet 飞蛾藤属

Dinetus Buchanan-Hamilton ex Sweet (1825: 127); Fang & Staples (1995: 283) [Type: *D. racemosus* (Roxburgh) Sweet (≡*Porana racemosa* Roxburgh)]

特征描述：一年生或多年生缠绕草本，光滑无毛。茎具条纹。叶柄圆柱形，或扁平，有时具叶枕；叶片心形，薄纸质，掌状脉。总状或圆锥花序，1 或 2 个生叶腋；苞片叶状，抱茎，宿存；小苞片 2（或 3），鳞片状；萼片 5，分离或基部稍连合，相等或不相等，果时极增大；花冠漏斗状或近管状；雄蕊 5，内藏；花盘环状或缺；子房 1 室，胚珠 2，基着，花柱 1，柱头椭圆形，顶端微凹或 2 裂。种子 1。花粉粒 3 沟，穿孔或穴状纹饰，具小刺或颗粒或无。染色体 $2n=28$。

分布概况：8/6 种，**7 型**；分布于热带亚洲；中国产长江以南。

系统学评述：飞蛾藤属属于 Cardiochlamyeae 族。基于 4 个叶绿体片段的分子系统学研究表明，该属和 *Duperreya*+三翅藤属 *Tridynamia* 分支互为姐妹群，此 3 属组成的分支又是 *Cardiochlamys*+（*Cordisepalum*+白花叶属 *Poranopsis*）分支的姐妹群[1]。基于叶绿体、线粒体和核基因 7 个片段的分子系统学研究显示，该属是（*Duperreya*+白花叶属）分支的姐妹群，但 *Duperreya*+白花叶属分支的支持率很低，且该研究未能包括其他 3 属[4]。飞蛾藤属下可分为 2 个群，其中，*Dinetus* group 包含 5 种，花<1cm 长，花被白色，萼片在果时相等地增大，反折；*Dinetopsis* group 包含 2 种［三列飞蛾藤 *D. duclouxii* (Gagnepain & Courchet) Staples 和藏飞蛾藤 *D. grandifloras* (Wallich) Staples］花 2.2-4cm 长，花被各色，但极少为白色，萼片在果时不等地增大，松散地包在果实外。而白藤 *D. decorus* (W. W. Smith) Staples 则介于 2 个群之间，其花 1.7-2.3cm 长，花被淡粉红色，萼片在果时相等地增大，松散地包在果实外，但花粉形态支持将其置于 *Dinetopsis* group[14]。目前缺乏分子系统学研究属下分类系统。

DNA 条形码研究：BOLD 网站有该属 2 种 3 个条形码数据；GBOWS 网站已有 3 种 49 个条形码数据。

代表种及其用途：飞蛾藤 *D. racemosus* (Wallich) Sweet 全草可入药。

8. *Erycibe* Roxburgh 丁公藤属

Erycibe Roxburgh (1802: 31); Fang & Staples (1995: 277) (Type: *E. paniculata* Roxburgh)

特征描述：木质大藤本或攀援灌木，极少为小乔木。叶卵形或狭长圆形，全缘，革质；叶柄短。花序总状或圆锥状，顶生或腋生；苞片很小，早落；花小；萼片 5，近相等，圆形或椭圆形，革质，宿存且贴近果的基部；花冠钟状，深 5 裂，每裂片具 1 近于三角形的外面被毛的瓣中带和 2 片质地较薄的小裂片；雄蕊 5，近内藏；花盘不明显；子房球形或椭圆形，1 室，胚珠 4，花柱几无，柱头半球形、球形或圆锥状，贴生于子房，或冠状、漏斗状贴近子房。浆果稍肉质，含1种子，具膜质种皮，通常和果皮贴生。花粉粒3沟或散沟，外壁穿孔，有刺或平滑。

分布概况：67/10 种，**5 型**；主要分布于热带亚洲，少数至澳大利亚，日本；中国产广东、广西、海南、台湾和云南。

系统学评述：丁公藤属是丁公藤族内唯一的属，为单系类群。丁公藤属最近的分类修订由 Hoogland[15]提出，其研究包括当时接受的所有 70 种。至今无更新的分类修订，亦无全面的分子系统学研究。

DNA 条形码研究：BOLD 网站有该属 3 种 5 个条形码数据；GBOWS 网站已有 2 种 9 个条形码数据。

代表种及其用途：丁公藤 *E. obtusifolia* Bentham 的茎可入药。

9. *Evolvulus* Linnaeus 土丁桂属

Evolvulus Linnaeus (1762: 391); Fang & Staples (1995: 275) [Lectotype: *E. nummularius* (Linnaeus) Linnaeus (≡*Convolvulus nummularius* Linnaeus)]

特征描述：一年生或多年生草本，亚灌木或灌木，平卧、上升或直立，但不缠绕。茎常被毛。叶小，全缘。花单生叶腋，或多花形成聚伞花序，或为穗状或头状花序；花小；萼片 5，相等或近相等，渐尖，锐尖或钝，果期不增大；花冠辐状、漏斗状、钟状，或高脚碟状；雄蕊 5；花盘杯状，或无；子房 2 室，每室有 2 胚珠，稀 1 室，4 胚珠，花柱 2，每一花柱 2 尖裂。蒴果球形或卵形，2-4 瓣裂。种子 1-4，平滑或稍具瘤，无毛。花粉粒散沟 15-21，穿孔纹饰，有小刺或平滑。染色体 $2n=26$。

分布概况：100/2 种，**2 型**；分布于南北美洲，2 种在东半球热带及亚热带地区归化；中国产长江流域及以南。

系统学评述：土丁桂属隶属于 Cresseae 族，为单系类群。分子系统学研究表明该属是 *Hildebrandtia*+*Seddera* 分支的姐妹群[1,4]。目前尚未有属下分类系统，亦无全面的分子系统学研究。

DNA 条形码研究：BOLD 网站有该属 5 种 15 个条形码数据；GBOWS 网站已有 1 种 4 个条形码数据。

代表种及其用途：土丁桂 *E. alsinoides* Linnaeus 全草入药。

10. *Hewittia* Wight & Arnott 猪菜藤属

Hewittia Wight & Arnott (1783: 49); Fang & Staples (1995: 285) [Type: *H. bicolor* (Choisy) Wight & Arnott (≡*Shutereia bicolor* J. D. Choisy≡*Convolvulus bicolor* M. Vahl, 1794, non Lamarck, 1788)]

特征描述：缠绕或平卧草本；全体被短柔毛。叶具柄，全缘或稍裂。花序腋生，为 1 至少花的聚伞花序；苞片 2；萼片 5，革质，外面的 3 枚大，卵形，果时膨大，里面的 2 枚很小；花冠辐射对称，钟状至漏斗状，浅 5 裂；雄蕊内藏；花盘环状；子房被毛，1 室或上部不完全的 2 室，胚珠 4，花柱 1，柱头 2 裂，裂片卵状长圆形。蒴果球形，4 瓣裂。种子 4 或较少。花粉粒无刺。染色体 $2n=30$。

分布概况：1/1 种，**6 型**；分布于热带非洲和亚洲；中国产广东、广西、海南、台湾和云南。

系统学评述：猪菜藤属隶属于鱼黄草族，是单系类群。基于 4 个叶绿体片段的分子系统学研究表明，该属可能和地旋花属［*Merremia hastata* Hallier f.=*Xenostegia tridentata* (Linnaeus) D. F. Austin & Staples］互为姐妹群[4]。猪菜藤属还曾发表过另外 2 个名称，即 *H. puccioniana* (Chiovenda) Verdcourt 和 *H. scandens* (J. Koenig ex Milne) Mabberley，但目前一般认为其是猪菜藤 *H. malabarica* (Linnaeus) Suresh 的异名。

DNA 条形码研究：BOLD 网站有该属 2 种 5 个条形码数据；GBOWS 网站已有 1 种 13 个条形码数据。

11. *Ipomoea* Linnaeus 番薯属

Ipomoea Linnaeus (1753: 159), *nom. cons.* ; Fang & Staples (1995: 301) (Type: *I. pes-tigridis* Linnaeus, *typ. cons.*).——*Calonyction* Choisy (1834: 441); *Pharbitis* Choisy (1834: 438); *Quamoclit* Miller (1754: ed. 4)

特征描述：草本或灌木，常缠绕，有时平卧或直立，偶漂浮于水上。叶常具柄。花序多为腋生的聚伞花序，1 至多花，少为圆锥花序；苞片各式；萼片 5，宿存，相等或不等，果时多少增大；花漏斗状、钟状或高脚碟状，瓣中带以 2 明显的脉清楚分界；花盘环状；子房 2-4 室，胚珠 4 或 6，花柱 1，柱头头状，或裂成 2-3 球状。蒴果球形或卵形，4 或 6 瓣裂。种子 4（-6）或较少。花粉粒散孔，外壁为网状纹饰，有刺。染色体 $2n$=（28），30，（32，38，60）。

分布概况：500/29 种，**2 型**；广布热带至暖温带地区，南北美洲种类尤盛；中国南北均产。

系统学评述：番薯属隶属于番薯族，是个多系类群。分子系统学研究表明番薯族分为 2 支，分支 I 主要由番薯属的旧热带种类和少数新热带种类构成，同时，银背藤属、鳞蕊藤属、*Paralepistemon*、腺叶藤属和 *Turbina* 等也嵌套在其中；分支 II 又分为 2 支，番薯属的剩余种类（>500 种，主要是新热带种类）组成的分支与 *Astripomoea* 互为姐妹群[1,5,6]。番薯族内各属间及番薯属下种间系统发育关系均有待进一步研究。

DNA 条形码研究：BOLD 网站有该属 92 种 203 个条形码数据；GBOWS 网站已有 8 种 86 个条形码数据。

代表种及其用途：番薯 *I. batatas* (Linnaeus) Lamarck、蕹菜 *I. aquatica* Forskal 可食用；茑萝 *I. quamoclit* Linnaeus 供观赏。

12. *Jacquemontia* J. D. Choisy 小牵牛属

Jacquemontia J. D. Choisy (1834: 476); Fang & Staples (1995: 285) [Lectotype: *J. azurea* (Desrousseaux) J. D. Choisy (≡*Convolvulus azureus* Desrousseaux)]

特征描述：缠绕或平卧，稀直立草本，或木质藤本。叶具柄，多全缘。花腋生，伞形或头状聚伞花序，稀单生；苞片小，线形或披针形，或较大而叶状。花小；萼片 5，等长或稍不等长，常外面的较宽大；花冠漏斗状或钟状；雄蕊及花柱内藏；雄蕊 5；花盘小或无；子房2室，每室2胚珠，花柱1，柱头2，裂片大多椭圆形，或长圆形，或扁平，稀线形或球形。蒴果球形，2室，4或8瓣裂。种子4或较少，背部边缘常具1狭的干膜质的翅。花粉粒3沟、散沟或环沟，穿孔、微网状或穴状纹饰，有刺或无。染色体2*n*=18。

分布概况：120/1种，**2**型；主要分布于南北美洲，少数到非洲和亚洲；中国产广东、广西、海南、台湾和云南。

系统学评述：小牵牛属隶属于小牵牛族，是该族仅含的1个属，为单系类群。小牵牛属最新的分类修订由Robertson[16]提出，但其研究仅包括北美洲、中美洲及西印度群岛分布的种类。此外，Robertson[17]还将2个种从该属中独立出来，建立了新属*Odonellia*，并认为此新属可能与*Aniseia*和*Iseia*系统发育关系更为近缘[18]。小牵牛属的种间系统框架还需进一步研究明确[18]。

DNA条形码研究：BOLD网站有该属19种32个条形码数据；GBOWS网站已有1种4个条形码数据。

13. *Lepistemon* Blume 鳞蕊藤属

Lepistemon Blume (1826: 722); Fang & Staples (1995: 312) (Type: *L. flavescens* Blume)

特征描述：缠绕草本；常被毛。叶具柄，卵形至圆形，基部常心形，全缘或3-5裂。花序为腋生密集的、无柄或具短柄的聚伞花序；苞片小，早落；萼片5，近等长，草质或近革质，锐尖或钝，被毛或无毛；花冠稍小，坛状，冠檐5浅裂；雄蕊及花柱内藏；雄蕊着生于花冠基部1大而凹形的鳞片背面；花盘大，环状或杯状；子房2室，每室有胚珠2，花柱1，柱头头状，2裂。蒴果球形，4瓣裂。种子4或较少。花粉粒具刺。

分布概况：6/2种，**4**型；分布于热带非洲，亚洲和大洋洲；中国产福建、广东、广西、海南、浙江和台湾。

系统学评述：鳞蕊藤属隶属于番薯族分支I，但缺少全面的分子系统学研究。基于核基因ITS和*Waxy*序列的分子系统学研究未能很好地解决该属的系统位置[5]。Mathew和Biju[19]发表了该属产自印度西部的新种*L. verdcourtii* P. Mathew & S. D. Biju。Staples[20]总结了亚洲和大洋洲产的5种鳞蕊藤属植物，并编制了最新的检索表。目前的分子系统学研究中仅包含广布于热带非洲的*L. owariense* (P. Beauvois) H. G. Hallier，尚未涉及亚洲和大洋洲的种类。

DNA条形码研究：BOLD网站有该属1种2个条形码数据。

14. *Merremia* Dennstedt ex Endlicher 鱼黄草属

Merremia Dennstedt ex Endlicher (1841: 1403); Wang & Gilbert (2007: 246) [Type: *M. hederacea* (N. L. Burman) H. G. Hallier (≡*Evolvulus hederaceus* N. L. Burman)]

特征描述：草本或灌木，常缠绕。叶常具柄，大小形状多变。花腋生，单生或少至多花成聚伞花序；苞片小；萼片5，近等大或外面2片稍短，椭圆形至披针形，或卵形至圆形，钝头或微缺，常具小短尖头；花冠漏斗状或钟状，瓣中常有5条明显的脉，冠檐浅 5 裂；雄蕊 5，内藏；花盘环状；子房 2 或 4 室，胚珠 4，花柱 1，柱头头状，2 裂。蒴果 4 瓣裂或多少成不规则开裂。花粉粒 3、5、6、9-12 沟，或散孔，穿孔状纹饰，具颗粒。染色体 $2n$=30，（32，58）。

分布概况：80/19 种，**2 型**；广布热带地区；中国产华南至西南。

系统学评述：鱼黄草属是一个多系类群，分子系统学研究表明鱼黄草属的成员至少来自 3 个不同的分支，即 *M. peltata* (Linnaeus) Merrill 可能是番薯族，鱼黄草族和旋花族组成的分支的姐妹群；山猪菜 *M. umbellate* (Linnaeus) Hallier f.可能是番薯族和鱼黄草族组成的分支的姐妹群；其他鱼黄草属成员组成 1 个分支（可能是番薯族的姐妹群）[1,4]。鱼黄草属的系统位置和属下划分需进一步研究。

DNA 条形码研究：BOLD 网站有该属 11 种 18 个条形码数据；GBOWS 网站已有 8 种 72 个条形码数据。

代表种及其用途：北鱼黄草 *M. sibirica* (Linnaeus) Haller f.全草入药。

15. *Neuropeltis* Wallich 盾苞藤属

Neuropeltis Wallich (1824: 43); Fang & Staples (1995: 277) (Type: *N. racemosa* Wallich)

特征描述：高大的缠绕藤本。叶具柄，羽状脉，全缘。腋生总状花序或近于顶生的圆锥花序，被锈色绒毛；苞片最初小，贴生于花梗上，果时极增大，宽椭圆形至圆形，具网脉，干膜质；小苞片小，被毛；花小；萼片 5，近等大，果时几不增大；花冠辐状至宽钟形，白色或淡红色，深 5 裂；雄蕊 5；子房被毛，完全或不完全 2 室，胚珠 4，花柱 2，柱头盾状、浅裂、肾形或马蹄形。蒴果小，球形，4 瓣裂。种子常为 1，球形，平滑无毛，暗黑色。花粉粒无刺。

分布概况：13/1 种，**6 型**；分布于非洲西部和亚洲；中国产海南和云南。

系统学评述：盾苞藤属隶属于 Cresseae 族，但缺少全面的分子系统学研究。基于 4 个叶绿体片段研究表明，该属可能与 *Bonamia*、*Calycobolus*、*Dipteropeltis*、*Itzaea* 和 *Rapona* 等的系统发育关系较近缘[1]。Breteler[21]发表了产自西非的 1 个新种，并编制了非洲产盾苞藤属 9 个种的检索表。最近 Cheek 和 Simão-Bianchini[22]发表了 1 个新属 *Keraunea*（目前仅包含 *K. brasiliensis* Cheek & Simao-Bianchini，产巴西），并认为 *Keraunea* 可能与盾苞藤属及加里曼丹岛产的 *Neuropeltopsis*（仅 1 种）近缘，因为这 3 个属的果实有相似的特征，包括果梗与苞片贴生，果时苞片极增大，果附在苞片中央。

DNA 条形码研究：BOLD 网站有该属 1 种 1 个条形码数据。

16. *Operculina* S. Manso 盒果藤属

Operculina S. Manso (1836: 16); Fang & Staples (1995: 300) [Type: *O. turpethum* (Linnaeus) S. Manso (≡*Convolvulus turpethum* Linnaeus)]

特征描述：大型缠绕草本。茎、叶柄和花序梗常有翅。叶具柄。花序腋生，为 1 至数花的聚伞花序；苞片早落；花大；萼片 5，干膜质或革质，一侧肿胀，果时增大，以后边缘不规则撕裂；花冠钟状、宽漏斗状或高脚碟状；雄蕊 5；花盘环状或退化；子房

2 室，每室有胚珠 2，花柱 1，柱头球状 2 裂。蒴果大，2 室或不完全的 4 室，外果皮于蒴果中部或上部横裂，上半部（即盖）多少肉质，与下半部和内果皮分离，成熟时脱落，蒴果下半部不规则纵长开裂。花粉粒 3 沟，颗粒状纹饰或平滑。染色体 $2n=30$。

分布概况：15/1 种，**2 型**，广布热带地区；中国产广东、广西、海南、台湾和云南。

系统学评述：盒果藤属隶属于鱼黄草族，为单系类群。基于 4 个叶绿体片段的分子系统学研究表明，该属可能是猪菜藤属+地旋花属 *Xenostegia* 的姐妹群[1]。该属目前尚无属下分类系统，亦无全面的分子系统学研究。

DNA 条形码研究：BOLD 网站有该属 3 种 5 个条形码数据；GBOWS 网站已有 1 种 4 个条形码数据。

代表种及其用途：盒果藤 *O. turpethum* (Linnaeus) S. Mansod 的根及叶可入药。

17. *Poranopsis* Roberty 白花叶属

Poranopsis Roberty (1953: 26); Fang & Staples (1995: 280) [Lectotype: *P. paniculata* (Roxburgh) Roberty (≡*Porana paniculata* Roxburgh)]

特征描述：藤本。茎下部木质，几无毛，小枝和顶端草质，被黄褐色、浅灰色的绒毛。叶具叶枕；叶片心状卵形，纸质，掌状脉。圆锥花序腋生或顶生，花簇生于节上；苞片叶状；小苞片 2，鳞片状；花小，多数，白色；萼片 5，分离，果时不等增大，外面的 3 枚极增大，卵形或近圆状，里面的 2 枚只稍增大，镰形；花冠钟形或漏斗形，冠檐 5 裂；雄蕊 5；花盘环状或缺；子房 1 室，胚珠 4，基着，花柱 1，柱头 2 球状。蒴果球形至椭圆形。花粉粒 3 沟，无刺。

分布概况：3/3 种，**7 型**；分布于热带亚洲；中国产四川、西藏和云南。

系统学评述：白花叶属属于 Cardiochlamyeae 族。基于 4 个叶绿体片段的分子系统学研究表明，该属和 *Cordisepalum* 互为姐妹群[4]。而基于叶绿体、线粒体和核基因组的 7 个片段的研究显示，该属是 *Duperreya*[*Porana commixta* Staples=*D. commixta* (Staples) Staples]的姐妹群，但支持率很低[2]。该属的 3 个种在形态上非常相似，没有花或果的情况下不易将它们区分开来[14]。

DNA 条形码研究：BOLD 网站有该属 1 种 1 个条形码数据；GBOWS 网站已有 3 种 15 个条形码数据。

代表种及其用途：圆锥白花叶 *P. paniculata* (Roxburgh) Roberty 栽培供观赏。

18. *Stictocardia* H. G. Hallier 腺叶藤属

Stictocardia H. G. Hallier (1893: 159); Fang & Staples (1995: 321) [Lectotype: *S. tiliifolia* (Desrousseaux) H. G. Hallier (≡*Convolvulus tiliifolia* Desrousseaux)]

特征描述：木质或草质藤本。叶具柄，基部常心形，全缘，背面具小腺点，干时变成小黑点。聚伞花序腋生，有花 1 至多朵；苞片小，早落；萼片 5，近革质，等长或稍不等长，卵形，椭圆形或近于圆形，常边缘薄，果时增大包裹果实；花冠大型，漏斗状；雄蕊及花柱内藏；花盘环状；子房 4 室，每室具 1 胚珠，花柱 1，柱头球状 2 裂。蒴果球形，4 裂瓣，被增大的萼片包围，果皮薄，果具 2 条狭翅。花粉粒散孔，具刺。

分布概况：12/1 种，**2 型**；分布于非洲和亚洲；中国产海南和台湾。

系统学评述：腺叶藤属隶属于番薯族分支 I，为单系类群。番薯族分支 I 主要由番薯属的旧热带种类和少数新热带种类构成，而银背藤属、鳞蕊藤属、*Paralepistemon*、腺叶藤属和 *Turbina* 等也嵌套在其中[1,5,8]。基于 ITS 和 *Waxy* 序列的分子系统学研究显示，该属与毛果薯 *Ipomoea eriocarpa* R. Brown 和 *I. plebeia* R. Brown[=*I. biflora* (Linnaeus) Persoon]系统发育关系近缘[5,6]。依据是 *S. incompta* 与该属的其他成员(*Stictocardia* subgen. *Stictocardia*）在形态上有所不同，其中尤为显著的是其萼片上密被蓬松的纤丝状毛，Verdcourt 将 *S. incompta* (H. G. Hallier) H. G. Hallier 建立了 1 个新亚属 *S.* subgen. *Madoadoa*[23]。该属目前缺乏全面的分子系统学研究。

DNA 条形码研究：BOLD 网站有该属 2 种 2 个条形码数据。

19. *Tridynamia* Gagnepain 三翅藤属

Tridynamia Gagnepain (1950: 26); Fang & Staples (1995: 281) (Type: *T. eberhardtii* Gagnepain)

特征描述：藤本。茎下部木质，上部草质。叶柄上面有凹槽，具叶枕；叶片心形，背面密被毛，掌状脉。总状或圆锥花序，腋生或顶生，花簇生于节上，稀为单花；苞片叶状；小苞片 3，不等大，萼片状，宿存；花艳丽，芳香或无气味；萼片 5，分离，不等大，果时外面的 2-3 枚极增大，长圆状线形，里面的只稍增大，卵形；花冠钟形或漏斗形，冠檐近全缘或 5 裂；雄蕊 5；花盘环状或缺；子房 1 室，胚珠（2 或）4，花柱 1，柱头单生或 2 裂。蒴果。花粉粒 3 沟，无刺。

分布概况：4/2 种，**7 型**；分布于热带亚洲；中国产长江以南及甘肃、陕西。

系统学评述：三翅藤属隶属于 Cardiochlamyeae 族，但缺少全面的分子系统学研究。基于 4 个叶绿体片段的研究表明，该属可能与 *Duperreya*[*Porana commixta* Staples=*D. commixta* (Staples) Staples]互为姐妹群[1]。三翅藤属由 2 组相近种组成，*T. bialata* (Kerr) Staples 和大果三翅藤 *T. sinensis* (Hemsley) Staples 的花冠蓝色，2 枚外萼片在果期时增大；大花三翅藤 *T. megalantha* (Merrill) Staples 和 *T. spectabilis* Parmar 的花冠白色，3 枚外萼片在果期时增大[14]。目前缺乏全面的属下分子系统学研究。

DNA 条形码研究：BOLD 网站有该属 1 种 1 个条形码数据；GBOWS 网站已有 1 种 8 个条形码数据。

20. *Xenostegia* D. F. Austin & Staples 地旋花属

Xenostegia D. F. Austin & Staples (1981: 533); Fang & Staples (1995: 300) [Type: *X. tridentata* (Linnaeus) D. F. Austin & G. W. Staples (≡*Convolvulus tridentatus* Linnaeus)]

特征描述：多年生草本，平卧，或顶端多少缠绕。叶具柄，线形、长圆状披针形、披针状椭圆形或倒披针形至匙形，基部多少呈戟形；基部裂片多少抱茎，有齿或全缘，顶端锐尖至微凹，具短尖头或 3 齿。聚伞花序腋生，有 1-3 朵花；萼片椭圆形或长卵形，近等大或外面 2 枚稍短，里面 3 枚顶端渐尖成 1 锐尖的细长尖头，果时增大；花冠漏斗状或钟状；花药不扭曲；花盘环状；花柱内藏；子房2室，胚珠4，花柱1，柱头2，头状。蒴果4瓣裂。花粉粒散孔，无刺。

分布概况：2/1 种，**2** 型；分布于热带亚洲，非洲和大洋洲；中国产云南、广东、广西、海南和台湾。

系统学评述：地旋花属隶属于鱼黄草族，但缺少全面的分子系统学研究。该属的2种植物，地旋花 *X. tridentata* (Linnaeus) D. F. Austin & G. W. Staples 和 *X. medium* (Linnaeus) D. F. Austin & G. W. Staples 先前属于鱼黄草属，Austin 和 Staples[24]依据形态证据将它们独立出来，建立为1个新属。这一处理也得到了化学分类学研究的支持[25]。基于4个叶绿体片段的研究表明，该属可能和猪菜藤属互为姐妹群，而猪菜藤属+地旋花属分支又是盒果藤属的姐妹群[1]，因此亦支持将该属独立。

DNA 条形码研究：BOLD 网站有该属1种1个条形码数据。

主要参考文献

[1] Stefanović S, et al. Monophyly of the Convolvulaceae and circumscription of their major lineages based on DNA sequences of multiple chloroplast loci[J]. Am J Bot, 2002, 89: 1510-1522.

[2] Stefanović S, et al. Classification of Convolvulaceae: a phylogenetic approach[J]. Syst Bot, 2003, 28: 791-806.

[3] Austin DF. The American *Erycibeae* (Convolvulaceae): *Maripa*, *Dicranostyles*, and *Lysiostyles* I. Systematics[J]. Ann MO Bot Gard, 1973, 60: 306-412.

[4] Stefanović S, Olmstead RG. Testing the phylogenetic position of a parasitic plant (*Cuscuta*, Convolvulaceae, Asteridae): Bayesian inference and the parametric bootstrap on data drawn from three genomes[J]. Syst Biol, 2004, 53: 384-399.

[5] Manos PS, et al. Phylogenetic analysis of *Ipomoea*, *Argyreia*, *Stictocardia*, and *Turbina* suggests a generalized model of morphological evolution in morning glories[J]. Syst Bot, 2001, 26: 585-602.

[6] Miller RE, et al. An examination of the monophyly of morning glory taxa using Bayesian phylogenetic inference[J]. Syst Biol, 2002, 51: 740-753.

[7] Handel-Mazzetti H. Plantae novae Chingianae[J]. Sinensia, 2: 6.

[8] Carine MA, et al. Relationships of the Macaronesian and Mediterranean floras: molecular evidence for multiple colonizations into Macaronesia and back-colonization of the continent in *Convolvulus* (Convolvulaceae)[J]. Am J Bot, 2004, 91: 1070-1085.

[9] Kim SJ, Park SJ. Molecular phylogenetic studies of Korean *Calystegia* R. Br. based on ITS and *psb*A-*trn*H sequences[J]. Korean J Plant Taxon, 2011, 41: 338-344.

[10] Neyland R. A phylogeny inferred from large ribosomal subunit (26S) rDNA sequences suggests that *Cuscuta* is a derived member of Convolvulaceae[J]. Brittonia, 2001, 53: 108-115.

[11] McNeal JR, et al. Systematics and plastid genome evolution of the cryptically photosynthetic parasitic plant genus *Cuscuta* (Convolvulaceae)[J]. BMC Biol, 2007, 5: 55.

[12] GarcÍa MA, MartÍn MÍP. Phylogeny of *Cuscuta* subgenus *Cuscuta* (Convolvulaceae) based on nrDNA ITS and chloroplast *trn*L intron sequences[J]. Syst Bot, 2007, 32: 899-916.

[13] Tharp BC, Johnston MC. Recharacterization of *Dichondra* (Convolvulaceae) and a revision of the North American species[J]. Brittonia, 1961, 13: 346-360.

[14] Staples GW. Revision of Asiatic Poraneae (Convolvulaceae)-*Cordisepalum*, *Dinetus*, *Duperreya*, *Porana*, *Poranopsis*, and *Tridynamia*[J]. Blumea, 2006, 51: 403-491.

[15] Hoogland RD. A review of the genus *Erycibe* Roxb[J]. Blumea, 1953, 7: 342-361.

[16] Robertson KR. A revision of the genus *Jacquemontia* (Convolvulaceae) in North and Central America and the West Indies[J]. Diss Abstr Int B, 1971, 32: 2037.

[17] Robertson KR. *Odonellia*, a new genus of Convolvulaceae from tropical America[J]. Brittonia, 1982, 34: 417-423.

[18] Namoff S, et al. Molecular evidence for phylogenetic relationships of *Jacquemontia reclinata* House (Convolvulaceae)-a critically endangered species from south Florida[J]. Bot J Linn Soc, 2007, 154: 443-454.

[19] Mathew P, Biju SD. *Lepistemon verdcourtii*, a new species of Convolvulaceae from India, with notes on *L. binectariferum* and *L. leiocalyx*[J]. Kew Bull, 1991, 46: 559-562.

[20] Staples GW. A synopsis of *Lepistemon* (Convolvulaceae) in Australasia[J]. Kew Bull, 2007, 62: 223-232.

[21] Breteler FJ. Description of a new species of *Neuropeltis* (Convolvulaceae) with a synopsis and a key to all African species[J]. Plant Ecol Evol, 2010, 143: 176-180.

[22] Cheek M, Simão-Bianchini R. *Keraunea* gen. nov. (Convolvulaceae) from Brazil[J]. Nord J Bot, 2013, 31: 453-457.

[23] Verdcourt B. A new subgenus of *Stictocardia* (Convolvulaceae)[J]. Kew Bull, 1990, 45: 583-585.

[24] Austin DF, Staples GW. *Xenostegia*, a new genus of Convolvulaceae[J]. Brittonia, 1980, 32: 533-536.

[25] Jenett-Siems K, et al. Chemotaxonomy of the pantropical genus *Merremia* (Convolvulaceae) based on the distribution of tropane alkaloids[J]. Phytochemistry, 2005, 66: 1448-1464.

Solanaceae Jussieu (1789), *nom. cons.* 茄科

特征描述：草本、灌木、小乔木或藤本。叶互生或大小不等的二叶双生；单叶或复叶。花单生或各式聚伞花序；花辐射对称或稀两侧对称；花萼裂片常 5，宿存并常膨大；花冠裂片常 5；雄蕊常 5，稀 2 或 4，花药纵缝开裂或孔裂；子房 2 室，少数 3-5 室，2 心皮不位于花正中轴线上而偏斜。浆果或蒴果。种子胚乳丰富，胚弯曲成钩状、环状

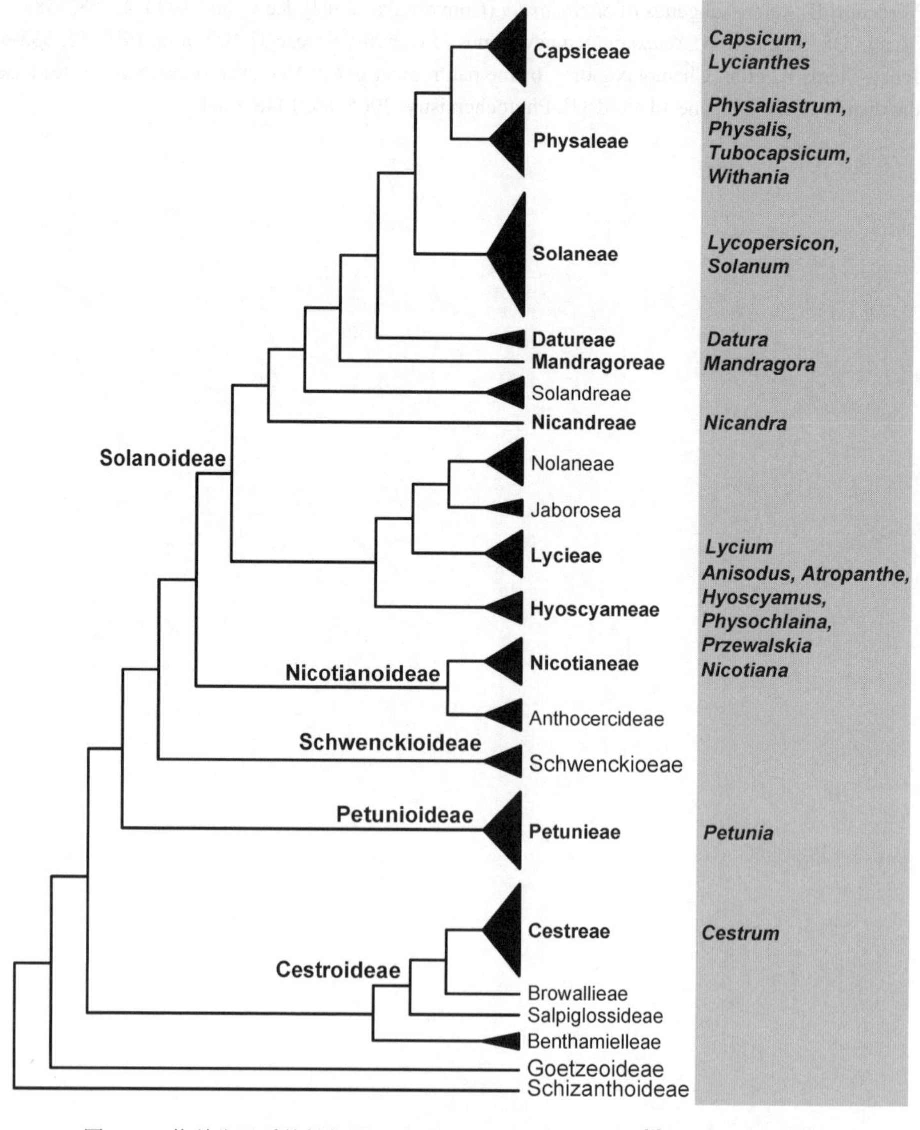

图 192　茄科分子系统框架图（参考 APW；Olmstead 等[1]；Särkinen 等[2]）

或螺旋状或弓曲至通直。花粉粒（2-）3-5（-8）沟或（2-）3-5（-6）（拟）沟孔，穿孔、具刺、网状或条纹纹饰。染色体 $2n=24$。

分布概况：约 102 属/2460 种，温带及热带地区广布，以美洲热带最为丰富；中国 20 属/102 种，南北均产，以西南较多。

系统学评述：传统观点认为茄科下分 3 亚科，即夜香树亚科 Cestroideae、茄亚科 Solanoideae 和假茄亚科 Nolanoideae[3]。其中假茄亚科仅有假茄属 *Nolana*，分布于智利和秘鲁的干燥沿海地区，有些观点将其处理为单独的假茄科 Nolanaceae[3]，另外 2 个亚科中，茄亚科具有弯曲的胚，种子扁平，果实多为典型的浆果，一般认为其为较原始类群；夜香树亚科具有直或略弓曲的胚，种子形态多样，具有典型的蒴果，常被认为是较特化的类群[3]。分子系统学证据则支持将茄科分为 7 亚科和约 16 族[1,2,4,5]。之前存在争议的假茄亚科被证明属于茄科，并被处理为茄亚科下的族假茄族 Nolaneae。夜香树亚科和茄亚科则被证明均非单系，之前认为更特化的夜香树亚科实际上较茄亚科更靠近系统树的基部。新的分子系统学将夜香树亚科 Cestroideae 拆分为 5 亚科，即 Schizanthoideae 亚科、Schwenckioideae 亚科、Cestroideae 亚科、碧冬茄亚科 Petunioideae 和烟草亚科 Nicotianoideae[1,2,4,5]。茄亚科则被重新界定并保留。此外将以前认为不属于茄科的属，即 *Goetzea*、*Goeloneurum*、*Espadaea*、*Henoonia*、*Honooia*、*Tsoala* 和 *Metternichia* 等则被划为 1 个新亚科 Goetzeoideae[1,2,6]。另由于茄亚科 Solanoideae 和烟草亚科 Nicotianoideae 的类群染色体基数均为 12，故这 2 个类群组成的 1 支且被称为“x=12 支”[1]。

分属检索表

1. 灌木或小乔木
    2. 花单生或簇生；花冠漏斗状
        3. 多棘刺灌木；花单生于叶腋或二至数朵同叶簇生，花和果均小型··················**8. 枸杞属 *Lycium***
        3. 无刺灌木或草木；花常单生于枝杈间，花和果均较大型 ···························· **5. 曼陀罗属 *Datura***
    2. 花生于聚伞花序上；花冠辐状或狭长筒状
        4. 花冠狭长筒状；果实仅具 1 至少数种子 ··· **4. 夜香树属 *Cestrum***
        4. 花冠辐状；果实具多数种子··· **18. 茄属 *Solanum***
1. 一年生或多年生草本，极稀半灌木
    5. 花集生于各式聚伞花序上，花序顶生、腋生或腋外生
        6. 花冠钟状、筒状漏斗形、高脚碟状或漏斗状；花药不围绕花柱而靠合；花萼在花后增大，完全或不完全包围果实；蒴果，瓣裂或盖裂
            7. 花冠筒状漏斗形、高脚蝶状或筒状钟形；蒴果 2 瓣裂·························· **12. 烟草属 *Nicotiana***
            7. 花冠漏斗状或钟状；蒴果盖裂
                8. 花集生于顶生的聚伞花序上；果萼的齿不具强壮的边缘脉，顶端无刚硬的针刺···**16. 泡囊草属 *Physochlaina***
                8. 花在茎枝中下部单生于叶腋且常偏向一侧，而在上部逐渐密集而成蝎尾式总状或穗状花序；果萼的齿有强壮的边缘脉，顶端有刚硬的针刺 ··················· **6. 天仙子属 *Hyoscyamus***
        6. 花冠辐状；花药围绕花柱而靠合；花萼在花后不增大或稍增大，果时不包围果实而仅宿存于果实的基部；浆果
            9. 单叶（唯有阳芋 *S. tuberosum* 为羽状复叶）；花萼及花冠裂片 4-5 数；花药不向顶端渐狭 ···**18. 茄属 *Solanum***

9. 羽状复叶；花萼及花冠裂片 5-7 数；花药向顶端渐狭而成一长尖头 ··· **9. 番茄属 *Lycopersicon***

5. 花单生或 2 至数朵簇生于枝腋或叶腋

10. 花萼在花后显著增大，完全包围果实

11. 花冠辐状、辐状钟形或钟状；浆果

12. 花萼 5 深裂至近基部，裂片基部深心形且具 2 尖锐的耳片，果时增大成五棱状；花单生；子房 3-5 室 ·· **11. 假酸浆属 *Nicandra***

12. 花萼 5 浅裂或 5 中裂，果时增大成卵状、近球状；花单生或 2 至数朵簇生；子房 2 室

13. 花三至数朵簇生于叶腋；花梗极短 ··· **20. 睡茄属 *Withania***

13. 花单生或 2-3 朵簇生于叶腋；有显著的花梗

14. 果萼贴近于浆果而不呈膀胱状，纵肋不显著凸起，亦不成 5 或 10 棱脊，有或没有肉质凸起，若有则不一定生于纵肋上；花 1-3 朵簇生 ·· **14. 散血丹属 *Physaliastrum***

14. 果萼不贴近于浆果而呈膀胱状；有显著 10 纵肋或有 10 棱脊；花单独腋生 ··· ·· **15. 酸浆属 *Physalis***

11. 花冠钟状、筒状钟形或漏斗状；蒴果盖裂

15. 植物体具短缩的茎轴，通常埋于地下；叶通常集生于茎的顶端，叶柄不明显或叶片基部下延成翅状柄；花较小型，花冠漏斗状 ··························· **17. 马尿泡属 *Przewalskia***

15. 植物体有发达的茎轴，多分枝；叶散生于茎枝上，有明显的叶柄；花较大型；花冠钟状或漏斗状筒形

16. 花萼具 10 条纵脉，萼齿通常不相等或稀近相等；花冠钟状，辐射对称；花盘浅黄色；果梗增长或增粗，与萼梗连接处不明显 ··················· **1. 山莨菪属 *Anisodus***

16. 花萼具 15 条纵脉，萼齿近相等；花冠管状至钟状，略两侧对称；花盘橙红色；果梗不增粗，与果萼连接处明显 ·· **2. 天蓬子属 *Atropanthe***

10. 花萼在花后不显著增大，不包围果实而仅宿存于果实的基部

17. 花冠辐状、钟状或筒状钟形；浆果

18. 植物体常仅具短缩的主茎；叶和花聚生于茎轴的顶端（唯茄参 *M. caulescens* 1 种例外，有茎轴和分枝）；叶无明显的叶柄，基部半抱茎；花冠钟状 ···· **10. 茄参属 *Mandragora***

18. 植物体具发达的茎轴，多分枝；叶和花散生于茎枝上；叶有明显的叶柄；花冠辐状或筒状钟形

19. 花萼皿状，无齿而几乎平截；果实较小，球状，多汁液 ·· **19. 龙珠属 *Tubocapsicum***

19. 花萼具 5 或 10 萼齿或裂片

20. 花萼常具 5 极短的齿；浆果少汁，形状各式 ····················· **3. 辣椒属 *Capsicum***

20. 花萼具 10 等长或 5 长 5 短相间的齿；果实小型，球状 ·· **7. 红丝线属 *Lycianthes***

17. 花冠长漏斗状或高脚蝶状；蒴果瓣裂

21. 花萼 5 浅裂，果时自基部稍上处截断状脱落而仅基部宿存；雄蕊 5 枚全部能育；果通常有坚硬的针刺或乳头状凸起，4 瓣裂 ··· **5. 曼陀罗属 *Datura***

21. 花萼 5 深裂，果时全部宿存；雄蕊两两成对而第 5 枚较短或退化；果实无刺，2 瓣裂 ·· **13. 碧冬茄属 *Petunia***

1. *Anisodus* Link 山莨菪属

Anisodus Link (1825: 699); Zhang et al. (1994: 305) (Type: *A. luridus* Link ex K. P. Sprengel)

特征描述：亚灌木或多年生草本。根肉质粗壮。茎二至三歧分枝。叶单生或二叶双生，具柄，全缘或具粗锯齿。花单生，多俯垂；花萼钟状漏斗形，具 10 条明显条纹，4-5 裂；裂片形状和长度均不等；花冠近钟状，裂片 5，基部常呈耳形。雄蕊生于花冠筒近基部；子房圆锥形，2 室，柱头碟状。果萼膨大，陀螺状或钟状，肋明显隆起；蒴果，中部以上周裂。种子扁平。花粉粒无萌发孔，瘤状纹饰。染色体 $2n$=48。

分布概况：4/4 种；**14SH 型**；分布于不丹，印度（锡金）和尼泊尔；中国主产青藏高原和云南西北部。

系统学评述：山莨菪属属于茄亚科天仙子族 Hyoscyameae。天仙子族的类群均分布于旧世界，还包括 6 属，即颠茄属 *Atropa*、天蓬子属 *Atropanthe*、泡囊草属 *Physochlaina*、赛莨菪属 *Scopolia*、马尿泡属 *Przewalskia* 和天仙子属 *Hyoscyamus*。该族的单系性在以往的分子系统学研究中得到了高度的支持[1,2,4,5]。在属下关系上，根据 Tu 等[7]的分子系统学研究，山莨菪 *A. tanguticus* (Maximowicz) Pascher 位于该属最基部，三分三 *A. acutangulus* C. Y. Wu & C. Chen 和铃铛子 *A. luridus* Link ex Sprengel 聚为一支位于最内部，与赛莨菪 *A. carniolicoides* (C. Y. Wu & C. Chen) D'Arcy & Z. Y. Zhang 形成姐妹群[7]。另外，Tu 等[7]报道该属内染色体多倍化现象明显，并认为与该属适应喜马拉雅造山运动引起的生境变化相关。

DNA 条形码研究：BOLD 网站有该属 4 种 8 个条形码数据；GBOWS 网站已有 2 种 18 个条形码数据。

代表种及其用途：该属植物是提取莨菪碱类物质的重要原料；根可入药，有大毒。

2. *Atropanthe* Pascher 天蓬子属

Atropanthe Pascher (1909: 329); Zhang et al. (1994: 305) [Type: *A. sinensis* (Hemsley) Pascher (≡*Scopolia sinensis* Hemsley)]

特征描述：亚灌木或多年生草本。根状茎粗壮。茎二至三歧分枝。单叶全缘。花单生，俯垂；花萼漏斗状钟形，具 15 条脉，裂片近等长；花冠略两侧对称，管状至钟状，为花萼裂片 2 倍长，具 15 条脉，裂片近等长；雄蕊不等长；花盘环状；子房圆锥状。果萼基部膨大，顶端收缩但不闭合，与果柄连接处明显，干后易分离；蒴果扁球形。种子具网状纹饰。花粉粒 3 孔，皱波状纹饰。染色体 $2n$=48。

分布概况：1/1（1）种，**15 型**；产中国华中及西南。

系统学评述：天蓬子属属于茄亚科天仙子族。Tu 等[7]对天仙子族和茄参族 Mandragoreae 的系统学研究显示天蓬子属位于除颠茄属 *Atropa* 外天仙子族的基部；而 Olmstead 等[1]对茄科系统学分析表明山莨菪属 *Anisodus* 处于这一位置，但支持率较低。

DNA 条形码研究：BOLD 网站有该属 1 种 2 个条形码数据。

代表种及其用途：天蓬子 *A. sinensis* (Hemsley) Pascher 的根供药用，有大毒；用于镇痛镇痉，亦为提取莨菪碱类的原料。

3. *Capsicum* Linnaeus 辣椒属

Capsicum Linnaeus (1753: 188); Zhang et al. (1994: 318) (Lectotype: *C. annuum* Linnaeus)

特征描述：灌木、一年生或多年生草本。茎多分枝。叶全缘或具齿。花单生或簇生，俯垂或直立；花萼宽钟状至杯状，有 5（-7）小齿或近全缘，花后稍膨大宿存；花冠辐状，5 中裂；雄蕊贴生于花冠筒基部，花丝纤细，花药纵缝开裂；子房 2（稀 3）室。果实为少汁浆果，果皮肉质或革质，直立至下垂生。种子圆盘形；胚弯曲。花粉粒 3（-4）孔沟，浅穴状、颗粒状或网状纹饰。染色体 2*n*=24，36。

分布概况：20-27/1 种，**3 型**；产南美洲；中国南北广泛栽培。

系统学评述：辣椒属位于茄亚科辣椒族 Capsiceae，该族还包括红丝线属 *Lycianthes*。Walsh 和 Hoot[8]采用 *Waxy* 和 *atp*B-*rbc*L 对该属进行系统学研究，并结合 McLeod 等[9]酶学研究和杂交试验初步提出将该属下划分为 5 个群，即 *Ciliatum*、*Eximium*、*Baccatum*、*Annuum* 和 unassigned to group（系统位置不清晰类群）。其中 *Ciliatum* 群包括 1 种，即 *C. ciliatum* (Kunth) Kuntze，为该属最基部类群，此种产于墨西哥到秘鲁北部，花冠黄色，果实为红色、近球形。*Eximium* 群包括 *C. eximium* Hunziker 和 *C. chacoense* Hunziker，均为攀爬植物，花冠紫色具黄色-绿色斑纹。其余 2 群没有明显共同特征，但系统位置得到分子系统学的高度支持[8]。该属内系统关系尚需进一步研究。

DNA 条形码研究：由于辣椒是全球的重要经济作物，用于尝试将种间或种下类群进行区分的片段包括 *Waxy*、*mat*K、*rbc*L、*trn*S-*trnf*M、*trn*L-*trn*T、*trn*H-*psb*A、*trn*F-*trn*L、*trn*D-*trn*T、*trn*C-*rpo*B 和 *rps*16，以及进行 COSII 和 EST-SSR 分析等。尽管还未发现单独对整个属有效鉴定的片段，但结合上述分析方法基本上能够鉴定物种[10-12]。BOLD 网站有该属 50 种 520 个条形码数据；GBOWS 网站已有 1 种 6 个条形码数据。

代表种及其用途：辣椒 *C. annuum* Linnaeus 的果实可作为蔬菜和调味品，是重要的作物。

4. *Cestrum* Linnaeus 夜香树属

Cestrum Linnaeus (1753: 191); Zhang et al. (1994: 330) (Lectotype: *C. nocturnum* Linnaeus)

特征描述：灌木或乔木。叶互生全缘。花顶生或腋生，伞房式或圆锥式聚伞花序，有时簇生于叶腋；花萼钟状或漏斗状，5 齿或 5 浅裂；花冠狭长筒状，5 浅裂，裂片镊合状；雄蕊着生于花冠筒中部，花丝在着生位置下端有时具毛或附属物，胚珠少数，常 3-6。浆果常少汁液。种子少数或因败育而仅 1 枚；胚直或略弓曲。花粉粒 3 孔沟，光滑、浅穴状或皱波状纹饰。染色体 2*n*=16。

分布概况：150-160/3 种，**3 型**；分布于南美和北美；中国东南、华南和西南引种栽培。

系统学评述：夜香树属属于夜香树亚科夜香树族 Cestreae。该族另有 2 个小属，即 *Vestia* 和 *Sessea*。Nee[13]根据形态学特征将夜香树属分为 3 组，即 *Cestrum* sect. *Cestrum*、*C.* sect. *Habrothamnus* 和 *C.* sect. *Pseudocesturm*；这 3 组根据分布、花序、花冠颜色、白天或夜晚开花、传粉者等特征进行区别。Montero-Castro 等[14]选取该属 32 种，通过 ITS、*trn*T-L、*trn*L-F 和 *mat*K-*trn*K 序列讨论该属的单系性与属下关系，结果显示该属的单系性得到支持；此外该研究结果不支持 Nee[13]的 3 组分类处理，但属下关系尚需增加取样和分子片段进一步研究。

DNA 条形码研究：BOLD 网站有该属 37 种 63 个条形码数据；GBOWS 网站已有 1 种 15 个条形码数据。

代表种及其用途：夜香树 *C. nocturnum* Linnaeus 在中国南方可户外栽培作园林绿化；叶亦可药用。

5. *Datura* Linnaeus 曼陀罗属

Datura Linnaeus (1753: 179); Zhang et al. (1994: 330) (Lectotype: *D. stramonium* Linnaeus)

特征描述：灌木、一年生或多年生草本。叶全缘或具缺刻状齿。花单生于叶腋或分枝处，大型；花萼长筒状，筒部五棱形或圆筒形，近基部周裂；花冠长漏斗状，檐部具折襞，裂片常具尖头；子房 2 室，由于假隔膜而分成假 4 室。干燥蒴果，4 瓣裂或无规律开裂，具刺或稀无刺，基部常被断裂宿存萼包围。种子扁肾形；胚弯曲。花粉粒 3（带状）孔沟，稀具 4 孔沟，条纹状、皱状或网纹-皱波状纹饰。染色体 $2n$=24。

分布概况：约有 11/3 种，**2 型**；主产北美和南美洲；中国南北均产。

系统学评述：曼陀罗属属于茄亚科曼陀罗族 Datureae，该族还有 1 属 *Brugmansia*。*Brugmansia* 以木本为主，而曼陀罗属以草本为主。Bye 和 Sosa[15]通过 *mat*K、*trn*H-*psb*A 和 *trn*L-F 对曼陀罗族的系统学研究表明该族的 2 属各自为单系；在曼陀罗属中，*D. ceratocaula* Ortega 处于属最基部，形成单种组 *D.* sect. *Ceratocaulis*，其余种类可分为两大支，一支全部种具有不规则开裂的蒴果，另一支果实没有明显的共同形态特征。

DNA 条形码研究：BOLD 网站有该属 7 种 91 个条形码数据；GBOWS 网站已有 3 种 57 个条形码数据。

代表种及其用途：该属植物常作提取莨菪碱和东莨菪碱的原材料；也常用于园艺栽培；洋金花 *D. metel* Linnaeus 中药作麻醉药，全株有毒，以种子最毒。

6. *Hyoscyamus* Linnaeus 天仙子属

Hyoscyamus Linnaeus (1753: 179); Zhang et al. (1994: 306) (Lectotype: *H. niger* Linnaeus)

特征描述：一年生、二年生或多年生草本，被腺毛。基生叶有时聚生为莲座状，茎生叶具短柄或无柄；叶片有波状弯缺或粗锯齿或羽状分裂，稀全缘。花在茎下部单独腋生，向茎上部聚生成蝎尾式、总状或穗状花序；花具极短梗或无梗；花萼筒状钟形、坛状或倒圆锥形；花冠钟状或漏斗状，花冠裂片不等大。花丝生于花冠筒内，常略伸出花冠；花药纵缝开裂；花盘不明显；子房 2 室，胚珠多数。果萼包被蒴果，有明显纵脉，裂片先端成硬针刺；蒴果盖裂。种子密布凹穴痕。花粉粒 3（-4）孔沟，皱波状、网状或条纹状纹饰。染色体 $2n$=28，34，68。

分布概况：约 20/2 种，**10-2（8）型**；分布于亚洲，欧洲和非洲北部；中国产华北。

系统学评述：天仙子属于茄亚科天仙子族 Hyoscyameae。根据 Olmstead 等和 Tu 等的分子系统学研究，该属单系性得到了高度支持[1,7]；Tu 等[7]的研究表明欧亚大陆广布的天仙子 *H. niger* Linnaeus 位于系统树最内部，而分布于地中海-土兰区（Mediterranean-

Turanian）的类群则位于系统树外部，其中 *H. aureus* Linnaeus 和 *H. muticus* Linnaeus 位于最基部。

DNA 条形码研究：BOLD 网站有该属 5 种 22 个条形码数据；GBOWS 网站已有 2 种 51 个条形码数据。

代表种及其用途：该属植物的根、叶、种子含莨菪碱及东莨菪碱。天仙子药用，但有大毒。

7. *Lycianthes* (Dunal) Hassler 红丝线属

Lycianthes (Dunal) Hassler (1917: 180); Zhang et al. (1994: 325) [Lectotype: *L. lycioides* (Linnaeus) Hassler (≡*Solanum lysioides* Linnaeus)]

特征描述：灌木、亚灌木、少数为草本或匍匐草本。无刺；被多细胞的单毛或二至多歧分枝毛。叶单生、二叶双生，全缘。花数朵成簇生于叶腋，无总花梗，稀单生；花萼杯状，截形，常具 10 齿，齿线形至近钻形；花冠辐状或星状；雄蕊生于花冠喉部，花药顶孔偏斜开裂。浆果球状，光滑。种子表面具网纹。染色体 $2n$=24。

分布概况：约 180/10 种，**3 型**；分布于中南美洲热带地区；中国产西南和华南。

系统学评述：该属为单系类群。红丝线属与辣椒属同属于辣椒族 Capsiceae。Walsh 和 Hoot[8]通过 *atp*B-*rbc*L 与 *Waxy* 片段对该属 11 种进行分子系统学研究显示，红丝线属和辣椒属均各为单系，认为红丝线种类应处理为属级。但该属物种众多，尚缺少取样完善的系统学研究，属内系统关系尚需研究。

DNA 条形码研究：BOLD 网站有该属 7 种 9 个条形码数据；GBOWS 网站已有 8 种 57 个条形码数据。

8. *Lycium* Linnaeus 枸杞属

Lycium Linnaeus (1753: 191); Zhang et al. (1994: 301) (Lectotype: *L. afrum* Linnaeus)

特征描述：灌木，常具刺。叶互生，常簇生于短枝，有柄或近无柄。叶扁平或条状圆柱形，全缘。花单生或簇生于侧枝，花具梗；花萼钟状，裂片 2 或 5 齿状或瓣状；花冠漏斗状或近钟状，常具 5（或 4）裂片；雄蕊着生于花冠筒较上部，不伸出或伸出花冠筒；花药长椭圆形，纵缝开裂；子房 2 室，胚珠少至多数；花柱纤细。浆果肉质，多汁。果萼略膨大。种子表面网纹状凹穴。花粉粒 3（带状）孔沟，皱波状、条纹状或条纹-网状纹饰。染色体 $2n$=24，48。

分布概况：约 80/7 种，**8-4（3）型**；温带和亚热带间断分布；中国主产西北、东北、西南。

系统学评述：根据分子系统学研究，该属为并系类群[1]。枸杞属属于茄亚科，与其余 2 属 *Grabowskia*（2 种分布于南美洲南部，1 种间断分布于南美和墨西哥）及 *Phrodus*（单种属，产于智利）组成枸杞族 Lycieae[1]。Fukuda 等[16]使用 *mat*K 和 *trn*T-L 对 29 种进行分子系统学研究，结果表明北、南美洲类群和太平洋岛屿分布类群聚为一支；旧世界非洲南部、欧亚大陆和新世界澳大利亚的种聚为另一支；且非洲南部分布的种为并系。Levin 和 Miller[17]使用核基因 *Waxy* 和叶绿体 *trn*T-F 对该族进行系统学研究，发现 *Grabowskia* 和 *Phrodus* 位于 *Lycium* 内部，但属下关系仍不清晰。Levin 等[18]采用 COSII 对该属进行系统发育重建，并对比 cpDNA、ITS 和 *Waxy* 对该属进行发育重建的结果，认为该属存在复杂的杂交历史，属下等级的划分尚需要进一步阐明。

DNA 条形码研究：由于该属包括具有重要药用和食用价值的类群，故相关 DNA 条形码研究较多。目前的条形码包括 *rbc*L、*mat*K、*trn*H-*psb*A、ITS2 和 COSII 等，其中 ITS2 被认为具有较高的分辨率，可以用于一些特定种的种水平鉴定。BOLD 网站有该属 48 种 116 个条形码数据；GBOWS 网站已有 5 种 74 个条形码数据。

代表种及其用途：宁夏枸杞 *L. barbarum* Linnaeus 的果实俗称枸杞子，药食两用。枸杞 *L. chinense* Miller 的根皮，中药称地骨皮，可入药。

9. *Lycopersicon* Miller 番茄属

Lycopersicon Miller (1754: ed. 4); Zhang et al. (1994: 329) [Lectotype: *L. esculentum* Miller (≡*Solanum lycopersicum* Linnaeus)]

特征描述：一年生或多年生草本，无刺；被单毛或腺毛。叶多为羽状复叶，小叶不等大。圆锥式聚伞花序，腋外生；花 5-7 数；花萼辐状；花冠辐状，檐部有折襞，5-6 裂；雄蕊 5-6，花丝短，花药靠合，纵缝开裂；子房 2-3 室。果萼稍膨大。浆果多汁光滑。种子扁圆形；胚极弯曲。花粉粒 3（-4）孔沟，外壁具小刺。染色体 $2n=24$。

分布概况：9/1 种，**3 型**；主产于中南美洲；中国南北广泛栽培。

系统学评述：分子系统学研究表明番茄属种类和阳芋分支（Potato clade）聚为一支，故应将该属归并入茄属 *Solanum*[19]。综合形态证据，作者暂将它处理为独立属。

DNA 条形码研究：GBOWS 网站有该属 1 种 8 个条形码数据。

代表种及其用途：番茄 *L. esculentum* Miller 为重要经济作物，果实作蔬菜和水果。

10. *Mandragora* Linnaeus 茄参属

Mandragora Linnaeus (1753: 181); Zhang et al. (1994: 329) (Type: *M. officinarum* Linnaeus)

特征描述：多年生草本，被柔毛。根肉质粗壮。茎短缩或有时伸长。叶几无柄，基生叶莲座状；叶片全缘，皱波状，或缺刻状齿。花单生于叶腋或苞片腋处；花萼和花冠辐状钟形，5 中裂或浅裂；花丝具软毛；花药矩圆形；花盘明显，具浅裂。果萼稍膨大；果球状或卵圆状，多汁浆果。种子表面具网状凹穴；胚极弯。花粉粒无萌发孔或 4-6 孔沟，具刺、瘤状或网状纹饰。染色体 $2n=24$，48，96。

分布概况：4/2 种，**10-2 型**；分布于地中海至喜马拉雅地区；中国产青藏高原。

系统学评述：该属为单系类群，位于茄亚科；Olmstead 等[1]研究显示该属系统位置相对独立，可单独作为茄亚科下茄参族 Mandragoreae，但支持率较低。Tu 等[7]的研究显示该属植物可根据分布区形成 2 支，即青藏高原支和地中海-土兰支。

DNA 条形码研究：BOLD 网站有该属 5 种 24 个条形码数据；GBOWS 网站已有 2 种 12 个条形码数据。

代表种及其用途：茄参 *M. caulescens* C. B. Clarke、青海茄参 *M. chighaiensis* Kuang & A. M. Lu 的根含莨菪碱和东莨菪碱，药用，有毒。

11. *Nicandra* Adanson 假酸浆属

Nicandra Adanson, *nom. cons.* (1763: 219) ; Zhang et al. (1994: 301) [Type: *N. physalodes* (Linnaeus) Gaertner, *typ. cons.* (≡*Atropa physalodes* Linnaeus)]

特征描述：草本，被单毛或腺毛。叶具柄，单叶。花单独腋生或单生于分枝处。花萼钟状，5 深裂；花冠钟状，裂片卵圆形；雄蕊生于花冠筒基部；子房 3-5 室，花柱纤细，柱头 3-5 浅裂。果萼显著膨大，包被果实，裂片心形或箭形，基部具 2 尖锐耳片。浆果球状，干燥。种子扁压，表面具小凹穴；胚极弯曲。花粉粒 3 孔沟，穿孔-颗粒状纹饰。染色体 $2n$=18，24，44。

分布概况：1/1 种，**3 型**；原产南美洲秘鲁；中国作为观赏或药用引种，归化于河北、甘肃、新疆、西藏、贵州和云南。

系统学评述：传统分类上将假酸浆属处理为单属族 Nicandreae；Olmstead 和 Palmer[4]根据 cpDNA 限制性酶切位点构建茄科系统树，其结果显示假酸浆属和另一南美洲秘鲁分布属 *Exodeconus* 聚为一支并位于 Solanoideae 基部，尽管该支支持率较低，并且 2 属间尚未发现明显相似的形态特征，但仍将 *Exodeconus* 和假酸浆属一起处理为 Nicandreae 族。

DNA 条形码研究：BOLD 网站有该属 1 种 14 个条形码数据；GBOWS 网站已有 1 种 56 个条形码数据。

代表种及其用途：假酸浆 *N. physalodes* (Linnaeus) Gaertner 全草入药。

12. *Nicotiana* Linnaeus 烟草属

Nicotiana Linnaeus (1753: 180); Zhang et al. (1994: 331) (Lectotype: *N. tabacum* Linnaeus)

特征描述：草本、灌木或小乔木，被单毛或腺毛。叶具柄或无柄，全缘或稀波状。花序顶生，聚伞花序或单生；花 4-5 数；花萼卵状或筒状钟形；花冠筒状、漏斗状或高脚碟状，檐 5 裂片或近全缘；花盘环形，具花蜜。果萼宿存，略膨大，完全或部分包被果实。果为干燥蒴果，顶部瓣裂。种子多数，胚直立或略弓曲。花粉粒 3（-4）沟孔或 3 带状沟孔，条纹状、点状、穿孔状或皱波状纹饰。染色体 $2n$=18，20，24，32，40，42，46 等。

分布概况：60-95/4 种，**（2-1）型**；主要分布于热带和亚热带美洲和大洋洲；中国南北广泛栽培。

系统学评述：该属为单系类群，是烟草亚科烟草族 Nicotianeae 唯一的属。Goodspeed[20]根据形态学、细胞学、生物地理学和杂交试验等证据，认为该属约有 70 种，并可分为 14 组。后来有众多分子系统学研究讨论该属的系统关系，如 Komarnytsky 等[21]采用 ITS；Aoki 和 Ito[22]采用 *mat*K；Clarkson 等[23]采用 *trn*L、*trn*L-F、*trn*S-G、*ndh*F 和 *mat*K；Kelly 等[24]采用低拷贝数核基因 ncpGS 等。这些研究基本上均支持 Goodspeed 对该属组的划分。Knapp 等[25]认为在 Goodspeed 的 14 组的基础上应该增加 1 组，但整个系统框架依旧未有变化。

DNA 条形码研究：Carrier 等[26]的条形码研究表明，结合 *rbc*L 和 *mat*K 序列的鉴定结果可以对烟草 *N. tabacum* Linnaeus 的大多数亚种进行鉴定。BOLD 网站有该属 67 种 138 个条形码数据；GBOWS 网站已有 1 种 8 个条形码数据。

代表种及其用途：烟草 *N. tabacum* Linnaeus 原产南美洲，为烤烟原材料；全株也可作农药；或药用作麻醉剂、镇静剂和催吐剂等。

13. *Petunia* Jussieu 碧冬茄属

Petunia Jussieu (1803: 214), *nom. cons.* ; Zhang et al. (1994: 332) (Type: *P. nyctaginiflora* Jussieu, *typ. cons.*)

特征描述：草本，常具腺毛。茎多分枝。叶具柄，全缘。花单独腋生；花萼深 5 裂；花冠漏斗状或高脚碟状，檐部有折襞，对称或偏斜而稍二唇形；雄蕊 5，4 枚强，1 枚短、稀不育或退化；花盘腺质，全缘或缺刻；子房 2 室，柱头不明显 2 裂；胚珠多数。蒴果干燥 2 瓣裂。种子表面具网纹状凹穴，胚稍弯或直。花粉粒 3（-4）孔沟，平滑、颗粒状或皱波状纹饰。染色体 $2n=24$，48。

分布概况：约 35/1 种，**3 型**；主产于南美洲；中国南北引种栽培。

系统学评述：该属为单系类群。碧冬茄属属于碧冬茄亚科 Petunioideae。该属曾包括 *Calibrachoa* 的种类。Ando 等[27]的分子系统学研究表明，这 2 属各自为单系，故将 *Calibrachoa* 分出单立为属。Chen 等[28]采用 *Hf*1 对碧冬茄属下关系进行了研究，其研究显示该属下包括 A 和 B 两个主要分支，A 支得到高度支持，包括 3 种，即 *P. axillaris* (Lamarck) Britton, Stern & Poggenburg、*P. exserta* Stehmann 和 *P. occidentalis* R. E. Fries；其余种类组成 B 支，获得中度支持。A 支种类花丝着生于花冠筒中部、花梗果成熟时内弯，B 支绝大多数种花丝多着生于花冠管基部、花梗果成熟时下弯；A 支为自交亲和类群，而 B 支则自交不亲和。另外，A 支种类的花色要较 B 支更为丰富。

DNA 条形码研究：BOLD 网站有该属 25 种 34 个条形码数据。

代表种及其用途：碧冬茄 *P. hybrida* (J. D. Hooker) Vilmorin 为杂交种，世界各国花园中普遍栽培；种子药用。

14. *Physaliastrum* Makino 散血丹属

Physaliastrum Makino (1914: 20); Zhang et al. (1994: 309) [Lectotype: *P. savatieri* Makino, *nom. illeg.* (=*P. japonicum* (Franchet & Savatier) M. Honda≡*Chamaesaracha japonica* Franchet & Savatier)]. ——*Archiphysalis* Kuang (1966: 59)

特征描述：多年生草本，被单毛。茎二歧分枝。叶单生或大小不等 2 叶双生。花单生或 2-3 朵花成簇柄，俯垂。花萼裂片等大或不等大；花冠阔钟状，筒部内面有髯毛，有时具蜜腺；花盘常退化；子房 2 室。果萼膨大，包被浆果，有三角形鳞片状凸起；果为多汁浆果。种子密被凹穴；胚极弯曲。花粉粒 3 孔沟。

分布概况：约 9/7 种，**9 型**；分布于亚洲东部；中国南北均产。

系统学评述：根据目前分子系统学研究，该属为多系类群。散血丹属由 Makino 从 *Chamaesaracha* 中分立，只包括分布于日本的 2 个种；之后 Kuang 和 Lu[FRPS]对该属做了修订，将种数扩大为 7 种。分子系统学研究表明该属应位于酸浆族 Physaleae[1]，其中 Li 等[29]采用 ITS、*ndh*F 和 *trn*L-F 讨论了该族的系统学问题，显示该属位于酸浆族酸浆亚族 Physalinae 的基部 。

DNA 条形码研究：BOLD 网站有该属 2 种 2 个条形码数据；GBOWS 网站已有 3 种 16 个条形码数据。

代表种及其用途：江南散血丹 *P. heterophyllum* (Hemsley) Uigo、日本散血丹 *P. echinatum* (Yatabe) Uakino 的根可药用，散瘀止血。

15. *Physalis* Linnaeus 酸浆属

Physalis Linnaeus (1753: 182); Zhang et al. (1994: 311) (Lectotype: *P. alkekengi* Linnaeus)

特征描述：一年生或多年生草本。叶互生或大小不等 2 叶双生。花单生于叶腋或枝腋；花 5 数；花萼钟状；花冠辐状或辐状钟形；花冠黄色或白色，具明显纹饰，辐状或辐状钟形，近全缘或具裂片；雄蕊生于花冠筒基部；子房 2 室，柱头略 2 裂。果萼膨大，包被果实，远较果实大，基部常向内凹陷；果实为多汁浆果。种子平圆形或肾形，密布凹穴；胚极弯。花粉粒多为 3（-5）孔沟，平滑、穿孔状、颗粒状、疣状或网状纹饰，具小刺。染色体 $2n$=24，48。

分布概况：约 120/5 种，**1（8-4）型**；分布于暖温带和亚热带地区；绝大多数分布于美洲，墨西哥为该属的多样化中心；中国南北均产。

系统学评述：传统上的酸浆属为并系类群。酸浆属属于酸浆族 Physaleae 酸浆亚族 Physalinae，根据叶绿体分子序列建树结果显示，该亚族还包括 *Oryctes*、*Quincula*、*Leucophysalis*、*Chamaesaracha* 和 *Margarranthus* 等[4]。Whitson 和 Manos[30]采用 *Waxy* 与 ITS 对酸浆亚族进行系统学分析显示，传统的酸浆属不为单系，该属内具有典型膨大果萼的类群为单系；不具典型膨大果萼的类群与 *Oryctes*、*Leucophysalis*、*Chamaesaracha* 及 *Quincula* 聚为一支，位于典型膨大果萼类群支之外。另外该研究结果显示传统分类学上对该属下的亚属和组划分均未得到分子系统学证据的支持。

DNA 条形码研究：该属中如小酸浆 *P. minima* Linnaeus 等具有药用或食用价值，有一些特殊的 DNA 条形码研究，如根据果实上真菌的 28S rDNA 数据进行产地鉴别等。BOLD 网站有该属 31 种 177 个条形码数据；GBOWS 网站已有 4 种 63 个条形码数据。

代表种及其用途：毛酸浆 *P. philadelphica* Lamarck 的果实可食用。酸浆 *P. alkekengi* Linnaeus 具有大而鲜艳的红色果萼，可供观赏，果萼亦可药用。

16. *Physochlaina* G. Don 泡囊草属

Physochlaina G. Don (1837: 470); Zhang et al. (1994: 307) [Lectotype: *P. Physaloides* (Linnaeus) G. Don (≡*Hyoscyamus physaloides* Linnaeus)]

特征描述：多年生草本。根肉质粗壮；根状茎短粗。茎多分枝。叶具柄，叶片膜质。花腋生或顶生，常聚成各式聚伞房花序；花萼筒状钟形、漏斗状或筒状坛形；花冠钟状或漏斗状，檐部稍偏斜；花盘肉质。果萼膜质或近革质，包被蒴果，具 10 条纵肋和明显网状纹饰。蒴果自中部以上盖裂。种子肾状，密布凹穴；胚环状弯曲。花粉粒 3-4 沟，具刺或皱波状纹饰。染色体 $2n$=28。

分布概况：约 11/6 种，**11 型**；分布于亚洲东部，喜马拉雅地区至中亚；中国产东北、西北、华北、华中和西南。

系统学评述：泡囊草属属于茄亚科天仙子族，该属为单系类群。Tu 等[7]的分子系统学研究显示，该属与赛莨菪属及马尿泡属聚为一支，该属位于该支最内部。属内关系有待增加取样进一步研究。

DNA 条形码研究：BOLD 网站有该属 3 种 12 个条形码数据；GBOWS 网站已有 3 种 31 个条形码数据。

代表种及其用途：该属植物根药用，含莨菪碱，有毒，如华山参 *P. infundibularis* Kuang。

17. *Przewalskia* Maximowicz 马尿泡属

Przewalskia Maximowicz (1881: 274); Zhang et al. (1994: 306) (Type: *P. tangutica* Maximowicz)

特征描述：多年生草本，具腺毛。根肉质粗壮。茎短缩。叶密集簇生于茎端，基生叶呈鳞片状。花 1-3 朵成簇腋生，花梗短；花萼筒状钟形；花冠漏斗状；雄蕊 5，生于花冠筒喉部，花丝极短；花盘环状。果萼膨大，并具明显网脉，完全包被果实。蒴果球形，远小于果萼，盖裂。种子肾形；胚弯曲成环形。花粉粒 3 孔沟，网状纹饰。染色体 $2n$=44。

分布概况：1/1（1）种，**15 型**；产青藏高原及其周边地区。

系统学评述：马尿泡属属于茄亚科天仙子族。该属为单种属，故为单系类群。根据 Olmstead 等[1]的分子系统学研究，该族内马尿泡属、泡囊草属和赛莨菪属聚为一支，但马尿泡属和泡囊草属的姐妹支关系并未得到支持。而 Tu 等[7]的系统学研究则支持这 2 属的姐妹支关系，并指出 2 属之间具有相同的细胞学特征。

DNA 条形码研究：BOLD 网站有该属 1 种 2 个条形码数据；GBOWS 网站已有 1 种 9 个条形码数据。

代表种及其用途：马尿泡 *P. tangutica* Maximowicz 的根、叶、种子含莨菪碱及东莨菪碱，药用，但有毒。

18. *Solanum* Linnaeus 茄属

Solanum Linnaeus (1753: 184); Zhang et al. (1994: 314) (Lectotype: *S. nigrum* Linnaeus)

特征描述：草本、灌木、攀援藤本或小乔木，有时具刺。毛被多样。单叶或稀羽状复叶。花组成各式顶生聚伞花序或聚伞式圆锥花序，稀单生，两性或雄全同株；花萼 4-5 裂；花冠漏斗状辐形或星状辐形；雄蕊生于花冠喉部，花药常贴合，顶孔开裂；子房 2

（-5）室。果萼宿存，稍膨大包围浆果基部。种子有网纹状凹穴；胚极弯曲。花粉粒 3（-4）（带状）孔沟或无萌发孔，近平滑、粗糙、皱波状、颗粒状或网状纹饰。染色体 $2n=24$，48，56。

分布概况：约 1400/41 种，**1（3）型**；分布于热带和亚热带地区，南美洲热带地区种类最多；中国南北均产。

系统学评述：该属为单系类群。茄属属于茄亚科。Weese 和 Bohs[31]选取 102 种，采用 *ndh*F、*trn*L-F 和 *Waxy* 对该属进行分子系统学研究，不支持传统分类学对该属下亚属分类，茄属可初步分为三大支，其中 *Thelopodium* 支处于该属最基部，而其余类群可以分为两大支，这两大支下至少还可以分为 10 个亚支，故属下关系有待进一步研究。

DNA 条形码研究：Zhang 等[32]采用叶绿体 *ndh*F 和 *trn*S-G 及核基因 *Waxy* 对茄属进行 DNA 条形码分辨率测试，结果显示通过构建系统树和改进的条形码间隔方法相结合可以实现对 4 种目标种的鉴定，同时建议采用遗传背景不同的序列同时鉴定，更能保证实现准确鉴定的目的。BOLD 网站有该属 443 种 1014 个条形码数据；GBOWS 网站已有 15 种 279 个条形码数据。

代表种及其用途：马铃薯 *S. tuberosum* Linnaeus、茄 *S. melongena* Linnaeus 等为重要的经济作物；茄属许多种有药用价值。

19. *Tubocapsicum* (Wettstein) Makino 龙珠属

Tubocapsicum (Wettstein) Makino (1908: 18); Zhang et al. (1994: 313) [Lectotype: *T. anomalum* (Franchet & Savatier) Makino (≡*Capsicum anomalum* Franchet & Savatier)]

特征描述：多年生草本，近无毛。叶单生或不等大 2 叶双生，近全缘。花单生或数朵成簇生于分枝处，有时腋生，不具总梗。花辐射对称，5 数；花梗细长；花萼皿状，顶端近截形；花冠阔钟状；雄蕊插生花冠中部，花药背部着生；花盘略呈波状，果时增高成垫座状。浆果球状，俯垂，多汁。种子近扁圆形，胚弯曲。花粉粒 3 孔沟。

分布概况：2/1 种，**14SJ（→7）型**；分布于印度尼西亚，日本，韩国，菲律宾，泰国；中国产长江以南。

系统学评述：龙珠属属于茄亚科。该属为单系类群，其与具 4 种分布于夏威夷群岛的 *Nothocestrum* 和仅 1 种分布于非洲热带山地的 *Discopodium* 聚为一支[1]。

DNA 条形码研究：BOLD 网站有该属 1 种 3 个条形码数据；GBOWS 网站已有 1 种 21 个条形码数据。

代表种及其用途：龙珠 *T. anomalum* (Franchet & Savatier) Makino 全草和果实药用。

20. *Withania* Pauquynom 睡茄属

Withania Pauquynom (1825: 14), *nom. cons.* ; Zhang et al. (1994: 312) [Lectotype: *W. frutescens* (Linnaeus) Pauguy, *typ. cons.* (≡*Atropa frutescens* Linnaeus)]

特征描述：灌木或多年生草本，被柔毛。茎多二歧分枝。叶全缘，无毛或具柔毛，多为分枝状毛。花常数朵簇生，花梗极短；花萼钟状，边缘 5 齿裂；花冠狭钟状，5 中裂；雄蕊插生于花冠筒基部；花盘环状。果萼膨大，包被浆果。种子扁平肾形；胚弯曲。花粉粒 3（带状）孔沟，网状或条纹状纹饰。染色体 2*n*=24，48。

分布概况：约 6/1 种，**10-3 型**；分布于非洲北部，欧洲南部及亚洲西部；中国甘肃、云南引种栽培。

系统学评述：睡茄属属于茄亚科酸浆族睡茄亚族 Withaninae。该属与 *Mellissia* 聚为一支。睡茄属的范围尚存争议，主要在于 *Mellissia*、*Athenaea* 及 *Aureliana* 等的种类是否应并入该属[1]。Kool 等[33]采用 *trn*L、*trn*L-F 和 ITS 讨论了传统分类中睡茄属的系统关系，结果显示该属可分为两大支，其中一支包括 *W. aristata* Pauquy 和 *W. frutescens* 2 个种，另一支包括其余种。Khan 等[34]进行了 *MPF2-like-A* MADS-Box 基因控制该属萼片膨大的研究，其选取该属 5 种构建的系统树支持了 Kool 的结果。

DNA 条形码研究：BOLD 网站有该属 7 种 43 个条形码数据。

代表种及其用途：睡茄 *W. somnifera* (Linnaeus) Dunal 全草、种子、果实可药用，广泛栽培。

主要参考文献

[1] Olmstead RG, et al. A molecular phylogeny of the Solanaceae[J]. Taxon, 2008, 57: 1159-1181.

[2] Särkinen T, et al. A phylogenetic framework for evolutionary study of the nightshades (Solanaceae): adated 1000-tip tree[J]. BMC Evol Biol, 2013, 13: 214.

[3] Hunziker AT. Genera Solanacearum: the genera of Solanaceae illustrated, arranged according to a new system[M]. Ruggell: Gantner, 2001.

[5] Olmstead RG, Palmer JD. A chloroplast DNA phylogeny of the Solanaceae: subfamilial relationships and character evolution[J]. Ann MO Bot Gard, 1992, 79: 346-360.

[6] Martins TR, Barkman TJ. Reconstruction of Solanaceae phylogeny using the nuclear gene SAMT[J]. Syst Bot, 2005, 30: 435-447.

[6] Santiago-Valentin E, Olmstead RG. Phylogenetics of the Antillean Goetzeoideae (Solanaceae) and their relationships within the Solanaceae based on chloroplast and ITS DNA sequence data[J]. Syst Bot, 2003, 28: 452-460.

[7] Tu T, et al. Dispersals of Hyoscyameae and Mandragoreae (Solanaceae) from the New World to Eurasia in the early Miocene and their biogeographic diversification within Eurasia[J]. Mol Phylogenet Evol, 2010, 57: 1226-1237.

[8] Walsh BM, Hoot SB. Phylogenetic relationships of *Capsicum* (Solanaceae) using DNA sequences from two noncoding regions: the chloroplast *atp*B-*rbc*L spacer region and nuclear *waxy* introns[J]. Int J Plant Sci, 2001, 162: 1409-1418.

[9] McLeod MJ, et al. An electrophoretic study of evolution in *Capsicum* (Solanaceae)[J]. Evolution, 1983, 37: 562-574.

[10] Shirasawa K, et al. Development of *Capsicum* EST-SSR markers for species identification and in silico mapping onto the tomato genome sequence[J]. Mol Breed, 2013, 31: 101-110.

[11] Jarret RL. DNA barcoding in a crop genebank: the *Capsicum* annuum species complex[J]. Opin Biol J, 2008, 1: 35-42.

[12] Golding B, et al. Identification of *capsicum* species using SNP markers based on high resolution melting analysis[J]. Genome, 2010, 53: 1029-1040.

[13] Nee M. An overview of *Cestrum*[M]//van den Berg RG, et al. Solanaceae V: advances in taxonomy and utilization. Nijmegen, Netherlands: Nijmegen University Press, 2001: 109-136.

[14] Montero-Castro JC, et al. Phylogenetic analysis of *Cestrum* section *Habrothamnus* (Solanaceae) based

on plastid and nuclear DNA sequences[J]. Syst Bot, 2006, 31: 843-850.

[15] Bye R, Sosa V. Molecular phylogeny of the jimsonweed genus *Datura* (Solanaceae)[J]. Syst Bot, 2013, 38: 818-829.

[16] Fukuda T, et al. Phylogeny and biogeography of the genus *Lycium* (Solanaceae): inferences from chloroplast DNA sequences[J]. Mol Phylogenet Evol, 2001, 19: 246-258.

[17] Levin RA, Miller JS. Relationships within tribe Lycieae (Solanaceae): paraphyly of *Lycium* and multiple origins of gender dimorphism[J]. Am J Bot, 2005, 92: 2044-2053.

[18] Levin RA, et al. Evolutionary relationships to tribe Lycieae (Solanaceae)[J]. Acta Hortic, 2007, 745: 225-240.

[19] Bohs L, Olmstead RG. Phylogenetic relationships in *Solanum* (Solanaceae) based on *ndh*F sequences[J]. Syst Bot, 1997, 22: 5-17.

[20] Goodspeed TH. The genus *Nicotiana*[M]. Waltham, Massachusetts: Chronica Botanica, 1954, 16: 102-135.

[21] Komarnytsky S. Molecular phylogeny of chloroplast DNA of *Nicotiana* species[J]. Cytol Genet, 2005, 39: 13-19.

[22] Aoki S, Ito M. Molecular phylogeny of *Nicotiana* (Solanaceae) based on the Nucleotide sequence of the *mat*K gene[J]. Plant Biol, 2000, 2: 316-324.

[23] Clarkson JJ, et al. Phylogenetic relationships in *Nicotiana* (Solanaceae) inferred from multiple plastid DNA regions[J]. Mol Phylogenet Evol, 2004, 33: 75-90.

[24] Kelly LJ, et al. Intragenic recombination events and evidence for hybrid speciation in *Nicotiana* (Solanaceae) [J]. Mol Biol Evol, 2010, 27: 781-799.

[25] Knapp S, et al. Nomenclatural changes and a new sectional classification in *Nicotiana* (Solanaceae)[J]. Taxon, 2004, 53: 73-82.

[26] Carrier C, et al. Potential use of DNA barcoding for the identification of tobacco seized from waterpipes[J]. Forensic Sci Int Genet, 2013, 7: 194-197.

[27] Ando T, et al. Phylogenetic analysis of *Petunia sensu* Jussieu (Solanaceae) using chloroplast DNA RFLP[J]. Ann Bot, 2005, 96: 289-297.

[28] Chen S, et al. Phylogenetic analysis of the genus *Petunia* (Solanaceae) based on the sequence of the *Hf*1 gene[J]. J Plant Res, 2007, 120: 385-397.

[29] Li HQ, et al. The generic position of two species of tribe Physaleae (Solanaceae) inferred from three DNA sequences: a case study on *Physaliastrum* and *Archiphysalis*[J]. Biochem Syst Ecol, 2013, 50: 82-89.

[30] Whitson M, Manos PS. Untangling *Physalis* (Solanaceae) from the physaloids: a two-gene phylogeny of the Physalinae[J]. Syst Bot, 2005, 30: 216-230.

[31] Weese TL, Bohs L. A three-gene phylogeny of the genus *Solanum* (Solanaceae)[J]. Syst Bot, 2007, 32: 445-463.

[32] Zhang W, et al. Species-specific identification from incomplete sampling: applying DNA barcodes to monitoring invasive *Solanum* plants[J]. PLoS One, 2013, 8: e55927.

[33] Kool A, et al. Phylogeny of *Withania*[C]//XVII International Botanical Congress, 17-23 July 2005, Vienna, Austria. Abstracts, 2005.

[34] Khan MR, et al. *MPF2-like-A* MADS-Box genes control the inflated calyx syndrome in *Withania* (Solanaceae): roles of Darwinian selection[J]. Mol Biol Evol, 2009, 26: 2463-2473.

Sphenocleaceae T. Baskerville (1839), *nom. cons.* 尖瓣花科

特征描述：一年生草本。根呈绳索状，可生长出气根。茎中空，无乳汁；皮层具气室，气孔 4 轮列型。单叶互生，肉质，无托叶。花小，两性，辐射对称；肉穗花序；管状花冠，5 裂；雄蕊 5，位于花冠管中部，与花冠裂片互生；花丝极细，花药 2 裂；柱头不明显 2 裂，近头状。果实为蒴果，扁圆形，周裂；种子小而多。花粉粒 3（拟）孔沟，外壁近光滑或具颗粒。染色体 n=12，16，20。

分布概况：1 属/2 种，分布；中国 1 属/1 种，产台湾、广东、广西和云南。

系统学评述：早期的尖瓣花科和田基麻属 *Hydrolea* 都被置于紫草科 Boraginaceae[1]，而后又被放置于菊目 Asterales 或桔梗目 Campanulales[2]。分子系统学研究支持尖瓣花属 *Sphenoclea* 独立为尖瓣花科，并隶属于茄目 Solanales，尖瓣花属与田基麻属和 *Montinia* 构成单系分支[1,3]。

1. *Sphenoclea* Gaertner 尖瓣花属

Sphenoclea Gaertner (1788: 113), *nom. cons.* ; Hong & Turland (2011: 504) (Type: *S. zeylanica* Gaertner)

特征描述：同科描述。

分布概况：2/1 种，**2 型**；广布旧热带地区；中国产台湾、广东、广西和云南。

系统学评述：*S. dalzielii* N. E. Brown 有时被处理为尖瓣花 *S. zeylanica* Gaertner 的异名。

DNA 条形码研究：BOLD 网站有该属 1 种 2 个条形码数据。

主要参考文献

[1] Cosner ME, et al. Phylogenetic relationships in the Campanulales based on *rbc*L sequences[J]. Plant Syst Evol, 1994, 190: 79-95.

[2] Gustafsson MHG, Bremer K. Morphology and phylogenetic interrelationships of the Asteraceae, Calyceraceae, Campanulaceae, Goodeniaceae, and related families (Asterales)[J]. Am J Bot, 1995, 82: 250-265.

[3] Soltis DE, et al. Angiosperm phylogeny: 17 genes, 640 taxa[J]. Am J Bot, 2011, 98: 704-730.

Hydroleaceae R. Brown (1817), *nom. cons.* 田基麻科

特征描述：草本或灌木。叶互生，全缘或有锯齿。花中等大小，4 基数；花萼基部连合；花冠合瓣，后呈管状；雄蕊丁字着生，花丝基部突然膨大或浅裂；蜜腺盘有或无；子房 2-4 室，胎座 2 裂，花柱离生，稍扩展，柱头微漏斗状或头状；胚珠常侧转，无纤维束，珠被具 6-8 层细胞，反足细胞早期退化；蒴果多少有隔膜，不规则开裂。种子具不规则纵向皱纹，外种皮细胞壁薄，内种皮细胞含单宁，具角质层。花粉粒 3 孔沟，网状至具穴-网状纹饰。染色体 *n*=9，10，12；2*n*=18，24，20，40。

分布概况：1 属/12 种，除大洋洲外遍及世界各地，主产北美洲；中国产福建、广东、广西和海南等。

系统学评述：传统上基于田基麻属 *Hydrolea* 和 *Nama* 形态上的相似性将田基麻属置于 Hydrophyllaceae（紫草目 Boraginales），分子证据将田基麻属排除于紫草目之外[1,2]。田基麻属现独立成科并位于茄目 Solanales，其与 Sphenocleaceae 成姐妹群[2,3]。

1. ***Hydrolea*** **Linnaeus** 田基麻属

Hydrolea Linnaeus (1762: 328); Fang & Constance (1995: 328) (Type: *H. spinosa* Linnaeus)

特征描述：同科描述。

分布概况：约 12/1 种，**2 型**；分布于美洲，非洲和亚洲的热带与暖温带地区；中国产福建、广东、广西和海南等。

系统学评述：Engler 和 Brand[4]将该属分为 2 组，即 *Hydrolea* sect. *Hydrolea* 和 *H*. sect. *Attaleria*，该观点也被 Davenport[5]所接受。分子系统学研究尚未见报道。

DNA 条形码研究：BOLD 网站有该属 1 种 2 个条形码数据；GBOWS 网站已有 1 种 2 个条形码数据。

代表种及其用途：田基麻 *H. zeylanica* (Linnaeus) Vahl 为傣药，可治疗尿淋、尿血、尿石。

主要参考文献

[1] Ferguson DM. Phylogenetic analysis and relationships in Hydrophyllaceae based on *ndh*F sequence data[J]. Syst Bot, 1998, 23: 253-568.

[2] Cosner ME, et al. Phylogenetic relationships in the Campanulales based on *rbc*L sequences[J]. Plant Syst Evol, 1994, 190: 79-95.

[3] Soltis DE, et al. Angiosperm phylogeny: 17 genes, 640 taxa[J]. Am J Bot, 2011, 98: 704-730.

[4] Engler A, Brand A. Hydrophyllaceae[M]//Das Pflanzenreich, IV. 251. Leipzig: W. Engelmann, 1913: 1-210.

[5] Davenport LJ. A monograph of *Hydrolea* (Hydrophyllaceae)[J]. Rhodora, 1988, 90: 169-208.

Carlemanniaceae Airy Shaw (1965) 香茜科

特征描述：多年生草本或亚灌木。单叶对生，无托叶。聚伞花序，顶生或腋生；花两性，两型或单型；花萼裂片 4-5，不等大；花冠裂片 4-5 枚，裂片覆瓦状排列或内向镊合状排列；雄蕊 2，着生于花冠管中部或以下；花药侧向开裂；子房下位，2 室，胚珠多数，生于中轴胎座上或近基底着生；柱头 2 裂。蒴果干燥或肉质，成熟时开裂为 2 或 5 果瓣；种子卵球形。

分布概况：2 属/5 种，分布于亚洲南部和东南部的热带地区；中国 2 属/2 种，产西藏、云南。

系统学评述：香茜科曾被置于茜草科 Rubiaceae 或忍冬科 Caprifoliaceae，但由于其形态上具不对称和不等大的叶片、无托叶、偶有稍不等大的花冠裂片、叶缘齿状、雄蕊 2 等与茜草科有较大区别，因此，Airy Shaw[1]认为这 2 个属应单独成科。这种分类处理后来得到分子系统学研究的支持，香茜科与木犀科 Oleaceae 为姐妹群[2]。

分属检索表

1. 草本；叶不等大，不对称；花 4 基数；花冠裂片覆瓦状排列；蒴果成熟时纵向缝裂成 2 果瓣 ………………………………………………………………………… **1. 香茜属 *Carlemannia***
1. 灌木或亚灌木；叶等大，对称；花 4 或 5 基数；花冠裂片镊合状排列；蒴果成熟时纵向开裂成 5 果瓣 ……………………………………………………………… **2. 蜘蛛花属 *Silvianthus***

1. *Carlemannia* Bentham 香茜属

Carlemannia Bentham (1853: 308); Chen & Brach (2011: 478) (Type: *C. griffithii* Bentham)

特征描述：草本。单叶对生，不等大，不对称；叶缘具齿。二歧聚伞花序，顶生或腋生，具长总花梗。花 4 基数；花冠裂片覆瓦状排列；雄蕊 2；雌蕊 1，柱头 2 裂；子房 4 心皮，合生成 2 室，胚珠多数，着生于近基底的胎座上。蒴果，具 4 棱，成熟时纵向缝裂成 2 果瓣；种子很小。花粉长球形，萌发孔 5-6，拟沟状，细网状纹饰。染色体 $2n$=30。

分布概况：3/1 种，**7-1 型**，分布于越南，缅甸，不丹，印度，印度尼西亚；中国产西藏和云南。

系统学评述：该属被认为与茜草科、忍冬科等关系紧密，直到 Airy-Shaw[1]建立了香茜科。该属为单系，与蜘蛛花属 *Silvianthus* 互为姐妹群，但属下 3 个种的种间关系还需要深入研究。

DNA 条形码研究：BOLD 网站有该属 2 种 4 个条形码数据；GBOWS 网站已有 1 种 12 个条形码数据。

代表种及其用途： 香茜 *C. tetragona* J. D. Hooker 为草本至亚灌木，喜生于海拔 850-1500m 的潮湿沟谷中。

2. *Silvianthus* J. D. Hooker 蜘蛛花属

Silvianthus J. D. Hooker (1868: 36); Chen & Brach (2011: 478) (Type: *S. bracteatus* J. D. Hooker)

特征描述： 灌木或亚灌木。单叶对生，叶全缘或有时具微锯齿。聚伞花序，排列成头状，腋生；花两型，4 或 5 基数；花冠管状或漏斗状，花冠裂片镊合状排列；雄蕊 2，内藏；雌蕊 1，柱头叉状 2 裂；子房 2 室，胚珠多数，着生于子房间隔中部。蒴果近球形，肉质，纵向开裂成 5 果瓣，果皮海绵状；种子黑色，肾形或略弯曲的卵状长圆形。花粉粒 3-4 沟、拟沟状，细网状纹饰。染色体 $2n$=38。

分布概况： 1/1 种，**7-2 型**；分布于亚洲南部和东南部；中国产云南。

系统学评述： Chen 和 Brach 在 FOC 中收录了该属的 2 种，但 Yang 等[3]认为其仅包括 1 种 1 亚种。

DNA 条形码研究： BOLD 网站有该属 1 种 1 个条形码数据；GBOWS 网站已有 2 种 6 个条形码数据。

代表种及其用途： 线萼蜘蛛花 *Silvianthus tonkinensis* (Gagnepain) Ridsdale 供观赏；其嫩叶用作盐渍食用；果皮可用来制造染料，也可制成健胃剂。

主要参考文献

[1] Airy Shaw HK. On a new species of the genus *Silvianthus* Hook. f., and on the family Carlemanniaceae[J]. Kew Bull, 1965, 19: 507-512.

[2] Yang X, et al. First report of chromosome numbers of the Carlemanniaceae (Lamiales)[J]. J Plant Res, 2007, 120: 707-712.

[3] Yang X, et al. A review of phylogeny of Carlemanniaceae[J]. Bull Bot Res, 2006, 26: 397-401.

Oleaceae Hoffmannsegg & Link (1813-1820), *nom. cons.* 木犀科

特征描述：乔木或藤状灌木；叶对生，单叶、三出复叶或羽状复叶，具叶柄，无托叶。聚伞花序排列成圆锥花序；花萼4裂；两性花辐射对称，通常顶生或腋生；花冠4裂，花蕾时呈覆瓦状或镊合状排列；雄蕊2，着生于花冠管上或花冠裂片基部；花药纵裂；花柱单一或无花柱，柱头2裂或头状。子房上位，心皮2，2室，每室胚珠2，胚珠下垂。翅果、蒴果、核果、浆果或浆果状核果。种子具1枚伸直的胚。花粉粒2或3沟，具粗或细的网状纹饰。虫媒或风媒传粉。染色体 $2n$=11，13，14，23，46。

分布概况：24属/615种，广布两半球的热带和温带地区，亚洲分布丰富；中国10属/160种。

系统学评述：木犀科分为5个分支，即雪柳族 Fontanesieae、连翘族 Forsythieae、胶核木族 Myxopyreae、素馨族 Jasmineae 和木犀榄族 Oleeae[1,APW]。分子证据将原来有争议的 *Dimetra* 和夜花属 *Nyctanthes* 归入木犀科，与胶核木属 *Myxopyrum* 为姐妹关系；形态解剖及植物化学证据也支持该划分[1]。原来的素馨亚科 Jasminoideae 为复系类群，应分为4个分支，即胶核木族（包括胶核木属 *Myxopyrum*、夜花属及 *Dimetra*）、雪柳族（包括雪柳属 *Fontanesia*）、连翘族（包括六道木叶属 *Abeliophyllum* 及连翘属 *Forsythia*）和素馨族（包括茉莉属 *Jasminum* 及 *Menodora*）[1]。木犀榄族（原木犀亚科 Oleoideae）为单系，又分为女贞亚族 Ligustrinae（包括丁香属 *Syringa* 及女贞属 *Ligustrum*）、Schrebera 亚族（包括 *Schrebera* 及 *Comoranthus*）、Fraxininae 亚族（包括衿属 *Fraxinus*）和 Oleinae 亚族（包括12个以核果为特征的属）[1]。关于木犀科5族之间的系统发育关系，Wallander

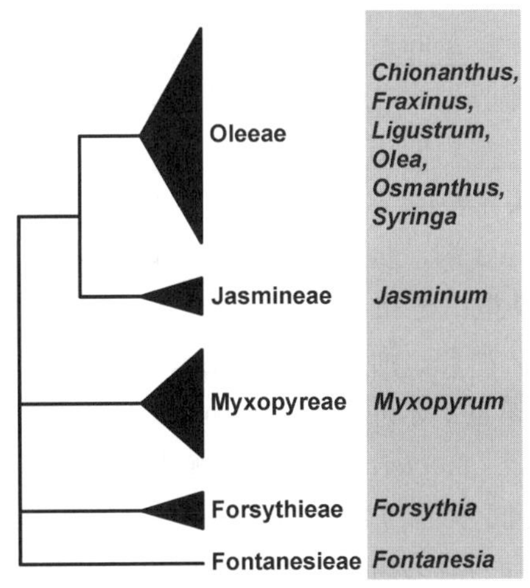

图193　木犀科的分子系统框架图（参考 Wallander 和 Albert[1]）

和 Albert[1]认为素馨族和木犀榄族为姐妹群，其他 3 族的位置未解决；Lee 等[2]认为胶核木族位于最基部；Kim D K 和 Kim J H[3]发现了雪柳族+素馨族、连翘族+木犀榄族的拓扑关系，但未取样胶核木族；故而 5 个族间的关系仍待进一步研究解决。

分属检索表

1. 翅果或蒴果
   2. 翅果
      3. 果四周由翅包围；单叶……**2. 雪柳属 *Fontanesia***
      3. 果前端伸长为翅；羽状复叶……**4. 梣属 *Fraxinus***
   2. 蒴果
      4. 花冠黄色，花冠裂片覆瓦状排列，长于花冠管；枝中空或具片状髓……**3. 连翘属 *Forsythia***
      4. 花冠呈成黄色，花冠裂片镊合状排列，短于花冠管或近等长；枝实心髓……**10. 丁香属 *Syringa***
1. 核果或浆果
   5. 核果
      6. 花冠裂片覆瓦状排列；花多簇生，稀为短小圆锥花序……**9. 木犀属 *Osmanthus***
      6. 花冠裂片镊合状排列；花常排列成圆锥花序
         7. 花冠管明显，4 浅裂；稀无花冠……**8. 木犀榄属 *Olea***
         7. 花冠裂片直达基部，在基部成对合生或合生成 1mm 长的短管……**1. 流苏树属 *Chionanthus***
   5. 浆果或类浆果
      8. 花冠裂片壶状或钟状，叶脉三出……**7. 胶核木属 *Myxopyrum***
      8. 花冠裂片辐状、漏斗状或管状；叶脉羽状
         9. 花冠裂片 4，镊合状；单生浆果状核果；单叶……**6. 女贞属 *Ligustrum***
         9. 花冠裂片 4-16，覆瓦状；浆果常成对；羽状复叶、3 小叶或单叶……**5. 素馨属 *Jasminum***

1. *Chionanthus* Linnaeus 流苏树属

Chionanthus Linnaeus (1753: 8); Chang et al. (1996: 294) (Lectotype: *C. virginicus* Linnaeus).——*Linociera* O. Swartz ex Schreber (1791: 784)

特征描述：灌木或乔木。单叶对生，具柄。圆锥花序，有时伞状、聚伞、头状或总状花序。两性花或单性雌雄异株。花萼小，4 裂。花冠白色或黄色，裂片 4 枚，深裂，或基部联合成短管，花蕾时呈内向镊合状排列。雄蕊 2，着生于花冠管上。子房每室具下垂胚珠 2；花柱短，柱头完整或 2 裂。核果，内果皮硬骨质。种子 1；胚乳肉质或缺失；胚根短，向上。花粉粒 3 沟，少数 2 沟。染色体 $2n$=46。

分布概况：80/7 种，**9 型**；分布于美洲，非洲，亚洲和大洋洲热带及亚热带地区；中国产甘肃、陕西、山西、河北、河南以南，至云南、四川、广东、福建、台湾。

系统学评述：流苏树属置于木犀榄族。Besnard 等[4]的分子证据表明该属为复系类群。关于流苏树属和李榄属 *Linociera* 的归并问题，Stearn[5]将李榄属归入流苏树属内，在 Cronquist 系统中也将它们合并，FRPS 作为 2 个独立的属处理。基于 2 属之间的形态没有明显差异，FOC 将其合为流苏树属。Baas 等[6]利用木材解剖学证据将流苏树属内划分为温带和热带地理分支。运用分子证据，Hong-Wa 和 Besnard[7]将其细化为非洲-印度

洋分支、中美洲分支、北美洲分支和亚洲-太平洋分支，并发现非洲-印度洋分支与 *Noronhia* 以较强的支持率形成了单系类群，与流苏树属其他支系分开。

DNA 条形码研究： BOLD 网站有该属 16 种 43 个条形码数据；GBOWS 网站已有 2 种 16 个条形码数据。

代表种及其用途： 流苏树 *C. retusa* Lindley & Paxton 为著名观赏树种。

2. *Fontanesia* Labillardière 雪柳属

Fontanesia Labillardière (1791: 9); Chang et al. (1996: 272) (Type: *F. philliraeoides* Labillardière)

特征描述： 落叶灌木。单叶对生。花小具梗，组成圆锥或总状花序。花萼 4 裂，宿存；花冠深 4 裂，基部合生。雄蕊 2，着生于花冠基部，花丝细长，花药长圆形；子房 2 室，每室具下垂胚珠 2，花柱短，柱头 2 裂，宿存。果为翅果，扁平，环生窄翅，每室通常仅有种子 1；种子线状椭圆形，种皮薄；胚乳丰富，肉质；胚根向上。花粉粒 3 沟。染色体 $2n=26$。

分布概况： 1/1 种，**10 型**；分布于亚洲西南部；中国产河北、陕西、山东、江苏、安徽、浙江、河南及湖北东部。

系统学评述： 雪柳属置于雪柳族。由于果实形态的相似性，雪柳属被认为与六道木叶属 *Abeliophyllum* 近缘，但 Wallander 和 Albert[1]的分子证据表明连翘属与六道木叶属更接近，而雪柳属与连翘族为姐妹群且分支很短。Kim D K 和 Kim J H[3]的研究支持此结论，也提出 ITS 与 *mat*K 序列分析结果支持雪柳属与素馨属的近缘关系，但 *trn*L-F 分析结果则不支持。有关该属的系统位置有待深入研究。

DNA 条形码研究： BOLD 网站有该属 3 种 6 个条形码数据；GBOWS 网站已有 1 种 4 个条形码数据。

代表种及其用途： 雪柳 *F. fortunei* Carrière 是著名园林观赏植物。

3. *Forsythia* Vahl 连翘属

Forsythia Vahl (1804: 39); Chang et al. (1996: 279) [Type: *F. suspensa* (Thunberg) Vahl (≡*Ligustrum suspensum* Thunberg)]

特征描述： 落叶灌木。枝中空或具片状髓。单叶对生。两性花，先于叶开放。花萼深 4 裂，宿存；花冠黄色，钟状，深 4 裂，裂片较花冠管长，花蕾时呈覆瓦状排列；雄蕊 2，着生于花冠管基部，花药 2 室，纵裂；子房 2 室，每室具下垂胚珠多数，花柱细长，柱头 2 裂；花柱异长，具长花柱的花，雄蕊短于雌蕊，具短花柱的花，雄蕊长于雌蕊。果为蒴果，2 室，室间开裂，每室具种子多数；种子一侧具翅；子叶扁平；胚根向上。花粉粒 3 沟。染色体 $2n=28$。

分布概况： 11/6 种，**10 型**；分布于欧亚大陆的温带，除 1 种产欧洲东南部外，其余分布于亚洲东部；中国南北均产

系统学评述： 连翘属置于连翘族。Kim[8]利用叶绿体片段对属下 10 个种的研究得到 4 个分支，分布于欧洲的 1 个种与中国的秦连翘 *F. giraldiana* Lingelsheim 为姐妹群关系。

而 Kim D K 和 Kim J H[3]利用 ITS、*trn*L-F 与 *mat*K 序列的分析则将该属分为 3 个分支（*ovata-nakaii-japonica*，*viridissima-giraldiana-europaea* 与 *koreana-intermedia-saxatilis-suspensa* 分支），并确定了连翘族的单系性。

DNA 条形码研究：BOLD 网站有该属 11 种 19 个条形码数据；GBOWS 网站已有 3 种 19 个条形码数据。

代表种及其用途：一些种类的果实为常用中药，如连翘 *F. suspensa* (Thunberg) Vahl。多数种类为早春开花，是庭园布置早春开花的理想花木，如金钟花 *F. viridissima* Lindley 等。

4. *Fraxinus* Linnaeus 梣属

Fraxinus Linnaeus (1753: 1057); Wei & Green (1996: 273) (Lectotype: *F. excelsior* Linnaeus)

特征描述：落叶乔木。叶对生，奇数羽状复叶；叶柄基部常增厚或扩大。圆锥花序顶生或腋生。花小，单性、两性或杂性。苞片线形至披针形，早落或缺失；花萼小，萼齿 4 枚或不规则裂片状，或无。花冠 4 裂至基部或无花冠；雄蕊 2，着生花冠基部，花丝短，在花期伸长。花柱短，柱头多少 2 裂，子房 2 室，每室具下垂胚珠 2。单翅果，前段伸长成翅；种子卵状长圆形，胚乳肉质；胚根向上。花粉粒 3 沟。染色体 $2n$=46。

分布概况：60/22 种，**8 型**；分布于北半球温带及亚热带地区；中国南北均产。

系统学评述：梣属置于木犀榄族。传统上该属被划分为苦枥木亚属 *Fraxinus* subgen. *Ornus* 和衿亚属 *F.* subgen. *Fraxinus*，前者分为 2 个分支，后者分为 3 个分支。Jeandroz 等[9]利用 ITS 序列分析结果与形态学的分类基本吻合，并认为该属起源于北美洲。Wallander[10]利用 ITS 序列分析显示该属下有 6 个主要分支。

DNA 条形码研究：BOLD 网站有该属 51 种 211 个条形码数据；GBOWS 网站已有 12 种 91 个条形码数据。

代表种及其用途：白蜡树 *F. chinensis* Roxburgh 放养白蜡虫，雄虫分泌的白蜡为工业上重要原料。水曲柳 *F. mandschurica* Ruprecht 是著名的商品木材造林树种。一些种类用于园林，如白枪杆 *F. malacophylla* Hemsley 等。

5. *Jasminum* Linnaeus 素馨属

Jasminum Linnaeus (1753: 7); Chang et al. (1996: 308) (Lectotype: *J. officinale* Linnaeus)

特征描述：小乔木或攀援状灌木。两性花，初级聚伞花序排列成圆锥状、总状、伞房状、伞状或头状；苞片常呈锥形或线形。花常芳香；花萼钟状、杯状或漏斗状，具齿 4-16。花冠高脚碟状或漏斗状，裂片 4-16 枚，花蕾时呈覆瓦状排列，栽培时常为重瓣。雄蕊 2，内藏，着生于花冠管近中部，花丝短；花柱常异长，丝状；子房 2 室，每室具向上胚珠 1-2。浆果双生或其中一个不育而成单生。种子无胚乳。花粉粒 3 沟，少数 4 沟。染色体 $2n$=26。

分布概况：200/43 种，**2 型**；分布于非洲，亚洲，澳大利亚，南太平洋群岛，1 种到地中海地区；中国分布于秦岭山脉以南各省区。

系统学评述：素馨属置于素馨族。Wallander 和 Albert[1]的研究认为素馨属是并系类群。Kim D K 和 Kim J H[3]的研究中，依据 ITS、*mat*K 的分子证据支持雪柳属与素馨属的近缘关系，但 *trn*L-F 的证据并不支持该观点。

DNA 条形码研究：BOLD 网站有该属 26 种 56 个条形码数据；GBOWS 网站已有 6 种 48 个条形码数据。

代表种及其用途：一些种类花姿优美且多芳香，园林应用广泛，如素馨 *J. grandiflorum* Linnaeus、迎春花 *J. nudiflorum* Lindley、茉莉 *J. sambac* Linnaeus 等，茉莉还可制花茶或提取精油。

6. *Ligustrum* Linnaeus 女贞属

Ligustrum Linnaeus (1753: 7); Chang et al. (1996: 300) (Type: *L. vulgare* Linnaeus)

特征描述：灌木、小乔木或乔木。单叶对生。聚伞花序常排列成圆锥花序。两性花；花萼钟状，先端 4 齿或不规则。花冠白色，近辐状、漏斗状或高脚碟状，花冠管长于裂片或近等长，裂片 4 枚。雄蕊 2，着生于近花冠管喉部，内藏或伸出。花柱丝状，长或短，柱头肥厚，常 2 浅裂；子房近球形，2 室，每室具下垂胚珠 2。果为浆果状核果；种子 1-4，种皮薄；胚乳肉质；子叶扁平，狭卵形；胚根短，向上。花粉粒 3 沟，偶有 2 沟。染色体 $2n$=46。

分布概况：45/27 种，**10 型**；分布于亚洲温暖地区，向西北延伸至欧洲，另经马来西亚至巴布亚新几内亚，澳大利亚，东亚为该属现代分布中心；中国以西南种类最多。

系统学评述：女贞属置于木犀榄族。在 Wallander 和 Albert[1]的研究中，女贞属与丁香属聚为一个分支，同属于 Ligustrinae 亚族。Li 等[11]利用 ITS 与 ETS 分子证据显示该属从丁香属中分出，裂果女贞 *L. sempervirens* (Franchet) Lingelsheim 为该属物种，但该研究不支持形态学对属下等级的分类。

DNA 条形码研究：BOLD 网站有该属 27 种 323 个条形码数据；GBOWS 网站已有 12 种 149 个条形码数据。

代表种及其用途：多数种类（包括栽培品种）在园林绿化中应用广泛，如女贞 *L. lucidum* W. T. Aiton 等。

7. *Myxopyrum* Blume 胶核木属

Myxopyrum Blume (1825: 683); Chang et al. (1996: 299) (Type: *M. nervosum* Blume)

特征描述：攀援灌木。小枝四棱形。单叶对生，具叶柄。花小，两性，圆锥花序。花萼 4 裂；花冠黄色或浅红色，肉质肥厚，呈壶状，花冠管短，裂片 4 枚，短于花冠管。雄蕊 2，着生于花冠管基部，花丝短；花柱极短，柱头微小，2 裂；子房 2 室，每室具向上胚珠 2。浆果，近球形，外果皮肉质，内果皮木质；胚乳肉质或角质；子叶卵形，扁平；胚根向下。花粉粒 3 沟。染色体 $2n$=22。

分布概况：4/2 种，**7 型**；分布于印度，缅甸，越南，菲律宾，马来西亚，印度尼西亚至巴布亚新几内亚；中国产海南。

系统学评述：胶核木属置于胶核木族。该属的分类有争议，Wallander 和 Albert[1]的分子系统学研究证实该属与夜花属和 *Dimetra* 为姐妹群关系。

DNA 条形码研究：BOLD 网站有该属 1 种的条形码数据。

代表种及其用途：胶核藤 *M. pierrei* Gagnepain 可作为攀援植物应用于园林。

8. *Olea* Linnaeus 木犀榄属

Olea Linnaeus (1753: 8); Chang et al. (1996: 296) (Lectotype: *O. europaea* Linnaeus)

特征描述：乔木或灌木。单叶对生，常被细小的腺点。圆锥花序顶生或腋生；花小，白色或淡黄色；花萼小，钟状，4 裂；花冠管短，裂片 4 枚，稀无花冠。雄蕊 2，稀 4，内藏，着生于花冠管基部，花丝短。子房 2 室，每室具下垂胚珠 2，花柱短或无。果为核果，外果皮薄，肉质，内果皮厚而坚硬或为纸质；种子仅 1 枚发育；胚乳丰富；子叶扁平，叶状；胚根短，向上。花粉粒 3 沟。染色体 $2n$=46。

分布概况：40/13 种，**12 型**；分布于亚洲南部，大洋洲，南太平洋岛屿及热带非洲和地中海地区；中国产华南、西南。

系统学评述：木犀榄属置于木犀榄族。该属一直被认为是复系类群，Wallander 和 Albert[1]的研究也支持这一观点。Baldoni 等[12]利用叶绿体基因的研究显示，该属分为 4 个属下等级，这与 Amane 等[13]利用 cpDNA RFLP 的研究结果相同。Besnard 等[4]对质粒及核糖体 DNA 的研究支持该属的多系起源及网状进化。

DNA 条形码研究：BOLD 网站有该属 30 种 111 个条形码数据；GBOWS 网站已有 7 种 41 个条形码数据。

代表种及其用途：油橄榄 *O. europaea* Linnaeus 为世界著名的油脂植物。

9. *Osmanthus* Loureiro 木犀属

Osmanthus Loureiro (1790: 17); Chang et al. (1996: 287) (Type: *O. fragrans* Loureiro)

特征描述：常绿灌木或小乔木。单叶对生，两面通常具腺点。两性花，通常雌蕊或雄蕊不育而成单性花，雌雄异株或雄花、两性花异株。聚伞花序簇生于叶腋，或再组成腋生或顶生的短小圆锥花序。苞片 2 枚，基部合生；花萼钟状，4 裂；花冠呈钟状，圆柱形或坛状，浅裂、深裂，或深裂至基部，裂片 4 枚；雄蕊 2，稀 4，药隔常延伸成小尖头；花柱长于或短于子房，不育雌蕊呈钻状或圆锥状。果为核果，常具种子 1。花粉粒 3 沟。染色体 $2n$=46。

分布概况：30/23 种，**9 型**；分布于亚洲东南部和美洲；中国主产华南和西南。

系统学评述：木犀属置于木犀榄族。Wallander 和 Albert[1]认为该属为复系类群。运用 *psb*A-*trn*H 基因及 ITS 序列分析结果，Yuan 等[14]分为 3 个属下等级；Guo 等[15]则分为 4 个属下等级和 1 个不确定的支系。

DNA 条形码研究：BOLD 网站有该属 25 种 38 个条形码数据；GBOWS 网站已有 7 种 44 个条形码数据。

代表种及其用途：该属植物的花中均含有芳香油，为重要香料植物。桂花 *O. fragrans* Loureiro 及其品种（记载 160 余个栽培品种）是中国传统名花。

10. *Syringa* Linnaeus 丁香属

Syringa Linnaeus (1753: 9); Chang et al. (1996: 281) (Lectotype: *S. vulgaris* Linnaeus)

特征描述：落叶灌木或小乔木。冬芽被芽鳞，顶芽常缺。单叶对生。两性花，聚伞花序排列成圆锥花序，与叶同时抽生或叶后抽生。花萼小，钟状，具 4 齿或为不规则齿裂。花冠漏斗状、高脚碟状或近辐状，裂片 4 枚。雄蕊 2，着生于花冠管喉部至花冠管中部，内藏或伸出。子房 2 室，每室具下垂胚珠 2，花柱丝状，短于雄蕊，柱头 2 裂。蒴果，室间开裂；种子扁平，有翅；子叶卵形，扁平；胚根向上。花粉粒 3 沟。染色体 $2n$=44，46，48。

分布概况：20/16 种，**10 型**；广布热带和温带地区，亚洲地区种类尤为丰富；中国主产西南及黄河以北。

系统学评述：丁香属置于木犀榄族。在 Wallander 和 Albert[1]的研究中，女贞属与丁香属聚为一个分支，同属于 Ligustrinae 亚族，是个并系类群。该属传统上分为两个分支，Li 等[11]基于核基因序列研究发现，*Ligustrina* 形成一个分支，但与丁香属没有形成姐妹群关系，后者为并系类群。

DNA 条形码研究：BOLD 网站有该属 20 种 60 个条形码数据；GBOWS 网站已有 12 种 62 个条形码数据。

代表种及其用途：多数种类的花色艳丽、芳香，是世界重要的香花观赏植物，如云南丁香 *S. yunnanensis* Franchet 等。

主要参考文献

[1] Wallander E, Albert VA. Phylogeny and classification of Oleaceae based on *rps*16 and *trn*L-F sequence data[J]. Am J Bot, 2000, 87: 1827-1841.

[2] Lee HL, et al. Gene relocations within chloroplast genomes of *Jasminum* and *Menodora* (Oleaceae) are due to multiple, overlapping inversions[J]. Mol Biol Evol, 2007, 24: 1161-1180.

[3] Kim DK, Kim JH. Molecular phylogeny of tribe Forsythieae (Oleaceae) based on nuclear ribosomal DNA internal transcribed spacers and plastid DNA *trn*L-F and *mat*K gene sequences[J]. J Plant Res, 2011, 124: 339-347.

[4] Besnard G, et al. Phylogenetics of *Olea* (Oleaceae) based on plastid and nuclear ribosomal DNA sequences: tertiary climatic shifts and lineage differentiation times[J]. Ann Bot, 2009, 104: 143-160.

[5] Stearn WT. Union of *Chionanthus* and *Linociera* (Oleaceae)[J]. Ann MO Bot Gard, 1976, 63: 355-357.

[6] Baas P, et al. Wood anatomy of the Oleaceae[J]. IAWA, 1988, 9: 103-182.

[7] Hong-Wa C, Besnard G. Intricate patterns of phylogenetic relationships in the olive family as inferred from multi-locus plastid and nuclear DNA sequence analyses: a close-up on *Chionanthus* and *Noronhia* (Oleaceae)[J]. Mol Phylogenet Evol, 2013, 67: 367-378.

[8] Kim KJ. Molecular phylogeny of *Forsythia* (Oleaceae) based on chloroplast DNA variation[J].

Plant Syst Evol, 1999, 218: 113-123.

[9] Jeandroz S, et al. Phylogeny and phylogeography of the circumpolar genus *Fraxinus* (Oleaceae) based on Internal Transcribed Spacer sequences of nuclear ribosomal DNA[J]. Mol Phylogenet Evol, 1997, 7: 241-251.

[10] Wallander E. Systematics of *Fraxinus* (Oleaceae) and evolution of dioecy[J]. Plant Syst Evol, 2008, 273: 25-49.

[11] Li J, et al. Paraphyletic *Syringa* (Oleaceae): evidence from sequences of nuclear ribosomal DNA ITS and ETS regions[J]. Syst Bot, 2002, 27: 592-597.

[12] Baldoni L, et al. Phylogenetic relationships among *Olea* species, based on nucleotide variation at a non-coding chloroplast DNA region[J]. Plant Biol, 2002, 4: 346-351.

[13] Amane M, et al. Chloroplast-DNA variation in cultivated and wild olive (*Olea europaea* L.)[J]. Theor Appl Genet, 1999, 99: 133-139.

[14] Yuan WJ, et al. Molecular phylogeny of *Osmanthus* (Oleaceae) based on non-coding chloroplast and nuclear ribosomal internal transcribed spacer regions[J]. J Syst Evol, 2010, 48: 482-489.

[15] Guo SQ, et al. Molecular phylogenetic reconstruction of *Osmanthus* Lour. (Oleaceae) and related genera based on three chloroplast intergenic spacers[J]. Plant Syst Evol, 2011, 294: 57-64.

Gesneriaceae Richard & Jussieu (1816), *nom. cons.* 苦苣苔科

特征描述：草本，灌木或木质藤本。单叶对生或互生，或簇状基生。聚伞花序腋生、顶生或生于花葶上；苞片多为 2。花两性，通常两侧对称，较少辐射对称。萼通常管状，

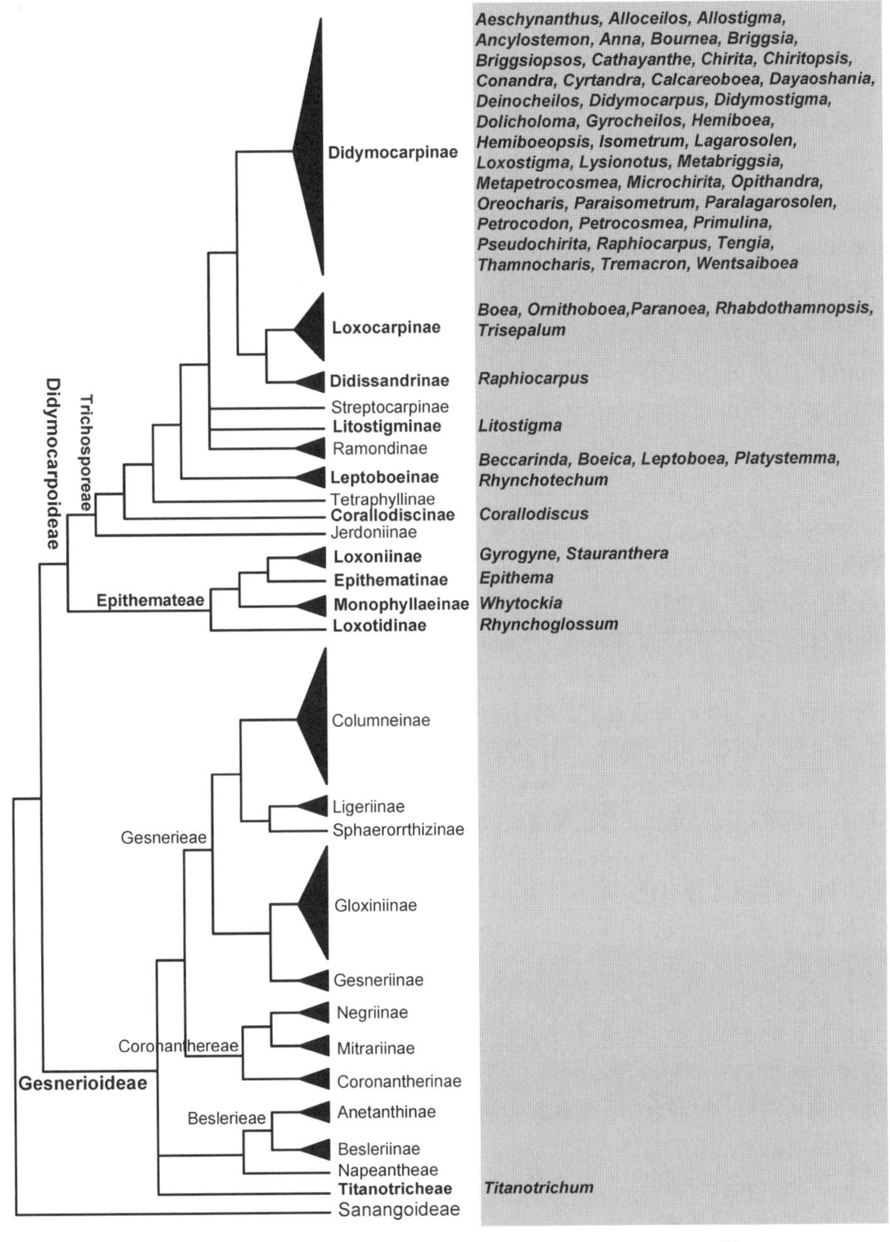

图 194　苦苣苔科分子系统框架图（参考 FOC；Weber 等[1]）

裂片 5 枚；花冠钟状或管状，冠檐通常二唇形，5 裂。能育雄蕊 2-5，花丝着生于花冠上；花盘位于花冠及雌蕊之间，环状或杯状；雌蕊 2 心皮，子房上位、半下位或完全下位，胚珠多数，倒生；花柱 1，柱头略膨大或 2 裂。蒴果，或为肉质浆果；种子多数，小，胚直。

分布概况：约 140 属/2000 种，世界广布；中国 60 属/421 种，产华中以南地区。

系统学评述：在形态上，该科极近于玄参科，但前者具 1 室的子房而与后者不同，可是该科海角樱草属 *Streptocarpus*、石蝴蝶属 *Petrocosmea* 及香堇大岩桐属 *Saintpaulia* 中的一些种类亦发现有 2 室子房，很难以单一的特征来区分两者。依据分子证据，Weber 等[1]提出了苦苣苔科新的分类系统，将其划分为 3 亚科，即 Sanangoideae 亚科［仅包括 *Sanango racemosum* (Ruiz & Pavón) Barringer 1 个种］、大岩桐亚科 Gesnerioideae 和长蒴苣苔亚科 Didymocarpoideae。其中，Sanangoideae 亚科位于该科基部。大岩桐亚科被划分为台闽苣苔族 Titanotricheae、Napeantheae 族、Beslerieae 族、Coronanthereae 族和 Gesnerieae 族；长蒴苣苔亚科被划分为尖舌苣苔族 Epithemateae 和芒毛苣苔族 Trichosporeae。其中，Didymocarpinae 亚族包括约 30 属，属间关系仍需进一步研究。这里在族上等级的处理上采用了 Weber 等[1]的研究，而一些属的范围界定采用王文采等属下观点[FOC]，这些有待今后更多序列和取样的研究验证[2-10]。囊萼花属 *Cyrtandromoea* 曾依据 *ndh*F 序列分析放置在苦苣苔科[11,12]，但因存在虹苷类（iridoids）仍被放在玄参科，该属的系统位置难以确定，在此仍保留在苦苣苔科[FOC,13]。

分属检索表

1. 花辐射对称；雄蕊全部能育；聚伞花序；种子无附属物
  2. 花药药隔有长凸起；花盘不存在……………………………………**16. 苦苣苔属 *Conandron***
  2. 花药药隔无凸起；花盘存在
    3. 花序苞片 6-9，近轮生；雄蕊着生于花冠筒中部或以上，花药背着；柱头 2……………………………………**9. 四数苣苔属 *Bournea***
    3. 花序苞片 2，对生；雄蕊着生于花冠筒近基部处，花药基着；柱头 1
      4. 花 4 或 5 基数；花冠辐状，筒比檐部短；花药椭圆形，顶端无小尖头，药室顶端不汇合……………………………………**55. 辐花苣苔属 *Thamnocharis***
      4. 花 5 基数；花冠壶状，筒比檐部长；花药近肾形，顶端有小尖头，药室顶端汇合……………………………………**54. 世纬苣苔属 *Tengia***
1. 花左右对称；雄蕊 1-3 枚退化
  5. 花序总状，花生于苞片腋下……………………………………**56. 台闽苣苔属 *Titanotrichum***
  5. 花序聚伞花序
    6. 花序聚伞花序或单花生于上部叶腋，花萼果时膨大成坛状…………**19. 囊萼花属 *Cyrtandromoea***
    6. 花序聚伞状或为单歧聚伞花序，有时似总状花序，此时花与苞片几交互对生，不生于苞片腋下，花萼管状可深裂，果时不膨大
      7. 子房长圆形，稀卵球形，顶端渐变细成花柱；花序聚伞状；叶全部基生，在地上茎存在时对生或轮生，稀互生
        8. 果实为开裂的蒴果
          9. 种子无附属物
            10. 能育雄蕊 4

11. 雄蕊分生
    12. 花药长圆形，药室平行，顶端不汇合，偶尔马蹄形，2 室极叉开，顶端汇合……**39. 马铃苣苔属 *Oreocharis***
    12. 花药卵圆形，药室基部略叉开
        13. 花冠上唇极短，几与花冠筒口平截或微凹；雄蕊伸出，花药纵裂，药室顶端汇合……**57. 短檐苣苔属 *Tremacron***
        13. 花冠上唇明显，比下唇稍短；雄蕊内藏；子房卵球形
            14. 花药纵裂；子房狭长圆形；柱头 2；无茎多年生草本……**30. 金盏苣苔属 *Isometrum***
            14. 花药孔裂或横裂；子房卵球形；柱头 1；小灌木或亚灌木，地上茎存在
                15. 小灌木，有地上茎；叶对生；花冠檐部略短于筒部；花药孔裂，药室顶端不汇合……**32. 细蒴苣苔属 *Leptoboea***
                15. 亚灌木或多年生草本，有或无地上茎，在有地上茎时，叶互生；花冠檐部略长于筒部；花药孔裂或横裂，药室顶端汇合……**8. 短筒苣苔属 *Boeica***

11. 雄蕊的花药成对或全部连着
    16. 4 枚雄蕊的花药成对连着
    16. 4 枚雄蕊的花药共同连着，药室顶端汇合；多年生无茎小草本……**6. 横蒴苣苔属 *Beccarinda***
        17. 花萼二唇形，上唇全缘，下唇 4 裂；柱头 1，大，半圆状；蒴果短，狭椭圆形……**13. 扁蒴苣苔属 *Cathayanthe***
        17. 花萼不呈二唇形，5 裂片近等大；柱头 2 或 1，在 1 枚时呈扁球形；蒴果较长，长圆形、倒披针形或线形，若蒴果较短，则偏斜，开裂不达基部（筒花苣苔属 *Briggsiopsis*）
            18. 低矮草本，只在茎顶端有 1（-2）叶…**46. 堇叶苣苔属 *Platystemma***
            18. 较高大草本或小灌木，叶数枚或更多，全部基生或茎生
                19. 花冠筒状、钟状或高脚碟状，长 2cm 以下，直径在 1cm 以下（龙胜金盏苣苔 *Isometrum lungshengense* 和融安直瓣苣苔 *Ancylostemon ronganensis* 例外，花冠较大，长达 3.5-3.75cm）
                    20. 花冠下唇内面密被髯毛……**17. 珊瑚苣苔属 *Corallodiscus***
                    20. 花冠下唇内面无毛或散生短柔毛
                        21. 花冠上唇 4 裂，下唇不裂……**42. 弥勒苣苔属 *Paraisometrum***
                        21. 花冠上唇 2 裂，下唇 3 裂
                            22. 花冠紫色或紫红色，上唇等长于或稍长于下唇……**30. 金盏苣苔属 *Isometrum***
                            22. 花冠橙黄色、黄色、白色，稀粉红色，上唇通常明显短于下唇，稀近等长……**4. 直瓣苣苔属 *Ancylostemon***
                19. 花冠粗筒状，下侧膨大，或为筒状漏斗形，长 3-7cm，较粗，直径 1-2.2（-2.6）cm（无毛漏斗苣苔 *Didissandra sinica* 的花冠较小，长 1.2cm）
                    23. 花冠筒状漏斗形，下侧不膨大……

………………………………………………**49. 漏斗苣苔属 *Raphiocarpus***

23. 花冠粗筒状，下侧膨大

24. 子房1室，有2侧膜胎座；蒴果披针状长圆形或倒披针形，直，长3-7cm，纵裂达基部………………………………………………**10. 粗筒苣苔属 *Briggsia***

24. 子房2室，有中轴胎座，1室的胎座退化；蒴果斜长圆形，长约1.2cm，纵裂不达基部………………………………………………**11. 筒花苣苔属 *Briggsiopsis***

10. 能育雄蕊2

25. 上（后）方2雄蕊能育………………………………**38. 后蕊苣苔属 *Opithandra***

25. 下（前）方2雄蕊能育

26. 花药2室平行，顶端不汇合（石蝴蝶属 *Petrocosmea* 一些种例外）

27. 花序苞片大，合生成球形总苞；花冠内面基部之上有1毛环（毛果半蒴苣苔 *Hemiboea flaccida* 例外），筒部比檐部长；子房有中轴胎座，2室，下室的胎座退化；地上茎存在，叶对生………………………………………………**28. 半蒴苣苔属 *Hemiboea***

27. 花序苞片小，分生；花冠内面无毛环；子房通常有侧膜胎座，1室，如具中轴胎座和2室时，则2室的胎座均发育

28. 花冠筒与檐部近等长或比檐部稍短；雄蕊着生于花冠筒近基部处；地上茎不存在

29. 雄蕊伸出，分生，花药背着；花盘存在；子房及蒴果均为线形，侧膜胎座不分裂，柱头2………………………………………………**20. 瑶山苣苔属 *Dayaoshania***

29. 雄蕊内藏，花药顶端连着，底着；侧膜胎座2裂，柱头1

30. 花盘不存在；子房卵球形，蒴果卵球形或长椭圆球形，侧膜胎座2裂，柱头1……**45. 石蝴蝶属 *Petrocosmea***

30. 花盘环状……………………**33. 凹柱苣苔属 *Litostigma***

28. 花冠筒比檐部长2倍或更多；雄蕊着生于花冠筒中部，花药连着

31. 柱头2；地上茎存在；叶对生

32. 花萼5裂达基部，无萼筒；花丝上部波状弯曲，全长等宽；2枚柱头等大，子房有2侧膜胎座………………………………………………**23. 双片苣苔属 *Didymostigma***

32. 花萼5裂不达基部，有萼筒；花丝直；2枚柱头不等大

33. 花萼5浅裂；花丝全长等宽；子房有2侧膜胎座，1室……………………**48. 异裂苣苔属 *Pseudochirita***

33. 花萼5深裂；花丝中部最宽，向上、下两端渐变狭；子房有中轴胎座，2室………………………………………………**3. 异片苣苔属 *Allostigma***

31. 柱头1

34. 地上茎存在，叶在茎上对生；花冠上唇2裂；侧膜胎座1……………………**36. 单座苣苔属 *Metabriggsia***

34. 地上茎不存在，叶丛生于根状茎顶端；花冠上唇不分裂；侧膜胎座2…………**21. 全唇苣苔属 *Deinocheilos***

26. 花药 2 室极叉开，顶端汇合（只盾叶苣苔属 *Metapetrocosmea* 例外）
    35. 蒴果直
        36. 叶盾形，均基生；花盘不存在；花药 2 室不汇合；蒴果近球形；柱头 1 ……………………………… **37. 盾叶苣苔属 *Metapetrocosmea***
        36. 叶不为盾形；花盘存在；花药 2 室在顶端汇合；蒴果线形，长圆形或椭圆球形
            37. 柱头 2
                38. 地上茎存在，叶对生；花序密集，2 苞片船状卵圆形，互相邻接，形成球形总苞；花冠筒状，裂片顶端圆形；花丝在中部最宽，向上、下两端渐变狭，花药有附属物；子房有中轴胎座，2 室，2 枚柱头不等大 ………………………………………… **29. 密序苣苔属 *Hemiboeopsis***
                38. 地上茎不存在，叶均基生；花序稀疏，苞片小，狭长，不形成球形总苞；花冠筒细筒状，裂片顶端渐狭；花丝等宽，花药无附属物；子房有 2 侧膜胎座，1 室，2 枚柱头等大
                    39. 花冠裂片狭三角形，先端尖；子房线形，背腹扁 ………………………………**31. 细筒苣苔属 *Lagarosolen***
                    39. 花冠裂片长圆形、倒卵形或倒卵状长圆形，先端钝圆；子房球形或近椭圆状球形 …………………………………………………… **43. 方鼎苣苔属 *Paralagarosolen***
            37. 柱头 1
                40. 柱头片状，位于下（前）方
                    41. 花冠高脚碟状，檐部近水平开展；花盘由 2 裂片形成；花丝等宽………… **47. 报春苣苔属 *Primulina***
                    41. 花冠漏斗状筒形或筒状钟形，檐部斜上展；花盘环状
                        42. 子房及蒴果均为线形，蒴果通常比宿存花萼长多倍；花丝通常中部最宽，向顶端或两端渐变狭 ………………………… **14. 唇柱苣苔属 *Chirita***
                        42. 子房卵球形，蒴果长椭圆球形，与宿存花萼近等长；花丝全长等宽 …………………………………………………… **15. 小花苣苔属 *Chiritopsis***
                40. 柱头扁球形或盘形
                    43. 花冠上唇 4 裂，下唇不分裂
                        44. 花序苞片 6 或更多，密集，形成一总苞；花冠筒状，筒比檐部长 4-5 倍；雄蕊着生于花冠筒中部之上；雌蕊稍伸出 ………………………………………………**12. 朱红苣苔属 *Calcareoboea***
                        44. 花序苞片 2；花冠斜钟状，筒比檐部短；雄蕊着生于花冠筒近基部处；雌蕊长伸出 …………………………………………**2. 异唇苣苔属 *Allocheilos***
                    43. 花冠上唇 2 裂或不分裂，下唇 3 裂
                        45. 花冠近坛状，檐部不明显二唇形，上唇 2 裂

……………………**44. 石山苣苔属 *Petrocodon***

45. 花冠筒状、钟状或近高脚碟状，檐部明显二唇形

46. 花冠筒状、筒状漏斗形或近高脚碟状

47. 花冠近高脚碟状，檐部近水平开展，与筒稍长；蒴果长椭圆形，与宿存花萼近等长……………………………… **24. 长檐苣苔属 *Dolicholoma***

47. 花冠筒状或筒状漏斗形，檐部斜上展，比筒短；蒴果线形、长圆形或披针形，比宿存花萼长 2 倍以上

48. 花冠上唇 2 裂………………………… **22. 长蒴苣苔属 *Didymocarpus***

48. 花冠上唇不分裂……………………… **26. 圆唇苣苔属 *Gyrocheilos***

46. 花冠斜钟状

49. 叶片仅有缘毛，叶脉掌状；柱头马蹄形……………**59. 文采苣苔属 *Wentsaiboea***

49. 叶片上面被蛛丝状毛，下面密被毡毛，叶脉羽状；柱头小，头状，稀近舌状……………… **41. 蛛毛苣苔属 *Paraboea***

35. 蒴果螺旋状扭曲

50. 花单生茎生叶腋部；花冠筒状；花药有髯毛；柱头 2……………………………………………**50. 长冠苣苔属 *Rhabdothamnopsis***

50. 花数朵或多朵组成简单或复杂的聚伞花序；花冠钟状；花药无髯毛；柱头 1

51. 花萼二唇形，上唇 3 浅裂，下唇 2 裂至基部………………………………………………**58. 唇萼苣苔属 *Trisepalum***

51. 花萼不呈二唇形，5 裂片近相等

52. 花冠上唇极短，几与花冠筒口截平，下唇内面被髯毛……………………………… **40. 喜鹊苣苔属 *Ornithoboea***

52. 花冠上唇比下唇稍短，下唇内面不被髯毛

53. 叶下面密被锈色或褐色蛛丝状毡毛……………………………………… **41. 蛛毛苣苔属 *Paraboea***

53. 叶被不交织的柔毛……………**7. 旋蒴苣苔属 *Boea***

9. 种子两端有钻状或毛状附属物

54. 能育雄蕊 2，内藏，花药成对连着……………………………… **35. 吊石苣苔属 *Lysionotus***

54. 能育雄蕊 4

55. 雄蕊伸出，花药成对连着；花冠通常橙红色……**1. 芒毛苣苔属 *Aeschynanthus***

55. 雄蕊内藏；花冠紫色、黄色或白色

56. 花序苞片大，成球形总苞；花冠筒内面下方有 2 个弧形凸起；花药成对连着，2 对彼此分开；花柱比子房短；柱头 1………………**5. 大苞苣苔属 *Anna***

56. 花序苞片小，不形成球形总苞；花冠内面下方无凸起

57. 叶的侧脉明显；花冠紫色；花药成对连着，2 对雄蕊的花药相靠合；

花柱比子房长，柱头 2 ……………………………… **34. 紫花苣苔属 *Loxostigma***

57. 叶的侧脉不明显；花冠黄色或白色；4 枚雄蕊的花药以顶端共同连着；花柱比子房短，柱头 1 ………………………… **1. 芒毛苣苔属 *Aeschynanthus***

8. 果实不开裂，常肉质

58. 花萼 5 裂达基部，无萼筒；花冠钟状筒形；能育雄蕊 4………………………………………………………………………………………… **52. 线柱苣苔属 *Rhynchotechum***

58. 花萼有萼筒；花冠漏斗状筒形；能育雄蕊 2 ……………………… **18. 浆果苣苔属 *Cyrtandra***

7. 子房球形或卵球形，顶端突然形成花柱；花序聚伞状，或为单歧聚伞花序，有时似总状花序，此时花不生于苞片腋部；叶对生，同一对叶常极不等大，或互生，基部常极偏斜

59. 花萼 5 浅裂或 5 裂至中部，在裂片之间有纵褶；能育雄蕊 4

60. 叶对生，同一对叶近等大；花冠上唇比下唇约短 2 倍；雄蕊分生，花药 2 室顶端不汇合 ………………………………………………………………… **27. 圆果苣苔属 *Gyrogyne***

60. 叶对生，同一对叶极不等大；花冠上唇与下唇近等长；4 枚雄蕊的花药共同连着，花药 2 室顶端汇合 ………………………………………………**53. 十字苣苔属 *Stauranthera***

59. 花萼裂片之间无纵褶，5 裂至基部或 5 浅裂

61. 叶对生，同一对叶中有一个极小；聚伞花序无苞片；花萼 5 裂达基部，有多条分泌沟；能育雄蕊 4，花药共同连着；子房有中轴胎座，2 室………**60. 异叶苣苔属 *Whytockia***

61. 叶互生或对生，对生时，同一对叶稍不等大；花萼 5 浅裂或裂至中部，无分泌沟；花药成对连着；子房有 2 侧膜胎座，1 室

62. 叶互生，基部极斜；花序多少狭长，似总状花序，有苞片和稀疏的花；能育雄蕊 4 或 2 ……………………………………………………… **51. 尖舌苣苔属 *Rhynchoglossum***

62. 茎下部叶互生，上部叶对生，基部不极斜；花序为具密集花的蝎尾状聚伞花序，苞片 1；能育雄蕊 2 ……………………………………………… **25. 盾座苣苔属 *Epithema***

1. *Aeschynanthus* Jack 芒毛苣苔属

Aeschynanthus Jack (1823: 42), *nom. cons.* ; Wang et al. (1998: 375) (Type: *A. volubilis* Jack, *typ. cons.*)

特征描述：附生小灌木。叶对生或 3-4 叶轮生，肉质、革质或纸质，全缘或具小齿，侧脉大多不明显。花序腋生或顶生；苞片卵形。花萼钟形或筒形，5 浅裂或深裂；花冠筒形或漏斗状筒形，檐部二唇形，上唇 2 裂，下唇 3 裂；能育雄蕊 4，2 强，伸出或与花冠等长，花药长圆形，成对相连，药室 2，长圆形，平行，第 5 枚退化雄蕊稀存在；花盘环状；子房长圆形或线形，花柱与雄蕊等长或较长，柱头增大或盾状。蒴果近线形，2 瓣纵裂；种子两端有毛。花粉粒 3 孔沟或拟孔沟，网状至穿孔状纹饰，稀被颗粒。

分布概况：140/30 种，**(7d)** **型**；分布自中国西藏东南部，经不丹，印度东部，向东至印度尼西亚；中国产西藏东南部、四川、贵州、广西、广东，云南尤盛。

系统学评述：芒毛苣苔属是较为自然的附生类群之一[13]。

DNA 条形码研究：BOLD 网站有该属 55 种 88 个条形码数据；GBOWS 网站已有 7 种 35 个条形码数据。

代表种及其用途：该属植物的花美丽，可供观赏；少数种类供药用，如芒毛苣苔 *A. acuminatus* Wallich ex A. de Candolle 可治风湿骨痛等症。

2. *Allocheilos* W. T. Wang 异唇苣苔属

Allocheilos W. T. Wang (1983: 321); Wang et al. (1998: 361) (Type: *A. cortusiflorum* W. T. Wang)

特征描述：草本，具根状茎。叶基生，近圆形，具羽状脉。聚伞花序腋生，有 2 苞片。花萼钟状，5 裂达基部，裂片披针状线形。花冠斜钟状；筒比檐部短；檐部二唇形，上唇 4 裂，裂片三角形，下唇与上唇近等长，不分裂，三角形。下（前）方 2 雄蕊能育，着生于花冠基部稍上处；花丝狭线形，弧状弯曲；花药狭椭圆球形，连着，2 室极叉开，顶端汇合。退化雄蕊 2。花盘环状。雌蕊长伸出；子房近长圆形，1 室，2 侧膜胎座内伸，2 裂，裂片向后弯曲，花柱比子房长 2.5 倍，柱头扁球形。蒴果近线形，最后裂成 4 瓣。花粉粒 3 拟孔沟，瘤状纹饰。

分布概况：1/1 种，**15 型**；特产中国贵州西南部。

系统学评述：异唇苣苔属可能与漏斗苣苔属 *Raphiocarpus* 近缘[5]。

DNA 条形码研究：BOLD 网站有该属 1 种 1 个条形码数据。

3. *Allostigma* W. T. Wang 异片苣苔属

Allostigma W. T. Wang (1984: 185); Wang et al. (1998: 293) (Type: *A. guangxiense* W. T. Wang)

特征描述：多年生草本，具茎。叶对生，具羽状脉。聚伞花序腋生；苞片对生。花萼钟状，5 深裂。花冠筒漏斗状筒形，檐部二唇形，比筒短，上唇 2 深裂，下唇 3 浅裂。下（前）方 2 雄蕊能育，花丝稍弧状弯曲，在中部最宽，向两端渐变狭，具 1 脉，花药椭圆球形，基着，顶端连着，药室平行，顶端不汇合，药隔背面隆起；退化雄蕊 3。花盘环状。雌蕊近内藏，子房线形，基部具柄，具中轴胎座，2 室，花柱细，柱头 2，不等大。蒴果线形。种子椭圆形。花粉粒 3 孔沟，网状纹饰。

分布概况：1/1 种，**15 型**；特产中国广西西南部。

系统学评述：异片苣苔属似与漏斗苣苔属近缘[4]。

DNA 条形码研究：BOLD 网站有该属 1 种 1 个条形码数据。

4. *Ancylostemon* Craib 直瓣苣苔属

Ancylostemon Craib (1919: 233); Wang et al. (1998: 268) (Lectotype: *A. concavum* Craib)

特征描述：草本，具根状茎。叶基生。聚伞花序腋生；苞片 2，对生。花萼钟状，裂片相等。花冠筒状，橙黄色、黄色、白色，稀粉红；檐部二唇形，上唇 2 浅裂，微凹，稀不裂，下唇 3 深裂。能育雄蕊 4，花丝多数无毛，顶端与花药略成直角弯曲，花药卵圆形，顶端成对连着，药室 2，基部略叉开，不汇合；退化雄蕊位于上（后）方中央基部之上。花盘环状。雌蕊多无毛，子房线状长圆形，比花柱长，柱头 2。蒴果长圆状披针形或倒披针形。种子多数，两端无附属物。染色体 $2n=34$。

分布概况：约 13/13（13）种，**15 型**；中国特有，产湖北西部、四川西南部至东南部、云南西北部至东北部、贵州及广西。

系统学评述：Möller 等[5]将直瓣苣苔属归并入广义的马铃苣苔属 *Oreocharis*。

DNA 条形码研究：GBOWS 网站有该属 2 种 2 个条形码数据。

5. *Anna* Pellegrin 大苞苣苔属

Anna Pellegrin (1930: 46); Wang et al. (1998: 371) (Type: *A. submontana* Pellegrin)

特征描述：亚灌木。小枝有棱。叶对生，每对叶稍不等大；叶片近全缘。聚伞花序伞状，腋生，苞片扁球形，幼时包着花序。花萼钟状，5 裂至近基部。花冠漏斗状筒形；筒上部下方一侧肿胀，喉部无毛；檐部二唇形，上唇 2 裂，下唇 3 裂，内面具 2 个弧形囊状凸起。能育雄蕊 4，2 强，不伸出花冠外，花药成对连着，药室 2，汇合；退化雄蕊 1。花盘环状，全缘。雌蕊线形，花柱比子房短，柱头 1，盘状。蒴果线形。种子两端各具 1 个钻形附属物。染色体 $2n$=34。

分布概况：3/3 种，**7-4 型**；分布于越南北部；中国产广西西南部、云南东南部、四川。

系统学评述：大苞苣苔属与具 4 枚能育雄蕊，花药成对连着的漏斗苣苔属 *Didissandra*、粗筒苣苔属 *Briggsia* 的灌木类群及紫花苣苔属 *Loxostigma* 相近似[13]。

DNA 条形码研究：BOLD 网站有该属 2 种 2 个条形码数据；GBOWS 网站已有 3 种 16 个条形码数据。

6. *Beccarinda* Kuntze 横蒴苣苔属

Beccarinda Kuntze (1891: 470); Wang et al. (1998: 285) [Type: *B. griffithii* (C. B. Clarke) O. Kuntze (≡*Slackia griffithii* C. B. Clarke)]

特征描述：草本，具根状茎。叶基生或茎生。聚伞花序有花 1-5 朵；苞片 2。花萼钟状，5 裂至基部。花冠近斜钟状，长 0.8-1.8cm，筒较短，短于或近等于檐部，檐部二唇形，上唇 2 裂，下唇 3 裂。雄蕊 4，内藏，花丝较短，花药宽卵形，药室近平行，基部略叉开，顶端汇合，横裂；退化雄蕊小或不存在。花盘环状。雌蕊无毛，子房卵球形，比花柱短，花柱上部稍弯曲，柱头 1，头状。蒴果狭长圆形，极偏斜，顶端具较长的尖头。种子纺锤形至长圆形，无附属物。染色体 $2n$=20。

分布概况：约 7/5 种，**7-3 型**；分布于缅甸，越南北部；中国产广东西部、广西、贵州、云南东南部、四川南部。

系统学评述：横蒴苣苔属花的结构与 *Petrocosmae* 相似，但是习性为土生而不同[13,FOC]。

DNA 条形码研究：GBOWS 网站有该属 4 种 27 个条形码数据。

7. *Boea* Commerson ex Lamarck 旋蒴苣苔属

Boea Commerson ex Lamarck (1785: 401); Wang et al. (1998: 367) (Type: *B. magellanica* Lamarck)

特征描述：无茎或有茎草本。根状茎木质化。叶对生，有时螺旋状。聚伞花序伞状，腋生；苞片小。花萼钟状，5 裂至基部。花冠狭钟形，5 裂近相等或明显二唇形，上唇 2

裂，短于下唇，下唇 3 裂。雄蕊 2，着生于花冠基部之上，位于下（前）方一侧，花丝不膨大，花药大，椭圆形，顶端连着，药室 2，汇合，极叉开；退化雄蕊 2-3。花盘不明显。子房长圆形，花柱细，与子房等长或短于子房，柱头 1，头状。蒴果螺旋状卷曲；种子具蜂巢状网纹。花粉粒 3 沟，穿孔状-刺状纹饰。染色体 $2n$=16，18，32-34，36。

分布概况：20/3 种，**5 型**；分布于南亚，东南亚，澳大利亚至波利尼西亚；中国产中南部、华东、河北、辽宁、山西、陕西、四川和贵州。

系统学评述：旋蒴苣苔属与蛛毛苣苔属 *Paraboea* 关系较为密切[13,FOC]。

DNA 条形码研究：BOLD 网站有该属 4 种 8 个条形码数据；GBOWS 网站已有 1 种 7 个条形码数据。

8. *Boeica* Clarke 短筒苣苔属

Boeica Clarke (1874: 118; 1883: 134; 1884: 362); Wang et al. (1998: 287) (Lectotype: *B. fulva* Clarke)

特征描述：亚灌木或多年生草本，多具直立的地上茎。叶互生。聚伞花序圆锥状；苞片 2 枚。花萼钟状，5 裂至近基部。花冠钟状，筒部稍短于檐部；檐部稍二唇形，5 裂。能育雄蕊 4，内藏，分生，花丝极短，花药宽卵圆形，2 室，基部略叉开，纵裂、孔裂或横裂，顶端汇合；退化雄蕊 1。花盘环状或不明显。子房卵球形，花柱无附属物或具宽大而扁平的附属物，与子房等长或长于子房，柱头小，头状。蒴果线形，顶端具尖头。种子多数，长圆形或卵圆形。花粉粒 3 沟，穿孔状-具刺纹饰。染色体 $2n$=22。

分布概况：12/7 种，**7-2 型**；分布于缅甸，不丹，印度北部，越南北部；中国产西藏东南部、云南、广西、香港。

系统学评述：花柱具宽大而扁平的附属物的翼柱苣苔属 *Boeicopsis* 疑不同于短筒苣苔属其他种[FRPS,FOC,13]。

DNA 条形码研究：BOLD 网站有该属 1 种 1 个条形码数据；GBOWS 网站已有 1 种 5 个条形码数据。

9. *Bournea* Oliver 四数苣苔属

Bournea Oliver (1894: 2254); Wang et al. (1998: 249) (Type: *B. sinensis* Oliver)

特征描述：草本，具根状茎。叶基生，长圆形或卵形，羽状脉。聚伞花序腋生，有由簇生苞片形成的总苞及多数花；花辐射对称。花萼钟状，4-5 深裂，裂片线状披针形。花冠钟状，4-5 裂至中部或稍超过中部。雄蕊 4-5，与花冠裂片互生，着生于花冠筒中部或中部之上，伸出，花丝狭线形，花药背着，2 室平行，顶端不汇合。花盘环状。雌蕊内藏，子房线形，1 室，2 侧膜胎座内伸，2 裂，花柱极短，柱头 2。蒴果长圆状线形，室背开裂为 2 瓣。种子纺锤形，光滑。

分布概况：2/2（2）种，**15 型**；特产中国广东和福建。

系统学评述：四数苣苔属为苦苣苔科中少有的花辐射对称的属之一。Möller 等[5]将之归并入广义的马铃苣苔属 *Oreocharis*。

10. *Briggsia* Craib 粗筒苣苔属

Briggsia Craib (1919: 236); Wang et al. (1998: 272) (Lectotype: *B. longifolia* Craib)

特征描述：多年生草本，有茎或无茎，具根状茎。叶对生或全部基生。聚伞花序腋生；苞片 2。花萼钟状，5 裂至近基部，裂片近相等。花冠粗筒状，蓝紫色、黄色或白色；檐部二唇形，上唇 2 裂，下唇 3 裂。能育雄蕊 4，2 强，内藏，花药卵圆形或肾形，顶端成对连着，药室 2，基部略叉开；退化雄蕊 1。花盘杯状或圆柱形。雌蕊内藏，子房长圆形，下部成狭柄，花柱明显，柱头 2 裂。蒴果披针状长圆形或倒披针形。种子纺锤形，两端无附属物。染色体 $2n$=34，68。

分布概况：22/21 种，**14SH 型**；分布于缅甸，不丹，印度，越南；中国产西南、华南、华中。

系统学评述：Möller 等[5]将粗筒苣苔属中无地上茎的一群归并入广义的马铃苣苔属 *Oreocharis*。该属有地上茎的一类植物，在体态上与紫花苣苔属 *Loxostigma* Clarke 相近似，区别在于能育雄蕊 4，2 强，花药成对连着，种子两端无附属物[13,FRPS,FOC]。

DNA 条形码研究：BOLD 网站有该属 8 种 11 个条形码数据；GBOWS 网站已有 8 种 41 个条形码数据。

代表种及其用途：一些种类全草可入药。

11. *Briggsiopsis* K. Y. Pan 筒花苣苔属

Briggsiopsis K. Y. Pan (1985: 216); Wang et al. (1998: 280) [Type: *B. delavayi* (Franchet) K. Y. Pan (≡*Didissandra delavayi* Franchet)]

特征描述：草本，具根状茎。叶集生近顶；叶片卵形或近圆形，叶脉羽状。聚伞花序腋生，苞片 2，对生。花萼钟状，5 深裂。花筒状漏斗形，白色，内面具紫色条纹；檐部二唇形，比筒短。能育雄蕊 4；花丝线形，花药基着，肾形，成对相连，药室近平行，顶端不汇合；退化雄蕊 1。花盘环状，5 深裂。雌蕊内藏，子房长圆形，2 室，中轴胎座，上（后）方 1 室发育，花柱细，比子房长，柱头 2，倒卵形。蒴果长圆形，偏斜，室背开裂不达基部。花粉粒 3 拟孔沟，网状纹饰。染色体 $2n$=34。

分布概况：1/1（1）种，**15 型**；特产中国四川中南部、云南东北部。

系统学评述：筒花苣苔属系统位置不清楚，似为唇柱苣苔属 1 种，但是子房 1 室、果实开裂方式、胎座类型，以及叶集生近顶的特征与半蒴苣苔属相似，区别仅在前者花的能育雄蕊 4，可能为该属直立茎退化的类型[FOC,13]。

DNA 条形码研究：BOLD 网站有该属 1 种 2 个条形码数据。

12. *Calcareoboea* C. Y. Wu ex H. W. Li 朱红苣苔属

Calcareoboea C. Y. Wu ex H. W. Li (1982: 241); Wang et al. (1998: 361) (Type: *C. coccinea* C. Y. Wu ex H. W. Li)

特征描述：无茎草本，具根状茎。叶全部基生，长圆形，有小齿，叶脉羽状。花序似伞形花序，腋生，具总苞。花萼5裂达基部，裂片线状披针形。花冠朱红色，细漏斗状筒形，筒比檐部长4-5倍，檐部二唇形，上唇大，4浅裂，下唇小，不分裂。下（前）方2雄蕊能育，着生于花冠筒中部之上，花丝狭线形，花药连着，2药室极叉开，顶端汇合；退化雄蕊2。花盘环状。雌蕊稍伸出，子房线形，具短柄，有2侧膜胎座，花柱细，柱头扁球形。蒴果线形，2瓣裂。

分布概况：1/1种，**7-4型**；分布于越南北部；中国产云南东南部和广西西部。

系统学评述：Weber等[7]和陈文红等[14]将朱红苣苔属归入石山苣苔属 *Petrocodon* Hance。

DNA条形码研究：GBOWS网站有该属1种2个条形码数据。

13. *Cathayanthe* Chun 扁蒴苣苔属

Cathayanthe Chun (1946: 283); Wang et al. (1998: 284) (Type: *C. biflora* Chun)

特征描述：草本，具根状茎。叶基生，全缘。花序具1-2花。花萼左右对称，萼筒短，上唇1裂，下唇4浅裂。花冠筒状，近基部收缩成细筒；檐部二唇形，上唇2裂，下唇3裂，裂片近等大。能育雄蕊4，2强，内藏；花药狭长圆形，基部极叉开，成对连着；退化雄蕊不存在。花盘筒状。子房狭椭圆形，花柱细长，柱头1，半圆形，侧膜胎座向内伸入，2裂。蒴果狭椭圆形，扁平，稍长于花萼，室背开裂而不分裂成2分离的果瓣。种子椭圆状纺锤形，顶端无附属物。

分布概况：1/1种，**15型**；特产中国海南。

系统学评述：扁蒴苣苔属系统位置尚不明确。

DNA条形码研究：BOLD网站有该属1种1个条形码数据。

14. *Chirita* Buchanan-Hamilton ex D. Don 唇柱苣苔属

Chirita Buchanan-Hamilton ex D. Don (1822: 83); Wang et al. (1998: 311) (Lectotype: *C. urticifolia* Buchanan-Hamilton ex D. Don)

特征描述：草本，无或具地上茎。叶为单叶，多对生或簇生，具羽状脉。聚伞花序腋生；苞片2。花萼5裂。花冠筒状漏斗形、筒状或细筒状，檐部二唇形，比筒短，上唇2裂，下唇3裂。能育雄蕊2，花丝常中部宽，并常膝状弯曲，花药常被髯毛，2药室极叉开，在顶端汇合；退化雄蕊2或3。花盘环状。雌蕊通常无柄；子房线形，1室，具2（1）侧膜胎座，稀2室，具中轴胎座；柱头1，不分裂或2裂。蒴果线形，室背开裂。种子椭圆形，光滑，常有纵纹。花粉粒3拟孔沟，网状至穿孔状纹饰。染色体$2n$=18，20，32，34，36。

分布概况：130/81种，**7-1型**；分布于亚洲南部和东南部；中国产西南、华南和华东。

系统学评述：唇柱苣苔属近期被分成3-4个小属，即报春苣苔属 *Prinulina*、小花苣苔属 *Chiritopsis*、钩序苣苔属 *Microchirita* 和 *Heckelia*[4,6,8]。在此暂保留。

DNA条形码研究：GBOWS网站有该属37种292个条形码数据。

代表种及其用途：该属植物多有美丽的花，可观赏；蚂蝗七 *C. fimbrisepala* Handel-Mazzetti 等可药用。

15. *Chiritopsis* W. T. Wang 小花苣苔属

Chiritopsis W. T. Wang (1981: 21); Wang et al. (1998: 345) (Type: *C. repanda* W. T. Wang)

特征描述：草本，仅具根状茎。叶基生，叶脉羽状。花序聚伞状，腋生，具 2 苞片。花小；花萼钟状，5 裂达基部。花冠粗筒状或筒状，檐部二唇形，上唇 2 浅裂，下唇 3 深裂。2 雄蕊能育，花丝稍膝状弯曲，花药狭椭圆球形，腹面连着，2 药室极叉开，顶端汇合；上（后）侧方退化雄蕊 2。花盘环状或间断。子房卵球形，比花柱短，2 枚侧膜胎座内伸，反曲极叉开，花柱细，柱头 1，片状，2 浅裂或不分裂。蒴果长卵球形，室背 2 瓣裂。种子椭圆球形。

分布概况：7/7 种，**15 型**；特产中国广西和广东西部。

系统学评述：小花苣苔属与唇柱苣苔属形成姐妹群[4,6]。

DNA 条形码研究：BOLD 网站有该属 3 种 16 个条形码数据。

16. *Conandron* Siebold & Zuccarini 苦苣苔属

Conandron Siebold & Zuccarini (1843: 729); Wang et al. (1998: 250) (Type: *C. ramondioides* Siebold & Zuccarini)

特征描述：草本，具根状茎。叶基生，椭圆状卵形，叶脉羽状。聚伞花序二至三回分枝。花辐射对称。花萼宽钟状，裂片狭披针形，宿存。花冠紫色，辐状，檐部 5 深裂，裂片狭卵形。雄蕊 5，花丝短，花药底着，围绕雌蕊合生成筒，2 室平行，不汇合，药隔凸起的筒与花药近等长或稍短。花盘不存在。雌蕊稍伸出花药筒之外，子房狭卵球形，1 室，侧膜胎座 2，内伸，2 裂，花柱细长，柱头扁球形。蒴果长椭圆球形，室背开裂成 2 瓣。种子纺锤形，表面光滑。染色体 $2n=32$。

分布概况：1/1 种，**14SJ 型**；分布于日本；中国产浙江、福建等。

系统学评述：苦苣苔属为苦苣苔科中花辐射对称的属之一[FOC,13]。

DNA 条形码研究：BOLD 网站有该属 1 种 2 个条形码数据。

17. *Corallodiscus* Batalin 珊瑚苣苔属

Corallodiscus Batalin (1892: 176); Wang et al. (1998: 283) (Type: *C. conchifolius* Batalin)

特征描述：草本。叶基生，莲座状；叶片革质，侧脉每边 3-5 条，近叶缘呈叉状分枝。聚伞花序 2-3 次分枝；苞片不存在。花萼钟状，5 深裂。花冠筒状，紫蓝色，内面下唇一侧具髯毛和 2 条带状斑纹，筒部远长于檐部，檐部二唇形，上唇 2 浅裂，下唇 3 裂至中部。雄蕊 4，2 强，花丝无毛，弧状，花药长圆形，成对连着，药室 2，汇合，基部极叉开；退化雄蕊 1。花盘环状。雌蕊无毛，子房长圆形，柱头头状，微凹。蒴果长圆形。种子纺锤形，两端无附属物。染色体 $2n=40$。

分布概况：3-5/3 种，**14SH 型**；分布于不丹，尼泊尔，印度北部；中国产西南部、广西、青海、甘肃、陕西、山西、河南、河北。

系统学评述：珊瑚苣苔属似为从中国东部到西部形成的一个连续分布的复合群。

DNA 条形码研究：BOLD 网站有该属 2 种 2 个条形码数据；GBOWS 网站已有 3 种 51 个条形码数据。

18. *Cyrtandra* J. R. Forster & G. Forster 浆果苣苔属

Cyrtandra J. R. Forster & G. Forster (1776: 5); Wang et al. (1998: 395) (Lectotype: *C. biflora* J. R. Forster & G. Forster)

特征描述：灌木或亚灌木。叶对生或互生，有羽状脉。聚伞花序腋生有梗；苞片有时合生。花萼 5 裂。花冠漏斗状筒形，檐部通常二唇形，上唇 2 裂，下唇 3 裂。能育雄蕊 2，通常内藏，花药连着或分生，2 药室近平行，顶端不汇合或汇合；退化雄蕊 2 或 3。花盘环状。子房卵球形或长圆形，1 室，2 侧膜胎座在子房室中央相遇，2 裂片反曲；柱头近球形或 2 裂。浆果肉质或革质，卵球形或长圆形，不开裂，通常具宿存花柱。种子椭圆球形，光滑。花粉粒 3 拟孔沟，网状纹饰。染色体 2*n*=34（多数）。

分布概况：350/1 种，**5 型**；分布于缅甸南部，马来西亚，印度尼西亚，菲律宾，大洋洲；中国产台湾南部。

系统学评述：中国为浆果苣苔属分布的最北界。

DNA 条形码研究：BOLD 网站有该属 99 种 145 个条形码数据。

19. *Cyrtandromoea* Zollinger 囊萼花属

Cyrtandromoea Zollinger (1855: 55) (Type: *C. decurrens* Zollinger)

特征描述：多年生草本或半灌木。茎直立，稍四棱形，有翅或无翅。单叶对生，具柄。花序腋生或从茎基部木质部生出；苞片小；花萼管状，果时膨大成坛状，具 5 齿。花冠漏斗状，檐部稍二唇形，上唇 2 裂，下唇 3 裂，裂片圆形；雄蕊 4，2 强，着生于花冠管基部；子房圆锥形或圆柱形，花柱丝状，柱头 2 片状。蒴果室背开裂，包藏于花萼内；种子多数，椭圆形，具网纹。

分布概况：约 12/2 种，**7-1 型**；分布于印度尼西亚（爪哇，苏门答腊），马来西亚西部，印度，泰国北部，缅甸；中国产云南。

系统学评述：囊萼花属曾依据 *ndh*F 序列的分析结果放置在苦苣苔科[10,11]，但因其存在虹苷类仍被放在玄参科，故系统位置有待进一步明确[12,FOC]。

DNA 条形码研究：GBOWS 网站有该属 1 种 5 个条形码数据。

20. *Dayaoshania* W. T. Wang 瑶山苣苔属

Dayaoshania W. T. Wang (1983: 319); Wang et al. (1998: 291) (Type: *D. cotinifolia* W. T. Wang)

特征描述：草本，具根状茎。叶基生，近圆形或卵形，具羽状脉。聚伞花序腋生，有 2 苞片及 1-2 花；花萼钟状，5 裂达基部。花冠淡紫色或白色，近钟状，筒与檐部近等长，檐部二唇形，上唇 2 裂，下唇与上唇近等长，（2-）3 裂。下（前）方（1-）2 雄蕊能育，稍伸出，分生，花丝着生于花冠近基部处，花药背着，长圆形，药室平行，纵裂，顶端不汇合；退化雄蕊 2 或不存在。花盘环状。雌蕊稍伸出，子房线形，2 侧膜胎座不分裂，花柱纤细，柱头 2。蒴果线形。

分布概况：2/2（2）种，**15 型**；特产中国广西。

系统学评述：Möller 等[5]将瑶山苣苔属并入广义的马铃苣苔属 *Oreocharis*。

DNA 条形码研究：GBOWS 网站有该属 1 种 4 个条形码数据。

21. *Deinocheilos* W. T. Wang 全唇苣苔属

Deinocheilos W. T. Wang (1986: 1); Wang et al. (1998: 309) (Type: *D. sichuanense* W. T. Wang)

特征描述：多年生无茎草本，具根状茎。叶基生具羽状脉。聚伞花序腋生，有 2 苞片和少数花，花序梗与叶近等长。花萼钟状，5 裂达基部。花冠筒状或漏斗状，上唇正三角形或半圆形，不分裂，下唇 3 浅裂。能育雄蕊 2，伸出，花丝狭线形，花药底着，在腹面顶端连着或分生，药室平行，顶端不汇合；退化雄蕊 3。花盘杯状。雌蕊内藏，子房线形，2 侧膜胎座不内伸，2 裂，裂片极叉开，花柱比子房短，柱头扁头形。蒴果线形，室背开裂。种子纺锤形，光滑。

分布概况：2/2（2）种，**15 型**；特产中国四川东部和江西南部。

系统学评述：全唇苣苔属似应为马铃苣苔属的一成员[7]。

22. *Didymocarpus* Wallich 长蒴苣苔属

Didymocarpus Wallich (1819: 378), *nom. cons.* ; Wang et al. (1998: 349) (Type: *D. primulifolius* Don, *typ. cons.*)

特征描述：草本，稀为灌木或亚灌木，有或无地上茎。叶对生、轮生、互生或簇生。聚伞花序腋生；苞片对生。花辐射对称或左右对称。花冠筒细筒状或漏斗状筒形，比筒短，上唇 2 裂，下唇 3 裂。能育雄蕊 2，花丝狭线形，花药腹面连着，2 药室极叉开，顶部汇合；退化雄蕊 2-3 或不存在。花盘环状或杯状。子房线形，一室，2 侧膜胎座内伸，极叉开，柱头盘状，扁球形或截形。蒴果线形或披针状线形，室背开裂为 2 瓣。种子椭圆形或纺锤形，光滑，具细网纹。花粉粒 3 拟孔沟，网状纹饰。

分布概况：180/31 种，**6 型**；分布于亚洲热带地区（可到非洲和澳大利亚）；中国由西藏南部、云南、华南，向北达四川、贵州、湖南和安徽南部。

系统学评述：长蒴苣苔属是一个较为自然的类群，部分种类与石山苣苔属植物混淆[FOC,13]。

DNA 条形码研究：BOLD 网站有该属 27 种 29 个条形码数据；GBOWS 网站已有 3 种 19 个条形码数据。

23. *Didymostigma* W. T. Wang 双片苣苔属

Didymostigma W. T. Wang (1984: 188); Wang et al. (1998: 292) [Type: *D. obtusum* (Clarke) W. T. Wang (≡*Chirita obtusa* Clarke)]

特征描述：一年生草本，具茎。叶对生，叶脉羽状。聚伞花序腋生；苞片对生；花萼狭钟状，5 裂达基部。花冠淡紫色，筒细漏斗状，檐部二唇形，比筒短，上唇 2 浅裂，下唇 3 浅裂。下（前）方 2 雄蕊能育，着生于花冠筒中部之上，花丝等宽，花药椭圆球形，基着，顶端连着，药室平行，顶端不汇合；退化雄蕊 2。花盘环状。雌蕊内藏，子房线形，侧膜胎座 2，稍向内伸极叉开，花柱细，柱头 2，等大，片状。蒴果线形，室背纵裂。种子椭圆形。

分布概况：3/3 种，**15 型**；特产中国广东和福建南部。

系统学评述：双片苣苔属似与漏斗苣苔属 *Raphiocarpus* 近缘[13,FOC]。

DNA 条形码研究：BOLD 网站有该属 2 种 2 个条形码数据。

24. *Dolicholoma* D. Fang & W. T. Wang 长檐苣苔属

Dolicholoma D. Fang & W. T. Wang (1983: 18); Wang et al. (1998: 360) (Type: *D. jasminiflorum* D. Fang & W. T. Wang)

特征描述：草本，具根状茎。叶基生，椭圆形，边缘小齿退化成腺体，叶脉羽状。聚伞花序腋生。花萼钟状，5 裂达基部。花冠淡红色，筒细筒状，檐部大，比筒稍长，二唇形，上唇 2 裂几达基部，下唇 3 深裂，所有裂片狭三角形。下（前）方 2 雄蕊能育，内藏，花丝狭线形，花药近背着，连着，极叉开，顶端汇合；退化雄蕊 2。花盘环状。雌蕊内藏，子房狭卵球形，花柱细，柱头盘状。蒴果长椭圆形，纵裂成 4 瓣。种子长椭圆形，两端尖，光滑。花粉粒 3 孔沟，网状纹饰。

分布概况：1/1（1）种，**15 型**；特产中国广西西南部。

系统学评述：长檐苣苔属似应归入石山苣苔属 *Petrocodon*[9]。

25. *Epithema* Blume 盾座苣苔属

Epithema Blume (1826: 737); Wang et al. (1998: 400) (Type: *E. saxatile* Blume)

特征描述：肉质小草本。茎不分枝或有短分枝。叶 1 或少数，下部的互生，上部的常对生。蝎尾状聚伞花序生茎上部叶腋，具花序梗；苞片 1；花密集。花萼钟状，5 裂。花冠有较长筒，檐部短，二唇形，上唇 2 裂，下唇 3 裂。能育雄蕊 2，花药近球形，连着，2 室极叉开，顶端汇合；退化雄蕊 2。花盘环状或位于子房一侧。子房卵球形，花柱丝形；柱头近头状，胎座具柄，盾状，全部生胚珠。蒴果球形，被宿存花萼包裹，周裂。种子两端尖，光滑。花粉粒 3 拟孔沟，皱波状纹饰。染色体 $2n$=16，18，24。

分布概况：10/1 种，**6 型**；分布于亚洲南部及东南部热带地区和非洲；中国产云南、贵州、广西和广东。

系统学评述：盾座苣苔属植物花瓣上裂片有蓝色斑块，似应放在 Cyrtandreae 族，而不是 Epathemateae 族[13]。

DNA 条形码研究：GBOWS 网站有该属 1 种 15 个条形码数据。

26. *Gyrocheilos* W. T. Wang 圆唇苣苔属

Gyrocheilos W. T. Wang (1981: 28); Wang et al. (1998: 359) (Type: *G. chorisepalus* W. T. Wang)

特征描述：草本，具根状茎。叶基生，有掌状脉。花序聚伞状，腋生，三至四回分枝，有多数花和 2 苞片。花萼宽钟状，5 裂至基部或 2-5 深裂。花冠粗筒状，檐部二唇形，上唇半圆形，不分裂，下唇 3 深裂。下（前）方 2 雄蕊能育，花丝不膝状弯曲，花药宽椭圆球形，2 药室极叉开，顶端汇合；退化雄蕊 2。花盘环状。雌蕊自花冠口伸出甚高，子房线形，2 侧膜胎座稍内伸即极叉开，柱头头状。蒴果线形或披针状线形，室背开裂为 2 瓣。种子小，扁，纺锤形。花粉粒 3 拟孔沟，穿孔状纹饰。

分布概况：4/4（4）种，**15 型**；特产中国广西和广东西部。

系统学评述：圆唇苣苔属就 3 个花萼的特征，与蛛毛苣苔属的关系较为密切[15]。

DNA 条形码研究：BOLD 网站有该属 4 种 4 个条形码数据。

27. *Gyrogyne* W. T. Wang 圆果苣苔属

Gyrogyne W. T. Wang (1981: 41); Wang et al. (1998: 396) (Type: *G. subaequifolia* W. T. Wang)

特征描述：草本，具根状茎。茎直立。叶对生，每一对叶稍不相等，具羽状脉。聚伞花序顶生。花萼斜宽钟状，5 浅裂，在裂片之间有纵褶。花冠白色；筒短而粗，基部囊状，檐部二唇形，稍短于筒，上唇 2 深裂，下唇比上唇长约 2 倍。雄蕊 4，分生，内藏，钻形，花药基部稍叉开，2 室近平行，顶端不汇合，药隔顶端突出成小尖头。退化雄蕊 1。花盘环状。雌蕊与花冠筒近等长，子房扁球形，2 枚侧膜胎座自子房壁腹面中央伸向室中，柱头扁球形。花粉粒 3 拟孔沟，皱波状纹饰。染色体 $2n=34$，68。

分布概况：1/1（1）种，**15 型**；特产中国广西西部。

系统学评述：圆果苣苔属系统位置不清楚，可能已绝灭[13,16]。

28. *Hemiboea* C. B. Clarke 半蒴苣苔属

Hemiboea C. B. Clarke (1888: 1798); Wang et al. (1998: 294) (Lectotype: *H. follicularis* C. B. Clarke)

特征描述：多年生草本，直立。叶对生。聚伞花序假顶生或腋生；总苞球形，顶端具小尖头。花萼 5 裂。花冠漏斗状筒形，檐部二唇形，上唇 2 裂，下唇 3 裂，筒内多具 1 毛环。能育雄蕊 2，药室平行，顶端不汇合，1 对花药以顶端或腹面连着；退化雄蕊 3 或 2。花盘环状。子房线形，2 室，一室发育，另一室退化成小的空腔，2 室平行并于子房上端汇合成 1 室；柱头截形或头状。蒴果长椭圆状披针形至线形，室背开裂。种子具 6 条纵棱及多数网状凸起。花粉粒 3 拟孔沟，网状纹饰。染色体 $2n=32$。

分布概况：21/21 种，**14SH 型**；分布于越南北部和琉球群岛；中国产陕西南部、甘肃南部及华东、华中、华南和西南。

系统学评述：半蒴苣苔属是一个较为自然的类群[FOC,12,13]。

DNA 条形码研究：BOLD 网站有该属 14 种 15 个条形码数据；GBOWS 网站已有 4 种 29 个条形码数据。

代表种及其用途：大部分种类为民间草药和青饲料。半蒴苣苔 *H. henryi* Clarke 的叶可作蔬菜，花和总苞美丽，供观赏。

29. *Hemiboeopsis* W. T. Wang 密序苣苔属

Hemiboeopsis W. T. Wang (1984: 397); Wang et al. (1998: 301) [Type: *H. longisepala* (H. W. Li) W. T. Wang (≡*Lysionotus longisepalus* H. W. Li)]

特征描述：小亚灌木。叶对生，具羽状脉。聚伞花序腋生，有少数密集的花；苞片 2，对生，形成 1 近球形的总苞。花萼 5 裂达基部，匙状线形。花冠漏斗状筒形，檐部二唇形，上唇 2 裂，下唇 3 裂。下（前）方 2 雄蕊能育，内藏，着生于花冠筒中部之下，花丝在中部最宽，花药背着，腹面连着，药室极叉开，汇合，药隔有 1 附属物；退化雄蕊 2。花盘环状。雌蕊内藏，子房线形，2 室，具中轴胎座，柱头 2，不等大。蒴果狭线形。种子椭圆形，光滑。

分布概况：1/1 种，**7-4 型**；分布于老挝；中国产云南东南部。

系统学评述：密序苣苔属被归并入 *Heckelia*[4,6,8]。

DNA 条形码研究：GBOWS 网站有该属 1 种 3 个条形码数据。

代表种及其用途：密序苣苔 *H. longisepala* (H. W. Li) W. T. Wang 被列入全国极小种群保护名单。

30. *Isometrum* Craib 金盏苣苔属

Isometrum Craib (1919: 250); Wang et al. (1998: 263) (Lectotype: *I. farreri* Craib)

特征描述：草本，具根状茎。叶基生，似莲座状；叶片不裂或羽状浅裂。聚伞花序腋生；苞片 2（-3）枚。花萼钟状，5 裂至基部。花冠钟状、细筒状，紫色，檐部稍二唇形，上唇 2 裂至近中部，下唇 3 裂。能育雄蕊 4，内藏花丝近平行，花药卵圆形，顶端成对连着，药室不汇合，基部略叉开；退化雄蕊 1。花盘环状，5 浅裂。雌蕊多无毛，子房狭长圆形，花柱比子房短或近等长，柱头 2，扁球形。蒴果线状长圆形或倒披针形。种子多数，卵形，两端无附属物。花粉粒 3 拟孔沟，网状纹饰。

分布概况：13/13（13）种，**15 型**；特产中国四川西北部至东部、秦岭、大巴山及鄂西山地。

系统学评述：Möller 等[5]将金盏苣苔属归并入广义的马铃苣苔属 *Oreocharis*。

DNA 条形码研究：GBOWS 网站有该属 4 种 20 个条形码数据。

31. *Lagarosolen* W. T. Wang 细筒苣苔属

Lagarosolen W. T. Wang (1984: 11); Wang et al. (1998: 310) (Type: *L. hispidus* W. T. Wang)

特征描述：多年生草本，无茎。根状茎圆柱形。叶基生，叶脉羽状。花序聚伞状，有 2 苞片。花萼钟状，5 裂达基部。花冠细筒形，檐部二唇形，上唇 2 裂，下唇 3 裂，裂片狭三角形，顶端长渐狭。下（前）侧方 2 雄蕊能育，内藏，着生于接近花冠筒中部或中部之上，花丝线形，花药长圆形，腹面连着，2 药室极叉开，顶端汇合；退化雄蕊 3，位于上（后）方。花盘杯状。雌蕊内藏，子房线形，2 侧膜胎座稍内伸后 2 裂，花柱细长，柱头 2。蒴果卵圆形。

分布概况：5/5（5）种，**15 型**；特产中国云南东南部、广西西南及北部。

系统学评述：细筒苣苔属似归入石山苣苔属 *Petrocodon*[6,7]。

DNA 条形码研究：GBOWS 网站有该属 5 种 15 个条形码数据。

32. *Leptoboea* Bentham 细蒴苣苔属

Leptoboea Bentham (1876: 1025); Wang et al. (1998: 286) [Lectotype: *L. multiflora* (C. B. Clarke) C. B. Clarke (≡*Championia multiflora* C. B. Clarke)]

特征描述：亚灌木。茎分枝和叶均对生；叶具短柄，常密集于当年生短枝上，叶脉羽状。聚伞花序伞状，腋生，花序梗和花梗均细如丝状；苞片 2，对生。花萼钟状，5 裂至近基部。花冠钟状，黄色，檐部不明显二唇形，5 裂片近相等，筒稍长于檐部。能育雄蕊 4，生于花冠近基部，内藏，分生，药室 2，顶端药隔不融合，孔裂；退化雄蕊 1。无花盘。子房椭圆形，稍长于花柱，柱头 1，不裂，头状。蒴果线形，室间开裂，不扭曲。种子椭圆形，无附属物。花粉粒 3 沟，穿孔状纹饰，具颗粒。

分布概况：3/1 种，**7-2 型**；分布于缅甸，印度东北部，不丹，加里曼丹岛；中国产云南南部和西南部。

系统学评述：细蒴苣苔属与短筒苣苔属 *Boeica* 相近缘，但后者叶互生，花冠筒部比檐部短，药室顶端汇合，蒴果室背开裂，通常具环状花盘[FOC,3,13]。

DNA 条形码研究：GBOWS 网站有该属 1 种 3 个条形码数据。

33. *Litostigma* Y. G. Wei, F. Wen & M. Möller 凹柱苣苔属

Litostigma Y. G. Wei, F. Wen & M. Möller (2010: 161) (Type: *L. coriaceifolium* Y. G. Wei, F. Wen & M. Möller)

特征描述：多年生低矮草本，叶基生，叶片椭圆形。聚伞花序腋生，1 花。苞片 1。花萼 5 深裂。花冠左右对称，蓝紫色；筒部漏斗状，檐部短，二唇形，上唇 2 裂至近基部，下唇 3 深裂近基部，裂片圆形至卵圆形。能育雄蕊 2，退化雄蕊 3。花盘环状。子房卵状椭圆形，1 室，侧膜胎座 2，极叉开；柱头漏斗状或盘状。蒴果长卵状椭圆球形，室背开裂，4 瓣裂。种子椭圆形，表面有网状凸起。花粉粒 3 沟，网状纹饰，具颗粒。

分布概况：2/2（2）种，**15 型**；特产中国云南（麻栗坡）和贵州（兴义）。

系统学评述：凹柱苣苔属外形与石蝴蝶属 *Petrocosmea* Oliver 相似，根据 *trn*L-F 与 ITS 的片段分析显示，该属与欧洲产的 *Ramonda* 和 *Jancaea* 有较近的亲缘关系，而与 *Petrocosmea* 较远[FOC,16]。

34. *Loxostigma* Clarke 紫花苣苔属

Loxostigma Clarke (1883: 59); Wang et al. (1998: 372) [Type: *L. griffithii* (Wight) Clarke (≡*Didymocarpus griffithii* Wight)]

特征描述：草本或亚灌木。根状茎匍匐或不存在；茎具棱。叶对生，每对不等大；叶片基部偏斜。聚伞花序伞状；苞片 2。花萼钟状，5 裂至近基部。花冠粗筒状；筒长于檐部，上部下侧肿胀；檐部二唇形，上唇 2 裂，下唇 3 裂。雄蕊 4，花药肾形，顶端成对连着，基部叉开，2 对雄蕊又紧密靠合，药室 2，近平行，顶端汇合；退化雄蕊小或不存在。花盘环状。子房长圆形，花柱被短柔毛，比子房稍长或等长，柱头 2。蒴果线状长圆形，种子两端具毛状附属物。

分布概况：7/7 种，**14SH 型**；分布于尼泊尔，不丹，印度，缅甸及越南北部；中国产广西、贵州、云南及四川，以云南东南部较密集，北至四川峨眉山。

系统学评述：紫花苣苔属可能为适应附生习性的一类植物[FOC,13]。

DNA 条形码研究：BOLD 网站有该属 4 种 4 个条形码数据；GBOWS 网站已有 1 种 11 个条形码数据。

35. *Lysionotus* D. Don 吊石苣苔属

Lysionotus D. Don (1822: 85); Clarke (1883: 57); Wang (1983: 249); Wang et al. (1998: 385) (Type: *L. serratus* D. Don)

特征描述：小灌木或亚灌木，通常附生。叶对生或轮生，通常有短柄。聚伞花序常具细花序梗；苞片对生。花萼 5 裂达或接近基部。花冠筒细漏斗状，檐部二唇形，上唇 2 裂，下唇 3 裂。雄蕊下（前）方 2 枚能育，内藏，花丝常扭曲，花药连着，2 室近平行，药隔背部无或有附属物；退化雄蕊 2-3。花盘环状或杯状。雌蕊内藏，子房线形，侧膜胎座 2，花柱常较短，柱头盘状或扁球形。蒴果线形，室背开裂成 2 瓣，以后每瓣又纵裂为 2 瓣。种子纺锤形，每端各有 1 个附属物。花粉粒 3 沟，网状纹饰。染色体 $2n$=30，32。

分布概况：30/28 种，**14 型**；自印度北部，尼泊尔向东经中国，泰国及越南北部到日本南部；中国分布于秦岭以南各省区，主产云南、广西、四川等。

系统学评述：吊石苣苔属是较为自然的附生类群之一[FOC,1]。

DNA 条形码研究：BOLD 网站有该属 8 种 64 个条形码数据；GBOWS 网站已有 5 种 43 个条形码数据。

代表种及其用途：吊石苣苔 *L. pauciflorus* Maximowicz 等可供药用。

36. *Metabriggsia* W. T. Wang 单座苣苔属

Metabriggsia W. T. Wang (1983: 1); Wang et al. (1998: 293) (Type: *M. ovalifolia* W. T. Wang)

特征描述：草本，具直立茎。茎直立。叶对生，不等大，叶脉羽状。聚伞花序腋生，有近球形总苞。花萼钟状，5 裂至基部。花冠白色，筒漏斗状，檐部二唇形，比筒短，上唇 2 深裂或 2 全裂，下唇 3 浅裂。下（前）方雄蕊能育 2，花药基着，顶端连着，药室平行，顶端不汇通；退化雄蕊 2-3。花盘环状。雌蕊内藏，子房线形，侧膜胎座 1 个，呈薄片状，花柱比子房长，顶端变粗成扁球形的小柱头。蒴果线形，宿存胎座近圆筒状。种子多宽椭圆形，两端尖。

分布概况：2/2（2）种，**15 型**；特产中国广西西部、海南及云南东南部。

系统学评述：单座苣苔属似应归入半蒴苣苔属[9]。

DNA 条形码研究：GBOWS 网站有该属 1 种 11 个条形码数据。

37. *Metapetrocosmea* W. T. Wang 盾叶苣苔属

Metapetrocosmea W. T. Wang (1981: 38); Wang et al. (1998: 309) [Type: *M. peltata* (Merrill & Chun) W. T. Wang (≡*Petrocosmea peltata* Merrill & Chun)]

特征描述：多年生小草本；根状茎圆柱形。叶基生，椭圆形，基部盾形具羽状脉。聚伞花序腋生。花萼 5 裂达基部。花冠白色，筒状，檐部二唇形，比筒短，上唇 2 深裂，下唇比上唇稍长，3 深裂。下（前）方 2 雄蕊能育，内藏，花丝向顶端稍变粗，花药近背着，有白色长柔毛，2 室极叉开，纵裂，顶端不汇合；退化雄蕊 2。花盘不存在。雌蕊内藏，子房宽卵球形，2 枚侧膜胎座稍内伸至极叉开，花柱纤细，柱头头状。蒴果近球形，室背开裂成 2 瓣。种子椭圆球形，光滑。

分布概况：1/1 种，**15 型**；特产中国海南。

系统学评述：盾叶苣苔属与石蝴蝶属 *Petrocosmea* 关系密切[13]。

DNA 条形码研究：BOLD 网站有该属 1 种 1 个条形码数据；GBOWS 网站已有 1 种 7 个条形码数据。

38. *Opithandra* Burtt 后蕊苣苔属

Opithandra Burtt (1956: 162); Wang et al. (1998: 289) [Type: *O. primuloides* (Miquel) Burtt (≡*Boea primuloides* Miquel)].——*Schistolobos* W. T. Wang (1983: 25)

特征描述：草本，具根状茎。叶基生，叶脉羽状。花序腋生，聚伞状；苞片 2，对生。花萼 5 裂达或近基部，裂片披针状线形。花冠漏斗状筒形，檐部二唇形，上唇 2 裂，下唇 3 裂。上（后）方侧生 2 雄蕊能育，内藏，花丝直或稍弧状弯曲，花药分生或顶端连着，2 药室平行，顶端不汇合；退化雄蕊 1-3，偶不存在。花盘环状或杯状。雌蕊内藏，稀伸出花冠之外；子房线形，1 室，有 2 侧膜胎座；柱头 2 或合生成 1 枚。蒴果线形，室背开裂为 2 瓣。种子椭圆形。花粉粒 3 拟孔沟，网状纹饰。染色体 $2n=34$。

分布概况：9/8 种，**14SJ 型**；分布于日本；中国产广西、广东、福建南部、江西南部、湖南、贵州东部和四川东部。

系统学评述：Möller 等[5]将后蕊苣苔属并入广义的马铃苣苔属 *Oreocharis*。尽管在华南一带有一定的过渡，但是总体上 2 个属的界限较为清楚。

39. *Oreocharis* Bentham 马铃苣苔属

Oreocharis Bentham (1876: 1021); Clarke (1883: 62); Wang et al. (1998: 251) [Type: *O. benthamii* C. B. Clarke (≡*Didymocarpus oreocharis* Hance)].——*Dasydesmus* Craib (1919: 253)

特征描述：草本，无直立茎，根状茎短而粗。叶基生。聚伞花序腋生；苞片和小苞片小；花萼钟状；花冠钟状或筒状；檐部稍二唇形或二唇形，上唇 2 裂，下唇 3 裂，裂片近圆形、长圆形至长圆状披针形。能育雄蕊 4，分生，花丝着生于花冠筒近基部，花药长圆形，药室 2，平行，顶端不汇合，稀呈马蹄形，药室 1，横裂；退化雄蕊 1-2；花盘环状，全缘或 5 裂；雌蕊无毛，子房长圆形，花柱比子房短，柱头 1。蒴果长圆形。种子卵圆形，两端无附属物。花粉粒 3 沟，网状纹饰。染色体 2n=34。

分布概况：27/26 种，**7-4 型**；分布于越南，泰国；中国产华中以南地区，西至西藏及甘肃南部。

系统学评述：Möller 等[5]将其近缘的直瓣苣苔等多属归并入马铃苣苔属，归并的合理性有待更全面的取样和分子证据。

DNA 条形码研究：BOLD 网站有该属 36 种 121 个条形码数据；GBOWS 网站已有 9 种 68 个条形码数据。

代表种及其用途：少数种类的全草可入药，如川滇马铃苣苔 *O. henryana* Oliver、长瓣马铃苣苔 *O. auricula* (S. Moore) C. B. Clarke、石上莲 *O. benthamii* var. *reticulata* Dunn 等。

40. *Ornithoboea* Parish ex C. B. Clarke 喜鹊苣苔属

Ornithoboea Parish ex Clarke (1883: 147; 1884: 365); Wang et al. (1998: 369) (Type: *O. parishii* C. B. Clarke)

特征描述：有茎草本。叶对生；叶片膜质，偏斜。聚伞花序顶生和腋生；苞片 2 枚或不明显。花萼钟状，5 深裂。花冠斜钟形；筒短于檐部；檐部二唇形，上唇 2 裂，与下唇远离且短于下唇，下唇 3 裂，内面具髯毛。能育雄蕊 2，花丝不叉分或近顶端关节处叉分成 1 不育枝和 1 能育枝，花药椭圆形，顶端连着，两端钝，2 室，极叉开，顶端汇合；退化雄蕊 2。花盘不明显或环状。子房卵球形，花柱上部弯曲，柱头头状。蒴果螺旋状卷曲。种子卵形或卵状纺锤形。花粉粒 3 沟，穿孔状-刺状纹饰。染色体 2n=34。

分布概况：11/5 种，**（7a）型**；分布于中国南部，越南，泰国至缅甸东部，南至马来西亚；中国产广西西南部、贵州南部至云南西南部。

系统学评述：喜鹊苣苔属为一类在喀斯特地区特化的类群。

DNA 条形码研究：BOLD 网站有该属 3 种 3 个条形码数据；GBOWS 网站已有 3 种 15 个条形码数据。

41. *Paraboea* (Clarke) Ridley 蛛毛苣苔属

Paraboea (C. B. Clarke) Ridley (1905: 63; 1923: 527); Wang et al. (1998: 362) [Type: *P. clarkei* Burtt

(≡*Didymocarpus paraboea* C. B. Clarke)].——*Buxiphyllum* W. T. Tang & C. Z. Gao (1981: 36); *Chlamydoboea* Stapf (1913: 354); *Phylloboea* Bentham, *nom. rej.* (1876: 1020)

特征描述： 草本，或半灌木状，幼时被蛛丝状绵毛。叶对生，下面通常密被彼此交织的毡毛。聚伞花序腋生或组成顶生圆锥状聚伞花序；苞片 1-2 枚。花萼钟状，5 裂达基部。花冠斜钟状，稍二唇形，上唇 2 裂，下唇 3 裂。雄蕊 2，花药狭长圆形，稀椭圆形，两端钝或尖，顶端连着，药室 2，汇合，极叉开；退化雄蕊 1-3。无明显花盘。子房卵圆形或长圆形，向上渐细成花柱，柱头头状。蒴果通常筒形，不卷曲或稍螺旋状卷曲。种子具蜂巢状网纹，无附属物。花粉粒 3 沟，网状或瘤状纹饰。染色体 2*n*=18，36。

分布概况： 70/12 种，**7-1 型**；分布于不丹，印度尼西亚，菲律宾；中国产台湾、广东、海南、广西、云南、贵州、四川和湖北。

系统学评述： 蛛毛苣苔属是较为自然的类群[FOC,1,13]。

DNA 条形码研究： BOLD 网站有该属 7 种 7 个条形码数据；GBOWS 网站已有 3 种 32 个条形码数据。

42. *Paraisometrum* W. T. Wang 弥勒苣苔属

Paraisometrum W. T. Wang (1997: 431); Wang et al. (1998: 268) (Type: *P. mileense* W. T. Wang)

特征描述： 草本，无地上茎，根状茎短而粗。叶基生，椭圆形。聚伞花序腋生；苞片 2，对生。花萼钟状，5 裂达基部，裂片相等。花冠筒状，橙黄色或黄白色；檐部二唇形，上唇短于下唇，不等 4 浅裂，下唇不裂。能育雄蕊 4，花丝无毛，花药扁球形，顶端成对连着，药室平行；退化雄蕊 1。花盘环状。雌蕊无毛，子房线形，侧膜胎座 2，内伸至子房中央边缘叉开；花柱短；柱头 1，头部扁平。蒴果长圆状披针形。种子多数，两端无附属物。染色体 2*n*=34。

分布概况： 1/1（1）种，**15 型**；特产中国云南中部、贵州（兴义）及广西（隆林）。

系统学评述： Möller 等[5]将弥勒苣苔属归并入广义的马铃苣苔属。

DNA 条形码研究： GBOWS 网站有该属 1 种 8 个条形码数据。

代表种及其用途： 单种属，列入国家极小种群保护名单。

43. *Paralagarosolen* Y. G. Wei 方鼎苣苔属

Paralagarosolen Y. G. Wei (2004: 528); Li & Wang (2004: 169) (Type: *P. fangianum* Y. G. Wei)

特征描述： 草本，具根状茎。叶基生。聚伞花序腋生，具 1 花；苞片 2，对生；花萼钟状，5 深裂。花冠高脚碟状，檐部二唇形，上唇 2 深裂，裂片长圆形，下唇 3 深裂，裂片倒卵形，先端圆钝。下（前）侧方 2 雄蕊能育，内藏，花药宽椭圆形，腹面连着，2 药室极叉开，顶端汇合；退化雄蕊 2。花盘杯状。雌蕊内藏，子房卵球形，1 室，2 侧膜胎座稍内伸后 2 裂，花柱细长，柱头 2，相等。蒴果宽卵状椭圆球形，具 4 纵沟，顶端钝，果瓣 4，直。种子椭圆球形，具密集的小瘤突，无附属物。

分布概况： 1/1（1）种，**15 型**；特产中国广西西部。

系统学评述：方鼎苣苔属拟归入石山苣苔属 *Petrocodon*[7]。

44. *Petrocodon* Hance 石山苣苔属

Petrocodon Hance (1883: 167); Wang et al. (1998: 348) (Type: *P. dealbatus* Hance)

特征描述：草本，具根状茎。叶基生，长圆形，具羽状脉。聚伞花序有 2 苞片。花萼钟状，5 裂达基部，裂片线形。花冠白色，坛状粗筒形；筒比檐部稍长；檐部不明显二唇形，上唇比下唇稍短，2 深裂，下唇 3 深裂。下（前）方 2 雄蕊能育，内藏，花丝狭线形或线形，直，花药连着，2 室近极叉开，顶端汇合；退化雄蕊 2-3。花盘环形。雌蕊常伸出，子房线形，有 2 侧膜胎座，柱头近球形。蒴果线形，室背开裂成 2 瓣。种子纺锤形，种皮近平滑。花粉粒 3 拟孔沟，网状纹饰。

分布概况：1/1（1）种，**15 型**；特产中国南部至中部。

系统学评述：根据 Weber 等[7]观点，广义的石山苣苔属包括朱红苣苔属、细筒苣苔属、方鼎苣苔属、文采苣苔属、长檐苣苔属及长蒴苣苔属的少数种类。

DNA 条形码研究：BOLD 网站有该属 16 种 23 个条形码数据；GBOWS 网站已有 2 种 8 个条形码数据。

45. *Petrocosmea* Oliver 石蝴蝶属

Petrocosmea Oliver (1887: 1716); Craib (1919: 269); Wang et al. (1998: 302) (Type: *P. sinensis* Oliver)

特征描述：多年生草本，具短而粗的根状茎。叶基生，叶片卵形或椭圆形，具羽状脉。聚伞花序腋生，1 至数条，有 2 苞片。花萼 5 裂达基部。花冠粗筒状，檐部比筒长，二唇形，上唇 2 裂，与下唇近等长或比下唇短约 2 倍，下唇 3 裂。下（前）方 2 雄蕊能育，花丝通常比花药短，花药底着，2 药室平行，顶端不汇合或汇合；退化雄蕊 3 或 2。花盘不存在。雌蕊稍伸出花冠筒之上，子房卵球形，1 室，有 2 侧膜胎座，花柱细长，柱头近球形。蒴果长椭圆球形，室背开裂为 2 瓣。种子椭圆形，光滑。粉粒 3 沟，瘤状-颗粒纹饰。染色体 $2n$=32，34。

分布概况：27/24 种，**7-1 型**；分布于印度阿萨姆，越南，缅甸南部；中国产云南、四川、陕西南部、湖北西部、贵州和广西西南部。

系统学评述：石蝴蝶属是适应石生环境较为自然的类群[FOC,1,13]。

DNA 条形码研究：BOLD 网站有该属 4 种 4 个条形码数据；GBOWS 网站已有 3 种 14 个条形码数据。

46. *Platystemma* Wallich 堇叶苣苔属

Platystemma Wallich (1831: 41); Wang et al. (1998: 284) (Lectotype: *P. violoides* Wallich)

特征描述：小草本，植株低矮。1（-2）叶生于茎顶端。叶无柄，心形，边缘具粗牙齿，脉近掌状。聚伞花序从叶腋抽出；苞片钻形。花萼钟状，5 深裂，裂片相等。花冠斜钟形，筒极短，檐部大，二唇形，上唇 2 裂，下唇 3 裂。雄蕊 4，花药 2 室，极叉开，药室汇合，退化雄蕊 1。花盘环状。子房卵球形，2 侧膜胎座，具多数胚珠；花柱细，长于子房，柱头 1，头状。蒴果卵状长圆形，室背开裂，2 裂片不扭曲。种子无附属物。染色体 $2n=40$。

分布概况：1/1 种，**14SH 型**；分布于尼泊尔，不丹至印度北部；中国产西藏南部。

系统学评述：堇叶苣苔属系统位置不明确。

DNA 条形码研究：BOLD 网站有该属 1 种 1 个条形码数据。

47. *Primulina* Hance 报春苣苔属

Primulina Hance (1883: 169); Wang et al. (1998: 310) (Type: *P. tabacum* Hance)

特征描述：多年生草本。叶基生，叶片羽状浅裂，叶柄宽，边缘有波状翅。聚伞花序似伞形；苞片对生。花萼 5 深裂。花冠高脚碟状；筒细筒状，檐部平展，不明显二唇形，2 深裂，下唇 3 深裂。下（前）方 2 雄蕊能育，内藏，花丝比花药短；花药连着，长圆形，2 室极叉开，顶端汇合；退化雄蕊 3。花盘由 2 腺体组成。雌蕊内藏，子房狭卵形，花柱短，柱头 1，顶端 2 浅裂。蒴果长椭圆球形，室背开裂，最后裂成 4 瓣。种子狭椭圆球形，表面有小瘤状凸起。花粉粒 3 拟孔沟，网状纹饰。

分布概况：1/1（1）种，**15 型**；特产中国广东北部。

系统学评述：报春苣苔属已变成唇柱苣苔属的成员[3,4,6]。

DNA 条形码研究：BOLD 网站有该属 27 种 29 个条形码数据；GBOWS 网站已有 2 种 11 个条形码数据。

48. *Pseudochirita* W. T. Wang 异裂苣苔属

Pseudochirita W. T. Wang (1983: 21); Wang et al. (1998: 293) [Type: *P. guangxiensis* (S. Z. Huang) W. T. Wang (≡*Chirita guangxiensis* S. Z. Huang)]

特征描述：多年生草本，茎粗壮。叶对生，叶脉羽状。聚伞花序腋生。花萼钟状，5 浅裂，裂片扁三角形。花冠白色，筒漏斗状筒形，檐部二唇形，上唇较短，2 裂，下唇较长，3 浅裂。下（前）方 2 雄蕊能育，内藏，花丝狭线形，花药基着，长圆形，顶端连着，2 药室平行，顶端不汇合，药隔背面隆起；退化雄蕊 3。花盘杯状。雌蕊内藏，子房线形，2 侧膜胎座稍内伸后，极叉开，花柱细，柱头 2，不等大。蒴果线形，室背开裂。种子纺锤形，两端有小尖头。花粉粒 3 沟，网状纹饰。

分布概况：1/1（1）种，**15 型**；特产中国广西。

系统学评述：异裂苣苔属似与漏斗苣苔属 *Raphiocarpus* 近缘。

DNA 条形码研究：BOLD 网站有该属 2 种 2 个条形码数据；GBOWS 网站已有 1 种 3 个条形码数据。

49. *Raphiocarpus* W. Y. Chun 漏斗苣苔属

Raphiocarpus W. Y. Chun (1946: 273); Li & Wang (2004: 80) (Type: *R. sinicus* W. Y. Chun). ——*Didissandra* Clarke (1883: 65)

特征描述：草本，茎分枝或不分枝，具匍匐茎。叶密集于茎顶端，或数对散生，每对不等大，基部偏斜。聚伞花序腋生。花萼钟状，5 深裂。花冠筒状漏斗形，檐部二唇形，上唇 2 裂，短于下唇，下唇 3 裂。雄蕊 2 对，有时各对不等大，内藏，花药狭长圆形，中部缢缩或椭圆形，顶端成对连着或腹面连着，药室不汇合或汇合；退化雄蕊小。花盘环状。子房线形，比花柱长或与花柱等长，柱头 2，相等，不裂，或柱头 2，不等，上方 1 枚不裂，下方 1 枚微 2 裂。染色体 n=9-16（27，45）。

分布概况：31/5 种，**7-1 型**；分布于印度至马来西亚；中国产广东、广西、贵州、云南和四川西南部。

系统学评述：漏斗苣苔属可能不是个自然的类群[3]。

DNA 条形码研究：BOLD 网站有该属 6 种 11 个条形码数据；GBOWS 网站已有 1 种 1 个条形码数据。

50. *Rhabdothamnopsis* Hemsley 长冠苣苔属

Rhabdothamnopsis Hemsley (1903: 517); Wang et al. (1998: 371) (Type: *R. sinensis* Hemsley)

特征描述：多分枝小灌木。叶对生或密集于节上。花 1 朵生于叶腋；苞片 2。花萼钟状，5 裂至基部。花冠钟状筒形，檐部二唇形，比筒短，上唇 2 裂，下唇 3 裂，裂片近相等。能育雄蕊 2，着生于花冠下（前）方一侧中部之下，花药中等大，被髯毛，顶端连着，药室 2，汇合；退化雄蕊 2，位于花冠上（后）方。花盘环状，不裂。雌蕊被短柔毛，花柱比子房长 2 倍，柱头 2，不等，近半圆形或舌状，或盘状微凹。蒴果长圆形，螺旋状卷曲。种子具蜂巢状网纹。染色体 $2n$=36。

分布概况：1/1（1）种，**15 型**；特产中国云南、四川、贵州。

系统学评述：长冠苣苔属是以云南高原为中心的特化类群。

DNA 条形码研究：BOLD 网站有该属 1 种 2 个条形码数据；GBOWS 网站已有 1 种 7 个条形码数据。

51. *Rhynchoglossum* Blume 尖舌苣苔属

Rhynchoglossum Blume (1826: 741); Clarke (1883: 161); Wang et al. (1998: 399) (Type: *R. obliquum* Blume)

特征描述：多年生或一年生草本。叶互生，两侧不对称，基部极斜，侧脉多数。花序总状；花偏向一侧。花萼近筒状，5 浅裂，有时具翅。花冠筒细筒状，檐部二唇形，上唇短，2 裂，下唇较大，3 裂。雄蕊内藏，4 枚，2 强，或只下（前）方 2 枚能育，花丝狭线形，花药成对连着，2 室近平行或极叉开，顶端汇合；退化雄蕊 3、2 或不存在。花盘环状。雌蕊内藏，子房卵球形，2 侧膜胎座内伸，2 裂，柱头近球形。蒴果椭圆球形，室背开裂。种皮有细网纹。花粉粒 3 沟，皱波状纹饰。

分布概况：12/2 种，**3 型**；分布于印度，巴布亚新几内亚的热带地区，以及墨西哥和哥伦比亚；中国产四川、云南、广西、贵州及台湾。

系统学评述：尖舌苣苔属可能与非洲具不等大叶片和中轴胎座的类群关系密切。

DNA 条形码研究： BOLD 网站有该属 2 种 2 个条形码数据；GBOWS 网站已有 1 种 16 个条形码数据。

52. *Rhynchotechum* Blume 线柱苣苔属

Rhynchotechum Blume (1826: 775); Wang et al. (1998: 393) (Type: *R. parviflorum* Blume)

特征描述： 亚灌木，幼时常密被柔毛。叶对生，通常有较多近平行的侧脉。聚伞花序腋生；苞片对生。花萼 5 裂达基部。花冠钟状粗筒形，筒比檐部短，檐部不明显二唇形，上唇 2 裂，下唇 3 裂。能育雄蕊 4，着生于花冠筒基部，花丝短，花药近球形，2 药室平行，顶端汇合，裂缝上部稍弯曲；退化雄蕊 1。花盘环状，或不存在。雌蕊与花冠近等长，子房卵球形，2 侧膜胎座内伸，花柱比子房长，钻形，柱头扁球形。浆果近球形，白色。种子椭圆形，光滑。花粉粒 3 沟，网状纹饰。染色体 2*n*=18-22，20。

分布概况： 14/6 种，**（7d）型**；自印度向东经中国南部，中南半岛，印度尼西亚至巴布亚新几内亚；中国自西藏东南部，经云南、四川南部、贵州南部、广西、广东、福建南部至台湾均产。

系统学评述： 线柱苣苔属可能与短筒苣苔属关系密切[3,4]。

DNA 条形码研究： GBOWS 网站有该属 3 种 26 个条形码数据。

53. *Stauranthera* Bentham 十字苣苔属

Stauranthera Bentham (1835: 57); Wang et al. (1998: 397) (Type: *S. grandifolia* Bentham)

特征描述： 肉质草本。叶互生，或对生，此时同一对中的 1 枚极小，两侧极不对称。聚伞花序具长梗；苞片小。花萼宽钟状，5 裂，裂片开展，在裂片之间有纵褶。花冠钟状，基部具距或囊状，檐部不明显二唇形，上唇 2 裂，下唇 3 裂。能育雄蕊 4，花丝短，花药以侧面合生成扁圆锥状，2 药室基部稍叉开，以纵缝开裂，顶端最后汇合。花盘不存在。子房近球形，花柱短，柱头宽漏斗状，2 侧膜胎座内伸，2 裂。蒴果扁球形。种子倒卵球形，具网状的外种皮。花粉粒 3 沟，网状纹饰。染色体 2*n*=18-20。

分布概况： 10/1 种，**7 型**；分布于亚洲南部和东南部热带地区；中国产云南南部、广西西部和海南。

系统学评述： 十字苣苔属为花瓣特化出距或囊的一类浆果类群[13]。

DNA 条形码研究： GBOWS 网站有该属 1 种 11 个条形码数据。

54. *Tengia* W. Y. Chun 世纬苣苔属

Tengia W. Y. Chun (1946: 279); Wang et al. (1998: 250) (Type: *T. scopulorum* W. Y. Chun)

特征描述： 草本，具根状茎。叶基生，椭圆形，叶脉羽状。聚伞花序腋生，有少数花；花辐射对称。花萼钟状，5 裂达基部，裂片披针状条形。花冠近壶状，筒比檐部长；檐部 5 裂，裂片狭三角形，近直展。雄蕊 5，与花冠裂片互生，着生于花冠近基部处，内藏，花丝狭线形，花药近肾形，顶端有小尖头，顶端汇合。花盘环状，全缘。雌蕊稍伸出花冠之外，子房细圆锥状筒形，1 室，2 侧膜胎座内伸，2 裂，花柱比子房长，柱头点状。蒴果线形，裂成 4 瓣。

分布概况：1/1（1）种，**15 型**；特产中国贵州。

系统学评述：世纬苣苔属为苦苣苔科中少有的花辐射对称的属。Möller 等[5]将之归并入广义的马铃苣苔属。

55. *Thamnocharis* W. T. Wang 辐花苣苔属

Thamnocharis W. T. Wang (1981: 485); Wang et al. (1998: 249) [Type: *T. esquirolii* (Léveillé) W. T. Wang (≡*Oreocharis esquirolii* Léveillé)]

特征描述：小草本，具根状茎。叶基生，椭圆形，羽状脉。聚伞花序腋生，二回分枝；苞片 2，对生；花小，近辐射对称。花萼钟状，4-5 裂近基部；裂片三角形。花冠辐状，4-5 深裂，裂片长圆形。雄蕊 4-5，与花冠裂片互生，着生于花冠基部，分生，伸出，不等长；花丝狭线形，花药椭圆形，2 药室平行，顶端不汇合。花盘低环状。雌蕊伸出；子房狭卵、球形，1 室，侧膜胎座 2；花柱细，比子房稍长，柱头小，近截形。蒴果线状披针形，室背分裂成 2 瓣。

分布概况：1/1（1）种，**15 型**；特产中国贵州西南部。

系统学评述：辐花苣苔属为苦苣苔科中少有的花辐射对称的属，为该科中较为原始的类群。Möller 等[5]将之归并入广义的马铃苣苔属。

56. *Titanotrichum* Solereder 台闽苣苔属

Titanotrichum Solereder (1909: 400); Wang et al. (1998: 400) [Type: *T. oldhamii* (Hemsley) Solereder (≡*Rehmannia oldhamii* Hemsley)]

特征描述：草本，根状茎有肉质鳞片。茎有 4 条纵棱或圆柱形。叶对生，同一对叶常不等大，叶脉羽状。花序总状，有苞片。两性花大。花萼 5 裂至基部。花冠漏斗状筒形，檐部二唇形，上唇 2 裂，下唇 3 裂。雄蕊 4，2 强，花丝狭线形，有 1 条脉，花药成对顶端连着，2 药室平行，顶端不汇合；退化雄蕊 1。花盘下位。雌蕊内藏，子房卵球形，有 2 侧膜胎座，花柱细长，柱头 2，上方的极小，下方的舌形，2 浅裂。蒴果卵球形，裂成 4 瓣。种子近杆状，两端有膜质鳞状翅。染色体 $2n$=40。

分布概况：1/1 种，**14SJ 型**；分布于琉球群岛；中国产福建和台湾。

系统学评述：台闽苣苔属似应为玄参科的成员[12]。

DNA 条形码研究：BOLD 网站有该属 1 种 3 个条形码数据。

57. *Tremacron* Craib 短檐苣苔属

Tremacron Craib (1916: 117); Wang et al. (1998: 261) (Lectotype: *T. forrestii* Craib)

特征描述：草本，具根状茎。叶基生；叶片边缘具圆齿或粗齿。聚伞花序腋生；苞片 2，线形。花萼钟形，5 裂至近基部。花冠筒状，黄色或白色，檐部二唇形，上唇极短，几乎与口部平截或微凹，下唇 3 裂。能育雄蕊 4，分生，全部或仅下（前）雄蕊伸出花冠外，着生于花冠近基部，花药卵圆形，基部略叉开，平行，汇合；退化雄蕊 1。花盘环状，边缘 5 浅裂。雌蕊无毛或被细柔毛，花柱短，柱头 2，极短。蒴果长圆状披针形。种子多数，两端无附属物。

分布概况：7/7（7）种，**15 型**；特产中国云南西北至东部和四川西南部。

系统学评述：Möller 等[5]将短檐苣苔属归并入广义的马铃苣苔属。

DNA 条形码研究：GBOWS 网站有该属 4 种 16 个条形码数据。

58. *Trisepalum* Clarke 唇萼苣苔属

Trisepalum Clarke (1883: 138; 1884: 363); Wang et al. (1998: 370) (Type: *T. obtusum* Clarke).——*Dichiloboea* Stapf (1913: 356)

特征描述：多年生草本，有茎或无茎，茎下部常木质化。叶对生或莲座状，密被蛛丝状绵毛。聚伞花序呈二歧式、单歧式或组成圆锥花序，腋生；苞片不明显，或具较大的苞片。花萼二唇形，上唇上部 3 裂，下唇 2 裂至基部。花冠狭钟状；檐部稍二唇形，上唇 3 裂，下唇 2 裂。雄蕊 2，位于花冠下（前）方近基部，花丝较短，内藏，花药椭圆形，药室 2，顶端连着，叉开；退化雄蕊 1。花盘环状。子房椭圆形，花柱与子房等长，柱头 2，舌状。蒴果螺旋状卷曲。花粉粒 3 沟，穿孔状-颗粒纹饰。染色体 $2n$=34，68。

分布概况：13/1 种，**（7a）型**；分布于缅甸，泰国，马来西亚；中国产云南、四川。

系统学评述：唇萼苣苔属与蛛毛苣苔属的关系较为密切。

59. *Wentsaiboea* D. Fang & D. H. Qin 文采苣苔属

Wentsaiboea D. Fang & D. H. Qin (2004: 533) (Type: *W. renifolia* D. Fang & D. H. Qin)

特征描述：多年生无茎草本。叶基生，具柄，圆形。聚伞花序腋生。苞片 2，对生。花萼钟状，5 裂至基部。花冠紫色至白色，斜钟状，下方肿胀，二唇形；筒部与檐部近等长；檐部二唇形，上唇 2 深裂，下唇 3 中裂。能育雄蕊 2，内藏；花丝线形，花药肾形；退化雄蕊 2。子房狭卵形，1 室，2 侧膜胎座稍内伸，叉开，具多数胚珠；柱头 2，小斜马蹄形。

分布概况：1/1（1）种，**15 型**；特产中国广西（都安）。

系统学评述：根据 *trn*L-F 与 ITS 分析结果，文采苣苔属另一个未发表的种—天等文采苣苔 *Wentsaiboea tiandengensis* Y. G. Wei & F. Wen，被归并入广义的石山苣苔属 *Petrocodon*[14]，但模式种 *Wentsaiboea renifolia* D. Fang & D. H. Qin 由于证据不充分，尚未作处理。

60. *Whytockia* W. W. Smith 异叶苣苔属

Whytockia W. W. Smith (1919: 338); Wang et al. (1998: 396) [Type: *W. chiritiflora* (Oliver) W. W. Smith (≡*Stauranthera chiritiflora* Oliver)]

特征描述：草本，茎直立或渐升。叶对生，同一对叶极不相等；正常叶具短柄或无柄，基部极斜，具羽状脉；退化叶小，无柄。聚伞花序腋生。花萼5裂近基部，裂片卵形，有多条纵分泌沟。花冠筒状漏斗形，檐部二唇形，比筒短，上唇2裂，下唇3裂。能育雄蕊4，2强，内藏；花药连着，2药室叉开，顶端汇合；退化雄蕊1。花盘环状。雌蕊内藏，子房近球形或卵球形，2室，有中轴胎座，柱头2。蒴果近球形，2瓣裂或不规则2裂。种子近椭圆球形。染色体 $2n=18$。

分布概况：3/3（3）种，**15型**；分布于云南东南部、广西北部、贵州、四川南部、湖南西部、湖北西南部和台湾。

系统学评述：异叶苣苔属可能与非洲具不等大叶片和中轴胎座的类群关系密切[12]。

DNA 条形码研究：GBOWS 网站有该属 1 种 4 个条形码数据。

主要参考文献

[1] Weber A, et al. A new formal classification of Gesneriaceae[J]. Selbyana, 2013, 31: 68-94.

[2] Puglisi C, et al. New insights into the relationships between *Paraboea*, *Trisepalum*, and *Phylloboea* (Gesneriaceae) and their taxonomic consequences[J]. Taxon, 2011, 60: 1693-1702.

[3] Möller M, et al. A preliminary phylogeny of the ‘didymocarpoid Gesneriaceae’ based on three molecular data sets: incongruence with available tribal classifications[J]. Am J Bot, 2009, 96: 989-1010.

[4] Möller M, et al. A molecular phylogenetic assessment of the advanced Asiatic and Malesian didymocarpoid Gesneriaceae with focus on non-monophyletic and monotypic genera[J]. Plant Syst Evol, 2011, 292: 223-248.

[5] Möller M, et al. A new delineation for *Oreocharis* incorporating an additional ten genera of Chinese Gesneriaceae[J]. Phytotaxa, 2011, 23: 1-36.

[6] Wang YZ, et al. Phylogenetic reconstruction of *Chirita* and allies (Gesneriaceae) with taxonomic treatments[J]. J Syst Evol, 2011, 49: 50-64.

[7] Weber A, et al. A new definition of the genus *Petrocodon* (Gesneriaceae)[J]. Phytotaxa, 2011, 23: 49-67.

[8] Weber A, et al. Molecular systematics and remodelling of *Chirita* and associated genera (Gesneriaceae)[J]. Taxon, 2011, 60: 767-790.

[9] Weber A, et al. Inclusion of *Metabriggsia* into *Hemiboea* (Gesneriaceae)[J]. Phytotaxa, 2011, 23: 37-48.

[10] Smith JF, et al. Familial placement of *Cyrtandromoea*, *Titanotrichum* and *Sanango*, three problematic genera of the Lamiales[J]. Taxon, 1997, 46: 65-74.

[11] Smith JF, et al. Tribal relationships in the Gesneriaceae: evidence from DNA sequences of the chloroplast gene *ndh*F[J]. Ann MO Bot Gard, 2014, 84: 50-66.

[12] Weber A. Gesneriaceae[M]//Kubitzki K. The families and genera of vascular plants, VII. Berlin: Springer, 2004: 63-158.

[13] 李振宇, 王印政. 中国苦苣苔科植物[M]. 郑州: 河南科学技术出版社, 2004.

[14] Chen WH, et al. Three new species of *Petrocodon* (Gesneriaceae), endemic to the limestone areas of Southwest China, and preliminary insights into the diversification patterns of the genus[J]. Syst Bot, 2014, 39: 316-330.

[15] Chen WH, et al. A new species of *Paraboea* (Gesneriaceae) from a karst cave in Guangxi, China, and observations on variations in flower and inflorescence architecture[J]. Bot J Linn Soc, 2008, 158: 681-688.

[16] 韦毅刚, 等. 华南苦苣苔科植物[M]. 南宁: 广西科学技术出版社, 2010.

Plantaginaceae Jussieu (1789), *nom. cons.* 车前科

特征描述：草本，稀灌木，陆生，稀为水生。腺毛顶端无垂直隔壁。叶螺旋状互生或对生；单叶或复叶，平行脉，叶腋具毛。花两性，常左右对称；花瓣（4）5，合生，常二唇形，雄蕊 4，2 强，花丝贴生于花冠；心皮 2 合生，中轴胎座，胎座膨大；柱头有时 2 裂。蒴果常室间开裂。种子有角具翅。花粉粒 3 孔沟，网状纹饰。风媒或虫媒。

分布概况：90 属/1900 种，主要分布于温带；中国 21 属/165 种，分布于南北各省区。

系统学评述：传统上车前科仅包括 1 属，FOC 及 FRPS 中该科分别包括 2 属或 3 属。分子证据显示车前科包括了在广义玄参科 Scrophulariaceae *s.l.*中的透骨草科 Phrymaceae、通泉草科 Mazaceae 等大部分类群，此外，水马齿科 Callitrichaceae 和杉叶藻科 Hippuridaceae 也被并入车前科[1-5]。但有学者认为这种大的变动不利于科名的使用，提出建议将 Antirrhinaceae[6]或 Veronicaceae[7]作为保留名，代替 Plantaginaceae。主要依据 Albach 等[1]的分子证据，Tank 等[8]将车前科划分 12 族[3]。中国分布（和引种）的 20 属隶属于其中 8 族，即水八角族 Gratioleae、金鱼草族 Antirrhineae、水马齿族

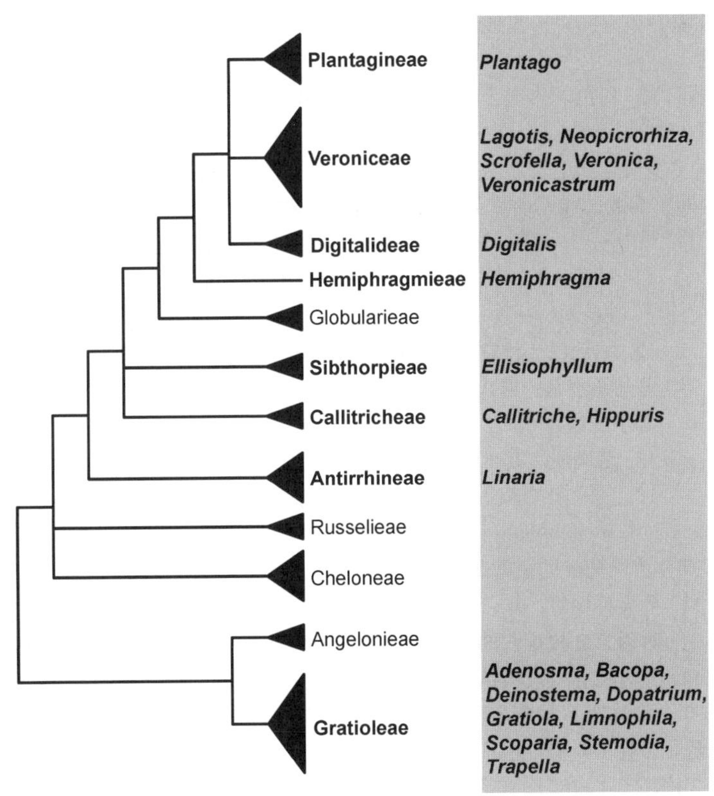

图 195　车前科分子系统框架图（参考 Albach 等[1]；Gormley 等[9]）

Callitricheae、幌菊族 Sibthorpieae、鞭打绣球族 Hemiphragmeae、毛地黄族 Digitalieae、车前族 Plantagineae 和婆婆纳族 Veroniceae。Gormley 等[9]的最新研究亦根据分子证据将原隶属于胡麻科 Pedaliaceae 的茶菱属 *Trapella* 处理为车前科水八角族的一员。

分属检索表

1. 水生或微小的沼泽植物
  2. 两性花或单性花，花无花被片；雄蕊 1
    3. 叶对生，或呈莲座状；花单性同株，4 室；果 4 裂……………………………**3. 水马齿属 *Callitriche***
    3. 叶 4-12 枚轮生；子房下位，1 室；瘦果……………………………**10. 杉叶藻属 *Hippuris***
  2. 两性花，花冠两侧对称；雄蕊 2 或 4
    4. 雄蕊 4，蒴果室间开裂……………………………**12. 石龙尾属 *Limnophila***
    4. 雄蕊 2
      5. 蒴果 4 裂……………………………**4. 泽蕃椒属 *Deinostema***
      5. 蒴果不开裂……………………………**19. 茶菱属 *Trapella***
1. 陆生植物，偶尔生长在潮湿或沼泽地
  6. 花冠整齐或近于整齐，雄蕊和花冠裂片同数为 4……………………………**15. 车前属 *Plantago***
  6. 花冠不整齐，多少有些呈二唇形，花冠裂片为 5，雄蕊数常少于花冠裂片
    7. 花冠上方的 2 个裂片或上唇在花蕾中处于外方，包裹下方 3 个裂片或下唇
      8. 蒴果之室相等或不相等，后方 1 室常不裂或 2 室均以 1 至多数之孔开裂……………………………**13. 柳穿鱼属 *Linaria***
      8. 蒴果在室背或室间以一直线开裂，其隔膜从蒴果壁上碎落或不规则破裂；花冠不呈囊状，亦无距
        9. 花冠辐状，白色，内方全面密生长毛，其裂片甚长于管部，上方 2 裂片完全结合为一；花药与柱头远伸花外……………………………**16. 野甘草属 *Scoparia***
        9. 花管多少有较长的管，内方非全面有长毛；花药与柱头不伸出花外
          10. 药室靠近；叶无柄，全缘或几全缘，均对生
            11. 萼基有 2 小苞；萼齿不相等，分离；蒴果室背与室间均开裂；叶均发达
              12. 雄蕊 4（5）枚；萼齿很不相等，后方 1 枚最大且为心形，侧方 2 枚最狭而在内……………………………**2. 假马齿苋属 *Bacopa***
              12. 雄蕊仅 2 枚发育；萼齿相等或仅微不相同……………………………**8. 水八角属 *Gratiola***
            11. 萼基无小苞；萼齿相等，基部结合；蒴果仅室间开裂；叶仅下部者发达，中上部者小或鳞片状
              13. 茎肉质，基部分枝，直立；花丝顶端直；花药无毛……**6. 虻眼属 *Dopatrium***
              13. 茎非肉质，上升或倾卧；花丝顶端扭曲；花药有毛……………………………**4. 泽蕃椒属 *Deinostema***
          10. 药室为一药隔的短臂所分隔；叶有柄至抱茎，有细齿或两回羽状分裂，对生或轮生
            14. 萼齿不相等；雄蕊 4 枚，前方 2 枚的两个药室中有 1 个或 2 个均小而中空，或有时后方 2 枚雄蕊的 2 个药室中有 1 个小而中空……………………………**1. 毛麝香属 *Adenosma***
            14. 萼齿相等或仅稍稍不等；雄蕊 4 枚完全……………………………**12. 石龙尾属 *Limnophila***
    7. 花冠下方 3 个裂片或下唇在花蕾中处于外方（仅兔耳草属例外）
      15. 雄蕊明显 2 强，内藏，绝不超出花冠；花冠筒部发达伸长……………………………**5. 毛地黄属 *Digitalis***
      15. 雄蕊 2 枚，或 4 枚等长（仅在胡黄莲属中有一个种，雄蕊显作 2 强，在此情况下，其前方 1 对必然明显伸出花冠之外）；花冠有时几无管，很少管长于其裂片

16. 蒴果肉质，红色，常在顶部室间开裂，并微作室背开裂；叶强烈二型，在主茎上者卵形对生，在分枝上者卷为针状，密集似松叶；茎的外皮剥落……………………………………………………………………………… **9. 鞭打绣球属 *Hemiphragma***

16. 蒴果干燥，作一般开裂；叶非二型；茎皮不剥落

17. 雄蕊 4

18. 花辐射对称，单生叶腋，其花梗细长，在花后扭卷；叶互生于匍匐茎上，有长柄，羽状深裂……………………………………………… **7. 幌菊属 *Ellisiophyllum***

18. 花左右对称，集成顶生穗状花序，无梗；叶呈基生莲座状，不裂而多少匙形……………………………………………………………… **14. 胡黄莲属 *Neopicrorhiza***

17. 雄蕊 2-3

19. 花冠明显二唇状

20. 叶多基生，常作莲座状；萼佛焰苞状或为 2 萼片，雄蕊 2；核果……………………………………………………………………… **11. 兔耳草属 *Lagotis***

20. 叶对生或轮生；萼齿 5 深裂，雄蕊 3；蒴果………… **18. 孪生花属 *Stemodia***

19. 花冠不作强二唇状；果为开裂之蒴果；花萼之齿不结合，非膜质或透明；叶多茎生

21. 萼齿 4 枚，如有 5 枚则后方 1 枚以退化的状态存在，远远小于其余 4 枚；花冠筒短管状或极短而使花冠呈辐状…………………… **20. 婆婆纳属 *Veronica***

21. 萼齿 5 枚，几相等或极少后方 1 枚仅为其余的半长

22. 雄蕊多少伸出于花外；柱头不扩大；萼齿近于相等……………………………………………………………… **21. 腹水草属 *Veronicastrum***

22. 雄蕊内藏；柱头棒状；萼齿裂片不相等，后方 1 枚只及其余的半长……………………………………………………………… **17. 细穗玄参属 *Scrofella***

1. *Adenosma* R. Brown 毛麝香属

Adenosma R. Brown (1810: 442); Hong et al. (1998: 24) (Type: *A. caerulea* R. Brown)

特征描述：草本，直立或匍匐而下部节上生根，有香味。叶对生，有锯齿，被腺点。花紫蓝色，穗状花序；萼片 5，离生；花冠筒状，二唇形，上唇直立，下唇伸展，3 裂；雄蕊 4，2 枚发育，花药 1 室或 2 室均不发育，花药分离，花丝短；花柱顶部扁平；柱头下常有 2 翅。蒴果卵状，室背和室间均开裂而成 4 瓣。种子小，多数，具网纹。

分布概况：10/4（1）种，**5（7a-c）型**；分布于亚洲东部和大洋洲；中国产长江以南。

系统学评述：依据传统的界定，毛麝香属被置于水八角族[3,10]。由于分子证据匮乏，需要进一步研究。

DNA 条形码研究：BOLD 网站有该属 1 种 1 个条形码数据；GBOWS 网站已有 2 种 10 个条形码数据。

代表种及其用途：毛麝香 *A. glutinosum* (Linnaeus) Druce 的花蓝紫色，全草入药有祛风解表、化湿消喘的功效，主治感冒、咳嗽、头痛发热等。

2. *Bacopa* Aublet 假马齿苋属

Bacopa Aublet (1775: 128); Hong et al. (1998: 21) (Type: *B. aquatica* Aublet)

特征描述：草本。叶对生，全缘或有齿缺，匙形。花单生于叶腋内，或排成总状花序；萼片5，完全分离；花冠淡青紫色，二唇形，上唇微凹或2裂，下唇3裂；雄蕊4，2强，极少5枚，药室平行而分离；柱头扩大，头状或短2裂。蒴果，有2条沟槽，室背2裂或4裂。种子多数，微小。染色体 2*n*=68，80。

分布概况：60/2（1）种，**2（3）型**；分布于热带和亚热带地区，主产美洲；中国产广东、福建、台湾、云南。

系统学评述：假马齿苋属被置于水八角族，与野甘草属 *Scoparia* 构成姐妹群关系[4]。田玄参属 *Sinobacopa* 被认为是假马齿苋属的异名，被归并到该属之中[11]，但属下系统有待进一步研究。

DNA 条形码研究：BOLD 网站有该属 4 种 14 个条形码数据；GBOWS 网站已有 1 种 4 个条形码数据。

代表种及其用途：假马齿苋 *B. monnieri* (Linnaeus) Pennell 可药用，具清热凉血、解毒消肿的功效。

3. *Callitriche* Linnaeus 水马齿属

Callitriche Linnaeus (1753: 969); Min & Lansdown (2011: 318) (Type: *C. palustris* Linnaeus)

特征描述：草本，水生、沼生或湿生。茎细弱。叶对生，或呈莲座状（水生种），全缘；无托叶。花细小，单性同株，腋生或单生；苞片2，膜质；无花被片；雄花仅1雄蕊，花丝纤细，花药2室，雌花具1雌蕊，子房上位，4室，4浅裂，花柱2，具细小乳突体。果4浅裂，边缘具膜质翅，成熟后4室分离。种子具膜质种皮。染色体数目多变，2*n*=6-40。

分布概况：75/8 种，**1（8-4）型**；分布于世界各地；中国产东北、华南、西南。

系统学评述：水马齿属常被作为1个独立的科[FPRS,FOC]，分子证据表明其与杉叶藻属 *Hippuris* 构成姐妹群关系，并与 *Russelia* 和 *Tetranema* 近缘。因此，该属被移置车前科。现有观点是将水马齿属和杉叶藻属一起放在水马齿族[3,8]。属下分类系统不详，仅有一些零散的研究[12,13]。

DNA 条形码研究：BOLD 网站有该属 26 种 74 个条形码数据。

代表种及其用途：水马齿 *C. stagnalis* Scopoli 主要生长在水中和泥沼中，对环境污染敏感，是水质质量的指标。

4. *Deinostema* T. Yamazaki 泽蕃椒属

Deinostema T. Yamazaki (1953: 129); Hong et al. (1998: 23) (Type: *non designatus*)

特征描述：沼生草本。叶对生。单花腋生，无小苞片。花萼管状钟形，5深裂达到近基部，裂片在花蕾中镊合状排列；花冠二唇形，上唇深 2 裂，下唇 3 裂，裂片开展，比上唇长；雄蕊 2，位于后方，前方 2 枚几乎完全退化，花丝顶端扭曲，花药被毛。蒴果 4 裂。种子椭圆形，具网纹。

分布概况：2/2 种，**14SJ 型**；分布于亚洲东部和东北部；中国产东北和江苏。

系统学评述：泽蕃椒属是由 Yamazaki[14]从水八角属 *Gratiola* 分离出来的 1 个属。该属未开展分子系统学研究，依据传统的划分将其置于水八角族[3]。

5. *Digitalis* Linnaeus 毛地黄属

Digitalis Linnaeus (1753: 621); Hong et al. (1998: 53) (Lectotype: *D. purpurea* Linnaeus)

特征描述：草本。叶互生，下部的常密集而伸长。花顶生、朝向一侧的总状花序；萼 5 裂；花冠倾斜，冠筒一面膨大成钟形，子房以上处收缩，裂片近二唇形，上唇短，微凹缺或 2 裂，下唇 3 裂；雄蕊 4，2 强，药室叉开，顶端汇合。蒴果室间开裂。种子多数，微小，种皮有蜂窝状网纹。染色体 $2n$=56，112。

分布概况：19/1 种，**（10-2）型**；分布于欧洲和亚洲的中部与西部；中国南北广泛栽培。

系统学评述：传统上的毛地黄属为并系，还应包括 *Isoplexis*[15]，属下 5 组的划分[16]没有得到分子证据支持。Brauchler 等[15]依据分子证据提出了 7 组的分类系统。

DNA 条形码研究：BOLD 网站有该属 5 种 32 个条形码数据。

代表种及其用途：毛地黄 *D. purpurea* Linnaeus 庭院广泛栽培作为观赏，也可药用。

6. *Dopatrium* Buchanan-Hamilton ex Bentham 虻眼属

Dopatrium Buchanan-Hamilton ex Bentham (1835: 46); Hong et al. (1998: 22) (Type: *non designatus*)

特征描述：一年生纤细草本。叶对生，全缘，肉质，有时退化为鳞片状，生于上部的小，疏离。花小，淡紫色，单生叶腋或排成 1 顶生、疏散的总状花序；萼深 5 裂；花冠管上部扩大，二唇形，其 2 裂的上唇显著短于 3 裂而伸展的下唇；雄蕊上部 2 枚发育，下部 2 枚极小而不发育。蒴果小，卵形，室背开裂。种子细小，有节结或略有网脉。染色体 $2n$=14，28。

分布概况：10/1 种，**5（7a-c）型**；产非洲，亚洲和大洋洲的热带地区；中国产河南、陕西（南部）、江西、江苏、云南、广西、广东和台湾等。

系统学评述：虻眼属是从水八角属中分离出来，分子证据支持其隶属于水八角族，且与 *Hydrotriche* 构成姐妹关系[17]。

DNA 条形码研究：BOLD 网站有该属 1 种 2 个条形码数据。

7. *Ellisiophyllum* Maximowicz 幌菊属

Ellisiophyllum Maximowicz (1871: 223); Hong et al. (1998: 56) (Type: *E. reptans* Maximowicz)

特征描述：柔弱、匍匐草本。叶互生，具长柄，羽状深裂。花单朵腋生，柄延长；

苞片小，钻形；花小，白色；萼 5 裂，结果时稍增大；花冠钟状；5 裂，裂片有脉 3 条，覆瓦状排列；雄蕊 4，着生于冠喉部，2 室；子房扁球形，2 室，顶部被毛，每室有胚珠 4；花盘发达；花柱顶生。蒴果包藏于萼内，1 室，膜质。种皮革质，有胶黏质。

分布概况：1/1 种，**7d（14）**型；分布于东亚及南亚；中国产台湾、江西、贵州、云南、西藏、四川、甘肃、河北。

系统学评述：幌菊族只有该属和 *Sibthorpia*，与传统的划分一致[3,10]。

DNA 条形码研究：BOLD 网站有该属 1 种 2 个条形码数据；GBOWS 网站已有 1 种 13 个条形码数据。

代表种及其用途：幌菊 *E. pinnatum* (Wallich ex Bentham) Makino 为匍匐草本，花白色，喜生于林下沟边阴湿地，可药用。

8. *Gratiola* Linnaeus 水八角属

Gratiola Linnaeus (1753: 17); Hong et al. (1998: 22) (Lectotype: *G. officinalis* Linnaeus)

特征描述：肉质草木。叶对生，全缘或有齿缺。花腋生，单生，小苞片 2；萼 5 深裂；花冠管圆柱形，唇开展，上唇全缘或 2 裂，下唇 3 裂；雄蕊 2，内藏，花丝丝状，药室分离；退化的雄蕊 2，线状或缺；花柱丝状，柱头扩大或二片状；胚珠多数。蒴果卵状，室背和室间开裂成 4 裂片，裂片边缘内折；种子多数，种皮表面具条纹和横网纹。染色体 $2n$=16，32。

分布概况：25/3（1）种，**8-4 型**；分布于温带同亚热带地区；中国产东北至西南。

系统学评述：水八角属是个并系类群，*Amphianthus* 应该包含在其中，其近缘类群是石龙尾属 *Limnophila* 和 *Hydrotriche*[18]。

DNA 条形码研究：BOLD 网站有该属 7 种 9 个条形码数据；GBOWS 网站已有 1 种 3 个条形码数据。

9. *Hemiphragma* Wallich 鞭打绣球属

Hemiphragma Wallich (1822: 611); Hong et al. (1998: 55) (Type: *H. heterophyllum* Wallich)

特征描述：平卧、披散草本，被柔毛。叶二型，茎生叶对生，有短柄，圆心形至肾形，有钝齿，小枝上的叶簇生，针状。花腋生，无柄，玫瑰红色；萼片 5，狭窄；花冠管短，裂片 5，圆形，近相等；雄蕊 4，生于冠管基部，花药箭头形，药室顶端结合。蒴果肉质，卵状，光亮，纵缝线开裂；种子小，多数，卵形，光滑。

分布概况：1/1 种，**14SH 型**；分布于亚洲亚热带地区；中国产云南、西藏、四川、贵州、湖北、陕西、甘肃及台湾。

系统学评述：鞭打绣球族仅 1 个属，与车前族、婆婆纳族、毛地黄族近缘[1]。

DNA 条形码研究：BOLD 网站有该属 1 种 2 个条形码数据；GBOWS 网站已有 1 种 63 个条形码数据。

代表种及其用途：鞭打绣球 *H. heterophyllum* Wallich 为多年生匍匐草本，全草入药，可治风湿、跌打损伤等。

10. *Hippuris* Linnaeus 杉叶藻属

Hippuris Linnaeus (1753: 4); Chen & Funston (2007: 433) (Type: *H. vulgaris* Linnaeus)

特征描述：水生植物，有匍匐状的根茎和直立、粗厚、不分枝的茎，上部常突出水面。叶长椭圆形或线形，4-12 枚轮生，生于水中的较长而脆。花小，单生，无柄，两性或单性，无花瓣；雄蕊 1；子房下位，1 室，有倒生胚珠 1。瘦果。花粉粒 4-6 沟。染色体 2*n*=16，30，32。

分布概况：2/2 种，**8 型**；全球温带广布，主要是北温带；中国产东北、华北、西北、西南及台湾。

系统学评述：杉叶藻属常被处理为单型科，依据分子证据将其移到车前科中[1]。该属种类形态特征变异非常丰富，存在不同的生态型，有些学者将不同生态型处理为不同的种。

DNA 条形码研究：BOLD 网站有该属 5 种 41 个条形码数据；GBOWS 网站已有 1 种 11 个条形码数据。

代表种及其用途：杉叶藻 *H. vulgaris* Linnaeus 可作动物饲料。

11. *Lagotis* Gaertner 兔耳草属

Lagotis Gaertner (1770: 533); Hong et al. (1998: 80); Li et al. (2014: 103) (Type: *L. glauca* Gaertner)

特征描述：多年生肉质草本。叶基生及茎生，全缘、钝齿状或分裂。花蓝色或紫色，穗状花序或头状花序，无小苞片；苞片阔，覆瓦状排列；萼佛焰苞状或为 2 萼片；花冠管弯曲，裂片二唇形，上唇全缘或 2 裂，下唇 2-4 裂；雄蕊 2，着生于冠喉部，花药极大，肾状；子房 2 室。核果小而不开裂，或裂为 2 枚小坚果，有种子 1-2。染色体 2*n*=22。

分布概况：30/17（10）种，**8-2 型**；分布于北半球，集中分布于喜马拉雅地区；中国主产西南。

系统学评述：根据萼开裂程度、花丝长度、花冠筒弯曲程度、茎形态，兔耳草属属下分为合萼组 *Lagotis* sect. *Lagotis* 和分萼组 *L.* sect. *Schizocalyx*[FPRS]。分子证据支持无茎组 *L.* sect. *Acaules* 和兔耳草组 *L.* sect. *Lagotis* 的分类系统[19]。

DNA 条形码研究：BOLD 网站有该属 22 种 40 个条形码数据；GBOWS 网站已有 16 种 157 个条形码数据。

代表种及其用途：革叶兔耳草 *L. alutacea* W. W. Smith 为多年生草本，为藏药，全草可入药。

12. *Limnophila* R. Brown 石龙尾属

Limnophila R. Brown (1880: 442); Hong et al. (1998: 26) [Type: *L. gratioloides* R. Brown, *nom. illeg.* (=*L. indica* (Linnaeus) Druce≡*Hottonia indica* Linnaeus)]

特征描述：水生或沼生草本。叶有齿缺或分裂，沉水的轮生，羽状细裂。花无柄或具柄，单生或排成穗状花序或总状花序；萼片筒状，萼齿 5，近相等或后方一枚较大；花冠管筒状，5 裂，二唇形，上唇全缘或 2 裂，下唇 3 裂；雄蕊 4，内藏。蒴果卵形或长椭圆形，为宿萼所包，室间开裂。种子小，多数。染色体 $2n$=30，34，68。

分布概况：35/10（1）种，**4（7e）型**；分布于旧世界热带、亚热带地区；中国产辽宁、河南及长江以南。

系统学评述：石龙尾属与 *Hydrotriche* 构成姐妹关系，隶属于水八角族[18]。属下关系有待深入研究。

DNA 条形码研究：BOLD 网站有该属 4 种 7 个条形码数据；GBOWS 网站已有 3 种 21 个条形码数据。

代表种及其用途：石龙尾 *L. sessiliflora* (Vahl) Blume 株型美观，可供观赏。

13. *Linaria* Miller 柳穿鱼属

Linaria Miller (1768: 14); Hong et al. (1998: 49) (Lectotype: *L. vulgaris* Miller)

特征描述：草本。叶对生或轮生或上部的互生，羽状脉，全缘、齿状或分裂。花颜色丰富，总状花序或穗状花序；萼 5 裂，几达基部；花冠管长，基部有长距，裂片二唇形，上唇直立，2 裂，下唇中央向上唇隆起并扩大，3 裂，在隆起处密被腺毛；雄蕊 4，2 强，药室并行，裂后叉开。蒴果于顶部下孔裂或纵裂。染色体 $2n$=12，24。

分布概况：150/10（4）种，**8（12）型**；分布于北温带，主产欧亚两洲；中国产东北、西北、华北和西南。

系统学评述：金鱼草族仅有柳穿鱼属分布于中国。柳穿鱼属的范围界定较为复杂，广泛接受的是 Sutton 系统[20]，其中，美洲物种处理为 1 个独立属，即 *Nuttallanthus*。最新的分子证据表明 *Nuttallanthus* 应该归并到柳穿鱼属，该研究中所包括的物种形成了 6 个主要分支，Sutton 所划分的组得到部分支持[21]。中国产的 3 种被包含在其中，都聚在同一分支中，余下 7 种需进一步研究。

DNA 条形码研究：BOLD 网站有该属 126 种 442 个条形码数据；GBOWS 网站已有 6 种 50 个条形码数据。

代表种及其用途：该属植物具有较高的观赏价值，是研究花冠对称性、花颜色和距演化的模式材料；部分种类可药用。

14. *Neopicrorhiza* D. Y. Hong 胡黄莲属

Neopicrorhiza D. Y. Hong (1984: 56); Hong et al. (1998: 49) [Type: *N. scrophulariiflora* (Pennell) D. Y. Hong (≡*Picrorhiza scrophulariiflora* Pennell)]

特征描述：矮小草本，具粗壮、伸长的根状茎。叶均基生成莲座状。花序穗状，无小苞片；花萼深裂几达基部，裂片不等；花冠有长、短 2 种型式，短型 5 枚裂片近相等，长型后方 2 枚裂片合生为一似为 4 裂片，且二唇形；雄蕊 4，短型全伸出花冠甚长，长型后方 2 枚稍短于上唇，前方 2 枚伸出于下唇；子房 2 室，胚珠多数。蒴果在顶端室间和室背开裂。种子具网眼的种皮。染色体 $2n$=34。

分布概况：1/1 种，**（13-2）型**；分布于尼泊尔，巴基斯坦；中国产西藏、云南。

系统学评述：胡黄莲属隶属于婆婆纳族，Hong[22]将其从 *Picrorhiza* 中分出来作为 1 个独立的属。分子证据显示 *Neopicrorhiza* 和 *Picrorhiza* 互为姐妹群关系[19]。

DNA 条形码研究：BOLD 网站有该属 1 种 1 个条形码数据。

代表种及其用途：胡黄莲 *N. scrophulariiflora* (Pennell) D. Y. Hong 是国家重点保护野生植物，具有较高的药用价值。

15. *Plantago* Linnaeus 车前属

Plantago Linnaeus (1753: 112); Li et al. (2011: 495) (Lectotype: *P. major* Linnaeus)

特征描述：草本。叶基生，莲座状。花小，淡绿色，两性或杂性，穗状花序；萼片 4，芽时覆瓦状排列，宿存；花冠高脚碟状，干膜质，裂片 4，覆瓦状排列；雄蕊 4，着生于冠管上，花丝纤细，芽时内弯，花药丁字着生；子房 2-4 室，上位；胚珠单生或数颗。蒴果环裂。种子有棱，1 至多数，小，常盾状。花粉粒 4-15 沟。染色体 x=4，5，6。

分布概况：190/22（3）种，**1（8-4）型**；分布于世界温带及热带地区，向北达北极圈附近；中国南北均产。

系统学评述：车前族仅有车前属与 *Aragoa*。基于形态学和胚胎学，Rahn[23]将 213 种车前划分为 6 亚属 13 组 11 系。分子系统学研究支持 Rahn 对车前属组的划分，其中 *Lagotis* subgen. *Albicans* 为并系[24]。但该研究仅涵盖了 57 种，有 10 种产中国，隶属于 4 亚属 7 组，其他国产物种需要进一步研究。

DNA 条形码研究：BOLD 网站有该属 57 种 236 个条形码数据；GBOWS 网站已有 11 种 227 个条形码数据。

代表种及其用途：部分种类可药用或食用，如大车前 *P. major* Linnaeus 的籽实可入药，叶为民间草药，有清凉、利尿之效。

16. *Scoparia* Linnaeus 野甘草属

Scoparia Linnaeus (1748: 87); Hong et al. (1998: 21) (Type: *S. dulcis* Linnaeus)

特征描述：草本或亚灌木；叶对生或轮生，小，全缘或有齿缺。花小，白色；单生或成对生于叶腋内；萼片 4-5；花冠辐状，喉部有毛，裂片 4，近相等；雄蕊 4，几等长，药室分离；子房球形，内含多数胚珠。蒴果球形，室间开裂，边缘内卷。种子小，有棱角，种皮有蜂窝状孔纹。染色体 2n=20，40。

分布概况：10/1 种，**3 型**；分布于墨西哥和南美洲，其中有 1 种广布热带；中国产广东、广西、云南、福建。

系统学评述：该属隶属于水八角族，与假马齿苋属关系近缘[1]。属下种间关系不详，有待于进一步研究。

DNA 条形码研究：BOLD 网站有该属 1 种 4 个条形码数据；GBOWS 网站已有 1 种 10 个条形码数据。

代表种及其用途：野甘草 *S. dulcis* Linnaeus 盛产中国南部至台湾，为草本或亚灌木，可入药，具清热解毒、利尿消肿的功效。

17. *Scrofella* Maximowicz 细穗玄参属

Scrofella Maximowicz (1888: 511); Hong et al. (19989: 61) (Type: *S. chinensis* Maximowicz)

特征描述：草本。根茎斜走。叶互生。花序穗状；花萼5深裂；花冠管状，短二唇形，上唇直立，极阔，下唇小而短，外弯，喉部被毛；雄蕊2，不伸出花冠，花丝无毛，贴生于花冠筒中部；花盘杯状；花柱短，柱头稍扩大，短棒状，顶端不明显微凹。蒴果卵状锥形，有2条沟槽，4瓣裂。种子多数，椭圆状，具蜂窝状透明的厚种皮。

分布概况：1/1（1）种，**15型**；中国特有，仅分布于四川、甘肃、青海。

系统学评述：细穗玄参属隶属于婆婆纳族，与腹水草属 *Veronicastrum* 关系近缘[1]。

DNA条形码研究：BOLD网站有该属1种1个条形码数据；GBOWS网站已有1种19个条形码数据。

18. *Stemodia* Linnaeus 孪生花属

Stemodia Linnaeus (1759: 1091), *nom. cons.* ; Li et al. (2011: 62) (Type: *S. maritima* Linnaeus)

特征描述：草本，有毛或无。茎四棱形，匍匐或直立。叶对生或轮生，披针形至卵圆形，顶端渐尖，边缘具齿。花具梗；花冠钟状，萼齿5深裂，萼片窄，近等大；花冠白色或带蓝，二唇形；雄蕊3，内藏；子房卵形至球形。种子多数，种皮具纵向条纹。染色体 $2n=28$。

分布概况：56/1种，**2型**；主要分布于美洲，非洲和亚洲；中国台湾有1归化种。

系统学评述：孪生花属隶属于水八角族，中国仅有1归化种[25]。分子系统学初步研究表明该属为多系[18]。

DNA条形码研究：BOLD网站有该属4种6个条形码数据。

19. *Trapella* Oliver 茶菱属

Trapella Oliver (1887: 1591); Zhang & Hartmann (1998: 226) (Type: *T. sinensis* Oliver)

特征描述：水生草本。茎纤细，横卧水面。叶对生，二型，浮水叶三角状圆形至心形；沉水叶披针形。花单生叶腋，常沉水且闭花受精；萼齿5，萼筒与子房合生；花冠漏斗状，5裂，近二唇形，下部裂片常较大；雄蕊2，内藏，着生于花冠筒基部；子房下位，2室，其中1退化，1室有胚珠2；柱头2裂。果实狭长，不开裂，有5个钩状或刺状附属物。种子1。染色体 $2n=50$。

分布概况：1-2/1种，**14（SJ）型**；分布于日本，韩国，俄罗斯的远东地区；中国产东北、华北、华南、华中和西南。

系统学评述：茶菱属传统上被置于胡麻科，其果实形态和种子散布方式与胡麻科类似，然而其亦与胡麻科其他类群有较大区别，如胡麻科常具花外蜜腺、子房上位、常产生黏液；茶菱属花单生叶腋、子房下位、不产生黏液，有些学者将其独立为茶菱科

Trapellaceae[26]，然而并没有被大多数学者[27]及 APG III 系统接受。Gormley 等[9]根据 *ndh*F、*trn*L-F 和 ETS 证据认为茶菱属为车前科水八角族的成员。

DNA 条形码研究：GBOWS 网站有该属 1 种 3 个条形码数据。

代表种及其用途：茶菱 *T. sinensis* Oliver 在园林上可用于水体绿化。

20. *Veronica* Linnaeus 婆婆纳属

Veronica Linnaeus (1753: 9); Hong & Fischer (1998: 65) (Lectotype: *V. officinalis* Linnaeus).——*Pseudolysimachion* (W. D. J. Koch) Opiz (1852: 80)

特征描述：草本或亚灌木。叶对生，罕互生或轮生。总状或穗状花序，或腋生、单生；花萼 4-5 裂，稀 3 裂；花冠管极短，近辐状，裂片开展，后方 1 枚最宽，前方 1 枚最窄，有时略呈二唇形；雄蕊 2，突出，药室顶部贴连；子房上位，2 室，每室有胚珠多数，很少 2。蒴果压扁或肿胀，有 2 槽，室背开裂。种子 1 至多数。花粉粒 3 沟。染色体 2*n*=14，16，18，24，32，34，36，38，40，42，48，52，54，64，68。

分布概况：约 450/63（23）种，**8-4（12）型**；广布全球，主产欧亚大陆；中国各省区均有，主产西南。

系统学评述：传统的婆婆纳属[10]是个并系类群。该属还应包括 *Besseya*、*Chionohebe*、*Derwentia*、*Detzneria*、*Hebe*、*Heliohebe*、*Parahebe*、穗花属 *Pseudolysimachion* 和 *Synthyris*，属下划分为 13 亚属[28-30]。穗花属在 FPRS 中作为婆婆纳属的 1 个组，在 FOC 中作为 1 个独立属，这种处理没有得到分子证据支持。参考 FPRS 的处理，中国分布种类被归置于 8 组（含穗花组 *Veronica* sect. *Pseudolysimachia*）。中国部分种类的系统划分需要进一步研究。

DNA 条形码研究：BOLD 网站有该属 145 种 373 个条形码数据；GBOWS 网站已有 24 种 220 个条形码数据。

代表种及其用途：部分种类可药用或食用，如蚊母草 *V. peregrine* Linnaeus 的果实常因虫瘿而肥大，带虫瘿的全草药用，治跌打损伤、瘀血肿痛及骨折；嫩苗味苦，水煮去苦味，可食。

21. *Veronicastrum* Heister ex Fabricius 腹水草属

Veronicastrum Heister ex Fabricius (1759: 111); Hong et al. (1998: 57) [Type: *V. virginicum* (Linnaeus) O. A. Farwell (≡*Veronica virginica* Linnaeus)]

特征描述：多年生，有根茎的草本。叶互生，对生或 3-5（-8）枚轮生，阔披针形或长椭圆形，有锐锯齿。花青紫色，排成穗状花序式的总状花序；萼 4-5 深裂；花冠管长于裂片 2 倍，内面常密生 1 圈柔毛，裂片 4，辐射对称或近二唇形；雄蕊 2，突出，药室并连而不汇合；柱头小。蒴果卵形，4 裂；种子多数，有网纹。花粉粒 3 沟。染色体 2*n*=34。

分布概况：20/13（8）种，**9 型**；分布于亚洲东部和北美；中国南北均产。

系统学评述：与传统系统划分一致，腹水草属是婆婆纳族成员，与兔耳草属和

Wulfenia 关系近缘[1,8,10]。中国分布的 13 种被置于 4 组，即美穗草组 *Veronicastrum* sect. *Calorhabdos*、四方麻组 *V.* sect. *Pterocaulon*、腹水草组 *V.* sect. *Plagiostachys* 和草本威灵仙组 *V.* sect. *Verouicastrum*。国外学者认为该属只有 5-6 种[3,10]，国产种类应该被归并，还是被移到其他属需要进一步研究。

DNA 条形码研究：BOLD 网站有该属 4 种 6 个条形码数据；GBOWS 网站已有 5 种 34 个条形码数据。

代表种及其用途：一些种类全株可药用，如草本威灵仙 *V. sibiricum* (Linnaeus) Pennell 的根及全草可药用，具有抗炎镇痛作用。

主要参考文献

[1] Albach DC, et al. Piecing together the "new" Plantaginaceae[J]. Am J Bot, 2005, 92: 297-315.

[2] McNeal JR, et al. Phylogeny and origins of holoparasitism in Orobanchaceae[J]. Am J Bot, 2013, 100: 971-983.

[3] Olmstead RG. A synoptical classification of the Lamiales, version 2.4[EB/OL]. http://depts.washington.edu/phylo/Classification.pdf. 2012[2012-09-19].

[4] Schaferhoff B, et al. Towards resolving Lamiales relationships: insights from rapidly evolving chloroplast sequences[J]. BMC Evol Biol, 2010, 10: 352.

[5] Reveal J. Summary of recent systems of angiosperm classification[J]. Kew Bull, 2011, 66: 5-48.

[6] Reveal JL, et al. (1405) Proposal to conserve the name Antirrhinaceae against Plantaginaceae (Magnoliophyta)[J]. Taxon, 1999, 48: 182.

[7] Reveal JL, et al. (1812-1813) Proposals to conserve the name Veronicaceae (Magnoliophyta), and to conserve it against Plantaginaceae, a\"Superconservation\" Proposal[J]. Taxon, 2008, 57: 643-644.

[8] Tank DC, et al. Review of the systematics of Scrophulariaceae *s.l.* and their current disposition[J]. Aust Syst Bot, 2006, 19: 289-307.

[9] Gormley IC, et al. Phylogeny of Pedaliaceae and Martyniaceae and the placement of *Trapella* in Plantaginaceae *s.l.*[J]. Sys Bot, 2015, 40: 259-268.

[10] Fischer E. Scrophulariaceae[M]//Kubtzki K. The families and genera of vascular plants, VII. Berlin: Springer, 2004: 333-432.

[11] 陈恒彬, 张永田. 福建假马齿苋属的初步研究[J]. 亚热带植物通讯, 1991: 20-22.

[12] Philbrick CT, Jansen RK. Phylogenetic studies of North American *Callitriche* (Callitrichaceae) using chloroplast DNA restriction fragment analysis[J]. Sys Bot, 1991, 16: 478-491.

[13] Philbrick CT, Bernardello LM. Taxonomic and geographic distribution of internal geitonogamy in New World *Callitriche* (Callitrichaceae)[J]. Am J Bot, 1992, 79: 887-890.

[14] Yamazaki T. On the floral structure, seed development, and affinities of *Deinostema*, a new genus of Scrophulariaceae[J]. J Jap Bot, 28: 129-133.

[15] Brauchler C, et al. Molecular phylogeny of the genera *Digitalis* L. and *Isoplexis* (Lindley) Loudon (Veronicaceae) based on ITS and *trn*L-F sequences[J]. Plant Syst Evol, 2004, 248: 111-128.

[16] Werner K. Taxonomie und phylogenie der gattungen *Isoplexis* (Lindl.) Benth. und *Digitalis* L.[J]. Fedd Rep, 1965, 70: 109-135.

[17] Fritsch PW, et al. Rediscovery and phylogenetic placement of *Philcoxia minensis* (Plantaginaceae), with a test of carnivory[J]. Proc Calif Acad Sci, 2007, 58: 447-467.

[18] Estes D, Small RL. Phylogenetic relationships of the monotypic genus *Amphianthus* (Plantaginaceae tribe Gratioleae) inferred from chloroplast DNA sequences[J]. Syst Bot, 2008, 33: 176-182.

[19] Li GD, et al. Molecular phylogeny and biogeography of the arctic-alpine genus *Lagotis* (Plantaginaceae)[J]. Taxon, 2014, 63: 103-115.

[20] Sutton DA. A revision of the tribe Antirrhineae[M]. London and Oxford: British Museum (Natural

History) & Oxford University Press, 1988.

[21] Fernández-Mazuecos M, et al. A phylogeny of Toadflaxes (*Linaria* Mill.) based on nuclear internal transcribed spacer sequences: systematic and evolutionary consequences[J]. Int J Plant Sci, 2013, 174: 234-249.

[22] Hong DY. Taxonomy and evolution of the Veroniceae (Scrophulariaceae) with special reference to palynology[M]. Opera Bot, 1984, 75: 1-60.

[23] Rahn K. A phylogenetic study of the Plantaginaceae[J]. Bot J Linn Soc, 1996, 120: 145-198.

[24] Rønsted N, et al. Phylogenetic relationships within *Plantago* (Plantaginaceae): evidence from nuclear ribosomal ITS and plastid *trn*L-F sequence data[J]. Bot J Linn Soc, 2002, 139: 323-338.

[25] Liang YS, et al. *Stemodia* L. (Scrophulariaceae), a newly naturalized genus in Taiwan[J]. Taiwania, 2011, 56: 62-65.

[26] Ihlenfeldt HD. Trapellaceae[M]//Kubitzki K. The families and genera of vascular plants, VII. Berlin: Springer, 2004: 445-448.

[27] Brummitt RK. Vascular plant families and genera[M]. Richmond: Royal Botanic Gardens, Kew, 1992.

[28] Albach DC, Meudt HM. Phylogeny of *Veronica* in the Southern and Northern Hemispheres based on plastid, nuclear ribosomal and nuclear low-copy DNA[J]. Mol Phylogenet Evol, 2010, 54: 457-471.

[29] Albach DC, et al. A new classification of the tribe Veroniceae-problems and a possible solution[J]. Taxon, 2004, 53: 429-452.

[30] Albach DC, et al. Evolution of Veroniceae: a phylogenetic perspective[J]. Ann MO Bot Gard, 2004, 91: 275-302.

Scrophulariaceae Jussieu (1789), *nom. cons.* 玄参科

特征描述：草本或灌木。叶对生，少互生、基生或丛生，无托叶。花序总状、穗状、聚伞状，或圆锥花序，顶生或腋生。花萼5裂，常宿存；花两性，通常两侧对称，很少辐射对称；花冠合生，4-5裂，常二唇形，上唇2裂，下唇2-3裂；雄蕊多为4，2强，少数为5，着生于花冠筒上，花药1室，药室汇合或少数基部分离，顶部汇合；子房上位，2室，每室有胚珠多数，少数仅2，花柱1，柱头2裂或头状。蒴果，室间或室背开裂或隐约开裂。种子有时具翅或有网状种皮，胚乳肉质。

分布概况：9属/510种，世界广布，主要分布于亚洲温带地区，欧洲地中海地区；中国8属/68种，主产西南。

系统学评述：广义的玄参科有300属约5000种，但其科的界定一直存在争议[1]。Olmstead等[2]及Oxelman等[3]基于叶绿体序列分析表明，原来的玄参科是个多系类群，狭义玄参科Scrophulariaceae *s.s.*仅包括原有的部分族，即Aptosimeae、Hemimerideae、Leucophylleae、Manuleae、Selagineae、Verbasceae和Teedieae的全部或部分属种，以及原来传统的醉鱼草科Buddlejaceae和苦槛蓝科Myoporaceae。APG系统也支持狭义玄参科包括醉鱼草科。目前，传统玄参科的很多成员已归并到了车前科Plantaginaceae（如婆婆纳属*Veronica*等）、列当科（如马先蒿属*Pedicularis*等）、透骨草科Phrymaceae（如虾子草属*Mimulicalyx*等）、苦苣苔科Gesneriaceae（囊萼花属*Cyrtandromoea*）；而母草属*Lindernia*等被提升为母草科Linderniaceae，泡桐属*Paulownia*等被提升为泡桐科Paulowniaceae[APG III]。

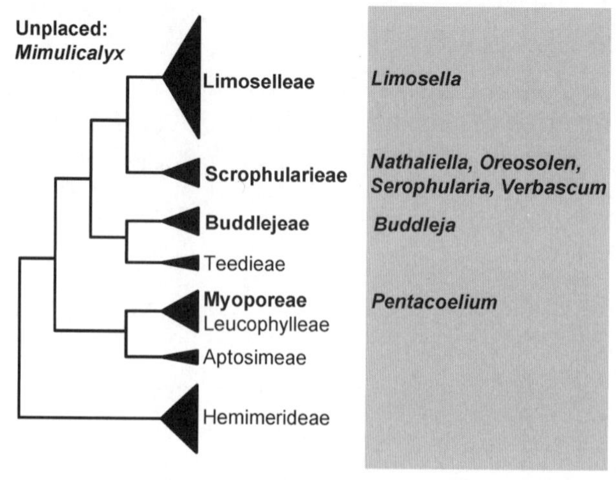

图196　玄参科分子系统框架图（参考Oxelman等[3]）

分属检索表

1. 灌木或小乔木
  2. 叶多互生；花冠近辐射对称，多 5 深裂；核果肉质，红色或蓝紫色……**6. 苦槛蓝属 *Pentacoelium***
  2. 单叶对生，稀互生或簇生；花冠高脚碟状或钟状，花冠裂片辐射对称；蒴果，室间开裂或浆果，不开裂………………………………………………………………**1. 醉鱼草属 *Buddleja***
1. 草本
  3. 花冠下方 3 个裂片或下唇在花蕾中处于外方；柱头 2 裂………………**3. 虾子草属 *Mimulicalyx***
  3. 花冠上方的 2 个裂片或上唇在花蕾中处于外方，包裹下方 3 个裂片或下唇；柱头头状
    4. 叶均互生；花冠无管或仅有极短之管，近辐射对称；雄蕊 5 或 4；花序简单而向心发育………………………………………………………………**8. 毛蕊花属 *Verbascum***
    4. 叶至少下部者对生，极少互生；花冠有明显之管，二唇形或辐状；雄蕊 4 或 2；花序主要为聚伞状（离心发育），多为复合花序
      5. 花冠辐状，上唇常短于下唇；退化雄蕊不生于上方 2 个裂片之间……**2. 水茫草属 *Limosella***
      5. 花冠二唇形，上唇常长于下唇；退化雄蕊着生于上方 2 个花冠裂片之间
        6. 茎明显，高超过 10cm；花多成聚伞圆锥花序，少有单生，花梗明显；花冠筒粗………………………………………………………………**7. 玄参属 *Scrophularia***
        6. 茎极短，贴地而生，高不超过 10cm；花单生或簇生在叶腋，几无梗；花冠筒细长
          7. 花簇生；叶柄短；花冠明显二唇形……………………**5. 藏玄参属 *Oreosolen***
          7. 花单生；叶柄长于叶片约 2 倍；花冠近二唇形……………**4. 石玄参属 *Nathaliella***

1. *Buddleja* Linnaeus 醉鱼草属

Buddleja Linnaeus (1753: 112); Li et al. (1998: 329) (Type: *B. americana* Linnaeus)

特征描述：多为灌木，少有乔木；植株常被腺毛或星状毛。枝条常对生，棱上常具窄翅。单叶对生，稀互生或簇生，全缘或有锯齿；托叶着生在两叶柄基部之间。花多朵组成圆锥状、穗状、总状或头状的聚伞花序；花序 1 至几枝腋生或顶生；苞片线形；花 4 基数；花萼钟状，外面常密被星状毛，内面光滑或有毛；花冠高脚碟状或钟状，外面被毛或光滑，有时并且有小腺体，内面通常被星状毛；花冠管圆筒形，直立或弯曲，花冠裂片辐射对称，在花蕾时为覆瓦状排列，稀镊合状排列；雄蕊着生于花冠管内壁上，与花冠裂片互生，花丝极短，花药内向，2 室，基部常 2 裂，常内藏；子房 2 室，稀 4 室，每室有胚珠多数，胚珠着生于中轴胎座上，胎座增厚，花柱丝状或缩短，柱头头状、圆锥状或棍棒状，顶端通常 2 浅裂。蒴果；种子细小，两端或一端有翅；胚乳肉质；胚直立。染色体 x=19。

分布概况：100/20 种，**2 型**；分布于美洲，非洲和亚洲的热带至亚热带地区；中国除东北及新疆外，各省区均产。

系统学评述：传统上醉鱼草属位于马钱科 Loganiaceae；Cronquist 系统将其单独列为 1 个科，并列入玄参目；APG 系统先将其置于唇形目，随后又放入玄参科。

DNA 条形码研究：BOLD 网站有该属 8 种 23 个条形码数据；GBOWS 网站已有 10 种 91 个条形码数据。

代表种及其用途：醉鱼草 *B. lindleyana* Fortune 全草入药，有祛风解毒、驱虫、化骨硬的功效。

2. *Limosella* Linnaeus 水茫草属

Limosella Linnaeus (1753: 631); Hong et al. (1998: 49) (Type: *L. aquatica* Linnaeus)

特征描述：矮小草本，水生或湿生，丛生，匍匐或浮水。无茎或具有节部生根的匍匐茎。叶片细条形，具长叶柄，簇生，对生或互生。花腋生，短花梗，无小苞片；花萼钟状，5 浅裂。辐射花冠钟状，花冠筒短，裂片 5，近等长；雄蕊 4，等长，着生于近花冠筒的中部；花丝丝状；雌蕊子房在基部 2 室；花柱短，柱头头状。蒴果不明显开裂。种子小多数，卵圆形，具皱纹。染色体 $2n$=40，48，120。

分布概况：7/1 种，**1 型**；世界广布；中国产东北、青海、西藏、云南、四川，见于海拔 1700m 以上山区林缘湿地、溪旁。

系统学评述：Agardh[4]曾建立水茫草科 Limosellaceae，但 Takhtajan[1]认为其属于玄参科。分子系统学研究显示以水茫草属为代表的 21 个属种是狭义玄参科下的单系族（Limoselleae），水茫草属是单系类群，与 *Lyperia* 形成姐妹群[3]。

DNA 条形码研究：BOLD 网站有该属 7 种 15 个条形码数据；GBOWS 网站已有 1 种 10 个条形码数据。

代表种及其用途：水茫草 *L. aquatica* Linnaeus 为水生或湿生草本，喜生于河岸、溪旁及林缘或湿地。

3. *Mimulicalyx* P. C. Tsoong 虾子草属

Mimulicalyx P. C. Tsoong (1979: 400); Hong et al. (1998: 52) (Type: *M. rosulatus* P. C. Tsoong)

特征描述：多年生草本，陆生或湿生。茎 4 棱。叶对生，莲座状基生或完全茎生。总状花序腋生，成对，有时成复总状花序。花梗长于花，无小苞片；花萼管状，果期变为钟状，有纵肋 5 条，直达裂片顶端，裂片三角形，为萼管长 1/3-1/2；花冠浅紫色或淡红色，二唇形，上唇直，2 裂，下唇长于上唇，3 裂，略开展，裂片边缘均有皱缩和缘毛，管喉部有自管内伸出的凸起褶襞，褶襞间密生短柔毛；雄蕊 4，着生于花冠筒上，内藏，2 强；雌蕊子房上位，柱头 2 裂。蒴果长圆状，稍侧扁，顶有微凹，室背开裂，胎座膨大。种子多数，椭圆形，略扁，外有透明之膜。

分布概况：2/2（2）种，**15 型**；中国特有，分布于西南，仅在云南和四川少数地区有发现。

系统学评述：虾子草属在 FRPS 中收录了 2 个种，认为花部结构与地黄属 *Rehmannia* 接近。目前该属缺乏分子系统学研究。

4. *Nathaliella* B. Fedtschenko 石玄参属

Nathaliella B. Fedtschenko (1932: 327); Hong et al. (1998: 20) (Type: *N. alaica* B. Fedtschenko)

特征描述：多年生小草本，无茎。叶基生，莲座状，具明显叶柄。花单生，腋生，花梗短；花萼5裂。花冠具不明显二唇形，下唇3裂，上唇2裂；雄蕊4，2强，前面2个略长于后面2个，药室基部分离，退化雄蕊1。雌蕊花柱丝状，柱头平面扩张，子房具胚珠多数。蒴果，2裂。

分布概况：1/1种，**13型**；分布于吉尔吉斯斯坦；中国产新疆南部和静县；生于海拔1500m左右的开阔石砾山坡。

系统学评述：FRPS尚未记录该种，但FOC记载了其在中国新疆和静县分布。目前该属置于玄参族Scrophularieae，与藏玄参属和玄参属 *Scrophularia* 近缘[3]。

5. *Oreosolen* J. D. Hooker 藏玄参属

Oreosolen J. D. Hooker (1884: 318); Hong et al. (1998: 20) (Type: *O. wattii* J. D. Hooker)

特征描述：多年生小草本，高不过5cm。叶对生，下部叶贴伏于地面，呈鳞片状，基出掌状叶脉5-9条，上部叶在茎顶端集成莲座状，叶片大而厚，网脉凹陷。花数朵簇生叶腋，花梗短，具1对小苞片；花萼5裂几乎达到基部，花冠黄色具长筒，二唇形，下唇3裂，上唇2裂，上唇长于下唇；雄蕊4，退化雄蕊1，花丝粗壮，花药1室；雌蕊2心皮合生，子房上位。蒴果卵球状，顶端渐尖，室间2裂。种子暗褐色，仅2mm长，种皮表面网状。花期6月。

分布概况：1/1种，**14-1（SH）型**；分布于尼泊尔，不丹，印度（锡金）；中国产西藏中部和青海南部。

系统学评述：藏玄参属与玄参属关系密切[FRPS]，常置于玄参族。分子系统学研究表明该属与玄参属（但仅包括2个种）组成1个支持率较高的单系分支[3]，但与整个玄参属的关系有待进一步研究。

DNA条形码研究：GBOWS网站有该属1种8个条形码数据。

6. *Pentacoelium* Siebold & Zuccarini 苦槛蓝属

Pentacoelium Siebold & Zuccarini (1846: 151); Cui et al. (2011: 492) (Type: *P. bontioides* Siebold & Zuccarini).——*Myoporum* Banks & Solander ex G. Forster (1786: 44)

特征描述：常绿灌木。茎直立，稀平卧。叶螺旋状互生，稀对生，叶片椭圆形、长圆形、倒披针形、线形或倒卵形，全缘或有锯齿，具散生半透明腺点。聚伞花序或单花出自叶腋；花萼5裂，宿存；花冠近辐射对称，钟状或漏斗状筒形，通常5深裂，稀6-7深裂，裂片近相等或下方略大，白色或粉红色，通常具紫斑；雄蕊4，相等；雌蕊子房2室，每室1-2胚珠，或3-10个分隔室，每室1胚珠。核果多少肉质，卵球形至近球形，先端有小尖头，熟时红色或蓝紫色。

分布概况：1/1种，**14-2（SJ）型**；分布于日本和越南北部；中国产福建、广东、广西、海南、台湾西部、浙江东部。

系统学评述：de Candolle[5]曾认为苦槛蓝属的模式种是 *Polycoelium* 的成员，而Gray[6]则认为是海茵芋属的成员，FRPS接受了Gray的观点，将其置于苦槛蓝科Myoporaceae。

FOC 支持苦槛属的属级地位。分子系统学研究表明海茵芋属是狭义玄参科的成员，但是缺乏对苦槛蓝 *P. bontioides* Siebold & Zuccarini 的研究[2,3]，其地位有待进一步研究确认。

代表种及其用途：苦槛蓝可作绿篱，或作海滨和河岸多石地带的绿化用，提取物也可作药用或精油。

7. *Scrophularia* Linnaeus 玄参属

Scrophularia Linnaeus (1753: 619); Hong et al. (1998: 11) (Lectotype: *S. nodosa* Linnaeus)

特征描述：多年生草本或半灌木状草本，很少一年生；直根粗长，根头常彭大，有时有分枝根或细根状茎。茎多四棱形，少数近圆形，有时有翅。叶对生或稀少茎上部互生。聚伞花序顶生或腋生或轮生，或仅 2-3 朵的聚伞花序，通常有花梗，有时很短；花萼 5 裂；通常花冠二唇形，下唇比上唇短，3 裂，中裂片扁平向前，侧裂片近直立，上唇 2 裂，裂片近直立；雄蕊 4，常有 2 强，有时伸出花冠外，药室汇合横生，退化雄蕊 1；雌蕊 2 心皮合生，花柱细长，柱头浅 2 裂，子房 2 室，中轴胎座，胚珠多数。蒴果卵圆形，有短尖或喙，室间开裂。种子多数，圆卵形，表面粗糙。花粉粒近球形，3 萌发孔。染色体 2*n*=18，20，24，26，28，30，36，38，40，42，44，46，48，50，52，56，58，64，68，80，84，90。

分布概况：200/36（25）种，**8 型**；广布于中亚，东亚和西亚温带地区，欧洲地中海及北美的温带，以地中海地区为多；中国各省区均有分布，主产西南。

系统学评述：传统的玄参属常分为 2 组，即玄参组 *Scrophularia* sect. *Scrophularia* 和砾玄参组 *S.* sect. *Tomiophyllum*[7]。中国产 36 种大多属于玄参组，仅 3 种在砾玄参组[FOC,FPRS]。分子系统学研究表明玄参属是单系类群，与毛蕊花属 *Verbascum* 是姐妹群，但不支持组的划分[2,3,8,9]。Scheunert 和 Heubl[8,9]对地中海及北美玄参属的系统学研究初步揭示了玄参属内的分化与其地理分布相关联，存在东亚-北美间断分布，并存在古老的杂交事件。该属是狭义玄参科的主干类群之一。

DNA 条形码研究：BOLD 网站有该属 120 种 229 个条形码数据；GBOWS 网站已有 14 种 132 个条形码数据。

代表种及其用途：许多种类的根是常有中药，如浙玄参 *S. ningpoensis* Hemsley、北玄参 *S. buergeriana* Miquel 等，具有清热降火、消肿解毒的功效。

8. *Verbascum* Linnaeus 毛蕊花属

Verbascum Linnaeus (1753: 177); Hong et al. (1998: 1) (Lectotype: *V. thapsus* Linnaeus)

特征描述：一至二年生草本或多年生草本。茎常高达 80cm 以上，多被星状毛或腺毛。叶常互生，基部莲座状。花序顶生，呈穗状、总状或圆锥状花序；花萼 5 裂；花冠常为黄色，少紫色或白色，下部联合成短花冠筒，上部 5 裂，辐状，近等长；雄蕊 4 或 5，花丝通常具绵毛，花药汇合成 1 室，前花药线状长圆形或肾形，后花药肾形或横置；雌蕊 2 心皮合生，子房 2 室，中轴胎座，胚珠多数。蒴果圆球形或卵圆形，室间开裂。种子多数，细小，锥状或圆柱形，具 6-8 条纵棱和沟，在棱面上有细横槽。染色体 2*n*=26-36，

44，46，56，64。

分布概况：300/6 种，**10 型**；分布于亚洲和欧洲温带，以及亚热带高山地区；中国产华南、西南和新疆，尤以新疆山谷常见。

系统学评述：林奈早期的研究认为毛蕊花属可分为 2 属，即 5 个雄蕊的毛蕊花属和 4 个雄蕊的 *Celsia*；洪德元认为 5 个雄蕊有 1 个退化在该类群是普遍的，支持将 *Celsia* 作为毛蕊花属的异名处理[FRPS]。该属也是玄参族的成员。分子证据表明毛蕊花属是个单系，与玄参属是姐妹群关系[3,8]。

DNA 条形码研究：BOLD 网站有该属 12 种 51 个条形码数据；GBOWS 网站已有 3 种 34 个条形码数据。

代表种及其用途：毛蕊花 *V. thapsus* Linnaeus 全草入药，有清热解毒、止血散瘀的功效。许多种类可作观赏，如紫毛蕊花 *V. phoeniceum* Linnaeus。

主要参考文献

[1] Takhtajan AL. Outline of the classification of flowering plants (Magnoliophyta)[J]. Bot Rev, 1980, 46: 225-359.
[2] Olmstead RG, et al. Disintegration of the Scrophulariaceae[J]. Am J Bot, 2001, 88: 348-361.
[3] Oxelman B, et al. Further disintegration of Scrophulariaceae[J]. Taxon, 2005, 54: 411-425.
[4] Agardh JG. Theoria systematis plantarum[M]. Lund, Sweden: C. W. K. Gleerup, 1858.
[5] de Candolle A. Prodromus systematis naturalis regni vegetabilis, 11[M]. Paris: Victoris Masson, 1847: 1-736.
[6] Gray A. Characters of some new or obscure species of plants, of monopetalous orders, in the collection of the United States South Pacific exploring expedition under Captain Charles Wilkes[J]. Proc Am Acad Art Sci, 1862, 6: 52.
[7] Hong DY. The distribution of Scrophulariaceae in the Holarctic with special reference to the floristic relationships between eastern Asia and eastern North America[J]. Ann MO Bot Gard, 1983, 70: 701-712.
[8] Scheunert A, Heubl G. Phylogenetic relationships among New World *Scrophularia* L. (Scrophulariaceae): new insights inferred from DNA sequence data[J]. Plant Syst Evol, 2011, 291: 69-89.
[9] Scheunert A, Heubl G. Diversification of *Scrophularia* (Scrophulariaceae) in the Western Mediterranean and Macaronesia-Phylogenetic relationships, reticulate evolution and biogeographic patterns[J]. Mol Phylogenet Evol, 2014, 70: 296-313.

Linderniaceae Borsch, K. Müller & Eb. Fischer (2005) 母草科

特征描述：常为多年生矮小草本。茎常四棱形。叶常交互对生，基部常合生，叶全缘或具齿，掌状叶脉。花序多为总状，或单花腋生，无小苞片；花两侧对称；花冠内部常具腺毛；雄蕊 4，2 枚雄蕊基部具“Z”字形附属物，或有时具 2 枚雄蕊（另 2 枚退化），雄蕊基部具毛，药室平行或紧靠，花粉粒 3（-5）沟，柱头先端 2 裂；胚珠具匙形胚囊。蒴果室间开裂。种子具嚼烂状胚乳，种皮具蜂窝状或皱状纹饰至光滑。染色体 $2n$=16，18，24-28 等。

分布概况：约 17 属/255 种，主要生长在暖温带和热带，以美洲最多；中国 4 属/19 种，各省区均产，主产西南。

系统学评述：国产母草科的成员之前都置于玄参科 Scrophulariaceae[1]。分子系统学研究表明，传统的玄参科是个多系类群，其所包括的成员分别被重新归入透骨草科 Phrymaceae、车前草科 Plantaginaceae 等不同科[2-5]。Rahmanzadeh 等[6]依据分子系统学和形态学研究最先将 *Artanema*、*Picria* 和母草属 *Lindernia* 等 13 属分出，置于新成立的母草科 Linderniaceae。Fischer 等[7]结合分子系统学和形态学对母草科进行了全面修订，认为该科包含 17 属，*Stemodiopsis* 位于最基部，是其余成员的姐妹群[7,8]。

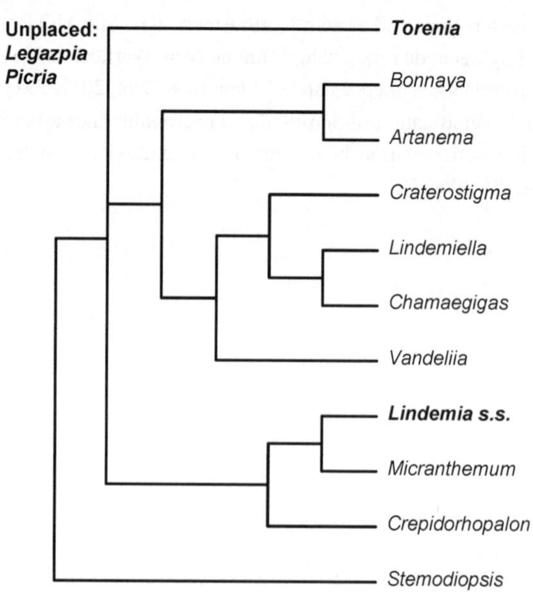

图 197　母草科分子系统框架图（参考 Fischer 等[7]）

分属检索表

1. 萼有 4 齿，上下两齿大，包于外面，侧齿狭小而在内……………………………………**3. 苦玄参属 *Picria***
1. 萼具 3 齿或 5 齿，或为二唇状
  2. 萼具 3 小齿，并生有 3 翅，翅宽而呈半圆形……………………………………**1. 三翅萼属 *Legazpia***
  2. 萼具 5 齿
    3. 萼无翅，无明显的棱；花冠小，不超过 10mm；子房上部无粗毛……………**2. 母草属 *Lindernia***
    3. 萼有明显的翅或棱；花冠大，超过 10mm；子房上部生有粗毛…………………**4. 蝴蝶草属 *Torenia***

1. *Legazpia* Blanco 三翅萼属

Legazpia Blanco (1845: 338); Hong et al. (1998: 29); Fischer et al. (2013: 224) (Type: *L. triptera* Blanco)

特征描述：草本，无毛或被短硬毛。茎伸长，匍匐，具分枝，下部节上生根。叶具梗，对生，具齿。伞形花序腋生；总梗短，具 2 枚很小的总苞片或不具总苞片；花具梗和苞片；萼具 3 枚半圆形的宽翅，顶端具 3 枚小齿；花冠小，裂片呈二唇形；雄蕊 4，2 强，前方 1 对花丝各有 1 个丝状附属物，药室叉开，成一直线。萼宿存，蒴果室间开裂。

分布概况：1/1 种，**7 型**；星散分布于东南亚至大洋洲；中国产广东、广西。

系统学评述：三翅萼属长期被认为是玄参科的成员，虽然 APG 系统将其置于母草科，但该属尚未开展分子系统学研究。

代表种及其用途：三翅萼 *A. polygonoides* (Bentham) Yamazaki 喜生于路旁、山谷阴湿处。

2. *Lindernia* Allioni 母草属

Lindernia Allioni (1766: 178); Hong et al. (1998: 30); Fischer et al. (2013: 225) [Neotype: *L. pyxidaria* Allioni ex Linnaeus, *nom. illeg.* (≡*Capraria gratioloides* Linnaeus, *nom. illeg.*≡*Gratiola dubia* Linnaeus=*L. dubia* (Linnaeus) F. W. Pennell)]

特征描述：草本。叶对生，常有齿。花常对生，腋生或在茎枝顶端形成总状花序；萼 5 齿，齿相等或微不等；花冠紫色、蓝色或白色，二唇形，上唇直立，微 2 裂，下唇较大而伸展，3 裂；雄蕊 4，均能育，偶有前方 1 对退化而无花药，其花丝常有附属物，花药互相贴合或下方药室顶端有刺尖或距；花柱顶端常膨大，片状 2 裂。蒴果多为球形或圆形。种子小，多数。花粉粒 3 沟。染色体 2*n*=14，16，18，24，28，42。

分布概况：30/5（1）种，**2 型**；主要分布于亚洲热带和亚热带，少数至美洲和欧洲；中国南北均有。

系统学评述：分子系统学研究表明目前界定的母草属（狭义母草属）为单系类群，与 *Micranthemum* 互为姐妹群，两者再构成 *Crepidorhopalon* 的姐妹群[7]。广义母草属长期被置于玄参科母草族 Lindernieae[1]。分子系统学研究将广义母草属置于母草科，为多系类群[3,6,8]。Fischer 等[7]基于叶绿体序列 *trn*K、*mat*K 的分子系统学研究，将广义母草

属的一些成员移至 *Bonnaya*、*Craterostigma*、*Vandellia*、蝴蝶草属 *Torenia* 及新成立的 *Linderniella* 中。

DNA 条形码研究：BOLD 网站有该属 31 种 43 个条形码数据；GBOWS 网站已有 10 种 73 个条形码数据。

代表种及其用途：陌上菜 *L. procumbens* (Krocker) Philcox 常生于水边及潮湿处。

3. *Picria* Loureiro 苦玄参属

Picria Loureiro (1790: 359); Hong et al. (1998: 29) (Type: *P. fel-terrae* Loureiro)

特征描述：匍匐或铺散草本。叶对生，有波状齿。花序总状排列，后随枝伸展而变为腋生；花梗细长，顶端膨大，无小苞片；花萼 4 裂，果时膨大，基部心形，均全缘或前方 1 枚 2 浅裂，侧方 2 枚狭；花冠二唇形，上唇基部宽，先端缺刻，下唇较长，3 裂；雄蕊 4，后方 2 枚完全，不伸出，药室叉分而离开，前方 2 枚常退化为棍棒状；花柱先端柱头 2 片裂；胚珠多数。蒴果球形，包于萼内，室间开裂，从宽阔的具有胎座的轴上开裂。

分布概况：1/1 种，**7 型**；分布于亚洲东南部和南部；中国产广东、广西、贵州和云南南部。

系统学评述：苦玄参属长期被置于玄参科母草族[1]。Oxelman 等[5]在研究广义玄参科的系统时发现苦玄参属与 *Stemodiopsis*、蝴蝶草属、*Micranthemum* 构成一个分支。但由于研究取样不够全面[3]，且后续的分子系统学研究中均未涉及该属[7,8]，因此该属的系统位置有待进一步研究。

DNA 条形码研究：GBOWS 网站有该属 1 种 9 个条形码数据。

代表种及其用途：苦玄参 *P. felterrae* Loureiro 喜生于荒田中。

4. *Torenia* Linnaeus 蝴蝶草属

Torenia Linnaeus (1753: 619); Hong et al. (1998: 37); Fischer et al. (2013: 230) (Type: *T. asiatica* Linnaeus)

特征描述：草本。叶对生，具齿。花具梗，排列成总状或伞形花序，或单朵花腋生或顶生，无小苞片；花萼具棱或翅，萼齿常 5 枚；花冠筒状，上部常扩大，二唇形，上唇先端微凹或 2 裂，下唇开展，裂片 3 枚，近等大；雄蕊 4，均能育，后方 2 枚内藏，前方 2 枚着生于喉部，花丝长而弓曲，基部常各具 1 个齿状或丝状抑或棍棒状的附属物，花药成对紧密靠合，药室顶部常汇合；子房上部常被短粗毛，花柱先端片状 2 裂，胚珠多数。蒴果矩圆形，为宿萼所包藏，室间开裂。种子多数，具蜂窝状皱纹。花粉粒多为 3 沟。染色体 $2n$=16，18，34。

分布概况：51/12（2）种，**2 型**；分布于亚洲，非洲热带地区；中国主产长江以南。

系统学评述：分子系统学研究表明目前界定的蝴蝶草属为单系类群[7]。基于叶绿体的片段分析表明，该属与苦玄参属、*Micranthemum*、*Stemodiopsis* 聚为一支，代表了玄参科母草族这一分支[5]，随后这一分支被移入母草科，且该属构成了母草属与 *Craterostigma* 的姐妹群[7]。但最新研究表明该属在母草科内的系统位置并没有得到很好的解决，其成员与 *Bonnaya*、*Artanema*、*Craterostigma*、*Linderniella*、*Chamaegiga* 和 *Vandellia* 形成一个大的分支，且该属在这个分支里较为独立[8]。

DNA 条形码研究：BOLD 网站有该属 6 种 8 个条形码数据；GBOWS 网站已有 6 种 44 个条形码数据。

代表种及其用途：兰猪耳 *T. fournieri* Linden ex E. Fournier 原产越南，中国现多栽培以供观赏。

主要参考文献

[1] Fischer E. Scrophulariaceae[M]//Kubitzki K. The families and genera of vascular plants, VII. Berlin: Springer, 2004: 333-432.

[2] Olmstead RG, et al. Disintegration of the Scrophulariaceae[J]. Am J Bot, 2001, 88: 348-361.

[3] Tank DC, et al. Review of the systematics of Scrophulariaceae *s.l.* and their current disposition[J]. Aust Syst Bot, 2006, 19: 289-307.

[4] Albach DC, et al. Piecing together the "new" Plantaginaceae[J]. Am J Bot, 2005, 92: 297-315.

[5] Oxelman B, et al. Further disintegration of Scrophulariaceae[J]. Taxon, 2005, 54: 411-425.

[6] Rahmanzadeh R, et al. The Linderniaceae and Gratiolaceae are further lineages distinct from the Scrophulariaceae (Lamiales)[J]. Plant Biol, 2005, 7: 67-68.

[7] Fischer E, et al. The phylogeny of Linderniaceae-The new genus *Linderniella*, and new combinations within *Bonnaya*, *Craterostigma*, *Lindernia*, *Micranthemum*, *Torenia* and *Vandellia*[J]. Willdenowia, 2013, 43: 209-238.

[8] Schäferhoff B, et al. Towards resolving Lamiales relationships: insights from rapidly evolving chloroplast sequences[J]. BMC Evol Biol, 2010, 10: 352.

Martyniaceae Horaninow (1847), *nom. cons.* 角胡麻科

特征描述：草本，被黏毛，具块根。叶互生或对生，单叶，无托叶。总状花序顶生；花左右对称；萼片5，分离或部分合生，有时为佛焰苞状；花冠筒近筒状，檐部二唇形，裂片5，覆瓦状排列；雄蕊2或4，药室“个”字形着生；花盘环状；子房上位，1室，侧膜胎座。蒴果，具喙，外果皮肉质，内果皮木质。种子黑色，具雕纹。

分布概况：5属/16种，分布于美洲热带及亚热带地区；中国1属/1种，云南南部有逸生。

系统学评述：传统上角胡麻科常归并到胡麻科 Pedaliaceae，分子证据表明其与爵床科 Acanthaceae 关系较近，支持其从胡麻科分离出来[1]。该科的属间关系研究较少，缺乏相关证据。依据花萼、花粉及果实形态相似性，*Proboscidea* 和 *Craniolaria*，*Ibicella* 和 *Ibicella*[2]，或 *Ibicella* 和 *Proboscidea*，*Craniolaria* 和 *Holoregmia* 及 *Martynia*[3]曾分别被放在一起。根据分子系统发育分析结果角胡麻科下的5属被分为2个分支，其中，*Martynia* 与 *Proboscidea* 聚为一支，*Ibicella* 是 *Craniolaria*+*Holoregmia* 的姐妹群[4]。

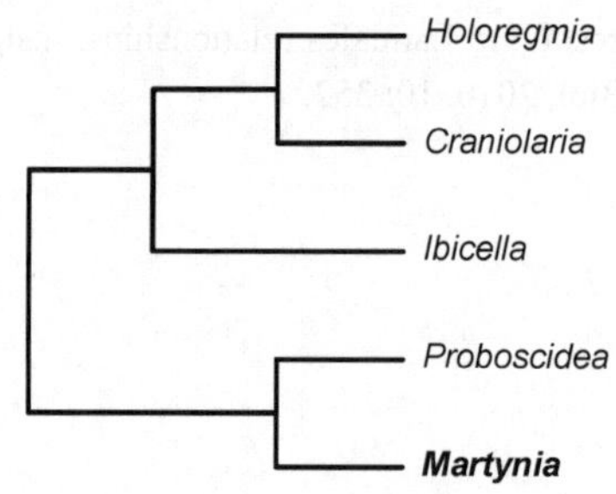

图198　角胡麻科分子系统框架图（参考 Gormley 等[4]）

1. *Martynia* Linnaeus 角胡麻属

Martynia Linnaeus (1753: 618); Zhang & Hartmann (1998: 228) (Lectotype: *M. annua* Linnaeus)

特征描述：草本，直立，全株被黏质柔毛。叶对生，阔卵形，具掌状脉。总状花字顶生或近于顶生，苞片早落，花萼基部具膜质小苞片2枚；萼片5，不等；花冠钟状，檐部裂片5；雄蕊2，退化雄蕊存在，花药极叉开，丁字形着生。子房1室，在下部成假4室融合。蒴果，具纵棱纹，沿缝线开裂，顶端具2枚短钩状凸起。染色体 $2n$=32。

分布概况：1/1种，**9-1型**；原产墨西哥及中美洲，在亚洲热带地区已成为归化种；中国云南南部有逸生。

系统学评述：属下系统学研究暂无。

DNA 条形码研究：BOLD 网站有该属11种9个条形码数据。

主要参考文献

[1] Refulio-Rodriguez NF, Olmstead RG. Phylogeny of Lamiidae[J]. Am J Bot, 2014, 101: 287-299.

[2] van Eseltine GP. A preliminary study of the unicorn plants (Martyniaceae)[M]. 149. New York State Agric Exp Sta Techn Bull, 1929: 1-41.

[3] Bretting PK, Nilsson S. Pollen morphology of the Martyniaceae and its systematic implications[J]. Syst Bot, 1988, 13: 51-59.

[4] Gormley IC, et al. Phylogeny of Pedaliaceae and Martyniaceae and the placement of *Trapella* in Plantaginaceae *s.l.*[J]. Syst Bot, 2015, 40: 259-268.

Pedaliaceae R. Brown (1810), *nom. cons.* 胡麻科

特征描述：草本，稀灌木或乔木，全株（或部分）被黏性腺体。叶对生，单叶，无托叶。花两性，单生叶腋，稀数花簇生或形成总状花序；花梗短，基部通常有蜜腺；花萼5（稀4）深裂；花冠筒状或钟状，先端5裂，呈不明显的二唇形；雄蕊4（稀2），2强，常有1退化雄蕊；花药2室；花盘肉质；子房上位（稀下位），2或4室；胚珠2至多数；花柱纤细；柱头2裂。果实开裂或不开裂，常有钩刺或翅。染色体 n=8（13）。

分布概况：15属/70种，分布于旧世界热带与亚热带，非洲多见；中国1属/1种，产华北、华中、华南和西南。

系统学评述：早期胡麻科和角胡麻科 Martyniaceae 一同被置于紫葳科 Bignoniaceae[1]。Brown[2]在1810年建立胡麻科，仅包括2属，即 *Pedalium* 和 *Josephinia*。1818年，Kunth[3]将胡麻属 *Sesamum*、角胡麻属 *Martynia* 和 *Craniolaria* 并入胡麻科，而后2属现在被归入角胡麻科[4,APG III]。近年来的分子证据也证实胡麻科和角胡麻科位于唇形目 Lamiales 不同的分支上，系统发育关系较远[5]。胡麻科被划分为3族，即 Sesamothamneae（仅包括 *Sesamothamnus*）、Pedalieae 和 Sesameae，得到了形态学和孢粉证据的支持[6]，其中 Pedalieae 最早分化，位于最基部，Sesamothamneae 和 Sesameae 互为姐妹分支[7]，属间系统发育关系需进一步研究。Gormley 等[7]的最新研究，亦根据分子证据将茶菱属 *Trapella* 从胡麻科中排除，处理为车前科 Plantaginaceae 的一员。

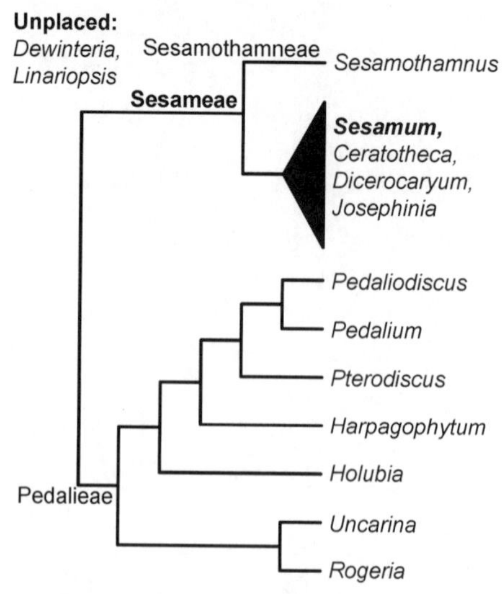

图199 胡麻科分子系统框架图（参考 Gormley 等[7]）

1. *Sesamum* Linnaeus 胡麻属

Sesamum Linnaeus (1753: 634); Zhang & Hartmann (1998: 226) (Lectotype: *S. indicum* Linnaeus)

特征描述：一年生或多年生草本，直立或匍匐。单叶，有柄或无柄，对生（上部常互生或近对生），线形至披针形，全缘至深裂。花腋生，单生或数花丛生，花梗短；花萼小，早落或宿存，5 深裂；花冠白色或淡紫色，斜钟状，略呈二唇形，先端 5 裂；雄蕊 4，2 强，着生于花冠筒近基部，花药箭头形，药室 2；花盘环状；子房近圆柱形，2 室，每室再由假隔膜分隔成 2 室；每室胚珠多数。蒴果矩圆形至倒圆锥形，纵裂。种子小，多数。花粉粒单孔、双沟、多孔或无萌发孔，颗粒状纹饰。染色体 $2n=26$。

分布概况：20-30/1 种，**(6) 型**；主要分布于非洲，印度，斯里兰卡；中国引种 1 种，各地均有栽培。

系统学评述：Brown[2]建立胡麻科时并没有包括胡麻属，随后 Kunth[3]将其并入该科。根据形态证据，Ihlenfeldt 和 Grabow-Seidensticker[8]将该属分为 4 组，即 *Sesamum* sect. *Aptera*、*S.* sect. *Chamaesesamum*、*S.* sect. *Sesamopteris* 和 *S.* sect. *Sesamum*。芝麻 *S. indicum* Linnaeus 被广泛研究[9-11]，但属内缺乏分子系统学研究。

DNA 条形码研究：BOLD 网站有该属 1 种 11 个条形码数据；GBOWS 网站已有 1 种 7 个条形码数据。

代表种及其用途：芝麻 *S. indicum* Linnaeus 是中国主要油料作物之一，广泛栽培。

主要参考文献

[1] Jussieu AL. Genera plantarum[M]. Paris: Herissant et Barrois, 1789.

[2] Brown R. Prodromus florae novae Hollandiae et Insulae van-Diemen[M]. London: Johnson, 1810.

[3] Kunth C. 1818. Révision de la famille des Bignoniacées[J]. J Phys Chim Hist Nat Arts, 86: 444-454.

[4] Ihlenfeldt HD. Martyniaceae[M]//Kubitzik K. The families and genera of vascular plants, VII. Berlin: Springer, 2004: 283-288.

[5] Olmstead RG, et al. Disintegration of the Scrophulariaceae[J]. Am J Bot, 2001, 88: 348-361.

[6] Ihlenfeldt HD. Pedaliaceae[M]//Kubitzik K. The families and genera of vascular plants, VII. Berlin: Springer, 2004: 307-322.

[7] Gormley IC, et al. Phylogeny of Pedaliaceae and Martyniaceae and the placement of *Trapella* in Plantaginaceae *s.l.*[J]. Syst Bot, 2015, 40: 259-268.

[8] Ihlenfeldt HD, Grabow-Seidensticker U. The genus *Sesamum* L. and the origin of the cultivated sesame[C]//Kunkel G. Taxonomic aspects of African economic botany. Proc 9th Plen Meet. A.E.T.F.A.T. Las Palmas, 1979.

[9] Yukawa Y, et al. Structure and expression of two seed-specific cDNA clones encoding stearoyl-acyl carrier protein desaturase from sesame, *Sesamum indicum* L.[J]. Plant Cell Physiol, 1996, 37: 201-205.

[10] Hiremath SC, et al. Genetic diversity of seed lipid content and fatty acid composition in some species of *Sesamum* L. (Pedaliaceae)[J]. Afr J Biotechnol, 2007, 6: 539-543.

[11] Wang L, et al. Development and characterization of 59 polymorphic cDNA-SSR markers for the edible oil crop *Sesamum indicum* (Pedaliaceae)[J]. Am J Bot, 2012, 99: e394-398.

Acanthaceae Jussieu (1789), *nom. cons.* 爵床科

特征描述：草本、灌木或藤本，稀为小乔木；节通常膨大而具关节。单叶对生，无托叶，大多数种类具钟乳体。花两性，两侧对称，单生或组成总状花序、头状花序、穗状花序、聚伞花序或圆锥花序；苞片1或无；小苞片2或退化；花萼4或5裂，稀多裂或环状而平截，裂片镊合状或覆瓦状排列；花冠合瓣，近整齐，或二唇形，上唇2裂或全缘，稀退化，下唇3裂，稀全缘，裂片旋转状排列、双盖覆瓦状排列或覆瓦状排列；能育雄蕊2或4，2强，花丝分离或基部成对联合成薄膜状整体，花药背着，稀为基着，1室或2室，药室纵裂，邻接或分离，等大或不大，基部有或无芒状附属物；退化雄蕊1或3或无；子房上位，2室，中轴胎座，稀不完全的4室，具1分离的翅状中央胎座，胚珠2至多数，倒生，着生于珠柄钩上，稀无珠柄钩；柱头2裂。蒴果室背开裂。种子每室1至多数，基部常具圆形基区。花粉形态极其多样化。染色体2*n*=18，22，24，26，28，30，32，34，36，40，42，44，48，50，56。

分布概况：约250属/4000种，广布热带和亚热带地区；中国41属/约310种，主要分布于长江以南。

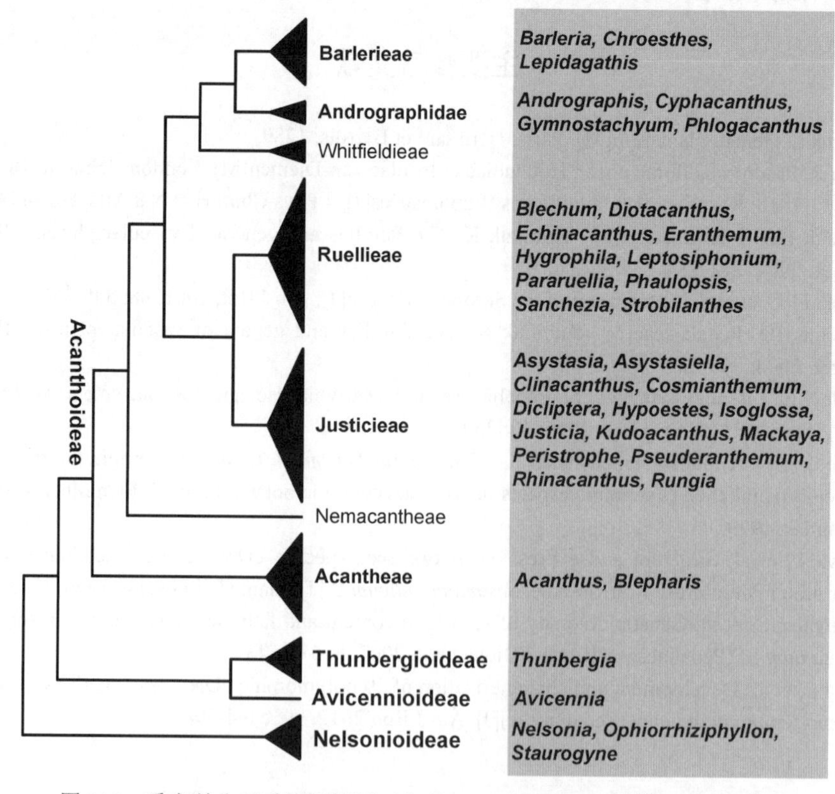

图200　爵床科分子系统框架图（参考APW；McDade等[1]；高春明[2]）

系统学评述：传统的爵床科包括具珠柄钩的爵床亚科 Ruellioideae 和不具珠柄钩的瘤子草亚科 Nelsonioideae、山牵牛亚科 Thunbergioideae。瘤子草亚科有时被作为瘤子草族 Nelsonieae 放入玄参科 Scrophulariaceae[3-5]，或独立为瘤子草科 Nelsoniaceae[6]；山牵牛亚科也作为独立的科 Thunbergiaceae 处理[4,5,7]。分子证据表明，原置于马鞭草科 Verbenaceae 的海榄雌亚科 Avicennioidease 与山牵牛亚科形成姐妹群[1,8]，因此，广义爵床科包括山牵牛亚科、瘤子草亚科、爵床亚科和海榄雌亚科，被划分为 10 支，即瘤子草亚科（瘤子草族）、海榄雌亚科（海榄雌族 Avicennieae）、山牵牛亚科（山牵牛族 Thunbergieae）、老鼠簕族 Acantheae、假杜鹃族 Barlerieae、穿心莲族 Andrographideae、Whitfieldieae、*Nemacanthus*、芦莉草族 Ruellieae 和爵床族 Justiceae，其中瘤子草亚科位于最基部，是爵床科其余所有分支的姐妹群，Whitfieldieae 和 *Nemacanthus* 中国不产。

分属检索表

1. 胚珠不着生于胎座的珠柄钩上
  2. 匍匐或直立草本；子房每室胚珠多数（瘤子草亚科 Nelsonioideae）
    3. 匍匐草本；花萼 4 裂；雄蕊 2……**28. 瘤子草属 *Nelsonia***
    3. 直立草本；花萼 5 裂；雄蕊 2 或 4
      4. 能育雄蕊 4……**39. 叉柱花属 *Staurogyne***
      4. 能育雄蕊 2……**29. 蛇根叶属 *Ophiorrhiziphyllon***
  2. 灌木或藤本；子房每室胚珠 2
    5. 花萼 5 裂；子房不完全 4 室，具 1 分离的翅状中央胎座；果实顶端不具喙（海榄雌亚科 Avicennioideae）……**5. 海榄雌属 *Avicennia***
    5. 花萼杯状或具 10-16 小齿；子房 2 室，中轴胎座；果实顶端具明显的喙（山牵牛亚科 Thunbergioideae）……**41. 山牵牛属 *Thunbergia***
1. 胚珠着生于胎座的珠柄钩上（爵床亚科 Acanthoideae）
  6. 无钟乳体；花冠单唇形，上唇退化，下唇 3 裂（老鼠簕族 Acantheae）
    7. 叶对生；苞片 1 对；花丝不向外延伸……**1. 老鼠簕属 *Acanthus***
    7. 叶轮生；苞片常多达 5 对；花丝顶端向上延伸成塔状凸起……**8. 百簕花属 *Blepharis***
  6. 具钟乳体；花冠不为单唇形，近 5 等裂或二唇形，上唇全缘或 2 裂，下唇 3 裂
    8. 花冠裂片旋转状排列（芦莉花族 Ruellieae）
      9. 花冠管内具 2 列毛支撑花柱；花丝基部合生，联合成薄膜状……**40. 马蓝属 *Strobilanthes***
      9. 花冠管内无毛或被毛而不为 2 列；花丝基部常成对
        10. 胚珠每室 2
          11. 能育雄蕊 4……**11. 肾苞草属 *Phaulopsis***
          11. 能育雄蕊 2，不育雄蕊 2
            12. 花冠高脚碟状，具细长的花冠管，常 5 等裂……**17. 可爱花属 *Eranthemum***
            12. 花冠筒状，花冠稍二唇形……**38. 黄脉爵床属 *Sanchezia***
        10. 胚珠每室 4 至多数
          13. 花药药室基部具芒状附属物……**16. 恋岩花属 *Echinacanthus***
          13. 花药药室基部无芒状附属物
            14. 花 2 至数朵生于叶腋；花冠二唇形……**19. 水蓑衣属 *Hygrophila***
            14. 花冠近 5 等裂
              15. 茎短缩；叶基生，呈莲座状；聚伞圆锥花序或穗状花序顶生或腋生……**30. 地皮消属 *Pararuellia***

15. 茎伸长；叶散生于茎上；花单生于叶腋或 1-3 朵簇生于枝端，穗状花序顶生或腋生，有的穗状花序短缩成总状花序或圆锥花序

16. 花单生或 3 朵簇生叶腋；小苞片长于花萼；蒴果基部坚实……………………………………………………………………**15. 楠草属 *Dipteracanthus***

16. 花单生或为腋生的聚伞花序，或顶生的穗状花序，有时为顶生圆锥花序；小苞片短于花萼；蒴果基部不坚实

17. 花单生或 2-3 簇生于叶腋内；花冠管细长而狭窄……………………………………………………………………**25. 拟地皮消属 *Leptosiphonium***

17. 花排列成顶生的穗状花序，或腋生的聚伞花序，有时为顶生的圆锥花序；花冠管不为细长形

18. 花排列成顶生的穗状花序；果实开裂时胎座从基部弹起……………………………………………………………………**7. 赛山蓝属 *Blechum***

18. 花多排列成顶生或腋生的聚伞花序，有时为顶生的圆锥花序；果实开裂时胎座不从基部弹起……………**36. 芦莉草属 *Ruellia***

8. 花冠裂片在花芽中为覆瓦状排列或双盖覆瓦状排列

19. 花冠裂片在花芽中为双盖覆瓦状排列（假杜鹃族 Barlerieae）

20. 花萼 4 裂，两两对生，外 2 片大，内 2 片小……………………………**6. 假杜鹃属 *Barleria***

20. 花萼 5 裂，不成对

21. 花药药室基部无芒状附属物 ……………………………**24. 鳞花草属 *Lepidagathis***

21. 花药药室基部具芒状附属物 ……………………………**9. 色萼花属 *Chroesthes***

19. 花冠裂片在花芽中为覆瓦状排列

22. 胚珠每室 3 到多数；种子 6 到多数（穿心莲族 Andrographideae）

23. 花药药室基部具芒状附属物……………………………**18. 裸柱草属 *Gymnostachyum***

23. 花药药室基部无芒状附属物

24. 无不育雄蕊；花药及花丝有毛；蒴果两侧扁，与隔膜成 90°压扁；种子卵形，极扁……………………………………………**2. 穿心莲属 *Andrographis***

24. 不育雄蕊 2；花药及花丝无毛；蒴果圆柱形；种子扁

25. 花冠管圆柱形，稍弯曲 ……………………………**33. 火焰花属 *Phlogacanthus***

25. 花冠管 90°弯曲……………………………………………**13. 鳔冠花属 *Cystacanthus***

22. 胚珠每室 2；种子 4（爵床族 Justicieae）

26. 能育雄蕊 4，或为 2 时具不育雄蕊 2

27. 能育雄蕊 4

28. 总状花序或圆锥花序顶生，花偏向一侧；花冠钟状……………………………………………………………………**3. 十万错属 *Asystasia***

28. 花在总状花序上不偏向一侧；花冠高脚碟状，具细长花冠管……………………………………………………………………**4. 白接骨属 *Asystasiella***

27. 能育雄蕊 2，不育雄蕊 2

29. 花冠高脚碟形，不明显的二唇形，花冠管细长、圆筒形……………………………………………………………………**34. 山壳骨属 *Pseuderanthemum***

29. 花冠钟形，二唇形，不具细长花冠管

30. 花冠长约 3cm ……………………………………**27. 太平爵床属 *Mackaya***

30. 花冠短于 1.5cm

31. 花序上由于每一节仅一朵花发育，另一朵退化仅有苞片，花在花序上互生 ……………………………**11. 钟花草属 *Codonacanthus***

31. 花序上同一节上的花均发育，花在花序上对生 ……………………………… **12. 秋英爵床属 *Cosmianthemum***

26. 能育雄蕊 2，无不育雄蕊

32. 花序为顶生或有时腋生、开展的二歧聚伞花序 …………… **21. 叉序草属 *Isoglossa***

32. 花序不同于上述情况

33. 花药 1 室

34. 花由一对小苞片包被；花冠管不为 180°扭弯；蒴果棒状，基部具不育的实心柄 ……………………………………………… **10. 鳄嘴花属 *Clinacanthus***

34. 花由 2 或多对小苞片组成的总苞包被；花冠管通常为 180°扭弯；蒴果基部具实心短柄 …………………………………………… **20. 枪刀药属 *Hypoestes***

33. 花药 2 室

35. 花 1-4 朵排列成聚伞花序，基部苞片总苞状；花冠管通常为 180°扭弯

36. 蒴果开裂时，胎座不从蒴果基部弹起 ….. **31. 观音草属 *Peristrophe***

36. 蒴果开裂时，胎座从蒴果基部弹起 ………… **14. 狗肝菜属 *Dicliptera***

35. 花排列为穗状花序或聚伞圆锥状花序，苞片不为总苞状；花冠管不为 180°扭弯

37. 花药药室基部无芒状附属物

38. 花冠上唇 2 裂，长约 5mm

39. 花冠外面无毛 ………………… **23. 银脉爵床属 *Kudoacanthus***

39. 花冠外面被毛 …………………… **26. 纤穗爵床属 *Leptostachya***

38. 花冠上唇全缘或 2 裂，长约 1cm ‥ **35. 灵枝草属 *Rhinacanthus***

37. 花药药室至少 1 室基部具芒状附属物

40. 蒴果开裂时，胎座从蒴果基部弹起 ……… **37. 孩儿草属 *Rungia***

40. 蒴果开裂时，胎座不从蒴果基部弹起 ……. **22. 爵床属 *Justicia***

1. *Acanthus* Linnaeus 老鼠簕属

Acanthus Linnaeus (1753: 639); Hu et al. (2011: 379) (Lectotype: *A. mollis* Linnaeus)

特征描述：多年生草本或灌木；无钟乳体。叶对生，边缘羽状分裂或波状分裂，有时有齿或刺，稀为全缘，具羽状脉。穗状花序顶生；苞片边缘具刺；小苞片 2 或无；花萼 4 裂，裂片不等大，外面的 1 对较大，基部常软骨质，内面的 1 对较小；花冠单唇形，上唇极度退化，下唇 3 浅裂；雄蕊 4，2 强；花丝粗壮，顶端细而弯；花药 1 室，药室被毛，基部无芒状附属物；退化雄蕊无。子房 2 室，每室具胚珠 2，具珠柄钩。蒴果开裂时胎座不从基部弹起。种子阔卵形或近圆形，两侧压扁。花粉粒 3 沟。

分布概况：50/3 种，**6 型**；分布于亚洲，非洲和大洋洲等热带亚热带地区；中国有 2 种，一种分布于广东、福建、广西、海南和台湾的海岸红树林中，另一种分布于云南的热带雨林林下。

系统学评述：老鼠簕属隶属于老鼠簕族，且为单系[9]。老鼠簕族包括老鼠簕属、百簕花属 *Blephari* 等 22 属，中国仅有 2 属。

DNA 条形码研究：BOLD 网站有该属 6 种 16 个条形码数据；GBOWS 网站已有 2 种 6 个条形码数据。

代表种及其用途：老鼠簕 *A. illicifolius* Linnaeus 是红树林中重要的代表植物。蛤膜花 *A. mollis* Linnaeus 栽培供观赏。

2. *Andrographis* Wallich ex Nees 穿心莲属

Andrographis Wallich ex Nees (1832: 77); Hu et al. (2011: 473) [Lectotype: *A. echioides* (Linnaeus) Nees (≡*Justicia paniculata* Linnaeus)]

特征描述：草本或亚灌木，具钟乳体。叶对生，具叶柄；叶片边缘全缘，具羽状脉。总状花序、穗状花序或圆锥花序顶生或腋生，花通常偏向一侧；苞片 1，小苞片 2，或有时无，均短于花萼；花萼 5 深裂至近基部，裂片近等大；花冠二唇形，上唇 2 裂，下唇 3 裂，裂片在芽时上升耳蜗状排列；雄蕊 2，伸出或内藏，花丝线形，被毛，花药 2 室，药室等大或不等大，基部无芒状附属物，被柔毛；退化雄蕊无；子房 2 室，每室胚珠 3 至多数，具珠柄钩；花柱细长；柱头 2 齿裂。蒴果长圆形或椭圆形，两侧压扁，开裂时胎座不从基部弹起。种子长圆形，表面光滑或具网纹，无毛。花粉粒 3 孔沟。染色体 $2n$=50。

分布概况：80/3 种，**5（7）型**；分布于热带亚洲地区；中国产云南、贵州、广西和海南。

系统学评述：穿心莲属与 *Indoneesiella* 近缘，后者有时并入该属，还需要加大取样研究来进一步确认[1,10]。

DNA 条形码研究：BOLD 网站有该属 2 种 14 个条形码数据；GBOWS 网站已有 1 种 9 个条形码数据。

代表种及其用途：穿心莲 *A. paniculata* (N. L. Burman) Wallich 是重要的药用植物，有清热解毒、消炎、消肿止痛的作用。

3. *Asystasia* Blume 十万错属

Asystasia Blume (1826: 796); Hu et al. (2011: 437) [Type: *A. intrusa* (Forsskål) Blume (≡*Ruellia intrusa* Forsskål)]

特征描述：多年生草本或灌木；具钟乳体。叶对生，具柄羽状脉。总状花序或圆锥花序顶生；苞片和小苞片均短于花萼，有时无小苞片；花萼 5 深裂至近基部，裂片等大或近等大；花冠钟状，花冠管基部圆柱形，后向上逐渐扩大，二唇形，上唇 2 裂，下唇 3 裂，裂片近相等，在花芽时上升耳蜗状排列；雄蕊 4，2 强，内藏，花丝基部成对联合，花药 2 室，药室平行，基部无芒状附属物；无退化雄蕊；子房 2 室，每室具胚珠 2，具珠柄钩；花柱头状，2 浅裂，裂片不等大。蒴果长椭圆形，开裂时胎座不从基部弹起。种子 4，无毛。花粉粒 3 沟。染色体 $2n$=26，28。

分布概况：70/3 种，**4 型**；分布于东半球热带地区；中国产华南及西南。

系统学评述：十万错属的分子系统学研究较为欠缺，有待深入研究。

DNA 条形码研究：BOLD 网站有该属 4 种 7 个条形码数据；GBOWS 网站已有 2 种 15 个条形码数据。

代表种及其用途： 十万错 *A. gangetica* (Linnaeus) T. Andersson 为伤科用药，常用于创伤出血治疗。

4. *Asystasiella* Lindau 白接骨属

Asystasiella Lindau (1895: 326) [Lectotype: *A. atroviridis* (T. Anderson) Lindau (≡*Asystasia atroviridis* T. Anderson)]

特征描述： 多年生草本或灌木；具钟乳体。叶对生，在同一节上同形；具叶柄或花序基部 1 对叶无柄；叶片边缘波状或具锯齿，具羽状脉。总状花序或圆锥花序顶生；苞片和小苞片短于花萼；花萼 5 深裂至近基部；花冠高脚碟状，基部具狭长花冠管，一面鼓胀，檐部 5 裂，裂片不等大；雄蕊 4，2 强，内藏，花丝基部成对联合，花药 2 室，药室基部无芒状附属物；无退化雄蕊。子房 2 室，每室具胚珠 2，具珠柄钩；柱头头状，2 裂，裂片不等大。蒴果棒状，基部具实心的长柄，开裂时胎座不从基部弹起。种子 4，表面具瘤状凸起，无毛。花粉粒 3 沟。

分布概况： 3/1 种，**6 型**；分布于亚洲及非洲的热带地区；中国产秦岭-淮河以南。

系统学评述： 白接骨属被归并入十万错属 *Asystasia* 中，但可以根据花冠高脚碟状，具细长花冠筒而区别[11]，故仍处理为独立的属。

代表种及其用途： 白接骨 *A. neesiana* (Wallich) Lindau 可入药。

5. *Avicennia* Linnaeus 海榄雌属

Avicennia Linnaeus (1753: 110); Chen & Gilbert (1994: 49) (Type: *A. officinalis* Linnaeus)

特征描述： 常绿灌木或乔木，无钟乳体；枝圆柱形，幼时有时四棱形，节通常膨大而呈明显的关节状。叶对生，具叶柄；叶片革质，边缘全缘，具羽状脉。穗状花序通常短缩成头状，顶生或腋生；苞片和小苞片短于花萼；苞片和小苞片卵形，短于花萼，外面被绒毛，宿存；花萼杯状，宿存，5 深裂至近基部；花冠钟状，近辐射对称，4 或 5 裂，裂片卵形，上方 1 裂片通常较其他的略宽；雄蕊 4，稍外露，花药 2 室，药室内向纵裂，基部无芒状附属物；子房不完全的 4 室，具 1 分离的翅状中央胎座，每室具 1 悬垂胚珠，无珠柄钩，柱头 2 裂。蒴果被宿存花萼包藏，成熟时 2 瓣裂；开裂时胎座不从基部弹起。种子直立，子叶大，纵折。花粉粒 3 沟。染色体 $2n=36$。

分布概况： 10/1 种，**2（4）型**；分布于热带和亚热带的沿海海岸红树林中；中国产广东、广西、海南、福建和台湾。

系统学评述： 传统上，海榄雌属被置于马鞭草科下一个独立的亚科，即海榄雌亚科 Avicennioideae[FRPS]。分子系统学研究将它转移到爵床科作为 1 个亚科[1,8]，与山牵牛亚科互为姐妹群。

DNA 条形码研究： BOLD 网站有该属 7 种 119 个条形码数据；GBOWS 网站已有 1 种 4 个条形码数据。

代表种及其用途： 海榄雌 *A. marina* (Forsskål) Vierhapper 是重要的海岸带植物。

6. *Barleria* Linnaeus 假杜鹃属

Barleria Linnaeus (1753: 636); Hu et al. (2011: 468) (Lectotype: *B. cristata* Linnaeus)

特征描述：多年生草本、亚灌木或灌木，具钟乳体，通常有刺或无刺。叶对生，具羽状脉。聚伞花序或穗状花序顶生或腋生，有时退化为花单生或数朵簇生；苞片有或无；小苞片 2，有时呈二叉的刺状；花萼 4 裂，裂片两两成对，外方的 1 对较大，其中最前方 1 片有时先端 2 裂，内面的 1 对较小；花冠烟斗状，5 裂，整齐或稍二唇形；雄蕊 4，内藏或前雄蕊稍伸出，花药 2 室，基部无芒状附属物；不育雄蕊 1；子房 2 室，每室胚珠 2，具珠柄钩。蒴果开裂时胎座不从基部弹起。种子 2 或 4，被贴伏长毛。花粉粒 3 沟。染色体 2*n*=40。

分布概况：80-120/4 种，**2（6）型**；分布于亚洲和非洲的热带地区；中国产华南和西南。

系统学评述：假杜鹃属位于假杜鹃族的假杜鹃支（*Barleria* clade），是个单系，但需进一步加大取样研究来确认[1]。

DNA 条形码研究：BOLD 网站有该属 7 种 22 个条形码数据；GBOWS 网站已有 1 种 9 个条形码数据。

代表种及其用途：一些种类常见栽培供观赏，如假杜鹃 *B. cristata* Linnaeus、黄花假杜鹃 *B. prionitis Linnaeus* 和花叶假杜鹃 *B. lupulina* Lindley 等。

7. *Blechum* P. Browne 赛山蓝属

Blechum P. Brown (1756: 261) [Type: *B. brownei* Jussieu (≡*Ruellia blechum* Linnaeus)]

特征描述：多年生草本，具钟乳体。叶对生，具叶柄；叶片边缘全缘或具波状齿，具羽状脉。穗状花序顶生；苞片 4 列，覆瓦状排列，小苞片 2；花萼 5 深裂至近基部，裂片等大，线形至钻形；花冠漏斗状，花冠管细，直或内弯，上部扩大，扭转，檐部 5 浅裂，裂片在花芽时旋转状排列；雄蕊 4，2 强，内藏，花药 2 室，药室基部无芒状附属物；子房 2 室，每室具胚珠 3 至多数，具珠柄钩；花柱线形，柱头 2 裂，裂片钻形。蒴果卵形，两面凸起，具种子 8 至多数；具珠柄钩。蒴果开裂时胎座从基部弹起。种子 8 至多数，具螺旋状吸湿性短柔毛。花粉粒 3 沟。染色体 2*n*=34。

分布概况：6-10/1 种，**3 型**；分布于美洲热带地区，世界热带地区归化；中国产台湾，为归化种。

系统学评述：分子系统学研究表明[12,13]，赛山蓝属嵌于广义芦莉草属中，但芦莉草亚族 Ruelliinae 的内部系统发育关系仍不明朗。赛山蓝属以苞片 4 列，覆瓦状排列，蒴果成熟时沿胎座基部弹起而与芦莉草亚族内其他各属区别明显，因此仍保留为独立的属。

8. *Blepharis* Jussieu 百簕花属

Blepharis Jussieu (1789: 103); Hu et al. (2011: 380) [Type: *B. boerhaviifolia* Persoon, *nom. illeg.* (=*B. maderaspatensis* (Linnaeus) Heyne ex Roth≡*Acanthus maderaspatensis* Linnaeus)]

特征描述：多年生草本或亚灌木，无钟乳体。叶通常4片轮生，稀对生，边缘全缘或具齿，有时有刺。花单生叶腋，或穗状花序顶生而短缩成头状；苞片多达5对簇生，边缘通常具刺毛；小苞片2或无；花萼4裂，裂片不等大；花冠单唇形，上唇退化，下唇3浅裂；雄蕊4，2强，花丝粗厚，前面1对雄蕊的花丝顶端向上延伸成1塔状附属物；花药1室，药室被毛，基部无芒状附属物。子房2室，每室具胚珠2，具珠柄钩。蒴果开裂时胎座不从基部弹起。种子2或4，种子近圆形，密被分枝的吸湿性柔毛。花粉粒3沟。染色体 $2n=22$。

分布概况：100/1种，**6（→12）型**；分布于非洲，亚洲及大洋洲的热带地区；中国产海南。

系统学评述：分子系统学研究表明[14]，百簕花属不是单系类群，除 *B. dhofarensis* A. G. Mill.伴于老鼠簕属分支中外，其余种形成1个分支，并构成老鼠簕属和 *Acanthopsis* 的姐妹群。

DNA 条形码研究：BOLD 网站有该属3种3个条形码数据。

代表种及其用途：百簕花 *B. maderaspatensis* (Linnaeus) B. Heyne ex Roth 为平卧草本，喜生长于石灰岩上。

9. *Chroesthes* R. Benoist 色萼花属

Chroesthes R. Benoist (1927: 107); Hu et al. (2011: 472) (Type: *C. pubiflora* R. Benoist)

特征描述：灌木，具钟乳体。叶对生，同一节上等大或不等大，具叶柄；叶片边缘全缘。聚伞圆锥花序顶生；苞片1，小苞片2；花萼5裂至近基部，裂片不等大，基部联合，后方1片最大，前方2片次之，两侧的2枚最狭；花冠二唇形，上唇2裂，下唇3裂，裂片覆瓦状排列；雄蕊4，2强，花药2室，药室基部具芒状附属物；子房2室，每室具胚珠2，具珠柄钩；花柱被柔毛，柱头2裂。蒴果开裂时胎座不从基部弹起。种子4，被柔毛。花粉粒3沟。

分布概况：3/1种，**7-3型**；分布于缅甸，泰国，老挝，越南，马来西亚；中国产云南、广西。

系统学评述：色萼花属的分子系统学研究较为欠缺，有待深入研究。

DNA 条形码研究：GBOWS 网站有该属1种9个条形码数据。

10. *Clinacanthus* Nees 鳄嘴花属

Clinacanthus Nees (1847: 511); Hu et al. (2011: 442) [Type: *C. burmanni* Nees, *nom. illeg.* (=*C. nutans* (Burman f.) Lindau≡*Justicia nutans* Burman f.]

特征描述：多年生草本或亚灌木；具钟乳体。叶对生；具叶柄；叶片边缘全缘或具齿，具羽状脉。聚伞圆锥花序顶生或腋生；苞片和小苞片小，线形或披针形；花萼5深裂至近基部，裂片近等大；花冠扭曲，花冠管狭窄，二唇形，上唇2浅裂，下唇3裂，裂片在花芽时上升耳蜗状排列；雄蕊2，花药1室，药室狭长圆形，基部无附属物；子房2室，每室具胚珠2，具珠柄钩；花柱细线状，柱头平截或不明显2裂。蒴果棒状，基部具不育的实心短柄，开裂时胎座不从基部弹起。种子 4。花粉粒 3 沟。

分布概况：3/1 种，（**7a**）型；分布于东亚和东南亚的热带地区；中国主产华南和云南。

系统学评述：鳄嘴花属的分子系统学研究较为欠缺，有待深入研究。

DNA 条形码研究：BOLD 网站有该属 1 种 2 个条形码数据。

代表种及其用途：鳄嘴花 *C. nutans* (N. L. Burman) Lindau 可入药，具清热除湿、消肿止痛的功效。

11. *Codonacanthus* Nees 钟花草属

Codonacanthus Nees (1847: 103); Hu et al. (2011: 448) [Type: *C. pauciflorus* (Nees) Nees (≡*Asystasia pauciflora* Nees)]

特征描述：多年生草本；具钟乳体。叶对生；具叶柄；叶片边缘全缘。总状花序或圆锥花序顶生或腋生，花在花序上互生，每一节上常仅 1 朵花，相对一侧的苞片无花；苞片和小苞片钻形，短于花萼；花萼 5 深裂至近基部，裂片近等大；花冠钟形，花冠管短，长不足 1cm，二唇形，上唇 2 裂，下唇 3 裂，裂片不等大，在花芽中上升耳蜗状排列；雄蕊 2，内藏，花药 2 室，药室卵形，近等大，基部无芒状附属物；不育雄蕊 2，棒状；子房 2 室，每室具胚珠 2，具珠柄钩；柱头头状，2 裂。蒴果基部具实心的短柄，开裂时胎座不从基部弹起。种子近圆形，表面光滑至多少具皱纹，无毛。花粉粒 3 沟。

分布概况：2/1 种，**7-1**（**→14SJ**）型；东亚分布；中国产台湾、广东、广西、海南、贵州和云南等省区。

系统学评述：钟花草属的分子系统学研究较为欠缺，有待深入研究。

DNA 条形码研究：GBOWS 网站有该属 1 种 3 个条形码数据。

代表种及其用途：钟花草 *C. pauciflorus* (Nees) Nees 全草入药，用于跌打损伤等。

12. *Cosmianthemum* Bremekamp 秋英爵床属

Cosmianthemum Bremekamp (1960: 166); Hu et al. (2011: 448) (Type: *C. magnifolium* Bremekamp)

特征描述：多年生草本或亚灌木；具钟乳体。茎叶对生；具叶柄；叶片边缘全缘或具齿，具羽状脉。聚伞圆锥花序顶生或腋生，有时具 1 至多数花的聚伞花序；苞片 1，小苞片 2，小于苞片；花萼 5 裂至近基部，裂片近等大或不等大，前方 1 片常较小；花冠钟形，基部花冠二唇形，上唇 2 浅裂或有时不裂，下唇 3 深裂，裂片不等大，在花芽时上升耳蜗状排列；雄蕊 2，花丝基部扩大，被毛，花药 2 室，药室长圆形，等大，平行，基部无附属物；不育雄蕊 2；子房 2 室，每室具胚珠 2，具珠柄钩；柱头 2 浅裂。蒴果棒状，基部具实心的短柄，开裂时胎座不从基部弹起。种子圆形或阔卵形，表面具皱纹，无毛。花粉粒 3 沟。

分布概况：10/3（2）种，**7-3** 型；分布于亚洲东南部热带与亚热带地区；中国产海南、广东、广西等。

系统学评述：传统上认为秋英爵床属与山壳骨属近缘，区别在于秋英爵床属的花冠小，二唇形，上唇常仅稍 2 裂，无细长的花冠管，但两者的关系需要进一步研究验证。

13. *Cystacanthus* T. Anderson 鳔冠花属

Cystacanthus T. Anderson (1867: 457); Hu et al. (2011: 475) (Type: *C. cymosus* T. Anderson)

特征描述：灌木或多年生草本，具钟乳体。叶对生，具叶柄；叶片边缘全缘或具钝齿，具羽状脉。聚伞圆锥状花序顶生，稀聚伞花序或总状花序腋生；苞片 1，小苞片 2；花萼 5 深裂至近基部，常被腺毛或无腺毛；花冠钟状漏斗形，花冠筒基部圆柱形，中部 90°弯曲，一侧膨大肿胀，二唇形，上唇 2 裂，下唇 3 裂，裂片等大或不等大，在芽时上升耳蜗状排列；雄蕊 2，内藏，花丝光滑，基部被毛，花药 2 室，药室长圆形，被长硬毛，基部无芒状附属物；退化雄蕊 2；子房 2 室，每室具胚珠 4-6，具珠柄钩；花柱线形，柱头 2 裂。蒴果棒状，开裂时胎座不从基部弹起。种子 8-12，被毛。花粉粒 3 沟。

分布概况：15/8（3）种，**7-2 型**；分布于热带亚洲；中国产西藏、云南、四川、广西和海南。

系统学评述：鳔冠花属最早被放入芦莉草族[15]，Bentham[16]将其置于可爱花亚族 Erantheminae。Clarke[17]将鳔冠花属转移到穿心莲亚族中，后被广泛接受。关于鳔冠花属是否应独立为属，存在不少争议，Imaly[18]将其并入火焰花属，得到了一些研究的支持[19-21]，但也有研究仍将其处理为独立的属[2,22]。Hu 等[FOC]对鳔冠花属和火焰花属的范围进行了重新界定，指出火焰花属应该仅限于花冠直或稍弯曲的种类，而鳔冠花属则包括花冠中部 90°弯曲的种类。鳔冠花属与近缘属间，以及其属下物种关系还有待深入研究。

DNA 条形码研究：GBOWS 网站有该属 1 种 3 个条形码数据。

代表种及其用途：丽江鳔冠花 *C. affinis* W. W. Smith 为中国特有种。

14. *Dicliptera* Jussieu 狗肝菜属

Dicliptera Jussieu (1807: 267), *nom. cons.* ; Hu et al. (2011: 462) [Type: *D. chinensis* (Linnaeus) Jussieu, *typ. cons.* (≡*Justicia chinensis* Linnaeus)]

特征描述：一年生或多年生草本；具钟乳体。叶对生；具叶柄；叶片边缘全缘或浅波状，具羽状脉。聚伞花序顶生或腋生，常数个再组成聚伞状或圆锥状；苞片 2，叶状，对生，其内有数朵花，但常仅 1 朵发育，其余退化仅存花萼或小苞片；花萼 5 深裂至近基部，裂片等大；花冠扭曲，二唇形，上唇全缘或 2 浅裂，下唇 3 浅裂，裂片在花芽时上升耳蜗状排列；雄蕊 2，花药 2 室，药室卵形，斜叠生或一上一下，基部无附属物；无退化雄蕊；子房 2 室，每室具胚珠 2，具珠柄钩；柱头全缘或浅 2 裂。蒴果卵形，基部具不育的实心短柄，开裂时胎座从基部弹起。种子近圆形，表面具小疣点或小乳凸，无毛。花粉粒 3 沟。染色体 $2n=26$。

分布概况：100/4（2）种，**2 型**；分布于热带和亚热带地区；中国产秦岭-淮河以南。

系统学评述：狗肝菜属的分子系统学研究较为欠缺，有待深入研究。

DNA 条形码研究：BOLD 网站有该属 2 种 2 个条形码数据；GBOWS 网站已有 1 种 7 个条形码数据。

代表种及其用途：一些种类可供入药，如狗肝菜 *D. chinensis* (Linnaeus) Jussieu。

15. *Dipteracanthus* Nees 楠草属

Dipteracanthus Nees (1832: 75) [Lectotype: *D. prostratus* (Poiret) Nees (≡*Ruellia prostrata* Poiret)]

特征描述：多年生草本；茎匍匐或斜升，节上生根；具钟乳体。叶对生，具柄；叶片边缘全缘，具羽状脉。花单生或 3 朵簇生叶腋，无梗或具短梗；小苞片叶状，基部具柄，长于花萼；花萼 5 深裂至近基部，裂片等大；花冠钟状或筒状，5 裂，裂片近等大，在芽时旋转状排列；雄蕊 4，2 强，花药 2 室，药室基部叉开成剑形，基部无芒状附属物，药隔顶端具方形附属物；子房 2 室，每室胚珠 3-8，具珠柄钩；花柱基部被短硬毛，向上部渐无毛，柱头 2 裂，前裂片退化，后裂片扁平。蒴果棒状，基部具实心的短柄，开裂时胎座不从基部弹起。种子 6-16，圆形，边缘具膜质的薄翅，边缘被毛，其余部分无毛。花粉粒 3 沟。染色体 $2n=24$。

分布概况：150/1 种，**4 型**；分布于亚洲东南部和非洲东部；中国产华南和西南。

系统学评述：对于楠草属是否应从芦莉草属 *Ruellia* 中独立出来存在争议[23,24]。由于楠草属与其他属以花簇生于叶腋，种子边缘具膜质的圆翅而区别明显，仍保留为独立的属。

DNA 条形码研究：BOLD 网站有该属 1 种 1 个条形码数据。

16. *Echinacanthus* Nees 恋岩花属

Echinacanthus Nees (1832: 75); Hu et al. (2011: 433) (Type: *E. attenuatus* Nees)

特征描述：多年生草本或灌木；具钟乳体。叶对生，具叶柄；叶片边缘全缘，具羽状脉。聚伞花序顶生或腋生；苞片狭，近叶状，小苞片无；花萼 5 深裂至近基部，裂片近相等，常被腺毛；花冠漏斗形或钟状，5 裂，裂片等大，在花芽时旋转状排列；雄蕊 4，2 强，内藏，花丝基部成对合生，花药 2 室，背着，箭形，被硬毛，药室平行，基部均具 2 个芒刺状附属物；子房 2 室，每室具胚珠 4-8，具珠柄钩；花柱线形，柱头 2 裂，后裂片退化。蒴果圆柱形，开裂时胎座不从基部弹起。种子多数，具螺旋状吸湿性柔毛。花粉粒 3 沟。

分布概况：5/4（3）种，**14SH 型**；分布于越南，不丹，印度，尼泊尔；中国产广东、广西、贵州和云南等省区的石灰岩地区。

系统学评述：分子系统学研究表明恋岩花属不是单系类群，中国与越南的种类与属的模式关系较为疏远，或应为一新属[2,12]。

DNA 条形码研究：BOLD 网站有该属 1 种 1 个条形码数据；GBOWS 网站已有 1 种 1 个条形码数据。

17. *Eranthemum* Linnaeus 可爱花属

Eranthemum Linnaeus (1753: 9); Hu et al. (2011: 432) (Type: *E. capense* Linnaeus)

特征描述：多年生草本或灌木；具钟乳体。叶对生，具羽状脉。穗状花序顶生或腋生，有时圆锥状；苞片叶状，有时具不同颜色，小苞片 2；花萼 5 深裂至近基部；花冠高脚碟状，花冠管细长，喉部稍扩大，檐部 5 裂；雄蕊 2，花药 2 室，药室基部无附属物；不育雄蕊 2；子房 2 室，每室具胚珠 2；具珠柄钩。蒴果棒状，具种子 4；开裂时胎座不从基部弹起。种子 4，具吸湿性白色柔毛。花粉粒 3 沟。染色体 $2n=42$。

分布概况：30/3（1）种，**（7a-c）型**；分布于亚洲热带地区；中国产华南和西南。

系统学评述：可爱花属的分子系统学研究较为欠缺，有待深入研究。

DNA 条形码研究：BOLD 网站有该属 4 种 4 个条形码数据；GBOWS 网站已有 2 种 7 个条形码数据。

代表种及其用途：一些种类是重要的观赏植物，如可爱花 *E. pulchellum* Andrews。

18. *Gymnostachyum* Nees 裸柱草属

Gymnostachyum Nees (1832: 76); Hu et al. (2011: 472) (Type: *G. leptostachyum* Nees)

特征描述：多年生草本或亚灌木；茎极短或伸长；具钟乳体。叶对生，茎生或近莲座状着生；叶片边缘通常全缘，具羽状脉。总状花序、穗状花序或圆锥花序顶生；苞片 1，小苞片 2，均短于花萼；花萼 5 深裂至近基部，裂片线状披针形，近等大；花冠二唇形，上唇 2 齿裂，下唇 3 裂，裂片在芽时上升耳蜗状排列；雄蕊 2，内藏；花药 2 室，药室平行，1 或 2 室，基部有短芒状附属物；无退化雄蕊；子房 2 室，每室具 3 至多数胚珠，具珠柄钩；柱头 2 浅裂，裂皮压扁。蒴果棒状，具 4 棱，开裂时胎座不从基部弹起。种子多数，具吸湿性白色短柔毛。花粉粒 3 沟。染色体 $2n=56$。

分布概况：30/4（2）种，**（7ab）型**；分布于亚洲热带地区；中国产广西和云南。

系统学评述：裸柱草属最初在爵床族中[15]，随后 Anderson 将其放入穿心莲族[25]，而 Bremekamp[4,5]则将其置于水蓑衣亚族 Hygrophilinae[FRPS]。一些研究支持裸柱草属与穿心莲属 *Andrographis*、火焰花属 *Phlogacanthus*、鳔冠花属 Cystacanthus 等组成穿心莲族或穿心莲亚族 Andrographinae[1,2,17,22,26,FOC]，但分子系统学研究则支持将其处理为穿心莲族[1,2]。

DNA 条形码研究：GBOWS 网站有该属 1 种 3 个条形码数据。

19. *Hygrophila* R. Brown 水蓑衣属

Hygrophila R. Brown (1810: 479); Hu et al. (2011: 430) [Type: *H. ringens* (Linnaeus) Steudel (≡*Ruellia ringens* Linnaeus)].——*Hemiadelphis* Nees (1832: 75)

特征描述：一年生或多年生草本，稀亚灌木；具钟乳体。茎直立或斜升，具 4 棱，无刺或有时具腋生的刺。叶对生，无柄或具短柄；叶缘全缘、浅波状或具齿。穗状花序顶生，或 2 至数朵簇生于叶腋内；苞片椭圆形或披针形；小苞片小；花萼圆筒状，5 裂至中部之上，裂片近等大；花冠一侧膨大，二唇形，上唇 2 浅裂，下唇 3 浅裂，裂片在花芽时旋转状排列；雄蕊 4，2 强，花丝基部有膜相连，花药 2 室，药室基部无附属物；退化雄蕊 2 或无；子房 2 室，每室具胚珠 4 至多数；具珠柄钩；花柱线形，柱头 2 裂，后裂片退化。蒴果长圆柱形，开裂时胎座不从基部弹起。种子 8 至多数，具吸湿性的螺旋状长柔毛。花粉粒 3 沟。染色体 $2n$=32。

分布概况：100/6（1）种，**2 型**；分布于热带或亚热带水湿或沼泽地区；中国产长江以南。

系统学评述：水蓑衣属的分子系统学研究较为欠缺，有待深入研究。

DNA 条形码研究：BOLD 网站有该属 7 种 15 个条形码数据；GBOWS 网站已有 1 种 13 个条形码数据。

代表种及其用途：水蓑衣 *H. ringens* (Linnaeus) R. Brown ex Sprengel 可入药，中药名“天仙子”。

20. *Hypoestes* Solander ex R. Brown 枪刀药属

Hypoestes Solander ex R. Brown (1810: 474); Hu et al. (2011: 467) (Type: *H. floribunda* R. Brown)

特征描述：多年生草本或亚灌木；具钟乳体。叶对生；具叶柄；叶片边缘全缘或有齿，具羽状脉。聚伞花序组成顶生或腋生的穗状花序或圆锥花序，每一聚伞花序常仅 1 朵花发育，其余退化，仅有残存的花萼和小苞片；苞片叶状，具柄；小苞片 4 或 2，离生或合生成管状，长于花萼；花萼 5 深裂至近基部，裂片等大；花冠扭曲，花冠管细长，喉部扩大，直或顶部反折，二唇形，上唇全缘或 2 浅裂，下唇 3 浅裂，裂片在花芽中上升耳蜗状排列；雄蕊 2，花药 1 室，背着，基部无芒状附属物；无退化雄蕊；子房 2 室，每室具胚珠 2，具珠柄钩；柱头 2 裂，裂片等或不等大。蒴果长圆形，基部具不育的实心短柄，果实开裂时胎座不从基部弹起。种子 4，近圆形，表面有小疣点，无毛。染色体 $2n$=30。

分布概况：40/3 种，**4 型**；分布于东半球的热带地区；中国产广东、广西、海南和云南等省区。

系统学评述：枪刀药属的分子系统学研究较为欠缺，有待深入研究。

DNA 条形码研究：BOLD 网站有该属 2 种 2 个条形码数据；GBOWS 网站已有 1 种 20 个条形码数据。

代表种及其用途：枪刀药 *H. purpurea* (Linnaeus) R. Brown 全草入药，有消炎散淤、止血止咳之效。

21. *Isoglossa* Oersted 叉序草属

Isoglossa Oersted (1854: 155); Hu et al. (2011: 441) [Type: *I. origanoides* (Nees) S. Moore (≡*Rhytiglossa origanoides* Nees)].——*Chingiacanthus* Handel-Mazzetti (1934: 11)

特征描述：亚灌木或多年生草本；具钟乳体。叶对生，在同一节上等大或不等大，具叶柄，叶片边缘近全缘。聚伞圆锥花序或圆锥花序顶生和/或腋生；苞片小，短于花萼，无小苞片；花萼 5 深裂至近基部，裂片等大；花冠长漏斗状，花冠管基部圆柱形，向上扩大成漏斗状，二唇形，上唇 2 浅裂，下唇 3 浅裂，裂片在花芽时上升耳蜗状排列；雄蕊 2，内藏，着生于花冠上部，花丝无毛，花药 2 室，药室椭圆形，平行，基部无芒状附属物；无退化雄蕊；子房 2 室，每室具胚珠 2，具珠柄钩；花柱无毛，柱头头状，2 浅裂。蒴果棒状，基部具不育的实心短柄，开裂时胎座不从基部弹起。种子近圆形，表面具小疣点，无毛。染色体 $2n$=34。

分布概况：50/3（2）种，**6 型**；分布于亚洲和非洲的热带地区；中国产广西、广东、云南、西藏等。

系统学评述：叉序草属的分子系统学研究较为欠缺，有待深入研究。

DNA 条形码研究：BOLD 网站有该属 1 种 1 个条形码数据；GBOWS 网站已有 1 种 3 个条形码数据。

22. *Justicia* Linnaeus 爵床属

Justicia Linnaeus (1753: 15); Hu et al. (2011: 449) (Lectotype: *J. hyssopifolia* Linnaeus).——*Adhatoda* Miller (1754: 1), *Calophanoides* Ridley (1923: 592), *Gendarussa* Nees (1832: 76); *Mananthes* Bremekamp (1944: 58); *Rhaphidospora* Nees (1832: 77); *Rostellularia* H. G. L. Reichenbach (1837: 1)

特征描述：多年生草本、亚灌木或灌木，稀小乔木；具钟乳体。叶对生；具叶柄或无柄；叶片边缘全缘或具齿，具羽状脉。穗状花序、总状花序、聚伞圆锥花序或圆锥花序顶生或腋生，有时腋生聚伞花序极度短缩成簇生状；苞片 1，小苞片 2；花萼 4 或 5 裂至近基部，裂片等大或不等大；花冠二唇形，上唇全缘或 2 裂，下唇 3 裂，裂片在花芽时上升耳蜗状排列；雄蕊 2，花药 2 室，药室不等高或平行，或叉开，有时斜生，1 室或全部基部具距状附属物；退化雄蕊无；子房 2 室，每室具胚珠 2，具珠柄钩。蒴果基部具不育的实心短柄，开裂时胎座不从基部弹起。种子背腹压扁或球形，通常具疣点或刺，无毛。花粉粒以 2 沟为主。染色体 $2n$=22，24，28，32，36，56。

分布概况：600/44（26）种，**2 型**；分布于热带地区；中国产秦岭-淮河以南。

系统学评述：爵床属是爵床科的大属之一。广义爵床属包括爵床亚族近 80 属[22,27,28]。Graham[27]采用广义爵床属的概念，将其分为 16 组和 8 亚组。但分子系统学研究表明广义爵床属不是单系类群[2,29]，中国种类分为 5 支[2]，即 *Mananthes*+ *Gendarussa*、*Rostellularia*、*Calophanodes*、*Calliaspid*、*Adahatota* 和 *Rhaphidosphora*。由于取样仍十分有限，因此在此采用广义爵床属的概念。

DNA 条形码研究：BOLD 网站有该属 18 种 68 个条形码数据；GBOWS 网站已有 5 种 34 个条形码数据。

代表种及其用途：一些种类是常见的观赏植物，如白苞爵床 *J. bentonica* Linnaeus、虾衣花 *J. brandegeeana* Wasshausen & L. B. Smith；一些种类可入药，如爵床 *J. procumbens* Linnaeus、小驳骨 *J. gendarussa* N. L. Burman。

23. *Kudoacanthus* Hosokawa 银脉爵床属

Kudoacanthus Hosokawa (1933: 94); Hu et al. (2011: 442) (Type: *K. albonervosus* Hosokawa)

特征描述：草本；茎平卧，下部节上生根；具钟乳体。叶对生；具叶柄；叶片边缘近全缘或波状，具羽状脉，叶脉常银白色。穗状花序顶生，有时再组成圆锥花序；苞片线形，小苞片 2；花萼 5 深裂至基部，裂片近等大，线形；花冠二唇形，上唇 2 浅裂，下唇 3 裂，裂片在花芽时上升耳蜗状排列；雄蕊 2，花药 2 室，药室基部无芒状附属物；不育雄蕊无；子房 2 室，每室具胚珠 2，具珠柄钩；花柱线形，柱头稍 2 裂。花粉粒 3 沟。

分布概况：1/1（1）种，**15 型**；特产中国台湾。

系统学评述：杨远波等[30]将银脉爵床属处理为钟花草属的异名，但两者区别明显。实际上，银脉爵床属与纤穗爵床属 *Leptostachya* 很近似，但两者之间的关系仍有待分子系统学研究验证[FOC]。该属仅银脉爵床 *K. albonervosus* Hosokawa 一种，特产中国台湾，自发表以来未再采集到。

24. *Lepidagathis* Willdenow 鳞花草属

Lepidagathis Willdenow (1800: 400); Hu et al. (2011: 469) (Type: *L. cristata* Willdenow)

特征描述：多年生草本或亚灌木，具钟乳体。叶对生，在同一节上常不等大，具叶柄或稀无柄；叶片边缘全缘或有圆齿。穗状花序顶生或腋生，常数个聚生成头状；苞片 1，小苞片 2；花萼 5 裂，裂片不等大，后方 1 裂片大，侧方两裂片小，前方 2 裂片不同程度合生；花冠小，二唇形，上唇 2 浅裂，下唇 3 裂，裂片近等大或中裂片稍大，在芽时双盖覆瓦状排列；雄蕊 4，2 强，内藏，花药 2 室，药室等大，斜叠生，基部无芒状附属物；子房 2 室，每室胚珠 2，具珠柄钩；花柱线形，柱头不分裂或 2 浅裂。蒴果长圆形，开裂时胎座不从基部弹起。种子 4，近圆形，被毛。花粉粒 3 沟。染色体 $2n$=22，40，42。

分布概况：100/7（3）种，**2 型**；分布于热带地区；中国产台湾、广东、广西、海南和云南等省区。

系统学评述：鳞花草属的分子系统学研究较为欠缺，有待深入研究。

DNA 条形码研究：BOLD 网站有该属 2 种 2 个条形码数据；GBOWS 网站已有 1 种 10 个条形码数据。

25. *Leptosiphonium* F. v. Mueller 拟地皮消属

Leptosiphonium F. v. Mueller (1886: 32) (Type: *L. stricklandii* F. v. Mueller)

特征描述：草本；具钟乳体。叶对生。花单生或 2-3 簇生于枝近顶端的叶腋；苞片及小苞片短于花萼；花萼 5 深裂至近基部，裂片近等大；花冠高脚碟状，基部具细长花冠管，5 裂，裂片相等，在花芽时旋转状排列；雄蕊 4，2 强，花药 2 室，蝴蝶形，药室长圆形，基部无芒状附属物；无不育雄蕊。子房圆柱形，2 室，每室具胚珠 10-20，具珠柄钩；柱头 2 裂，后裂片仅为前裂片的 1/2。蒴果圆柱形，开裂时胎座不从基部弹起。种子多数，具螺旋状的吸湿性长柔毛。花粉粒 3 沟。

分布概况：10/1（1）种，**（7d）型**；间断分布于中国和巴布亚新几内亚及附近地区；

中国产江西、福建、湖南、广东和广西。

系统学评述：拟地皮消属是否应作为独立的属存在争议[FRPS,FOC12,24]。分子系统学研究表明拟地皮消属与广义芦莉草属的关系较为疏远，而与地皮消属 *Pararuellia* 的关系密切，形成姐妹群[2,12]。

代表种及其用途：飞来蓝 *L. venustum* (Hance) E. Hossain 为特有种，全草入药，具疏风清热的功效。

26. *Leptostachya* Nees 纤穗爵床属

Leptostachya Nees (1832: 76); Hu et al. (2011: 447) (Lectotype: *L. wallichii* Nees)

特征描述：多年生草本；具钟乳体。叶对生；具叶柄；叶片边缘全缘或具波状齿，具羽状脉。穗状花序顶生，有时再组成圆锥花序；苞片和小苞片同形，小，近钻形；花萼 5 深裂至近基部，裂片等大；花冠二唇形，上唇 2 浅裂，下唇 3 浅裂，裂片在花芽时上升耳蜗状排列；雄蕊 2，花药 2 室，平行，药室基部无附属物；无退化雄蕊；子房 2 室，每室具胚珠 2，具珠柄钩；柱头 2 裂。蒴果基部具不育的实心短柄，开裂时胎座不从基部弹起。种子凸镜状，无毛。花粉粒 2 沟。

分布概况：1/1 种，**7-1 型**；分布于印度，泰国，越南，菲律宾；中国产华南和西南。

系统学评述：对纤穗爵床属的处理有不同观点[27,31,32]，一些学者将其并入爵床属 *Justicia*。Nees[15]在发表纤穗爵床属时包括 2 种，其中 *L. vigirgata* Wallich 是爵床属的种类，而 *L. wallichii* Nees 为不同的属，因而后选模式的指定尤为重要[31-33]。

DNA 条形码研究：GBOWS 网站有该属 1 种 3 个条形码数据。

27. *Mackaya* Harvey 太平爵床属

Mackaya Harvey (1859: 8, t. 13); Hu et al. (2011: 441) (Type: *M. bella* Harvey)

特征描述：多年生草本；具钟乳体。茎直立。叶对生；具叶柄；叶片边缘全缘至波状，具羽状脉。总状花序顶生，花常偏向一侧；苞片 1，小苞片 2；花萼 5 深裂至近基部，裂片等大。花冠钟状，近二唇形，上唇 2 裂，下唇 3 裂，裂片在花芽中上升耳蜗状排列；雄蕊 2，内藏，花丝线形，花药 2 室，背部被毛，药室长圆形，基部无芒状附属物；退化雄蕊 2；子房 2 室，每室具胚珠 2，具珠柄钩；柱头 2 裂，裂片等大。蒴果椭圆形，基部具明显的实心柄，开裂时胎座不从基部弹起。种子卵形，背腹压扁，表面有皱纹，无毛。染色体 $2n=42$。

分布概况：3/1 种，**6-1 型**；非洲南部与喜马拉雅地区间断分布；中国产云南。

系统学评述：太平爵床属的分子系统学研究较为欠缺，有待深入研究。

代表种及其用途：中国仅太平爵床 *M. tapingensis* (W. W. Smith) Y. F. Deng & C. Y. Wu 1 种。

28. *Nelsonia* R. Brown 瘤子草属

Nelsonia R. Brown (1810: 480); Hu et al. (2011: 371) (Lectotype: *N. campestris* R. Brown)

特征描述：多年生草本，披散，无钟乳体。单叶对生，具短柄，具羽状脉，边缘全缘。穗状花序顶生或腋生；花覆瓦状排列；苞片 1，叶状，无小苞片；花萼 4 裂至近基部，前方裂片先端 2 浅裂；花冠二唇形，上唇 2 裂，下唇 3 裂，裂片近等大，在花芽时上升耳蜗状排列，花冠管纤细，上部弯曲；雄蕊 2，内藏或稍露出，花丝基部被毛，花药 2 室，药室近球形，无芒状附属物；退化雄蕊无。子房圆锥形，具胚珠 8-28，排列成 2-4 行，无珠柄钩；柱头 2 裂。蒴果圆锥形，开裂时胎座不从基部弹起。种子多数，近球形，小，一侧膨大，无毛。花粉粒 3 沟。染色体 $2n$=34，36。

分布概况：4/1 种，**2 型**；热带分布；中国产云南南部及广西南部。

系统学评述：瘤子草属隶属于瘤子草亚科，有时作为瘤子草族放入玄参科[3-5]或独立的瘤子草科[6]。分子系统学研究将其作为广义爵床科的 1 个亚科或族处理，瘤子草亚科或瘤子草族包括瘤子草属、叉柱花属 *Staurogyne* 和蛇根叶属 *Ophiorrhiziphyllon* 等 7 属[9,22]。

DNA 条形码研究：BOLD 网站有该属 5 种 11 个条形码数据；GBOWS 网站已有 1 种 3 个条形码数据。

代表种及其用途：瘤子草 *N. canescens* (Lamarck) Spreng 喜生于山坡草地。

29. *Ophiorrhiziphyllon* Kurz 蛇根叶属

Ophiorrhiziphyllon Kurz (1871: 76); Hu et al. (2011: 376) (Type: *O. macrobotryum* Kurz)

特征描述：草本，直立，无钟乳体。单叶对生，具叶柄；叶片边缘全缘，具羽状脉。总状花序或穗状花序顶生；苞片 1；小苞片 2；花萼 5 裂至近基部；花冠二唇形，下唇 3 裂，上唇 2 裂，裂片在芽时上升耳蜗状排列，花冠管内具 1 圈毛或无毛；雄蕊 2，外露，花药 2 室，基部无芒状附属物；不育雄蕊 2；子房 2 室，每室具胚珠 12-18，排成 2 列，无珠柄钩。蒴果开裂时胎座不从基部弹起。种子近球形。花粉粒 3 孔沟。

分布概况：3/1 种，**7-3 型**；分布于老挝，缅甸，泰国，越南；中国产云南。

系统学评述：分子系统学研究表明，蛇根叶属网结于叉柱花属中，其分类地位需进一步研究[9]。

DNA 条形码研究：BOLD 网站有该属 1 种 2 个条形码数据；GBOWS 网站已有 1 种 3 个条形码数据。

代表种及其用途：蛇根叶 *O. macrobotryum* Kurz 生长于云南南部热带雨林林下。

30. *Pararuellia* Bremekamp & N. Bremekamp 地皮消属

Pararuellia Bremekamp & N. Bremekamp (1948: 25); Hu et al. (2011: 434) [Type: *P. sumatrensis* (C. B. Clarke) Bremekamp (≡*Aporuellia sumatrensis* C. B. Clarke)]

特征描述：多年生草本，具钟乳体。叶对生，基生呈近莲座状，具柄；叶片边缘波状或具不明显圆齿，稀近全缘，具羽状脉。聚伞圆锥花序或穗状花序顶生或腋生；苞片叶状，小苞片 2，短于花萼；花萼 5 深裂至近基部，裂片等大或近等大；花冠 5 裂，裂片等大，在花芽中旋转状排列；雄蕊 4，2 强，后雄蕊的着生点高于前雄蕊，花丝无毛，花药 2 室，蝴蝶形，基部无芒状附属物；无不育雄蕊；子房 2 室，每室具胚珠 4-8；具珠柄钩；花柱被短硬毛，柱头 2 裂，后裂片短或退化，前裂片扁平。蒴果开裂时胎座不从基部弹起。种子 8-16，被螺旋状吸湿性柔毛。花粉粒 3 沟。

分布概况：10/5（5）种，（**7a-c**）**型**；分布于中南半岛，马来半岛及印度尼西亚；中国产湖北、贵州、四川、云南、广西和海南等。

系统学评述：地皮消属的分子系统学研究较为欠缺，有待深入研究。

DNA 条形码研究：BOLD 网站有该属 2 种 2 个条形码数据；GBOWS 网站已有 3 种 13 个条形码数据。

代表种及其用途：地皮消 *P. delavayana* (Baillon) E. Hossain 可入药，具清热解毒等功效。

31. *Peristrophe* Nees 观音草属

Peristrophe Nees (1832: 77); Hu et al. (2011: 463) (Lectotype: *P. acuminata* Nees)

特征描述：一年生或多年生草本或灌木；具钟乳体。叶对生；具叶柄；叶片边缘全缘或具齿，具羽状脉。聚伞花序腋生或顶生，常 2 至数个聚合成圆锥状；具伞花序苞片 2（1 或 4）枚，总苞状，对生，内有 3 至数朵花，常仅 1 朵发育，其余退化；小苞片 2 对，外面 1 对常等大或不等大，内面 1 对常较小；花萼 5 深裂至近基部，裂片等大；花冠扭曲，二唇形，上唇全缘或 2 浅裂，下唇 3 裂，裂片在花芽时上升耳蜗状排列；雄蕊 2，着生于花冠喉部两侧，花丝被微毛，花药 2 室，药室线形，平行，一上一下，下方药室较小，或叠生，基部无距；无退化雄蕊；子房 2 室，每室具胚珠 2，具珠柄钩；花柱线形，柱头膨大或 2 浅裂。蒴果基部具不育的实心短柄，开裂时胎座不从基部弹起。种子 4，阔卵形或近圆形，表面具小凸点，无毛。花粉粒 3 沟为主。染色体 $2n$=30，48。

分布概况：40/10（3）种，**6 型**；分布于亚洲，非洲或大洋洲的热带和亚热带地区；中国产秦岭-淮河以南。

系统学评述：观音草属曾被放入狗肝菜族 Dicliptereae[15,16,24,34]或爵床族[4,17,22]。Lindau[24]将其与狗肝菜属 *Dicliptera*、孩儿草属 *Rungia*、枪刀药属、*Clistax*、*Lasiocladus*、*Tetramerium*、*Perieste* 等 7 属组成狗肝菜亚族 Diclipterinae[FRPS]。分子系统学研究支持观音草属与狗肝菜属和枪刀药属关系最近缘的观点，认为孩儿草属应从狗肝菜亚族移入爵床亚族 Justiciinae，而灵芝草属 *Rhinacanthus* 应归入狗肝菜亚族，这一结果也得到了花粉形态学等研究的支持[35]。观音草属与枪刀药属的区别在于前者花药 2 室，而后者的花药为 1 室，而与狗肝菜属的区别仅在于果实成熟的开裂方式不同，狗肝菜属的果实在成熟时自胎座基部弹起，而观音草属不弹起[FRPS,36-38]。Darbyshire 和 Vollesen[39]认为果实开裂方式这一特征不足以区分狗肝菜属和观音草属，因而将两者归并，但分子系统学研究[2,40]

并不支持这一观点。

DNA 条形码研究：BOLD 网站有该属 4 种 8 个条形码数据；GBOWS 网站已有 5 种 10 个条形码数据。

代表种及其用途：一些种类可入药，如九头狮子草 *P. japonica* (Thunberg) Bremekamp。

32. *Phaulopsis* Willdenow 肾苞草属

Phaulopsis Willdenow (1800: 4); Hu et al. (2011: 429) [Type: *P. parviflora* Willdenow, *nom. illeg.* (=*P. oppositifolia* (J. C. Wendland) Lindau≡*Micranthus oppositifolius* J. C. Wendland)]

特征描述：多年生草本，披散或直立；具钟乳体。叶对生，在同一节上常不等大，具柄；叶片边缘全缘或具齿，具羽状脉。穗状花序顶生或腋生，偏向一侧；苞片叶状，圆形或肾形，覆瓦状排列；无小苞片；花萼 5 裂至近基部，裂片不等大，前方 1 裂片大，卵形，具脉，另 4 片小，无脉；花冠二唇形，上唇 2 浅裂，下唇 3 裂，裂片在花芽时旋转状排列；雄蕊 4，2 强，内藏，花丝基部成对合生，花药 2 室，药室平行，基部具短芒或无芒；子房 2 室，每室具胚珠 2，具珠柄钩；花柱被毛，柱头 2 裂，裂片不等大，线形。蒴果棒状，基部具短柄，开裂时胎座自基部弹起。种子 4，被螺旋状的吸湿性柔毛。花粉粒 3 沟。染色体 2*n*=32，34，65。

分布概况：20/1 种，**6 型**；分布于亚洲和非洲的热带地区；中国产云南。

系统学评述：肾苞草属的分子系统学研究较为欠缺，有待深入研究。

DNA 条形码研究：BOLD 网站有该属 3 种 6 个条形码数据；GBOWS 网站已有 1 种 3 个条形码数据。

代表种及其用途：肾苞草 *P. dorsiflora* (Retzius) Santapau 花冠白色，为路边杂草。

33. *Phlogacanthus* Nees 火焰花属

Phlogacanthus Nees (1832: 76); Hu et al. (2011: 474) (Type: *non designatus*)

特征描述：草本、灌木或小乔木，具钟乳体。叶对生，具叶柄；叶片大，边缘全缘或具疏齿，具羽状脉。聚伞圆锥花序顶生或具伞花序腋生，花序梗长；苞片 1，小苞片 2 或无；花萼 5 深裂至近基部，裂片等大或不等大；花冠圆筒状或钟状，直或稍弯曲，二唇形，上唇 2 裂，下唇 3 裂，裂片在花芽时上升耳蜗状排列；雄蕊 2，内藏或稍外露；花药 2 室，药室基部叉开，无芒状附属物；不育雄蕊 2。子房通常无毛，2 室，每室胚珠 5-8，具珠柄钩；柱头全缘，钝或急尖。蒴果线形，具棱，基部实心但无柄，开裂时胎座不从基部弹起。种子多数，无毛或被毛。花粉粒 3 沟。染色体 2*n*=50。

分布概况：15/2 种，**（7a-c）型**；分布于亚洲热带地区；中国产广西、贵州、云南和西藏。

系统学评述：火焰花属最初被 Nees[15,34]放入爵床族 Justicieae。Bentham[16]根据具退化雄蕊和花药基部无距等特征，将火焰花属放入其新建立的穿心莲族，这一处理得到了广泛认可[22]。Scotland 和 Vollesen[22]在其新系统中将其处理穿心莲亚族，包括 7 属，即穿心莲属、火焰花属、裸柱草属、*Diotacanthus*、*Graphandra*、*Haplanthode* 和 *Indoneesiella*。

火焰花属被放入穿心莲族或穿心莲亚族的处理得到了花粉形态、分子系统学等研究的支持[2,9,26,35]。但因之前的研究包含种类的取样有限，需要开展深入的分子系统学研究。

DNA 条形码研究：GBOWS 网站有该属 2 种 11 个条形码数据。

代表种及其用途：火焰花 *P. curviflorus* (Wallich) Nees 可放养紫胶虫，且是一优良的紫胶虫寄主；树皮入药，可治风湿和月经过多。由于花大而美丽，也作为庭园绿化和观赏树种。

34. *Pseuderanthemum* Radlkofer 山壳骨属

Pseuderanthemum Radlkofer (1883: 282); Hu et al. (2011: 439) [Lectotype: *P. bicolor* (Schrank) Lindau (≡*Eranthemum bicolor* Schrank)]

特征描述：多年生草本或小灌木；具钟乳体。叶对生，具叶柄或近无柄；叶片边缘全缘或具钝齿，具羽状脉。总状花序、穗状花序或聚伞圆锥花序顶生或腋生；苞片 1，小苞片 2，均短于花萼；花萼 5 深裂至近基部，裂片等大或近等大；花冠高脚碟状，花冠管细长，圆筒状，二唇形，上唇 2 裂至中部或基部，下唇 3 裂，裂片在花芽时上升耳蜗状排列；雄蕊 2，内藏或伸出，花丝极短，花药 2 室，等大，平行或邻接，基部无芒状附属物；不育雄蕊 2，稀无；子房 2 室，每室胚珠 2，具珠柄钩；柱头 2 裂，裂片近等大。蒴果棒状，基部具实心的长柄，开裂时胎座不从基部弹起。种子凸镜状，表面皱缩，无毛。花粉粒 3 沟。染色体 2*n*=28。

分布概况：60/7（2）种，**2 型**；分布于热带地区；中国产广西、海南、贵州、云南、西藏。

系统学评述：山壳骨属的分子系统学研究较为欠缺，有待深入研究。

DNA 条形码研究：BOLD 网站有该属 2 种 2 个条形码数据；GBOWS 网站已有 3 种 25 个条形码数据。

代表种及其用途：山壳骨 *P. latifolium* (Vahl) B. Hansen 入药，具凉血止血的功效。

35. *Rhinacanthus* Nees 灵枝草属

Rhinacanthus Nees (1832: 76); Hu et al. (2011: 461) [Type: *R. communis* Nees, *nom. illeg.* (=*R. nasutus* (Linnaeus) Kurz≡*Justicia nasuta* Linnaeus)]

特征描述：多年生草本、亚灌木或灌木，稀为攀援状灌木；具钟乳体。叶对生；具叶柄或近无柄；叶片边缘全缘或浅波状，具羽状脉。穗状花序或总状花序顶生或腋生，有时为圆锥花序；苞片和小苞片短于花萼；花萼 5 深裂至近基部，裂片近等大，披针形；花冠白色，基部花冠管细长，二唇形，上唇全缘或 2 浅裂，下唇 3 深裂，裂片在花芽时上升耳蜗状排列；雄蕊 2，花药 2 室，药室叠生，一上一下，基部无附属物；无退化雄蕊；子房 2 室，每室具胚珠 2，具珠柄钩；花柱线形，柱头全缘或不明显 2 裂。蒴果棒状，基部具不育的实心短柄，开裂时胎座不从基部弹起。种子 4，近圆形，背腹压扁，表面具网纹，无毛。花粉粒 3 沟。染色体 2*n*=30。

分布概况：25/2（1）种，**6 型**；分布于亚洲，大洋洲，非洲的热带地区；中国产云南、海南、广西和广东等。

系统学评述：灵枝草属的分子系统学研究较为欠缺，有待深入研究。

DNA 条形码研究：BOLD 网站有该属 1 种 5 个条形码数据；GBOWS 网站已有 1 种 7 个条形码数据。

代表种及其用途：灵枝草 *R. nasutus* (Linnaeus) Kurz 可入药。

36. *Ruellia* Linnaeus 芦莉草属

Ruellia Linnaeus (1753: 634); Hu et al. (2011: 435) (Lectotype: *R. tuberosa* Linnaeus)

特征描述：多年生草本或灌木；具钟乳体；茎匍匐至直立，有时具细长的根状茎。叶对生；叶柄长或短，稀无柄；叶片边缘全缘、波状或具各式锯齿。聚伞花序、聚伞圆锥花序、穗状花序或圆锥花序顶生或腋生，有时退化为单花腋生；花序梗长；苞片小或无，小苞片 2，短于或近等长于花萼；花萼 5 裂至基部，裂片狭窄，等大；花冠烟斗状或浅盘状，5 裂，裂片近等大，在花芽时旋转状排列；雄蕊 4，2 强；花丝基部成对着生，花药 2 室，药室等大，平行或基部叉开，基部无芒状附属物；花盘环状。子房 2 室，每室具胚珠 4-13；具珠柄钩；柱头 2 裂。蒴果长圆形或棒状，开裂时胎座不从基部弹起。种子多数，双凸镜状，通常具螺旋状吸湿性柔毛。花粉粒 3 沟。染色体 $2n=34$。

分布概况：250/1 种，**2 型**；分布于热带地区；中国产广东及海南等。

系统学评述：芦莉草属是爵床科中分类较为复杂的属之一，对于属的范围有不同的意见[FOC,FRPS]。广义的芦莉草属包括芦莉草亚族所有的属，而狭义的属的概念则将芦莉草属分为 48 属[12,13,22-24]。由于芦莉草亚族主要分布于美洲和非洲的热带地区，亚洲种类较少，属间关系需要深入研究。在此，采用在亚洲广为接受的狭义概念处理，因而将赛山蓝属、楠草属和拟地皮消属 *Leptosiphonium* 处理为独立的属。

DNA 条形码研究：BOLD 网站有该属 139 种 218 个条形码数据。

代表种及其用途：该属许多种类是重要的观赏植物，如艳芦莉 *R. elegans* Poiret、蓝花草 *R. simplex* Wright 等；一些种类可入药，如块茎芦莉草 *R. tuberosa* Linnaeus。

37. *Rungia* Nees 孩儿草属

Rungia Nees (1832: 77); Hu et al. (2011: 443) (Type: *non designatus*)

特征描述：一年生或多年生草本，或亚灌木，稀灌木；茎直立或披散，有时节上生根；具钟乳体。叶对生；具叶柄；叶片边缘全缘，具羽状脉。穗状花序顶生或腋生，常偏向一侧，有时具 4 列花；苞片 4 列，仅 2 列有花，稀为 2 列，全部有花，有花的苞片具膜质边缘，稀无膜质边缘，无花的苞片与有花的苞片同形或异形，小苞片与苞片同形，等大或较小；花萼 5 深裂至近基部，裂片等大或不等大；花冠二唇形，上唇全缘或 2 浅裂，下唇 3 裂，裂片在花芽时上升耳蜗状排列；雄蕊 2，花药 2 室，近等大，叠生，下方的 1 室基部有芒状附属物；子房 2 室，每室具胚珠 2，具珠柄钩；花柱丝状，柱头全缘或不明显 2 裂。蒴果卵形或长圆形，基部具不育的实心短柄，开裂时胎座从基部弹起。种子近圆形，表面具小疣点，无毛。花粉粒 3 沟。染色体 $2n=26$。

分布概况：50/17（12）种，**6（7d）型**；分布于亚洲和非洲的热带地区；中国产台湾、广东、广西、贵州、海南及云南。

系统学评述：孩儿草属与爵床属之间的区别特征在于果实的开裂方式，但近年来的研究认为这一区别特征不可靠，孩儿草属应并入爵床属[35]。Hansen[41]将孩儿草属中仅具2列苞片、花在花序轴上不偏向一侧的种类转移到爵床属。高春明和邓云飞[42]认为果实开裂方式在爵床科中是区分属的重要特征，因而将孩儿草属分为孩儿草组 *Rungia* sect. *Rungia* 和中华孩儿草组 *R.* sect. *Stoloniferae*，前者具4列苞片，花在花序轴上偏向一侧；而后者具2列苞片，花在花序轴上不偏向一侧。

DNA 条形码研究：BOLD 网站有该属 4 种 6 个条形码数据；GBOWS 网站已有 2 种 9 个条形码数据。

38. *Sanchezia* Ruiz & Pavon 黄脉爵床属

Sanchezia Ruiz & Pavon (1794: 5) (Lectotype: *S. oblonga* Ruiz & Pavon)

特征描述：草本、灌木或小乔木，具钟乳体。叶对生，具羽状脉，脉常黄色。总状花序顶生，有时排列成圆锥花序；花冠管长筒状，檐部 5 裂；雄蕊 2，花药 2，药室基部常具芒状附属物；不育雄蕊 2；子房 2 室，每室具胚珠 4，具珠柄钩。蒴果基部具不育的实心短柄，开裂时胎座不从基部弹起。种子 8。

分布概况：约 20/2 种，**（3）型**；原产中南美洲，世界各地有栽培；中国长江以南常见栽培 2 种。

系统学评述：黄脉爵床属的分子系统学研究较为欠缺，有待深入研究。

DNA 条形码研究：BOLD 网站有该属 4 种 4 个条形码数据。

代表种及其用途：许多种类由于叶脉黄色而常栽培供观赏，如黄脉爵床 *S. nobilis* J. D. Hooker 等。

39. *Staurogyne* Wallich 叉柱花属

Staurogyne Wallich (1831); Hu et al. (2011: 372) (Lectotype: *S. argentea* Wallich)

特征描述：一年生或多年生草本，无钟乳体；茎极短或伸长。叶对生，茎生或基生呈莲座状，具短柄，稀无柄；叶片具羽状脉，边缘全缘或近全缘。总状花序或穗状花序顶生或腋生；苞片 1，叶状或匙状，小苞片 2，小于苞片；花萼 5 裂至近基部，裂片不等大，宿存；花冠近辐射对称至二唇形，5 裂，裂片近等大，芽时上升耳蜗状排列；雄蕊 4，2 长 2 短，内藏或前雄蕊稍伸出，花丝被毛，稀无毛，花药 2 室，药室基部无芒状附属物；不育雄蕊小或无；子房长圆形或卵圆形，每室胚珠多数，排成 2 列或 4 列，无珠柄钩，花柱无毛，线形，柱头 2 裂，裂片有时再 2 裂。蒴果长圆形，开裂时胎座不从基部弹起。种子多数，细小，近球形或长方体形。种子多数，细小，近球形或长方体形。花粉粒 3 孔沟。

分布概况：100/17（8）种，**2-1（3）型**；热带分布，主要分布于东南亚，以马来西亚种类最多；中国产华南、西南。

系统学评述：分子系统学研究表明，叉柱花属不是单系类群，蛇根叶属网结于叉柱花属中[9]。Bremekamp[3]将叉柱花属分为 *Staurogyne* subgen. *Tetrastichum* 和 *S.* subgen. *Staurogyne* 2 亚属，后者分为 *S.* sect. *Staurogynium*（=*S.* sect. *Staurogyne*）和 *S.* sect. *Maschalanthus* 2 组和 3 亚组 5 系。Hossain[43]将 *S.* subgen. *Tetrastichium* 分为 *S.* sect. *Tetrastichum* 和 *S.* sect. *Zenkerina* 2 组。4 个组在中国均有分布。

DNA 条形码研究：BOLD 网站有该属 24 种 24 个条形码数据。

40. *Strobilanthes* Blume 马蓝属

Strobilanthes Blume (1826: 781); Hu et al. (2011: 381) (Lectotype: *S. cernua* Blume).——*Adenacanthus* Nees (1832: 75); *Aechmanthera* Nees (1832: 75); *Baphicacanthus* Bremekamp (1944: 190); *Championella* Bremekamp (1944: 150); *Diflugossa* Bremekamp (1944: 235); *Dyschoriste* Nees (1832: 75); *Goldfussia* Nees (1832: 75); *Gutzlaffia* Hance (1849: 142); *Hemigraphis* Nees (1847: 722); *Hymenochlaena* Bremekamp (1944: 301); *Parachampionella* Bremekamp (1944: 151); *Paragutzlaffia* H. P. Tsui (1990: 273); *Perilepta* Bremekamp (1944: 193); *Pseudaechmanthera* Bremekamp (1944: 188); *Pteracanthus* (Nees) Bremekamp (1944: 198); *Pteroptychia* Bremekamp (1944: 303); *Pyrrothrix* Bremekamp (1944: 209); *Semnostachya* Bremekamp (1944: 201); *Sericocalyx* Bremekamp (1944: 157); *Sympagis* Bremekamp (1944: 254); *Tarphochlamys* Bremekamp (1944: 156); *Tetraglochidium* Bremekamp (1944: 214); *Tetragoga* Bremekamp (1944: 299)

特征描述：常为多年生草本、灌木或亚灌木；具钟乳体。叶对生。穗状花序、总状花序、圆锥花序腋生或/和顶生，有时紧缩成头状；苞片宿存或早落，小苞片 2，稀无；花萼 5 裂，裂片等大或不等大，有时二唇形，即后方 3 片不同程度合生，前方 2 片合生或离生；花冠钟形、喇叭形或烟斗形，直或弯曲，内面常具 2 列支撑花柱的毛，檐部 5 裂；雄蕊 4，2 强，稀 2，花丝基部由薄膜相连，花丝常成不等长的 2 对，花药 2 室，药室基部无芒状附属物；不育雄蕊 1、3 或不存在；子房 2 室，每室具胚珠 2，稀 3-8；具珠柄钩。蒴果狭椭圆形，开裂时胎座不从基部弹起。种子 4，稀 2 或 6-16，具吸湿性的螺旋状长柔毛。花粉粒 3 沟。染色体 $2n$=28，30，32。

分布概况：400/130（59）种，**7 型**；亚洲热带和亚热带地区；中国产长江以南。

系统学评述：广义的马蓝属为单系，但属内各分支间的关系有待于进一步研究。马蓝属隶属于芦莉草族[22]。长期以来，对马蓝属的界定存在广义与狭义的概念之分[15,17,25,34,44-47]。Nees[15,34]最早提出了马蓝属的属下分类系统，将印度及邻近地区马蓝属植物分为 3 亚属，即 *Strobilanthes* subgen. *Strobilanthes*、*S.* subgen. *Sympagis* 和 *S.* subgen. *Pteracanthus*。Anderson[25]将印度的马蓝属植物分为 7 组，包括 *S.* sect. *Endopogon*、*S.* sect. *Eustrobilanthes*、*S.* sect. *Amentianthes*、*S.* sect. *Goldfussia*、*S.* sect. *Secundiflori*、*S.* sect. *Paniculati* 和 *S.* sect. *Leptacanthus*。Clarke[17]则将该地区的马蓝属分为 3 亚属，即 *S.* subgen. *Buteraea*、*S.* subgen. *Endopogon* 和 *S.* subgen. *Eustrobilanthes*，后者又进一步划分为 4 系。Bremekamp[44]除用传统的形态特征外，还特别强调花粉特征和种子亚表皮细胞特征，将广义马蓝属细分成 54 个独立的小属，并建立了马蓝亚族 Strobilanthinae，狭义的马蓝属仅 11 种。Terao[45]于 1983 年提出了 1 个全新的系统，采用最广义的概念，把 Bremekamp[44]建立的马蓝亚族内所有的属都并入广义的马蓝属，分为 9 组 18 亚组和 2 系。Carine 和

Scotland[46]对这些系统有一评论，将马蓝属处理为尖蕊花属 *Aechmanthera*、*Stenosiphonium*、半插花属 *Hemigraphis* 和马蓝属 4 属，但这些分类系统均并未得到分子系统学研究的支持[2,48,49]。Moylan 等[48]支持广义马蓝属的处理，但不支持将广义马蓝属划分为 4 个属或更多的属，这些“小属”之间的系统发育关系也没有得到解决，仍需要进行深入的研究。

DNA 条形码研究：BOLD 网站有该属 51 种 51 个条形码数据；GBOWS 网站已有 22 种 103 个条形码数据。

代表种及其用途：很多种类具有较高的药用价值，如板蓝 *S. cusia* (Nees) O. Kuntze 是中国南药南板蓝根的原植物，用于解表发汗等；也是染料靛蓝的原材料，在民间常用作衣物染色材料，在印度，中南半岛和中国南方地区常见栽培。糯米香 *S. tonkinensis* Lindau 由于具有特殊的糯米香味，在云南曾被作为普洱茶的添加剂。

41. *Thunbergia* Retzius 山牵牛属

Thunbergia Retzius (1780: 163); Hu et al. (2011: 377) (Type: *T. capensis* Retzius)

特征描述：草质或木质藤本，稀直立灌木，无钟乳体。单叶对生，具掌状脉或羽状脉。花腋生，单生或 2 朵并生，有时组成腋生或顶，12-16 齿裂，或环状而顶端平截；花冠烟斗状，5 裂；雄蕊 4，2 强，内藏；花丝短，基部生的穗状花序；小苞片 2，叶状，常合生或呈佛焰苞状包裹花萼；花萼短于小苞片，杯状，花药 2 室，药室基部有或无芒状附属物，有时具鬓毛；子房 2 室，每室具胚珠 2，无珠柄钩；柱头漏斗状，全缘或 2 裂。蒴果球形或稍压扁，顶端具坚硬的剑状长喙，具种子 2 或 4，开裂时胎座不从基部弹起。种子球形或半球形，无毛。花粉粒具带状萌发孔。染色体 $2n$=18。

分布概况：100/6 种，**4 型**；分布于亚洲或非洲的热带地区；中国产华南和西南。

系统学评述：在一些分类系统中，山牵牛属作为独立的科处理[4,5,7]。分子系统学研究表明山牵牛亚科包括山牵牛属等 5 属[22]。Bremekamp[50]将山牵牛属分为 8 亚属，国产种类属于 *Thunbergia* subgen. *Hexacentris* 和 *T*. subgen. *Adelphia*。

DNA 条形码研究：BOLD 网站有该属 8 种 13 个条形码数据；GBOWS 网站已有 5 种 29 个条形码数据。

代表种及其用途：一些种类栽培作庭院观赏用，如大花山牵牛 *T. grandiflora* Roxburgh、直立山牵牛 *T. erecta* (Bentham) T. Anderson 和樟叶山牵牛 *T. laurifolia* Lindley 等。

主要参考文献

[1] McDade LA, et al. Toward a comprehensive understanding of phylogenetic relationships among lineages of Acanthaceae *s.l.* (Lamiales)[J]. Am J Bot, 2008, 95: 1136-1152.

[2] 高春明. 国产爵床科(Acanthaceae)系统发育关系的研究[D]. 广州: 中国科学院华南植物园博士学位论文, 2010.

[3] Bremekamp CEB. A revision of the Malaysian Nelsonieae (Scrophulariaceae)[J]. Reinwardtia, 1955, 3: 157-261.

[4] Bremekamp CEB. Delimitation and subdivision of the Acanthaceae[J]. Bull Bot Surv India, 1965, 7:

21-30.
[5] Bremekamp CEB. The delimitation of Acanthaceae[J]. Proc Acad Sci Amsterdam Ser C, 1953, 56: 533-546.
[6] Sreemmadhavan CP. Diagnosis of some new taxa and some new combinations in Bignoniales[J]. Phytologia, 1977, 37: 412-416.
[7] Wasshausen DC. Acanthaceae[M]//Jansen-Jacobs MJ. Flora of the Guianas, Fascicle 23. Richmond: Royal Botanical Garden, Kew, 2005.
[8] Schwarzbach AE, McDade LA. Phylogenetic relationships of the mangrove family Avicenniaceae based on chloroplast and nuclear ribosomal DNA sequences[J]. Syst Bot, 2002, 27: 84-98.
[9] McDade LA, et al. Phylogenetic placement, delimitation, and relationships among genera of the enigmatic Nelsonioideae (Lamiales: Acanthaceae)[J]. Taxon, 2012, 61: 637-651.
[10] Cramer LH. Notes on Sri Lankan Acanthaceae[J]. Kew Bull, 1996, 51: 553-556.
[11] Ensermu K, et al. A reconsideration of *Asystasiella* Lindau (Acanthaceae)[J]. Kew Bull, 1992, 47: 669-675.
[12] Tripp EA, et al. Phylogenetic relationships within Ruellieae (Acanthaceae) and a revised classification[J]. Int J Plant Sci, 2013, 174: 97-137.
[13] Tripp EA, et al. New molecular and morphological insights prompt transfer of *Blechum* to *Ruellia* (Acanthaceae)[J]. Taxon, 2009, 58: 893-906.
[14] McDade LA, et al. Phylogenetic relationships among Acantheae (Acanthaceae): major lineages present contrasting patterns of molecular evolution and morphological differentiation[J]. Syst Bot, 2005, 30: 834-862.
[15] Nees von Esenbeck CGD. Acanthaceae[M]//Wallich N. Plantae Asiaticae Rariores, 3. London: Treuttel, Würtz & Ritter, 1832: 70-117.
[16] Bentham G. Acanthaceae[M]//Bentham G, Hooker JD. Genera plantarum. Vol. 2. London: Reeve & Co., 1876: 1060-1122.
[17] Clarke CB. Acanthaceae[M]//Hooker JD. Flora of British India. Vol. 4. London: Reeve & Co., 1885: 387-558.
[18] Imlay JB. Contributions to the Flora of Siam. Additamentum LI. new and re-named Siamese Acanthaceae[J]. Kew Bull, 1939, 1939: 109-150.
[19] Brummitt RK. Vascular plant families and genera[M]. Richmond: Royal Botanic Gardens, Kew, 1992.
[20] Mabberley DJ. Mabberley's plant-book: a portable dictionary of plants, their classifications and uses[M]. Cambridge: Cambridge University Press, 2008.
[21] Benoist R. Acanthacées[M]//Lecomte PH, Gagnepain F. Flore générale de l'Indo-Chine 4. Paris: Masson, 1935: 610-772.
[22] Scotland RW, Vollesen K. Classification of Acanthaceae[J]. Kew Bull, 2000, 55: 513-589.
[23] Tripp EA. Evolutionary relationships within the species-rich genus *Ruellia* (Acanthaceae)[J]. Syst Bot, 2007, 32: 628-649.
[24] Lindau G. Acanthaceae[M]//Engler A, Prantl K. Die natürlichen pflanzenfamilien, 4. Leipzig: W. Engelmann, 1895: 274-354.
[25] Anderson T. An enumeration of the Indian species of Acanthaceae[J]. J Linn Soc Bot, 1867, 9: 425-526.
[26] Scotland RW. Pollen morphology of Andrographideae (Acanthaceae)[J]. Rev Pal Palyn, 1992, 72: 229-243.
[27] Graham VAW. Delimitation and infra-generic classification of *Justicia* (Acanthaceae)[J]. Kew Bull, 1988, 43: 551-624.
[28] Bremekamp CEB. Notes on the Acanthacea Java[J]. Verh K Ned, 1948, 35: 1-78.
[29] McDade LA, et al. Phylogenetic relationships within the tribe Justicieae (Acanthaceae): evidence from molecular sequences, morphology, and cytology[J]. Ann MO Bot Gard, 2000, 87: 435-458.
[30] 杨远波，等. 台湾维管束植物简志. 第四卷[M]. 台中: 中国台湾农业委员会, 1999.
[31] Hansen B. A taxonomic revision of the Asian genus *Leptostachya* (Acanthaceae)[J]. Nord J Bot, 1985,

5: 469-473.
[32] Deng YF, Xia NH. Proposal to conserve the name *Leptostachya* Nees (Acanthaceae) against *Leptostachia* Adans. (Phrymaceae) with a conserved type[J]. Taxon, 2005, 54: 192-193.
[33] Brummitt RK. Report of the nomenclature committee for vascular plants[J]. Taxon, 2007, 6: 1289-1296.
[34] Nees von Esenbeck CGD. Acanthaceae[M]//de Candolle. Prodromus systematis naturalis regni vegetabilis, 11. Paris: Fortin, Masson, 1847: 46-519.
[35] Raj B. Pollen morphological studies in the Acanthaceae[J]. Grana Palynol, 1961, 3: 3-108.
[36] Balkwill K, et al. Systematic studies in the Acanthaceae; *Dicliptera* in southern Africa[J]. Kew Bull, 1996, 51: 1-61.
[37] Balkwill K, Getliffe NF. Classification of the Acanthaceae: a southern African perspective[J]. Monogr Syst Bot MO Bot Gard, 1988, 25: 503-516.
[38] Ensermu K. Two new species of Acanthaceae from NE tropical Africa and Arabia[J]. Kew Bull, 2003, 58: 703-712.
[39] Darbyshire I, Vollesen K. The transfer of the genus *Peristrophe* to *Dicliptera* (Acanthaceae), with a new species described from eastern Africa[J]. Kew Bull, 2007, 62: 119-128.
[40] McDade LA, et al. Phylogenetic relationships among Acanthaceae: evidence from two genomes[J]. Syst Bot, 2000, 25: 106-121.
[41] Hansen B. Notes on SE Asian Acanthaceae 1[J]. Nord J Bot, 1989, 9: 209-215.
[42] 高春明，邓云飞. 爵床科孩儿草属一新组[J]. 热带亚热带植物学报，2007, 15: 549-550.
[43] Hossain ABME. Studies in Acanthaceae tribe Nelsonieae I: new and re-named taxa[J]. Notes Royal Bot Gard Edinb, 1972, 31: 377-388.
[44] Bremekamp CEB. Materials for a monograph of the Strobilanthinae[J]. Verh Kom Ned Akad Wetensch Afd Natuurk, 1944, 41: 1-305.
[45] Terao H. Taxonomic study of the genus *Strobilanthes* Blume (Acanthaceae): generic delimitation and infrageneric classification[D]. PhD thesis. Japan: Kyoto University, 1983.
[46] Carine MA, Scotland RW. Classification of Strobilanthinae (Acanthaceae): trying to classify the unclassifiable?[J]. Taxon, 2002, 51: 259-279.
[47] Wood JRI. Notes relating to the flora of Bhutan: XXIX. Acanthaceae, with special reference to *Strobilanthes*[J]. Edinb J Bot, 1994, 51: 175-274.
[48] Moylan EC, et al. Phylogenetic relationships among *Strobilanthes s.l.* (Acanthaceae): evidence from ITS nrDNA, *trn*L-F cpDNA, and morphology[J]. Am J Bot, 2004, 91: 724-735.
[49] Seok DI, et al. A new species of *Strobilanthes* (Acanthaceae) from Lanyu (Orchid island), Taiwan, with special reference to the flower structure[J]. J Jap Bot, 2004, 79: 145-154.
[50] Bremekamp CEB. The *Thunbergia* species of the Malesian area[J]. Verh Kom Ned Akad Wetensch Afd Natuurk, 1955, 50: 1-90.

Bignoniaceae Jussieu (1789), *nom. cons.* 紫葳科

特征描述：常为乔木、灌木或木质藤本；藤本植物具有一种特征性的不规则次生生长，导致木质部柱呈 4 或多裂（或槽状）；叶对生或轮生，偶尔互生而螺旋状排列，羽叶复叶或掌状复叶，偶尔单叶；无托叶；顶生和偶尔一些侧生小叶变态成卷须或钩状物。花两性，左右对称，常大而艳丽。花萼 5，合生钟状、筒状。花冠 5，常二唇形，裂片覆瓦状或镊合状排列。能育雄蕊常 4，二强雄蕊，第 5 枚雄蕊有时呈退化雄蕊，有时简化为 2 枚；花丝贴生于花冠上，花药箭头状。心皮 2，合生，子房上位；花柱丝状，柱头显著 2 裂，每裂片有触敏性（即在同传粉者接触后闭合）。果实室间或室背开裂蒴果。种子具翅或流苏状毛，薄膜质，无胚乳。花粉粒多单粒，有时为四合或多合花粉，多为 3 沟或 3 孔沟。蜂类、蝇类、蝶类、鸟和蝙蝠传粉。染色体 2*n*=28，30，38，40。种子多由风散布。常含环烯醚萜类和酚类。

分布概况：110 属/800 种，广布热带，亚热带，少数到温带，南美洲北部尤盛；中国 12 属/35（21）种，南北均产，主产南方各省区。

系统学评述：传统上泡桐属 *Paulownia* 和 *Schegelia* 被放在紫葳科，认为是紫葳科与玄参科 Scrophulariaceae 之间的中间类群，这些属缺少紫葳科独特的共衍征[1]，因此有学者将它们处理成 1 个独立的小科[2]，同车前科 Plantaginaceae 和狭义玄参科间的相似性可能是共祖征。基于形态证据，该科被划分为 8 族，即硬骨凌霄族 Tecomeae、Oroxyleae 族、紫葳族 Bignonieae、Eccremocarpeae 族、Tourretieae 族、Coleeae 族、葫芦树族

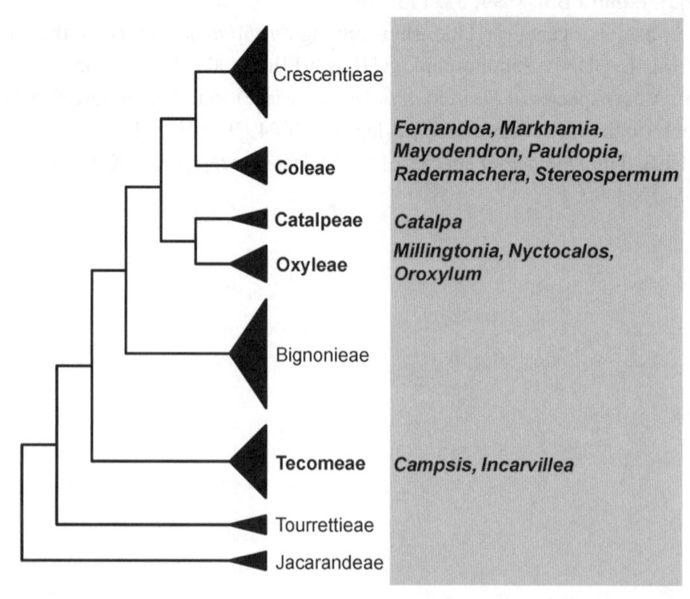

图 201　紫葳科分子系统框架图（参考 Olmstead 等[3]）

Crescentieae 族和 Schlegelieae 族[4-6]。但分子证据表明 Schlegelieae 族应从紫葳科分出单独为 1 个科，硬骨凌霄族为并系[2]。基于 *rbc*L、*ndh*F 和 *trn*L-F 序列的分子系统发育分析结果重新将紫葳科划分为 8 族，包括紫葳族、葫芦树族、硬骨凌霄族、Catalpeae 族、Coleeae 族、Jacarandeae 族、Oroxyleae 族和 Tourrettieae 族，其中 Jacarandeae 族位于最基部，是该科其他所有类群的姐妹分支，然而各族间及族下类群间的系统发育关系仍需进一步研究[3]。

分属检索表

1. 蒴果室间开裂
  2. 一回羽状复叶；藤本……………………………………………………………………**8. 照夜白属 *Nyctocalos***
  2. 二至三回羽状复叶；乔木
    3. 聚伞状花序；花白色；花冠筒细而长；蒴果线形，约 32cm………**7. 老鸦烟筒花属 *Millingtonia***
    3. 总状花序；花紫红色；花冠钟状；蒴果长圆状披针形，约 1m……………**9. 木蝴蝶属 *Oroxylum***
1. 蒴果室背开裂
  4. 单叶；能育雄蕊 2；种子两端有束毛…………………………………………………………**2. 梓属 *Catalpa***
  4. 羽状复叶或掌状复叶；能育雄蕊 4，二强雄蕊或等长雄蕊；种子具有膜质透明翅
    5. 花萼佛焰苞状
      6. 一回羽状复叶；顶生总状花序；二强雄蕊；蒴果长柱形，有丛毛或披绒毛……………………………………………………………………………………………**5. 猫尾木属 *Markhamia***
      6. 二回羽状复叶；缩短的总状花序生于老茎上；雄蕊几乎等长；蒴果线形，无毛………………………………………………………………………………………**6. 火烧花属 *Mayodendron***
    5. 花萼钟状
      7. 藤本或草本
        8. 藤本，有气生根；蒴果长圆形；花红色或橙红色…………………………**1. 凌霄属 *Campsis***
        8. 一年生至多年生草本；具茎或无茎；蒴果长圆柱形；花红色或黄色……………………………………………………………………………………**4. 角蒿属 *Incarvillea***
      7. 乔木或灌木
          9. 种子无翅，扁圆球形；叶轴具翅；蒴果隔膜膜质……………**10. 翅叶木属 *Pauldopia***
          9. 种子具翅；叶轴通常无翅；蒴果隔膜厚，通常木质化
            10. 花冠直径 1.5-4cm，花萼直径 1-2cm…………………………**3. 厚膜树属 *Fernandoa***
            10. 花冠直径小于 1cm，花萼直径小于 1cm
              11. 隔膜圆柱形，蒴果四棱形……………………………**12. 羽叶楸属 *Stereospermum***
              11. 隔膜扁柱形，蒴果二棱形……………………………**11. 菜豆树属 *Radermachera***

1. *Campsis* Loureiro 凌霄属

Campsis Loureiro (1790: 377); Gentry (1992: 17); Zhang & Santisuk (1998: 220) (Type: *C. adrepens* Loureiro)

特征描述：木质藤本，具攀援性气生根。一回奇数羽状复叶，对生，小叶有粗锯齿。花大，红色或橙红色，顶生短圆锥花序。花萼钟状，近革质，不等长 5 裂。花冠钟状漏斗形，檐部微呈二唇形，裂片 5，大而开展。二强雄蕊，弯曲，内藏。子房 2 室，基部以一大花盘围绕。蒴果，室背开裂，由隔膜上分裂为 2 果瓣。种子扁平，有半透明的膜质翅。花粉粒 3 沟，网状纹饰。虫媒。染色体 $2n$=40。

分布概况：约 2/1 种，**9 型**；1 种分布于北美，1 种在日本和中国；中国产长江以南。

系统学评述：传统上将凌霄属列入凌霄族 Tecomeae。Olmstead 等[3]基于 *rbc*L、*ndh*F 和 *trn*L-F 序列分析结果支持这一处理，且认为凌霄属是凌霄族的最基部类群，并得到较高的支持率。

DNA 条形码研究：BOLD 网站有该属 2 种 10 个条形码数据；GBOWS 网站已有 1 种 7 个条形码数据。

代表种及其用途：凌霄 *C. grandiflora* (Thunberg) K. Schumann、厚萼凌霄 *C. adrepens* Loureiro 均花大而美丽，常栽培作庭园观赏植物；凌霄的花为传统中药材，具有行血去瘀、凉血祛风的功能。

2. *Catalpa* Scopoli 梓属

Catalpa Scopoli (1777: 170); Gentry (1992: 17); Zhang & Santisuk (1998: 215) [Type: *C. bignonioides* T. Walter (≡*Bignonia catalpa* Linnaeus)]

特征描述：落叶乔木。单叶对生，稀 3 叶轮生，揉之有臭气味，脉腋间通常具紫色腺点。顶生圆锥花序、伞房花序或总状花序。花萼二唇形或不规则开裂，花蕾期花萼封闭成球状体。花冠钟状，二唇形，上唇 2 裂，下唇 3 裂。能育雄蕊 2，着生于花冠基部，内藏，退化雄蕊 3。花盘明显。子房 2 室，有胚珠多数。蒴果长柱形，2 瓣开裂。种子圆形，薄膜状，两端具束毛。花粉四合体，无萌发孔，网状纹饰。虫媒。染色体 $2n=40$。

分布概况：约 13/4（3）种，**9 型**；分布于美洲和东亚；中国南北均产。

系统学评述：传统上将梓属列入硬骨凌霄族 Tecomeae。Olmstead 等[3]基于 *rbc*L、*ndh*F 和 *trn*L-F 序列分析发现，梓属、*Chilopsis*、*Chitalpa* 和 *Macrocatalpa* 的系统位置很近，被一起列入梓族 Catalpeae，该族以单叶，能育雄蕊 2，具退化雄蕊为共衍征。梓属和 *Macrocatalpa* 是姐妹群，并得到较高的支持率。Li[7]基于 *trn*L-F 和 ITS 序列分析明确了分布于美洲和东亚物种间的系统关系。

DNA 条形码研究：BOLD 网站有该属 5 种 19 个条形码数据；GBOWS 网站已有 2 种 43 个条形码数据。

代表种及其用途：该属植物生长迅速，除供庭园观赏外，木材材质优良，抗腐性强，为优良家具及装饰用材。国产种可作理想的造林树种和行道树，如梓树 *C. ovata* G. Don 的树皮药用，可为利尿、杀虫剂；为国产优良木材，也是理想的造林树种。

3. *Fernandoa* Welwitsch ex Seemann 厚膜树属

Fernandoa Welwitsch ex Seemann (1865: 330); Steenis (1977: 121); Bidgood (1994: 381); Zhang & Santisuk (1998: 217) [Type: *F. superba* Welwitsch ex B. C. Seemann, *nom. illeg.* (=*F. ferdinandii* (Welwitsch) Milne-Redhead≡*Bignonia ferdinandii* Welwitsch)]

特征描述：乔木。一回奇数羽状复叶；小叶 2-5 对，全缘。聚伞花序顶生或腋生，具柔毛；花萼钟状，不规则浅裂，被腺点，宿存。花冠漏斗状或钟状，裂片 5。二强雄蕊；退化雄蕊小。花盘环状，偶有缺裂。子房伸长，圆柱形，侧膜胎座，胎珠多数。蒴果长圆柱形，具棱，室背开裂，果瓣 2，隔膜厚而扁平。种子极多，薄片状方形，两端具狭长的膜质翅。花粉粒 3 沟，网状纹饰。虫媒。

分布概况：约 14/1（1）种，**6 型**；分布于热带非洲和东南亚地区；中国产广西和云南。

系统学评述：传统上将厚膜树属列入硬骨凌霄族。然而 Olmstead 等[3]基于 *rbc*L、*ndh*F 和 *trn*L-F 序列分析结果显示，厚膜树属应属于 Paleotropical 分支，同 *Heterophragma* 是姐妹群，并得到较高的支持率。厚膜树属尚无全面的分子系统学研究，其属下关系还有待进一步研究。

DNA 条形码研究：BOLD 网站有该属 1 种 1 个条形码数据。

代表种及其用途：该属的多数植物花大而美丽，可作优良的观赏花卉，如广西厚膜树 *F. guangxiensis* D. D. Tao。

4. *Incarvillea* Jussieu 角蒿属

Incarvillea Jussieu (1789: 138); Griers (1961: 303); Zhang & Santisuk (1998: 220) (Type: *I. sinensis* Lamarck)

特征描述：一年生或多年生草本。叶基生或互生，单叶或一至三回羽状复叶。总状花序顶生。花萼钟状，萼齿 5，三角形渐尖或圆形突尖，稀基部膨大成腺体。花冠漏斗状，二唇形，裂片 5，开展。二强雄蕊，丁字着药，基部具距。花盘环状。子房 2 室，胚珠多数，花柱线形，柱头 2 裂，扁平扇状。蒴果长圆柱形，有时有 4-6 棱。种子细小，扁平，具透明膜质翅或丝状毛。花粉粒 7-9 沟，网状纹饰。虫媒。染色体 $2n=22$。

分布概况：约 16/12（8）种，**13 型**；分布于喜马拉雅，中亚和东亚地区；中国产西南。

系统学评述：传统上将角蒿属列入硬骨凌霄族。Olmstead 等[3]基于 *rbc*L、*ndh*F 和 *trn*L-F 序列分析结果显示，对该属处理同传统分类一致。角蒿属传统上分类为 4 亚属，即 *Incarvillea* subgen. *Niedzwedzkia*、*I.* subgen. *Amphicome*、*I.* subgen. *Incarvillea* 和 *I.* subgen. *Pteroscleris*；其中 *I.* subgen. *Niedzwedzkia* 和 *I.* subgen. *Amphicome* 曾被独立成属。Chen 等[8]基于 ITS 和 *trn*L-F 序列分析结果显示，角蒿属是单系类群，将该属分为 5 个分支，并很好地解决了其属内关系。

DNA 条形码研究：BOLD 网站有该属 15 种 17 个条形码数据；GBOWS 网站已有 5 种 99 个条形码数据。

代表种及其用途：该属的多数植物花大而美丽，可作优良的观赏花卉，亦可入药，如黄波罗花 *I. lutea* Bureau & Franch 的花大而美丽；两头毛 *I. arguta* (Royle) Royle 全草入药，治跌打损伤、风湿骨痛；藏波罗花 *I. younghusbandii* Sprague 的根可药用，具有滋补强壮的作用。

5. *Markhamia* Seemann ex Baillon 猫尾木属

Markhamia Seemann ex Baillon (1888: 47); Zhang & Santisuk (1998: 224) [Type: *M. stipulata* (Wallich) Seemann ex K. Schumann (≡*Spathodea stipulata* Wallich)]

特征描述：乔木。一回奇数羽状复叶，对生。花大，黄色或黄白色，顶生总状聚伞花序。花萼在花期呈佛焰苞状，外面密被灰褐色绵毛。花冠筒短，钟状，裂片 5，近相等。二强雄蕊，两两成对。子房长圆形，胚珠多数，花盘环形至杯形。蒴果长柱形，外面被灰黄褐色绒毛，似猫尾状。种子长椭圆形，薄膜质，两端具白色透明膜质阔翅。花粉粒 3 沟，网状纹饰。虫媒。染色体 2*n*=40。

分布概况：约 10/1（1）种，**6 型**；分布于热带非洲和东南亚，主产热带非洲；中国产福建、广东、云南、广西和海南。

系统学评述：传统上将猫尾木属列入硬骨凌霄族。然而 Olmstead 等[3]基于 *rbc*L、*ndh*F 和 *trn*L-F 序列分析结果显示，猫尾木属被列入 Paleotropical 分支，该分支包含 Coleae 族的大多数属，猫尾木属和 *Dolichandrone* 是姐妹群，并得到较高的支持率。猫尾木属尚无全面的分子系统学研究，其属下关系还有待进一步研究。

DNA 条形码研究：BOLD 网站有该属 1 种 2 个条形码数据；GBOWS 网站已有 2 种 7 个条形码数据。

代表种及其用途：该属植物多数物种，木材材质优良，抗腐性强，为优良家具及装饰用材，亦可供庭园观赏，如西南猫尾木 *M. stipulate* (Wallich) Seemann ex K. Schumann。

6. *Mayodendron* Kurz 火烧花属

Mayodendron Kurz (1875: 1); Zhang & Santisuk (1998: 224) [Type: *M. igneum* (Kurz) Kurz (≡*Spathodea igneum* Kurz)]

特征描述：乔木。三出二回羽状复叶，对生，小叶全缘。短总状花序，着生于老茎上或短侧枝上。花萼佛焰苞状，一边开裂，外面密被细柔毛。花冠筒状，橙黄色，基部收缩，檐部裂片 5，近相等，反折。雄蕊 4，两两成对，近等长，花药个字形着生。花盘环状。子房 2 室，长圆柱形，柱头 2 裂，舌状扁平。蒴果线形，细长，2 瓣裂，薄革质。种子在胎座每边 2 列，多数，薄膜质，两端具白色透明的膜质翅。花粉粒 3 沟，网状纹饰。虫媒。染色体 2*n*=40。

分布概况：1/1 种，**7 型**；分布于越南，老挝，缅甸，印度；中国产广东、广西、台湾和云南南部。

系统学评述：火烧花属仅火烧花 *M. igneum* (Kurz) Kurz 1 个种，传统上将该属列入硬骨凌霄族。然而 Olmstead 等[3]基于 *rbc*L、*ndh*F 和 *trn*L-F 序列分析结果，将火烧花属列入 Paleotropical 分支。

DNA 条形码研究：GBOWS 网站有该属 1 种 8 个条形码数据。

代表种及其用途：火烧花花色艳丽，是优良的供庭园观赏植物。

7. *Millingtonia* Linnaeus f. 老鸦烟筒花属

Millingtonia Linnaeus f. (1782: 45); Steenis (1977: 133); Zhang & Santisuk (1998: 214) (Type: *M. hortensis* Linnaeus f.).——*Millingtonia* Roxburgh (1820: 50)

特征描述：直立乔木。叶对生，二至三回羽状复叶；小叶卵形，全缘。顶生聚伞状大圆锥花序。花萼很小，杯状，顶端近平截，裂齿 5，不明显。花冠呈二唇形，花冠筒细长，檐部上唇裂片 2，下唇裂片 3，镊合状排列，卵状披针形，内面沿边缘密被极细柔毛。二强雄蕊，着生于花冠筒近顶端，花药一室为椭圆形，另一室似一尾状附属体。花盘环状杯形。子房无柄，卵形，花柱细长，柱头 2 裂舌状，扁平。蒴果细长，线形，压扁。种子多列，极细小，扁平具翅。花粉粒 3 沟，皱波状至网状纹饰。虫媒。染色体 $2n=30$。

分布概况：1/1 种，**7 型**；分布于柬埔寨，老挝，缅甸，泰国，越南；中国产云南。

系统学评述：老鸦烟筒花属仅老鸦烟筒花 *M. hortensis* Linnaeus f. 1 个种，传统上将该属列入木蝴蝶族 Oxyleae。Olmstead 等[3]基于 *rbc*L、*ndh*F 和 *trn*L-F 序列分析表明，该属和木蝴蝶属 *Oxylum* 是姐妹群，并置于木蝴蝶族，得到较高的支持率。

DNA 条形码研究：BOLD 网站有该属 1 种 7 个条形码数据；GBOWS 网站已有 1 种 3 个条形码数据。

代表种及其用途：该属植物老鸦烟筒花的树皮入药，煎服治皮炎，可驱虫解毒；亦可栽培供庭园观赏。

8. *Nyctocalos* Teijsmann & Binnendijk 照夜白属

Nyctocalos Teijsmann & Binnendijk (1861: 366); Steenis (1977: 123); Zhang & Santisuk (1998: 214) (Type: *N. brunfelsiiflorum* Teijsmann & Binnendijk)

特征描述：藤本，无卷须。羽状复叶，对生，小叶 3-5（-7）枚，全缘。总状花序顶生。花萼钟状，顶端近平截，具有 5 枚短而尖的小齿。花冠白色，花冠筒极长，细圆筒状，檐部微呈二唇形，裂片 5。雄蕊 4-5，微 2 强，着生于花冠管近顶端，花药纵裂，顶端有 1 尾状附属体。花盘垫状。子房短圆柱形，柱头舌状扁平。蒴果长椭圆形，具宿存的花萼。种子扁圆形，具有白色透明的周翅。花粉粒 3 沟，网状纹饰。虫媒。染色体 $2n=40$。

分布概况：约 5/2 种，**7 型**；分布于印度，缅甸，泰国，马来西亚，印度尼西亚；中国产云南。

系统学评述：传统上将照夜白属列入紫葳族 Bignonieae，然而分子系统学研究并不支持这种处理[3]。照夜白属尚无全面的分子系统学研究，该属及属下物种间的关系还有待进一步研究。

代表种及其用途：照夜白 *N. brunfelsiiflorum* Teijsmann & Binnendijk 可供药用。

9. *Oroxylum* Ventenat 木蝴蝶属

Oroxylum Ventenat (1808: 8); Steenis (1977: 128); Zhang & Santisuk (1998: 215) [Type: *O. indicum* (Linnaeus) Bentham ex Kurz (≡*Bignonia indica* Linnaeus)]

特征描述：小乔木，很少分枝。叶对生，二至三回羽状复叶，小叶卵形，全缘。顶生总状花序；花萼大，肉质，阔钟状，顶端近平截。花冠大，紫红色，钟状，5 裂片近等长。雄蕊 5，插生于花冠管中部，花药椭圆形，2 室。花柱丝状，柱头舌状扁平。蒴果长披针形，扁平巨大，木质，2 瓣裂开。种子扁圆形，极薄，周围具白色透明的膜质翅。花粉粒 3 沟，网状纹饰。虫媒。染色体 $2n$=28。

分布概况：1/1 种，**7 型**；分布于柬埔寨，老挝，缅甸，泰国，越南，菲律宾；中国产云南、四川、广东、台湾等。

系统学评述：木蝴蝶属仅 *O. indicum* (Linnaeus) Bentham ex Kurz 1 种，传统上将该属列入木蝴蝶族。Olmstead 等[3]基于 *rbc*L、*ndh*F 和 *trn*L-F 序列分析表明，木蝴蝶属和老鸦烟筒花属是姐妹群，列入木蝴蝶族，并得到较高的支持率。

DNA 条形码研究：BOLD 网站有该属 1 种 18 个条形码数据；GBOWS 网站已有 1 种 18 个条形码数据。

代表种及其用途：木蝴蝶 *O. indicum* 的种子、树皮入药，可消炎镇痛，治心气痛、肝气痛等。

10. *Pauldopia* Steenis 翅叶木属

Pauldopia Steenis (1969: 425); Zhang & Santisuk (1998: 216) [Type: *P. ghorta* (Buchanan-Hamilton ex G. Don) Steenis (≡*Bignonia ghorta* Buchanan-Hamilton ex G. Don)]

特征描述：灌木或小乔木。叶对生，二至三回羽状复叶，叶轴具有狭翅；小叶上面具鳞片状毛，下面疏生菌状腺体。圆锥花序；花萼钟状，5 浅裂；花冠筒筒状，裂片 5。二强雄蕊。花盘环形。蒴果长圆柱形，隔膜膜质。种子扁圆球形，厚而无翅。花粉粒 3 沟，网状纹饰。虫媒。

分布概况：约 1/1 种，**7 型**；分布于印度，老挝，缅甸，尼泊尔，泰国，越南；中国产云南南部。

系统学评述：翅叶木属是单种属，传统上将该属列入凌霄族，然而 Olmstead 等[3]基于 *rbc*L、*ndh*F 和 *trn*L-F 序列分析将该属置于 Paleotropical 分支。

代表种及其用途：该属仅翅叶木 *P. ghorta* (Buchanan-Hamilton ex G. Don) Steenis 1 种，花暗黄色，喜生于常绿阔叶林中。

11. *Radermachera* Zollinger & Moritzi 菜豆树属

Radermachera Zollinger & Moritzi (1855: 53); Steenis (1977: 149); Zhang & Santisuk (1998: 218) (Type: *R. stricta* Zollinger & Moritzi)

特征描述：乔木；一至三回羽状复叶，对生；小叶全缘，具柄。聚伞圆锥花序顶生或侧生，具线状或叶状苞片及小苞片。花萼钟状，顶端 5 裂或平截。花冠漏斗状钟形或高脚碟状，花冠筒短，檐部微呈二唇形，裂片 5，平展。二强雄蕊，退化雄蕊常存在。花盘环状。子房圆柱形，胚珠多数，柱头 2 裂，舌状扁平。蒴果细长，圆柱形，有 2 棱；隔膜扁圆柱形。种子扁平，两端具白色透明的膜质翅。花粉粒 3 沟，网状纹饰。虫媒。染色体 $2n$=40。

分布概况：约 16/7 种，**7 型**；分布于亚洲热带地区，印度，菲律宾，马来西亚，印度尼西亚；中国产广东、广西、云南、台湾。

系统学评述：传统上将菜豆树属列入凌霄族，Olmstead 等[3]基于 *rbc*L、*ndh*F 和 *trn*L-F 序列分析结果将该属置于 Paleotropical 分支，同 *Tecomella* 是姐妹群。菜豆树属尚无全面的分子系统学研究，其属下关系还有待进一步的研究。

DNA 条形码研究：BOLD 网站有该属 2 种 2 个条形码数据；GBOWS 网站已有 2 种 24 个条形码数据。

代表种及其用途：该属的多种植物可作优良的观赏花卉，亦可入药。例如，菜豆树 *R. sinica* (Hance) Hemsley 常作室内观花观叶植物，亦可入药，具清热解毒、散瘀消肿的功效；滇菜豆树 *R. yunnanensis* C. Y. Wu & W. C. Yin 的叶、根、果治高热痛、胃痛、跌打扭挫伤及毒蛇咬伤（叶或果外敷）。

12. *Stereospermum* Chamisso 羽叶楸属

Stereospermum Chamisso (1833: 720); Griers (1961: 303); Zhang & Santisuk (1998: 217) (Type: *S. kunthianum* Chamisso)

特征描述：落叶乔木；一至二回羽状复叶，对生。圆锥花序顶生；萼阔椭圆形，开花时截头状或短裂；花冠管状，一侧肿胀，黄色或淡红色，裂片 5，近相等；二强雄蕊，内藏，丁字着药；花盘垫状；蒴果长柱形，稍压扁或不明显的四棱形，室裂；隔膜厚，近圆柱形，种子脱离后有下陷的穴；种子两端有翅。花粉粒环沟，网状纹饰。虫媒。染色体 $2n$=40。

分布概况：约 15/3 种，**6 型**；分布于热带非洲和东南亚；中国产西南。

系统学评述：Olmstead 等[3]基于 *rbc*L、*ndh*F 和 *trn*L-F 序列分析结果显示，羽叶楸属被列入 Paleotropical 分支，同吊灯树属是姐妹群，并得到较高的支持率。厚膜树属尚无全面的分子系统学研究，其属下关系还有待进一步的研究。

DNA 条形码研究：BOLD 网站有该属 4 种 5 个条形码数据；GBOWS 网站已有 2 种 7 个条形码数据。

代表种及其用途：羽叶楸 *S. colais* (Buchanan-Hamilton ex Dillwyn) Mabberley 材质硬重，木工性质优良，抗腐性强，可作优良建筑、家具及室内装饰用材。

主要参考文献

[1] Armstrong JE. The delimitation of Bignoniaceae and Scrophulariaceae based on floral anatomy, and the placement of problem genera[J]. Am J Bot, 1985, 72: 755-766.

[2] Spangler RE, Olmstead RG. Phylogenetic analysis of Bignoniaceae based on the cpDNA gene sequences *rbc*L and *ndh*F[J]. Ann MO Bot Gard, 1999, 86: 33-46.

[3] Olmstead RG, et al. A molecular phylogeny and classification of Bignoniaceae[J]. Am J Bot, 2009, 96: 1731-1743.

[4] Gentry AH. Coevolutionary patterns in Central American Bignoniaceae[J]. Ann MO Bot Gard, 1974, 61: 728-759.

[5] Gentry AH. Bignoniaceae: part II (Tribe Tecomeae)[J]. Fl Neotrop, 1992, 25: 1-130.

[6] Gentry AH. Evolutionary patterns in Neotropical Bignoniaceae[J]. Mem New York Bot Gard, 1990, 55: 118-129.

[7] Li JH. Phylogeny of *Catalpa* (Bignoniaceae) inferred from sequences of chloroplast *ndh*F and nuclear ribosomal DNA[J]. J Syst Evol, 2008, 46: 341-348.

[8] Chen ST, et al. Molecular phylogeny of *Incarvillea* (Bignoniaceae) based on ITS and *trn*L-F sequences[J]. Am J Bot, 2005, 92: 625-633.

Lentibulariaceae Richard (1808), *nom. cons.* 狸藻科

特征描述：草本。茎常变态成假根、匍匐枝或根状茎。无托叶。叶互生或基部莲座状。总状花序或单花。花两侧对称，花萼2-5裂，裂片覆瓦状排列，宿存；花冠合生，下唇全缘或2或3或6裂，裂片覆瓦状排列；上唇全缘或2-3裂；距锥形，筒状，圆锥形或囊状。雄蕊2，花丝线状；花药背着，2药室，无退化雄蕊。心皮2，合生。子房上位，1室；特立中央胎座或基底胎座。胚珠2或多数，倒生。花柱1或无；柱头2裂。蒴果室背开裂或周裂，偶不开裂。种子小，无胚乳。花粉粒3孔沟至多孔沟。多为昆虫传粉。染色体 n=7-32。

分布概况：3属/约290种，世界广布，主要分布于热带地区；中国2属/约27种，南北均产。

系统学评述：狸藻科位于唇形目 Lamiales，但在唇形目内的位置存在争议，*Byblis*（Byblidaceae）曾被认为与狸藻科近缘[1]，然而形态特征及分子证据都不支持这一观点[2,3]，该科的姐妹群依然不明确[2,4]。分子系统学研究表明狸藻科为单系，包括3属，即捕虫堇属 *Pinguicula*、狸藻属 *Utricularia* 和 *Genlisea*，形态特征及分子系统学研究均支持捕虫堇属较早分化，狸藻属和 *Genlisea* 为姐妹群[1-3,5]。

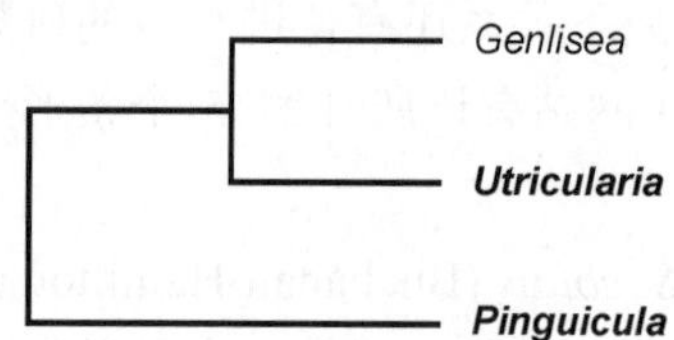

图202 狸藻科分子系统框架图（参考 Jobson 等[1]；Fleischmann[2]；Cieslak 等[6]）

分属检索表

1. 具真正的根和叶，叶全缘，上面散生分泌黏液的腺体；捕虫囊不存在；花萼不等5裂；花冠在喉部开放 ………………………… **1. 捕虫堇属 *Pinguicula***
1. 无真正的根和叶，叶全缘或细裂，叶上无分泌黏液的腺体；捕虫囊存在；花萼2-4深裂；花冠喉部具多种隆起的喉凸 ………………………… **2. 狸藻属 *Utricularia***

1. *Pinguicula* Linnaeus 捕虫堇属

Pinguicula Linnaeus (1753: 17); Li & Cheek (2011: 480) (Lectotype: *P. vulgaris* Linnaeus)

特征描述：陆生（岩生或附生）草本，具地下茎，无假根、匍匐枝，捕虫囊不存在。根纤维状，叶基生呈莲座状，单叶；叶片上密被分泌黏液的腺体；羽状脉，叶边全缘，常内卷。单花，稀2或3朵单花组成总状花序，无鳞片。花萼二唇形，下唇2裂，上唇

3 裂。花冠在喉部开放，下唇较大；花距 3 裂，中间裂片较大。蒴果室背开裂。种子多数。花粉粒近球形，4 至多孔沟，皱状至网状或穿孔纹饰。昆虫传粉。染色体 *n*=8，9，11，12，16，24，32。

分布概况：约 55/2 种，**8-5（8-2）型**；分布于北温带地区，中美洲多样性最高延伸到南美洲地区；中国产秦岭及大兴安岭。

系统学评述：叶上具分泌黏液的腺体为该属的 1 个共衍征，支持捕虫堇属与狸藻科其他 2 个属分开[6]。分子系统学研究表明该属为单系，在狸藻科较早分化，是狸藻属和 *Genlisea* 的姐妹群[1,5-7]。基于形态特征，Casper[8]曾将捕虫堇属 46 种分为 3 亚属，即 *Pinguicula* subgen. *Isoloba*、*P.* subgen. *Temnoceras* 和 *P.* subgen. *Pinguicula*，Cieslak 等[6]根据分子序列并结合形态特征，将该属划分为 5 个分支，这一划分在很大程度上反映了在不同地理区域内类群的辐射进化；Degtjareva 等[9]将捕虫堇属逐级划分为 6 个分支，但各分支间，以及分支内种间关系并未得到很好解决。因此其属下的系统发育关系仍需进一步研究。

DNA 条形码研究：BOLD 网站有该属 53 种 120 个条形码数据；GBOWS 网站已有 1 种 8 个条形码数据。

代表种及其用途：高山捕虫堇 *P. alpina* Linnaeus、北捕虫堇 *P. villosa* Linnaeus 的叶能粘捕小虫；花美丽，可供观赏。

2. *Utricularia* Linnaeus 狸藻属

Utricularia Linnaeus (1753: 18); Li & Cheek (2011: 481) (Lectotype: *U. vulgaris* Linnaeus)

特征描述：草本，无真正的根。茎变态为假根或匍匐枝。捕虫囊生于假根，匍匐枝和/或叶上，较小，囊状。叶互生或基生成莲座状，单叶至多分裂，具 1-3 脉。总状花序或单花，具直立或缠绕花梗；苞片及小苞片常宿存，具鳞片，花萼 2 深裂，裂片顶端有时 2 裂。花冠下唇较大；下唇全缘或 2 或 3 或 6 裂，具距，喉凸常隆起；上唇全缘或 2-3 裂。花药 2 室。蒴果先端开裂、室背开裂及周裂，稀不开裂。种子稀单生，具附属物。花粉粒 3 孔沟或散孔沟。昆虫或鸟类传粉。染色体 *n*=7，8，9，10，11，14，15，21，22，24。

分布概况：约 220 种/25（4）种，**1 型**，广布，主要分布于热带地区，北温带地区偶有分布；中国主产长江以南，少数种类到长江以北地区。

系统学评述：传统上，依据花形态特征支持狸藻属与 *Genlisea* 近缘[10]，分子系统学研究表明狸藻属为单系，支持其与 *Genlisea* 互为姐妹群[1,5]。Taylor[10]根据形态特征将狸藻属划分为 35 组，得到普遍接受，且分子系统学研究支持大部分组均为单系类群[1,5]。Jobson 等[1]则将该属划分为 3 个主要分支，即 *Polypompholyx* 和 *Pleiochasia* 2 个组互为姐妹群，位于最基部，两者再共同构成狸藻属其余种（构成 1 支）的姐妹分支；Müller 和 Borsch[5]将狸藻属划分为 3 个单系亚属，即狸藻亚属 *Utricularia* subgen. *Utricularia*、*U.* subgen. *Bivalvia* 和 *U.* subgen. *Polypompholyx*，其中 *U.* subgen. *Bivalvia* 和 *U.* subgen. *Polypompholyx* 互为姐妹群，两者再共同构成狸藻亚属的姐妹群。

DNA 条形码研究：BOLD 网站有该属 43 种 96 个条形码数据；GBOWS 网站已有 2 种 11 个条形码数据。

代表种及其用途：黄花狸藻 *U. aurea* Loureiro、狸藻 *U. vulgaris* Linnaeus、南方狸藻及细叶狸藻等水生种类可作鱼饲料。挖耳草 *U. bifida* Linnaeus、黄花狸藻等可作民间草药。

主要参考文献

[1] Jobson RW, et al. Molecular phylogenetics of Lentibulariaceae inferred from plastid *rps*16 intron and *trn*L-F DNA sequences: implications for character evolution and biogeography[J]. Syst Bot, 2003, 28: 157-171.

[2] Fleischmann A. Phylogenetic relationships, systematics, and biology of carnivorous Lamiales, with special focus on the genus *Genlisea* (Lentibulariaceae)[D]. PhD thesis. Los Angeles, California: Loyola Marymount University, 2012.

[3] Müller K, et al. Evolution of carnivory in Lentibulariaceae and the Lamiales[J]. Plant Biol, 2004, 6: 477-490.

[4] Schäferhoff B, et al. Towards resolving Lamiales relationships: insights from rapidly evolving chloroplast sequences[J]. BMC Evol Biol, 2010, 10: 352-373.

[5] Müller K, Borsch T. Phylogenetics of *Utricularia* (Lentibulariaceae) and molecular evolution of the *trn*K intron in a lineage with high substitutional rates[J]. Plant Syst Evol, 2005, 250: 39-67.

[6] Cieslak T, et al. Phylogenetic analysis of *Pinguicula* (Lentibulariaceae): chloroplast DNA sequences and morphology support several geographically distinct radiations[J]. Am J Bot, 2005, 92: 1723-1736.

[7] Müller K, et al. Evolution of carnivory in Lentibulariaceae: considerations based on molecular, morphological, and physiological evidence[C]//Proceedings the 4th International Carnivorous Plant Conference. Tokyo, Japan, 2002: 63-73.

[8] Casper SJ. Monographie der Gattung *Pinguicula* L.[J]. Biblio Bot, 1966, 127/128: 1-209.

[9] Degtjareva G, et al. Morphology and nrITS phylogeny of the genus *Pinguicula* L. (Lentibulariaceae), with special attention to embryo evolution[J]. Plant Biol, 2006, 8: 778-790.

[10] Taylor P. The genus *Utricularia*: a taxonomic monograph[J]. Kew Bull Addit ser, 1989, 14: 1-724.

Verbenaceae J. Saint-Hilaire (1805), *nom. cons.* 马鞭草科

特征描述：草本、藤本、灌木或乔木，有时具皮刺或棘刺。茎在横切面常 4 棱。叶对生，稀轮生，单叶，有时浅裂，全缘或具齿；无托叶。无限花序顶生或腋生，形成总状、聚伞状、穗状或聚伞圆锥状花序；花两性或杂性，两侧对称，很少辐射对称；萼片 5，宿存；花瓣 5，合生，花冠弱二唇形，裂片覆瓦状排列；雄蕊 4，二强雄蕊，花丝贴生于花冠；子房上位，不裂或 4 浅裂，2-4 室；胚珠每室 1 或 2，竖立或悬垂；柱头顶端不裂或 2 裂。核果或者为分果分裂为 2（4）小坚果。种子（1 或）2-4，胚乳通常缺失。花粉粒 3 孔沟，外壁在近孔处变厚。染色体 2*n*=10-24+。蜂类、蝇类或蝶类传粉。有色彩的核果由鸟类传播，其他的由风、水或机械传播。叶茎常含环烯醚萜类和酚类化合物。

分布概况：31 属/约 918 种，广布热带至温带地区；中国 5 属/5 种，产长江以南地区。

系统学评述：传统的马鞭草科包括约 91 属 2000 余种[FRPS]。最近的系统发育研究将传统马鞭草科大部分属（如紫珠属 *Callicarpa*、大青属 *Clerodendrum*、牡荆属 *Vitex* 和柚木属 *Tectona*）归入唇形科 Lamiaceae[1,2]。新的狭义马鞭草科包含了原来的 31 属，约 918 种[APW]。另外，过去常被放在马鞭草科 Verbenaceae 或单独成科（海榄雌科 Avicenniaceae）的红树植物海榄雌属 *Avicennia*，现已明确被归入海榄雌科[APW,3]。目前马鞭草科分为 10 个分支，即蓝花藤族 Petreeae、假连翘族 Duranteae、Casselieae 族、琴木族 Citharexyleae、Priveae 族、*Rhaphithamnus*、Neospartoneae 族、*Dipyrena*、马鞭草族 Verbeneae 和马缨丹族 Lantaneae。其中，*Dipyrena* 可能是马鞭草族+马缨丹族或马鞭草族的姐妹群；

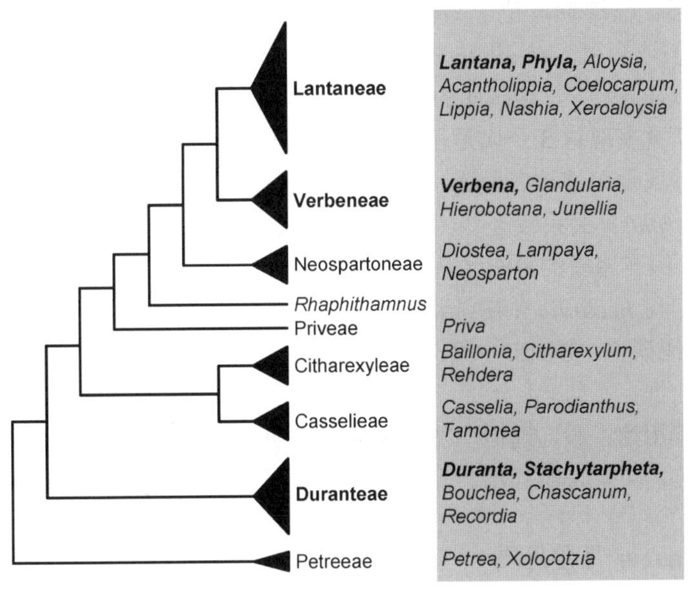

图 203　马鞭草科分子系统框架图（参考 APW；O'Leary 等[4]；Marx[5]；Yuan 和 Olmstead[6]）

Rhaphithamnus 可能与 Priveae 族的系统发育关系较近[APW]。各分支间及分支下的系统发育关系仍需进一步研究明确。

分属检索表

1. 花序总状……………………………………………………………………**1. 假连翘属 *Duranta***
1. 花序穗状或近头状
  2. 子房 4 室；果实成熟后 4 瓣裂；叶片深裂至浅裂，边缘有不整齐锯齿………**5. 马鞭草属 *Verbena***
  2. 子房 2 室；果实成熟后 2 瓣裂；叶片不分裂，边缘有近整齐的锯齿
    3. 穗状花序的穗轴有凹穴，花一半嵌于凹穴中………………………**4. 假马鞭草属 *Stachytarpheta***
    3. 穗状或近头状花序的穗轴无凹穴
      4. 灌木；花萼顶端截平或有短齿；花冠裂片稍不整齐，几近辐射状或略呈二唇形…………………………………………………………………………**2. 马缨丹属 *Lantana***
      4. 匍匐草本；花萼 2 裂成二唇形；花冠裂片二唇形……………………**3. 过江藤属 *Phyla***

1. *Duranta* Linnaeus 假连翘属

Duranta Linnaeus (1753: 637); Chen & Gilbert (1994: 2) (Lectotype: *D. erecta* Linnaeus)

特征描述：有刺或无刺灌木。单叶对生或轮生，全缘或有锯齿。花序总状，顶生或腋生；苞片细小；花萼顶端有 5 齿，宿存，结果时增大，花冠二唇形；雄蕊 4，内藏，二强雄蕊，花药卵形；子房由 4 个 2 室的心皮组成 8 室，每室有 1 下垂胚珠，花柱短，不外露，柱头为近偏斜的头状。核果藏在宿萼内，有 4 核，每核 2 室，每室有 1 种子。花粉粒 3 孔沟。蜂类、蝶类传粉。染色体 $2n=16$。鸟类或其他动物传播种子。

分布概况：约 20/1 种，**3 型**；分布于热带美洲和中美洲热带；中国引进假连翘 *D. repens* Linnaeus 1 种，栽培于长江以南。

系统学评述：假连翘属位于马鞭草科基部，是个单系类群。所有的传统分类，将 *Citharexylum*、假连翘属、*Rhaphithamnus* 合为一个分类群并被命名为假连翘族[7,8]，或者琴木族 Citharexyleae[9-11]，这些属的相似点在于茎木质化，肉质果实及存在退化雄蕊。但分子系统学研究发现这 3 个属是相互分离的，同时和其他分类群相比又具有更近的亲缘关系。假连翘属现在被放在假连翘族下，与 *Bouchea*、*Chascanum*、*Recordia* 及假马鞭草属 *Stachytarpheta* 关系较近[5]。基于分子系统学研究表明，假连翘属和 *Recordia* 形成单系分支[5]。假连翘属的分布区从墨西哥和加勒比海南部开始，沿着安第斯山，一直延伸到阿根廷，与 *Recordia*（玻利维亚特有单型属）构成姐妹属[5]。

DNA 条形码研究：BOLD 网站有该属 3 种 13 个条形码数据；GBOWS 网站已有 1 种 1 个条形码数据。

代表种及其用途：假连翘原产热带美洲，花期长而美丽，是常见的观赏植物。在中国南部常见栽培，果实可供药用。

2. *Lantana* Linnaeus 马缨丹属

Lantana Linnaeus (1753: 626), *nom. cons.*; Chen & Gilbert (1994: 2) (Type: *L. camara* Linnaeus, *typ. cons.*)

特征描述：直立或半藤状灌木，有强烈气味；茎四棱形，有或无皮刺与短柔毛。单叶对生，有柄，边缘有圆或钝齿，表面多皱。花密集成头状；花萼小，膜质，顶端截平或具短齿；花冠 4-5 浅裂，几近辐射状或略呈二唇形，花冠管细长；雄蕊 4，着生于花冠管中部，二强雄蕊，花药卵形；花柱短，不外露，柱头偏斜，盾形头状。核果，成熟，常为 2 骨质后分核。染色体 2*n*=22，33，44，55，66。花粉粒 3 孔沟。蜂类、蝶类传粉。鸟类或其他动物传播种子。

分布概况：约 150/2 种，**2-2（3）型**；主产热带美洲；中国栽培于长江以南，有逸生，另蔓马缨丹 *L. montevidensis* Briquet 偶尔栽培。

系统学评述：马缨丹属是一个并系类群。该属为马缨丹族 Lantaneae 下的第二大属，与第一大属 *Lippia* 有着密切的关系，两者在系统发育树上互相嵌套[5]。也有研究指出，马缨丹族下的各属并非单系，但马缨丹族和马鞭草族各自为很好的单系类群[12]。马缨丹属和邻近的 *Lippia*、过江藤属 *Phyla*、*Nashia* 几乎都具有密集的头状或者穗状花序和无柄的花。马缨丹属植物的物种多样性中心在美洲和非洲的热带地区，在南美，该属植物已经成功拓殖到了巴西中部适应火灾的稀树大草原和玻利维亚东部，并在巴西塞拉多（Cerrado）极具多样性[13]。

DNA 条形码研究：BOLD 网站有该属 15 种 47 个条形码数据；GBOWS 网站已有 1 种 15 个条形码数据。

代表种及其用途：马缨丹 *L. camara* Linnaeus 在中国广为栽培，为常见的园艺观赏植物。

3. *Phyla* Loureiro 过江藤属

Phyla Loureiro (1790: 66); Chen & Gilbert (1994: 3) (Type: *P. chinensis* Loureiro)

特征描述：匍匐矮小草本。茎四棱形，有时多刺，多毛，具腺体。单叶对生。花序头状或穗状，在结果时延长；花小，生于苞腋；花萼小，膜质，近二唇形；花冠柔弱，下部管状，上部扩展，呈二唇形，上唇较小，全缘或浅 2 裂，下唇较大，3 深裂；雄蕊 4，着生于花冠管的中部，二强雄蕊；子房 2 室，每室有 1 胚珠；花柱短，着生于子房顶端，柱头头状。果成熟后干燥，分为 2 个分核。花粉粒 3 孔沟。蜂类、蝶类传粉。

分布概况：约 10/1 种，**3（→2）型**；分布于亚洲，非洲，美洲；中国主产长江以南。

系统学评述：过江藤属是单系类群，其是马缨丹族下的 1 个小属[5]。最近的研究表明该属只包括 5 种，且形成单系分支[5]。

DNA 条形码研究：BOLD 网站有该属 2 种 14 个条形码数据；GBOWS 网站已有 1 种 8 个条形码数据。

代表种及其用途：过江藤 *P. nodiflora* (Linnaeus) Greene 为多年生草本，在中国有较为广泛的分布，喜生长于河滩等湿润的地方。全草入药。

4. *Stachytarpheta* Vahl 假马鞭草属

Stachytarpheta Vahl (1804: 205), *nom. cons.* ; Chen & Gilbert (1994: 3) (Type: *S. jamaicensis* (Linnaeus)

Vahl (≡*Verbena jamaicensis* Linnaeus)

特征描述：草本或灌木。茎和枝四棱形。单叶常对生，表面多皱，边缘有锯齿。穗状花序细长，有时紧缩成头状，顶生，花序轴有凹穴，花单生苞腋内，苞片有各式，小苞片细小或近于无；花萼管状，膜质，有 4-5 棱，棱常延伸成 4-5 齿；花冠管纤细，5 裂，白、蓝、红或淡红色；雄蕊 4，内藏，二强雄蕊；子房 2 室，每室有 1 胚珠；花柱伸出花冠管口，柱头头状。果藏于宿萼中，长圆形，成熟后 2 瓣裂成有 1 种子的干硬分果核。花粉粒 3 孔沟。

分布概况：约 65/1 种，**3 型**；分布于热带美洲；中国产长江以南。

系统学评述：假马鞭草属是个并系类群。分子系统学研究表明假马鞭草属和 *Bouchea*、*Chascanum* 聚成一支，与假连翘属同属于假连翘族[5]，该属是假连翘族里最大的属，其多样性中心在巴西[14]。假马鞭草属由于其只有 2 个能育雄蕊（远轴雄蕊简化为退化雄蕊）在马鞭草科里较特殊。

DNA 条形码研究：BOLD 网站有该属 4 种 24 个条形码数据；GBOWS 网站已有 1 种 13 个条形码数据。

代表种及其用途：假马鞭草 *S. jamaicensis* Vahl 为多年生粗壮草本或亚灌木；全草药用，有清扫解毒、利水通淋的药效。

5. *Verbena* Linnaeus 马鞭草属

Verbena Linnaeus (1753: 637); Chen & Gilbert (1994: 3) (Lectotype: *V. officinalis* Linnaeus)

特征描述：一年生、多年生草本或亚灌木。茎 4 棱。叶常对生，近无柄，边缘有齿至羽状深裂。花常排成顶生穗状花序；花交互生于狭窄的苞片腋内，近两侧对称；花萼膜质，管状，有 5 棱，顶端 5 齿裂；花冠 5 裂，在芽中覆瓦状排列；雄蕊 4，着生于花冠管的中部，二强雄蕊，花药卵形；子房 4 室，胚珠每室 1，花柱短，柱头 2 浅裂。干果包藏于萼内，成熟后 4 瓣裂为 4 分核。种子无胚乳。花粉粒 3 孔沟，偶尔 4 孔沟。蜂类或蝶类传粉。染色体 $2n$=14，28，42，56。

分布概况：约 250/1 种，**2（3）型**；分布于热带至温带美洲；中国产华东、华南及西南。

系统学评述：马鞭草属是个多系类群。分子系统学研究了马鞭草族 5 属，即马鞭草属、*Glandularia*、*Junellia*、*Mulguraea* 和 *Hierobotana* 的系统关系[6,15,16]。马鞭草属为单系，但某些情况下和 *Glandularia*、*Junellia* 构成复系[5]。在马鞭草属下，北美分布种在多次不同基因构树中有 3 次形成一支[6,15,16]，而在用核基因 *Waxy* 和 *PHOT2* 构树发现北美的取样群与南美的取样群都不形成支系[15]。另外，有研究表明，*Hierobotana* 很可能是马鞭草属在经安第斯山向北美迁移过程中形成的 1 个新属，但有待进一步研究[5]。

DNA 条形码研究：BOLD 网站有该属 24 种 116 个条形码数据；GBOWS 网站已有 2 种 31 个条形码数据。

代表种及其用途：马鞭草 *V. officinalis* Linnaeus 在中国分布较广泛，全草可供药用，有凉血、散瘀、清热、解毒等功效。

主要参考文献

[1] Cantino PD. Evidence for a polyphyletic origin of the Labiatae[J]. Ann MO Bot Gard, 1992, 79: 361-379.

[2] Cantino PD. Toward a phylogenetic classification of the Labiatae[M]//Harley RM, Reynolds T. Advance in Labiate Science. Richmond: Royal Botanical Gardens, Kew, 1992: 27-32.

[3] Nelson G. The trees of Florida: a reference and field guide[M]. Sarasota, Florida: Pineapple Press, 1994.

[4] O'Leary N, et al. Evolution of morphological traits in Verbenaceae[J]. Am J Bot, 2012, 99: 1778-1792.

[5] Marx H. A molecular phylogeny and classification of Verbenaceae[J]. Am J Bot, 2010, 97: 1647-1663.

[6] Yuan YW, Olmstead AG. A species-level phylogenetic study of the *Verbena* complex (Verbenaceae) indicates two independent intergeneric chloroplast transfers[J]. Mol Phylogenet Evol, 2008, 48: 23-33.

[7] Bentham G. XLIX.—Enumeration of plants collected by Mr. Schomburgk, British Guiana[J]. Ann Mag Nat Hist, 1839, 2: 441-451.

[8] Schauer JC. Verbenaceae[M]//de Candolle. Prodromus systematis naturalis regni vegetabilis, 11. Fortin: Masson & Sociorum, 1847: 522-700.

[9] Briquet J. Verbenaceae[M]//Engler A, Prantl K. Die natürlichen pflanzenfamilien, Tiel 4/3a. Leipzig: W. Engelmann, 1895: 132-182.

[10] Troncoso NS. Los géneros de verbenáceas de Sudamérica extratropical (Argentina, Chile, Bolivia, Paraguay, Uruguay y sur de Brasil)[J]. Darwiniana, 1974, 18: 295-412.

[11] Atkins S. Verbenaceae[M]//Kubitzik K. The families and genera of flowering plants, VII. Berlin: Springer, 2004: 449-468.

[12] Sanders RW. The genera of Verbenaceae in the southeastern United States[J]. Harv Paper Bot, 2001, 5: 303-358.

[13] Lu-Irving P, Olmstead RG. Investigating the evolution of Lantaneae (Verbenaceae) using multiple loci[J]. Bot J Linn Soc, 2012, 171: 103-119.

[14] Atkins S. The genus *Stachytarpheta* (Verbenaceae) in Brazil[J]. Kew Bull, 2005, 60: 161-272.

[15] Yuan YW, Olmstead AG. Evolution and phylogenetic utility of the *PHOT* gene duplicates in the *Verbena* complex (Verbenaceae): dramatic intron size variation and footprint of ancestral recombination[J]. Am J Bot, 2008, 95: 1166-1176.

[16] O'Leary N, et al. Reassignment of species of paraphyletic *Junellia s.l.* to the new genus *Mulguraea* (Verbenaceae) and new circumscription of genus *Junellia*: molecular and morphological congruence[J]. Syst Bot, 2009, 34: 777-786.

Lamiaceae Martinov (1820), *nom. cons.* 唇形科

特征描述：多为草本至灌木，稀乔木。茎多四棱形。叶常交互对生，偶为轮生，极稀互生。花序聚伞式，或再形成轮伞花序及穗状、圆锥状的复合花序；花萼宿存，果时常增大，多为二唇形；花冠二唇形，蜜腺发达，冠檐常 5 裂，常呈 2/3 式，或 4/1 式二唇形，偶为单唇；雄蕊常 4，2 强，有时退化为 2；花盘下位明显，其裂片有时呈指状增大；花柱顶端常 2 裂。果实多为 4 小坚果。常含二萜类化合物。

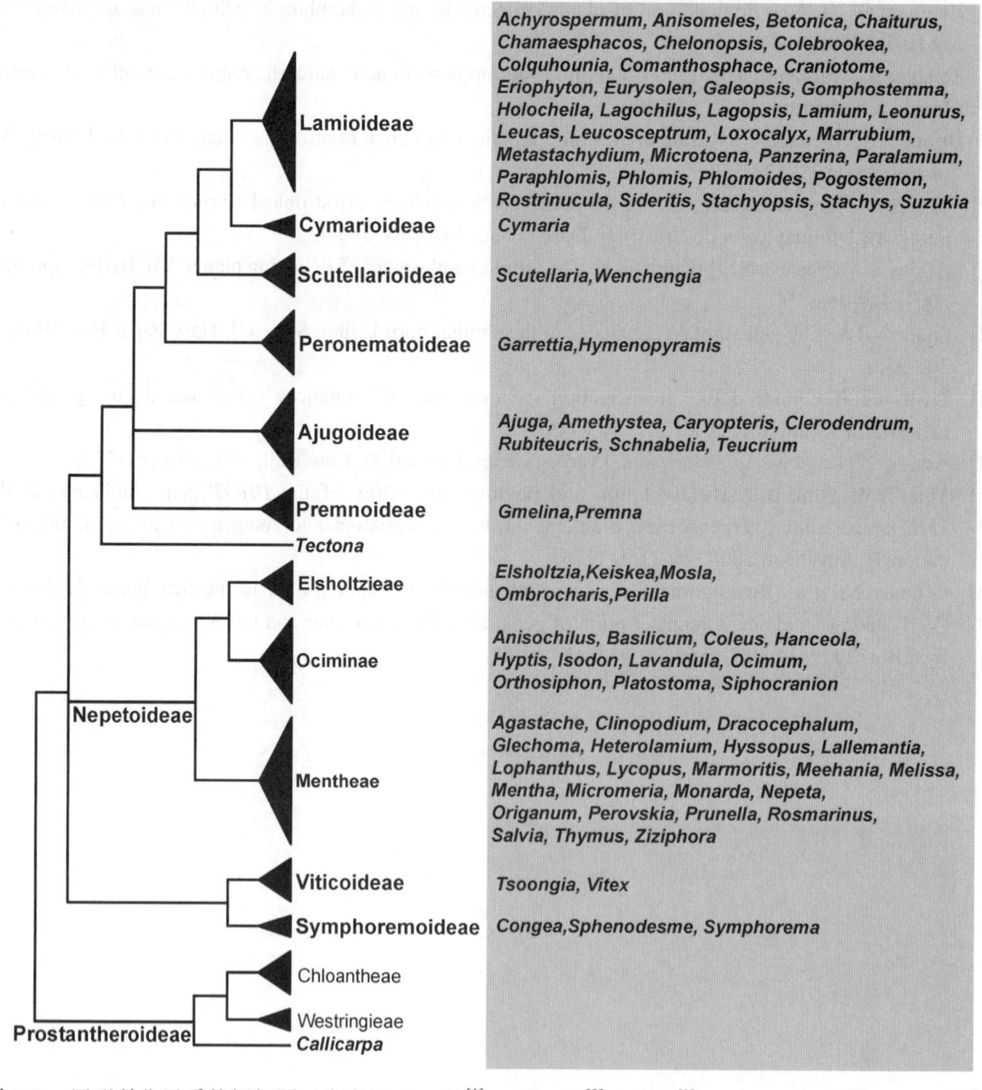

图 204　唇形科分子系统框架图（参考 Harley 等[1]；Chen 等[2]；Li 等[3]；Bendiksby 等[4]；Paton 等[5]；Drew 和 Sytsma[6]；Conn 等[7]；Wilson 等[8]）

分布概况：236 属/7173 种，世界广布，地中海及中亚尤盛；中国 96 属/970 种，南北均产，主产西南。

系统学评述：依据最新的分类系统，唇形科包括了六苞藤科 Symphoremataceae 及马鞭草科 Verbenaceae 的部分属[1]，这也得到了分子系统学研究的支持[9-11]。该分类系统将唇形科分为 7 亚科，即六苞藤亚科 Symphorematoideae、牡荆亚科 Viticoideae、筋骨草亚科 Ajugoideae、Prostantheroideae 亚科（该亚科中国不产）、黄芩亚科 Scutellarioideae、野芝麻亚科 Lamioideae 和荆芥亚科 Nepetoideae。另外有 10 属，即柚木属 *Tectona*、紫珠属 *Callicarpa*、膜萼藤属 *Hymenopyramis*、辣莸属 *Garrettia*、歧伞花属 *Cymaria*、全唇花属 *Holocheila*、喜雨草属 *Ombrocharis*、*Petraeovitex*、*Peronema* 和 *Acrymia* 的系统位置不确定。基于 *ndh*F 和 ITS 序列的分子系统学研究表明，*Petraeovitex*、*Peronema* 和膜萼藤属构成单系分支，得到了较高的支持率，该分支与豆腐柴属+石梓属分支互为姐妹群[11]；而全唇花属是野芝麻亚科刺蕊草族 Pogostemoneae 的成员[2]。基于叶绿体 DNA 序列的分子系统学研究表明，唇形科可分为 9 个分支，除上述 7 亚科外，还包括了 *Cymaria-Acrymia* 分支（该分支构成野芝麻亚科的姐妹群）和 *Hymenopyramis-Petraeovitex-Peronema* 分支（该分支构成野芝麻亚科-*Cymaria-Acrymia* 分支-黄芩亚科的姐妹群）[2,3]。这 2 个分支是否应独立为亚科，仍需增加核基因序列来进一步研究。

分属检索表

1. 花柱顶生或近顶生；极少数花柱着生于子房基部，花萼上下唇圆形，全缘
  2. 藤本；聚伞花序头状，花 3-9，外包有花瓣状总苞片；子房为不完全 2 室，胚珠悬生
    3. 总苞片 3-4；雄蕊 4……**20. 绒苞藤属 *Congea***
    3. 总苞片 5-6；雄蕊 5 枚以上
      4. 花冠辐射对称，6-16（18）裂；雄蕊 6-16；花萼裂片不再分裂，亦无附齿……**89. 六苞藤属 *Symphorema***
      4. 花冠辐射对称或稍两侧对称，5-6 裂；雄蕊 5 或 6-7；花萼裂片常再分裂或有附齿……**85. 楔翅藤属 *Sphenodesme***
  2. 乔木、灌木或草本，极稀藤本；花组成各式花序；子房 2-4 室，胚珠倒生或半倒生
    5. 花萼二唇形，上下唇全缘，或花萼 5 浅裂，裂片圆形；花冠两侧对称，二唇形；果为 4 小坚果，小坚果具瘤或各种毛
      6. 花萼上唇 2 裂，下唇 3 裂；小坚果着生于具细长柄的花托上；叶互生……**95. 保亭花属 *Wenchengia***
      6. 花萼上下唇不裂；小坚果着生于无柄的花托上，也对生或轮生……**82. 黄芩属 *Scutellaria***
    5. 花萼辐射对称至二唇形；花冠辐射对称至二唇形；果为 4 小坚果或核果，如为分裂的小坚果，则小坚果表面光滑或有网纹，但绝不具瘤或毛被
      7. 花冠近于辐射对称至单唇或假单唇，稀二唇形；花粉粒表面常具棘状或疣状凸起
        8. 能育雄蕊 2，后对雄蕊退化成假雄蕊……**4. 水棘针属 *Amethystea***
        8. 能育雄蕊 4-5
          9. 果实为核果
            10. 花芽先端显著膨大；雄蕊数少于花冠裂片数；叶被单毛……**14. 大青属 *Clerodendrum***
            10. 花芽先端不膨大；雄蕊与花冠裂片同数；叶被分枝毛或星状毛，稀全为单毛
              11. 聚伞花序腋生；花萼在果期不伸长，果实外露……**9. 紫珠属 *Callicarpa***

11. 大型圆锥花序顶生；花萼在果期显著伸长，包被果实……**90. 柚木属 *Tectona***

9. 果实为干燥开裂的蒴果

12. 果期花冠宿存……**3. 筋骨草属 *Ajuga***

12. 果期花冠凋落

13. 花萼膜质透明，果期显著增大；花冠 4 裂……**35. 膜萼藤属 *Hymenopyramis***

13. 花萼果期稍微膨大；花冠 5 裂

14. 花冠单唇形……**91. 香科科属 *Teucrium***

14. 花冠二唇形

15. 茎的棱角有时具翅；单叶，稀 3 裂，早落……**81. 四棱草属 *Schnabelia***

15. 茎的棱角上不具翅；单叶，3 深裂或为 3 出复叶，叶不早落

16. 小坚果倒卵形……**79. 掌叶石蚕属 *Rubiteucris***

16. 小坚果球形

17. 单叶或分裂成 3 小叶；花萼顶端无齿或有微齿；雄蕊稍短于或略长于花冠……**28. 辣莸属 *Garrettia***

17. 叶全缘或有齿，不深裂成小叶；花萼通常深 5 裂，雄蕊显著伸出花冠外……**10. 莸属 *Caryopteris***

7. 花冠不明显二唇形至二唇形；花粉粒表面不具棘状或疣状凸起和刺

18. 花萼和花冠均 4 裂

19. 花序腋生……**93. 假紫珠属 *Tsoongia***

19. 花序顶生……**75. 豆腐柴属 *Premna***

18. 花萼和花冠均 5 裂

20. 花冠管阔漏斗形，在喉部极膨大；柱头不等 2 裂；核果，中果皮肉质化明显……**30. 石梓属 *Gmelina***

20. 花冠管狭漏斗形或圆柱形；柱头相等 2 裂；核果，中果皮肉质化……**94. 牡荆属 *Vitex***

1. 花柱着生于子房基部

21. 花粉粒为 6 沟型；植物体常具有浓烈的香味，含挥发性的萜类化合物和迷迭香酸

22. 雄蕊下倾，平卧于花冠下唇之上或包于其内

23. 轮伞花序通常在枝顶聚集成顶生的穗状花序；花萼上唇常具附属物；雄蕊内藏；花盘裂片与子房裂片对生……**44. 薰衣草属 *Lavandula***

23. 聚伞圆锥花序；花萼上裂片通常较其他裂片大，或在花萼筒上下延；雄蕊伸出花冠；花冠裂片与子房裂片互生

24. 花萼具 5 齿或二唇形

25. 冠檐具极短的 5 浅裂片，上唇 4 裂，裂片近相等或中央 2 裂片稍小，下唇略大，全缘……**84. 筒冠花属 *Siphocranion***

25. 冠檐偏向二唇形，上唇 2 裂，裂片短而圆形，下唇 3 裂，中裂片较长……**32. 四轮香属 *Hanceola***

24. 花萼多为 4/1 式，稀 3/2 式二唇，极稀 5 齿相等，如属后一种情况，则花冠显著二唇且为 4/1 式

26. 花冠下唇袋形而短，急向外折，基部狭；花萼 5 齿近相等……**36. 山香属 *Hyptis***

26. 花冠下唇舟形或扁平或微内凹

27. 花冠下唇内凹，匙形或舟形，基部狭；花萼变化颇大

28. 雄蕊花丝在基部连合成筒形的鞘……**17. 鞘蕊花属 *Coleus***

28. 雄蕊花丝分离

29\. 叶常带肉质；轮伞花序密集排列成穗状花序；后齿大，其余 4 齿小或不明显……**5. 排草香属 *Anisochilus***

29\. 叶不为肉质；聚伞花序排列成多少疏离的总状、狭圆锥状或开展圆锥状花序；萼齿 5，近等大或呈 3/2 式二唇形……**38. 香茶菜属 *Isodon***

27\. 花冠下裂片扁平或稍内凹，基部不狭；花萼全为二唇形

30\. 果萼下唇全缘，向内弯……**73. 龙船草属 *Platostoma***

30\. 果萼下唇 2 齿，分离或连合生

31\. 花萼上唇边缘不下延至萼筒上……**7. 小冠薰属 *Basilicum***

31\. 花萼上唇边缘多少下延于萼筒上

32\. 花萼上唇倒卵形或圆形，侧齿短，前齿渐尖，下唇的齿有时高度合生……**62. 罗勒属 *Ocimum***

32\. 花萼上唇卵形或扁圆形，膜质，下唇各齿多半分离……**65. 鸡脚参属 *Orthosiphon***

22\. 雄蕊上升或平展而直伸向前

33\. 花萼通常 10 脉，花冠微二唇形，花盘不对称，花盘前方呈指状膨大；小坚果球形

34\. 一年生草本；种子具网状或蜂窝状纹饰

35\. 能育雄蕊 4……**69. 紫苏属 *Perilla***

35\. 能育雄蕊 2，前对雄蕊退化……**60. 石荠苎属 *Mosla***

34\. 多年生草本至小灌木；种子光滑或疣状凸起，绝不具网状或蜂窝状纹饰

36\. 轮伞花序组成穗状或球状花序……**24. 香薷属 *Elsholtzia***

36\. 轮伞花序排成总状花序

37\. 轮伞花序 1-3 花；雄蕊内藏……**63. 喜雨草属 *Ombrocharis***

37\. 轮伞花序 2 花；雄蕊伸出，稀内藏……**39. 香简草属 *Keiskea***

33\. 花萼通常 11-15 脉，花冠显著二唇形，花盘常对称，如花盘前方呈指状膨大，则花冠显著二唇形；小坚果形态多变，常卵形

38\. 能育雄蕊 2，退化雄蕊存在或不存在

39\. 后对雄蕊能育……**61. 荆芥属 *Nepeta***

39\. 前对雄蕊能育

40\. 雄蕊不沿着花冠上唇上升

41\. 多年生沼泽或湿地草本；多花组成密集的轮伞花序，无梗，生于叶腋……**50. 地笋属 *Lycopus***

41\. 半灌木；花排列成轮伞花序，轮伞花序再组成圆锥花序……**70. 分药花属 *Perovskia***

40\. 雄蕊向着花冠上唇上升

42\. 药隔将药室分隔成前后，药室仅一室可育

43\. 药隔短，与花丝界限不明显，花药 2 室或仅有 1 室发育，若为后一种情况则第二室有时退化成附属物……**96. 新塔花属 *Ziziphora***

43\. 药隔显著延长且被分隔为前后两药室，前药室可育，后药室不育或退化

44\. 轮伞花序少花，组成腋生的总状花序；花冠下唇中裂片强烈下凹，雄蕊和花柱伸出花冠很多……**77. 迷迭香属 *Rosmarinus***

44\. 类聚伞圆锥花序顶生；花不具上述形态……**80. 鼠尾草属 *Salvia***

42\. 药隔不将药室分隔为前后两药室，两药室均可育

45\. 轮伞花序密集多花，在枝顶成单个头状花序，或多个远离；具彩色

苞片……………………………………………………**59. 美国薄荷属 *Monarda***

45. 轮伞花序，生于主茎及分枝的上部叶腋中，聚集成紧缩圆锥花序或多头圆锥花序，或彼此远隔而分离；不具彩色总苞……………………………………………………**15. 风轮菜属 *Clinopodium***

38. 能育雄蕊 4

46. 后对雄蕊长于前对雄蕊

47. 药室通常呈水平叉开

48. 花萼裂片间无附属物，小苞片边缘具芒状……………**61. 荆芥属 *Nepeta***

48. 花萼裂片间有附属物，小苞片全缘或具钝齿，稀具芒状齿

49. 花梗常扁平，花冠上唇内面具 2 纵向的褶襞……………………………………………………**42. 扁柄草属 *Lallemantia***

49. 花梗非扁平，花冠上唇内面光滑…………**23. 青兰属 *Dracocephalum***

47. 药室平行或呈直角叉开

50. 叶在茎上部密集，下部几无叶；花生于上部叶腋……………………………………………………**51. 扭连钱属 *Marmoritis***

50. 叶着生于茎的所有部分；花生于中部或上部叶腋，或形成顶生花序

51. 药室呈直角叉开，植株具匍匐茎，花冠长 1-2.5cm……………………………………………………**29. 活血丹属 *Glechoma***

51. 药室平行，植株不具匍匐茎，如果具匍匐茎，则花冠长 3-5cm

52. 茎匍匐，花冠管在喉部骤然膨大，花药表面具乳突……………………………………………………**53. 龙头草属 *Meehania***

52. 茎直立，花冠管从基部逐渐膨大，花药表面不具乳突

53. 花冠扭转 90°-180°，萼筒里面具毛环；小坚果表面光滑……………………………………………………**48. 扭藿香属 *Lophanthus***

53. 花冠不扭转，萼筒内面光滑；小坚果顶部被毛……………………………………………………**2. 藿香属 *Agastache***

46. 后对雄蕊短于前对雄蕊，或与前对雄蕊等长

54. 花丝尤其是后对先端 2 齿，下齿具花药，上齿超出花药或不明显呈瘤状……………………………………………………**76. 夏枯草属 *Prunella***

54. 花丝顶端全缘，无附属物

55. 花冠筒在中部向上弯曲并膨大……………………**54. 蜜蜂花属 *Melissa***

55. 花冠筒直立或稍微弯曲

56. 花无梗，多花密集组成圆形或长圆形的小穗状花序，穗状花序复组成伞房状圆锥花序；有覆瓦状排列的苞片……**64. 牛至属 *Origanum***

56. 花具明显花梗，花序特征不同上述

57. 花萼显著二唇形

58. 花萼筒常强烈弯曲，基部常一边膨胀……………………………………………………**15. 风轮菜属 *Clinopodium***

58. 花萼筒直伸或微弯，基部不膨大

59. 花萼 15 脉，上唇中裂片宽大，基部下延；花冠上唇 2 裂；雄蕊远伸出花冠……**33. 异野芝麻属 *Heterolamium***

59. 花萼 10-13 脉，上唇在基部不下延；花冠上唇 2 裂或微凹；雄蕊不伸出或稍伸出花冠

60. 草本；花冠近相等 4 裂…………**55. 薄荷属 *Mentha***

60. 矮小半灌木；冠檐二唇形，上唇直伸，微凹，下唇3裂……………………………………**92. 百里香属 *Thymus***

57. 花萼近辐射对称或不明显二唇形

61. 花萼管状，13脉，偶有近15脉，齿尖无附属物；雄蕊内藏……………………………………………………**57. 姜味草属 *Micromeria***

61. 花萼钟形，明显15脉，齿尖具小瘤状凸起；雄蕊大多伸出……………………………………………………**37. 神香草属 *Hyssopus***

21. 花粉粒为3沟型；植物体稀具香味，体内很少含萜类化合物和迷迭香酸，但含有丰富的环烯醚萜苷类化合物

62. 花冠微二唇形，上唇3裂，下唇全缘；雄蕊外伸，花丝中部被髯毛……………………………………………………………………………………………………**74. 刺蕊草属 *Pogostemon***

62. 花冠二唇形，上唇1-2裂，下唇3裂；雄蕊外伸或内藏，花丝无髯毛

63. 植物体有分枝毛

64. 小坚果先端具外弯的喙……………………………………………………**78. 钩子木属 *Rostrinucula***

64. 小坚果先端不具外弯的喙

65. 小坚果先端具膜质的翅…………………………………………**18. 火把花属 *Colquhounia***

65. 小坚果先端不具翅

66. 花药横列；雄蕊伸出花冠很多

67. 花冠管内具毛环……………………………………**19. 绵穗苏属 *Comanthosphace***

67. 花冠管内不具毛环……………………………………**47. 米团花属 *Leucosceptrum***

66. 花药非横列；雄蕊不伸出或微伸出花冠

68. 雄蕊不伸出花冠筒；花冠上唇扁平或稍弯曲

69. 轮伞花序组成穗状花序；花萼5齿；叶箭形，基部深心形……………………………………………………………**56. 箭叶水苏属 *Metastachydium***

69. 轮伞花序腋生；花萼5-10齿；叶圆形或卵圆形……………………………………………………………………**52. 欧夏至草属 *Marrubium***

68. 雄蕊伸出花冠筒喉部；花冠上唇盔状

70. 小坚果近肉质，先端圆形；花冠上唇较短，微作盔状……………………………………………………………… **31. 锥花属 *Gomphostemma***

70. 小坚果干燥，先端截形或圆形；花冠上唇延长，直伸或盔状

71. 花柱先端两裂片近相等；叶不分裂……………**87. 水苏属 *Stachys***

71. 花柱先端两裂片极不相等，稀相等；叶羽状全裂或不裂

72. 草本，具木质根状茎或块茎；花冠上唇弓形，常具流苏状缺刻的小齿……………………………**72. 草糙苏属 *Phlomoides***

72. 常为灌木或半灌木，稀草本，不具根状茎或块茎；花冠上唇镰形，不具流苏状缺刻的小齿…………**71. 糙苏属 *Phlomis***

63. 植物体不具分枝毛

73. 小坚果在先端具翅或密被鳞片

74. 小坚果顶端及腹面极密被小鳞片……………………………**1. 鳞果草属 *Achyrospermum***

74. 小坚果具翅，但不具鳞片

75. 聚伞花序松散，有梗；花冠长超过2cm……………**13. 铃子香属 *Chelonopsis***

75. 聚伞花序紧密，无梗或近无梗；花冠长度各异

76. 叶缘具刺……………………………………………**12. 矮刺苏属 *Chamaesphacos***

76. 叶缘不具刺…………………………………………**18. 火把花属 *Colquhounia***

73. 小坚果在先端不具翅或鳞片
77. 花冠上唇边缘被长柔毛……………………………………………**46. 绣球防风属 *Leucas***
77. 花冠上唇边缘不具长柔毛
78. 叶近掌状分裂；雄蕊内藏于花冠管，或伸出少许
79. 小苞片常具刺；无花的叶腋内生有刺状苞片；花冠上唇长而狭；2 裂…………………………………………………………**40. 兔唇花属 *Lagochilus***
79. 小苞片有刺或无；无花的叶腋内无刺状苞片；花冠上唇短；全缘或 2 浅裂
80. 花冠管内有毛环，稀无；小坚果顶端截形 ··**45. 益母草属 *Leonurus***
80. 花环管内无毛环；小坚果顶端圆形
81. 花冠管伸出花萼……………………………**66. 脓疮草属 *Panzerina***
81. 花冠管内藏于花萼…………………………**41. 夏至草属 *Lagopsis***
78. 叶具齿，全缘，稀羽状分裂
82. 一年生或二年生草本
83. 花冠下唇基部有 2 凸起…………………………**27. 鼬瓣花属 *Galeopsis***
83. 花冠下唇无凸起
84. 雄蕊内藏于花冠管中………………………**83. 毒马草属 *Sideritis***
84. 雄蕊伸出花冠管喉部
85. 聚伞花序具明显的梗………………**58. 冠唇花属 *Microtoena***
85. 聚伞花序无梗或近无梗
86. 叶菱形或圆形，花萼常被绵毛…**25. 绵参属 *Eriophyton***
86. 叶卵形、圆形至披针形，花萼不具绵毛
87. 雄蕊被毛；冠筒在毛环上渐扩展，在喉部几鼓胀…………………………………**43. 野芝麻属 *Lamium***
87. 雄蕊无毛；冠筒稍扩展，喉部不鼓胀
88. 花长 5-7mm，稍长过萼齿；小坚果顶端具微柔毛……………**11. 鬃尾草属 *Chaiturus***
88. 花长过 1（通常 1.5-2）cm，超过萼齿许多；小坚果无毛…………**86. 假水苏属 *Stachyopsis***
82. 多年生草本，灌木或亚灌木
89. 灌木；小坚果贴生于花萼……………………**16. 羽萼木属 *Colebrookea***
89. 灌木或草本；小坚果不与花萼贴生
90. 花萼 5 齿，后一齿最大
91. 花冠上唇直伸，长圆形，稍内凹，下唇开张，3 裂……………………………………………**67. 假野芝麻属 *Paralamium***
91. 花冠上唇全缘，极短，下唇大，匙形内凹……………………………………………**34. 全唇花属 *Holocheila***
90. 花萼的排列方式不为上述情形
92. 花萼二唇形，下唇较长；植物具根状茎……………………………………………**49. 斜萼草属 *Loxocalyx***
92. 花萼 5 齿，齿近相等；植物具根状茎或无
93. 聚伞花序二歧状，或有时再分歧为蝎尾状……………………………………………**22. 歧伞花属 *Cymaria***
93. 聚伞花序组成其他花序

94. 聚伞花序少花，组成间断的总状花序……………………………………………………………**88. 台钱草属 *Suzukia***
94. 聚伞花序多花，组成聚伞圆锥花序
　95. 花序松散，聚伞花序具明显的梗………………………………………………**21. 簇序草属 *Craniotome***
　95. 花序紧密，聚伞花序花梗短或无
　　96. 花冠筒前面中部囊状膨大……………………………………………**26. 宽管花属 *Eurysolen***
　　96. 花冠筒非囊状膨大
　　　97. 后对雄蕊较前对长，花丝有毛………………………………**6. 广防风属 *Anisomeles***
　　　97. 后对雄蕊比前对雄蕊短，花丝无毛
　　　　98. 轮伞花序多花，多数密集成顶生穗状花序………**8. 药水苏属 *Betonica***
　　　　98. 轮伞花序多花至少花，组成紧缩聚伞花序…**68. 假糙苏属 *Paraphlomis***

1. *Achyrospermum* Blume 鳞果草属

Achyrospermum Blume (1826: 840); Li & Hedge (1994: 187) (Type: *non designatus*)

特征描述：草本，不分枝，基部常匍匐。叶宽大，具齿缺。苞叶常退化成卵圆形苞片，与萼等长或略短；轮伞花序 6 花，密集成腋生或穗状花序；花萼管状钟形，果时膨大，10-15 脉，5 齿等大或略呈二唇形；花冠筒直立或下弯，在上部稍扩大，冠檐二唇形，上唇短而直伸，先端微缺或 2 裂，下唇开展，3 裂，裂片圆形，中裂片较大；雄蕊 4，前对稍长。小坚果倒卵珠形或长圆状倒卵圆形，顶端及腹面极密被小鳞片及糠秕状毛。花粉粒 3 沟。染色体 2*n*=28，84，88。

分布概况：约 25/2 种，**6 型**；星散分布于亚洲及非洲的热带；中国产海南、西藏东南部。

系统学评述：分子系统学研究表明鳞果草属为单系类群，隶属于野芝麻亚科刺蕊草族，与宽管花属 *Eurysolen*、钩子木属 *Rostrinucula*、绵穗苏属 *Comanthosphace* 等形成姐妹群[4,12]。

代表种及其用途：鳞果草 *A. wallichianum* (Bentham) Bentham 特产西藏墨脱。

2. *Agastache* John Clayton ex Gronovius 藿香属

Agastache John Clayton ex Gronovius (1762: 88); Li & Hedge (1994: 106) [Neotype: *A. scrophulariifolia* (Willdenow) Kuntze (≡*Hyssopus scrophulariifolius* Willdenow)]

特征描述：多年生高大草本。花两性；轮伞花序多花，聚集成顶生穗状花序；花萼管状倒圆锥形，直立，喉部偏斜，15 脉，冠筒内无毛环；花冠筒直，微超出花萼或与之相等，冠檐二唇形，上唇直伸，2 裂，下唇开展，3 裂，中裂片宽大；雄蕊 4，均能育，比花冠长许多，后对雄蕊较长且下倾，前对雄蕊上升，药室初彼此几平行，后来多少叉开；花柱先端短2裂，具相等的裂片；花盘平顶，具不太明显的裂片。小坚果光滑，顶部被毛。花粉粒3沟。染色体 $2n=18$。

分布概况：22/1种，**6型**；东亚-北美间断分布；中国南北均产且多栽培。

系统学评述：分子系统学研究表明，藿香属为单系类群，隶属于荆芥亚科薄荷族Mentheae，与青兰属 *Dracocephalum*、裂叶荆芥属 *Schizonepeta* 等关系紧密，但其系统位置有待于深入研究[6]。

DNA条形码研究：BOLD网站有该属8种22个条形码数据；GBOWS网站已有1种18个条形码数据。

代表种及其用途：藿香 *A. rugosa* (Fischer & C. A. Meyer) Kuntze 在中国广泛栽培，全草入药，果可作香料，叶及茎为芳香油原料。

3. *Ajuga* Linnaeus 筋骨草属

Ajuga Linnaeus (1753: 561); Li & Hedge (1994: 63) (Lectotype: *A. pyramidalis* Linnaeus)

特征描述：单叶对生。轮伞花序2至多花，组成间断或密集的穗状花序；花萼常为钟状或漏斗状，10脉，5副脉偶不明显，萼齿5，近等大；花冠上唇不明显或近无，直立，下唇宽大，3裂，中裂片通常倒心形或近扇形，侧裂片通常为长圆形；雄蕊4，前对较长，花药2室，后横裂并贯通为1室；花柱细长，生于子房底部，先端近相等2浅裂；花盘环状，裂片不明显；子房4裂，无毛或被毛。小坚果通常为倒卵状三棱形，背部具网纹，侧腹面具宽大果脐，占腹面1/2或2/3，有1油质体。花粉粒3沟。染色体 $2n=16$，24，28，30，32（居多），62，64，86。

分布概况：40-50/18（9）种，**10型**；分布于旧世界温带，产欧亚大陆，尤以远东地区为盛；中国南北均产，以西南较多。

系统学评述：长期以来，筋骨草属被认为是唇形科较为基部的类群之一，但随着马鞭草科的部分属转移至唇形科，其系统位置也略微发生了变化。分子系统学研究表明该属为单系类群，隶属于筋骨草亚科，与莸属 *Caryopteris* 等关系紧密[6]。

DNA条形码研究：BOLD网站有该属12种57个条形码数据；GBOWS网站已有8种49个条形码数据。

代表种及其用途：该属药用植物较多，如痢止蒿 *A. forrestii* Diels、散瘀草 *A. pantantha* Handel-Mazzetti 等。

4. *Amethystea* Linnaeus 水棘针属

Amethystea Linnaeus (1753: 21); Li & Hedge (1994: 55) (Type: *A. coerulea* Linnaeus)

特征描述：一年生直立草本。叶常3深裂。聚伞花序松散，总梗长，组成圆锥花序；花小，两性；花萼钟形，10脉，其中5脉明显，萼齿5，齿近等大；花冠筒内藏或略长于萼，内面无毛环，冠檐上唇2裂，裂片与下唇裂片同形，下唇稍大，中裂片近圆形；

雄蕊 4，前对能育，花药 2 室，室叉开，纵裂，成熟后贯通为 1 室；花柱先端不相等 2 浅裂；花盘环状，具相等的浅裂片；子房 4 裂。小坚果倒卵状三棱形，背面具网状皱纹，腹面具棱，两侧平滑，合生面大，达果长 1/2 以上。花粉粒 3 沟。染色体 2*n*=20，26。

分布概况：1/1 种，**10 型**；分布于亚洲温带地区；中国南北均产。

系统学评述：分子系统学研究表明水棘针属与香科科属 *Teucrium*、莸属 *Caryotperis* 及 *Trichostemma* 关系紧密[13]。

DNA 条形码研究：BOLD 网站有该属 1 种 1 个条形码数据；GBOWS 网站已有 1 种 18 个条形码数据。

代表种及其用途：水棘针 *A. coerulea* Linnaeus 全草入药，在云南昭通代荆芥药用。

5. *Anisochilus* Wallich ex Bentham 排草香属

Anisochilus Wallich ex Bentham (1830: 18); Li & Hedge (1994: 268) (Type: *non designatus*)

特征描述：草本或半灌木。叶常带肉质。轮伞花序密覆瓦状排列成卵长圆形或圆筒形的穗状花序；花萼卵形，近直立，果时中部以下膨大，口部斜，后齿大，卵形或延长，全缘而下折，或内弯而将筒口封闭，其余 4 齿小或不明显；花冠筒细长，外露，在中部下弯，喉部扩大，冠檐二唇形，上唇短而钝，3-4 裂，下唇全缘，延长，内弯；雄蕊 4，前对较长；花盘具 4 裂片，前方 1 裂片长度超过子房。小坚果扁卵圆形，平滑，具腺点。花粉粒 6 沟。染色体 2*n*=28-34，52。

分布概况：15-20/2 种，**6 型**；分布于热带非洲，印度及印度尼西亚；中国产广东、广西及西南。

系统学评述：分子系统学研究表明排草香属为单系类群，隶属于荆芥亚科罗勒族 Ocimeae，与 *Plectranthus* 关系紧密[5]，但属下类群间的分子系统发育关系需进一步研究。

DNA 条形码研究：BOLD 网站有该属 2 种 2 个条形码数据；GBOWS 网站已有 1 种 3 个条形码数据。

代表种及其用途：栽培种排草香 *A. carnosus* (Linnaeus f.) Bentham 全株具芳香，根茎可入药，有治水肿之效。

6. *Anisomeles* R. Brown 广防风属

Anisomeles R. Brown (1810: 503); Li & Hedge (1994: 188) (Lectotype: *A. moschata* R. Brown). —— *Epimeredi* Adanson (1763: 192)

特征描述：直立粗壮草本。叶向上渐变小而呈苞片状。轮伞花序多花密集，在茎枝顶端排列成长穗状花序；苞片线形，细小；花萼钟形，10 脉不明显，上部横脉网结，5 齿相等，直伸；花冠筒内面有小疏柔毛毛环，冠檐上唇直伸，下唇平展，3 裂，中裂片较大，先端微缺或 2 裂；雄蕊 4，伸出，前对花药 2 室，后对药室退化成 1 室；花柱先端 2 浅裂；花盘平顶，具圆齿。小坚果近圆球形，黑色，具光泽。花粉粒 3 沟。染色体 2*n*=30，32，34，40。

分布概况：3/1 种，**5 型**；分布于热带亚洲，南亚及东南亚，澳大利亚东北部；中国产长江以南。

系统学评述：分子系统学研究表明广防风属为单系类群，隶属于野芝麻亚科刺蕊草族，与刺蕊草属 *Pogostemon* 形成姐妹群[4]。

DNA 条形码研究：BOLD 网站有该属 2 种 9 个条形码数据；GBOWS 网站已有 1 种 44 个条形码数据。

代表种及其用途：广防风 *A. indica* (Linnaeus) Kuntze 全草可入药，为民间常用草药，用途广泛。

7. *Basilicum* Moench 小冠薰属

Basilicum Moench (1802: 143); Li & Hedge (1994: 295) [Type: *B. polystachyon* (Linnaeus) Moench (≡*Ocimum polystachyon* Linnaeus)]

特征描述：一年生或多年生草本。轮伞花序 6-10 花，组成顶生总状或穗状花序；花萼卵珠状钟形或钟形，果时下倾，喉部略收缩，萼齿 5，后一齿或后 3 齿较大；花冠小，冠筒内藏或略伸出，冠檐二唇形，上唇 3 裂，中裂片稍大，下唇稍长，全缘；雄蕊 4，前对较长，下倾；花柱先端棍棒状头形，2 裂；花盘平顶或前方呈指状膨大。小坚果倒卵珠形，背腹压扁，光滑。花粉粒 6 沟。染色体 2*n*=28，30。

分布概况：6-7/1 种，**4 型**；分布于热带亚洲，南亚及东南亚，澳大利亚东北部；中国产长江以南。

系统学评述：分子系统学研究表明小冠薰属隶属于荆芥亚科罗勒族，与 *Platostoma hispidum* (Linnaeus) A. J. Paton 构成姐妹群[5]，由于系统学研究中仅涉及小冠薰属的 1 个种，因此该属是否为单系类群尚需增加取样来确定。

DNA 条形码研究：BOLD 网站有该属 1 种 1 个条形码数据；GBOWS 网站已有 1 种 4 个条形码数据。

代表种及其用途：小冠薰 *B. polystachyon* (Linnaeus) Moencho 全株具芳香气味。

8. *Betonica* Linnaeus 药水苏属

Betonica Linnaeus (1753: 573); Li & Hedge (1994: 177) (Lectotype: *B. officinalis* Linnaeus)

特征描述：多年生草本。叶宽卵圆形或披针形，基生叶及下部茎叶具长柄，基部深心形，苞叶近于无柄。轮伞花序多花密集成顶生穗状花序；小苞片与花萼等长或略长；花萼管状钟形，5 脉，5 齿等大，先端具硬刺尖；花冠筒圆柱形，内面无柔毛环，直伸或略下弯，冠檐二唇形，上唇内凹，全缘或微缺，下唇开张，3 裂，中裂片较大；雄蕊 4，前对较长，药室近平行；花柱先端近等 2 浅裂。小坚果顶端钝圆或几截平。花粉粒 3 沟。染色体 2*n*=16。

分布概况：约 15/1 种，**10 型**；分布于欧洲至亚洲西南部；中国引种栽培。

系统学评述：分子系统学研究表明药水苏属为单系类群，隶属于野芝麻亚科。该属曾被归并为水苏属 *Stahys*，分子系统学研究支持该属独立，但其在野芝麻亚科内的系统位置有待深入研究[4,12]。

DNA 条形码研究：BOLD 网站有该属 3 种 5 个条形码数据。

代表种及其用途：药水苏 *B. officinalis* Linnaeus 在中国各地均有栽培，具有行气消胀等功效。

9. *Callicarpa* Linnaeus 紫珠属

Callicarpa Linnaeus (1753: 111); Chen & Michael (1994: 4) (Type: *C. americana* Linnaeus)

特征描述：直立灌木，稀为乔木、藤本或攀援灌木。小枝被各式毛被。叶片边缘有锯齿，通常被毛和腺点，无托叶。聚伞花序腋生；苞片细小；花萼杯状或钟状，顶端 4 深裂至截头状，宿存；花冠紫色、红色或白色，顶端 4 裂；雄蕊 4，着生于花冠管的基部；子房上位，由 2 心皮组成；花柱通常长于雄蕊，柱头膨大。果实常为核果或浆果状，熟后形成 4 个分核，内有种子 1。种子小，长圆形，无胚乳。花粉粒 3 沟。染色体 $2n$=16，18，34，68。

分布概况：140/48（34）种，**2 型**；主要分布于热带，亚热带亚洲；中国主产长江以南，少数可延伸到华北至东北和西北的边缘。

系统学评述：基于分子系统学证据，Cantino[14]将紫珠属置于唇形科牡荆亚科，但最近分子证据表明牡荆亚科并非单系类群，因此将紫珠属置于唇形科中系统位置未定的属[1]。传统上，紫珠属被置于马鞭草科牡荆亚科。Briquet[15]依据花萼的形态将该属分为管萼组 *Callicarpa* sect. *Tubulosae* 和杯萼组 *C.* sect. *Cyachimorphae*。张宏达[16]对中国紫珠属进行修订时重新提出了 2 个组，即真紫珠组 *C.* sect. *Eucallicarpa* 和顶裂药组 *C.* sect. *Verticirima*，并将 Briquet 提出的 2 组处理成真紫珠组下的 2 个亚组。此外，紫珠属与 *Geunsia* 有最近的亲缘关系，但 *Geunsia* 独立成属，还是并入紫珠属一直存在争议，虽然分子系统学研究表明 *Geunsia* 应归并到紫珠属中，但却不支持张宏达[16]提出的属下分类系统[11]。

DNA 条形码研究：BOLD 网站有该属 32 种 86 个条形码数据；GBOWS 网站已有 7 种 101 个条形码数据。

代表种及其用途：紫珠 *C. bodinieri* H. Léveillé 的根或全株入药，能通经和血；麻油外用，治缠蛇丹毒。

10. *Caryopteris* Bunge 莸属

Caryopteris Bunge (1835: 27); Li & Hedge (1994: 43); Cantino et al. (1998: 369) (Type: *C. mongholica* Bunge)

特征描述：草本或半灌木。聚伞花序腋生或顶生，再排列成伞房状或圆锥状；萼宿存，钟状，多 5 裂，裂片三角形或披针形；花冠 5 裂，4/1 式二唇形，上唇 4 裂片近等大，下唇 1 裂片较大，边缘呈流苏状撕裂；雄蕊 4，伸出于花冠管外，花丝着生于冠筒喉部，子房不完全 4 室，每室具 1 胚珠，胚珠下垂或倒生。蒴果常为球形，成熟后分裂为 4 个多少具翼的果瓣。瓣缘锐尖或内弯，腹面内凹成穴而包裹种子。花粉粒 3 沟。染色体 $2n$=26，40，52。

分布概况：7/7（5）种，**14 型**；分布于东亚；中国主产西南，西北和华中也有。

系统学评述：分子系统学研究表明目前界定的莸属为单系类群，隶属于筋骨草亚科，与分布于北美的 *Trichostema* 互为姐妹群[13]。基于分子系统学的初步研究，广义的莸属为多系类群，其种类现已被分别置于狭义莸属 *Caryopteris s.s.*（7 种）、*Discretitheca*、*Pseudocaryopteris*、掌叶石蚕属 *Rubiteucris*、四棱草属 *Schnabelia* 和 *Tripora* 等 6 属中[17,18]，部分属也得到了形态学证据的支持[19,20]。

DNA 条形码研究：BOLD 网站有该属 4 种 6 个条形码数据；GBOWS 网站已有 7 种 55 个条形码数据。

代表种及其用途：灰毛莸 *C. forrestii* Diels 的叶、花可提取芳香油。

11. *Chaiturus* Willdenow 鬃尾草属

Chaiturus Willdenow (1787: 200); Li & Hedge (1994: 160) [Type: *C. leonuroides* Willdenow, *nom. illeg.* (≡*Leonurus marrubiastrum* Linnaeus)]

特征描述：草本，全株灰绿色。叶卵形、圆形至披针形。腋生轮伞花序多花密集成圆球形；小苞片刺状；花萼管状，10 脉，果时显著，5 齿等大，先端刺尖；花冠小，不伸出于萼筒，外被极细微柔毛，冠檐上下唇近等大，上唇直伸，卵圆形，下唇 3 裂，中裂片较大，倒卵形，侧裂片卵圆形；雄蕊 4，近等长，不伸出于冠筒，药室 2，叉开；花柱丝状，先端不等 2 浅裂。小坚果椭圆状三棱形。染色体 2*n*=24。

分布概况：1/1 种，**10 型**；分布于中欧，西伯利亚西南部；中国产新疆。

系统学评述：分子系统学研究表明鬃尾草属隶属于野芝麻亚科益母草族，与斜萼草属 *Loxocalyx*、益母草属 *Leonurus*、兔唇花属 *Lagochilus* 等关系较近[4,12]。

代表种及其用途：鬃尾草 *C. marrubiastrum* (Linnaeus) Spenner 喜生于草原地区的牧场、河岸、沟边及路旁开阔的地方。

12. *Chamaesphacos* Schrenk ex Friedrich & C. A. Meyer 矮刺苏属

Chamaesphacos Schrenk ex Friedrich & C. A. Meyer (1841: 27); Li & Hedge (1994: 194) (Type: *C. ilicifolius* Schrenk ex Friedrich & C. A. Meyer)

特征描述：矮小草本。叶边缘具渐尖、钻形的齿，齿延伸为刺尖状。轮伞花序 2-6 花；向上渐密集；苞片钻形，极短。花萼管状钟形，10-11 脉，果时增大，5 齿稍呈二唇形，上唇 3 齿稍长；花冠紫色，冠筒纤细，远伸出于萼筒，冠檐短，上唇直伸，较下唇长，先端微缺或全缘，下唇开展，3 裂片近等大；雄蕊 4，前对稍长，沿着上唇上升，花丝插生于花冠喉部，均比上唇短，花药 2 室，室极叉开；花柱先端近等 2 浅裂。小坚果长圆形，黑色，有时具鳞片状小斑点，在顶端及两侧边缘有膜质的狭翅。

分布概况：1/1 种，**13 型**；分布于中亚，伊朗至哈萨克斯坦；中国产新疆。

系统学评述：矮刺苏属隶属于野芝麻亚科水苏族，与 *Thuspeinanta* 形成姐妹群[4,12]。

DNA 条形码研究：GBOWS 网站有该属 1 种 3 个条形码数据。

代表种及其用途：矮刺苏 *C. ilicifolius* Schrenk ex Friedrich & C. A. Meyer 喜生于砂地等干旱环境。

13. *Chelonopsis* Miquel 铃子香属

Chelonopsis Miquel (1865: 111); Li & Hedge (1994: 135); Xiang et al. (2013: 384) (Type: *C. moschata* Miquel).——*Bostrychanthera* Bentham (1876: 1170)

特征描述：草本或灌木。叶边卵圆形至披针形，边缘具锯齿。轮伞花序 2-10 花，花大，长 2cm 以上，颜色艳丽；花萼膜质，钟形，花后明显增大，5 齿三角形，等大或为二唇形；花冠筒长伸出，内面无毛环，冠檐二唇形，上唇短小，全缘或微凹，下唇较长，3 裂，中裂片最大；雄蕊 4，前对较长，花丝扁平，具微柔毛，花药成对靠近，2 室，明显叉开，花药上具髯毛；花柱先端 2 等浅裂。小坚果扁平，顶端具斜向伸长的翅。花粉粒 3 沟。染色体 $2n$=32。

分布概况：16/13（10）种，**14 型**；分布于亚洲温带地区；中国主产西南干热河谷地区。

系统学评述：分子系统学研究表明铃子香属为单系类群，隶属于野芝麻亚科锥花族[21]。该属因其花较大，曾被置于 Melittinae。基于叶绿体分子序列的系统学研究显示，该属与锥花属 *Gomphostemma*、毛药花属 *Bostrychanthera* 形成单系类群，并据此建立了 1 个新族，即锥花族 Gomphostemmateae[12,22]。分子系统学研究表明，毛药花属应并入铃子香属，并与锥花属互为姐妹群[21]。

DNA 条形码研究：GBOWS 网站有该属 4 种 21 个条形码数据。

代表种及其用途：该属植物花大而艳丽，可作为观赏资源植物开发。

14. *Clerodendrum* Linnaeus 大青属

Clerodendrum Linnaeus (1753: 637); Chen & Michael (1994: 34) (Type: *C. infortunatum* Linnaeus)

特征描述：灌木或小乔木，少为攀援状藤本或草本。单叶对生。聚伞花序或由聚伞花序组成伞房状或圆锥状花序；苞片宿存或早落；花萼有色泽，顶端近平截或有 5 钝齿至 5 深裂，宿存，全部或部分包被果实；花冠高脚杯状或漏斗状，顶端 5 裂，裂片近等长或有 2 片较短；雄蕊通常 4，着生于花冠管上部；子房 4 室；花柱线形，柱头 2 浅裂。浆果状核果，外面常有 4 浅槽或成熟后分裂为 4 分核。种子长圆形，无胚乳。花粉粒 3 沟。染色体 $2n$=22-108（48，52 最为普遍）。

分布概况：约 400/34（13）种，**2 型**；主要分布于热带和亚热带，少数分布于温带，主产东半球；中国产西南、华南。

系统学评述：大青属隶属于唇形科筋骨草亚科，但该属是否为单系类群存在争论。Steane 等[10,23]认为该属为多系类群，为了使其成单系类群，Steane 和 Mabberley[24]把 *Clerodendrum* subgen. *Clerodendrum* sect. *Konocalyx* 和 *C.* subgen. *Cyclonema* 的种类移至 *Rotheca*，但随后的研究结果表明该处理后的大青属依然不是单系类群[10]，*Huxleya* 应归并到大青属的新世界分支中。因此，大青属的界定及该属与 *Tetraclea*、*Aegiphila*、*Amasonia* 和 *Kalaharia* 的系统关系尚需研究。

DNA 条形码研究：BOLD 网站有该属 21 种 55 个条形码数据；GBOWS 网站已有 9

种 90 个条形码数据。

代表种及其用途：很多种类具药用价值，如臭牡丹 *C. bungei* Steud 有祛风解毒、消肿止痛之效；三对节 *C. serratum* (Linnaeus) Moon 用于防治疟疾、痢疾、接骨等。

15. *Clinopodium* Linnaeus 风轮菜属

Clinopodium Linnaeus (1753: 587); Li & Hedge (1994: 228) (Lectotype: *C. vulgare* Linnaeus).——*Calamintha* Miller (1754: 274)

特征描述：多年生草本。轮伞花序稀生于主茎及分枝的上部叶腋中，聚集成紧缩圆锥花序或多头圆锥花序；花萼管状，13 脉，基部常一边膨胀，上唇 3 齿较短，下唇 2 齿较长，齿尖均为芒尖，齿缘均被睫毛；花冠筒超出花萼，外常被微柔毛，内面在下唇片下方喉部常具 2 列绒毛，冠檐上唇直伸，下唇 3 裂，中裂片较大，先端微缺或全缘，侧裂片全缘；雄蕊 4，有时后对退化，前对较长，延伸至上唇片下，花药 2 室，多少偏斜地着生于扩展的药隔上；花柱先端极不等 2 裂；花盘平顶；子房 4 裂。小坚果卵球形或近球形。花粉粒 6 沟。染色体 $2n$=16，18，20，22，24，48。

分布概况：约 100/11（5）种，**8 型**；分布于欧洲，中亚及亚东东部温带地区；中国南北均产。

系统学评述：目前界定的风轮菜属是个多系类群[25]，该属与薄荷族内其他类群如姜味草属 *Micromeria*、新塔花属 *Ziziphora*、*Acinos* 和毒马草属 *Sideritis* 等关系较复杂，需要深入的研究。

DNA 条形码研究：BOLD 网站有该属 61 种 136 个条形码数据；GBOWS 网站已有 6 种 73 个条形码数据。

代表种及其用途：多数种类可供药用，如风轮菜 *C. chinense* (Bentham) Kuntze 全草入药，具疏风清热、活血消肿等功效。

16. *Colebrookea* Smith 羽萼木属

Colebrookea Smith (1806: 111); Li & Hedge (1994: 228) (Type: *C. oppositifolia* Smith)

特征描述：灌木，几乎全株密被绵状绒毛。叶下面密被绒毛或绵状绒毛。圆锥花序顶生，由穗状分枝组成，具总梗；小苞片线形，基部多少连合而呈总苞状；花小，无梗，雌花及两性花异株；花萼钟形，等大，萼筒极短，萼齿 5，长锥形，羽毛状，果时延长成长刺状，与小坚果相连；花冠细小，雌花冠筒几等于花萼或略超出，两性花冠筒则明显伸出；雄蕊 4，近等长，在雌花者内藏，在两性花者伸出；花柱在两性花中略超出花冠，在雌花中十分伸出，先端相等 2 裂。小坚果倒卵珠形，顶端具柔毛。花粉粒 3 沟。染色体 $2n$=32。

分布概况：1/1 种，**7 型**；分布于尼泊尔，缅甸，泰国，印度；中国产西南。

系统学评述：羽萼木属虽被置于野芝麻亚科，但因具较多独特的形态学性状而与其他属不同。分子系统学研究表明，该属与刺蕊草族的成员关系密切[2]。

DNA 条形码研究：BOLD 网站有该属 1 种 1 个条形码数据；GBOWS 网站已有 1

种 20 个条形码数据。

代表种及其用途：羽萼木 *C. oppositifolia* Smith 的叶片入药，可除风散寒风、消肿止痛。

17. *Coleus* Loureiro 鞘蕊花属

Coleus Loureiro (1790: 358); Li & Hedge (1994: 292) (Type: *C. amboinicus* Loureiro)

特征描述：草本或灌木。轮伞花序 6 至多花，排列成总状或圆锥花序，花梗明显；花萼卵状钟形或钟形，具 5 齿或明显呈二唇形，后齿常增大，果时花萼增大，喉部内面无毛或被长柔毛；花冠远伸出花萼，冠檐唇 3 或 4 裂，外反，下唇全缘，伸长，凹陷成舟状，基部狭；雄蕊 4，下倾，内藏于下唇片，花丝在基部或至中部合生成鞘包围花柱基部，但常与花冠筒离生，药室通常汇合；花柱先端相等 2 浅裂；花盘前方膨大。小坚果卵圆形至圆形，光滑，具瘤或点。花粉粒 6 沟。染色体 2*n*=12，16，24。

分布概况：90-150/6（4）种，**4 型**；主产东半球热带及澳大利亚；中国产西南及华南。

系统学评述：鞘蕊花属一度被并入 *Plectranthus*[1]，但分子系统学研究并未完全解决这一问题。该属与 *Plectranthus*、*Pycnostachys* 和 *Holostylon* 等近缘属的关系及属间界限有待深入研究[2]。

DNA 条形码研究：BOLD 网站有该属 2 种 2 个条形码数据；GBOWS 网站已有 3 种 14 个条形码数据。

代表种及其用途：五彩苏 *C. scutellarioides* Elmer 叶片鲜艳，各地均有栽培以供观赏；毛萼鞘蕊花 *C. esquirolii* (L'Héritier) Dunn 全草可供药用。

18. *Colquhounia* Wallich 火把花属

Colquhounia Wallich (1822: 608); Li & Hedge (1994: 185) (Type: *C. coccinea* Wallich)

特征描述：灌木。叶被单毛或星毛。轮伞花序在茎及小枝上紧密排列成穗状花序或为簇状、头状至总状花序；苞片细小，线形；花萼管状钟形，5 齿近等大，喉部无毛；花冠筒伸出，弯曲，喉部增大；雄蕊 4，前对较长，均上升至上唇片之下，花丝丝状，略被毛，花药桃圆形，2 室，室叉开；花柱先端不相等 2 浅裂。花盘平顶，具圆齿。子房无毛。小坚果长圆形或倒披针形，背腹压扁，一面隆起，先端具膜质的翅。花粉粒 3 沟。染色体 2*n*=34。

分布概况：约 6/5（3）种，**14 型**；分布于印度北部，尼泊尔，锡金，不丹，缅甸，泰国，老挝，越南；中国产西藏东南部、云南、四川、贵州、广西西部、湖北西部。

系统学评述：火把花属为单系类群，隶属于野芝麻亚科，是该亚科内为数不多的几个系统位置不定的属之一[4,22]，属下分类系统也需要结合分子系统学深入研究[26]。

DNA 条形码研究：BOLD 网站有该属 1 种 2 个条形码数据；GBOWS 网站已有 5 种 26 个条形码数据。

代表种及其用途：火把花 *C. coccinea* Wallich 花期长，花色艳丽，在一些地方栽培供观赏，其花还可供药用，有清肝明目之功效。

19. *Comanthosphace* S. Moore 绵穗苏属

Comanthosphace S. Moore (1877: 293); Li & Hedge (1994: 256) (Type: *non designatus*)

特征描述：多年生草本或半灌木。轮伞花序6-10花，在茎枝顶端组成长穗状花序，密被白色星状绒毛；苞片叶状或鳞片状；花萼管状钟形，10脉不明显，外被星状绒毛，萼齿5，短三角形，前2齿稍宽大；花冠淡红色至紫色，内面在冠筒近中部具1圈不规则的柔毛环，冠檐上唇2裂或偶有全缘，下唇3裂，中裂片卵圆形，内凹，多少呈浅囊状，侧裂片直伸；雄蕊4，前对略长，远伸出花冠，花丝无毛，花药卵珠形，1室，横向开裂；花盘平顶；子房褐色，无毛，具腺点。小坚果卵珠形或长圆形，褐色，具金黄色腺点。花粉粒3沟。

分布概况：约6/3（2）种，**14型**；中国-日本分布；中国产四川、贵州、湖南、广东、江西、安徽、浙江、江苏及台湾。

系统学评述：分子系统学证据表明绵穗苏属为单系类群，隶属于野芝麻亚科刺蕊草族，与钩子木属 *Rostrinucula* 形成姐妹群，两者一起再构成宽管花属 *Eurysolen* 和米团花属 *Leucosceptrum* 的姐妹分支[4]。

代表种及其用途：绵穗苏 *C. ningpoensis* (Hemsley) Handel-Mazzetti 全草可供药用，有消肿解毒、止血调经之功效。

20. *Congea* Roxburgh 绒苞藤属

Congea Roxburgh (1820: 90); Chen & Michael (1994: 49) (Type: *C. tomentosa* Roxburgh)

特征描述：大攀援状灌木。小枝近圆柱形，常混生有单毛和星状绒毛。单叶对生，全缘。聚伞花序头状，有花3-9，常为3-4枚分离或基部连合的花瓣状苞片所围绕，有花序梗，常再排成圆锥状；花萼漏斗状或管状，5齿裂；花冠管细长，顶端裂为二唇形；雄蕊4，2强，着生于花冠喉部；子房倒卵形，顶端有腺点，为不完全的2室，每室有胚珠2，花柱丝状，柱头头状或短2裂。核果倒卵形，成熟时革质，近干燥。有种子1。染色体 $2n=34$。

分布概况：约10/2种，**7型**；分布于东南亚至印度，马来西亚；中国产云南。

系统学评述：分子系统学研究表明绒苞藤属为单系类群，隶属于六苞藤亚科。该属曾被置于六苞藤科。分子系统学研究将该属置于唇形科六苞藤亚科[1,3]，但该属与六苞藤亚科的楔翅藤属 *Sphenodesme* 和六苞藤属 *Symphorema* 的系统学关系有待深入研究。

DNA 条形码研究：BOLD 网站有该属1种4个条形码数据。

代表种及其用途：绒苞藤 *C. tomentosa* Roxburgh 常生长在海拔600-1200m的疏密林或灌丛中。

21. *Craniotome* Reichenbach 簇序草属

Craniotome Reichenbach (1825: 39); Li & Hedge (1994: 188) [Type: *C. versicolor* Reichenbach (=*C. furcata*

(Link) O. Kuntze≡*Ajuga furcata* Link)]

特征描述：多年生直立分枝草本。聚伞花序具梗，多花，蝎尾状或偶为二歧状，多数密集排列成腋生或顶生下部常分枝的聚伞圆锥花序；花萼卵珠状，果时近壶状球形，喉部略收缩，5 齿近相等，最上 1 齿稍大；花冠伸出花萼，冠筒直而短，冠檐上唇直伸，短小，全缘，内凹，下唇较长，3 裂，中裂片最大；雄蕊 4，前对略长，花药 2 室，室平叉开；花柱先端近等 2 浅裂。小坚果球状三棱形，细小，有光泽。花粉粒 3 沟。染色体 2*n*=20，34。

分布概况：1/1 种，**14 型**；分布于不丹，尼泊尔，印度，老挝，缅甸，越南；中国产云南和四川。

系统学评述：分子系统学证据表明簇序草属隶属于野芝麻亚科刺蕊草族，且构成了冠唇花属 *Microtoena*、排香草属 *Anisochilus*、刺蕊草属 *Pogostemon* 的姐妹群[2,4]。

DNA 条形码研究：BOLD 网站有该属 1 种 2 个条形码数据；GBOWS 网站已有 1 种 27 个条形码数据。

代表种及其用途：簇序草 *C. furcata* (Link) Kuntze 喜生长于山坡灌丛向阳处。

22. *Cymaria* Bentham 歧伞花属

Cymaria Bentham (1830: t. 1292); Li & Hedge (1994: 69) (Type: *non designatus*)

特征描述：直立灌木。茎多分枝，密被卷曲平伏毛。聚伞花序腋生，二歧状，或有时再分歧成蝎尾状，疏花；花萼直伸，钟形，10 脉不明显，萼齿 5 等大，三角形，果时花萼膨大，近壶形，脉纹明显；花冠白色，直伸，稍伸出于萼，冠筒内在喉部下方有须状硬毛束，冠檐上唇直伸，微内凹，全缘，下唇开展，3 裂，中裂片最大；雄蕊 4，前对稍长，花药 2 室，室叉开；花柱先端不相等 2 浅裂；子房顶端被毛，微 4 裂。小坚果倒卵状，有明显粗糙窝孔，合生面大。花粉粒 3 沟。

分布概况：约 3/2 种，**7 型**；分布于东南亚至马来西亚；中国产广东、海南。

系统学评述：分子系统学研究表明歧伞花属为单系类群，与 *Acrymia* 形成姐妹群并成为独立的 1 个分支[2,4]，两者构成整个野芝麻亚科的姐妹群。长期以来，该属被置于筋骨草亚科，鉴于其独特的形态学特征，其被处理为系统位置未定的属[1]。最近，形态学特征及分子系统学证据表明这 2 个属，或应单独成立 1 个亚科。

DNA 条形码研究：BOLD 网站有该属 1 种 2 个条形码数据。

代表种及其用途：歧伞花 *C. dichotoma* Bentham 喜生于林下阴湿处。

23. *Dracocephalum* Linnaeus 青兰属

Dracocephalum Linnaeus (1753: 594), *nom. cons.* ; Li & Hedge (1994: 124) (Type: *D. moldavica* Linnaeus, *typ. cons.*).——*Fedtschenkiella* Kudrjaschev (1941: 3)

特征描述：年生草本。茎直立。叶常心状卵形或长圆形、披针形。轮伞花序密集成头状或穗状或稀疏排列；花常蓝紫色；苞片倒卵形，常具锐齿或刺，稀全缘；花萼管形，具 15 脉，5 齿，每两齿之间具瘤状的胼胝体；冠筒下部细，在喉部变宽，冠檐呈二唇形；

雄蕊 4，后对较前对为长，花药无毛，稀被毛，2 室；子房 4 裂；花柱细长，先端等 2 裂。小坚果长圆形，光滑。花粉粒 6 沟。染色体 $2n$=10，12，14，18，20，36，72。

分布概况：约 70/35（21）种，**10 型**；分布于旧世界温带；中国产东北、华北、西北及西南。

系统学评述：分子系统学研究表明青兰属为多系类群，隶属于荆芥亚科薄荷族，其种类分散于其他多个属内[6,27]，该属与近缘属的属间界限值得深入研究。

DNA 条形码研究：BOLD 网站有该属 5 种 9 个条形码数据；GBOWS 网站已有 16 种 134 个条形码数据。

代表种及其用途：甘青青兰 *D. tangutica* Maximowicz 全草入药，有和胃疏肝之功效，可治肝炎、胃炎、胃溃疡等疾病。

24. *Elsholtzia* Willdenow 香薷属

Elsholtzia Willdenow (1790: 3); Li & Hedge (1994: 246) (Type: *E. cristata* Willdenow)

特征描述：草本至灌木。轮伞花序组成穗状或球状花序，穗状花序圆柱形或偏向一侧，有时呈紧密的覆瓦状，有时组成圆锥花序；最下部苞叶常与茎叶同形，上部苞叶呈苞片状，有时连合，覆瓦状排列，有时极细小，较狭于花萼；花梗较短；花萼钟形，萼齿 5；花冠小，外常被毛及腺点，冠筒自基部向上渐扩展，冠檐上唇先端微缺或全缘，下唇 3 裂，中裂片较大，侧裂片较小；雄蕊 4，前对较长；花盘前方呈指状膨大；花柱先端或短或深 2 裂；子房无毛。小坚果卵珠形或长圆形，具瘤状凸起或光滑。花粉粒 6 沟。染色体 $2n$=16，18，20，32。

分布概况：约 40/33（18）种，**10 型**；主产东亚；中国南北均产。

系统学评述：香薷属隶属于香薷族 Elsholtzieae，分子系统学研究显示该属构成了罗勒族的姐妹群[5,28]，但香薷属并非单系，野苏子 *E. flava* (Bentham) Bentham 和大黄药 *E. penduliflora* W. W. Smith 单独形成一个分支，其余种类则形成另一个分支，因此上述 2 种应组建 1 个新属[29]。

DNA 条形码研究：BOLD 网站有该属 9 种 41 个条形码数据；GBOWS 网站已有 15 种 227 个条形码数据。

代表种及其用途：东紫苏 *E. bodinieri* Vaniot 常作为凉茶原料，全草亦可入药，治感冒风寒、虚火牙痛、消化不良等症；野拔子 *E. rugulosa* Hemsley 可作为香料，亦可药用。

25. *Eriophyton* Bentham 绵参属

Eriophyton Bentham (1829: 1289); Li & Hedge (1994: 169); Bendiksby et al. (2011: 482) (Type: *E. wallichii* Bentham).——*Alajja* Ikonnikov (1971: 274)

特征描述：矮小多年生草本，具木质根茎。花萼膜质，10 脉，5 齿近等大，三角形；花冠长 2-4cm，冠筒远比花萼长，内不具毛环或有时具毛环，上唇外部密被毛，但不沿边缘被毛，下唇 3 裂，中裂片较大，近全缘，侧裂片明显，圆形或微凹；雄蕊 4，前对较长，均延伸至上唇片之下，花柱先端 2 浅。小坚果顶端平截或近截形。花粉粒 3 沟。

分布概况：5-6/4-5（1）种，**13 型**；分布自阿富汗经印度西北部及中国至俄罗斯；中国主产西北、西南。

系统学评述：绵参属长期以来被认为是单型属，近年来又报道了产自西藏东部的 1 新种，即孙氏绵参 *E. sunhangii* B. Xu, Z. M. Li & Boufford[30]。最近分子系统学研究表明[4]，菱叶元宝草属 *Alajja* 及野芝麻属 *Lamium* 的 3 种均应转移至绵参属，新界定的绵参属为单系，该属目前置于野芝麻亚科野芝麻族 Larnieae。

DNA 条形码研究：BOLD 网站有该属 1 种 4 个条形码数据；GBOWS 网站已有 1 种 23 个条形码数据。

代表种及其用途：绵参 *E. wallichi* Bentham 全株密被白绵毛，喜生长于高山流石滩上；根入药，可止咳。

26. *Eurysolen* Prain 宽管花属

Eurysolen Prain (1898: 43); Li & Hedge (1994: 188) (Type: *E. gracilis* Prain)

特征描述：小灌木。叶具长柄，纸质。穗状花序顶生于短枝上；苞片小，宿存；花萼管状钟形，10 脉，齿 5，前 2 齿稍长，果时花萼稍呈壶形；花冠筒伸出，前面中部囊状膨大，内面具毛环，冠檐二唇形，下唇较长，3 裂，中裂片最长，近圆形；雄蕊 4，稍伸出花冠外，花药 1 室，纵裂；花柱丝状，先端等 2 浅裂；花盘近环状，裂片极浅，相等；子房 4 裂，具半透明的粉囊状小凸起。小坚果扁倒卵形，黑褐色，背部具细皱纹，腹部具长硬毛及腺状小凸起。花粉粒 3 沟。

分布概况：1/1 种，**7 型**；分布于印度，缅甸至马来西亚；中国产云南。

系统学评述：宽管花属曾一度被置于筋骨草亚科。基于叶绿体序列的分子系统学研究表明，该属隶属于野芝麻亚科刺蕊草族，与米团花属、钩子木属 *Rostrinucula*、绵穗苏属等关系较为紧密[4]。

代表种及其用途：宽管花 *E. gracilis* Prain 常见于云南南部热带、亚热带干性季节性雨林内；全草可入药。

27. *Galeopsis* Linnaeus 鼬瓣花属

Galeopsis Linnaeus (1753: 579); Li & Hedge (1994: 156) (Lectotype: *G. tetrahit* Linnaeus)

特征描述：一年生草本。轮伞花序 6 至多花，彼此远离；小苞片细小，线形或披针形；花萼管状钟形，5-10 脉，5 齿，等大或后齿稍长，先端呈坚硬的锥状刺尖；花冠筒直伸出于萼筒，内无毛环，冠檐二唇形，上唇直伸，下唇开张，3 裂，中裂大，先端微凹或近圆形，在与侧裂片弯缺处有向上的齿状凸起（盾片）；雄蕊 4，平行，均上升至上唇片之下，前对较长，花药 2 室；花柱先端 2 裂，裂片钻形，等大。小坚果宽倒卵珠形，近扁平，先端钝，光滑。花粉粒 3 沟。染色体 $2n$=16，30，32。

分布概况：约 10/1 种，**10 型**；分布于欧洲及亚洲；国产种类各地均有分布，为一杂草。

系统学评述：鼬瓣花属为单系类群，隶属于野芝麻亚科，但在该亚科内所处族的位置还不确定；分子系统学研究支持该属划分为 2 亚属，即 *Galeopsis* subgen. *Galeopsis* 和 *G*. subgen. *Ladanum*[4]。

DNA 条形码研究：BOLD 网站有该属 5 种 35 个条形码数据；GBOWS 网站已有 1 种 22 个条形码数据。

代表种及其用途：鼬瓣花 *G. bifida* Boenn 常生于林缘、路旁、田边等空旷处；根入药，有清热解毒之功效。

28. *Garrettia* H. R. Fletcher 辣莸属

Garrettia H. R. Fletcher (1937: 71); Chen & Michael (1994: 34) (Type: *G. siamensis* H. R. Fletcher)

特征描述：灌木。叶对生，单叶或具 3 小叶。聚伞花序二歧或三歧，腋生或集成带叶的顶生圆锥花序；花萼钟形，有 5 齿或几全缘，结果时增大；花冠二唇形，上唇 2 裂，下唇 3 裂，裂片全缘；雄蕊 4；子房上位，初为 2 室，以后成 4 室，每室具胚珠 1。蒴果成熟时球形，4 瓣裂成 4 分核，外包以膜质宿萼，极易从果梗上脱落。花粉粒 3 沟。

分布概况：1/1 种，**7-3 型**；分布于东南亚地区，泰国的北部及印度尼西亚的爪哇和邻近岛屿；中国产云南东南部。

系统学评述：辣莸属、歧伞花属和 *Acrymia* 都具有独特的聚伞花序，因此这 3 个属被认为亲缘关系较近，但这些属都因缺乏充分的分子系统学研究而被置于唇形科未定属[1]。该属或与膜萼藤属、*Petraeovitex* 关系紧密，但需要更多证据的支持。

DNA 条形码研究：GBOWS 网站有该属 1 种 2 个条形码数据。

代表种及其用途：辣莸 *G. siamensis* H. R. Fletcher 生于海拔 550-1200m 的石灰岩疏林中。

29. *Glechoma* Linnaeus 活血丹属

Glechoma Linnaeus (1753: 578); Li & Hedge (1994: 156) (Type: *G. hederacea* Linnaeus)

特征描述：多年生草本，常具匍匐茎。茎上升或匍匐状，全部具叶。叶具长柄，常为圆形、心形或肾形，先端钝或急尖，基部心形；轮伞花序 2-6 花；苞叶与茎叶同形，苞片、小苞片常为钻形；花两性，为雌花两性花异株或同株；花萼管状或钟状，15 脉，5 齿，不明显二唇形；上唇 3 齿略长；花冠管状，冠檐二唇形，上唇直立，下唇平展，3 裂；雄蕊 4，花丝纤细；花柱先端近等 2 裂；花盘杯状，前方呈指状膨大。小坚果长圆状卵形，深褐色，光滑或有小凹点。花粉粒 6 沟。染色体 $2n$=18，24，36。

分布概况：约 8/5（2）种，**8 型**；广布于欧亚大陆温带地区；中国产东北部沿海一带至西南。

系统学评述：活血丹属隶属于荆芥亚科薄荷族。分子系统学研究表明该属形成的分支嵌入到龙头草属 *Meehania*，或应并入后者[6]。

DNA 条形码研究：BOLD 网站有该属 5 种 47 个条形码数据；GBOWS 网站已有 1 种 4 个条形码数据。

代表种及其用途：活血丹 *G. longituba* (Nakai) Kuprianova 常双花腋生，下唇具深紫色斑点，民间广泛用全草或茎叶入药，可治多种疾病。

30. *Gmelina* Linnaeus 石梓属

Gmelina Linnaeus (1753: 626); Chen & Michael (1994: 32) (Type: *G. asiatica* Linnaeus)

特征描述：乔木或灌木，幼时常呈攀援状。小枝被绒毛，有时具刺。单叶对生，基部常有大腺体。花由聚伞花序排列成顶生或腋生的圆锥花序，稀单生于叶腋；花萼钟状，宿存，先端截平或 4-5 裂，具腺点；花冠两侧对称，略呈二唇形，花冠管下部管状，上部变大成漏斗形；雄蕊 4，2 长 2 短，着生于花冠管下部，多少伸出管外；花药 2 室，2 分叉。核果肉质，内果皮质硬，中果皮肉质，具 1-4 种子。花粉粒 3 沟。染色体 $2n$=36，38，40。

分布概况：约 35/7（3）种，**4 型**；主产热带亚洲至大洋洲，少数产热带非洲；中国产福建、江西、广东、广西、贵州、四川、云南等。

系统学评述：分子系统学研究将石梓属置于唇形科牡荆亚科，该属与豆腐柴属 *Premna* 构成姐妹群[2,3,9,11]。该属种间关系尚不清楚，其与豆腐柴属一起是否应提升为亚科，也需要深入研究。

DNA 条形码研究：BOLD 网站有该属 9 种 19 个条形码数据；GBOWS 网站已有 1 种 10 个条形码数据。

代表种及其用途：云南石梓 *G. arborea* Roxburgh ex Smith 木材不开裂、极耐腐，纹理通直，可作家具、室内装饰、制胶合板等。

31. *Gomphostemma* Bentham 锥花属

Gomphostemma Bentham (1830: 15); Li & Hedge (1994: 70) (Type: *non designatus*)

特征描述：多年生草本或灌木。茎常被星状毛。花大，紫红色，黄色至白色；花萼钟形或狭钟形，倒圆锥状钟形至管形，10 脉，萼齿 5 等大；花冠筒下部狭而等宽，常在中部以上突然扩展或渐膨大成喉部，内无毛环，冠檐二唇形，上唇直立，下唇平展，3 裂；雄蕊 4，前对较长，均上升至上唇片之下；花丝扁平，两边有毛或无毛，花药成对接近，药室平行，横生；花柱丝状，长度不超出雄蕊，先端近相等 2 浅裂；花盘杯状，全缘或具圆齿；子房 4 裂，无毛或有毛。小坚果倒卵形，卵形，稀圆球形，有皱纹，无毛或被硬毛，核果状，1-4 枚成熟，种脐斜，果皮肉质。花粉粒 3 沟。染色体 $2n$=34。

分布概况：36-40/15（8）种，**7 型**；主产南亚，东南亚热带雨林地区；中国产云南、广西、广东、江西、福建及台湾等。

系统学评述：锥花属为单系类群。锥花属曾被置于锥花亚科 Prasioideae，但分子系统学研究表明该属隶属于野芝麻亚科锥花族 Prasieae，且与铃子香属互为姐妹群[12,21]。

DNA 条形码研究：BOLD 网站有该属 1 种 1 个条形码数据；GBOWS 网站已有 5 种 20 个条形码数据。

代表种及其用途：中华锥花 *G. chinense* Oliver 的根茎粗厚，密被星状毛，花生于茎的基部，浅黄色至白色，可入药。

32. *Hanceola* Kudô 四轮香属

Hanceola Kudô (1929: 54); Li & Hedge (1994: 265) [Type: *H. sinensis* (Hemsley) Kudô (≡*Hancea sinensis* Hemsley)]

特征描述：一年生或多年生草本，后者具匍匐根茎。叶基部常楔状下延成具翅的柄，具齿。轮伞花序 2-6 花，多数在主茎或侧生花枝顶端组成伸长的总状花序；花萼 5 齿，后一齿较大，先端均尾尖，或多少呈二唇形；冠筒直或弧曲，长长地伸出花萼，向上渐宽大，冠檐二唇形，上唇 2 裂，裂片短而圆形，下唇 3 裂，中裂片较长；雄蕊 4，等长或前对较长，在冠筒中部以上着生；花柱与雄蕊等长或略长；花盘前方呈指状膨大，其长度超过子房。小坚果长圆形，先端浑圆，基部有 1 白痕。花粉粒 6 沟。

分布概况：约 8/8（8）种，**15 型**；产中国长江以南。

系统学评述：基于形态学研究，尤其是小坚果等形态，四轮香属被认为与香茶菜属、筒冠花属关系紧密，三者一起被处理为山香族内系统位置未定的属[31-33]。分子系统学研究支持了上述形态学研究结果，将三者置于 1 个新建立的族，即四轮香亚族 Hanceolinae[18]。但是，最近的分子系统学研究表明，该亚族不是单系，四轮香亚族仅包括四轮香属，其余 2 属均独立为亚族[28]。

DNA 条形码研究：GBOWS 网站有该属 2 种 10 个条形码数据。

代表种及其用途：四轮香 *H. sinensis* (Hemsley) Kudô 生于亚热带常绿阔叶林或混交林中，全草可入药。

33. *Heterolamium* C. Y. Wu 异野芝麻属

Heterolamium C. Y. Wu (1965: 254); Li & Hedge (1994: 224) [Type: *H. debile* (Hemsley) C. Y. Wu (≡*Orthosiphon debilis* Hemsley)]

特征描述：直立草本。叶心形且具长柄。花序为顶生狭窄的开向一面的总状圆锥花序；花萼管状，15 脉，内面近喉部具毛环，上唇中齿大，侧齿小，下唇 2 齿长；花冠筒伸出萼外，上唇直立，2 裂，裂片平展，下唇 3 裂，中裂片大而张开，外面近中央部分被白色髯毛；雄蕊 4，后对雄蕊自花冠上唇伸出甚多，前对内藏，花药 2 室，极叉开，后期于顶部汇合。小坚果三棱状卵球形，光亮，无毛，顶端圆。花粉粒 6 沟。

分布概况：1/1（1）种，**15 型**；特产中国湖北、陕西、湖南、四川和云南。

系统学评述：异野芝麻属隶属于荆芥亚科，但其在荆芥亚科中的系统位置不明确。

代表种及其用途：异野芝麻 *H. debile* (Hemsley) C. Y. Wu 含两变种，花冠白色至深红色或紫蓝色。

34. *Holocheila* (Kudô) S. Chow 全唇花属

Holocheila (Kudô) S. Chow (1962: 250); Li & Hedge (1994: 63) [Type: *H. longipedunculata* S. Chow (≡*Teucrium holocheilum* W. E. Evans ex Kudo)].——*Changruicaoia* Z. Y. Zhu (2001: 540)

特征描述：匍匐或矮小直立草本。叶心形，具长柄，叶片中央常具 1 白斑。花萼斜钟形，10 脉，二唇形，后齿最高，其余各齿几不相等；花冠较小，紫红色，自狭窄的基部逐渐向上扩大成宽展的喉部，冠檐上唇全缘，下唇稍大，匙形内凹；雄蕊 4，前一对稍长，着生于花冠筒近顶部，药极叉开，药室贯通；子房顶端浅 4 裂，小坚果常仅 1 枚发育成熟，外具蜂巢状纹饰，果脐位于基部中央，凹陷。花粉粒 3 沟。

分布概况：1/1（1）种，**15 型**；特产中国云南。

系统学评述：全唇花属在发表时被置于筋骨草亚科[34]，但基于形态学证据，该属又被认为是唇形科中系统位置未定的几个属之一[1]。最近的分子系统学研究表明该属是野芝麻亚科的成员，且应置于刺蕊草族[2]。

DNA 条形码研究：BOLD 网站有该属 1 种 7 个条形码数据；GBOWS 网站已有 1 种 4 个条形码数据。

代表种及其用途：全唇花 *H. longipedunculata* S. Chow 喜生于阴湿环境。

35. *Hymenopyramis* Wallich ex Griffith 膜萼藤属

Hymenopyramis Wallich ex Griffith (1842: 365); Chen & Michael (1994: 16) (Type: *H. brachiata* Wallich ex Griffith)

特征描述：灌木、藤本或小乔木。叶对生。聚伞圆锥花序顶生或腋生；花萼具 4 齿，透明状膜质，具网状脉，果期极为膨大，网脉十分明显；花冠近漏斗状，4 裂，裂片不等大；雄蕊 4，着生于花冠喉部；子房 2 室，每室 2 胚珠；花柱伸出花冠，柱头 2 裂。蒴果球形。

分布概况：约 6/1 种，**7 型**；主要分布于东南亚；中国产海南。

系统学评述：传统上膜萼藤属为单系类群。膜萼藤属被置于唇形科系统位置未定的属中[1]。最近的分子系统学研究显示，该属与唇形科另外 2 个系统位置未确定的属，即 *Petraeovitex* 和 *Peronema* 构成单系分支[2,11]，该分支再构成了野芝麻亚科-歧伞花属-*Acrymia*-黄芩亚科的姐妹群。

代表种及其用途：膜萼藤 *H. cana* Craib 为一藤状攀援灌木，较为罕见，分布于海拔 100-500m 的山坡。

36. *Hyptis* Jacquin 山香属

Hyptis Jacquin (1786: 101), *nom. cons.* ; Li & Hedge (1994: 267) (Type: *H. capitata* Jacquin, *typ. cons.*)

特征描述：草本至灌木，常具强烈香气。花萼管状钟形或管形，10 脉，萼齿 5，近相等，具短尖，果时花萼增大；花冠筒圆筒形或一边稍膨胀，至喉部近等大或略扩展，冠檐二唇形，上唇 2 裂，裂片直伸、平展或外反，下唇 3 裂，中裂片囊状，花时反折，基部收缩，具胼胝体边缘或两边向前的齿，侧裂片相似；雄蕊 4，前对较长，下倾，花药汇合成一室。小坚果卵形或长圆形。花粉粒 6 沟。染色体 $2n$=16，28，30，32，40-46，64，96。

分布概况：约 280/4 种，**3 型**；产美洲热带至亚热带及西印度群岛地区；中国产福建、广东、广西、台湾、海南沿海。

系统学评述：分子系统学研究表明山香属为并系类群，隶属于荆芥亚科罗勒族山香亚族 Hyptidinae，该属可能是较山香亚族内其他现存成员早分化出来的[35,36]。

DNA 条形码研究：BOLD 网站有该属 135 种 186 个条形码数据；GBOWS 网站已有 2 种 10 个条形码数据。

代表种及其用途：山香 *H. suaveolens* (Linnaeus) Poiteau 全株具强烈香味，花冠蓝色。全草可入药。

37. *Hyssopus* Linnaeus 神香草属

Hyssopus Linnaeus (1753: 569); Li & Hedge (1994: 232) (Lectotype: *H. officinalis* Linnaeus)

特征描述：多年生草本至半灌木，帚状。叶多线形至长圆形，全缘，中肋在下面显著。轮伞花序大多偏于一侧，腋生，组成顶生穗状花序；花萼管状钟形，明显 15 脉，齿间凹陷处常有小瘤状凸起，外被毛及腺点，5 萼齿等大；花冠蓝色、紫色或偶有白色，外被毛及腺点，内无毛，冠檐二唇形，上唇几扁平，先端微凹或 2 浅裂，有时近全缘，下唇开张，3 裂，中裂片最大，先端截或凹陷；雄蕊大多伸出，前对稍长，花药卵圆形，2 室，室叉开；花柱先端相等 2 浅裂。小坚果长圆形或长圆状卵形，先端被毛或具腺或无毛。花粉粒 6 沟。染色体 $2n$=12。

分布概况：约 15/3（1）种，**12 型**；分布自亚洲中部，经西亚至南欧及北非；中国产新疆。

系统学评述：分子系统学研究显示该属嵌入到青兰属中[6]，但因所包括的种类极少，该属的系统位置及属的范围还有待深入研究。

DNA 条形码研究：BOLD 网站有该属 2 种 3 个条形码数据；GBOWS 网站已有 1 种 3 个条形码数据。

代表种及其用途：神香草 *H. officinalis* Linnaeus 原产欧洲，全株富含芳香油，主要用作甜酒香料，亦可供观赏。

38. *Isodon* (Schrader ex Bentham) Spach 香茶菜属

Isodon (Schrader ex Bentham) Spach (1840: 162); Li & Hedge (1994: 269) [Lectotype: *I. rugosus* (Wallich ex Bentham) Codd (≡*Plectranthus rugosus* Wallich ex Bentham)].——*Amethystanthus* Nakai (1934: 785); *Clerodendranthus* Kudo (1929: 117); *Plectranthus* L'Héritier (1788); *Rabdosia* (Blume) Hasskarl (1842: 25); *Skapanthus* C. Y. Wu & H. W. Li (1975: 77)

特征描述：草本至半灌木。根茎常肥大木质，疙瘩状。聚伞花序 3 至多花，排列成多少疏离的总状、狭圆锥状或开展圆锥状花序，稀密集成穗状花序；花萼在花时钟形，果时多少增大，有时呈管状或管状钟形，萼齿 5，近等大或呈 3/2 式二唇形；花冠筒伸出，下倾或下曲，基部上方浅囊状或呈短距，至喉部等宽或略收缩，冠檐二唇形，上唇外反，先端 4 圆裂，下唇全缘，通常较上唇长，内凹，常呈舟状；雄蕊 4，2 强，花丝分离，花药贯通为 1 室，花后常平展；花柱丝状，先端等 2 浅裂。小坚果近圆球形、卵球形或长圆状三棱形，无毛或顶端略具毛，光滑或具小点。花粉粒 6 沟。染色体 $2n$=24，42，48。

分布概况：约 100/80（65）种，**7 型**；产非洲南部，热带非洲至热带、亚热带亚洲；中国南北皆产，西南尤盛。

系统学评述：分子系统学研究表明只有把子宫草属 *Skapanthus* 并入后，香茶菜属才为单系，但属内各分支的关系还有待于深入研究，杂交、基因渐渗等在物种形成中起着重要作用[28,37]。

DNA 条形码研究：BOLD 网站有该属 19 种 318 个条形码数据；GBOWS 网站已有 18 种 159 个条形码数据。

代表种及其用途：该属植物是重要的药用植物资源。溪黄草 *I. serra* (Maximowicz) Kudô 较为广布，全草入药，可治急性肝炎、急性胆囊炎、跌打瘀肿等。

39. *Keiskea* Miquel 香简草属

Keiskea Miquel (1865: 105); Li & Hedge (1994: 257) (Type: *K. japonica* Miquel)

特征描述：多年生草本。轮伞花序 2 花，排列成总状花序，苞片宿存；花萼钟形，5 裂片近等大或后齿稍小，萼齿线状锥形至三角形，果萼增大，喉部常具毛环；花冠筒基部狭，内面在中部附近有毛环，冠檐上唇 2 裂，下唇 3 裂，中裂片较长，平伸，侧裂片近相等；雄蕊 4，伸出，前对较长，花药 2 室，室略叉开，先端贯通；花盘斜环状，后面呈指状膨大，其长常超出子房。小果近球形，无毛。花粉粒 6 沟。

分布概况：6/5（5）种，**14 型**；东亚特有属，分布于中国和日本；中国产江苏、浙江、安徽、江西、湖南、广东、湖北、四川及云南东北部。

系统学评述：香简草属曾被处理为 *Collinsonia* 的异名。孢粉学证据[38]及基于 ITS 的分子系统学研究表明，香简草属与紫苏属 *Perilla* 构成姐妹群[39]，由于研究中仅涉及香简草属的 1 个种，因此该属是否为单系尚需深入研究。

DNA 条形码研究：GBOWS 网站有该属 1 种 3 个条形码数据。

代表种及其用途：香薷状香简草 *K. elsholtzioides* Merrill 全草可供药用。

40. *Lagochilus* Bunge ex Bentham 兔唇花属

Lagochilus Bunge ex Bentham (1834: 640); Li & Hedge (1994: 166) (Type: *non designatus*)

特征描述：多年生草本或矮小灌木。根茎粗厚，木质。茎四棱形，被疏硬毛。叶常菱形，深裂至羽状深裂，裂片先端常具刺状尖头。轮伞花序 2-10 花，其下有刺状苞片；花萼钟形至管状钟形，5 脉，齿 5，近等长或后 3 齿较长，先端针刺状；花冠内面近基部有疏柔毛毛环，冠檐二唇形；雄蕊 4，前对较长，花丝扁平，花药 2 室，室平行或略叉开，边缘具睫毛；花柱丝状，先端近等 2 浅裂；花盘杯状。小坚果顶端截平或圆形。花粉粒 6 沟。染色体 $2n$=22，34。

分布概况：约 40/11（22）种，**13 型**；分布于伊朗，阿富汗，经中国和俄罗斯至蒙古国；中国产内蒙古、宁夏、甘肃、陕西，以新疆种类最多。

系统学评述：分子系统学研究表明兔唇花属为单系类群，隶属于野芝麻亚科益母草族，与益母草族的其他成员构成姐妹群[4]。

DNA 条形码研究：GBOWS 网站有该属 3 种 14 个条形码数据。

代表种及其用途：大花兔唇花 *L. grandiflorus* C. Y. Wu & S. J. Hsuan 特产新疆北部，生于山坡岩石中，花冠粉红色；全草入药。

41. *Lagopsis* Bunge 夏至草属

Lagopsis Bunge (1835: 565); Li & Hedge (1994: 104) (Type: *non designatus*)

特征描述：多年生矮小草本。叶掌状浅裂或深裂。轮伞花序腋生；小苞片针刺状；花小，白色、黄色至褐紫色；花萼管形或管状钟形，10 脉，5 齿，其中 2 齿稍大；花冠筒内无毛环，冠檐二唇形；雄蕊细小，前对较长，均内藏于花冠筒内，花丝短小，花药 2 室，叉开；花盘平顶；花柱内藏，先端 2 浅裂。小坚果卵圆状三棱形，具鳞粃细网纹。花粉粒 3 沟。

分布概况：4/3 种，**10 型**；主要分布于亚洲北部（自西伯利亚至日本）；中国南北均产。

系统学评述：分子系统学研究表明夏至草属为多系类群，隶属于野芝麻亚科益母草族 Leonureae，与益母草属 *Leonurus*、脓疮草属 *Panzeria* 关系较为紧密[4]。

DNA 条形码研究：BOLD 网站有该属 1 种 4 个条形码数据；GBOWS 网站已有 1 种 21 个条形码数据。

代表种及其用途：夏至草 *L. supina* (Stephan ex Willdenow) Ikonnikov-Galitzky 全草可入药。

42. *Lallemantia* Fischer & C. A. Meyer 扁柄草属

Lallemantia Fischer & C. A. Meyer (1840: 52); Li & Hedge (1994: 133) (Type: *non designatus*)

特征描述：一年生草本，最下部的叶具长柄。轮伞花序常 6 花腋生，花梗直立，坚硬，常扁平；花萼管状，喉部在花后因齿靠合而关闭，15 脉，在齿缺处脉会合成小疣，5 齿近相等，后齿较宽；花冠筒内藏或微伸出，冠檐上唇直立，略凹，内面具 2 纵向的褶襞，下唇平展，3 裂，中裂片肾形，扁而宽，侧裂片圆形，极小；雄蕊 4，后对较长，花药 2 室，室最后叉开；小坚果长圆形，腹面具棱。花粉粒 6 沟。染色体 $2n=14$。

分布概况：5/1 种，**13 型**；分布于俄罗斯，伊朗，阿富汗，巴基斯坦；中国产新疆。

系统学评述：扁柄草属一度被认为与青兰属关系紧密，甚至被处理为后者的 1 个亚属[40]，但两者在花粉粒形态上却有着明显差异[41]，分子系统学研究也未能很好解决该属与青兰属的关系[6]，有待于深入研究。

DNA 条形码研究：BOLD 网站有该属 2 种 2 个条形码数据。

代表种及其用途：扁柄草 *L. royleana* (Bentham) Bentham 产新疆天山北麓，花冠蓝紫色，略超出花萼。

43. *Lamium* Linnaeus 野芝麻属

Lamium Linnaeus (1753: 579); Li & Hedge (1994: 157) (Lectotype: *L. purpureum* Linnaeus).——*Galeobdolon* Adanson (1763: 190)

特征描述：草本。轮伞花序 4-14 花；苞片小，披针状钻形或线形；花萼管状钟形至钟形，具 5 肋及其间不明显的副脉或 10 脉，萼齿 5，近相等；花冠紫红色、粉红色、浅黄色至污白色，冠檐上唇直伸，多少盔状内弯，下唇向下伸展，3 裂，中裂片较大，侧裂片边缘常有 1 至多个锐尖小齿；雄蕊 4，前对较长，花丝被毛；子房裂片先端截形，无毛或具疣，少数有膜质边缘。花粉粒 3 沟。染色体 2*n*=14，18，36。

分布概况：约 30/4 种，**10 型**；产欧洲，亚洲温带和非洲的热带以外地区；中国产各省区。

系统学评述：分子系统学研究表明目前界定的野芝麻属为多系类群，隶属于野芝麻亚科野芝麻族[4]。小叶芝麻属、*Lamiastrum* 等属都被处理为该属的异名，其与这些近缘属间的关系尚不清楚。此外，最近的分子系统学研究将 *Lamium chinense* (Bentham) C. Y. Wu 及小野芝麻属下的 3 个种移入了 *Matsumurella*，另外野芝麻属里还有 3 个种移入了绵参属[4]。该属的界限及其与近缘属的关系还需深入研究。

DNA 条形码研究：BOLD 网站有该属 29 种 118 个条形码数据；GBOWS 网站已有 4 种 46 个条形码数据。

代表种及其用途：宝盖草 *L. amplexicaule* Linnaeus 全草可入药，具消肿、止痛等功效。

44. *Lavandula* Linnaeus 薰衣草属

Lavandula Linnaeus (1753: 572); Li & Hedge (1994: 103) (Type: *L. spica* Linnaeus)

特征描述：半灌木或小灌木。叶线形至披针形或羽状分裂。轮伞花序 2-10 花，常于枝顶组成顶生间断或近连续的穗状花序；花蓝色或紫色；花萼管状，二唇形，13-15 脉；花冠筒外伸，冠檐上唇 2 裂，下唇 3 裂；雄蕊 4，内藏，前对较长，花药汇合成 1 室；子房 4 裂；花柱着生在子房基部，顶端 2 裂，裂片常黏合；花盘等 4 裂，裂片与子房裂片对生。小坚果平滑，有光泽，具有一基部着生面。花粉粒 6 沟。染色体 2*n*=18，24，30，36，42，54。

分布概况：约 30/2 种，**12 型**；分布于大西洋群岛及地中海地区至索马里，巴基斯坦及印度；中国栽培 2 种。

系统学评述：分子系统学研究表明薰衣草属为单系类群，隶属于山香族薰衣草亚族，与筒冠花属 *Siphocranion* 互为姐妹群[28]。

DNA 条形码研究：BOLD 网站有该属 8 种 19 个条形码数据；GBOWS 网站已有 1 种 4 个条形码数据。

代表种及其用途：薰衣草 *L. angustifolia* Miller 原产地中海地区；中国广泛栽培，为观赏及芳香油植物，是化妆品、香水、香精等的重要原料。

45. *Leonurus* Linnaeus 益母草属

Leonurus Linnaeus (1753: 584); Li & Hedge (1994: 162) (Lectotype: *L. cardiaca* Linnaeus)

特征描述：草本。叶 3-5 裂，或近掌状分裂，上部茎叶及花序上的苞叶渐狭，全缘，具缺刻或 3 裂。轮伞花序多花密集，排成长穗状花序；小苞片钻形或刺状；花萼倒圆锥形或管状钟形，5 脉，齿 5，近等大，下唇 2 齿较长，上唇 3 齿直立；花冠二唇形，冠檐上唇全缘，直伸，外面被柔毛或无毛，下唇直伸或开张，有斑纹，3 裂，中裂片与侧裂片等大；雄蕊 4，前对较长，花药 2 室，室平行；花柱先端相等 2 裂，裂片钻形；花盘平顶。小坚果锐三棱形，顶端截平，基部楔形。花粉粒 3 沟。染色体 2*n*=18，20。

分布概况：约 25/12（5）种，**10 型**；分布于欧洲，亚洲及美洲各地；中国南北均产。

系统学评述：分子系统学研究表明目前界定的益母草属并非单系[4,12]，隶属于野芝麻亚科益母草族内，与夏至草属、脓疮草属 *Panzerina* 关系较密切。

DNA 条形码研究：BOLD 网站有该属 8 种 39 个条形码数据；GBOWS 网站已有 5 种 86 个条形码数据。

代表种及其用途：益母草 *L. japonicus* Houttuyn 全草入药，为妇科常用药。

46. *Leucas* R. Brown 绣球防风属

Leucas R. Brown (1810: 504); Li & Hedge (1994: 141) (Type: *L. flaccida* R. Brown)

特征描述：草本或半灌木。花萼管状至管状钟形，10 脉，齿 8-10；花冠常白色，冠檐上唇直伸，盔状，外密被长柔毛，下唇 3 裂，中裂片最大；雄蕊 4，前对较长，花药 2 室；花柱先端不等 2 裂，后裂片极短或近于消失；小坚果卵珠形，三棱状，几不截平。花粉粒 3 沟。染色体 2*n*=20，22，24，26，28，30。

分布概况：约 100/8（1）种，**2 型**；产非洲，亚洲，澳大利亚和太平洋岛屿；中国产热带及亚热带地区。

系统学评述：基于形态学性状的分析结果表明，绣球防风属不是单系[42]，也得到了分子系统学研究的支持[4,43]。绣球防风属为多系类群，隶属于野芝麻亚科绣球防风族，与 *Otostegia*、*Isoleucas*、*Leonotis* 和 *Acrotome* 等的关系紧密[4]。

DNA 条形码研究：BOLD 网站有该属 5 种 12 个条形码数据；GBOWS 网站已有 4 种 40 个条形码数据。

代表种及其用途：绣球防风 *L. ciliata* Bentham 全草可入药。

47. *Leucosceptrum* Smith 米团花属

Leucosceptrum Smith (1805: 113); Li & Hedge (1994: 245) (Type: *L. cannum* Smith)

特征描述：灌木至小乔木，密被细绒毛。叶密被星状绒丛毛或丛卷毛。花两性，短柄，成顶生长圆柱形穗状花序；苞片近肾形，密覆瓦状，小苞片线形；花萼钟形，外密被绒毛，具 15 脉，萼齿 5（-7）；花冠白色、粉红色至紫红色，无毛环，冠檐上唇顶端微凹，下唇 3 裂，中裂片较大；雄蕊 4，前对较长，花时直伸出花冠 1 倍或以上，花药 1 室，肾形，横裂，基部着生；子房 4 裂，有半透明的小凸起及粉囊状小凸起。小坚果长圆状三棱形，顶端平截，果脐小，位于基部，胚小，有胚乳。花粉粒 3 沟。鸟媒。染色体 $2n$=44。

分布概况：1/1 种，**14 型**；分布于不丹、尼泊尔、印度东北部、缅甸北部、老挝、越南；中国产云南、四川和西藏。

系统学评述：基于叶绿体序列的分子系统学研究表明，米团花属是野芝麻亚科刺蕊草族的成员，为钩子木属 *Rostrinucula* 和绵穗苏属的姐妹群[4]。

DNA 条形码研究：BOLD 网站有该属 1 种 13 个条形码数据；GBOWS 网站已有 1 种 17 个条形码数据。

代表种及其用途：米团花 *L. canum* Smith 是蜜源植物，叶和皮可入药。

48. *Lophanthus* Adanson 扭藿香属

Lophanthus Adanson (1835: 565); Li & Hedge (1994: 106) (Type: *L. chinensis* Bentham)

特征描述：多年生草本。叶边缘具齿或齿裂。苞叶较小；花萼管状或管状钟形，筒顶部整齐或斜形，5 齿，齿近等大或呈二唇形，具 15 脉，稀 12-13 脉，内面在中部或中部以上具毛环；花冠直立或弯曲，冠筒外伸，向上增大，扭转，冠檐二唇形，倒扭 90°-180°，上唇（实为下唇）3 裂，中裂片较大，下唇（实为上唇）2 裂；雄蕊 4，药室近平行或几不叉开；花盘前面隆起。小坚果长圆状卵圆形，稍压扁，光滑，褐色。花粉粒 6 沟。染色体 $2n$=16。

分布概况：约 20/4（1）种，**13 型**；分布于伊朗至俄罗斯及蒙古国；中国产新疆和西藏。

系统学评述：扭藿香属隶属于荆芥亚科荆芥亚族，与扭连钱属 *Phyllophyton*、荆芥属 *Nepeta* 等关系紧密，得到了花粉形态学[41]和分子系统学[6]研究的支持，但该属是否为单系尚需进一步确定。

代表种及其用途：阿尔泰扭藿香 *L. krylovii* Lipsky 花冠蓝色，全草可入药。

49. *Loxocalyx* Hemsley 斜萼草属

Loxocalyx Hemsley (1890: 308); Li & Hedge (1994: 169) (Type: *L. urticifolius* Hemsley)

特征描述：多年生直立草本。茎多分枝。花萼长陀螺状，5 脉显著，居间脉有时完全不明显，有时后 2 居间脉消失，因而呈 8 脉，有时全部居间脉显著突出，因而呈 10 脉，齿 5，前 2 齿靠合，向前增大，后 3 齿等大，或中齿较大，但均较前齿小许多，因此萼檐明显呈二唇形；花冠玫瑰红色至暗紫红色，内面在冠筒近基部具柔毛环，冠檐上唇片盔状，直伸，下唇片开张，3 裂；雄蕊 4，等长，花药成对接近，2 室，室极叉开。小坚果卵珠状三棱形，顶端平截，被微柔毛。花粉粒 3 沟。

分布概况：2/2（2）种，**15 型**；特产中国甘肃、河北、河南、陕西、湖北、贵州、四川和云南。

系统学评述：斜萼草属为单系类群，隶属于野芝麻亚科益母草族，但与该族内其他属的关系未得到解决[4]。

DNA 条形码研究：GBOWS 网站有该属 1 种 7 个条形码数据。

代表种及其用途：斜萼草 *L. urticifolius* Hemsley 喜潮湿；全草可入药。

50. *Lycopus* Linnaeus 地笋属

Lycopus Linnaeus (1753: 21); Li & Hedge (1994: 239) (Lectotype: *L. europaeus* Linnaeus)

特征描述：多年生草本，常具肥大的根茎。叶具齿或羽状分裂。花萼钟形，萼齿 4-5，等大或有 1 枚特大，内面无毛；花冠钟形，内面在喉部有交错的柔毛，冠檐上唇全缘或微凹，下唇 3 裂，中裂片稍大；前对雄蕊能育，稍超出花冠，花丝无毛，花药 2 室，室平行，其后略叉开，后对雄蕊退化消失，或呈丝状，先端棍棒形，或呈头状。小坚果背腹扁平，先端截平。花粉粒 6 沟。染色体 $2n$=22。

分布概况：约 14/4（1）种，**8 型**；广布东半球温带及北美；中国南北均产。

系统学评述：分子系统学研究得出地笋属为单系类群。该属独立为荆芥亚科薄荷族中的 1 个亚族，即地笋亚族 Lycopinae，该亚族是荆芥亚族和薄荷亚族的姐妹群[6]。

DNA 条形码研究：BOLD 网站有该属 8 种 30 个条形码数据；GBOWS 网站已有 5 种 38 个条形码数据。

代表种及其用途：地笋 *L. lucidus* Turczaninow ex Bentham 全草入药，为妇科药；根可食，俗称地笋，亦可入药，具祛湿功效。

51. *Marmoritis* Bentham 扭连钱属

Marmoritis Bentham (1833: 377); Li & Hedge (1994: 120) (Type: *M. rotundifolia* Bentham).——*Phyllphyton* Kudô (1929: 225)

特征描述：多年生草本，全株被柔毛。茎上部具呈覆瓦状排列式对生密集的叶，下部具较疏而小的叶或无叶。叶片近圆形、肾形或肾状卵形。轮伞花序由腋生的聚伞花序组成，通常由上一节的苞叶所覆盖；花萼管形，直伸或微弯，具 15 脉，内面在中部具 1 毛环，齿 5，呈二唇形或近二唇形；花冠管状，倒扭，冠檐二唇形，具 5 裂片，上唇（倒扭后变下唇）2 裂，直立，下唇（倒扭后变上唇）3 裂，中裂片宽展；雄蕊 4，前对短，常内藏，花药 2 室，略叉开。小坚果长圆状卵形，光滑，基部具微小果脐。花粉粒 6 沟。

分布概况：约 5/5（4）种，**14 型**；分布于喜马拉雅山区；中国主产西藏、青海、四川、云南。

系统学评述：最近的分子系统学研究表明扭连钱属为单系类群，隶属于荆芥亚科薄荷族，与扭藿香属互为姐妹群[6]。

DNA 条形码研究：BOLD 网站有该属 2 种 2 个条形码数据；GBOWS 网站已有 2 种 23 个条形码数据。

代表种及其用途：扭连钱 *M. complanatum* (Dunn) A. L. Budantzev 全草可入药。

52. *Marrubium* Linnaeus 欧夏至草属

Marrubium Linnaeus (1753: 582); Li & Hedge (1994: 104) (Lectotype: *M. vulgare* Linnaeus)

特征描述：多年生草本，全株密被柔毛或绵状毛。叶圆形或卵圆形。轮伞花序腋生，多花密集；苞片钻形；花小，白色或紫色，偶有黄色；花萼管形，具 5-10 脉，齿 5-10，等大，坚硬，针刺状；花冠筒内藏，内面常有毛环；冠檐上唇直伸，先端凹缺或 2 裂，下唇开张，平展，3 裂，中裂片最宽大；雄蕊内藏，前对较长；花药 2 室，叉开；花柱内藏，先端 2 浅裂。小坚果卵圆状三棱形，光滑，先端浑圆。花粉粒 3 沟。染色体 2*n*=20，26，28，34，54。

分布概况：约 40/1 种，**10 型**；主要分布于欧亚大陆温带及非洲北部，以地中海地区为多；中国仅见于新疆伊犁地区。

系统学评述：欧夏至草属为单系类群，隶属于野芝麻亚科欧夏至草族，与 *Ballota* 互为姐妹群[4]。

DNA 条形码研究：BOLD 网站有该属 3 种 16 个条形码数据；GBOWS 网站已有 1 种 10 个条形码数据。

代表种及其用途：欧夏至草 *M. vulgare* Linnaeus 喜生于路旁、沟边干燥地带；全草可入药。

53. *Meehania* Britton 龙头草属

Meehania Britton (1894: 33); Li & Hedge (1994: 122) [Type: *M. cordata* (Nuttall) Britton (≡*Dracocephalum cordatum* Nuttall)]

特征描述：草本。叶心状卵形至披针形。花大型，组成轮伞花序，少花松散，常呈顶生的假总状花序；苞片叶状，向上渐变小成披针形；花萼钟形或管状钟形，15 脉，齿 5，卵状三角形至披针形，上唇 3 齿略高；花冠常为淡紫红色至紫色，冠筒管状，冠檐二唇形；雄蕊内藏或仅 1 对微伸出花冠外，花药 2 室，成熟后叉开并贯通为 1 室；子房 4 裂，常被微柔毛；花柱细长，先端相等 2 浅裂；花盘杯状，裂片不明显，前方呈指状膨大。坚果长圆形或长圆状卵形，有毛。花粉粒 6 沟。染色体 2*n*=18。

分布概况：约 6/5（4）种，**9 型**；东亚-北美间断分布；中国主产东北及长江以南。

系统学评述：最近的研究表明龙头草属为并系类群，隶属于荆芥亚科薄荷族，活血丹属的部分种类嵌入到该属中[6]，但这 2 个属的界限需要更多分子证据，尤其是单低拷贝核基因的证据的支持。

DNA 条形码研究：BOLD 网站有该属 1 种 1 个条形码数据；GBOWS 网站已有 4 种 19 个条形码数据。

代表种及其用途：华西龙头草 *M. fargesii* (H Léveillé) C. Y. Wu 含多变种，分布较广，全草可入药。

54. *Melissa* Linnaeus 蜜蜂花属

Melissa Linnaeus (1753: 592); Li & Hedge (1994: 225) (Lectotype: *M. officinalis* Linnaeus)

特征描述：多年生草本。轮伞花序腋生；苞片叶状，较叶小；花梗短；花萼钟形，花后下垂，13 脉，上唇浅 3 齿裂，下唇 2 深齿裂；花冠白色、黄白色、黄色或淡红色，冠筒稍伸出或不伸出，在喉部稍扩大，冠檐上唇直伸，下唇开展，3 裂，中裂片全缘或微凹，较大；雄蕊 4，前对较长，花丝弓形弯曲，花药 2 室，室略叉开，几成直角，后成水平叉开；花盘平顶，近全缘或 4 裂，裂片与子房裂片互生；花柱先端相等 2 浅裂，裂片钻形，外卷。小坚果卵圆形，光滑。花粉粒 6 沟。染色体 $2n$=32，34，64。

分布概况：4/3（1）种，**10 型**；分布于欧洲及亚洲；中国主产西南。

系统学评述：分子系统学研究表明蜜蜂花属为单系类群。长期以来，该属被置于塔花族 Saturejeae 蜜蜂花亚族 Melissinae，但随后 Harley 等[1]认为该属为荆芥亚科成员无疑，但系统位置未知，故将其处理为该亚科内系统位置未定的几个属之一。最近的研究显示，该属为薄荷族鼠尾草亚族 Salviinae 的成员，构成了 *Lepechinia*、*Chaunostoma*、*Neoeplingia* 的姐妹群[6]。

DNA 条形码研究：BOLD 网站有该属 1 种 18 个条形码数据；GBOWS 网站已有 1 种 18 个条形码数据。

代表种及其用途：蜜蜂花 *M. axillaris* (Bentham) Bakhuizen f.喜生于山坡开阔地或路边草丛，叶背常带紫色；全草可入药。

55. *Mentha* Linnaeus 薄荷属

Mentha Linnaeus (1753: 576); Li & Hedge (1994: 236) (Lectotype: *M. spicata* Linnaeus)

特征描述：草本。轮伞花序多花密集；花梗明显；花两性或单性，雄性花有退化子房，雌性花有退化的短雄蕊，同株或异株，同株时常常不同性别的花序在不同的枝条上或同一花序上有不同性别的花；花萼钟形、漏斗形或管状钟形，10-13 脉，萼齿 5，相等或近 3/2 式二唇形；花冠漏斗形，冠筒喉部稍膨大或前方呈囊状膨大，冠檐具 4 裂片，上裂片大多稍宽，其余 3 裂片等大，全缘；雄蕊 4，后对着生稍高于前对。小坚果卵形，干燥，无毛或稍具瘤，顶端钝，稀于顶端被毛。花粉粒 6 沟。染色体 $2n$=18，20，24，36，40，42，48，54，60，66，72，78，84，90，96，108，120，132。

分布概况：约 30/12 种，**8 型**；广布北半球的温带地区，少数至南半球地区；中国南北均产。

系统学评述：分子系统学研究表明薄荷属为并系或多系类群，隶属于荆芥亚科薄荷族，但由于研究中取样不全，薄荷属的近缘类群及其与近缘类群的关系尚未完全确定[6,25]。该属的物种数目、种间界限及属下分类系统一直存有较大争议。杂交和多倍化在该属的物种形成中扮演了重要角色[35,44]。

DNA 条形码研究：BOLD 网站有该属 19 种 274 个条形码数据；GBOWS 网站已有 5 种 44 个条形码数据。

代表种及其用途：薄荷 *M. canadensis* Linnaeus 南北均有分布或栽培，喜生于水旁潮湿地，因栽培品种繁多，形态变异极其丰富。细嫩茎尖为常用食物香料，可食或用作食品饮料的原料；新鲜茎叶富含精油，主要用于提取薄荷脑，亦可作为工业和医用原料。全草入药，有清热等功效。

56. *Metastachydium* Airy Shaw ex C. Y. Wu & H. W. Li 箭叶水苏属

Metastachydium Airy Shaw ex C. Y. Wu & H. W. Li (1975: 73); Li & Hedge (1994: 184) [Type: *M. sagittatum* (Regel) Airy Shaw ex C. Y. Wu & H. W. Li (≡*Phlomis sagittata* Regel)]

特征描述：多年生草本。叶箭形，基部深心形，边缘有大的圆锯齿，下面灰白色，密被贴生星状毛。长圆形穗状花序由多数轮伞花序密集组成；花萼管状，10 脉明显，5 齿钻形，具刺尖头；花冠紫色，冠筒内面在近喉部宽大处有疏柔毛毛环，冠檐上唇直伸，下唇 3 裂，中裂片宽肾形，在中部内凹，边缘有不规则的小牙齿或呈波状；雄蕊 4，花丝密被成簇的长单毛，且近基部有大小不等的乳突状毛，花药肾形；花柱先端不相等 2 浅裂，裂片线状长圆形。花粉粒 3 沟。

分布概况：1/1 种；**13 型**；分布于俄罗斯；中国产新疆。

系统学评述：箭叶水苏属目前缺乏分子系统学研究，作为野芝麻亚科成员，该属与欧夏至草属等关系可能较近[4]。

代表种及其用途：箭叶水苏 *M. sagittatum* (Regel) C. Y. Wu & H. W. Li 生于中山地带草甸上，地上部分可入药。

57. *Micromeria* Bentham 姜味草属

Micromeria Bentham (1829: 1282), *nom. cons.* ; Li & Hedge (1994: 226) [Type: *M. juliana* (Linnaeus) Bentham ex Reichenbach (≡*Satureja juliana* Linnaeus)]

特征描述：半灌木或草本。叶小而全缘。轮伞花序腋生，常再排成穗状或圆锥花序；花萼管状，13 脉，偶有近 15 脉，内面在喉部常常被具节疏柔毛，萼齿 5，近等大，或微呈二唇形；花冠外被毛，冠檐上唇直伸，下唇开张，3 裂，裂片近等大，或中裂片较大，全缘，皱波状或微缺；雄蕊 4，前对较长，先端弧曲状靠近，常内藏，偶有超出花冠而先端彼此分离；花柱先端 2 裂。小坚果卵珠状或长圆状三棱形，干燥，光滑。花粉粒 6 沟。染色体 $2n=20$，22，30，50，60。

分布概况：约 70/5（4）种，**1 型**；主要分布于地中海沿岸；中国主产西南，1 种见于台湾。

系统学评述：分子系统学研究表明目前界定的姜味草属为单系类群[36]，该属与风轮菜属关系紧密[25]，多倍化、杂交可能在该属的物种形成中起着重要的作用。

DNA 条形码研究：BOLD 网站有该属 37 种 71 个条形码数据；GBOWS 网站已有 2 种 14 个条形码数据。

代表种及其用途：姜味草 *M. biflora* (Buchanan-Hamilton ex D. Don) Bentham 细茎或根揉之有生姜味，全草可入药。

58. *Microtoena* Prain 冠唇花属

Microtoena Prain (1889: 1872); Li & Hedge (1994: 189) (Type: *M. cymosa* Prain)

特征描述：直立草本。聚伞花常呈二歧状，腋生或组成顶生圆锥花序；花萼钟形，10 脉不明显，萼齿 5，近相等或后齿较前齿长许多，有时后面 1 齿十分伸长，与其余 4 齿不同形状，果时花萼常呈囊状增大；花冠筒自中部以上扩展，内无毛环，冠檐上唇直立，盔状，下唇平展，先端 3 裂；雄蕊 4，近等长，均上升至上唇片之下，花丝扁平无毛，花药 2 室，药室初时水平叉开，后汇成一室；花柱丝状，先端极不等 2 浅裂，后裂片短以至极不明显。小坚果卵圆形，腹面具棱，具很小的合生面，深褐色。花粉粒 3 沟。

分布概况：约 20/16（13）种，**7 型**；分布于东南亚热带；中国产长江以南。

系统学评述：分子系统学研究表明冠唇花属并非单系类群，隶属于野芝麻亚科刺蕊草族[4]。该属经各类归并等处理后约 20 种[45,46]。该属与其他属的关系也有待深入研究。

DNA 条形码研究：GBOWS 网站有该属 2 种 23 个条形码数据。

代表种及其用途：冠唇花 *M. insuavis* (Hance) Prain ex Briquet 生于林下或林缘，全草可入药。

59. *Monarda* Linnaeus 美国薄荷属

Monarda Linnaeus (1753: 22); Li & Hedge (1994: 223) (Lectotype: *M. fistulosa* Linnaeus)

特征描述：直立草本。苞片常具艳色；轮伞花序密集多花，在枝顶成单个头状花序或多个远离；花萼管状，具 15 脉，萼齿 5，近相等；花冠鲜艳，常具斑点，冠檐上唇狭窄，直伸或弓形，下唇开展，常 3 浅裂，中裂片较大，先端微缺；前对雄蕊能育，常靠上唇伸出，花药线形，中部着生，初时 2 室，室极叉开，后贯通为 1 室，后对雄蕊退化，极小或不存在。小坚果卵球形，光滑。花粉粒 6 沟。染色体 $2n$=18，22，24，32，34，36。

分布概况：约 20/2 种，**9 型**；分布于北美洲；中国为栽培种。

系统学评述：美国薄荷属为单系类群，隶属于美国薄荷族 Monardeae，其与 *Blephilia* 和 *Pycnanthemum* 关系紧密[47]。

DNA 条形码研究：BOLD 网站有该属 17 种 51 个条形码数据。

代表种及其用途：美国薄荷 *M. didyma* Linnaeus 原产美洲，中国各地均有栽培，花冠紫红色，可供观赏。

60. *Mosla* (Bentham) Buchanan-Hamilton ex Maximowicz 石荠苎属

Mosla (Bentham) Buchanan-Hamilton ex Maximowicz (1875: 456); Li & Hedge (1994: 242) [Type: *M. dianthera* (Buchanan-Hamilton ex Roxburgh) Maximowicz (≡*Lycopus diantherus* Buchanan-Hamilton ex Roxburgh)]

特征描述：一年生草本，揉之有强烈香味。叶下面有明显凹陷腺点。轮伞花序 2 花，在茎、枝上组成顶生总状花序；花萼钟形，10 脉，果时增大，基部一边鼓胀，萼齿 5，齿近相等或二唇形，为二唇形时上唇 3 齿锐尖或钝，下唇 2 齿较长，披针形，内面喉部被毛；花冠筒内无毛或具毛环，冠檐上唇微缺，下唇 3 裂，侧裂片与上唇近相似，中裂片较大，常具圆齿；雄蕊 4，后对能育，花药具 2 室，室叉开，前对退化，药室常不显著。小坚果近球形，具疏网纹或深穴状雕纹，果脐基生，点状。花粉粒 6 沟。染色体 $2n$=18。

分布概况：约 22/12（6）种，**14 型**；分布于印度，中南半岛，马来西亚，南至印度尼西亚及菲律宾，北至朝鲜及日本；中国主产长江以南，华北有少数种类。

系统学评述：石荠苎属为单系类群，隶属于荆芥亚科，基于花粉形态和小坚果微形态特征显示，该属与紫苏属 *Perilla* 关系较近[48]。

DNA 条形码研究：BOLD 网站有该属 1 种 3 个条形码数据；GBOWS 网站已有 5 种 63 个条形码数据。

代表种及其用途：石荠苎 *M. chinensis* Maximowicz 全草可入药。

61. *Nepeta* Linnaeus 荆芥属

Nepeta Linnaeus (1753: 570); Li & Hedge (1994: 107) (Lectotype: *N. cataria* Linnaeus).——*Schizonepeta* (Bentham) Briquet (1896: 235)

特征描述：草本，稀为半灌木。花大都两性，偶有雌花两性花同株或异株现象；花萼具（13-）15（-17）脉，管状、倒锥形、稀钟形或瓶形，齿 5；花冠筒内无毛环，下部狭窄，常向上骤然扩展成喉，冠檐上唇直或稍向前倾，下唇明显大于上唇，3 裂，中裂片最宽大；雄蕊 4，近平行，沿花冠上唇上升，后对较长，均能育，药室 2，常呈水平叉开，不贯通为 1 室。小坚果长圆状卵形，椭圆柱形，卵形，或倒卵形，腹面微具棱，光滑或具凸起。花粉粒 6 沟。染色体 $2n$=14，16，18，30，32，34，36，54。

分布概况：200+/42+（19）种，**10 型**；主要分布于欧亚温带；中国分布于云南、四川、西藏及新疆等。

系统学评述：荆芥属为单系类群，可分为 5 个大的分支[49]。该属隶属于荆芥亚科荆芥族，与青兰属、扭藿香属和 *Hymenocrater* 关系较近[6,49]。

DNA 条形码研究：BOLD 网站有该属 10 种 23 个条形码数据；GBOWS 网站已有 12 种 60 个条形码数据。

代表种及其用途：荆芥 *N. cataria* Linnaeus 全株具香味，富含芳香油，常用作芳香油及蜜源栽培植物；全草亦可入药。

62. *Ocimum* Linnaeus 罗勒属

Ocimum Linnaeus (1753: 597); Li & Hedge (1994: 296) (Type: *O. basilicum* Linnaeus)

特征描述：草本至灌木，极芳香。轮伞花序常 6 花，排列成具梗的穗状或总状花序；花萼卵珠状或钟状，果时下倾，萼齿 5，上唇 3 齿，中齿卵圆形，宽大，边缘呈翅状下延至萼筒，花后反折，侧齿常较短，下唇 2 齿，较狭，先端渐尖或刺尖，有时十分靠合；花冠筒内面无毛环，喉部常膨大成斜钟形，冠檐上唇近等 4 裂，稀有 3 裂，下唇极全缘；雄蕊 4，伸出，前对较长，花丝离生或前对基部靠合，均无毛或后对基部具齿或柔毛簇附属器，花药卵圆状肾形，汇合成 1 室，或其后平铺；花盘具齿；小坚果卵珠形或近球形，光滑或有具腺穴陷，湿时具黏液，基部有 1 白色果脐。花粉粒 6 沟。染色体 2*n*=24-76，88。

分布概况：65/5（1）种，**2 型**；分布于温暖地带，非洲南部尤多；中国产台湾、广东和云南。

系统学评述：分子系统学研究表明罗勒属为单系类群，隶属于荆芥亚科罗勒族罗勒亚族，与 *Syncolostemon* 互为姐妹群[5]。

DNA 条形码研究：BOLD 网站有该属 16 种 109 个条形码数据；GBOWS 网站已有 4 种 16 个条形码数据。

代表种及其用途：罗勒 *N. basilicum* Linnaeus 的茎、叶及花穗富含芳香油，为重要的香料植物；全草入药，具治胃痛、散瘀、消炎等功效。

63. *Ombrocharis* Handel-Mazzetti 喜雨草属

Ombrocharis Handel-Mazzetti (1936: 925); Li & Hedge (1994: 177) (Type: *O. dulcis* Handel-Mazzetti)

特征描述：多年生草本，茎单一，根茎短，增粗为疙瘩状。叶片 4-5 对，近等大，卵圆形，叶柄密被毛；花序顶生，总状，聚伞花序 1-3 花；花梗淡紫红色；花萼钟形，明显二唇形，上唇 3 裂，中齿较短，下唇 2 裂，萼齿略靠合，萼齿具短尖头；花冠白色，略微下倾，冠筒较短，在喉部扩大，二唇形；上唇 2 裂，下唇 3 裂，裂片近等大或下唇中裂片稍大；雄蕊 4，均内藏。小坚果卵珠形，光滑。

分布概况：1/1（1）种，**15 型**；特产中国湖南、广西。

系统学评述：喜雨草属曾被置于荆芥亚科，但因标本采集较少，形态学研究资料匮乏，曾被处理为唇形科中系统位置未知的属[1]。喜雨草 *O. dulcis* Handel-Mazzetti 最近在野外被重新发现，有关该属的形态学和分子系统学都有待深入研究。

代表种及其用途：喜雨草 *O. dulcis* Handel-Mazzetti 生于海拔 1250m 左右的林下。

64. *Origanum* Linnaeus 牛至属

Origanum Linnaeus (1753: 588); Li & Hedge (1994: 232) (Lectotype: *O. vulgare* Linnaeus)

特征描述：半灌木或多年生草本。叶卵形。常为雌花、两性花异株；小穗状花序组成伞房状圆锥花序；苞片及小苞片绿色或紫红色；花萼钟形，内面在喉部有柔毛环，13 脉，萼齿 5，近三角形，几等大；花冠筒稍伸出或甚伸出于花萼外，冠檐上唇直立，先端凹陷，下唇开张，3 裂，中裂片较大；雄蕊 4，在两性花中通常短于上唇或稍超过上唇，在雌性花中则内藏，花药卵圆形，2 室，由三角状楔形的药隔所分隔，花丝无毛；花柱伸出花冠，先端不相等 2 浅裂；花盘平顶。小坚果卵圆形。花粉粒 6 沟。染色体 2*n*=30，32。

分布概况：约 40/1 种，**10 型**；分布于地中海至中亚；中国南北均产。

系统学评述：分子系统学研究表明牛至属为单系类群，与百里香属 *Thymus* 关系较近缘[5,25]。

DNA 条形码研究：BOLD 网站有该属 17 种 361 个条形码数据；GBOWS 网站已有 2 种 23 个条形码数据。

代表种及其用途：牛至 *O. vulgare* Linnaeus 全草可入药，富含芳香油，可调用香精，也是很好的蜜源植物。

65. *Orthosiphon* Bentham 鸡脚参属

Orthosiphon Bentham (1830: 1300); Li & Hedge (1994: 298) (Type: *non designatus*)

特征描述：草本或半灌木。根常粗厚，木质。轮伞花字 4-6 花，组成总状花序；花萼管形或宽管形，常带艳色，上唇宽大，卵形或扁圆形，边缘下延至萼筒，果时反折，下唇具 4 齿，前 2 齿较 2 侧齿长，先端均呈芒尖或针状，果时花萼增大，10 脉明显，其间网脉清晰可见；花冠白、浅红至紫色，冠檐上唇 3-4 圆裂，下唇全缘，内凹；雄蕊 4，前对较长，下倾，内藏或微伸出，花丝分离，花药汇合成 1 室；花柱先端球状，全缘或微凹。小坚果卵珠形或近球形，具极小凸起，无毛。花粉粒 6 沟。染色体 $2n$=22-28，48。

分布概况：约 45/3（3）种，**6 型**；产热带非洲，东南亚至澳大利亚；中国产华南和西南。

系统学评述：分子系统学研究表明，传统上界定的鸡脚参属不为单系类群，只有包括 *Fuerstia* 和 *Hoslundia* 时才为单系，但支持率却很低[5]。因此，该属与近缘属的关系及属的界限有待深入研究。

DNA 条形码研究：BOLD 网站有该属 2 种 6 个条形码数据；GBOWS 网站已有 2 种 6 个条形码数据。

代表种及其用途：鸡脚参 *O. wulfenioides* (Diels) Handel-Mazzetti 的根入药，主治消化不良等疾病。

66. *Panzerina* Soják 脓疮草属

Panzerina Soják (1981: 216); Li & Hedge (1994: 165) [Type: *P. lanata* (Linnaeus) Soják (≡*Ballota lanata* Linnaeus)]

特征描述：多年生草本。叶掌状分裂，具长柄。轮伞花序腋生多花；苞片针刺状，比萼筒短；花梗无；花萼管状钟形，5 脉明显，齿 5，基部为宽三角形，先端为刺状尖头，前 2 齿较长；花冠白色至黄白色，长 2-4cm，上唇直伸，盔状，外密被柔毛，下唇直伸，3 裂，中裂片扁心形，两侧边缘膜质，冠筒约与萼筒等长，内面无毛环；雄蕊 4，平行，近于等长或前对稍长，花药卵圆形，2 室，横裂。小坚果卵圆状三棱形，顶端圆形。花粉粒 6 沟。染色体 $2n$=18。

分布概况：2-7/2 种，**13 型**；分布于蒙古国，俄罗斯；中国产西北。

系统学评述：分子系统学研究表明脓疮草属为单系类群，隶属于益母草族，与鼬瓣花属、益母草属等关系较为近缘[4]。

DNA 条形码研究：GBOWS 网站有该属 1 种 3 个条形码数据。

代表种及其用途：脓疮草 *P. alaschanica* Kuprian 全草入药，可治疮疥。

67. *Paralamium* Dunn 假野芝麻属

Paralamium Dunn (1913: 168); Li & Hedge (1994: 165) (Type: *P. gracile* Dunn)

特征描述：多年生直立草本。总状圆锥花序顶生或腋生，由密集的聚伞花序组成；花萼钟形，膜质，10 脉，齿 5，后一齿最大，顶端平截，果时明显自两侧边缘外卷，余 4 齿披针形，前 2 齿稍大；花冠二唇形，冠檐上唇直伸，长圆形，稍内凹，下唇 3 裂；雄蕊 4，两对平行靠近，借小缘毛而连接。小坚果扁球状三棱形，细小。花粉粒 3 沟。

分布概况：1/1 种，7 型，产越南，缅甸；中国产云南。

系统学评述：假野芝麻属是野芝麻亚科的成员，但其在该亚科内的系统位置还未定，尤其缺乏分子系统学证据。

DNA 条形码研究：GBOWS 网站有该属 1 种 2 个条形码数据。

代表种及其用途：野芝麻 *P. gracile* Dunn 花唇片紫色，筒部白色，喜生于山地沟谷林中。

68. *Paraphlomis* (Prain) Prain 假糙苏属

Paraphlomis (Prain) Prain (1908: 721); Li & Hedge (1994: 170) [Type: *P. rugosa* (Bentham) Prain (≡*Phlomis rugosa* Bentham)].——*Phlomis* sect. *Paraphlomis* Prain

特征描述：草本或半灌木。轮伞花序多花至少花，有时每叶腋仅具 1 花，花梗无或明显；花萼管状、管状钟形或倒圆锥形，外被单毛或具节毛，齿 5；花冠筒内面具毛环，向上渐增大，冠檐上唇扁平直伸，或盔状内凹，下唇近水平开张，3 裂，中裂片较大；雄蕊 4，前对较长，花丝丝状，扁平，花药 2 室；花柱丝状，超出雄蕊之外，先端近相等 2 浅裂；子房 4 裂，顶部截平；花盘环状或杯状，平顶。小坚果倒卵球形至长圆状三棱形，无毛或被毛。花粉粒 3 沟。

分布概况：24/23（20）种，**7 型**；产印度，缅甸，泰国，老挝，越南，马来西亚至印度尼西亚；中国主产长江以南。

系统学评述：分子系统学研究表明假糙苏属为并系类群，隶属于 Bendiksby 新建立的假糙苏族，除假糙苏属外，该族还包括 *Ajugoides*、*Matsumurella* 和野芝麻属等[4]。因该研究中包括的种类有限，其属的范围还有待确定，该属的分类学也需要进一步研究。

DNA 条形码研究：BOLD 网站有该属 4 种 4 个条形码数据；GBOWS 网站已有 3 种 22 个条形码数据。

代表种及其用途：假糙苏 *P. javanica* (Blume) Prain 全草可入药。

69. *Perilla* Linnaeus 紫苏属

Perilla Linnaeus (1764: 5781); Li & Hedge (1994: 241) [Type: *P. ocymoides* Linnaeus, *nom. illeg.* (=*P. frutescens* (Linnaeus) Britton≡*Ocimum frutescens* Linnaeus)]

特征描述：一年生草本，有香味。叶常带紫色或紫黑色。轮伞花序2花，组成顶生和腋生、偏向于一侧的总状花序，每花有苞片1枚，苞片宽卵圆形或近圆形；花萼钟状，10脉，具5齿，果时增大，基部一边膨胀，上唇宽大，3齿，中齿较小，下唇2齿披针形，内面喉部有疏柔毛环；花冠白色至紫红色，冠筒短，喉部斜钟形，冠檐近二唇形，上唇微缺，下唇3裂；雄蕊4，药室2，由小药隔所隔开，其后叉开；花柱不伸出，先端2等裂，裂片钻形。小坚果近球形，有网纹。花粉粒6沟。染色体2*n*=20，40。

分布概况：1/1种，**14型**；产东亚；中国南北各地栽培。

系统学评述：紫苏属曾被置于塔花族紫苏亚族Perillinae。基于小坚果微形态特征和花粉形态证据表明，该属与香薷族中香简草属和石荠苎属关系较为近缘[48]，但目前还缺乏系统的分子系统学研究。

DNA条形码研究：BOLD网站有该属4种17个条形码数据；GBOWS网站已有4种65个条形码数据。

代表种及其用途：紫苏*P. frutescens* (Linnaeus) Britton形态变异极大，全国各地广泛栽培，供药用和香料用；种子富含苏子油，供食用和工业用。

70. *Perovskia* Karelin 分药花属

Perovskia Karelin (1841: 15); Li & Hedge (1994: 222) (Type: *P. abrotanoides* Karelin)

特征描述：半灌木，叶全缘或羽状分裂，满布金黄色圆形腺点。花萼管状钟形，具金黄色无柄腺点，上唇全缘或具不明显的3齿，下唇具2齿；花冠长为花萼2倍，冠筒漏斗状，冠檐上唇具4裂片，裂片不等大，中央2裂片较侧裂片小，下唇椭圆状卵圆形，全缘；雄蕊4，后对能育，着生在花冠喉部，前对不育，着生在花冠上唇裂片基部；花柱先端2裂，裂片宽而扁平，不等大。小坚果倒卵圆形，顶端钝。花粉粒6沟。染色体2*n*=20。

分布概况：7/2种，**12型**；分布于伊朗北部，巴基斯坦，阿富汗，印度西部，俄罗斯；中国产西藏西部。

系统学评述：分子系统学研究表明分药花属为单系类群[6,50]，隶属于薄荷族，与迷迭香属*Rosmarinus*互为姐妹群，两者共同构成鼠尾草属分支I的姐妹群。

DNA条形码研究：BOLD网站有该属2种4个条形码数据。

代表种及其用途：分药花*P. abrotanoides* Karelin生于砾石山坡、干燥河床及河溪两岸。

71. *Phlomis* Linnaeus 糙苏属

Phlomis Linnaeus (1753: 584); Li & Hedge (1994: 143) (Lectotype: *P. fruticosa* Linnaeus)

特征描述：半灌木至灌木，有时为多年生草本。单叶，叶片披针形至长圆状披针形。花萼管状钟形，5或10脉，5齿相等；聚伞花序排列紧密，组成头状或穗状花序；花冠上唇两侧自基部收缩变狭，平展，镰刀状，边缘不为流苏状或锯齿状，下唇3裂，中裂片较大；雄蕊4，前对较长。小坚果卵状三棱形，先端钝。花粉粒3沟。染色体2*n*=12，

14，20，22，40，42。

分布概况：约 90/1 种，**12 型**；产地中海，亚洲中部至东部；中国栽培。

系统学评述：分子系统学研究表明，最近界定的糙苏属为单系类群，隶属于糙苏族 Phlomideae，与草糙苏属 *Phlomoides* 成姐妹群[51-53]。广义的糙苏属还包括了草糙苏属的所有种类，但最近的分子系统学研究表明，广义糙苏属并非单系，而是分为 2 个大的分支，且在形态上都各自具有共衍征[51]。据此，这 2 个分支被命名为糙苏属和草糙苏属。

DNA 条形码研究：BOLD 网站有该属 26 种 82 个条形码数据；GBOWS 网站已有 13 种 65 个条形码数据。

代表种及其用途：该属重新界定后，中国仅产橙花糙苏 *P. fruticosa* Linnaeus，且为栽培，供观赏。

72. *Phlomoides* Moench 草糙苏属

Phlomoides Moench (1794: 403).; Li & Hedge (1994: 143) [Type: *P. tuberosa* (Linnaeus) Moench (≡*Phlomis tuberosa* Linnaeus)]. ——*Eremostachys* Bunge (1830: 414); *Lamiophlomis* Kudô (1929: 210); *Notochaete* Bentham (1829: t. 1289)

特征描述：草本，多具木质根茎。单叶，叶片具深锯齿或羽状全裂，叶心形至三角状卵圆形。花萼管状钟形，5 或 10 脉，5 齿相等；聚伞花序多较松散，或紧密；花冠上唇两侧不收缩变狭，边缘为流苏状或锯齿状或具髯毛，下唇 3 裂，中裂片较大；雄蕊 4，前对较长。小坚果卵状三棱形，先端钝。花粉粒 3 沟。染色体 $2n=22$。

分布概况：95/约 40（35）种，**12 型**；产地中海，亚洲中部至东部；中国产各地，西南尤盛。

系统学评述：分子系统学研究表明，新界定的草糙苏属为单系类群，隶属于糙苏族[52,53]。草糙苏属的所有种类最早都置于糙苏属。基于形态学和分子系统学研究，该属被独立为 1 个属，且独一味属、钩萼草属、沙穗属、*Paraeremostachys* 等均并入该属。除松花糙苏 *P. fruticosa* Linnaeus 外，中国产糙苏属的野生种类都转移到了该属[52,53]。

DNA 条形码研究：BOLD 网站有该属 9 种 18 个条形码数据；GBOWS 网站已有 3 种 51 个条形码数据。

代表种及其用途：假秦艽 *P. betonicoides* (Diels) Kamelin & Makhmedov 的块根入药，可治消化不良、腹胀、咽喉疼痛、跌打痨伤等。

73. *Platostoma* P. Beauvois 龙船草属

Platostoma P. Beauvois (1918: 61); Li & Hedge (1994: 294) (Type: *P. africanum* P. de Beauvois). ——*Acrocephalus* Bentham (1829: 1282); *Ceratanthus* F. Mueller ex G. Taylor (1936: 35); *Geniosporum* Wallich ex Bentham (1830: 1300); *Mesona* Blume (1826: 838); *Nosema* Prain (1904: 20)

特征描述：草本。聚伞花序多为 3 花；花萼管状，钟形或瓮形，二唇形，具 2-8 个裂片（1-3/1-5），裂片不等大；花萼上唇全缘，或具 3 裂片，下唇全缘或圆形，2-5 裂；花冠二唇形，4 或 5 裂（3-4/1）；冠筒直伸，在喉部扩大，有时基部具距；雄蕊 4，前对雄蕊着生在冠筒中部，后对雄蕊着生在喉部或近中部；小坚果卵圆形，具不明显条纹，湿时果皮外具分泌物。花粉粒 6 沟。染色体 $2n$=14，18，28，30，42，48。

分布概况：约 45/4 种，**4 型**；主要分布于热带非洲和亚洲；中国产华南和西南。

系统学评述：分子系统学研究表明目前界定的龙船草属并非单系类群，隶属于罗族族，与近缘属如排草香属、*Holostylon*、*Pycnostachys* 等的关系需要深入研究[5,28]。中国原本不产 *Platostoma* 种类。但基于形态学及分子系统学研究[5,54,55]，国产尖头花属 *Acrocephalus*、角花属 *Ceraranthus*、网萼木属 *Geniosporum*、*Nosema* 等都被并入该属。

DNA 条形码研究：GBOWS 网站有该属 3 种 16 个条形码数据。

代表种及其用途：龙船草 *N. cochinchinensis* (Loureiro) Merrill 全草入药，具清肝火、散郁结之功效。

74. *Pogostemon* Desfontaines 刺蕊草属

Pogostemon Desfontaines (1815: 154); Li & Hedge (1994: 258) (Type: *P. plectranthoides* Desfontaines).——*Dysophylla* Blume (1826: 826)

特征描述：草本或半灌木。叶对生，常为卵形或狭卵形，具柄或近无柄，常多少被毛或被绒毛。轮伞花序多数，整齐或近偏于一侧，组成连续或间断的穗状花序或总状花序或圆锥花序；花小，具梗或无梗；花萼卵状筒形或钟形，具 5 齿，齿近相等，有结晶体；花冠内藏或伸出花萼，冠檐常近二唇形，上唇 3 裂，下唇全缘；雄蕊 4，外伸，直立，分离，花丝中部常被髯毛，花药球形，1 室，室在顶部开裂。小坚果卵球形或球形，稍压扁，光滑。花粉粒 3 沟。染色体 $2n$=12，32，34，60，64，72。

分布概况：约 80/16（11）种，**7 型**；主要分布于热带至亚热带亚洲，热带非洲仅有 2 种；中国产云南、贵州、广西、广东、湖南、江西、福建、台湾等。

系统学评述：分子系统学研究表明包括了水蜡烛属 *Dysophylla* 后的刺蕊草属为单系类群，隶属于野芝麻亚科刺蕊草族，与广防风属互为姐妹群[4]。

DNA 条形码研究：BOLD 网站有该属 3 种 35 个条形码数据；GBOWS 网站已有 9 种 93 个条形码数据。

代表种及其用途：刺蕊草 *P. glaber* Bentham 全草可入药。

75. *Premna* Linnaeus 豆腐柴属

Premna Linnaeus (1771: 154), *nom. cons.* ; Chen & Michael (1994: 16) (Type: *P. serratifolia* Linnaeus, *typ. cons.*).——*Pygmaeopremna* Merrill (1910: 225)

特征描述：乔木或灌木，有时攀援。枝条通常圆柱形，常有圆形或椭圆形黄白色腺状皮孔。单叶对生，无托叶。花序位于小枝顶端，由聚伞花序组成其他各式花序；萼小，钟状，平截或 2 裂；花冠小，圆柱状，喉部通常被长柔毛，檐部开展，4-5 裂，微呈二唇形，后裂片不等大，前裂片大，通常内面凹陷；雄蕊 4，通常 2 长 2 短。核果，外果皮通常质薄，多汁，内果皮为坚硬不分裂的 4 室或由于不育而为 2-3 室，中央有 1 空腔。染色体 $2n$=38。

分布概况：约 200/46（32）种，**6 型**；主要分布于亚洲与非洲的热带；中国主产长江以南，尤集中于云南，少数种类延伸至华中、华东、陕西、甘肃、西藏等。

系统学评述：豆腐柴属为单系类群，与石梓属构成姐妹群[2,3,9,11]，这 2 个属形成单独的分支，或应具有亚科的分类地位。

DNA 条形码研究：BOLD 网站有该属 12 种 36 个条形码数据；GBOWS 网站已有 9 种 35 个条形码数据。

代表种及其用途：豆腐柴 *P. microphylla* Turczaninow 的叶可制豆腐；根、茎、叶入药，具清热解毒、消肿止血之功效。

76. *Prunella* Linnaeus 夏枯草属

Prunella Linnaeus (1753: 600); Li & Hedge (1994: 134) (Lectotype: *P. vulgaris* Linnaeus)

特征描述：多年生草本。轮伞花序 6 花，聚集成卵状或卵圆状穗状花序，其下承以苞片；苞片宽大，膜质，覆瓦状排列；花萼管状钟形，近背腹扁平，不规则 10 脉，二唇形，上唇扁平，具 3 短齿，下唇 2 半裂，裂片披针形；冠筒向上逐渐一侧膨大，内面近基部有短毛及鳞片的毛环，冠檐二唇形，上唇直立，盔状，近龙骨状，下唇 3 裂，中裂片较大，内凹，具齿状小裂片，侧裂片圆形，反折下垂；雄蕊 4，前对较长，花丝尤其是后对先端 2 齿，花药成对靠近。小坚果圆形、卵圆形或长圆形，无毛光滑或具瘤。花粉粒 6 沟。染色体 $2n$=28，30，32。

分布概况：7/4 种，**8 型**；广布欧亚温带地区及热带山区；中国南北均产。

系统学评述：分子系统学研究表明夏枯草属为单系类群，隶属于薄荷族夏枯草亚族，与 *Cleonia* 互为姐妹群，两者再构成 *Horminum* 的姐妹分支[6,56]。

DNA 条形码研究：BOLD 网站有该属 5 种 73 个条形码数据；GBOWS 网站已有 2 种 60 个条形码数据。

代表种及其用途：夏枯草 *P. vulgaris* Linnaeus 全株入药，也是凉茶“加多宝”的主要原料之一。

77. *Rosmarinus* Linnaeus 迷迭香属

Rosmarinus Linnaeus (1753: 23); Li & Hedge (1994: 134) (Type: *R. officinalis* Linnaeus)

特征描述：石南状常绿灌木。叶线形，全缘。花在枝顶端聚集成总状花序；花萼卵状钟形，11 脉，喉部内面无毛；花冠筒伸出萼外，内无毛，喉部扩大，冠檐上唇直伸，先端微凹或浅 2 裂，下唇 3 裂，中裂片内凹，边缘常为齿状；雄蕊仅前对完全发育，花丝与药隔连接，在中部以下具有 1 个下弯的小齿，花药被药隔分开为 2 等份，药室平行仅 1 室发育，线形，背部着生在药隔顶端。小坚果卵状近球形，平滑，具 1 油质体。花粉粒 6 沟。染色体 $2n$=24。

分布概况：3/1 种，**10 型**；产地中海；中国引种栽培。

系统学评述：分子系统学研究表明迷迭香属为单系类群，隶属于荆芥亚科薄荷族，与分药花属互为姐妹群，两者再一起构成了鼠尾草属分支 I 的姐妹群[6,50]。

DNA 条形码研究：BOLD 网站有该属 2 种 23 个条形码数据；GBOWS 网站已有 1 种 4 个条形码数据。

代表种及其用途：迷迭香 *R. vulgaris* Linnaeus 全国广有栽培，为芳香油植物，因花期长，也可供观赏。

78. *Rostrinucula* Kudô 钩子木属

Rostrinucula Kudô (1929: 304); Li & Hedge (1994: 255) [Type: *R. dependens* (Rehder) Kudô (≡*Elsholtzia dependens* Rehder)]

特征描述：灌木。茎细嫩部分密被白色星状绒毛。穗状花序顶生，圆柱形，被星状绒毛；苞片阔三角状卵圆形；花萼钟形，10 脉，外被星状毛，萼齿 5，近等大，前 2 齿较宽；花冠粉红色紫红色，冠檐上唇直伸，全缘，下唇 3 裂，雄蕊 4，伸出花冠几达 1 倍，基部具毛盘状突起；花柱长超出雄蕊。小坚果三棱状椭圆形。花粉粒 3 沟。

分布概况：2/2（2）种；**15 型**；特产中国陕西、湖北、湖南、广西、贵州、四川和云南。

系统学评述：钩子木属为单系类群，隶属于野芝麻亚科刺蕊草族，与绵穗苏属互为姐妹群，两者再一起构成米团花属的姐妹分支[4]。

DNA 条形码研究：GBOWS 网站有该属 1 种 4 个条形码数据。

代表种及其用途：长叶钩子木 *R. sinensis* (Hemsley) C. Y. Wu 花冠紫红色，可供观赏。

79. *Rubiteucris* Kudô 掌叶石蚕属

Rubiteucris Kudô (1929: 297); Li & Hedge (1994: 55); Cantio et al. (1998: 381) [Type: *R. palmata* (Bentham ex J. D. Hooker) Kudô (≡*Teucrium palmatum* Benth. ex J. D. Hooker)].——*Cardioteucris* C. Y. Wu (1962: 247)

特征描述：直立草本。叶掌状 3 深裂或心状卵圆形。聚伞圆锥花序顶生；花萼钟形，5 脉，二唇形，上唇先端 3 齿，果时近全缘，下唇先端 2 浅齿；花冠筒超出花萼筒，在喉部极开张，不明显二唇形，上唇直伸或不明显，下唇向前方伸出，前裂片最大，匙形，下倾，稍内凹；雄蕊 4，自花冠后方长伸出，在花芽时极内卷，花药极叉开，肾形；花柱较雄蕊长，显著顶生。小坚果倒卵形，背面不明显 3 肋，合生面为果长的 3/4。花粉粒 3 沟。

分布概况：2/2（2）种，**15 型**；特产中国。

系统学评述：分子系统学研究表明最新界定的掌叶石蚕属为单系类群，隶属于野芝麻亚科[17]。该属长期以来被认为是单型属，直到 Cantino 将另一中国特有单型属，即心叶石蚕属 *Cardioteucris* 转入该属[17]，该属也曾被转移至莸属，并被处理为 *Caryopteris siccanea* W. W. Smith 的异名[57]。该属与莸属关系紧密，两者间的关系有待深入研究。

DNA 条形码研究：BOLD 网站有该属 1 种 2 个条形码数据；GBOWS 网站已有 1

种 7 个条形码数据。

80. *Salvia* Linnaeus 鼠尾草属

Salvia Linnaeus (1753: 23); Li & Hedge (1994: 195) (Lectotype: *S. offcinalis* Linnaeus)

特征描述：草本至灌木。叶为单叶或羽状复叶。轮伞花序 2 至多花，组成总状或总状圆锥或穗状花序；花萼上唇全缘或具 3 齿或具 3 短尖头，下唇 2 齿，果时常增大；花冠筒内藏或外伸；能育雄蕊 2，生于冠筒喉部的前方，花丝药隔延长，线形，横架于花丝顶端，以关节相联结，构成杠杆状结构，其上臂药室可育，下臂顶端着生有粉或无粉的药室或无药室，2 下臂分离或联合；退化雄蕊 2，生于冠筒喉部的后边，极小或不存在。小坚果卵状三棱形或长圆状三棱形，光滑。花粉粒 6 沟。染色体 $2n$=12，14，16，18，20，22，24，26，28，30，32，34，36，38，42，44，46，48，60，66，84，86，240。

分布概况：约 1000/86（73）种，**1 型**；南北半球均产，主产中美洲，地中海-西亚和东亚；中国各地均产，横断山区和长江以南地区尤盛。

系统学评述：分子系统学研究表明鼠尾草属为多系类群，隶属于荆芥亚科薄荷族鼠尾草亚族[6]。长期以来，鼠尾草属因具有杠杆状雄蕊这一独特结构而被认为是单系类群[58,59]，但最近的分子系统学研究表明，该属是至少包含了 III 个分支的多系类群[50,60-62]：分支Ⅰ与迷迭香属和分药花属构成姐妹群，该分支主要是旧世界的种类，但也包含了部分新世界的种类。分支Ⅱ与 *Dorystaechas* 和 *Meriandra* 构成姐妹群，该分支全部是新世界的种类。尽管分子数据和形态特征都支持分支Ⅲ为 1 个独立进化的分支，但该分支并非单系类群。其中一个分支包含了来自西亚和北非一些种并与 *Zhumeria* 构成姐妹群；另一分支全部为东亚的种类[50]。

DNA 条形码研究：BOLD 网站有该属 170 种 576 个条形码数据；GBOWS 网站已有 20 种 142 个条形码数据。

代表种及其用途：丹参 *S. miltiorrhiza* Bunge 其根入药，富含丹参酮，有活血祛瘀等功效，为妇科要药。临床已开发出多种药物，如复方丹参片等。

81. *Schnabelia* Handel-Mazzetti 四棱草属

Schnabelia Handel-Mazzetti (1924: 92); Li & Hedge (1994: 47); Cantio et al. (1998: 381) (Type: *S. oligophylla* Handel-Mazzetti)

特征描述：草本，茎上有时具翅。叶片全缘或偶 3 裂。聚伞花序 1-5 花；花萼 4 或 5 裂，有时后 1 齿要小，裂片宽卵形或线状披针形；花两侧对称，5 裂，上面 4 裂片近等大，下一裂片大得多，常内凹；雄蕊 4，几等长，内藏，花丝极短，花药肾状，2 室。小坚果倒卵珠形，被短柔毛，背部具不太明显的网纹，侧面相接，腹面具明显的果脐，中部隆起。花粉粒 3 沟。

分布概况：5/5（5）种，**15 型**；中国特有属，主产长江以南，少数到西北。

系统学评述：四棱草属长期以来被认为仅 2 种，且被不同学者分别置于马鞭草科或唇形科。分子系统学研究表明该属是唇形科筋骨草亚科的成员，且莸属的 3 个种被转移至四棱草属[18,63]。该属与其他近缘属的关系有待深入研究。

DNA 条形码研究：BOLD 网站有该属 2 种 2 个条形码数据。

代表种及其用途：四棱草 *S. oligophylla* Handel-Mazzetti 节间收缢，茎上具翅；全草入药有活血通经之效。

82. *Scutellaria* Linnaeus 黄芩属

Scutellaria Linnaeus (1753: 598); Li & Hedge (1994: 75) (Lectotype: *S. galericulata* Linnaeus)

特征描述：草本、半灌木，稀灌木。茎叶常具齿，或羽状分裂。花腋生、对生或有时互生，组成顶生或侧生总状或穗状花序；花萼钟形，在果时闭合，最终沿缝合线开裂达萼基部成为不等大两裂片，上裂片脱落而下裂片宿存，或两裂片均不脱落或一同脱落，上裂片在背上有 1 圆形、内凹、鳞片状的盾片或无盾片而明显呈囊状凸起；冠筒背面弓曲或近直立，上方趋于喉部扩大，前方基部膝曲，呈囊状增大或呈囊状距，冠檐二唇形；雄蕊 4，前对较长；花盘前方常呈指状膨大，后方延伸成直伸或弯曲柱状子房柄；花柱先端不相等 2 浅裂。小坚果扁球形或卵圆形，背腹面分化不明显，具瘤。花粉粒 6 沟。染色体 $2n$=12-88。

分布概况：约 360/102（79）种，**1 型**；世界广布，少数产热带非洲；中国南北均产。

系统学评述：分子系统学研究表明黄芩属为单系类群，隶属于黄芩亚科，但该属内各亚属与组都非单系，需要进行深入研究予以澄清。另外，该属与歧伞花属等的关系需要进一步研究[2,3,9]。

DNA 条形码研究：BOLD 网站有该属 35 种 111 个条形码数据；GBOWS 网站已有 10 种 64 个条形码数据。

代表种及其用途：黄芩 *S. baicalensis* Georgi 的根茎入药，可治疗多种疾病；茎秆还含芳香油。

83. *Sideritis* Linnaeus 毒马草属

Sideritis Linnaeus (1753: 574); Li & Hedge (1994: 105) (Lectotype: *S. hyssopifolia* Linnaeus)

特征描述：半灌木或多年生草本，全株被绵毛或绒毛。聚伞花序多花，组成顶生穗状花序；花萼管状钟形，5 齿（近）等大或不明显二唇形，5-10 脉，萼齿具硬刺尖；花冠黄色，二唇形，冠筒不伸出花萼，上唇直伸，近扁平，全缘或 2 浅裂；下唇开展，3 裂，中裂片最大；雄蕊 4，内藏，前对稍长，药室退化；后对稍短，药室 2 裂；花柱内藏，顶端不等 2 裂。小坚果三角状卵圆形，顶端钝圆。花粉粒 4 沟、6 散沟，或偶有 3 沟。染色体 $2n$=20，22，24，26，29，30，32，34，36，38，40，42，44，46，50，56。

分布概况：约 140/2 种，**10 型**；分布于温带亚洲和欧洲；中国主产新疆。

系统学评述：分子系统学研究表明毒马草属为多系类群，隶属于野芝麻亚科水苏族，与水苏属 *Stachys* 关系密切，但两者间的界限及其与近缘属的亲缘关系需要深入研究[4]。杂交在该属的物种形成中起着重要的作用[64,65]。

DNA 条形码研究：BOLD 网站有该属 18 种 23 个条形码数据。

代表种及其用途：毒马草 *S. montana* Linnaeus 为有毒杂草。

84. *Siphocranion* Kudô 筒冠花属

Siphocranion Kudô (1929: 53); Li & Hedge (1994: 264) [Type: *S. nudipes* (Hemsley) Kudô (≡*Plectranthus nudipes* Hemsley)]

特征描述：多年生草本，具密生须根的匍匐根茎。茎纤细。叶多聚生于茎端。花序总状，但有时呈三叉状，由具 2 花的轮伞花序组成；花萼阔钟形，花时齿近相等，果时极增大，明显二唇形，上唇宽大，具 3 齿，齿尖突状，下唇较长，具 2 齿，齿狭长，上曲；花冠筒状，基部无囊状凸起，中部有时横缢，至喉部略扩大，冠檐上唇 4 裂，裂片近相等或中央 2 裂片稍小，下唇略大，全缘；雄蕊 4，内藏，前对较长；花盘前方呈指状膨大，其长度超过子房。小坚果长圆形或卵圆形，褐色、具点，基部有 1 小白痕。花粉粒 6 沟。

分布概况：2/2（1）种，**14 型**；分布于印度，缅甸北部，越南北部；中国产亚热带地区。

系统学评述：分子系统学研究表明筒冠花属为单系类群[28]。该属在罗勒族里的系统位置一直存有较大争议，或被处理为系统位置未知，最近的分子系统学研究建立了筒冠花新亚族来阐明其系统位置[28]。

DNA 条形码研究：BOLD 网站有该属 2 种 3 个条形码数据；GBOWS 网站已有 1 种 17 个条形码数据。

代表种及其用途：筒冠花 *S. macranthum* (Hooker f.) C. Y. Wu 喜林下阴湿环境；茎叶入药，民间常敷制疮毒。

85. *Sphenodesme* Jack 楔翅藤属

Sphenodesme Jack (1820: 29); Chen & Michael (1994: 48) [Type: *S. pentandra* (Roxburgh) Jack (≡*Roscoea pentandra* Roxburgh)]

特征描述：攀援木质藤本。小枝四棱形。单叶交互对生，全缘。聚伞花序呈头状，有花 3-7 朵，外包花瓣状总苞片 5-6 枚；花萼钟状或管状，顶端 5 裂，稀 4-6 裂，果时略增大；花冠管短，顶端 5-6 浅裂；雄蕊 5 或 6-7，着生于花冠管喉部；子房为不完全的 2 室，每室有胚珠 2。核果球形或倒卵形，多少包藏于宿存增大的花萼内，通常有种子 1，很少 2 至数粒。种子无胚乳。

分布概况：约 16/4（1）种，**7 型**；分布于热带东南亚；中国产台湾、广东及云南。

系统学评述：分子系统学研究表明楔翅藤属为单系类群，隶属于六苞藤亚科。传统上，该属被置于六苞藤科。现有分子系统学研究将该属置于唇形科六苞藤亚科[1]，但其与六苞藤亚科另外 2 个属，即绒苞藤属和六苞藤属 *Symphorema* 的系统学关系有待研究。

DNA 条形码研究：GBOWS 网站有该属 2 种 7 个条形码数据。

86. *Stachyopsis* Popov & Vvedensky 假水苏属

Stachyopsis Linnaeus (1823: 120); Li & Hedge (1994: 161) (Type: *non designatus*)

特征描述：多年生草本。轮伞花序腋生，多数而远离组成穗状花序；小苞片刺状至线状披针形或线形；花萼倒圆锥状，10 脉，居间 5 脉不明显，5 齿等大，先端刺状长刺尖；花冠大，粉红色，冠檐二唇形，上唇直立，外密被长柔毛，全缘，下唇开展，3 裂，中裂片最大；雄蕊 4，前对稍长，均延伸于上唇片之下，前对花丝无毛，后对具微柔毛。小坚果长圆状三棱形，先端斜向截平，基部楔形，无毛。花粉粒 3 沟。

分布概况：3-4/3 种，**13 型**；分布于俄罗斯远东地区；中国产新疆。

系统学评述：分子系统学研究表明假水苏属为单系类群，隶属于野芝麻亚科野芝麻族，与野芝麻属/绵参属和菱叶元宝草属形成姐妹分支[4]。

DNA 条形码研究：GBOWS 网站有该属 1 种 4 个条形码数据。

87. *Stachys* Linnaeus 水苏属

Stachys Linnaeus (1753: 580); Li & Hedge (1994: 178) (Lectotype: *S. sylvatica* Linnaeus)

特征描述：草本。偶有横走根茎而在节上具鳞叶及须根，顶端有念珠状肥大块茎。轮伞花序 2 至多花，常组成穗状花序；花萼 10 脉，口等大或偏斜，齿 5，等大或后 3 齿较大，微刺尖，或钝且具胼胝体，直立或反折；花冠筒内藏或伸出，内面近基部常具柔毛环，冠檐上唇常呈微盔状，下唇 3 裂，中裂片大，侧裂片较短；雄蕊 4，均上升至上唇片之下，多少伸出于花冠筒，前对较长，花药 2 室；花盘常为平顶，少有指状膨大。花柱先端 2 裂，裂片钻形，近等大。小坚果卵珠形或长圆形，先端钝或圆，光滑或具瘤。花粉粒 3 沟。染色体 $2n$=10，16，18，24，30，32，34，48，64，66，68，80，102。

分布概况：约 300/18（8）种，**1 型**；广布温带；中国南北均产。

系统学评述：分子系统学研究表明水苏属为多系类群，隶属于野芝麻亚科水苏族[4,65,66]，该属与水苏族内其他属，如毒马草属、*Prasium*、*Phlomidoschema* 的关系极为复杂，故目前有关水苏属的范围、其与近缘属的关系及属下分类系统亟待深入研究。

DNA 条形码研究：BOLD 网站有该属 35 种 90 个条形码数据；GBOWS 网站已有 5 种 34 个条形码数据。

代表种及其用途：地蚕 *S. geobombycis* C. Y. Wu 肉质根茎可供食用；全草亦可入药，治跌打、疮毒等。

88. *Suzukia* Kudô 台钱草属

Suzukia Kudô (1930: 145); Li & Hedge (1994: 120) (Type: *S. shikikunensis* Kudô)

特征描述：草本，常具匍匐茎。叶具长柄，叶片多为圆形或肾形。花萼倒圆锥状钟形，具 5 脉，5 齿卵状正三角形，微二唇形，上唇 3 齿略大；花冠管状，上部近基部具毛环，冠檐上唇卵形，盔状，下唇大，中裂片倒梯形，顶端深凹，侧裂片长椭圆状倒卵形；雄蕊 4，前对稍长，均远伸出冠筒喉部以外。小坚果明显三棱形，背部及顶端圆形，光亮无毛。花粉粒 3 沟。染色体 $2n=24$。

分布概况： 2/2（1）种，**14 型**；分布于琉球群岛；中国产台湾。

系统学评述： 分子系统学研究表明台钱草属被置于野芝麻亚科水苏族，且嵌套于水苏属内，该属与水苏属的关系有待研究[67]。

89. *Symphorema* Roxburgh 六苞藤属

Symphorema Roxburgh (1805: 46); Chen & Michael (1994: 47) (Type: *S. involucratum* Roxburgh)

特征描述： 攀援灌木。茎近圆柱形或微四方形。单叶对生。聚伞花序头状，具总梗，有 7 枚无柄的花及 6 枚长椭圆形基部分离的总苞片，总苞片在果时常增大；花萼 3-8 齿，果时增大；花冠小，白色，花冠管圆柱形，裂片 6-16（18），近相等；雄蕊与花冠裂片同数而等长，伸出花冠外；子房倒卵形，2 或不完全 4 室，每室有 2 并生悬垂胚珠，仅 1 枚能育。蒴果近干燥，包藏于增大的萼内。1 种子，直立，无胚乳。染色体 $2n=24$，28，36。

分布概况： 约 3/1 种，**7 型**；间断分布于印度，缅甸，泰国，菲律宾；其中 1 种延伸至中国云南南部。

系统学评述： 分子系统学研究表明六苞藤属为单系类群，隶属于六苞藤亚科。传统上，该属被置于六苞藤科，现有分子系统学研究将其置于唇形科六苞藤亚科[1]，但该属与六苞藤亚科楔翅藤属 *Sphenodesme* 和绒苞藤属 *Congea* 的系统学关系有待深入研究。

DNA 条形码研究： GBOWS 网站有该属 1 种 7 个条形码数据。

90. *Tectona* Linnaeus f. 柚木属

Tectona Linnaeus f. (1781: 20); Chen & Michael (1994: 16) (Type: *T. grandis* Linnaeus f.)

特征描述： 落叶乔木。小枝被星状柔毛。叶大，对生或轮生，全缘，有叶柄。花序由二歧状聚伞花序组成顶生圆锥花序；花萼钟状，5-6 齿裂，果时增大成卵圆形或坛状，完全包围果实；花冠管短，顶端 5-6 裂，裂片向外反卷；雄蕊 5-6，着生在花冠管上部，伸出花冠外；子房 4 室，每室有 1 胚珠。核果包藏于宿存增大的花萼内，外果皮薄，内果皮骨质。种子长圆形。染色体 $2n=36$。

分布概况： 约 3/1 种，**7 型**；分布于印度，缅甸，马来西亚，菲律宾；中国产云南、广西、广东、福建。

系统学评述： 柚木属为唇形科中系统位置未定的属[1]。Bramley[11]的研究中虽然涉及该属，由于研究种类较少，因此也未能确定其系统位置和近缘类群。该属在唇形科中的系统位置，以及其与其他大分支的关系需要进一步研究。

DNA 条形码研究： BOLD 网站有该属 2 种 29 个条形码数据；GBOWS 网站已有 1 种 6 个条形码数据。

代表种及其用途： 柚木 *T. grandis* Linnaeus f.是世界著名的木材之一，适于建筑、雕刻及家具之用；木屑浸水可治皮肤病或煎水治咳嗽；花和种子利尿。云南、广东、广西、福建、台湾等地现已普遍引种。

91. *Teucrium* Linnaeus 香科科属

Teucrium Linnaeus (1753: 562); Li & Hedge (1994: 56) (Lectotype: *T. furticans* Linnaeus).——*Kinostemon* Kudô (1929: 1)

特征描述：半灌木或草本。叶片具羽状脉，轮伞花序常 2-3 花，组成假穗状花序；花萼在喉下生出 1 环向上的睫状毛，萼筒前方基部常一面膨胀，10 脉；花冠仅具单唇，冠筒内无毛环，唇片具 5 裂片，唇片与冠筒几成直角；雄蕊 4，前对稍长，均从花冠后方的弯缺处伸出，花药极为叉开；花柱生于子房顶部，与雄蕊等长或稍超过之；花盘小，全缘或微 4 裂；子房圆球形，顶端十字形浅 4 裂。小坚果倒卵形，合生面较大，约为果长 1/2。花粉粒 3 沟。染色体 $2n$=10-104。

分布概况：约 260/18（10）种，**1 型**；遍布世界各地，地中海区盛产；中国南北皆产，但西南尤盛。

系统学评述：香科科属隶属于筋骨草亚科，系统位置相对稳定[2,68,69]，但其界限及其与近缘属的关系不清楚，需要进一步研究。Harley 等[1]基于形态学证据将动蕊花属并入至该属，但目前还缺乏分子系统学证据。

DNA 条形码研究：BOLD 网站有该属 78 种 135 个条形码数据；GBOWS 网站已有 5 种 61 个条形码数据。

代表种及其用途：铁轴草 *T. quadrifarium* Buchanan-Hamilton ex D. Don 全株密被锈棕色长毛；根可入药，具止血、活血功效。

92. *Thymus* Linnaeus 百里香属

Thymus Linnaeus (1753: 590); Li & Hedge (1994: 233) (Lectotype: *T. vulgaris* Linnaeus)

特征描述：矮小半灌木。叶小，全缘或每侧具 1-3 小齿；苞叶与叶同形，向上渐变成小苞片；轮伞花序紧密排成头状花序或疏松排成穗状花序；花具梗；花萼管状钟形或狭钟形，具 10-13 脉，二唇形，上唇 3 裂，裂片三角形或披针形，下唇 2 裂，裂片钻形，被硬缘毛，喉部被白色毛环；花冠筒内藏或外伸，冠檐上唇直伸，微凹，下唇开裂，3 裂，裂片近相等或中裂片较长；雄蕊 4，分离，外伸或内藏，前对较长，花药 2 室。小坚果卵珠形或长圆形，光滑。花粉粒 6 沟。染色体 $2n$=24，26，28，30，32，42，48，50，52，54，56，58，60，84，90。

分布概况：约 220/11（2）种，**10 型**；分布于非洲北部，欧洲及亚洲温带；中国主要产黄河以北地区。

系统学评述：分子系统学研究表明百里香属为并系类群[25]，与 *Argantoniella*、*Saccocalyx* 和牛至属关系较为紧密。该属的种数存有较大争议，且报道了大量的杂交种。

DNA 条形码研究：BOLD 网站有该属 24 种 120 个条形码数据；GBOWS 网站已有 4 种 24 个条形码数据。

代表种及其用途：地椒 *T. quinquecostatus* Čelakovský 在北方较为常见；全草入药，具祛风解表、行气止痛之功效。

93. *Tsoongia* Merrill 假紫珠属

Tsoongia Merrill (1923: 264); Chen & Michael (1994: 27) (Type: *T. axillariflora* Merrill)

特征描述：直立灌木。幼枝、叶柄、叶背面及花序梗均被锈色绒毛。叶对生，单叶或有时为 3 小叶，全缘。聚伞花序腋生，花序梗短于叶柄；花萼小，钟状，3 齿裂成二唇形，外面密生颗粒状腺点；花冠管长，圆筒状，上部稍扩大，4-5 裂成二唇形；雄蕊 4，2 强至近等长，着生于花冠管中部；子房顶端密生黄色腺点，2 室，每室有 2 胚珠。核果卵形，具 1 个 2-4 室的核。

分布概况：1/1 种，**7-4 型**；分布于越南北部；中国产华南和云南。

系统学评述：假紫珠属隶属于唇形科牡荆亚科[1]。形态性状聚类分析显示假紫珠属与 *Viticipremna* 和 *Teijsmanniodendron* 具有较近的亲缘关系[14]。而分子系统学研究显示该属与 *Vitex visteta* Wallich ex Schauer 构成姐妹群，结合形态学证据，Bramley 等[11]建议将该属并入牡荆属。

DNA 条形码研究：BOLD 网站有该属 1 种 1 个条形码数据。

94. *Vitex* Linnaeus 牡荆属

Vitex Linnaeus (1753: 638); Chen & Michael (1994: 28) (Lectotype: *V. agnus-castus* Linnaeus)

特征描述：乔木或灌木。叶对生，掌状复叶，小叶 3-8，稀单叶。聚伞花序，或为聚伞花序组成圆锥状、伞房状以至近穗状花序；花萼顶端近截平或有 5 小齿，有时略为二唇形；花冠略长于萼，二唇形，上唇 2 裂，下唇 3 裂，中间的裂片较大；雄蕊 4，2 长 2 短或近等长；子房 2-4 室，每室有胚珠 1-2。果实球形、卵形至倒卵形，中果皮肉质，内果皮骨质。花粉粒 3 沟。染色体 $2n$=12，16。

分布概况：约 250/14（4）种，**2 型**；分布于热带和温带地区；中国主产长江以南，少数种类向西北经秦岭至青藏高原，向东北经华北至辽宁等。

系统学评述：分子系统学研究表明牡荆属为多系类群，在牡荆分支中嵌入了假紫珠属、*Paravitex*、*Viticipremna*、*Teijsmanniodendron* 和 *Petitia*。结合地理分布和形态特征，Bramley 等[11]将假紫珠属、*Paravitex* 和 *Viticipremna* 处理为牡荆属的异名。该属在牡荆亚科中的系统位置和属的范围界定尚需深入研究。

DNA 条形码研究：BOLD 网站有该属 46 种 104 个条形码数据；GBOWS 网站已有 11 种 73 个条形码数据。

代表种及其用途：黄荆 *V. negundo* Linnaeus 的茎皮可造纸及制人造棉；茎叶治久痢；种子为清凉性镇静、镇痛药；根可以驱烧虫；花和枝叶可提取芳香油。

95. *Wenchengia* C. Y. Wu & S. Chow 保亭花属

Wenchengia C. Y. Wu & S. Chow (1965: 250); Li & Hedge (1994: 70) (Type: *W. alternifolia* C. Y. Wu & S. Chow)

特征描述：亚灌木，叶互生。总状花序，花呈明显的螺旋状排列。花萼漏斗形，5

齿，下面 2 齿宽大；花冠二唇形，上唇小，2 裂，下唇 3 裂；雄蕊 4，后对较长，花药 2 室，药室成钝角极叉开；花柱近顶生，子房顶浅 4 裂；胚珠倒生。小坚果 4，倒卵形，背腹面压扁，具侧腹的全生面，具珠柄丝穿孔，珠柄丝由腹缝维管束游离部分的近顶部分出，外果皮薄，外面 5 纵肋，具有瘤状凸起及单毛。花粉粒 3 沟。染色体 $2n$=36。

分布概况：1/1（1）种，**15 型**；长期被认为特产中国海南且十分罕见，但最近报道越南也有分布[70]

系统学评述：保亭花属因具叶片互生等较多独特形态特征，而被自立为 1 亚科，且因野外分布极其少见而一度认为已灭绝。最近，该属植物在野外再次被发现，基于叶绿体 DNA 序列的分子系统学研究表明，保亭花属应归入黄芩亚科，是该亚科内黄芩属、冬红花属 *Holmskioldia* 及 *Tinnea* 的姐妹群[3]，且与之前的部分形态学研究结果较为吻合[71,72]。

DNA 条形码研究：BOLD 网站有该属 1 种 1 个条形码数据。

代表种及其用途：保亭花 *W. alternifolia* C. Y. Wu & S. Chow 生于热带森林中，其花为黄色或紫红色；野外居群及个体数目均少，亟待保护。

96. *Ziziphora* Linnaeus 新塔花属

Ziziphora Linnaeus (1753: 21); Li & Hedge (1994: 224) (Lectotype: *Z. capitata* Linnaeus)

特征描述：草本至半灌木。叶多为全缘，下面常具腺点，具短柄或无。轮伞花序散生于叶腋，或于茎顶聚集成头状；苞叶叶状；花萼管状，具 13 脉，极不明显二唇，上唇 3 齿，下唇 2 齿，齿近等长，在花后常常靠合，内面喉部有 1 环密的长毛；花冠上唇全缘，直伸，下唇开展，3 裂；前对雄蕊能育，延伸至上唇，花药 2 室或仅有 1 室发育，后一种情况时第二室退化成附属物或不存在，药室线形，后对雄蕊短或不存在；花柱先端不等 2 浅裂；花盘平顶。小坚果卵球形，光滑。花粉粒 6 沟。染色体 $2n$=12，16，18，24，32，36。

分布概况：约 20/4 种，**12 型**，分布于地中海至亚洲中部及阿富汗；中国产新疆。

系统学评述：分子系统学研究表明新塔花属为单系类群，隶属于薄荷族，与风轮菜属、*Bystropogon*、*Acinos* 等构成一个分支[6]。

DNA 条形码研究：BOLD 网站有该属 7 种 11 个条形码数据；GBOWS 网站已有 1 种 7 个条形码数据。

代表种及其用途：新塔花 *Z. bungeana* Juzepczuk 全草可入药。

主要参考文献

[1] Harley RM, et al. Labiatae[M]//Kubitzki K. The families and genera of vascular plants, VII. Berlin: Springer, 2004: 167-275.

[2] Chen YP, et al. Phylogenetic placenment of the enigmatic genus *Holocheila* (Lamiaceae) inferred from plastid DNA sequences[J]. Taxon, 2014, 63: 355-366.

[3] Li B, et al. Phylogenetic position of *Wenchengia* (Lamiaceae): a taxonomically enigmatic and critically endangered genus[J]. Taxon, 2012, 61: 392-401.

[4] Bendiksby M, et al. An updated phylogeny and classification of Lamiaceae subfamily Lamioideae[J]. Taxon, 2011, 60: 471-484.

[5] Paton AJ, et al. Phylogeny and evolution of basils and allies (Ocimeae, Labiatae) based on three plastid DNA regions[J]. Mol Phylogenet Evol, 2004, 31: 277-299.

[6] Drew BT, Sytsma KJ. Phylogenetics, biogeography, and staminal evolution in the tribe Mentheae (Lamiaceae)[J]. Am J Bot, 2012, 99: 933-953.

[7] Conn BJ, et al. Infrageneric phylogeny of Chloantheae (Lamiaceae) based on chloroplast *ndh*F and nuclear ITS sequence data[J]. Aust Syst Bot, 2009, 22: 243-256.

[8] Wilson TC, et al. Molecular phylogeny and systematics of *Prostanthera* (Lamiaceae)[J]. Am J Bot, 2012, 25: 341-352.

[9] Wagstaff SJ, et al. Phylogeny of Labiatae *s.l.*, inferred from cpDNA sequences[J]. Plant Syst Evol, 1998, 209: 265-274.

[10] Steane DA, et al. Phylogenetic relationships between *Clerodendron* (Lamiaceae) and other ajugoid genera inferred from nuclear and chloroplast DNA sequence data[J]. Mol Phylogenet Evol, 2004, 32: 39-45.

[11] Bramley GLC, et al. Troublesome tropical mints: re-examining generic limits of *Vitex* and relations (Lamiaceae) in South East Asia[J]. Taxon, 2009, 58: 500-510.

[12] Scheen AC, et al. Molecular phylogenetics, character evolution, and suprageneric classification of Lamioideae (Lamiaceae)[J]. Ann MO Bot Gard, 2010, 97: 191-217.

[13] Huang M, et al. Systematics of *Trichostema* (Lamiaceae): evidence from ITS, *ndh*F, and morphology[J]. Syst Bot, 2008, 33: 437-446.

[14] Cantino PD. Evidence for a polyphyletic origin of the Labiatae[J]. Ann MO Bot Gard, 1992, 79: 361-379.

[15] Briquet J. Labiatae[M]//Engler A, Prantl K. Naturlichen pflanzenfamilien. Vol. 4. Leipzig: W. Engelmann, 1897: 332-348.

[16] 张宏达. 中国紫珠属植物之研究[J]. 植物分类学报, 1951, 1: 269-312.

[17] Cantino PD, et al. *Caryopteris* (Lamiaceae) and the conflict between phylogenetic and pragmatic considerations in botanical nomenclature[J]. Syst Bot, 1998, 23: 369-386.

[18] Shi SH, et al. Phylogenetic position of *Schnabelia*, a genus endemic to China: evidence from sequences of cpDNA *mat*K gene and nrDNA ITS regions[J]. Chin Sci Bull, 2003, 48: 1576-1580.

[19] Abu-Asab MS, Cantino PD. Systematics implications of pollen morphology in tribe Prostanthereae (Labiatae)[J]. Syst Bot, 1993, 18: 563-574.

[20] Ryding O. Pericarp structure of the *Caryopteris* group (Lamiaceae subfam. Ajugoideae)[J]. Nord J Bot, 2009, 27: 257-265.

[21] Xiang CL, et al. Molecular phylogenetics of *Chelonopsis* (Lamiaceae: Gomphostemmateae) as inferred from nuclear and plastid DNA and morphology[J]. Taxon, 2013, 62: 375-386.

[22] Scheen AC, et al. Molecular phylogenetics of tribe Synandreae, a North American lineage of lamioid mints (Lamiaceae)[J]. Cladistics, 2008, 24: 299-314.

[23] Steane DA, et al. Molecular systematics of *Clerodendron* (Lamiaceae): ITS sequences and total evidence[J]. Am J Bot, 1999, 86: 98-107.

[24] Steane DA, Mabberley DJ. *Rotheca* (Lamiaceae) revived[J]. Novon, 1998, 88: 204-206.

[25] Bräuchler C, et al. Molecular phylogeny in Menthinae (Lamiaceae, Nepetoideae, Mentheae)-taxonomy, biogeography and conflicts[J]. Mol Phylogenet Evol, 2010, 55: 501-523.

[26] Hu GX, et al. Trichome micromorphology of the Chinese-Himalayan genus *Colquhounia* (Lamiaceae), with emphasis on taxonomic implications[J]. Biologia, 2012, 67: 867-874.

[27] Moon HK, et al. Micromorphology and character evolution of nutlets in tribe Mentheae (Nepetoideae, Lamiaceae)[J]. Syst Bot, 2009, 34: 760-776.

[28] Zhong JS, et al. Phylogeny of *Isodon* (Schrad. ex Benth.) Spach (Lamiaceae) and related genera inferred from nuclear ribosomal ITS, *trn*L-*trn*F region, and *rps*16 intron sequences and morphology[J]. Syst Bot, 2010, 35: 207-219.

[29] 普春霞. 唇形科香薷属的系统演化与分类修订[D]. 昆明: 中国科学院昆明植物研究所博士学位论文, 2012.

[30] Xu B, et al. *Eriophyton sunhangii* Bo Xu, Zhimin Li & Boufford (Lamiaceae), a new species from Eastern Xizang, China [J]. Harvard Pap Bot, 2009, 14: 15-17.

[31] Ryding O. Pericarp structure and phylogeny within Lamiaceae subfamily Nepetoideae tribe Ocimeae[J]. Nord J Bot, 1992, 12: 273-298.

[32] Ryding O. Pericarp structure and systematic positions of five genera of Lamiaceae subg. Nepetoideae tribe Ocimeae[J]. Nord J Bot, 1993, 13: 631-635.

[33] Paton A, Ryding O. *Hanceola*, *Siphocranion* and *Isodon* and their position in the Ocimeae (Labiatae)[J]. Kew Bull, 1998, 53: 723-731.

[34] 吴征镒, 黄蜀琼. 中国植物志唇形科资料(四)[J]. 植物分类学报, 1974, 12: 337-346.

[35] Bunsawat J, et al. Phylogenetics of *Mentha* (Lamiaceae): evidence from chloroplast DNA sequences[J]. Syst Bot, 2004, 29: 959-964.

[36] Bräuchler C, et al. Polyphyly of the genus *Micromeria* (Lamiaceae)-evidence from cpDNA sequence data[J]. Taxon, 2005, 54: 639-650.

[37] Maki M, et al. Molecular phylogeny of *Isodon* (Lamiaceae) in Japan using chloroplast DNA sequences: recent rapid radiations or ancient introgressive hybridization?[J]. Plant Spec Biol, 2010, 25: 240-248.

[38] Hong SP. Pollen morphology and its systematic implications for the genera *Keiskea* Miq. and *Collinsonia* L. (Elsholtzieae-Lamiaceae)[J]. J Plant Biol, 2007, 50: 533-539.

[39] Peirson JA, et al. Phylogeny of *Collinsonia* and tribe Elsholtzieae (Lamiaceae) based on ITS sequence analysis[C]. Abstract 34, Botany 2004. http://www.botany2004.org/engine/search/index.php?func=detailandaid=34[2018-10-5].

[40] Budantsev AL. Features of the surface ultrastructure of fruit of species of the genus *Nepeta* (Lamiacea)[J]. Bot Zhurn, 1993, 78: 80-87.

[41] Moon HK, et al. Comparative pollen morphology and ultrastructure of Mentheae subtribe Nepetinae (Lamiaceae)[J]. Rev Palaeobot Palyno, 2008, 149: 174-186.

[42] Ryding O. Phylogeny of the *Leucas* group (Lamiaceae)[J]. Syst Bot, 1998, 23: 235-247.

[43] Scheen AC, Albert VA. Molecular phylogenetics of the *Leucas* group (Lamioideae; Lamiaceae)[J]. Syst Bot, 2009, 34: 173-181.

[44] Gobert V, et al. Hybridization in the section *Mentha* (Lamiaceae) inferred from AFLP markers[J]. Am J Bot, 2002, 89: 2017-2023.

[45] Wang Q, Hong DY. Character analysis and taxonomic revision of the *Microtoena insuavis* complex (Lamiaceae)[J]. Bot J Linn Soc, 2011, 165: 315-327.

[46] Wang Q, Hong DY. Identity of *Microtoena affinis* (Lamiaceae)[J]. Syst Bot, 2012, 37: 1031-1034.

[47] Alan-Prather L, et al. Monophyly and phylogeny of *Monarda* (Lamiaceae): evidence from the internal transcribed spacer (ITS) region of nuclear ribosomal DNA[J]. Syst Bot, 2002, 27: 127-137.

[48] Zhou SL, et al. Pollen and nutlet morphology in *Mosla* (Labiatae) and their systematic value[J]. Israel J Plant Sci, 1997, 45: 343-350.

[49] Jamzad Z, et al. Phylogenetic relationships in *Nepeta* L. (Lamiaceae) and related genera based on ITS sequence data[J]. Taxon, 2003, 52: 21-32.

[50] Walker JB, Sytsma KJ. Staminal evolution in the genus *Salvia* (Lamiaceae): molecular phylogenetic evidence for multiple origins of the staminal lever[J]. Ann Bot, 2006, 100: 375-391.

[51] Ryding O. Pericarp structure and phylogeny of the *Phlomis* group (Lamiaceae subfam. Lamioideae)[J]. Bot Jahrb Syst, 2008, 127: 299-316.

[52] Mathiesen C, et al. Phylogeny and biogeography of the lamioid genus *Phlomis* (Lamiaceae)[J]. Kew Bull, 2011, 66: 83-99.

[53] Salmaki Y, et al. Phylogeny of the tribe Phlomideae (Lamioideae: Lamiaceae) with special focus on *Eremostachys* and *Phlomoides*: new insights from nuclear and chloroplast sequences[J]. Taxon, 2012, 61: 161-179.

[54] Paton A. A revision of *Haumaniastrum* (Labiatae)[J]. Kew Bull, 1997, 52: 293-378.

[55] Suddee S, et al. Taxonomic revision of tribe Ocimeae Dumort. (Lamiaceae) in continental South East Asia III. Ociminae[J]. Kew Bull, 2005, 60: 3-75.

[56] Trusty JL, et al. Using molecular data to test a biogeographic connection of the Macaronesian genus *Bystropogon* (Lamiaceae) to the New World: a case of conflicting phylogenies[J]. Syst Bot, 2004, 29: 702-715.

[57] Cantino PD. Conspecific status of *Cardioteucris cordifolia* (Labiatae) and *Caryopteris siccanea* (Verbenaceae)[J]. Taxon, 1991, 40: 441-443.

[58] Bentham G. Labiatae[M]//de Candolle A. Prodromus systematis naturalis regni vegetabilis. Vol. 12. Paris: Treuttel et Wurtz, 1848: 27-603.

[59] El-Gazzar A, Watson L. Labiatae: taxonomy and susceptibility to *Puccinia menthae* Pers[J]. New Phytol, 1968, 67: 739-743.

[60] Walker JB, et al. *Salvia* (Lamiaceae) is not monophyletic: implications for the systematics, radiation, and ecological specializations of *Salvia* and tribe Mentheae[J]. Am J Bot, 2004, 91: 1115-1125.

[61] Takano A, Okada H. Phylogenetic relationships among subgenera, species, and varieties of Japanese *Salvia* L. (Lamiaceae)[J]. J Plant Res, 2011, 124: 245-252.

[62] Li QQ, et al. Phylogenetic relationships of *Salvia* (Lamiaceae) in China: evidence from DNA sequence datasets[J]. J Syst Evol, 2013, 51: 184-195.

[63] Cantino PD, et al. *Caryopteris* (Lamiaceae) and the conflict between phylogenetic and pragmatic considerations in botanical nomenclature[J]. Syst Bot, 1998, 23: 369-386.

[64] Barber JC, et al. Origin of Macaronesian *Sideritis* L. (Lamioideae: Lamiaceae) inferred from nuclear and chloroplast sequence datasets[J]. Mol Phylogenet Evol, 2002, 23: 293-306.

[65] Barber JC, et al. Hybridization in Macaronesian *Sideritis* (Lamiaceae): evidence from incongruence of multiple independent nuclear and chloroplast sequence datasets[J]. Taxon, 2007, 56: 74-88.

[66] Lindqvist C, Albert VA. Origin of the Hawaiian endemic mints within North American *Stachys* (Lamiaceae)[J]. Am J Bot, 2002, 89: 1709-1724.

[67] Salmaki Y, et al. Molecular phylogeny of tribe Stachydeae (Lamiaceae subfamily Lamioideae)[J]. Mol Phylogenet Evol, 2013, 69: 535-551.

[68] Navarro T, El Oualidi J. Trichome morphology in *Teucrium* L. (Labiatae). A taxonomic review[J]. Anales Jard Bot Madrid, 1999, 57: 277-297.

[69] Abu-Asab MS, Cantino PD. Phylogenetic implications of pollen morphology in tribe Ajugeae (Labiatae)[J]. Syst Bot, 1993, 18: 100-122.

[70] Paton A, et al. Records of *Wenchengia* (Lamiaceae) from Vietnam[J]. Biodiver Data J, 2016, 4: e9596.

[71] Cantino PD, Abu-Asab MS. A new look at the enigmatic genus *Wenchengia* (Labiatae)[J]. Taxon, 1993, 42: 339-344.

[72] Ryding O. Pericarp structure and phylogenetic position of the genus *Wenchengia* (Lamiaceae)[J]. Bot Jahrb Syst, 1996, 118: 153-158.

Mazaceae Reveal (2011) 通泉草科

特征描述：草本，直立或倾卧。基生叶莲座状或无基生叶，对生或互生。总状花序；花萼漏斗状或钟形，萼齿 5 枚；花冠二唇形，筒上部稍扩大，上唇直立，2 裂，下唇较上唇长而宽，有隆起的褶襞，被毛，3 裂；雄蕊 4，2 强，着生在花冠筒上；子房有毛或无毛，花柱无毛，柱头 2 裂。蒴果或肉果；种子小，多数。花粉粒 3 沟，网状纹饰。染色体 2*n*=20，40。

分布概况：3 属/33 种，分布于亚洲中部和东部，延伸至大洋洲；中国 3 属/28 种，主要分布于西北、华中和东南各省区。

系统学评述：分子证据表明通泉草属 *Mazus* 及其相关类群与狭义玄参科关系较远。虽然与透骨草科 Phrymaceae 的关系较近，但是系统位置相对孤立[1,2]，因此 Reveal[3]将其建立为 1 个独立的通泉草科。现有的分子系统学研究中未同时包含 3 属[1,2]，基于 NCBI 中 *trn*L-F 和 *rps*16 的初步分析表明，野胡麻属 *Dodartia* 和肉果草属 *Lancea* 互为姐妹群，通泉草属位于基部。

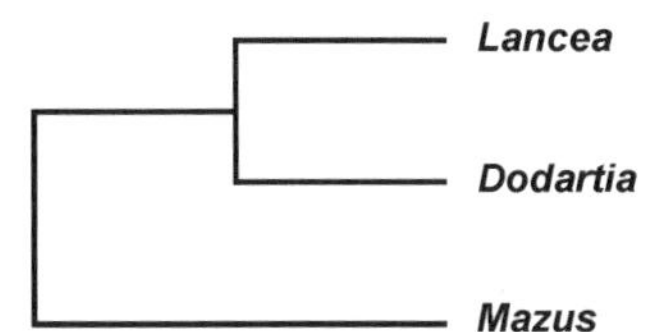

图 205　通泉草科分子系统框架图

分属检索表

1. 果不裂，外皮薄肉质；植物茎极短，花从叶丛中发出……………………**2. 肉果草属 *Lancea***
1. 蒴果开裂；植株有明显支茎
   2. 植物体较坚挺，上部分枝稠密；叶不发达……………………**1. 野胡麻属 *Dodartia***
   2. 植物柔弱，茎常倾卧或有匍枝，上部绝不分枝；叶正常……………………**3. 通泉草属 *Mazus***

1. *Dodartia* Linnaeus 野胡麻属

Dodartia Linnaeus (1753: 633); Hong et al. (1998: 48) (Lectotype: *D. orientalis* Linnaeus)

特征描述：多年生草本，直立。茎多分枝。叶少而小，对生或互生，无柄，条形或为鳞片状，全缘或有疏齿。总状花序生于枝端，花稀疏；花萼钟状，宿存，萼齿 5；花冠二唇形，花冠筒较唇长，上唇短而伸直，端凹入，下唇较上唇长而宽，有隆起的褶襞，被毛，3 裂；雄蕊 4，2 强，无毛，药室分离而叉分；子房 2 室，柱头头状，端浅 2 裂。蒴果近圆球形，不明显的开裂；种子多数。

分布概况：1/1 种，**12 型**；分布于亚洲西部；中国产甘肃、内蒙古、四川、新疆。

系统学评述：野胡麻属传统上置于玄参科 Leucocarpeae[4]，基于分子证据表明该属与通泉草属构成姐妹群关系[1]。

DNA 条形码研究：BOLD 网站有该属 1 种 1 个条形码数据；GBOWS 网站已有 1 种 12 个条形码数据。

代表种及其用途：野胡麻 *D. orientalis* Linnaeus 可药用，具清热解毒、散风止痒之功效。

2. *Lancea* J. D. Hooker & Thomson 肉果草属

Lancea J. D. Hooker & Thomson (1857: 244); Hong et al. (1998: 28) (Lectotype: *L. tibetica* J. D. Hooker & Thomson)

特征描述：矮小草本，近于无毛。根状茎细长，有纤维状须根。叶少，近于基出或对生于短茎上，倒卵状矩圆形或匙形，羽状脉，在茎基部的为鳞片状。总状花序顶生，短而少花；苞片披针形；花萼钟状，萼齿 5，近于相等；花冠二唇形，蓝色或深紫蓝色，上唇 2 裂，直立或稍开展，下唇较上唇长而宽，有隆起的褶襞，被毛，3 裂；雄蕊 4，2 强，药室分离而叉分；子房无毛，柱头扇状或为二片状。果实球形，浆果状，近肉质而不裂；种子多数。

分布概况：2/2 种，**14SH 型**；分布于不丹，印度，蒙古国；中国产西南和西北部高山。

系统学评述：肉果草属传统上置于玄参科 Leucocarpeae[4]，Xia 等[2]研究表明该属与通泉草属构成姐妹群关系。

DNA 条形码研究：BOLD 网站有该属 1 种 2 个条形码数据；GBOWS 网站已有 2 种 46 个条形码数据。

代表种及其用途：肉果草 *L. tibetica* J. D. Hooker & Thomson 的根可入药，民间常用于治疗肺炎、高血压等疾病。

3. *Mazus* Loureiro 通泉草属

Mazus Loureiro (1790: 385); Hong et al. (1998: 42) (Lectotype: *M. rugosus* Loureiro)

特征描述：矮小草本，直立或倾卧，着地部分节上常生不定根。叶以基生为主，多为莲座状或对生，上部多为互生。总状花序，花小；苞片小，小苞片有或无；萼齿 5 枚；花冠二唇形，紫白色，上唇直立，下唇较上唇长而宽，有隆起的褶襞，被毛，3 裂；雄蕊 4，2 强，药室极叉开；花柱无毛，柱头二片状。蒴果被包于宿存的花萼内，球形或多少压扁，室背开裂；种子小，极多数。染色体 $2n$=20，40。

分布概况：35/25 种，**5（7，14）型**；分布于亚洲东部和东南部，延伸至大洋洲至新西兰；中国除新疆、青海、山西外均产，西南至华中尤盛。

系统学评述：通泉草属传统上置于玄参科 Leucocarpeae[4]，现将其与野胡麻属和肉果草属共同作为独立科处理[3]。传统上，国产通泉草属划分 3 组，即通泉草组 *Mazus* sect.

Mazus、毛蕊组 *M.* sect. *Trichogynus* 和狭叶组 *M.* sect. *Lanceifoliae*[FPRS]，但由于缺乏深入的系统学研究，属下关系有待解决。

DNA 条形码研究：BOLD 网站有该属 7 种 12 个条形码数据；GBOWS 网站已有 11 种 99 个条形码数据。

代表种及其用途：弹刀子菜 *M. stachydifolius* (Turczaninow) Maximowicz 全草入药，具有清热解毒、凉血散瘀之功效。

主要参考文献

[1] Schaferhoff B, et al. Towards resolving Lamiales relationships: insights from rapidly evolving chloroplast sequences[J]. BMC Evol Biol, 2010, 10: 352.

[2] Xia Z, et al. Familial placement and relations of *Rehmannia* and *Triaenophora* (Scrophulariaceae *s.l.*) inferred from five gene regions[J]. Am J Bot, 2009, 96: 519-530.

[3] Reveal J. Summary of recent systems of angiosperm classification[J]. Kew Bull, 2011, 66: 5-48.

[4] Fischer E. Scrophulariaceae[M]//Kubitzki K. The families and genera of vascular plants, VII. Berlin: Springer, 2004: 333-432.

Phrymaceae Schauer (1847), *nom. cons.* 透骨草科

特征描述：一年生或多年生草本或木本。叶具齿或全缘。穗状花序或单生；花萼管状，具齿，具棱，萼片果期宿存；花冠合瓣，漏斗状筒形；花药肾形；柱头二唇形；2 心皮，心皮内有两个薄板；胚珠 1 至多数，直生，珠被由 3-7 层细胞构成。蒴果，开裂。种子基生；子叶旋卷；胚乳薄。花粉粒 3 沟，螺旋状萌发孔。染色体 $2n$=7-12，14-16，22 等。

分布概况：13 属/188 种，分布于温带和潮湿热带；中国 3 属/10 种，分布于南北各省区。

系统学评述：传统上透骨草科是单型科[1]，Cronquist[2]等学者主张将透骨草属归入马鞭草科 Verbenaceae。分子系统学研究表明许多原来在玄参科 Scrophulariaceae 的属应该归入透骨草科[3,4]。透骨草科包括 13 属 188 种，划分为 4 个分支，即 *Phryma* 分支、北美 *Erythranthe*+*Leucarpon* 分支，主要分布于澳大利亚的 *Mimulus s.s.*、*Glossorhyncha* 及 *Peplidium* 分支和北美 *Diplacus* 分支；然而，各分支间及分支内的系统关系目前尚未得到较好解决[APW,3]。

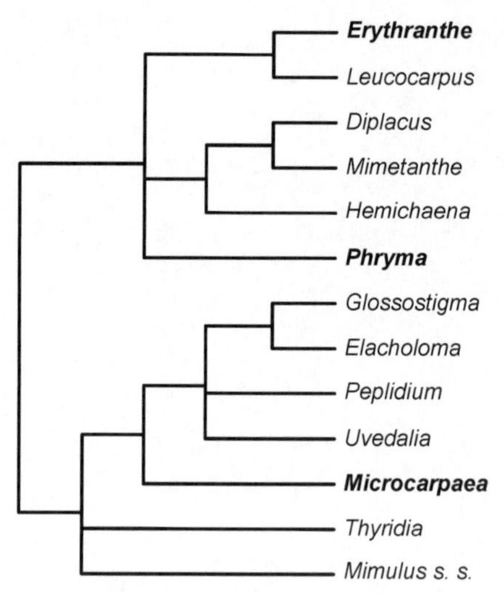

图 206　透骨草科分子系统框架图（参考 Barker 等[3]）

分属检索表

1. 匍匐草本；花冠近钟形；雄蕊 2 ························ **2. 小果草属 *Microcarpaea***
1. 直立草本或亚灌木；花冠二唇形；雄蕊 4，2 强
    2. 果实 2 室，种子多数；子房 2 心皮 ························ **1. 新沟酸浆属 *Erythranthe***
    2. 果实单室，瘦果 1；子房 2 心皮，只有 1 枚可育 ························ **3. 透骨草属 *Phryma***

1. *Erythranthe* Spach 新沟酸浆属

Erythranthe Spach (1840: 312); Hong et al. (1998: 40) [Type: *E. cardinalis* (Douglas ex Bentham) Spach (≡*Mimulus cardinalis* Douglas ex Bentham)]

特征描述：草本为主，时有腺毛。茎圆柱形或四方形而具窄翅。叶对生。花单生于叶腋内或为顶生总状花序，有小苞片或无；花萼筒状或钟状，果期时常膨大，具 5 肋，萼齿 5；花冠二唇形，喉部常具 2 瓣状褶襞，上唇 2 裂，直立或反曲，下唇 3 裂，常开展；雄蕊 4，2 强；子房 2 室，具中轴胎座，胚珠多数，花柱通分离二片状。蒴果 3，包于宿存的花萼内。种子多数且小，卵圆形或长圆形，种皮光滑或具网纹。花粉粒 3 沟。染色体 $2n$=26，28，30，32，48，56，60，62，64，92。

分布概况：111/9 种，**8-4（6d，9）型**；广布各大洲，以美洲西北部最多；中国产西南部。

系统学评述：传统分类中新沟酸浆属被置于沟酸浆属 *Mimulus*，分子系统学研究发现沟酸浆属不是单系[4,5]。广义沟酸浆属中的亚洲和美洲大部分种类被移出，成立新沟酸浆属[3]。该属划分为 12 组，其中亚洲-喜马拉雅分布的类群隶属于 *Erythranthe* sect. *Mimulasia*。

DNA 条形码研究：BOLD 网站有该属 10 种 32 个条形码数据；GBOWS 网站已有 3 种 25 个条形码数据。

2. *Microcarpaea* R. Brown 小果草属

Microcarpaea R. Brown (1810: 435); Hong et al. (1998: 49) [Type: *M. muscosa* R. Brown, *nom. illeg.* (=*M. minima* (Retzius) Merrill≡*Paederota minima* Retzius)]

特征描述：匍匐草本。叶对生。花小，单生叶腋；花萼管状钟形，5 棱，具 5 齿；花冠近于钟状，檐部 4 裂，上唇短而直立，下唇 3 裂，开展；雄蕊 2，位于前方。蒴果卵形，略扁，有两条沟槽，室背开裂。种子少数，纺锤状卵形，近于平滑。

分布概况：2/1 种，**5（7，14）型**；分布于亚洲东南部和南部及大洋洲；中国产广东、台湾、浙江（海门）。

系统学评述：小果草属由广义玄参科移至透骨草科[3]。

DNA 条形码研究：BOLD 网站有该属 1 种 2 个条形码数据。

3. *Phryma* Linnaeus 透骨草属

Phryma Linnaeus (1753: 601); Hong & Wen (2011: 493) (Lectotype: *P. leptostachya* Linnaeus)

特征描述：直立草本。茎四棱形。单叶对生。穗状花序，具苞片及小苞片，有长梗；花萼合生成筒状，具 5 棱；花冠二唇形，上唇直立，微凹至 2 浅裂，下唇较大，开展，3 浅裂，裂片在蕾中呈覆瓦状排列；雄蕊 4，2 强；子房上位，斜长圆状披针形，1 室，基底胎座，有 1 直生胚珠；柱头二唇形。瘦果，狭椭圆形，包藏于宿存萼筒内，含 1 基生种子。花粉粒3沟。染色体$2n$=14，28。蓼型胚囊；胚长圆形，子叶宽而旋卷；胚乳薄，有2层细胞。

分布概况：1/1种，**9型**；北美东部-亚洲东部间断分布；中国产北部至南部。

系统学评述：根据地理分布将透骨草 *P. leptostachya* Linnaeus 分为2亚种，虽然分子证据支持这一划分，但是从形态性状看却是连续的[6]。

DNA 条形码研究：BOLD 网站有该属3种19个条形码数据；GBOWS 网站已有1种19个条形码数据。

代表种及其用途：透骨草 *P. leptostachya* 全草入药，较为广布，也有人工栽培，有活血化瘀、利尿解毒等功效。

主要参考文献

[1] Schwarzbach AE. Plantaginaceae[M]//Kubitzki K. The families and genera of vascular plants, VII. Berlin: Springer, 2004: 327-329.

[2] Cronquist A. An Integrated system of classification of flowering plants[M]. New York: Columbia University Press, 1981.

[3] Barker WR, et al. A taxonomic conspectus of Phrymaceae: a narrowed circumscription for *Mimulus*, new and resurrected genera, and new names and combinations[J]. Phytoneuron, 2012, 39: 1-60.

[4] Beardsley PM, Barker WR. Patterns of evolution in Australian *Mimulus* and related genera (Phrymaceae~Scrophulariaceae): a molecular phylogeny using chloroplast and nuclear sequence data[J]. Aust Syst Bot, 2005, 18: 61-73.

[5] Beardsley PM, Olmstead RG. Redefining Phrymaceae: the placement of *Mimulus*, tribe Mimuleae, and *Phryma*[J]. Am J Bot, 2002, 89: 1093-1102.

[6] Nie ZL, et al. Evolution of biogeographic disjunction between eastern Asia and eastern North America in *Phryma* (Phrymaceae)[J]. Am J Bot, 2006, 93: 1343-1356.

Paulowniaceae Nakai (1949) 泡桐科

特征描述：落叶乔木、半附生假藤本或附生灌木。单叶对生，有时 3 叶轮生，全缘或 3-5 浅裂。圆锥花序或总状花序；花萼钟形，被毛，5 裂；花冠紫色或白色，花冠筒常有弯曲，上唇 2 裂，下唇 3 裂；雄蕊 4，2 强，无退化雄蕊；子房 2 室，中轴胎座。蒴果 2 或 4 裂；种子小而多，具翅，具少量胚乳或无胚乳。

分布概况：2 属/9 种，分布于东亚温带，喜马拉雅地区，缅甸至马来西亚；中国 2 属/8 种，分布于除东北、西北外的各省区。

系统学评述：泡桐科曾被作为紫葳科 Bignoniaceae 的成员，或处理为玄参科 Scrophulariaceae 的 1 个族[1]。分子证据表明泡桐科的科级地位是可靠的[APG III]，泡桐科、透骨草科 Phrymaceae、地黄属 *Rehmannia*、崖白菜属 *Triaenophora*，以及广义列当科 Orobanchaceae 共同构成一个分支，但由于系统发育树所获得的靴带支持率不高[2,3]，这几个科（及属）之间的系统关系还有待进一步论证。曾记载泡桐科有 4 个属[4]，然而其中的秀英花属 *Shiuyinghua* 并不成立，其唯一的种（模式种）实为紫葳科的 *Catalpa silvestrii* S. Y. Hu[5]，来江藤属 *Brandisia* 被证明属于列当科[6]。因而泡桐科仅含泡桐属 *Paulownia* 和美丽桐属 *Wightia*。

分属检索表

1. 叶纸质，基部心形，下面脉腋中无腺体；花冠下唇比上唇长………………………… **1. 泡桐属 *Paulownia***
1. 叶革质，基部宽楔形或圆形，下面脉腋中常有腺体；花冠下唇比上唇短……… **2. 美丽桐属 *Wightia***

1. ***Paulownia*** Siebold & Zuccarini 泡桐属

Paulownia Siebold & Zuccarini (1835: 25); Wu et al. (1998: 8) [Type: *P. imperialis* Siebold & Zuccarini, *nom. illeg.* (=*P. tomentosa* (Thunberg) Steudel≡*Bignonia tomentosa* Thunberg)]

特征描述：落叶乔木。单叶对生，有时 3 叶轮生，全缘或 3-5 浅裂。顶生圆锥花序，由多数聚伞花序复合而成，聚伞花序具花（1-）3-5（-8）朵；花大，花萼被毛，5 裂，稍不等，后方 1 枚较大；花冠紫色或白色，花冠筒基部狭缩，通常在离基部 5-6mm 处向前弓曲，腹部常有两条纵褶，檐部二唇形，上唇 2 裂，下唇 3 裂；雄蕊 4，2 强，不伸出，花丝近基处扭卷，花药叉分；花柱中空，子房 2 室，中轴胎座。蒴果 2 或 4 裂；种子小而多，有膜质翅，具少量胚乳。花粉粒 3 孔沟。染色体 $2n$=40。

分布概况：7/7 种，**14SJ 型**；分布于老挝，越南；中国除东北北部、内蒙古中部和西部、新疆北部、西藏外均产。

系统学评述：泡桐属是单系类群。胡秀英[1]将泡桐属分为 3 组，即 *Paulownia* sect. *Paulownia*、*P.* sect. *Kawakamia* 和 *P.* sect. *Fortuneana*。由于该属内杂交现象频繁发生，

属下等级并未被采用[7]。

DNA 条形码研究：BOLD 网站有该属 2 种 4 个条形码数据；GBOWS 网站已有 3 种 22 个条形码数据。

代表种及其用途：该属植物，如毛泡桐 *P. tomentosa* (Thunberg) Steudel 等，均为速生树种，木材适合制作航空模型、舰船模型、胶合板、救生器械等，同时也是良好的绿化和行道树种。

2. *Wightia* Wallich 美丽桐属

Wightia Wallich (1830: 71); Wu et al. (1998: 10) (Type: *W. gigantea* Wallich)

特征描述：落叶乔木，或为半附生的假藤本，小枝有髓。叶对生，革质，全缘，多少有星毛，有时下面脉腋中有腺体。花集合为侧生的聚伞圆锥花序或总状花序，每一小聚伞花序有花 3-9 朵；萼钟形，质厚，不规则 3-4 裂或几截头；花冠管稍向前弯曲，上唇直立，2 裂，下唇 3 裂，伸张；雄蕊 2 强，着生于近管基部，有毛，上部伸出花冠之外，药基着，矩圆状戟形，基部 2 裂，药室并行，顶端多少汇合；退化雄蕊不存在；花柱伸长，上端内曲，柱头不明显，子房 2 室，含多数胚珠，具盾形的中轴胎座。蒴果卵圆形至披针形，2 裂，裂片边缘强烈内卷，自生有胎座的中轴脱离；种子多数，具翅，无胚乳。花粉粒 3 孔沟。

分布概况：2/1 种，**（7a）型**；分布于尼泊尔，缅甸至马来西亚区域；中国产云南。

系统学评述：由于叶大型、对生，下面脉腋常有腺体等形态特征与紫葳科梓属十分相似，一些学者将其置于紫葳科[8,9]。不过花萼具星状毛、无不育雄蕊、蒴果裂片从生有胎座的中轴脱离、种子具翅等特征表明其与泡桐属更为接近[10,FOC]，因而认为美丽桐属与泡桐属具有更近的亲缘关系，应归入广义玄参科[10]或泡桐科[4]。分子系统学研究表明美丽桐属是泡桐科的成员[11]。

DNA 条形码研究：BOLD 网站有该属 1 种 1 个条形码数据；GBOWS 网站已有 1 种 6 个条形码数据数据。

代表种及其用途：美丽桐 *W. speciosissima* (D. Don) Merrill 可作观赏花木；根可药用，味微辛，治跌打骨折、风湿关节炎、胃痛、月经不调、体虚。

主要参考文献

[1] Hu SY. A monograph of the genus *Paulownia*[J]. Quart J Taiwan Mus, 1959, 12: 1-54.

[2] Albach DC, et al. Phylogenetic placement of *Triaenophora* (formerly Scrophulariaceae) with some implications for the phylogeny of Lamiales[J]. Taxon, 2009, 58: 749-756.

[3] Xia Z, et al. Familial placement and relations of *Rehmannia* and *Triaenophora* (Scrophulariaceae *s.l.*) inferred from five gene regions[J]. Aust Syst Bot, 2009, 96: 519-530.

[4] Fischer E. Scrophulariaceae[M]//Kubitzki K. The families and genera of vascular plants, VII. Berlin: Springer, 2004: 333-432.

[5] Brach AR. Botanical names associated with Dr. Shiu Ying Hu[J]. Taiwania, 2013, 58: 67-75.

[6] McNeal JR, et al. Phylogeny and origins of holoparasitism in Orobanchaceae[J]. Aust Syst Bot, 2013, 100: 971-983.

[7] 陈志远, 姚崇怀. 泡桐属的起源, 演化与地理分布[J]. 武汉植物学研究, 2000, 18: 325-328.

[8] Wallich N. Plantae asiaticae rariores. vol. 1[M]. London: Treuttel and Würtz, 1830.

[9] Lawrence GHM. Taxonomy of vascular plants[M]. New York: Macmillan, 1951.

[10] van Steenis CGGJ. Notes on the genus *Wightia* (Scrophulariaceae)[J]. Bull Bot Gard Buiten (ser. 3), 1949, 18: 213-227.

[11] Zhou QM, et al. Familial placement of *Wightia* (Lamiales)[J]. Plant Syst Evol, 2014, 300: 2009-2017.

Orobanchaceae Ventenat (1799), *nom. cons.* 列当科

特征描述：草本，极少数灌木；半寄生至全寄生，具吸器，极少数非寄生。叶互生螺旋状或对生、单叶。无限花序；花萼管状；花冠二唇形，上唇呈盔状，伸直或先后翻卷，或延长成喙，下唇 3 裂；雄蕊 4，二强雄蕊，花丝贴生于花冠，花药 2 室，纵缝开裂；心皮 2，合生；子房上位，中轴到侧膜胎座，胚珠 2-4 或多数，倒生。蒴果室被或室间开裂，裂片 2-3。种子具棱角，网状纹饰。花粉粒多为 3 孔沟。蜂类和蝇类传粉。种子多由风散布。叶和茎常含列当苷。

分布概况：99 属/2060 种，世界广布（除南极洲），主要分布于北温带至非洲大陆和马达加斯加；中国 35 属/500 种，南北均产，主产西南。

系统学评述：传统的列当科仅包括全寄生类草本植物。分子证据表明列当科应包括广义玄参科 Scrophulariaceae 鼻花亚科 Rhynanthoideae 中半寄生类群和非寄生的草本钟萼草属 *Lindenbergia* 与灌木来江藤属 *Brandisia*[1]。地黄属 *Rehmannia* 和崖白菜属 *Triaenophora* 构成一支，是列当科其余类群的姐妹分支[2]，这 2 个属应归入列当科[APW]。列当科分为地黄属分支 *Rehmannia* group、钟萼草族 Lindenbergieae、芯芭族 Cymbarieae、列当族 Orobancheae、来江藤属分支 *Brandisia* group、翅茎草属分支 *Pterygiella* group、鼻花族 Rhinantheae、马先蒿族 Pedicularidae 和黑草族 Buchnereae 共 9 个分支。

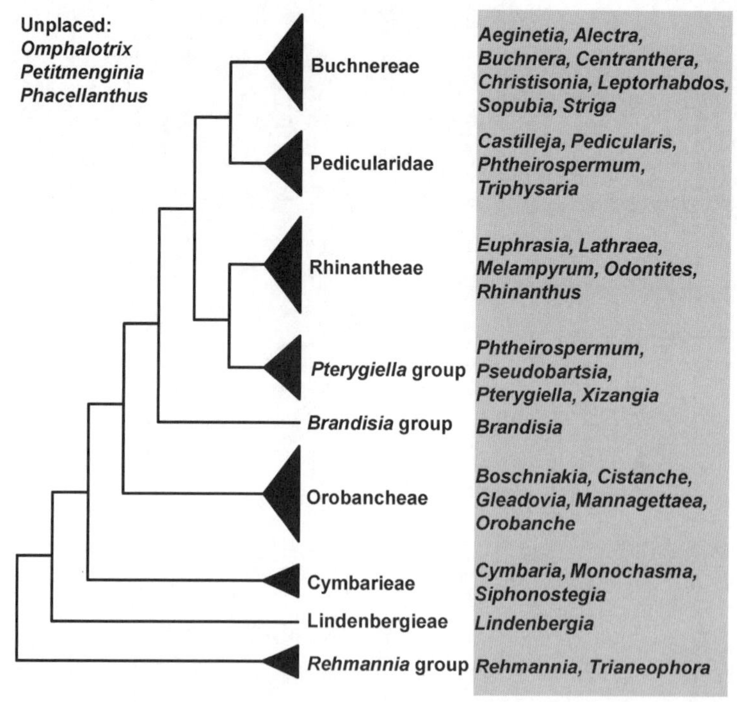

图 207　列当科分子系统框架图（参考 APW；McNeal 等[1]；Xia 等[2]；Dong 等[3]）

分属检索表

1. 植物体寄生于其他植物根部，而无绿叶存在
  2. 花萼佛焰苞状，全缘；花单生或少数，花梗 2-5cm……………………………………… **1. 野菰属 *Aeginetia***
  2. 花萼非佛焰苞状的，为杯状、钟状、管状，或 2 或 3 萼片常脱落，很少不存在；花序穗状，无花梗或不长于 2cm
    3. 花序总状或穗状，很少分枝，远远超过地面着生；茎在地面上，具 1 或 2 环的机械组织
      4. 雄蕊露出花冠外；花萼杯状，顶端不规则 2-5 齿裂，裂片或齿常脱落……………………………………………………………………………………………… **3. 草苁蓉属 *Boschniakia***
      4. 雄蕊内藏于花冠内；花萼钟状，若为杯状，则具齿形锐尖且不落叶
        5. 花冠筒状钟形到漏斗状，裂片亚等长……………………………………… **9. 肉苁蓉属 *Cistanche***
        5. 花冠二唇形，裂片不等长
          6. 胎座 4；花萼杯状或很少钟状，4 或 5 齿，通常二分到基部，全缘或裂片…………………………………………………………………………………………… **21. 列当属 *Orobanche***
          6. 胎座 2；花萼钟状，通常规则齿状………………………………………… **13. 齿鳞草属 *Lathraea***
    3. 花序近头状或近伞房状，贴着地表生长；茎通常在地下，没有机械组织
      7. 花萼裂片 2（或 3），有时无，不久脱落；小苞片缺………………… **24. 黄筒花属 *Phacellanthus***
      7. 花萼裂片（4 或）5，宿存；小苞片通常存在
        8. 花药具一可育室，另一室缺失，退化，或形成距……………………… **8. 假野菰属 *Christisonia***
        8. 全部花药具 2 可育室
          9. 花梗短于 1cm；侧膜胎座 4……………………………………… **16. 豆列当属 *Mannagettaea***
          9. 花梗长 1-9cm；侧膜胎座 2………………………………………… **12. 蔗寄生属 *Gleadovia***
1. 植物体不寄生或部分寄生于植物根部，有绿叶体存在
  10. 花冠上方的 2 个裂片或上唇在花蕾中处于外方，包括下方的 3 个裂片或下唇
    11. 灌木，花萼革质；幼时的茎和叶通常有星状毛………………………………… **4. 来江藤属 *Brandisia***
    11. 草本，有时基部木质化；花萼草质或膜质；茎叶被多细胞腺毛……………………………………………………………………………………………… **15. 钟萼草属 *Lindenbergia***
  10. 花冠下方 3 个裂片或下唇在花蕾期总处于外方
    12. 花冠上唇呈盔状或具喙；全部雄蕊的花药靠拢在一起，位于盔下；药室基短常具短尖或距；常为半寄生草本
      13. 叶互生；花冠上唇具喙，明显长于下唇；药室不等长或 2 室离生，或仅 1 室
        14. 花药 2 室，不等长；花萼 4 裂，不相等，前后裂深裂至中部，两侧较浅裂；花冠下唇短而开展…………………………………………………………………… **6. 火焰草属 *Castilleja***
        14. 两个药室完全分裂，一室位于花丝顶端，另一室位于花丝近顶端，或仅 1 室；花萼 4 裂，近相等；花冠下唇裂片顶端多少呈囊状…………… **34. 直果草属 *Triphysaria***
      13. 叶对生；花冠上唇盔状，与下唇近等长；花药药室等长而靠合
        15. 花萼后方的深裂至中部，其他 3 方浅裂成萼齿，在果期强烈膨大；种子扁，通常具翅；分枝及叶均垂直上升，几乎紧靠主轴…………………………… **29. 鼻花属 *Rhinanthus***
        15. 花萼分裂深度相等或在前方深裂，在果期不膨大；果实和种子不扁；分枝和叶平展
          16. 蒴果，1-4 粒种子；种子大而平滑；苞片具齿至芒状长齿，极少全缘；花冠上唇边缘密被须毛……………………………………………………… **17. 山罗花属 *Melampyrum***
          16. 蒴果种子多数；种子小而有纹饰；苞片常全缘；花冠上唇边缘不密被须毛
            17. 在花萼下面的小苞片 2
              18. 基生叶发育良好，不为鳞片状

19. 花萼卵状而大，具5条明显的主脉；叶全缘；茎通常具翅，很少圆筒状……………………**27. 翅茎草属 *Pterygiella***

19. 花萼细长，筒状，具10条明显的主脉；叶羽状3深裂；茎圆柱状……………………**30. 阴行草属 *Siphonostegia***

18. 基生叶鳞片状

20. 蒴果2室均开裂；花萼5个裂片间常有1-3枚小齿；花冠黄色，超过2.5cm……………………**10. 芯芭属 *Cymbaria***

20. 蒴果仅背面单向室开裂；花萼5个裂片间无齿；花冠浅紫色或白色，短于2cm……………………**18. 鹿茸草属 *Monochasma***

17. 小苞片无

21. 花萼4裂；蒴果先端钝

22. 花序总状常复出而集成圆锥花序，花梗细长；花萼前后两方较深裂达2/5……………………**20. 脐草属 *Omphalotrix***

22. 花序穗状，花梗极短；花萼裂度均等

23. 苞片常比叶大；花冠上唇的边缘外翻……**11. 小米草属 *Euphrasia***

23. 苞片比叶小；花冠上唇边缘不外卷……**19. 疗齿草属 *Odontites***

21. 花萼5浅裂，或仅在前方深裂而具2-5齿；蒴果顶端渐狭或截形

24. 叶掌状全裂；蒴果微凹；花冠上唇向前弓曲，呈极不明显盔状，深裂的稍超过中部……………………**26. 五齿萼属 *Pseudobartsia***

24. 叶羽状全裂或羽状半裂，或具篦状齿；蒴果先端渐狭；花冠上唇呈显著盔状，全缘或2裂

25. 花萼均等5裂，叶羽状全裂……**25. 松蒿属 *Phtheirospermum***

25. 花萼常在前方深裂；叶有锯齿，羽状半裂或羽状全裂

26. 花萼5浅裂；花冠上唇外卷，不延长成喙；叶有锯齿……………………**35. 马松蒿属 *Xizangia***

26. 花萼顶端2-5齿；花冠上唇盔状，常延长成喙，边缘不外卷；叶羽状半裂至羽状全裂……………………**22. 马先蒿属 *Pedicularis***

12. 花冠上唇伸直或向后翻卷，绝不呈盔状；花药成对靠拢或完全不靠拢；药室基部常钝，少数具突尖

27. 花梗上或花萼下有1对小苞片；花冠裂片开展，近辐射对称

28. 花冠高脚碟状；花药1室败育而仅存1室

29. 花冠筒部伸直或多少向前弯曲；花序密穗状；叶下部宽而有齿，上面狭窄而全缘；半寄生……………………**5. 黑草属 *Buchnera***

29. 花冠筒部顶部弯曲；花序疏穗状；叶狭窄而全缘，极少具齿，有时退化为鳞片；寄生……………………**32. 独脚金属 *Striga***

28. 花冠不为高脚碟状；可育花药2室

30. 花冠裂片又都再半裂；茎四方形；叶条形，全缘至三全裂……………………**14. 方茎草属 *Leptorhabdos***

30. 花冠裂片不再分裂；茎圆柱形；叶各式

31. 花萼侧扁，常前方开裂，佛焰苞状，全缘或具3-5浅齿……………………**7. 胡麻草属 *Centranthera***

31. 花萼钟状，具均等5裂片

32. 可育花药2，花药1室不育而狭窄；花冠管短，仅占花冠半长；蒴果室背2裂……………………**31. 短冠草属 *Sopubia***

32. 可育花药 4，两药室相等；花冠管占花冠全长一半以上；蒴果 2 或 4 片裂
    33. 花萼包着花冠筒，花后膨大；花冠近钟状，筒部粗；蒴果室背开裂；叶至少下部对生，基出三脉……………………………… **2. 黑蒴属 *Alectra***
    33. 花萼约包着花冠筒的 1/2，花后不膨大；花冠筒管状；蒴果室背、室间均开裂；叶互生，基出单脉………… **23. 钟山草属 *Petitmenginia***

27. 小苞片无；花冠为明显二唇形
    34. 叶具绵状毛；植株仅有基生叶，花葶上无叶；花萼 5 浅裂，每裂片 3 深裂而呈戟形……………………………………………………………………………… **33. 崖白菜属 *Triaenophora***
    34. 叶具腺毛；茎生叶宿存；花萼不规则齿或裂片全缘………… **28. 地黄属 *Rehmannia***

1. *Aeginetia* Linnaeus 野菰属

Aeginetia Linnaeus (1753: 632); Zhang & Tzvelev (1998: 240) (Type: *A. indica* Linnaeus)

特征描述：肉质草本，无叶，寄生于其他植物根上。茎极短，具少数鳞片状退化的叶。花大，单生或簇生在茎尖，无小苞片；花梗非常长，直立；花萼佛焰苞状；花冠管状或钟状，且为不明显的唇形；上唇 2 裂；下唇 3 裂；雄蕊 4，花药一室可孕，另一室不孕且变形为距状；心皮 2，通常子房 1 室和侧膜胎座 2 或 4；花柱稍弯曲，柱头肉质，盾形。蒴果 2 裂。种子多数，种皮网状。染色体 $2n=30$。

分布概况：4/3（2）种，**7 型**；分布于热带亚洲至亚热带亚洲；中国产长江以南。

系统学评述：野菰属包含在列当族，与假野菰属 *Christisonia* 关系近缘[1]。

DNA 条形码研究：BOLD 网站有该属 2 种 3 个条形码数据；GBOWS 网站已有 1 种 4 个条形码数据。

代表种及其用途：野菰 *A. indica* Linnaeus 寄生在禾本科农作物上，是一种有害的杂草；全株可药用，具清热解毒、消肿之功效。

2. *Alectra* Thunberg 黑蒴属

Alectra Thunberg (1784: 91); Hong et al. (1998: 86) (Type: *A. capensis* Thunberg)

特征描述：一年生草本，干后变成黑色。茎简单或有少数分枝，基部木质化。叶对生或有时上部互生；叶无柄或近无柄，基出三脉。总状花序；花萼钟状，果时膨大，萼齿 5 枚；花冠近钟形，花冠筒粗；雄蕊 4，2 强；柱头舌状，被短绒腺毛。蒴果圆球形，包被于宿存的花萼内，室背开裂；种子小，圆柱形。

分布概况：40/1 种，**2 型**；主要分布于热带非洲，美洲和亚洲；中国产长江以南。

系统学评述：黑蒴属隶属于黑草族。虽然 *Melasma* 与黑蒴属是姐妹关系，但叶绿体片段和 PhyA 分析所得的系统树上的支持率较低[1,4]。FOC 将 *Melasma* 处理为黑蒴属的异名值得商榷。中国仅有黑蒴 *A. arvensis* (Bentham) Merrill，FRPS 将其放在 *Melasma*，而 FOC 又将其放回到黑蒴属，该种的系统位置有待进一步研究。

DNA 条形码研究：BOLD 网站有该属 11 种 23 个条形码数据；GBOWS 网站已有 1 种 11 个条形码数据。

代表种及其用途：黑蒴是著名的苗药、彝药。

3. *Boschniakia* C. A. Meyer 草苁蓉属

Boschniakia C. A. Meyer in Bongard (1832: 159); Zhang & Tzvelev (1998: 234) [Type: *B. glabra* C. A. Meyer ex Bongard, *nom. illeg.* (=*B. rossica* (Chamisso & Schlechtendal) B. A. Fedtschenko≡*Orobanche rossica* Chamisso & Schlechtendal)].——*Xylanche* Beck (1890: 58)

特征描述：寄生肉质草本。茎单生，有鳞片状叶；花排成稠密的穗状花序或总状花序；萼杯状，截平或不等的 2-5 裂；花冠二唇形，上唇直立，盔状，下唇极短，3 裂；雄蕊 4，2 强，花药 2 室；子房 1 室，侧膜胎座 2 或 3；柱头盘状，2-3 浅裂。蒴果卵状长圆形、长圆形或近球形，2 或 3 瓣开裂，常具宿存的花柱基部而使顶端呈喙状。种子小，多数，近球形，种皮具网状或蜂窝状纹饰。

分布概况：2/2 种，**9 型**；分布于喜马拉雅至亚洲东北部的西伯利亚地区，北美阿拉斯加地区；中国广布西南、西北及东北。

系统学评述：草苁蓉属包含于列当族。广义的草苁蓉属是个多系类群，北美特有的 *B. hookeri* (Walpers) Govaerts 和 *B. strobilacea* (A. Gray) Beck 应该放回到重新恢复的 *Kopsiopsis*[5,6]；喜马拉雅地区特有种丁座草 *B. himalaica* J. D. Hooker & T. Thomson 与广布种草苁蓉 *B. rossica* (Chamisso & Schlechtendal) B. Fedtschenko 的姐妹关系没有得到叶绿体数据的支持[5]，但是核基因数据分析支持归并 *Xylanche*[1,7]。

DNA 条形码研究：BOLD 网站有该属 4 种 14 个条形码数据；GBOWS 网站已有 1 种 9 个条形码数据。

代表种及其用途：丁座草 *B. himalaica*、草苁蓉 *B. rossica* 全草均可入药。

4. *Brandisia* J. D. Hooker & T. Thomson 来江藤属

Brandisia J. D. Hooker & T. Thomson (1865: 11); Hong et al. (1998: 6) (Type: *B. discolor* J. D. Hooker & T. Thomson)

特征描述：半寄生灌木，常有星状绒毛。叶对生，稀近对生，有短柄。花腋生或形成总状花序，花梗上生 2 小苞片；萼钟状，稀管状卵圆形；花冠具长短不等的管部，多少内弯，瓣片二唇状，上唇较长大，2 裂，凹陷，下唇较短而 3 裂，伸展；雄蕊 4，2 强，多少伸出或包于花冠之内；花丝无毛，药缘或顶部有长毛；花柱伸长，柱头简单。蒴果质厚，卵圆形，室背开裂；种子线形，种皮有薄翅，膜质且有网纹。

分布概况：11/8（5）种，**7 型**；主要分布于亚洲东部大陆的亚热带山区；中国产长江以南。

系统学评述：来江藤属形成独立的分支，但该分支的系统位置得到的支持率较低，而且核基因树和叶绿体基因树存在不一致。依据形态特征，李惠林将该属分为 3 亚属，即 *Brandisia* subgen. *Eubrandisia* (≡*B.* subgen. *Brandisia*)、*B.* subgen. *Rhodobrandisia* 和 *B.* subgen. *Coccineabotrys*[8]。有关该属的分子系统学有待深入研究。

DNA 条形码研究：BOLD 网站有该属 2 种 4 个条形码数据；GBOWS 网站已有 5

种 29 个条形码数据。

代表种及其用途：来江藤 *B. hancei* J. D. Hooker 的根和叶可入药。

5. *Buchnera* Linnaeus 黑草属

Buchnera Linnaeus (1753: 630); Hong et al. (1998: 88) (Lectotype: *B. americana* Linnaeus)

特征描述：半寄生草本，干时变黑。叶下部的对生，上部的互生。花无梗，腋生，穗状花序，小苞片 2 枚；萼筒状，萼齿 5 枚；花冠筒纤细，伸直或多少向前弯曲；花冠裂片 5 枚，彼此近于相等；雄蕊 4，2 强，内藏；花药 1 室，直立；花柱上部增粗或棍棒状。蒴果矩圆形，室背开裂，裂片全缘。种子多数。种皮具网纹或条纹，近于背腹扁。

分布概况：60/1 种，**2 型**；分布于热带，亚热带；中国产长江以南。

系统学评述：黑草属包含在黑草族，这与传统的分类处理较为一致[9]。该属下的系统关系研究较少，属下分类系统不清楚。

DNA 条形码研究：BOLD 网站有该属 5 种 8 个条形码数据。

6. *Castilleja* Mutis ex Linnaeus f. 火焰草属

Castilleja Mutis ex Linnaeus f. (1782: 293); Hong et al. (1998: 89) (Type: *C. fissifolia* Linnaeus f.)

特征描述：半寄生草本，稀为灌木。叶互生或最下部的对生。穗状花序顶生；苞片常比叶大；花萼管状，侧扁，基部常膨大，顶端 2 裂；花冠筒藏于萼内，上唇狭长，倒舟状，全缘，下唇短而开展，3 裂；雄蕊 4，2 强，花药藏于上唇下并行。蒴果卵状，稍侧扁，室背开裂。种子多数，外种皮透明膜质，蜂窝状。染色体 $2n$=20，46，48，72，96，120。

分布概况：190/1 种，**8 型**；主产北美，欧洲东部和亚洲北部有数种；中国产东北。

系统学评述：火焰草属包含在马先蒿族，与传统上的火焰草族 Castillejeae 成员关系近缘。广义的火焰草属是个多系类群，其中 *Castilleja* subgen. *Hemistegia* 已作为 1 个独立的属 *Chloropyron*[10,11]。

DNA 条形码研究：BOLD 网站有该属 28 种 44 个条形码数据。

7. *Centranthera* R. Brown 胡麻草属

Centranthera R. Brown (1810: 438); Hong et al. (1998: 84) (Type: *C. hispida* R. Brown)

特征描述：半寄生草本，多为一年生。叶对生或偶有互生的存在。花具短梗，单生叶腋，小苞片 2 枚；萼通常单面开裂，呈佛焰苞状，顶端全缘或具 3-5 小齿或裂片；花冠筒状，向上逐渐扩大或在喉部以下多少膨胀；花冠裂片 5 枚，略呈二唇形；雄蕊 4，2 强，花丝常有毛；花药背着，药室横置，有距或凸尖；花柱顶端常舌状扩大。蒴果室背开裂，卵圆形或球形，具全缘的裂片；种子多数，有螺纹或网纹。染色体 $2n$=30。

分布概况：9/3 种，**5 型**；主要分布于热带至亚热带亚洲；中国产华中至华南。

系统学评述：胡麻草属包含在黑草族，这与传统的分类处理较为一致[9]。该属下缺乏分子系统学研究。

DNA 条形码研究：GBOWS 网站有该属 2 种 7 个条形码数据。

代表种及其用途：胡麻草 *C. cochinchinensis* (Loureiro) Merrill 可入药，具消肿散瘀、止血止痛之功效。

8. *Christisonia* G. Gardner 假野菰属

Christisonia G. Gardner (1847: 153); Zhang & Tzvelev (1998: 242) (Type: *non designatus*)

特征描述：低矮全寄生草本，常数株簇生在一起。茎短，不分枝。叶鳞片状，螺旋排列于茎基部。花簇生茎端或排列成总状或穗状花序；有小苞片或无；花萼筒状，顶端 4-5 浅裂。花冠筒状钟形或漏斗状，顶端 5 裂，裂片近等大；雄蕊 4，花药一室发育，另一室不存在或退化成距状；子房 1 室，侧膜胎座 2；花柱无毛或被腺毛，柱头盘状，常 2 浅裂。蒴果卵形或近球形，室背开裂。种子多数，极小，种皮网状。

分布概况：16/1 种，**7 型**；分布于亚洲热带地区；中国产华南和西南。

系统学评述：假野菰属包含在黑草族。传统上置于全寄生的狭义列当科或列当族[9]，分子证据表明该属与热带地区的列当科类群关系近缘[12]。属下系统划分不详，有待深入研究。

DNA 条形码研究：BOLD 网站有该属 1 种 1 个条形码数据；GBOWS 网站已有 1 种 2 个条形码数据。

9. *Cistanche* Hoffmannsegg & Link 肉苁蓉属

Cistanche Hoffmannsegg & Link (1813: 318); Zhang & Tzvelev (1998: 229) (Type: *non designatus*)

特征描述：多年生全寄生草本。茎肉质，圆柱状，常不分枝。叶鳞片状，螺旋状排列。穗状花序，具多数花；苞片 1 枚；小苞片常 2 枚。花萼筒状或钟状，顶端 5 浅裂，裂片常等大，稀不等大；花冠筒状钟形或漏斗状，顶端 5 裂，裂片几等大；雄蕊 4，2 强，生于花冠筒上，花药 2 室，均发育。子房上位，1 室，侧膜胎座 4（稀 6 或 2），花柱细长，柱头近球形，稀稍 2 浅裂。蒴果卵球形或近球形，2 瓣裂，少有 3 瓣裂，常具宿存柱头。种子多数，极细小，近球形，表面网状。染色体 $2n$=20，40。

分布概况：20/5（1）种，**12 型**；分布于欧洲，亚洲温暖的干燥地区；中国产西北。

系统学评述：肉苁蓉属包含在列当族，与传统分类处理一致[9]。该属下分成 2 组，即肉苁蓉组 *Castilleja* sect. *Cistanche* 和中国肉苁蓉组 *C.* sect. *Subcistanche*。

DNA 条形码研究：BOLD 网站有该属 8 种 39 个条形码数据。在药物鉴定中，仅 *trn*H-*psb*A 就可将国产的 4 种肉苁蓉属植物鉴别出来[13]。

代表种及其用途：肉苁蓉 *C. deserticola* Y. C. Ma 是重要的补益中药，特产中国西北沙漠地区，有“沙漠人参”之称。

10. *Cymbaria* Linnaeus 芯芭属

Cymbaria Linnaeus (1753: 618); Hong et al. (1998: 211) (Type: *C. daurica* Linnaeus)

特征描述：多年生半寄生草本。根茎直入地下或横行。茎多数，丛生。基部多少密被鳞片。叶无柄，对生，长圆状披针形至线形，先端有 1 小尖头。花序总状，顶生；花大，每茎 1-4 枚；具梗；小苞片 2 枚，线状披针形；萼管筒状，被毛，齿 5 枚，长为管部的 2-3 倍；花冠大，黄色，喉部扩大，二唇形，上唇 2 裂，下唇 3 裂；雄蕊 4，2 强。蒴果革质，长卵圆形。种子扁平或略带三棱形，周围有 1 圈狭翅。花粉粒 3 沟，网状纹饰。

分布概况：4-5/2（1）种，**11 型**；分布于欧洲至中亚和东亚；中国主产西北、华北和东北。

系统学评述：FRPS 将芯芭属放在鼻花族中，Fischer[9]将其独立，得到最新分子证据的支持[1,7]。属下系统关系有待进一步研究。

DNA 条形码研究：BOLD 网站有该属 1 种 2 个条形码数据；GBOWS 网站已有 1 种 4 个条形码数据。

代表种及其用途：蒙古芯芭 *C. mongolica* Maximowicz 可入药，具祛风除湿、清热利尿、凉血止血之功效。

11. *Euphrasia* Linnaeus 小米草属

Euphrasia Linnaeus (1753: 604); Hong et al. (1998: 92) (Lectotype: *E. officinalis* Linnaeus)

特征描述：一年生或多年生半寄生草本。叶自下而上逐渐增大，苞叶比叶大，叶和苞叶均对生，掌状叶脉，边缘具齿。穗状花序，花无小苞片；花萼管状或钟状，4 裂，前后两方裂得较深；花冠筒管状，上部稍扩大，檐部二唇形，上唇直而盔状，顶端 2 裂，下唇 3 裂；雄蕊 4，2 强。蒴果矩圆状，多少侧扁，室背 2 裂。种子多数，椭圆形，具多数纵翅，翅上有细横纹。染色体 $2n$=22，44。

分布概况：约 200/14（8）种，**1 型**；世界广布；中国产华北和西南高山地区。

系统学评述：小米草属隶属于鼻花族[9]，这与传统的分类处理较为一致。小米草属是单系[14]，其中，国产种类分成 2 组，热带小米草组 *Euphrasia* sect. *Paradoxae* 分布于台湾岛热带高山地区，其单系性得到了分子证据的支持[15]；小米草组 *E.* sect. *Semicalaratae* 分布于大陆温带高山地区，该组的单系性需要进一步验证。

DNA 条形码研究：BOLD 网站有该属 33 种 186 个条形码数据；GBOWS 网站已有 2 种 24 个条形码数据。

代表种及其用途：台湾小米草 *E. transmorrisonensis* Hayata 分布于台湾山区，为中国特有种。

12. *Gleadovia* J. S. Gamble & D. Prain 藨寄生属

Gleadovia J. S. Gamble & D. Prain (1901: 488); Zhang & Tzvelev (1998: 241) (Type: *G. ruborum* J. S. Gamble & D. Prain)

特征描述：肉质全寄生草本。茎圆柱状，不分枝。叶鳞片状，螺旋状排列。花常 3 至数朵簇生于茎端成近头状花序，或排列成近伞房花序；苞片 1 枚，小苞片 2 枚；花近无梗，或具短或长的梗；花萼筒状或筒状钟形，向上稍稍膨大或漏斗状膨大，顶端 5 浅裂，裂片近等大；花冠二唇形，上唇龙骨状，下唇 3 裂。雄蕊 4，内藏，花药 2 室，等大均发育；子房 1 室，侧膜胎座 2。蒴果近卵球形。种子多数，种皮网状。

分布概况：2/2（1）种，**14（SH）型**；分布于印度；中国产西南。

系统学评述：蔗寄生属包含在列当族，与传统分类处理一致[9]。

代表种及其用途：蔗寄生 *G. ruborum* Gamble & Prain 全草可药用，可解毒。

13. *Lathraea* Linnaeus 齿鳞草属

Lathraea Linnaeus (1753: 605); Zhang & Tzvelev (1998: 243) (Lectotype: *L. squamaria* Linnaeus)

特征描述：寄生肉质草本。叶鳞片状，螺旋状排列。总状或穗状花序；苞片 1 枚，无小苞片，花有短梗或几无梗；花萼钟状，顶端 4 裂；花冠二唇形，筒部近直立，上唇盔状，下唇短于上唇，截形或 3 裂；雄蕊 4 枚，2 强，花药 2 室能育；子房 1 室，胎座 2，柱头盘状。蒴果 2 瓣开裂。种子球形或近球形，外表皮网状或沟状。染色体 $2n$=18，36，42。

分布概况：5/1 种，**10 型**；分布于欧洲西部，俄罗斯高加索地区，喜马拉雅地区和日本；中国产西南和西北。

系统学评述：齿鳞草属包含在鼻花族，传统上置于全寄生的狭义列当科或列当族[9]，分子证据表明该属与半寄生的鼻花族关系近缘[12]。属下系统关系有待进一步研究。

DNA 条形码研究：BOLD 网站有该属 2 种 14 个条形码数据；GBOWS 网站已有 1 种 4 个条形码数据。

14. *Leptorhabdos* A. Schrenk 方茎草属

Leptorhabdos A. Schrenk in F. E. L. Fischer & C. A. Meyer (1841: 23); Hong et al. (1998: 87) (Type: *L. micrantha* A. Schrenk)

特征描述：草本。下部叶对生，上部叶互生。总状花序；花萼管状钟形，5 裂；花冠筒管状漏斗形，檐部 5 裂，裂片又 2 裂几乎达到基部；雄蕊 4，稍 2 强，着生于花冠筒上，药室分离而并行；柱头头状；子房每室有胚珠 2。蒴果扁，室背 2 裂。种子矩圆状或有棱角，两种子的接触面斜截形，种皮多皱。

分布概况：1/1 种，**13-2 型**；分布于伊朗，高加索至中亚及喜马拉雅地区西部；中国产西北。

系统学评述：方茎草属放在广义玄参科黑草族[FRPS]，而 Fischer[9]将其放在 Micrargerieae 族中。分子系统学研究尚未包括该属，其系统位置未定，有待进一步研究。

DNA 条形码研究：BOLD 网站有该属 1 种 1 个条形码数据；GBOWS 网站已有 1 种 16 个条形码数据。

15. *Lindenbergia* J. G. C. Lehmann 钟萼草属

Lindenbergia J. G. C. Lehmann (1829: 6); Yang et al. (1998: 23) (Type: *L. urticifolia* J. G. C. Lehmann)

特征描述：自养草本，草质或基部木质，多分枝，被毛。叶对生或上部的互生，有锯齿。穗状或总状花序；花萼钟形，5 裂，被毛；花冠二唇形，花冠筒圆筒形，上唇在外方，短而阔，下唇较大，3 裂，常有褶襞；雄蕊 4 枚，2 强，花丝无毛；柱头不裂。蒴果常被包于宿萼之内，室裂，有 2 沟纹，果瓣全缘；种子多数，极小，矩圆形或圆柱形。染色体 $2n$=28，30，32。

分布概况：12/3 种，**6 型**；分布于热带非洲和热带亚洲，大部分种类产印度；中国主产西南。

系统学评述：传统上，钟萼草属被放在广义玄参科水八角族 Gratioleae[FRPS]或 Stemodieae 族，分子证据表明该属应该是列当科的成员[1]。

DNA 条形码研究：BOLD 网站有该属 4 种 13 个条形码数据；GBOWS 网站已有 4 种 31 个条形码数据。

代表种及其用途：钟萼草 *L. philippensis* (Chamisso & Schlechtendal) Bentham 可入药，具收湿生肌之功效。

16. *Mannagettaea* H. Smith 豆列当属

Mannagettaea H. Smith (1933: 135); Zhang & Tzvelev (1998: 241) (Type: *M. labiata* H. Smith)

特征描述：矮小寄生草本。茎粗短。叶少数，鳞片状。花常数簇生于茎顶端，呈近头状或伞房状花序；苞片 1 枚，长卵形；小苞片 2 枚，线形；花萼筒状，顶端 5 裂，后面 1-2 枚裂片极小，其余裂片近等大；花冠黄色或紫色，二唇形，筒部长于唇部，上唇大，5 浅裂，下唇 3 裂，裂片近等大，裂片之间无褶。雄蕊 4，内藏，花药 2 室，等大；雌蕊 2 心皮组成，子房 1 室，胎座 4，花柱伸长，柱头近球形。果实长圆形或卵状球形。种子多数，微小，种皮网状。

分布概况：2/2（1）种，**11 型**；分布于东西伯利亚地区（萨彦岭）；中国产甘肃西南部、青海东南部及四川西北部。

系统学评述：豆列当属包含在列当族，与传统分类处理一致[9]。

DNA 条形码研究：BOLD 网站有该属 1 种 1 个条形码数据。

代表种及其用途：豆列当 *M. labiata* H. Smith 全草入药，具有消肿解毒、止泻之功效。

17. *Melampyrum* Linnaeus 山罗花属

Melampyrum Linnaeus (1753: 605); Hong et al. (1998: 90) (Lectotype: *M. pratense* Linnaeus)

特征描述：半寄生草本。叶对生，全缘。总状花序或穗状花序，花具短梗，单生叶腋中，无小苞片；花萼钟状，萼齿 4 枚，后面两枚较大；花冠筒管状，檐部扩大，二唇形，上唇盔状，顶端钝，边缘翻卷，下唇稍长，开展，基部有 2 条皱褶，顶端 3 裂；雄蕊 4，2 强，位于盔下；子房每室有胚珠 2；柱头头状，全缘。蒴果卵状，室背开裂，种子 1-4。种子矩圆状，平滑。花粉粒 3 沟。染色体 $2n$=18。

分布概况：约 20/3（1）种，**8（12）型**；分布于北温带，欧洲尤盛；中国产东北、华东至西南。

系统学评述：与传统划分一致，山罗花属隶属于鼻花族[9]。该属植物形态变异较大，尤其是苞叶的变化，因而在种的划分上存在不同观点，最多曾被分为 8 个种[FPRS]。McNeal 等[1]的研究显示 *Esterhazya campestris* Spix & Martius 镶嵌在山罗花属中。由于取样有限，*Esterhazya* 与山罗花属之间的系统关系仍需进一步研究。

DNA 条形码研究：BOLD 网站有该属 12 种 33 个条形码数据；GBOWS 网站已有 2 种 24 个条形码数据。Li 等[16]发现低拷贝的 COS 核基因比 ITS 和 *mat*K 能更好地区分近缘物种。

18. *Monochasma* Maximowicz ex Franchet & Savatier 鹿茸草属

Monochasma Maximowicz ex Franchet & Savatier (1876: 458); Hong et al. (1998: 211) [Type: *M. sheareri* (S. Moore) Maximowicz ex Franchet & Savatier (≡*Bungea sheareri* S. Moore)]

特征描述：半寄生草本。茎多数，丛生，多基部倾卧而弯曲上升，被锦毛、腺毛或柔毛。叶对生，无柄，披针形至线形。花具梗，总状花序；小苞片 2 枚；萼筒状，齿 4-5 枚；花冠二唇形，上唇多少反卷或略作盔状，下唇 3 裂；雄蕊 4，2 强，花药 2 室；子房不完全 2 室，胚珠倒生。蒴果卵形，室背开裂。种子小，多数，种皮有微刺毛。

分布概况：2/2 种，**14SJ 型**；分布于日本；中国产安徽、湖北、江苏、广西、福建、江西、浙江。

系统学评述：形态上，鹿茸草属与 *Bungea* 很相近，但 *Bungea* 的蒴果沿上下两背缝线均开裂，种子大而少，胚大而胚乳少，极易区别[FPRS]。鹿茸草属传统上被置于鼻花族[9]，分子证据将其移置芯芭族，与芯芭属 *Cymbaria* 和 *Bungea* 关系近缘[1,7]。

DNA 条形码研究：BOLD 网站有该属 2 种 2 个条形码数据。

代表种及其用途：鹿茸草 *M. sheareri* (S. Moore) Maximowicz ex Franchet & Savtier 全草入药，具凉血止血、解毒等功效。

19. *Odontites* Ludwig 疗齿草属

Odontites Ludwig (1757: 120); Hong et al. (1998: 96) [Type: *O. vulgaris* Moench (≡*Euphrasia odontites* Linnaeus)]

特征描述：半寄生草本。叶对生。花萼管状或钟状，4 裂；花冠筒管状，二唇形，上唇稍弓曲，呈不明显盔状，边缘不反卷，下唇稍开展，3 裂，两侧裂片全缘，中裂片顶端微凹；雄蕊 4，2 强，药室略叉开，基部突尖；柱头头状。蒴果长矩圆状，稍侧扁，室背开裂。种子多数，下垂，具纵翅，翅上有横纹。花粉粒 3 沟。染色体 $2n$=20，24，40。

分布概况：约 32/1 种，**10 型**；分布于欧洲，非洲北部及亚洲温带地区；中国主产东北、华北和西北。

系统学评述：疗齿草属隶属于鼻花族，与传统划分一致[9]。已有研究表明该属为一个单系，但取样较少[17]。该属的单系性及属下系统仍需进一步研究。

DNA 条形码研究： BOLD 网站有该属 8 种 22 个条形码数据；GBOWS 网站已有 3 种 12 个条形码数据。

20. *Omphalotrix* Maximowicz 脐草属

Omphalotrix Maximowicz (1859: 208); Hong et al. (1998: 45) (Type: *O. longipes* Maximowicz)

特征描述： 半寄生草本。叶对生。总状花序集成圆锥状。花萼管状钟形，前后两方裂达 2/5，两侧方裂达 1/4-1/3，具 5 条脉；花冠上唇盔状，顶端微凹，边缘通常不翻卷，下唇 3 深裂，裂片开展；雄蕊 4 枚，花药箭形，药室基部延伸成距，药室开裂后沿裂口露出须毛；柱头头状。蒴果矩圆状，侧扁，室背开裂。种子椭圆形，有白色纵翅，翅上有横条纹。

分布概况： 1/1 种，**11 型**；分布于远东地区至朝鲜；中国产东北、河北和北京。

系统学评述： 传统上脐草属被置于鼻花族[9]。目前该属尚未开展分子系统学研究，其系统位置需进一步研究确定。

21. *Orobanche* Linnaeus 列当属

Orobanche Linnaeus (1753: 632); Zhang & Tzvelev (1998: 231) (Lectotype: *O. major* Linnaeus)

特征描述： 肉质全寄生草本，植株常被毛。叶鳞片状，螺旋状排列。穗状或总状花序；苞片 1 枚，常有 2 枚小苞片；花无梗或极短；花萼杯状或钟状；花冠弯曲，二唇形，上唇龙骨状，下唇顶端 3 裂；雄蕊 4，2 强，花药 2 室；雌蕊 2 心皮合生，侧膜胎座 4，倒生胚珠。蒴果卵球形或椭圆形，2 瓣开裂。种子小，多数，长圆形或近球形，种皮表面具网状纹饰，网眼底部具细网状纹饰或具蜂巢状小穴。花粉粒 3 沟。染色体 $2n$=24，38，48，72，96。

分布概况： 约 150/23（6）种，**8 型**；主要分布于北温带，少数种类分布到中美洲南部和非洲东部及北部；中国主产西北，少数到华北、华中及西南。

系统学评述： 列当属划分为 4 组，部分学者将其各自作为独立的属，分子证据不支持独立为 4 属的观点[5,18]。传统上，中国产列当属成员被划分到列当组 *Orobanche* sect. *Orobanche* 和小苞组 *O.* sect. *Trionychon*，但分子系统学研究尚属空白。

DNA 条形码研究： BOLD 网站有该属 108 种 433 个条形码数据；GBOWS 网站已有 1 种 7 个条形码数据。

22. *Pedicularis* Linnaeus 马先蒿属

Pedicularis Linnaeus (1753: 607); Yang et al. (1998: 97) (Lectotype: *P. sylvatica* Linnaeus)

特征描述： 半寄生草本。基生叶丛生或脱落，茎生叶互生、对生或轮生；叶片羽状裂。无限花序；花萼管状至钟状，萼齿 2-5 裂；花冠二唇形，上唇盔状，花药内藏，盔端常具齿或伸长为喙，下唇 3 裂，依附上唇，锐角或直角开展；花柱细长，常伸出盔端，胚珠4至多数。蒴果卵圆形至披针形，左右压扁，室背开裂。种子多数，卵圆形至长椭圆形，外种皮多为网状或蜂窝状纹饰。花粉粒3沟、3合沟和2合沟。主要由熊蜂传粉，极少鸟类传粉。染色体2*n*=12，14，16。

分布概况：600-800/362（281）种，**8型**；分布于北温带高山和高海拔地区，一些种类延伸到南美洲安第斯山；中国南北均产，西南尤盛。

系统学评述：马先蒿属是单系类群[19]，传统上马先蒿属被置于鼻花族，分子系统学研究表明马先蒿族包括马先蒿属、松蒿属 *Phtheirospermum*、火焰草属等美洲产的10余属[1]。长期以来，马先蒿属下分类存在问题。Li[20,21]和钟补求[22-25]较系统地研究了主产于中国的种类。Li根据叶序和植株特征将282种划分为3个群（*Cyclophyllum*、*Allophyllum* 和 *Poecilophyllum*）18组65系。钟补求结合叶序和花冠特征，提出了包括13群130系的分类系统，其中，中国产329种隶属于13群112系[FPRS]。Ree[19]采用ITS和*trn*K-*mat*K分子片段研究了横断山区71种，分为6个主要分支，其中轮生叶和互生叶类群形成了2个主要分支，斗叶群和硕花系的单系性得到支持。Yu等[26,27]选取马先蒿属257种，代表了钟补求系统中全部13个群，以及130个系中的104个系，利用核基因ITS和4个叶绿体片段*mat*K、*rbc*L和*trn*L-F，重建了以中国种类为主体的马先蒿属分子系统框架。研究结果支持马先蒿属为单系，属内获得了13个分支并得到强烈支持。13个群只有斗叶群和多裂叶群为单系，取样2种以上的56个系有19个系为单系。其中，绝大多数轮生（对生）叶类群形成一个大分支（clade 1）；轮生叶的斗叶群的姐妹群是5种互生叶类群（clade 4）；喜马拉雅-横断山区特有互生叶类群形成多个单系分支，广布的互生叶类群与欧洲、北美洲和日本类群形成了3个分支。对形态性状的演化分析表明，互生叶序应为祖征，向轮生（对生）叶序发生多次演化，花部性状（花冠管长度、有齿型花冠和有喙型花冠）发生过多次平行演化。

DNA条形码研究：BOLD网站有该属285种1524个条形码数据；GBOWS网站已有111种1703个条形码数据。

代表种及其用途：一些种类的根茎可作为藏药、蒙药，如美观马先蒿 *P. decora* Franchet等。

23. *Petitmenginia* Bonati 钟山草属

Petitmenginia Bonati (1911: 335); Hong et al. (1998: 84) (Type: *P. comosa* Bonati)

特征描述：半寄生草本，茎直立。叶近无柄，羽状深裂或全缘。单花腋生或总状花序；小苞片2枚；花萼5裂；花冠小，二唇形不明显，上唇伸直2裂，下唇开展3裂；雄蕊4，多少2强，不伸出，药室分离而稍叉开。蒴果侧扁或球状，顶端截形或凹缺短于萼或与之等长，4片裂。种子多数，金字塔形或矩圆形，种皮有网纹。

分布概况：2/1种，**7型**；主要分布于亚洲东部和东南部；中国仅产江苏南京。

系统学评述：钟山草属传统上被置于黑草族。由于现有的分子系统研究尚未包括该属，其系统位置有待确定。

24. *Phacellanthus* Siebold & Zuccarini 黄筒花属

Phacellanthus Siebold & Zuccarini (1846: 141); Zhang & Tzvelev (1998: 231) (Type: *P. tubiflorus* Siebold & Zuccarini)

特征描述：肉质全寄生草本。茎短，圆柱状，基部不增粗。叶螺旋状排列。花常簇生于茎端，呈近头状花序；苞片 1 枚，舟状卵形，短于花冠；无小苞片；无花萼，或 2（或 3）枚萼片离生；花冠筒状二唇形，白色，筒部近直立，不膨大，上唇顶端微凹或 2 浅裂，下唇 3 裂，裂片近圆形或长圆形；雄蕊常 4 枚，内藏，花药 2 室，发育；雌蕊 3 心皮合生为 1 室，侧膜胎座常 6，稀 4、5 或 10；柱头稍 2 浅裂。蒴果卵形。种子多数，极小，种皮网状。

分布概况：2/1 种，**14SJ 型**；分布于亚洲东部至日本岛；中国产吉林、陕西、甘肃、浙江、湖北和湖南。

系统学评述：作为全寄生草本，黄筒花属常被置于广义的列当族。由于现有的分子系统学研究尚未包括该属，其系统位置有待确定。

25. *Phtheirospermum* Bunge ex Fischer & C. A. Meyer 松蒿属

Phtheirospermum Bunge (1835: 35); Hong et al. (1998: 91) (Type: *P. chinense* Bunge ex Fischer & C. A. Meyer)

特征描述：半寄生草本，全体密被黏质腺毛。茎单出或成丛。叶对生；叶片一至三回羽状开裂。花腋生，呈疏总状花序；萼钟状，5 裂；萼齿全缘至羽状深裂；花冠黄色至红色，花冠筒状，具 2 褶襞，上部扩大，5 裂，二唇形，上唇较短，2 裂，裂片外卷，下唇较长而平展，3 裂；雄蕊 4，2 强，花药无毛或疏被绵毛，花药 2 室；子房长卵形，花柱顶部匙状扩大，浅 2 裂。蒴果压扁，具喙，室背开裂。种子具网纹。花粉粒 3 沟。

分布概况：5/3-4（1）种，**14 型**；分布于亚洲东部；中国除新疆外各省区均产。

系统学评述：松蒿属为多系类群，松蒿与马先蒿属关系较近，而细裂叶松蒿 *P. tenuisectum* Bureau & Franchet、木里松蒿 *P. muliense* C. Y. Wu & D. D. Tao 等包含在翅茎草属分支中。陶德定[28]将松蒿属划分为 2 组，即松蒿组 *Orobanche* sect. *Phtheirospermum*（松蒿和细裂叶松蒿）和小齿组 *O.* sect. *Minutisepala*（具腺松蒿 *P. glandulosum* Bentham & J. D. Hooker、黑籽松蒿 *P. parishii* J. D. Hooker 和木里松蒿）。Dong 等[3]利用 ITS 和叶绿体片段的分析表明，松蒿属为多系类群，松蒿为一个分支，而细裂叶松蒿、木里松蒿等为另外一个独立的分支，该分支是否需作为一个独立的属需更多证据。

DNA 条形码研究：BOLD 网站有该属 4 种 6 个条形码数据；GBOWS 网站已有 2 种 49 个条形码数据。

26. *Pseudobartsia* D. Y. Hong 五齿萼属

Pseudobartsia D. Y. Hong (1979: 406); Hong et al. (1998: 96) (Type: *P. yunnanensis* D. Y. Hong)

特征描述：寄生草本。叶对生，掌状全裂的叶片，3 深裂。总状花序顶生，花萼 10

脉，5 裂至约 1/2 的长度，上面裂片稍浅；花冠二唇形，下唇在芽中外露的，上唇不明显盔状，深裂的稍超过中部；雄蕊 4，2 强，药室等长，顶部汇合。蒴果室背开裂。种子多数，雕刻，稍弯曲；种皮网状。

分布概况：1/1（1）种，**15 型**；中国特有，模式标本采自云南嵩明。

系统学评述：陶德定[29]认为五齿萼 *P. yunnanensis* D. Y. Hong 与具腺松蒿为同一种，但其系统关系需要更多证据。五齿萼属包含在翅茎草属分支里。Dong 等[3]基于 ITS、*atp*B-*rbc*L、*rpl*16 和 *trn*S-G 片段的系统发育分析表明，五齿萼与细裂叶松蒿等系统发育关系较近。

DNA 条形码研究：BOLD 网站有该属 1 种 2 个条形码数据。

27. *Pterygiella* Oliver 翅茎草属

Pterygiella Oliver (1896: t. 2463); Hong et al. (1998: 209); Dong et al. (2011: 581) (Type: *P. nigrescens* Oliver)

特征描述：草本或灌木。茎基部木质化圆柱状，嫩枝沿棱有 4 条狭翅，或圆筒形无翅。叶对生，无柄或近无柄，多披针形。总状花序；小苞片 2；花冠二唇形，稍长于花萼，上唇拱曲，裂片反卷，下唇 3 浅裂，具 2 凸起折叠；雄蕊 2 强，药室被长柔毛；子房 2 室，密被长硬毛。蒴果黑棕色。种子小，多数；种皮小窝-网状纹饰，或种子内藏在一个囊状的松散的透明网状附属物中。

分布概况：3/3（3）种，**15 型**；中国特有，仅分布于广西、贵州、四川和云南。

系统学评述：翅茎草属是翅茎草属分支中发表最早的属，因此该分支以该属命名。传统的翅茎草属是多系类群，齿叶翅茎草 *P. bartschioides* Handel-Mazzetti 是该属的异质成员。董莉娜等[30]对该属进行了分类修订，共 3 种 1 变种。Dong 等[3]利用 ITS、*atp*B-*rbc*L、*atp*H-I、*psb*A-*trn*H、*rpl*16、*trn*L-F 和 *trn*S-G 片段的研究支持齿叶翅茎草分出。

DNA 条形码研究：BOLD 网站有该属 5 种 116 个条形码数据；GBOWS 网站已有 4 种 72 个条形码数据。

28. *Rehmannia* Liboschitz ex Fischer & C. A. Meyer 地黄属

Rehmannia Liboschitz ex Fischer & C. A. Meyer (1835: 36); Hong et al. (1998: 53); Li et al. (2011: 423) [Type: *R. sinensis* (Buchoz) Liboschitz ex Fischer & C. A. Meyer (≡*Sparmannia sinensis* Buchoz)]

特征描述：多年生草本，具根茎，植株被多细胞长柔毛和腺毛。叶具柄，边缘具齿或浅裂，通常被毛。花具梗，单生叶腋或呈总状花序；萼卵状钟形，具 5 齿；花冠紫红色或黄色，筒状，端扩大，裂片 5 枚，略呈二唇形，下唇基部有 2 褶襞；雄蕊 4，2 强，稀为 5 枚，但 1 枚较小；花丝弓曲，药室 2；子房长卵形，2 室，基部具花盘；花柱顶部浅 2 裂；胚珠多数。蒴果具宿萼，室背开裂。种子小，具网眼。花粉粒 3 沟。染色体 $2n$=28，56。

分布概况：5/5（5）种，**15 型**；中国产甘肃、河北、河南、湖北、江苏、辽宁、内蒙古、陕西、山东、陕西、四川、安徽、江西和浙江。

系统学评述： 地黄属和崖白菜属有时被置于广义玄参科，或置于苦苣苔科 Gesneriaceae[9]，分子证据表明这 2 属与列当科构成姐妹关系。部分学者将 2 属作为 1 个独立的科 Rhemanniaceae[31]。李晓东等[32]对地黄属做了分类修订，将裂叶地黄 *R. piasezkii* Maximowicz 并入该属。

DNA 条形码研究： BOLD 网站有该属 8 种 32 个条形码数据；GBOWS 网站已有 2 种 21 个条形码数据。

代表种及其用途： 该属植物根茎大多可作药用，如地黄 *R. glutinosa* (Gaertner) Liboschitz ex Fischer & C. A. Meyer 根部为传统中药之一。

29. *Rhinanthus* Linnaeus 鼻花属

Rhinanthus Linnaeus (1753: 603); Hong et al. (1998: 96) (Lectotype: *R. crista-galli* Linnaeus)

特征描述： 寄生草本。叶对生。总状花序顶生；花萼侧扁，果期鼓胀成囊状，4 裂，后方裂达中部，其余 3 方浅裂，裂片狭三角形；花冠上唇盔状，顶端延成短喙，喙 2 裂，下唇 3 裂；雄蕊 4，伸至盔下，花药靠拢，药室横叉开，无距，开裂后沿裂口露出须毛。蒴果圆而几乎扁平，室背开裂。种子每室数粒，扁平，具宽翅。染色体 $2n$=14，22。

分布概况： 约 50/1 种，**8（12）型**；分布于欧洲，亚洲北部及北美；中国产黑龙江、吉林、辽宁、内蒙古和新疆。

系统学评述： 鼻花属为鼻花族的模式属，因种间形态特征变异大，不同学者划分的种数差异较大，从数种至数十种。属下系统关系尚未研究，部分研究主要关注分类复合群的关系[33]。

DNA 条形码研究： BOLD 网站有该属 6 种 20 个条形码数据；GBOWS 网站已有 1 种 11 个条形码数据。

30. *Siphonostegia* Bentham 阴行草属

Siphonostegia Bentham (1835: 203); Hong et al. (1998: 210) (Type: *S. chinensis* Bentham)

特征描述： 寄生草本，密被短毛或腺毛。茎基部多少木质化，上部常多分枝。叶对生，或上部假对生；叶片轮廓为长卵形而亚掌状羽状 3 深裂。总状花序；花对生，稀疏；花梗短，小苞片 1 对；花冠二唇形，盔（上唇）略作镰状弓曲，额部圆，短齿 1 对，下唇约与上唇等长，3 裂，裂片近于相等；雄蕊 2 强；花药 2 室；子房 2 室，胚珠多数。蒴果黑色，卵状长椭圆形；种子多数，长卵圆形，网眼状表面。

分布概况： 4/2（2）种，**10（14SH）型**；分布于西亚与东亚；中国南北均产。

系统学评述： 传统上阴行草属被置于鼻花族[9]，分子证据表明该属与北美 *Schwalbea* 构成姐妹关系，隶属于芯芭族[1,7]。

DNA 条形码研究： BOLD 网站有该属 2 种 6 个条形码数据；GBOWS 网站已有 2 种 27 个条形码数据。

31. *Sopubia* Buchanan-Hamilton ex D. Don 短冠草属

Sopubia Buchanan-Hamilton ex D. Don (1825: 88); Hong et al. (1998: 87) (Type: *S. trifida* Buchanan-Hamilton ex D. Don)

特征描述：寄生草本。茎常多分枝，枝对生。叶对生，偶互生，全缘或全裂而有狭细的裂片。花成总状或穗状或圆锥花序；有苞片，萼钟状，具 5 齿；花冠管状，瓣片 5，伸张；雄蕊 4，2 强，花药一室，另一室退化；花柱上部变宽而多少舌状，有柱头面；子房各室含多数胚珠。蒴果卵形至矩圆形，室背开裂。种子多数，有松散的种皮。染色体 $2n$=36。

分布概况：约 20/4（3）种，**4（6，7）型**；分布于非洲大陆热带和南非，马达加斯加，印度，马来半岛及大洋洲；中国产长江以南。

系统学评述：短冠草属作为黑草族的成员与传统划分基本一致[1,9]。属下分类系统研究较少，国产种类尚未研究。

DNA 条形码研究：BOLD 网站有该属 6 种 6 个条形码数据；GBOWS 网站已有 1 种 4 个条形码数据。

32. *Striga* Loureiro 独脚金属

Striga Loureiro (1790: 22); Hong et al. (1998: 88) (Type: *S. lutea* Loureiro)

特征描述：寄生草本。叶下部的对生，上部的互生。花无梗，单生叶腋或集成穗状花序，常有 1 对小苞片；花萼管状，具有 5-15 条明显的纵棱，5 裂或具 5 齿；花冠高脚碟状，花冠筒在中部或中部以上弯曲，檐部开展，二唇形，上唇短，下唇 3 裂；雄蕊 4，2 强，花药仅 1 室，顶端有突尖，基部无距；柱头棒状。蒴果矩圆状，室背开裂。种子多数，卵状或矩圆状，种皮具网纹。染色体 $2n$=24，36，40，80。

分布概况：约 20/3 种，**4（6）型**；分布于亚洲，非洲和大洋洲的热带与亚热带地区；中国产长江以南。

系统学评述：独脚金属作为黑草族的成员与传统划分基本一致[1,9]。属下分类系统研究较少。

DNA 条形码研究：BOLD 网站有该属 8 种 16 个条形码数据；GBOWS 网站已有 1 种 5 个条形码数据。

33. *Triaenophora* (J. D. Hooker) Solereder 崖白菜属

Triaenophora (J. D. Hooker) Solereder (1909: 399); Hong et al. (1998: 55) [Type: *T. rupestris* (Hemsley) Solereder (≡*Rehmannia rupestris* Hemsley)]

特征描述：多年生草本，具根茎，全体密被白色绵毛。茎简单或具分枝，顶端多少下垂。基生叶略排成莲座状，具柄；叶片两面被白色绵毛或几无毛，边缘具齿或浅裂抑或全缘。花具短梗，在茎、枝顶部排列成稍偏于一侧的总状花序；小苞片 2 枚，条形；萼筒状，或近于钟状；萼齿 5 枚，各又 3 深裂，而使小裂齿总数达 15 枚；小裂齿条形，彼此不等；花冠筒状，裂片 5 枚，略呈二唇形；雄蕊 4，2 强，子房 2 室。蒴果矩圆形。种子多数。花粉粒 3 沟。

分布概况：2/2（2）种，**15 型**；产中国湖北和四川。

系统学评述：崖白菜属最初是地黄属下的 1 个组，现已广泛接受作为 1 个独立的属[34]，这种处理得到分子证据支持[2]。系统位置变动参考科的评述和地黄属的评述。

DNA 条形码研究：BOLD 网站有该属 2 种 3 个条形码数据；GBOWS 网站已有 1 种 4 个条形码数据。

34. *Triphysaria* Fischer & C. A. Meyer 直果草属

Triphysaria Fischer & C. A. Meyer (1836: 52); Hong et al. (1998: 89) (Type: *T. versicolor* Fischer & C. A. Meyer)

特征描述：一年生草本。叶互生。花序顶生，穗状；花无小苞片；花萼 4 裂；花冠细长，二唇形，上唇狭长，倒舟状，顶端尖而不裂，下唇 3 裂，裂片顶端多少呈囊状；雄蕊 4，2 强，伸至上唇下，花药 2 室而分离，一个着生于花丝顶端，另一个侧生于花丝中上部，或下方 1 室退化而仅存 1 室；柱头全缘。蒴果扁，有两条沟槽，室背 2 裂。种子多数，网赚纹饰。染色体 x=11。

分布概况：约 6/1（1）种，**9 型**；分布于美国西海岸，加利福尼亚尤盛，1 种在南美安第斯山；中国仅见于湖北。

系统学评述：直果草属常被作为 *Orthocarpus*，分子证据支持其作为独立的属[10]，该属隶属于马先蒿族。由于国产的直果草 *T. chinensis* (D. Y. Hong) D. Y. Hong 未被包含在分子系统学研究中，其系统学地位有待研究确定。

DNA 条形码研究：BOLD 网站有该属 3 种 7 个条形码数据。

35. *Xizangia* D. Y. Hong 马松蒿属

Xizangia D.Y. Hong (1986: 139); Hong et al. (1998: 97) (Type: *X. serrata* D. Y. Hong)

特征描述：半寄生草本。叶对生。总状花序顶生，疏松；苞片大，端锯齿状；花萼 5 浅裂；花冠深棕色，二唇形，花管粗短，上唇短而宽，盔状，顶端微缺，裂片外卷，下唇与上唇等长，深 3 裂，裂片长圆形；显著，2 裂的上唇；雄蕊 4，二强雄蕊，花药 2 室，长卵形，被白色长毛；每室胚珠多数。蒴果黑褐色，短卵圆形，室背开裂。种子多数，种皮透明，网状。花粉粒 3 沟。

分布概况：1/1（1）种，**15 型**；中国特有，仅分布于云南贡山和西藏波密。

系统学评述：马松蒿属从翅茎草属中独立出来并得到了形态和分子证据的支持。马松蒿属包含在翅茎草属分支中。Dong 等[3]利用 ITS、*atp*B-*rbc*L、*atp*H-I、*psb*A-*trn*H、*rpl*16、*trn*L-F 和 *trn*S-G 片段的分析结果确认了马松蒿属的系统位置。

DNA 条形码研究：BOLD 网站有该属 1 种 17 个条形码数据；GBOWS 网站已有 1 种 12 个条形码数据。

主要参考文献

[1] McNeal JR, et al. Phylogeny and origins of holoparasitism in Orobanchaceae[J]. Aust Syst Bot, 2013, 100: 971-983.

[2] Xia Z, et al. Familial placement and relations of *Rehmannia* and *Triaenophora* (Scrophulariaceae *s.l.*) inferred from five gene regions[J]. Aust Syst Bot, 2009, 96: 519-530.

[3] Dong LN, et al. Phylogenetic relationships in the *Pterygiella* complex (Orobanchaceae) inferred from molecular and morphological evidence[J]. Bot J Linn Soc, 2013, 171: 491-507.

[4] Morawetz JJ, Wolfe AD. Assessing the monophyly of *Alectra* and its relationship to *Melasma* (Orobanchaceae)[J]. Syst Bot, 2009, 34: 561-569.

[5] Park JM, et al. A plastid gene phylogeny of the non-photosynthetic parasitic *Orobanche* (Orobanchaceae) and related genera[J]. J Plant Res, 2008, 121: 365-376.

[6] Yu WB. Nomenclatural clarifications for names in *Boschniakia*, *Kopsiopsis* and *Xylanche* (Orobanchaceae)[J]. Phytotaxa, 2013, 77: 40-42.

[7] Bennett JR, Mathews S. Phylogeny of the parasitic plant family Orobanchaceae inferred from phytochrome A[J]. Am J Bot, 2006, 93: 1039-1051.

[8] Li HL. Relationship and taxonomy of the genus *Brandisia*[J]. J Arnold Arbor, 1947, 28: 128-136.

[9] Fischer E. Scrophulariaceae[M]//Kubitzik K. The families and genera of vascular plants, VII. Berlin: Springer, 2004: 333-432.

[10] Tank DC, et al. Phylogenetic classification of subtribe Castillejinae (Orobanchaceae)[J]. Syst Bot, 2009, 34: 182-197.

[11] Tank DC, Olmstead RG. From annuals to perennials: phylogeny of subtribe Castillejinae (Orobanchaceae)[J]. Am J Bot, 2008, 95: 608-625.

[12] Morawetz JJ, et al. Phylogenetic relationships within the tropical clade of Orobanchaceae[J]. Taxon, 2010, 59: 416-426.

[13] 韩建萍, 等. 基于叶绿体 *psb*A-*trn*H 基因间区序列鉴定肉苁蓉属植物[J]. 药学学报, 2010, 45: 126-130.

[14] Gussarova G, et al. Molecular phylogeny and biogeography of the bipolar *Euphrasia* (Orobanchaceae): recent radiations in an old genus[J]. Mol Phylogenet Evol, 2008, 48: 444-460.

[15] Wu MJ, Huang TC. Taxonomy of the *Euphrasia transmorrisonensis* (Orobanchaceae) complex in Taiwan based on nrITS[J]. Taxon, 2004, 53: 911-918.

[16] Li M, et al. Development of *COS* genes as universally amplifiable markers for phylogenetic reconstructions of closely related plant species[J]. Cladistics, 2008, 24: 727-745.

[17] Těšitel J, et al. Phylogeny, life history evolution and biogeography of the Rhinanthoid Orobanchaceae[J]. Taxon, 2010, 45: 347-367.

[18] Schneeweiss GM, et al. Phylogeny of holoparasitic *Orobanche* (Orobanchaceae) inferred from nuclear ITS sequences[J]. Mol Phylogenet Evol, 2004, 30: 465-478.

[19] Ree RH. Phylogeny and the evolution of floral diversity in *Pedicularis* (Orobanchaceae)[J]. Int J Plant Sci, 2005, 166: 595-613.

[20] Li HL. A revision of the genus *Pedicularis* in China. Part I[J]. Proc Acad Nat Sci Philadelphia, 1948, 100: 205-378.

[21] Li HL. A revision of the genus *Pedicularis* in China. Part II[J]. Proc Acad Nat Sci Philadelphia, 1949, 101: 1-214.

[22] 钟补求. 马先蒿属的一个新系统[J]. 植物分类学报, 1955, 4: 71-147.

[23] 钟补求. 马先蒿属的一个新系统[J]. 植物分类学报, 1956, 5: 19-73.

[24] 钟补求. 马先蒿属的一个新系统[J]. 植物分类学报, 1956, 5: 205-278.

[25] 钟补求. 马先蒿属的一个新系统[J]. 植物分类学报, 1961, 9: 230-274.

[26] Yu WB, et al. Towards a comprehensive phylogeny of the large temperate genus *Pedicularis* (Orobanchaceae), with an emphasis on species from the Himalaya-Hengduan Mountains[J]. BMC Plant Biol, 2015, 15: 175-191.

[27] Yu WB, et al. DNA barcoding of *Pedicularis* L. (Orobanchaceae): evaluating four universal barcode loci in a large and hemiparasitic genus[J]. J Syst Evol, 2011, 49: 425-437.

[28] 陶德定. 中国松蒿属(玄参科)的分类研究[J]. 云南植物研究, 1996, 18: 301-307.

[29] 陶德定. 具腺松蒿—中国云南新记录种[J]. 云南植物研究, 1993, 15: 232.

[30] 董莉娜, 等. 中国西南特有翅茎草属的种间界定—基于形态学和分子系统学分析[J]. 植物分类与资源学报, 2011, 33: 581-594.

[31] Olmstead RG. A synoptical classification of the Lamiales, version 2.4[EB/OL]. http://depts.washington.edu/phylo/Classification.pdf. 2012[2012-09-19].

[32] 李晓东, 等. 地黄属的分类学修订[J]. 武汉植物学研究, 2011, 29: 423-431.

[33] Oja T, Talve T. Genetic diversity and differentiation in six species of the genus *Rhinanthus* (Orobanchaceae)[J]. Plant Syst Evol, 2012, 298: 901-911.

[34] 李晓东, 等. 地黄属和崖白菜属的数量分类[J]. 植物分类学报, 2008, 46: 730-737.

Stemonuraceae Kårehed (2001) 金檀木科

特征描述：乔木或灌木，单叶互生，全缘；羽状脉。花小，排列成腋生、顶生或对叶生的 2-3 歧聚伞花序；雌雄异株，单性花，辐射对称，5 基数。花萼基部合生为杯状，花萼和花瓣合生，花丝肉质并具棒髯毛，具退化雌蕊；花瓣 4-5（7）；具退化雄蕊或无花粉，无花柱，柱头宽；雄蕊数目与花被片数目相同。3 心皮，子房 1 室，具 1-2 顶生胚珠，下垂。种子 1。核果。花粉粒 3 或 6 孔沟，瘤状纹饰。染色体 *x*=22。

分布概况：12/95 种，分布于热带地区，集中在印度-马来西亚至澳大利亚；中国 1 属/2 种，产华南和西南。

系统学评述：Cronquist 系统将金檀木科下的属全部划分至卫矛目 Celastrales 茶茱萸科 Icacinaceae 中[1]，APG 系统没有改变这些属的系统位置，APG II 系统将这些属单独列为 1 个科，置于冬青目 Aquifoliales，与心翼果科 Cardiopteridaceae 系统发育关系近缘[2]。目前分子系统学研究仅涉及 6 个属[3]。金檀木科科下仍需开展分子系统发育关系研究。

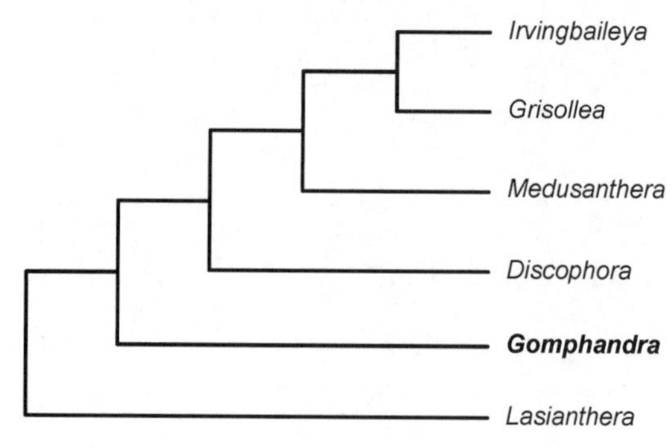

图 208　金檀木科分子系统框架图（参考 Kårehed[3]）

1. *Gomphandra* Wallich ex Lindley 粗丝木属

Gomphandra Wallich ex Lindley (1836: 439) [Lectotype: *G. tetrandra* (Wallich) Sleumer (≡*Lasianthera tetrandra* Wallich)]

特征描述：乔木或灌木。单叶互生，全缘，无托叶。雌雄异株，花小，排列成腋生、顶生或对生的 2-3 歧聚伞花序，雄花序多花，雌花序少花；花萼合成杯状，4-5 裂；花瓣 4-5，合生成短管，镊合状排列；雄花：雄蕊 4-5，下位着生，花丝肉质而阔，长为花药的 2-3 倍，具棒状髯毛，与花冠管分离，顶部内侧稍凹陷，花药内向开裂；花盘垫状，与子房或退化子房融合；雌花：雄蕊不发育或无花粉，子房圆柱状至倒卵形，1 室，具胚珠 2，柱头头状至盘状。核果顶部常有宿存的柱头；种子 1，下垂，胚乳肉质。花粉粒 3 或 6 孔沟，瘤状纹饰。

分布概况：约 33/2 种，**5（7d）型**；分布于印度、马来西亚、菲律宾、巴布亚新几内亚至澳大利亚东北部（昆士兰东北）；中国产华南和西南。

系统学评述：Schori[4]利用 *matK*、*trn*L-F 和 *trn*L 片段，对该属 9 种 11 个的系统发育研究将该属划分为腋生花序和顶生花序 2 个分支。菲律宾产 *G. mappioides* Valeton 和印度尼西亚产的 *G. javanica* Valeton 构成姐妹群，剩余菲律宾产的种类与此姐妹分支形成一个多歧分支。

DNA 条形码研究：BOLD 网站有该属 2 种 3 个条形码数据；GBOWS 网站已有 2 种 11 个条形码数据。

主要参考文献

[1] Cronquist A. An integrated system of classification of flowering plants[M]. New York: Columbia University Press, 1981.

[2] Kårehed J. Multiple origin of the tropical forest tree family Icacinaceae[J]. Am J Bot, 2001, 88: 2259-2274.

[3] Kårehed J. Evolutionary studies in Asterids emphasising Euasterids II[D]. PhD thesis. Uppsala, Sweden: Uppsala University, 2002.

[4] Schori M. A systematic revision of *Gomphandra* (Stemonuraceae)[D]. PhD thesis. Athens, Ohio: Ohio University, 2010.

Cardiopteridaceae Blume (1847), *nom. cons.* 心翼果科

特征描述：攀援草本、灌木或小乔木，有乳汁。单叶互生，具齿，二级脉掌状。花两性，或单性而雌雄异株或雄花两性花同株；花序聚伞状、穗状或总状；萼片 4-6，基部合生；花瓣 4-5，合生，覆瓦状；雄蕊（4）5，常贴生花冠；花药背着；子房 1 室；具胚珠 1，花柱较长，柱头平截或头状。核果。种子子叶叶状。花粉粒 3 孔或 3 孔沟，网状纹饰。染色体 $2n$=28。

分布概况：5 属/43 种，分布于热带地区，包括太平洋岛屿；中国 2 属/3 种，产云南、台湾、广西、海南。

系统学评述：传统分类将心翼果科列入卫矛目 Celastrales，只包括心翼果属 *Cardiopteris* 1 属 3 种[1]。分子系统学研究将原属于茶茱萸科 Icacinaceae 的几个属与该科合并，并列入冬青目 Aquifoliales[APG III,2-4]。

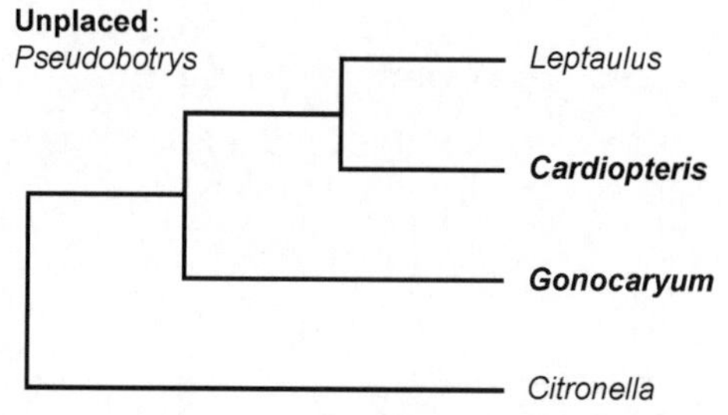

图 209　心翼果科分子系统框架图（参考 Kårehed[4]）

分属检索表

1. 草质藤本；聚伞花序先端蝎尾状；花丝极短；翅果……………………………………**1. 心翼果属 *Cardiopteris***
1. 灌木或小乔木；短穗状或总状花序；花丝比花药长 3-5 倍；核果…………………**2. 琼榄属 *Gonocaryum***

1. *Cardiopteris* Wallich ex Royle 心翼果属

Cardiopteris Wallich ex Royle (1834: 136); Peng & Howard (2008: 358) (Type: *non designatus*). ——*Peripterygium* Hasskarl (1843: 142)

特征描述：草质藤本，具白色乳汁。叶螺旋状排列，无托叶。聚伞花序先端蝎尾状；花两性或杂性，无梗；花萼（4）5 深裂，宿存；花瓣（4）5，基部连合，早落；雄蕊（4）5，与花瓣互生，着生于花冠管喉部；花丝极短；无花盘；子房上位，卵圆状长圆形，略成 4 棱，1 室，具胚珠 2，下垂；花柱异型，1 枚柱头头状，早落；1 枚在果时伸长，宿存。翅果圆形或倒心形，不裂。种子 1，线形，有纵槽纹。花粉粒 3 孔沟或拟孔沟，网状纹饰。

分布概况：2/1 种，**7 型**；分布于热带东南亚至澳大利亚东北部；中国产海南、广西、云南。

系统学评述：在扩大的心翼果科中，该属与原隶属于茶茱萸科的 *Leptaulus* 构成姐妹群[4]。

DNA 条形码研究：BOLD 网站有该属 1 种 2 个条形码数据；GBOWS 网站已有 1 种 11 个条形码数据。

2. *Gonocaryum* Miquel 琼榄属

Gonocaryum Miquel (1861: 343); Peng & Howard (2008: 507) (Type: *G. gracile* Miquel)

特征描述：灌木或小乔木。单叶互生，有柄，全缘，革质。花两性或杂性异株，腋生，组成 1 或数个密集、间断的短穗状或总状花序；花萼至少上部 3/4 分离，萼片 5-6；花冠管状，5 裂；雄蕊 5（在雌花中萎缩）；花丝比花药长 3-5 倍，贴生于花冠管上，与花瓣互生；子房（在雄花中退化不育）圆锥状，1 室；花柱钻形或圆柱形；柱头厚而盾形。核果椭圆形，顶端近截平；外果皮厚，栓皮状海绵质；内果皮薄，木质。花粉粒 3 孔，网状纹饰。

分布概况：9-10/2 种，**7 型**；分布于南亚和东南亚；中国产云南、海南、台湾。

系统学评述：琼榄属原属于茶茱萸科，分子系统学研究将其置于心翼果科，是心翼果属+*Leptaulus* 分支的姐妹群[2,4]。

DNA 条形码研究：BOLD 网站有该属 1 种 2 个条形码数据。

代表种及其用途：琼榄 *G. lobbianum* (Miers) Kurz 的种子油可制皂及润滑油。

主要参考文献

[1] Cronquist A. An integrated system of classification of flowering plants[M]. New York: Columbia University Press, 1981.

[2] Savolainen V, et al. Phylogeny of the eudicots: a nearly complete familial analysis based on *rbc*L gene sequences[J]. Kew Bull, 2000, 55: 257-309.

[3] Soltis DE, et al. Angiosperm phylogeny inferred from 18S rDNA, *rbc*L, and *atp*B sequences[J]. Bot J Linn Soc, 2000, 133: 381-461.

[4] Kårehed J. Multiple origin of the tropical forest tree family Icacinaceae[J]. Am J Bot, 2001, 88: 2259-2274.

Helwingiaceae Decaisne (1836) 青荚叶科

特征描述：常绿或落叶灌木，稀小乔木。冬芽小，卵形，鳞片 4，外侧 2 枚较厚。单叶、互生；托叶 2，幼时可见，后即脱落。花单性，雌雄异株；花萼小；花瓣三角状卵形，镊合状排列；花盘肉质；雄花 4-20 枚呈伞形或密伞花序，生于叶上面中脉上或幼枝上部及苞叶上；雄蕊 3 或 4（5），与花瓣互生，花药 2 室；雌花 1-4 朵呈伞形花序，着生于叶上面中脉上；花柱短，柱头 3-4 裂，子房下位，3-4（或 5）室。核果状浆果，种子 1-4（或 5），干后有槽和脊，上面有宿存的萼片。胚乳光滑，胚直立。花粉粒 3 孔沟，小穴状纹饰。染色体 *n*=19。

分布概况：1 属/4 种，分布于不丹，越南，韩国，尼泊尔，缅甸，日本；中国 1 属/4 种，除东北外，各省区均产。

系统学评述：青荚叶科为单型科，其系统位置一直存在争议，曾被置于五加目 Araliales 山茱萸科 Cornaceae[FOC]。Xiang 等[1]基于 *rbc*L 序列分析认为青荚叶属 *Helwingia* 与山茱萸属 *Cornus* 并不近缘，而与广义虎耳草科 Saxifragaceae *s.l.*中的 *Phyllonoma* 近缘[1]。APG III 将该科置于冬青目 Aquifoliales，与叶茶藨科 Phyllonomaceae 构成姐妹分支。

1. ***Helwingia*** **Willdenow 青荚叶属**

Helwingia Willdenow (1806: 716); Xiang et al. (2005: 227) [Type: (*H. rusciflora* Willdenow) *H. rusciflora* Willdenow, *nom. illeg.* (=*H. japonica* (Thunberg) Morren & Decaisne=*Osyris japonica* Thunberg)]

特征描述：同科描述。

分布概况：4/4（1）种，**14 型**；主要分布于不丹，越南，韩国，尼泊尔，缅甸，日本；中国主产长江以南。

系统学评述：属下系统学尚无研究。

DNA 条形码研究：BOLD 网站有该属 1 种 5 个条形码数据；GBOWS 网站已有 3 种 19 个条形码数据。

代表种及其用途：中国民间常将该属植物髓部、叶及果实等作药用。

主要参考文献

[1] Xiang QY, et al. Phylogenetic relationships of *Cornus* L. *sensu lato* and putative relatives inferred from *rbc*L sequence data[J]. Ann MO Bot Gard, 1993, 80: 723-734.

Aquifoliaceae Berchtold & J. Presl (1825), *nom. cons.* 冬青科

特征描述：乔木或灌木；单叶，常互生，叶片常革质，具锯齿，或全缘，具柄；托叶微小，黑色，早落。雌雄异株；聚伞花序、伞形花序、簇生或单生；花小，白色、粉红或红色，辐射对称；花萼、花瓣数目 4-8，花瓣覆瓦状，花药 2 室，内向，纵裂；花盘缺；花柱无或很短，子房上位，合生心皮，每室具 1、稀 2 胚珠，悬垂、横生或弯生；果常为浆果状核果，内果皮木质或石质，分核常 4-6。种子含丰富的胚乳，胚小，直立。花粉粒 3 孔沟，颗粒状纹饰。染色体 *n*=（17-）20。蜜蜂可帮助香港一些冬青属植物传播花粉，果子狸及雀鸟有助种子传播。

分布概况：1 属/420 种，分布于热带至温带地区，主产中南美洲及亚洲的热带地区；中国 1 属/约 204 种，产秦岭、长江流域及其以南地区。

系统学评述：冬青科早期曾被置于卫矛目 Celastrales[1-3]、茶目 Theales[4,5]或山茱萸目 Cornales[6]。吴征镒等[7]则认为将冬青科归于独立的冬青目 Aquifoliales 较为合理。Savolainen 等利用叶绿体 *atp*B-*rbc*L 分子片段构建冬青科的亲缘关系，结果不支持冬青科置于卫矛目[8,9]，基于叶绿体 *rbc*L 的分析结果提出冬青科、青荚叶科 Helwingiaceae 和叶茶藨科 Phyllonomaceae 应同归入冬青目[10]。根据 APW 及 APG III，冬青目还应包括 Cardiopteridaceae 及 Stemonuraceae，其中，冬青科与青荚叶科和叶茶藨科的系统发育关系较近缘。Cuenoud 等利用叶绿体 *atp*B-*rbc*L 及 *rbc*L 分析结果把冬青科划分为 4 个不同地理及生态的分支，包括有 American、Eurasian、Deciduous 和 Asian/North American[11]，Selbach-Schnadelbach[12]运用 *psb*A-*trn*H 所得的系统发育树有相似的分支。冬青科仍需进一步的系统发育研究。

1. *Ilex* Linnaeus 冬青属

Ilex Linnaeus (1753: 125); Chen et al. (2008: 359) (Lectotype: *I. aquifolium* Linnaeus)

特征描述：同科描述。

分布概况：420/204（149）种，**3 型**；分布于热带，亚热带至温带地区，主产中南美洲和亚洲热带；中国分布于秦岭南坡、长江流域及其以南广大地区，以西南和华南最多。

系统学评述：冬青属被划分为 3 个亚属，即多核冬青亚属 *Ilex* subgen. *Byronia*、冬青亚属 *I.* subgen. *Ilex* 和落叶冬青亚属 *I.* subgen. *Prinos*，其中，冬青亚属中包括 5 个组，即单序冬青组 *Ilex* sect. *Lioprinus*、矮冬青组 *I.* sect. *Paltoria*、刺齿冬青组 *I.* sect. *Aquifolium*、厚叶冬青组 *I.* sect. *Lauroilex* 和假刺齿冬青组 *I.* sect. *Pseudoaquifolium*[FOC,FPRS]。针对中国冬青科亚属及组的分子系统学未见报道。

DNA 条形码研究：中国的冬青属中约 30%品种已收载于 NCBI 的数据库，当中普遍使用的 DNA 序列片段有 *rbc*L、ITS、5.8S 和 *trn*H-*psb*A、*trn*L-F、*trn*L、*atp*B-*rbc*L、 *mat*K、*psb*A、*nep*Gs、18S、5S、28S、*trn*F、*ndh*F 等。BOLD 网站有该属种 145 个 459 条形码数据；GBOWS 网站已有 30 种 319 个条形码数据。

代表种及其用途：该属植物为常绿树种，果实通常红色，是优良的庭园观赏植物，也是蜜源植物；木材可制成家具及雕刻品可入药，常应用于清热解毒、消炎、镇咳、化痰及治疗心血管疾病。中国的扣树 *I. kaushue* S. Y. Hu 作为苦丁茶使用。

主要参考文献

[1] Hutchinson J. The families of flowering plants. 3rd ed.[M]. Oxford: Oxford University Press, 1973.

[2] Cronquist A. An integrated system of classification of flowering plants[M]. New York: Columbia University Press, 1981.

[3] Cronquist A. The Evolution and classification of flowering plants. 2nd ed.[M]. New York: New York Botanical Garden, 1988.

[4] Thorne RF. Proposed new realignments in the angiosperms[J]. Nord J Bot, 1983, 3: 85-117.

[5] Dahlgren R. General aspects of angiosperm evolution and macrosystematics[J]. Nord J Bot, 1983, 3: 119-149.

[6] Takhtajan A. Diversity and classification of flowering plants[M]. New York: Columbia University Press, 1997.

[7] 吴征镒, 等. 中国被子植物科属综论[M]. 北京: 科学出版社, 2003.

[8] Savolainen V, et al. Molecular phylogeny of families related to Celastrales based on *rbc*L 5′ flanking sequences[J]. Mol Phylogenet Evol, 1994, 3: 27-37.

[9] Savolainen V, et al. Polyphyletism of Celastrales deduced from a chloroplast noncoding DNA region[J]. Mol Phylogenet Evol, 1997, 7: 145-157.

[10] Savolainen V, et al. Phylogeny of the eudicots: a nearly complete familial analysis based on *rbc*L gene sequences[J]. Kew Bull, 2000: 257-309.

[11] Cuenoud P, et al. Molecular phylogeny and biogeography of the genus *Ilex* L. (Aquifoliaceae)[J]. Ann Bot, 2000, 85: 111-122.

[12] Selbach-Schnadelbach A, et al. New information for *Ilex* phylogenetics based on the plastid *psb*A-*trn*H intergenic spacer (Aquifoliaceae)[J]. Bot J Linn Soc, 2009, 159: 182-193.

Campanulaceae Jussieu (1789), *nom. cons.* 桔梗科

特征描述：大多数为草本，有乳汁。单叶互生，无托叶。花序多样；花两性，辐射对称到两侧对称，具花托；萼筒常 5 裂；花瓣常 5，合生成管状或钟状，或二唇形到单唇形；雄蕊常 5；心皮 2-5，合生，子房常下位、半下位，花柱近顶部具收集花粉的毛，柱头数目与心皮数目相等，胚珠通常多数；花蜜盘在子房之上，环状或管状。果为室背开裂或孔裂的蒴果或浆果。花粉粒 3-12 孔。

分布概况：84 属/2380 种，世界广布，分布于温带和亚热带；中国 14 属/159 种，南北均产。

系统学评述：桔梗科传统上被置于桔梗目 Campanulales，Takhtajan 认为该目可分为 7 亚科，即桔梗科 Campanulaceae、半边莲科 Lobeliaceae、五膜草科 Pentaphragmataceae、Cyphiaceae、Cyphocarpaceae、Nemacladaceae 和尖瓣花科 Sphenocleaceae[1]。最近的分子系统学研究支持五膜草亚科和尖瓣花亚科分别独立为科，隶属于菊目 Asterales 和茄目 Solanales[1-4]。APG II 也曾建议将半边莲亚科独立为科，但在随后的 APG III 中又合并到

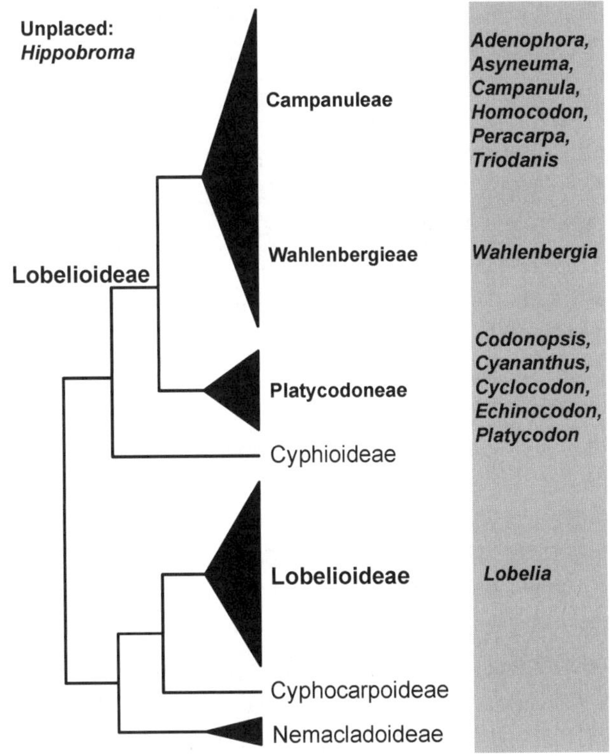

图 210　桔梗科分子系统框架图（参考 Cosner 等[2]；Eddie 等[5]；Haberle[6]；Lundberg 和 Bremer[7]；Gustafsson 和 Bremer[8]；Gustafsson[9]；Crowl 等[10]；Knox[11]；Tank 和 Donoghue[12]）

一起。依据 APW，如今的桔梗科包括桔梗亚科 Campanuloideae、半边莲亚科 Lobelioideae、Cyphioideae、Cyphocarpoideae 和 Nemacladoideae 共 5 亚科。在形态上，基于花辐射对称和花药分离、花柱上部具有反折的毛等特征，桔梗亚科被认为是单系；而基于花药合生、花向上翻转倒置和花冠具一到二唇、上裂片具不同发育的裂缝等特征，半边莲亚科也被认为是单系；分子证据也支持这 2 个亚科的单系性[2,5,13,14]。中国无分布的 Cyphioideae 可能与半边莲亚科具有较近的亲缘关系，两者共同构成一个独立的分支[13]。ITS 证据支持 *Cyphocarpus* 为半边莲亚科的一员，但这一关系未得到除花粉外的形态学支持[6,15,16]。此处界定的桔梗科的单系性得到较高的支持率[2,7-9,17]，但内部各类群间的系统发育关系尚不明确，仍需进行进一步的研究。桔梗亚科被划分为风铃草族 Campanuleae、桔梗族 Platycodoneae 和蓝花参族 Wahlenbergieae；其中，桔梗族为该亚科其他类群的姐妹群[5,10,18,19]。

分属检索表

1. 花冠两侧对称；雄蕊合生；子房和柱头 2
  2. 花冠单唇或二唇形；雄蕊与花冠离生，从花冠的背裂缝伸出……………………**10. 半边莲属 *Lobelia***
  2. 花冠管状，轻微两侧对称；雄蕊管贴生花冠中部以下，几乎不从花冠喉部伸出…………………………………………………………………………**8. 马醉草属 *Hippobroma***
1. 花冠辐射对称；雄蕊离生，或花期合生，最终离生；子房和柱头 3-6，少为 2
  3. 浆果；子房和果实顶端平截
    4. 直立草本；花萼裂片条形或条状披针形，边缘具齿……………………**6. 轮钟花属 *Cyclocodon***
    4. 缠绕草本；花萼裂片卵状三角形或卵状披针形，边缘全缘……………**4. 党参属 *Codonopsis***
  3. 蒴果；子房和果实顶端圆锥形
    5. 蒴果侧面开裂
      6. 花冠近全裂，裂片占全长的 1/2 或更长
        7. 一年生草本，根纤维状；花多数闭花受精；花冠裂片披针形……**13. 异檐花属 *Triodanis***
        7. 多年生草本，根胡萝卜状；花全部开花受精；花冠裂片条形………**2. 牧根草属 *Asyneuma***
      6. 花冠钟状，裂片不超过全长的 2/5
        8. 花大，花冠长 15-75mm；蒴果 2-3 孔裂
          9. 花无明显花盘……………………………………………………**3. 风铃草属 *Campanula***
          9. 花盘筒状或环状……………………………………………………**1. 沙参属 *Adenophora***
        8. 花小，花冠长 5-12mm；蒴果不规则开裂
          10. 多年生草本；花梗长；茎圆柱状；种子长于 1.5mm……………**11. 袋果草属 *Peracarpa***
          10. 一年生草本；花近无梗；茎具 3 翼；种子长小于 1mm………**9. 同钟花属 *Homocodon***
    5. 蒴果顶端开裂
      11. 花萼与子房离生；子房上位……………………………………………**5. 蓝钟花属 *Cyananthus***
      11. 花萼管贴生子房，形成萼筒；花冠和雄蕊着生在萼筒边缘
        12. 根粗壮，胡萝卜状或块茎状；花大，花冠 15-50mm；柱头卵状或球形
          13. 植株无恶臭气味；蒴果室背 5 裂……………………………………**12. 桔梗属 *Platycodon***
          13. 植株通常恶臭；蒴果室背 3 裂（极少浆果）……………………**4. 党参属 *Codonopsis***
        12. 根纤维状或轻微加粗；花小，花冠 2-13mm；柱头丝状或线形
          14. 叶羽状裂；花萼裂片具刺；花冠裂片和雄蕊常 5…………**7. 刺萼参属 *Echinocodon***
          14. 叶全缘或具齿；花萼裂片全缘或具齿；花冠裂片和雄蕊常 5…………………………………………………………………………………**14. 蓝花参属 *Wahlenbergia***

1. *Adenophora* F. E. L. Fischer 沙参属

Adenophora F. E. L. Fischer (1823: 165); Hong et al. (2011: 536) [Type: *A. verticillata* (Pallas) Fischer (≡*Campanula verticillata* Pallas)]

特征描述：多年生草本。根常粗壮，肉质，胡萝卜状。基生叶常莲座状，叶柄长，茎生叶互生，少数对生或轮生。聚伞花序有时退化；萼筒形状多样，裂片 5；花冠钟状、漏斗状或筒状，5 浅裂或深裂；雄蕊 5，花丝下部扩大成片状，边缘密生长绒毛；花盘常筒状，有时环状；子房下位，3 室，胚珠多数，柱头 3 裂，裂片狭长，卷曲。蒴果基部 3 孔裂。种子多数，椭圆状，有 1 条棱。花粉粒 3-7 孔，条网状、条状和脑纹状纹饰，具刺。染色体 2*n*=24，36，68，72，102。

分布概况：62/38（23）种，**10 型**；分布于亚洲东部；中国产四川至东北。

系统学评述：该属形态变异大，属下分类十分困难，一般将该属分为 2 组，即筒花组 *Adenophora* sect. *Adenophora* 和沙参组 *A.* sect. *Microdiscus*，进一步分为 7 亚组。分子系统学研究以很高的支持率支持该属与 *Hanabusaya* 构成姐妹群，但属下种间关系并没有得到解决[5,20]。

DNA 条形码研究：BOLD 网站有该属 34 种 109 个条形码数据；GBOWS 网站已有 11 种 81 个条形码数据。

代表种及其用途：该属少数种类，如轮叶沙参 *A. tetraphylla* (Thunberg) Fischer 含沙参皂苷，可供药用，有润肺、止咳之效；根肥厚肉质，味甜，可充饥或作补充食品之用；花大而美丽，可供观赏。

2. *Asyneuma* Grisebach & Schenk 牧根草属

Asyneuma Grisebach & Schenk (1852: 335); Hong & Thomas (2011: 553) [Type: *A. canescens* (Waldstein & Kitaibel) Grisebach & Schenk (≡*Phyteuma canescens* Waldstein & Kitaibel)]

特征描述：多年生草本。根胡萝卜状。叶互生。花具短梗，基部有 1 对线形小苞片；穗状花序由多个生于总苞腋内的聚伞花序组成；花萼 5 裂，裂片条形；花冠 5 深裂达基部，近离生，裂片条形；雄蕊 5，花丝基部扩大，边缘密生绒毛；子房下位，3 室，花柱上部被毛，柱头 3 裂，裂片条形，反卷。蒴果在中偏上处 3 孔裂。种子卵形、椭圆形或矩圆形，有或无棱。花粉粒 3-6 孔，具颗粒或小刺。染色体 2*n*=20，22，24，32，48，56，64。

分布概况：33/3（1）种，**10-1 型**；分布于北非，温带亚洲，欧洲；中国产西南和东北。

系统学评述：分子系统学支持 *Campanula trichocalycina-pichleri* 复合群是该属（不包括 *A. comosiforme* Hayek & Janchen）的姐妹群，*A. comosiforme* 与风铃草属的 *Garganica* clade 有较近的亲缘关系。综合各方面考虑，Stefanović 和 Lakušić[21]建议将 *C. trichocalycina-pichleri* 复合群合并至该属，*A. comosiforme* 独立成 *Hayekia*。经此处理后牧根草属为单系，但属下种间关系仍需进一步研究。

DNA 条形码研究：BOLD 网站有该属 8 种 17 个条形码数据；GBOWS 网站已有 2 种 13 个条形码数据。

3. *Campanula* Linnaeus 风铃草属

Campanula Linnaeus (1753: 163); Hong et al. (2011: 530) (Lectotype: *C. latifolia* Linnaeus)

特征描述：多年生草本，具细长而横走的根状茎，或具短的茎基而根加粗，少为一年生草本。基生叶有时莲座状，茎生叶互生。顶生单花或聚伞花序圆锥状或近头状；花萼与子房贴生，5 裂，有时裂片间有附属物；花冠钟状，漏斗状或管状钟形，有时几乎辐状，5 裂；雄蕊离生，花丝基部扩大成片状；子房下位，3-5 室，柱头 3-5 裂，裂片弧状反卷或螺旋状卷曲。蒴果侧面孔裂，花萼裂片宿存。种子多数，椭圆状，平滑。花粉粒 3-6 孔，皱波状或颗粒纹饰。染色体 2*n*=14-102。

分布概况：420/22（11）种，**8 型**；分布于北温带和极地；中国产西南山区。

系统学评述：风铃草属是个非常复杂的类群，分子系统学研究显示该属为并系，属下划分有 2-3 种不同的分类处理建议，但仍缺乏全面的研究[21-23]。

DNA 条形码研究：BOLD 网站有该属 153 种 529 个条形码数据；GBOWS 网站已有 9 种 76 个条形码数据。

代表种及其用途：该属植物被用作一些鳞翅目幼虫的食物；西南风铃草 *C. pallida* Wallich 根药用，治风湿等症。

4. *Codonopsis* Wallich 党参属

Codonopsis Wallich (1824: 103); Hong et al. (2011: 513) (Lectotype: *C. viridis* Wallich).——*Campanumoea* Blume (1826: 726); *Leptocodon* (J. D. Hooker) Lemaire (1956: 49)

特征描述：多年生草本，通常恶臭。根加粗，肉质，稀木质或不加粗。叶互生、对生或簇生（假轮状）。聚伞花序花少或单花；花萼 5 裂，萼筒与子房贴生或分离；花冠管明显，5（6）裂；雄蕊 5，花丝基部常扩大；子房下位、半下位，3-6 室，胚珠多数，柱头常 3-6 裂，裂片较短，不卷曲。浆果或室背 3 瓣裂的蒴果。种子多数。花粉粒 7-9 沟，光滑或皱波状纹饰，具小刺。染色体 2*n*=16。

分布概况：46/44（25）种，**14 型**；分布于中亚，东亚，南亚；中国主产西南。

系统学评述：该属可分为 3 亚属 2 组，分子系统学研究支持 *Codonopsis* subgen. *Codonopsis* 和 *Campanumoea*、*Leptocodon* 构成一个支持率很高的分支；*C.* subgen. *Pseudocodonopsis*、*C.* subgen. *Obconicicapsula* 和 *C.* subgen. *Codonopsis* 的紫花党参 *C. purpurea* Wallich 构成另一支持率很高的分支，且 2 个分支呈姐妹群关系[24]。

DNA 条形码研究：BOLD 网站有该属 15 种 57 个条形码数据；GBOWS 网站已有 13 种 162 个条形码数据。

代表种及其用途：该属中绝大多数种类的根部都具有药用价值，有不同程度的补脾、生津、催乳、祛痰、止咳、止血、益气、固脱等功效，以及增加血色素、红细胞、白细胞，收缩子宫与抑制心动过速等作用。

5. *Cyananthus* Wallich ex Bentham 蓝钟花属

Cyananthus Wallich ex Bentham (1836: 309); Hong et al. (2011: 506) (Type: *non designatus*)

特征描述：矮小草本。叶互生或有时花梗下 4-5 枚叶呈轮生状。单花顶生，稀二歧聚伞花序；花萼筒状或筒状钟形，（4）5 裂；花冠筒状钟形，（3-）5 裂；雄蕊 5，常聚药于子房顶部；子房上位，圆锥状，（3、4）5 室。蒴果室背开裂。种子多数，棕红色或棕黑色。花粉粒 6-12 沟，网状、穿孔状或刺状纹饰。染色体 $2n$=14。

分布概况：18/17（9）种，**14（SH）型**；分布于亚洲中部和东部高山；中国产西藏、云南、四川、甘肃和青海。

系统学评述：分子系统学研究支持该属为单系，3 个主要的分支与传统分类中组的划分一致，即 *Cyananthus* sect. *Cyananthus*、*C.* sect. *Stenolobi* 和 *C.* sect. *Annui*，并与地理分布密切相关[25]。

DNA 条形码研究：BOLD 网站有该属 24 种 233 个条形码数据；GBOWS 网站已有 12 种 205 个条形码数据。

代表种及其用途：该属由于花大而美丽，有的已被引种成为岩石园中的观赏植物。

6. *Cyclocodon* W. Griffith ex J. D. Hooker & T. Thompson 轮钟花属

Cyclocodon W. Griffith ex J. D. Hooker & T. Thompson (1858: 18); Hong & Thomas (2011: 527)[Lectotype: *C. parviflorus* (Wallich ex A. de Candolle) J. D. Hooker & T. Thompson (≡*Codonopsis parviflora* Wallich ex A. de Candolle)]

特征描述：多年生或一年生草本。茎多分枝。叶对生，少轮生。花单生或成二歧聚伞花序；小苞片丝状、叶状，或缺失；萼筒部分贴生于子房或完全离生，裂片 4-6，条形或条状披针形，近全缘至分枝；花冠管状，4-6 裂；雄蕊 4-6，花丝下部扩大；子房相对于花冠下位，而相对于花萼为半下位至上位，3-6 室，胚珠多数，柱头 4-6 裂。浆果。种子多数，近球形。花粉粒 3 孔沟，具小刺。

分布概况：3/3 种，**14 型**；分布于喜马拉雅地区至日本，菲律宾，巴布亚新几内亚；中国产华南、华中、西南。

系统学评述：分子系统学支持该属隶属于 platycodonoid group，与桔梗属 *Platycodon*、*Canarina* 和刺萼参属 *Echinocodon* 有较近的亲缘关系[24,26]。

DNA 条形码研究：GBOWS 网站有该属该属 3 种 46 个条形码数据。

代表种及其用途：轮钟花 *C. lancifolius* (Roxburgh) Kurz 的根药用，无毒，甘而微苦，有益气补虚、祛瘀止痛之效。

7. *Echinocodon* D. Y. Hong 刺萼参属

Echinocodon D. Y. Hong (1984: 183); Hong & Thomas (2011: 528) (Type: *E. lobophyllus* D. Y. Hong)

特征描述：多年生草本。根胡萝卜状。叶互生，羽状深裂。花单生或 2-3 花成聚伞花序；花萼 2-5 裂，裂片具 2-4 刺状小裂片；花冠管状，3-5 裂；雄蕊 3-5；子房几乎完全下位，3-5 室，胚珠多数，柱头 3-5 裂，裂片条形反卷。蒴果球形，顶部圆锥形，室背开裂。种子多数，椭圆形，具 3 肋。花粉粒 4（5）沟，皱波状和具刺纹饰。染色体 $2n$=16。

分布概况：1/1（1）种，**15 型**；特产中国湖北。

系统学评述：分子系统学支持该属隶属于 platycodonoid group，与桔梗属、*Canarina* 和轮钟花属有较近的亲缘关系[24]。

8. *Hippobroma* G. Don 马醉草属

Hippobroma G. Don (1834: 698); Hong et al. (2011: 562) [Type: *H. longiflora* (Linnaeus) G. Don (≡*Lobelia longiflora* Linnaeus)]

特征描述：多年生草本。根簇生，粗壮。叶互生，叶缘具波状齿或波状。单花腋生，芳香；花梗基部具 2 丝状小苞片；萼筒钟形、倒圆锥形或椭圆形，裂片线形；花冠高脚碟形，白色；花丝联合成管状，贴生花冠。蒴果 2 室，顶端 2 瓣裂。种子宽椭圆形或圆柱形，表面网状。花粉粒 3 孔沟，网状纹饰。染色体 $2n$=28。

分布概况：1/1 种，**2 型**；原产牙买加；中国广东、台湾引种。

系统学评述：种皮形态研究支持该属与半边莲属的 *Lobelia* sect. *Tylomium* 有较近的亲缘关系[27]。

DNA 条形码研究：BOLD 网站有该属 1 种 1 个条形码数据。

代表种及其用途：马醉草 *H. longiflora* (Linnaeus) G. Don 白色乳汁有毒。

9. *Homocodon* D. Y. Hong 同钟花属

Homocodon D. Y. Hong (1980: 473); Hong & Thomas (2011: 551) [Type: *H. brevipes* (W. B. Hemsley) D. Y. Hong (≡*Wahlenbergia brevipes* W. B. Hemsley)]

特征描述：一年生匍匐草本。茎具 3 翼。叶互生。花近无梗，1 或 2 朵生于极端缩短的侧生分枝上；花萼 5 裂，裂片具齿；花冠管状钟形，5 裂；雄蕊 5，离生，花丝基部稍扩大，疏生缘毛；子房下位，3 室，花柱长，柱头 3 裂，条形反卷。蒴果，基部不规则撕裂或孔裂。种子椭圆状，无棱，表面浅网状。染色体 $2n$=68。

分布概况：2/2（1）种，**15 型**；分布于不丹；中国产西南。

系统学评述：形态上该属与袋果草属 *Peracarpa* 的关系最近，但并没有得到分子证据的支持，相反，该属可能和沙参属、*Hanabusaya* 及风铃草属部分种有较近的亲缘关系[25,28]。

DNA 条形码研究：BOLD 网站有该属 2 种 6 个条形码数据；GBOWS 网站已有 2 种 10 个条形码数据。

10. *Lobelia* Linnaeus 半边莲属

Lobelia Linnaeus (1753: 929); Hong & Thomas (2011: 554) (Lectotype: *L. cardinalis* Linnaeus).——*Pratia* Gaudichaud-Beaupré (1825: 103)

特征描述：乔木，灌木或草本。叶互生，2 行或螺旋状。腋生单花，或成顶生总状、圆锥花序；花两性，稀单性；花萼裂片全缘或具齿，宿存；花冠两侧对称，背面常纵裂至基部或近基部，檐部二唇形，上唇裂片 2，下唇裂片 3；雄蕊合生包围花柱；子房下位、半下位，极少数近上位，2 室，胚珠多数，柱头 2 裂。浆果或顶端室背 2 瓣裂的蒴果。种子多数，长圆状或三棱状，有时具翅，表面平滑、蜂窝状、条纹状或瘤状。花粉粒 3（孔）沟，网状纹饰。染色体 $2n$=12，14，16，18，20，22，24，26，28，32，38，42，48。

分布概况：414/23（6）种，**1 型**；分布于热带和亚热带地区；中国主产长江以南。

系统学评述：分支系统学研究不支持该属为单系[29]。

DNA 条形码研究：BOLD 网站有该属 69 种 179 个条形码数据；GBOWS 网站已有 11 种 114 个条形码数据。

代表种及其用途：该属部分种类可供药用，但多数有毒，少数种类可供观赏。其中半边莲 *L. chinensis* Loureiro 有清热解毒、利尿消肿之效，治毒蛇咬伤、肝硬化腹水、晚期血吸虫病腹水、阑尾炎等。

11. *Peracarpa* J. D. Hooker & T. Thomson 袋果草属

Peracarpa J. D. Hooker & T. Thomson (1858: 26); Hong & Thomas (2011: 551) (Type: *P. carnosa* J. D. Hooker & T. Thomson)

特征描述：多年生草本。根状茎细长，具鳞片和芽。叶互生。单花腋生，具细长花梗；花萼 5 裂；花冠漏斗状钟形，5 裂达中部或略过半；雄蕊 5，离生，花丝有缘毛；子房下位，3 室，花柱上部有细毛，柱头 3 裂，裂片反卷。蒴果 3 室或其中 1 室退化而为 2 室，不规则撕裂。种子椭圆形，平滑。花粉粒 4-6 孔，平滑或具小刺。染色体 $2n$=30。

分布概况：1/1 种，**14 型**；分布于克什米尔地区至菲律宾及远东地区；中国产华中、西南。

系统学评述：该属和异钟花属 *Heterocodon*、*Githopsis* 及风铃草属部分种有较近的亲缘关系[25]。Barnesky 和 Lammers[30]对该属分布区内居群的形态学研究认为该属仅包括 1 个形态和地理分布连续的种。

DNA 条形码研究：BOLD 网站有该属 2 种 9 个条形码数据；GBOWS 网站已有 1 种 11 个条形码数据。

12. *Platycodon* A. de Candolle 桔梗属

Platycodon A. de Candolle (1830: 125); Hong et al. (2011: 528) [Lectotype: *P. grandiflorus* (N. J. Jacquin) A. de Candolle (≡*Campanula grandiflora* N. J. Jacquin)]

特征描述：多年生草本，有白色乳汁。主根粗壮，胡萝卜状。茎直立。叶对生、互生或 3-4 枚轮生。花大，单花顶生；花萼 5 裂，宿存；花冠碗状，5 裂；雄蕊 5，离生，花丝基部扩大成三角形，扩大部分生有毛；无花盘；子房半下位，5 室，柱头 5 裂，裂片狭窄，常为条形。蒴果在顶端室背 5 裂，裂爿与宿存花萼裂片对生，有隔膜。种子多数，黑色或棕黑色，圆柱形或椭圆形，侧面有 1 条棱。花粉粒 4-6 孔沟，具小刺。染色体 $2n$=18。

分布概况：1/1 种，**14（SJ）型**；分布于亚洲东部；中国南北均产。

系统学评述：分子系统学支持该属隶属于 platycodonoid group，与轮钟花属、*Canarina* 和刺萼参属有较近的亲缘关系[24]。

DNA 条形码研究：BOLD 网站有该属 2 种 14 个条形码数据；GBOWS 网站已有 1 种 14 个条形码数据。

代表种及其用途：桔梗 *P. grandiflorus* (Jacquin) A. Candolle 的根含桔梗皂苷，药用，有止咳、祛痰、消炎（治肋膜炎）等功效。

13. *Triodanis* Rafinesque 异檐花属

Triodanis Rafinesque (1838: 67); Hong & Thomas (2011: 552) (Lectotype: *T. rupestris* Rafinesque)

特征描述：一年生草本。根纤维状。茎单一或基部多分枝，具棱。叶互生，无柄，全缘或齿状。花异型，1-3（-8）成腋生聚伞花序；闭花受精花生于下部叶腋，花萼 3-4（-6）裂；正常花生于中部或上部叶腋，花萼 5（6）裂；花冠辐射状，5（6）裂至近基部，裂片披针形；雄蕊 5（6）；子房下位，（2）3 室，胚珠多数，柱头（2）3 裂。蒴果近圆柱形或棒状，（2）3 孔裂。种子多数，球形或广椭圆形。花粉粒具小刺。染色体 $2n$=60。

分布概况：6/1 种，**2 型**；原产美洲；中国安徽、福建、台湾、浙江引种栽培。

系统学评述：该属可能与 *Campanula divaricate* Michaux、北美风铃草属 *Campanulastrum* 有较近的亲缘关系[5,25]。

DNA 条形码研究：BOLD 网站有该属 3 种 12 个条形码数据；GBOWS 网站已有 1 种 4 个条形码数据。

14. *Wahlenbergia* H. A. Schrader ex A. W. Roth 蓝花参属

Wahlenbergia H. A. Schrader ex A. W. Roth (1821: 399), *nom. cons.*; Hong & Thomas (2011: 529) [Type: *W. elongata* (Willdenow) H. A. Schrader ex A. W. Roth (≡*Campanula elongata* Willdenow)].——*Cephalostigma* A. de Candolle (1830: 117)

特征描述：草本，稀亚灌木或灌木。叶互生，稀对生。花单生或簇生，或成聚伞状圆锥花序和圆锥花序；萼片 5；花冠钟状或漏斗状，不同程度 5 裂；雄蕊 5，花丝离生，基部扩大成三角形，扩大部分生有缘毛；子房下位，2 或 3（-5）室，柱头 2 或 3（-5）裂，裂片条形。蒴果室背开裂，裂片与宿存花萼裂片互生。种子多数或少数。花粉粒 2-4 孔，具小刺。染色体 $2n$=14，16，18，22，36，42，54，72，90。

分布概况：260/2 种，**2-1 型**；主产南半球，南非尤盛；中国产长江以南。

系统学评述：分子系统学研究不支持该属为单系[13,25,31,32]，由于目前研究取样有限，仍需进一步对该属全面修订。

DNA 条形码研究：BOLD 网站有该属 8 种 23 个条形码数据；GBOWS 网站已有 1 种 19 个条形码数据。

代表种及其用途：蓝花参 *W. marginata* (Thunberg) A. de Candolle 的根药用，治小儿疳积、痰积和高血压等症。

主要参考文献

[1] Takhtajan A. Diversity and classification of flowering plants[M]. New York: Columbia University Press, 1997.

[2] Cosner ME, et al. Phylogenetic relationships in the Campanulales based on *rbc*L sequences[J]. Plant Syst Evol, 1994, 190: 79-95.

[3] Lammers TG. Circumscription and phylogeny of the Campanulales[J]. Ann MO Bot Gard, 1992, 79: 388-413.

[4] Soltis DE, et al. Angiosperm phylogeny: 17 genes, 640 taxa[J]. Am J Bot, 2011, 98: 704-730.

[5] Eddie WMM, et al. Phylogeny of Campanulaceae *s. str.* inferred from ITS sequences of nuclear ribosomal DNA[J]. Ann MO Bot Gard, 2003, 90: 554-575.

[6] Haberle RC. Phylogenetic systematics of *Pseudonemacladus* and the north American *Cyphioids* (Campanulaceae *sensu lato*)[D]. PhD thesis. Flagstaff, Arizona: Northern Arizona University, 1998.

[7] Lundberg J, Bremer K. Phylogenetic study of the order Asterales using one morphological and three molecular data sets[J]. Int J Plant Sci, 2003, 164: 553-578.

[8] Gustafsson MHG, Bremer K. Morphology and phylogenetic interrelationships of the Asteraceae, Calyceraceae, Campanulaceae, Goodeniaceae, and related families (Asterales)[J]. Am J Bot, 1995, 82: 250-265.

[9] Gustafsson MHG. Phylogenetic hypotheses for Asteraceae relationships[M]//Hind DJN, Beentje H. Compositae Systematics: proceedings of the international Compositae conference. Richmond: Royal Botanic Gardens, Kew, 1996: 9-19.

[10] Crowl AA, et al. Phylogeny of Campanuloideae (Campanulaceae) with emphasis on the utility of nnuclear pentatricopeptide repeat (PPR) genes[J]. PLoS One, 2014, 9: e94199.

[11] Knox EB. The dynamic history of plastid genomes in the Campanulaceae *sensu lato* is unique among angiosperms[J]. Proc Natl Acad Sci USA, 2014, 111: 11097-11102.

[12] Tank DC, Donoghue MJ. Phylogeny and phylogenetic nomenclature of the Campanulidae based on an expanded sample of genes and taxa[J]. Syst Bot, 2010, 35: 425-441.

[13] Haberle RC, et al. Taxonomic and biogeographic implications of a phylogenetic analysis of the Campanulaceae based on three chloroplast genes[J]. Taxon, 2009, 58: 715-734.

[14] Antonelli A. Higher level phylogeny and evolutionary trends in Campanulaceae subfam. Lobelioideae: molecular signal overshadows morphology[J]. Mol Phylogenet Evol, 2008, 46: 1-18.

[15] Ayers TJ, Haberle R. Systematics of *Cyphocarpus* (Campanulaceae): placement of an evolutionary enigma[C]//XVI International Botanical Congress, Abstracts. St. Louis, Missouri: Missouri Botanical Garden, 1999.

[16] Dunbar A. On pollen of Campanulaceae and related families with special reference to the surface ultrastructure II. Campanulaceae subfam. Cyphioideae and subfam. Lobelioideae; Goodeniaceae; Sphenocleaceae[J]. Bot Notis, 1975, 128: 102-118.

[17] Gustafsson MHG, et al. Phylogeny of the Asterales *sensu lato* based on *rbc*L sequences with particular reference to the Goodeniaceae[J]. Plant Syst Evol, 1996, 199: 217-242.

[18] Olesen JM, et al. Pollination, biogeography and phylogeny of oceanic island bellflowers (Campanulaceae)[J]. Persp Plant Ecol Evol Syst, 2012, 14: 169-182.

[19] Roquet C, et al. Reconstructing the history of Campanulaceae with a Bayesian approach to molecular dating and dispersal-vicariance analyses[J]. Mol Phylogenet Evol, 2009, 52: 575-587.

[20] 葛颂, 等. 用核糖体 DNA 的 ITS 序列探讨裂叶沙参的系统位置—兼论 ITS 片断在沙参属系统学研究中的价值[J]. 植物分类学报, 1997, 35: 385-395.

[21] Stefanović S, Lakušić D. Molecular reappraisal confirms that the *Campanula trichocalycina-pichleri* complex belongs to *Asyneuma* (Campanulaceae)[J]. Bot Serbica, 2009, 33: 21-31.

[22] Park JM, et al. Phylogeny and biogeography of isophyllous species of *Campanula* (Campanulaceae) in the Mediterranean area[J]. Syst Bot, 2006, 31: 862-880.

[23] Roquet C, et al. Natural delineation, molecular phylogeny and floral evolution in *Campanula*[J]. Syst Bot, 2008, 33: 203-217.

[24] Wang Q, et al. Molecular phylogeny of the platycodonoid group (Campanulaceae *s. str.*) with special reference to the circumscription of *Codonopsis*[J]. Taxon, 2013, 62: 498-504.

[25] Zhou Z, et al. Phylogenetic and biogeographic analyses of the Sino-Himalayan endemic genus *Cyananthus* (Campanulaceae) and implications for the evolution of its sexual system[J]. Mol Phylogenet Evol, 2013, 68: 482-497.

[26] 洪德元, 潘开玉. 轮钟花属的恢复及其花粉和种皮证据[J]. 植物分类学报, 1998, 36: 116.

[27] Buss CC, et al. Seed coat morphology and its systematic implications in *Cyanea* and other genera of Lobelioideae (Campanulaceae)[J]. Am J Bot, 2001, 88: 1301-1308.

[28] 吕峥, 等. 中国特有植物同钟花（桔梗科）的细胞学研究[J]. 云南植物研究, 2007, 29: 323-326.

[29] Antonelli A. Have giant lobelias evolved several times independently? Life form shifts and historical biogeography of the cosmopolitan and highly diverse subfamily Lobelioideae (Campanulaceae)[J]. BMC Biol, 2009, 7: 82.

[30] Barnesky AL, Lammers TG. Revision of the endemic Asian genus *Peracarpa* (Campanulaceae: Campanuloideae) via numerical phenetics[J]. Bot Bull Acad Sin, 1997, 38: 49-56.

[31] Lammers TG, et al. Phylogeny, Biogeography, and Systematics of the *Wahlenbergia fernandeziana* complex (Campanulaceae: Campanuloideae)[J]. Syst Bot, 1996, 21: 397-415.

[32] Cupido CN, et al. Phylogeny of Southern African and Australasian wahlenbergioids (Campanulaceae) based on ITS and *trn*L-F sequence data: implications for a reclassification[J]. Syst Bot, 2013, 38: 523-535.

Pentaphragmataceae J. Agardh (1985), *nom. cons.* 五膜草科

特征描述：多年生草本，多少肉质化，具根状茎。单叶互生，叶基部不对称，具柄，无托叶。聚伞花序腋生，苞片多数。花两性，辐射对称。花萼合生成萼筒，钟状或管状，顶端 5 裂片常不等宽，宿存。花冠 5 裂，贴生于萼筒。雄蕊 5，与花冠裂片互生，插生于花冠筒下部。子房下位，2 室；胚珠多数；柱头头状。浆果不裂。种子小，多数。花粉粒 3 沟。染色体 n=54-56。

分布概况：1 属/25-30 种，分布于东南亚，马来群岛和巴布亚新几内亚；中国 1 属/2 种，产云南、广西、广东和海南等。

系统学评述：传统上，五膜草科被置于桔梗目 Campanulales，甚至作为桔梗科 Campanulaceae 的 1 个亚科处理[FRPS]。然而，基于叶绿体基因 *rbc*L 构建的桔梗目及相关科目系统树显示，五膜草属 *Pentaphragma* 位于菊目 Asterales，而离桔梗目较远[1]，这得到了更多证据的支持[2-4]。基于叶绿体基因片段 *atp*B、*ndh*F 和 *rbc*L 的研究显示 Rousseaceae、五膜草科和桔梗科 Campanulaceae 一起与菊目构成姐妹分支[3]，在随后的 APG II 及 APG III 系统中，这 3 个科都放在了菊目 Asterales。Soltis 等[4]也得到了类似的结果，且五膜草科位于菊目基部，并和菊目其他类群构成姐妹分支。

1. *Pentaphragma* Wallich ex A. de candolle 五膜草属

Pentaphragma Wallich ex A. de candolle (1834: 731), Hong & Turland (2010: 564) [Type: *P. begoniifolium* (Roxburgh) G. Don (≡*Phyteuma begoniifolium* Roxburgh)]

特征描述：多年生草本，具根状茎。叶互生，基部不对称，具柄，无托叶。聚伞花序腋生，苞片多数。花两性，辐射对称；花萼合生成萼筒；顶端 5 裂片常不等宽；花冠 5 裂，贴生于萼筒；雄蕊 5，与花冠裂片互生；子房下位，2 室，胚珠多数，柱头头状。浆果不裂。种子多数。花粉粒 3 孔沟，外壁光滑。染色体 x=54-56。

分布概况：25-30/2（1）种，**7 型**；分布于东南亚，马来群岛和巴布亚新几内亚；中国产云南、广西、广东和海南。

系统学评述：属下系统学尚未研究。

DNA 条形码研究：BOLD 网站有该属 1 种 3 个条形码数据；GBOWS 网站已有 1 种 3 个条形码数据。

主要参考文献

[1] Cosner ME, et al. Phylogenetic relationships in the Campanulales based on *rbc*L sequences[J]. Plant Syst Evol, 1994, 190: 79-95.

[2] Bremer B, et al. Phylogenetics of asterids based on 3 coding and 3 non-coding chloroplast DNA markers

and the utility of non-coding DNA at higher taxonomic levels[J]. Mol Phylogenet Evol, 2002, 24: 274-301.

[3] Lundberg J, Bremer K. Phylogenetic study of the order Asterales using one morphological and three molecular data sets[J]. Int J Plant Sci, 2003, 164: 553-578.

[4] Soltis DE, et al. Angiosperm phylogeny: 17 genes, 640 taxa[J]. Am J Bot, 2011, 98: 704-730.

Stylidiaceae R. Brown (1810), *nom. cons.* 花柱草科

特征描述：草本或小灌木，有时体态为藓状。花两性或败育为单性，两侧对称；花萼合生，常呈两唇形；花冠 5（6）裂，常不规则，4 枚裂片近于相似，而前方一枚常不同型，向下反折；雄蕊 2，生于两侧，与花柱连合成合蕊柱；子房下位，2 室；胚珠多数；柱头不裂或 2 裂，与花药连合。蒴果，室间开裂；种子很小，种皮薄，胚小。花粉粒 2-8 沟。染色体 x=6，8。

分布概况：6 属/245 种，主要分布于澳大利亚，新西兰，以及南美南端的麦哲伦海峡地区，只有几个种见于东南亚和南美；中国 1 属/2 种，分布于长江以南。

系统学评述：有学者将 *Donatia* 作为 1 个单型科 Donatiaceae 从花柱草科中分出来[1]，但普遍认为应该作为 1 个科处理比较合适。*Donatia* 位于花柱草科最基部，其他 5 属形成 1 个独立的分支，分成 2 亚科，即花柱草亚科 Stylidioideae 和 Donatioideae[APW]。花柱草亚科中的 5 属分为主要 2 支，但是分支内部的属间关系仍没有解决[2]。

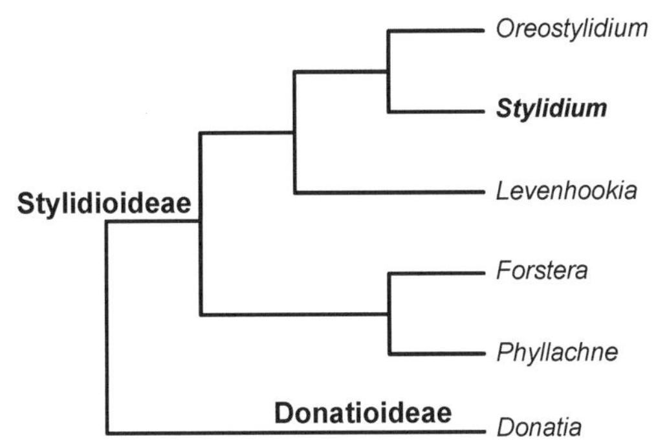

图 211　花柱草科分子系统框架图（参考 Wagstaff 和 Wege[2]）

1. *Stylidium* Swartz ex Willdenow 花柱草属

Stylidium Swartz ex Willdenow (1805: 146), *nom. cons.*; Hong & Wege (2011: 566) (Type: *S. graminifolium* Swartz ex Willdenow, *typ. cons.*)

特征描述：草本，常有腺毛。叶互生。聚伞花序或总状花序，顶生；花两性，两侧对称；花萼 5 裂，前方 2 裂片联合为 1 枚；花冠不规则，5 裂，喉部腺体状附属物呈副花冠，裂片分离或其中 2-4 枚联合，前方 1 枚反折成唇片；雄蕊与花柱联合成合蕊柱，有感应性，基部可动，花药无柄，2 室；子房 2（1）室，胚珠多数。种子小。花粉粒 2-8 沟，具小刺。染色体 $2n$=10-32，36，52，56，60。

分布概况：约 120/2 种，**5 型**；主产澳大利亚；中国产福建、广东、海南和云南。

系统学评述：花柱草属与 *Levenhookia* 和 *Oreostylidium* 之间的关系并未得到很好的

解决，有研究认为花柱草属可扩大到包括后 2 属[2,3]。依据形态特征，花柱草属通常分为 6 亚属，即 *Stylidium* subgen. *Centridium*、*S.* subgen. *Forsteriopsis*、*S.* subgen. *Andersonia*、*S.* subgen. *Alsinoides*、*S.* subgen. *Stylidium* 和 *S.* subgen. *Nitrangium*[4]。

DNA 条形码研究：BOLD 网站有该属 5 种 6 个条形码数据；GBOWS 网站已有 1 种 4 个条形码数据。

主要参考文献

[1] Takhtajan A. Flowering plants[M]. Berlin: Springer, 2009.

[2] Wagstaff SJ, Wege J. Patterns of diversification in New Zealand Stylidiaceae[J]. Am J Bot, 2002, 89: 865-874.

[3] Laurent N, et al. Phylogeny and generic interrelationships of the Stylidiaceae (Asterales), with a possible extreme case of floral paedomorphosis[J]. Syst Bot, 1999, 23: 289-304.

[4] Carolin RC. Stylidiaceae[M]//Kubitzki K. The families and genera of vascular plants, VIII. Berlin: Springer, 2007: 614-619.

Menyanthaceae Dumortier (1829), *nom. cons.* 睡菜科

特征描述：草本，水生或湿生。叶互生，稀对生，单叶或三出复叶，无托叶。花单生，或簇生，头状或圆锥状，最后形成总状或聚伞花序。花常 5 数；萼片 5，1 轮；花冠 5，1 轮，合生，花瓣常流苏状；雄蕊 5，与花瓣互生；子房上位，1 室，花柱线形，柱头 2 裂。蒴果。种子多数，具胚乳。花粉粒 3 沟，或具副合沟，条纹或皱波纹饰。染色体 x=9，17。

分布概况：5 属/约 58 种，世界广布；中国 2 属/7 种，南北均产。

系统学评述：早期学者根据形态特征和化学成分将该科作为 1 个亚科放在龙胆科 Gentianaceae[FRPS,1]，然而更多学者支持其独立成科[APG III,2-6]。睡菜科的地位一直存在争议，Engler 系统将其置于龙胆目 Gentianales；Cronquist 系统将其置于茄目 Solanales；而 APG III 通过分子证据将其置于菊目 Asterales。睡菜科 5 属中，3 个单种属（睡菜属 *Menyanthes*、条叶睡菜属 *Liparophyllum* 和肾叶睡菜属 *Nephrophyllidium*）能够通过形态特征很好地区分，但 2 个大属（荇菜属 *Nymphoides* 和裂果荇菜属 *Villarsia*）属间和属下关系一直存在问题[6]。Nilsson[7]将该科的花粉分为"*Menyanthes*-type"（包括睡菜属和肾叶睡菜属）和"*Villarsia*-type"（包括荇菜属、条叶睡菜和裂果荇菜属）。分子证据显示，睡菜属和肾叶睡菜属形成 1 个分支位于基部；荇菜属单独 1 支显示浮叶型植物在该科较为进化；同时裂果荇菜属为并系类群，形成了 3 个主要分支（或 3 个属），条叶睡菜属嵌于其中 1 个分支（或将该分支所有种归入条叶睡菜属）[5,6,8]。

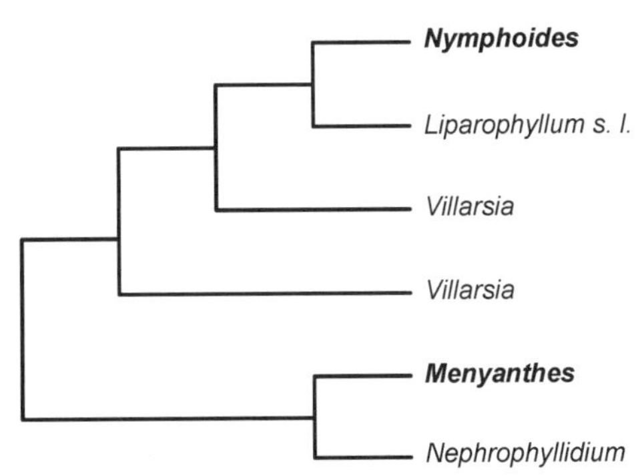

图 212　睡菜科分子系统框架图（参考 Tippery 和 Les[5,8]；Tippery[6]等）

分属检索表

1. 三出复叶，挺出水面；总状花序；蒴果开裂……………………**1. 睡菜属 *Menyanthes***
1. 单叶全缘，浮于水面；多花簇生于节上；蒴果不开裂……………**2. 荇菜属 *Nymphoides***

1. *Menyanthes* Linnaeus 睡菜属

Menyanthes Linnaeus (1753: 145); Ho & Ornduff (1995: 140) (Lectotype: *M. trifoliata* Linnaeus)

特征描述：水生或沼生草本；具匍匐根状茎。叶基生，三出复叶；叶柄基部抱茎。总状花序；花 5 数；花萼 5，分裂；花冠 5，基部合生成冠筒，上部内面具长流苏状毛；雄蕊 5。子房 1 室，花柱线形。蒴果球形，2 裂。种子平滑。花粉粒 3 沟，条纹或皱波纹饰。染色体 x=9。

分布概况：1/1 种，**8 型**；分布于北温带；中国产西藏、云南、四川、贵州、河北、黑龙江、辽宁、吉林、浙江。

系统学评述：睡菜属为单种属，花粉形态特征显示其与肾叶睡菜属关系较近[7]，并得到了分子证据的支持，同时分子系统树显示，这 2 属形成的分支构成了睡菜科的基部类群[5,6]。

DNA 条形码研究：BOLD 网站有该属 1 种 16 个条形码数据；GBOWS 网站已有 1 种 4 个条形码数据。

代表种及其用途：睡菜 *M. trifoliata* Linnaeus 药用，可润肺、止咳、降血压等；也可用作园艺观赏。

2. *Nymphoides* Seguier 荇菜属

Nymphoides Seguier (1754: 121); Ho & Ornduff (1995: 140) (Type: *Menyanthes nymphoides* Linnaeus)

特征描述：水生草本；常具根状茎。茎细长，漂浮水面。叶互生，稀对生，浮于水面。花簇生于茎节上，（4 或）5 数；花萼深裂；花冠常深裂成辐状，喉部具 5 束长柔毛；雄蕊着生于冠筒上，与裂片互生；子房 1 室，胚珠多数，花柱线形，柱头 2 裂；蜜腺附于子房基部。蒴果。种子压扁或球形。花粉粒具副合沟，条纹或皱波纹饰。染色体 x=9。

分布概况：57/6 种，**1 型**；分布于温带到热带；中国产大部分省区。

系统学评述：分子系统树显示荇菜属［除了 *N. exigua* (F. Mueller) Kuntze］能够很好地聚在一起，形成单系分支[5,6,8]。同时，分子证据支持将 *N. exigua* 置入裂果荇菜属[5,6]或条叶睡菜属[8]。

DNA 条形码研究：BOLD 网站有该属 35 种 315 个条形码数据；GBOWS 网站已有 2 种 16 个条形码数据。

代表种及其用途：荇菜 *N. peltata* (S. G. Gmelin) Kuntze 可作药用，治发汗透疹，利尿通淋、清热解毒。园艺上，因其叶似睡莲，花黄色、鲜艳，可用作水体绿化和布景。

主要参考文献

[1] Metcalfe CR, Chalk L. Anatomy of the dicotyledons, leaves, stem, and wood in relation to taxonomy with notes on economic uses. Vols. 1-2[M]. Oxford: Clarendon Press, 1950.

[2] Lindsey AA. Anatomical evidence for the Menyanthaceae[J]. Am J Bot, 1938, 25: 480-485.

[3] Ornduff R. Cytogeography of Nymphoides (Menyanthaceae)[J]. Taxon, 1970, 19: 715-719.

[4] Chuang TI, Ornduff R. Seed morphology and systematics of Menyanthaceae[J]. Am J Bot, 1992, 79: 1396-1406.

[5] Tippery NP, Les DH. Phylogenetic analysis of the internal transcribed spacer (ITS) region in Menyanthaceae using predicted secondary structure[J]. Mol Phylogenet Evol, 2008, 49: 526-537.

[6] Tippery NP, et al. Generic circumscription in Menyanthaceae: a phylogenetic evaluation[J]. Syst Bot, 2008, 33: 598-612.

[7] Nilsson S. Menyanthaceae Dum. Taxonomy by Robert Ornduff[J]. World Pollen and Spore Flora, 1973, 2: 1-20.

[8] Tippery NP, Les DH. A new genus and new combinations for *Villarsia* (Menyanthaceae) taxa in Australia[J]. Novon, 2009, 19: 404-411.

Goodeniaceae R. Brown (1810), *nom. cons.* 草海桐科

特征描述：草本或灌木。单叶常互生，无托叶。花两性，左右对称，单生或排成总状至圆锥花序；萼管与子房合生，5 裂片；花冠合瓣，一边分裂至基部，裂片 5；雄蕊 5；子房常下位，1-2（-4）室，花柱单生或 3 裂，柱头顶部扩大成 1 杯状体。常为蒴果。种子小而扁，胚直，胚乳丰富。花粉粒 3 孔沟，具小刺。雄蕊先熟，甲虫和蝴蝶传粉。

分布概况：12 属/400 种，主产大洋洲，少数到其他热带地区海岸；中国 2 属/3 种，产东南、华南和台湾等地。

系统学评述：Cronquist 系统将该科列入桔梗目[1]。基于叶绿体 *rbc*L 研究结果，蓝针花属 *Brunonia* 并入草海桐科，并与菊科 Asteraceae 为姐妹群[2]，或与头花草科 Calyceraceae+Asteraceae 互为姐妹群[3]，而菊科、草海桐科和头花草科 Calyceraceae 组成一个与睡菜科 Menyanthaceae 互为姐妹群的单系[2]。因此，APG 系统将该科亦置于菊目。Gustavsson 等[2]将草海桐科分为 4 个分支，即 *Lechenaultia* 分支、*Anthotium-Dampiera*-group

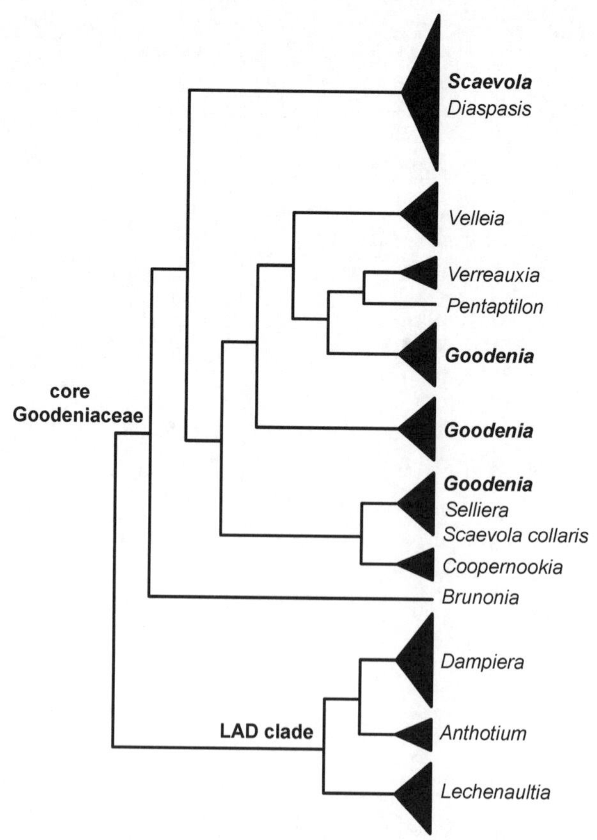

图 213　草海桐科分子系统框架图（参考 Jabaily 等[4]）

分支、*Brunonia* 分支及 *Scaevola-Goodenia*-group 分支[2]。Jabaily 等[4]基于 *trn*L-F 和 *mat*K 片段，并对草海桐科的所有属和近半数种类的分析表明，可将该科分为两大分支，即 LAD 分支（包括 *Lechenaultia*、*Anthotium* 和 *Dampiera*）和核心草海桐科（core Goodeniaceae，包括其他 9 属）。其中，*Selliera* 可能应并入广义离根香属 *Goodenia*，而 *Diaspasis* 应并入广义的草海桐属 *Scaevola*[4]。

分属检索表

1. 花柱 2-3 裂；果为蒴果；小草本……………………………………………………………………**1. 离根香属 *Goodenia***
1. 花柱不分裂；果为核果；多为海滨小灌木或藤本 ………………………………………………**2. 草海桐属 *Scaevola***

1. *Goodenia* Smith 离根香属

Goodenia Smith (1793: 15); Hong & Howarth (2011: 569) (Type: *G. ramossima* Smith).——*Calogyne* R. Brown (1810: 579)

特征描述：草本。茎直立或披散。叶形多样。花单生叶腋；花萼筒部与子房贴生，5 裂；花冠后方开裂过半，裂片前展，具宽翅，后 2 枚具不对称翅；雄蕊 5；子房下位，胚珠数颗，花柱 2-3 裂，集粉杯浅 2 裂，柱头片状。蒴果与隔膜平行开裂。种子扁平。花粉粒 3 孔沟，具小刺。染色体 $2n$=16，32，48，64。

分布概况：180/1 种，**2 型**；泛热带分布，主产亚洲东部至东南部，大洋洲；中国产福建、广东、广西和海南。

系统学评述：在 Jabaily 等[4]的研究中离根香属是 1 个并系并被分为 3 个支（A-C），其中 *Goodenia* A 分支还包括了 *Selliera* 和 *S. collaris* F. Mueller，进而指出该属至少可分为 3 属。基于花部特征，该属可分为 2 亚属，即 *Goodenia* subgen. *Monochila* 和 *G.* subgen. *Goodenia*。

DNA 条形码研究：BOLD 网站有该属 48 种 56 个条形码数据。

代表种及其用途：离根香 *G. pilosa* (R. Brown) Carolin 全草入药，活血散瘀，用于跌打损伤、蛇咬伤。

2. *Scaevola* Linnaeus 草海桐属

Scaevola Linnaeus (1771: 145); Hong & Howarth (2011: 568) [Type: *S. lobelia* Linnaeus, *nom. illeg.* (=*S. plumierii* (Linnaeus) Vahl≡*Lobelia plumierii* Linnaeus)]

特征描述：草本、亚灌木或灌木。叶互生，罕对生。单花腋生或成聚伞花序。有对生的苞片和小苞片；花常 5 数；花冠两侧对称，后面纵缝开裂至近基部，5 个裂片几乎相等。萼管与子房贴生，有时缺。花药分离；子房 1-2 室，下位或半下位，有 1-2 轴生胚珠，柱头 2 裂。核果，种子 1 或和子房室同数。花粉粒 3 孔沟，穿孔纹饰。染色体 $2n$=16，32。鸟类或洋流扩散。

分布概况：80/2 种，**2 型**；热带广布，主产澳大利亚；中国产华南到东南海岸至台湾和热带群岛地区。

系统学评述：该属为草海桐科唯一分布到澳大利亚以外的属，部分种类甚至分布到大西洋和印度洋热带沿海地区。在剔除 *S. collaris* F. Mueller，并入 *Diaspasis* 时该属为单系[4,5]。Carolin[6]曾基于草海桐属和 *Diaspasis* 均具有 2 个基部胚珠的不裂果实，而认为这 2 个属间具较近的亲缘关系。基于形态学特征，Carolin[7]将该属分为 3 组，包括 *Scaevola* sect. *Scaevola*（为具灌木或小乔木状和肉质果类群），其中的 *S. taccada* (Gaertner) Roxburgh 和 *S. plumieri* (Linnaeus) Vahl 为该属分布最广的种，呈泛热带分布；*S.* sect. *Xerocarpa* 为草本或小灌木、具干外果皮和顶生花序类群；*S.* sect. *Enantiophyllum* 为藤本、叶对生、腋生花序和具肉质果类群。分子证据支持前 2 个组为并系，最后 1 个组为单系[4,5]。该属可能为澳大利亚起源，发生过至少 6 次的独立扩散事件，而夏威夷岛众多种类的来源与其中的 3 次扩散事件有关[5]。

DNA 条形码研究：BOLD 网站有该属 58 种 146 个条形码数据。

代表种及其用途：该属植物大部分产沿海海岸，是典型的滨海植物，因生长迅速，是重要的海岸固沙防潮树种，如草海桐 *S. taccada* (Gaertner) Roxburgh。

主要参考文献

[1] Cronquist A. An integrated system of cassification of flowering plants[M]. New York: Columbia University Press, 1981.

[2] Gustavsson MHG, et al. Phylogeny of the Asterales *sensu lato* based on *rbc*L sequences with particular reference to the Goodeniaceae[J]. Plant Syst Evol, 1996, 199: 217-242.

[3] Kårehed J, et al. Evolution of the Australasian families Alseuosmiaceae, Argophyllaceae, and Phellinaceae[J]. Syst Bot, 1999, 24: 660-682.

[4] Jabaily RC, et al. Systematics of the Austral-Pacific family Goodeniaceae: establishing a taxonomic and evolutionary framework[J]. Taxon, 2012, 61: 419-436.

[5] Howarth DG, et al. Phylogenetics of the genus *Scaevola* (Goodeniaceae): implication for dispersal patterns across the Pacific Basin and colonization of the Hawaiian Islands[J]. Am J Bot, 2003, 90: 915-923.

[6] Carolin RC. The systematic relationships of *Brunonia*[J]. Brunonia, 1978, 1: 9-29.

[7] Carolin RC, et al. Brunoniaceae, Goodeniaceae[M]//George AS. Flora of Australia. Vol. 35. Canberra: Australian Government Publishing Service, 1992: 149-281.

Asteraceae Berchtold & J. Presl (1820), *nom. cons.* 菊科

特征描述：草本、亚灌木或灌木，稀为乔木。偶有乳汁管或树脂道。叶常互生，无托叶。花密集成头状花序，具 1 至多层总苞片；萼片常呈鳞片状或毛状冠毛；花托平或凸起，有或无苞片；花冠常辐射对称，管状，或左右对称，二唇形、舌状或假舌状；雄蕊 4-5，花药合生成筒状，基部钝或尖，多具尾状附属物；花柱一般被毛或乳突，上端两裂，分枝上端有或无附器；子房下位，合生心皮 2 枚，1 室，具 1 直立的胚珠。连萼瘦果。种子无胚乳，具 2 片，稀 1 片子叶。花粉粒 3 孔沟，多为光滑、具刺或网状纹饰。

分布概况：1600-1700 属/24 000-30 000 种，世界广布，非洲是多样性最高的地区，其次是北美和墨西哥地区，亚欧大陆是菜蓟族 Cardueae、菊苣族 Lactuceae、春黄菊族 Anthemideae 及千里光族 Senecioneae 等类群的主要分布中心；中国 253 属/约 2350 种，此外还有一些少量栽培的属，如花拜属 *Helipterum*、贝细工属 *Ammobium*、堆心菊属 *Helenium*、松香草属 *Silphium*、松果菊属 *Ratibida*、赛菊芋属 *Heliopsis* 和美兰菊属 *Melampodium* 等；中国有 18 个特有属。

系统学评述：菊科位于菊目 Asterales，与桔梗科 Campanulaceae、头花草科 Calyceraceae、草海桐科 Goodeniaceae 等亲缘关系较近，后者可能是菊科姐妹群，分子钟估计两者的分化时间在 4200 万-4900 万年前[1]。菊科最早的化石发现于南美南部[2]，现存菊科的基部类群也主要分布于这一地区，因此推测菊科可能起源于南美[3]。传统分类将菊科分为舌状花亚科 Cichorioideae 和管状花亚科 Carduoideae 2 个亚科，后者再分 12 族[4]，但最新研究划分为 12 亚科 43 族，这些类群在 *mat*K 等 10 个叶绿体片段联合构建的系统发育树上都是单系类群[5,6]。中国菊科分为 13 族，即春黄菊族 Anthemideae、紫菀族 Astereae、金盏花族 Calenduleae、菜蓟族 Cardueae、菊苣族 Cichorieae、蓝刺头族 Echinopeae、泽兰族 Eunatorieae、堆心菊族 Helenieae、向日葵族 Heliantheae、旋覆花族 Inuleae、帚菊木族 Mutisieae、千里光族 Senecioneae 和斑鸿菊族 Vernonieae[FRPS]，但在随后的修订中[FOC]，堆心菊族被并入向日葵族，同时从菜蓟族分出刺苞菊族 Carlineae，从旋覆花族分出鼠麴草族 Gnaphalieae 和山黄菊族 Athroismeae；最新修订[7]在 FOC 的基础上，从向日葵族分出了堆心菊族、金鸡菊族 Coreopsideae、米勒菊族 Millerieae、沼菊族 Neurolaeneae 和万寿菊族 Tageteae 等；从帚菊木族分出白菊木族 Hyalideae 和帚菊族 Mutisieae 等，同时将蓝刺头族和刺苞菊族并入菜蓟族。最新研究所划分的 12 个亚科中，中国分布的有帚菊木亚科 Mutisioideae、风菊木亚科 Wunderlichioideae、菜蓟亚科 Carduoideae、帚菊亚科 Pertyoideae、菊苣亚科 Cichorioideae 和紫菀亚科 Asteroideae 共 6 亚科[5]。

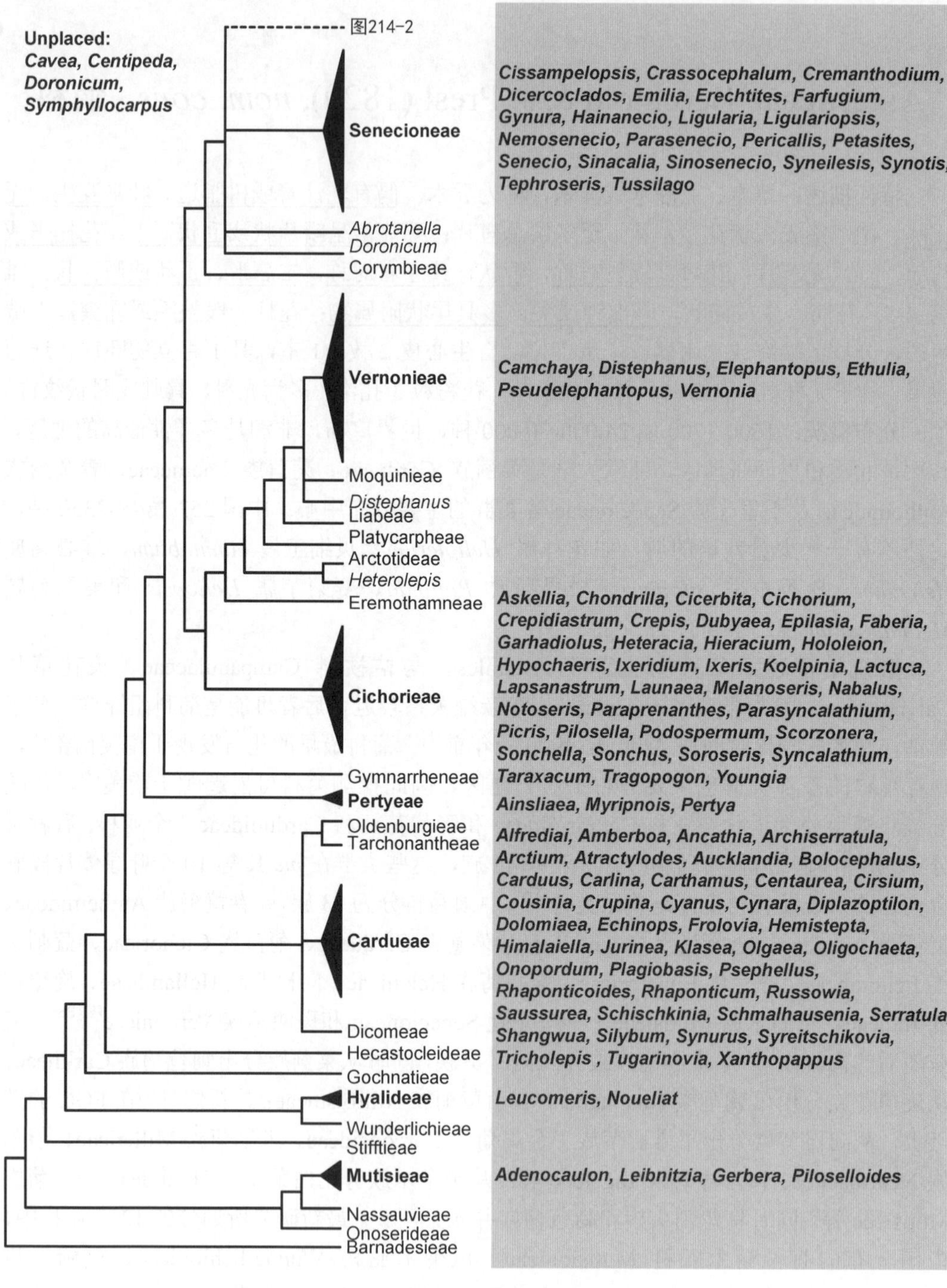

图 214-1 菊科分子系统框架图（主要参考 Funk 等[5]）

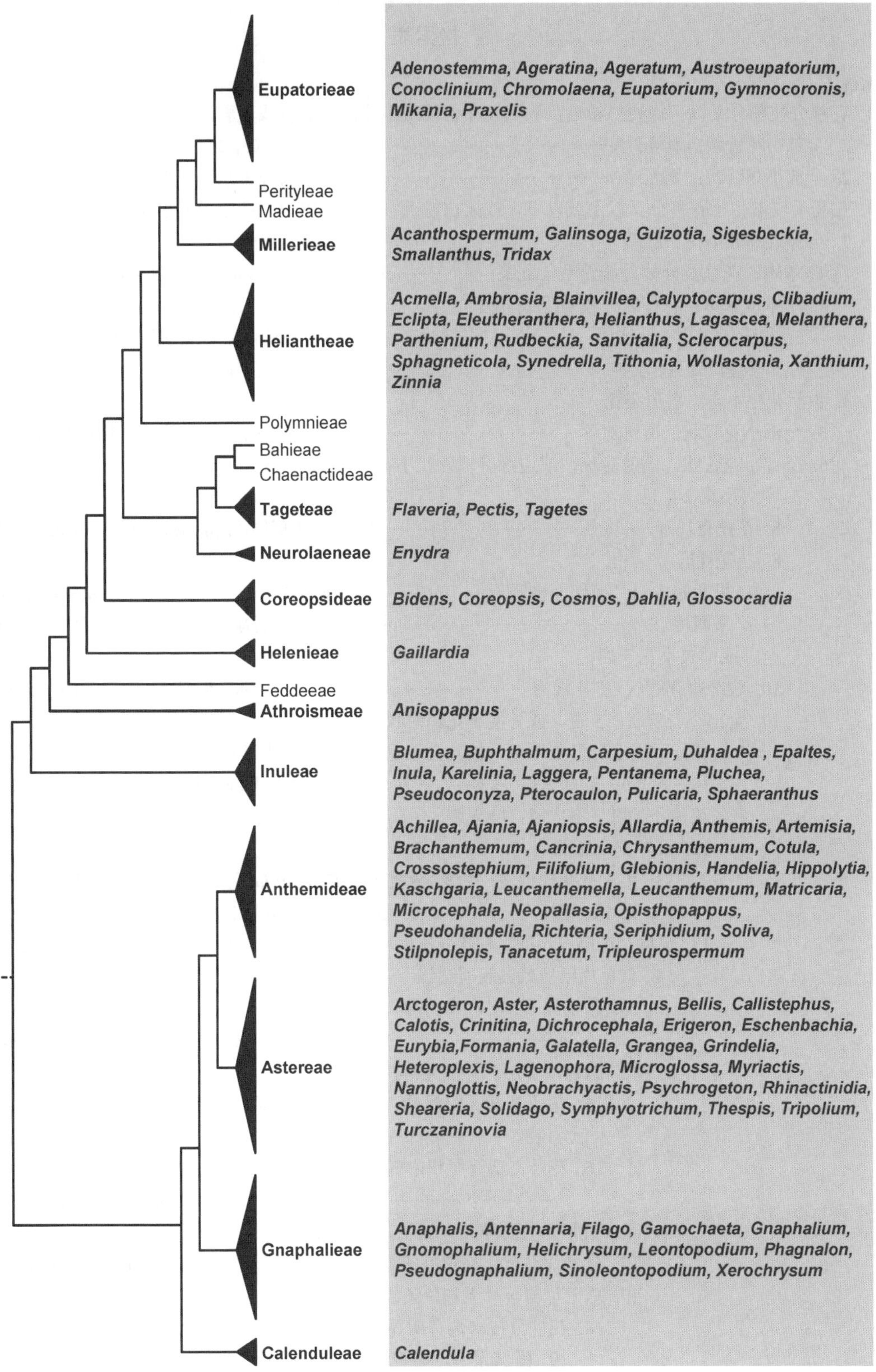

图 214-2　菊科分子系统框架图

检索表

Key 1

1. 花柱分枝及分叉以下均被扫粉毛；头状花序含同型小花；植株有或无乳汁
  2. 全部小花舌状；具乳汁 ……………………………………… **Key 2**（五、菊苣族 **Cichorieae**）
  2. 全部小花管状；无乳汁 ……………………………………… **Key 3**（六、斑鸠菊族 **Vernonieae**）
1. 扫粉毛仅着生于花柱分叉以上或以下，或无扫粉毛；头状花序含同型或异型小花；植株无乳汁
  3. 全部或部分小花二唇形
    4. 木本；花柱及分枝外侧无毛与乳突 ……………………… **Key 4**（二、白菊木族 **Hyalideae**）
    4. 草本或木本；花柱或分枝被毛或乳突
      5. 花药基部几乎不延伸 ……………………………………… **Key 5**（一、帚菊木族 **Mutisieae**）
      5. 花药基部距状延伸 ……………………………………… **Key 6**（四、帚菊族 **Pertyeae**）
  3. 头状花序不含二唇形小花
    6. 全部小花管状，两侧对称 ……………………………………… **Key 6**（四、帚菊族 **Pertyeae**）
    6. 全部小花管状，辐射对称，或边缘有辐射状小花
      7. 中央小花 2-4 裂
        8. 花托有托片 ……………………………… **253. 含苞草属 *Symphyllocarpus***（**Unplaced**）
        8. 花托裸露
          9. 果背腹压扁，横切面椭圆形 ……………………… **Key 7**（十一、春黄菊族 **Anthemideae**）
          9. 果四棱形 ……………………………………… **251. 石胡荽属 *Centipeda***（**Unplaced**）
      7. 全部或中央小花 5 裂
        10. 边缘小花管状，3-4 浅裂 ……………………………… **250. 葶菊属 *Cavea***（**Unplaced**）
        10. 全部小花管状，5 裂，或外层小花辐射状
          11. 花柱顶端近分叉处增粗，被乳突或毛；叶刺状或边缘具刺，或无刺 ………………………………………………………………… **Key 8**（三、菜蓟族 **Cardueae**）
          11. 花柱分叉以下不增粗；叶无刺
            12. 果异型；无冠毛
              13. 果大；花托裸露 …… **118. 金盏花属 *Calendula***（八、金盏花族 **Calenduleae**）
              13. 果小；花托有托片 …… **210. 沼菊属 *Enydra***（十六、沼菊族 **Neurolaeneae**）
            12. 果同型或略有不同，柱状或压扁，直或略弯；花序托裸露或有苞片；有或无冠毛
              14. 总苞片纸质或具膜质边缘
                15. 总苞片 1-2 层，外侧常具萼片状小苞片 ………………………………………………………… **Key 9**（七、千里光族 **Senecioneae**）
                15. 总苞片多层，外侧无萼片状小苞片
                  16. 花药基部无附属物；总苞片具明显白色或褐色干膜质边缘；叶常羽裂 ……………………… **Key 7**（十一、春黄菊族 **Anthemideae**）
                  16. 花药基部有尾状附属物；总苞片纸质；叶全缘 ……………………………………………… **Key 10**（九、鼠麹草族 **Gnaphalieae**）
              14. 至少外层总苞片草质，绿色，无膜质边缘
                17. 总苞片与苞片具彩色条纹 …… **Key 11**（十五、金鸡菊族 **Coreopsideae**）
                17. 总苞片与苞片无彩色条纹
                  18. 花柱分枝末端有明显附器
                    19. 附器无毛，显著增大，与花同色 ……………………………………………… **Key 12**（二十、泽兰族 **Eupatorieae**）

19. 附器被毛，不显著
20. 花托有托片··········**Key 13（十八、向日葵族 Heliantheae）**
20. 花托裸露
21. 花柱分枝成熟后反卷··**Key 14（十、紫菀族 Astereae）**
21. 花柱分枝成熟后不反卷··**204. 天人菊属 *Gaillardia*（十四、堆心菊族 Helenieae）**
18. 花柱分枝末端无明显附器
22. 总苞片 2 层，稀 3 层，近等长···**252. 多榔菊属 *Doronicum*（Unplaced）**
22. 总苞片常多层，覆瓦状排列
23. 花药基部有附属物
24. 内层总苞片膜质或具膜质边缘···**Key 15（十二、旋覆花族 Inuleae）**
24. 全部总苞片无膜质边缘······**203. 山黄菊属 *Anisopappus*（十三、山黄菊族 Athroismeae）**
23. 花药基部无附属物
25. 花托裸露············**Key 16（十七、万寿菊族 Tageteae）**
25. 花托有托片
26. 果多少圆柱形···**Key 17（十九、米勒菊族 Millerieae）**
26. 果压扁·····**Key 13（十八、向日葵族 Heliantheae）**

Key 2

1. 冠毛膜片状（≤0.3mm）或短单毛状（≤1.5mm）或无冠毛
2. 冠毛膜片状；小花蓝色、紫色或淡白色···**57. 菊苣属 *Cichorium***
2. 全部或外层瘦果无冠毛，或冠毛刚毛极短单毛状（≤1.5mm）；小花黄色
3. 瘦果异型，外层瘦果顶端渐尖或短喙状，内层瘦果顶端渐尖成细喙；全部或内层瘦果有冠毛
4. 外层瘦果柱状、弯曲、被贴伏毛，顶渐尖；冠毛单毛状，内层瘦果冠毛长于外层；内层总苞片果期变硬··**63. 小疮菊属 *Garhadiolus***
4. 外层瘦果广倒圆锥形、压扁，顶具短喙，侧面加宽成翅状；外层瘦果无冠毛或有退化的冠毛，内层瘦果具 3-5mm 长的刚毛状冠毛；内层总苞片果期不变硬···**64. 异喙菊属 *Heteracia***
3. 瘦果同型，无喙；全部瘦果无冠毛
5. 瘦果果体细长，线状圆柱形，蝎尾状内弯，背面及顶端有针刺，顶端针刺星状开展；叶不裂··**70. 蝎尾菊属 *Koelpinia***
5. 瘦果果体狭椭圆形，近压扁，0-4 肋上部延长形成 0.2-2.2mm 的细钩状附属物；叶羽裂···**72. 稻槎菜属 *Lapsanastrum***
1. 冠毛羽毛状或单毛状或糙毛状，长为瘦果一半以上
6. 冠毛全部或内层羽毛状，但顶部糙毛状
7. 冠毛刚毛羽枝硬、直、不相互交错；小花黄色或白色；叶非禾叶形
8. 花序托有膜片状托片，与总苞片近等长，包围小花基部；茎、叶及总苞具硬单毛···**67. 猫儿菊属 *Hypochaeris***
8. 花托无托毛；茎、叶及总苞片常被有锚状刺毛····························**79. 毛连菜属 *Picris***
7. 冠毛刚毛羽枝柔软或绵毛状，相互纠缠；小花暗黄色、白色、蓝色或紫色；叶常禾叶形
9. 总苞片多 1 层，外层非叶状····························**88. 婆罗门参属 *Tragopogon***
9. 总苞片数层，或为 2 层，但外层叶状且长于内层

10. 总苞片 2 层，外层草质、叶状，一般长于内层，内层多为 5 枚……**61. 鼠毛菊属 *Epilasia***
10. 总苞片数层，外层非叶状，短于内层
11. 叶多不分裂，叶脉平行，禾叶形，稀披针形或卵圆形…………**82. 鸦葱属 *Scorzonera***
11. 叶羽裂……………………………………………………………**81. 柄果菊属 *Podospermum***
6. 冠毛单毛状或糙毛状，非羽毛状
12. 冠毛刚毛白色，外层绵毛状，内层较粗，内外层相互纠缠……………**84. 苦苣菜属 *Sonchus***
12. 冠毛白色、灰色、黄色、麦秆黄色、红棕色，直径与硬度接近
13. 植物被多种毛，一般有星状毛或（及）多细胞节毛
14. 瘦果长 2.5-5mm，常具 8-10 等长的肋，肋在顶部聚成 1 个不明显的环………………………………………………………………………**65. 山柳菊属 *Hieracium***
14. 瘦果长 1-2mm，肋在顶部不聚成环……………………………**80. 细毛菊属 *Pilosella***
13. 植株无毛或有毛，但绝无星状毛或多细胞节毛
15. 头状花序生于 1 至数个中空花葶上；瘦果具长于果体的喙，至少上部刺状、鳞片及（或）瘤状凸起……………………………………………………………**87. 蒲公英属 *Taraxacum***
15. 头状花序少数至多数，常聚生或簇生在莲座状叶丛中，稀单生，但非着生于花葶上
16. 莲座状草本，头状花序少数或多数，生于莲座状叶丛中
17. 头状花序含 3-6 小花，花梗短于总苞或无花梗；总苞片 1 层，基部合生，果期变硬
18. 小花蓝色至紫红色；瘦果倒卵球形、压扁，侧面加宽成翅状，每面具 1 细肋，顶端渐狭成脆弱的细喙；冠毛基部联合成环，整体脱落…………………………………………………………**78. 假合头菊属 *Parasyncalathium***
18. 小花黄色、紫红色或紫色；瘦果椭圆或椭圆状卵形，压扁，具 5 肋，顶端截形；冠毛易脱落……………………………**86. 合头菊属 *Syncalathium***
17. 头状花序含 4-30 个小花，花梗短或长于总苞；总苞片 1 层以上，草质，外层总苞片 2 枚或更多，内层基部联合或分离
19. 花蓝色至紫红色……………………………………………**60. 厚喙菊属 *Dubyaea***
19. 花黄色，稀白色
20. 头状花序含 4-6 花，花梗与总苞近等长或较短，着生于扁平、顶端膨大成锥形或圆柱状伸长的茎枝上…………………**85. 绢毛菊属 *Soroseris***
20. 头状花序含 12-30 花，花梗一般长于总苞，着生在非膨大的茎上
21. 头状花序多数或极多数排成半球状的团伞花序；小花黄色或白色……………………………………………………………**85. 绢毛菊属 *Soroseris***
21. 少量头状花序形成疏松的伞房花序式的复头状花序；小花黄色……………………………………………………………**89. 黄鹌菜属 *Youngia***
16. 头状花序少数至多数生于几厘米至 2m 高的分枝的茎上，稀单生于不分枝的茎上
22. 瘦果非压扁，具等形纵肋；冠毛白色，稀淡黄色
23. 瘦果具 10 个翅状肋……………………………………………**69. 苦荬菜属 *Ixeris***
23. 瘦果具 10-20 个明显但非翅状的肋
24. 植株细弱；总苞狭圆柱形；最长外层总苞片不到内层长度的 1/3，内层总苞片背面无毛；头状花序含 5-15 小花；瘦果浅棕色，具 10 肋……………………………………………………………**54. 假苦菜属 *Askellia***
24. 植株强壮；总苞钟形至圆柱形，最长外层总苞片为内层总苞片的 1/4-2/3，内层总苞片常沿中脉被腺毛或（及）单毛；头状花序含 20-70 小花；瘦果深棕色，10-20 纵肋…………………………**59. 还阳参属 *Crepis***

22. 瘦果多少压扁，具大小不等的肋；冠毛白色、黄色或棕色
    25. 冠毛淡黄色、麦秆黄色、棕色或灰色；瘦果不强烈压扁，具明显的肋及（或）细长的喙
        26. 小花淡红色至蓝紫色，或蓝色
            27. 总苞宽钟形；头状花序含 50-70 小花；茎上半部及花梗常被黑色硬毛……**60. 厚喙菊属 *Dubyaea***
            27. 总苞狭柱形或狭钟形；头状花序含 5-30 小花；茎上半部及花梗无毛……**62. 花佩菊属 *Faberia***
        26. 小花黄色，稀灰白色至淡紫色或淡绿色
            28. 总苞 4.5-8mm；头状花序直立
                29. 瘦果具细喙；冠毛多为淡黄色或黄棕色……**68. 小苦荬属 *Ixeridium***
                29. 瘦果顶端渐尖但非喙状；冠毛淡灰色或黄棕色……**89. 黄鹌菜属 *Youngia***
            28. 总苞 10-20mm；头状花序花期下垂
                30. 总状花序排成侧向总状花序……**89. 黄鹌菜属 *Youngia***
                30. 总状花序 1-2，或多数排成伞房花序或圆锥花序
                    31. 总状花序 1-2；茎与总苞片被明显的黄棕色、棕色或略带紫色或黑色的硬腺毛，或无毛……**60. 厚喙菊属 *Dubyaea***
                    31. 总状花序少数至多数；茎与总苞片无毛，或多少被毛，但不为硬腺毛
                        32. 叶禾草形……**66. 全光菊属 *Hololeion***
                        32. 叶羽状浅裂，或卵圆形至三角状卵圆形，不分裂……**75. 耳菊属 *Nabalus***
    25. 冠毛白色，若淡黄色或淡褐色，则瘦果强烈压扁，且具明显的肋及（或）细长的喙
        33. 植株扫帚状且（或）瘦果顶部具鳞片状及（或）疣状凸起与喙……**55. 粉苞菊属 *Chondrilla***
        33. 植株非扫帚状，瘦果有或无喙，但绝无鳞片状及瘤状凸起
            34. 具下列特征之一：①瘦果多少压扁，具显著或加宽的边缘；②冠毛二型，外层短毛状；③小花淡紫色或淡蓝色，稀白色
                35. 瘦果黑色或淡红色至淡紫色（植株为攀援茎时可能是乳白色），纺锤形至圆柱形，无明显边肋，顶截形，渐细或短喙状（约 1mm）；小花淡红色或紫色；冠毛同型；总苞狭圆柱形
                    36. 瘦果纺锤状、黑色、轻微压扁，顶端渐尖至短喙状，常白色……**77. 假福王草属 *Paraprenanthes***
                    36. 瘦果梭形或圆柱形，压扁，顶端截形，略带紫色至棕红色或白色（仅见于攀援茎中）……**76. 紫菊属 *Notoseris***
                35. 瘦果灰白色或深褐色，少数淡红棕色，灰色或橄榄绿色，圆柱形，梭形或椭圆形至倒卵球形，常具加宽或加厚的边缘，顶端截形至细喙状，冠毛同型或二型；小花黄色、蓝色或略带紫色，稀白色；总苞狭圆柱形、圆柱形、钟形或宽钟形
                    37. 瘦果强烈压扁，椭圆形或倒卵球形，边缘加厚，有时翅状，顶端具短而粗壮或细长的喙；冠毛同型……

……………………………………………………71. 莴苣属 *Lactuca*

37. 瘦果多少压扁，边缘加厚但非翅状，顶端截形、渐尖或具喙，喙粗短或细长，但非纤维丝状；冠毛异型，极少数外层冠毛不明显或缺失

38. 总苞狭圆柱形，长 6-12mm；或阔圆柱状至钟状，长 15mm，形成长达 50cm 的花序；或圆柱形，最长外层总苞片为内层长度的 1/2-3/4 ……**56. 岩参属 *Cicerbita***

38. 总苞狭圆柱形，长于 13mm；或总苞阔圆柱状至阔钟状，长于 15mm，绝无长度达到 50cm 的狭总状花序；或圆柱形，最长外层总苞片达内层总苞片长度的 1/2 ……………………………………**74. 毛鳞菊属 *Melanoseris***

34. 瘦果非压扁，或者压扁但边缘不显著或加宽；冠毛同型；小花暗黄色

39. 瘦果顶端截形

40. 最长外层总苞片不超过内层的 1/3；茎直立；头状花序排成总状或圆锥花序；冠毛易脱落……………………………………………………**83. 小苦苣菜属 *Sonchella***

40. 最长外层总苞片为内层的 1/2-3/4；茎柔弱，匍匐或攀援，或直立多分枝；头状花序单一或多数排成伞房状或圆锥状；冠毛宿存或整体脱落 …………**73. 栓果菊属 *Launaea***

39. 瘦果顶端明显渐尖成喙状

41. 至少上部茎生叶显著抱茎，或为匍匐茎……………………………………………………**58. 假还阳参属 *Crepidiastrum***

41. 茎生叶不抱茎，或无茎生叶

42. 常为簇生草本，茎直立，单一，或少数至多数；基生叶与茎生叶（若有）羽裂至二回羽裂，小叶披针形、线形或纤维丝状；总苞 8-12mm，多数总苞片近顶端有胶状或鸡冠状附属物 ……………………………………………………**58. 假还阳参属 *Crepidiastrum***

42. 非簇生草本；总苞≤7mm，总苞片近顶端扁平，或总苞 13mm，总苞片扁平或部分总苞片有鸡冠状或角状附属物且叶的裂片非线形

43. 总苞狭圆筒形，7-8mm，总苞片顶端扁平；多年生莲座状草本，茎不分枝；茎与总苞片具小刺状凸起，或者叶具五角形或三角形的叶片及与叶片等长的叶柄 …………………**68. 小苦荬属 *Ixeridium***

43. 总苞 4-13mm，总苞片近顶端扁平，或者有角状或鸡冠状凸起；一年生草本，若为多年生莲座状则植株绝无白色小刺，且叶也与上述不同………………………………………**89. 黄鹌菜属 *Youngia***

Key 3

1. 头状花序含多数小花，不密集成复头状花序

2. 花冠金黄色；叶基出三脉 ……………………………………**91. 黄花斑鸠菊属 *Distephanus***

2. 花冠深紫色、粉色或白色；叶脉羽状
   3. 瘦果有 2-6，常 4-5 个高起的肋，上端截形且有五角形厚质的环，无冠毛……**93. 都丽菊属 *Ethulia***
   3. 瘦果有 10 纵肋，或有 4-5 棱
      4. 冠毛多数，宿存，外层冠毛有时刚毛状或鳞片状……**95. 斑鸠菊属 *Vernonia***
      4. 冠毛有 1-10 个易脱落或部分脱落的毛，或无冠毛……**90. 凋缨菊属 *Camchaya***

1. 头状花序含 1 至少数小花，密集成复头状花序；瘦果有 10 纵肋，冠毛 1 层
   5. 冠毛有多数毛，毛上端细长，基部宽阔；复头状花序单生或排列成伞房状……**92. 地胆草属 *Elephantopus***
   5. 冠毛有两个特别长而扭曲的毛；复头状花序排列成穗状……**94. 假地胆草属 *Pseudelephantopus***

Key 4

1. 头状花序具同形小花，多数头状花序密集排列形成聚伞花序或团伞花序……**6. 白菊木属 *Leucomeris***
1. 头状花序具同性但不同形小花，单生……**5. 栌菊木属 *Nouelia***

Key 5

1. 瘦果被头状具柄的腺毛；无冠毛……**1. 和尚菜属 *Adenocaulon***
1. 瘦果不被腺毛；有冠毛
   2. 花春秋二型……**3. 大丁草属 *Leibnitzia***
   2. 花非春秋二型
      3. 边缘雌花 1 轮……**2. 火石花属 *Gerbera***
      3. 边缘雌花 2 轮……**4. 兔耳一支箭属 *Piloselloides***

Key 6

1. 草本；冠毛羽毛状或无冠毛……**51. 兔儿风属 *Ainsliaea***
1. 灌木；冠毛糙毛状
   2. 总苞片多数，3 层以上，大小不等……**53. 帚菊属 *Pertya***
   2. 总苞片少数，2-3 层，大小相近……**52. 蚂蚱腿子属 *Myripnois***

Key 7

1. 头状花序辐射状，辐射状一般比较显著，少数不显著
   2. 花序托至少边缘部分具托片
      3. 头状花序排成近平顶的圆锥花序；总苞片直径 2-9mm；野生，偶尔栽培供药用……**160. 蓍属 *Achillea***
      3. 头状花序单生，花梗长；总苞片直径 7-15mm；栽培供观赏，少量逸生野外……**164. 春黄菊属 *Anthemis***
   2. 花序托无托片，但有时有托毛
      4. 瘦果具翅，辐射花瘦果 2 或 3 翅，管状花瘦果具 1 或 2 翅；辐射花黄色；作为蔬菜或观赏植物栽培……**172. 茼蒿属 *Glebionis***
      4. 瘦果无翅；辐射花白色或粉色，少数黄色
         5. 瘦果无冠毛状鳞片，但有时纵肋延伸于瘦果顶端
            6. 纵肋伸延于瘦果顶端形成冠齿
               7. 沼生植物；缘花不育……**176. 小滨菊属 *Leucanthemella***
               7. 陆生植物，栽培供观赏，偶有逸生；缘花结实……**177. 滨菊属 *Leucanthemum***
            6. 纵肋不伸延于瘦果顶端
               8. 低矮灌木或亚灌木；总苞钟形、半球形或倒圆锥形；辐射花黄色，舌片卵圆形，长达

3mm 以内……………………………………………………… **166. 短舌菊属 *Brachanthemum***

8. 一年生或多年生草本；总苞浅杯形；辐射花白色、红色、紫色、黄色，舌片椭圆形，一般长于 5mm

9. 多年生草本或亚灌木；瘦果圆柱形，5-8 肋，均匀分布，不显著…………………………………………………………………………… **168. 菊属 *Chrysanthemum***

9. 一年生草本；瘦果背腹压扁，具 3-5 条细肋，主要分布于腹面……………………………………………………………………………… **178. 母菊属 *Matricaria***

5. 瘦果具冠毛状鳞片

10. 鳞片离生

11. 冠毛鳞片倒卵形，顶端淡褐色……………………………… **183. 灰叶匹菊属 *Richteria***

11. 冠毛毛状或鳞片状

12. 冠毛毛状，基部平坦、指状…………………………………… **163. 扁毛菊属 *Allardia***

12. 冠毛芒片状，4-6，主要生于瘦果背面顶端………… **181. 太行菊属 *Opisthopappus***

10. 鳞片合生成冠状，浅裂、深裂或全裂

13. 瘦果肋间具多细胞毛…………………………………………… **179. 小花菊属 *Microcephala***

13. 瘦果无毛

14. 瘦果具 5-10 条等形肋，无树脂状腺体……………………… **187. 菊蒿属 *Tanacetum***

14. 瘦果同时具粗肋和细肋，顶端具树脂状腺体……………………………………………………………………………… **188. 三肋果属 *Tripleurospermum***

1. 头状花序盘状，所有小花管状、两性，或假盘状，边缘小花狭管状至细管状或不存在

15. 头状花序异型，假盘状：边花雌性或无性，花冠管状、狭管状或无，盘花雄性或两性，管状

16. 边花数层，雌性

17. 头状花序多顶生，有花梗；花柱不宿存……………………… **169. 山芫绥属 *Cotula***

17. 头状花序腋生，无花梗；花柱宿存…………………………… **185. 裸柱菊属 *Soliva***

16. 边花 1 层，雌性

18. 头状花序穗状或偏向一侧的总状花序状排列，常再组成圆锥花序

19. 果实顶端有冠状边缘………………………………… **170. 芙蓉菊属 *Crossostephium***

19. 果实顶端无冠状边缘

20. 边花雌性，盘花两性，结实；瘦果覆盖整个花托；叶片非栉齿状羽状全裂……………………………………………………………………………… **165. 蒿属 *Artemisia***

20. 边花雄性，盘花两性，部分能育，部分不能育；瘦果在花托下部排列成一圈；叶栉齿状羽状全裂 ……………………………………… **180. 栉叶蒿属 *Neopallasia***

18. 头状花序顶生，排成圆顶或平顶的圆锥花序

21. 花冠外面被星状毛或毛刷状硬毛

22. 一年生草本；花冠外面被毛刷状硬毛…………………… **162. 画笔菊属 *Ajaniopsis***

22. 半灌木；花冠外面被星状毛……………………………… **175. 喀什菊属 *Kaschgaria***

21. 花冠外面无毛或在下部有少量毛散生

23. 瘦果 5-10 肋，有 0.1-0.4mm 的冠状冠毛 ……………… **187. 菊蒿属 *Tanacetum***

23. 瘦果具 2-6 条纹，顶端无管状冠毛

24. 全部小花可育；瘦果 4-6 条纹……………………………… **161. 亚菊属 *Ajania***

24. 盘花不育；瘦果有 2 条纹 ……………………………… **171. 线叶菊属 *Filifolium***

15. 头状花序同型；全部小花两性，管状

25. 花托至少边缘部分有托片；茎 1 至少数，髓较粗

26. 茎下部密被污白绵毛，上部无毛；头状花序伞房状排列；总苞直径约 5mm ……………

………………………………………………………………………………**173. 天山蓍属 *Handelia***

26. 茎密被蛛丝毛；头状花序具长总花梗，伞形花序状排列；总苞直径 6-9mm………………………………………………………………………………………………**182. 拟天山蓍属 *Pseudohandelia***

25. 花序托无托片；茎稀单一，髓较细

27. 管状冠毛不存在

28. 头状花序多数，排成伸长的穗状花序或总状花序，常再组成圆锥花序……………………………………………………………………………………**184. 绢蒿属 *Seriphidium***

28. 头状花序少数或多数，排成团伞花序或平顶的圆锥花序

29. 亚灌木，高 40-80cm，二叉分枝，顶端优势刺状，头状花序单生……………………………………………………………………………**166. 短舌菊属 *Brachanthemum***

29. 草本或亚灌木，分枝非二叉状，顶端不呈刺状，头状花序 3 至多数排成伞房花序或伞形花序

30. 一年生草本；花冠碗形………………………………**186. 百花蒿属 *Stilpnolepis***

30. 二年生或多年生草本或亚灌木；花冠不呈碗形

31. 草本，茎常单一，强壮，高 20-100cm，花序下不分枝，开花后干枯；伞状花序，具长梗……………………………**182. 拟天山蓍属 *Pseudohandelia***

31. 多年生草本、小半灌木、垫状植物或无茎草本，稀高达 40cm；头状花序排成伞房花序或团伞花序……………………………**174. 女蒿属 *Hippolytia***

27. 管状冠毛杯状或分裂成鳞片

32. 瘦果具树脂状腺体……………………………………**188. 三肋果属 *Tripleurospermum***

32. 瘦果无树脂状腺体

33. 多年生草本或亚灌木；瘦果具 5-12 条均匀分布的肋

34. 头状花序常茎顶单生；花黄色……………………**167. 小甘菊属 *Cancrinia***

34. 头状花序少数或多数，排成伞房花序，稀在小花为橙红色的类群中单生……………………………………………………………**187. 菊蒿属 *Tanacetum***

33. 一年生草本；瘦果腹面 3-5 肋

35. 头状花序常茎顶单生；小花中部收狭……………**179. 小花菊属 *Microcephala***

35. 头状花序少数或多数，排成疏松的伞房状花序或在侧枝上单生；小花不收狭……………………………………………………………**178. 母菊属 *Matricaria***

Key 8

1. 头状花序含 1 朵小花，多数头状花序密集形成复头状花序………………**26. 蓝刺头属 *Echinops***

1. 头状花序含 2 至数朵小花，单生或形成各种复花序，但绝不形成复头状花序

2. 瘦果被顺向贴伏的稠密的长直毛，顶端无果缘

3. 内层总苞片比小花长，顶端彩色，膜质，伸展…………………**16. 刺苞菊属 *Carlina***

3. 内层总苞片短于小花，顶端直立，非彩色

4. 叶全部基部丛生；小花单性，雌雄异株；花托裸露………**49. 革苞菊属 *Tugarinovia***

4. 叶多数茎生；小花两性；花托有托片……………………**12. 苍术属 *Atractylodes***

2. 瘦果无毛或有稀疏的毛，顶端多少有果缘

5. 花柱分枝下面的膨大毛环长 2mm 以上…………………………**44. 尚武菊属 *Shangwua***

5. 花柱分枝下面的膨大毛环长 1mm 以内

6. 瘦果具基底着生面，着生面平

7. 头状花序异型，边缘小花无性，即无雄蕊亦无雌蕊，中央盘花两性，有发育的雌雄蕊；瘦果有毛……………………………………………………**21. 半毛菊属 *Crupina***

7. 头状花序同型，全部小花两性
8. 花丝有毛或有稠密的乳突或乳突状毛
9. 全部冠毛长羽毛状……………………………………………………………**19. 蓟属 *Cirsium***
9. 全部或外层冠毛糙毛状
10. 花丝上部分离，下部黏合；叶有白色花斑………………………**45. 水飞蓟属 *Silybum***
10. 花丝分离；叶无白色花斑
11. 冠毛同型，全部糙毛状，向内层渐长，最内层最长……**15. 飞廉属 *Carduus***
11. 冠毛异型，外列毛状，内列膜片状，极短…………**33. 寡毛菊属 *Oligochaeta***
8. 花丝无毛或有乳突但几不可察，极少有腺点
12. 花托蜂窝状，窝缘有易脱落的硬膜质凸起
13. 冠毛糙毛状
14. 冠毛中常有 1 根超长毛；叶基下延成翅…………**34. 大翅蓟属 *Onopordum***
14. 冠毛中无超长毛；叶基不下延成翅……………………**25. 川木香属 *Dolomiaea***
13. 冠毛羽毛状
15. 高大草本，茎有翼；冠毛刚毛不等长，内层长，且有 1 根超长的冠毛……
……………………………………………………………**34. 大翅蓟属 *Onopordum***
15. 无茎莲座状草本；冠毛等长…………………………**24. 重羽菊属 *Diplazoptilon***
12. 花托有稠密的托片或托毛
16. 花托有稠密的托片
17. 冠毛刚毛边缘锯齿状、糙毛状或短羽毛状
18. 头状花序绝不为棉球状，总苞亦不被稠密而蓬松的长绵毛；冠毛中常有 2-4 根超长的毛…………………………………………**30. 苓菊属 *Jurinea***
18. 头状花序棉球状，总苞被稠密而蓬松的长绵毛；冠毛中无超长毛……
……………………………………………………………**14. 球菊属 *Bolocephalus***
17. 冠毛长羽毛状或至少内层长羽毛状
19. 冠毛多层，同型，刚毛糙毛状或羽毛状，基部不连合成环，不脱落，永久固结在瘦果上……………………………………**30. 苓菊属 *Jurinea***
19. 冠毛联合成环
20. 冠毛 2 层，外层糙毛状，分散脱落，内层羽毛状，基部连合成环，整体脱落……………………………………………**40. 风毛菊属 *Saussurea***
20. 冠毛 1 层，羽毛状，基部连合成环，整体脱落
21. 总苞钟形，内层总苞片短于小花……**29. 须弥菊属 *Himalaiella***
21. 总苞杯形，内层总苞片与小花近等长
22. 叶不分裂；头状花序多数聚生于茎顶……………………
…………………………………………**13. 云木香属 *Aucklandia***
22. 叶大头羽状分裂；头状花序单生或少数，具长花梗………
…………………………………………………**27. 齿冠属 *Frolovia***
16. 花托有稠密或稀疏的托毛
23. 冠毛长羽毛状或至少外层冠毛长羽毛状
24. 冠毛 2 层，异型，外层长羽毛状，内层 3-9 个鳞片状；总苞片顶端有紫红色鸡冠状凸起……………………………**28. 泥胡菜属 *Hemisteptia***
24. 冠毛多层，同型，羽毛状；总苞片顶端无鸡冠状附属物
25. 花托肉质；栽培植物……………………………**23. 菜蓟属 *Cynara***
25. 花托非肉质；野生植物

26. 瘦果压扁，无纵肋……………………………………………**19. 蓟属 *Cirsium***
26. 瘦果不压扁，有 3-4 条凸起的纵肋………**9. 肋果蓟属 *Ancathia***
23. 冠毛锯齿状、糙毛状、短羽毛状或至少外层冠毛锯齿状
27. 冠毛异型，外层毛状，边缘有锯齿，内层近膜片状……………………………………………………………………………………**47. 疆菊属 *Syreitschikovia***
27. 冠毛同型，锯齿状、糙毛状或短羽状
28. 全部冠毛基部不连合成环，易分散脱落
29. 总苞片顶端有钩刺……………………………………**11. 牛蒡属 *Arctium***
29. 总苞片顶端无钩刺亦无透明膜质附属物
30. 冠毛糙毛状，近等长…………………**20. 刺头菊属 *Cousinia***
30. 冠毛短羽毛状，向顶端渐长…**42. 虎头蓟属 *Schmalhausenia***
28. 全部冠毛刚毛基部连合成环，整体脱落
31. 总苞片顶端及边缘有膜质附属物……………**7. 翅膜菊属 *Alfredia***
31. 总苞片顶端及边缘无膜质附属物
32. 无茎莲座状草本；小花花冠黄色；花柱分枝极短；冠毛等长………………………………………**50. 黄缨菊属 *Xanthopappus***
32. 高大草本；小花紫色或蓝色；花柱分枝细枝；冠毛向内层渐长……………………………………………………**32. 蝟菊属 *Olgaea***
6. 瘦果具侧生着生面
33. 头状花序同型，全部小花两性
34. 总层总苞片顶端钝，边缘膜质或具干膜质附属物
35. 总苞直径 3-6cm，如果较小，则冠毛上半部羽毛状，宿存……………………………………………………………………………………**38. 漏芦属 *Rhaponticum***
35. 总苞直径 1-2.5cm，冠毛锯齿状，易脱落…………………**35. 斜果菊属 *Plagiobasis***
34. 外层总苞片顶端尖，无附属物或具刺状或钻状尖头
36. 外层总苞片叶状或具叶状附属物……………………………**17. 红花属 *Carthamus***
36. 所有总苞片革质，无叶状附属物，但最上部的叶常接近头状花序
37. 冠毛异型……………………………………………………………**33. 寡毛菊 *Oligochaeta***
37. 冠毛同型
38. 总苞片针芒状……………………………………………**48. 针苞菊属 *Tricholepis***
38. 总苞片披针形或狭卵圆形
39. 冠毛基部联合成环，整体脱落……………………**46. 山牛蒡属 *Synurus***
39. 冠毛基部不联合成环，不脱落或分散脱落
40. 一年生…………………………………………………**39. 纹苞菊属 *Russowia***
40. 多年生
41. 茎帚状分枝，分枝与头状花序之间具密集的叶………………………………………………………………**10. 滇麻花头属 *Archiserratula***
41. 茎单一或分枝，分枝与头状花序之间无叶或有稀疏排列的叶………………………………………………………………**31. 麻花头属 *Klasea***
33. 头状花序异形；外层小花雌性或不育，内层小花两性
42. 中外层总苞片具毛缘状、刺状、干膜质或透明的附属物
43. 中层总苞片附属物边缘被毛或具齿，下延至基部；两性花多蓝色……………………………………………………………………………………**22. 蓝花矢车菊属 *Cyanus***
43. 中层总苞片附属物边缘被毛、撕裂、全缘、不下延或略有下延；两性花紫色、

粉色、白色、紫色或黄色

44. 叶片腹面密被绒毛……………………………………36. 矮小矢车菊属 *Psephellus*

44. 叶无毛或被毛，但无绒毛

45. 叶片边缘具尖齿；中层总苞片有明显条纹………………………………………………………………………………37. 欧亚矢车菊属 *Rhaponticoides*

45. 叶片边缘全缘至羽状分裂，具粗齿或刺状；中层总苞片无明显条纹……………………………………………………………………18. 矢车菊属 *Centaurea*

42. 中外层总苞片无附属物，但有时具刺状或干膜质边缘

46. 中层总苞片顶端钝圆

47. 冠毛刚毛鳞片状；一年生或二年生草本……………………8. 珀菊属 *Amberboa*

47. 冠毛刚毛毛状；多年生草本

48. 花冠粉色至略带紫色；叶片不分裂，边缘锯齿状………………………………………………………………………35. 斜果菊属 *Plagiobasis*

48. 花冠黄色或粉色；叶片羽状分裂………37. 欧亚矢车菊属 *Rhaponticoides*

46. 中层总苞片顶端急尖或渐尖

49. 多年生；总苞片被绵毛或绒毛……………………………43. 伪泥胡菜属 *Serratula*

49. 一年生；总苞片无毛或近无毛

50. 叶片边缘有刺；植株低矮，不超过 20cm……41. 白刺菊属 *Schischkinia*

50. 叶片边缘锯齿状，无刺；植株高 20-60cm………… 21. 半毛菊属 *Crupina*

Key 9

1. 花药颈圆柱状或倒锥形，基部边缘细胞不增大；药室内壁增厚多两极排列，少数辐射花或分散排列

2. 总苞无萼片状小苞片

3. 头状花序辐射状，有辐射花

4. 根状茎肿大成块根状……………………………………………112. 华蟹甲属 *Sinacalia*

4. 根状茎非块根状

5. 叶羽状分裂………………………………………………………107. 羽叶菊属 *Nemosenecio*

5. 叶掌状分裂或不分裂

6. 叶多具掌状脉…………………………………………………113. 蒲儿根属 *Sinosenecio*

6. 叶具羽状脉

7. 舌片黄色或紫红色……………………………………………116. 狗舌草属 *Tephroseris*

7. 叶莲座状，叶脉羽状；舌片白色………………………104. 海南菊属 *Hainanecio*

3. 头状花序盘状，具同形的两性花

8. 总苞片 18-25；总苞半球形或钟形……………………………116. 狗舌草属 *Tephroseris*

8. 总苞片 3-12；总苞圆柱状或狭钟形

9. 花药基部箭形或具尾；基生叶在花期常枯萎………………………………………………………………………………108. 蟹甲草属 *Parasenecio*

9. 花药基部钝，无尾；基生叶在花期生存……………………106. 假橐吾属 *Ligulariopsis*

2. 总苞有萼片状小苞片

10. 中央花两性；花不早熟

11. 叶基部具鞘；果无喙

12. 叶边缘内卷；果被密毛……………………………………102. 大吴风草属 *Farfugium*

12. 叶边缘外卷；果无毛

13. 总苞多为圆柱形或倒锥状…………………………………105. 橐吾属 *Ligularia*

13. 总苞宽钟状或半球形……………………………… **98. 垂头菊属 *Cremanthodium***
11. 叶基部无叶鞘；果具喙或无喙
14. 头状花序辐射状，有辐射花；根状茎肿大成块根状……………**112. 华蟹甲属 *Sinacalia***
14. 头状花序盘状，具同形的两性花；根状茎非块根状
15. 花柱顶端具乳头状毛，毛在顶端叉分为二画笔状裂…… **99. 歧笔菊属 *Dicercoclados***
15. 花柱分枝顶端仅具不分叉的乳头状毛
16. 子叶 1 枚；基生叶叶片幼时伞状下垂 ………………… **114. 兔儿伞属 *Syneilesis***
16. 子叶 2 枚；基生叶叶片幼时非伞状下垂
17. 花药基部箭形或具尾，颈部圆柱形；基生叶在花期常枯萎……………………………………………………… **108. 蟹甲草属 *Parasenecio***
17. 花药基部钝，无尾，颈部圆柱形；基生叶在花期生存……………………………………………………… **106. 假橐吾属 *Ligulariopsis***
10. 中央小花雄性；花早熟
18. 花雌雄同株；花序梗具 1 头状花序 ……………………………**117. 款冬属 *Tussilago***
18. 花雌雄异株；头状花序具杂性小花；花序梗具数个头状花序……**110. 蜂斗菜属 *Petasites***
1. 花药颈栏杆状，基部边缘细胞增大；药室内壁增厚常辐射花排列，稀分散排列
19. 花药基部具不育尾状附属物
20. 植株直立或近攀援，无卷缠的叶柄…………………………… **115. 合耳菊属 *Synotis***
20. 攀援植物，叶柄基部增厚，旋卷………………………………**96. 藤菊属 *Cissampelopsis***
19. 花药基部钝或箭状，无不育尾状附属物
21. 总苞无萼片状小苞片
22. 头状花序盘状 ……………………………………………**100. 一点红属 *Emilia***
22. 头状花序辐射花 …………………………………………**109. 瓜叶菊属 *Pericallis***
21. 总苞具萼片状小苞片
23. 花柱分枝直立，顶端具钻状，被乳头状毛的长附器 ……………**103. 菊三七属 *Gynura***
23. 花柱分枝外弯，顶端无钻状长乳头状毛的附器
24. 边缘小花雌性，细管状……………………………………**101. 菊芹属 *Erechtites***
24. 边缘小花雌性，辐射花，或无辐射花
25. 花柱分枝顶端无附器……………………………………**111. 千里光属 *Senecio***
25. 花柱分枝顶端有附器……………………………**97. 野茼蒿属 *Crassocephalum***

Key 10

1. 花托具托片，包裹外层小花 ………………………………………… **121. 絮菊属 *Filago***
1. 花托无托片
2. 冠毛联合成环
3. 冠毛同型
4. 叶边缘反卷……………………………………………… **127. 绵毛菊属 *Phagnalon***
4. 叶边缘平展…………………………………………**122. 合冠鼠麹草属 *Gamochaeta***
3. 冠毛二型
5. 头状花序有苞叶承托 …………………………………… **126. 火绒草属 *Leontopodium***
5. 头状花序不为苞叶承托
6. 垫状植物；无匍匐枝；叶小，石南状…………………**129. 君范菊属 *Sinoleontopodium***
6. 簇生植物；有匍匐枝；叶小，非石南状…………………… **120. 蝶须属 *Antennaria***
2. 冠毛不联合成环
7. 总苞片褐色或透明，不显著

8. 加固组织分裂……………………………………124. 垫头鼠麹草属 ***Gnomophalium***
8. 加固组织不裂……………………………………123. 鼠麹草属 ***Gnaphalium***
7. 总苞片显著，白色、黄色、粉色或淡红色
9. 冠毛二型……………………………………119. 香青属 ***Anaphalis***
9. 冠毛同型
10. 外层雌花多于中央盘花……………………………………128. 拟鼠麹草属 ***Pseudognaphalium***
10. 外层雌花少于中央盘花
11. 头状花序直径 2-5cm，单生……………………………………130. 蜡菊属 ***Xerochrysum***
11. 头状花序直径 4-6mm，多数排成伞房状……………………………………125. 拟蜡菊属 ***Helichrysum***

Key 11

1. 冠毛鳞片状，或芒状而无倒刺，或无冠毛；叶对生
2. 花柱分枝顶端截形或钻形，有或无短附器；辐射花多棕红色至近紫色；根非块状……………………………………206. 金鸡菊属 ***Coreopsis***
2. 花柱分枝顶端有具毛的长附器；辐射花白色、红色或紫色；有块根……………………………………208. 大丽花属 ***Dahlia***
1. 冠毛为宿存尖锐而具倒刺的芒；叶对生或上部互生
3. 花柱分枝有长线形附器；瘦果有 2 芒……………………………………209. 鹿角草属 ***Glossocardia***
3. 花柱分枝有短附器，瘦果有 2-4 芒
4. 果上端有喙；辐射花白色至粉色或紫色，或黄色至橙红色……………………………………207. 秋英属 ***Cosmos***
4. 果上端狭窄，无喙；辐射花黄色，白色或不存在……………………………………205. 鬼针草属 ***Bidens***

Key 12

1. 总苞片与小花均为 4……………………………………248. 假泽兰属 ***Mikania***
1. 总苞片与小花不同数
2. 总苞片相互离生，基部无关节
3. 冠毛 3-5，棒状……………………………………240. 下田菊属 ***Adenostemma***
3. 无冠毛……………………………………247. 裸冠菊属 ***Gymnocoronis***
2. 总苞片覆瓦状或近覆瓦状，有时分离，基部具关节
4. 总苞片相互紧贴，全部脱落
5. 花托扁平或微凸……………………………………244. 飞机草属 ***Chromolaena***
5. 花托圆锥状……………………………………249. 假臭草属 ***Praxelis***
4. 总苞片花期开展，至少外层宿存
6. 冠毛鳞片状或膜片状，稀无冠毛；花托无托片或有尾状托片……………………………………242. 藿香蓟属 ***Ageratum***
6. 冠毛毛状；花托无托片
7. 花柱基部被毛
8. 果柄不显著；总苞片绿色，有时顶部紫色……………………………………246. 泽兰属 ***Eupatorium***
8. 果柄明显；总苞片麦秆黄色……………………………………243. 南泽兰属 ***Austroeupatorium***
7. 花柱基部无毛
9. 花托微凸；头状花序有 10-60 小花，花冠白色或淡紫色；果柄显著……………………………………241. 紫茎泽兰属 ***Ageratina***
9. 花托圆锥状；头状花序有 50-70 小花，花冠常蓝色；果柄不明显……………………………………245. 锥托泽兰属 ***Conoclinium***

Key 13

1. 风媒或自花传粉，头状花序小，不显著；全部小花单性，若两性则头状花序聚成团伞花序；无辐射花

2. 全部小花两性；头状花序聚成团伞花序，下有叶状苞片包围；瘦果无变态总苞包裹……………………………………………………………………………………………**222. 单花葵属 *Lagascea***
2. 全部小花单性；头状花序不聚成团伞花序，无叶状苞片包围；瘦果被变态的总苞包裹，呈多刺蒴果状或翼状
  3. 雄头状花序的总苞片 1-2 层，分离；雌头状花序的总苞片 6-12 层，具多数钩刺……………………………………………………………………………………**232. 苍耳属 *Xanthium***
  3. 雄头状花序的总苞片 1 层，结合；雌头状花序的总苞片 1-8 层，有 1 列钩刺或瘤……………………………………………………………………………………**215. 豚草属 *Ambrosia***
1. 虫媒传粉，头状花序颜色鲜艳；全部或部分小花两性，若两性则头状花序聚成团伞花序；有或无辐射花
  4. 仅辐射花结实……………………………………………………**224. 银胶菊属 *Parthenium***
  4. 辐射花结实或不育或不存在；管状花结实
    5. 辐射花有或无短管部，与瘦果顶部愈合，宿存
      6. 花托圆锥状或圆柱状；瘦果有 1-3 芒；总苞片 3 至多层，覆瓦状排列‥**233. 百日菊属 *Zinnia***
      6. 花托凸起；瘦果无芒或有 1-2 短芒；总苞片 2-3 层，稍不等长……**226. 蛇目菊属 *Sanvitalia***
    5. 无辐射花，花冠与瘦果不愈合，或有易脱落的辐射花
      7. 瘦果压扁
        8. 瘦果明显二型，辐射花瘦果具有撕裂状的翅，翅上端有 2 芒，其余瘦果无翅……………………………………………………………………………**229. 金腰箭属 *Synedrella***
        8. 瘦果同型，无翅或有不撕裂的翅
          9. 灌木或小乔木；多数头状花序聚合成复头状花序状的圆锥花序或伞形花序；瘦果无翅……………………………………………………………………**218. 苏利南野菊属 *Clibadium***
          9. 草本；单个或少数头状花序聚成复头状花序；瘦果有棱或翅
            10. 头状花序辐射状；冠毛为 2 个粗壮的芒……………**217. 金腰箭舅属 *Calyptocarpus***
            10. 头状花序盘状；无冠毛…………………………**220. 离药金腰箭属 *Eleutheranthera***
      7. 瘦果圆形，或者在辐射花中有 3-5 棱而在盘花中压扁
        11. 托片扁平、狭长；边花 2 层，辐射状，舌片小；冠毛不存在或为 2 短芒……………………………………………………………………………………**219. 鳢肠属 *Eclipta***
        11. 托片内凹或对折，多少包裹小花
          12. 雌花果实卵形或椭圆形，具 3 棱；中央两性花的瘦果椭圆形，极压扁……………………………………………………………………………**214. 金钮扣属 *Acmella***
          12. 两性花的果实具 4-5 棱或压扁
            13. 辐射花不育
              14. 瘦果为坚硬的托片包裹，一起脱落…………………**227. 硬果菊属 *Sclerocarpus***
              14. 托片对折，不紧密包裹瘦果
                15. 冠毛为 2-4 个或联合成冠状的小鳞片，或不存在；花托凸起，圆锥状或圆柱状……………………………………………**225. 金光菊属 *Rudbeckia***
                15. 冠毛为 2 芒，有时具有一些小鳞片，或为融合成冠状的鳞片，或不存在；花托平或略凸起
                  16. 花序梗中空，末端膨大成棒槌状；冠毛不存在或为融合成冠状的鳞片，其中 1-2 个鳞片钻状至芒状………………**230. 肿柄菊属 *Tithonia***
                  16. 花序梗非中空；冠毛不存在或有 2（3）个披针形、边缘啮蚀状的芒状长鳞片及 0-8 个短鳞片……………………**221. 向日葵属 *Helianthus***
            13. 辐射花结实

17. 冠毛有 2-5 宿存不等长的芒，基部结合成环状或杯状；边花雌性，舌片短，顶具 2-4 齿；头状花序小 ………………………………… **216. 百能葳属 *Blainvillea***

17. 冠毛不存在，或为杯状、冠状、鳞片状或 1-2 根刚毛；头状花序大

18. 花冠橙色或黄色；外层总苞片草质，比内层长；叶无柄或具短柄………………………………………………………………… **228. 蟛蜞菊属 *Sphagneticola***

18. 花冠白色或黄色；内、外层总苞片大小接近；叶具明显的叶柄

19. 辐射花无性或雌性不育；无冠毛或易脱落 ………………………………………………………………………… **223. 卤地菊属 *Melanthera***

19. 辐射花雌性，结实；冠毛宿存或无冠毛…**231. 孪花菊属 *Wollastonia***

Key 14

1. 头状花丝管状或盘状

2. 头状花球状卵圆形或长圆形；总苞小盘状或半球状；花托球形至半球形或倒锥形，通常膨大；或杯状至漏斗状，中央凸起，稀平坦或凸起（仅 *Thespis* 中），冠毛无或冠状，6-13 极少且短，粗糙刚毛状（仅 *Thespis* 中）；一年生草本，稀多年生草本

3. 边缘小花花冠细管状或无；冠毛粗糙 6-13 根，短；花托平或凸起；叶不裂…………………………………………………………………………………………… **157. 歧伞菊属 *Thespis***

3. 边缘小花丝管状或无；冠毛无或冠状；花托球形至半球形或倒锥形，通常胀大，或者在花托周围杯状或漏斗状，中央凸起；叶通常大头羽裂或有裂片，有时不裂

4. 直立草本；总苞半球状；有时裂，或不裂；花托突起，半球形或球形；舌状花舌片小，圆形、卵圆形或线形，白色至紫色；管状花 4 裂；瘦果狭倒卵球形，2 肋 ………………………………………………………………………………………… **149. 粘冠草属 *Myriactis***

4. 匍匐草本；总苞小盘状

5. 边缘雌性小花圆柱状至线状，漏斗状或卵圆状至壶形，花冠顶端 2 或 3 裂；管状花雄性；复合总状花序或圆锥花序，稀头状花单生 ……………………… **138. 鱼眼草属 *Dichrocephala***

5. 边缘雌花管状，外层 2 裂，内层 3 或 4 裂；管状花两性；头状花单生或疏伞房状………………………………………………………………………………… **144. 田基黄属 *Grangea***

2. 头状花杯状；总苞半球形或钟状至陀螺状或圆柱形；花托平，稍凸起，或扁半球或半球圆锥状至透镜形瘤状凸起；冠毛刚毛状（通常多数，通常长）；多年生或一年生草本，有时木质藤本

6. 头状花盘状

7. 瘦果长圆形或倒卵圆形；叶无腺毛（或具短柄腺毛）；头状花单生于枝端，有时组成圆锥花序或伞房状花序；管状花裂片不等长……………………………………………… **132. 紫菀属 *Aster***

7. 瘦果长椭圆形或披针形；叶被点状腺体或无；头状花聚集成密集或疏伞房花序，极少单生；管状花裂片等长

8. 总苞宽倒锥形至钟状或半球形，苞片 1-3 脉；叶有时 3 脉；根状茎粗壮 ………………………………………………………………………………………… **143. 乳菀属 *Galatella***

8. 总苞短圆柱状或有时倒锥状，苞片中脉明显；叶 1 脉；根状茎细长 **137. 麻菀属 *Crinitina***

6. 头状花丝管状

9. 木质攀援藤本，瘦果具棱，3 肋 …………………………………… **148. 小舌菊属 *Microglossa***

9. 多年生或一年生草本，攀援或直立；瘦果扁平或圆柱状，肋 2-4 或更多（如果瘦果只是在舌状花中常为 3 肋，那么管状花的瘦果为 2 肋）

10. 头状花单生或枝端聚集 2-4，花序梗极短或无；管状花花冠裂片不等长，外层 2 片长；攀援或直立多年生草本 ……………………………………………… **146. 异裂菊属 *Heteroplexis***

10. 头状花顶生，单生或极少，总状、圆锥状，或伞房状花序，有花序梗；管状花花冠裂片

等长；直立多年生或一年生草本

11. 一年生草本，无腺体，光滑（叶具缘毛）………… **156. 联毛紫菀属 *Symphyotrichum***

11. 一年生或多年生草本，有腺体（有时无），被毛

12. 总苞坛状或近圆柱形…………………………………………………………… **139. 飞蓬属 *Erigeron***

12. 总苞钟状至半球钟状

13. 管状花雄性不育；苞片 2 或 3 层 ………………………… **152. 寒蓬属 *Psychrogeton***

13. 管状花两性可育；总苞 3 或 4 层

14. 总苞近等长；管状花檐部短漏斗状；瘦果卵形或长圆形，扁平……………………………………………………………………… **151. 短星菊属 *Neobrachyactis***

14. 总苞覆瓦状（不等长）；管状花檐部漏斗状；瘦果长椭圆形，扁平

15. 雌花无舌片；冠毛 1 层；伞房花序，有时聚合，聚圆锥状或圆锥状……………………………………………………………… **140. 白酒草属 *Eschenbachia***

15. 雌花有舌片，舌片短，丝状；冠毛约两层，外层细而短；聚伞房花序（见 *Eschenbachia* 中未定位置种）………… **劲直白酒草 *Conyza stricta***

1. 头状花辐射状

16. 舌状花舌片黄色、橘红色、红色或棕色

17. 小灌木；冠毛 3 层，最外层有 6 个宽膜片，内层刚毛扁平（管状花非此情况），最内层棒状刚毛；叶羽状浅裂；花托边缘流苏状………………………………………… **142. 复芒菊属 *Formania***

17. 多年生草本，有时二年生或一年生，或半灌木；冠毛 1-3 层，外层刚毛或膜片极少，内层刚毛，最内层有时近棒状，或短膜质；叶近羽状半裂或不裂；花托全缘

18. 管状花雄性不育

19. 头状花大；苞片不等长或等长；植株有时草质，或白色长绵毛；瘦果 8-10 肋；冠毛刚毛状具倒刺毛 ……………………………………………………… **150. 毛冠菊属 *Nannoglottis***

19. 头状花中等至小；苞片覆瓦状；植株草质，带白色绒毛至绵毛，无柄或短的具腺叶柄；瘦果 2 肋；冠毛刚毛状具倒刺毛……………………………… **152. 寒蓬属 *Psychrogeton***

18. 管状花两性可育

20. 植株具树脂；苞片环状或钩状；冠毛常脱落，膜片状或芒状……… **145. 胶菀属 *Grindelia***

20. 植株无树脂；苞片或多或少紧贴；冠毛 1-3 层，外层极少刚毛或膜片状，内层刚毛状

21. 头状花多数，呈总状花序、圆锥花序，或伞房圆锥花序；瘦果倒圆锥形至圆柱形，有时扁平，8-10 肋 …………………………………………… **155. 一枝黄花属 *Solidago***

21. 头状花单生；瘦果长圆形至披针形，扁平，2（-4）肋…… **139. 飞蓬属 *Erigeron***

16. 舌状花舌片白色、粉红色、紫色或蓝色

22. 冠毛缺失（*Aster* 中，管状花有时有 1 层短膜质冠毛）

23. 草本葶状，叶基生，有时莲座状

24. 苞片叶状；花托膨大或圆锥形；总苞半球状或宽钟形；舌状花 1 层；管状花两性可育，多数；瘦果无喙，具短糙伏毛…………………………………………… **134. 雏菊属 *Bellis***

24. 苞片膜质；花托平或凸起；总苞钟状；舌状花 3 或 4 层；管状花雄性不育，极少；瘦果具短喙或无，顶端有腺体……………………………………… **147. 瓶头草属 *Lagenophora***

23. 草本直立，叶基生（通常在花期枯萎）及茎生

25. 二年生草本（冬季一年生）；舌状花（2-）3（-7）；管状花极少，雄性不育；舌状花瘦果 3 肋；冠毛缺失 ………………………………………………… **154. 虾须草属 *Sheareria***

25. 多年生草本；舌状花，管状花两性可育多数；管状花瘦果冠毛缺失或有 1 层短膜片；瘦果 2-5 或多肋……………………………………………………………… **132. 紫菀属 *Aster***

22. 冠毛宿存（但在 *Erigeron* 中，舌状花瘦果冠毛稀缺失）

26. 冠毛毛状有（1-）2 层至多数芒，具短髯，刺状，或钝膜片；管状花雄性不育；瘦果 3 肋，微翅状……………………………………………………………………………**136. 刺冠菊属 *Calotis***

26. 冠毛 1-4 层，具刚毛状倒刺，宿存（*Callistephus* 中脱落）；管状小花两性可育；瘦果 2 至多肋，无翅

27. 外层苞片大，叶状，内层干膜质；冠毛 3 层，最外层宿存，短膜片状，内 2 层刚毛状脱落……………………………………………………………………**135. 翠菊属 *Callistephus***

27. 外层苞片叶状（不大）或膜质，内层膜质；冠毛 1-4 层，最外层短刚毛状或有时膜片状，内层刚毛宿存（有时脱落）

28. 舌状花可育；瘦果无肋；叶通常带腺点……………………………**143. 乳菀属 *Galatella***

28. 舌状花不育；瘦果肋明显；叶片无腺点或无柄或带腺的短柄（非腺点状）

29. 半灌木，分枝多数；叶缘通常外卷；苞片革质………………………………………………………………………………………………………**133. 紫菀木属 *Asterothamnus***

29. 多年生草本，二年生或一年生；叶缘稀外卷；苞片膜质或叶状

30. 花期后，冠毛显著伸长；一年生草本………………**158. 碱菀属 *Tripolium***

30. 花期后，冠毛没有增长；多年生草本，有时一年生或二年生

31. 叶基生，线形；瘦果稍具肋，密被毛，无腺体；头状花单生……………………………………………………………………**131. 莎菀属 *Arctogeron***

31. 叶基生，茎生（有时退化，基部不为线形）；瘦果有肋或脉，光滑或疏至密被毛，有腺体或无；头状花呈复合花序或单生

32. 瘦果 7-18 肋；茎上升，被毛，无腺体…**141. 北美紫菀属 *Eurybia***

32. 瘦果 2-6 肋；茎通常直立，有时匍匐，光滑或被毛，有腺体或无

33. 管状花花冠左右对称（1 个裂片深裂）

34. 多年生草本，根丛生，基部叶多数（宿存）；花托浅蜂窝状，全缘………………………**153. 岩菀属 *Rhinactinidia***

34. 一年生、二年生或多年生草本，非簇生草本，稀灌木；基部叶花期枯萎；花托蜂窝状，边缘具缘毛……………………………………………………………**132. 紫菀属 *Aster***

33. 管状花花冠辐射对称

35. 头状花小，密伞房状花序多数；茎腺毛密集；管状花檐部短漏斗状；瘦果卵圆形….**159. 女菀属 *Turczaninovia***

35. 头状花小或中等大小，单生或极少至多数排列成伞房状、总状，或圆锥花序；茎有腺毛或无；管状花檐部圆柱状至漏斗状或钟状；瘦果椭圆形或倒卵形至倒披针形

36. 管状花檐部圆柱形至狭漏斗形；苞片中脉红色或橘红色………………………………**139. 飞蓬属 *Erigeron***

36. 管状花檐部宽钟状至漏斗状；苞片中脉非红色或橘红色

37. 多年生草本，或一年生、二年生，或灌木，有腺体或无，光滑或被毛；总苞半球状至钟状，有时倒圆锥形；头状花单生或呈伞房花序，有时为圆锥花序；瘦果长椭圆形或倒卵形，扁平，2-4（-7）肋，有腺体或无…. **132. 紫菀属 *Aster***

37. 一年生或多年生草本，无腺毛，光滑；总苞钟状或圆柱形；常为圆锥状花序；瘦果倒卵形或

倒锥形，近扁平，2-6 肋，无腺毛……………………156. **联毛紫菀属 *Symphyotrichum***

Key 15

1. 头状花序辐射状、盘状或假盘状，小花黄色；边花雌性，辐射状；中央花两性；瘦果表皮细胞具大的草酸盐晶体
    2. 花托具托片；两性花花柱分枝顶端钝圆或平截……………………**190. 牛眼菊属 *Buphthalmum***
    2. 花托无托片；两性花花柱分枝顶端圆形，宽大
        3. 无冠毛……………………**191. 天名精属 *Carpesium***
        3. 有冠毛
            4. 冠毛 2 层，外层膜片状，内层刺毛状或羽状……………………**201. 蚤草属 *Pulicaria***
            4. 冠毛全部刺毛状
                5. 冠毛刚毛极少；有时辐射花中没有冠毛……………………**197. 苇谷草属 *Pentanema***
                5. 冠毛刚毛多数；全部小花具冠毛
                    6. 边缘小花细管状或管状……………………**189. 艾纳香属 *Blumea***
                    6. 边缘小花辐射状
                        7. 边缘小花 1 至数层，舌片长 10-45mm；花药顶端附片钝至尖；内壁组织辐射状排列……………………**194. 旋覆花属 *Inula***
                        7. 边缘小花 1 层，舌片长 1-15mm；花药顶端附片平截；内壁组织两极状排列……………………**192. 羊耳菊属 *Duhaldea***

1. 头状花序假盘状，具同形或异形小花；边花细管状或管状；瘦果表皮无晶体……………………
    8. 头状花序形成密集的球状或伸长的复头状花序
        9. 无冠毛……………………**202. 戴星草属 *Sphaeranthus***
        9. 有冠毛……………………**200. 翼茎草属 *Pterocaulon***
    8. 头状花序单生或形成稀疏的花序
        10. 无冠毛……………………**193. 鹅不食草属 *Epaltes***
        10. 冠毛细毛状
            11. 总苞片宽，椭圆形至披针形；多年生草本、亚灌木或灌木
                12. 总苞倒卵形、宽钟形或半球形；草本、亚灌木或灌木……………………**198. 阔苞菊属 *Pluchea***
                12. 总苞卵圆形至卵圆披针形；多年生草本……………………**195. 花花柴属 *Karelinia***
            11. 总苞片狭窄，披针形或线状披针形；一年生或多年生草本
                13. 茎常具翼；花药基部无尾……………………**196. 六棱菊属 *Laggera***
                13. 茎无翼；花药基部有短尾……………………**199. 假飞蓬属 *Pseudoconyza***

Key 16

1. 叶和总苞有油腺……………………**211. 黄顶菊属 *Flaveria***
1. 叶和总苞无明显油腺
    2. 总苞片连合成管状或杯状，成熟后稍开裂；花柱分枝较长，开展或弯曲……………………**213. 万寿菊属 *Tagetes***
    2. 总苞片分离；花柱几不分叉……………………**212. 香檬菊属 *Pectis***

Key 17

1. 盘花不结实，辐射花的果实显著长于盘花花冠
    2. 瘦果由具刺的内层苞片紧密包裹……………………**234. 刺苞果属 *Acanthospermum***
    2. 瘦果由无刺的内层苞片承托……………………**238. 包果菊属 *Smallanthus***
1. 盘花结实，辐射花结实或不育或不存在

3. 冠毛有多数分离栉状、缝状、羽状大鳞片或芒
4. 冠毛的鳞片羽状，有长芒；总苞片数层，外层叶质，内层干膜质…………**239. 羽芒菊属 *Tridax***
4. 冠毛的鳞片全缘或缝状，全部或一部分有短芒；总苞片 1-2 层，4-5 枚，膜质，近等长……………………………………………………………………………………**235. 牛膝菊属 *Galinsoga***
3. 冠毛芒状或无冠毛
5. 瘦果被内层总苞片或外层托片包裹……………………………………**237. 豨莶属 *Sigesbeckia***
5. 瘦果不被内层总苞片包裹…………………………………………………**236. 小葵子属 *Guizotia***

I. Mutisioideae 帚菊木亚科

一、Mutisieae 帚菊木族

1. *Adenocaulon* W. J. Hooker 和尚菜属

Adenocaulon W. J. Hooker (1829: 19); Chen & Hind (2011: 10) (Type: *A. bicolor* W. J. Hooker)

特征描述：多年生草本，茎上部常被大头状腺毛。头状花序异性，排列成稀疏的圆锥花序；花托凸起，无毛；无冠毛；花冠管状，5 齿裂，缘花雌性，结实，不等 5 深裂，略近二唇状，中央花两性，不结实；花药基部具尾，不明显；花柱无分枝，雌花具很短分枝，背面具乳突，具退化雄蕊。瘦果被红色大头状腺毛。染色体 2*n*=42，46，92。

分布概况：5/1 种，**8-4 型**；间断分布于东亚，中美洲，南美洲和北美洲；中国南北均产。

系统学评述：和尚菜属因其特化的形态特征曾被置于菜蓟族、春黄菊族、向日葵族、旋覆花族或千里光族，是系统位置很有争议的属[6]。分子系统学研究高度支持该属置于狭义的帚菊木亚科帚菊木族，不过它与帚菊木族其他属之间的关系尚不清楚[6,8]。

DNA 条形码研究：BOLD 网站有该属 4 种 8 个条形码数据；GBOWS 网站已有 1 种 20 个条形码数据。

代表种及其用途：和尚菜 *A. himalaicum* Edgeworth 的根药用，可止咳平喘、活血行瘀、利水消肿。

2. *Gerbera* Linnaeus 火石花属

Gerbera Linnaeus (1758: 247), *nom. cons.* ; Gao & Hind (2011: 13) [Type: *G. linnaei* Cassini, *typ. cons.* (≡*Arnica gerbera* Linnaeus)].——*Lasiopus* Cassini (1817: 152)

特征描述：多年生草本。叶基生，莲座状。头状花序单生于花葶之顶，异性，放射状；花托平，无毛；冠毛多层，粗糙，刚毛状；小花均结实，花冠二唇形，白色或带淡黄色，边花 1 层，雌性，中央花多数，两性；花药基部箭形，具长尾；花柱分枝短，背面被柔毛。瘦果圆柱状或纺锤形，具纵棱，被柔毛或无毛。染色体 2*n*=46，50。

分布概况：约 30/7（4）种，**6 型**；分布于非洲，亚洲；中国产西南。

系统学评述：火石花属一直置于帚菊木族，与大丁草属 *Leibnitzia*、兔耳一支箭属

Piloselloides、西亚的 *Uechtritzia*、美洲的 *Chaptalia*、南美的 *Trichocline*、南非的 *Pedicium* 及南美的 *Brachyclados* 等关系密切。由于形态差异小，它们之间属的界限往往有争议，构成火石花属群复合体（*Gerbera* complex）。虽然形态与分子系统学研究一直支持大丁草属群复合体是个单系类群，但火石花属的范围和单系性还存在争议，并缺乏分子系统学的证据。Hansen[9]利用形态性状的分支分析表明，火石花属是个多系类群，可分为 7 个支，并倾向于采用最广义的火石花属概念，将大丁草属群复合体作为 1 个属看待。

DNA 条形码研究：BOLD 网站有该属 10 种 16 个条形码数据；GBOWS 网站已有 4 种 15 个条形码数据。

代表种及其用途：火石花 *G. delavayi* Franchet 全草可入药。

3. *Leibnitzia* Cassini 大丁草属

Leibnitzia Cassini (1822: 420); Gao & Hind (2011: 11) [Lectotype: *L. cryptogama* Cassini, *nom. illeg.* (≡*Tussilago anandria* Linnaeus)]

特征描述：多年生草本。叶基生，莲座状。头状花序单生；花托无毛；冠毛 2-3 层，细刚毛状；花春秋二型，春型小花管状，雌性，中央小花多数，两性，秋型小花细管状；花药基部箭形，具长尾，顶端具披针形附片。花柱分枝短，背面具乳突。瘦果纺锤形，有时具喙，具纵棱，被柔毛。染色体 $2n$=46。

分布概况：6/4 种，**9 型**；主要分布于东亚，或间断分布于北美洲西南部；中国南北均产。

系统学评述：大丁草属传统上一直置于广义帚菊木族，分子系统学研究将它仍置于狭义的帚菊木族。大丁草属与火石花属 *Gerbera*、兔耳一支箭属 *Piloselloides* 等的界限往往有争议，构成大丁草属群复合体（*Gerbera* complex）。Baird 等[10]利用 ITS 和 *rpl*32-*trn*L 序列研究了大丁草属 4 种与部分近缘属的系统发育关系，研究表明大丁草属是单系类群，北美的类群与亚洲类群构成单系类群，并且是晚出的，但与复合体其他属之间的关系仍然不清楚。

DNA 条形码研究：BOLD 网站有该属 4 种 12 个条形码数据；GBOWS 网站已有 3 种 54 个条形码数据。

代表种及其用途：大丁草 *L. anandria* (Linnaeus) Turczaninow 全草可入药，具有清热利湿、解毒消肿的功效。

4. *Piloselloides* (Lessing) C. Jeffrey ex Cufodontis 兔耳一支箭属

Piloselloides (Lessing) C. Jeffrey ex Cufodontis (1967: 1180); Gao & Hind (2011: 15) [Type: *P. hirsuta* (Forsskål) C. Jeffrey ex Cufodontis, *non vidi* (≡*Arnica hirsuta* Forsskål)]

特征描述：多年生草本。叶基生，莲座状。头状花序单生于花葶顶；花托平，无毛；冠毛多数，细刚毛状；小花全部可育，花冠二唇形，边花 2 层，雌性，中央小花两性，花冠管状，二唇形；花药基部具长尾，顶端附属物截平；花柱顶端浅 2 裂，花柱分枝短，背面被乳突。瘦果纺锤形，具长喙，具棱，被细刚毛。

分布概况：2/1 种，**6 型**；广布非洲，亚洲，大洋洲；中国产华东、华中、华南、西南。

系统学评述：兔耳一支箭属位于帚菊木族中，是火石花属群复合体（*Gerbera* complex）的 1 个属，有时置于火石花属 *Gerbera* 中的 1 个组[11]，但它具有两层雌花，内外层雌花花冠形态不同，花葶在头状花序下部膨大而区别于火石花属[12]。Hansen[9]基于形态性状的分支分析表明兔耳一支箭属与火石花属 *Gerbera* sect. *Lasiopus* 和 *G*. sect. *Pseudoseris* 聚为一支，具有多个共衍征。目前分子系统学的研究受限于取样和片段分辨率，关于该属的界限，以及与近缘类群的关系等问题还不清楚。

DNA 条形码研究：GBOWS 网站有该属 1 种 8 个条形码数据。

代表种及其用途：毛大丁草 *P. hirsute* (Forsskål) C. Jeffrey ex Cufodontis 全草可药用。

II. Wunderlichioideae 风菊木亚科

二、Hyalideae 白菊木族

5. *Nouelia* Franchet 栌菊木属

Nouelia Franchet (1888: 66); Gao & Hind (2011: 10) (Type: *N. insignis* Franchet)

特征描述：灌木至小乔木。叶互生，具叶柄，全缘。头状花序放射状，同性异型，单生于枝顶；小花多数，全两性，结实，边花单层，花冠二唇形，中央小花多数，花冠管状或略二唇状，深 5 裂；花药基部箭形，具长尾；花柱分枝短，无毛，顶端钝至圆。瘦果圆柱形，具纵棱，被绢毛；冠毛多层，粗糙，刚毛状。染色体 $2n=54$。

分布概况：1/1（1）种，**15 型**；分布于中国四川西南部和云南。

系统学评述：栌菊木属是中国特有的单型属，传统上一直置于广义帚菊木族 Mutisieae。分子系统学研究将该属置于风菊木亚科白菊木族。栌菊木属与白菊木属 *Leucomeris* 是姐妹群关系，而分布于南美洲的另外 2 个属构成白菊木族的另一分支[6]。

DNA 条形码研究：BOLD 网站有该属 1 种 2 个条形码数据；GBOWS 网站已有 1 种 9 个条形码数据。

代表种及其用途：栌菊木 *N. insignis* Franchet 是国家 II 级重点保护野生植物。

6. *Leucomeris* D. Don 白菊木属

Leucomeris D. Don (1825: 169); Gao & Hind (2011: 10) (Type: *L. spectabilis* D. Don)

特征描述：灌木或小乔木。头状花序同性，盘状，在枝顶排成密集的聚伞或团伞花序；花托平；小花少数，全两性，白色，结实，花冠管状，檐部 5 深裂，外卷；花药基部箭形，具长尾；花柱分枝短，无毛，顶端钝。瘦果圆柱形，具纵棱，被绢毛；冠毛多层，粗糙，刚毛状。染色体 $2n=54$。

分布概况：2/1 种，**7-3 型**；分布于东南亚中南半岛及邻近地区；中国产云南西部和南部。

系统学评述： 白菊木属传统上一直置于广义帚菊木族 Mutisieae，有时归并入 *Gochnatia*。分子系统学研究支持该属独立成属，与栌菊木属是姐妹群，置于风菊木亚科白菊木族[6]。

DNA 条形码研究： BOLD 网站有该属 1 种 2 个条形码数据；GBOWS 网站已有 1 种 8 个条形码数据。

代表种及其用途： 白菊木 *L. decora* Kurz 为国家 II 级重点保护野生植物。

III. Carduoideae 菜蓟亚科

三、Cardueae 菜蓟族

7. *Alfredia* Cassini 翅膜菊属

Alfredia Cassini (1816: 115); Shi & Greuter (2011: 154) [Type: *A. cernua* (Linnaeus) Cassini (≡*Cnicus cernuus* Linnaeus)]

特征描述： 多年生草本。总苞片多层，外面被粘状的黑色长毛，中外层苞片中部以上边缘及顶端宽膜质，附片状；花托被稠密的托毛；冠毛刚毛锯齿状，多层，基部连合成环，整体脱落；全部小花两性，管状，黄色，檐部 5 浅裂；花丝分离，无毛，但稍有乳突；花柱分枝极短，顶端圆钝。瘦果有不明显的纵肋，基底着生面，平或稍偏斜。染色体 2*n*=26。

分布概况： 6/5（2）种，**13 型**；分布于亚洲；中国产新疆。

系统学评述： 位于大翅蓟群（*Onopordum* group），依据 ITS、*trn*L-F、*mat*K、*ndh*F 和 *rbc*L 的联合分析发现，该属 2 个代表种在系统树上聚成一支，可能是山牛蒡属 *Synurus* 姐妹群，但支持率不高[13]，目前无属下分子系统发育研究报道。

DNA 条形码研究： BOLD 网站有该属 3 种 7 个条形码数据；GBOWS 网站已有 2 种 12 个条形码数据。

8. *Amberboa* Vaillant 珀菊属

Amberboa Vaillant (1845: 108), *nom. cons.* ; Shi & Martins (2011: 186) [Type: *A. moschata* (Linnaeus) de Candolle (≡*Centaurea moschata* Linnaeus)]

特征描述： 叶互生，具齿或羽状分裂。总苞狭卵形或阔卵形，中层顶端钝圆，内层顶端有白色膜质附属物；花托平坦，被糙毛；冠毛长膜片状，多层，向内层渐长，不脱落；小花全部管状，红色或黄色，边花无性，1 层，檐部 5-20 裂，中央盘花两性，花冠 5 裂。瘦果被稠密贴伏的白色长直柔毛，具侧生着生面。花粉粒 3 孔沟，具小刺。染色体 2*n*=32，64。

分布概况： 11/2 种，**12 型**；分布于西南亚及中亚地区；中国产新疆。

系统学评述： 该属位于矢车菊亚族 Centaureinae，分子证据发现 2 个代表种在系统树上聚成一支，是斜果菊属 *Plagiobasis* 的姐妹群[FOC]。

DNA 条形码研究：GBOWS 网站有该属 1 种 8 个条形码数据。

代表种及其用途：珀菊 *A. moschata* (Linnaeus) de Candolle 在甘肃等地栽培供观赏。

9. *Ancathia* de Candolle 肋果蓟属

Ancathia de Candolle (1833: 331); Shi & Greuter (2011: 159) [Type: *A. igniaria* (Sprengel) de Candolle (≡*Cirsium igniarium* Sprengel)]

特征描述：多年生草本。头状花序单生枝端。总苞卵球形，总苞片多层，外层及中层具刺，内层干膜质，带紫色。花托被稠密的托毛。冠毛刚毛长羽毛状，多层，稍不等长，基部连合成环，整体脱落，顶端渐细。花全部两性，管状，5 裂。瘦果长椭圆形，无毛，有 3-4 条凸起的纵肋，顶端有果缘，果缘边缘有圆齿，基底着生面平，但稍见偏斜。

分布概况：1/1 种，**11 型**；分布于蒙古国，俄罗斯，哈萨克斯坦；中国产新疆北部。

系统学评述：位于大翅蓟群（*Onopordum* group），依据 ITS 序列研究发现该属与蝟菊属 *Olgaea*、山牛蒡属 *Synurus* 等一起组成单系分支，是翅膜菊属 *Alfredia* 的姐妹群[14]。

DNA 条形码研究：ITS 可作为属的 DNA 条形码[14]。BOLD 网站有该属 1 种 3 个条形码数据。

10. *Archiserratula* L. Martins 滇麻花头属

Archiserratula L. Martins (2006: 973); Shi & Martins (2011: 184) [Type: *A. forrestii* (Iljin) L. Martins (≡*Serratula forrestii* Iljin)]

特征描述：多年生草本，基部常木质化，自中部以下有帚状长分枝。茎生叶均匀着生。头状花序多数，单生茎枝顶端；花托倒锥形或圆柱状；冠毛多层，基部不联合成环，微锯齿状，但先端羽毛状；总苞圆柱状，上部无收缢，总苞片多层，披针形，边缘白色，狭膜质，中外层顶端有针刺。瘦果具侧生着生面，光滑无毛，具齿冠。

分布概况：1/1（1）种，**15 型**；特产中国云南西北部。

系统学评述：该属位于矢车菊亚族，是最近将伪泥胡菜属 *Serratula* 的 1 个组 *S.* sect. *Suffruticosae* 独立成立的新属，与泥胡菜属的主要区别有：①茎自中部以下帚状分枝，头状花序单生分枝顶端；②花托倒锥形或圆柱状；③冠毛先端羽毛状。核 ITS 与 ETS 的联合分析发现由于分辨率较低，该属姐妹群不清楚，有可能是伪泥胡菜属与矢车菊属等组成的分支的姐妹群，但也有可能是麻花头属 *Klasea* 及其近缘类群的姐妹群[15]。

DNA 条形码研究：ITS 与 ETS 序列的组合可以鉴别该属[15]。GBOWS 网站已有 1 种 3 个条形码数据。

11. *Arctium* Linnaeus 牛蒡属

Arctium Linnaeus (1754: 357); Shi & Greuter (2011: 152) (Lectotype: *A. lappa* Linnaeus)

特征描述：草本。有粗壮的根。叶互生，心形，具长柄，背面被白色绵毛。头状花序同性，多数，簇生；花托有托毛；冠毛糙毛状，多层，不等长，基部不连合成环，极易分散脱落；总苞球形或壶形，总苞片顶端有钩刺；花全部管状，两性，紫色至白色。瘦果长椭圆形或倒卵形，光滑。花粉粒 3 孔沟，刺状或颗粒状纹饰。染色体 $2n$=18，34，36。

分布概况：41/3 种，**10 型**；分布于非洲，亚洲，欧洲；中国南北均产。

系统学评述：位于菜蓟族牛蒡群（*Arctium* group），分子证据表明该属与刺头菊属 *Cousinia* 亲缘关系较近[13,16]。传统的牛蒡属仅含 11 种[FRPS,FOC]，但分子证据揭示虎头蓟属 *Schmalhausenia* 及部分刺头菊属成员应并入此属，重新界定后的牛蒡属含 41 种，分两大类群，一个主要由原刺头菊属的成员组成，含 7 个亚分支；另一个由原牛蒡属及虎头蓟属等多个属的成员组成，含 5 个亚分支，国产类群暂无分子数据报道[17]。

DNA 条形码研究：*mat*K、*rbc*L 和 ITS 可作为属的 DNA 条形码；核基因 ITS 及叶绿体 *rpl*32-*trn*L 和 *trn*L-*trn*T-*rps*4 的联合分析能区分物种[17]。BOLD 网站有该属 19 种 107 个条形码数据；GBOWS 网站已有 2 种 52 个条形码数据。

代表种及其用途：牛蒡 *A. lappa* Linnaeus 在中国各地栽培并逸为野生，可供食用和入药。

12. *Atractylodes* de Candolle 苍术属

Atractylodes de Candolle (1838: 48); Shi & Greuter (2011: 39) [Lectotype: *A. lancca* (Thunberg) de Candolle (≡*Atractylis lancea* Thunberg)]

特征描述：多年生草本。雌雄异株，有地下根状茎，结节状。叶互生，边缘有刺状缘毛或三角形刺齿。头状花序单生；花托平，有稠密的托片；冠毛羽毛状，1 层，基部连合成环；苞叶近 2 层，羽状全裂、深裂或半裂；小花两性，管状，檐部 5 深裂；花柱分枝短，三角形，外面被短柔毛。瘦果被稠密的顺向贴伏的长直毛。

分布概况：6/4（2）种，**14SJ 型**；分布于东亚；中国产华东和华南。

系统学评述：该属位于刺苞菊亚族 Carlininae，与革苞菊属 *Tugarinovia*、刺苞菊属 *Carlina* 等亲缘关系较近[13,16]。以核基因 ITS 和叶绿体 *trn*L-F 序列对属内国产 4 种的多个个体的分支分析得到鄂西苍术 *A. carlinoides* (Handel-Mazzetti) Kitamura、白术 *A. macrocephala* Koidzumi、苍术复合体 the *A. lancea* complex 等 3 个分支，表明这几个种应该重新界定为 3 种[18]。

DNA 条形码研究：*mat*K、*rbc*L 和 ITS 可作为属的 DNA 条形码；已报道国产全部 4 个种的核基因 ITS 和叶绿体 *trn*L-F 序列，2 个片段的联合分析表明其中 2 个种应合并，修订后的 3 个种能以 ITS 和 *trn*L-F 组合序列鉴别[18]。BOLD 网站有该属 12 种 68 个条形码数据；GBOWS 网站已有 3 种 15 个条形码数据。

代表种及其用途：苍术 *A. lancea* (Thunberg) de Candolle 和白术 *A. macrocephala* Koidzumi 是重要中药原植物，在中国大量栽培。

13. *Aucklandia* Falconer 云木香属

Aucklandia Falconer (1841: 475); Shi & Raab-Straube (2011: 54) (Type: *A. costus* Falconer)

特征描述：草本。主根粗壮。茎直立，有棱。叶片心形或戟状三角形。头状花序多个聚生于茎顶；花托有稠密托毛；冠毛羽毛状，1 层，基部连合成环，整体脱落；总苞片多层，覆瓦状排列；全部小花两性，管状。瘦果顶具齿冠。染色体 $2n$=36。

分布概况：1/1 种，**（13）型**；分布于印度，巴基斯坦，克什米尔地区；中国安徽、福建、陕西、浙江、广西、四川和云南栽培。

系统学评述：位于风毛菊群（*Saussurea* group），形态上与风毛菊属相似，主要以冠毛只有 1 层，果实顶端具明显齿冠区别。该属与大序齿冠 *Frolivia frolowii* (Ledebour) Raab-Straube 一起放在风毛菊属的齿冠亚属 subgen. *Florovia*[FRPS]，但 ITS 序列分析揭示该属与大序齿冠都应并入川木香属 *Dolomiaea*[14]。

DNA 条形码研究：*mat*K、*rbc*L 和 ITS 可作为属的 DNA 条形码[14]。GBOWS 网站已有 3 种 15 个条形码数据。

代表种及其用途：云木香 *A. costus* Falconer 在中国云南等高山地区广泛栽培，是中国重要药用植物，也是被列入 CITES 公约附录 I 的珍稀植物。

14. *Bolocephalus* Handel-Mazzetti 球菊属

Bolocephalus Handel-Mazzetti (1938: 291); Shi & Raab-Straube (2011: 53) (Type: *B. saussureoides* Handel-Mazzetti)

特征描述：多年生草本。茎极短。头状花序单生；总苞球形，被蓬松的稠密的长绵毛；花托平，被稠密的托片；冠毛糙毛状，多层，向内层渐长，易脆折，向上渐细，基部连合成环，整体脱落；花药基部附属物箭形，花丝无毛；花柱分枝细长，基部有毛环。瘦果褐色，倒圆锥状，有 4 条纵肋，顶端有果缘，基底着生面。

分布概况：1/1（1）种，**15 型**；特产中国西藏。

系统学评述：可能位于风毛菊群[FRPS,FOC]，目前无分子数据报道。

代表种及其用途：球菊 *B. saussureoides* Handel-Mazzetti 是中国特有种，仅分布于西藏海拔较高的地区，极少见。

15. *Carduus* Linnaeus 飞廉属

Carduus Linnaeus (1753: 820); Shi & Greuter (2011: 175) (Lectotype: *C. nutans* Linnaeus)

特征描述：直立草本。茎有翼。叶互生，常下延，有刺状锯齿或羽状分裂。头状花序同性，单生而具长柄，或近无柄，散生或聚生；花托有刺毛；冠毛刚毛糙毛状，多列；总苞卵状、半球形或球形，总苞片刺状；花全部两性而结实，冠管纤细，冠檐 5 裂。瘦果倒卵状，不明显的四角形。花粉粒 3 孔沟，具圆锥形刺。染色体 $2n$=16，18，22，40。

分布概况：95/3 种，**10（12）型**；分布于非洲，亚洲及欧洲；中国产西南、西北至东北。

系统学评述：位于飞廉亚族，ITS 和 *trn*F 片段的联合分析发现 7 个代表种在系统树聚成单系，可能是 *Tyrimnus* 的姐妹群，两者组成的分支是蓟属 *Cirsium*（多系）1 个分支的姐妹群，这几个类群再与水飞蓟属 *Silybum* 和蓟属的另外 2 个分支组成单系，由于飞廉属、水飞蓟属等类群的独立导致蓟属成为并系，因此这几个属可能应该合并，或者将蓟属分解成多个属[19]。

代表种及其用途： 丝毛飞廉 *C. crispus* Linnaeus 是遍布全国的杂草。

16. *Carlina* Linnaeus 刺苞菊属

Carlina Linnaeus (1753: 828); Shi & Greuter (2011: 39) (Lectotype: *C. vulgaris* Linnaeus)

特征描述： 草本或灌木。叶基生或茎生，羽状浅裂、半裂或有锯齿，稀全缘不分裂而边缘有针刺状缘毛。花托平；冠毛 1 层，膜片状；总苞片多层边缘有刺齿，中层边缘有分枝的针刺，内层顶端彩色，膜质，伸展，长于小花；全部小花两性，管状，黄色或紫色；花药基部箭形，附属物边缘有长尾状的长缘毛。瘦果被稠密的顺向贴伏的长直毛。花粉粒 3 孔沟，具短刺，刺间蠕虫状。

分布概况： 28/1 种，**10 型**；分布于非洲，亚洲，欧洲，加那利群岛等；中国产新疆。

系统学评述： 位于刺苞菊亚族，ITS 和 *trn*L-F 片段的联合分析发现 5 个代表种聚成一个单系，但种间关系不清楚，*Atractylis* 可能是该属的姐妹群，两者再组成苍术属 *Atractylodes* 的姐妹群[16,18]。

DNA 条形码研究： *trn*L-F 和 ITS 可作为该属的 DNA 条形码；*trn*H-*psb*A、ITS 可单独或一起作为区分 2 个物种的条形码[18]。BOLD 网站有该属 7 种 22 个条形码数据。

17. *Carthamus* Linnaeus 红花属

Carthamus Linnaeus (1735: 830); Shi & Martins (2011: 190) (Lectotype: *C. tinctorius* Linnaeus)

特征描述： 一年生草本。叶互生，无柄，革质，具刺状利齿。头状花序为具刺的苞叶所包围；冠毛缺或鳞片状；总苞片多层，外层具绿色叶质附属物；小花全部管状，花冠 5 裂。瘦果光滑，有 4 棱，具侧生着生面。花粉粒 3 孔沟，有刺，刺间具小穿孔。染色体 $2n=24$。

分布概况： 47/2 种，**12 型**；分布于亚洲，欧洲及地中海；中国新疆等地栽培。

系统学评述： 位于矢车菊亚族，ITS、*trn*L-F 和 *mat*K 的联合分析发现，3 个代表种聚为一支，是 *Carduncellus* 及其近缘属的姐妹群[20]。

DNA 条形码研究： *mat*K 和 ITS 可作为该属的 DNA 条形码[20]，*trn*H-*psb*A、ITS 可单独或一起作为区分 2 个物种的条形码。BOLD 网站有该属 15 种 42 个条形码数据；GBOWS 网站已有 1 种 8 个条形码数据。

代表种及其用途： 红花 *C. tinctorius* Linnaeus 是中国著名的药用植物，也供食用、榨油和观赏。

18. *Centaurea* Linnaeus 矢车菊属

Centaurea Linnaeus (1753: 442), *nom. cons.* ; Shi & Martins (2011: 191) (Type: *C. paniculata* Linnaeus, *typ. cons.*).——*Chartolepis* Cassini (1826: 36); *Cnicus* Linnaeus (1753: 826); *Hyalea* Jaubert & Spach (1847: 19)

特征描述：草本。茎直立或匍匐，极少无茎。叶不裂至羽状分裂。头状花序异型，在茎枝顶端排成圆锥、伞房或总状花序；冠毛 2 列，外列糙毛状，内列膜片状，短于外列；总苞片多层覆瓦状排列，顶具附属物，其边缘具缘毛或小刺，或为膜质；全部小花管状，边花无性，中央盘花两性，黄色、白色、粉色或紫色。花粉粒 3 孔沟，具瘤状凸起或具短刺，刺间有穿孔。染色体 $2n$=18，20，22，36。

分布概况：300-450/7 种，**8 型**；分布于亚洲和地中海地区；中国产新疆，引进栽培 1 种。

系统学评述：位于矢车菊亚族，ITS、*trn*L-F、*mat*K、*ndh*F、*rbc*L 等序列的联合分析发现，该属与红花属 *Carthamus* 等多个属聚成单系，是矮小矢车菊属 *Psephellus* 及其近缘属的姐妹群[13]。传统的矢车菊属是多系类群，近年来的修订将很多类群独立或转入其他属，如原来的模式种被转入 *Rhaponticoides* Vaillant[21]，目前仅包含 3 亚属，即 *Serratula* subgen. *Centaurea*、*S.* subgen. *Acrocentron* 和 *S.* subgen. *Cyanus*。但 ITS、*trn*L-F、*mat*K、*ndh*F、*rbc*L 等序列的联合分析发现修订后的矢车菊属也不是单系类群，其中 *S.* subgen. *Acrocentron* 与红花属和 *Crocodylium* 等聚成一支，是 *S.* subgen. *Centaurea* 的姐妹群，而 *S.* subgen. *Cyanus* 是上述类群及 *Carduncellus* 等组成的分支的姐妹群[16]，在 FOC 等中，*S.* subgen. *Cyanus* 已作为独立的属处理，即蓝花矢车菊属 *Cyanus*。

代表种及其用途：藏掖花 *C. benedicta* (Linnaeus) Linnaeus 可入药，在一些地区栽培。

19. *Cirsium* Miller 蓟属

Cirsium Miller (1754: 334); Shi & Greuter (2011: 160) [Lectotype: *C. heterophyllum* (Linnaeus) J. Hill (≡*Carduus heterophyllus* Linnaeus)].——*Cephalanoplos* Necker (1982: 96)

特征描述：直立草本，极少无茎。叶互生，有锯齿或羽状分裂，裂片常有刺。总苞片多层覆瓦状排列，边缘全缘；花托有托毛；冠毛长羽毛状；花冠管部纤细，檐部 5 深裂；花药基部矢形，有尾，花丝一般有长毛。瘦果秃净，倒卵形或长椭圆形。染色体 $2n$=16，20，22，34，68。

分布概况：250-300/46（23）种，**8 型**；分布于非洲，亚洲及中美洲，北美洲；中国南北均产，青藏高原尤盛。

系统学评述：位于菊科飞廉亚族，形态上与飞廉属 *Carduus* 相似，主要以冠毛等性状区别[19]。国产类群传统上分为 8 组[FRPS]，分子数据较少；Park 和 Potter[19]以 ITS 和 *trn*F 片段对北美分布的蓟属分析发现，这个属是个并系或多系类群，包含 3 个独立分支，其中一支与飞廉属聚在一起，是第 2 支的姊妹群，第 3 支是 *Picnomon* 的姊妹群，两者与 *Notobasis* 聚在一起，是前面 2 支与水飞蓟属 *Silybum* 组成的分支的姊妹群。

代表种及其用途：丝路蓟 *C. arvense* (Linnaeus) Scopoli 和翼蓟 *C. vulgare* (Savi) Tenore 是世界广布杂草。

20. *Cousinia* Cassini 刺头菊属

Cousinia Cassini (1827: 503); Shi & Greuter (2011: 149) (Type: *C. carduiformis* Cassini)

特征描述：草本。叶互生，齿状或羽状分裂，齿端刺状。头状花序同型，单生茎顶，或排成总状、圆锥状或伞房花序；花托有托毛；冠毛糙毛状，近等长，基部不连合成环，极易分散脱落，极少无冠毛；总苞球形或长椭圆形，苞片多列，先端刺状；花全部两性，管状，黄白色至紫色。瘦果秃净，压扁，5 至多棱。花粉粒 3 孔沟，具粗糙的、瘤状凸起的纹饰。染色体 2*n*=22，24，26。

分布概况：600/11（2）种，**12 型**；分布于中亚，南亚，西南亚；中国主产新疆，少数到西藏。

系统学评述：该属位于牛蒡群（*Arctium* group），但 ITS、*trn*L-F、*mat*K、*ndh*F 和 *rbc*L 的联合分析发现，该属与风毛菊群的成员亲缘关系更近[13]。传统的刺头菊属是多系类群，根据 ITS、*trn*L-*trn*T-*rps*4、*rpl*32-*trn*L 的联合分析结果，刺头菊属的 2 个亚属，即 *Cousinia* subgen. *Hypacanthodes* 和 *C*. subgen. *Cynaroides* 应转入牛蒡属，新界定的刺头菊属仅包含原来的刺头菊亚属 *C*. subgen. *Cousinia*[17]。ITS 和 *rps*4-*trn*T-*trn*L 片段的联合分析发现属内可划分为 15 个以上分支，但分支间的关系不清楚[22]。

21. *Crupina* (Persoon) de Candolle 半毛菊属

Crupina (Persoon) de Candolle (1810: 157); Shi & Martins (2011: 190) [Type: *C. vulgaris* Persoon ex Cassini (≡*Centaurea crupina* Linnaeus)]

特征描述：一年生草本。叶羽裂，无刺。花托有易脱落长托毛；冠毛基部不连合成环，不脱落，2 列，外列多层，由外向内渐长，边缘糙毛状至羽毛状，内列 1 层，极短，膜片状；总苞片多层，绿色，顶尖，外面有多数纵条纹；全部小花管状，花冠外面有白色柔毛，边花无性，中央盘花两性。瘦果圆柱状，有果缘，基底着生面，或侧生着生面。染色体 2*n*=30。

分布概况：2-4/1 种，**13 型**；分布于非洲，亚洲及欧洲；中国产新疆。

系统学评述：位于矢车菊亚族，ITS 和 *trn*L-F 片段的联合序列（1 个代表种）分析表明该属是矢车菊属 *Centaurea* 等及其近缘属的姐妹群[16,19]。

DNA 条形码研究：ITS、*mat*K 和 *trn*L-F 序列的联合可作为属的 DNA 条形码[19]。BOLD 网站有该属 2 种 3 个条形码数据。

22. *Cyanus* Miller 蓝花矢车菊属

Cyanus Miller (1754: 422); Shi & Martins (2011: 191) (Type: *non designatus*)

特征描述：草本。叶互生，常下延。头状花序生于茎或枝顶；花托有托毛；冠毛刚毛毛状，多层，内层显著短于外层；总苞片覆瓦状排列，附属物边缘被毛或具齿，下延至基部；全部小花管状，多蓝色；边花显著增大，无性，无退化雄蕊，中央花两性。瘦果被毛。染色体 2*n*=24，48。

分布概况：25-30/1 种，**10 型**；分布于西南亚，欧洲及地中海地区；中国引种栽培。

系统学评述：位于矢车菊亚族，形态上与矢车菊属 *Centaurea* 相似，主要以小花蓝色或蓝紫色和总苞片边缘有纤毛相区别，在很多系统中是该属的 1 个亚属或组[16]，分为

2 组或亚组，即一年生的 *Cyanus* sect. *Cyanus* 和多年生的 *C.* sect. *Perennes*，后者含属内绝大多数类群，这 2 个类群在 ITS 和 ETS 联合分析的系统树上都是单系类群[23]。

代表种及其用途：蓝花矢车菊 *C. segetum* Hill 作为观赏及药用，在中国广泛栽培。

23. *Cynara* Linnaeus 菜蓟属

Cynara Linnaeus (1753: 827); Shi & Jin (1987: 77) (Lectotype: *C. cardunculus* Linnaeus)

特征描述：直立草本。叶羽状分裂，裂片具尖刺。头状花序大，常单生于茎、枝之顶，具同形两性管状花；花托肉质，肥厚，密被硬毛；冠毛羽毛状，下部稍微扩大成膜片状，多层，基部连合成环；总苞片多列，革质；花药基部箭形，具尾。瘦果具 4 棱，顶端截平。花粉粒 3 孔沟，具刺，刺间穿孔状-网状。染色体 $2n$=34。

分布概况：14/1 种，**（12）型**；分布于欧洲；中国引种栽培。

系统学评述：菜蓟属位于菊科菜蓟族飞廉亚族。ITS、*trn*L-F、*mat*K、*ndh*F、*rbc*L 等序列的联合分析发现，2 个代表种在系统树上聚成一支，是蓟属 *Cirsium* 及其近缘属的姐妹群[13,16]。

DNA 条形码研究：*mat*K、*rbc*L 和 ITS 可作为属的 DNA 条形码[13,16]；*trn*H-*psb*A、ITS 可单独或一起作为区分 2 个物种的条形码。BOLD 网站有该属 7 种 19 个条形码数据。

代表种及其用途：菜蓟 *C. scolymus* Linnaeus 和刺苞菜蓟 *C. cardunculus* Linnaeus 在中国引种栽培供观赏和食用。

24. *Diplazoptilon* Ling 重羽菊属

Diplazoptilon Ling (1965: 85); Shi & Raab-Straube (2011: 46) [Type: *D. picridifolium* (Handel-Mazzetti) Ling (≡*Jurinea picridifolia* Handel-Mazzetti)]

特征描述：多年生莲座状草本。无茎。全部叶基生。头状花序单生；花托平，蜂窝状，窝缘有易脱落的大小不等的钻状凸起；冠毛长羽毛状，2 层，污白色，等长，基部连合成环，整体脱落；总苞钟状，总苞片多层；花全部两性，紫色。瘦果倒圆锥状，压扁，有 4 条椭圆状纵肋，顶端有平或撕裂果缘，基底着生面平。

分布概况：1/1（1）种，**15 型**；分布于中国西藏、云南等。

系统学评述：位于风毛菊群，与苓菊属 *Jurinea*、风毛菊属 *Saussurea*、川木香属 *Dolomiaea*、须弥菊属 *Himalaiella*、球菊属 *Bolocephalus*、泥胡菜属 *Hemisteptia* 等亲缘关系较近，核基因 ITS 与叶绿体 *trn*L-F 和 *psb*A-*trn*H 的 2 组数据的分支分析均显示须弥菊属是该属姐妹群[14]。

DNA 条形码研究：*mat*K、*rbc*L 和 ITS 片段可作为属的 DNA 条形码[17]。BOLD 网站有该属 1 种 1 个条形码数据。

25. *Dolomiaea* de Candolle 川木香属

Dolomiaea de Candolle (1833: 330); Shi & Raab-Straube (2011: 49) (Type: *D. macrocephala* Royle).——*Vladimiria* Iljin (1939: 55)

特征描述：草本，常为莲座状。头状花序同型；花托平，蜂窝状；冠毛锯齿状、粗毛状或短羽毛状，多层，基部连合成环；全部小花两性花冠紫色或红色，外面有腺点；花药基部附属物尾状，有乳突；花丝分离，无毛。瘦果 3-4 棱形或几圆柱状，顶端有果缘，基底着生面平。染色体 $2n$=36，34。

分布概况：13/12（10）种，**14S 型**；分布于印度，尼泊尔，缅甸，克什米尔；中国产西北。

系统学评述：该属位于风毛菊群，是苓菊属 *Jurinea* 及其近缘属的姐妹群，ITS 与叶绿体 *trn*L-F 和 *psb*A-*trn*H 两组数据均揭示齿冠属 *Frolovia* 和云木香属 *Aucklandia* 应并入该属[14]。川木香属按花柱分枝长短分云香组 *Dolomiaea* sect. *Vladimiria* 和川木香组 *D.* sect. *Dolomiaea*，但已有分子证据不支持这一划分[14,24]。

DNA 条形码研究：ITS、*psb*A-*trn*H 片段可用于种的鉴定[14]。BOLD 网站有该属 6 种 7 个条形码数据；GBOWS 网站已有 4 种 43 个条形码数据。

代表种及其用途：川木香 *D. souliei* (Franchet) C. Shih 等多种植物的根可入药。

26. *Echinops* Linnaeus 蓝刺头属

Echinops Linnaeus (1753: 814); Shi & Greuter (2011: 33) (Lectotype: *E. sphaerocephalus* Linnaeus).
——*Acantholepis* Lessing (1831: 88)

特征描述：草本。叶互生，常有刺。头状花序仅含有 1 个小花，多数头状花序在茎枝顶端排成球形或卵形的复头状花序；冠毛刚毛膜片状，线形或钻形，边缘糙毛状，或边缘平滑，无糙毛，上部或中部以上或分离；总苞由刺状外苞片和线形或披针形的内苞片组成。瘦果常被长柔毛，顶端有短鳞片多枚。花粉粒 3 孔沟，具短刺或颗粒状纹饰。染色体 $2n$=14，26，28，30，32，36。

分布概况：120/17（5）种，**10 型**；分布于非洲，亚洲，欧洲；中国产各省区，新疆尤盛。

系统学评述：位于蓝刺头亚族，是该亚族唯一的属[25]。传统上主要根据总苞片、冠毛等性状分成 11 组，但 ITS 和 *trn*L-F 序列的联合分析发现很多组不是自然类群，属下可分 2 个主要分支，第 1 个分支含 2 个亚分支，分别由天山山脉特有的 1 个组 *Echinops* sect. *Chamaechinops* 与一年生的 2 个组 *E.* sect. *Nanechinops* 和 *E.* sect. *Acantholepis* 组成，后者被处理为异名；第 2 个分支由其余 8 个组的成员组成，分 7 个亚分支，其中 1 个亚分支包含 *E.* sect. *Echinops* 和 *E.* sect. *Terma* 的模式种，后者应作为异名，修订后的 *E.* sect. *Echinops* 是属内最大的组，有分子数据的 3 个国产类群均属于这个组[26]。

DNA 条形码研究：ITS 和 *trn*L-F 序列可一起作为区分物种的条形码[26]。BOLD 网站有该属 34 种 51 个条形码数据；GBOWS 网站已有 5 种 50 个条形码数据。

27. *Frolovia* (de Candolle) Lipschitz 齿冠属

Frolovia (de Candolle) Lipschitz (1954: 461); Shi & Raab-Straube (2011: 54) [Type: *F. frolowii* (Ledebour) Raab-Straube (≡*Saussurea frolowii* Ledebour)]

特征描述：多年生草本。头状花序大，单生或少数，具长花梗；冠毛羽毛状，1 层，基部联合，整体脱落；总苞杯形，总苞片多层，顶渐尖，多反折；全部小花管状，花冠蓝色或红紫色，无毛；花药尾部撕裂。瘦果具皱纹及钝 4 棱，顶具齿冠。染色体 2*n*=36。

分布概况：5/1 种，**11 型**；分布于阿富汗，哈萨克斯坦，吉尔吉斯斯坦，巴基斯坦，俄罗斯，塔吉克斯坦，乌兹别克斯坦；中国产新疆。

系统学评述：该属位于风毛菊群，ITS、*trn*L-F 等片段的分析发现该属的 1 个代表种在系统树上嵌套于川木香属 *Dolomiaea* 内，2 个属可能应该合并[14]。

28. *Hemisteptia* Bunge 泥胡菜属

Hemisteptia Bunge (1833: 222); Shi & Raab-Straube (2011: 55) (Type: *H. lyrata* Bunge)

特征描述：一年生草本。叶大头羽状分裂。总苞片多层，覆瓦状排列，质地薄，外层与中层外面上方近顶端直立鸡冠状凸起的附属物。花托有托毛。冠毛 2 层，异型，外层羽毛状，基部连合成环，整体脱落，内层冠毛刚毛鳞片状，3-9 个，极短，着生一侧，宿存。全部小花两性，管状，结实，花冠红色或紫色，檐部短，细管部长。瘦果有纵棱。染色体 2*n*=36。

分布概况：1/1 种，**14（5）型**；分布于亚洲和大洋洲；中国南北均产。

系统学评述：位于风毛菊群，与风毛菊属 *Saussurea* 亲缘关系较近[14]。

29. *Himalaiella* Raab-Straube 须弥菊属

Himalaiella Raab-Straube (2003: 330); Shi & Raab-Straube (2011: 47) [Type: *H. heteromalla* (D. Don) Handel-Mazzetti (≡*Cnicus heteromallus* D. Don)]

特征描述：草本。叶互生，基生叶多羽裂。花托有托片；冠毛刚毛羽毛状，1 层，基部连合成环，整体脱落；总苞钟状，总苞片多层，覆瓦状排列，革质或坚硬；小花长于内层总苞片。瘦果顶具齿冠，无毛，具 4-5 棱。染色体 2*n*=34，58。

分布概况：13/7（1）种，**7 型**；分布于阿富汗，不丹，印度，老挝，尼泊尔，缅甸，巴基斯坦，泰国，越南，伊朗，克什米尔；中国南北均产，主产西北。

系统学评述：位于风毛菊群，与苓菊属 *Jurinea* 亲缘关系较近[14,27]。

30. *Jurinea* Cassini 苓菊属

Jurinea Cassini (1821: 140); Shi & Raab-Straube (2011: 43) (Type: *non designatus*).——*Pilostemon* Iljin (1961: 391)

特征描述：无刺草本。叶全缘、齿状或羽状分裂，稀有刺，多少被绒毛。花托有托片；冠毛刚毛糙毛状或羽毛状，多层，不等长，不脱落；总苞片多列，外面的较短；花全部两性，紫色，冠管纤细，檐部 5 裂达中部或以下；花丝离生，秃净。瘦果有 4 条椭圆状高起的纵肋，基底着生面，平或稍见偏斜，顶端有果缘。花粉粒 3 孔沟，具刺，刺间穿孔状-粗糙或穿孔状-小瘤状。染色体 2*n*=30，32，34，36。

分布概况：250/5（1）种，**12 型**；产非洲，亚洲及欧洲；中国产新疆。

系统学评述：位于风毛菊群，分子数据支持该属为自然类群，与风毛菊属 *Saussurea* 等亲缘关系较近[16]。

DNA 条形码研究：*trn*H-*psb*A 和 ITS 片段可单独或一起作为区分 2 个物种的条形码。BOLD 网站有该属 12 种 18 个条形码数据；GBOWS 网站已有 1 种 4 个条形码数据。

31. *Klasea* Cassini 麻花头属

Klasea Cassini (1852: 173); Shi & Martins (2011: 180) (Type: *non designatus*)

特征描述：多年生草本。叶互生，多有齿或羽状分裂。头状花序排列成伞房花序；花托有托毛；冠毛羽毛状，多层，近等长，不联合成环；总苞卵状或球形，总苞片 4-10 层，硬，中层多具尖头，内层线形，顶端密被短毛；全部小花两性，紫色到粉红色；花丝有乳突；柱头 2 裂，分枝短。瘦果无毛，顶具近全缘的冠。花粉粒 3 孔沟，具刺。染色体 $2n$=30，60。

分布概况：49/8 种，**10（12）型**；分布于非洲，亚洲，欧洲；中国产西南、西北及东北。

系统学评述：位于矢车菊亚族，传统上是伪泥胡菜属 *Serratula* 的 1 个组，即 *S*. sect. *Klasea*[FRPS]，与伪泥胡菜属、半毛菊属 *Crupina*、漏芦属 *Rhaponticum* 等亲缘关系较近，后者可能是该属的姐妹群[16,28]。以 ITS 和 ETS 的联合序列构建的系统上，34 个代表种聚成 10 个相互平行的分支，分别被命名为 10 组，其中 2 个最大的组为麻花头组 *Klasea* sect. *Klasea* 和 *K*. sect. *Demetria*，国产类群均属于麻花头组[28]。

DNA 条形码研究：34 个种的核基因 ITS 与 ETS 片段分析表明，两套数据的联合分析能区分全部取样种类[28]。BOLD 网站有该属 27 种 37 个条形码数据；GBOWS 网站已有 4 种 32 个条形码数据。

32. *Olgaea* Iljin 蝟菊属

Olgaea Iljin (1922: 141); Shi & Greuter (2011: 156) (Type: *non designatus*).——*Takeikadzuchia* Kitagawa & Kitamura (1934: 102)

特征描述：直立草本。叶羽状分裂或具齿缺，有小刺尖，基部向茎下延成翼。花托平坦，有托毛；冠毛糙毛状或锯齿状，污黄色，向顶端渐细或内层向顶端稍粗扁，多层，向内层渐长，基部连合成环，整体脱落；总苞片多列，长线形，边缘有小刺；花丝分离。瘦果秃净，稍压扁，基部着生，稍歪斜。染色体 $2n$=26。

分布概况：16/6（2）种，**11 型**；分布于亚洲；中国产西北、华北和东北。

系统学评述：该属位于大翅蓟群（*Onopordum* group）。ITS、*trn*L-F、*mat*K、*ndh*F 和 *rbc*L 的联合分析发现 2 个代表种在系统树上聚成一支，是疆菊属 *Syreitschikovia* 的姐妹群[16]。

DNA 条形码研究：*mat*K、*rbc*L 和 ITS 片段可作为属的 DNA 条形码；*trn*H-*psb*A 和 ITS 可单独或一起作为区分 2 个物种的条形码。BOLD 网站有该属 2 种 6 个条形码数据；

GBOWS 网站已有 3 种 23 个条形码数据。

33. *Oligochaeta* (de Candolle) K. H. E. Koch 寡毛菊属

Oligochaeta (de Candolle) K. H. E. Koch (1843: 42); Shi & Martins (2011: 179) [Type: *O. divaricata* (F. E. L. Fischer & C. A. Meyer) K. H. E. Koch (≡*Serratula divaricata* F. E. L. Fischer & C. A. Meyer)]

特征描述：一年生草本。叶具浅齿或羽状深裂。头状花序单生茎端；花托被糙毛；冠毛 2 层，外层较长，毛状，基部连合成环，常有 1-2 根超长的冠毛刚毛，内层短，膜片状，3-5 根；总苞矩圆形或矩圆状卵形，总苞片多列。花全部管状，两性。瘦果上端全缘。

分布概况：4/1 种，**12 型**；分布于中亚，高加索；中国产新疆。

系统学评述：位于矢车菊亚族，*mat*K、*trn*L-F 和 ITS 片段的联合分析发现，该属的 2 个代表种在系统树上聚成一支，与伪泥胡菜属 *Serratula*、麻花头属 *Klasea*、漏芦属 *Rhaponticum* 等亲缘关系较近[16]。

DNA 条形码研究：*mat*K、*rbc*L 和 ITS 可作为属的 DNA 条形码。BOLD 网站有该属 3 种 4 个条形码数据。

34. *Onopordum* Linnaeus 大翅蓟属

Onopordum Linnaeus (1753: 827); Shi & Greuter (2011: 159) (Lectotype: *O. acanthium* Linnaeus)

特征描述：一年生或二年生草本。茎粗壮。叶基下延成翅。总苞片常有刺；花托蜂窝状；冠毛土红色，糙毛状、短羽毛状或羽毛状，多层，有 1 根超长的冠毛，基部连合成环，整体脱落；小花两性，结实，管状，檐部 5 裂；花丝分离，无毛。瘦果明显或不明显 3-4 肋棱，肋在果顶伸出成多角形果缘，基底着生面平或稍见偏斜。染色体 $2n=34$。

分布概况：40/1 种，**12 型**；分布于亚洲和欧洲；中国产新疆。

系统学评述：位于大翅蓟群，与肋骨蓟属 *Ancathia*、翅膜菊属 *Alfredia*、蝟菊属 *Olgaea*、疆菊属 *Syreitschikovia*、黄缨菊属 *Xanthopappus* 等亲缘关系较近[FOC]。ITS、*trn*L-F、*mat*K、*ndh*F 和 *rbc*L 片段的联合分析发现，2 个代表种在系统树上聚在一起，是大翅蓟群最早分化的分支[16]。

代表种及其用途：大翅蓟 *O. acanthium* Linnaeus 是牧草、观赏植物及全球性入侵杂草。

35. *Plagiobasis* A. G. Schrenk 斜果菊属

Plagiobasis A. G. Schrenk (1845: 108); Shi & Martins (2011: 186) (Type: *P. centauroides* A. G. Schrenk)

特征描述：多年生草本。叶互生，有锯齿。头状花序小，具柄，异型；花托有托毛；冠毛锯齿状，2 至多列，基部不连合成环，分散脱落；总苞片数列，覆瓦状排列，顶端有透明的膜质附属物；全部小花粉色至略带紫色，花冠管状，边花无性，不结实，中央盘花两性。瘦果有丝毛。

分布概况：1/1 种，**13 型**；分布于哈萨克斯坦，吉尔吉斯斯坦；中国产新疆。

系统学评述：位于矢车菊亚族，可能是纹苞菊属 *Russowia* 的姐妹群，2 个属组成珀

菊属 *Amberboa* 的姐妹群，再与针苞菊属 *Tricholepis* 等聚在一起[16]。

DNA 条形码研究： *rbc*L、*mat*K、*ndh*F、*trn*L-F 和 ITS 可作为属的 DNA 条形码[16]。BOLD 网站有该属 1 种 1 个条形码数据。

36. *Psephellus* Cassini 矮小矢车菊属

Psephellus Cassini (1826: 488); Shi & Martins (2011: 189) [Type: *P. calocephalus* Cassini, *nom. illeg.* (=*P. dealbata* (Willdenow) K. H. E. Koch≡*Centaurea dealbata* Willdenow)]

特征描述： 多年生草本。叶互生，腹面密被绒毛。头状花序单生茎或枝顶；冠毛糙毛状，2 列，外列多层，内列较短，略宽于外列；总苞片顶具干膜质附属物；全部小花管状，边花无性，具退化雄蕊，中央盘花两性；花柱分枝合生，仅最上部分裂。瘦果狭卵形，被少量毛。染色体 $2n=30$。

分布概况： 75-80/1 种，**8 型**；分布于中亚，西南亚，欧洲，俄罗斯；中国产新疆。

系统学评述： 位于矢车菊亚族，是矢车菊属及其近缘类群的姐妹群[16]。最新修订依据生活习性、叶片、花序类型、总苞片附属物、小花颜色、冠毛等性状分 12 组[29]，中国仅 1 种，位于 *Psephellus* sect. *Heterolophus*[FOC]。分子证据表明 11 个代表种在系统树上聚成一支，但种间关系分辨率低[16]。

37. *Rhaponticoides* Vaillant 欧亚矢车菊属

Rhaponticoides Vaillant (1754: 165); Shi & Martins (2011: 188) [Type: *R. centaurium* (Linnaeus) Agababjan & Greuter (≡*Centaurea centaurium* Linnaeus)]

特征描述： 多年生草本。具木质根状茎。叶多羽状深裂，小叶基部不对称，常沿叶轴下延；边缘具尖齿。头状花序单生茎或枝顶；冠毛糙毛状，2 列，外列多层，内列 1 层，膜片状；总苞片多层，有纵条纹；全部小花管状，黄色或粉色，边花无性，具退化雄蕊，中央盘花两性；花丝有乳突。果阔椭圆形，浅黑色，无毛。花粉粒 3 孔沟，具刺，刺相连或断开，刺间穿孔状。染色体 $2n=30$。

分布概况： 35/3 种，**6 型**；分布于非洲北部，中亚，西南亚和欧洲；中国产新疆。

系统学评述： 位于矢车菊亚族。传统上是矢车菊属 *Centaurea* 的 1 个亚属（矢车菊亚属 *C.* subgen. *Centaurea*），分 3 个组，即 *C.* sect. *Vicentinae*、*C.* sect. *Africanae* 和 *C.* sect. *Centaurea*；前面 2 组各有 2 种，最后一组约 30 种，再分 5 亚组[30]。分子证据表明 4 个代表种在系统树上聚成一个单系，是 *Callicephalus* 及其近缘属的姐妹群[16]。

DNA 条形码研究： *trn*H-*psb*A 和 ITS 可单独或一起作为区分 2 个物种的条形码[16]。BOLD 网站有该属 3 种 6 个条形码数据。

38. *Rhaponticum* Ludwig 漏芦属

Rhaponticum Ludwig (1757: 123); Shi & Martins (2011: 177) [Type: *R. jacea* (Linnaeus) Scopoli (≡*Centaurea jacea* Linnaeus)].——*Acroptilon* Cassini (1987: 59); *Stemmacantha* Cassini (1987: 184)

特征描述：多年生草本。茎直立，单生，或有分枝。头状花序同型，较大；花托稍凸起，被稠密托毛；冠毛糙毛状或短羽毛状，多层，向内层渐长，基部连合成环，整体脱落；总苞片多层，覆瓦状排列，边缘及顶端有膜质附属物；花两性，管状；花丝粗厚，被稠密的乳突。瘦果压扁，4 棱，棱间有细脉纹，顶端有果缘，侧生着生面。染色体 $2n$=24，26。

分布概况：26/4（1）种，**12 型**；产非洲，大洋洲，亚洲，欧洲；中国南北均产。

系统学评述：位于矢车菊亚族，与麻花头属 *Klasea*、寡毛菊属 *Oligochaeta* 等亲缘关系较近，后者可能是该属的姐妹群。分子证据揭示漏芦属分为东、西两大分支，前者主要分布于中亚，后者主要在欧洲和北非等地，但定义 2 个分支的形态性状不清楚[31]。有分子数据的 3 个国产种均位于东方分支内[FOC]。

39. *Russowia* Winkler 纹苞菊属

Russowia Winkler (1892: 281); Shi & Martins (2011: 187) (Type: *R. crupinoides* Winkler)

特征描述：一年生草本。叶羽裂。头状花序在茎端排成伞房花序状；花托具托片；冠毛锯齿状，多层，向内层渐长，基部不连合成环，不脱落；总苞筒状，总苞片多层，草质，外面有暗红色的宽脉纹，顶端无附属物；小花全部管状，两性，黄色。瘦果上端边缘有微齿，被短绢毛。

分布概况：1/1 种，**13 型**；分布于阿富汗，哈萨克斯坦，塔吉克斯坦，土库曼斯坦，乌兹别克斯坦；中国产新疆。

系统学评述：位于矢车菊亚族，是斜果菊属 *Plagiobasis* 的姐妹群，与针苞菊属 *Tricholepis*、珀菊属 *Amberboa* 等亲缘关系较近[13,16]。

DNA 条形码研究：*rbc*L、*mat*K、*ndh*F、*trn*L-F 和 ITS 可作为属的 DNA 条形码[13]。BOLD 网站有该属 1 种 1 个条形码数据。

40. *Saussurea* de Candolle 风毛菊属

Saussurea de Candolle (1810: 156), *nom. cons.* ; Shi & Raab-Straube (2011: 36) [Type: *S. alpina* (Linnaeus) de Candolle, *typ. cons.* (≡*Serratula alpina* Linnaeus)]

特征描述：无刺草本。叶互生。头状花序单生或排成头状、总状、伞房、圆锥花序；花托有托毛；冠毛，内层长羽状或毛状，外层糙毛状；总苞片覆瓦状；花管状。瘦果秃净。花粉粒 3 孔沟，具刺，刺间穴状、颗粒状、网状-颗粒状和网状。染色体 $2n$=18，24，26，28，30，32，34，36，38，42，48，50，52，54，64，78。

分布概况：413/287（189）种，**10（14SJ）型**；分布于亚洲，欧洲及北美；中国各省区均产，集中于青藏地区。

系统学评述：位于风毛菊群，可能是 *Polytaxis* 的姐妹属，与苓菊属 *Jurinea*、川木香属 *Dolomiaea*、须弥菊属 *Himalaiella*、泥胡菜属 *Hemisteptia*、球菊属 *Bolocephalus* 及重羽菊属 *Diplazoptilon* 等形态相似，主要以冠毛两层，内层羽毛状，基部合生等特征相区别[13,16]。根据最新的专著修订[32]，风毛菊属分 6 亚属 20 组，但部分类群在最近独立成属[25,27]，修订后的国产种类含 4 亚属 14 组，但分子证据不支持其中绝大部分组或亚属的划分[25]。

DNA 条形码研究：ITS、*psb*A-*trn*H 等序列可作为区分种的条形码[33]。BOLD 网站有该属 69 种 87 个条形码数据；GBOWS 网站已有 37 种 277 个条形码数据。

代表种及其用途：一些种类是著名或重要的中药、维药、藏药、蒙药原植物，如雪莲花 *S. involucrata* (Karelin & Kirilov) Schultz Bipontinus、水母雪兔子 *S. medusa* Maximowicz、破血丹 *S. acrophila* Diels 等。

41. *Schischkinia* Iljin 白刺菊属

Schischkinia Iljin (1935: 73); Shi & Martins (2011: 187) [Type: *S. albispina* (Bge) Iljin (≡*Microlonchus minimus* Bge)]

特征描述：一年生矮小草本。叶不裂，边缘具白色硬刺，最上部叶包围总苞。冠毛两列，外列糙毛状，内列具 1 基部加宽的硬毛；全部小花管状，黄色或粉红色，不分化为管部与檐部，边花不育，中央盘花两性；花柱分枝短。瘦果顶具齿冠。

分布概况：1/1 种，**13 型**；分布于哈萨克斯坦，巴基斯坦，乌兹别克斯坦，塔吉克斯坦；中国产新疆。

系统学评述：位于矢车菊亚族，在分子系统发育树上是矢车菊亚族最早分化的类群[13,16]。

DNA 条形码研究：rbcL、*mat*K、*ndh*F、*trn*L-F 和 ITS 可作为属的 DNA 条形码[13]。BOLD 网站有该属 1 种 3 个条形码数据。

42. *Schmalhausenia* C. Winkler 虎头蓟属

Schmalhausenia C. Winkler (1754: 357); Shi & Greuter (2011: 152) [Type: *S. eriophora* (Regel & Schmalhausen) C. Winkler (≡*Cousinia eriophora* Regel & Schmalhausen)]

特征描述：多年生草本。茎直立。头状花序同型；花托平，被稠密的托毛，托毛边缘平滑，无糙毛；冠毛短羽毛状，多层，褐色，不等长，基部不连合成环，极易分散脱落；总苞片覆瓦状排列，被稠密的蓬松的柔毛，顶端长针刺状渐尖；全部小花两性，管状；花药基部附属物短，花丝分离，无毛。瘦果具纵肋，基底着生面，平，顶端有果缘，果缘边缘 5-6 小齿。

分布概况：1/1 种，**13 型**；分布于哈萨克斯坦；中国产新疆。

系统学评述：位于牛蒡群（*Arctium* group），分子证据表明该属应并入牛蒡属 *Arctium*，是虎头蓟组 *Schmalhausenia* sect. *Schmalhausenia* 的唯一种[17]。

DNA 条形码研究：ITS、*rpl*32-*trn*L 和 *trn*L-*trn*T-*rps*4 的联合序列可作为属的 DNA 条形码[17]。BOLD 网站有该属 1 种 1 个条形码数据。

43. *Serratula* Linnaeus 伪泥胡菜属

Serratula Linnaeus (1753: 816); Shi & Martins (2011: 188) (Lectotype: *S. tinctoria* Linnaeus)

特征描述：多年生草本。叶羽裂分裂或边缘锯齿状。头状花序；冠毛糙毛状或有锯齿，多层，基部不联合成环；总苞片多层，顶尖，无附属物，被绵毛或绒毛；全部小花管状，紫色或粉红色，边花雌性，具退化雄蕊，中央盘花两性；花柱分枝细长。瘦果光滑，顶端圆形。花粉粒 3 孔沟，具刺，刺间微网状。染色体 $2n=22$。

分布概况：2/1 种，**10 型**；分布于亚洲和欧洲；中国产新疆。

系统学评述：位于矢车菊亚族，形态上与麻花头属相似，主要以头状花序异型，冠毛糙毛状，染色体 $x=11$ 等特征相区别，分子证据也显示两者亲缘关系很近，寡毛菊属 *Oligochaeta*、半毛菊属 *Crupina* 等与该属亲缘关系也比较近[13,16]。

DNA 条形码研究：*mat*K、*rbc*L 和 ITS 可作为属的 DNA 条形码[7]。BOLD 网站有该属 3 种 13 个条形码数据；GBOWS 网站已有 2 种 23 个条形码数据。

44. *Shangwua* Y. J. Wang, E. von Raab-Straube, A. Susanna & J. Q. Liu 尚武菊属

Shangwua Y. J. Wang, E. von Raab-Straube, A. Susanna & J. Q. Liu (2013: 984) [Type: *S. jacea* (Klotzsch) Y. J. Wang & Raab-Straube (≡*Aplotaxis jacea* Klotzsch)]

特征描述：多年生草本。具木质根茎。叶全缘。头状花序；花托具托片，冠毛刚毛羽毛状，1 层，基部联合，不脱落；总苞片多层，覆瓦状排列，具黑褐色膜质边缘；全部小花管状，檐部 5 裂，花药基部附属物尾状，不撕裂；花柱分枝下面有长 2mm 以上的膨大毛环。瘦果圆柱形，无毛，具数条纵肋。花粉粒 3 孔沟，穿孔-具刺纹饰。

分布概况：3/1 种，**13-2 型**；分布于中亚，喜马拉雅地区；中国产四川、云南、西藏。

系统学评述：位于 *Xeranthemum* group，是最近从风毛菊属分出的新属，两者形态上具有很多共同特征，但分子证据揭示该属与地中海地区、中亚等分布的 *Xeranthemum* 等亲缘关系更近[25]。

45. *Silybum* Adanson 水飞蓟属

Silybum Adanson (1763: 116), *nom. cons.* ; Shi & Jin (1987: 161) [Type: *S. marianum* (Linnaeus) J. Gaertner, *typ. cons.* (≡*Carduus marianus* Linnaeus)]

特征描述：多刺草本。叶分裂，有刺状锯齿，表面有明显的白色斑点。头状花序大，单生，弯垂；花托肉质，有刺毛；冠毛糙毛状，多层，基部连合成环；总苞阔球形，数列，边有刺；全部小花两性，淡紫色，檐部 5 裂；花丝短而宽，上部分离，下部由于被黏质柔毛而黏合。瘦果倒卵状长椭圆形，压扁。

分布概况：14/1 种，（**12**）**型**；分布于中欧，南欧，中亚及地中海地区；中国引种栽培。

系统学评述：位于飞廉亚族，ITS 和 *trn*F 片段联合分析发现该属的 1 个代表种嵌套于蓟属 *Cirsium* 内[13,16]。

DNA 条形码研究：*mat*K、*rbc*L 和 ITS 可作为属的 DNA 条形码；*trn*H-*psb*A、ITS 可单独或一起作为区分 2 个物种的条形码。BOLD 网站有该属 1 种 21 个条形码数据。

代表种及其用途：引种栽培 1 种，即水飞蓟 *S. marianum* (Linnaeus) J. Gaertner，为

药用植物。

46. *Synurus* Iljin 山牛蒡属

Synurus Iljin (1932: 64); Shi & Greuter (2011: 154) [Type: *S. atriplicifolius* (Treviranus) Iljin (≡*Carduus atriplicifolius* Treviranus)]

特征描述：草本。叶互生，卵形或卵状长椭圆形，具柄，有齿缺或羽状分裂。头状花序；总苞片多列，全缘，先端有长刺；花托有托毛；冠毛糙毛状，多层，向内层渐长，基部连合成环，整体脱落；小花管状；花药基部的尾连合，围绕着花丝，花丝无毛；花柱上部 2 裂，分枝直立，钝头，基部有束毛。瘦果长椭圆形，多棱。染色体 $2n=26$。

分布概况：1/1 种，**11 型**；分布于蒙古国，俄罗斯，日本，朝鲜；中国南北均产。

系统学评述：位于大翅蓟群，是翅膜菊属 *Alfredia* 的姐妹群，与大翅蓟属 *Onopordum*、肋骨蓟属 *Ancathia*、蝟菊属 *Olgaea*、疆菊属 *Syreitschikovia*、黄缨菊属 *Xanthopappus* 等亲缘关系也比较近[13,16]。

DNA 条形码研究：*rbc*L、*mat*K、*ndh*F、*trn*L-F 和 ITS 可作为属的 DNA 条形码[13]。BOLD 网站有该属 1 种 3 个条形码数据；GBOWS 网站已有 1 种 23 个条形码数据。

47. *Syreitschikovia* Pavlov 疆菊属

Syreitschikovia Pavlov (1933: 192); Shi & Greuter (2011: 158) (Type: *non designatus*)

特征描述：多年生草本。叶线形、线状披针形或椭圆状卵形，柔软。头状花序同型，总苞片卵状披针形，覆瓦状，顶端有针刺；花托有托毛；冠毛多层，异型，外层毛状，边缘锯齿状，内层扁平，近膜片状；小花管状，两性，花冠狭窄，稍坚硬，管丝状，不等 5 齿裂，4 齿极短，第 5 齿疏离；雄蕊约与花冠等长，花药顶端有角状的附属体，基部有尾。瘦果倒尖塔形，压扁。

分布概况：2/1 种，**13 型**；分布于中亚；中国产新疆天山地区。

系统学评述：位于大翅蓟群，分子证据（1 个代表种）表明该属与大翅蓟属 *Onopordum*、肋骨蓟属 *Ancathia*、翅膜菊属 *Alfredia*、黄缨菊属 *Xanthopappus*、蝟菊属 *Olgaea* 等亲缘关系较近，后者可能是该属的姐妹群[13,16]。

DNA 条形码研究：*rbc*L、*mat*K、*ndh*F、*trn*L-F 和 ITS 可作为属的 DNA 条形码[13]。BOLD 网站有该属 1 种 3 个条形码数据。

48. *Tricholepis* de Candolle 针苞菊属

Tricholepis de Candolle (1833: 515); Shi & Martins (2011: 185) (Type: *non designatus*)

特征描述：一年生或多年生草本。叶全缘或下部的分裂，常有斑点。头状花序生于顶；花托平坦至隆起，密被长刺毛；冠毛糙毛状或短羽毛状或锯齿状多层，向内渐长；总苞片针芒状，柔软，多层，向内层渐长；全部小花两性，管状，花冠红色或黄色。瘦果秃净。

分布概况：16/3 种，**13 型**；产中亚，喜马拉雅地区，缅甸；中国产云南、西藏。

系统学评述：位于矢车菊亚族，2 个代表种的分子证据支持该属为单系类群，姐妹属可能是 *Goniocaulon*，与纹苞菊属 *Russowia*、斜果菊属 *Plagiobasis*、珀菊属 *Amberboa* 等亲缘关系也比较近[13,16]。

DNA 条形码研究：*trn*H-*psb*A 和 ITS 可单独或一起作为区分 2 个物种的条形码。BOLD 网站有该属 3 种 3 个条形码数据。

49. *Tugarinovia* Iljin 革苞菊属

Tugarinovia Iljin (1928: 356); Shi & Greuter (2011: 41) (Type: *T. mongolica* Iljin)

特征描述：多年生草本。叶全部基生，有柄，羽状分裂，裂片有硬刺。头状花序同型，雌性或雄性，单生于茎顶；花托裸露；冠毛糙毛状，基部合生成鳞片状，多层，内层长于外层；总苞钟状，总苞片硬，厚革质，顶端有锐刺；花柱枝略扁，棒状。瘦果。

分布概况：1/1 种，**13 型**；分布于蒙古国；中国产内蒙古。

系统学评述：位于刺苞菊亚族，与苍术属 *Atractylodes*、刺苞菊属 *Carlina* 等亲缘关系较近[18]。

DNA 条形码研究：ITS 和 *trn*L-F 可作为属的 DNA 条形码[18]。BOLD 网站有该属 1 种 4 个条形码数据。

50. *Xanthopappus* C. Winkler 黄缨菊属

Xanthopappus C. Winkler (1893: 10); Shi & Greuter (2011: 158) (Type: *X. subacaulis* C. Winkler)

特征描述：无茎草本。叶基生，莲座状，羽状分裂。头状花序；花托平，有稠密的托毛；总苞片多层，中外层苞片质地坚硬，硬革质，向上渐尖成硬针刺，最内层苞片硬膜质；花两性，管状，黄色，顶端 5 齿裂，冠毛糙毛状，多层，等长，顶端渐细，基部连合成环；花药基部附属物箭形；花柱分枝极短。瘦果偏基底着生面，平或稍见偏斜。

分布概况：1/1（1）种，**15 型**；分布于中国内蒙古、宁夏、甘肃、青海、四川、云南。

系统学评述：位于大翅蓟群，与大翅蓟属 *Onopordum*、肋骨蓟属 *Ancathia*、翅膜菊属 *Alfredia*、蝟菊属 *Olgaea*、疆菊属 *Syreitschikovia* 等亲缘关系较近[14]。

DNA 条形码研究：*mat*K、*rbc*L、*trn*H-*psb*A 和 ITS 可作为属的 DNA 条形码[14]。BOLD 网站有该属 1 种 5 个条形码数据；GBOWS 网站已有 1 种 15 个条形码数据。

IV. Pertyoideae 帚菊亚科

四、Pertyeae 帚菊族

51. *Ainsliaea* de Candolle 兔儿风属

Ainsliaea de Candolle (1838: 13); Gao et al. (2011) [Lectotype: *A. pteropoda* de Candolle, *nom. illeg.* (=*A. latifolia* (D. Don) S. Bipontinus≡*Liatris latifolia* D. Don]

特征描述：多年生草本，稀亚灌木。花托无毛；冠毛多数，1层，稀2层，羽毛状，或部分开花受精小花无冠毛；小花少数，（1-）3（-5）朵，两性，全可育，开花受精或闭花受精，开花受精的小花花冠开展，不等5深裂，闭花受精的小花（如有）花冠闭合，细管状；花药基部具长尾。瘦果圆柱状或纺锤形，具10纵棱，被毛或无毛。花粉粒3沟或孔沟，具小刺。染色体2*n*=24，26。

分布概况：约50/40（28）种，**14型**；分布于东亚，南亚及东南亚；中国产西南、华南及华东。

系统学评述：兔儿风属传统上置于广义帚菊木族，分支分类和分子系统学研究均表明它与帚菊属 *Pertya*、蚂蚱腿子属 *Myripnois* 关系近，它们构成一个独特的东亚分支，即帚菊亚科及其帚菊族[6,9]。日本特有的单型属单花兔儿风属 *Diaspananthus* 有时处理为兔儿风属的1个亚属，但分子系统学研究发现它在叶绿体树与核基因树上的位置有一定冲突，其系统位置有待深入研究[34]。兔儿风属包括2亚属，即单花兔儿风亚属 *Ainsliaea* subgen. *Diaspananthus* 和兔儿风亚属 *A.* subgen. *Ainsliaea*[35]。Mitsui 等[34]利用 ITS、ETS 和 *ndh*F 序列研究了中国和日本28种，发现兔儿风属分为3支，与地理分布有很好的一致性，其结果不支持 Beauverd 主要根据习性分为3组的分类系统（兔儿风组 *A.* sect. *Ainsliaea*、密聚组 *A* . sect. *Aggregatae* 和多叶组 *A.* sect. *Frondosae*），支持最近 Freire[36] 根据分支分析结果将多叶组（仅包括腋花兔儿风 *A. pertyoides* Franchet）并入兔儿风组，也支持调整后的密聚组的单系性，但调整后的兔儿风组在分子系统树上是个并系类群。

代表种及其用途：杏香兔儿风 *A. fragrans* Champion ex Bentham 和腋花兔儿风，全草药用。

52. *Myripnois* Bunge 蚂蚱腿子属

Myripnois Bunge (1833: 38); Gao & Hind (2011: 31) (Type: *M. dioica* Bunge)

特征描述：灌木。叶互生，或簇生。头状花序少花，同性，雌雄异株；花托小，无毛；雌花的冠毛多数，2层，两性花的冠毛2-4条；总苞圆筒状，总苞片少数，草质，2-3层，略不等长；小花少数，花冠管状，檐部明显不等5深裂，其中内侧最深裂，花冠裂片常偏向一侧，呈近舌状、近二唇状或其他过渡形状。

分布概况：1/1（1）种，**15型**；分布于中国华北，并延伸到湖北西北部。

系统学评述：蚂蚱腿子属传统上置于广义帚菊木族，分子系统学研究将它与兔儿风属 *Ainsliaea*、帚菊属 *Pertya* 置于一个独立的帚菊亚科及其帚菊族 Pertyeae[6]，并得到形态学和分支分类研究的支持[9]。

DNA 条形码研究：BOLD 网站有该属1种2个条形码数据。

代表种及其用途：蚂蚱腿子 *M. dioica* Bunge，早春开花，适宜庭院观赏。

53. *Pertya* Schultz-Bipontinus 帚菊属

Pertya Schultz-Bipontinus (1862: 109); Gao & Hind (2011: 27) [Type: *P. scandens* (Thunberg) Schultz-Bipontinus (≡*Erigeron scandens* Thunberg)]

特征描述：灌木或亚灌木。叶在长枝上互生，在短枝上簇生。花托小，平坦，无毛；冠毛多数，2 层，粗糙，刚毛状；总苞片多层，革质；小花数朵，稀多达 20-30 朵或少至 1 朵，两性，稀单性，花冠管状，檐部 5 深裂，近等裂或明显不等裂；花药基部具长尾。瘦果纺锤形，具 10 纵棱，被柔毛。染色体 $2n$=26，28

分布概况：约 24/18（17）种，**14 型**；广布东亚；中国产华北、西北、西南和东南。

系统学评述：帚菊属传统上置于广义帚菊木族，分子系统学研究将它与兔儿风属 *Ainsliaea*、蚂蚱腿子属 *Myripnois* 置于一个独立的帚菊亚科 Pertyoideae 及其帚菊族 Pertyeae[6]，并得到形态学和分支分类研究结果的支持[9]。大托帚菊属 *Macroclinidium*（日本特有的草本属）有时处理为帚菊属的 1 个组[37]。帚菊属的属下分类系统存在争议，Ling[38]将帚菊属分为华帚菊系、卷叶系和三脉系，Tseng[39]从卷叶系中分出 1 个圆锥花序系，另 Koyama[40]将帚菊属分为 4 个未正式命名的群（group）。他们使用不同的形态性状对物种的归类不尽相同。蚂蚱腿子属可能应与帚菊属合并为 1 个属[41]。

代表种及其用途：针叶帚菊 *P. phylicoides* Jeffrey，当地作扫把，花可入药。

V. Cichorioideae 菊苣亚科

五、Cichorieae 菊苣族

54. *Askellia* W. A. Weber 假苦菜属

Askellia W. A. Weber (1984: 6); Shi & Kilian (2011: 325) [Type: *A. nana* (J. Richardson) W. A. Weber (≡*Crepis nana* J. Richardson)]

特征描述：草本。茎细。叶莲座状或生于茎上。头状花序含 5-15 小花，少数生于茎枝顶端；花托裸露；冠毛白色，糙毛状，脱落或宿存；总苞狭圆柱形，总苞片数层，外层长约为内层的 1/4；小花黄色或淡紫红色。果常浅棕色，细长圆柱形或纺锤形，具 10 条等长、较细的肋，顶截形、渐尖或喙状。花粉粒 3 孔沟，有刺脊，小刺短。染色体 $2n$=14。

分布概况：11/6（1）种，**8 型**；分布于中亚，东北亚，西南亚和北美；中国产西部地区。

系统学评述：位于还阳参亚族 Crepidinae，是还阳参属 *Crepis* 和 *Lagoseris* 等属所在分支的姐妹群，与小苦荬属 *Ixeridium*、苦荬菜属 *Ixeris* 等亲缘关系也比较近。目前仅 2 个种的分子数据，两者在 ITS 和 *mat*K 的系统树上均聚成一支，由于属内各种高度相似，以丛生、无毛草本，小花数量少，染色体基数均为 7 等与近缘属相区别，因此这个属可能是个自然类群[42]。

DNA 条形码研究：ITS 和 *mat*K 片段分析存在种间变异[42]；GBOWS 网站已有 3 种 27 个条形码数据。

55. *Chondrilla* Linnaeus 粉苞菊属

Chondrilla Linnaeus (1753: 796); Shi & Kilian (2011: 242) (Type: *C. juncea* Linnaeus)

特征描述：草本，常扫帚状分枝叶异形。头状花序少数，集生于枝端；花托平，无托毛；冠毛白色，单毛状或糙毛状，2-4 层，等长；总苞片 2-3 层，近等长，边缘膜质；全部小花舌状，舌片顶端 5 齿裂，黄色；花药基部附属物极短，全缘或撕裂。果近圆柱状，主肋 5 条，间肋 3 条，中上部有疣状或鳞片状凸起，顶端有细喙。花粉粒 3 孔沟，有刺脊，小刺短，呈锥形。染色体 $2n$=15，20。

分布概况：30/10 种，**10-1 型**；分布于中亚，西南亚和地中海地区；中国产新疆。

系统学评述：位于粉苞菊亚族 Chondrillinae，ITS 序列分析显示 *Willemetia* 为该属的姐妹群，两者与 *Phitosia* 等 3 属组成粉苞菊亚族，是还阳参亚族的姐妹群[42]。目前无属下分子系统发育报道。

DNA 条形码研究：BOLD 网站有该属 2 种 6 个条形码数据；GBOWS 网站已有 5 种 30 个条形码数据。

代表种及其用途：*C. juncea* Linnaeus 为有毒杂草，主要在南半球分布，中国未见记录。

56. *Cicerbita* Wallroth 岩参属

Cicerbita Wallroth (1822: 433); Shi & Kilian (2011: 214) (Type: *non designatus*).——*Cephalorrhynchus* Boissier (1844: 28)

特征描述：多年生草本。叶不分裂、羽状分裂。头状花序沿茎排成总状、圆锥或伞房花序；总苞圆柱状或钟状，总苞片多层；花托平，无托毛；冠毛白色或红褐色；小花常蓝色或紫色，极少黄色，5-30 枚；花药基部附属物箭头状；花柱分枝细。果黑褐色，有 5 条主肋，长椭圆形，压扁或不明显压扁，顶端截形或近顶端有收缢，无喙。花粉粒 3 孔沟，具圆锥形短刺。染色体 $2n$=16，18。

分布概况：20-30/7（5）种，**12 型**；分布于中亚和西南亚；中国产西南至西北部。

系统学评述：位于莴苣亚族 Lactucinae，近缘属有莴苣属 *Lactuca*、毛鳞菊属 *Melanoseris*、紫菊属 *Notoseris* 等。以 ITS 与叶绿体 *pet*D、*psb*A-*trn*H、*trn*L-F、*rpl*32-*trn*L 和 *trn*Q-*rps*16 等序列对 5 个代表种的分析发现，这个属在核质两组数据的系统树上均位于 2 个独立分支上[42]。

DNA 条形码研究：BOLD 网站有该属 8 种 13 个条形码数据。

代表种及其用途：川甘岩参 *C. roborowskii* (Maximowicz) Beauverd 是分布较广的常见种。

57. *Cichorium* Linnaeus 菊苣属

Cichorium Linnaeus (1753: 813); Shi & Kilian (2011: 350) (Lectotype: *C. intybus* Linnaeus)

特征描述：草本。基生叶莲座状，倒向羽裂或不裂而边缘有锯齿。冠毛膜片状，极短，2-3 层；全部小花舌状，蓝色、紫色或淡白色；花药基部附属物箭头形，顶端附属物钝三角形；花柱分枝细长。果倒卵形或椭圆形或倒楔形，外层常压扁，紧贴内层总苞片，有 3-5 条高起的棱，顶端截形。染色体 $2n=18$。

分布概况：7/1 种，**12 型**；分布于南非，西南亚和南欧；中国引种栽培 1 种。

系统学评述：位于菊苣亚族 Cichoriinae，核基因 ITS 片段分析揭示 *Erythroseris* 是该属的姐妹群，两者与 *Phalacroseris* 等 6 属组成菊苣亚族[42]。目前无属下分子系统发育研究报道。

代表种及其用途：菊苣 *C. intybus* Linnaeus，叶可食用，根可提取菊糖及芳香族物质。

58. *Crepidiastrum* Nakai 假还阳参属

Crepidiastrum Nakai (1920: 147); Shi & Kilian (2011: 264) [Lectotype: *C. lanceolatum* (M. Houttuyn) T. Nakai (≡*Prenanthes lanceolata* M. Houttuyn)].——*Paraixeris* Nakai (1920: 155)

特征描述：草本，有时亚灌木，茎单生或分枝。叶不分裂或羽状浅裂，小叶披针形、线形或纤维丝状，常抱茎。头状花序呈伞房花序式排列于枝顶；花托平，无托毛；冠毛白色，1 层，糙毛状；总苞片近顶端有胶状或鸡冠状附属物；小花黄色或白色，5 齿裂。果圆柱形，微扁，有 10 条高起纵肋，顶端明显渐尖或有喙。花粉粒 3 孔沟，有刺脊，小刺短。染色体 $2n=10，15，20，42$。

分布概况：22/9（2）种，**14SJ 型**；产中亚，东亚，北太平洋的小笠原群岛；中国南北均产。

系统学评述：位于还阳参亚族，是黄鹌菜属 *Youngia* 的姐妹群。根据 14 个代表种的核基因 ITS 和叶绿体 *trn*L-F、*rps*16、*atp*B-*rbc*L 等序列的分析结果，心叶假还阳参 *C. humifusum* (Dunn) Sennikov 应转入黄鹌菜属 *Youngia*，其余种在 ITS 与叶绿体的系统树上均聚成单系，可划分为 3 个主要分支，但各分支包含类群在 2 组数据上略有差异[42]。

59. *Crepis* Linnaeus 还阳参属

Crepis Linnaeus (1753: 805); Shi & Kilian (2011: 245) (Lectotype: *C. biennis* Linnaeus)

特征描述：草本。有直根或根状茎。叶基生或在茎上互生。头状花序排成伞房状、圆锥状或单生；总苞钟状或圆柱状，2-4 层，外层为内层的 1/4-2/3，内层常沿中脉被腺毛或（及）单毛；冠毛 1 层，白色；小花舌状，两性，结实；花丝基部有箭头状附属物；花柱分枝细。果有 10-20 条纵肋。花粉粒 3 孔沟，有刺脊，小刺短。染色体 $2n=8，10，12$。

分布概况：200/18（5）种，**8 型**；分布于非洲，亚洲，欧洲和北美；中国产华北、东北、西北和西南。

系统学评述：位于还阳参亚族，姐妹属为 *Lagoseris* 等，与假苦菜属 *Askellia*、假还阳参属 *Crepidiastrum*、厚喙菊属 *Dubyaea*、花佩菊属 *Faberia*、小疮菊属 *Garhadiolus*、异喙菊属 *Heteracia*、全光菊属 *Hololeion*、小苦荬属 *Ixeridium*、苦荬菜属 *Ixeris*、稻槎菜

属 *Lapsanastrum*、耳菊属 *Nabalus*、小苦苣菜属 *Sonchella*、绢毛苣属 *Soroseris*、合头菊属 *Syncalathium*、蒲公英属 *Taraxacum*、黄鹌菜属 *Youngia* 等亲缘关系也比较近。最新修订根据形态、核型等特征划分为 27 组[43]，但以核 ITS 和叶绿体 *mat*K 序列对约 100 个种的分支分析发现，一些组应独立成属（如假苦菜属 *Askellia*），其余类群在 ITS 与 *mat*K 系统树上均聚成单系，可划分为 15 个类群，其中 11 个类群含 2 个或以上物种，染色体 x=6 的 1 个类群位于系统树最基部，但染色体、根及生活习性等性状的差异在属内均经历了多次转变，除个别组外，传统分类划分的组都不是单系类群[44]。

DNA 条形码研究：BOLD 网站有该属 72 种 157 个条形码数据；GBOWS 网站已有 7 种 63 个条形码数据。

代表种及其用途：万丈深 *C. phoenix* Dunn 为药用植物，具有清热止咳、利湿消痈之功效。

60. *Dubyaea* de Candolle 厚喙菊属

Dubyaea de Candolle (1838: 247); Shi & Kilian (2011: 335) (Type: *non designatus*)

特征描述：莲座状草本，茎上半部及花梗常被黑色硬毛。叶常大头羽状分裂。头状花序；冠毛黄色或棕褐色，锯齿状，2 层，易断折；总苞片 3-4 层，常被黑色的多细胞长节毛或糙硬毛；小花紫红色或蓝色。果淡黄色或褐色，棒状、纺锤状或椭圆状等，稍压扁，有 6-17 条不等粗的纵肋，顶端截无喙。花粉粒 3 孔沟，有刺脊，小刺长。染色体 $2n$=16。

分布概况：15/12（8）种，**14SH 型**；产不丹，印度北部，缅甸北部、尼泊尔；中国产西南。

系统学评述：位于还阳参亚族，与假苦菜属 *Askellia*、假还阳参属 *Crepidiastrum*、还阳参属 *Crepis*、花佩菊属 *Faberia*、小疮菊属 *Garhadiolus*、异喙菊属 *Heteracia*、全光菊属 *Hololeion*、小苦荬属 *Ixeridium*、苦荬菜属 *Ixeris*、稻槎菜属 *Lapsanastrum*、耳菊属 *Nabalus*、小苦苣菜属 *Sonchella*、绢毛苣属 *Soroseris*、合头菊属 *Syncalathium*、蒲公英属 *Taraxacum*、黄鹌菜属 *Youngia* 等亲缘关系较近。ITS 片段分析（1 个代表种）显示该属在系统树上与全光菊属聚在一起[45]。

DNA 条形码研究：BOLD 网站有该属 1 种 1 个条形码数据；GBOWS 网站已有 2 种 19 个条形码数据。

61. *Epilasia* (Bunge) Bentham & J. D. Hooker 鼠毛菊属

Epilasia (Bunge) Bentham & J. D. Hooker (1873: 532); Shi & Kilian (2011: 206) (Type: *non designatus*)

特征描述：一年生草本。叶常禾叶形。花序头状；花托无托毛；冠毛稠密，鼠灰色或褐色，其中有 5 或更多的冠毛易脆折，上部为细锯齿状，其余冠毛全为长羽毛状；总苞 2 层，外层草质，一般长于或等长于内层总苞片，内层常 5 枚。果黑色或灰色，向基部稍扩大成中空的果柄，有 5-10 条纵肋或无纵肋，肋上有弯刺毛或无刺毛，顶端或中部有肼胝体环。染色体 $2n$=12，24。

分布概况：3/2 种，**12 型**；分布于亚洲中部和西南部；中国产新疆。

系统学评述：位于鸦葱亚族 Scorzonerinae，与蝎尾菊属 *Koelpinia*、柄果菊属 *Podospermum*、鸦葱属 *Scorzonera*、婆罗门参属 *Tragopogon* 等亲缘关系较近。2 个代表种的 ITS 分析支持鼠毛菊属为单系类群[46]。

DNA 条形码研究：ITS 存在种间变异[46]。BOLD 网站有该属 1 种 1 个条形码数据；GBOWS 网站已有 1 种 4 个条形码数据。

62. *Faberia* Hemsley 花佩菊属

Faberia Hemsley (1888: 479); Shi & Kilian (2011: 211) (Type: *F. sinensis* Hemsley).——*Notoseris* C. Shih (1987: 196)

特征描述：葶状草本。叶大头羽状分裂或不裂，质地厚。头状花序含多数小花；花托无托毛；冠毛褐色或淡黄白色，或红色，1-3 层，等长，糙毛状；总苞钟状；全部小花紫红或淡蓝色；花药基部附属物尖耳状或箭头形；花柱分枝细长，有乳突或小刺毛。果长椭圆形，扁压，每面有 7-10 条纵肋或脉纹，有小刺毛，顶端截形，无喙。染色体 $2n=34$。

分布概况：8/8（8）种，**15 型**；产中国西南、广西。

系统学评述：位于莴苣亚族，是这个亚族基部的分支之一。以核基因 ITS 与叶绿体 *psb*A-*trn*H、*rbc*L、*mat*K、*trn*L-F 等序列对属内多个种的分析均表明这个属与假花佩属 *Faberiopsi* 合并后是单系类群，但核基因、质体 2 组数据揭示的系统位置截然不同，叶绿体序列表明这个属位于还阳参亚族，与黄鹌菜属 *Youngia* 等亲缘关系较近；ITS 片段分析显示这个属位于莴苣亚族，是最基部的分支之一，结合染色体 $x=17$ 这一莴苣族少见特征，推测该属是莴苣亚族（染色体 $x=9$）与阳参亚族（染色体 $x=8$）植物杂交且多倍化的结果[47]。

DNA 条形码研究：4 个叶绿体片段 *psb*A-*trn*H、*rbc*L、*mat*K、*trn*L-F 的联合分析与核基因 ITS 两组数据均在取样的物种间具有明显种间变异，同种的不同个体都在系统树上聚成单系[48]。BOLD 网站有该属 5 种 12 个条形码数据；GBOWS 网站已有 2 种 13 个条形码数据。

代表种及其用途：花佩菊 *F. sinensis* Hemsley 全草入药。

63. *Garhadiolus* Jaubert & Spach 小疮菊属

Garhadiolus Jaubert & Spach (1850: 119); Shi & Kilian (2011: 270) (Type: *non designatus*)

特征描述：一年生草本。叶边缘有锯齿或羽状分裂。头状花序；花托平，无托毛；冠毛小锯齿状或流苏状冠状，有时内层果实冠毛毛状；总苞短圆柱状，2 层，外层极小，内层较长，果期坚硬变厚，向内弯曲包围外层呈星状开展的瘦果；小花黄色，稍长于总苞片，花药基部箭头状，花柱分枝细。果异型，内层的果实顶端渐狭成细长的喙，外层果实顶端渐细。花粉粒 3 孔沟，有刺脊，网状纹饰，具短刺。染色体 $2n=10$。

分布概况：4/1 种，**12 型**；分布于亚洲中部和西南部；中国产新疆。

系统学评述：位于还阳参亚族。目前仅有 1 个种的核基因 ITS 数据，在系统树上与异喙菊属 *Heteracia* 聚在一起，是合头菊属 *Syncalathium* 与绢毛苣属 *Soroseris* 等组成的分支的姐妹群[45]。

DNA 条形码研究：BOLD 网站有该属 1 种 1 个条形码数据；GBOWS 网站已有 1 种 11 个条形码数据。

64. *Heteracia* Fischer & C. A. Meyer 异喙菊属

Heteracia Fischer & C. A. Meyer (1835: 29); Shi & Kilian (2011: 269) (Type: *H. szovitsii* F. E. L. Fischer & C. A. Meyer)

特征描述：一年生草本。茎叶无柄，基部箭头状抱茎。花托无托毛；冠毛糙毛状，白色，外层瘦果无冠毛或有退化的冠毛，内层瘦果有冠毛；总苞片 2 层，两型，外层小，少数，2-5 枚，内层披针形，草质，彼此连合；小花黄色，两性，结实。果 2 型，外层瘦果顶端渐尖成短喙，侧面加宽成翅状，内层瘦果顶端有长喙。染色体 $2n=8$。

分布概况：1/1 种，**12（13）型**；产亚洲中部和西南部，欧洲东南部；中国产新疆。

系统学评述：位于还阳参亚族，核基因 ITS 序列分析发现这个属在系统树上与小疮菊属 *Garhadiolus* 聚在一起，是合头菊属与绢毛苣属等组成的分支的姐妹群[45]。

DNA 条形码研究：ITS 片段能识别该属[45]。BOLD 网站有该属 1 种 1 个条形码数据。

65. *Hieracium* Linnaeus 山柳菊属

Hieracium Linnaeus (1753: 799); Shi & Gottschlich (2011: 350) (Lectotype: *H. murorum* Linnaeus)

特征描述：多年生草本。花托平，蜂窝状，有窝孔，孔缘有明显的小齿或无小齿，或边缘缘毛状；冠毛单毛状或糙毛状，污黄白色、污白色、淡黄色、白色、褐色，1-2 层；易折断小花多数，黄色，极少淡红色或淡白色。果长 2.5-5mm，有 8-10（-14）条椭圆状高起的等粗的纵肋，在顶部聚成 1 个不明显的环。染色体 $x=9$，有二倍体、三倍体、四倍体、五倍体。

分布概况：800/6（1）种，**8 型**；分布于非洲北部，亚洲，欧洲，南美和北美；中国产新疆。

系统学评述：位于山柳菊亚族 Hieraciinae，与细毛菊属 *Pilosella* 等亲缘关系较近。Zahn[49]在该属的世界性专著中划分了 4 个亚属，即 *Hieracium* subgen. *Euhieraciu*（含属模式种 *H. murorum* Linnaeus，是属内最大的亚属，分 25 组）、*H.* subgen. *Stenotheca*（syn. *Chionoracium*，分 13 组）、*H.* subgen. *Mandonia*（仅 1 组，约 3 种）和 *H.* subgen. *Pilosella*（分 7 组，约 110 种），但后者在一些分类系统中是独立的属，即细毛菊属 *Pilosella*[FOC]。目前约有 50 个种的叶绿体 *mat*K、*trn*V-*ndh*C、*trn*T-L 与核 ITS、ETS 等数据，分析结果基本支持山柳菊属及各亚属为单系类群，但不同序列揭示的分支关系不同，杂交可能是主要原因[50-52]。

DNA 条形码研究：叶绿体 *mat*K 与核基因 ITS 等序列存在种间变异[50,51]。BOLD 网站有该属 77 种 210 个条形码数据；GBOWS 网站已有 2 种 28 个条形码数据。

66. *Hololeion* Kitamura 全光菊属

Hololeion Kitamura (1941: 301); Shi & Kilian (2011: 340) (Type: *non designatus*)

特征描述：多年生草本。叶线状披针形，禾草状。头状花序少数至多数，排成圆锥或伞房花序，花期直立；花托无苞片，冠毛糙毛状，易脆，淡黄色；总苞圆筒形，总苞片多层，无毛；小花黄色。果黑褐色，有浅黄色斑点，近圆柱形，基部渐尖，顶截形，主肋 5 条，细弱，间肋不明显。花粉粒 3 孔沟，有刺脊，小刺短。染色体 $2n$=16。

分布概况：3/1 种，**14SJ 型**；分布于东亚；中国产东北、华北。

系统学评述：位于还阳参亚族。仅 1 种有 ITS 数据，在系统树上与厚喙菊属 *Dubyaea* 聚在一起[45]。

67. *Hypochaeris* Linnaeus 猫儿菊属

Hypochaeris Linnaeus (1753: 810); Shi & Kilian (2011: 345) (Lectotype: *H. radicata* Linnaeus). ——*Achyrophorus* Guetta, *nom. illeg.* (1763: 112)

特征描述：多年生草本。茎、叶及总苞具硬单毛。花托平，托片长膜质，基部包围小花；冠毛羽毛状，1 层；总苞片多层，覆瓦状排列；全部小花黄色；花药基部箭形；花柱分枝纤细，顶端微钝。果圆柱形或长椭圆形，有具刺的肋。染色体 $2n$=6，8，10，12，20。

分布概况：60/6（4）种，**8 型**；分布于亚洲，地中海地区和南美；中国产东北、华北和西北。

系统学评述：位于猫儿菊亚族 Hypochaeridinae，与毛连菜属 *Picris* 等亲缘关系较近。传统上分为 5 组，即 *Hypochaeris* sect. *Robertia*、*H.* sect. *Achyrophorus*（南美、亚洲、欧洲，$2n$=8，10）、*H.* sect. *Hypochaeris*（syn. *Euhypochaeris*；欧洲，$2n$=8，10）、*H.* sect. *Metabasis*（欧洲，$2n$=6）和 *H.* sect. *Seriola*（欧洲，$2n$=12）[53]。Samuel 等[54]分析了该属 30 多个种的 ITS、*trn*L-F、*mat*K 等序列，发现 sect. *Robertia* 的代表种与 *Leontodon* Linnaeus 聚在一起，位于猫儿菊亚族最早分化的 1 个分支上，另外 4 个组聚成一个单系，分 2 支，由 *H.* sect. *Hypochaeris* 和 *H.* sect. *Seriola* 组成，另外 2 支由其余类群组成，再分 2 支，一个由 *H.* sect. *Achyrophorus* 的南美种组成，另一个由 *H.* sect. *Metabasis* 和 *H.* sect. *Achyrophorus* 的亚洲与欧洲分布的种组成，根据分支分析结果，传统定义的 *H.* sect. *Achyrophorus* 是并系，亚洲、欧洲、南美的种类应该放在 3 个组中。

代表种及其用途：猫儿菊 *H. ciliata* (Thunberg) Makino 为栽培花卉。

68. *Ixeridium* (A. Gray) Tzvelev 小苦荬属

Ixeridium (A. Gray) Tzvelev (1964: 388); Shi & Kilian (2011: 328) [Type: *I. dentatum* (Thunberg) N. N. Tzvelev (≡*Prenanthes dentata* Thunberg)]

特征描述：多年生草本。头状花序在茎枝顶端排成伞房状花序；冠毛黄棕色到淡黄色，稀白色，糙毛状；总苞圆柱状，总苞片 2-4 层；舌状小花（5）7-27 枚，黄色，极少白色或紫红色；花药基部附属物箭头形；花柱分枝细。果压扁或几压扁，有 8-10 条高起的钝肋，顶端急尖成细丝状的喙，褐色，少黑色，上部常有上指的小硬毛。花粉粒球形，3 孔沟，网状纹饰，有刺脊，小刺短。染色体 $2n$=14。

分布概况：15/8（3）种，**（7e）型**；分布于东亚和东南亚；中国南北均产。

系统学评述：位于还阳参亚族，核基因 ITS 片段分析（1 个代表种）发现该属与苦荬菜属 *Ixeris* 等亲缘关系较近[44]，目前无属下系统发育报道。

DNA 条形码研究：BOLD 网站有该属 2 种 2 个条形码数据；GBOWS 网站已有 4 种 42 个条形码数据。

69. *Ixeris* Cassini 苦荬菜属

Ixeris Cassini (1822: 62); Shi & Kilian (2011: 331) (Type: *I. polycephala* Cassini ex de Candolle). ——*Chorisis* de Candolle (1838: 177)

特征描述：草本。头状花序多数或少数在茎枝顶端排成伞房状花序；冠毛白色，微粗糙，2 层，纤细，不等长，宿存或脱落；小花 10-26 枚，黄色，舌片顶端 5 齿裂；花药基部附属物箭头形；花柱分枝细。果压扁，有 10 条尖翅肋，顶端渐尖成细喙，无毛。花粉粒球形，3 孔沟，网状纹饰，有刺脊，小刺短。染色体 $2n$=16，48。

分布概况：8/6 种，**（7d）型**；产东亚和南亚；中国南北均产。

系统学评述：位于还阳参亚族。目前仅有 2 种植物有 ITS 和 *mat*K 的分子数据，两者在 2 组数据的系统树上均聚在一起，再与小苦荬属 *Ixeridium*、蒲公英属 *Taraxacum* 和黄鹌菜属 *Youngia* 等聚成一支，是还阳参属及其近缘属的姐妹群[42]。

代表种及其用途：苦荬菜 *I. polycephala* Cassini ex Candolle 全株可入药。

70. *Koelpinia* Pallas 蝎尾菊属

Koelpinia Pallas (1776: 755); Shi & Kilian (2011: 206) (Type: *K. linearis* Pallas)

特征描述：一年生草本。头状花序；花托无托毛或有少数托毛，无冠毛。小花黄色；总苞片 1-2 层，草质；花药基部附属物箭头状；花柱分枝细，顶端微钝。果线形，圆柱状，蝎尾状内弯，背面沿肋有坚硬的针刺，顶端有极短的、星状开展的钩状刺毛，5-7 肋。花粉粒 3 孔，具刺，刺间穿孔状。染色体 $2n$=14，36，40，42，54，56。

分布概况：5/1 种，**12 型**；分布于北非，南欧，西亚，南亚和中亚；中国产新疆、西藏西南部。

系统学评述：位于鸦葱亚族，与鼠毛菊属 *Epilasia*、蝎尾菊属 *Koelpinia*、柄果菊属 *Podospermum*、鸦葱属 *Scorzonera*、婆罗门参属 *Tragopogon* 等亲缘关系较近。2 个代表种在 ITS 序列的系统树上聚成一支，可能是伊朗等地分布的 *Pterachaenia* 的姐妹群[46]。

DNA 条形码研究：BOLD 网站有该属 3 种 10 个条形码数据；GBOWS 网站已有 1 种 8 个条形码数据。

71. *Lactuca* Linnaeus 莴苣属

Lactuca Linnaeus (1753: 795); Shi & Kilian (2011: 233) (Lectotype: *L. sativa* Linnaeus).——*Lagedium* Sojak (1961: 34); *Mulgedium* Cassini (1824: 296); *Pterocypsela* Shih (1988: 385)

特征描述：草本或亚灌木。头状花序在茎顶端排成伞房或圆锥花序；花托裸露；冠毛白色，纤细 2 层，微锯齿状或几成单毛状；总苞果期长卵球形；小花黄色。果椭圆形或倒卵球形，压扁，有细肋，有时翅状，顶端具短而粗壮或细长的喙。花粉粒球形，3 孔沟，网状纹饰，有刺脊，小刺短。染色体 2*n*=16，18。

分布概况：50-70/12（1）种，**10 型**；主产中亚和西南亚；中国南北均产，以西南为主。

系统学评述：位于莴苣亚族，近缘属有岩参属 *Cicerbita*、毛鳞菊属 *Melanoseris*、紫菊属 *Notoseris* 等类群。Wang 等[55]分析了该属的 ITS、*pet*D、*psb*A-*trn*H、*trn*L-F、*rpl*32-*trn*L、*trn*Q-*rps*16 等序列，发现 *Mulgedium*、*Pterocypsela*、*Scariola* 等属的部分成员应并入该属，修订后的类群在核基因树与叶绿体基因树上均聚在一起，但种间关系在两套序列的树上有显著差异。

DNA 条形码研究：ITS、*psb*A-*trn*H 等序列分析存在种间变异[55]。BOLD 网站有该属 19 种 113 个条形码数据；GBOWS 网站已有 5 种 61 个条形码数据。

代表种及其用途：莴苣 *L. sativa* Linnaeus 是中国主要蔬菜之一。

72. *Lapsanastrum* Pak & K. Bremer 稻槎菜属

Lapsanastrum Pak & K. Bremer (1995: 19); Shi & Kilian (2011: 263) [Type: *L. humile* (Thunberg) Pak & K. Bremer (≡*Prenanthes humilis* Thunberg)]

特征描述：莲座状草本。叶羽状深裂或全裂。头状花序果期下垂；花托无苞片；无冠毛；总苞花期狭圆筒形，果期增粗，不到 7mm，总苞片多层，无毛；小花黄色。瘦果狭椭圆形，稍压扁，有 5 主肋，肋间 1-2 条次肋，顶截形，有 0-4 条由肋延伸形成的钩刺。染色体 2*n*=44。

分布概况：4/4（2）种，**10 型**；分布于日本，韩国；中国产长江以南。

系统学评述：位于还阳参亚族，是将 *Lapsana* 的亚洲种类分出建立的新属，形态性状的分支分析支持属内 4 个种组成单系，姐妹群为黄鹌菜属 *Youngia*[56]，未发表分子数据支持这一处理[FOC]。

代表种及其用途：稻槎菜 *L. apogonoides* (Maximowicz) Pak & K. Bremer 用于养猪，也可作地被材料。

73. *Launaea* Cassini 栓果菊属

Launaea Cassini (1822: 321); Shi & Kilian (2011: 238) (Type: *L. bellidifolia* Cassini).——*Hexinia* H. L. Yang (1992: 472); *Paramicrorhynchus* M. E. Kirpicznikov (1964: 725); *Scariola* F. W. Schmidt (1795: 270); *Steptorhamphus* Bunge (1852: 205)

特征描述：草本或半灌木。茎柔弱，匍匐或攀援，或直立多分枝。叶常边缘有刺齿。

头状花序单生或少数簇生于茎顶，或排成伞房状、圆锥状或总状或头状花序；花托无托毛；冠毛极纤细，单毛状，白色，整体脱落或不脱落；小花黄色或红紫色。果同型，甚少压扁，有 3-6 纵肋，顶端截形，无喙。花粉粒 3 孔沟，有刺脊，穴状纹饰，具刺。染色体 2*n*=18。

分布概况：55/4（1）种，**10 型**；分布于非洲，中亚，南亚，西南亚和南欧；中国产西南、华南。

系统学评述：位于苦苣菜亚族 Hyoseridinae，与苦苣菜属 *Sonchus* 等亲缘关系较近。Kilian[57]根据花序、总苞片、瘦果等特征将该属分为 8 组，即 *Launaea* sect. *Pseudosonchu*、*L.* sect. *Acanthosonchu*、*L.* sect. *Cornutae*、*L.* sect. *Cervicornes*、*L.* sect. *Microrhynchus*、*L.* sect. *Launaea*、*L.* sect. *Castanospermae* 和 *L.* sect. *Zollikoferia*，目前有 5 种的 *mat*K 和 ITS 数据，前者的分析结果支持该属为单系，但后者揭示 5 个种位于 A、B 2 个独立分支上，其中 A 支是苦苣菜属等类群的姐妹属，B 支是 A 支与苦苣菜属等组成的分支的姐妹群[58]。

74. *Melanoseris* Decaisne 毛鳞菊属

Melanoseris Decaisne (1843: 101); Shi & Kilian (2011: 217) [Lectotype: *M. lessertiana* (de Candolle) Decaisne (≡*Mulgedium lessertianum* de Candolle)].——*Chaetoseris* Shih (1991: 398); *Stenoseris* Shih (1991: 411)

特征描述：草本。有时莲座状。花托无苞片；冠毛糙毛状，2 层，外层短，或无，内层细长；总苞狭圆柱状至阔钟形，下垂，含 3-40 小花，最长外层总苞片长于内层 1/2，内层总苞片 3 至多数；花略蓝色、紫色、黄色，稀白色。果压扁，暗褐色，主肋 5，间肋 0-2。染色体 2*n*=16。

分布概况：70/17（9）种，**14SH 型**；分布于喜马拉雅地区，西南亚，中亚及非洲撒哈拉沙漠附近；中国产重庆、贵州、西藏、云南。

系统学评述：位于莴苣亚族，与假福王草属 *Paraprenanthes*、莴苣属 *Lactuca* 等亲缘关系较近。Wang 等[55]分析了该属的 ITS、*pet*D、*psb*A-*trn*H、*trn*L-F、*rpl*32-*trn*L、*trn*Q-*rps*16 等序列，发现这个属按传统定义是个多系类群，岩参属 *Cicerbita*、莴苣属 *Lactuca*、假合头菊属 *Parasyncalathium*、*Mulgedium*、*Chaetoseris*、*Stenoseris*、*Zollikoferia* 等全部或部分成员应并入该属，重新界定后的取样类群在核与叶绿体的分支树上均聚成一个单系，但种间关系在核与叶绿体的系统树不一致，推测杂交与辐射是主要原因。

DNA 条形码研究：ITS、*psb*A-*trn*H 等序列分析存在种间变异[55]。BOLD 网站有该属 1 种 1 个条形码数据；GBOWS 网站已有 4 种 12 个条形码数据。

75. *Nabalus* Cassini 耳菊属

Nabalus Cassini (1825: 94); Shi & Kilian (2011: 341) (Lectotype: *N. trifoliolatus* Cassini)

特征描述：多年生草本。叶羽状浅裂，或卵圆形至三角状卵圆形，不分裂。头状花序排成总状或圆锥花序；花托平，无托毛；冠毛 2-3 层，褐色，细锯齿状或糙毛状；总苞钟状，总苞片 3-4 层，三角形或长披针形；小花黄色或白色，25-35 枚；花柱分枝细长；花药基部有渐尖的附属物。果压扁，无喙，每面有多数高起的细肋，顶端截形。花粉粒 3 孔沟，有刺脊，圆锥形小刺长。染色体 2*n*=16。

分布概况：15/2 种，**9 型**；分布于东亚和北美；中国产东北、华北和西部地区。

系统学评述：位于还阳参亚族，与厚喙菊属 *Dubyaea*、全光菊属 *Hololeion*、合头菊属 *Syncalathium* 等亲缘关系较近。核基因 ITS 片段分析发现 3 个代表种在系统树位于 2 个独立分支上，一支是合头菊属的姐妹群，另一支是合头菊属、厚喙菊属、全光菊属等组成的分支的姐妹群[45]。

76. *Notoseris* C. Shih 紫菊属

Notoseris C. Shih (1987: 196); Shi & Kilian (2011: 230) (Type: *N. psilolepis* C. Shih)

特征描述：草本。花托平，无托毛；冠毛微糙毛状，同型，2 层，白色，纤细，易脆折；总苞狭钟状；小花紫红色，舌片顶端 5 齿裂，花冠筒喉部有白色柔毛；花药基部附属物箭头形；花柱分枝细。果梭形或圆柱形，压扁，常略带紫色至棕红，顶端截形，无喙，每面有 6-9 条椭圆状高起的纵肋，被糙毛。花粉粒 3 孔沟，有刺脊，3 穴腔，刺基膨大。染色体 2*n*=18。

分布概况：6/6（3）种，**14SH 型**；分布于喜马拉雅地区东部；中国产重庆、广东、广西、贵州、湖北、湖南、四川、台湾、西藏、云南。

系统学评述：位于莴苣亚族，近缘属有岩参属 *Cicerbita*、莴苣属 *Lactuca*、毛鳞菊属 *Melanoseris*、假福王草属 *Paraprenanthes*。Wang 等[55]分析了该属的 ITS、*pet*D、*psb*A-*trn*H、*trn*L-F、*rpl*32-*trn*L、*trn*Q-*rps*16 等序列，发现该属的部分种应转入假福王草属等属，其余类群在叶绿体序列的系统树上聚成 2 支，再与假福王草属的部分成员组成一个多歧分支，但在 ITS 构建的系统树上所有成员聚成一个单系。

77. *Paraprenanthes* Chang ex C. Shih 假福王草属

Paraprenanthes Chang ex C. Shih (1988: 418); Shi & Kilian (2011: 226) [Type: *P. sororia* (Miquel) C. Shih (≡*Lactuca sororia* Miquel)]

特征描述：草本。花托无托毛；冠毛同型，白色，微糙毛状，2 层，纤细；总苞狭圆柱状，花后绝不为卵形；小花淡红色或紫色，舌片顶端截形，5 齿裂，喉部有白色短柔毛。果黑色，纺锤状，不压扁，向上渐窄，顶端白色，无喙或有不明显喙状物，每面有 4-6 条高起的纵肋。花粉粒 3 孔沟，有刺脊，小刺短。染色体 2*n*=18。

分布概况：10/10（8）种，**14 型**；产喜马拉雅地区东部，缅甸，泰国，越南，日本；中国产长江以南。

系统学评述：位于莴苣亚族，与莴苣属 *Lactuca*、毛鳞菊属 *Melanoseris* 等亲缘关系较近。传统的假福王草属为多系类群[FRPS]，核基因 ITS 与叶绿体 *pet*D、*psb*A-*trn*H、*trn*L-F、*rpl*32-*trn*L、*trn*Q-*rps*16 等序列的独立或联合分析均发现莴苣属、毛鳞菊属的部分成员应转入此属，修订后所有取样的种在系统树上聚成一个单系，但属下分类在核与叶绿体的分支树上差别明显，很多种之间可能存在杂交或渐渗，如黑花紫菊 *P. melanantha* (Franchet) Z. H. Wang、三花紫菊 *P. wilsonii* (C. C. Chang) Z. H. Wang、假福王草 *P. sororia* (C. C. Chang) Z. H. Wang 等[55]。

DNA 条形码研究：核基因 ITS 与叶绿体 *psb*A-*trn*H 等序列分析存在种间变异[55]。GBOWS 网站已有 5 种 32 个条形码数据。

78. *Parasyncalathium* J. W. Zhang, Boufford & H. Sun 假合头菊属

Parasyncalathium J. W. Zhang, Boufford & H. Sun (2011: 225) [Type: *P. souliei* (Franchet) J. W. Zhang, Boufford & H. Sun (≡*Lactuca souliei* Franchet)]

特征描述：莲座状多年生草本。头状花序多数在茎端莲座状叶丛中集成团伞花序，含 4-6 枚舌状小花；冠毛白色，稍带黄色或污黄褐色，短细糙毛状，联合成环，一起脱落；总苞片狭圆柱状，总苞片 1 层，4-6 枚；小花紫红色或蓝色，顶端截形，5 微齿裂。果长倒卵形，压扁，侧面加宽成翅状，两面各有 1 条高起的细肋，顶端圆形，有极短的喙状物。染色体 $2n$=16。

分布概况：1/1（1）种，**15 型**；特产中国横断山区。

系统学评述：位于莴苣亚族，与毛鳞菊属 *Melanoseris* 亲缘关系较近，在一些系统中处理为毛鳞菊属的 1 个种[FOC]，核基因 ITS 与叶绿体 *pet*D、*psb*A-*trn*H、*trn*L-F、*rpl*32-*trn*L、*trn*Q-*rps*16 等序列的独立或联合分析支持这一处理[55]。

79. *Picris* Linnaeus 毛连菜属

Picris Linnaeus (1753: 792); Shi & Kilian (2011: 347) (Lectotype: *P. hieracioides* Linnaeus)

特征描述：草本，全部茎枝被钩状硬毛或硬刺毛。花托无托毛；冠毛羽毛状，2 层，外层短或极短，糙毛状，内层长，基部连合成环；全部小花黄色。果椭圆形或纺锤形，有 5-14 条高起的纵肋，肋上有横皱纹，基部收窄，顶端短收窄，但无喙或喙极短。染色体 $2n$=10。

分布概况：50/7（4）种，**10 型**；产非洲，亚洲，大洋洲和欧洲；中国除华南外，各地均产。

系统学评述：位于猫儿菊亚族，与猫儿菊属 *Hypochaeris* 等亲缘关系较近。以 ITS 和 *mat*K 片段对 14 个代表种的研究表明该属为单系，属下可分为 2 组，即毛连菜组 *Picris* sect. *Picris* 和 *P.* sect. *Spitzelia*[59]。

代表种及其用途：日本毛连菜 *P. japonica* Thunberg，全草可入蒙药。

80. *Pilosella* Hill 细毛菊属

Pilosella Hill (1756: 441); Shi & Gottschlich (2011: 352) [Lectotype: *P. officinarum* F. W. Schultz & Schultz-Bip (=*Hieracium pilosella* Linnaeus)]

特征描述：多年生莲座状草本。叶无柄，茎生叶无或少数。头状花序单生或伞房状排列。总苞卵形至半球形，总苞片多层，披针形。冠毛糙毛状，白色或污白色；总苞卵

形至半球形，总苞片多层，披针形；小花黄色，稀淡黄色或橙红色，外层有时有条纹。果圆柱形或倒圆锥形，1-2mm，8-14 条不在顶端汇合的肋，顶截形。染色体 x=9，2-10 倍体均有报道。

分布概况：110/2 种，**10-3 型**；产非洲北部，亚洲和欧洲；中国产新疆。

系统学评述：位于山柳菊亚族，与山柳菊属 *Hieracium* 等亲缘关系较近。一些分类处理将此属作为山柳菊属的 1 个亚属[49]。Fehrer 等[51]分析了该属多数种类的叶绿体 *mat*K、*trn*T-L 及核 ITS 等序列，发现 ITS 支持该属是一个单系类群，但在叶绿体序列的系统树上位于 2 个独立分支上，作者推测叶绿体俘获等因素导致这一核质差异，但 2 组数据都表明这个细毛菊属应该与山柳菊属合并。

DNA 条形码研究：ITS、*mat*K、*trn*T-L 等序列存在种间变异[51]。BOLD 网站有该属 8 种 21 个条形码数据。

81. *Podospermum* de Candolle 柄果菊属

Podospermum de Candolle (1805: 61); Shi & Kilian (2011: 205) [Type: *P. laciniatum* (Linnaeus) de Candolle (≡*Scorzonera laciniata* Linnaeus)]

特征描述：草本或灌木。叶羽裂。花托无苞片；冠毛柔软，羽毛状，顶端糙毛状；总苞圆柱形，果期常显著伸长，总苞片多层，先端常有角状凸起；果柄明显，圆柱状，长为果体的 1/5-1/3。染色体 $2n$=14，28。

分布概况：约 17/1 种，**8 型**；产欧洲，非洲北部，亚洲中部和西南部；中国产新疆。

系统学评述：位于鸦葱亚族，与鼠毛菊属 *Epilasia*、蝎尾菊属 *Koelpinia*、柄果菊属 *Podospermum*、鸦葱属 *Scorzonera*、婆罗门参属 *Tragopogo* 等亲缘关系较近。该属在一些系统中是鸦葱属的异名[60]，但 ITS 序列的研究支持该属作为一个独立类群处理，6 个代表种在系统树上聚成一支，是地中海地区分布的 *Geropogon* 的姐妹群[46]。

DNA 条形码研究：ITS 存在种间变异[46]。BOLD 网站有该属 8 种 21 个条形码数据。

82. *Scorzonera* Linnaeus 鸦葱属

Scorzonera Linnaeus (1753: 790); Shi & Kilian (2011: 198) (Lectotype: *S. humilis* Linnaeus)

特征描述：草本。叶全缘，禾草状或稍阔，有时多少分裂。头状花序有长梗，单生于茎顶或枝端或排成伞房状花序；冠毛中下部或大部羽毛状，上部锯齿状，有超长冠毛 3-10 根，基部连合成环，整体脱落或不脱落；总苞片数列，覆瓦状排列；小花黄色，极少红色亦极少两面异色。果无喙，多棱。花粉粒 3 孔沟，具刺，有刺脊，刺间穿孔状。染色体 x=7，6；二倍体或四倍体。

分布概况：约 180/24（4）种，**10 型**；分布于亚洲，欧洲及非洲北部；中国除华南外广布，主产西北。

系统学评述：位于鸦葱亚族，与鼠毛菊属 *Epilasia*、蝎尾菊属 *Koelpinia*、柄果菊属 *Podospermum*、婆罗门参属 *Tragopogon* 等亲缘关系较近。ITS 序列分析发现传统的鸦葱属[FRPS]是个多系类群，至少可分为 4 个分支，目前已分出 2 个属，即柄果菊属和鼠毛菊属，但属内仍包含多个独立分支[46]。

83. *Sonchella* Sennikov 小苦苣菜属

Sonchella Sennikov (2007: 1753); Shi & Kilian (2007: 1753) [Type: *S. stenoma* (Turczaninow ex de Candolle) Sennikov (≡*Crepis stenoma* Turczaninow ex de Candolle)]

特征描述：盐生草本。茎直立，有叶。头状花序排成狭窄的总状或圆锥花序；花托无苞片；冠毛同型，易脱落，白色；总苞圆柱形，多层，覆瓦状排列，向内渐长，外层约为内层的 1/3，无毛，内层线状披针形，等长，边缘干膜质；小花黄色，约 10 枚。果圆柱状至纺锤形，近压扁，有 5 主肋，间肋 1-3 条，顶截形。染色体 $2n=16$。

分布概况：2/2 种，**11 型**；产蒙古国，俄罗斯东部；中国产甘肃、内蒙古和青海。

系统学评述：位于还阳参亚族，形态上与黄鹌菜属 *Youngia*、还阳参属 *Crepis*、假福王草属 *Paraprenanthes* 等相似，属内 2 种分别由黄鹌菜属和还阳参属分出，未发表分子数据支持这一处理[FOC]。

DNA 条形码研究：GBOWS 网站有该属 1 种 4 个条形码数据。

代表种及其用途：碱小苦苣菜 *S. stenoma* (Turczaninow ex Candolle) Sennikov 为药用植物。

84. *Sonchus* Linnaeus 苦苣菜属

Sonchus Linnaeus (1753: 793); Shi & Kilian (2011: 239) (Lectotype: *S. oleraceus* Linnaeus).——*Atalanthus* D. Don (1829: 311)

特征描述：草本。叶互生。头状花序；花托无托毛；冠毛毛状，多层，外层细密，内层较粗，白色，易脱落，基部整体连合；总苞片覆瓦状排列，草质，边缘常膜质；小花黄色。果卵形或椭圆形，有纵肋，常有横皱纹，无喙。花粉粒 3 孔沟，网状纹饰。花粉粒 3 孔沟，有刺脊，穴状纹饰，具刺。染色体 $x=5$，7-9；多为 2，3，4，6，8 倍体。

分布概况：90/5 种，**10（12）型**；产非洲，亚洲，大洋洲，欧洲，太平洋群岛；中国南北均产。

系统学评述：位于苦苣菜亚族，与栓果菊属 *Launaea* 等近缘。*mat*K 和 ITS 序列分析都发现该属按传统定义是 1 个包含约 10 个独立分支的多系类群，分别与 *Actites*、*Embergeria*、*Kirkianella* 等聚在一起，根据这一结果，相关属可能应该合并，或者重新划分为 10 属[58]。

DNA 条形码研究：ITS 和 *mat*K 等序列存在种间变异[58]。BOLD 网站有该属 49 种 252 个条形码数据；GBOWS 网站已有 6 种 86 个条形码数据。

代表种及其用途：苦苣菜 *S. oleraceus* Linnaeus 全草可入药。

85. *Soroseris* Stebbins 绢毛菊属

Soroseris Stebbins (1940: 27); Shi & Kilian (2011: 342) [Type: *S. glomerata* (Decaisne) Stebbins (≡*Prenanthes glomerata* Decaisne)].——*Stebbinsia* Lipsch (1956: 761)

特征描述：草本。头状花序排列成圆锥或半球状的团伞花序；冠毛 3 层，等长，锯齿状，基部不连合成环，分散脱落；总苞圆柱状，2 层，外层 2 枚，线形，内层 4-5 枚，长椭圆形或披针形，近等长，基部黏合或结合；小花 4-6 枚，黄色，极少白色。果长圆柱状或长倒圆锥形，微扁，顶端无喙，有肋。花粉粒 3 孔沟，有刺脊，具圆锥形小刺。染色体 $2n=16$，32。

分布概况：7/7 种，**14SH 型**；分布于不丹，印度北部，克什米尔，尼泊尔，巴基斯坦；中国产西部地区。

系统学评述：位于还阳参亚族，是合头菊属 *Syncalathium* 的姐妹群。根据核基因 ITS 和叶绿体 *trn*L-F 与 *psb*A-*trn*H 的联合分析，单种属肉菊属 *Stebbinsia* 应并入该属，是绢毛菊属最早分化的一支，其余种位于 2 个分支上，一支仅绢毛菊 *S. glomerata* (Decaisne) Stebbins 1 种，另一支由其余种组成[45]。

代表种及其用途：空桶参 *S. erysimoides* (Handel-Mazzetti) C. Shih 可供药用。

86. *Syncalathium* Lipschitz 合头菊属

Syncalathium Lipschitz (1956: 358); Shi & Kilian (2011: 339) [Type: *S. sukaczevii* Lipschitz (=*S. kawaguchii* (Kitamura) Y. Ling≡*Lactuca kawaguchii* Kitam)]

特征描述：草本，茎低矮或几无茎。头状花序在茎端密集成团伞花序；总苞片 1 层，3-5 枚，基部合生，有时有 1 枚线形的小苞片；冠毛 3 层，细锯齿状或微糙毛状，灰白色，易脱落，基部不连合成环；舌状小花 3-5 枚，紫色或紫红色，少黄色，两性，顶端截形，5 齿裂。果椭圆或椭圆状卵形，压扁，每面有 1-2 条细肋或细脉纹。花粉粒 3 孔沟，有刺脊，圆锥形小刺短。染色体 $2n=16$。

分布概况：5/5（5）种，**15 型**；中国产西藏、四川、云南、甘肃。

系统学评述：位于还阳参亚族，是绢毛苣属 *Soroseris* 的姐妹群。根据核基因 ITS 和叶绿体 *trn*L-F 与 *psb*A-*trn*H 的联合分析，属下可分 2 个类群，一类小花黄色，含 2 种，但最新修订将这 2 种合并[FOC]，另一类小花蓝色、蓝紫色或紫红色，含 4 种[45]。

87. *Taraxacum* F. H. Wiggers 蒲公英属

Taraxacum F. H. Wiggers (1780: 56), *nom. cons.* ; Ge et al. (2011: 270) (Type: *T. officinale* F. H. Wiggers, *typ. cons.*)

特征描述：葶状草本。花托平，有小窝孔；冠毛白色，毛状；小花常黄色，稀白色、红色或紫红色；花药顶端附片三角形；花柱细长，伸出聚药雄蕊外，柱头 2 裂，裂瓣线形。果纺锤形或倒锥形，有纵沟、有刺状或瘤状凸起。花粉粒 3 孔沟；网状纹饰。染色体 $x=8$；除 9 倍体外，2-10 倍体都有。

分布概况：约 2500/116（81）种，**8 型**；主产非洲，北半球温带地区，亚欧大陆的山区尤盛，少数到南半球温带地区；中国南北均产。

系统学评述：位于还阳参亚族，可能是苦荬菜属 *Ixeris* 的姐妹群，与假苦菜属 *Askellia*、假还阳参属 *Crepidiastrum*、还阳参属 *Crepis*、黄鹌菜属 *Youngia* 等亲缘关系也比较近。由于杂交、多倍化、孤雌生殖及形态分化水平较低等，该属的分类非常复杂。传统分类先后划分了大约 50 组[61]，中国有 23 组[FOC]，已有分子证据（19 个种的 ITS 数据）支持该属是个单系类群[62]，但取样太少，属的单系性质、系统位置和属下系统还有待研究。

DNA 条形码研究：BOLD 网站有该属 67 种 381 个条形码数据；GBOWS 网站已有 15 种 141 个条形码数据。

代表种及其用途：含多种重要药用植物，如蒙古蒲公英 *T. mongolicum* Handel- Mazzetti、白缘蒲公英 *T. platypecidum* Diels；橡胶草 *T. koksaghyz* Rodin 的根含橡胶，部分地区有栽培。

88. *Tragopogon* Linnaeus 婆罗门参属

Tragopogon Linnaeus (1753: 789); Shi et al. (2011: 207) (Lectotype: *T. porrifolius* Linnaeus)

特征描述：草本。叶狭，禾草状。头状花序大，有长梗，单生于茎顶或枝端；花托蜂窝状，无毛；冠毛 1（2）层，羽毛状，污白色或黄色，基部连合成环，整体脱落，羽枝纤细，彼此纠缠，有 5-10 根超长的冠毛，超长冠毛顶端糙毛状；总苞片 1 层，5-14 枚；小花黄色或紫色。果圆柱状，有 5-10 条高起纵肋。染色体 $2n$=12，24。

分布概况：约 150/19（2）种，**10 型**；主产中亚，西南亚和南欧；中国产东北、华北、西藏和新疆。

系统学评述：位于鸦葱亚族，与鼠毛菊属 *Epilasia*、蝎尾菊属 *Koelpinia*、柄果菊属 *Podospermum*、鸦葱属 *Scorzonera*、婆罗门参属 *Tragopogon* 等亲缘关系较近。该属没有世界性的专著修订，综合一些区域性的分类处理如 Tzvelev[63]，可将属下可分为 17 组，Mavrodiev 等[64]分析了其中 14 组 59 种的 ITS 和 ETS 序列，证实该属为单系类群，属内有 10 个单系分支，分别与 sects. *Tragopogon*、*Majores*、*Hebecarpus*、*Chromopappus* 和 *Collini* 等传统分类建立的组对应，但组的界限与传统处理有一定差异。

89. *Youngia* Cassini 黄鹌菜属

Youngia Cassini (1831: 88); Shi & Kilian (2011: 252) (Type: *Y. lyrata* Cassini)

特征描述：草本。叶羽状分裂或不分裂。头状花序在茎枝顶端或沿茎排成总状花序、伞房花序或圆锥状伞房花序；总苞 3-4 层，外层短，内层及最内层长，外面顶端有或无鸡冠状附属物；花托平，蜂窝状，无托毛；冠毛白色，少数灰色，单毛状或糙毛状，1-2 层，有时基部连合成环；小花少数（5 枚）或多数（25 枚），黄色，两性，1 层，顶端截形，5 齿裂；花柱分枝细，花药基部附属物箭头形。果纺锤形，有 10-15 条粗细不等的椭圆形纵肋，向上收窄，近顶端有收缢，顶端无喙或有顶端收窄形成的粗短喙状物。花粉粒球形，3 孔沟，沟稍开裂，网状纹饰，上具 1 行刺。染色体 $2n$=16，32。

分布概况：30/28（22）种，**11（10-1）型**；产东亚地区；中国主产西北、西南。

系统学评述：位于还阳参亚族，是假还阳参属 *Crepidiastrum* 的姐妹群。根据 9 个种的核基因 ITS 与叶绿体 *trn*L-F、*rps*16 和 *atp*B-*rbc*L 等序列的分析结果，属内个别种应

转入假还阳参属 *Crepidiastrum*，而假还阳参属和 *Paraixeris* 等的部分种应转入该属，修订后的各代表种在 ITS 与叶绿体的系统树上均组成一个单系，但 2 组数据揭示的属下系统差异较大，如核基因揭示鼠冠黄鹌菜 *Y. cineripappa* (Babcock) Babcock & Stebbins 是其他所有种的姐妹群，但叶绿体数据发现这个种与多个种聚成一个亚分支，其余种组成另外一个亚分支[65]。

DNA 条形码研究：核基因 ITS 与叶绿体 *trn*L-F、*rps*16 和 *atp*B-*rbc*L 等序列存在种间变异，鼠冠黄鹌菜 *Y. cineripappa* (Babcock) Babcock & Stebbins 的多个个体在 ITS 的系统树上聚成一支，但其余种的个体均没有聚成单系，叶绿体 *trn*L-F、*rps*16 和 *atp*B-*rbc*L 的联合分析能鉴别鼠冠黄鹌菜等约 50%的种，但取样种类及各物种的个体取样偏少[65]。GBOWS 网站已有 1 种 7 个条形码数据。

六、Vernonieae 斑鸠菊族

90. *Camchaya* Gagnepain 凋缨菊属

Camchaya Gagnepain (1920: 14); Chen & Gilbert (2011: 368) (Type: *C. kampotensis* Gagnepain)

特征描述：一年生草本。叶互生，具柄，边缘波状或具锯齿，羽状脉。花托平，中央具圆形窝孔，无托毛；冠毛有 1-10 个易脱落或部分脱落的毛，或无冠毛；花全部结实，紫色或淡紫色，管状，管部细，檐部具 5 个三角形或线状披针形裂片，外面常有腺毛。果倒卵形或长圆状卵形，稍扁，顶端圆形，无毛，具 10 条纵肋。染色体 2*n*=20。

分布概况：5/1 种，**7 型**；分布于老挝，泰国，越南；中国产云南。

系统学评述：位于凋缨菊亚族 Linziinae，该亚族含 8 属，其中 4 个为单型属，*Baccharoides* 为最大的属，约 30 种，产非洲和南美[66]，中国仅有凋缨菊属 1 个种分布[FOC]，目前无分子系统学研究。

DNA 条形码研究：GBOWS 网站有该属 1 种 4 个条形码数据。

91. *Distephanus* Cassini 黄花斑鸠菊属

Distephanus Cassini (1817: 151); Chen & Gilbert (2011: 367) [Type: *D. populifolius* (Lamarck) Cassini (≡*Conyza populifolia* Lamarck)]

特征描述：灌木，被毛及无柄的腺。叶互生，3 脉，全缘。头状花序于茎枝顶端排成圆锥花序状；冠毛 2 层，外层短，糙毛状，内层扁平，糙毛状、刺毛状或羽毛状；总苞钟形或半球形，总苞片 6 层，覆瓦状排列，顶急尖或长渐尖；小花金黄色，多数；花药具硬化的尾；花柱分叉处膨大，扫粉毛钝。果具 5-12 肋。

分布概况：约 40/2 种，**6-2 型**；分布于非洲，印度和亚洲，集中产马达加斯加；中国产西南。

系统学评述：位于黄花斑鸠菊亚族 Distephaninae，该亚族仅含 1 个属，是斑鸠菊族分化最早的类群[66]。核基因 ITS 与叶绿体 *ndh*F 和 *trn*L-F 的联合分析发现 2 个代表种独

立成支，均为斑鸠菊族早期分化的类群[66,67]。

92. *Elephantopus* Linnaeus 地胆草属

Elephantopus Linnaeus (1753: 814); Chen & Gilbert (2011: 368) (Lectotype: *E. scaber* Linnaeus)

特征描述：多年生草本。叶互生。头状花序密集成团球状复头状花序，基部被数个叶状苞片，复头状花序在茎和枝端单生或排列成伞房状花序；花托无毛；冠毛1层，具5条硬刚毛，基部宽扁；总苞片2层，覆瓦状，交叉对生；花两性，结实，管状。瘦果长圆形，顶端截形，具10条肋，被短柔毛。花粉粒3孔沟，网状纹饰，具短刺。染色体 $2n$=22。

分布概况：30/2种，**2（3）型**；泛热带分布，南美较集中；中国产长江以南。

系统学评述：位于地胆草亚族 Elephantopinae，该亚族含4属，其中假地胆草属 *Pseudelephantopus* 等2属在中国分布。ITS、*ndh*F、*trn*L-F 片段的联合分析（5个代表种）支持该属为自然类群[67]。

代表种及其用途：地胆草 *E. scaber* Linnaeus 可供药用。

93. *Ethulia* Linnaeus f. 都丽菊属

Ethulia Linnaeus f. (1762: 1); Chen & Gilbert (2011: 354) (Type: *E. conyzoides* Linnaeus f.)

特征描述：草本。叶互生，叶脉羽状。头状花序排成伞房状圆锥花序；花托无苞片；无冠毛；总苞钟形或半球形，总苞片4层，覆瓦状，边缘常膜质；小花淡紫色或淡红色，管状，顶5裂。果圆柱形或倒圆锥形，具2-6，常4-5肋，肋间有腺，顶截形，有胼胝质环。花粉粒3孔沟，具刺，刺间穿孔状。

分布概况：19/2种，**2型**；主产热带非洲，菲律宾和印度尼西亚等，1种入侵世界各地；中国产云南和台湾。

系统学评述：该属位于都丽菊亚族 Erlangeinae。ITS、*trn*L-F 和 *ndh*F 片段的联合分析揭示该属的姐妹群为 *Bothriocline*，两者及近缘属组成的分支是含斑鸠菊族多数类群的一支（热带美洲分支）的姐妹群[66,67]，目前无属下分子系统发育研究报道。

DNA 条形码研究：BOLD 网站有该属1种1个条形码数据。

94. *Pseudelephantopus* Rohr 假地胆草属

Pseudelephantopus Rohr (1792: 214), *nom. & orth. cons.*; Chen & Gilbert (2011: 369) [Type: *P. spicatus* (B. Jussieu ex Aublet) C. F. Baker (≡*Elephantopus spicatus* B. Jussieu ex Aublet)]

特征描述：多年生草本。茎直立，稍坚硬。叶互生。头状花序1-6个束生于茎上部叶腋，且密集成团球状，再排成穗状；花托小，无毛；冠毛1层，少数，其中有2条极长且顶端常扭曲；总苞长圆形，总苞片紧贴，4层，每层各有1对，交叉着生，覆瓦状；花两性，结实，管状，5浅裂。果线状长圆形，扁平，具10条肋，被毛。染色体 $2n$=22。

分布概况：2/1种，**3型**；产热带非洲和美洲；中国归化1种，分布于长江以南。

系统学评述：该属位于地胆草亚族，该亚族含 4 属，其中地胆草属 *Elephantopus* 等 2 属在中国分布，这 2 个属高度相似，不同点仅在于假地胆草属的复头状花序再排成穗状花序，冠毛有 2 枚较长，且常扭曲。有的学者主张 2 个属合并[FRPS]，目前无分子数据报道。

95. *Vernonia* Schreber 斑鸠菊属

Vernonia Schreber (1791: 541); Chen & Gilbert (2011: 355) [Type: *V. noveboracensis* (Linnaeus) Willdenow (≡*Serratula noveboracensis* Linnaeus)]

特征描述：草本、木质藤本或乔木。叶互生，叶脉常羽状。头状花序常排列成圆锥状、伞房状或总状，或密集成圆球状；冠毛常 2 层，内层细长，糙毛状，外层极短，刚毛状或鳞片状；小花粉红色、淡紫色，少有白色或金黄色。果具棱或肋。花粉粒 3 孔沟，网状纹饰，具刺或短棒。染色体 *x*=17。

分布概况：约 1000/31（8）种，**2 型**；分布于热带亚洲及非洲，北美，南美；中国产长江以南。

系统学评述：该属传统上位于斑鸠菊亚族 Vernoniinae，包含 1000 多个种，但核基因 ITS 与叶绿体 *ndh*F 和 *trn*L-F 的单独或联合分析揭示这些种在斑鸠菊族的系统树上出现在至少 5 个分支上，分别与不同亚族的成员聚在一起，狭义斑鸠菊属可能只包含北美分布的 17 种[67]，近年来，已有很多种独立成属，但还没有对该属进行全面修订，中国分布的种类目前划分为 9 个未正式命名的类群，即 *Strobocalyx* group、*Tarlmounia* group、*Monosis* group、*Gymnanthemum* group、*Decaneuropsis* group、*Acilepis* group、*Cyanthillium* group、*Khasianthus* group 和 *Baccharoides* group[FOC]。

DNA 条形码研究：核基因 ITS 与叶绿体 *ndh*F 和 *trn*L-F 等序列分析存在种间变异[67]。BOLD 网站有该属 40 种 63 个条形码数据；GBOWS 网站已有 7 种 55 个条形码数据。

代表种及其用途：属内含多种药用植物，如茄叶斑鸠菊 *V. solanifolia* Bentham、毒根斑鸠菊 *V. cumingiana* Bentham、夜香牛 *V. cinerea* (Linnaeus) Lessing、滨海斑鸠菊 *V. maritima* Merrill。

VI. Asteroideae 紫菀亚科

七、Senecioneae 千里光族

96. *Cissampelopsis* (de Candolle) Miquel 藤菊属

Cissampelopsis (de Candolle) Miquel (1856: 102); Chen et al. (2011: 505) [Lectotype: *C. volubilis* (Blume) Miquel (≡*Cacalia volubilis* Blume)]

特征描述：藤状多年生草本或亚灌木，以叶柄攀援。单叶互生，离基 3-7 掌状脉，叶柄旋卷，基部明显增厚。头状花序辐射状或盘状；总苞片草质，具干膜质边缘；冠毛毛状；辐射花 5-8 或不存在，管状花 8-20；花药线形或线状长圆形，基部具明显的尾，

颈部近圆柱形或略柱杆状。果圆柱形，具肋，无毛。

分布概况：10/6（3）种，**（7a）型**；产热带亚洲；中国产华南、西南和湖南。

系统学评述：位于千里光亚族 Senecioninae，姐妹属为合耳菊属 *Synotis*、与野茼蒿属 *Crassocephalum*、一点红属 *Emilia*、菊芹属 *Erechtites*、菊三七属 *Gynura*、瓜叶菊属 *Pericallis*、千里光属 *Senecio* 等亲缘关系也比较近。属下根据头状花序类型等形状分为2组，即舌花组 *Cissampelopsis* sect. *Buimalia* 和藤菊组 *C.* sect. *Cissampelopsis*[68]，核基因ITS 分析揭示合耳菊属为该属姐妹群[69]，目前无属下分子系统学研究报道。

97. *Crassocephalum* Moench 野茼蒿属

Crassocephalum Moench (1794: 516); Chen et al. (2011: 536) [Type: *C. cernuum* Moench, *nom. illeg.* (=*Senecio cernuus* Linnaeus f., *nom. illeg.*≡*Senecio rubens* B. Jussieu ex N. J. Jacquin=*C. rubens* (B. Jussieu ex N. J. Jacquin) S. Moore)]

特征描述：草本。叶互生。头状花序盘状或辐射花；花托无毛，具蜂窝状孔；冠毛多数，白色；总苞片1层，基部有数枚不等长的外苞片；全部小花两性，管状；花药颈栏杆状，基部全缘，或具小耳；花柱分枝细长，被乳头状毛。果狭圆柱形，具棱条，顶端和基部具灰白色环带。染色体 x=5，10，12，16，20，24，约45。

分布概况：21/2 种，**6 型**；主产热带非洲；中国各地广泛栽培。

系统学评述：位于千里光亚族，与藤菊属 *Cissampelopsis*、一点红属 *Emilia*、菊芹属 *Erechtites*、菊三七属 *Gynura*、瓜叶菊属 *Pericallis*、千里光属 *Senecio*、合耳菊属 *Synotis* 等亲缘关系较近，2 个代表种在以 ITS 序列构建的系统树上聚成一支，但嵌套于菊芹属内，2 个属的界限有待修订[70]。

代表种及其用途：野茼蒿 *C. crepidioides* (Bentham) S. Moore 可入药，也可作为野菜食用。

98. *Cremanthodium* Bentham 垂头菊属

Cremanthodium Bentham (1873: 1141); Liu & Illarionova (2011: 415) (Type: *non designatus*)

特征描述：多年生草本。根茎极短，基部具肉质、须状的根系。茎丛生。叶常基生，心形或肾形，有齿缺，稀羽状分裂。头状花序单生或排成总状花序，下垂；花托裸露；冠毛糙毛状，稀缺如；总苞半球形，个别种为宽钟形；边花假舌状，雌性，中央花两性，管状。瘦果无喙，光滑，具肋。花粉粒3孔沟，具刺，刺长，刺基膨大，刺间粗糙或皱波状。染色体 2n=58，稀60，116。

分布概况：69/69（46）种，**14SH 型**；产不丹、印度、克什米尔、缅甸、尼泊尔、巴基斯坦；中国产西南至西北。

系统学评述：位于款冬亚族 Tussilagininae，形态上与橐吾属 *Ligularia* 等相似，主要以总苞形态区别，属下以叶脉形态等特征分为3组，即垂头菊组 *Cremanthodium* sect. *Cremanthodium*（掌状脉）、羽脉组 *C.* sect. *Pinnatinervus*（羽状脉）和平行脉组 *C.* sect. *Parallelinervus*（平行脉），但核基因 ITS 与叶绿体 *ndh*F 和 *trn*L-F 等序列的联合分析揭示该属成员在系统树上不聚成一支，而是与橐吾属等多个属的成员构成一个分化很小的复合体（*Ligularia-Cremanthodium-Parasenecio* complex），可能是这些属的最近共同祖先在青藏高原等地快速辐射的结果，相互之间可能还存在大量杂交[71]。

DNA 条形码研究：ITS、*ndh*F、*trn*L-F 等序列分析存在一定种间变异，但部分种间无差异[71]。BOLD 网站有该属 6 种 8 个条形码数据；GBOWS 网站已有 11 种 100 个条形码数据。

代表种及其用途：长舌垂头菊 *C. prattii* (Hemsley) R. D. Good 体态优美，栽培可供观赏。

99. *Dicercoclados* C. Jeffrey & Y. L. Chen 歧笔菊属

Dicercoclados C. Jeffrey & Y. L. Chen (1984: 213); Chen et al. (2011: 437) (Type: *D. triplinervis* C. Jeffrey & Y. L. Chen)

特征描述：多年生草本。叶互生。头状花序盘状；花托具窝孔；冠毛糙毛状，多层；总苞圆柱形，具外层小苞片，总苞片 1 层；小花两性，管状，结实，黄色；花药内壁细胞壁增厚，两极排列，花药颈部狭长，无增大基生细胞，与花丝等宽而短于花药尾部；花柱分枝具汇合柱头区，顶端稍凸，具长乳头状毛，毛在顶端叉分为二画笔状裂。

分布概况：1/1（1）种，**15 型**；特产中国贵州。

系统学评述：位于款冬亚族，形态上与蟹甲草属 *Parasenecio* 等相似，以花柱分枝顶端具二歧画笔状毛及特殊体态等与后者区别[FRPS]。目前无分子学研究报道。

代表种及其用途：属内仅 1 种，即歧笔菊 *D. triplinervis* C. Jeffrey & Y. L. Chen，形态特殊，少见，可能已灭绝。

100. *Emilia* Cassini 一点红属

Emilia Cassini (1825: 393); Chen et al. (2011: 542) (Type: *E. flammea* Cassini)

特征描述：草本，常有白霜。叶互生。头状花序盘状；花托无毛，具小窝孔；冠毛细软，雪白色，刚毛状；总苞筒状，1 层，在花后伸长；小花多数，全部管状，两性；花药基部钝；花柱分枝长。果近圆柱形，5 棱或具纵肋。染色体 $2n$=10，20。

分布概况：100/5 种，**4（→2-2）型**；泛热带分布；中国产华中、华南、华东和西南。

系统学评述：位于千里光亚族，与藤菊属 *Cissampelopsis*、野茼蒿属 *Crassocephalum*、菊芹属 *Erechtites*、菊三七属 *Gynura*、瓜叶菊属 *Pericallis*、千里光属 *Senecio*、合耳菊属 *Synotis* 等亲缘关系较近。3 个代表种在 ITS 系统树上聚在同一分支上，是 *Packera* 及其近缘属的姐妹群[70]。

代表种及其用途：绒缨菊 *E. coccinea* (Sims) G. Don 为栽培花卉；一点红 *E. sonchifolia* (Linnaeus) de Candolle 为民间常用草药。

101. *Erechtites* Rafin 菊芹属

Erechtites Rafin (1817: 65); Chen et al. (2011: 537) (Type: *E. prealtus* Rafinesque)

特征描述：草本。叶互生。头状花序假盘状；花托具小窝孔或隧状；冠毛多层，近等长，细毛状；总苞圆柱状，基部具少数外苞片，总苞片 1 层；小花全部管状，结实，外围的小花雌性，细管状，中央的小花细漏斗状；花药基部钝；花柱分枝伸长，被微毛。果近圆柱形，具 10 条细肋。花粉粒 3 孔沟，具刺，刺间穿孔状-微网状。染色体 $2n=40$。

分布概况：5/2 种，**2 型**；分布于美洲；中国逸生于华南、西南、福建、台湾。

系统学评述：位于千里光亚族。2 个代表种在以 ITS 构建的系统树上与野茼蒿属一起构成单系，野茼蒿属的独立导致该属成为并系，因此 2 个属的界限有待修订[70]。

代表种及其用途：梁子菜 *E. hieraciifolius* (Linnaeus) Rafinesque ex de Candolle 的幼叶可食用。

102. *Farfugium* Lindley 大吴风草属

Farfugium Lindley (1857: 4); Liu & Illarionova (2011: 375) (Type: *F. grande* Lindley)

特征描述：草本。叶基生，叶柄基部膨大成鞘状，叶片肾形或近圆肾形，叶脉掌状。头状花序；花托浅蜂窝状，小孔边缘有齿；冠毛白色，糙毛状，多数；总苞钟形，基部有少数小苞片，总苞片 2 层，覆瓦状排列；边花雌性，假舌状，1 层，中央花两性，管状。果圆柱形，被成行的短毛。花粉粒 3 孔沟，具刺，刺间穿孔状或网状。染色体 $2n=60$。

分布概况：2/1 种，**14SJ 型**；分布于日本；中国产东北和广东。

系统学评述：该属位于款冬亚族。核基因 ITS 与叶绿体 *ndh*F 和 *trn*L-F 等片段分析表明该属与橐吾属、垂头菊属、蟹甲草属等构成一个复合体（*Ligularia-Cremanthodium-Parasenecio* complex），可能是这些属的最近共同祖先在青藏高原等地快速辐射，同时广泛杂交的结果[71]。

DNA 条形码研究：BOLD 网站有该属 3 种 7 个条形码数据。

代表种及其用途：大吴风草 *F. japonicum* (Linnaeus) Kitamura 庭园栽培可供观赏。

103. *Gynura* Cassini 菊三七属

Gynura Cassini (1825: 391); Chen & Nordenstam (2011: 538) (Type: *G. auriculata* Cassini)

特征描述：多年生草本，有时肉质，稀亚灌木。叶互生。头状花序盘状；花托平，有窝孔或短流苏状；冠毛白色绢毛状；总苞钟状或圆柱形，基部有多数小苞片；小花两性，结实，花冠黄色或橙黄色，稀淡紫色，管状，檐部 5 裂，管部细长；花药基部全缘或近具小耳；花柱分枝直立细，顶端有钻形的附器，被乳头状微毛。果圆柱形，具 10 条肋，两端截平，无毛或有短毛。染色体 $2n=20$，40，52。

分布概况：44/10（1）种，**4 型**；分布于非洲、亚洲、大洋洲；中国产华南、西南及东南。

系统学评述：位于千里光亚族，与藤菊属 *Cissampelopsis*、野茼蒿属 *Crassocephalum*、一点红属 *Emilia*、菊芹属 *Erechtites*、瓜叶菊属 *Pericallis*、千里光属 *Senecio*、合耳菊属 *Synotis* 等亲缘关系较近。最新修订共收录 44 种[72]，但没有建立属下分类系统，目前仅有 2 个种的 ITS 数据，两者在千里光族的系统树上聚成单系，可能是 *Solanecio*、*Kleinia* 等组成的分支的姐妹群[70]。

DNA 条形码研究： 核基因 ITS 存在种间变异[70]。BOLD 网站有该属 2 种 6 个条形码数据；GBOWS 网站已有 3 种 3 个条形码数据。

代表种及其用途： 菊三七 *G. japonica* (Thunberg) Juel 为常用中药；白子菜 *G. divaricata* (Linnaeus) de Candolle 和红凤菜 *G. bicolor* (Roxburgh ex Willdenow) de Candolle 广泛栽培，入药或作蔬菜。

104. *Hainanecio* Y. Liu & Q. E. Yang 海南菊属

Hainanecio Y. Liu & Q. E. Yang (2011: 117); Chen et al. (2011: 544) [Type: *H. hainanensis* (C. C. Chang & Y. C. Tseng) Y. Liu & Q. E. Yang (≡*Senecio hainanensis* C. C. Chang & Y. C. Tseng)]

特征描述： 多年生草本。叶莲座状，羽状脉。头状花序辐射状，顶生；无冠毛；总苞半球形，总苞片 13；缘花白色，13，假舌状，常具 2 齿，中央花多数，白色；花药顶端附片卵形，基部钝圆，药室内壁组织细胞壁增厚，两极或辐射花排列，花丝颈部圆柱状；花柱分枝截形。果倒卵球形。花粉粒 3 孔。染色体 $2n$=58。

分布概况： 1/1（1）种，**15 型**；特产中国海南。

系统学评述： 该属位于千里光亚族 Senecioninae，是最近从款冬亚族的蒲儿根属 *Sinosenecio* 分离出来的单型属，根据花药颈部、花药内壁组织细胞增厚、染色体基数等方面的特征，这个属应置于款冬亚族，但核基因 ITS 片段分析显示千里光亚族的瓜叶菊属 *Pericallis* 与该属亲缘关系更近，2 个属的小花颜色与花粉粒形态等相似，均为千里光族比较少见的形态特征[73]。

105. *Ligularia* Cassini 橐吾属

Ligularia Cassini (1816: 198); Liu & Illarionova (2011: 376) [Type: *L. sibirica* (Linnaeus) Cassini (≡*Othonna sibirica* Linnaeus)]

特征描述： 多年生草本。叶丛生或茎生，幼时外卷，基部膨大成鞘。头状花序；花托浅蜂窝状；冠毛糙毛状，稀无；总苞狭筒形、钟形、陀螺形或半球形；边花雌性，假舌状或管状，中央花两性，管状；花丝光滑，近花药处膨大；花柱分枝细。果光滑，有肋。花粉粒 3 孔沟，具刺，刺长，刺基膨大，刺间粗糙或皱波状。染色体 n=15，16，24-27，29-31。

分布概况： 140/123（89）种，**10（14）型**；分布于亚洲，欧洲；中国产西南至东北。

系统学评述： 位于款冬亚族，形态上与垂头菊属 *Cremanthodium* 等相似，主要以总苞形态区别，属下以叶、花序、总苞、冠毛等方面的形态特征分 6 组，即伞房组 *Ligularia* sect. *Corymbosae*、线苞组 *L.* sect. *Stenostegia*、花亭组 *L.* sect. *Scapicaulis*、橐吾组 *L.* sect. *Ligularia*、合苞组 *L.* sect. *Cyathocephalum* 和蓝灰组 *L.* sect. *Senecillis*。但核基因 ITS 与叶绿体 *ndh*F 和 *trn*L-F 等序列的独立或联合分析均发现该属的成员在系统树上不聚成一支，而是与垂头菊属、蟹甲草属等多个类群的成员构成一个含大量平行支的复合体（*Ligularia-Cremanthodium-Parasenecio* complex），可能是这些属的最近共同祖先在青藏高原等地快速辐射的结果，各属之间还可能存在广泛杂交[71]。

代表种及其用途：鹿蹄橐吾 *L. hodgsonii* J. D. Hooker、蹄叶橐吾 *L. fischer* (Ledebour) Turczaninow 等可入药。

106. *Ligulariopsis* Y. L. Chen 假橐吾属

Ligulariopsis Y. L. Chen (1966: 631); Chen & Nordenstam (2011: 459) [Type: *L. shichuana* Y. L. Chen (≡*Cacalia longispica* Z. Y. Zhang & Y. H. Guo, 1985, non H. Handel-Mazetti, 1938)]

特征描述：多年生草本。叶互生，纸质，具长叶柄，叶柄基部扩大，半抱茎，但无鞘。头状花序盘状；花托具小窝孔；冠毛 1 层，紫褐色，具细齿，易折；总苞片 4，1 层，边缘狭干膜质，无外苞片；小花两性，4，管状，明显超出花盘，黄色，5 裂；花药基部钝，花药颈部圆柱形；花柱分枝外弯，顶端钝或截形，被乳头状微毛。果圆柱形，无毛，具肋。花粉粒 3 孔沟，具刺，刺渐尖，刺基不膨大，刺间具穿孔状。染色体 x=29。

分布概况：1/1（1）种，**15 型**；特产中国陕西、甘肃。

系统学评述：位于款冬亚族，该属在形态上与橐吾属 *Ligularia* 十分相似，但叶柄具翅，基部扩大而半抱茎，绝不形成叶鞘；头状花序盘状，在茎端排列成总状；小花 4，全部管状，与后者区别。与蟹甲草属 *Parasenecio* 亲缘关系较近，主要以花药基部钝，无尾；茎基部常覆盖残存的叶柄；基生叶在花期宿存等特征不同。核基因 ITS 与叶绿体 *ndh*F 和 *trn*L-F 等分子片段分析表明该属与橐吾属、蟹甲草属等构成一个复合体（*Ligularia-Cremanthodium-Parasenecio* complex），可能是共同祖先在青藏高原等地快速辐射，同时广泛杂交的结果[71]。

107. *Nemosenecio* (Kitam) B. Nordenstam 羽叶菊属

Nemosenecio (Kitam) B. Nordenstam (1978: 45); Chen et al. (2011: 487) [Type: *N. nikoensis* (Miquel) B. Nordenstam (≡*Senecio nikoensis* Miquel)]

特征描述：草本。叶互生，羽状深裂，叶脉羽状。冠毛毛状，白色，或无冠毛；总苞片 1 层，边缘干膜质，无外层苞片；缘花假舌状，雌性，黄色；中央花管状，两性，黄色；花药颈部狭圆柱形至圆柱形，常稍宽于花丝，具同形细胞，内壁组织细胞壁增厚散生状或辐射花，绝非两极排列。果圆柱形，具肋。染色体 x=5，10，20，24。

分布概况：6/5（5）种，**14SJ 型**；产日本；中国产西南和台湾。

系统学评述：位于款冬亚族，形态上与蒲儿根属 *Sinosenecio*、狗舌草属 *Tephroseris* 等相似。核基因 ITS 分析发现 3 个代表种聚成一个单系支，但嵌套于蒲儿根属和狗舌草属形成的复合体内[74]，三者组成的分支再与橐吾属等构成“LCP”复合体，可能是这些属的最近共同祖先在青藏高原等地快速辐射，同时广泛杂交的结果[71]。

108. *Parasenecio* W. W. Smith & J. Small 蟹甲草属

Parasenecio W. W. Smith & J. Small (1922: 93); Chen et al. (2011: 437) (Type: *P. forrestii* W. W. Smith & J. Small).——*Cacalia* Linnaeus, *nom. rej.* (1753: 834)

特征描述：多年生草本。叶具柄，互生，基部无叶鞘。头状花序盘状，排成圆锥或伞房花序；花托平；冠毛细毛状；总苞圆柱状或狭钟形，总苞片3-12，单层；花管状，5裂；花药基部箭形或有尾，花丝柱状；花柱分枝顶端截形或膨大，具不等长乳突。果圆柱形，无毛，有肋。染色体*x*=20，26，29，30，31，45，60。

分布概况：60/52（43）种，**10（14）型**；主产东亚和喜马拉雅地区，俄罗斯和阿留申群岛等地也有；中国南北均产。

系统学评述：该属位于款冬亚族。根据叶、总苞片、小花等性状分5组，即鞘叶组 *Parasenecio* sect. *Taimingasa*、蟹甲草组 *P.* sect. *Parasenecio*、小山蟹甲草组 *P.* sect. *Koyamacalia*、单花蟹甲草组 *P.* sect. *Monanthi* 和翠雀叶组 *P.* sect. *Delphiniifolii*。其中小山蟹甲草组26种，中国19种，特有14种，单花蟹甲草组25种，中国有24种，特有23种[FOC]。核ITS分析发现这个属的5个代表种与华蟹甲属的1个种一起组成单系分支，再与橐吾属、橐吾属等构成一个复合体（*Ligularia-Cremanthodium-Parasenecio* complex），可能是这些属的最近共同祖先在青藏高原及邻近地区快速辐射，同时广泛杂交的结果[71]。

DNA条形码研究：ITS片段存在种间变异[71]。BOLD网站有该属7种7个条形码数据；GBOWS网站已有10种153个条形码数据。

109. *Pericallis* D. Don 瓜叶菊属

Pericallis D. Don (1834: t. 228); Chen & Nordenstam (2011: 543) [Type: *P. tussilaginis* (L'Héritier) D. Don (≡*Cineraria tussilaginis* L'Héritier)]

特征描述：灌木或半灌木。茎生叶互生，掌状脉。头状花序辐射状。总苞钟状，总苞片1层，等长，顶端钝或尖，边缘膜质。花托平，无苞片。冠毛毛状，易脱落，有时辐射花无冠毛。缘花假舌状，雌性，能育，颜色多样，但非黄色；中央的小花管状，两性，5裂，白色或粉色，绝不黄色。花药基部钝或箭形，无尾状附属物。花柱分枝伸长，顶端截形，被短扫粉毛。果圆柱形或椭圆形，具肋。染色体*x*=30。

分布概况：16/1种，**（12）型**；产密克罗尼西亚群岛；中国引种栽培。

系统学评述：位于千里光亚族，与藤菊属 *Cissampelopsis*、野茼蒿属 *Crassocephalum*、一点红属 *Emilia*、菊芹属 *Erechtites*、菊三七属 *Gynura*、千里光属 *Senecio*、合耳菊属 *Synotis* 等亲缘关系较近。核基因ITS和叶绿体 *trn*V-*ndh*C、*psa*I-*acc*D 的分析均证实该属是单系，姐妹群为 *Cineraria*，属下可分两大分支，其中第二大分支可再分2个亚支[75]。

DNA条形码研究：核基因ITS和叶绿体 *trn*V-*ndh*C、*psa*I-*acc*D 等序列存在种间变异[75]。BOLD网站有该属12种61个条形码数据

代表种及其用途：瓜叶菊 *P. hybrida* B. Nordenstam 是常见的盆景花卉和装点庭院居室的观赏植物。

110. *Petasites* Miller 蜂斗菜属

Petasites Miller (1754: 4); Chen & Nordenstam (2011: 461) [Lectotype: *P. officinalis* Moench (≡*Tussilago petasites* Linnaeus)]

特征描述：草本。头状花序近雌雄异株，辐射状或盘状；花托平，无毛，锯盾状；冠毛白色糙毛状；总苞钟状，基部有小苞片；雌花结实，两性花不结实；花柱顶端棒状、锥状，2 浅裂。瘦果圆柱状，具肋。染色体 *x*=10，14，16，26，28，29，30，40，约 44，45，60。

分布概况：19/6（2）种，**8 型**；分布于亚洲，欧洲和北美；中国产西南至东北。

系统学评述：位于款冬亚族，与款冬属 *Tussilago* 等亲缘关系较近。核基因 ITS 分析发现 4 个代表种位于 2 个独立分支上，分别与款冬属和 *Endocellion* 聚在一起[70]。

代表种及其用途：蜂斗菜 *P. japonicus* (Siebold & Zuccarini) Maximowicz 和毛裂蜂斗菜 *P. tricholobus* Franchet 为药用植物。

111. *Senecio* Linnaeus 千里光属

Senecio Linnaeus (1753: 866); Chen et al. (2011: 508) (Lectotype：*S. vulgaris* Linnaeus)

特征描述：草本、亚灌木或灌木。叶常互生。头状花序；花托平；冠毛毛状，有时无；总苞具外层苞片；舌状花有或无，管状花黄色；花药基部常钝，颈部柱状，两侧具增大基生细胞，内壁组织细胞壁增厚多数，辐射状排列；花柱分枝截形或多少凸起，边缘具较钝的乳头状毛。果圆柱形，具肋。花粉粒 3 孔沟，具刺。染色体 *x*=10。

分布概况：约 1250/65（39）种，**1 型**；除南极洲外，世界广布；中国南北均产。

系统学评述：位于千里光亚族。传统的千里光属拥有约 3000 个物种[76]，但 ITS 分析发现属内包含约 10 个独立分支，其中仅模式种在内的一个分支被定义为狭义的千里光属[70]。国产千里光属可分 5 组，即千里光组 *Senecio* sect. *Senecio*、羽脉千里光组 *S.* sect. *Pinnati*、岩生千里光组 *S.* sect. *Madaractis*、曲茎千里光组 *S.* sect. *Flexicaules* 和番红菊组 *S.* sect. *Crociseris*，其中千里光组物种最多，约 1000 种，但中国分布不到 10 种，番红菊组约 100 种，中国有 50 多种，是国产种类最多的组[FOC]，ITS 与 *trn*K、*trn*L、*trn*T-L 等序列的分析发现该组应与 *Doria* 组合并，且个别种应转入 *Jacobaea* 等属[69]。

代表种及其用途：一些种供药用，如千里光 *S. scandens* Buchanan-Hamilton ex D. Don。

112. *Sinacalia* Robinson & Brettel 华蟹甲属

Sinacalia Robinson & Brettel (1973: 274); Chen et al. (2011: 435) [Type: *S. henryi* (Hemsley) Robinson & R. D. Brettell (≡*Senecio henryi* Hemsley)]

特征描述：多年生草本，具粗大块状根状茎和多数纤维状根。叶脉掌状或羽状，叶柄基部无鞘。头状花序辐射状；冠毛细毛状；总苞狭圆柱形至倒锥状钟形，1 层；辐射花 2-8，黄色，盘花两性，黄色，具 5 裂片；花药颈部宽倒锥形至圆柱状，内壁细胞壁增厚，严格两极状排列；花柱分枝内弯，钝。果圆柱形，具肋，无毛。染色体 *x*=30。

分布概况：4/4（4）种，**15 型**；中国南北均产。

系统学评述：依据 *trn*L-F 等序列的研究发现，这几个属一起构成一个复合体（*Ligularia-Cremanthodium-Parasenecio* complex），可能是这些属的最近共同祖先在青藏高原等地快速辐射，同时广泛杂交的结果[71]。

113. *Sinosenecio* B. Nordenstam 蒲儿根属

Sinosenecio B. Nordenstam (1978: 48); Chen et al. (2011: 464) [Type: *S. homogyniphyllus* (H. A. Cummins) B. Nordenstam (≡*Senecio homogyniphyllus* H. A. Cummins)]

特征描述：草本。叶基生或兼茎生，掌状，稀羽状脉。头状花序；花托具小窝孔，或有时具缘毛；冠毛细，白色，或辐射花或全部小花无冠毛；总苞片 1 层；小花全部结实，辐射花雌性，舌片黄色，管状花，两性，黄色；花药颈部圆柱形，内壁细胞壁增厚两极状，稀散生或辐射花排列；花柱分枝外弯，极短。果圆柱形或倒卵状，具肋。染色体 x=24，30，稀 13。

分布概况：41/41（39）种，**14SJ（9）型**；主产中亚和西南亚；中国产中西部地区。

系统学评述：位于款冬亚族，形态上与羽叶菊属 *Nemosenecio* 和狗舌草属 *Tephroseris* 相似，主要以大部分种类具掌状叶脉相区别，根据花药内壁细胞壁增厚的排列方式分为 2 组，即辐射花排列的茎叶组 *Sinosenecio* sect. *Phyllocaulon* 和两极排列的蒲儿根组 *S.* sect. *Sinosenecio*[FRPS]。分子证据表明该属是多系类群，其中海南菊属已分出[73]，但其余种类在 ITS 构建的系统树上仍然出现在多个独立分支上[74]，且都位于橐吾属 *Ligularia* 等多个属构成的“LCP”复合体内，可能是这些属的最近共同祖先在青藏高原等地快速辐射，同时广泛杂交的结果[71]。

代表种及其用途：肾叶蒲儿根 *S. homogyniphyllus* (Cummins) B. Nordenstam 可供药用。

114. *Syneilesis* Maximowicz 兔儿伞属

Syneilesis Maximowicz (1859: 165); Chen & Nordenstam (2011: 459) [Type: *S. aconitifolia* (Bunge) Maximowicz (≡*Cacalia aconitifolia* Bunge)]

特征描述：草本。子叶 1 枚，基生叶片幼时伞状下垂，叶柄基部抱茎，无叶鞘。头状花序盘状，基部有 2-3 线形小苞片；总苞片 5，不等长；花托无毛；冠毛多数；小花两性，结实，具不规则的 5 裂，花冠淡白色至淡红色；花柱分枝伸长，顶端钝或具扁三角形的附器，外面被毛。瘦果圆柱形，具肋。子叶 1 枚，微裂。染色体 x=26，39。

分布概况：7/4（3）种，**14SJ 型**；主产日本，韩国；中国产长江以南。

系统学评述：位于款冬亚族，形态上与蟹甲草属 *Parasenecio* 相似，以叶柄基部完全抱茎，子叶 1 枚，且纵向折叠相区别。核基因 ITS 与叶绿体 *ndh*F 和 *trn*L-F 等序列分析显示该属与橐吾属、垂头菊属、蟹甲草属等一起构成一个复合体（*Ligularia-Cremanthodium-Parasenecio* complex），可能是这些属的最近共同祖先在青藏高原等地快速辐射演化，同时广泛杂交的结果，因此目前定义的属间界限有待修订[71]。

代表种及其用途：兔儿伞 *S. aconitifolia* (Bunge) Maximowicz 为药用植物。

115. *Synotis* (C. B. Clarke) C. Jeffrey & Y. L. Chen 合耳菊属

Synotis (C. B. Clarke) C. Jeffrey & Y. L. Chen (1984: 285); Chen et al. (2011: 489) [Type: *S. wallichii* (de Candolle) C. Jeffrey & Y. L. Chen (≡*Senecio wallichii* de Candolle)]

特征描述：草本或亚灌木，直立或有时攀援。叶互生。头状花序；总苞钟状或圆柱状；花托平；冠毛毛状；缘花假舌状或细管状，雌性，1-20 或无，管状花两性，黄色或乳白色；花药基部具明显的尾，花药颈部杆状至近圆柱状，辐射状排列。果圆柱形，具肋。染色体 n=10，18，20。

分布概况：57/46（31）种，**14SH 型**；除苍术叶合耳菊 *S. atractilifolia* (Ling) C. Jeffrey & Y. L. Chen 产中国宁夏贺兰山外，均产中国-喜马拉雅地区；中国主产西南山区。

系统学评述：位于千里光亚族，形态上与藤菊属 *Cissampelopsis* 等相似，但该属为直立或稍藤状草本或亚灌木；叶无基部增粗，旋卷的叶柄等，与后者不同。根据果皮结构分 2 组，即术叶组 *Synotis* sect. *Atractylidifoliae* 和合耳菊组 *S*. sect. *Synotis*，前者仅含 1 种，后者再分 5 个系，即直立系 *Synotis* ser. *Erectae*、褐缨系 *S*. ser. *Fulvipapposae*、小舌系 *S*. ser. *Microglossae*、寡花系 *S*. ser. *Oligantha* 和合耳菊系 *S*. ser. *Synotis*[FRPS]。代表合耳菊组 2 个系的 3 个种在千里光族的 ITS 树上聚成一个单系，姐妹群为藤菊属[70]。

116. *Tephroseris* (Reichenbach) Reichenbach 狗舌草属

Tephroseris (Reichenbach) Reichenbach (1841: 87); Chen et al. (2011: 481) (Type: *non designatus*)

特征描述：草本。互生，叶不分裂，羽状脉。头状花序辐射状或盘状；总苞片 18-25，稀 13，常具狭干膜质或膜质边缘，无外层苞片；花托平；冠毛细毛状；辐射花雌性，管状花两性；花药基部具短耳，或钝至圆形，颈部圆柱状，内壁组织细胞壁增厚多数，极状及辐射花排列。果圆柱形，具肋。染色体 2n=90，104。

分布概况：50/14（4）种，**8（14）型**；产亚洲和欧洲的温带与北极地区，延伸到北美；中国产华北、东北、西北至西南。

系统学评述：位于款冬亚族，形态上与羽叶菊属 *Nemosenecio*、蒲儿根属 *Sinosenecio* 等相似，属内多个种曾置于蒲儿根属[FRPS]，核基因 ITS 与叶绿体 *ndh*F 和 *trn*L-F 等序列的分支分析显示该属与蒲儿根属等构成一个复合体（*Ligularia-Cremanthodium-Parasenecio* complex），可能是这些属的最近共同祖先在青藏高原快速辐射分化，同时广泛杂交的结果[71]。

117. *Tussilago* Linnaeus 款冬属

Tussilago Linnaeus (1873: 438); Chen & Nordenstam (2011: 461) (Lectotype: *T. farfara* Linnaeus)

特征描述：葶状草本。叶前开花，基部叶卵形或三角状心形。花葶数个，头状花序辐射状，单生；总苞片 1-2 层，等长；花托平，无毛；冠毛雪白色，糙毛状；边缘小花雌性，假舌状，结实，中央的小花雄性，不育，管状；花丝上端有等大的细胞；花柱全缘，有乳头状毛。果狭圆柱形，具 5-10 条肋。染色体 x=30，36。

分布概况：1/1 种，**10 型**；分布于北非温带地区，亚洲和欧洲；中国产西南。

系统学评述：位于款冬亚族。核基因 ITS 序列研究表明该属是蜂斗菜属（多系）一个分支的姐妹群，两者与 *Endocellion*、*Homogyne* 等属聚为一个单系支，是“LCP”复合体的姐妹群[70]。

代表种及其用途：款冬 *T. farfara* Linnaeus 是中国大量栽培的药用植物。

八、Calenduleae 金盏花族

118. *Calendula* Linnaeus 金盏花属

Calendula Linnaeus (1753: 921); Chen & Nordenstam (2011: 819) (Lectotype: *C. officinalis* Linnaeus)

特征描述：草本。叶互生，全缘或具波状齿。头状花序异形，顶生；花托无毛；总苞钟状或半球形，总苞片 1-2 层；外围花雌性，辐射状结实，舌片顶端具 3 齿裂，中央的小花两性，不育，檐部 5 浅裂；花药基部箭形；花柱线形。瘦果异形，外层与中央和内层的不同。花粉粒 3-4 孔沟，有刺。染色体 x=7，8，9，11，15。

分布概况：15-20/1 种，**12 型**；主产西南亚，西欧，密克罗尼西亚及地中海；中国引种栽培。

系统学评述：位于金盏花族。该族是春黄菊族、鼠麹草族和紫菀族等组成的分支的姐妹群。约 12 属/120 种，目前没有亚族等级的划分。主要分布于南非，少数延伸至北半球；中国引种栽培地中海地区特有 1 属（金盏花属）1 种[FOC]。核基因 ITS 分析揭示该属与 *Tripteris*、*Monoculus*、*Norlindhiah*、*Osteospermum* 等亲缘关系较近[77]，目前无属下分子系统发育研究报道。

DNA 条形码研究：BOLD 网站有该属 16 种 67 个条形码数据；GBOWS 网站已有 1 种 4 个条形码数据。

代表种及其用途：金盏菊 *C. officinalis* Linnaeus，引种栽培花卉。

九、Gnaphalieae 鼠麹草族

119. *Anaphalis* de Candolle 香青属

Anaphalis de Candolle (1838: 271); Zhu & Bayer (2011: 792) (Lectotype: *A. nubigena* de Candolle)

特征描述：草本或亚灌木。叶互生。总苞片多层，白色、黄白色稀红色；花托蜂窝状，无托片；冠毛 1 层，白色，有多数分离而易散落的毛，在雄花向上部渐粗厚或宽扁，有锯齿，在雌花为细丝状，有微齿；雄花管状；雌花细管状，有 2-4 个细齿。果长圆形或近圆柱形，有腺或乳头状凸起，或近无毛。染色体 $2n$=28，42，56。

分布概况：110/54（40）种，**8（14）型**；主产热带及亚热带亚洲，少数广布北温带；中国南北各地均产，西南尤盛。

系统学评述：位于鼠麹草族，该族传统上位于旋覆花族 Inuleae[FRPS]，但形态性状的分支分析发现传统的旋覆花族不是单系，其中 Athrixiinae 和 Gnaphaliinae 2 亚族应合并，且作为独立的族（鼠麹草族），其可划分为 5 亚族[78]，分子数据支持鼠麹草族的独立，但不支持 5 个亚族的系统划分[79]，因数据有限，目前还没有合理的族下分类系统。香青属在形态上与鼠麹草属 *Gnaphalium* 近似，曾作为 1 个属处理，主要区别是香青属两性花不育。FRPS 以总苞、总苞片和冠毛形态将国产类群分为 2 亚属，即香青亚属 *Anaphalis* subgen. *Anaphalis* 和拟鼠麹亚属 *A.* subgen. *Gnaphaliops*，前者仅 1 种，后者包含属内绝大多数物种，再以头状花序大小及总苞片先端形态再分 2 组，即香青组 *A.* sect. *Anaphalis* 和珠光组 *A.* sect. *Margaripes*，但 ITS 序列分析表明，用于划分亚属和组的几种花部性状都经历了多次转变，相反，分支分析得到的 4 个分支与叶片，尤其是叶基形状基本对应，其中 2 支叶基楔形，一支叶基心形，另一支叶基下延。由于几个分支与拟蜡菊属（多系）的 1 支组成多歧分支，因此，属的界限有待进一步研究[80]。

代表种及其用途：多数种类含芳香油，如铃铃香青 *A. hancockii* Maximowicz 和黄腺香青 *A. aureopunctata* Lingelsheim & Borza。

120. *Antennaria* Gaertner 蝶须属

Antennaria Gaertner (1791: 410); Chen & Bayer (2011: 789) [Type: *A. dioica* (Linnaeus) J. Gaertner (≡*Gnaphalium dioicum* Linnaeus)]

特征描述：多年生草本。茎基部叶密集成莲座状。花托无托片；冠毛 1 层，基部多少结合；小花同形，雌雄异株，雌株结果实，雄株的两性，不结果实（雄花）；雄花的冠毛绉曲，上部扁，稍粗厚，有羽状锯齿；雌花冠毛纤细；雌花细管状，顶端截形或有细齿，花柱分枝扁，顶端钝或截形。果小，稍扁，有棱。花粉粒 3 孔沟，具刺。染色体 $2n=28$。

分布概况：40/1 种，**8 型**；分布于北温带及北极高山地区，少数到南美；中国产黑龙江、吉林、辽宁、内蒙古和新疆。

系统学评述：位于鼠麹草族，形态上与火绒草属 *Leontopodium* 等相似，主要以头状花序仅具同形小花及冠毛基部结合的特征与火绒草属相区别[FRPS]，分子证据表明两者亲缘关系较近[79]。根据形态学性状的分支分析结果，Bayer[81]将该属划分为 6 个未正式命名的类群，分别为 Geyeriae、Argenteae、Dimorphae、Pulcherrimae、Dioicae 和 Alpinae，其中前面 4 个类群仅分布于北美西部，后面两个北半球广布，但 nrITS 分析表明后面 2 个类群应该合并（Catipes），同时 *Argentea* 里面的 *A. arcuata* Cronquist 应该作为 1 个独立的类群（Arcuatae）[82]。

DNA 条形码研究：BOLD 网站有该属 16 种 43 个条形码数据。

121. *Filago* Loefling 絮菊属

Filago Loefling (1199: 927), *nom. cons.* ; Chen & Bayer (2011: 774) (Type: *F. pyramidata* Linnaeus, *typ. cons.*)

特征描述：草本。叶互生，全缘。头状花序；花托锥状或平，中央小花常无托片；两性花或有时内部雌花的冠毛有 2-3 层细糙毛，外部雌花的冠毛有较少的毛；总苞片多层；外围有多数结果实的雌花，细管状，中央有少数两性花，管状，有 4-5 细齿。果小，近圆柱形，或稍扁。花粉粒 3 孔沟，具刺，刺间穿孔状。染色体 $x=9$，13，14。

分布概况：46/2 种，**8 型**；分布于北非，西南亚，大西洋群岛及欧洲；中国产新疆和西藏。

系统学评述：位于鼠麹草族。根据 ITS、ETS 和叶绿体 *rpl*32-*trn*L 的联合分析，

Cymbolaena、*Evacidium*、*Evax* 等应并入此属，属下可划分为 4 亚属，即絮菊亚属 *F.* subgen. *Filago*、*F.* subgen. *Oglifa*、*F.* subgen. *Pseudevax* 和 *F.* subgen. *Crocidion*[83]。

122. *Gamochaeta* Weddell 合冠鼠麹草属

Gamochaeta Weddell (1856: 151); Chen & Bayer (2011: 776) [Lectotype: *G. americana* (P. Miller) Weddell (≡*Gnaphalium americanum* P. Miller)]

特征描述：草本。叶互生，全缘，两面被绒毛。头状花序假盘状，多数排成团伞花序、穗状花序或圆锥花序；花托平，无苞片；冠毛毛状，联合成环；总苞片淡褐色，纸质；缘花紫色，细管状，中央花两性，紫色；花药顶端附属物平；花柱分枝顶端截形，有毛。果椭圆形，被毛。染色体 $2n=28$，56。

分布概况：43/7（1）种，**3 型**；分布于加勒比海地区，中美，南美及北美；中国主产长江以南，少数在新疆。

系统学评述：位于鼠麹草族，与蝶须属 *Antennaria*、火绒草属 *Leontopodium* 及 *Plecostachys* 等亲缘关系较近。传统上位于鼠麹草属，但叶绿体 *mat*K 和 *trn*L-F 片段分析显示该属与蝶须属亲缘关系更近[79]，目前没有属下分子系统学研究报道。

123. *Gnaphalium* Linnaeus 鼠麹草属

Gnaphalium Linnaeus (1753: 850); Chen & Bayer (2011: 790) (Lectotype: *G. uliginosum* Linnaeus)

特征描述：草本。叶互生。花托无毛；冠毛 1 层，白色或污白色；总苞片 2-4 层，覆瓦状排列，黄色或黄褐色，稀红褐色，顶端膜质或几全部膜质；小花全部结实，黄色或淡黄色，外围雌花多数，细管状，顶端 3-4 齿裂，中央两性花少数，管状，5 浅裂，两性花花柱分枝近圆柱形，顶端截平或头状，有乳头状凸起。果无毛或罕有疏短毛或有腺体。花粉粒 3 孔沟，具刺，刺间穿孔状。染色体 $2n=14$，28。

分布概况：80/6 种，**1 型**；世界广布；中国南北均产。

系统学评述：位于鼠麹草族。该属界限争议较大，先后有很多物种转入其他属或独立成属，如合冠鼠麹草属 *Gamochaeta*、拟鼠麹草属 *Pseudognaphalium* 等，目前无分子数据报道[79,84]。

代表种及其用途：多茎鼠麹草 *G. polycaulon* Persoon 是泛热带分布的杂草。

124. *Gnomophalium* Greuter 垫头鼠麹草属

Gnomophalium Greuter (2003: 242); Chen & Bayer (2011: 789) [Type: *G. pulvinatum* (Delile) Greuter (≡*Gnaphalium pulvinatum* Delile)]

特征描述：一年生草本。叶互生。花托平，无苞片；冠毛糙毛状，不联合成环；总苞假盘状，总苞片纸质，透明，加固组织分叉；缘花黄色，细管状，中央花两性，黄色；花药顶端附属物平；花柱分枝顶端截形，被毛。果椭圆形，有短棍棒状毛。

分布概况：1/1 种，**6 型**；分布于北非和亚洲；中国产西藏东南部。

系统学评述：位于鼠麹草族，是最近从鼠麹草属 *Gnaphalium* 分出的新属[85]，目前无分子数据报道。

代表种及其用途：垫头鼠麹草 *G. pulvinatum* (Delile) Greuter 为干旱、半干旱地区杂草。

125. *Helichrysum* Miller 拟蜡菊属

Helichrysum Miller (1754: 462), *nom. & orth. cons.*; Chen & Bayer (2011: 817) [Type: *H. orientale* (Linnaeus) J. Gaertner, *typ. cons.* (≡*Gnaphalium orientale* Linnaeus)]

特征描述：草本或小灌木。叶互生。头状花序单生或多数排成伞房状；花托平，无苞片，稀有托片；冠毛毛状，结合或分离；总苞片狭窄，顶尖，褐色、黄色、粉色或白色，纸质；缘花少数，细管状，黄色，或不存在，中央花多数，两性，黄色；花药顶端附属物平；花柱分枝顶端截形，具毛。果椭圆形，无毛或被棍棒状的毛。花粉粒 3 孔沟，具刺。染色体 2*n*=28，56。

分布概况：600/3（1）种，**10-3 型**；产非洲大陆，亚洲，欧洲，马达加斯加；中国产新疆。

系统学评述：位于鼠麹草族，与香青属 *Anaphalis*、拟鼠麹草属 *Pseudognaphalium* 及 *Petalacte* 等亲缘关系较近。核 ITS 与 ETS 及叶绿体 *ndh*F 和 *rpl*32-*trn*L 等序列的联合分析发现该属与香青属、拟鼠麹草属等组成“HAP”复合体，几个属可能应该合并，但考虑到复合体内种类多且形态变异大，可能划分为多个小属更为合理[80,86]。

DNA 条形码研究：ITS、ETS 及叶绿体 *ndh*F、*rpl*32-*trn*L 等序列分析存在种间变异[80,86]。BOLD 网站有该属 108 种 136 个条形码数据。

126. *Leontopodium* R. Brown ex Cassini 火绒草属

Leontopodium R. Brown ex Cassini (1819: 144); Chen & Bayer (2011: 778) [Type: *L. alpinum* Cassini (≡*Gnaphalium leontopodium* N. J. Jacquin)]

特征描述：草本或亚灌木。叶互生，苞叶数枚，围绕花序，稀无。雌雄同株，外围的小花雌性，中央的小花雄性，或雌雄异株，头状花序仅有雄性或雌性小花；总苞半球状或钟状，总苞片数层，顶端及边缘褐色或黑色，膜质或几干膜质；花托无毛，无托片；冠毛二型，雄花上部增粗，雌花不增粗；总苞半球状或钟状，数层；雄花管状，花药基部有尾状小耳；花柱 2 浅裂，顶端截形。果长圆形或椭圆形，稍扁。染色体 *x*=7，12，13，14，22，24，25，26，52。

分布概况：58/37（17）种，**8 型**；产亚洲，欧洲；中国主产北方及青藏地区。

系统学评述：位于鼠麹草族，与蝶须属 *Antennaria*、鼠麹草属 *Gnaphalium* 等亲缘关系较近。核基因 ITS、ETS 与叶绿体 *mat*K、*trn*L-F 等序列的单独或联合分析均表明君范菊属 *Sinoleontopodium* 应并入该属，合并后所有取样物种聚成单系，是蝶须属与鼠麹草属等所在分支的姐妹群，但很多物种在系统树上独立成支，因此属下系统划分还有待进一步研究[87]。

代表种及其用途：火绒草 *L. leontopodioides* (Willdenow) Beauverd 全草可入药。

127. ***Phagnalon* Cassini 绵毛菊属**

Phagnalon Cassini (1819: 174); Chen & Bayer (2011: 775) (Type: *non designatus*)

特征描述：草本或亚灌木。叶互生，边缘反卷。头状花序假盘状；花托无托片；冠毛基部联合，毛状，1 层；总苞片软骨质，顶端纸质；盘花两性，黄色；花药顶端附片平，基部不延伸，无尾；花柱分枝钝，扫粉毛钝，着生于分叉以上，分枝内表面为半分离型，即基部分离，上部连续。果具 2-3 维管束，表面光滑。花粉粒 3 孔沟，具刺，刺间穿孔状。染色体 2*n*=18。

分布概况：43/1 种，**10-3 型**；分布于北非，中亚，西南亚，欧洲，密克罗尼西亚群岛等；中国产西藏西部。

系统学评述：位于鼠麹草族，与 *Aliella* 等亲缘关系较近。核基因 ETS、ITS 与叶绿体 *ycf*3-*trn*S、*trn*T-L 的联合分析发现，该属与 *Aliella* 一起组成单系，是 *Anisothrix* 的姐妹群，再与 *Relhania* 等一起组成鼠麹草族最早分化的一个分支。合并 *Aliella* 后的绵毛菊属可划分为 8 个分支，其中 3 个主要分支为 Irano-Turanian clade、Mediterranean-Macaronesian clade 和 Yemen-Ethiopian[88]。

128. ***Pseudognaphalium* Kirpicznikov 拟鼠麹草属**

Pseudognaphalium Kirpicznikov (1950: 33); Chen & Bayer (2011: 815) [Type: *P. oxyphyllum* (de Candolle) M. E. Kirpicznikov (≡*Gnaphalium oxyphyllum* de Candolle)]

特征描述：草本。叶互生。头状花序多数，聚伞花序状排列；花托无托片，平，冠毛毛状不联合；总苞片污白色、玫瑰色、淡黄色或淡褐色，纸质，加固组织分叉；缘花细管状，黄色，中央花两性，黄色，外层雌花多于中央盘花；花药顶端附片平；花柱分枝顶端截形，有毛。果椭圆形，被毛。花粉粒 3 孔沟，具刺，刺间有穿孔。染色体 2*n*=14，28。

分布概况：90/6（2）种，**1 型**；世界广布，主产南美和北美的温带地区；中国主产长江以南。

系统学评述：位于鼠麹草族，与香青属 *Anaphalis*、拟蜡菊属 *Helichrysum* 及 *Petalacte* 等亲缘关系较近。以 ITS 序列对多个代表种的研究表明该属是单系类群，姐妹群为拟蜡菊属（多系）的 1 个分支[80]。

代表种及其用途：秋拟鼠麹草 *P. hypoleucum* (de Candolle) Hilliard & B. L. Burtt 和拟鼠麹草 *P. affine* (D. Don) Anderberg 是全国广布的杂草。

129. ***Sinoleontopodium* Y. L. Chen 君范菊属**

Sinoleontopodium Y. L. Chen (1985: 457); Chen & Bayer (2011: 788) (Type: *S. lingianum* Y. L. Chen)

特征描述：草本，垫状，雌雄异株。叶互生。头状花序单性，无柄，单生；花托无苞片；冠毛 1 层，毛状，基部无纤毛，二型，雄花顶端棍棒状；总苞片多层，纸质，基部加厚部分不分叉；雌花黄色，细管状，盘花雄性，有长毛，全部小花黄色。果无毛，有不显著的棱，具 5 维管束，表面光滑。

分布概况：1/1（1）种，**15-3 型**；特产中国西藏米林县。

系统学评述：位于鼠麹草族，ITS、ETS 等序列的分支分析发现该属嵌套于火绒草属 *Leontopodium* 内，可能应该并入该属[87]。

130. *Xerochrysum* Tzvelev 蜡菊属

Xerochrysum Tzvelev (1990: 151); Chen & Bayer (2011: 817) [Type: *X. bracteatum* (Ventenat) N. N. Tzvelev (≡*Xeranthemum bracteatum* Ventenat)]

特征描述：草本。叶互生。头状花序假盘状；总苞片纸质，基部加厚部分不分叉，披针形，黄色、白色、红色或紫色，发亮；花托无苞片，平；冠毛同型，毛状，顶尖；雌花黄色，细管状，裂片直立，少于盘花；药室内壁组织两极状排列；花柱 2 裂，分枝尖，外侧钝，被扫粉毛，内表面为分离型。果大，圆柱形至四棱柱形，有 3 维管束，光滑。染色体 $2n=28$。

分布概况：6/1 种，**（17）型**；产澳大利亚。

系统学评述：位于鼠麹草族，与拟蜡菊属 *Helichrysum* 及 *Rutidosis* 等亲缘关系较近。叶绿体 *trn*L-F 和 *mat*K 的联合序列分析发现 2 个代表种在系统上聚成一支，是拟蜡菊属（多系）一个分支的姐妹群[79]。

DNA 条形码研究：叶绿体 *trn*L-F 和 *mat*K 等序列存在种间变异[79]。BOLD 网站有该属 1 种 2 个条形码数据数据。

代表种及其用途：蜡菊 *X. bracteatum* (Ventenat) N. N. Tzvelev 为广泛栽培的花卉。

十、Astereae 紫菀族

131. *Arctogeron* de Candolle 莎菀属

Arctogeron de Candolle (1836: 261); Chen & Brouillet (2011: 566) [Type: *A. gramineum* (Linnaeus) de Candolle (≡*Erigeron gramineum* Linnaeus)]

特征描述：草本，丛生，具数个花茎。叶密集生于基部，线状钻形。头状花序单生，辐射状；花托狭而平，多少具窝孔；总苞钟状，3 或 4 层，覆瓦状，披针形，背面具龙骨状凸起；花全部结实，外围的雌花 1 层，花冠舌状，白色或粉白色，舌片卵状长圆形，中央的两性花黄色管状，花药基部钝。瘦果长圆形，冠毛 3 或 4 层，白色至黄色糙毛状，有时外层短而细长。

分布概况：1/1 种，**11 型**；分布于亚洲；中国产黑龙江和内蒙古。

系统学评述：黎维平等[89]的分子系统学研究表明该属处于紫菀属，但迄今为止，紫菀属的范围及划分仍存在极大争议，因而该单种属的系统位置还需要更深入的研究。周广明[90]较系统地整理了莎菀属的系统学资料。

132. *Aster* Linnaeus 紫菀属

Aster Linnaeus (1753: 872); Nesom (1994); Chen & Brouillet (2011: 574) (Lectotype: *A. amellus* Linnaeus).——*Chlamydites* J. R. Drummond (1907: 90); *Doellingeria* Nees (1832: 177); *Gymnaster* Kitamura (1937: 301); *Heteropappus* Lessing (1832: 189); *Kalimeris* (Cassini) Cassini (1825: 464); *Rhynchospermum* Reinwardt (1825: 7)

特征描述：草本，亚灌木或灌木。茎直立。叶互生。头状花序伞房状或圆锥伞房状排列，或单生；花托蜂窝状；冠毛白色或红褐色，有多数细糙毛，或外层有极短的毛或膜片；总苞半球状，钟状或倒锥状，总苞片 2 至多层，覆瓦状排列或近等长；花药基部钝。瘦果长圆形或倒卵圆形。染色体 x=9。

分布概况：152/123（82）种，**8-4（9）型**；分布于欧亚大陆，少数至北美；中国南北均产，横断山脉尤盛。

系统学评述：近几十年的形态学和分子系统学及各种综合证据的研究[91-96]，排除了此前位于紫菀属的非洲及北美的紫菀类群，现存紫菀属仅分布于欧亚大陆。学者对欧亚紫菀属的争议集中在紫菀属是否合并卫星属，不同学者持狭义[91,97-101]或广义概念[102-104]处理紫菀属成员。林镕较系统地研究了中国的紫菀族类群，根据总苞层数、总苞片质地等特征，将紫菀属处理为 3 个组，即紫菀组、正菀组及山菀组[FRPS]。陈艺林等将紫菀属处理为 7 组[FOC]。黎维平等[89]重建了欧亚大陆紫菀属及近缘属的系统发育关系，证明紫菀属并不是单系类群，狗娃花属、马兰属、裸菀属等应归入紫菀属中。

代表种及其用途：部分种类药用，如紫菀 *A. tataricus* Linnaeus f.、翼柄紫菀 *A. alatipes* Hemsley 全草有祛热、止渴、止汗、表寒之功效，又能治疮、活血；仙白草 *A. turbinatus* S. Moore var. *chekiangensis* C. Ling ex Y. Ling 为浙江著名治蛇伤草药；缘毛紫菀 *A. souliei* Franchet 为藏药，药用根茎及根，可消炎、止咳、平喘。

133. *Asterothamnus* Novopokrovsky 紫菀木属

Asterothamnus Novopokrovsky (1950: 330); Chen & Brouillet (2011: 565) [Type: *A. alyssoides* (Turczaninow) Novopokrovsky (≡*Aster alyssoides* Turczaninow)]

特征描述：半灌木。根状茎木质。茎分枝多数。叶密集小，近革质，边缘常反卷。头状花序单生，或 3-5 个排列成疏或密集的伞房花序、异形，或盘状仅有管状花；总苞片 3 或 4 层，革质不等长，覆瓦状；花托平，具边缘不规则齿裂的窝孔；花全部结实，外围的雌花淡紫色或淡蓝色，中央的两性花花冠管状，黄色，或有时紫色。瘦果长圆形、2 或 3 肋。

分布概况：7/5 种，**13 型**；分布于中亚地区；中国产新疆、甘肃。

系统学评述：黎维平等[89]的分子系统学研究表明，该属部分成员位于紫菀属中。Nesom[91]认为该属隶属于紫菀亚族，区别于紫菀属。

DNA 条形码研究：BOLD 网站有该属 2 种 2 个条形码数据；GBOWS 网站已有 1 种 11 个条形码数据。

134. *Bellis* Linnaeus 雏菊属

Bellis Linnaeus (1753: 886); Chen & Brouillet (2011: 559) (Lectotype: *B. perennis* Linnaeus)

特征描述：草本，葶状丛生或茎分枝而疏生。叶基生或互生。头状花序常单生，有异型花，外围有 1 层雌花，中央有多数可育两性花；花托凸起或圆锥形，无托片；冠毛不存在或极少而短联合成环在基部合生；总苞片近 2 层，稍不等长，草质；雌花舌状，舌片白色或浅红色，花柱分枝短扁，三角形。瘦果扁，有边脉，两面无脉或有 1 脉。染色体 x=9。

分布概况：8/1 种，**12 型**；分布于亚洲、欧洲；中国南北均产。

系统学评述：Fiz 等[105]的分子系统学研究表明，雏菊属 *Bellis* 与 *Bellium* 及 *Bellidiastrum michelii* Cassini 关系紧密，位于雏菊亚族。Nesom 和 Robinson[106]也认为该属隶属于雏菊亚族。

代表种及其用途：栽培观赏用，如雏菊 *B. perennis* Linnaeus。

135. *Callistephus* Cassini 翠菊属

Callistephus Cassini (1825: 491), *nom. cons.* ; Chen & Brouillet (2011: 568) [Type: *C. chinensis* (Linnaeus) Nees (≡*Aster chinensis* Linnaeus)].——*Callistemma* Cassini (1817: 32)

特征描述：一年生草本。叶互生。头状花序大，单生；花托平；冠毛 3 层，外层短，冠状，内 2 层长，易脱落；总苞半球形，苞片外层草质或叶质，叶状，内层膜质或干膜质；外围有 1-2 层紫红色雌花，中央有多数可育两性花，两性花花柱分枝压扁，顶端有三角状披针形附片。瘦果稍扁，被柔毛，2 肋。染色体 x=9。

分布概况：1/1 种，**14SJ 型**；分布于东亚；世界广泛栽培；中国南北均产。

系统学评述：Nesom[91]、Nesom 和 Robinsom[106]均认为翠菊属独立于紫菀属而隶属于紫菀亚族。Brouillet 等[96]的研究表明，翠菊属的系统位置未解决；而黎维平等的分子系统学研究也没有解决该属的系统位置，认为该属应独立成属[89]。

DNA 条形码研究：BOLD 网站有该属 1 种 4 个条形码数据。

代表种及其用途：翠菊 *C. chinensis* (Linnaeus) Nees 可作栽培观赏用。

136. *Calotis* R. Brown 刺冠菊属

Calotis R. Brown (1820: 504); Chen & Brouillet (2011: 568) (Type: *C. cuneifolia* R. Brown)

特征描述：草本，叶互生，有齿或羽状裂片。头状花序小，有放射状异型花，总苞半球形或宽钟形；花托无托片；冠毛毛状有（1-）2 层至多数芒，具短髯，刺状，或钝膜片。外围有 1 至多层结果实的雌花，雌花舌状，白色，有时蓝色或紫色，中央常有不育的两性花；花柱分枝附片短而钝。雌花瘦果扁，倒卵圆形或矩圆形。染色体 x=4，5，7，8。

分布概况：约 30/1 种，**5 型**；主产大洋洲，少数到东南亚；中国产海南。

系统学评述：Watanabe 等[107]解决了 *Calotis* 内部关系。Brouillet 等[96]的分子系统学研究表明该属位于紫菀族澳大拉西亚分支（Australasia clade），其与 *Erodiophyllum* 互为姐妹群。认为该属与 *Erodiophyllum* 共祖征为染色体基数 x=8，瘦果扁平及顶端无冠毛或周缘冠毛芒状。

137. *Crinitina* Soják 麻菀属

Crinitina Soják (1982: 215); Chen & Brouillet (2011: 564) (Type: *non designatus*)

特征描述：草本。根状茎细长。茎有分枝。叶互生，长圆形至狭线形。头状花序在茎、枝顶端排列成伞房花序，稀单生；花托微凸出，不规则蜂窝状；冠毛 2 层，长于瘦果，基部常联结成环状；总苞片多层，覆瓦状；管状花 5-40 个，两性全部结实，无舌状花，花冠管状，黄色；花药多少内弯，顶端有披针形的附片，基部钝。瘦果长圆形，具 1-2 条侧棱。染色体 x=9。

分布概况：5/2 种，**10 型**；分布于欧洲和亚洲；中国产新疆。

系统学评述：黎维平等[89]的分子系统学研究表明，乳菀属代表物种与麻菀属代表物种聚在一起嵌入紫菀属。由于取样较少，其系统位置还有待进一步确认。

DNA 条形码研究：BOLD 网站有该属 1 种 1 个条形码数据。

138. *Dichrocephala* L'Héritier ex de Candolle 鱼眼草属

Dichrocephala L'Héritier ex de Candolle (1833: 517); Chen & Brouillet (2011: 550) [Type: *D. latifolia* L'Héritier ex de Candolle, *nom. illeg.* (≡*Cotula latifolia* Persoon, *nom. illeg.*≡*Cotula bicolor* Roth=*D. bicolor* (Roth) D. F. L. Schlechtendal)]

特征描述：叶互生或大头羽状分裂。头状花序异型，在枝端和茎顶排成小圆锥或总状花序，稀单生；花托凸起，无托片；无冠毛或两性花瘦果有 1-2 个极短的刚毛状冠毛；总苞片近 2 层；全部花管状，结实，边花雌性多层，中央两性花紫色或淡紫色；花药基部楔形，有尾。瘦果压扁，边缘脉状加厚。

分布概况：4/3 种，**4 型**；产亚洲及非洲；中国产西南、东南、华中、华东及台湾。

系统学评述：黎维平等[89]的分子系统学研究表明，鱼眼草与田基黄聚在一起。由于取样较少，其系统位置还有待进一步确认。

DNA 条形码研究：BOLD 网站有该属 2 种 5 个条形码数据，GBOWS 网站已有 2 种 36 个条形码数据。

代表种及其用途：该属植物入药，鱼眼草 *D. integrifolia* (Linnaeus f.) Kuntze 在云南又名口疮叶、馒头草、地苋菜，傣名叫“帕滚姆”；贵州称胡椒草。药用消炎止泻，治小儿消化不良。

139. *Erigeron* Linnaeus 飞蓬属

Erigeron Linnaeus (1753: 863); Ling & Chen (1973: 399); Chen & Brouillet (2011: 634) (Lectotype: *E. uniflorus* Linnaeus)

特征描述：草本或半灌木。叶互生。头状花序辐射状；花托平或稍凸起，具窝孔，无托片；冠毛 1-2 层或脱落，外层极短，或等长；总苞片 2-5 层；雌花多层，舌片紫色，蓝色或白色，两性花可育，管状。瘦果长圆形至披针形。染色体 x=9。

分布概况：约 400/39（14）种，**1 型**；分布于欧亚大陆及北美，少数至非洲和大洋洲；中国产新疆和西南。

系统学评述：Cronquist[108]修订了北美飞蓬属，建立了 6 组。林镕和陈艺林[109]修订了国产飞蓬属，同时，指出飞蓬属冠毛构造、花性别、总苞片草质及子房育性存在诸多变异，认为后起的特征存在于附近属，诸如寒蓬属、短星菊属、白酒草属等。Nesom[110,111]对北美飞蓬属进行了属下分类处理，并且排除了属 *Trimorpha*。之后，Nesom[112,113]、Nesom 和 Noyes[114]及 Nesom 和 Robinson[106]对飞蓬属做了处理，并认为其隶属于白酒草亚族。

DNA 条形码研究：BOLD 网站有该属 39 种 210 个条形码数据；GBOWS 网站已有 8 种 89 个条形码数据。

代表种及其用途：部分种类药用，如短葶飞蓬 *E. breviscapus* (Vaniot) Handel-Mazzetti 主治小儿疳积、小儿麻痹及脑膜炎的后遗症；对牙痛、小儿头疮等有效。

140. *Eschenbachia* Moench 白酒草属

Eschenbachia Moench (1794: 573); Chen & Brouillet (2011: 555) [Type: *E. aegyptiacum* (Linnaeus) Brouillet, *nom. illeg.* (≡*Erigeron aegyptiacum* Linnaeus)]

特征描述：草本，稀灌木。茎直立或斜升。叶互生，全缘或具齿，或羽状分裂。头状花序异形，常排成总状、伞房状或圆锥状花序；花托半球状；冠毛白色或红色；总苞半球形至圆柱形，3-4 层，常草质；花全部结实，外围的雌花退化至丝管状。瘦果长圆形或披针形，极扁，2 肋。

分布概况：不确定/6（3）种，**6 型**；分布于非洲及亚洲；中国产东南、西南及台湾。

系统学评述：长久以来，国产白酒草一直被放入 *Conyza* 中。分子系统学研究证明 *Conyza* 为多系类群，随之，将非洲和亚洲的类群放入 *Eschenbachia*。Brouillet 等[96]认为非洲白酒草类群与田基黄亚族有亲缘关系。原国产白酒草部分类群（香丝草、苏门白酒草等）划归入飞蓬属中。

DNA 条形码研究：GBOWS 网站有该属 1 种 16 个条形码数据。

代表种及其用途：部分种类药用，如白酒草 *E. japonica* (Thunberg) J. Koster 的根或全草药用，治小儿肺炎、肋膜炎、喉炎、角膜炎等症。

141. *Eurybia* (Cassini) Cassini 北美紫菀属

Eurybia (Cassini) Cassini (1820: 46); Nesom (1994: 256); Brouillet (2011: 651); Chen & Brouillet (2011: 651) (Lectotype: *non designatus*)

特征描述：草本。具地下根状茎。茎直立或斜升。叶互生。头状花辐射状，多数成伞房花序，极少单花；花托平至微凸；总苞圆柱状至钟状或宽钟状，3-7 层，不等长，边缘膜质；舌状花紫色或白色，管状花可育黄色，冠檐漏斗形或钟形。瘦果圆柱状或纺锤状，扁平，光滑或微被毛，7-12（-18）肋。冠毛红色至黄色，4 层，不等长，刚毛状。

染色体 x=9。

分布概况：23/1 种，**8 型**；分布于欧亚、北美；中国产黑龙江。

系统学评述：该属成员长期位于紫菀属中，Nesom[91]认为该属归属于北美类群，与欧亚大陆的紫菀类群相区别。Nesom 和 Robinson[106]认为该属系统位置不定。Selliah 和 Brouillet[115]对该类群进行了分子系统学研究，亦不支持目前的分类系统。该属的界限有待进一步研究。

DNA 条形码研究：BOLD 网站有该属 21 种 106 个条形码数据。

142. *Formania* W. W. Smith & J. Small 复芒菊属

Formania W. W. Smith & J. Small (1922: 91); Chen & Brouillet (2011: 569) (Type: *F. mekongensis* W. W. Smith & J. Small)

特征描述：小灌木。叶互生，羽状浅裂。头状花序顶生，排成伞房状；花托平，有具流苏状边缘的小窝；冠毛刚毛状，3 层；总苞片 4 层，外层较短，内层较长，干膜质；边缘舌状雌性 1 层，盘花两性；花药基部箭头形，具短尖耳，顶端有长急尖的附片；盘花花柱不分裂，截形。瘦果有微柔毛，3 肋。

分布概况：1/1（1）种，**15 型**；特产中国四川、云南。

系统学评述：该属曾被错误置于春黄菊族[95]，实隶属于紫菀族[FOC]。

143. *Galatella* Cassini 乳菀属

Galatella Cassini (1825: 463); Chen & Brouillet (2011: 560) (Type: *non designatus*).——*Aster* subgen. *Galatea* Cassini (1818: 165); *Crinitaria* Cassini (1825: 460)

特征描述：草本。根状茎粗壮。茎直立或基部斜升。叶互生。头状花序辐射状；花托稍凸；总苞片 3-5 层，覆瓦状，草质，具白膜质的边缘；头状花序具异形花，外围一层雌花舌状，不结实，舌片开展，淡紫红色或蓝紫色，5-20 个，或无，中央两性花黄色，5-60（-100）朵，有时淡紫色。瘦果长圆形，无肋，冠毛 2（-3）层，不等长，长于瘦果。染色体 x=9。

分布概况：40-50/11 种，**10 型**；广布欧洲和亚洲大陆；中国产新疆、内蒙古及黑龙江、吉林、辽宁。

系统学评述：Nesom[91]认为该属隶属紫菀亚族，与麻菀属和碱菀属归于一类。黎维平等[89]的研究表明乳菀属部分物种与麻菀属部分物种聚在一起。由于取样较少，其系统位置还有待进一步确认。

DNA 条形码研究：BOLD 网站有该属 4 种 5 个条形码数据；GBOWS 网站已有 1 种 4 个条形码数据。

144. *Grangea* Adanson 田基黄属

Grangea Adanson (1836: 372); Chen & Brouillet (2011: 552) [Type: *G. maderaspatana* (Linnaeus) Poiret (≡*Artemisia maderaspatana* Linnaeus)]

特征描述：草本。叶互生。头状花序有异形花，常顶生或与叶对生；花托凸起，半球形或倒圆锥形，无托毛；冠毛缺失；总苞宽钟状，2-3 层，草质，稍不等长，内层苞片顶端膜质；外围有一至多层雌花，中央有两性花，全结实，花冠全部管状，雌花线形，外层顶端常 2 齿裂，内层顶端 3 或 4 齿裂，两性花钟状，顶端 4-5 齿裂。瘦果扁或圆柱形，顶端平截形。

分布概况：9/1 种，**6 型**；分布于亚洲及非洲；中国产华南及西南。

系统学评述：Brouillet 等[96]分子系统学研究显示田基黄与紫菀族非洲支系的 *Nidorella* 亲缘关系较近。黎维平等[89]的研究显示鱼眼草与田基黄亲缘关系较近。由于取样较少，其系统位置还有待进一步确认。

DNA 条形码研究：BOLD 网站有该属 1 种 3 个条形码数据；GBOWS 网站已有 1 种 8 个条形码数据。

145. *Grindelia* Willdenow 胶菀属

Grindelia Willdenow (1807: 259); Chen & Brouillet (2011: 650) (Type: *G. inuloides* Willdenow)

特征描述：草本或亚灌木。茎常直立，常有腺点或黏液。叶互生。头状花序排成伞房花序至圆锥花序或单生；冠毛（1）2-8（15），常脱落；总苞常圆球形至半球形或坛形，总苞片多层；舌状花无或多数，花冠黄色或橘黄色，管状花黄色多数。瘦果椭球形至倒卵球形，有时多少具 3-4 棱，顶端平滑、冠状或具瘤状凸起。染色体 x=6。

分布概况：约 30/1 种，**3 型**；分布于北美西部及南美，欧洲有引种；见于中国辽宁，已归化。

系统学评述：Steyermark[116,117]对该属进行了分类学研究。Dunford[118,119]基于细胞学证据对该属进行了分类学研究。最近，Moore 等[120]的分子系统学研究显示，该属由 2 个分支组成，其中一个原产南美，另一个分布于北美。不支持之前的 Steyermark 提出的部分假说。

DNA 条形码研究：BOLD 网站有该属 49 种 99 个条形码数据。

146. *Heteroplexis* C. C. Chang 异裂菊属

Heteroplexis C. C. Chang (1937: 266); Chen & Brouillet (2011: 569) (Type: *H. vernonioides* C. C. Chang)

特征描述：攀援或直立草本。叶互生。头状花序盘状，单生或 2-4 个簇生，具异形花；花托平，具蜂窝状小孔；冠毛黄白色，1 层，近等长；总苞钟状圆柱形，覆瓦状排列；花全部结实，外围的雌花 1 层，4-7 朵，中央的两性花少数 4-6 朵，顶端具不等长的 5 齿裂，外面的裂片较长，花冠管状向基部多少增粗。雌花瘦果稍扁，3 肋，两性花的瘦果两面具 2 肋，被疏短柔毛。

分布概况：3/3（3）种，**15 型**；特产中国广西。

系统学评述：Nesom 和 Robinson[106]将异裂菊属处理为位置不定的属。

147. *Lagenophora* Cassini 瓶头草属

Lagenophora Cassini (1816: 199), *orth. & nom. cons.*; Chen & Brouillet (2011: 567) (Type: *non designatus*)

特征描述：草本。叶全部根生，或有极少茎生叶。头状花序有异形花，辐射状或盘状；花托无托毛；总苞小，2-4 层，不等长；外围有雌花，结实，中央有少数两性花，常不育，雌花花冠常舌状，或细管状而有多少开展的短舌片，两性花管状黄色；花药顶端无附片。瘦果极扁，边缘 2 肋，顶端有短喙或无。染色体 x=9。

分布概况：18/1 种，**2 型**；分布于亚洲东南部，澳大利亚，新西兰，南美洲；中国产东南沿海各省区及台湾。

系统学评述：Nesom 和 Robinson[106]将该属置于瓶头草亚族，Brouillet 等[96]分子系统学研究表明新西兰 *Lagenophora pumila* (G. Forster) Cheeseman 嵌套入澳大拉西亚支系中，但在其内部的位置不清。由于取样限制，有待深入研究。

DNA 条形码研究：BOLD 网站有该属 2 种 2 个条形码数据。

148. *Microglossa* de Candolle 小舌菊属

Microglossa de Candolle (1836: 320); Chen & Brouillet (2011: 558) (Lectotype: *M. volubilis* de Candolle)

特征描述：半灌木。直立或攀援。叶互生，卵状长圆形。头状花序密集成复伞房状花序；花托平或稍凸；冠毛略红色，1-3 层；总苞钟状，多层；花全部结实，外围雌花多数，舌状，中央的两性花少数，管状黄色，具 3-5 齿裂；花药基部钝；花柱分枝披针形。瘦果倒卵球形，长圆形，3 肋。

分布概况：约 10/1 种，**6 型**；分布于亚洲和非洲；中国产华南、西南及台湾。

系统学评述：Nesom 和 Robinson[106]的分类系统中，将该属归为系统位置不定属之一。

DNA 条形码研究：GBOWS 网站有该属 1 种 11 个条形码数据。

代表种及其用途：药用，如小舌菊 *M. pyrifolia* (Lamarck) Kuntze 全株解毒、生肌、明目，也可治痔疮。

149. *Myriactis* Lessing 粘冠草属

Myriactis Lessing (1831: 127); Chen & Brouillet (2011: 553) (Lectotype: *M. nepalensis* Lessing)

特征描述：草本。叶互生。头状花序小，异型，呈伞房状或圆锥状花序；花托凸起；无冠毛，顶端有黏质分泌物；总苞半球形，2 或 3 层；边花雌性，舌状，中央两性花管状，花全部结实；花药基部钝；两性花花柱分枝紧贴。瘦果狭倒卵球形，边缘 2 肋，顶端有短喙或钝而无喙。染色体 x=9。

分布概况：约 10/5（1）种，**14（7e）型**；分布于亚洲热带，美洲热带；中国产西南、华南、华中和台湾。

系统学评述：Brouillet 等[96]的分子系统学研究表明美洲的 *Myriactis panamensis* (S. F. Blake) Cuatrecasas 与紫菀族冠群澳大拉西亚支系的 *Myriactis humilis* Merrill 不聚在一起。

在黎维平等[89]的研究中，亚洲的圆舌粘冠草与狐狸草聚在一起，并与紫菀属 3 种聚在一起形成一个亚分支，由于取样因素，该属系统位置还有待进一步确认。

DNA 条形码研究：BOLD 网站有该属 2 种 3 个条形码数据；GBOWS 网站已有 3 种 36 个条形码数据。

代表种及其用途：部分种类药用，在云南曲靖，圆舌粘冠草 *M. nepalensis* Lessing 土名山羊梅，根可解表透疹。

150. *Nannoglottis* Maximowicz 毛冠菊属

Nannoglottis Maximowicz (1881: 480); Gao (2001); Gao & Chen (2002: 371); Gao et al. (2004: 189); Chen & Brouillet (2011: 547) (Type: *N. carpesioides* Maximowicz)

特征描述：草本或亚灌木。具木质化根状茎。基生叶较大，中上部沿茎下沿呈翅状。头状花生于顶端成圆锥状、总状或伞房状聚伞花序，或单生；总苞半球形或杯状；总苞片 2-4 层，草质；头状花具三型花，边缘有 2 至多层能育的舌状及丝管状雌花，中央有不育的管状两性花。瘦果长圆形，有数个凸起的纵肋；雌花冠毛 1 层；两性花冠毛较少。花粉粒 3 孔沟，具刺，刺基穿孔状。染色体 $2n$=18。

分布概况：9/9（6）种，**15 型**；分布于不丹，尼泊尔，印度；中国产西南和西北。

系统学评述：刘建全等[121]曾运用核形态证据推测了毛冠菊的系统位置。之后，刘建全等[122]分子系统学研究表明该属位于紫菀族非洲支系基部，为单系类群。在紫菀族分化早期，该属从非洲长距离扩散入亚洲。该属分类曾比较混乱，高天刚等[123-127]运用微形态、分子系统学等多种证据确认该属隶属于紫菀族，并澄清了该属的一系列分类学问题，建立了新的属下分类系统，分别设置为单头组 *Nannoglottis* sect. *Monocephala* 及毛冠菊组 *N.* sect. *Nannoglottis*。

151. *Neobrachyactis* Brouillet 短星菊属

Neobrachyactis Brouillet (2011: 571); Chen & Brouillet (2011: 571) [Type: *N. roylei* (de Candolle) Brouillet (≡*Conyza roylei* de Candolle)]

特征描述：草本。茎常自基部分枝。叶互生。头状花序具异型花，盘状，排成总状或总状圆锥花序；花托平；总苞半球状，总苞生草质，2-4 层，近等长；花全部结实，外围的雌花多数，2 层，花冠管状，无舌片，或舌状具极细的舌片，中央的两性花，常短于冠毛，花冠管状。瘦果倒卵形或长圆形，扁平，基部缩小；冠毛白色或污白色，2 层，糙毛状，外层极短。

分布概况：3/3 种，**13（12）型**；分布于亚洲；中国产新疆及西藏。

系统学评述：林镕及陈艺林[109]对国产的 *Brachyactis* 进行了初步的分类修订。最近原该属成员全部转移至新属 *Neobrachyactis*[FOC]。

DNA 条形码研究：BOLD 网站有该属 1 种 1 个条形码数据。

152. *Psychrogeton* Boissier 寒蓬属

Psychrogeton Boissier (1875: 156); Chen & Brouillet (2011: 570) (Type: *P. cabulicum* Boissier)

特征描述：根状茎常粗壮木质。茎矮小。叶互生。头状花序单生或少数，稀排列成总状或伞房状花序；冠毛 1 层，或在不结实的瘦果外层具少数刚毛；总苞半球形，总苞片 2-3 层，覆瓦状，几等长；外围有数朵至多数雌花，花冠管状或舌状，中央的两性花不结实，花冠管状，与雌花同色。雌花瘦果倒卵形或倒披针形，两性花瘦果线形；染色体 x=9。

分布概况：约 20/2 种，**13（12）型**；分布于中亚和亚洲西部；中国产新疆和西藏。

系统学评述：该属系统学界限一直不清，常被误置于飞蓬属，Grierson[128]对该属进行了系统学研究，进一步明确了该属的范围及特征，并将该属分为 4 个类群。Nesom[91]将该属放入紫菀亚族的 *Asterothamnus* group。Nesom 和 Robinson[106]将该属放入紫菀亚族。

DNA 条形码研究：GBOWS 网站有该属 1 种 4 个条形码数据。

153. *Rhinactinidia* Novopokrovsky 岩菀属

Rhinactinidia Novopokrovsky (1948: 114); Chen & Brouillet (2011: 573); Chen & Brouillet (2011: 573) [Type: *R. limoniifolia* (Lessing) Novopokrovsky (≡*Rhinactina limoniifolia* Lessing)].——*Krylovia* Schischkin, *nom. illeg.* (1949: 2670)

特征描述：草本。根状茎粗壮，多分枝，全株密被弯短伏毛。基部叶簇生；茎生叶具短柄或无柄。头状花序单生或呈总状，异型；花托略凸；冠毛 3 层，白色或污白色，外层短，内层与管状花近等长；总苞宽钟形或近半球形，3-4 层，覆瓦状；外围具雌花 1 层，淡紫色，中央两性花黄色或淡紫色，5 裂，其中 1 裂片较长。瘦果长圆形，被糙毛，2 肋；染色体 x=9。

分布概况：4/2 种，**11 型**；分布于亚洲；中国产新疆及西藏西部。

系统学评述：传统上，Tamamschyan[97]、林镕等[FRPS]、Nesom[91]、Zhang 和 Bremer[129]、Bremer[76]及 Nesom 和 Robinson[106]将岩菀属处理为紫菀属的近缘属之一，隶属于紫菀亚族。黎维平等[89]的分子系统学研究表明该属一些代表种嵌入紫菀属中。由于取样较少，该属系统位置还有待进一步确认。

DNA 条形码研究：BOLD 网站有该属 1 种 1 个条形码数据。

154. *Sheareria* S. Moore 虾须草属

Sheareria S. Moore (1875: 277); Gao et al. (2009: 768); Chen & Brouillet (2011: 573) (Type: *S. nana* S. Moore)

特征描述：草本。茎直立或斜生。叶互生，全缘，第一年基生叶，第二年茎生叶。头状花序单生，有异形花；花托稍平，无托片；无冠毛；总苞钟形，2-3 层；边缘有（2-）3（-7）朵能育的舌状雌花，中央有（1-）3（-6）朵不育雄花，花冠黄；花柱不分枝，披针形。瘦果长圆形，有 3 肋，在中部及上部有腺毛。染色体 $2n$=18。

分布概况： 1/1（1）种，**15 型**；中国产安徽、广东、贵州、湖北、湖南、江苏、江西、浙江、陕西、四川和云南。

系统学评述： 最初虾须草属确立时，Moore[130]将该属置于紫菀族，认为其与 *Rhynchospermum* 近缘。因为虾须草属异型花、盘花不结实，Hoffmann[131]、陈艺林[FRPS]、Stuessy[132]长期将其放置于向日葵族。黎维平等[133]根据微形态、染色体证据推断其属于紫菀族；高天刚等[134]根据微形态、染色体和分子系统学的研究表明虾须草属归属于紫菀族，并对虾须草进行了分类处理。黎维平等[89]的分子系统学研究表明虾须草属处于紫菀属中。还需更多的研究确定其系统位置。

DNA 条形码研究： BOLD 网站有该属 1 种 1 个条形码数据。

155. *Solidago* Linnaeus 一枝黄花属

Solidago Linnaeus (1753: 878); Chen & Brouillet (2011: 632) (Lectotype: *S. virgaurea* Linnaeus)

特征描述： 草本，稀半灌木。叶互生。头状花序多数在茎上部排成总状、圆锥或伞房状花序；花托微凸起，蜂窝状，无托片；冠毛细毛状，稍不等长或外层稍短；总苞狭钟状至圆柱状，3-5 层；边花黄色，雌性 1 层或退化，中央管状花两性。瘦果倒圆锥形至圆柱形，8-10 肋。染色体 x=9。

分布概况： 100/6 种，**8-4（9）型**；主产美洲，少数到欧亚大陆；中国产东北、华北、华南、西南及台湾。

系统学评述： Zhang[135]、Semple 等[136]、Noyes 和 Rieseberg[94]、Beck 等[137]对主产于美洲的一枝黄花属进行过分子系统学研究，解决了该属部分种类与近缘属的系统发育关系。Brouillet 等[96]研究认为该属北美起源，随后传播至欧亚大陆及南美大陆。

DNA 条形码研究： BOLD 网站有该属 45 种 224 个条形码数据；GBOWS 网站已有 2 种 27 个条形码数据。

代表种及其用途： 一些种类可入药，如一枝黄花 *S. decurrens* Loureiro 全草入药，可消肿止痛，主治蛇毒伤等。

156. *Symphyotrichum* Nees 联毛紫菀属

Symphyotrichum Nees (1832: 135); Chen & Brouillet (2011: 651) (Type: *S. unctuosum* Nees).——*Brachyactis* Ledebour (1845: 495)

特征描述： 草本。具地下根状茎或直根。茎少数顶端分枝。叶互生。头状花辐射状或丝管状，多数呈圆锥、总状或伞房花序，有时单生；花托平或微凸，无托片；冠毛白色或棕色，4 层，多数近等长；总苞 3-6（9）层，不等长；全部小花可育，舌状花 1 层，极少 4 或 5 层，白色、粉红色、蓝色或紫色。瘦果倒卵形或倒锥形。染色体 x=4-8。

分布概况： 约 90/3 种，**1 型**；广布亚洲，欧洲，美洲；中国南北均产。

系统学评述： Nesom[91]曾基于形态学和染色体证据提出了该属的分类系统，分为 2 亚属，即 *Symphyotrichum* subgen. *Symphyotrichum* 及 *S.* subgen. *Virgulus*。属下分为 12 组。Semple[138]基于更多的形态学、染色体及分子系统学证据提出了该属的分类系统，分为 5

亚属。Vaezi 和 Brouillet[139]对该属进行了系统学研究，发现目前的分子系统学结果与分类处理存在差异，还有待进一步研究。Morgan 和 Holland[140]补充了取样，选取了合适的分子标记，发现传统意义上的该属非单系，成员位于 2 个分支中。

DNA 条形码研究：BOLD 网站有该属 67 种 573 个条形码数据；GBOWS 网站已有 1 种 16 个条形码数据。

157. *Thespis* de Candolle 歧伞菊属

Thespis de Candolle (1833: 517); Chen & Brouillet (2011: 554) (Lectotype: *T. divaricata* de Candolle)

特征描述：矮小草本。茎直立，多分枝。叶互生。头状花序球形，数个在二歧分枝上簇生排成伞房状，具异形花；冠毛 6-13，短刚毛状，1 层或缺失；总苞半球形，2 层，草质，近等长，边缘干膜质；花托平或凸起；花冠管状，管部极短，檐部狭钟状，外围的雌花黄色可育，多层常无花冠，结实，中央的管状花雄性不育，少数。瘦果小，无肋，扁压，被微毛或稀疏糙毛。

分布概况：1/1 种，**7-2** 型；分布于东南亚；中国产云南。

系统学评述：Nesom 和 Robinson[106]将歧伞菊属放置于 Lagenophorinae。

DNA 条形码研究：GBOWS 网站有该属 1 种 8 个条形码数据。

158. *Tripolium* Nees 碱菀属

Tripolium Nees (1832: 152); Chen & Brouillet (2011: 559) [Type: *T. vulgare* Besler ex C. G. D. Nees (≡*Aster tripolium* Linnaeus)]

特征描述：一年生草本。茎直立。叶互生，长圆形或线形。冠毛 3 至多层，极纤细，稍不等长，白色或浅红色，花后增长。总苞圆柱状至钟状，2 或 3 层，外层较短，稍覆瓦状排列，干后近膜质；外围有 1 层雌花，蓝紫色或浅红色，两性花管状黄色，檐部狭漏斗状；瘦果狭矩圆形，扁平，光滑或微被毛，两面各有 1 细肋。染色体 x=9。

分布概况：1/1 种，**8** 型；分布于亚洲，欧洲及非洲北部；中国产西北、东北和华中。

系统学评述：Brouillet 等[96]及黎维平等[89]的分子系统学研究均表明，碱菀、部分乳菀和麻菀类群互为姐妹群，但它们之间的系统位置不清。该属是否独立为属还有待深入研究。

DNA 条形码研究：BOLD 网站有该属 1 种 2 个条形码数据；GBOWS 网站已有 1 种 11 个条形码数据。

159. *Turczaninovia* de Candolle 女菀属

Turczaninovia de Candolle (1836: 277) [Type: *T. fastigiata* (Fischer) de Candolle (≡*Aster fastigiata* Fischer)]

特征描述：多年生草本。叶互生。冠毛 2 层，污白色或稍红色，有多数微糙毛；总苞筒状至钟状，总苞片 3 或 4 层，覆瓦状排列，草质，边缘膜质；外围有 1 层舌状雌花，白色，中央有数个两性花，部分不结果实，两性花管状黄色，檐部钟状。瘦果稍扁，棕灰色或红色，边缘 2 肋，密被短毛。

分布概况：1/1 种，**11 型**；分布于亚洲；中国南北均产。

系统学评述：长久以来，该属系统位置争议较大。Tamamschyan[97]、林镕等[FRPS]将女菀属处理为紫菀属的近缘属之一。而 Nesom[91]、Nesom 和 Robinson[106]认为其位于紫菀属。黎维平等[89]的研究表明，该属成员嵌入紫菀属。还需进一步的系统学研究。

DNA 条形码研究：GBOWS 网站有该属 1 种 18 个条形码数据。

代表种及其用途：女菀 *T. fastigiata* (Fischer) de Candolle 全草可入药，具有温肺、化痰、和中、利尿的作用。

十一、Anthemideae 春黄菊族

160. *Achillea* Linnaeus 蓍属

Achillea Linnaeus (1753: 896); Shi et al. (2011: 759) (Lectotype: *A. millefolium* Linnaeus).——*Ptarmica* Miller (1754: ed. 4)

特征描述：多年生草本。叶常为一至三回羽状深裂。头状花序小（直径 2-7mm），异型，排成圆锥花序，很少单生；花托有膜质托片；边花雌性，常 1 层，假舌状，盘花两性，多数，管状；花柱分枝顶端截形，画笔状。瘦果小，腹背压扁，顶端截形，光滑。花粉粒 3 孔沟，瘤状、刺状、穴状纹饰。染色体 $2n=18$。

分布概况：130/11（1）种，**10 型**；分布于欧洲及温带亚洲；中国南北均产，以北方为主。

系统学评述：位于母菊亚族 Matricariinae，姐妹属为 *Anacyclus*，与母菊属 *Matricaria* 及 *Heliocauta* 等亲缘关系也比较近[141]。传统上分 3-6 组，Ehrendorfer 和 Guo[142]分析了该属约 60 种的系统发育关系，发现 *Otanthus* 和 *Leucocyclus* 应并入该属，属下可划分 5 组，即 *Achillea* sect. *Achillea*、*A.* sect. *Otanthus*、*A.* sect. *Anthemoideae*、*A.* sect. *Babounya* 和 *A.* sect. *Ptarmica*。国产 6 个种有分子数据，集中分布在第 1 和 5 组[141]。

DNA 条形码研究：ITS、*trn*L-F 等序列存在种间变异[141]。BOLD 网站有该属 66 种 147 个条形码数据；GBOWS 网站已有 5 种 32 个条形码数据。

代表种及其用途：蓍 *A. millefolium* Linnaeus、云南蓍 *A. wilsoniana* (Heimerl ex Handel-Mazzetti) Heimerl 等入药，前者广泛栽培。

161. *Ajania* Poljakov 亚菊属

Ajania Poljakov (1955: 419); Shi et al. (2011: 656) [Type: *A. pallasiana* (F. E. L. Fischer ex W. G. Besser) P. P. Poljakov (≡*Artemisia pallasiana* F. E. L. Fischer ex W. G. Besser)]

特征描述：草本或半灌木。头状花序异形，在茎枝顶端排列成伞房或复伞房花序，少数单生；花托无苞片；全部小花结实，花冠外面有腺点；缘花雌性，1 层，中央两性花，管状；花药基部钝，无尾，上部有披针形的尖或钝附片；花柱分枝线形，顶端截形。

果有 4-6 条纹。花粉粒有刺或退化小刺。

分布概况：39/35（23）种，**11 型**；分布于亚洲温带地区；中国除东南部外，均产。

系统学评述：位于蒿亚族 Artemisiinae，与菊属 *Chrysanthemum* 等亲缘关系较近，核 ITS 与叶绿体 *trn*L-F 的联合分析揭示该属是个多系，部分种应该转入菊属，同时，菊属部分种应该并入该属，或者将 2 个属合并，此外，部分成员如紫花亚菊 *A. purpurea* Shih 应独立成属或转入 *Phaeostigma*[143]。

DNA 条形码研究：ITS、*trn*L-F 等序列分析存在种间变异[143]。BOLD 网站有该属 3 种 12 个条形码数据；GBOWS 网站已有 6 种 48 个条形码数据。

代表种及其用途：异叶亚菊 *A. variifolia* (C. C. Chang) Tzvelev 为药用植物。

162. *Ajaniopsis* C. Shih 画笔菊属

Ajaniopsis C. Shih (1978: 86); Shi et al. (2011: 667) (Type: *A. penicilliformis* C. Shih)

特征描述：一年生草本。头状花序异型，多数在茎枝顶端排成伞房花序；总苞倒卵形，总苞片 2 层；花托高起，无托毛；无冠毛；全部小花结实，花冠被稠密、光洁、整齐的毛刷状硬毛，边缘小花 1 层，雌性，中央盘花两性，花冠管状，顶端 5 齿裂；花药基部钝，顶端有三角形附片；花柱分枝顶端截形。果近三棱形，有 3 条主肋及 2-3 条间肋。花粉粒近球形，有退化小刺。

分布概况：1/1（1）种，**15 型**；特产中国西藏。

系统学评述：该属位于蒿亚族，与亚菊属 *Ajania* 和蒿属 *Artemisia* 相似，主要以以下特征区分：①小花花冠外围有毛刷状硬毛和果三棱形；②主肋 3 条，间肋 2-3 条；③花粉粒具退化小刺[144]。目前无分子数据报道。

163. *Allardia* Decaisne 扁毛菊属

Allardia Decaisne (1841: 87); Shi et al. (2011: 748) (Type: *non designatus*).——*Waldheimia* Karelin (1842: 125)

特征描述：多年生草本。叶互生，常羽裂。头状花序辐射状，单生；总苞半球形，3-4 层；花托无托片；缘花假舌状，白色或粉色，少数黄色，中央花两性，管状，黄色或蓝紫色。果弯曲，无翅，不明显 5-10 肋，顶端有 20-50 个毛状鳞片组成的小冠，小冠基部平坦、指状，顶端褐色，稍宽。

分布概况：8/8（1）种，**13-3 型**；产阿富汗，印度，哈萨克斯坦，蒙古国，尼泊尔，巴基斯坦，俄罗斯，塔吉克斯坦，乌兹别克斯坦；中国产西藏、新疆。

系统学评述：位于天山蓍亚族 Handeliinae，在以 ITS 序列构建的系统树上（1 个代表种），与小甘菊属 *Cancrinia*、天山蓍属 *Handelia*、小花菊属 *Microcephala*、拟天山蓍属 *Pseudohandelia*、灰叶匹菊属 *Richteria* 等组成 1 个包含多个平行支的分支[145]，目前无属下系统发育报道。

DNA 条形码研究：BOLD 网站有该属 1 种 1 个条形码数据；GBOWS 网站已有 2 种 8 个条形码数据。

代表种及其用途：毛果扁毛菊 *A. lasiocarpa* (G. X. Fu) Bremer & Humphries 是中国特有种，产于西藏。

164. *Anthemis* Linnaeus 春黄菊属

Anthemis Linnaeus (1753: 893); Shi et al. (2011: 763) (Lectotype: *A. arvensis* Linnaeus)

特征描述：草本。叶互生，一至二回羽状全裂。头状花序单生枝端，有长梗；总苞片直径 7-15mm，常 3 层，覆瓦状排列；花托凸起或伸长，有托片；缘花常雌性、1 层、假舌状，中央花两性，管状；花药基部钝；花柱分枝顶端截形，画笔状。果矩圆状或倒圆锥形，有 4-5（8）条凸起的纵肋，顶端常有冠状边缘或小耳。花粉粒 3 孔沟，具刺。染色体 x=9。

分布概况：约 190/3 种，**10（12）型**；分布于南欧与西南亚；中国引种栽培 1 种。

系统学评述：位于春黄菊亚族 Anthemidinae，与最近确认从该属分出的 *Cota* 形态上很相似，易混淆[146]；与菊蒿属 *Tanacetum*、三肋果属 *Tripleurospermum* 及 *Archanthemis*、*Nananthea*、*Vogtia* 等亲缘关系较近[147]。传统上以生活型、苞片、瘦果等性状为主分为 6 个组，即春黄菊组 *Anthemis* sect. *Anthemis*、*A*. sect. *Chiae*、*A*. sect. *Hiorthia*、*A*. sect. *Maruta*、*A*. sect. *Odontostephanae* 和 *A*. sect. *Rascheyanae*[148]，但分子数据不支持这一系统，同时，叶绿体与核基因 ITS 的分子系统树也不一致，推测杂交是导致这些差异的主要原因[149]。中国有 3 种，其中 *A*. sect. *Anthemis* 和 *A*. sect. *Rascheyanae* 各 1 种有分子数据，在系统树上位于 2 个不同分支上。

代表种及其用途：田春黄菊 *A. arvensis* Linnaeus 为栽培花卉。

165. *Artemisia* Linnaeus 蒿属

Artemisia Linnaeus (1753: 845); Lin et al. (2011: 676) (Lectotype: *A. vulgaris* Linnaeus)

特征描述：草本或灌木，常有浓烈的挥发性香气。叶互生，常羽裂。头状花序假盘状，多圆锥花序状排列；总苞片 2-4 层，覆瓦状排列，膜质、半膜质或边缘膜质；缘花雌性，1-2 层，中央花两性，数层，花冠管状，具 5 裂齿；雄蕊顶端附属物长三角形，基部圆钝或具短尖头；花柱线形，先端 2 叉，叉端截形或尖，稀不叉开。果顶端无冠状边缘，具纵纹。花粉粒 3 孔沟，有退化小刺或颗粒状纹饰。染色体 2n=18，36，54，稀 2n=34，90。

分布概况：380/186（82）种，**1（8-4，14）型**；主产北半球，到非洲，大洋洲，南美及中美洲；中国南北均产。

系统学评述：位于蒿亚族，是菊属 *Chrysanthemum* 与太行菊属 *Opisthopappus* 等所组成的分支的姐妹群。传统上分 5 亚属，即莳萝蒿亚属 *Artemisia* subgen. *Absinthium*、蒿亚属 *A*. subgen. *Artemisia*（=*Abrotanum* Besser）、龙蒿亚属 *A*. subgen. *Dracunculus*、绢蒿亚属 *A*. subgen. *Seriphidiu* 和北美特有的 *A*. subgen. *Tridantatae*[150]，但一些系统将莳萝蒿亚属与蒿亚属合并，同时（或）将绢蒿亚属独立作为绢蒿属 *Seriphidium*[FRPS,FOC]。Riggins

和 Seigler[151]对该属 126 种的核基因 ITS 及叶绿体 *psb*A-*trn*H、*rpl*32-*trn*L 序列分析发现，绢蒿属、芙蓉菊属、*Sphaeromeria* 等类群的独立导致蒿属成为并系类群；莳萝蒿亚属、龙蒿亚属和绢蒿亚属等 3 个亚属在排除或转入少数种类后都是单系；*A.* subgen. *Tridentatae* 在 ITS 系统树上除个别成员外聚成一支，但在叶绿体系统树中不是单系，蒿亚属在 2 组数据的分析结果中都不是单系；根据叶绿体 *psb*A-*trn*H、*rpl*32-*trn*L 等序列的联合分析，重新界定的蒿属（广义，即合并芙蓉菊属和绢蒿属等）可划分为 5 个类群，其中 3 个分别与莳萝蒿亚属、龙蒿亚属、绢蒿亚属对应，另 2 个主要来自 *Sphaeromeria*、*A.* subgen. *Tridantatae* 和蒿亚属的成员，但应重新划分为旧世界 *A. vulgaris* haplotype 和新世界 *A. ludoviciana* haplotype 2 支，其中模式种（蒿 *A. vulgaris* Linnaeus）所在的旧世界 *A. vulgaris* haplotype 是蒿属最早分化的类群，但其他分支之间的关系不清楚。

DNA 条形码研究：对 9 种常见蒿属药用植物的 ITS2、*rbc*L、*mat*K、*psb*A-*trn*H 的研究发现，除 *mat*K 外，其余 3 条片段的 PCR 扩增和测序效率均为 100%，ITS2 序列对 9 种蒿属药用植物的物种水平鉴定成功率最高，为 100%，而 *psb*A-*trn*H、*rbc*L、*mat*K、*mat*K＋*rbc*L 的鉴定成功率分别为 83.3%、66.7%、54.5%、75%[152]。BOLD 网站有该属 144 种 296 个条形码数据，GBOWS 网站已有 25 种 203 个条形码数据。

代表种及其用途：药用植物众多，如艾 *A. argyi* Léveillé & Vaniot、中亚苦蒿 *A. absinthium* Linnaeus、银蒿 *A. austriaca* Jacquemont、龙蒿 *A. dracunculus* Linnaeus、湿地蒿 *A. tournefortiana* Reichenbach、臭蒿 *A. hedinii* Ostenfeld、毛莲蒿 *A. vestita* Wallich ex Besser、北艾 *A. vulgaris* Linnaeus、黄花蒿 *A. annua* Linnaeus，其中后者是治疗疟疾的重要植物。

166. *Brachanthemum* de Candolle 短舌菊属

Brachanthemum de Candolle (1838: 44); Shi et al. (2011: 667) [Type: *B. fruticulosum* (Ledebour) de Candolle (≡*Chrysanthemum fruticulosum* Ledebour)]

特征描述：半灌木。叶互生或对生，羽状或掌状分裂。头状花序异型，单生顶端或排成伞房花序；花托凸起，钝圆锥状，无托毛，或花托平而有短托毛；总苞片 4-5 层，硬草质，边缘光亮或褐色膜质；边花雌性，假舌状，黄色，少白色，极少无辐射花，中央盘花两性，管状，黄色。果圆柱形，基部收窄，有 5 条脉纹，顶端无冠状边缘。染色体 x=9。

分布概况：10/6（1）种，**13 型**；分布于中亚，蒙古国；中国产新疆、甘肃、内蒙古。

系统学评述：该属位于蒿亚族，核基因 ITS 与叶绿体 *trn*L-F 的独立或联合分析发现 2 个代表种在系统树上位于 2 个独立分支上，一个是喀什菊属 *Kaschgaria* 的姐妹群，另一个是蒿亚族最早分化的类群[143]。

167. *Cancrinia* Karelin & Kirilov 小甘菊属

Cancrinia Karelin & Kirilov (1842: 124); Shi et al. (2011: 750) (Type: *C. chrysocephala* Karelin & Kirilov)

特征描述：草本或小半灌木。叶常羽状分裂。头状花序同型，单生；花托半球状凸起或近于平，无托毛或稀具疏托毛，稍有点状小瘤，有时蜂窝状；总苞片草质，覆瓦状；全部小花两性，黄色，管状，檐部 5 齿裂。果三棱状圆筒形，基部收狭，有 5-6 条凸起的纵肋，冠状冠毛膜质，5-12 浅裂或裂达基部，顶端稍钝或多少有芒尖，边缘撕裂状。

分布概况：30/5 种，**13 型**；分布于中亚，蒙古国，俄罗斯；中国产西北、内蒙古和西藏。

系统学评述：该属位于天山蓍亚族，形态上与扁毛菊属 *Allardia*、天山蓍属 *Handelia*、小花菊属 *Microcephala*、拟天山蓍属 *Pseudohandelia*、灰叶匹菊属 *Richteria* 等相似，目前无分子数据报道。

DNA 条形码研究：GBOWS 网站有该属 2 种 24 个条形码数据。

168. *Chrysanthemum* Linnaeus 菊属

Chrysanthemum Linnaeus (1753: 887), *nom. cons.* ; Shi et al. (669) (Type: *C. indicum* Linnaeus, *typ. cons.*).——*Dendranthema* (de Candolle) Des Moulins (1860: 561)

特征描述：多年生草本或亚灌木。叶互生。头状花序；总苞片 4-5 层，边缘膜质或羽裂；花托凸起，半球形，或圆锥状，无托毛；缘花雌性、1 层、假舌状、舌片长或短，1.5-25mm 或更长，黄色、白色或红色，中央花两性、管状，顶端 5 齿裂，黄色；花柱分枝线形，顶端截形。瘦果近圆柱状且向下部收窄，有 5-8 条均匀分布的肋，顶端无冠状边缘。花粉粒 3 孔沟，具刺，刺间有穿孔。染色体 x=9。

分布概况：37/22（13）种，**10（14）型**；分布于温带亚洲；中国南北均产。

系统学评述：该属位于蒿亚族，与亚菊属 *Ajania*、*Phaeostigma* 等亲缘关系较近，核 ITS 与叶绿体 *trn*L-F 的联合分析揭示这个属的部分种应该转入亚菊属，同时，亚菊属部分种应该并入该属，或者将 2 个属合并，合并后的国产种可分为两大类群，分别是北方分布的紫花野菊类（*C. zawadskii* group）和南方分布的野菊类（*C. indicum* group）[143,153]。

DNA 条形码研究：核 ITS 与叶绿体 *trn*L-F 序列存在种间变异[143]。BOLD 网站有该属 20 种 64 个条形码数据；GBOWS 网站已有 8 种 66 个条形码数据。

代表种及其用途：野菊 *C. indicum* Linnaeus 是世界著名花卉“菊花”的祖先之一。

169. *Cotula* Linnaeus 山芫绥属

Cotula Linnaeus (1753: 891); Shi et al. (2011: 655) (Lectotype: *C. coronopifolia* Linnaeus)

特征描述：一年生草本。叶互生，羽裂。头状花序异型，假盘状，单生枝端或叶腋或与叶对生；花托无托毛；总苞片 2-3 层；边花雌性，数层，无花冠或为极小的二齿状，能育，中央花两性，能育，筒状，冠檐 4-5 裂。瘦果矩圆形或倒卵形，被腺点，边缘小花瘦果有果柄。染色体 2n=20。

分布概况：55/2 种，**8 型**；主产南半球，尤其是南非，新西兰，也到大洋洲及南美，少数产东非与巴布亚新几内亚；中国产华南、西南。

系统学评述：该属位于山芫绥亚族 Cotulinae，与裸柱菊属 *Soliva* 等近缘；以 ITS 序列对 6 个代表种的分析发现该属是个多系，至少包含 4 个分支，其中 2 支分别包含裸柱菊属和 *Leptinella* 等其他属的成员[154]。

DNA 条形码研究：ITS 片段分析存在种间变异[154]。BOLD 网站有该属 4 种 15 个条形码数据；GBOWS 网站已有 1 种 4 个条形码数据。

170. *Crossostephium* Lessing 芙蓉菊属

Crossostephium Lessing (1831: 220); Shi et al. (2011: 747) (Type: *C. artemisioides* Lessing)

特征描述：半灌木。叶互生，全缘或 2-5 裂。头状花序假盘状，在枝端排成总状或圆锥花序；花托半球形，蜂窝状；总苞半球形，3 层，外层叶质，内层边缘宽膜质；缘花 1 层，雌性，管状，压扁，顶端 2-3 齿裂，具腺点，盘花两性，均能育，花冠 5 裂，具腺点；花柱分枝顶端截形。瘦果矩圆形，具 5 凸起的棱，顶端冠状边缘约 0.5mm，撕裂状。

分布概况：1/1 种，**14SJ 型**；中国-日本间断分布；中国产华南。

系统学评述：该属位于蒿亚族，核基因 ITS 分析表明该属应并入蒿属 *Artemisia*，是蒿属的旧世界绢蒿分支最早分化的类群[155]。

171. *Filifolium* Kitamura 线叶菊属

Filifolium Kitamura (1940: 157); Shi et al. (2011: 747) [Type: *F. sibiricum* (Linnaeus) Kitamura (≡*Tanacetum sibiricum* Linnaeus)]

特征描述：草本。基生叶莲座状，茎生叶互生，羽状全裂，末次裂片线形。头状花序盘状，在茎枝顶端排成伞房花序；花托蜂窝状；总苞片边缘膜质，背部厚硬；边花雌性，1 层，能育，扁筒状，顶端稍收狭，2-4 裂，盘花两性，常不育，筒状；花柱 2 裂，顶端截形。瘦果球状倒卵形，稍压扁，腹面有 2 条纹，顶端无冠状边缘。染色体 x=9。

分布概况：1/1 种，**11 型**；分布于日本，韩国，俄罗斯西伯利亚；中国产东北、华北。

系统学评述：该属位于蒿亚族，核基因 ITS 分析揭示该属的姐妹群为女蒿属 *Hippolytia*（多系）的 1 个分支。两者组成的分支与 1 个由短舌菊属 *Brachanthemum* 和喀什菊属 *Kaschgaria* 组成的分支聚成一个单系，是菊属 *Chrysanthemum* 与蒿属 *Artemisia* 等组成的分支的姐妹群[143]。

DNA 条形码研究：ITS 可鉴别该属[143]。GBOWS 网站已有 1 种 15 个条形码数据。

172. *Glebionis* Cassini 茼蒿属

Glebionis Cassini (1826: 41); Shi et al. (2011: 771) (Type: *non designatus*)

特征描述：草本。叶互生。头状花序异型；花托凸起，无托毛；缘花雌性，假舌状，中央花两性，管状；花柱分枝线形。辐射花瘦果有 3 条或 6 条凸起的硬翅肋及明显或不明显的 2-6 条间肋；两性花；瘦果有 6-12 条等距排列的肋，其中 1 或 2 条强烈凸起成硬翅状。染色体 $2n=18$。

分布概况：3/3 种，**10（12）型**；原产地中海，世界各地引种栽培或入侵成为杂草。

系统学评述：该属位于茼蒿亚族 Glebionidinae，该亚族有 *Argyranthemum*、*Heteranthemis*、*Ismelia* 等 4 个属[147]，后者在形态上与茼蒿属最接近[FRPS]。目前无分子系统发育报道。

DNA 条形码研究：BOLD 网站有该属 2 种 11 个条形码数据；GBOWS 网站已有 1 种 4 个条形码数据。

代表种及其用途：篙子杆 *C. carinatum* (Schousboe) Nikolaievich、南茼蒿 *G. segetum* (Linnaeus) Fourreau 分别是中国北方和南方的主要蔬菜之一；茼蒿 *C. coronarium* (Linnaeus) Cassini ex Spach 为庭院常见栽培植物。由于长期栽培，有些种已归化野生，成为路边或田边杂草。

173. *Handelia* Heimerl 天山蓍属

Handelia Heimerl (1922: 215); Shi et al. (2011: 752) [Type: *H. trichophylla* (Schrenk) Heimerl (≡*Achillea trichophylla* Schrenk)]

特征描述：多年生草本。茎下部密被绵毛，上部无毛。头状花序同型，集成伞房花序；花托强烈凸起，蜂窝状，托片干膜质，狭矩圆形或倒披针形；总苞片 3 层，矩圆形，边缘宽膜质；全部小花两性，管状，黄色，倒圆锥形。果楔形，背面圆，腹面有 5 条不明显的小肋，顶端斜截形，有极短的白色膜质的齿状冠状边缘。染色体 $x=9$。

分布概况：1/1 种，**13 型**；分布于阿富汗，哈萨克斯坦，巴基斯坦，乌兹别克斯坦；中国产新疆。

系统学评述：该属位于天山蓍亚族，与拟天山蓍属 *Pseudohandelia* 相似，主要以被毛类型、总苞大小及排列方式等区别，两者在以 ITS 构建的系统树上聚成一支，是天山蓍亚族内与扁毛菊属 *Allardia* 等平行的多个分支之一[145]。

174. *Hippolytia* Pojark 女蒿属

Hippolytia Pojark (1957: 288); Shi et al. (2011: 753) [Type: *H. darwasica* (C. Winkler) P. P. Poljakov (≡*Tanacetum darwasicum* C. Winkler)]

特征描述：多年生草本、半灌木、垫状或无茎草本。叶互生，羽状分裂或 3 裂。头状花序同型，常 2-15 个或更多排成伞房、束状伞房或团伞花序；花托无托毛；全部小花管状，两性；花柱分枝线形，顶端截形。瘦果几圆柱形，基部收窄，有 4-7 条椭圆形脉棱，顶端无冠状边缘，但常有环边。染色体 $x=9$。

分布概况：19/11（6）种，**13 型**；分布于中亚，喜马拉雅山脉，蒙古国；中国产西北、西南和内蒙古。

系统学评述：该属位于蒿亚族。核基因 ITS 与叶绿体 *trn*L-F 的联合分析发现 2 个代表种在蒿亚族的系统树上位于 2 个独立分支上，一个是菊属及其近缘属的姐妹群，另一个是蒿亚族最早分化的类群之一[143]。

DNA 条形码研究：核基因 ITS 与叶绿体 *trn*L-F 序列分析存在种间变异[143]。BOLD 网站有该属 1 种 1 个条形码数据；GBOWS 网站已有 1 种 4 个条形码数据。

代表种及其用途：垫状女蒿 *H. kennedyi* (Dunn) Y. Ling 可供药用。

175. *Kaschgaria* Poljakov 喀什菊属

Kaschgaria Poljakov (1957: 282); Shi et al. (2011: 756) [Type: *K. brachanthemoides* (C. Winkler) P. P. Poljakov (≡*Artemisia brachanthemoides* C. Winkler)]

特征描述：半灌木。头状花序异型，排成束状伞房花序；花托圆锥状凸起，无托毛；无冠状冠毛；总苞狭杯状，总苞片 2-4 层，覆瓦状排列；全部小花结实，花冠外面散生星状毛，缘花雌性，1 层，花冠狭管状，向基部扩大，顶端 2-3 齿，盘花两性，花冠管状，11-17 个；花柱分枝线形，顶端截形，有画笔状。瘦果卵形，具钝棱，上部有细纹。染色体 x=9。

分布概况：2/2 种，**13 型**；分布于哈萨克斯坦，蒙古国；中国产新疆。

系统学评述：该属位于蒿亚族，核基因 ITS 分析支持该属的 2 个种组成 1 个自然类群，是短舌菊属 *Brachanthemum*（多系）1 个分支的姐妹群，两者再与线叶菊属 *Filifolium* 等组成菊属 *Chrysanthemum* 和蒿属 *Artemisia* 等组成的分支的姐妹群[143]。

DNA 条形码研究： ITS 序列存在种间变异[143]。BOLD 网站有该属 1 种 2 个条形码数据；GBOWS 网站已有 1 种 4 个条形码数据。

176. *Leucanthemella* Tzvelev 小滨菊属

Leucanthemella Tzvelev (1961: 137); Shi et al. (2011: 757) [Type: *L. serotina* (Linnaeus) Tzvelev (≡*Chrysanthemum serotinum* Linnaeus)]

特征描述：沼生草本。头状花序异型；花托无毛，极凸起；总苞碟状，总苞片 2-3 层，边缘膜质；缘花假舌状，1 层，雌性，不育，白色，盘花两性，管状，顶端 5 齿裂，黄色；花柱分枝线形，顶端截形。果圆柱状，基部收窄，有 8-12 条椭圆形凸起的纵肋，纵肋伸延于瘦果顶端。染色体 x=9。

分布概况：2/1 种，**10 型**；分布于欧洲和亚洲的日本，韩国，俄罗斯；中国产内蒙古、黑龙江、吉林、辽宁。

系统学评述：该属位于蒿亚族，核基因 ITS 与叶绿体 *trn*L-F 等序列分析显示该属是除小滨菊属 *Leucanthemella* 外，蒿亚族最早分化的类群[143]。

DNA 条形码研究： ITS 序列与叶绿体 *trn*L-F 存在种间变异[143]。BOLD 网站有该属 1 种 1 个条形码数据。

177. *Leucanthemum* Miller 滨菊属

Leucanthemum Miller (1754: 769); Shi et al. (2011: 772) [Lectotype: *L. vulgare* Lamarck (≡*Chrysanthemum leucanthemum* Linnaeus)]

特征描述：多年生草本。头状花序异型；花托无托毛，稍凸起；总苞碟状，总苞片

3-4 层，边缘膜质；缘花雌性、假舌状、1 层，结实，白色，中央花两性，管状，顶端 5 齿裂，黄色；花药顶端附片卵状披针形，基部钝；花柱分枝线形，顶端截形。果有 8-12 条纵肋，纵肋光亮，顶端有时有果肋伸延形成的冠状边缘。染色体 x=9。

分布概况：44/1 种，**（10-1）型**；分布于欧洲；中国引种栽培。

系统学评述：该属位于滨菊亚族 Leucantheminae，是该亚族最大的属，与 *Chrysanthoglossum* 和 *Glossopappus* 等亲缘关系较近。杂交与多倍化现象在属内普遍，是物种多样性的主要来源，基于 *psb*A-*trn*H 和 *trn*L-F 的联合序列对 7 个二倍体及部分多倍体物种的分析发现，属内可划分为三大分支[156]。中国引种栽培的滨菊 *L. vulgare* Lamarck 为欧洲广布的二倍体种。

DNA 条形码研究：*psb*A-*trn*H 和 *trn*L-F 等序列存在种间变异，但很难鉴别物种，杂交和多倍化可能是主要原因[156]。BOLD 网站有该属 4 种 33 个条形码数据。

代表种及其用途：滨菊 *L. vulgare* Lamarck 为广泛栽培花卉。

178. *Matricaria* Linnaeus 母菊属

Matricaria Linnaeus (1753: 890), *nom. cons.* ; Shi et al. (2011: 771) (Lectotype: *M. recutita* Linnaeus, *typ. cons.*)

特征描述：一年生草本，常有香味。头状花序成疏松的伞房状花序或在侧枝上单生；花托无托片，圆锥状，中空；缘花白色，假舌状，中央花管状；花柱画笔状。瘦果小，圆筒状无肋，光滑，腹面有 3-5 条细肋，顶端冠状边缘小或无，或耳状。花粉粒 3 孔沟，有孔盖，有刺，刺基膨大，刺间颗粒状-穿孔状、网状-穿孔状和疣状-穿孔状。染色体 2n=18。

分布概况：7/2 种，**8 型**；分布于非洲北部，亚洲温带地区；中国产西北、华北和东北。

系统学评述：该属位于母菊亚族，核基因 ITS 与叶绿体 *trn*L-F 的联合序列（1 个代表种）分析表明该属与蓍属 *Achillea*、三肋果属 *Tripleurospermum* 及菊蒿属 *Tanacetum* 等构成单系分支，是滨菊亚族与茼蒿亚族组成的分支的姐妹群[143]。目前无属下分子系统发育报道。

DNA 条形码研究：BOLD 网站有该属 6 种 86 个条形码数据；GBOWS 网站已有 1 种 4 个条形码数据。

代表种及其用途：母菊 *M. chamomilla* Linnaeus 是重要的药用与观赏植物。

179. *Microcephala* Pobedimova 小花菊属

Microcephala Pobedimova (1961: 356); Shi et al. (2011: 757) [Type: *M. lamellata* (Bunge) E. G. Pobedimova (≡*Matricaria lamellata* Bunge)]

特征描述：草本。叶互生，羽裂。头状花序辐射状或近盘状，有梗，常茎顶单生；花托无托片，锥形，中空；总苞片 2-3 层；缘花雌性，能育，舌片白色，中央花两性，能育，黄色或微红色，管状，基部膨大，中部收狭。果圆形或轻微压扁，腹面有 3-5 肋，肋间具多细胞毛，小冠撕裂或毛缘状，近轴面略长。染色体 x=7。

分布概况：5/1 种，**13-3 型**；分布于阿富汗，哈萨克斯坦，吉尔吉斯斯坦，巴基斯坦，土库曼斯坦，伊朗；中国产新疆。

系统学评述：该属位于天山蓍亚族，与扁毛菊属 *Allardia*、小甘菊属 *Cancrinia*、天山蓍属 *Handelia*、拟天山蓍属 *Pseudohandelia*、灰叶匹菊属 *Richteria* 等亲缘关系较近，该属在 ITS 构建的系统树上（1 个代表种）聚成一支，但属间关系分辨率与支持率均比较低[145]。

DNA 条形码研究：BOLD 网站有该属 1 种 1 个条形码数据。

180. *Neopallasia* Poljakov 栉叶蒿属

Neopallasia Poljakov (1955: 429); Shi et al. (2011: 748) [Type: *N. pectinata* (Pallas) P. P. Poljakov (≡*Artemisia pectinata* Pallas)]

特征描述：草本。叶栉齿状羽状全裂。头状花序异型，排成穗状或狭圆锥状花序；花托无托毛；边花 1 层，雌性，能育，常 3-4 朵，花冠狭管状，全缘，盘花常 9-16 朵，两性，下部 4-8 朵能育，上部的不发育，花冠管状，具 5 齿；花柱分枝线形，顶端具短缘毛。瘦果在花托下部排列成 1 圈，椭圆形，稍扁平，黑褐色，具细条纹。染色体 x=9。

分布概况：1/1 种，**13 型**；分布于哈萨克斯坦，蒙古国；中国产华北、西北

系统学评述：该属位于蒿亚族，ITS、*trn*L-F 等序列的独立或联合分析显示，该属及芙蓉菊属 *Crossostephium* 和绢蒿属 *Seriphidium* 都应该与蒿属 *Artemisia* 合并，合并后与蒿属部分种一起组成旧世界绢蒿分支，栉叶蒿 *N. petinata* (Pallas) Poljakov 是分支中除芙蓉菊 *Crossostephium* 之外最早分化的类群[143,155]。

DNA 条形码研究：ITS 和 *trn*L-F 的独立或联合分析均可鉴别该属[143]。BOLD 网站有该属 1 种 2 个条形码数据；GBOWS 网站已有 1 种 8 个条形码数据。

181. *Opisthopappus* C. Shih 太行菊属

Opisthopappus C. Shih (1979: 110); Shi et al. (2011: 758) [Type: *O. taihangensis* (Ling) C. Shih (≡*Chrysanthemum taihangensis* Ling)]

特征描述：草本。叶羽状分裂。头状花序异型；花托半球形或近圆锥状高起，无托毛；冠毛芒片状，4-6 根，分离或仅基部稍结合，不等大，集中在瘦果背面顶端；总苞浅碟状，直径约 1.5cm，总苞片 4 层，草质，边缘宽膜质；边缘花雌性，假舌状，1 层，白色或粉红色，舌片线形，中央花两性，管状，多数。瘦果小，有 3-5 条翅状加厚的纵肋。花粉粒 3 孔沟，具刺，刺基膨大，刺间颗粒状或穿孔状。

分布概况：1/1（1）种，**15 型**；特产中国太行山地区。

系统学评述：该属位于蒿亚族，核基因 ITS 与叶绿体 *trn*L-F 的联合分析显示该属姐妹群为广义菊属 *Chrysanthemum*（即与亚菊属 *Ajania* 合并后的菊属）[143]。

代表种及其用途：太行菊 *O. taihangensis* (Y. Ling) C. Shih 为药用植物。

182. *Pseudohandelia* Tzvelev 拟天山蓍属

Pseudohandelia Tzvelev (1961: 878); Shi et al. (2011: 753) [Type: *P. umbellifera* (Boissier) N. N. Tzvelev (≡*Tanacetum umbelliferum* Boissier)]

特征描述：草本，花后干枯。茎具较粗的髓。叶互生，二至三回羽裂。头状花序盘状，具长梗，伞状排列；花托半球形至锥形，无苞片或边缘区域有托片；总苞半球形，总苞片 2-3 层，边缘干膜质，内层总苞片近似苞片；花黄色，两性，能育；花药顶端附片卵圆状披针形，基部无附属物；花柱分枝线形。果狭圆筒形，不显著 4-5 肋。

分布概况：1/1 种，**13-3 型**；分布于阿富汗，哈萨克斯坦，塔吉克斯坦，土库曼斯坦，伊朗；中国产新疆。

系统学评述：该属位于天山蓍亚族，形态上与天山蓍属 *Handelia* 相似，主要以被毛类型、总苞大小及排列方式等区别，ITS 序列分析证实两者亲缘关系较近[145]。

DNA 条形码研究：ITS 可鉴别该属[145]。BOLD 网站有该属 1 种 2 个条形码数据。

183. *Richteria* Karelin & Kirilov 灰叶匹菊属

Richteria Karelin & Kirilov (1842: 126); Shi et al. (2011: 752) (Type: *R. pyrethroides* Karelin & Kirilov)

特征描述：亚灌木，基部木质。叶互生，羽裂，基生叶莲座状。头状花序辐射状，单生；花托锥形，无苞片；总苞片具深黑色边缘；缘花白色，雌性，中央花 5-10 裂。果不明显 6-10 肋，具无柄的腺，顶具 6-10 个倒卵形，先端浅褐色，长为花冠一半的鳞片。染色体 x=9。

分布概况：3/1 种，**13 型**；分布于阿富汗，印度北部，蒙古国，俄罗斯，伊朗；中国产新疆。

系统学评述：该属位于天山蓍亚族，ITS 序列（1 个代表种）分析显示该属姐妹群为 *Xylanthemum*，两者组成的亚分支与扁毛菊属 *Allardia*、小甘菊属 *Cancrinia*、天山蓍属 *Handelia*、小花菊属 *Microcephala*、拟天山蓍属 *Pseudohandelia* 等一起组成一个含多个平行亚分支的分支[145]，目前无属下分支系统发育报道。

DNA 条形码研究：BOLD 网站有该属 3 种 3 个条形码数据。

184. *Seriphidium* (Besser ex Lessing) Fourreau 绢蒿属

Seriphidium (Besser ex Lessing) Fourreau (1869: 89); Lin et al. (2100: 737) [Type: *S. maritimum* (Linnaeus) P. P. Poljakov (≡*Artemisia maritima* Linnaeus)]

特征描述：草本或灌木，常有浓香味。叶互生，常羽状全裂或掌状。头状花序排成穗状、总状或复头状，再组成圆锥花序；花托无托毛；全为两性管状花；花柱线形。瘦果小，卵形或倒卵形，具不明显细纵纹。花粉粒 3 孔沟。染色体 x=7-11，17。

分布概况：100/31（6）种，**8 型**；分布于中亚，西亚，西南亚，阿拉伯半岛，非洲北部及欧洲干旱地区；中国产西北。

系统学评述：该属位于蒿亚族，形态上与蒿属 *Artemisia* 相似，主要以头状花序含同型小花及花药顶端附片线形相区别，在一些系统中作为蒿属的 1 个亚属，即绢蒿亚属 *Seriphidium* subgen. *Seriphidium*[60]。ITS 序列分析支持这一处理，姐妹群可能是黄花蒿 *Artemisia annua* Linnaeus、*A. afra* Jacquemont ex Willdenow、细裂叶莲蒿 *A. gmelinii* Weber ex Stechmann 等组成的分支或其中 1-2 种[151]。

DNA 条形码研究：ITS 片段分析存在种间变异[151]。BOLD 网站有该属 1 种 1 个条形码数据；GBOWS 网站已有 1 种 6 个条形码数据。

代表种及其用途：蛔蒿 *S. cinum* (O. Berg & C. F. Schmidt) Poljakov 是驱蛔虫药的重要原料。

185. *Soliva* Ruiz & Pavon 裸柱菊属

Soliva Ruiz & Pavon (1794: 113); Shi et al. (2011: 656) (Lectotype: *S. sessilis* Ruiz & Pavon)

特征描述：矮小草本。叶互生，常羽状全裂。头状花序无柄，腋生，异型；花托无托毛；总苞半球形，总苞片 2 层，近等长，边缘膜质；边花雌性，无花冠，数层，能育，盘花两性，常不育，花冠管状，略粗，基部渐狭，冠檐具极短 4 齿裂，稀 2-3 齿裂；花药基部钝；雌花瘦果扁平，边缘有翅，顶端无冠状边缘，有宿存的花柱。染色体 $2n=18$。

分布概况：8/2 种，**3 型**；主产澳大利亚，北美，南美；2 种入侵中国东南、华南。

系统学评述：该属位于山芫绥亚族，对 3 个代表种的 ITS 序列分析发现，该属与山芫绥属（多系）的 1 支构成单系，因此 2 个属的界限有待修订，按目前定义，裸柱菊属是个并系类群[156]。

代表种及其用途：裸柱菊 *S. anthemifolia* (Jussieu) R. Brown 原产南美，是南方地区的入侵杂草。

186. *Stilpnolepis* Krascheninnikov 百花蒿属

Stilpnolepis Krascheninnikov (1946: 207); Shi et al. (2011: 758) [Type: *S. centiflora* (Maximowicz) I. M. Krascheninnikov (≡*Artemisia centiflora* Maximowicz)].——*Elachanthemum* Y. Ling & Y. R. Ling (1978: 62)

特征描述：草本。叶互生，或在茎下部对生，线形或基部羽状浅裂。头状花序盘状，排成疏松伞房花序；花托半球形，无托毛；总苞半球形，腋生，总苞片外层 3-4 枚，草质，顶端圆形；全部小花两性能育，花冠上部宽杯状膨大，檐部 5 裂；花药顶端附片三角状披针形，基部钝。果近纺锤形或长棒状，有纵肋纹，密生腺点，顶无冠状边缘。

分布概况：2/2 种，**15 型**；分布于蒙古国；中国产内蒙古、陕西、甘肃、宁夏等。

系统学评述：该属位于蒿亚族，对 ITS（1 个代表种）序列分析显示该属是蒿亚族最早分化的类群之一[143,155]。

187. *Tanacetum* Linnaeus 菊蒿属

Tanacetum Linnaeus (1753: 843); Shi et al. (2011: 763) (Lectotype: *T. vulgare* Linnaeus).——*Pyrethrum* Zinn (1757: 414)

特征描述：草本。叶互生，羽裂。头状花序异型，伞房花序状排列；总苞钟状，3-5 层；花托无毛；全部小花黄色，边花 1 层，雌性，管状或假舌状，盘花两性，管状；花药基部钝；花柱分枝线形。果同形，三棱状圆柱形，有 5-10 个纵肋，顶端有冠状边缘或小耳。花粉粒 3 孔沟，具刺，刺间穿孔状。染色体 x=9。

分布概况：约 160/19（2）种，**8 型**；分布于非洲北部、中亚、欧洲；中国南北均产，主产新疆。

系统学评述：该属位于春黄菊亚族，与春黄菊属 *Anthemis*、三肋果属 *Tripleurospermum* 等亲缘关系较近。Sonboli 等[157]构建了该属约 60 种的系统发育关系，发现川西小黄菊 *T. tatsienense* (Bureau & Franchet) K. Bremer & Humphries 等不是该属成员，一些种应独立成属（如 *Vogtia* Oberprieler & Sonboli），而 *Gonospermum*、*Lugoa*、*Xylanthemum* 等应并入该属；研究揭示头状花序类型（盘状或辐射状）与辐射花颜色（红色或黄色）等性状在属内经历了多次演化，目前还没有合理的属下分类系统。

DNA 条形码研究：核基因 ITS 及叶绿体 *trn*H-*psb*A 序列分析存在种间变异[157]。BOLD 网站有该属 17 种 40 个条形码数据；GBOWS 网站已有 1 种 16 个条形码数据。

代表种及其用途：多种植物用于提取杀虫剂，如除虫菊 *T. cinerariifolium* (Treviranus) Schultz Bipontinus、红花除虫菊 *T. coccineum* (Willdenow) Grierson、菊蒿 *T. vulgare* Linnaeus；川西小黄菊 *T. tatsienense* (Bureau & Franchet) K. Bremer & Humphries 等入药。

188. *Tripleurospermum* Schultz-Bipontinus 三肋果属

Tripleurospermum Schultz-Bipontinus (1844: 31); Shi et al. (2011: 769) [Lectotype: *T. inodorum* Schultz-Bipontinus (≡*Matricaria chamomilla* Linnaeus)]

特征描述：草本。叶二至三回羽状全裂，裂片条形、披针形或卵形。头状花序异型或同型；花托裸露；缘花雌性，假舌状，1 列，白色，中央花管状，两性，黄色，5 裂，裂片顶端常有红褐色树脂状腺点；花柱分枝顶端截形，画笔状。果圆筒状三角形，顶端有 2 个红褐色或棕色的树脂状大腺体，两侧和腹面有 3 条大的淡白色龙骨状凸起的肋，顶端冠状边缘膜质。花粉粒 3 孔沟，有孔盖，有刺，刺基膨大，刺间颗粒状-穿孔状、疣状-穿孔状。染色体 x=9。

分布概况：40/5（1）种，**8 型**；分布于欧洲、非洲北部、亚洲、北美；中国产北方，新疆尤多。

系统学评述：该属位于春黄菊亚族，核基因 ITS 与叶绿体 *trn*L-F 的联合分析（1 个代表种）表明该属与蓍属 *Achillea*、母菊属 *Matricaria* 及菊蒿属 *Tanacetum* 等聚成一支，是滨菊亚族与茼蒿亚族组成的分支的姐妹群[143]。

DNA 条形码研究：BOLD 网站有该属 7 种 13 个条形码数据；GBOWS 网站已有 1 种 4 个条形码数据。

十二、Inuleae 旋覆花族

189. *Blumea* de Candolle 艾纳香属

Blumea de Candolle (1833: 514), *nom. cons.* ; Chen & Anderberg (2011: 829) [Type: *B. balsamifera* (Linnaeus) de Candolle, *typ. cons.* (≡*Conyza balsamifera* Linnaeus)].——*Blumeopsis* Gagnepain (1920: 75);

Cyathocline Cassini (1829: 419)

特征描述：草本，亚灌木或藤本，常有香气。茎直立、斜升、平卧或攀援状。叶互生。头状花序假盘状；总苞片多层；花托无毛或被柔毛；冠毛糙毛状，多数；外围雌花细管状，2-4 齿裂，黄色或紫红色，中央花两性，黄色或紫红色，管状；花柱分枝顶端钝或稍尖。花粉粒 3 孔沟，具刺。染色体 x=8，9，10，11。

分布概况：53/31（5）种，**4 型**；分布于非洲，热带亚洲，大洋洲和太平洋群岛；中国产长江以南。

系统学评述：该属位于旋覆花亚族 Inulinae，姐妹属为 *Caesulia*，与羊耳菊属 *Duhaldea* 等亲缘关系也比较近。ITS、*trn*L-F、*psb*A-*trn*H 片段的联合分析揭示属下含 3 个主要分支，即 *B. lacera* 分支、*B. densiflora* 分支和 *B. balsamifera* 分支，前者包含了该属多数种类，后者仅含属模式种 1 种[158]。最新分析（ITS 和 *trn*L-F）还发现传统上放在紫菀族的杯菊属 *Cyathocline*（含 2-3 个种）等应并入该属，但在该属的系统位置还有待研究[159]。

DNA 条形码研究：核基因 ITS 与叶绿体 *trn*L-F、*psb*A-*trn*H 等序列分析存在种间变异[158]。BOLD 网站有该属 28 种 72 个条形码数据；GBOWS 网站已有 7 种 38 个条形码数据。

代表种及其用途：艾纳香 *B. balsamifera* (Linnaeus) de Candolle 是药用植物及提取冰片的原料。

190. *Buphthalmum* Linnaeus 牛眼菊属

Buphthalmum Linnaeus (1753: 903); Chen & Anderberg (2011: 820) (Lectotype: *B. salicifolium* Linnaeus)

特征描述：多年生草本。叶互生。头状花序辐射状，常单生于茎、枝顶端；花托凸，具狭而凹陷具小尖的托片；冠毛的膜片基部结合成冠状，全缘或顶端撕裂成短芒状；总苞片草质；小花黄色，外围的雌花辐射状，中央花两性，管状。雌花果实背面稍扁压，3 棱，具狭翅，两性花的果实常具狭翅。染色体 2n=20。

分布概况：3/1 种，**（10）型**；产欧洲；中国栽培且逸生。

系统学评述：该属位于旋覆花亚族，与天名精属 *Carpesium*、旋覆花属 *Inula*、苇谷草属 *Pentanema* 等亲缘关系较近。ITS、*ndh*F、*trn*L-F、*psb*A-*trn*H 等序列的联合分析发现该属 2 个代表种在系统树上聚成一个单系，是旋覆花亚族最基部的分支[160]。

DNA 条形码研究：ITS、*ndh*F、*trn*L-F、*psb*A-*trn*H 等序列分析存在种间变异[160]。BOLD 网站有该属 1 种 2 个条形码数据。

代表种及其用途：牛眼菊 *B. salicifolium* Linnaeus 为观赏植物。

191. *Carpesium* Linnaeus 天名精属

Carpesium Linnaeus (1753: 859); Chen & Anderberg (2011: 821) (Lectotype: *C. cernuum* Linnaeus)

特征描述：多年生草本。叶互生。头状花序盘状，常下垂；花托秃裸而有细点，扁平，无冠毛；苞片干膜质或外层的草质，呈叶状；花黄色，外围的雌性，辐射状，结实，盘花两性，筒状或上部扩大成漏斗状；柱头 2 深裂，先端钝。果细长，有纵条纹，先端收缩成喙状，顶端具软骨质环状物。染色体 $2n$=40。

分布概况：20/16（6）种，**10 型**；产亚洲和欧洲；主要分布于中国长江以南，少数产北方及青藏地区。

系统学评述：该属位于旋覆花亚族，与牛眼菊属 *Buphthalmum*、旋覆花属 *Inula*、苇谷草属 *Pentanema* 等亲缘关系较近。核基因 ITS 与叶绿体 *ndh*F、*trn*L-F、*psb*A-*trn*H 的联合分析发现 2 个代表种在系统树上聚成一支，但该属及苇谷草属等类群的独立导致旋覆花属等成为多系，因此，这些属可能应该合并[160]。

DNA 条形码研究：核基因 ITS 与叶绿体 *ndh*F、*trn*L-F、*psb*A-*trn*H 等序列分析存在种间变异[160]。BOLD 网站有该属 2 种 2 个条形码数据；GBOWS 网站已有 5 种 75 个条形码数据。

代表种及其用途：天名精 *C. abrotanoides* Linnaeus 全草入药。

192. *Duhaldea* de Candolle 羊耳菊属

Duhaldea de Candolle (1836: 366); Chen & Anderberg (2011: 8433) (Type: *D. chinensis* de Candolle)

特征描述：灌木或草本。叶互生。头状花序辐射状或假盘状；花托无苞片；冠毛多数，刺毛状；边缘小花 1 层，舌片长 1-15mm，雌性，中央花两性，裂片短；花药顶端附片截形，药室内壁组织两极化排列；花柱分叉以上具尖扫粉毛。果被毛。染色体 $2n$=18，20，40。

分布概况：15/7（2）种，**14SH 型**；分布于中亚、东亚及东南亚；中国产西南、东南和华南。

系统学评述：该属位于旋覆花亚族，与艾纳香属 *Blumea*、苇谷草属 *Pentanema* 等亲缘关系较近。核基因 ITS 与叶绿 *trn*L-F 和 *psb*A-*trn*H 等序列的联合分析发现 3 个代表种在系统树上聚成一个单系，是艾纳香属及其近缘类群的姐妹群[158]。

DNA 条形码研究：ITS 与叶绿 *trn*L-F 和 *psb*A-*trn*H 等序列存在种间变异[158]。BOLD 网站有该属 3 种 6 个条形码数据；GBOWS 网站已有 4 种 23 个条形码数据。

代表种及其用途：翼茎羊耳菊 *D. pterocaula* (Franchet) Anderberg、羊耳菊 *D. cappa* (Buchanan-Hamilton ex D. Don) Pruski & Anderberg、显脉旋覆花 *D. nervosa* (Wallich ex de Candolle) Anderberg 等可入药。

193. *Epaltes* Cassini 鹅不食草属

Epaltes Cassini (1818: 139); Chen & Anderberg (2011: 846) [Type: *E. divaricata* (Linnaeus) Cassini (≡*Ethulia divaricata* Linnaeus)]

特征描述：草本。叶互生。头状花序假盘状，单生叶腋；花托裸露；无冠毛；总苞半球形，总苞片 1-2 层，干膜质；缘花雌性，多数，多层，能育，管状，花冠细长，下部扩大，中央花两性，少数，雄性，管状，4-5 裂；花药基部箭形，药室内壁辐射状；花柱 2 裂，分叉以上着生钝扫粉毛。果圆柱形，细长，10 肋，基部有毛。染色体 x=10。

分布概况： 14/2 种，**2（←2-2）型**；分布于非洲，亚洲，大洋洲，中美洲和南美洲；中国产长江以南。

系统学评述： 该属位于阔苞菊亚族 Plucheinae，与花花柴属 *Karelinia*、六棱菊属 *Laggera*、阔苞菊属 *Pluchea*、假飞蓬属 *Pseudoconyza*、戴星草属 *Sphaeranthus* 等亲缘关系较近。ITS 序列研究表明该属及花花柴属等类群的独立导致阔苞菊属成为并系[161]，目前无属下系统发育研究报道。

DNA 条形码研究： BOLD 网站有该属 1 种 1 个条形码数据。

194. *Inula* Linnaeus 旋覆花属

Inula Linnaeus (1753: 881); Chen & Anderberg (2011: 837) (Lectotype: *I. helenium* Linnaeus)

特征描述： 草本，稀灌木。叶互生。头状花序；花托无托片；冠毛有细毛；总苞内层干膜质，外层叶质、革质或干膜质；外缘有 1 至数层雌花，中央花两性，管状；花药有细长渐尖的尾部，药室内壁组织辐射状排列；两性花花柱顶端较宽。果近有棱或纵肋或细沟。花粉粒 3 孔沟，具刺，刺间穿孔状或瘤状凸起。染色体 $2n$=16，20，24，32。

分布概况： 100/14（2）种，**10 型**；产非洲，亚洲和欧洲；中国主产北方，少数到西北和青藏地区。

系统学评述： 该属位于旋覆花亚族，与牛眼菊属 *Buphthalmum*、天名精属 *Carpesium*、苇谷草属 *Pentanema* 等亲缘关系较近。核基因 ITS 与叶绿体 *ndh*F、*trn*L-F、*psb*A-*trn*H 的联合分析发现该属是一个多系类群，位于 2 个独立分支上，一支与天名精属等亲缘关系较近，另一支与苇谷草属（多系）的一支聚在一起，此处建议相关属合并成立广义的旋覆花属，以花托裸露，冠毛同型、细毛状等特征与蚤草属 *Pulicaria* 等区别[161]。

DNA 条形码研究： ITS、*ndh*F、*trn*L-F、*psb*A-*trn*H 等片段分析存在种间变异[161]。BOLD 网站有该属 10 种 50 个条形码数据；GBOWS 网站已有 9 种 61 个条形码数据。

代表种及其用途： 该属有多种药用植物，如总状土木香 *I. racemosa* J. D. Hooker、土木香 *I. helenium* Linnaeus、锈毛旋覆花 *I. hookeri* C. B. Clarke、柳叶旋覆花 *I. salicina* Linnaeus、水朝阳旋覆花 *I. helianthus-aquatilis* C. Y. Wu ex Y. Ling、欧亚旋覆花 *I. britannica* Linnaeus、旋覆花 *I. japonica* Thunberg 和线叶旋覆花 *I. linariifolia* Turczaninow。

195. *Karelinia* Lessing 花花柴属

Karelinia Lessing (1834: 187); Chen & Anderberg (2011: 848) [Type: *K. caspia* (Pallas) Lessing (≡*Serratula caspia* Pallas)]

特征描述： 多年生草本。叶互生。头状花序较假盘状，常排列成伞房状聚伞花序；花托平，边缘收缩，有托毛；冠毛白色，多层，基部多少结合，雌花的冠毛纤细，两性花的冠毛上端较粗厚；总苞长圆形或短圆柱形，总苞片多层，卵圆形至卵圆披针形，宽阔，坚韧，厚质；外缘雌花细管状，中央有多数不结果实的两性花（雄花），花冠狭长管状。果圆柱形，有 4-5 棱，无毛。

分布概况： 1/1 种，**12 型**；分布于中亚，西南亚及里海地区；中国产西北及青藏地区。

系统学评述：该属位于阔苞菊亚族，该属有宽厚坚硬的总苞片，与阔苞菊属 *Pluchea* 相似，因冠毛纤细，小花花冠极细长，花药基部无箭形长尾部，雌花花冠有 4 齿，雄花冠毛上端稍粗厚，果无毛等特征不同，但基于 ITS 序列的研究表明该属及鹅不食草属 *Epaltes* 等类群的独立导致阔苞菊属成为并系[161]。

DNA 条形码研究：ITS 片段可以鉴别该属[161]。GBOWS 网站有该属 1 种 11 个条形码数据。

196. *Laggera* Schultz-Bipontinus ex Bentham & J. D. Hooker 六棱菊属

Laggera Schultz-Bipontinus ex Bentham & J. D. Hooker (1841: 26); Chen & Anderberg (2011: 849) (Type: *non designatus*)

特征描述：草本。叶互生，基部沿茎下延成茎翅。头状花序盘状；花托扁平，无托片；冠毛 1 层，刚毛状，白色；总苞片多层，内层狭窄，干膜质；外围雌花多层，结实，细管状，顶端常 4 齿裂，中央两性花略少，结实，管状；花药基部 2 浅裂或箭形，小耳钝或急尖，不呈明显的尾状。果圆柱形，有 10 棱。花粉粒 3 孔沟，具刺，刺间微穿孔状。染色体 $2n=20$。

分布概况：17/2 种，**6 型**；分布于热带非洲，阿拉伯半岛和亚洲；中国产长江以南。

系统学评述：该属位于阔苞菊亚族，与鹅不食草属 *Epaltes*、花花柴属 *Karelinia*、*Pluchea* 阔苞菊属、假飞蓬属 *Pseudoconyza*、戴星草属 *Sphaeranthus* 等亲缘关系较近。基于核基因 ITS 研究发现，2 个代表种在系统树上位于 2 个独立分支上，一个与 *Antiphiona* Merxmüller 等聚在一起，另一个与阔苞菊属、花花柴属、鹅不食草属等多个属聚在一起[161]。

DNA 条形码研究：ITS 片段分析存在种间变异[161]。BOLD 网站有该属 4 种 7 个条形码数据；GBOWS 网站已有 2 种 19 个条形码数据。

197. *Pentanema* Cassini 苇谷草属

Pentanema Cassini (1818: 74); Chen & Anderberg (2011: 828) (Type: *P. divaricata* Cassini)

特征描述：草本。叶互生。花托无托毛；冠毛 1 层，5 至多数，极纤细；总苞片外层边缘干膜质，内层干膜质；外围有 1-2 层雌花，辐射状，中央有多数两性花，管状，黄色；花药基部箭头形，有纤细的尾部，上端稍尖；花柱分枝稍扁，上端较宽，钝或截形。果近圆柱形或稍四角形，无肋或棱。染色体 $2n=18$。

分布概况：18/3 种，**10 型**；分布于非洲、中亚、南亚和东南亚；中国产华南、西南。

系统学评述：该属位于旋覆花亚族，与牛眼菊属 *Buphthalmum*、天名精属 *Carpesium*、旋覆花属 *Inula* 等亲缘关系较近，常作为旋覆花属的 1 个组处理，主要以瘦果无沟或棱，冠毛有较少的毛，辐射花多无冠毛等与旋覆花属不同[FRPS]。核基因 ITS 与叶绿体 *ndh*F、*trn*L-F、*psb*A-*trn*H 的联合序列的分析发现，苇谷草属的 3 个代表种在系统树上分别位于 2 个不同分支上，一个与旋覆花属的成员聚在一起，另一个是艾纳香属的姐妹属，此处建议将前者并入旋覆花属，将后者命名为 *Vicoa* Cassini[160]。

DNA 条形码研究：ITS、*ndh*F、*trn*L-F、*psb*A-*trn*H 等序列分析存在种间变异[160]。BOLD 网站有该属 4 种 5 个条形码数据。

代表种及其用途：苇谷草 *P. indicum* (Linnaeus) Y. Ling 全草可入药。

198. *Pluchea* Cassini 阔苞菊属

Pluchea Cassini (1817: 31); Chen & Anderberg (2011: 847) [Type: *P. marilandica* (A. Michaux) Cassini (≡*Conyza marilandica* A. Michaux)]

特征描述：灌木或亚灌木，稀草本。叶互生。头状花序假盘状，在枝顶作伞房花序排列或近单生；花托无托毛；冠毛毛状；总苞，多层，外层常阔卵形，内层常狭窄，稍长；外层雌花结实，中央两性花少，不结实。果略扁，4-5 棱。花粉粒 3 孔沟，具刺，刺基膨大，刺间穿孔状。染色体 $2n$=20，40，60。

分布概况：80/5 种，**2 型**；分布于非洲，东南亚，澳大利亚，加勒比海地区，北美，南美及太平洋群岛；中国产长江以南。

系统学评述：该属位于阔苞菊亚族，与鹅不食草属 *Epaltes*、花花柴属 *Karelinia*、六棱菊属 *Laggera*、假飞蓬属 *Pseudoconyza*、戴星草属 *Sphaeranthus* 等近缘。基于核基因 ITS 研究发现该属的 14 个代表种与鹅不食草属、花花柴属、六棱菊属、假飞蓬属、戴星草属等属的成员构成并系[161]。

DNA 条形码研究：ITS 片段分析存在种间变异[161]。BOLD 网站有该属 8 种 13 个条形码数据；GBOWS 网站已有 1 种 4 个条形码数据。

代表种及其用途：阔苞菊 *P. indica* (Linnaeus) Lessing 和翼茎阔苞菊 *P. sagittalis* (Lamarck) Cabrera 为药用植物。

199. *Pseudoconyza* Cuatrecasas 假飞蓬属

Pseudoconyza Cuatrecasas (1961: 30); Chen & Anderberg (2011: 850) [Type: *P. lyrata* (Kunth) J. Cuatrecasas (≡*Conyza lyrata* Kunth)]

特征描述：多年生草本。叶互生。头状花序假盘状，伞房花序状排列；冠毛刺毛状，单层，不联合；总苞片 5-6 层，披针形至线形；缘花雌性，细管状，多数，盘花两性，少数；花药有尾，药室内壁组织辐射状排列。果椭圆形，有直毛。

分布概况：1/1 种，**2-2 型**；分布于非洲、亚洲及中美洲；中国产台湾。

系统学评述：该属位于阔苞菊亚族，与鹅不食草属 *Epaltes*、花花柴属 *Karelinia*、六棱菊属 *Laggera*、阔苞菊属 *Pluchea*、戴星草属 *Sphaeranthus* 等近缘。基于核基因 ITS 研究表明该属及花花柴属，鹅不食草属等类群的独立导致阔苞菊属成为并系[161]。

DNA 条形码研究：ITS 片段能鉴别该属[161]。BOLD 网站有该属 1 种 1 个条形码数据。

200. *Pterocaulon* Elliot 翼茎草属

Pterocaulon Elliot (1824: 323); Chen & Anderberg (2011: 846) [Type: *P. pycnostachyum* (A. Michaux) S. Elliott (≡*Conyza pycnostachya* A. Michaux)]

特征描述： 茎直立，被灰白色绒毛。叶互生，基部沿茎下沿成翅。头状花序假盘状，在枝顶密集成球状或圆柱状穗状花序；花托小；冠毛毛状，2 层；总苞片数层，覆瓦状排列；缘花细管状，顶端有 2-3 齿或截平不裂，雌性，结实，黄色，中央花两性，黄色，不结实，管状；两性花花柱分枝丝状，略钝。果圆柱形，具 4-5 棱。花粉粒 3 孔沟，具刺，刺基具穿孔，刺间疣状凸起。染色体 $2n=20$。

分布概况： 18/1 种，**2（3）型**；分布于东南亚，澳大利亚，南美和北美；中国产海南。

系统学评述： 该属位于阔苞菊亚族，基于核基因 ITS 分析显示该属是阔苞菊属 *Pluchea* 及其近缘属的姐妹群[161]，目前无属下分子系统发育研究报道。

201. *Pulicaria* Gaertner 蚤草属

Pulicaria Gaertner (1791: 461); Chen & Anderberg (2011: 825) [Type: *P. vulgaris* J. Gaertner (≡*Inula pulicaria* Linnaeus)]

特征描述： 草本或亚灌木。叶互生。头状花序辐射状或假盘状；花托无托毛；冠毛 2 层；总苞片外层草质，内层干膜质；缘花黄色，雌性，中央花黄色，两性；花柱分枝狭长，稍扁，上部稍宽，顶端钝。瘦果圆柱形，或有棱。花粉粒球形，有刺，3 孔沟，覆盖层有孔，柱状层有囊腔和内部穿孔。染色体 $2n=14$，18。

分布概况： 77/6（1）种，**10 型**；分布于非洲，亚洲和欧洲；中国产西北及青藏地区。

系统学评述： 位于旋覆花亚族，与 *Jasonia*、*Vieria* 等亲缘关系较近。核基因 ITS 与叶绿体 *ndh*F、*trn*L-F、*psb*A-*trn*H 的联合分析发现该属是个多系类群，至少出现在 4 个独立分支上，其中 1 个独立成支，1 个与 *Limbarda* 等聚在一起，包含模式种的分支与 *Dittrichia*、*Chiliadenus*、*Jasonia* 等属聚在一起，其余种类聚成一支，包含属内绝大多数种类，可以用 *Platychaete* 命名，但也可将 *Chiliadenus*、*Dittrichia*、*Jasonia* 等并入蚤草属，目前还没有正式分类修订发表[160]。

DNA 条形码研究： ITS、*ndh*F、*trn*L-F、*psb*A-*trn*H 等序列分析存在种间变异[160]。BOLD 网站有该属 3 种 15 个条形码数据；GBOWS 网站已有 2 种 14 个条形码数据。

代表种及其用途： 蚤草 *P. vulgaris* Gaertner 和止痢蚤草 *P. dysenterica* (Linnaeus) Bernhardi 可入药。

202. *Sphaeranthus* Linnaeus 戴星草属

Sphaeranthus Linnaeus (1753: 927); Chen & Anderberg (2011: 845) (Type: *S. indicus* Linnaeus)

特征描述： 草本。叶互生，基部沿茎枝下延成翅状。头状花序假盘状，密集成复头状花序；花托狭，无毛；无冠毛；总苞狭窄，1-2 层，内层常干膜质，外围雌花少数或较多，结实，细管状，檐部 2-4 齿裂；中央两性花极少或 1 个，结实或不结实，管状、漏斗状或坛状，檐部 4-5 裂。果圆柱形，稍压扁，有棱。花粉粒 3 孔沟，具刺，刺间穿孔状。染色体 $2n=20$。

分布概况： 40/3 种，**4 型**；主产非洲和亚洲的热带、亚热带地区，少数延伸到大洋洲；中国产西南至台湾。

系统学评述：该属位于阔苞菊亚族，与鹅不食草属 *Epaltes*、花花柴属 *Karelinia*、六棱菊属 *Laggera*、阔苞菊属 *Pluchea*、假飞蓬属 *Pseudoconyza* 等亲缘关系较近。ITS 序列分析表明该属及花花柴属、鹅不食草属等类群的独立导致阔苞菊属成为并系[161]，目前无属下系统发育研究报道。

DNA 条形码研究：BOLD 网站有该属 1 种 2 个条形码数据；GBOWS 网站已有 2 种 12 个条形码数据。

十三、Athroismeae 山黄菊族

203. *Anisopappus* W. J. Hooker & Arnott 山黄菊属

Anisopappus W. J. Hooker & Arnott (1837: 196); Chen & Anderberg (2011: 851) (Type: *A. chinensis* W. J. Hooker & Arnott)

特征描述：草本。茎直立，被糙伏毛。叶互生，有锯齿。总苞半球形；花托凸起，托片半抱瘦果；冠毛不等长；缘花雌性，1-2 层，结实，中央花两性，结实，管状；花药基部箭形，有尾状渐尖的耳部；花柱分枝线形，上部略扁，顶端钝圆形。瘦果近圆柱形或雌花瘦果的背部稍压扁，有多数纵肋。花粉粒 3 孔沟，有刺。染色体 $2n=28$。

分布概况：18/1 种，**6 型**；分布于热带非洲大陆、南非及马达加斯加；中国产长江以南。

系统学评述：该属位于山黄菊族山黄菊亚族 Anisopappinae，山黄菊族是向日葵族及其近缘属的姐妹群，主产非洲和大洋洲，共 6 属约 60 种，分 3 亚族，即山黄菊亚族（3 属）、Athroisminae（3 属）和石胡荽亚族 Centipedinae（1 属）[60,162]，但分子证据揭示石胡荽亚族与其他亚族关系较远[7]。山黄菊属是山黄菊族最大的属[FOC]，2 个代表种的 *ndh*F 序列的分支分析支持该属为单系[7]，但最近有新属 *Cardosoa* S. Ortiz & Paiva 从该属分出[162]。

DNA 条形码研究：*ndh*F 序列分析存在种间变异[7]。GBOWS 网站已有 1 种 5 个条形码数据。

代表种及其用途：中国仅 1 种，即山黄菊 *A. chinensis* (Linnaeus) W. J. Hooker & Arnott，可入药。

十四、Helenieae 堆心菊族

204. *Gaillardia* Fougeroux 天人菊属

Gaillardia Fougeroux (1786: 55); Chen & Hind (2011: 878) (Type: *G. pulchella* Fougeroux)

特征描述：草本。茎直立。叶互生，或基生。头状花序；花托凸起或半球形，托片长刚毛状；冠毛 6-10 个，鳞片状，有长芒；总苞宽大，2-3 层，覆瓦状，基部革质；缘花辐射状，中央管状花两性，顶端浅 5 裂，裂片顶端被节状毛；花药基部短耳形；两性花花柱分枝顶端画笔状。瘦果长椭圆形或倒塔形，有 5 棱。染色体 $2n=34$。

分布概况：20/1 种，**（8-4）型**；产北美和南美；中国引种栽培。

系统学评述：该属位于堆心菊族 Helenieae，该族是向日葵族 Heliantheae 及其近缘类群的姐妹群，共 13 属约 120 种，分 5 亚族，即天人菊亚族 Gaillardiinae、Tetraneurinae、Psathyrotinae、Marshalliinae 和 Plateileminae。中国仅有天人菊亚族的天人菊属植物 1 种，为引进栽培的观赏植物[FOC]。*Balduina*、*Helenium* 等与该属亲缘关系较近[163]。该属分 4 组，即天人菊组 *Gaillardia* sect. *Gaillardia*、*G*. sect. *Agassizia*、*G*. sect. *Hollandia* 和 *G*. sect. *Austroamericania*，其中天人菊组拥有的物种最多[164]。ITS、ETS 及 *trn*T-*trn*F 的联合分析发现前 3 组的代表在系统树上聚成一个单系，其中 *G*. sect. *Agassizia* 的 3 种组成的分支是最早分化的类群，其次是 1 个由 *G*. sect. *Hollandia* 的 2 种组成的分支，天人菊组可再划分为 3 个亚分支[165]，*G*. sect. *Austroamericania* 目前没有分子数据。

DNA 条形码研究：ITS、ETS 及 *trn*T-*trn*F 等序列分析存在种间变异[163]。BOLD 网站有该属 19 种 55 个条形码数据。

代表种及其用途：天人菊 *G*. *pulchella* Fougeroux 为兰州等地栽培花卉。

十五、Coreopsideae 金鸡菊族

205. *Bidens* Linnaeus 鬼针草属

Bidens Linnaeus (1753: 831); Chen & Hind (2011: 857) (Lectotype: *B. tripartita* Linnaeus)

特征描述：草本。茎常有纵条纹。叶对生或有时在茎上部互生。冠毛有芒刺 2-4 枚，其上有倒刺状刚毛；苞片常 1-2 层，基部常合生；外围一层为辐射花，常白色或黄色，盘花两性，4-5 裂；花药基部钝或近箭形；花柱分枝扁，顶端附器三角形锐尖或渐尖。果顶端截形或渐狭，无明显的喙。花粉粒 3 孔沟，有刺，刺基具穿孔。染色体 $2n=24$，36，48，72。

分布概况：150-250/10（1）种，**1（3）型**；世界广布，以美洲热带，亚热带及暖温带为主；中国南北均产。

系统学评述：该属位于金鸡菊族的金鸡菊亚族 Coreopsidinae，传统分类放在向日葵族[FRPS]，是重新界定向日葵族后分出的 11 族之一，分 3 亚族[166,167]，其中中国产金鸡菊亚族（4 属）和鹿角草亚族 Chrysanthellinae（1 属）[FOC]。鬼针草属与金鸡菊属 *Coreopsis*、秋英属 *Cosmos*、大丽花属 *Dahlia* 等亲缘关系较近，ITS 与 *mat*K 和 *trn*L-F 等序列的联合分析发现该属包含 2 个独立分支，一支与金鸡菊属的部分种一起构成，另一支全由鬼针草属成员组成，但 2 支都嵌套于金鸡菊属内[166]。

DNA 条形码研究：ITS、*mat*K 和 *trn*L-F 等片段分析存在种间变异[166]。BOLD 网站有该属 20 种 97 个条形码数据；GBOWS 网站已有 8 种 169 个条形码数据。

代表种及其用途：狼杷草 *B*. *tripartita* Linnaeus 是世界广布杂草。

206. *Coreopsis* Linnaeus 金鸡菊属

Coreopsis Linnaeus (1753: 907); Chen & Hind (2011: 860) (Lectotype: *C. lanceolata* Linnaeus)

特征描述：叶对生或上部互生。花托有条纹；无冠毛或有 2 尖齿或 2 鳞片或芒；总

苞片 2 层；外层有 1 层无性或雌性结实的辐射花，棕红色至紫色，或粉色至白色，中央有多数结实的两性管状花；花药基部全缘；花柱分枝顶端截形或钻形。果扁，长圆形、倒卵形或纺锤形。花粉粒 3 孔沟，有刺，刺基具穿孔。染色体 2*n*=24，26。

分布概况：35/3 种，**2 型**；主产北美温带地区，少数到北半球热带地区；中国均为引种栽培。

系统学评述：该属位于金鸡菊亚族，与秋英属 *Cosmos*、大丽花属 *Dahlia* 等亲缘关系较近。ITS、*mat*K 和 *trn*L-F 等序列联合分析表明该属是个多系类群，含至少 8 个独立分支，分别与秋英属、鬼针草属 *Bidens* 等聚在一起，这些属从形态上也难以界定，因此可能应该合并为 1 个属[166,168]。

DNA 条形码研究：ITS、*mat*K 和 *trn*L-F 等序列分析存在种间变异[166]。BOLD 网站有该属 39 种 62 个条形码数据；GBOWS 网站已有 2 种 17 个条形码数据。

代表种及其用途：两色金鸡菊 *C. tinctoria* Nuttall 为广泛栽培花卉。

207. *Cosmos* Cavanilles 秋英属

Cosmos Cavanilles (1791: 9); Chen & Hind (2011: 856) (Type: *C. bipinnatus* Cavanilles)

特征描述：草本。叶对生。花托托片膜质；冠毛 2-4 根，芒刺状，具倒刺毛；外围有 1 层无性的辐射花，全缘或近顶端齿裂，白色至粉色或紫色，或黄色至橙红色，中央有多数结果实的两性花，管状；花柱分枝细，顶端膨大，具短毛或伸出短尖的附器。果狭长，有 4-5 棱，背面稍平，有长喙。染色体 2*n*=24，48。

分布概况：26/2 种，**3 型**；主要分布于热带及亚热带美洲，特别是墨西哥广泛引种栽培；中国引种栽培。

系统学评述：该属位于金鸡菊亚族，与鬼针草属 *Bidens*、金鸡菊属 *Coreopsis*、大丽花属 *Dahlia* 等亲缘关系较近。ITS、*mat*K 和 *trn*L-F 等序列的联合分析发现 2 个代表种在系统树上聚成一个单系，但嵌套于金鸡菊属（多系）的一个分支内，再与金鸡菊属的其他分支及鬼针草属等构成一个复合体，这几个属从形态上也难于划分界限，因此可能应该合并成一个属[166]。

DNA 条形码研究：ITS、*mat*K 和 *trn*L-F 等序列分析存在种间变异[166]。BOLD 网站有该属 1 种 1 个条形码数据。

代表种及其用途：秋英 *C. bipinnatus* Cavanilles 为广泛栽培花卉。

208. *Dahlia* Cavanilles 大丽花属

Dahlia Cavanilles (1791: 56); Chen (1979: 367) (Type: *D. pinnata* Cavanilles)

特征描述：草本，有块根。叶对生。花托托片宽大，膜质；冠毛缺或为不明显的小齿；总苞片 2 层；外围有无性或雌性小花，白色、红色或紫色，中央有多数两性花，管状；花药基部钝；花柱分枝顶端有线形或长披针形且具硬毛的长附器。果长圆形或披针形，有不明显的 2 齿。染色体 2*n*=32，34，36，64。

分布概况：40/1 种，**(3) 型**；产墨西哥，中美洲及哥伦比亚；中国引种栽培。

系统学评述：该属位于金鸡菊亚族，姐妹属为 *Dicranocarpus*，与鬼针草属 *Bidens*、金鸡菊属 *Coreopsis*、秋英属 *Cosmos* 等亲缘关系也比较近，ITS、*mat*K 和 *trn*L-F 的联合分析发现单型属 *Dicranocarpus* 是大丽花属姐妹群，2 个属组成的分支位于金鸡菊族的基部，是鬼针草属、金鸡菊属、秋英属等所在分支的姐妹群[166]。最新修订中，根据形态和染色体资料将大丽花属分为 4 组，即 *Dahlia* sect. *Pseudohdmn*（2*n*=32）、*D.* sect. *Epiphytum*、*D.* sect. *Entmtophyllon*（2*n*=34）和大丽花组 *D.* sect. *Dahlia*，后者含属内多数种类，再分 2 亚组，即大丽花亚组 *D.* subsect. *Dahlia*（2*n*=32，64）和仅有 1 种的 *D.* subsect. *Merckizz*（2*n*=36）[169,170]，基于核基因 ITS 分析发现，*D.* sect. *Entmtophyllon* 的 2 个代表种在系统上聚成一个单系支，是最早分化的分支，其次是 subsect. *Merckizz* 所在的分支，其余种构成一个分支，分 2 个亚分支，一个全部由大丽花亚组的物种组成，另一个由 *D.* sect. *Pseudohdmn* 的全部种及部分大丽花亚组的部分成员组成[171]。

代表种及其用途：大丽花 *D. pinnata* Cavanilles 是中国广泛栽培的花卉。

209. *Glossocardia* Cassini 鹿角草属

Glossocardia Cassini (1817: 138); Chen & Hind (2011: 856) (Type: *G. linearifolia* Cassini).——*Glossogyne* Cassini (1827: 475)

特征描述：草本。叶互生或下部叶对生。头状花序；总苞钟形，2-3 层；花托扁平；冠毛为 2 个宿存的被倒刺毛的芒；全部小花结实，外围有 1 层雌性辐射花，舌片全缘或上端 3 裂，中央有多数两性花，管状，上端具 4 裂片；花药基部钝或近全缘；花柱分枝顶端具被毛的长附器。瘦果无毛，背部压扁。染色体 2*n*=24。

分布概况：11/1 种，**5 型**；分布于北非，热带亚洲，大洋洲南部和太平洋群岛；中国产西藏及东南、华南。

系统学评述：该属位于鹿角草亚族 Chrysanthellinae[60]。

十六、Neurolaeneae 沼菊族

210. *Enydra* Loureiro 沼菊属

Enydra Loureiro (1790: 510); Chen & Hind (2011: 861) (Type: *E. fluctuans* Loureiro)

特征描述：沼生草本。叶对生，无柄。总苞片 4 枚，叶状；花托托片包裹小花；无冠毛；外缘雌花多层，结实，辐射状，顶端 3-4 裂，中央两性花较少数，结实或内面的有时不结实，管状，檐部钟状，5 裂或稀有多于 5 裂；雄蕊 5，花药基部钝、全缘或有不明显的短耳。果长圆形，隐藏于坚硬的托片中，外面的背部压扁，中央的两侧压扁，平滑无毛。

分布概况：5/1 种，**2 型**；分布于热带，亚热带地区；中国产云南、海南。

系统学评述：该属位于沼菊族的沼菊亚族 Enydrinae，沼菊族是万寿菊族及其近缘类群组成的分支的姐妹群，传统上位于向日葵族，是向日葵族重新界定后新独立的族，主产新热带，少数分布到旧热带，有 5 属约 150 种，分 3 亚族，即 Neurolaeninae、沼菊

亚族和 Heptanthinae[163]，目前无族下系统发育报道，中国仅有沼菊亚族 1 属 1 种[FOC]，目前无分子数据报道。

DNA 条形码研究：BOLD 网站有该属 1 种 2 个条形码数据。

十七、Tageteae 万寿菊族

211. *Flaveria* Jussieu 黄顶菊属

Flaveria Jussieu (1789: 186); Chen & Hind (2011: 855) (Lectotype: *F. chilensis* J. F. Gmelin)

特征描述：草本或亚灌木。叶对生，有油腺。头状花序辐射状或盘状，伞房花序状排列；花托锥形，无苞片；无冠毛或有 2-4 个膜质鳞片；总苞片 1 层，有油腺；缘花 0 或 1，雌性，黄色或发白，中央花两性，能育，黄色，5 裂。果黑色，略压扁，有肋，无毛。花粉粒 3 孔沟，具短刺，刺间具穿孔。染色体 $2n$=36。

分布概况：23/1 种，**1 型**；产印度，墨西哥，美国，非洲，大洋洲，加勒比海地区，中美洲和南美洲；中国产河北。

系统学评述：该属位于万寿菊族的黄顶菊亚族 Flaveriinae。万寿菊族与沼菊族等亲缘关系较近，传统上位于向日葵族，是重新界定向日葵族后分出的 11 族之一，有 32 属/270 种左右，分 4 亚族，即香檬菊亚族 Pectidinae、黄顶菊亚族 Flaveriinae、Jaumeinae 和 Varillinae[163]，主产热带与暖温带新世界，集中分布于北美洲东南部；中国 3 属/4 种，其中香檬菊亚族 2 属 3 种，均为引进栽培或入侵杂草，黄顶菊亚族 1 属 1 种，为台湾新归化属[FOC]。对 21 个种的 *trn*L-F、ITS 及 ETS 的联合序列分析表明该属是单系类群，含 2 个 C4 植物组成的主要分支，以及一些 C3 植物在系统树基部组成的并系类群[172]。

212. *Pectis* Linnaeus 香檬菊属

Pectis Linnaeus (1759: 1189); Chen & Hind (2011: 855) (Lectotype: *P. linifolia* Linnaeus)

特征描述：草本。叶对生。花托略锥形，无苞片；冠毛糙毛状，有少数粗壮的芒、毛或鳞片；总苞片单层，边缘重叠，有腺点；缘花生于总苞片内，与总苞片同数，单层，雌性，黄色或微红色，中央花能育，两性，黄色，有时略带紫色；花药灰白色，顶端附片椭圆形至截形，基部短尖；花柱几不分叉。果黑色，肋不明显。染色体 $2n$=22，24，36，44，48，72。

分布概况：85/1 种，**（3b）型**；产热带及亚热带美洲；中国台湾归化 1 种。

系统学评述：该属位于香檬菊亚族，姐妹属为 *Porophyllum*，与万寿菊属 *Tagetes* 等亲缘关系也比较近。ITS、*mat*K、*ndh*F、*rpl*16、*trn*L-*rpl*32、*trn*V-*ndh*C、*trn*Y-*rpo*B 等序列的联合分析支持该属为单系类群，可划分为 5 个类群，即香檬菊组 *Pectis* sect. *Pectis*、*P*. sect. *Heteropectis*、*P*. sect. *Saxicaule*、*P*. sect. *Pectothrix* 和 1 个未命名的类群，香檬菊组位于系统树的最基部，其次是 *P*. sect. *Heteropectis*[173]。

DNA 条形码研究：ITS、*mat*K 等序列分析存在种间变异[173]。BOLD 网站有该属 78

种 132 个条形码数据。

代表种及其用途：中国仅 1 种，即伏生香檬菊 *P. prostrata* Cavanilles，为台湾新归化种。

213. *Tagetes* Linnaeus 万寿菊属

Tagetes Linnaeus (1753: 887); Chen & Hind (2011: 854) (Lectotype: *T. erecta* Linnaeus)

特征描述：草本。叶常对生，具油点。头状花序；总苞 1 层，几全部连合成管状或杯状，有半透明的油点；花托无毛；冠毛有 3-10 个不等长的鳞片或刚毛；小花全部结实，辐射花 1 层，雌性，金黄色、橙黄色或褐色，管状花两性，金黄色、橙黄色或褐色；花柱分枝长，开展或弯曲。果线形或线状长圆形，具棱。花粉粒 3 孔沟，具刺，刺间穿孔状。染色体 $2n$=24，48。

分布概况：40/2 种，**2 型**；产热带及暖温带美洲；中国引种栽培。

系统学评述：该属位于香檬菊亚族，与香檬菊属 *Pectis* 等亲缘关系较近。ITS 和 *ndh*F 序列的联合分析发现该属种类出现在 2 个分支上，一个与 *Vilobia* 聚在一起，另一个是 *Adenopappus* 的姐妹群，2 支聚成一个单系，是 *Hydropectis* 及其近缘属的姐妹群[174]。

DNA 条形码研究：ITS 和 *ndh*F 序列分析存在种间变异[174]。BOLD 网站有该属 7 种 16 个条形码数据；GBOWS 网站已有 2 种 14 个条形码数据。

代表种及其用途：万寿菊 *T. erecta* Linnaeus 是广泛栽培的观赏植物。

十八、Heliantheae 向日葵族

214. *Acmella* Persoon 金钮扣属

Acmella Persoon (1807: 472); Chen & Hind (2011: 861) (Lectotype: *A. mauritiana* Persoon)

特征描述：草本。叶对生。花托凸起，托片与小花近等长，舟形；冠毛无或有 2-3 个短细芒，外围花冠辐射状，雌性，1 层，顶端 2-3 浅裂；花黄色或白色，结实，盘花两性，管状；花药顶尖，基部全缘或具小耳；花柱分枝短，截形。雌花的瘦果果实卵形或椭圆形，具 3 棱，两性花的瘦果背向压扁。染色体 $2n$=26，52，60，78。

分布概况：30/6 种，**2（3）型**；泛热带分布；中国产长江以南。

系统学评述：该属位于金钮扣亚族 Spilanthinae。最新研究将该属划分为 3 组，即金钮扣组 *Acmella* sect. *Acmella*、*A.* sect. *Annuae* 和 *A.* sect. *Megaglottis*[175]。叶绿体 DNA 的 RFLP 分析揭示该属与 *Salmea* 等亲缘关系较近[176]，目前无属下分子系统发育报道。

DNA 条形码研究：BOLD 网站有该属 3 种 5 个条形码数据；GBOWS 网站已有 2 种 22 个条形码数据。

代表种及其用途：桂圆菊 *A. oleracea* (Linnaeus) R. K. Jansen 广泛栽培，可作为花卉，也是药材和杀虫剂的原料。

215. *Ambrosia* Linnaeus 豚草属

Ambrosia Linnaeus (1753: 987); Chen & Hind (2011: 876) (Lectotype: *A. maritima* Linnaeus)

特征描述：草本。叶互生或对生。头状花序小，单性，雄头状花序有多数不育的两性花，花柱不裂，雌头状花序有 1 个无被能育的雌花，总苞片 1-8 层，闭合，背面在顶部以下有 1 层的 4-8 瘤或刺，顶端紧缩成围裹花柱的嘴部；花冠不存在；花柱 2 深裂，上端从总苞嘴部外露。果倒卵形，无毛，藏于坚硬的总苞中。花粉粒 3 孔沟，有刺。染色体 $2n$=24，36，48。

分布概况：43/3 种，**1 型**；产美洲热带至温带，以北美为主；中国为入侵种。

系统学评述：该属位于豚草亚族 Ambrosiinae，与银胶菊属 *Parthenium*、苍耳属 *Xanthium* 等近缘。最新研究修订[177]将 *Franseria* 并入该属，分为 4 个未正式命名的类群，但叶绿体 RFLP 分析支持 *Franseria* 独立成属[178]，目前无属下系统发育研究报道。

DNA 条形码研究：BOLD 网站有该属 11 种 60 个条形码数据；GBOWS 网站已有 1 种 7 个条形码数据。

代表种及其用途：豚草 *A. artemisiifolia* Linnaeus 是有毒入侵杂草。

216. *Blainvillea* Cassini 百能葳属

Blainvillea Cassini (1823: 493); Chen & Hind (2011: 867) (Type: *B. rhomboidea* Cassini)

特征描述：草本。茎直立。叶对生。头状花序小，放射状或近盘状；花托托片包裹小花，干膜质；冠毛毛状或鳞片状，2-5 根，不等长，基部联合；全部小花结，外缘的雌花 1-2 层，花冠辐射状或有时管状，舌片短，顶端有 2-4 个细齿，中央花两性，管状；花柱分枝狭，顶端有尖或钝的附器。雌花的瘦果有 3 棱或背部扁压，两性花的瘦果具 3-4 棱或侧向扁压。花粉粒 3 孔沟，具刺。染色体 x=17。

分布概况：10/1 种，**2 型**；热带分布；中国产长江以南。

系统学评述：该属位于鳢肠亚族，与金腰箭舅属 *Calyptocarpus*、苏利南野菊属 *Clibadium*、鳢肠属 *Eclipta*、离药金腰箭属 *Eleutheranthera*、卤地菊属 *Melanthera*、蟛蜞菊属 *Sphagneticola*、李花菊属 *Wollastonia* 等亲缘关系较近[163]。

DNA 条形码研究：BOLD 网站有该属 2 种 3 个条形码数据；GBOWS 网站已有 1 种 7 个条形码数据。

217. *Calyptocarpus* Lessing 金腰箭舅属

Calyptocarpus Lessing (1832: 221); Chen & Hind (2011: 868) (Type: *C. vialis* Lessing)

特征描述：草本。叶对生，有柄，边缘有锯齿。头状花序辐射状，单生或多数聚生；花托平或凹，有托片；冠毛有 2 个芒；总苞钟形，总苞片约 5，1-2 层；缘花 5-8，雌性，黄色，中央花结实，管状，4-5 裂，黄色。果同型，有棱或翅，背腹压扁，倒圆锥形。染色体 $2n$=24。

分布概况：3/1 种，（**9-2**）**型**；产南美至北美；中国台湾已归化。

系统学评述：该属位于鳢肠亚族 Ecliptinae，与百能葳属 *Blainvillea*、苏利南野菊属 *Clibadium*、鳢肠属 *Eclipta*、离药金腰箭属 *Eleutheranthera*、卤地菊属 *Melanthera*、蟛蜞菊属 *Sphagneticola*、孪花菊属 *Wollastonia* 等亲缘关系较近[163,179]。

代表种及其用途：金腰箭舅 *C. vialis* Lessing 为外来杂草。

218. *Clibadium* Allamand ex Linnaeus 苏利南野菊属

Clibadium Allamand ex Linnaeus (1771: 161); Chen & Hind (2011: 870) (Type: *C. surinamense* Linnaeus)

特征描述：灌木或小乔木。叶对生。头状花序近盘状，圆锥花序或聚伞花序状排列；总苞片 2-6 层，内层包裹外围小花；花托平或锥形，有托片，包裹小花，似内层总苞片或膜质，无冠毛；缘花辐射状，1-2 层，中央花结实，管状，5 裂；花药黑色，尾状附属物具腺毛；花柱分枝尖。果压扁，无翅，顶部多被毛。染色体 x=16。

分布概况：24/1 种，（**3b**）**型**；分布于新热带；中国台湾归化 1 种。

系统学评述：该属位于鳢肠亚族。最新修订将该属分为 2 亚属，即苏利南野菊亚属 *Clibadium* subgen. *Clibadium* 和 *C.* subgen. *Paleata*，后者分 2 组，即 *C.* sect. *Eggersia*（3 种）和 *C.* sect. *Trixidium*（2 种）；前者分 4 组，即 *C.* sect. *Clibadium*（6 种）、*C.* sect. *Glomerata*（9 种）、*C.* sect. *Grandifolia*（5 种）和 *C.* sect. *Oswalda*（4 种）[180]。核基因 ITS 序列分析显示 *Baltimora* 为该属姐妹属[181]，但没有开展属下分子系统发育研究。

219. *Eclipta* Linnaeus 鳢肠属

Eclipta Linnaeus (1771: 157), *nom. cons.* ; Chen & Hind (2011: 869) [Type: *E. erecta* Linnaeus, *nom. illeg.* & *typ. cons.* (=*E. alba* (Linnaeus) Hasskarl≡*Verbesina alba* Linnaeus)]

特征描述：草本。叶对生。花托托片芒状；冠毛不存在或为 2 短芒。外围的雌花 2 层，结实，舌片短而狭，中央花两性，多数结实，花冠管状，白色，顶端具 4 齿裂；花药基部具极短 2 浅裂；花柱分枝扁，顶端钝，有乳头状凸起。果三角形或扁四角形，顶端截形，有 1-3 个刚毛状细齿，两面有粗糙的瘤状凸起。花粉粒 3 孔沟，具刺，刺间有穿孔或光滑。染色体 x=11。

分布概况：5/1 种，**2 型**；分布于暖温带至亚热带新世界；1 种广泛入侵中国各地。

系统学评述：该属位于鳢肠亚族。根据叶绿体 RFLP 分析，该属是苏利南野菊属姐妹群[176]，目前无属内分子系统发育研究报道。

DNA 条形码研究：BOLD 网站有该属 1 种 28 个条形码数据；GBOWS 网站已有 1 种 59 个条形码数据。

代表种及其用途：鳢肠 *E. prostrata* (Linnaeus) Linnaeus，中国各地均产，可入药。

220. *Eleutheranthera* Poiteau 离药金腰箭属

Eleutheranthera Poiteau (1802: 137); Chen & Hind (2011: 869) (Type: *E. ovata* Poiteau)

特征描述：一年生草本。叶对生，3 脉，有叶柄。头状花序盘状，单生叶腋，下垂；花托平，有托片，内卷包围小花；无冠毛。小花两性，黄色；总苞钟形，总苞片 2-3 层，草质；花药离生黑色或金黄色；花柱分枝渐细，顶有乳突。果同型，压扁，四边形至圆柱形，有瘤状凸起。染色体 x=10，15。

分布概况：2/1 种，（**3b**）**型**；新热带分布；中国台湾已归化。

系统学评述：该属位于鳢肠亚族，与金腰箭属 *Synedrella* 相似，以头状花序仅具管状花、雄蕊分离、无冠毛、瘦果有毛及棱角等区别[FOC]。

221. *Helianthus* Linnaeus 向日葵属

Helianthus Linnaeus (1753: 904); Chen & Hind (2011: 874) (Lectotype: *H. annuus* Linnaeus)

特征描述：草本，通常高大。叶对生，有柄，常有离基三出脉。头状花序辐射状，大，单生或排列成伞房状；花托平或稍凸起，托片折叠，包围两性花；冠毛不存在或有 2（3）个披针形、边缘啮蚀状的芒状长鳞片及 0-8 个短鳞；外围有 1 层无性的辐射花，黄色，不结实，中央有极多结果实的两性花，管状。果长圆形或倒卵圆形，稍扁或具 4 厚棱。花粉粒 3 孔沟，具刺。染色体 2n=34，102。

分布概况：52/3 种，（**9**）**型**；原产北美；中国各地引种栽培。

系统学评述：该属位于向日葵亚族，与单花葵属 *Lagascea*、硬果菊属 *Sclerocarpus*、肿柄菊属 *Tithonia* 等亲缘关系较近。最新修订[182]根据形态、习性等分为 4 组，即向日葵组 *Helianthus* sect. *Helianthus*、*H*. sect. *Agrestis*、*H*. sect. *Ciliares* 和 *H*. sect. *Divaricati*，但核基因 ETS 的分析结果表明前 2 个组都是并系类群，后 2 个组都是多系类群，根据分支分析结果，向日葵属应划分为 4 个分支，其中 2 支位于基部，一个主要由 *H*. sect. *Agrestis* 的成员组成，另一个由 *H*. sect. *Divaricati* 的部分种组成，*H*. sect. *Divaricati* 和 *H*. sect. *Ciliares* 各有部分构成第 3 个分支，第 4 个分支由向日葵组和 *H*. sect. *Ciliares* 的另外部分种类组成，后面 2 个分支包含了属内大部分物种，互为姐妹群[183]。

DNA 条形码研究：核基因 ETS 分析存在种间变异[183]。BOLD 网站有该属 54 种 241 个条形码数据；GBOWS 网站已有 2 种 11 个条形码数据。

代表种及其用途：向日葵 *H.annuus* Linnaeus 是世界主要农作物之一，菊芋 *H. tuberosus* Linnaeus 作为蔬菜广泛栽培。

222. *Lagascea* Cavanilles 单花葵属

Lagascea Cavanilles (1803: 331), *nom. & orth. cons*.; Chen & Hind (2011: 8730) (Type: *L. mollis* Cavanilles)

特征描述：叶对生。头状花序盘状，仅 1 花，稀 2-3 花，聚生成复头状花序，单一、聚伞花序或圆锥花序状排列；冠毛冠状，有缺刻，或芒状；花两性，管状，檐部下漏斗状，5 裂，黄色、白色、粉色或红色；花药黄色、黑色、粉色、棕色或红色；花柱 2 裂，分枝渐细。果棕色至黑色，狭圆筒状至倒卵球形，具细沟。染色体 x=17。

分布概况：9/1 种，（**3b**）**型**；主产墨西哥及中美洲，1 种世界广布；中国香港已归化。

系统学评述：该属位于向日葵亚族，与向日葵属 *Helianthus*、硬果菊属 *Sclerocarpus*、肿柄菊属 *Tithonia* 等亲缘关系较近。核基因 ITS 和 ETS 联合分析发现，2 个代表种在系统树上组成一个单系分支，但嵌套于肿柄菊属内，因此 2 个属的界限应重新界定或合并成 1 属[184]。

DNA 条形码研究：核基因 ITS 和 ETS 分析存在种间变异[184]。BOLD 网站有该属 2 种 2 个条形码数据。

223. *Melanthera* Rohr 卤地菊属

Melanthera Rohr (1792: 213); Chen & Hind (2011: 871) [Neotype: *M. nivea* (Linnaeus) J. K. Small (≡*Bidens nivea* Linnaeus)]

特征描述：草本或近灌木。叶对生，<u>具明显叶柄</u>。头状花序单生茎顶或伞房花序状排列；花托凸起；无冠毛或有 1 易脱落的短芒；<u>总苞片 2 层</u>，<u>近等长</u>；<u>缘花雌性</u>，<u>不育</u>，中央花两性；花药黑色，顶端附片具腺毛；花柱分枝渐细至渐尖，顶有乳突。缘花的果倒圆锥形，三角状，盘花的果四棱形。染色体 $2n$=16，30，45，50。

分布概况：35/1 种，**1 型**；分布于非洲、亚洲、中美洲、南美洲、北美洲及太平洋岛屿；中国产南方地区。

系统学评述：该属位于鳢肠亚族。最新修订将 *Lipochaeta* 和 *Wedelia* 的部分种转入此属，共收录 35 种，但没有划分种下系统[179]。

DNA 条形码研究：BOLD 网站有该属 2 种 4 个条形码数据。

224. *Parthenium* Linnaeus 银胶菊属

Parthenium Linnaeus (1753: 988); Chen & Hind (2011: 877) (Lectotype: *P. hysterophorus* Linnaeus)

特征描述：灌木或草本。叶互生。头状花序小；花托凸起或圆锥状，有膜质托片；冠毛 2-3，刺芒状或鳞片状；总苞钟状或半球形，2 层；<u>外围雌花 1 层</u>，<u>结实</u>，<u>中央两性花多数</u>，<u>不结实</u>，全部花冠白色或浅黄色，雌花辐射状，舌片短宽，顶端凹入，2 或 3 齿裂，两性花管状，顶端 4-5 裂；雄蕊 4-5；花柱分枝 2，两性花花柱不分枝。果常压扁。染色体 $2n$=34。

分布概况：16/1 种，**（3）型**；产北美至南美；1 种入侵中国长江以南。

系统学评述：该属位于豚草亚族，与豚草属 *Ambrosia*、苍耳属 *Xanthium* 等亲缘关系较近。最新研究将该属分为 4 组，分别为银胶菊组 *Parthenium* sect. *Parteniastrum*（2 种）、灰白银胶菊组 *P.* sect. *Argyrochaeta*（5 种）、*P.* sect. *Parthenichaeta*（7 种）和 *P.* sect. *Bolophytum*（2 种）[179]。

DNA 条形码研究：BOLD 网站有该属 4 种 16 个条形码数据；GBOWS 网站已有 1 种 11 个条形码数据。

代表种及其用途：银胶菊 *P. hysterophorus* Linnaeus 为外来杂草，产橡胶，部分地区有栽培。

225. ***Rudbeckia*** **Linnaeus 金光菊属**

Rudbeckia Linnaeus (1753: 906); Chen & Hind (2011: 873) (Lectotype: *R. laciniata* Linnaeus)

特征描述：草本。叶多互生，稀对生；全缘或羽状分裂。头状花序大或较大；花托凸起，圆柱形或圆锥形，托片对折，干膜质；冠毛短冠状或无；周围有 1 层不结实的辐射花，舌片全缘或顶端具 2-3 短齿，中央有多数结实的两性花，管状；花柱顶端具钻形附器，被锈毛。果具 4 棱或近圆柱形，稍压扁，上端钝或截形。染色体 x=18，19。

分布概况：20-30/2 种，（**9**）型；产北美；中国引种栽培。

系统学评述：该属位于金光菊亚族。姐妹属为 *Fatibida*。分 2 亚属，即金光菊亚属 *Rudbeckia* subgen. *Rudbeckia* 和 *R*. subgen. *Macrocline*，前者花托球形，多一年生，染色体 x=19，后者以具根状茎的多年生植物为主，染色体 x=18。以核基因 ITS 序列对 20 多个种的分析支持这一划分，同时表明 *Dracopis* 等应并入此属，是 *R*. subgen. *Macrocline* 早期分化的 1 支[185]。中国广泛引种栽培 2 种，分别位于 2 个亚属[FOC]。

DNA 条形码研究：ITS 片段分析存在种间变异[185]。BOLD 网站有该属 6 种 30 个条形码数据；GBOWS 网站已有 1 种 3 个条形码数据。

代表种及其用途：中国引种栽培 2 种，即金光菊 *R. laciniata* Linnaeus 和黑心菊 *R. hirta* Linnaeus，均为观赏花卉。

226. ***Sanvitalia*** **Lamarck 蛇目菊属**

Sanvitalia Lamarck (1792: 176); Chen (1979: 337) (Type: *S. procumbens* Lamarck)

特征描述：草本。花托凸起，托片长圆形，半抱瘦果；冠毛刺芒状，1-2 根或无；总苞片 2-3 层，外层草质，明显长于内层，覆瓦状排列；外围花雌性，有或无短管部，与果顶愈合，宿存，中央两性花管状。果三棱形，多少扁压至几扁，两性花的瘦果常具翅，被短缘毛。染色体 x=8，9，11。

分布概况：7/1 种，**3** 型；产美洲中部；中国香港栽培或逸生。

系统学评述：该属位于百日菊亚族 Zinninae，与百日菊属 *Zinnia* 等亲缘关系较近。Torres[186]对该属做了最新修订，共收录 7 个种，没有划分属下系统。

227. ***Sclerocarpus*** **Jacquin 硬果菊属**

Sclerocarpus Jacquin (1781: 17); Chen & Hind (2011: 872) (Type: *S. africanus* Jacquin)

特征描述：草本或亚灌木。叶对生或在上部互生。头状花序辐射状，单生；花托略锥形，苞片紧密包裹小花成果状，一起脱落；无冠毛，或毛状或鳞片状合生成冠状；总苞辐状至半球形，1-2 层；缘花不育，无性，黄色至橙色，盘花两性，能育，黄色至橙色。果略压扁。染色体 x=12。

分布概况：12/1 种，（**3b**）型；主产墨西哥，美国和中美洲；中国西藏等地引种栽培。

系统学评述：该属位于向日葵亚族，姐妹属为 *Hymenostephium*，与向日葵属 *Helianthus*、单花葵属 *Lagascea*、肿柄菊属 *Tithonia* 等亲缘关系较近。2 个代表种在核基因 ITS 和叶绿体

RFLP 数据联合分析的系统树上聚成一个单系分支，是 *Hymenostephium* 的姐妹群[187]。

228. *Sphagneticola* O. Hoffmann 蟛蜞菊属

Sphagneticola O. Hoffmann (1900: 36); Chen & Hind (2011: 870) (Type: *S. ulei* O. Hoffmann)

特征描述： 草本或木本，近肉质。叶对生，叶柄短。花托托片干膜质，对折包围缘花果实；冠毛冠状，边缘缺刻状或毛缘状；总苞阔钟形，外层总苞片草质，长于内层；缘花结实，橙色至黄色，雌性，辐射状，中央花结实，两性，管状；花药顶端附片带黑色。果实三角形，盘花果实压扁。染色体 $2n$=50，56。

分布概况： 4/2 种，**3 型**；分布于热带或亚热带新世界；中国长江以南产或引种栽培。

系统学评述： 该属位于鳢肠亚族。叶绿体 RFLP 分析显示 *Macraea* 为该属姐妹群[176]，属内美洲 3 个种的染色体基数推测为 14，唯一的亚洲种染色体基数 x=25，从染色体基数来看，两地种类区别很大[188]。

DNA 条形码研究： BOLD 网站有该属 1 种 8 个条形码数据；GBOWS 网站已有 1 种 7 个条形码数据。

代表种及其用途： 南美蟛蜞菊 *S. trilobata* (Linnaeus) Pruski，栽培花卉，广东、台湾等地逸为野生。

229. *Synedrella* Gaertner 金腰箭属

Synedrella Gaertner (1791: 456); Chen & Hind (2011: 868) [Type: *S. nodiflora* (Linnaeus) Gaertner (≡*Verbesina nodiflora* Linnaeus)]

特征描述： 一年生草本。头状花序异型；总苞片不等大，外层叶状，内层干膜质，鳞片状；花托小，有干膜质的托片；冠毛硬，刚刺状；全部小花结实，缘花雌性，辐射状，中央花两性，管状，檐部 4 浅裂；雄蕊 4。果二型，雌花瘦果平滑，扁压，边缘有翅；两性花的瘦果狭，扁平或三角形，无翅。染色体 $2n$=40。

分布概况： 1/1 种，**2 型**；分布于加勒比海地区，中美洲，南美洲，墨西哥；中国产长江以南。

系统学评述： 该属位于鳢肠亚族。叶绿体 RFLP 分析显示 *Lasianthaea* 为该属姐妹属[176]。

DNA 条形码研究： BOLD 网站有该属 1 种 7 个条形码数据；GBOWS 网站已有 1 种 12 个条形码数据。

230. *Tithonia* Desfontaines ex Jussieu 肿柄菊属

Tithonia Desfontaines ex Jussieu (1789: 189); Chen & Hind (2011: 874) (Type: *T. uniflora* Gmelin)

特征描述： 一年生草本。叶常互生。头状花序异型，有中空、长棒槌状的花序梗；花托凸起；冠毛无或鳞片状；总苞片 2-4 层，有多数纵条纹；缘花雌性，不育，辐射状，中央有多数结实的两性花，管状；花药基部钝；花柱分枝有具硬毛的线状披针形附器。

果压扁，具4纵肋。染色体 $2n$=34。

分布概况：11/1 种，**（3b）型**；原产墨西哥，中美洲，广布亚洲热带地区；中国云南、广东、海南、福建、广西有栽培或逸生。

系统学评述：该属位于向日葵亚族，与向日葵属 *Helianthus*、硬果菊属 *Sclerocarpus* 等亲缘关系较近。核基因 ITS 和 ETS 分子片段的联合分析揭示该属与单花葵属 *Lagascea* 聚成一个单系，后者的独立导致肿柄菊属成为并系，因此 2 个属的界限应重新界定或合并成 1 个属[184]。

DNA 条形码研究：ITS 和 ETS 片段分析存在种间变异[184]。BOLD 网站有该属 8 种 10 个条形码数据；GBOWS 网站已有 1 种 11 个条形码数据。

231. *Wollastonia* de Candolle ex Decaisne 孪花菊属

Wollastonia de Candolle ex Decaisne (1834: 414); Chen & Hind (2011: 871) [Lectotype: *W. scabriuscula* de Candolle ex Decaisne, *nom. illeg.* (=*W. biflora* (Linnaeus) de Candolle≡*Verbesina biflora* Linnaeus)]

特征描述：草本或灌木。叶对生，具明显叶柄，3 脉。头状花序单生茎顶或成聚伞圆锥花序；花托锥形，苞片多少包裹小花，冠毛无或 1 宿存的芒；总苞半球形至钟形，总苞片 2 层，近等长。缘花结实，雌性，黄色，中央花两性，黄色或青黄色；花药棕色至黑色。雌花果实楔形，具 3 棱，两性花果实不明显 4 棱，压扁。染色体 $2n$=30，45，50，75。

分布概况：2/2 种，**5 型**；分布于印度洋至太平洋沿岸及山区；中国产长江以南。

系统学评述：该属位于鳢肠亚族，形态上与卤地菊属 *Melanthera* 等相似，叶绿体 RFLP 分析显示 *Lipochaeta* 为该属姐妹群，两者组成的分支是卤地菊属及其近缘属的姐妹群[176]，目前无属下分子系统发育研究报道。

232. *Xanthium* Linnaeus 苍耳属

Xanthium Linnaeus (1753: 987); Chen & Hind (2011: 875) (Lectotype: *X. strumarium* Linnaeus)

特征描述：草本。叶阔心形。头状花序单性，雌雄同株，雄头状花序着生于茎上端，球形，具多数不结果实的两性花，花托柱状，托片披针形，无色；总苞片 1-2 层，分离；雌头状花序盘状，生于茎下部，总苞片 6-12 层，在果实成熟时变硬，上端具 1-2 个坚硬的喙，外面具钩状的刺。果实 2，倒卵形，藏于总苞内。染色体 $2n$=36。

分布概况：2-3/2 种，**1（14）型**；产新世界，广泛入侵世界各地；中国南北均产。

系统学评述：该属位于豚草亚族，与豚草属 *Ambrosia*、银胶菊属 *Parthenium* 等亲缘关系较近[FOC]，目前无分子数据报道。

DNA 条形码研究：BOLD 网站有该属 4 种 25 个条形码数据；GBOWS 网站已有 1 种 23 个条形码数据。

代表种及其用途：苍耳 *X. sibiricum* Patrin 在各地很常见，可入药，果实可榨油。

233. *Zinnia* Linnaeus 百日菊属

Zinnia Linnaeus (1759: 1221); Chen & Hind (2011: 863) [Type: *Z. peruviana* (Linnaeus) Linnaeus (≡*Chryso-*

gonum peruvianum Linnaeus)]

特征描述：草本或半灌木。叶对生，无柄，全缘。头状花序；总苞片多层，覆瓦状排列；花托圆锥状或圆柱状；冠毛无或有 1-3 个芒；外围 1 层雌花结实，辐射状，短管部与瘦果顶部愈合，中央有多数两性花，全结实；花药基部全缘；花柱分枝顶端尖或近截形。雌花瘦果扁三棱形，盘花瘦果扁平或外层的三棱形。花粉粒 3 孔沟，具刺。染色体 2*n*=24。

分布概况：25/1 种，**3 型**；产美国，墨西哥，中美洲和南美洲；中国南方地区及甘肃等地引种栽培。

系统学评述：该属位于百日菊亚族，与蛇目菊属 *Sanvitalia* 等亲缘关系较近。Torres[189]对该属做了最新修订，共收录 17 种。分 2 亚属，即百日菊亚属 *Zinnia* subgen. *Zinnia* 和 *Z.* subgen. *Diplothrix*，前者再分 2 组，即百日菊组 *Z.* sect. *Zinnia* 和 *Z.* sect. *Mendezia*。

DNA 条形码研究：BOLD 网站有该属 3 种 7 个条形码数据；GBOWS 网站已有 1 种 15 个条形码数据。

代表种及其用途：中国仅 1 种，即多花百日菊 *Z. peruviana* Linnaeus，为引种栽培花卉。

十九、Millerieae 米勒菊族

234. *Acanthospermum* Schrank 刺苞果属

Acanthospermum Schrank (1819: 53); Chen & Hind (2011: 865) (Type: *A. brasilum* Schrank)

特征描述：草本。叶对生。总苞片具刺，2 层，外层扁平，内层基部紧密包裹雌花，开放后膨大，上部包围瘦果；花托膜质，包围两性花；周围有 1 层结果实的雌花，辐射状，淡黄色，上端 3 齿裂，中央有不结果实的两性花，黄色，花冠管状。果长圆形，藏于扩大变硬的内层总苞片中，外面具倒刺，或具 1-3 硬刺。无冠毛。染色体 *x*=11。

分布概况：6/1 种，**2 型**；主产热带及暖温带新世界；中国云南、广东等地已归化。

系统学评述：该属位于黑足菊亚族 Melampodiinae。2 个代表种的核基因 ITS 研究表明该属是个并系类群，*Lecocarpus* 可能应该并入该属，合并 *Lecocarpus* 后的刺苞果属是 *Melampodium* 的姐妹群[181]。

代表种及其用途：刺苞果 *A. hispidum* de Candolle 是云南、广东等地分布的外来杂草。

235. *Galinsoga* Ruiz & Pavon 牛膝菊属

Galinsoga Ruiz & Pavon (1794: 110, t. 24); Chen & Hind (2011: 864) (Lectotype: *G. parviflora* Cavanilles)

特征描述：一年生草本。叶对生。头状花序；花托圆锥状，托片质薄；总苞片 1-2 层，膜质；盘花冠毛膜片状或流苏状，雌花无冠毛或冠毛短毛状，盘花结实，两性，黄色，管状，缘花结实或不育，缘花雌性，1 层，辐射状。果有棱，倒卵圆状三角形，常背腹压扁，被微毛。染色体 2*n*=16，32，48，64。

分布概况：15/2 种，**1 型**；分布于加勒比海至百慕大群岛地区，中美洲，北美洲和南美洲；中国西南、西北等地区已归化。

系统学评述：该属位于牛膝菊亚族 Galinsoginae。最新修订分为 3 组，即 *Galinsoga* sect. *Elata*、*G*. sect. *Stenocarpha* 和牛膝菊组 *G*. sect. *Galinsoga*[190]。

代表种及其用途：牛膝菊 *G. parviflora* Cavanilles，外来杂草，广布全国。

236. *Guizotia* Cassini 小葵子属

Guizotia Cassini (1829: 237), *nom. cons.* ; Chen & Hind (2011: 865) [Type: *G. abyssinica* (Linnaeus f.) Cassini (≡*Polymnia abyssinica* Linnaeus f.)]

特征描述：草本、亚灌木或灌木。叶对生。头状花序辐射状，单生或伞房花序状排列；花托锥形或半球形；无冠毛；总苞钟形或半球形，2 层；全部小花结实，缘花雌性，黄色，中央花两性，黄色，管状，管部筒状，长于管部，5 裂。果略压扁，3-5 棱，无毛。染色体 x=15。

分布概况：6/1 种，（**6b**）**型**；产非洲；中国长江以南引种栽培并归化。

系统学评述：该属位于米勒菊亚族 Millerinnae，与豨莶属 *Sigesbeckia*、包果菊属 *Smallanthus* 等亲缘关系较近。核基因 ITS 与叶绿体 *trn*L-F 等序列的独立或联合均支持该属为单系类群，*G. arborescens* Friis 和 *G. zavattarii* Lanza 可能是属内最早分化的类群[191,192]。

代表种及其用途：小葵子 *G. abyssinica* (Linnaeus f.) Cassini 作为油料植物广泛栽培。

237. *Sigesbeckia* Linnaeus 豨莶属

Sigesbeckia Linnaeus (1753: 900); Chen & Hind (2011: 866) (Lectotype: *S. orientalis* Linnaeus)

特征描述：一年生草本。花托小，有膜质半包瘦果的托片；无冠毛；总苞片 2 层，背面被头状具柄的腺毛，外层草质，内层与花托外层托片相对，半包瘦果；小花全结实或有时中心花不育，外围有 1-2 层雌性辐射花，舌片顶端 3 浅裂，中央有多数两性管状花。果倒卵状四棱形或长圆状四棱形，顶端截形，黑褐色，外层瘦果常内弯。染色体 2n=30，60。

分布概况：4/3 种，**2**（**←4**）**型**；泛热带分布；中国南北均产。

系统学评述：该属位于米勒菊亚族，与小葵子属 *Guizotia*、包果菊属 *Smallanthus* 等亲缘关系较近，基于核基因 ITS 分析发现 3 个代表种在系统树上聚成一个单系，是 *Axiniphyllum* 的姐妹群[181]。

代表种及其用途：豨莶 *S. orientalis* Linnaeus 等 3 个种均为全国广布的常见植物，可药用。

238. *Smallanthus* Mackenzie 包果菊属

Smallanthus Mackenzie (1933: 1406); Chen & Hind (2011: 867) [Type: *S. uvedalia* (Linnaeus) Mackenzie (≡*Osteospermum uvedalia* Linnaeus)]

特征描述：草本或灌木。茎直立。叶对生。头状花序；总苞片 2 层，草质，内层与小花同数，膜质至干膜质；花托托片干膜质；无冠毛；缘花结实，雌性，黄色，白色或橙色，盘花不育，雄性，黄色或橙色。果倾斜着生于托片中，为总苞片隔开，果实显著长于盘花花冠，压扁，具 30-40 肋或条纹。染色体 $2n=32$。

分布概况：24/2 种，**(3b) 型**；产中美洲，南美洲及北美洲；中国长江以南引种栽培或归化。

系统学评述：该属位于米勒菊亚族，与豨莶属 *Sigesbeckia*、小葵子属 *Guizotia* 等亲缘关系较近，形态学与 13 个代表种的 ITS 序列分析均表明，该属是单系类群，但两者揭示的种间关系有显著差异[181]。

DNA 条形码研究：ITS 片段分析存在种间变异[193]。BOLD 网站有该属 3 种 5 个条形码数据。

代表种及其用途：菊薯 *S. sonchifolius* (Poeppig) H. Robinson，广泛栽培，块根可食。

239. *Tridax* Linnaeus 羽芒菊属

Tridax Linnaeus (1753: 900); Chen & Hind (2011: 864) (Type: *T. procumbens* Linnaeus)

特征描述：多年生草本。叶对生，具柄，羽状分裂或具粗裂齿。花托扁平或凸起，托片干膜质；冠毛短或长，芒状渐尖，羽状；总苞片数层，外层叶质，内层干膜质；全部小花结实，外围雌花 1 层，淡黄色，辐射状或二唇形，中央的两性花黄色或绿色，管状，5 浅裂；两性花花柱分枝顶端钻形，被毛。瘦果陀螺状或圆柱状，被毛。花粉粒 4 孔沟，具刺。染色体 $2n=36$。

分布概况：26/1 种，**3 (→1) 型**；分布于热带美洲及热带亚洲；中国长江以南归化 1 种。

系统学评述：位于羽芒菊亚族 Dyscritothamninae。最新研究将其分为 2 组，即羽芒菊组 *Tridax* sect. *Tridax* 和 *T.* sect. *Imbricata*[194]，目前无分子数据报道。

DNA 条形码研究：BOLD 网站有该属 2 种 7 个条形码数据；GBOWS 网站已有 1 种 21 个条形码数据。

代表种及其用途：羽芒菊 *T. procumbens* Linnaeus 为外来杂草。

二十、Eupatorieae 泽兰族

240. *Adenostemma* J. R. Forster & G. Forster 下田菊属

Adenostemma J. R. Forster & G. Forster (1775: 89); Chen et al. (2011: 881) (Type: *A. viscosum* J. R. Forster & G. Forster)

特征描述：一年生草本。叶对生，三出脉，边缘有锯齿。总苞片草质，2 层，近等长，分离或结合。花托无托毛；冠毛毛状，3-5 根，坚硬，棒槌状，果期分叉，基部结合成短环状；全部小花两性，结实，白色，管状；花柱分枝细长，扁平，顶端钝，无附片。瘦果顶端钝圆，有 3-5 棱，有腺点或乳突。染色体 $2n=20$。

分布概况：26/1 种，**2（3）型**；泛热带分布；中国产西南至华东。

系统学评述：位于下田菊亚族 Adenostemmatinae，与裸冠菊属 *Gymnocoronis* 相似，但有冠毛[195]。目前无分子数据报道。

241. *Ageratina* Spach 紫茎泽兰属

Ageratina Spach (1841: 286); Chen et al. (2011: 880) [Lectotype: *A. aromatica* (Linnaeus) Spach (≡*Eupatorium aromaticum* Linnaeus)]

特征描述：草本或半灌木，根茎发达。叶对生。头状花序排成伞房或复伞房花序，总苞片 2-3 层，基部具关节；花托略锥形；冠毛刺毛状，1 层，外侧常有 1 层较短的毛；小花白色或淡紫色；花药顶端附片大；花柱基部常扩大。果常具 5 肋，果柄明显。染色体 x=17，2n=51。

分布概况：约 265/1 种，**（3b）型**；分布于新世界热带和亚热带；中国西南及华南归化 1 种。

系统学评述：位于紫茎泽兰亚族 Oxylobinae，姐妹属为假泽兰属 *Mikania*，分为 5 亚属[196]，目前仅有 3 个代表种的 ITS 序列数据，三者在系统树上聚成一支，是假泽兰属的姐妹群，2 个属组成泽兰族最早分化的一支[197]，叶绿体 RFLP 分析结果也发现 2 属位于泽兰族系统树的基部[198]。

DNA 条形码研究：ITS 片段分析存在种间变异[197]。BOLD 网站有该属 4 种 15 个条形码数据；GBOWS 网站已有 1 种 3 个条形码数据。

代表种及其用途：破坏草 *A. adenophora* (Sprengel) R. M. King & H. Robinson，原产墨西哥，19 世纪中叶入侵中国，对牲畜有毒。

242. *Ageratum* Linnaeus 藿香蓟属

Ageratum Linnaeus (1753: 839); Chen et al. (2011: 883) (Lectotype: *A. conyzoides* Linnaeus)

特征描述：草本或灌木。叶对生或上部叶互生。花托平或稍凸起，无托片或有尾状托片；冠毛膜片状或鳞片状，分离或联合成短冠状；总苞钟状，总苞片覆瓦状排列；花全部管状，檐部顶端有 5 齿裂；花柱分枝伸长，顶端钝。果具 5 纵棱。染色体 2n=20，38，40。

分布概况：40/2 种，**2（3）型**；主产南美洲及中美洲，北半球热带广布 1 种；中国引种栽培 2 种。

系统学评述：位于藿香蓟亚族 Ageratinae，基于核基因 ITS 和叶绿体 RFLP 分析均显示该属与锥托泽兰属亲缘关系很近，两者组成的分支再与 *Fleischmannia* 聚成一支，是飞机草属 *Chromolaena* 的姐妹群[197-199]。根据形态特征，属下分为 2 组，即 *Ageratum* sect. *Euageratum* 和 *A.* sect. *Coelestina*[FOC]，目前无属下分子系统发育研究报道。

DNA 条形码研究：BOLD 网站有该属 2 种 15 个条形码数据；GBOWS 网站已有 2 种 41 个条形码数据。

代表种及其用途：中国仅 2 种，藿香蓟 *A. conyzoides* Linnaeus 和熊耳草 *A. housto-*

nianum Miller，均为引种栽培药材。

243. *Austroeupatorium* R. M. King & H. Robinson 南泽兰属

Austroeupatorium R. M. King & H. Robinson (1970: 433); Chen et al. (2011: 889) [Type: *A. inulifolium* (Kunth) R. M. King & H. E. Robinson (≡*Eupatorium inulifolium* Kunth)]

特征描述：草本或亚灌木。叶对生，有时上部叶互生。头状花序排成平顶的伞房状圆锥花序；花托无托片；冠毛刺毛状，30-40 根，细长，顶端扩大；总苞钟形，覆瓦状排列，麦秆黄色；小花白色，稀淡紫色，花冠外面具腺体，有香味，裂片长宽近相等；花丝下部细长，弯曲，花药顶端附片椭圆形；花柱密被微绒毛，分枝线形。果棱柱形，5 肋，果柄显著。染色体 x=10。

分布概况：13/1 种，**(3i）型**；产南美南部；中国台湾已归化。

系统学评述：位于泽兰亚族 Eupatoriinae，与泽兰属 *Eupatorium* 等亲缘关系较近，目前无分子数据报道。

DNA 条形码研究：BOLD 网站有该属 1 种 1 个条形码数据。

244. *Chromolaena* de Candolle 飞机草属

Chromolaena de Candolle (1836: 133); Chen et al. (2011: 890) (Type: *C. horminoides* de Candolle)

特征描述：草本。根茎粗壮，横走。茎直立，有细条纹，分枝粗壮。叶对生。头状花序常成伞房或复伞房花序；花托无毛，有时有托片；冠毛细长；总苞片覆瓦状排列；花冠外有腺体；花柱被乳突。果棱柱形，3-5 肋，有毛，果柄显著。染色体 $2n$=58，60。

分布概况：165/1 种，**(3b）型**；分布于新世界热带，亚热带，1 种为泛热带杂草；中国云南、华南有 1 归化种。

系统学评述：位于假臭草亚族 Praxelinae，姐妹属为 *Stomatanthes*，与藿香蓟属 *Ageratum*、锥托泽兰属 *Conoclinium*、假臭草属 *Praxelis* 等亲缘关系也比较近[197-200]，分 2 亚属，即飞机草亚属 *Chromolaena* subgen. *Chromolaena* 和 *C.* subgen. *Osmiella*[196]，目前无属下分子系统发育研究报道。

DNA 条形码研究：BOLD 网站有该属 3 种 5 个条形码数据；GBOWS 网站已有 1 种 8 个条形码数据。

代表种及其用途：飞机草 *C. odorata* (Linnaeus) R. M. King & H. Rob 被世界自然保护联盟（IUCN）列为危害最大的 100 个世界性入侵种之一。

245. *Conoclinium* de Candolle 锥托泽兰属

Conoclinium de Candolle (1836: 135); Chen et al. (2011: 890) [Lectotype: *C. coelestinum* (Linnaeus) de Candolle (≡*Eupatorium coelestinum* Linnaeus)]

特征描述：多年生草本。总苞片开展，2-3 层；花托无毛，稀有毛，锥形；冠毛刺毛状，1 层，约 30，顶端多少扩大；头状花序含小花 50-70，花冠蓝色或白色，狭漏斗状，花冠外表面有腺体；花柱基部无毛，不扩大，分枝狭线形至丝状，顶端略膨大，密被乳突。果棱柱形，5 肋，无毛或具腺体，稀上部有毛，果柄不显著，稀明显。染色体 x=10。

分布概况：4/1 种，**（9-2）**型；产美国，墨西哥；中国引种栽培。

系统学评述：位于藿香蓟亚族，基于核基因 ITS 和叶绿体 RFLP 分析均发现该属与藿香蓟属 *Ageratum* 亲缘关系很近，两者再与 *Fleischmannia* 组成一个分支，是飞机草属 *Chromolaena* 的姐妹群[197,198]。目前无属下系统发育研究报道

DNA 条形码研究：BOLD 网站有该属 1 种 2 个条形码数据。

代表种及其用途：锥托泽兰 *C. coelestinum* (Linnaeus) de Candolle，中国引种栽培并逸为野生。

246. *Eupatorium* Linnaeus 泽兰属

Eupatorium Linnaeus (1753: 836); Chen et al. (2011: 883) (Lectotype: *E. cannabinum* Linnaeus)

特征描述：草本。叶常对生。头状花序；花托无托片；冠毛刚毛状，多数，1 层；总苞片 1 至多层，覆瓦状排列，绿色，宿存，开展；花两性，结实，紫色、红色或白色，管状；花药基部钝，顶端有附片；花柱基部被毛，分枝伸长，线状半圆柱形，顶端钝或微钝。果 5 棱，顶端截形。花粉粒 3 孔沟，具刺。染色体 $2n$=20，30，31，39，40，50。

分布概况：45/14（6）种，**8（9）型**；分布于亚洲，欧洲和北美洲；中国除新疆、西藏外，各地均产。

系统学评述：位于泽兰亚族，姐妹属为 *Eupatoriadelphus*，与南泽兰属 *Austroeupatorium* 等亲缘关系也比较近。基于核基因 ITS 研究支持该属为单系类群，属下可分 4 个分支，但没有正式命名[197]。

DNA 条形码研究：ITS 片段分析存在种间变异[197]。BOLD 网站有该属 34 种 174 个条形码数据；GBOWS 网站已有 6 种 73 个条形码数据。

代表种及其用途：佩兰 *E. fortunei* Turczaninow 是中国常用中药。

247. *Gymnocoronis* de Candolle 裸冠菊属

Gymnocoronis de Candolle (1836: 106); Chen et al. (2011: 882) (Lectotype: *G. attenuata* de Candolle)

特征描述：草本，半水生。叶对生。头状花序聚伞状；花托略凸起，具窝孔，窝孔之间具松软组织；无冠毛；总苞片狭长圆形，约 2 层，非覆瓦状排列；花冠狭漏斗状，花冠裂片三角形；花丝顶端略扩大，花药顶端附属物小；花柱分枝顶端狭长卵形。瘦果棱柱状，4-5 肋，肋间具腺体。

分布概况：5/1 种，**（3b）型**；分布于美洲热带和亚热带地区，日本；中国云南、广西、台湾等地归化。

系统学评述：位于下田菊亚族，与下田菊属 *Adenostemma* 相似，主要以无冠毛区别[195]。

DNA 条形码研究：BOLD 网站有该属 1 种 1 个条形码数据。

248. *Mikania* Willdenow 假泽兰属

Mikania Willdenow (1742: 1481); Chen et al. (2011: 880) [Type: *M. scandens* (Linnaeus) Willdenow (≡*Eupatorium scandens* Linnaeus)]

特征描述：灌木或攀援草本。花托无托毛；冠毛糙毛状，多数，1-2 层，基部合为环状；总苞片 4 枚，1 层，稍不等长，或另有 5 枚附加的外层小苞片；头状花序含小花 4 枚，全部两性，结实，花冠白色或微黄色，顶端 5 齿裂；花药上端有附片，基部钝，全缘；花柱分枝细长，顶端急尖，边缘有乳突。瘦果有 4-5 棱，顶端截形。花粉粒 3 孔沟，具刺。染色体 $2n$=34，36，38，72。

分布概况：约 430/2（1）种，**2（3）型**；泛热带分布；中国产长江以南。

系统学评述：位于假泽兰亚族 Mikaniinae，基于核基因 ITS 序列分析显示紫茎泽兰属 *Ageratina* 为该属姐妹群[197]。

DNA 条形码研究：BOLD 网站有该属 8 种 100 个条形码数据；GBOWS 网站已有 1 种 4 个条形码数据。

249. *Praxelis* Cassini 假臭草属

Praxelis Cassini (1826: 261); Chen et al. (2011: 889) (Type: *P. villosa* Cassini)

特征描述：亚灌木或草本。茎直立。叶对生，卵圆形至菱形，具腺点。头状花序；花托锥形，无毛；冠毛刚毛约 40，宿存；总苞片覆瓦状排列，外层首先脱落；小花 25-30，外表面具腺体，裂内表面密被乳突；花柱分枝长，细线形，上半部扩大。果倒扁形，3-4 肋，被少量毛，果柄显著，粗大，对称。花粉粒 3 孔沟，具刺，刺间颗粒状或穿孔状。染色体 x=10。

分布概况：16/1 种，**（3b）型**；产南美；中国广东、台湾等地有外来种。

系统学评述：位于假臭草亚族，与飞机草属 *Chromolaena* 等亲缘关系较近[200]，目前无分子数据报道。

代表种及其用途：中国仅 1 种，即假臭草 *P. clematidea* R. M. King & H. Robinson，为田地杂草。

Unplaced 未定位置

250. *Cavea* W. W. Smith & J. Small 葶菊属

Cavea W. W. Smith & J. Small (1917: 119); Chen et al. (2011: 892) [Type: *C. tanguensis* (Drummond) W. W. Smith & J. Small (≡*Saussurea tanguensis* Drummond)]

特征描述：多年生草本，近葶状。雌雄同株或异株。花托有缝状托毛，冠毛 1 层，糙毛状，紫色，有光泽；缘花雌性、多层、结实，花冠管状，上端有 3-4 细小裂片，中央花两性、少数、不结果实（常称为雄花），花冠长管状，5 深裂；缘花花柱不分枝，中央花花柱分枝。果圆柱形或不明显四角形，被密毛。花粉粒 3 孔沟，具近圆柱形的刺。

分布概况：1/1 种，**14 型**；分布于喜马拉雅山脉；中国产西藏、四川西南部。

系统学评述：系统位置未定，形态和习性近似喜马拉雅山脉的一些风毛菊属 *Saussurea* 植物，但头状花序的构造、花冠、花药、冠毛、瘦果等特征都不同[FRPS]。Alexandra 等[201]发现该属的花粉粒具有近圆柱形的刺，在菊科非常特殊，推测斑鸠菊族 Vernonieae 的 *Hesperomannia* 与葶菊属具有较近的亲缘关系。

251. *Centipeda* Loureiro 石胡荽属

Centipeda Loureiro (1790: 492); Chen et al. (2011: 892) (Type: *C. orbicularis* Loureiro)

特征描述：匍匐小草本。叶互生。头状花序近盘状；花托裸露，半球形；无冠毛；总苞半球形，2 层；缘花雌性能育，顶端 2-3 齿裂，盘花两性，能育；花药短；花柱分枝短，顶端钝或截形。果四棱形，有毛。花粉粒柱状层有囊腔，无内部穿孔。染色体 x=10。

分布概况：10/1 种，**2 型**；主产澳大利亚和新西兰，少数到南美，巴布亚新几内亚，亚洲和太平洋群岛；中国产长江以南。

系统学评述：系统位置争议较大，先后置于春黄菊族[FRPS]、紫菀族、旋覆花族和山黄菊族[60]，后一处理得到叶绿体数据的支持[7]，但核 ITS 序列分析显示石胡荽属可能是山黄菊族和向日葵族等组成的分支的姐妹群[202]。该属在生活习性及形态上与系统位置争议较大的含苞草属 *Symphyllocarpus* 有一些相似的特征，如叶无柄，互生；总苞片边缘干膜质，内外层近等长；边缘小花雌性、管状，中央小花两性、4 裂；两者主要差异是果实形态。核基因 ETS 和 ITS 与叶绿体 *ndh*F、*psb*A-*trn*H 和 *trn*L-F 等序列的联合分析发现属内唯一的多年生种 *C. racemosa* Muelleria 独立成支，位于系统树的基部，其次是 *C. pleiocephala* N. G. Walsh 和 *C. nidiformis* N. G. Walsh 2 个种组成的分支，其余种组成 2 个亚分支，一个由石胡荽 *C. minima* (Linnaeus) A. Braun & Ascherson 和 *C. borealis* N. G.Walsh 组成，另一个由其余 5 种组成[203]。

DNA 条形码研究：叶绿体 *ndh*F、*psb*A-*trn*H 和 *trn*L-F 的联合序列能鉴别约 60%的种，核基因 ITS 与 ETS 均只能鉴别约 30%的种[203]。BOLD 网站有该属 2 种 13 个条形码数据；GBOWS 网站已有 1 种 24 个条形码数据。

代表种及其用途：石胡荽 *C. minima* (Linnaeus) A. Braun & Ascherson 为常用中药。

252. *Doronicum* Linnaeus 多榔菊属

Doronicum Linnaeus (1753: 885); Chen & Nordenstam (2011: 372) (Lectotype: *D. pardalianches* Linnaeus)

特征描述：多年生草本。叶互生，基生叶具长柄；茎叶疏生，常抱茎或半抱茎。头状花序；冠毛白色或淡红色，具疏细齿；总苞片 2-3 层；缘花辐射状，中央花两性，管状；花柱 2 裂，分枝短线形，柱头乳突在花柱分枝近轴面连续分布。瘦果长圆形，具 10 条等长的纵肋。花粉粒 3 孔沟，具刺，刺间微网状-穿孔状。染色体 $2n$=30，40，60。

分布概况：40/7（4）种，**10（12）型**；分布于温带北非，亚洲和欧洲；中国产北方、西北及青海、西藏。

系统学评述：系统位置未定，传统上放在千里光族[FOC]，得到叶绿体 *ndh*F 分析的支持，但核基因 ITS 等片段分析该属与紫菀族和旋覆花族等亲缘关系可能更近[204]。核基因 ITS 与叶绿体 *trn*L-F 的联合分析发现科西嘉岛的 1 个特有种 *D. corsicum* (Loiseleur) Poiret，是系统树上最早分化的一支；其次是 *D. pardalianches* Linnaeus 单独组成的分支；其余种聚成 2 个分支：一个由来自北非和欧洲的类群组成，另一个包含中亚、东亚、东南亚、北非和欧洲等地区的类群，其中前 2 个地区的种类分别聚成 2 个亚分支，但北非和欧洲的种类是一个并系类群[205]。

DNA 条形码研究：核基因 ITS 与叶绿体 *trn*L-F 的联合序列分析显示存在种间变异[205]。BOLD 网站有该属 6 种 8 个条形码数据；GBOWS 网站已有 5 种 39 个条形码数据。

代表种及其用途：阿尔泰多郎菊 *D. altaicum* Pallas 为药用植物。

253. *Symphyllocarpus* Maximowicz 含苞草属

Symphyllocarpus Maximowicz (1859: 151); Chen & Anderberg (2011: 893) (Type: *S. exilis* Maximowicz)

特征描述：一年生草本。叶互生，有齿或全缘，披针形或线状披针形。头状花序近盘状；总苞片膜质，边缘透明；花托平，雌花之间有托片，褶叠，膜质，两性花之间无托片；雌花细管状，2-4 裂，两性花管状，花冠 4 裂；雄蕊 4，花药上端钝，无附片。瘦果圆柱形，有柄，被顶端两叉而内卷的疏腺毛，上端的毛较长且直立如冠毛状。

分布概况：1/1 种，**11 型**；分布于俄罗斯；中国产东北。

系统学评述：系统位置未定，曾列入米勒菊族，形态上与另一个系统位置不清楚的属，石胡荽属 *Centipedao* 相似[206]。目前无分子数据报道。

主要参考文献

[1] Kim KJ, et al. Two chloroplast DNA inversions originated simultaneously during the early evolution of the sunflower family (Asteraceae)[J]. Mol Biol Evol, 2005, 22: 1783-1792.
[2] Barreda V, et al. An extinct Eocene taxon of the daisy family (Asteraceae): evolutionary, ecological and biogeographical implications[J]. Ann Bot, 2012, 109: 127-134.
[3] Katinas L, et al. Trans-oceanic dispersal and evolution of early composites (Asteraceae)[J]. Perspect Plant Ecol Evol Syst, 2013, 15: 269-280.
[4] Cabrera AL. Mutisieae-systematic review[M]//Heywood VH, et al. The biology and chemistry of the Compositae, version 2. London: Academic Press, 1977: 1039-1066.
[5] Funk VA, et al. Classification of Compositae[M]//Funk VA, et al. Systematics, evolution and biogeography of Compositae. Vienna: IAPT, 2009: 171-189.
[6] Panero JL, Funk VA. The value of sampling anomalous taxa in phylogenetic studies: major clades of the Asteraceae revealed[J]. Mol Phylogenet Evol, 2008, 47: 757-782.
[7] Anderberg AA. Inuleae[M]//Funk VA, et al. Systematics, evolution and biogeography of Compositae. Vienna: IAPT, 2009: 679-686.
[8] Kim HG, et al. Systematic implications of *ndh*F sequence variation in the Mutisieae (Asteraceae)[J]. Am J Bot, 2002, 27: 598-609.
[9] Hansen HV. Phylogenetic studies in the *Gerbera*-complex (Compositae, tribe Mutisieae, subtribe

Mutisiinae)[J]. Nord J Bot, 1990, 9: 469-485.
[10] Baird KE, et al. Molecular phylogenetic analysis of *Leibnitzia* Cass. (Asteraceae: Mutisieae: *Gerbera*-complex), an Asian-North American disjunct genus[J]. J Syst Evol, 2010, 48: 161-174.
[11] Hansen HV. A taxonomic revision of the genus *Gerbera* (Compositae, Mutisieae) sections *Gerbera*, *Parva*, *Piloselloides* (in Africa), and *Lasiopus*[J]. Opera Bot, 1985, 78: 5-36.
[12] 吴征镒, 彭华. 国产广义大丁草属的订正及地理分布[J]. 云南植物研究, 2002, 24: 137-146.
[13] Barres L, et al. Reconstructing the evolution and biogeographic history of tribe Cardueae (Compositae)[J]. Am J Bot, 2013, 100: 867-882.
[14] Wang YJ, et al. Phylogenetic origins of the Himalayan endemic *Dolomiaea*, *Diplazoptilon* and *Xanthopappus* (Asteraceae: Cardueae) based on three DNA regions[J]. Ann Bot, 2007, 99: 311-322.
[15] Martins L, Hellwig FH. Phylogenetic relationships of the enigmatic species *Serratula chinensis* and *Serratula forrestii* (Asteraceae-Cardueae)[J]. Plant Syst Evol, 2005, 255: 215-224.
[16] Susanna A, Garcia-Jacas N. Cardueae (Carduoideae)[M]//Funk V. Systematic, evolution and biogeography of Compositae. Vienna: IAPT, 2009: 293-313.
[17] López-Vinyallonga S, et al. Systematics of the Arctioid group: disentangling *Arctium* and *Cousinia* (Cardueae, Carduinae)[J]. Taxon, 2011, 60: 539-554.
[18] Peng HS, et al. Molecular systematics of genus *Atractylodes* (Compositae, Cardueae): evidence from internal transcribed spacer (ITS) and *trn*L-F sequences[J]. Int J Mol Sci, 2012, 13: 14623-14633.
[19] Park DS, Potter D. A test of Darwin's naturalization hypothesis in the thistle tribe shows that close relatives make bad neighbors[J]. Proc Natl Acad Sci USA, 2013, 110: 17915-17920.
[20] Susanna A, et al. The Cardueae (Compositae) revisited: insights from ITS, *trn*L-*trn*F and *mat*K nuclear and chloroplast DNA analysis[J]. Ann MO Bot Gard, 2006, 93: 150-171.
[21] Greuter W, et al. Proposal to conserve the name *Centaurea* (Compositae) with a conserved type[J]. Taxon, 2001, 50: 1201-1205.
[22] López-Vinyallonga S, et al. Phylogeny and evolution of the *Arctium-Cousinia* complex (Compositae, Cardueae-Carduinae) [J]. Taxon, 2009, 58: 153-171.
[23] Borsic I, et al. *Centaurea* sect. *Cyanus*: nuclear phylogeny, biogeography, and life form evolution[J]. Int J Plant Sci, 2011, 172: 238-249.
[24] 林镕. 菊科的新属及未详知属一、川木香属、重羽菊属及多罗菊属[J]. 植物分类学报, 1965, 10: 75-90.
[25] Wang YJ, et al. *Shangwua* (Compositae), a new genus from the Qinghai-Tibetan Plateau and Himalayas[J]. Taxon, 2013, 62: 984-996.
[26] Sánchez-Jiménez I, et al. Molecular systematics of *Echinops* L. (Asteraceae, Cynareae): a phylogeny based on ITS and *trn*L-*trn*F sequences with emphasis on sectional delimitation[J]. Taxon, 2010, 59: 698-708.
[27] Raab-Straube E. Phylogenetic relationships in *Saussurea* (Compositae, Cardueae) *sensu lato*, inferred from morphological, ITS and *trn*L-*trn*F sequence data, with a synopsis of *Himalaiella* gen. nov., *Lipschitziella* and *Frolovia*[J]. Willdenowia, 2003, 33: 379-402.
[28] Martins L. Systematics and biogeography of *Klasea* (Asteraceae-Cardueae) and a synopsis of the genus[J]. Bot J Linn Soc, 2006, 152: 435-464.
[29] Wagenitz G, Hellwig FH. The genus *Psephellus* Cass. (*Compositae*, *Cardueae*) revisited with a broadened concept[J]. Willdenowia, 2000, 30: 29-44.
[30] Agababian MV. *Centaurea* subg. *Centaurea* (Compositae): delimitation and distribution of sections and subsections[J]. Lagascalia, 1997, 19: 889-902.
[31] Hidalgo O, et al. Phylogeny of *Rhaponticum* (Asteraceae, Cardueae-Centaureinae) and related genera inferred from nuclear and chloroplast DNA sequence data: taxonomic and biogeographic implications[J]. Ann Bot, 2006, 97: 705-714.
[32] Lipschitz SJ. Genus *Saussurea* DC. (Asteraceae)[M]. Leningrad: Nauka, 1979.
[33] Wang YJ, et al. Island-like radiation of *Saussurea* (Asteraceae: Cardueae) trigged by uplifts of the

Qinghai-Tibetan Plateau[J]. Bot J Linn Soc, 2009, 97: 893-903.

[34] Mitsui Y, et al. Phylogeny and biogeography of the genus *Ainsliaea* (Asteraceae) in the Sino-Pacific region based on nuclear rDNA and plastid DNA sequence data[J]. Ann Bot, 2008, 101: 111-124.

[35] Beauverd G. Contribution à l'étude des Composées Asiatiques. Les espèces du genre Ainsliaea[J]. Bull So Bot Genève, 1909, 2: 376-385.

[36] Freire SE. Systematic revision and phylogeny of *Ainsliaea* DC. (Asteraceae, Mutiseeae)[J]. Ann MO Bot Gard, 2007, 94: 79-191.

[37] Koyama H. *Pertya*[M]//Iwatsuki K, et al. Flora of Japan IIIb. Tokyo: Kodansha, 1995: 165-167.

[38] Ling Y. The Chineoe species of *Pertya*[J]. Contr Inst Bot Nat Acad Peiping, 1948, 6: 23-35.

[39] Tseng Y. Materials for Chinese *Pertya* (Compositae)[J]. Guihaia, 1985, 5: 327-335.

[40] Koyama H. Notes on *Pertya hossei* and its allies[J]. Nat Sci Mus Tokyo B, 1975, 1: 249-258.

[41] Freire SE. Proposal to conserve the name *Pertya* against *Myripnois* (Asteraceae, Pertyeae)[J]. Taxon, 2010, 59: 647-648.

[42] Kilian N, et al. Cichorieae[M]//Funk VA, et al. Systematics, evolution and biogeography of the Compositae. Vienna: IAPT, 2009: 344-383.

[43] Babcock EB. The Genus *Crepis*, Part one, the taxonomy, phylogeny, distribution and evolution of *Crepis*[M]. Berkeley & Los Angeles: University of California Press, 1947.

[44] Enke N, Gemeinholzer B. Babcock revisited: new insights into generic delimitation and character evolution in *Crepis* L. (Compositae: Cichorieae) from ITS and *mat*K sequence data[J]. Taxon, 2008, 57: 756-768.

[45] Zhang JW, et al. Molecular phylogeny and biogeography of three closely related genera, *Soroseris*, *Stebbinsia*, and *Syncalathium* (Asteraceae, Cichorieae), endemic to the Tibetan Plateau, SW China[J]. Taxon, 2011, 60: 15-26.

[46] Mavrodiev EV, et al. Phylogenetic relationships in subtribe Scorzonerineae (Asteraceae, Cichorioideae, Cichorioieae) based on ITS sequence data[J]. Taxon, 2004, 53: 699-712.

[47] Liu Y, et al. Generic status, circumscription, and allopolyploid origin of *Faberia* (Asteraceae: Cichorieae) as revealed by ITS and chloroplast DNA sequence data[J]. Taxon, 2013, 62: 1235-1247.

[48] Wang GY, et al. Molecular phylogeny of *Faberia* (Asteraceae: Cichorieae) based on nuclear and chloroplast sequences[J]. Phytotaxa, 2014, 167: 223-234.

[49] Zahn KH. Compositae-Hieracium[M]//Engler A. Das pflanzenreic, IV. Leipzig: W. Engelmann, 1921-1923: 75-77, 79, 82.

[50] Fehrer J, et al. Intra-individual polymorphism in diploid and apomictic polyploid hawkweeds (*Hieracium*, Lactuceae, Asteraceae): disentangling phylogenetic signal, reticulation, and noise [J]. BMC Evol Biol, 2009, 9: 239.

[51] Fehrer J, et al. Incongruent plastid and nuclear DNA phylogenies reveal ancient intergeneric hybridization in *Pilosella* hawkweeds (*Hieracium*, Cichorieae, Asteraceae). Mol Phylogenet Evol, 2007, 42: 347-361.

[52] Krak K, et al. Reconstruction of phylogenetic relationships in a highly reticulate group with deep coalescence and recent speciation (*Hieracium*, Asteraceae)[J]. Heredity, 2013, 11: 138-151.

[53] Hoffmann O. Compositae-Inuleae[M]//Engler A, Prantl K. Die natürlichen pflanzenfamilien. Vol. 4. Leipzig: W. Engelmann, 1890, 4: 350-387.

[54] Samuel R, et al. Phylogenetic relationships among species of *Hypochaeris* (Asteraceae, Cichorieae) based on ITS, plastid *trn*L intron, *trn*L-F spacer, and *mat*K sequences[J]. Am J Bot, 2003, 90: 496-507.

[55] Wang ZH, et al. Molecular phylogeny of the *Lactuca* Alliance (Cichorieae subtribe Lactucinae, Asteraceae) with focus on their chinese centre of diversity detects potential events of reticulation and chloroplast capture. PLoS One, 2013, 8: e82692.

[56] Pak JH, Bremer K. Phylogeny and reclassification of the genus *Lapsana* (Asteracaea: Lactuceae)[J]. Taxon, 1995, 44: 13-21.

[57] Kilian N. Revision of *Launaea* Cass. (Compositae, Lactuceae, Sonchinae)[J]. Englera, 1997, 17: 1-478.

[58] Kim SC, et al. Phylogenetic analysis of chloroplast DNA *mat*K gene and ITS of nrDNA sequences

reveals polyphyly of the genus *Sonchus* and new relationships among the subtribe Sonchinae (Asteraceae: Cichorieae)[J]. Mol Phylogenet Evol, 2007, 44: 578-597.

[59] Samuel R, et al. Molecular phylogenetics reveals *Leontodon* (Asteraceae, Lactuceae) to be diphyletic[J]. Am J Bot, 2006, 93: 1193-1205.

[60] Anderberg AA, et al. Compositae[M]//Kubitzki K. The families and genera of vascular plants, VIII. Berlin: Springer, 2007: 61-588.

[61] Kirschner J, Štěpánek J. A nomenclatural checklist of supraspecific names in *Taraxacum*[J]. Taxon, 1997, 46: 87-98.

[62] Uhlemann I, et al. Relationships in *Taraxacum* section *Arctica s.l.* (Asteraceae, Cichorieae) and allies based on nrITS[J]. Feddes Repert, 2009, 120: 35-47.

[63] Tzvelev NN. Genus *Tragopogon* L. (Asteraceae) in the European part of the USSR[M]//Egorova T. News in Higher Plant Systematics. Leningrad: Nauka, 1985, 22: 238-250.

[64] Mavrodiev EV, et al. Phylogeny of *Tragopogon* L. (Asteraceae) based on internal and external transcribed spacer sequence data[J]. Int J Plant Sci, 2005, 166: 117-133.

[65] Peng YL, et al. A phylogenetic analysis and new delimitation of *Crepidiastrum* (Asteraceae, tribe Cichorieae)[J]. Phytotaxa, 2014, 159: 241-255.

[66] Keeley SC, Robinson H. Vernonieae[M]//Funk VA, et al. Systematics, evolution and biogeography of the Compositae. Vienna: IAPT, 2009: 439-469.

[67] Keeley SC, et al. A phylogeny of the "evil tribe" (Vernonieae: Compositae) reveals old/new world long distance dispersal: support from separate and combined congruent datasets (*trn*L-F, *ndh*F, ITS)[J]. Mol Phylogenet Evol, 2007, 44: 89-103.

[68] Vanijajiva O, Kadereit JW. A revision of *Cissampelopsis* (DC.) Miq. (Asteraceae: Senecioneae)[J]. Kew Bull, 2008, 63: 213-226.

[69] Calvo J, et al. A phylogenetic analysis and new delimitation of *Senecio* sect. *Crociseris* (Compositae: Senecioneae), with evidence of intergeneric hybridization[J]. Taxon, 2013, 62: 127-140.

[70] Pelser PB, et al. An ITS phylogeny of tribe Senecioneae (Asteraceae) and a new delimitation of *Senecio* L.[J]. Taxon, 2007, 56: 1077-1104.

[71] Liu JQ, et al. Radiation and diversification within the *Ligularia-Cremanthodium-Parasenecio* complex (Asteraceae) triggered by uplift of the Qinghai-Tibetan Plateau[J]. Mol Phylogenet Evol, 2006, 38: 31-49.

[72] Vanijajiva O, Kadereit JW. A revision of *Gynura* (Asteraceae: Senecioneae)[J]. J Syst Evol, 2011, 49: 285-314.

[73] Liu Y, Yang QE. *Hainanecio* (Asteraceae), a new genus of the Senecioneae, Asteraceae from China[J]. Bot Stud, 2011, 52: 115-120.

[74] Wang LY, et al. High inconsistence between molecular phylogeny and generic delimitations of the subtribe Tephroseridinae (Asteraceae: Senecioneae)[J]. Bot Stud, 2009, 50: 435-442.

[75] Jones KE, et al. Allopatric diversification, multiple habitat shifts, and hybridization in the evolution of *Pericallis* (Asteraceae), a Macaronesian endemic genus[J]. Am J Bot, 2014, 101: 1-15.

[76] Bremer K. Asteraceae: cladistics and classification[M]. Oregon: Timber Press, 1994.

[77] Nordenstam B, Kalersjo M. Calenduleae[M]//Funk VA, et al. Systematics, evolution and biogeography of the Compositae. Vienna: IAPT, 2009: 525-536.

[78] Anderberg A. Taxonomy and phylogeny of the tribe Gnaphalieae (Asteraceae)[J]. Opera Bot, 1991, 104: 1-195.

[79] Ward J, et al. Gnaphalieae[M]//Funk VA, et al. Systematics, evolution and biogeography of the Compositae. Vienna: IAPT, 2009: 537-586.

[80] Nie ZL, et al. Molecular phylogeny of *Anaphalis* (Asteraceae, Gnaphalieae) with biogeographic implications in the Northern Hemisphere[J]. J Plant Res, 2013, 126: 17-32.

[81] Bayer RJ. A phylogenetic reconstruction of *Antennaria* (Asteraceae: Inuleae)[J]. Can J Bot, 1990, 68: 1389-1397.

[82] Bayer RJ, et al. Phylogenetic inferences in *Antennaria* (Asteraceae: Gnaphlilae: Cassiinae) based on

sequences from nuclear ribossomal DNA internal transcribed spacers (ITS)[J]. Am J Bot, 1996, 83: 516-527.

[83] Galbany-Casals M, et al. How many of *Cassini anagrams* should there be? Molecular systematics and phylogenetic relationships in the *Filago* group (Asteraceae, Gnaphalieae), with special focus on the genus *Filago*[J]. Taxon, 2010, 59: 1671-1689.

[84] Hilliard OM, Burtt BL. Some generic concepts in Compositae-Gnaphaliinae[J]. Bot J Linn Soc, 1981, 82: 18-232.

[85] Greuter W. The Euro+Med treatment of Gnaphalieae and Inuleae (Compositae)- generic concepts and required new names[J]. Willdenowia, 2003, 33: 239-244.

[86] Galbany-Casals M, et al. Phylogenetic relationships in *Helichrysum* (Compositae: Gnaphalieae) and related genera: incongruence between nuclear and plastid phylogenies, biogeographic and morphological patterns, and implications for generic delimitation[J]. Taxon, 2014, 63: 608-624.

[87] Blöch C, et al. Molecular phylogeny of the edelweiss (*Leontopodium*, Asteraceae-Gnaphalieae)[J]. Edinb J Bot, 2010, 67: 235-264.

[88] Montes-Moreno N, et al. Phylogenetic studies in Gnaphalieae (Compositae): the genera *Phagnalon Cass*. and *Aliella* Qaiser & Lack[M]//Torrero DM, et al. Recent Advances in Pharmaceutical Sciences III. Mariño: Transworld Research Network, 2013: 109-130.

[89] Li WP, et al. Phylogenetic relationships and generic delimitation of Eurasian *Aster* (Asteraceae: Astereae) inferred from ITS, ETS and *trn*L-F sequence data[J]. Ann Bot, 2012, 109: 1341-1357.

[90] 周广明. 莎菀属及其近缘属植物(菊科)的系统学研究[D]. 曲阜: 曲阜师范大学硕士学位论文, 2011.

[91] Nesom GL. Subtribal classification of the Astereae (Asteraceae)[J]. Phytologia, 1994, 76: 193-274.

[92] Lane MA, Hartman RL. Reclassification of North American *Haplopappus* (Compositae: Astereae) completed: *Rayjacksonia* gen. nov.[J]. Am J Bot, 1996, 83: 356-370.

[93] Xiang C, Semple JC. Molecular systematic study of *Aster sensu lato* and related genera (Asteraceae: Astereae) based on chloroplast DNA restriction site analyses and mainly North American taxa[M]//Hind D, Beentje H. Compositae: Systematics. Proceedings of the International Compositae Conference. Richmond: Royal Botanic Gardens, Kew, 1996: 393-423.

[94] Noyes RD, Rieseberg LH. ITS sequence data support a single origin for North American Astereae (Asteraceae) and reflect deep geographic divisions in *Aster s.l.*[J]. Am J Bot, 1999, 86: 398-412.

[95] Brouillet L, et al. ITS phylogeny of North American asters (Asteraceae: Astereae)[C]//Botany 2001 Meeting, Albuquerque, New Mexico, 12-16 August 2001. Abstract. 2001.

[96] Brouillet L, et al. Astereae[M]//Funk VA, et al. Systematics, evolution and biogeography of the Compositae. Vienna: IAPT, 2009: 589-630.

[97] Tamamschyan SG. Astereae[M]//Komarov VL. Flora URSS XXV. Moscow: Leningrad, 1959: 24-290.

[98] Grierson AJC. A revision of the Asters of the Himalayan area[J]. Not Bot Gard Edinb, 1964, 26: 67-163.

[99] Merxmuller H, et al. *Aster* L.[M]//Tutin T, et al. Flora Europaea. Vol. 4. Cambridge: Cambridge University Press, 1976: 112-116.

[100] Czerepanov SK. Vascular plants of Russia and adjacent states (the former USSR)[M]. Cambridge: Cambridge University Press, 1995.

[101] Nesom GL. Review of the taxonomy of *Aster sensu lato* (Asteraceae: Astereae), emphasizing the New World species[J]. Phytologia, 1994, 77: 141-297.

[102] Ito M, Soejima A. *Aster*[M]//Iwatsuki K. Flora of Japan. Vol. IIIb. Tokyo: Kodansha, 1995: 59-73.

[103] Soejima A, Peng CI. *Aster*[M]//Huang Z. Flora of Taiwan. Taipei: National Taiwan University, 1998: 848-868.

[104] Grieson AJC. *Aster* L.[M]//Davis PH. Flora of Turkey and the East Aegean islands. Edinburgh: Edinburgh University Press, 1975: 118-121.

[105] Fiz O, Valcárcel V, Vargas P. Phylogenetic position of Mediterranean Astereae and character evolution of daisies (Bellis, Asteraceae) inferred from nrDNA ITS sequences[J]. Mol Phylogenet Evol, 2002, 25: 157-171.

[106] Nesom GL, Robinson H. Astereae[M]//Kubitzki K. The families and genera of vascular plants, VIII. Berlin: Springer, 2007: 284-342.

[107] Watanabe K, et al. Molecular systematics of Australian *Calotis* (Asteraceae: Astereae)[J]. Aust Syst Bot, 2006, 19: 155-168.

[108] Cronquist A. Revision of the North American species of *Erigeron*, north of Mexico[J]. Brittonia, 1947, 6: 121-302.

[109] 林镕, 陈艺林. 中国飞蓬属及其邻属的研究[J]. 植物分类学报, 1973, 11: 399-430.

[110] Nesom GL. Infrageneric taxonomy of new world *Erigeron* (Compositae: Astereae)[J]. Phytologia, 1989, 67: 67-93.

[111] Nesom GL. The separation of *Trimorpha* (Compositae: Asteraceae) from *Erigeron*[J]. Phytologia, 1989, 67: 61-66.

[112] Nesom GL. Taxonomy of the Erigeron coronarius group of *Erigeron* sect. *Geniculactis* (Asteraceae: Astereae)[J]. Phytologia, 1990, 69: 237-253.

[113] Nesom GL. Taxonomic reevaluations in North American *Erigeron* (Asteraceae: Astereae)[J]. SIDA, 2004, 21: 19-39.

[114] Nesom GL, Noyes RD. Notes on sectional delimitations in *Erigeron* (Asteraceae: Astereae)[J]. SIDA, 1999, 18: 1161-1165.

[115] Selliah S, Brouillet L. Molecular phylogeny of the North American eurybioid asters, *Oreostemma*, *Herrickia*, *Eurybia*, and *Triniteurybia* (Asteraceae, Astereae) based on the ITS and 3′ ETS nuclear ribosomal regions[J]. Botany, 2008, 86: 901-915.

[116] Steyermark JA. Studies in *Grindelia*. II. A monograph of the North American species of the genus *Grindelia*[J]. Ann MO Bot Gard, 1934, 21: 433-608.

[117] Steyermark JA. Studies in *Grindelia*. III[J]. Ann MO Bot Gard, 1937, 24: 225-262.

[118] Dunford MP. A cytogenetic analysis of certain polyploids in *Grindelia* (Compositae)[J]. Am J Bot, 1964, 51: 49-56.

[119] Dunford MP. Chromosome relationships of diploid species of *Grindelia* (Compositae) from Colorado, New Mexico, and adjacent areas[J]. Am J Bot, 1986, 73: 297-303.

[120] Moore AJ, et al. Phylogeny, biogeography, and chromosome evolution of the amphitropical genus *Grindelia* (Asteraceae) inferred from nuclear ribosomal and chloroplast sequence data[J]. Taxon, 2012, 61: 211-230.

[121] Liu JQ, et al. Molecular phylogeny and biogeography of the Qinghai-Tibet Plateau endemic *Nannoglottis* (Asteraceae)[J]. Mol Phylogenet Evol, 2002, 23: 307-325.

[122] 刘建全, 等. 毛冠菊属系统位置的核形态证据[J]. 植物分类学报, 1999, 38: 236-241.

[123] 高天刚. 毛冠菊属的系统学研究[D]. 北京: 中科院植物研究所博士学位论文, 2001.

[124] 高天刚, 陈艺林. 川西毛冠菊的名实问题[J]. 植物分类学报, 2002, 40: 371-373.

[125] Gao TG, Chen YL. A new system of the classification of *Nannoglottis* Maxim. (*s.l.*) (Compositae: Astereae)[J]. Comp Newsl, 2003, 40: 34.

[126] 高天刚, 陈艺林. 毛冠菊属舌片的微形态特征及其系统学意义[J].植物分类学报, 2005, 43: 12-21.

[127] 高天刚, 等. 毛冠菊属一新组[J]. 云南植物研究, 2004, 26: 189-190.

[128] Grierson AJC. The genus *Psychrogeton* (Compositae)[J]. Not Bot Gard Edinb 1967, 27: 101-147.

[129] Xiaoping Z, Bremer K. A cladistic analysis of the tribe Astereae (Asteraceae) with notes on their evolution and subtribal classification[J]. Plant Syst Evol, 1993, 184: 259-283.

[130] Moore SLM. Description of some new phanerogamia collected by Dr. Shearer at Kiukiang[J]. China J Bot, 1875, 4: 225-236.

[131] Hoffmann O. Compositae[M]//Engler A, Prantl K. Die natürlichen pflanzenfamilien. Vol. 4/5. Leipzig: W. Engelmann, 1890: 87-391.

[132] Stuessy TF. Heliantheae systematic review[M]//Heywood V, et al. The biology and chemistry of the Compositae. London: Academic Press, 1977: 621-671.

[133] Li WP, et al. New evidence for the tribal placement of *Sheareria* within Astereae (Compositae)[J]. J

Syst Evol, 2008, 46: 608-613.

[134] Gao TG, et al. Systematic position of the enigmatic genus *Sheareria* (Asteraceae)-evidence from molecular, morphological and cytological data[J]. Taxon, 2009, 58: 769-780.

[135] Zhang J. A molecular biosystematic study on North American *Solidago* and related genera (Asteraceae: Astereae) based on chloroplast DNA RFLP analysis[D]. PhD thesis. Waterloo, Canada: University of Waterloo, 1996.

[136] Semple J, et al. The goldenrods of *Ontario*: *Solidago* L. and *Euthamia* Nutt. 3rd ed.[M]. Waterloo, Ontario: University of Waterloo Biology Series, 1999: 1-90.

[137] Beck JB, et al. Is subtribe Solidagininae (Asteraceae) monophyletic?[J]. Taxon, 2004, 53: 691-698.

[138] Semple JC. Classification of *Symphyotrichum*[EB/OL]. http://www.jcsemple/.uwaterloo.ca/Symphyotrichumclassification.htm. 2005[2018-12-2].

[139] Vaezi J, Brouillet L. Phylogenetic relationships among diploid species of *Symphyotrichum* (Asteraceae: Astereae) based on two nuclear markers, ITS and GAPDH[J]. Mol Phylogenet Evol, 2009, 51: 540- 553.

[140] Morgan DR, Holland B. Systematics of Symphyotrichinae (Asteraceae: Astereae): disagreements between two nuclear regions suggest a complex evolutionary history[J]. Syst Bot, 2012, 37: 818-832.

[141] Guo YP, et al. Phylogeny and systematics of *Achillea* (Asteraceae-Anthemideae) inferred from nrITS and plastid *trn*L-F DNA sequences[J]. Taxon, 2004, 53: 657-672.

[142] Ehrendorfer F, Guo YP. Changes in the circumscription of the genus *Achillea* (Compositae-Anthemideae) and its subdivision[J]. Willdenowia, 2005, 35: 49-54.

[143] Zhao HB, et al. Molecular phylogeny of *Chrysanthemum*, *Ajania* and its allies (Anthemideae, Asteraceae) as inferred from nuclear ribosomal ITS and chloroplast *trn*L-F IGS sequences[J]. Plant Syst Evol, 2010, 284: 153-169.

[144] 石铸. 金凤菊[J]. 植物杂志, 1978, 16: 86-89.

[145] Oberprieler C, et al. A new subtribal classification of the tribe Anthemideae (Compositae)[J]. Willdenowia, 2007, 37: 89-114.

[146] Presti RML, et al. A molecular phylogeny and a revised classification of the Mediterranean genus *Anthemis s.l.* (Compositae, Anthemideae) based on three molecular markers and micromorphological characters[J]. Taxon, 2010, 59: 1441-1456.

[147] Oberprieler C, et al. Tribe Anthemideae Cass [M]//Funk VA, et al. Systematics, evolution and biogeography of the Compositae. Vienna: IAPT, 2009: 629-664.

[148] Yavin Z. Biosystematic study of *Anthemis* section *Maruta* (Compositae)[J]. Israel J Bot, 1970, 19: 137-154.

[149] Oberprieler C. Phylogenetic relationships in *Anthemis* L. (Compositae, Anthemideae) based on nrDNA ITS sequence variation[J]. Taxon, 2001: 745-762.

[150] Shultz LM. Monograph of *Artemisia* subgenus *Tridentatae* (Asteraceae-Anthemideae)[J]. Syst Bot Monographs, 2009, 89: 1-131.

[151] Riggins CW, Seigler DS. The genus *Artemisia* (Asteraceae: Anthemideae) at a continental crossroads: molecular insights into migrations, disjunctions, and reticulations among Old and New World species from a Beringian perspective[J]. Mol Phylogenet Evol, 2012, 64: 471-490.

[152] 刘美子, 等. DNA 条形码序列对 9 种蒿属药用植物的鉴定[J]. 中草药, 2012, 43: 1393-1397.

[153] Liu PL, et al. Phylogeny of the genus *Chrysanthemum* L.: evidence from single-copy nuclear gene and chloroplast DNA sequences[J]. PLoS One, 2012, 7: e48970.

[154] Himmelreich S, et al. Phylogeny, biogeography, and evolution of sex expression in the southern hemisphere genus *Leptinella* (Compositae, Anthemideae)[J]. Mol Phylogenet Evol, 2012, 65: 464- 481.

[155] Watson LE, et al. Molecular phylogeny of subtribe Artemisiinae (Asteraceae), including *Artemisia* and its allied and segregate genera[J]. BMC Evol Biol, 2002, 2: 17.

[156] Greiner R, et al. Phylogenetic studies in the polyploid complex of the genus *Leucanthemum* Mill. (Compositae, Anthemideae) based on cpDNA sequence variation[J]. Plant Syst Evol, 2012, 298: 1407-1414.

[157] Sonboli A, et al. Molecular phylogeny and taxonomy of *Tanacetum* L. (Compositae, Anthemideae) inferred from nrDNA ITS and cpDNA *trn*H-*psb*A sequence variation[J]. Plant Syst Evol, 2012, 298: 431-444.

[158] Pornpongrungrueng P, et al. Phylogenetic relationships in *Blumea* (Asteraceae: Inuleae) as evidenced by molecular and morphological data[J]. Plant Syst Evol, 2007, 269: 223-243.

[159] Li WP, et al. Systematic position of *Cyathocline* Cass. (Asteraceae): evidences from molecular, cytological and morphological data[J]. Plant Syst Evol, 2014, 300: 595-606.

[160] Englund M, et al. Phylogenetic relationships and generic delimitation in Inuleae subtribe Inulinae (Asteraceae) based on ITS and cpDNA sequence data[J]. Cladistics, 2009, 25: 319-352.

[161] Anderberg AA. Inuleae[M]//Funk VA, et al. Systematics, evolution and biogeography of the Compositae. Vienna: IAPT, 2009: 667-680.

[162] Ortiz S. *Cardosoa*, a new genus of the subtribe Anisopappinae (Athroismeae, Asteraceae)[J]. Ana Jard Bot Madrid, 2010, 67: 7-11.

[163] Baldwin BG. Heliantheae alliance[M]//Funk VA, et al. Systematics, evolution and biogeography of the Compositae. Vienna: IAPT, 2009: 687-709.

[164] Biddulph SF. A revision of the genus *Gaillardia*[J]. Res Stud State Coll Wash, 1944, 12: 195-256.

[165] Marlowe K, Hufford L. Taxonomy and biogeography of *Gaillardia* (Asteraceae): a phylogenetic analysis[J]. Syst Bot, 2007, 32: 208-226.

[166] Mort ME, et al. Phylogeny of Coreopsideae (Asteraceae) inferred from nuclear and plastid DNA sequences[J]. Taxon, 2008, 57: 109-120.

[167] Crawford DJ, et al. Coreopsideae[M]//Funk VA, et al. Systematics, evolution and biogeography of the Compositae. Vienna: IAPT, 2009: 711-728.

[168] Kim SC, et al. ITS sequences and phylogenetic relationships in *Bidens* and *Coreopsis* (Asteraceae)[J]. Syst Bot, 1999, 24: 480-493.

[169] Sorensen PD. Revision of the genus *Dahlia* Compositae, Heliantheae-Coreopsidinae[J]. Rhodora, 1969, 71: 309-365.

[170] Sorensen PD. New taxa in the genus *Dahlia* Asteraceae, Heliantheae-Coreopsidinae[J]. Rhodora, 1980, 82: 353-360.

[171] Gatt MK, et al. Molecular phylogeny of the genus *Dahlia* Cav. (Asteraceae, Heliantheae-Coreopsidinae) using sequences derived from the internal transcribed spacers of nuclear ribosomal DNA[J]. Bot J Linn Soc, 2000, 133: 229-239.

[172] McKown AD, et al. Phylogeny of *Flaveria* (Asteraceae) and inference of C4 photosynthesis evolution[J]. Am J Bot, 2005, 92: 1911-1928.

[173] Hansen DR. The molecular phylogeny of *Pectis* L. (Tageteae, Asteraceae), with implications for taxonomy, biogeography, and the evolution of C4 photosynthesis[D]. PhD thesis. Austin: University of Texas at Austin, 2012.

[174] Loockerman DJ, et al. Phylogenetic relationships within the Tageteae (Asteraceae) based on nuclear ribosomal ITS and chloroplast *ndh*F gene sequences[J]. Syst Bot, 2003, 28: 191-207.

[175] Jansen RK. The systematics of *Acmella* (Asteraceae-Heliantheae) [J]. Monogr Syst Bot MO Bot Gard, 1985, 8: 1-115.

[176] Panero JL, Funk V. The value of sampling anomalous taxa in phylogenetic studies: major clades of the Asteraceae revealed[J]. Mol Phylogenet Evol, 2008, 47: 757-782.

[177] Payne WW. A re-evaluation of the genus *Ambrosia* (Compositae)[J]. J Arnold Arb, 1964, 45: 401-438.

[178] Miao B, et al. Chloroplast DNA study of the genera *Ambrosia s.l.* and *Hymenoclea* (Asteraceae): systematic implications[J]. Plant Syst Evol, 1995, 194: 241-255.

[179] Wagner WL, Robinson H. *Lipochaeta* and *Melanthera* (Asteraceae: Heliantheae subtribe Ecliptinae): establishing their natural limits and a synopsis[J]. Brittonia, 2001, 53: 539-561.

[180] Arriagada JE. Revision of the genus *Clibadium* (Asteraceae, Heliantheae)[J]. Brittonia, 2003, 55: 245-301.

[181] Rauscher JT. Molecular phylogenetics of the *Espeletia* complex (Asteraceae): evidence from nrDNA ITS

sequences on the closest relatives of an Andean adaptive radiation[J]. Am J Bot, 2002, 89: 1074-1084.

[182] Schilling EE, Heiser CB. Infrageneric classification of *Helianthus* (Asteraceae)[J]. Taxon, 1981, 30: 393-403.

[183] Timme RE, et al. High-resolution phylogeny for *Helianthus* (Asteraceae) using the 18S-26S ribosomal DNA external transcribed spacer[J]. Am J Bot, 2007, 94: 1837-1852.

[184] Schilling EE, Panero JL. A revised classification of subtribe Helianthinae (Asteraceae: Heliantheae) II. Derived lineages[J]. Bot J Linn Soc, 2011, 167: 311-331.

[185] Urbatsch LE, et al. Phylogeny of the coneflowers and relatives (Heliantheae: Asteraceae) based on nuclear rDNA internal transcribed spacer (ITS) sequences and chlorplast DNA restriction site data[J]. Syst Bot, 2000, 25: 539-565.

[186] Torres AM. Revision of *Sanvitalia* (Compositae-Heliantheae)[J]. Brittonia, 1964, 16: 417-433.

[187] Schilling EE, Panero JL. A revised classification of subtribe Helianthinae (Asteraceae: Heliantheae). I. Basal lineages[J]. Bot J Linn Soc, 2002, 140: 65-76.

[188] 任琛, 等. 蟛蜞菊属和李花菊属(菊科-向日葵族)的细胞学研究[J]. 热带亚热带植物学报, 2012, 20: 107-113.

[189] Torres AM. Revision of *Sanvitalia* (Compositae-Heliantheae)[J]. Brittonia, 1964, 16: 417-433.

[190] Canne JM. A revision of the genus *Galinsoga* (Compositae: Heliantheae)[J]. Rhodora, 1977, 79: 319- 389.

[191] Geleta M. Genetic diversity, phylogenetics and molecular systematics of *Guizotia* Cass. (Asteraceae)[D]. PhD thesis. Mulatu Geleta, Alnarp: Swedish University of Agricultural Sciences, 2007.

[192] Geleta M, et al. Phylogenetics and taxonomic delimitation of the genus *Guizotia* (Asteraceae) based on sequences derived from various chloroplast DNA regions[J]. Plant Syst Evol, 2010, 289: 77-89.

[193] Vitali MS, Barreto JNV. Phylogenetic studies in *Smallanthus* (Millerieae, Asteraceae): a contribution from morphology[J]. Phytotaxa, 2014, 159: 77-94.

[194] Powell AM. Taxonomy of *Tridax* (Compositae)[J]. Brittonia, 1965, 17: 47-96.

[195] 高天刚, 刘演. 中国菊科泽兰族的一个新归化属—裸冠菊属[J]. 植物分类学报, 2007, 45: 329- 332.

[196] King RM, Robinson H. The genera of the Eupatorieae (Asteraceae)[J]. Monogr Syst Bot MO Bot Gard, 1987, 22: 1-580.

[197] Schmidt GJ, Schilling EE. Phylogeny and biogeography of *Eupatorium* (Asteraceae: Eupatorieae) based on nuclear ITS sequence data[J]. Am J Bot, 2000, 87: 716-726.

[198] Ito M, et al. Molecular phylogeny of Eupatorieae (Asteraceae) estimated from cpDNA RFLP and its implication for the polyploid origin hypothesis of the tribe[J]. J Plant Res, 2000, 113: 91-96.

[199] Robinson BL. Revisions of *Alomia*, *Ageratum*, and *Oxylobus*[J]. Proc Am Acad Arts and Sci, 1913, 49: 438-491.

[200] Robinson H, et al. Eupatorieae[M]//Funk VA, et al. Systematics, evolution and biogeography of the Compositae. Vienna: IAPT, 2009: 733-746.

[201] Wortley AH, et al. Recent advances in Compositae (Asteraceae) palynology, with emphasis on previously unstudied and unplaced taxa[J]. Grana, 2012, 51: 158-179.

[202] Wagstaff S, Breitwieser I. Phylogenetic relationships of New Zealand Asteraceae inferred from ITS sequences[J]. Plant Syst Evol, 2002, 231: 203-224.

[203] Nylinder S, et al. Species tree phylogeny and character evolution in the genus *Centipeda* (Asteraceae): evidence from DNA sequences from coding and non-coding loci from the plastid and nuclear genomes[J]. Mol Phylogenet Evol, 2013, 68: 239-250.

[204] Goertzen LR, et al. ITS secondary structure derived from comparative analysis: implications for sequence alignment and phylogeny of the Asteraceae[J]. Mol Phylogenet Evol, 2003, 29: 216-234.

[205] Fernández I, et al. A phylogenetic analysis of *Doronicum* (Asteraceae, Senecioneae) based on morphological, nuclear ribosomal (ITS), and chloroplast (*trn*L-F) evidence[J]. Mol Phylogenet Evol, 2001, 20: 41-64.

[206] Pelser PB, Watson LE. Introduction to Asteroideae[M]//Funk VA, et al. Systematics, evolution, and biogeography of Compositae. Vienna: IAPT, 2009: 495-502.

Escalloniaceae R. Brown ex Dumortier (1829), *nom. cons.*
南鼠刺科

特征描述：乔木、灌木或一年生草本。叶互生，稀螺旋排列，简单，无托叶；叶面常具腺体和树脂，边缘有锯齿，有时密集。圆锥花序顶生或腋生、总状花序、聚伞花序或单生。花两性，花被和雄蕊上位，稀下位，具托杯，萼片宿存，（4）5（-9），下部常联合；花瓣（4）5（-9），雄蕊（4）5（-9），与花瓣互生。花丝着生于花盘边缘，花药丁字着生或基着；雌蕊 1（2-5），具心皮；子房上位或下位，（1）2（-5）室，柱头 1（2）。蒴果。种子 20-100。花粉粒 3 孔沟，穿孔状、网状或皱褶状纹饰。

分布概况：7 属/约 135 种，主要分布于拉丁美洲，印度洋群岛和澳大利亚；中国仅 1 属/1 种。

系统学评述：该科形态混杂且无明显的形态共衍征，传统上其成员位于虎耳草科 Saxifragaceae 或茶藨子科 Grossulariaceae。基于叶绿体序列分析表明，南鼠刺科是个单起源类群，但是科内的系统关系没有很好解决[1-2]。分子证据表明，该科应包括 *Anopterus*、*Eremosyne*、*Escallonia*、*Forgesia*、多香木属 *Polyosma*、*Tribeles* 和 *Valdivia* 7 个属，承认南美洲特有的 *Forgesia* 和印度洋地区的 *Valdivia* 相对独立的类群，没有将其划入 *Escallonia* 之中[3-4]。

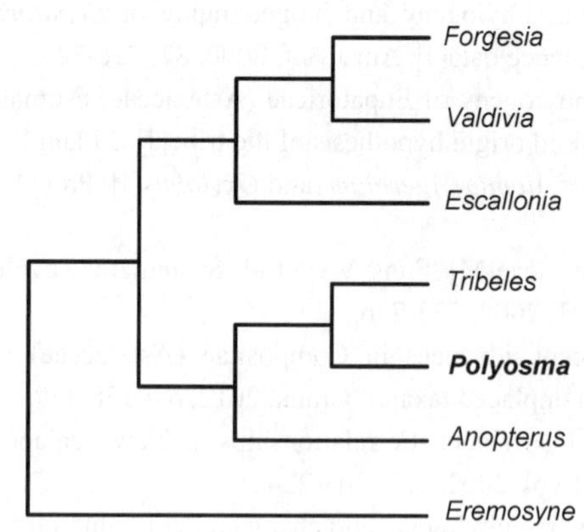

图 215 南鼠刺科分子系统框架图（参考 Sede 等[3]）

1. *Polyosma* Blume 多香木属

Polyosma Blume (1825: 658); Jin & Ohba (2001: 422) (Lectotype: *P. ilicifolia* Blume)

特征描述：乔木或灌木。叶对生，具柄，无托叶，全缘或多少具齿，渐尖。顶生总状花序，两性，4 基数，3 枚苞片；萼筒与子房合生，萼片 4 枚，宿存；花瓣 4，长圆形至线形，镊合状排列，黄白色或绿色，有香味，两面有柔毛，花后常反卷；雄蕊 4，花药长圆形，基部着生，子房下位，1 室，花柱圆柱形，胚珠多数，侧膜胎座。浆果。种子 1。花粉粒 3（4）孔沟，穿孔状纹饰。

分布概况：80/1 种，**5 型**；分布于喜马拉雅山脉东部至热带澳大利亚；中国产长江以南。

系统学评述：属下尚未见系统学研究。

DNA 条形码研究：BOLD 网站有该属 2 种 6 个条形码数据。

主要参考文献

[1] Tank DC, et al. Phylogeny and phylogenetic nomenclature of the Campanulidae based on an expanded sample of genes and taxa[J]. Syst Bot, 2010, 35: 425-441.

[2] Winkworth RC, et al. Toward a resolution of Campanulid phylogeny, with special reference to the placement of Dipsacales[J]. Taxon, 2008, 57: 53-65.

[3] Sede SM, et al. Phylogenetics of *Escallonia* (Escalloniaceae) based on plastid DNA sequence data[J]. Bot J Linn Soc, 2013, 173: 442-451.

[4] Zapata F. A multilocus phylogenetic analysis of *Escallonia* (Escalloniaceae): diversification in montane South America[J]. Am J Bot, 2013, 100: 526-545.

Adoxaceae E. Meyen (1839), *nom. cons.* 五福花科

特征描述：灌木，较少为多年生草本或小乔木。叶对生，单叶、一至二回三出复叶或奇数羽状复叶。花序顶生，呈伞形、圆锥状、穗状，或紧缩成头状。花两性，辐射对称，花被合生；雄蕊 3-5，生于花冠管上，花丝不裂或 2 裂几达基部（五福花属 *Adoxa* 和华福花属 *Sinadoxa*）；退化雄蕊 3-5，生于内轮，与花冠裂片对生。子房半下位或下位，1 室或 3-5 室；花柱 3-5，柱头头状或 2-3 裂。果为核果。花粉粒 3 沟或 3 孔沟，网状纹饰。蜂类、蝇类和鸟类传粉。常含氰苷类和环烯醚萜类化合物。

分布概况：4 属/200 种，世界广布，主要分布于北温带；中国 4 属/81 种，南北均产，主产西南；中国特有 1 属。

系统学评述：传统的五福花科仅包括五福花属 *Adoxa*（含并入的四福花属 *Tetradoxa*）和华福花属 *Sinadoxa*。分子证据表明，传统的忍冬科 Caprifoliaceae 并非单系，支持将荚蒾属 *Viburnum* 和接骨木属 *Sambucus* 转移至五福花科[1]。五福花科可被划分为五福花亚科 Adoxoideae 和荚蒾亚科 Opuloideae 2 个亚科，前者包括了五福花族 Adoxeae（含五福花属和华福花属）和接骨木族 Sambuceae（含接骨木属）；后者仅包括了荚蒾族 Viburneae（仅含荚蒾属）[1-4,APW]。五福花科属间的关系见图 32，荚蒾属位于最基部[1-4]。

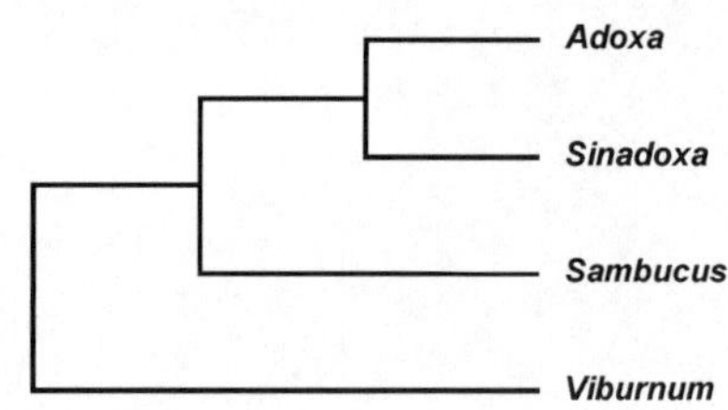

图 216　五福花科分子系统框架图（参考 Donoghue 等[3]；Winkworth 等[4]）

分属检索表

1. 灌木或小乔木；单叶；子房 1 室，核果含 1 粒种子……………………………**4. 荚蒾属 *Viburnum***
1. 灌木，多年生草本或小乔木；羽状复叶；子房 3-5 室，核果一般为 3-5 粒种子
    2. 高大草本至小乔木；雄蕊 5；果实为浆果状核果……………………………**2. 接骨木属 *Sambucus***
    2. 低矮草本；雄蕊 2 轮，内轮退化，外轮着生在花冠上，分裂为 2 半蕊；果为核果
        3. 叶 3 深裂，稀为二回羽状三出深裂；花序紧缩成聚伞或总状花序……………**1. 五福花属 *Adoxa***
        3. 叶为一至二回羽状三出复叶；聚伞性头状或团伞花序排列成间断的穗状花序……………………………………………………………**3. 华福花属 *Sinadoxa***

1. *Adoxa* Linnaeus 五福花属

Adoxa Linnaeus (1753: 367); Yang et al. (2011: 613) (Type: *A. moschatellina* Linnaeus).——*Tetradoxa* C. Y. Wu (1981: 384)

特征描述：多年生矮小草本，具匍匐根茎。基生叶 1-3，茎生叶 2 枚，对生，叶片 3 深裂。聚伞性头状花序顶生于直立花葶。花 4-5 数，黄绿色；花萼浅杯状；花冠辐状，管极短，裂片上乳突约略可见；内轮雄蕊退化成腺状乳突，外轮雄蕊着生于花冠管檐部，花丝 2 裂几达基部，花药单室，盾形，外向，纵裂；子房半下位至下位，花柱 4-5，基部连合，柱头 4-5，点状。核果。花粉粒孔沟，网状纹饰。染色体 2*n*=36。

分布概况：3/3（2）种，**8 型**；分布于北温带高山和高海拔地区；中国分布于东北、华北、西北和青藏高原、横断山区。

系统学评述：Donoghue 等[3]将四福花 *A. omeiensis* H. Hara 作为一个独立的单型属，其与五福花属为姐妹群。在此依照 FOC，将四福花当作五福花属下的一个种处理。五福花 *A. moschatellina* Linnaeus 广泛分布于北温带，特别是高纬度的北极圈附近，其他 2 种特产中国，西藏五福花 *A. xizangensis* G. Yao 见于川滇藏交界处，四福花 *A. omeiensis* H. Hara 特产四川峨眉山。

DNA 条形码研究：BOLD 网站有该属 2 种 13 个条形码数据；GBOWS 网站已有 1 种 4 个条形码数据。

2. *Sambucus* Linnaeus 接骨木属

Sambucus Linnaeus (1753: 269); Yang et al. (2011: 611) (Lectotype: *S. nigra* Linnaeus)

特征描述：落叶乔木或灌木，稀草本；茎干常有皮孔，具髓。奇数羽状复叶，对生；托叶叶状或退化成腺体。花序由聚伞合成顶生的复伞式或圆锥式；花小，白色或黄白色；萼筒短，萼齿 5 枚；花冠辐状，5 裂；雄蕊 5，开展，花丝短，花药外向；子房 3-5 室，柱头 2-3 裂。浆果状核果红黄色或紫黑色，具 3-5 枚核；种子三棱形或椭圆形。花粉粒 3 孔沟，网状纹饰。染色体 2*n*=36，37，38，40。

分布概况：10/4（1）种，**8-4 型**；分布于温带，亚热带及热带高山地区；中国南北均产。

系统学评述：传统上接骨木属被置于忍冬科接骨木族，分子系统学研究将其归至五福花科[2,3]。目前依然以 Schwerin[5,6]的分类系统最为全面。形态上最为接近的接骨草 *S. javanica* Blume 和血满草 *S. adnata* Wallich ex de Candolle 被置于 *S.* sect. *Scyphidanthe*，这一观点也得到了分子系统学的支持[3]。木本的接骨木 *S. williamsii* Hance 尚未见分子系统学研究。

DNA 条形码研究：BOLD 网站有该属 31 种 229 个条形码数据；GBOWS 网站已有 3 种 113 个条形码数据。

3. *Sinadoxa* C. Y. Wu, Z. L. Wu & R. F. Huang 华福花属

Sinadoxa C. Y. Wu, Z. L. Wu & R. F. Huang (1981: 207); Yang et al. (2011: 613) (Type: *S. corydalifolia* C. Y. Wu, Z. L. Wu & R. F. Huang)

特征描述：多年生多汁草本；根状茎直立；茎稍粗，2-4 条丛生。基生叶和茎生叶均为一至二回羽状三出复叶。花小，由 3-5 朵花的团伞花序排列成间断的穗状花序，最

下部者具长梗，生于茎生叶的叶腋内；花萼杯状，肉质，常 3 裂，裂片囊状，封闭，干时脊上狭翅状；花冠辐状，3-4 裂，具短管；雄蕊着生于花冠管口部，2 裂至近基部；子房卵球形，半下位，1 室，悬垂 1 胚珠，心皮 2，无花柱，柱头不明显。花粉粒 3 孔沟，网状纹饰。染色体 $2n$=36。

分布概况：1/1（1）种，**15 型**；特产中国青海省南部的囊谦、玉树等地。

系统学评述：华福花属是单系类群，与五福花属系统发育关系近缘[3,4,7]。形态上以根茎直立，茎 2-4 条丛生；基生叶约 10 枚，叶为一至二回羽状三出复叶；聚伞性头状或团伞花序排列成间断的穗状花序；花 3-4 基数等与五福花属相区分。

DNA 条形码研究：BOLD 网站有该属 1 种 3 个条形码数据。

4. *Viburnum* Linnaeus 荚蒾属

Viburnum Linnaeus (1753: 267); Yang et al. (2011: 570) (Lectotype: *V. lantana* Linnaeus)

特征描述：灌木或小乔木，茎干有皮孔。单叶，对生，稀 3 叶轮生，全缘或有锯齿，有时掌状裂。花小，两性；花序聚伞式、圆锥式或伞房式，稀紧缩成簇，有时具白色大型的不孕边花；花萼 5 裂，宿存；花冠白色，较少淡红色，辐状、钟状、漏斗状或高脚碟状，裂片 5 枚，花蕾期覆瓦状排列；子房 1 室，花柱粗短，柱头头状或浅（2-）3 裂。核果，核骨质，扁平，内含 1 种子。花粉粒 3 沟或 3 孔沟，网状纹饰。染色体 $2n$=16，18。

分布概况：200/73（45）种，**8 型**；分布于温带和亚热带地区；亚洲和南美洲种类较多；中国南北均产，主产西南。

系统学评述：传统上荚蒾属被置于忍冬科荚蒾族，依据分子系统学研究结果将荚蒾族归至五福花科[2,3]。主要根据果核和鳞片特征，徐炳声将国产荚蒾属 74 种划分为 9 组[FRPS]，其中侧花组 *Viburnum* sect. *Platyphylla* 从鳞斑组 *V.* sect. *Megalotinus* 分出。杨亲二基本沿袭了前者的观点，但未承认侧花组，并指出了一些错误鉴定[FOC]。Donoghue 等[3,8-11]系统研究了世界范围内的荚蒾属植物，其中包含了中国的大部分种类，将荚蒾属划分为 15 组，其中包含种类最多的齿叶组 *V.* sect. *Odontotinus* 下的种间关系仍然没有得到解决[3,8-11]。

DNA 条形码研究：已开展的荚蒾属的 DNA 条形码（ITS、*rbc*L、*mat*K 和 *trn*H-*psb*A）研究包含了 170 种中的 112 种，其中包含中国的大部分种类，分析表明，*rbc*L+*mat*K+ITS 具有约 98%的物种鉴别率，可作为荚蒾属的鉴定条码[11]。BOLD 网站有该属 151 种 907 个条形码数据；GBOWS 网站已有 29 种 355 个条形码数据。

主要参考文献

[1] Bell CD, et al. Dipsacales phylogeny based on chloroplast DNA sequences[J]. Harv Pap Bot, 2001, 6: 481-499.

[2] Donoghue MJ, et al. Phylogenetic relationships of Dipsacales based on *rbc*L sequences[J]. Ann MO Bot Gard, 1992, 79: 333-345.

[3] Donoghue MJ, et al. Phylogeny and phylogenetic taxonomy of dipsacales, with special reference to *Sinadoxa*, and *Tetradoxa* (Adoxaceae)[J]. Harv Pap Bot, 2001, 6: 459-479.

[4] Winkworth RC, et al. Mitochondrial sequence data and Dipsacales phylogeny: mixed models, partitioned Bayesian analyses, and model selection[J]. Mol Phylogenet Evol, 2008, 46: 830-843.

[5] von Schwerin FG. Monographie der gattung *Sambucus*[J]. Mitt Deutsch Dendrol Ges, 1909, 18: 1-56.

[6] von Schwerin FG. Revisio generic *Sambucus*[J]. Mitt Deutsch Dendrol Ges, 1920, 29: 57-94.

[7] Eriksson T, et al. Phylogenetic relationships of *Sambucus* and *Adoxa* (Adoxoideae, Adoxaceae) based on nuclear ribosomal ITS sequences and preliminary morphological data[J]. Syst Bot, 1997, 22: 555-573.

[8] Winkworth RC, et al. Viburnum phylogeny based on combined molecular data: implications for taxonomy and biogeography[J]. Am J Bot, 2005, 92: 653-666.

[9] Jacobs B, et al. Evolution and phylogenetic importance of endocarp and seed characters in *Viburnum* (Adoxaceae)[J]. Int J Plant Sci, 2008, 169: 409-431.

[10] Clement WL, et al. Dissolution of *Viburnum* section *Megalotinus* (Adoxaceae) of Southeast Asia and its implications for morphological evolution and biogeography[J]. Int J Plant Sci, 2011, 172: 559-573.

[11] Clement WL, et al. Barcoding success as a function of phylogenetic relatedness in *Viburnum*, a clade of woody angiosperms[J]. BMC Evol Bio, 2012, 12: 73.

Caprifoliaceae Jussieu (1789), *nom. cons.* 忍冬科

特征描述：草本，灌木，小乔木或藤本。常具星散的分泌细胞，毛被多样。叶对生，单叶，稀羽状分裂或复叶，全缘或有锯齿，具羽状脉。花序多样，花两性，两侧对称；萼片常 5，合生；花瓣常 5，合生，常具 2 个上裂片和 3 个下裂片或 1 个下裂片和 4 个上裂片；雄蕊（1-）4 或 5，花丝贴生于花冠；心皮 2-5，合生；子房下位，常伸长，中轴胎座；花柱伸长，柱头头状；胚珠每室 1 到多数，具单珠被和薄壁的大孢子囊。果为蒴果、浆果、核果或瘦果。花粉粒大，多刺，3 孔沟或 3 孔。常含酚苷类、环烯醚萜类化合物。

分布概况：36 属/810 种，世界广布，主要分布于北温带；中国 20 属/143 种，南北均产，主产西南；中国特有 3 属。

系统学评述：近 30 年来，忍冬科的系统框架有着很大的变化，Judd[1]及 APG II、APG III 均支持把荚蒾属 *Viburnum* 和接骨木属 *Sambucus* 这 2 个形态上很类似的忍冬科类群的属转移至五福花科 Adoxaceae；狭义的忍冬科原仅包括忍冬族 Caprifolieae、锦带花族 Diervilleae 和北极花族 Linnaeeae，现将川续断科 Dipsacaceae、刺参科 Morinaceae 和败酱科 Valerianaceae 并入广义的忍冬科并分别处理为族，这样就可以使得广义的忍冬科保持单系性。另外，杨亲二等[FOC]仍然按照了 Backlund 和 Pyck[2]的处理方法将 Caprifolieae 作为一个独立科，而将北极花族和锦带花族各自提升为一个科。六道木属 *Zabelia* 和七子花属 *Heptacodium* 在广义忍冬科内部的位置仍然未定[3,4]。

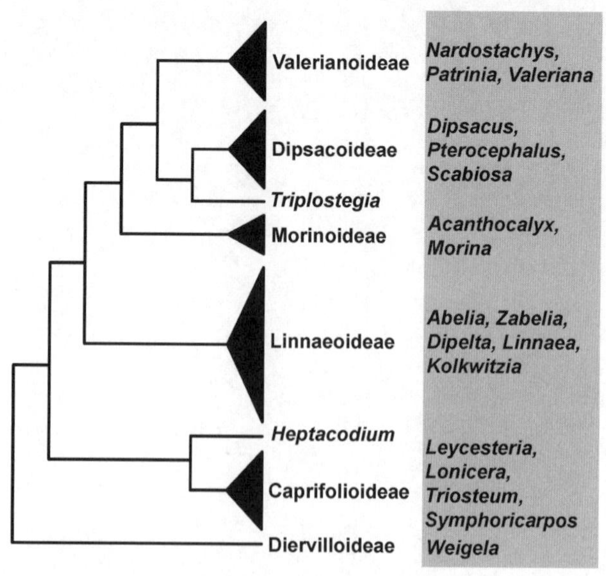

图 217　忍冬科分子系统框架图（参考 Donoghue 等[5]；Soltis 等[6]）

分属检索表

1. 子房 1 室；花序为头状、轮伞或疏松聚伞圆锥花序
  2. 花为疏松聚伞圆锥花序，较小，近辐射对称；小总苞 2 层，4 裂，合生成囊状……………………………………**17. 双参属 *Triplostegia***
  2. 头状花序或轮伞花序
    3. 轮伞花序间断成穗状或紧缩成假头状花序；叶缘、总苞苞片边缘、小总苞、花萼均具细长齿刺
      4. 能育雄蕊 4；萼偏斜，裂口边缘有齿刺……………………**2. 刺续断属 *Acanthocalyx***
      4. 能育雄蕊 2；花萼二唇形……………………**10. 刺参属 *Morina***
    3. 头状花序；萼膜质或刚毛状；小总苞萼状，常具冠部
      5. 植物体具刺；小总苞一般无明显冠檐……………………**4. 川续断属 *Dipsacus***
      5. 植物体不具刺；小总苞多少有冠檐
        6. 花萼 8 裂或多裂，裂片羽毛状或刚毛状，脱落……………………**13. 翼首花属 *Pterocephalus***
        6. 花萼 5 裂，裂片针刺状，宿存……………………**14. 蓝盆花属 *Scabiosa***
1. 子房 3-4 室；花序多为聚伞花序
  7. 瘦果，顶端具宿存萼齿，并贴生于果时增大的膜质苞片上，呈翅果状，有种子 1
    8. 雄蕊 3；花萼多裂，开花时内卷，果期伸长外展，成羽毛状冠毛……………………**18. 缬草属 *Valeriana***
    8. 雄蕊 4，极少退化至 1-3；萼齿 5，直立或外展，果期不成冠毛状
      9. 花序通常疏散；花冠黄色或白色；小苞片在果熟时常增大成翅状；根茎有陈腐味……………………**12. 败酱属 *Patrinia***
      9. 花序密集；花冠淡紫红色；小苞片在果时不增大成翅果状；根茎有松香味……………………**11. 甘松属 *Nardostachys***
  7. 浆果、核果或蒴果，具 1 至多数种子
    10. 果实为两瓣裂开的蒴果，圆柱形，具多数种子……………………**19. 锦带花属 *Weigela***
    10. 果实为浆果或核果，圆球形，具 1 至多数种子
      11. 子房由能育和败育的心皮所构成，能育心皮各内含 1 胚珠；果实不开裂，具 1-3 种子
        12. 多年生草本；能育子房室 3，每室 1 胚珠；雄蕊 5；核果有核 3，内果皮质地坚厚……………………**16. 莛子藨属 *Triosteum***
        12. 灌木，有时为匍匐小灌木；能育子房室 1-2；雄蕊 5，或 4 而 2 强；核果有核 1-2
          13. 轮伞花序集合成小头状，再组成开展的圆锥花序；叶具三出脉……………………**5. 七子花属 *Heptacodium***
          13. 花序不集合成小头状；叶具羽状脉
            14. 花序为顶生的穗状或总状；萼檐浅齿裂；核果有 2 种子；子房 4 室……………………**15. 毛核木属 *Symphoricarpos***
            14. 花序聚伞状；萼檐深裂，裂片狭长；核果浆果状或瘦果状，有 1-2 种子
              15. 果实肉质，具宿存、大型的膜质翅状小苞片；子房 4 室，仅 2 室发育……………………**3. 双盾木属 *Dipelta***
              15. 果实革质，不具翅状小苞片；子房 3 室，仅 1 室发育
                16. 常绿匍匐灌木；小花具细长梗，成对生于小枝顶端；果实顶端无宿存的萼裂片……………………**8. 北极花属 *Linnaea***
                16. 落叶直立灌木；花单生或集合成聚伞花序；果实顶端有宿存的萼裂片
                  17. 相邻两个果实合生，外被长刺刚毛；萼裂片 5，花后不增大……………………**6. 蝟实属 *Kolkwitzia***
                  17. 果实分离，外面无长刺刚毛；萼裂片 2-5，花后增大

18. 对生两叶之叶柄不联合；花冠漏斗状或二唇形……………………………………………………………………………………**1. 糯米条属 *Abelia***

18. 对生两叶之叶柄合生；花冠高脚杯状……**20. 六道木属 *Zabelia***

11. 子房的心皮均能育，各心皮内含多数胚珠；果实开裂或不开裂，具若干至多数种子

19. 子房 5-10 室；相邻两花的萼筒不连合成对；花冠整齐…………**7. 鬼吹箫属 *Leycesteria***

19. 子房 2-5 室；相邻两花的萼筒分离或部分至全部连合；花冠整齐或二唇形，基部常一侧肿大或具囊……………………………………………………………**9. 忍冬属 *Lonicera***

1. *Abelia* R. Brown 糯米条属

Abelia R. Brown (1818: 316); Yang et al. (2011: 644) (Type: *A. chinensis* R. Brown).——*Diabelia* Landrein (2010: 35)

特征描述：落叶或半常绿灌木，冬芽裸露。叶对生，或3-4片轮生，具短叶柄，无托叶。圆锥花序腋生；小花单生或双生，单生者具4枚苞片，双生者具6枚苞片，苞片小，花后不增大；萼片2-5，狭长圆形，宿存；花冠5裂，漏斗状或二唇形，白色、黄色或红色；花冠筒基部有凸起的蜜腺（由密集的腺毛组成）；二强雄蕊内藏或伸出花冠筒；子房狭长圆形，仅具1个胚珠的1室可育；花柱丝状，柱头头状，白色，具乳突。果实长椭圆形，革质，具宿存萼片。花粉粒3孔沟，具刺。染色体 $2n=32$。

分布概况：8/7（3）种，**14型**；分布于日本；中国产长江以南。

系统学评述：传统上糯米条属被置于忍冬科北极花族，分子系统学研究将北极花族所有类群转移至广义忍冬科作为1个亚科，糯米条属并非单系，其属下系统关系还有待于在整个族内进一步研究[7]，此处糯米条属的概念包含了*Diabelia*。

DNA条形码研究：BOLD网站有该属14种42个条形码数据；GBOWS网站已有4种29个条形码数据。

2. *Acanthocalyx* (de Candolle) Tieghem 刺续断属

Acanthocalyx (de Candolle) Tieghem (1909: 199); Hong et al. (2011: 649) [Type: *Morina nana* Wallich ex de Candolle (=*A. nepalensis* (D. Don) M. J. Cannon≡*Morina nepalensis* D. Don)]

特征描述：多年生草本，根常粗壮，有分枝。单叶对生或轮生，边缘全缘或波状至羽状裂，具刺毛或硬刺。花多数，密集成顶生的假头状花序或轮伞花序；小总苞钟形，上部边缘具10或更多长短不等的齿刺；萼筒偏斜，裂口边缘有齿刺，或浅钟形，裂片二唇形，顶端再2-3裂；花冠紫红色、污红色或白绿色，花冠管裂片5，微二唇状或近于辐射对称；雄蕊4，2强，生于花冠喉部，或2能育，2退化，后者生于花冠管基部；子房下位，花柱较雄蕊长，柱头头状。瘦果褐色，柱状，有皱纹或小瘤。

分布概况：2/2种，**14型**；分布于喜马拉雅-横断山区；中国产西南。

系统学评述：传统上刺续断属被置于川续断科刺参族Morineae，分子系统学研究将刺参族所有类群独立为狭义刺参科，或者转移至广义忍冬科作为1个亚科[5,7,8]。刺参族包含3属（刺参属*Morina*、刺续断属*Acanthocalyx*和蓟叶参属*Cryptothladia*）约13种，

分布于欧洲东南部至青藏高原，刺续断属是泛喜马拉雅地区的特有属[9]。分子系统学研究支持刺续断属为单系，并且与刺参族余下种类分别聚为2支，互为姐妹群[8]。

DNA条形码研究：BOLD网站有该属1种2个条形码数据；GBOWS网站已有2种34个条形码数据。

3. *Dipelta* Maximowicz 双盾木属

Dipelta Maximowicz (1877: 50); Yang et al. (2011: 647) (Type: *D. floribunda* Maximowicz)

特征描述：落叶直立灌木，冬芽有数枚鳞片。叶对生，全缘或顶端具不明显的浅波状齿牙。花单生叶腋或由4-6朵花组成带叶的伞房状聚伞花序生于侧枝顶端；苞片2枚，生于总花梗中部，小苞片4枚，交互对生，较大2枚紧贴萼筒；萼筒长柱形，萼檐5裂；花冠筒状钟形，稍二唇形；雄蕊4，上面一对较长，下面一对生于花冠筒基部，花药基部2裂，内藏；子房4室，2室含多数胚珠但不育，另2室各含1能育的胚珠，花柱细长。果为肉质核果，萼片宿存，外有2宿存增大的膜质翅状小苞片。花粉粒3孔沟，具刺。染色体$2n$=18。

分布概况：3/3（3）种，**15型**；特产中国甘肃以南。

系统学评述：传统上双盾木属被置于忍冬科北极花族，分子系统学研究支持将北极花族置于广义忍冬科作为1个亚科[4,5]。双盾木属仅包含3种，全部特产中国，双盾木 *D. floribunda* 和云南双盾木 *D. yunnanensis* Franchet在科级分子系统学研究中已有涉及，但全面的属下系统学还有待深入研究。

DNA条形码研究：BOLD网站有该属2种13个条形码数据；GBOWS网站已有2种17个条形码数据。

4. *Dipsacus* Linnaeus 川续断属

Dipsacus Linnaeus(1753: 97); Hong et al. (2011: 658) (Lectotype: *D. fullonum* Linnaeus)

特征描述：茎直立，具棱和沟，棱上通常具短刺或刺毛。基生叶具长柄，不分裂，3裂或羽状深裂，叶缘常具齿或浅裂；茎生叶对生，常为3-5裂；叶两面常被刺毛。头状花序呈卵圆形，顶生，基部具叶状总苞片1-2层；花萼顶端4裂，具白色柔毛；花冠白色、淡黄色、紫红色或黑紫色，基部常紧缩成细管状，顶端4裂；雄蕊4，雌蕊由2心皮组成，子房下位，包于囊状小总苞内，1室，内含1倒生胚珠。瘦果藏于革质的囊状小总苞内，小总苞具4-8棱，瘦果顶端具宿存萼。种子具薄膜质种皮。花粉粒3沟，二型刺状-网状、二型刺状-穴纹、二型刺状-皱波或较平滑纹饰。染色体$2n$=16，18。

分布概况：20/7（2）种，**10型**；分布于北非、欧洲至亚洲；中国南北皆有，主产西南。

系统学评述：传统上川续断科分为3族，即川续断族、Knautieae和Scabioseae，川续断属被置于川续断族Dipsaceae[10]，分子系统学研究将川续断科所有类群转移至广义忍冬科作为1个亚科，川续断亚科的分子系统学研究表明，其内部主要包含2支，Scabioseae *s.s.*和“Dipknautid” clade（*Dipsacus*、*Cephalaria*、*Knautia*、*Pterocephalidum*、

Succisa、*Succisella* 和 *Pseudoscabiosa*），川续断属 *Dipsacus* 归于“Dipknautid”clade[11,12]。尹祖棠将中国的川续断属分为 2 组[FRPS]，目前的属下系统关系还有待深入。

DNA 条形码研究：BOLD 网站有该属 9 种 39 个条形码数据；GBOWS 网站已有 6 种 48 个条形码数据。

代表种及其用途：一些种类的根茎可入药，如川续断 *D. asper* Wallich ex de Candolle 等。

5. *Heptacodium* Rehder 七子花属

Heptacodium Rehder (1916: 617); Yang et al. (2011: 617) (Type: *H. miconioides* Rehder)

特征描述：落叶灌木或小乔木，冬芽具鳞片。叶对生，全缘，近基部三出脉。由多轮紧缩成头状的聚伞花序组成顶生圆锥花序，每轮含 1 对具 3 朵花的聚伞花序及 1 顶生单花，共 7 朵花。总苞片大而宿存，内含 10 枚密被绢毛的鳞片状苞片和小苞片；萼筒陀螺状，密被刚毛，萼檐 5 裂；花冠白色，5 裂，稍呈二唇形；雄蕊 5，花丝着生于花冠筒中部；子房 3 室，其中含多数胚珠的两室不育；花柱被毛，柱头圆盘形。瘦果状核果长椭圆形，萼片增大宿存；种子近圆柱形。花粉粒 3 孔沟，具刺。染色体 2*n*=28。

分布概况：1/1（1）种，**15 型**；特产中国华中至华东。

系统学评述：传统上被置于忍冬科北极花族。分子系统学研究表明该属的系统位置较为特殊，被认为是 *Lonicera* clade 和 *Linnaea* clade 之间的过渡类群，但与 *Lonicera* clade 具有更为密切的联系[3,13]。

DNA 条形码研究：BOLD 网站有该属 1 种 6 个条形码数据；GBOWS 网站已有 1 种 3 个条形码数据。

6. *Kolkwitzia* Graebner 蝟实属

Kolkwitzia Graebner (1901: 593); Yang et al. (2011: 646) (Type: *K. amabilis* Graebner)

特征描述：落叶灌木，冬芽具数对明显被柔毛的鳞片。叶对生，具短柄。由贴近的两花组成的聚伞花序呈伞房状，顶生或腋生于具叶的侧枝之顶；苞片 2；萼檐 5 裂，裂片开展，被疏柔毛；花冠钟状，5 裂；雄蕊 4，2 强，着生于花冠筒内，花药内向；相近两朵花的 2 萼筒相互紧贴，其中一枚的基部着生于另一枚的中部，密被长刚毛，顶端各具 1 狭长的喙，基部与小苞片贴生；子房 3 室，仅 1 室发育，含 1 胚珠。两枚瘦果状核果合生，外被刺刚毛，萼片宿存。花粉粒 3 孔沟，具刺。染色体 2*n*=32。

分布概况：1/1（1）种，**15 型**；特产中国华中。

系统学评述：蝟实属是中国特有的单型属，被置于忍冬科的北极花族，这一结果也得到了分子系统学研究的支持[4]。

DNA 条形码研究：BOLD 网站有该属 1 种 7 个条形码数据；GBOWS 网站已有 1 种 13 个条形码数据。

代表种及其用途：蝟实 *K. amabilis* 常作为观赏植物而栽培。

7. *Leycesteria* Wallich 鬼吹箫属

Leycesteria Wallich (1824: 181); Yang et al. (2011: 618) (Type: *L. formosa* Wallich)

特征描述： 落叶灌木或小灌木；小枝常中空。单叶，对生，全缘或有锯齿，很少浅裂；托叶存在或否。由 2-6 朵花的轮伞花序合成的穗状花序顶生或腋生，有时紧缩成头状，常具显著的叶状苞片；萼裂片 5，不等形或近等形；花冠白色、粉红色或带紫红色，有时橙黄色，漏斗状，整齐，裂片 5；雄蕊 5，花药丁字状背着；子房 5-8（-10）室，每室有多数胚珠，花柱细长，柱头盾状或头状。果实为浆果，具宿存萼；种子微小，多数。花粉粒 3 孔沟，具刺。染色体 $2n=18$。

分布概况： 5/5 种，**14 型**；分布于喜马拉雅地区；中国产西南。

系统学评述： 传统上鬼吹箫属被置于忍冬科锦带花族，分子系统学研究也支持其为狭义忍冬科的核心类群，无论忍冬科内的系统关系如何变化，该属与忍冬属 *Lonicera* 的亲缘关系最近[5,14,15]。Airy Shaw[16]对鬼吹箫属的修订，对当时接受的 6 种提出了 2 亚属 2 组 4 系的分类系统，但该属现仅包含 5 种，为单系类群，其属下系统关系还有待分子系统学研究的验证。

DNA 条形码研究： BOLD 网站有该属 2 种 9 个条形码数据；GBOWS 网站已有 2 种 49 个条形码数据。

代表种及其用途： 一些种类可作栽培观赏，如鬼吹箫 *L. formosa* Wallich。

8. *Linnaea* Linnaeus 北极花属

Linnaea Linnaeus (1753: 631); Yang et al. (2011: 647) (Type: *L. borealis* Linnaeus)

特征描述： 常绿匍匐亚灌木；小枝细长而上升。叶小，对生，有叶柄，无托叶。花具细长花梗，对生于小枝顶端；苞片 1 对，着生于两花梗基部，小苞片 1-2 对，紧贴萼筒基部；萼筒密被具柄的腺毛和短柔毛，萼檐 5 裂；花冠钟状，整齐 5 裂；雄蕊 4，2 强，着生于花冠筒内，花药内向，内藏；子房 3 室，仅 1 室发育，花柱细长，柱头头状。瘦果状核果，不开裂，内含种子 1。花粉粒 3 孔沟，稀疏具刺。染色体 $2n=32$。

分布概况： 1/1 种，**8 型**；广布于北半球高寒地带；中国产东北至西北。

系统学评述： 北极花属是个多态性的单型属，传统上被置于忍冬科北极花族，近来分子系统学研究有将北极花族的大部分类群独立出来作为北极花科 Linnaeaceae 成员，但目前更多的观点赞成将其置于广义的忍冬科作为亚科[4,5]。

DNA 条形码研究： BOLD 网站有该属 1 种 16 个条形码数据；GBOWS 网站已有 1 种 3 个条形码数据。

9. *Lonicera* Linnaeus 忍冬属

Lonicera Linnaeus (1753: 173); Yang et al. (2011: 620) (Lectotype: *L. caprifolia* Linnaeus).——*Devendraea* Landrein (2011: 212)

特征描述：直立灌木或矮灌木，有时为缠绕藤本；小枝髓部白色或黑褐色，有时中空。叶对生，很少3（-4）枚轮生，有时花序下的1-2对叶相连成盘状。花通常成对生于腋生的总花梗顶端，或花无柄而呈轮状排列于小枝顶，每轮3-6朵；相邻两萼筒分离或部分至全部连合，萼檐5裂，很少向下延伸成帽边状凸起；花冠白色、黄色、淡红色或紫红色，钟状、筒状或漏斗状，（4-）5裂，或二唇形而上唇4裂，花冠筒基部常一侧肿大或具浅或深的囊，很少有长距；雄蕊5，花药丁字着生；子房2-3（-5）室，花柱纤细。果实为浆果，红色、蓝黑色或黑色。花粉粒3孔沟，粗糙状纹饰或具刺。染色体 $2n=18$。

分布概况：180/57（23）种，**8型**；分布于北非，欧洲，亚洲和北美；中国南北均产。

系统学评述：传统上忍冬属被置于忍冬科锦带花族，分子系统学研究将其转移至广义忍冬科的 *Lonicera* clade，包含 *Lonicera*、鬼吹箫属、毛核木属 *Symphoricarpos* 和 *Triosteum* 4属[5,17,18]。Rehder 依据花是否双生，将忍冬属划分为2个亚属，即 *Lonicera* subgen. *Chamaecerasus* 和 *L.* subgen. *Periclymenum*，进一步依据藤本或灌木、髓部、袋囊等特征，将 *L.* subgen. *Chamaecerasus* 划分为4组[19]。徐炳声和王汉津对中国的忍冬属98种的分类基本依循了这一系统，只是在系的划分上有所调整[FRPS]，杨亲二等对中国忍冬属的种类仅进行了一些归并[FOC]。Pusalkar[20]依据花冠辐射对称、冠筒基部无袋囊等特征将 *L.* sect. *Isoxylosteum* 独立为新属 *Devendraea*，但未得到分子证据的支持，暂不采纳。目前忍冬属的分子系统学研究支持忍冬科为单系，并支持其2亚属的划分，但组和亚组的划分有较大的冲突[17,18]。

DNA条形码研究：BOLD网站有该属75种354个条形码数据；GBOWS网站已有27种392个条形码数据。

代表种及其用途：一些种类的花蕾可入药，如忍冬 *L. japonica* Thunberg 等；一些种类常作为栽培观赏，如金银忍冬 *L. maackii* (Ruprecht) Maximowicz 等。

10. *Morina* Linnaeus 刺参属

Morina Linnaeus (1753: 28); Hong et al. (2011: 650) (Type: *M. persica* Linnaeus)

特征描述：多刺灌木。叶为单叶，叶片掌状分裂，有叶柄。花两性或杂性，聚生为伞形花序，再组成圆锥花序；花梗无关节；萼筒近全缘或有明显的齿；花瓣5，在花芽中镊合状排列；雄蕊5；子房2室；花柱2，离生或合生至中部。果实球形。种子扁平。染色体 $2n=34$。

分布概况：10/8（4）种，**12型**；分布于巴尔干半岛，中亚至东喜马拉雅地区；中国主产西北、西南。

系统学评述：传统上刺参属被置于川续断科刺参族，分子系统学研究将刺参族所有类群独立为狭义刺参科，或者转移至广义忍冬科作为1个亚科[7,8,15]。刺参属是刺参族的核心类群。分子系统学研究表明刺参属不是单系类群，长叶刺参 *M. longifolia* Wallich ex de Candolle 与 *Cryptothladia* (Bunge) MJ Cannon 的关系更为密切，但该研究中刺参属仅选取了3种，其全面的分子系统学还有待深入研究[8]。

DNA条形码研究：BOLD网站有该属2种4个条形码数据；GBOWS网站已有3

种 37 个条形码数据。

11. *Nardostachys* de Candolle 甘松属

Nardostachys de Candolle (1830: 624); Hong et al. (2011: 661) (Type: *non designatus*)

特征描述：多年生草本；根状茎粗短，密被纤维状或片状老叶鞘，有浓烈气味。叶从生，长匙形或线状倒披针形，顶端钝渐尖或圆，基部渐狭而为柄，全缘，3-5 平行主脉；茎生叶 1-2（-4）对，披针形，渐向上渐小。顶生聚伞花序密集成头状，花后主轴和侧轴伸长或否，花序下有总苞 2-3 对，每花有苞片 1、小苞片 2；花萼 5 齿裂，果时常增大；花冠紫红色、钟状，顶端 5 裂；雄蕊 4；子房下位，3 室，其中 1 室发育为瘦果。花粉粒 3 沟，稀 4 沟，具刺。染色体 $2n$=26。

分布概况：2/1 种，**14 型**；分布于喜马拉雅地区；中国产西北和西南的高山地带。

系统学评述：传统上甘松属被置于败酱科，最新分子系统学研究将败酱科整体转移至广义忍冬科作为 1 个亚科[5,15]。该属国产 2 种[FRPS]，洪德元等将之归并为 1 种[FOC]。

DNA 条形码研究：BOLD 网站有该属 2 种 3 个条形码数据；GBOWS 网站已有 1 种 11 个条形码数据。

代表种及其用途：甘松 *N. jatamansi* (D. Don) de Candolle 可入药。

12. *Patrinia* A. Jussieu 败酱属

Patrinia A. Jussieu (1907: 311), *nom. cons.* ; Hong et al. (2011: 662) [Type: *P. sibirica* (Linnaeus) A. Jussieu, *typ. cons.* (≡*Valeriana sibirica* Linnaeus)]

特征描述：多年生直立草本，较少为二年生；地下根茎有强烈腐臭。基生叶丛生，茎生叶对生，常一回或二回奇数羽状分裂或全裂，边缘常具粗锯齿。花序为二歧聚伞花序组成的伞房花序或圆锥花序，具叶状总苞；花冠钟形或漏斗状，冠筒面具长柔毛，基部一侧常膨大成囊肿，其内密生蜜腺，裂片 5，蜜囊上端 1 裂片较大；雄蕊 4，稀 1-2（-3），常伸出花冠；子房下位，3 室，胚珠 1，悬垂，柱头头状或盾状。果为瘦果，仅 1 室发育，内有种子 1；果苞翅状，通常具 2-3 条主脉，网脉明显。花粉粒 3 沟，稀 4 沟，具刺。染色体 $2n$=22。

分布概况：20/11（5）种，**13 型**；分布于中亚至东亚；中国南北均产。

系统学评述：传统上败酱属被置于败酱科，分子系统学研究将败酱科所有类群转移至广义忍冬科作为 1 个亚科，且与川续断亚科关系最近[5,15]。目前分子系统学支持败酱属为单系类群，但其属下关系还有待深入研究[5,15]。

DNA 条形码研究：BOLD 网站有该属 6 种 14 个条形码数据；GBOWS 网站已有 4 种 45 个条形码数据。

代表种及其用途：一些种类的全草和根茎可入药，如败酱 *P. scabiosifolia* Link 等。

13. *Pterocephalus* Vaillant ex Adanson 翼首花属

Pterocephalus Vaillant ex Adanson (1763: 152); Hong et al. (2011: 655) (Lectotype: *P. incanus* Rafinesque, *nom. illeg.* (=*P. perennis* T. Coulter≡*Scabiosa pterocephala* Linnaeus)]

特征描述：一年生或多年生草本，有时亚灌木状。叶常莲座丛状，基部对生，全缘或羽状分裂至全裂。头状花序单生花葶上，具多数花，外面围以 2 轮总苞，通常 4-6 片，花托被长毛或苞片；小总苞具 4-8 条肋，先端具不明显齿；萼裂成多根刚毛或羽毛；花冠 4-5 裂，边缘花近二唇形，上唇 1 片，全缘或 2 裂，下唇通常 3 裂；雄蕊 4，稀 2-3，通常着生于花冠管上部；子房下位，包于小总苞内。瘦果平滑或具棱。花粉粒 6-12 孔，具颗粒。染色体 $2n$=16，18。

分布概况：25/2（1）种，**12 型**；分布于地中海，热带非洲，中亚至喜马拉雅地区；中国产西南。

系统学评述：传统上翼首花属被置于川续断科蓝盆花族 Scabioseae，分子系统学研究将川续断所有类群转移至广义忍冬科，翼首花属被支持为单系，与蓝盆花属 *Scabiosa* 的系统关系较近[11]。

DNA 条形码研究：BOLD 网站有该属 3 种 4 个条形码数据；GBOWS 网站已有 2 种 29 个条形码数据。

代表种及其用途：匙叶翼首花 *P. hookeri* (C. B. Clarke) E. Pritzel 的根可入药。

14. *Scabiosa* Linnaeus 蓝盆花属

Scabiosa Linnaeus (1753: 98); Hong et al. (2011: 656) (Lectotype: *S. columbaria* Linnaeus)

特征描述：草本。叶对生，茎生叶基部连合，叶片羽状半裂或全裂，稀全缘。头状花序扁球形或卵形至卵状圆锥形，顶生；总苞片草质，1-2 列；花托在果期呈拱形至半球形，有时可呈圆柱状；小总苞广漏斗形或方柱状，结果时具 8 条肋棱，上部常裂成 2-8 窝孔，末端成膜质的冠，冠钟状或辐射状，具 15-30 条脉，边缘具齿牙；花萼具柄，盘状，5 裂成星状刚毛；花冠筒状，蓝色、紫红色、黄色或白色，4-5 裂，边缘花常较大，二唇形，中央花通常筒状；雄蕊 4；子房下位，包于宿存小总苞内，花柱细长，柱头头状或盾形。瘦果包藏在小总苞内，顶端冠以宿存萼刺。花粉粒 3 孔，具刺。染色体 $2n$=16，18。

分布概况：100/6（1）种，**12 型**；分布于非洲西部和南部，亚洲和欧洲，主产地中海区域；中国产北方和台湾，主产新疆。

系统学评述：传统上蓝盆花属被置于川续断科蓝盆花族 Scabioseae，分子系统学研究将川续断所有类群转移至广义忍冬科，蓝盆花属依然是蓝盆花族的核心类群[11,15,21]。蓝盆花属包含的种类变化较大，Jasiewicz[22]认为约 23 种和 2 个复合群，即 *S. columbaria s.l.*和 *S. ochroleuca s.l.*。分子系统学研究支持蓝盆花属为单系，其与 *Sixalix* 的关系最近，属下系统关系有待深入研究[21]。

DNA 条形码研究：BOLD 网站有该属 5 种 18 个条形码数据；GBOWS 网站已有 1 种 11 个条形码数据。

15. *Symphoricarpos* Duhamel 毛核木属

Symphoricarpos Duhamel (1755: 295); Yang et al. (2011: 618) [Type: *S. orbiculatus* Moench (≡*Lonicera symphoricarpos* Linnaeus)]

特征描述：落叶灌木。冬芽具 2 对鳞片。叶对生，全缘或具波状齿裂，有短柄，无托叶。花簇生或单生于侧枝顶部叶腋成穗状或总状花序；萼杯状，4-5 裂；花冠淡红色或白色，钟状至漏斗状或高脚碟状，4-5 裂，整齐，筒基部稍呈浅囊状，内面被长柔毛；雄蕊 4-5，着生于花冠筒内，花药内向；子房 4 室，其中 2 室含数枚不育的胚珠，另 2 室各具 1 悬垂的胚珠，花柱纤细，柱头头状或稍 2 裂。果实为具两核的浆果状核果，白色、红色或黑色，圆形、卵圆形或椭圆形；核卵圆形，多少扁。花粉粒 3 孔沟，具刺。染色体 $2n$=18。

分布概况：16/1（1）种，**9 型**；15 种分布于北美和墨西哥；1 种特产中国华中至西南。

系统学评述：传统上毛核木属被置于忍冬科北极花族，分子系统学研究将其转移至广义忍冬科的 *Lonicera* 分支[14]。毛核木属为典型的东亚-北美间断分布，东亚 1 种特产中国，分子证据支持其为单系类群，也表明东亚种类和北美种类分为 2 支，但北美种类的系统关系有待进一步研究[14]。

DNA 条形码研究：BOLD 网站有该属 13 种 51 个条形码数据；GBOWS 网站已有 1 种 3 个条形码数据。

16. *Triosteum* Linnaeus 莛子藨属

Triosteum Linnaeus (1753: 176); Yang et al. (2011: 616) (Lectotype: *T. perfoliatum* Linnaeus)

特征描述：多年生草本，地下具根茎。叶对生，基部常相连，倒卵形，全缘、波状或具缺刻至深裂。聚伞花序成腋生轮伞花序或于枝顶集合成穗状花序；萼檐 5 裂，裂片短或长而呈叶状，宿存；花冠近白色，筒状钟形，基部一侧膨大成囊状，裂片二唇形，上唇 4 裂，下唇单一；雄蕊 5，着生于花冠筒内，花药内向，内藏；子房 3-5 室，每室具 1 悬垂的胚珠，花柱丝状，柱头盘形，3-5 裂。浆果状核果近球形，革质或肉质；核骨质；种子 2-3，长圆形；胚乳肉质，胚小。花粉粒 3 孔沟，具刺。染色体 $2n$=18。

分布概况：6/3 种，**9 型**；分布于中亚，东亚和北美；中国主产北方和西南。

系统学评述：传统上莛子藨属被置于忍冬科莛子藨族，该族仅包含 1 属，分子系统学研究将莛子藨族转移至广义忍冬科 *Lonicera* clade[17]。莛子藨属为亚洲-美洲间断分布，该属的分子系统学研究表明其为单系类群，内部可分为 3 支，1 支为腋花莛子藨 *T. sinuatum* Maximowicz；1 支为亚洲剩余的 2 种；美洲的 3 种自成 1 支[12]。

DNA 条形码研究：BOLD 网站有该属 7 种 25 个条形码数据；GBOWS 网站已有 2 种 41 个条形码数据。

17. *Triplostegia* Wallich ex de Candolle 双参属

Triplostegia Wallich ex de Candolle (1830: 642); Hong et al. (1998: 654) (Type: *T. glandulifera* Wallich ex de Candolle)

特征描述：多年生直立草本，主根常增粗成纺锤状。叶交互对生；基生叶呈假莲座状，叶片边缘具齿或羽裂，枝和小枝具腺毛。花成二歧疏松聚伞圆锥花序，分枝处有 1

对条形苞片；小总苞 2 层，4 裂，外面密生腺毛。花 5 数，近辐射对称；萼坛状，具 8 条肋棱和 4-5 齿；花冠筒状漏斗形，4-5 裂，白色、粉红色或红色；雄蕊 4，着生在花冠管上部；子房下位；瘦果具 1 种子，包藏在囊状小总苞内，小总苞顶端常具曲钩，成熟时自顶端破裂；种子近圆柱形，两端渐尖，具 2 条不明显的棱。花粉粒 3 沟，具刺。染色体 2*n*=18。

分布概况：2/2 种，**14 型**；分布于东亚；中国产甘肃以南。

系统学评述：传统上双参属被置于川续断科双参族，该族仅包含 1 属，以其独有的 2 层总苞相区别，有时被置于败酱科 Valerianaceae，有时单立一科（双参科 Triplostegiaceae)，其归属一直存在争议[15]。目前分子系统学研究支持双参属为单系，将其归入广义忍冬科，但其系统位置较为特殊，与狭义川续断科的关系最为密切，互为姐妹群[15]。

DNA 条形码研究：BOLD 网站有该属 1 种 4 个条形码数据；GBOWS 网站已有 2 种 19 个条形码数据。

18. *Valeriana* Linnaeus 缬草属

Valeriana Linnaeus (1753: 31); Hong et al. (2011: 666) (Lectotype: *V. pyrenaica* Linnaeus)

特征描述：多年生草本；根或根状茎常有浓烈气味。叶对生，羽状分裂或少为不裂。聚伞花序，形式种种，花后多少扩展；花两性，有时杂性；花萼裂片在花时向内卷曲，不显著；花小，白色或粉红色，花冠筒基部一侧偏突成囊距状，花冠裂片 5 枚；雄蕊 3，着生花冠筒上；子房下位，3 室，但仅 1 室发育而有胚珠 1。果为 1 扁平瘦果，前面 3 脉、后面 1 脉、顶端有冠毛状宿存花萼。花粉粒 3 沟，具刺。染色体 2*n*=8，14，16，24。

分布概况：300/21（13）种，**8 型**；分布于亚洲，欧洲和美洲，并在南美安第斯山脉形成多样化中心；中国南北均产。

系统学评述：传统上缬草属被置于败酱科，分子系统学研究将败酱科转移至广义忍冬科作为 1 个亚科[5,23-25]。分子系统学研究表明缬草属并非单系，*Plectritis* 等其他类群嵌入其中，该属的属下分类还有待进一步澄清[23-25]。

DNA 条形码研究：BOLD 网站有该属 56 种 157 个条形码数据；GBOWS 网站已有 6 种 58 个条形码数据。

代表种及其用途：一些种类可入药或作香料，如蜘蛛香 *V. jatamansi* W. Jones、缬草 *V. officinalis* Linnaeus 等。

19. *Weigela* Thunberg 锦带花属

Weigela Thunberg (1780: 137); Yang et al. (2011: 615) (Type: *W. japonica* Thunberg)

特征描述：落叶灌木；幼枝稍呈四方形。冬芽具数枚鳞片。叶对生，边缘有锯齿，无托叶。花单生或由 2-6 花组成聚伞花序生于侧生短枝上部叶腋或枝顶；萼筒长圆柱形，萼檐 5 裂，裂片深达中部或基底；花冠白色、粉红色至深红色，钟状漏斗形，5 裂，筒长于裂片；雄蕊 5，着生于花冠筒中部，内藏，花药内向；子房上部一侧生 1 球形腺体，子房 2 室，含多数胚珠，花柱细长，柱头头状，常伸出花冠筒外。蒴果圆柱形，革质或木质，2 瓣裂，中轴与花柱基部残留；种子小而多。花粉粒 3 孔沟，具刺。染色体 $2n$=36。

分布概况：10/2 种，**14 型**；分布于东北亚；中国南北均产。

系统学评述：传统上锦带花属被置于忍冬科锦带花族，近来分子系统学研究也有将锦带花族独立成科，但更多的观点支持将其置于广义的忍冬科[5,26]。锦带花属包含种类不多，但近来的分子系统学研究表明，该属并非单系，大体可分为 3 支：1 支仅包含 *W. middendorffiana* (Carriere) Koch，与锦带花族另外 1 属 *Diewilla* 关系密切，1 支仅包含 *W. maximowiczii* (Moore) Rehder，剩余种类自成 1 支[5,26]，其属的界限和属下系统关系还有待进一步研究。

DNA 条形码研究：BOLD 网站有该属 12 种 22 个条形码数据；GBOWS 网站已有 3 种 28 个条形码数据。

代表种及其用途：一些种类可栽培供观赏，如半边月 *W. japonica* Thunberg 等。

20. *Zabelia* (Rehder) Makino 六道木属

Zabelia (Rehder) Makino (1948: 175); Yang et al. (2011: 642) [Type: *Z. integrifolia* (Koidzumi) Makino (≡*Abelia integrifolia* Koidzumi)]

特征描述：落叶灌木，老枝常有 6 条纵沟，幼枝常被反卷硬毛。叶对生，叶柄基部膨大，对生者相互联合，冬芽内附。花序由密集的小聚伞花序组成，小聚伞花序 1-3 花。花萼 4-5，狭长圆形至椭圆形，宿存；花冠白色至红色，高脚杯状，4-5 浅裂；雄蕊 2 强，着生于花冠筒的基部或中部，花药黄色，内向；子房 3 室，仅具 1 胚珠的 1 室可育；花柱线形，柱头绿色，头状，具黏液。果实革质，长椭圆形，种子近圆柱形，种皮膜质。花粉粒 3 孔沟，具刺。染色体 $2n$=36。

分布概况：6/3（1）种，**14 型**；分布于东亚及周边地区；中国产长江以南。

系统学评述：传统上，六道木属被置于忍冬科北极花族糯米条属下，作为 1 个组 *Zabelia* sect. *Zabelia*，分子系统学研究将其分出，且显示其为单系，与刺参亚科 Morinoideae 的关系更为密切[7]。

DNA 条形码研究：BOLD 网站有该属 9 种 36 个条形码数据；GBOWS 网站已有 2 种 17 个条形码数据。

主要参考文献

[1] Judd WS, et al. Angiosperm family Pairs: preliminary phylogenetic analyses[J]. Harvard Pap Bot, 1994, 5: 1-51.

[2] Backlund A, Pyck N. Diervillaceae and Linnaeaceae, two new families of caprifolioids[J]. Taxon, 1998, 47: 657-661.

[3] Jacobs B, et al. Unraveling the phylogeny of *Heptacodium* and *Zabelia* (Caprifoliaceae): an interdisciplinary approach[J]. Syst Bot, 2011, 36: 231-252.

[4] Landrein S, et al. Abelia and relatives: phylogenetics of *Linnaeeae* (Dipsacales-Caprifoliaceae *s.l.*) and a new interpretation of their inflorescence morphology[J]. Bot J Linn Soc, 2012, 169: 692-713.

[5] Donoghue MJ, et al. The evolution of reproductive characters in Dipsacales[J]. Int J Plant Sci, 2003, 164:

S453-S464.

[6] Soltis DE, et al. Angiosperm phylogeny: 17 genes, 640 taxa[J]. Am J Bot, 2011, 98: 704-740.

[7] Jacobs B, et al. Phylogeny of the *Linnaea* clade: are *Abelia* and *Zabelia* closely related?[J]. Mol Phylogenet Evol, 2010, 57: 741-752.

[8] Bell CD, et al. Phylogeny and biogeography of Morinaceae (Dipsacales) based on nuclear and chloroplast DNA sequences[J]. Org Divers Evol, 2003, 3: 227-237.

[9] Cannon MJ, et al. A revision of the *Morinaceae* (Magnoliophyta-Dipsacales)[J]. Bull Brit Mus Bot, 1984, 12: 1-35.

[10] de Castro O, et al. A molecular reappraisal of *Scabiosa* L. and allied genera (Dipsacaceae)[J]. Delpinoa, 1997, 39-40: 99-108.

[11] Carlson SE, et al. Phylogenetic relationships, taxonomy, and morphological evolution in *Dipsacaceae* (Dipsacales) inferred by DNA sequence data[J]. Taxon, 2009, 58: 1075-1091.

[12] Avino MG, et al. A phylogenetic analysis of Dipsacaceae based on four DNA regions[J]. Plant Syst Evol, 2009, 279: 69-86.

[13] Pyck N, et al. A search for the position of the seven-son flower (*Heptacodium*, Dipsacales): combining molecular and morphological evidence[J]. Plant Syst Evol, 2000, 225: 185-199.

[14] Bell CD. Towards a species level phylogeny of *Symphoricarpos* (Caprifoliaceae), based on nuclear and chloroplast DNA[J]. Syst Bot, 2010, 35: 442-450.

[15] Zhang WH, et al. Phylogeny of the Dipsacales *s.l.* based on chloroplast *trn*L-F and *ndh*F sequences[J]. Mol Phylogenet Evol, 2003, 26: 176-189.

[16] Airy Shaw HK. A revision of the genus *Leycesteria*[J]. Bull Misc Inf Kew, 1932, 4: 161-176.

[17] Smith SA. Taking into account phylogenetic and divergence-time uncertainty in a parametric biogeographical analysis of a Northern Hemisphere plant clade Caprifolieae[J]. J Biogeogr, 2009, 36: 2324-2337.

[18] Theis N, et al. Phylogenetics of the Caprifolieae and *Lonicera* (Dipsacales) based on nuclear and chloroplast DNA sequences[J]. Syst Bot, 2008 33: 776-783.

[19] Rehder N, et al. Synopsis of the genus *Lonicera*[J]. MO Bot Gard Ann Rep, 1903,14: 27-232.

[20] Pusalkar PK. A new genus of Himalayan Caprifoliaceae[J]. Taiwania, 2011, 56: 210-217.

[21] Carlson SE, et al. The historical biogeography of *Scabiosa* (Dipsacaceae): implications for Old World plant disjunctions[J]. J Biogeogr, 2012, 39: 1086-1100.

[22] Jasiewicz A. *Scabiosa* L.[M]//Turin TG, et al. Flora Europaea. Vol. 4. Cambridge: Cambridge University Press, 1976: 68-74.

[23] Bell CD. Preliminary phylogeny of Valerianaceae (Dipsacales) inferred from nuclear and chloroplast DNA sequence data[J]. Mol Phylogenet Evol, 2004, 31: 340-350.

[24] Bell CD, et al. Phylogeny and biogeography of Valerianaceae (Dipsacales) with special reference to the South American valerians[J]. Org Div Evol, 2005, 5: 147-159.

[25] Bell CD, et al. Phylogeny and diversification of Valerianaceae (Dipsacales) in the southern Andes[J]. Mol Phylogenet Evol, 2012, 63: 724-737.

[26] Kim YD, Kim SH. Phylogeny of *Weigela* and *Diervilla* (Caprifoliaceae) based on nuclear rDNA ITS sequences: biogeographic and taxonomic implications[J]. J Plant Res, 1999, 112: 331-341.

Torricelliaceae Hu (1934) 鞘柄木科

特征描述：乔木或灌木。枝有明显的叶痕。单叶互生，具叶柄，无托叶，叶片宽心形至近双圆形，全缘或有锯齿。大型圆锥花序；花单性，雌雄异株，有短花梗；雄花花萼5裂；花瓣5，内向镊合状排列；雌花无花瓣；子房3-4室，下位，每室有胚珠1颗。核果，紫红色或黑色，具宿存花萼。花粉粒3孔沟，外壁近光滑。染色体 x=12。

分布概况：3属/约12种，分布于东喜马拉雅地区，马达加斯加东部和东南亚地区；中国1属/2种，产华中至西南。

系统学评述：传统上该科被置于山茱萸科 Cornaceae[FRPS]，分子系统学研究表明其与山茱萸科关系较远，而应置于伞形目 Apiales[1]。APG III系统将假茱萸属 *Aralidium*、番茱萸属 *Melanophylla* 和鞘柄木属 *Torricellia* 共同组成鞘柄木科，且番茱萸属与鞘柄木属互为姐妹群[1,2]。

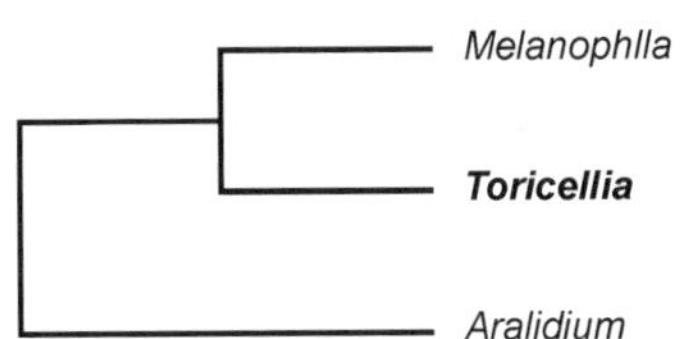

图218　鞘柄木科分子系统框架图（参考 Plunkett 等[1]；Soltis 等[2]）

1. *Torricellia* de Candolle 鞘柄木属

Torricellia de Candolle (1830: 257); Xiang & Boufford (2005: 233) (Type: *T. tiliifolia* de Candolle)

特征描述：小乔木。有明显的叶痕。叶互生，叶柄基部呈鞘状。总状圆锥花序顶生；花单性，雌雄异株，有小苞片；雄花花萼裂片常为5；花瓣5，雄蕊5；雌花的花萼裂片3-5，无花瓣，子房椭圆形。核果小，有宿存的花萼和花柱。种子线形，弯曲。花粉粒3孔沟，外壁近光滑。

分布概况：3/2种，**14SH型**；分布于不丹，印度，尼泊尔；中国产西南、甘肃、广西、湖北、湖南、陕西。

系统学评述：传统上鞘柄木属曾置于山茱萸科[FRPS]。目前将其归入鞘柄木科[FOC,APG III]。

DNA条形码研究：BOLD网站有该属1种3个条形码数据；GBOWS网站已有2种14个条形码数据。

主要参考文献

[1] Plunkett GM, et al. Recent advances in understanding Apiales and a revised classification[J]. South Afr J Bot, 2004, 70: 371-381.

[2] Soltis DE, et al. Angiosperm phylogeny: 17 genes, 640 taxa[J]. Am J Bot, 2011, 98: 704-730.

Pittosporaceae R. Brown (1814), *nom. cons.* 海桐花科

特征描述：常绿乔木、灌木或藤本。叶常互生，革质，全缘，无托叶。花常两性，辐射对称，单生或伞形、伞房或圆锥花序；萼片常分离；雄蕊与萼片对生，花丝线形，花药 2 室；子房上位，倒生胚珠多数，花柱直，常不分裂。蒴果或浆果。种子常有黏质或油质包在外面。无伞形花子油酸，含丰富的 C20 和 C22 脂肪酸。花粉粒 3 孔沟。

分布概况：6-9 属/200 种，分布于旧世界热带和亚热带，主产西南太平洋岛屿，大洋洲，东南亚及亚洲东部的亚热带地区；中国 1 属/44 种，产长江以南。

系统学评述：Cronquist[1]和 Mabberley[2]将海桐花科放在蔷薇目 Rosales，但 APG III 系统将该科与伞形科 Apiaceae、五加科 Araliaceae 一同放在伞形目 Apiales。基于叶绿体基因 *trn*L-F 片段和核基因 ITS 的分子系统学研究表明[3]，海桐花科是个单系，科内可以划分为 4 个分支：*Pittosporum* 分支，包括海桐花属 *Pittosporum*；*Auranticarpa-Bursaria* 分支，包括 *Rhytidosporum*、*Auranticarpa* 及 *Bursaria*；*Billardiera* 分支，包括 *Bentleya*、*Billardiera*、*Cheiranthera* 及 *Marianthus*；*Hymenosporum* 分支，包括 *Hymenosporum*。

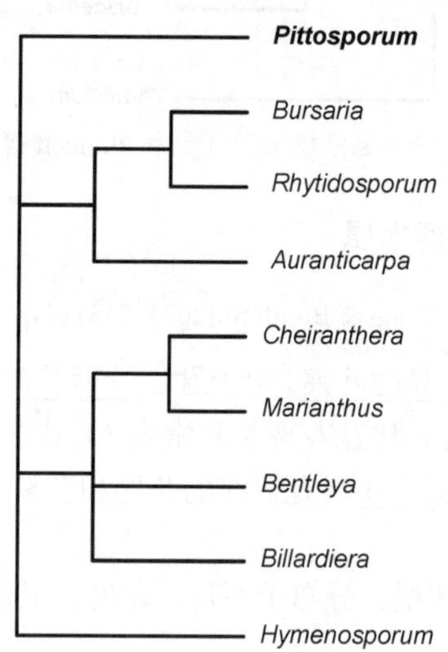

图 219　海桐花科分子系统框架图（参考 Chandler 等[3]）

1. *Pittosporum* Banks ex Gaertner 海桐花属

Pittosporum Banks ex Gaertner (1788: 286), *nom. cons.*; Zhang & Turland (2003: 1) (Type: *P. tenuifolium* Gaertner, *typ. cons.*)

特征描述：乔木或灌木。叶互生。花两性，单生或排成伞形、伞房或圆锥花序；萼片 5；花瓣 5；雄蕊 5，花丝无毛，花药背部着生；子房上位，常有子房柄，心皮 2-3，胚珠多数，花柱常不分裂。蒴果。种子有黏质或油状物。花粉粒 3 孔沟。

分布概况：约 300/44 种，**4（5，6）型**；广布大洋洲，西南太平洋各岛屿，东南亚及亚洲东部；中国产西南至台湾。

系统学评述：分子系统学研究表明海桐花属被置于海桐花科的 *Pittosporum* 支[3]。对太平洋岛屿海桐花属的研究表明[4]，夏威夷群岛的海桐花属植物聚为一支，并与来自汤加的 *P. yunckeri* A. C. Smith 及来自斐济的 *P. rhytidocarpum* A. Gray 互为姐妹群关系，表明夏威夷群岛海桐花属植物可能是由南太平洋起源。

DNA 条形码研究：BOLD 网站有该属 8 种 31 个条形码数据；GBOWS 网站已有 13 种 91 个条形码数据。

代表种及其用途：一些种类的根、根皮及果实供药用；种子可榨油，为工业用油脂原料。

主要参考文献

[1] Cronquist A. An integrated system of classification of flowering plants[M]. New York: Columbia University Press, 1981.

[2] Mabberley DJ. The plant book. 2nd. ed.[M]. Cambridge: Cambridge University Press, 1997.

[3] Chandler GT, et al. Molecular and morphological agreement in Pittosporaceae: phylogenetic analysis using nuclear ITS and plastid *trn*L-*trn*F sequence data[J]. Austr Syst Bot, 2007, 20: 390-401.

[4] Gemmill C, et al. Evolution of insular Pacific *Pittosporum* (Pittosporaceae): origin of the Hawaiian radiation[J]. Mol Phylogenet Evol, 2002, 22: 31-42.

Araliaceae Jussieu (1789), *nom. cons.* 五加科

特征描述：灌木、藤本或乔木，稀草本。叶互生或螺旋状着生，羽状或掌状复叶至单叶；叶柄具鞘，具托叶。花两性，聚成伞形花序，再组成总状、穗状、圆锥花序；萼片 5，分离；花瓣常 5，覆瓦状至镊合状排列；雄蕊 5，花丝分离；心皮 2-5，合生，柱头 2-5。浆果或核果。花粉粒 3 孔沟，网状纹饰。

分布概况：43 属/1450 种，广布南北半球的热带，亚热带地区，少数延伸至温带地区；中国 22 属/约 192 种，除新疆外，各地均产。

系统学评述：分子系统学研究表明五加科包括天胡荽属 *Hydrocotyle* 及与天胡荽属近缘的 *Neosciadium*、*Homalosciadium* 和 *Trachymene*，并将传统五加科中的 *Myodocarpus*、*Delarbrea*、*Mackinlaya* 和 *Stilbocarpa* 排除[1-3]。在五加科内部，天胡荽亚科 Hydrocotyloideae 与五加亚科 Aralioideae 互为姐妹群。在五加亚科内，有 4 个主要分支，即亚洲掌叶群 Asian Palmate group、楤木属-人参属复合群 *Aralia-Panax* group、*Polyscias-Pseudopanax* group 及 Greater *Raukaua* group[4,5]。

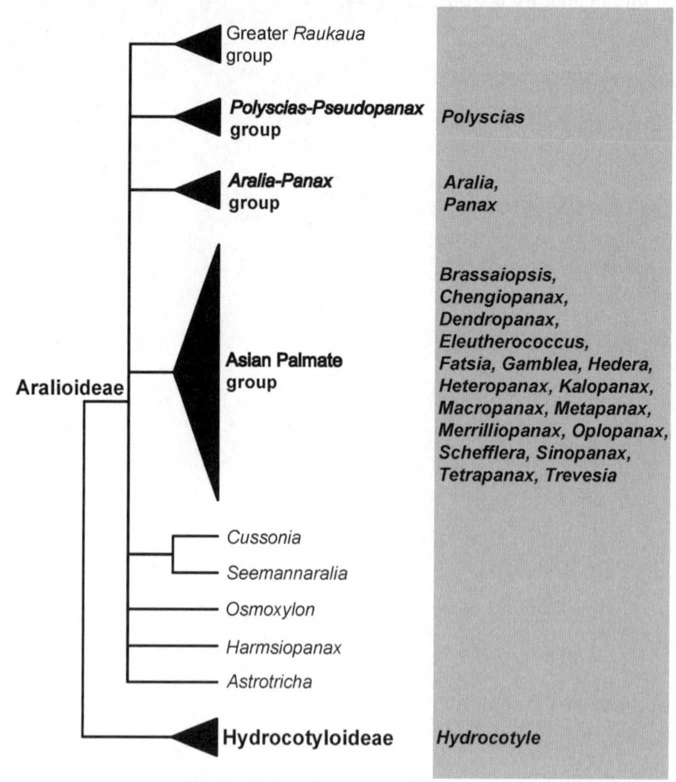

图 220　五加科分子系统框架图（参考 Chandler 等[1]；Plunkett 等[2]；Nicolas 和 Plunkett[3]；Mitchell 等[4]；Valcárcel 等[5]）

分属检索表

1. 植物体有刺
  2. 叶为羽状复叶或掌状复叶
    3. 叶为一至四回羽状复叶……………………………………………………………………**1. 楤木属 *Aralia***
    3. 叶为掌状复叶
      4. 小叶 3-5；小叶柄近无；花柱分离或基部联合 ……………………………**5. 五加属 *Eleutherococcus***
      4. 小叶 4-11；小叶柄明显；花柱合生成柱状 ……………………………………**2. 罗伞属 *Brassaiopsis***
  2. 叶为单叶
    5. 子房 6-16 室；成熟果实大，直径 10-18mm ………………………………… **22. 刺通草属 *Trevesia***
    5. 子房 2-5 室；成熟果实小，直径 10mm
      6. 落叶乔木；成熟果实红色；花萼具 2 个针状裂片，花序密被硬刺 ···· **15. 刺人参属 *Oplopanax***
      6. 常绿灌木或乔木；成熟果实黑色或蓝黑色；花萼 5 裂，花序无毛 ····· **11. 刺楸属 *Kalopanax***
1. 植物体无刺
  7. 叶为单叶，全缘或掌状分裂
    8. 多年生草本 …………………………………………………………………………… **10. 天胡荽属 *Hydrocotyle***
    8. 灌木或乔木
      9. 子房 2 室
        10. 叶具红棕或红黄色腺点，无毛，边缘全缘或具稀疏狭三角齿 ·····**4. 树参属 *Dendropanax***
        10. 叶无腺点，无毛或星状柔毛，边缘常锯齿状
          11. 头状花序，花无梗…………………………………………………………… **20. 华参属 *Sinopanax***
          11. 伞形花序，花具梗
            12. 分枝肥厚，髓白色、中空具多室；花序顶生；托叶 2，锥形……………………………
            ……………………………………………………………………………………**21. 通脱木属 *Tetrapanax***
            12. 分枝细长，髓实心；花序顶生和腋生；托叶无或不明显 ………………………………
            ……………………………………………………………………………… **13. 常春木属 *Merrilliopanax***
      9. 子房 4-10 室
        13. 叶全缘或 2-3 裂，裂片全缘或具稀疏狭三角齿
          14. 植物攀援，具气生根；叶无腺点……………………………………………**8. 常春藤属 *Hedera***
          14. 直立灌木或乔木，无气生根；叶具红或黄色腺点 ………………**4. 树参属 *Dendropanax***
        13. 叶 3-10 裂，裂片通常锯齿状
          15. 叶 3-7 裂，叶柄基部梳齿状，花序 3 分枝…………………………**16. 兰屿加属 *Osmoxylon***
          15. 叶 5-11 裂，托叶不明显，伞形花序组成圆锥花序状 ………………**6. 八角金盘属 *Fatsia***
  7. 叶为掌状或羽状复叶
    16. 叶为羽状复叶
      17. 草本、灌木或乔木；花瓣在花芽中覆瓦状排列 ……………………………………**1. 楤木属 *Aralia***
      17. 灌木或乔木；花瓣在花芽中镊合状排列
        18. 花梗在子房下方；子房 4-8 室；栽培植物多带辛辣芳香气味 ··**18. 南洋参属 *Polyscias***
        18. 叶为二至五回羽状复叶；子房 2 室；本土植物无刺鼻芳香··**9. 幌伞枫属 *Heteropanax***
    16. 叶为掌状复叶
      19. 草本，叶轮生于茎顶…………………………………………………………………… **17. 人参属 *Panax***
      19. 灌木或乔木，叶在茎上互生
        20. 子房 4-11 室 ……………………………………………………………………… **19. 鹅掌柴属 *Schefflera***
        20. 子房 2-4 室，稀 5 室

21. 花梗具关节
22. 花柱分离或仅中下部联合……………………………………**14. 梁王茶属 *Metapanax***
22. 花柱合生成柱状……………………………………………**12. 大参属 *Macropanax***
21. 花梗无关节
23. 聚伞状圆锥花序；花瓣和雄蕊 5；子房 2 室；花柱合生成柱状……………………………………………………………………………………**3. 人参木属 *Chengiopanax***
23. 圆锥花序；花瓣和雄蕊 4，稀 5；子房 2-4 室，稀 5 室；花柱下部合生，顶端分离………………………………………………………………**7. 萸叶五加属 *Gamblea***

1. *Aralia* Linnaeus 楤木属

Aralia Linnaeus (1753: 273); Shang & Lowry (2007: 480); Wen (2011: 5) (Lectotype: *A. racemosa* Linnaeus).——*Pentapanax* Seemann (1864: 294)

特征描述：乔木、灌木或具根状茎草本。叶互生，一至四回羽状复叶；小叶 3-20；托叶和叶柄基部合生。花序顶生，常由伞形、头状、总状花序聚生成圆锥或伞状花序；花梗具关节；萼筒边缘有 5-12 齿；花瓣覆瓦状排列；雄蕊 5-12；子房下位，5-12 室，花柱离生至全部合生。果实浆果。种子白色，侧扁。花粉粒 3 孔沟，穿孔状、网状和条纹状-网状纹饰。

分布概况：71/44（27）种，**9 型**；东亚-北美间断分布，延伸到东南亚及南美洲；中国南北均产。

系统学评述：根据分子系统学研究表明，楤木属与人参属共同组成核心五加科中的一个单系类群[2,6]，即楤木属-人参属复合群 *Aralia*-*Panax* group，但楤木属是个并系类群。Harms[7]根据花序式样、花基数、花梗关节、复叶类型将楤木属划分为 6 个组。何景和曾沧江[8]采用了 Harms[7]的分类系统，并结合花序结构的不同，将国产种类划分为 5 组。文军[9,10]基于分子系统学的研究，对该属的属级界定、属下分类进行了全面的修订，根据习性、刺的有无、叶结构、毛状体类型、花序基部苞片的情况等特征，将楤木属划分为 6 组，并将传统的五叶参属 *Pentapanax* 归并到楤木属下作为 1 个组。

DNA 条形码研究：BOLD 网站有该属 26 种 73 个条形码数据；GBOWS 网站已有 15 种 149 个条形码数据。

代表种及其用途：土当归 *A. cordata* Thunberg 幼叶可食用。

2. *Brassaiopsis* Decaisne & Planchon 罗伞属

Brassaiopsis Decaisne & Planchon (1854: 106); Shang & Lowry (2007: 447) (Type: *B. speciosa* Decaisne & Planchon).——*Euaraliopsis* Hutchinson (1967: 80)

特征描述：乔木或灌木，枝有刺。叶为单叶，不裂或掌裂，或掌状复叶，托叶与叶柄基部合生。花两性或杂性，聚生成伞形花序，再组成顶生的圆锥花序或总状花序；苞片小或缺失，早落；花梗无关节；萼筒边缘有 5 齿；花瓣 5，在花芽中镊合状排列；雄蕊 5；子房 2-5 室，花柱合生成柱状。果实核果，球状至椭球状。胚乳均一或嚼烂状。

花粉粒 3 孔沟，网状纹饰。

分布概况：45/24（10）种，**7 型**；分布于亚洲南部及东南部；中国主产西南。

系统学评述：根据核基因与叶绿体基因的分子系统学研究表明，罗伞属被置于核心五加科的亚洲掌叶群 Asian Palmate group，与刺通草属 *Trevesia* 聚为一支[2,6]，是一个单系类群。Harms[11]根据叶的类型将罗伞属分为 2 组。Hutchinson[12]将 Harms[11]系统中的掌裂叶组独立成掌叶树属 *Euaraliopsis*。何景和曾沧江[FRPS]接受了 Hutchinson 的观点，但 Philipson[13]、Shang[14]支持掌叶树属归入罗伞属。Skvortsova 和 Averyanov[15]根据 5 室的子房成立新属 *Grushvitzkya*。分子系统学研究表明 *Grushvitzkya* 套嵌在罗伞属内，应予以归并[16]，并且基于 ITS 和 5S-NTS 分子片段分析表明罗伞属内可分为 5 支[17]。

DNA 条形码研究：BOLD 网站有该属 22 种 66 个条形码数据；GBOWS 网站已有 1 种 10 个条形码数据。

3. *Chengiopanax* C. B. Shang & J. Y. Huang 人参木属

Chengiopanax C. B. Shang & J. Y. Huang (1993: 47); Shang & Lowry (2007: 454) [Type: *C. fargesii* (Franchet) Shang & J. Y. Huang (≡*Heptapleurum fargesii* Franchet)]

特征描述：落叶乔木，无刺。叶互生，掌状复叶，小叶 3-7（9），边缘具细锯齿，托叶与叶柄连生；叶柄长。花序顶生，由伞形花序组成伞房状圆锥花序；花梗无关节；两性花；花萼杯状，具 5 萼齿；花瓣 5，芽时镊合状排列；雄蕊 5，花丝短；子房下位，2 室，花柱 2，合生成柱状。浆果，扁球形；种子 2 枚，胚乳均一。

分布概况：2/1（1）种，**14 型**；分布于日本；中国产重庆（万县）和湖南西南部（新宁）。

系统学评述：人参木属被置于核心五加科的亚洲掌叶群（Asian Palmate group）[18]，是单系类群。人参木属原先置于五加属 *Acanthopana*（=*Eleutherococcus*），并作为五加属的 1 个组 *Acanthopanax* sect. *Sciadophylloides*[19]。向其柏和黄敬怡[20]根据习性、叶结构、花序类型、花粉形态、化学成分等特征的研究，认为其与五加属的区别较大，故将其提升并建立 1 新属。

DNA 条形码研究：BOLD 网站有该属 2 种 3 个条形码数据。

4. *Dendropanax* Decaisne & Planchon 树参属

Dendropanax Decaisne & Planchon (1854: 107); Shang & Lowry (2007: 442) [Lectotype: *D. arboreus* (Linnaeus) Decaisne & Planchon (≡*Aralia arborea* Linnaeus)]

特征描述：无刺灌木或乔木。单叶，叶片不分裂或掌状 2-5 深裂，常有半透明红棕色或红黄色腺点；托叶无或与叶柄基部合生。伞形花序单生或数个聚生成复伞形花序，顶生；花梗无关节；花两性或杂性；萼筒全缘或具 5 齿；花瓣 5，镊合状排列；雄蕊 5；子房 5 室，稀 2 室，花柱离生至全部合生。核果。种子近球形，胚乳均一。花粉粒 3 孔沟，网状纹饰。

分布概况：80/14（7）种，**3 型**；热带（亚热带）亚洲与热带美洲间断分布；中国产西南至东南。

系统学评述：树参属被置于核心五加科的亚洲掌叶群[2,6]。Nakai[21]根据花序结构和花基数将树参属划分为 3 组：*Dendropanax* sect. *Dendropanax*、*D.* sect. *Eugilibertia* 和 *D.* sect. *Textoria*。何景和曾沧江[8]根据花柱的形态特征将国产种类划分为 2 组，即 *D.* sect. *Dendropanax* 和 *D.* sect. *Columnistylus*。李嵘和文军[22]基于分子系统学的研究表明，树参属的单系没有得到支持，来自旧世界的 *D. lancifolius* Ridley 和海南树参 *D. hainanensis* (Merrill & Chun) Chun 聚为一支，余下的热带亚洲和热带美洲种类分别聚为一支，且两者互为姐妹群。

DNA 条形码研究：BOLD 网站有该属 35 种 65 个条形码数据；GBOWS 网站已有 3 种 23 个条形码数据。

5. *Eleutherococcus* Maximowicz 五加属

Eleutherococcus Maximowicz (1859: 132); Shang & Lowry (2007: 466) [Type: *E. senticosus* (Ruprecht ex Maximowicz) Maximowicz (≡*Hedera senticosa* Ruprecht ex Maximowicz)].——*Acanthopanax* (Decaisne & Planchon) Miquel (1863: 3)

特征描述：灌木，直立或蔓生，枝有刺。叶为掌状复叶或 3 小叶，托叶不明显。伞形或头状花序组成顶生复伞形或圆锥花序；花梗有不明显关节；花两性或杂性；萼筒边缘全缘或具 5 小齿；花瓣 5，镊合状排列；雄蕊 5，花丝细长；子房 2-5 室，花柱 2-5，宿存。核果近球形。种子扁平；胚乳光滑。花粉粒 3 孔沟，网状纹饰。

分布概况：40/18（14）种，**14 型**；分布于喜马拉雅及东亚地区；中国南北均产。

系统学评述：五加属被置于核心五加科的亚洲掌叶群[2,6]。该属尚未开展分子系统学研究。Harms[19]根据刺的有无、子房室数、花柱结构、花序类型等特征，将五加属划分为 7 组，即 *Eleutherococcus* sect. *Eleutherococcus*、*E.* sect. *Euacanthopanax*、*E.* sect. *Cephalopanax*、*E.* sect. *Zanthoxylopanax*、*E.* sect. *Evodiopanax*、*E.* sect. *Sciadophylloides* 和 *E.* sect. *Kalopanax*，除 *E.* sect. *Evodiopanax*、*E.* sect. *Sciadophylloides* 和 *E.* sect. *Kalopanax* 独立成相应的荚叶五加属 *Gamblea*、人参木属 *Chengiopanax* 和刺楸属 *Kalopanax* 之外，其属下分类系统被李惠林[23]、何景和曾沧江[8,FRPS]、Ohashi[24]等采纳。

DNA 条形码研究：BOLD 网站有该属 11 种 48 个条形码数据；GBOWS 网站已有 6 种 82 个条形码数据。

代表种及其用途：刺五加 *E. senticosus* (Ruprecht & Maximowicz) Maximowicz 的根皮可药用。

6. *Fatsia* Decaisne & Planchon 八角金盘属

Fatsia Decaisne & Planchon (1854: 105); Shang & Lowry (2007: 439) [Type: *F. japonica* (Thunberg) Decaisne & Planchon (≡*Aralia japonica* Thunberg)]

特征描述：常绿无刺灌木或小乔木。单叶，叶片掌状分裂，边缘有锯齿，托叶与叶柄基部合生，基部具鞘。花两性或杂性，聚生为伞形花序，再组成顶生圆锥花序；苞片大，膜质，早落；花梗无关节；萼筒全缘或5齿；花瓣5，镊合状排列；雄蕊5；子房5或10室，花柱5或10，离生。核果近球形。种子扁平，胚乳光滑。花粉粒3孔沟，网状纹饰，网脊上有瘤状或棒状凸起。

分布概况：3/1（1）种，**14型**；分布于日本；中国产台湾。

系统学评述：八角金盘属被置于核心五加科的亚洲掌叶群[2,6]，是单系类群。

DNA 条形码研究：BOLD 网站有该属 3 种 10 个条形码数据；GBOWS 网站已有 1 种 10 个条形码数据。

代表种及其用途：八角金盘 *F. japonica* (Thunberg) Decaisne & Planchon 供观赏。

7. *Gamblea* C. B. Clarke 萸叶五加属

Gamblea C. B. Clarke (1879: 739); Shang & Lowry (2007: 453) (Type: *G. ciliata* C. B. Clarke)

特征描述：常绿无刺灌木。掌状复叶，小叶3-5，近无柄，边缘全缘至有锯齿，常具有纤毛状硬齿，背面脉腋有簇毛；托叶不明显。花序顶生，单伞形花序或复伞形花序，或再组成单一或多个圆锥花序；花梗无关节；花两性或杂性；萼筒全缘或4-5齿；花瓣4-5，镊合状排列；雄蕊4-5；子房2-5室，花柱离生或合生。果实核果。种子2-5，胚乳光滑。

分布概况：4/2种，**7型**；分布于喜马拉雅地区，东亚及东南亚；中国产长江以南。

系统学评述：萸叶五加属被置于核心五加科的亚洲掌叶群[2,6]，是单系类群。萸叶五加属是基于喜马拉雅地区的 *G. ciliata* C. B. Clarke 所建，Nakai[21]根据日本的材料建立另一属 *Evodiopanax*，但向其柏等[25]认为两者并无区别。

DNA 条形码研究：BOLD 网站有该属 2 种 4 个条形码数据；GBOWS 网站已有 2 种 39 个条形码数据。

8. *Hedera* Linnaeus 常春藤属

Hedera Linnaeus (1753: 202); Shang & Lowry (2007: 441) (Lectotype: *H. helix* Linnaeus)

特征描述：常绿无刺攀援木质藤本，有气生根。单叶，不育枝上的常有裂片或裂齿，花枝上的常不分裂，叶柄细长，无托叶。伞形花序组成顶生短圆锥花序；苞片小；花梗无关节；花两性或杂性；萼筒近全缘或有5齿；花瓣5，镊合状排列；雄蕊5；子房5室，花柱合生成短柱状。核果球形。种子卵圆形，胚乳嚼烂状。花粉粒3孔沟，网状纹饰。

分布概况：15/2种，**12型**；分布于亚洲，欧洲和非洲北部；中国南北均产。

系统学评述：常春藤属被置于核心五加科的亚洲掌叶群[2,6]，是单系类群[5]。McAllister[26]根据毛状体类型，将常春藤属划分为3类，并得到细胞学证据的支持。基于 ITS 序列的分子系统学研究支持常春藤属分为2支，一支由二倍体和四倍体物种组成，另一支由余下的多倍体物种组成[27]，但这个结果并没有得到叶绿体数据的支持[28]。

DNA 条形码研究：BOLD 网站有该属 10 种 85 个条形码数据；GBOWS 网站已有 1 种 19 个条形码数据。

代表种及其用途：常春藤 *Hedera nepalensis* K. Koch var. *sinensis* (Tobler) Rehder 栽培供观赏。

9. *Heteropanax* Seemann 幌伞枫属

Heteropanax Seemann (1866: 114); Shang & Lowry (2007: 473) [Type: *H. fragrans* B. C. Seemann, *nom. illeg.* (≡*Panax fragrans* de Candolle, *nom. illeg.*≡*Panax pinnatus* Lamarck)]

特征描述：常绿无刺灌木或乔木，被星状毛。叶大，二至五回羽状复叶，全缘；托叶和叶柄基部合生。花杂性，伞形花序组成顶生圆锥花序；苞片和小苞片宿存；花梗无关节；萼筒边缘常有 5 齿；花瓣 5，镊合状排列；雄蕊 5；子房 2 室，花柱 2，离生或合生至中部。果实侧扁，核果。种子扁平，胚乳嚼烂状。花粉粒 3 孔沟，网状纹饰。

分布概况：8/6（2）种，**7 型**；分布于亚洲南部和东南部；中国产长江以南。

系统学评述：幌伞枫属被置于核心五加科的亚洲掌叶群[2,6]，是单系类群，并与 Asian *Schefflera* 关系较近[18]。

DNA 条形码研究：BOLD 网站有该属 3 种 6 个条形码数据；GBOWS 网站已有 1 种 1 个条形码数据。

代表种及其用途：幌伞枫 *H. fragrans* B. C. Seemann 药用和栽培供观赏。

10. *Hydrocotyle* Linnaeus 天胡荽属

Hydrocotyle Linnaeus (1753: 234); Sheh et al. (2005: 13) (Lectotype: *H. vulgaris* Linnaeus)

特征描述：多年生草本。茎匍匐或直立，节上生根。托叶膜质；叶片心形、圆形或肾形。花序常为单伞形花序，有时密集成头状。果实心状圆形，两侧压扁，表面无网纹，内果皮木质。花粉粒 3 孔沟，网状纹饰。含化学成分三帖皂苷类、黄酮类和香豆素类等。

分布概况：75-100/14（5）种，**2 型**；分布于热带和温带地区；中国产华东、中南及西南。

系统学评述：天胡荽属位于五加科最基部，是单系类群。传统分类将天胡荽属置于伞形科天胡荽亚科 Hydrocotyloideae[FRPS]，但根据 APG III，天胡荽属被划入五加科。分子系统学研究也认为传统的天胡荽亚科是 1 个多系类群，将其中的类群分别转移至五加科、伞形科的参棕亚科 Mackinlayoideae 及牵环花亚科 Azorelloideae 中，其中天胡荽属应置于五加科[29,30]。从天胡荽亚科国产种类果实解剖特征看，天胡荽属与芹亚科 Apioideae 相差甚远，反而同五加科果实相类似，也为上述学者的观点提供了果实解剖学证据[31]。

DNA 条形码研究：Wiel 等[32]利用叶绿体 *mat*K 和 *trn*H-*psb*A 片段对 *H. ranunculoides* Linnaeus f.和该属的其他 9 个类群进行鉴别，结果表明 *trn*H-*psb*A 片段在种间分辨率较高，能将其有效地区分开。BOLD 网站有该属 11 种 30 个条形码数据；GBOWS 网站已有 7 种 71 个条形码数据。

代表种及其用途：天胡荽 *H. sibthorpioides* Lamarck、肾叶天胡荽 *H. wilfordii* Maximowicz 全草入药；肾叶天胡荽亦可作草坪。

11. *Kalopanax* Miquel 刺楸属

Kalopanax Miquel (1863: 4); Shang & Lowry (2007: 441) (Type: *non designatus*)

特征描述：落叶乔木。单叶，掌状分裂，在长枝上疏散互生，在短枝上簇生，边缘有锯齿；托叶和叶柄合生。花两性，聚生为伞形花序，再组成顶生伞房状圆锥花序，无毛；花梗无关节；萼筒边缘有 5 小齿；花瓣 5，在花芽中镊合状排列；子房 2 室，花柱 2，合生成柱状，柱头离生。果实近球形，核果。种子扁平，胚乳均一。花粉粒 3 孔沟，网状纹饰。

分布概况：1/1 种，**14 型**；分布于东亚；中国南北均产。

系统学评述：刺楸属被置于核心五加科的亚洲掌叶群[2,6]，并与大参属 *Macropanax*、梁王茶属 *Metapanax* 聚为一支[6,18]。

DNA 条形码研究：BOLD 网站有该属 1 种 23 个条形码数据；GBOWS 网站已有 1 种 15 个条形码数据。

代表种及其用途：刺楸 *K. septemlobus* (Thunberg) Koidzumi 供观赏或木材及药用。

12. *Macropanax* Miquel 大参属

Macropanax Miquel (1856: 139); Shang & Lowry (2007: 464) (Type: *non designatus*)

特征描述：无刺常绿灌木或乔木。单叶掌裂或掌状复叶，小叶 3-7，边缘全缘或具锯齿；托叶和叶柄基部合生或不存在。花两性，聚生为伞形花序，再组成顶生圆锥花序；花梗有关节；萼筒边缘有 5 小齿，或全缘；花瓣 5，在花芽中镊合状排列；雄蕊 5；子房 2-3 室，花柱合生成柱状，或先端离生。果实近球形，核果。种子扁平，胚乳均一或嚼烂状。花粉粒 3 孔沟，网状纹饰。

分布概况：20/7（5）种，**7 型**；分布于南亚及东南亚；中国南北均产，长江以南尤盛。

系统学评述：大参属被置于核心五加科的亚洲掌叶群，并与梁王茶属 *Metapanax* 聚为一支[2,6]。该属分子系统学研究尚缺。

DNA 条形码研究：BOLD 网站有该属 4 种 14 个条形码数据；GBOWS 网站已有 2 种 10 个条形码数据。

13. *Merrilliopanax* H. L. Li 常春木属

Merrilliopanax H. L. Li (1942: 62); Shang & Lowry (2007: 446) [Type: *M. listeri* (King) H. L. Li (≡*Dendropanax listeri* King)]

特征描述：常绿无刺灌木或乔木。叶为单叶，叶片不分裂，边缘全缘或具锯齿；托叶和叶柄基部合生，不明显。花两性，聚生为伞形花序，再组成顶生或腋生圆锥花序；

花梗无关节；萼筒边缘有 5 小齿；花瓣 5，在花芽中镊合状排列；雄蕊 5；子房 2 室，花柱 2，离生或基部合生。果实椭圆球形，核果。种子 2，胚乳均一。花粉粒 3 孔沟，网状纹饰。

分布概况：3/3 种，**14 型**；分布于不丹，印度东北部，缅甸，尼泊尔；中国产西南。

系统学评述：常春木属被置于核心五加科的亚洲掌叶群[6,18]，是单系类群。

DNA 条形码研究：BOLD 网站有该属 3 种 7 个条形码数据；GBOWS 网站已有 2 种 8 个条形码数据。

14. *Metapanax* J. Wen & Frodin 梁王茶属

Metapanax J. Wen & Frodin (2001: 117); Shang & Lowry (2007: 463) [Type: *M. davidii* (Franchet) Frodin ex J. Wen & Frodin (≡*Panax davidii* Franchet)]

特征描述：常绿无刺乔木或灌木。叶为单叶掌裂或掌状复叶，边缘具锯齿；无托叶。花两性，聚生为伞形花序，再组成顶生圆锥花序；花梗有明显的关节；萼筒边缘全缘或有 5 小齿；花瓣 5，在花芽中镊合状排列；雄蕊 5；子房 2-4 室，花柱 2-4，离生或中部以下合生。果实核果，侧扁。种子侧扁，胚乳均一。花粉粒 3 孔沟，网状纹饰。

分布概况：2/2 种，**7 型**；分布于越南北部；中国产湖北、湖南、陕西和西南。

系统学评述：Wen 和 Frodin[33]通过对中国产异叶梁王茶 *Nothopanax davidii* (Franchet) Harms ex Diels［=*Metapanax davidii* (Franchet) Frodin ex J. Wen & Frodin］及掌叶梁王茶 *N. delavayi* (Franchet) Harms ex Diels［=*M. delavayi* (Franchet) Frodin ex J. Wen & Frodin］的详细研究，发表了 1 个不同于 *Nothopanax* 的新属，即梁王茶属 *Metapanax*，并对国产梁王茶进行了分类学订正，将其从 *Nothopanax* 中移出，置于梁王茶属。梁王茶属被置于核心五加科的亚洲掌叶群，并与大参属 *Macropanax* 聚为一支[2,6]，是个单系类群。

DNA 条形码研究：BOLD 网站有该属 2 种 2 个条形码数据；GBOWS 网站已有 2 种 33 个条形码数据。

代表种及其用途：梁王茶 *M. delavayi* (Franchet) Frodin ex J. Wen & Frodin 栽培供观赏。

15. *Oplopanax* (Torrey & A. Gray) Miquel 刺人参属

Oplopanax (Torrey & A. Gray) Miquel (1863: 4); Shang & Lowry (2007: 441) [Type: *O. horridus* (J. E. Smith) Miquel (≡*Panax horridus* J. E. Smith)]

特征描述：多刺灌木。单叶，掌状分裂，有叶柄，边缘有锯齿；托叶和叶柄基部合生。花两性，聚生为伞形花序，再组成顶生圆锥花序或总状花序；花梗无关节；萼筒有明显的 5 齿，3 个齿如针状；花瓣 5，在花芽中镊合状排列；雄蕊 5；子房 2 室，花柱 2，离生或基部合生。果实球形，核果，成熟时红色。种子压扁，胚乳均一。花粉粒 3 孔沟，网状纹饰。

分布概况：3/1 种，**9 型**；亚洲东部及北美间断分布；中国产吉林长白山。

系统学评述：刺人参属被置于核心五加科的亚洲掌叶群[2,6]，是一个单系类群。

DNA 条形码研究：BOLD 网站有该属 2 种 2 个条形码数据。

代表种及其用途：刺人参 *O. elatus* (Nakai) Nakai 可药用。

16. *Osmoxylon* Miquel 兰屿加属

Osmoxylon Miquel (1863: 3); Shang & Lowry (2007: 440) [Type: *O. amboinense* Miquel, *nom. illeg.* (≡*Aralia umbellifera* Lamarck)].——*Boerlagiodendron* Harms (1894: 31)

特征描述：常绿无刺灌木或乔木。单叶掌状分裂或掌状复叶，全缘或具小圆齿；托叶和叶柄基部合生成舌状叶鞘，边缘篦齿状或缝状。花两性，伞形花序聚生成顶生圆锥花序；苞片早落；花梗无关节；萼筒边缘波状或有明显小齿；花瓣 4-8；雄蕊 4-30；子房 4-5 至多室，花柱合生成柱状。核果。种子三角形，胚乳光滑或具皱纹。花粉粒 3 孔沟，网状纹饰。

分布概况：50/1 种，**7 型**；分布于加里曼丹岛，菲律宾，向东延伸至巴布亚新几内亚及太平洋中的热带岛屿；中国产台湾。

系统学评述：兰屿加属位于五加科基部[2,6]。该属分子系统学研究尚缺。Frodin[34]根据叶类型、花序形态将该属分为 2 组，即 *Osmoxylon* sect. *Osmoxylon* 和 *O.* sect. *Boerlagiodendron*，并建议作为亚属的等级。

DNA 条形码研究：BOLD 网站有该属 5 种 10 个条形码数据。

17. *Panax* Linnaeus 人参属

Panax Linnaeus (1753: 1058); Shang & Lowry (2007: 489) (Lectotype: *P. quinquefolius* Linnaeus)

特征描述：多年生草本。根膨大成纺锤形或圆柱形。茎单生，基部有鳞片。掌状复叶，轮生于茎顶。花两性或杂性，伞形花序单个顶生；萼筒边缘 5 小齿；花瓣 5，覆瓦状排列；雄蕊 5；子房 2-4 室，稀 5 室。核果，球形；种子侧扁，胚乳光滑。花粉粒 3 孔沟，网状纹饰。

分布概况：11/8（3）种，**9 型**；分布于东亚，喜马拉雅地区，中南半岛及北美；中国南北均产。

系统学评述：人参属与楤木属共同组成核心五加科中的一个单系类群[2,6]，即楤木属-人参属复合群 *Aralia*-*Panax* group，人参属是单系类群。周俊等[35]根据三萜化合物的类型、种子形态学将国产人参属划分为 2 类。分子系统学研究表明人参属内可分为 5 个分支[36,37]。文军[38]根据形态学及系统发育的分析结果，将人参属划分为 2 个亚属 *Panax* subgen. *Panax* 和 *P.* subgen. *Trifolitus*，2 个组 *P.* sect. *Panax* 和 *P.* sect. *Pseudoginseng*，2 个系 *P.* ser. *Panax* 和 *P.* ser. *Notoginseng*。

DNA 条形码研究：已报道该属所有种的 DNA 条形码（*rbc*L、*mat*K、*trn*H-*psb*A、ITS）信息[39]，其中 ITS 和 *trn*H-*psb*A 片段在种间变异率最高，两者组合可以有效鉴别该属所有物种。BOLD 网站有该属 21 种 460 个条形码数据；GBOWS 网站已有 1 种 12 个条形码数据。

代表种及其用途：人参 *P. ginseng* C. A. Meyer、西洋参 *P. quinquefolius* Linnaeus、三七 *P. notoginseng* (Burkill) F. H. Chen ex C. Chow & W. G. Huang 可药用。

18. *Polyscias* J. R. Forster & G. Forster 南洋参属

Polyscias J. R. Forster & G. Forster (1775: 32); Shang & Lowry (2007: 472) (Type: *P. pinnata* J. R. Forster & G. Forster)

特征描述：常绿无刺灌木或乔木。一至五回羽状复叶；托叶无或贴生在叶柄内。花两性或杂性，聚生为伞形花序、头状花序、穗状花序，再组成顶生圆锥花序；花梗有关节；萼筒边缘波状或4-8小齿；花瓣4-8，在花芽中镊合状排列；雄蕊4-8；子房4-8室，花柱离生，稀基部合生。果实圆柱状或侧扁，核果。种子压扁，胚乳光滑。花粉粒3孔沟，网状纹饰。

分布概况：150/5种，**4型**；旧热带分布；中国长江以南引种栽培。

系统学评述：南洋参属置于核心五加科的 *Polyscias-Pseudopanax* 群[6]。Philipson[40]根据托叶形态和花序类型将该属分为5组。基于核基因与叶绿体基因的分子系统学研究表明，该属是个并系[41,42]。Lowry 和 Plunkett[43]根据分子系统学研究，将该属分为10亚属，每个亚属是一个单系支，并且与其地理分布紧密关联。

DNA 条形码研究：BOLD 网站有该属10种19个条形码数据。

代表种及其用途：南洋参 *P. fruticosa* (Linnaeus) Harms 栽培供观赏。

19. *Schefflera* J. R. Forster & G. Forster 鹅掌柴属

Schefflera J. R. Forster & G. Forster (1775: 23), *nom. cons.* ; Shang & Lowry (2007: 454) (Type: *S. digitata* J. R. Forster & G. Forster).——*Tupidanthus* J. D. Hooker & Thomson (1856: 82)

特征描述：常绿无刺灌木或乔木，有时攀援状。掌状复叶；托叶和叶柄基部合生成鞘状。花两性或杂性，聚生成总状、伞形或头状花序，再组成顶生圆锥花序；苞片被绒毛；花梗无关节；萼筒全缘或有5齿；花瓣5-11；雄蕊5-11；子房4-11室。果实球形。种子扁平，胚乳均一。花粉粒3孔沟，网眼小，不明显。

分布概况：600-900/35（14）种，**2 型**；广布南北半球的热带，亚热带地区；中国南北均产，西南及东南尤盛。

系统学评述：鹅掌柴属是个多系，属于5个地理分布明显的分支[44]，即亚洲支 Asian clade、新热带支 Neotropical clade、非洲-马达加斯加支 African-Malagasy clade、西南太平洋支 Southwest Pacific clade or Melanesian clade、狭义鹅掌柴支 *Schefflera s.s.*。国产鹅掌柴属种类属于亚洲支，被置于核心五加科的亚洲掌叶群[2,6]。根据花序结构、花柱形态特征，Harms[11]将亚洲支分为2组3亚组，何景和曾沧江[8]将该支分为3组5亚组，Frodin 等[45]划分该组为8亚属。李嵘和文军基于核基因和叶绿体基因的系统学研究支持亚洲支分为4个主要分支，即 *Heptapleurum* group、*Agalma* group、*Schefflera hypoleuca* group 和 *Schefflera heptaphylla* group，也支持传统的多蕊木属 *Tupidanthus* 应归并到鹅掌柴属亚洲支内[18]。

DNA 条形码研究：BOLD 网站有该属84种163个条形码数据；GBOWS 网站已有11种88个条形码数据。

代表种及其用途：鹅掌藤 *S. arboricola* (Hayata) Merrill 栽培供观赏。

20. *Sinopanax* H. L. Li 华参属

Sinopanax H. L. Li (1949: 231); Shang & Lowry (2007: 439) [Type: *S. formosanus* (Hayata) H. L. Li (≡*Oreopanax formosanus* Hayata)]

特征描述：无刺常绿乔木。叶为单叶，阔球形，叶片不分裂或3-5裂，基部宽楔形至心形，边缘不规则锯齿，顶端急尖至短渐尖；托叶和叶柄基部合生。花两性，无梗，聚生为8-12花的头状花序，再组成顶生圆锥花序；小苞片3；萼筒边缘有5小齿；花瓣5，镊合状排列；雄蕊5；子房2室，花柱2，离生。果实阔球形。种子卵状三角形；胚乳嚼烂状。花粉粒3孔沟，网状纹饰。

分布概况：1/1（1）种，**15型**；特产中国台湾。

系统学评述：华参属位于核心五加科的亚洲掌叶群内，并与热带美洲的 *Oreopanax* 形成姐妹群[2,6]。

DNA条形码研究：BOLD网站有该属1种1个条形码数据。

21. *Tetrapanax* (K. Koch) K. Koch 通脱木属

Tetrapanax (K. Koch) K. Koch (1859: 371); Shang & Lowry (2007: 440) (Type: *non designatus*)

特征描述：常绿无刺灌木或小乔木。单叶，掌状分裂；叶柄长；托叶与叶柄基部合生成锥形。花两性，聚生为伞形花序，再组成顶生的圆锥花序；花梗无关节；萼筒全缘或有齿；花瓣4-5，在花芽中镊合状排列，背面被绒毛；雄蕊4-5；子房2室，花柱2，离生，花期直立，后期反折。果实球形，核果。种子扁平，胚乳光滑。花粉粒3孔沟，网状纹饰。

分布概况：1/1（1）种，**15型**；特产中国，长江以南尤盛。

系统学评述：通脱木属位于核心五加科的亚洲掌叶群内，与亚洲鹅掌柴支 Asian *Schefflera*、幌伞枫属 *Heteropanax* 聚为一支[2,6,18]。

DNA条形码研究：BOLD网站有该属1种10个条形码数据；GBOWS网站已有1种4个条形码数据。

代表种及其用途：通脱木 *T. papyrifer* (J. D. Hooker) K. Koch 栽培供药用或观赏。

22. *Trevesia* Visiani 刺通草属

Trevesia Visiani (1840: 72); Shang & Lowry (2007: 438) [Type: *T. palmata* (Roxburgh ex Lindley) Visiani (≡*Gastonia palmata* Roxburgh ex Lindley)]

特征描述：常绿具刺灌木或小乔木。单叶掌状分裂或类似掌状复叶，基部阔翅状，边缘具锯齿；托叶舌状，与叶柄基部合生。花两性，聚生成伞形花序，再组成顶生或假侧生的总状或圆锥花序；花梗无关节；花瓣7-12，镊合状排列，早落；雄蕊7-12；子房6-16室，花柱合生成短柱状。果实核果。种子扁平，胚乳均一。花粉粒3孔沟，网状纹饰。

分布概况：10/1种，**7型**；分布于喜马拉雅地区至中南半岛到东南亚；中国产西南。

系统学评述：刺通草属位于核心五加科的亚洲掌叶群内，与罗伞属 *Brassaiopsis* 聚为一支[2,6]，是个单系类群。Harms[11]根据花序类型、花序结构、花瓣特征将该属分为2

个组，即 *Trevesia* sect. *Eutrevesia* 和 *T.* sect. *Neotrevesia*。

DNA 条形码研究：BOLD 网站有该属 8 种 26 个条形码数据；GBOWS 网站已有 1 种 3 个条形码数据。

代表种及其用途：刺通草 *T. palmata* (Roxburgh ex Lindley) Visiani 栽培供药用或观赏。

主要参考文献

[1] Chandler GT, et al. Evolution in Apiales: nuclear and chloroplast markers together in (almost) perfect harmony[J]. Bot J Linn Soc, 2004, 2: 123-147.

[2] Plunkett GM, et al. Infrafamilial classifications and characters in Araliaceae: insights from the phylogenetic analysis of nuclear (ITS) and plastid (*trn*L-*trn*F) sequence data[J]. Plant Syst Evol, 2004, 245: 1-39.

[3] Nicolas AN, Plunkett GM. The demise of subfamily Hydrocotyloideae (Apiaceae) and the re-alignment of its genera across the entire order Apiales[J]. Mol Phylogenet Evol, 2009, 53: 134-151.

[4] Mitchell A, et al. Ancient divergence and biogeography of *Raukaua* (Araliaceae) and close relatives in the southern hemisphere[J]. Aust Syst Bot, 2012, 25: 432-446.

[5] Valcárcel V, et al. The origin of the early differentiation of Ivies (*Hedera* L.) and the radiation of the Asian Palmate group (Araliaceae)[J]. Mol Phylogenet Evol, 2014, 70: 492-503.

[6] Wen J, et al. The evolution of Araliaceae: a phylogenetic analysis based on ITS sequences of nuclear ribosomal DNA[J]. Syst Bot, 2001, 26: 144-167.

[7] Harms H. Zur Kenntnis der Gattungen *Aralia* und *Panax*[J]. Bot Jahrb Syst, 1896, 23: 1-23.

[8] 何景，曾沧江．中国五加科植物资料[J]．植物分类学报, 1965, 10(增刊): 129-176.

[9] Wen J. Generic Delimitation of *Aralia* (Araliaceae)[J]. Brittonia, 1993, 45: 47-55.

[10] Wen J. Systematics and biogeography of *Aralia* L. (Araliaceae): revision of *Aralia* sects. *Aralia*, *humiles*, *Nanae*, and *Sciadodendron*[J]. Contr US Natl Herb, 2011, 57: 5-35.

[11] Harms H. Araliaceae[M]//Engler A, et al. Die natuürlichen pflanzenfamilen. Teil 3, Vol. 8. Leipzig: W. Engelmann, 1894-1897: 1-62.

[12] Hutchinson J. The genera of flowering plants (Angiospermae)[M]. Oxford: Clarendon Press, 1967.

[13] Philipson WR. Araliaceae[M]//van Steenis CGGJ. Flora Malesiana. Ser. 1, Vol. 9. Martinus Nijhoff: The Hague, 1979: 1-105.

[14] Shang CB. Araliaceae[M]//Cheng WC. Silva Sinica. Vol. 2. Beijing: Chinese Forestry Press, 1985: 1720-1823.

[15] Skvortsova NT, Averyanov LV. New genus and species-*Grushvitzkya stellata* (Araliaceae) from the north Vietnam[J]. Bot Zhurn, 1994, 79: 108-112.

[16] Wen J, et al. Inclusion of the Vietnamese endemic genus *Grushvitzkya* in *Brassaiopsis* (Araliaceae): evidence from nuclear ribosomal ITS and chloroplast *ndh*F sequences[J]. Bot J Linn Soc, 2003, 142: 455-463.

[17] Mitchell A, et al. Phylogeny of *Brassaiopsis* (Araliaceae) in Asia based on nuclear ITS and 5S-NTS DNA sequences[J]. Syst Bot, 2005, 30: 872-886.

[18] Li R, Wen J. Phylogeny and biogeography of Asian *Schefflera* (Araliaceae) based on nuclear and plastid DNA sequence data[J]. J Syst Evol, 2014, 52: 431-449.

[19] Harms H. Übersicht über die Arten der Gattung *Acanthopanax*[J]. Mitt Dtsch Dendrol Ges, 1918, 27: 1-39.

[20] Shang CB, et al. *Chengiopanax*-a new genus of Araliaceae[J]. Bull Bot Res, 1993, 13: 44-49.

[21] Nakai T. Araliaceae imperii Japonici[J]. J Arnold Arbor, 1924, 5: 22-24.

[22] Li R, Wen J. Phylogeny and biogeography of *Dendropanax* (Araliaceae), an Amphi-Pacific disjunct genus between tropical/subtropical Asia and the Neotropics[J]. Syst Bot, 2013, 38: 536-551.

[23] Li HL. The Araliaceae of China[J]. Sargentia, 1942, 2: 1-134.

[24] Ohashi H. *Eleutherococcus* (Araliaceae): a new system and new combinations[J]. J Jap Bot, 1987, 62: 353-361.

[25] Shang CB, et al. A taxonomic revision and re-definition of the genus *Gamblea* (Araliaceae)[J]. Adansonia, 2000, 22: 45-55.

[26] McAllister H. New work on Ivies[J]. Int Dendr Soc Year Book, 1981: 106-109.

[27] Vargas P, et al. Polyploid speciation in *Hedera* (Araliaceae): phylogenetic and biogeographic insights based on chromosome counts and ITS sequences[J]. Plant Syst Evol, 1999, 219: 165-179.

[28] Ackerfield J, et al. Evolution of *Hedera* (the Ivy genus, Araliaceae): insights from chloroplast DNA Data[J]. Int J Plant Sci, 2003, 164: 593-602.

[29] Nicolas AN, Plunkett GM. The demise of subfamily Hydrocotyloideae (Apiaceae) and the re-alignment of its genera across the entire order Apiales[J]. Mol Phylogenet Evol, 2009, 53: 134-151.

[30] Zhou J, et al. Towards a more robust molecular phylogeny of Chinese Apiaceae subfamily Apioideae: additional evidence from nrDNA ITS and cpDNA intron (*rpl*16 and *rps*16) sequences[J]. Mol Phylogenet Evol, 2009, 53: 56-68.

[31] 刘启新, 等. 中国伞形科天胡荽亚科果实解剖特征及其系统学意义[J]. 植物资源与环境学报, 2002, 11: 1-7.

[32] Wiel CCM, et al. DNA barcoding discriminates the noxious invasive plant species, floating pennywort (*Hydrocotyle ranunculoides* L. f.), from non-invasive relatives[J]. Mol Ecol Res, 2009, 9: 1086-1091.

[33] Wen J, Frodin DG. *Metapanax*, a new genus of Araliaceae from China and Vietnam[J]. Brittonia, 2001, 53: 116-121.

[34] Frodin DG. Notes on *Osmoxylon* (Araliaceae), II[J]. Flora Malesiana Bull, 1998, 12: 153-156.

[35] 周俊, 等. 人参属植物的三萜成分和分类系统、地理分布的关系[J]. 植物分类学报, 1975, 13: 29-45.

[36] Wen J, et al. Phylogeny and biogeography of *Panax* L. (the Ginseng genus, araliaceae): inferences from ITS sequences of nuclear ribosomal DNA[J]. Mol Phylogenet Evol, 1996, 6: 167-177.

[37] Choi HK, et al. A phylogeneti c analys is of *Panax* (Araliaceae): integrating cpDNA restrict ion site and nuclear rDNA ITS sequence data[J]. Plant Syst Evol, 2000, 224: 109-120.

[38] Wen J. Species diversity, nomenclature, phylogeny, biogeography, and classification of the ginseng genus (*Panax* L., Araliaceae)[C]//Punja ZK. Utilization of biotechnological, genetic and cultural approaches for North American and Asian ginseng improvement. Proceedings of the International Ginseng Workshop. Vancouver: Simon Fraser University Press, 2001: 67-88.

[39] Zuo YJ, et al. DNA barcoding of *Panax* species[J]. Planta Med, 2011, 77: 182-187.

[40] Philipson WR. A synopsis of the Malesian species of *Polyscias* (Araliaceae)[J]. Blumea, 1978, 24: 169-172.

[41] Plunkett GM, et al. The phylogenetic status of *Polyscias* (Araliaceae) based on nuclear ITS sequence data[J]. Ann MO Bot Gard, 2001, 88: 213-230.

[42] Plunkett GM, et al. Paraphyly and polyphyly in *Polyscias sensu lato*: molecular evidence and the case for recircumscribing the "pinnate genera" of Araliaceae[J]. Plant Divers Evol, 2010, 128: 23-54.

[43] Lowry II PP, et al. Recircumscription of *Polyscias* (Araliaceae) to include six related genera, with a new infrageneric classification and a synopsis of species[J]. Plant Divers Evol, 2010, 128: 55-84.

[44] Plunkett GM, et al. Phylogeny and geography of *Schefflera*: pervasive polyphyly in the largest genus of Araliaceae[J]. Ann MO Bot Gard, 2005, 92: 202-224.

[45] Frodin DG, et al. *Schefflera* (Araliaceae): taxonomic history, overview and progress[J]. Plant Divers Evol, 2010, 128: 561-595.

Apiaceae Lindley (1836), *nom. cons.* 伞形科

特征描述：一年生至多年生草本，稀亚灌木。根常直生，肉质。茎直立或匍匐上升。叶互生，常为掌状或羽状分裂的复叶，稀单叶；叶柄基部鞘状。复伞形或单伞形花序，

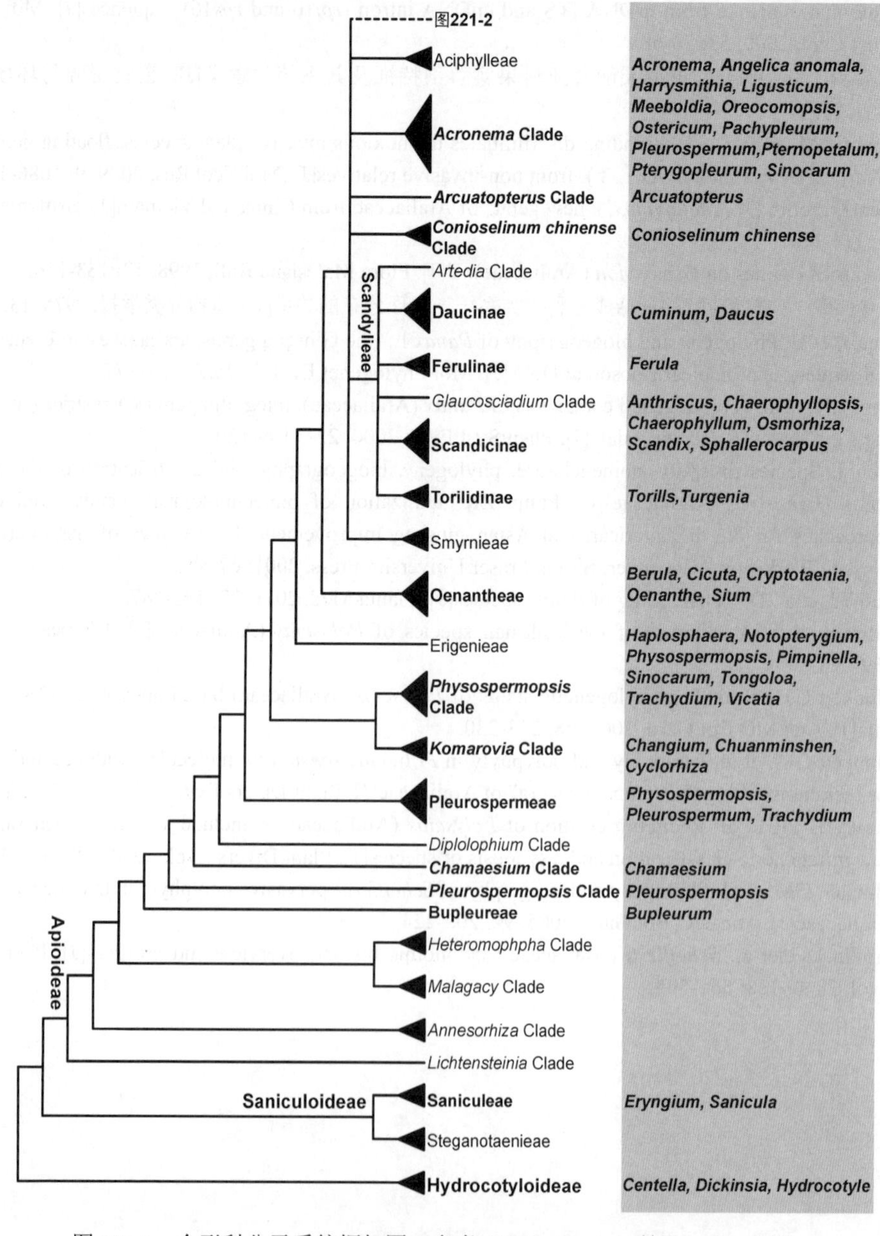

图 221-1　伞形科分子系统框架图（参考 APW；Downie 等[1]；Zhou[2,3]）

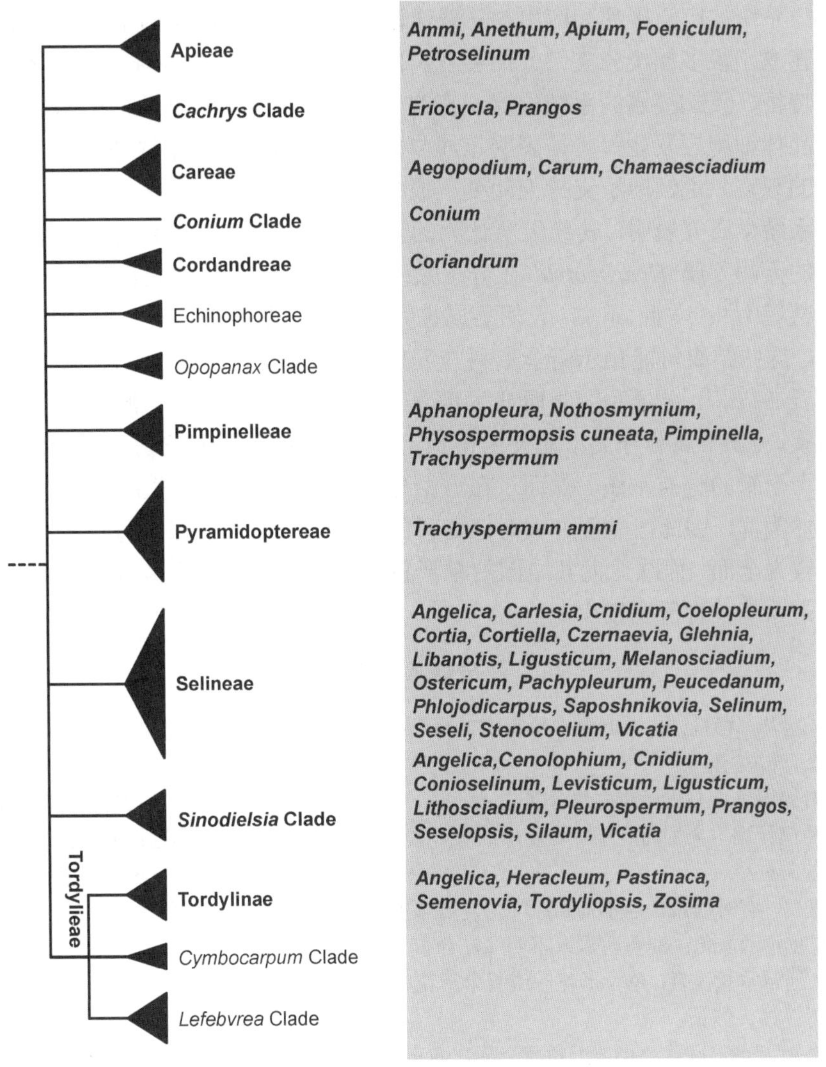

图 221-2 伞形科分子系统框架图

少为头状；伞形花序的基部有总苞片；花小，两性或杂性；花萼与子房贴生；花瓣 5，基部窄狭；雄蕊 5，与花瓣互生；子房下位，2 室，每室有 1 倒悬的胚珠；花柱 2，柱头头状。双悬果，心皮外面有棱，中果皮内层的棱槽内和合生面常有纵走的油管 1 至多数。花粉粒 3 孔沟。

分布概况：300-440（455）属/3000-3750 种，广布温带，主产欧亚大陆，中亚尤盛；中国约 99 属/614 种，南北均产。

系统学评述：伞形科通常为茎部中空的一年生或多年生芳香植物，其科的保留名为 Umbelliferae。Morison[4]于 1672 年首次根据果实特征将伞形科划分为 9 属 165 种。其后经过包括林奈在内的众多植物分类学家的不断认识和探索，目前全世界有伞形科植物 300-455 属共计 3000-3750 种[5]。Drude[6]结合前期研究结果将伞形科分为 3 亚科，即天胡荽亚科 Hydrocotyloideae、变豆菜亚科 Saniculoideae 和芹亚科 Apioideae，其中芹亚科最大，这一系统被广泛接受和应用。随着认识的不断深入，不同的学者在这 3 个亚科下面都分别建立了很多族级分支。天胡荽亚科的多数种类具有果实油管不显著甚至缺失、无果柄等特征，天胡荽属的系统位置一直饱受争议。尤其是其胚乳周围木质细胞发达、果皮内层晶体细胞层发达等特征表明该属与五加科有着更近的亲缘关系[7]。根据植物区系分类学的观点，更倾向于支持天胡荽属成为 1 个独立的科[8]。

分子系统学研究表明，传统上所认为的天胡荽亚科并不是单系类群，作为天胡荽亚科模式属的天胡荽属 *Hydrocotyle* 在分子系统树上与五加科一些类群聚为一支，而与芹亚科相去甚远[9,10]；与此同时，天胡荽属也并没有与五加科核心类群显示出明确的单系进化关系。这些结果可能预示着伞形科与五加科存在着复合进化关系，而并非伞形科单系起源于五加科[11]。分子系统学研究尽管表明了芹亚科的单系性，但其亚科内传统分类所界定的族、亚族、属等分类单元并未得到支持。Downie 等[1]综合分子系统学研究结果，提出了 1 个全新的分类系统。然而，在这个分类系统中，早期分类所界定的许多属或组都不是自然类群，因此，需要加大对芹亚科的取样量进行更加深入的研究。目前北美等地的研究较为全面，而欧亚尤其中国的伞形科下一些分布狭域的属和特有属及一些少种的属，分子系统发育研究较少。

分属检索表

1\. 茎平卧或斜升，稀直立；单叶，叶片肾形或心形；单伞形花序；内果皮木质；油管不显著或显著，生于棱下而非棱槽

  2\. 果实背腹压扁，心皮柄在先端分叉……………………………………………… **37. 马蹄芹属 *Dickinsia***

  2\. 果实两侧压扁，合生面收缩，心皮柄缺失，总苞存在；花瓣覆瓦状排列；果实背棱及侧棱凸出，表面褶皱……………………………………………………………… **16. 积雪草属 *Centella***

1\. 茎通常直立，有时缩短，但不匍匐；叶为复叶或单叶；复伞形花序，稀单生、近总状花序或头状花序；内果皮不木质化；油管明显或不明显，分布于主棱或棱槽内

  3\. 单叶，通常掌状浅裂；单伞形花序或复伞形花序，或聚合成头状；果实具鳞片，瘤状凸起或皮刺，稀光滑；柱头伸长

    4\. 基生叶圆形、圆状心形或五角状心形，通常掌状浅裂；单伞形或不规则伸长的复伞形花序……………………………………………………………………… **73. 变豆菜属 *Sanicula***

    4\. 基生叶长椭圆形，披针形或倒披针形，不分裂；花序头状 ……………………**39. 刺芹属 *Eryngium***

  3\. 复叶，稀单叶；复伞形花序，极稀单伞形花序；伞幅数个，伸长；果实光滑或有软毛，或偶见多刺；花柱短或长（芹亚科 Apioideae）

    5\. 果实具主棱、次棱，次棱凸出或呈翅状

      6\. 棱无刺（脂胶芹族 Laserpiteae）…………………………………… **74. 防风属 *Saposhnikovia***

      6\. 棱多刺（胡萝卜族 Dauceae） ……………………………………………**36. 胡萝卜属 *Daucus***

    5\. 果实有主棱，无次棱（除 *Aphanopleura* 和 *Cuminum* 外）

      7\. 合生面平，稀稍内凹

        8\. 果棱同形，双悬果球形或在横切面近五边形，常两侧稍压扁（阿米芹族 Ammineae）

          9\. 果实主棱丝状，结合面窄（葛缕子亚族 Carinae）

            10\. 单叶不分裂……………………………………………………… **12. 柴胡属 *Bupleurum***

            10\. 叶分裂成三出羽状至二回羽状复叶

              11\. 果实有主、次棱，每棱槽具 1 大型油管

12. 果实卵形或近球形，次棱具棒状刺或瘤状凸起……………………………………………………………………**7. 隐棱芹属 *Aphanopleura***
12. 果实长圆形，次棱具刚毛……………………………………**32. 孜然芹属 *Cuminum***
11. 果实仅具主棱，每棱槽 1 至数油管，稀缺失
13. 花瓣纤细或在基部加厚，或在顶端呈线状
14. 花瓣基部加厚成囊状……………………………**71. 囊瓣芹属 *Pternopetalum***
14. 花瓣尾尖状或在先端呈线状…………………………**1. 丝瓣芹属 *Acronema***
13. 花瓣基部不加厚，顶端不呈尾尖状
15. 果实矩状椭圆形或椭圆形，基部圆形
16. 萼齿明显，卵状三角形……………………………**13. 山茴香属 *Carlesia***
16. 萼齿小或缺
17. 油管模糊；柱头长，极度反卷………**2. 羊角芹属 *Aegopodium***
17. 油管显著；柱头短或长，反卷或不反卷
18. 柱头长，反卷
19. 每棱槽油管 1，合生面油管 2………**3. 阿米芹属 *Ammi***
19. 每棱槽油管 3-4，合生面油管 6-8…………………………………………………………………**19. 矮伞芹属 *Chamaesciadium***
18. 柱头短，直立或分枝
20. 叶为三出复叶，小叶片椭圆状菱形，边缘具重锯齿……………………………………………**31. 鸭儿芹属 *Cryptotaenia***
20. 二至四回羽状复叶，末回裂片线形或线状披针形，全缘
21. 末回裂片线状披针形，（20-90）mm×15mm…………………………………………………**83. 西归芹属 *Seselopsis***
21. 末回裂片线形，（2-10）mm×（0.2-1）mm
22. 总苞及小总苞膜质…**46. 斑膜芹属 *Hyalolaena***
22. 无总苞及小总苞，稀有，但不为膜质…………………………………………………**14. 葛缕子属 *Carum***
15. 果实卵球形，基部常心形
23. 萼齿显著，三角状卵形；每棱槽油管 1…………**23. 毒芹属 *Cicuta***
23. 无萼齿或萼齿小；每棱槽油管 1 至多数
24. 每棱槽油管 2 至数个（稀 1），合生面油管 4-6
25. 油管细小，多数，沿胚乳排成环状；外果皮栓质加厚……………………………………………………………**11. 天山泽芹属 *Berula***
25. 油管大，每棱槽 2-4，不沿胚乳成环状；外果皮不加厚
26. 总苞膜质，灰绿色或无
27. 无总苞…………………**96. 糙果芹属 *Trachyspermum***
27. 总苞膜质………………**54. 白苞芹属 *Nothosmyrnium***
26. 总苞披针形至线形，绿色，宿存……………………………
28. 湿生或沼生植物，叶片羽状深裂至羽状全裂………………………………………………………………**87. 泽芹属 *Sium***
28. 旱生植物；叶片不分裂，三出，羽状三出或羽状全裂…………………………………**67. 茴芹属 *Pimpinella***
24. 通常每棱槽油管 1，合生面油管 2

29. 花瓣基部具爪，不等大，常有辐射瓣…………………………………………………………………………**85. 小芹属 *Sinocarum***

29. 花瓣基部不具爪，通常等大

30. 果实表面有绒毛、疣状凸起或乳头状凸起

31. 果实表面密被绒毛…………**38. 绒果芹属 *Eriocycla***

31. 果实表面散生疣状毛或乳头状毛凸起…………………………………………………**44. 细裂芹属 *Harrysmithia***

30. 果实光滑或近光滑

32. 枝对生或轮生；二至三回羽状复叶…………………………………………**63. 欧芹属 *Petroselinum***

32. 枝互生；叶为羽状复叶或羽状三出复叶

33. 二年生或多年生植物，水生或两栖，主根粗壮或有匍匐根状茎，茎在节上生根……………………………………………………**8. 芹属 *Apium***

33. 一年生植物，陆生，主根细长，无根状茎，节上不生根………**34. 细叶旱芹属 *Cyclospermum***

9. 果棱凸出或呈狭翅状，合生面稍宽（西风芹亚族 Seselinae）

34. 水生或沼生草本；伞形花序边缘花常有明显辐射瓣；果实侧棱钝圆，栓质加厚…………………………………………………………………………**56. 水芹属 *Oenanthe***

34. 陆生草本；伞形花序边缘花无辐射瓣；果实侧棱非栓质（稀栓质加厚，见于 *Cortiella* 和 *Pterygopleurum*）

35. 植株有强烈芳香；叶为多回羽状复叶，末回裂片丝状，宽度小于 1mm，花瓣黄色

36. 果实长圆形；果棱同形；茎灰绿色……………………**41. 茴香属 *Foeniculum***

36. 果实椭圆形或卵状椭圆形，稍背腹压扁；侧棱多少宽于背棱；茎绿色……………………………………………………………………………**4. 莳萝属 *Anethum***

35. 植株不具强烈芳香；叶为一至三回至多回羽状复叶，末回裂片宽或窄，但均宽于 1mm；花瓣白色至紫色、乳白色或略带绿色，但不为黄色（除 *Silaum* 外）

37. 果实矩圆形至椭圆形，轻微或强烈背腹压扁；双悬果横切面不为五边形；果棱不等，侧棱明显宽于背棱

38. 总苞叶状，一至二回羽状分裂

39. 果实扁球形，果棱宽翅状；侧棱最宽，海绵状栓质……………………………………………………………**30. 栓果芹属 *Cortiella***

39. 果实椭圆形，背棱丝状，侧棱翅状，宽于背棱，不为疏松栓质

40. 无茎或近无茎；小苞片与小伞幅近等长…**29. 喜峰芹属 *Cortia***

40. 植株有茎，茎长超过 25cm；小苞片长度为小伞幅 2-3 倍……………………………………………………**57. 羽苞芹属 *Oreocomopsis***

38. 总苞有或无，常全缘，稀分裂

41. 侧棱宽翅状，宽度大于背棱 2 倍；萼齿发达，常等于或长于花柱基………………………………………………**80. 亮蛇床属 *Selinum***

41. 侧棱翅状，与背棱等宽或略宽；萼齿小或无…………………………………………………………**50. 藁本属 *Ligusticum***

37. 果实矩圆形至椭圆形，轻微两侧或背腹压扁，通常圆柱状；双悬果横切

面五边形；果棱同形或近同形

42. 果棱显著凸起，边缘为不规则的锯齿状硬薄膜……………………………………**90. 狭腔芹属 *Stenocoelium***

42. 果棱全缘，无锯齿

43. 总苞和小总苞叶状，一至二回羽状分裂……**78. 苞裂芹属 *Schulzia***

43. 总苞全缘；小总苞全缘，稀缺失

44. 伞形花序伞幅缩短成头状；花瓣深褐色或紫褐色……………………………………**43. 单球芹属 *Haplosphaera***

44. 伞幅伸长，花序不为头状；花瓣白色，乳白色或略带紫色

45. 萼齿发达，钻形、披针形或卵状三角形

46. 果棱丝状，凸出，圆钝或尖锐，不加厚，且基部不存在栓质膨大……………………**49. 岩风属 *Libanotis***

46. 果棱翅状，翅常增厚或在基部栓质膨大

47. 叶一至二回羽状分裂或为羽状三出复叶，末回裂片长披针形，全缘；果棱基部栓质膨大……………………………**72. 翅棱芹属 *Pterygopleurum***

47. 叶二至三回羽状分裂，末回裂片椭圆状披针形至线形，边缘常锯齿状或浅裂；果棱翅状，加厚，基部无栓质膨大……**61. 厚棱芹属 *Pachypleurum***

45. 萼齿小或无

48. 总苞基部合生或合生至中部

49. 花柱基圆锥形或垫状，全缘；果实卵形、长圆形或圆筒形……………………**82. 西风芹属 *Seseli***

49. 花柱基扁平，边缘深裂；果实长圆形……………………………………**51. 石蛇床属 *Lithosciadium***

48. 总苞分生，基部不合生

50. 果棱狭翅状，翅中空……………………………………**15. 空棱芹属 *Cenolophium***

50. 果棱尖或呈翅状，但不中空

51. 花瓣黄绿色或淡黄色；油管小，多数，成熟后消失……………………**84. 亮叶芹属 *Silaum***

51. 花瓣白色或带粉色；每棱槽油管 1，合生面油管 2，成熟时油管显著……………………………………**24. 蛇床属 *Cnidium***

8. 果实侧棱翅状，宽于背棱和中棱，双悬果轻微至强烈背腹压扁（前胡族 Peucedaneae）

52. 侧棱在成熟时展开，宽约为背棱 2 倍（Angelicineae 亚族）

53. 双悬果压缩成球状或椭圆状，所有果棱均呈翅状，加厚或栓质加厚，侧棱等宽或稍宽于背棱

54. 油管多数，几乎环绕胚乳……………………**9. 古当归属 *Archangelica***

54. 每棱槽油管 1-3，合生面油管 2-6，不环绕胚乳

55. 果实无毛……………………………………**25. 高山芹属 *Coelopleurum***

55. 果实密被长柔毛及绒毛……………………**42. 珊瑚菜属 *Glehnia***

53. 果实卵形至椭圆形，果棱翅状，无栓质增厚，侧棱通常宽于背棱，稀等宽

56. 花瓣黄绿色至黄色……………………………**48. 欧当归属 *Levisticum***

56. 花瓣白色，稀带粉色、紫色至深紫色
57. 伞形花序边缘花有明显辐射瓣……………………………**35. 柳叶芹属 *Czernaevia***
57. 伞形花序边缘花无辐射瓣
58. 萼齿显著，三角形至椭圆形，宿存…………………**60. 山芹属 *Ostericum***
58. 萼齿小或无
59. 叶鞘常扩展成管状；果棱无维管束……**26. 山芎属 *Conioselinum***
59. 叶鞘常阔卵形或囊状；所有果棱均有维管束 … **5. 当归属 *Angelica***
52. 成熟时侧棱贴伏或靠紧，侧棱宽不及背棱 2 倍
60. 侧棱膜质（Ferulineae）
61. 花杂性，仅中央伞形花序有两性花，侧生伞形花序均为雄花；花柱基扩大，边缘浅裂或波状
62. 花瓣白色，通常无小总苞……………………………**10. 弓翅芹属 *Arcuatopterus***
62. 花瓣黄绿色或黄色，有小总苞
63. 花有柄，小伞幅开展，不呈头状…………………………**40. 阿魏属 *Ferula***
63. 花无柄，伞形花序呈头状
64. 果实密被短柔毛，背棱不明显；每棱槽油管 3-5，合生面油管 10-12 ……………………………………………**79. 球根阿魏属 *Schumannia***
64. 果实光滑，背棱丝状，凸出；每棱槽油管 1，合生面油管 2-4 …… ……………………………………………………**88. 簇花芹属 *Soranthus***
61. 花多为两性，仅上部侧生花序有雄花；花柱基常不扩大，全缘
65. 花黄色……………………………………………………**91. 伊犁芹属 *Talassia***
65. 花白色，或带粉紫色
66. 果棱栓质加厚，背棱和中棱环状包围，凸出，侧棱宽翅状…………… ……………………………………………**65. 胀果芹属 *Phlojodicarpus***
66. 果棱无栓质加厚，背棱丝状，凸出或稍凸出，侧棱狭翅状至宽翅状
67. 萼齿无或不发达；总苞片多数或缺，小总苞多数；侧棱明显翅状 ……………………………………………**64. 前胡属 *Peucedanum***
67. 萼齿显著，钻形或钻状三角形；无总苞、小总苞或偶见 1-3 锥形小总苞；果实侧棱加厚，稍翅状 ….**22. 川明参属 *Chuanminshen***
60. 侧棱加厚，边缘坚硬（靠近边缘处有维管束）（环翅芹亚族 Tordyliinae）
68. 花瓣黄色，等大，先端圆钝或平截，顶端小裂片反卷；油管长，线形，自顶端延伸至胚乳基部…………………………………**62. 欧防风属 *Pastinaca***
68. 花瓣绿色，白色至带紫色，边缘常有辐射花，辐射花先端 2 裂，裂片狭顶端反折；果实油管短，棒状，不延伸至胚乳基部或长，线状延伸至胚乳基部
69. 油管长，线形，通常延伸至胚乳基部，果实密被柔毛
70. 果翅外部膨胀，木栓质，中果皮内侧硬化………**99. 艾叶芹属 *Zosima***
70. 果翅外部不膨胀，中果皮内侧不硬化…………**81. 大瓣芹属 *Semenovia***
69. 油管短，棒状，不延伸至胚乳基部，果实光滑或稀生柔毛
71. 无总苞或有少数总苞，早落；小总苞线形……**45. 独活属 *Heracleum***
71. 总苞和小总苞多数，长，卵状披针形，果期显著………………… ……………………………………………**93. 阔翅芹属 *Tordyliopsis***
7. 合生面深凹或有沟
72. 果实椭圆形或伸长，有喙；心皮柄周围薄壁组织富含簇状晶体（针果芹族 Scandicineae）
73. 果实卵圆形、卵形至长圆形，有刚毛、钩状刺

74. 可育花有辐射瓣；果实主棱、次棱显著 ………………………… **97. 刺果芹属 *Turgenia***
74. 可育花无辐射瓣；果实次棱藏于钩刺和瘤状凸起下 ……………… **94. 窃衣属 *Torilis***
73. 果实圆柱形，有喙，表面无毛或稍有刚毛，但无钩刺
75. 果棱尖凸，具狭翅；果实成熟时油管不显著 ……………… **59. 香根芹属 *Osmorhiza***
75. 果棱环状，不具翅；油管显著
76. 果实顶端具短喙或长喙；油管小
77. 果实喙短于本体 …………………………………………………… **6. 峨参属 *Anthriscus***
77. 果实喙明显长于果实本体 …………………………………… **76. 针果芹属 *Scandix***
76. 果实先端圆钝或急尖，无喙；油管大
78. 果实长筒形；每棱槽油管 1
79. 地下茎细圆锥形或纺锤状，无块根 ……**18. 细叶芹属 *Chaerophyllum***
79. 地下茎块状，球形 ………………………………………**47. 块根芹属 *Krasnovia***
78. 果实线状椭圆形；每棱槽油管 2-4
80. 萼齿微小；花瓣白色，先端凹缺 …… **89. 迷果芹属 *Sphallerocarpus***
80. 萼齿明显，宿存；花瓣紫色，先端不凹缺 ………………………………………
……………………………………………… **17. 滇藏细叶芹属 *Chaerophyllopsis***
72. 果实球形、卵球形至圆柱形，无喙；心皮柄周围薄壁组织不含簇状晶体
81. 果实卵球形，果皮坚硬（芫荽族 Coriandreae）
82. 一年生或二年生植物；茎生叶异形，果实球形 ……………**28. 芫荽属 *Coriandrum***
82. 多年生植物；茎生叶同形，果实膨大成双扁球状 ……… **77. 双球芹属 *Schrenkia***
81. 果实圆柱形至卵球形，果皮不坚硬（美味芹族 Smyrnieae）
83. 果棱不呈翅状；双悬果横切面圆形或近五边形
84. 单伞形花序花葶状；花瓣盘状，先端急尖，稍反折 ………………………………
…………………………………………………………………… **58. 山茉莉芹属 *Oreomyrrhis***
84. 复伞形花序不为花葶状；花瓣先端稍反折
85. 果实主棱、次棱明显 …………………………………**20. 矮泽芹属 *Chamaesium***
85. 果实主棱显著，次棱不显著或缺
86. 胚乳腹面深凹或称有沟
87. 果棱不明显，无棱槽；油管多数 ………**21. 明党参属 *Changium***
87. 果棱线状，凸出，棱槽明显；每棱槽油管 1-3
88. 根茎块状；叶末回裂片狭线形 ……**75. 丝叶芹属 *Scaligeria***
88. 根茎不为块状；叶末回裂片椭圆形至阔卵形
89. 果实每棱槽油管 1，合生面油管 2……………………………
………………………………………… **33. 环根芹属 *Cyclorhiza***
89. 每棱槽油管 2-5，合生面油管 4-6‥**98. 凹乳芹属 *Vicatia***
86. 胚乳腹面平坦或微凹，但绝不成沟
90. 果实狭卵形，先端渐尖，基部不为心形‥‥**52. 滇芹属 *Meeboldia***
90. 果实卵球形或长椭圆形，先端圆钝，基部常心形
91. 果实表面有瘤状凸起 ………………… **95. 瘤果芹属 *Trachydium***
91. 果实表面光滑，无瘤状凸起
92. 花瓣中脉不明显；花柱基压扁 ‥‥**92. 东俄芹属 *Tongoloa***
92. 花瓣中脉明显；花柱基锥形
93. 叶二回羽裂；末回裂片宽菱状卵形；花瓣深紫色‥‥
……………………………… **53. 紫伞芹属 *Melanosciadium***

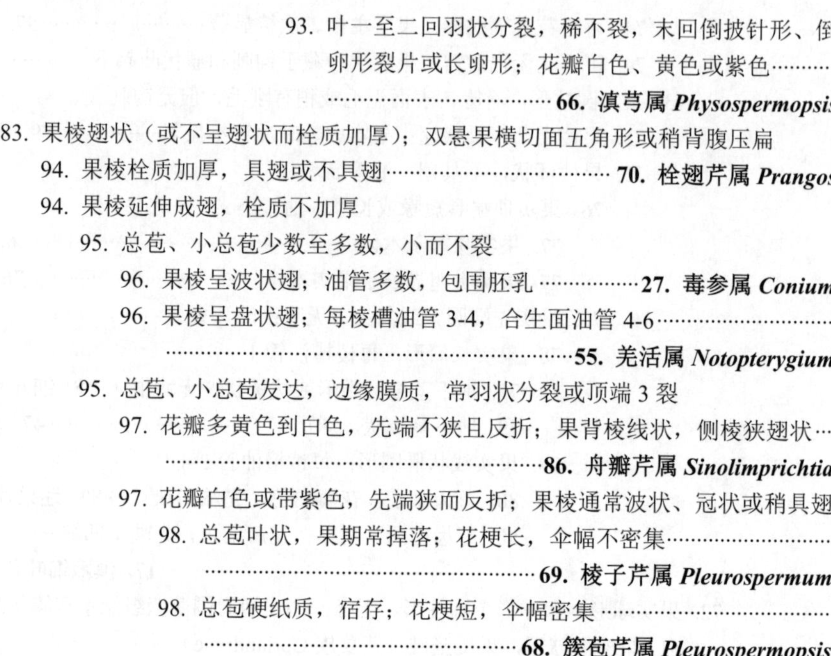

93. 叶一至二回羽状分裂，稀不裂，末回倒披针形、倒卵形裂片或长卵形；花瓣白色、黄色或紫色……………………………………………………………**66. 滇芎属 *Physospermopsis***

83. 果棱翅状（或不呈翅状而栓质加厚）；双悬果横切面五角形或稍背腹压扁

94. 果棱栓质加厚，具翅或不具翅……………………………**70. 栓翅芹属 *Prangos***

94. 果棱延伸成翅，栓质不加厚

95. 总苞、小总苞少数至多数，小而不裂

96. 果棱呈波状翅；油管多数，包围胚乳………………**27. 毒参属 *Conium***

96. 果棱呈盘状翅；每棱槽油管 3-4，合生面油管 4-6……………………………………………………………………………**55. 羌活属 *Notopterygium***

95. 总苞、小总苞发达，边缘膜质，常羽状分裂或顶端 3 裂

97. 花瓣多黄色到白色，先端不狭且反折；果背棱线状，侧棱狭翅状…………………………………………………………**86. 舟瓣芹属 *Sinolimprichtia***

97. 花瓣白色或带紫色，先端狭而反折；果棱通常波状、冠状或稍具翅

98. 总苞叶状，果期常掉落；花梗长，伞幅不密集……………………………………………………………………**69. 棱子芹属 *Pleurospermum***

98. 总苞硬纸质，宿存；花梗短，伞幅密集……………………………………………………………………**68. 簇苞芹属 *Pleurospermopsis***

1. *Acronema* Edgeworth 丝瓣芹属

Acronema Edgeworth (1851: 51); Pan et al. (2005: 105) [Type: *A. tenerum* (de Candolle) Edgeworth (≡*Helosciadium tenerum* de Candolle)]

特征描述：多年生草本。根块状，极少呈胡萝卜状和串珠状。茎直立，有条纹。叶片羽状分裂。复伞形花序，总苞片和小总苞片常缺乏；伞辐常不等长；花两性或杂性；花瓣白色或紫红色，扁平；花丝短，花药卵圆形或近圆形；花柱基扁压或稍隆起，花柱短。果实卵形、阔卵形或卵状长圆形，合生面缢缩，主棱 5 条，丝状；心皮柄顶端 2 裂或裂至基部；分生果横剖面近半圆形，每棱槽内油管 1-3，合生面油管 2-4，胚乳腹面近平直。

分布概况：约 23/18 种，**14SH 型**；分布于喜马拉雅山区；中国产西南。

系统学评述：传统分类将丝瓣芹属置于伞形科芹亚科阿米芹族 Ammineae 葛缕子亚族 Carinae[FRPS]，目前缺乏全面的分子系统学研究。

DNA 条形码研究：BOLD 网站有该属 4 种 4 个条形码数据；GBOWS 网站已有 6 种 40 个条形码数据。

2. *Aegopodium* Linnaeus 羊角芹属

Aegopodium Linnaeus (1753: 265); Sheh & Watson (2005: 110) (Type: *A. podagraria* Linnaeus)

特征描述：草本。有匍匐状根茎。茎直立。叶有柄，叶鞘小；基生叶及较下部茎生叶羽状分裂；最上部的茎生叶常为羽状复叶。复伞形花序；无总苞片和小苞片；萼齿细小；花瓣倒卵形，有内折的小舌片；花柱基圆锥形，花柱细长，顶端叉开成羊角状。果实长圆形、长圆状卵形或卵形，侧扁，光滑，主棱丝状；油管模糊。胚乳腹面平直；心皮柄顶端 2 浅裂。花粉粒 3 孔沟，穿孔状或皱波状纹饰。

分布概况：7/5 种，**10 型**；分布于欧洲和亚洲；中国产东北、西北、华中。

系统学评述：传统分类将羊角芹属置于伞形科芹亚科阿米芹族葛缕子亚族[FRPS]，分子系统学研究则认为羊角芹属应置于葛缕子族[1]。

DNA 条形码研究：BOLD 网站有该属 8 种 23 个条形码数据；GBOWS 网站已有 2 种 12 个条形码数据。

3. *Ammi* Linnaeus 阿米芹属

Ammi Linnaeus (1853: 243); Sheh & Watson (2005: 80) (Lectotype: *A. majus* Linnaeus)

特征描述：草本。直根细长。叶片羽状分裂，末回裂片线形或细线形。小总苞片羽状分裂。花两性；萼齿极小；花瓣白色或带黄色，边缘花瓣增大，基部收缩成短爪；花柱基短圆锥形；柱头头状。果实卵形或卵状长圆形，合生面狭窄，光滑；果棱丝线形，每棱槽内油管 1，合生面油管 2。胚乳的横剖面半圆形，合生面近于平直；心皮柄不裂或分裂达基部。花粉粒 3 孔沟，条纹状纹饰。

分布概况：约 6/2 种，**12 型**；分布于地中海；中国引种。

系统学评述：Pimenov 等[12]曾指出，阿米芹 *A. visnaga* (Linnaeus) Lamarck 和大阿米芹 *A. majus* Linnaeus 果实和花序中含有的香豆素类型有明显区别，前者含有二氢吡喃香豆素和色酮类成分，后者含有呋喃香豆素类成分。同时，这两种花、果实的解剖特征和叶形、花序等方面也有区别。因此，建议将阿米芹独立为属，称为 *Visnaga daucoides* Caertn，鉴于作者对该属的其余种类未做比较研究，欧洲学者对这一欧洲广布的属也未采用这一意见，国内学者仍将阿米芹列入阿米芹属中。

DNA 条形码研究：BOLD 网站有该属 5 种 32 个条形码数据。

代表种及其用途：阿米芹 *A. visnaga* (Linnaeus) Lamarck 用于治疗冠状动脉性疾病。

4. *Anethum* Linnaeus 莳萝属

Anethum Linnaeus (1753: 263); Sheh & Watson (2005: 134) (Lectotype: *A. graveolens* Linnaeus)

特征描述：草本。茎直立，无毛。基生叶有柄，边缘膜质；叶片羽状全裂。复伞形花序；无总苞和小总苞；伞辐 10-25，稍不等长；萼无齿；花瓣黄色，内曲，早落；花柱果期向下弯曲，花柱基圆锥状或垫状。分生果椭圆形或卵状椭圆形，背棱稍凸起，侧棱呈狭翅状；每棱槽内油管 1，合生面油管 2；分生果易分离和脱落。胚乳腹面平直；花粉粒 3 孔沟，细条纹状纹饰。

分布概况：1/1 种，**10-1 型**；分布于地中海，世界广泛栽培；中国也有栽培。

系统学评述：莳萝属在传统分类中被置于伞形科芹亚科阿米芹族西风芹亚族 Seselinae[FRPS]，分子系统学研究则认为莳萝属应隶属于伞形科芹亚科芹族 Apieae[1]。

DNA 条形码研究：BOLD 网站有该属 1 种 10 个条形码数据。

代表种及其用途：莳萝 *A. graveolens* Linnaeus 栽培作蔬菜和药用。

5. *Angelica* Linnaeus 当归属

Angelica Linnaeus (1753: 250); Sheh & Watson (2005: 158) (Lectotype: *A. silvestris* Linnaeus)

特征描述：草本。直根圆锥状。茎中空。叶羽状分裂或多裂；有叶鞘。复伞形花序；有总苞片和小总苞；萼齿不明显；花瓣顶端内凹成小舌片；花柱基扁圆锥状至垫状，花柱短至细长。果实卵形至长圆形，背棱线形；分生果横剖面半月形，每棱槽中有油管 1 至数个，合生面油管 2 至数个。心皮柄 2 裂至基部。花粉粒 3 孔沟，条-网状或脑纹-网状。染色体 x=11。

分布概况：90/45（32）种，**8-4 型**；分布于北温带地区和新西兰；中国产南北各地，主产东北、西北和西南。

系统学评述：传统将当归属置于伞形科芹亚科前胡族 Peucedaneae 当归亚族 Angelicinae[FRPS]。Druder 的系统，当归属是单起源的类群[6]。有人主张将某些类群从当归属中分离出来，作为数个独立的属存在[13]；FRPS 和 FOC 将山芹属 *Ostericum*、高山芹属 *Coelopleurum*、柳叶芹属 *Czernaevia* 和古当归属 *Archangelica* 等 4 个类群独立成属，而将余下的种仍保留在当归属，一般称为狭义当归属 *Angelica s.s.*[FRPS,FOC]。分子系统学研究表明当归属与前胡属 *Peucedanum*、西风芹属 *Seseli* 等另外 10 多个属相混杂，被分散在若干个次级分支中[14]。Liao 等[15]对当归属及近缘属的研究发现，山芹属和柳叶芹属的一些种仍然嵌套在狭义当归属中。因此，当归属植物的分类体系仍然模糊不清，需要对当归属及其近缘属展开全面的研究[16]。

DNA 条形码研究：BOLD 网站有该属 62 种 268 个条形码数据；GBOWS 网站已有 25 种 339 个条形码数据。

代表种及其用途：当归 *A. sinensis* (Oliver) Diels、白芷 *A. dahurica* (Fischer ex Hoffmann) Bentham & J. D. Hooker ex Franchet & Savatier 作药用，为常用中药。

6. *Anthriscus* Persoon 峨参属

Anthriscus Persoon (1805: 320); Pu & Sheh (2005: 26) [Type: *A. vulgaris* Persoon, 1805, non Bernhardi, 1800, *typ. cons*. (≡*Scandix anthriscus* Linnaeus≡*A. caucalis* Marshall von Bieberstein)]

特征描述：草本。根细长或增厚。茎直立，中空。二至三回羽状分裂。复合松散伞形花序；小苞片数枚，边缘具缘毛，反折。花杂性；萼齿不明显；花瓣顶端有一个内折；花柱基圆锥形，花柱短。果实长卵圆形至线形，先端狭成喙，侧面扁平，合生面常收缩，光滑或具刚毛。种子横切近圆柱状，表面具深槽。染色体 2n=16，18。

分布概况：15/2 种，**10 型**；分布于亚洲温带，欧洲；北美引种 2 种；中国广布华北、华中、西北、东北、西南。

系统学评述：传统分类将峨参属置于芹亚科针果芹族 Scandicineae[FRPS]。其属内部分种与细叶芹属 *Chaerophyllum* 关系密切，Linnaeus[17]和 Marschall von Bieberstein[18]分别将峨参 *A. sylvestris* (Linnaeus) Hoffmann 的 2 个变种以细叶芹属命名。也有部分研究通

过明确峨参属中种的界限将峨参属的种类数量缩减到 9 种，而其他一些种则被合并或变为亚种[19]。

DNA 条形码研究：BOLD 网站有该属 11 种 38 个条形码数据；GBOWS 网站已有 2 种 40 个条形码数据。

代表种及其用途：峨参 *A. sylvestris* (Linnaeus) Hoffmann 的根可药用，具有补中益气、补肺平喘、祛瘀生新的功效。

7. *Aphanopleura* Boissier 隐棱芹属

Aphanopleura Boissier (1753: 236); Sheh & Watson (2005: 75) (Type: *A. trachysperma* Boissier)

特征描述：一年生草本。叶片二至三回羽状分裂或全缘，上部 3 齿裂。花两性；萼齿不显；花瓣白色或粉红色，倒卵形，稍凹陷，顶端尖而内曲；花柱基短圆锥形，花柱向外叉开，较花柱基约长 2 倍。分生果卵形或近球形，两侧扁压，有不明显的钝棱，并有棒状或头状柔毛；每棱槽内油管 1，粗大，合生面油管 2；果实横剖面五角形。胚乳腹面平直；心皮柄分裂至顶端。

分布概况：3-4/1-2 种，**13 型**；分布于中亚干旱地区；中国产新疆西部。

系统学评述：传统分类将隐棱芹属置于伞形科芹亚科阿米芹族葛缕子亚族[FRPS]。Downie 等[20]对旧世界伞形科的研究表明，隐棱芹属与茴芹属 *Pimpinella*、*Arafoe*、*Bubon*、*Psammogeton* 处于同一个分支，并认为该属范围较窄，不超过 5 个种。

DNA 条形码研究：BOLD 网站有该属 1 种 1 个条形码数据。

8. *Apium* Linnaeus 芹属

Apium Linnaeus (1753: 264); Sheh & Watson (2005: 76) (Lectotype: *A. graveolens* Linnaeus)

特征描述：草本。根圆锥形。茎分枝。叶羽状分裂至多裂，叶柄有叶鞘。花序为伞形花序，有些花序无梗；花柄不等长；萼齿细小；花瓣顶端有内折小舌片；花柱基幼时扁压，花柱短或向外反曲。果实近圆形、卵形、圆心形或椭圆形；果棱尖锐或圆钝，每棱槽油管 1，合生面油管 2；胚乳腹面平直，心皮柄不分裂或顶端 2 浅裂至深裂。花粉粒 3 孔沟，皱波状、穿孔状纹饰。

分布概况：约 20/2 种，**1 型**；分布于温带地区；中国南北均有栽培。

系统学评述：传统分类将芹属置于伞形科芹亚科阿米芹族葛缕子亚族[FRPS]。Downie 等[20]基于 *rpl*16 和 *rpo*C1 基因片段对伞形科的研究表明芹属位于 *Apium* 支。Ronse 等[21]对欧洲广义芹属的研究认为大部分欧洲芹属植物应分离出来归入以前曾命名的 *Helosciadium*。

DNA 条形码研究：BOLD 网站有该属 12 种 51 个条形码数据。

代表种及其用途：旱芹 *A. graveolens* Linnaeus 作蔬菜，果实可提取芳香油，作调和香精。

9. *Archangelica* Wolf 古当归属

Archangelica Wolf (1776: 32); Pan & Watson (2005: 156) [Lectotype: *A. atropurpurea* (Linnaeus) Hoffmann (≡*Angelica atropurpurea* Linnaeus)]

特征描述：多年生高大草本。茎中空。叶大型，二至三回羽状全裂。复伞形花序，伞辐多数；萼片无齿或有短齿；花瓣椭圆形，顶端稍内折；花柱基扁平，边缘浅波状。果实卵形、椭圆形或近正方形，稍扁压，果棱均翅状增厚，背棱比棱槽宽，油管多数，几连接成环状，并同种子层联合。染色体 x=11。

分布概况：10/2 种，**8 型**；分布于北温带北部和中亚山区；中国产新疆、内蒙古。

系统学评述：Regel 和 Schmalhausen[22]将古当归属作为当归属 *Angelica* 的 1 个组 *A.* sect. *Archangelica*。Pimenov[23]根据性状相似性分析，把苏联古当归属并入当归属。《欧洲植物志》和《日本伞形科植物志》也将古当归属并入当归属[24,25]。Harborne 等[26]、陈晓亚等[27]及秦惠珍等[28]根据化学和解剖学特征，支持古当归属独立成属。FRPS 和 FOC 恢复古当归属的属级地位。

DNA 条形码研究：BOLD 网站有该属 1 种 1 个条形码数据。

代表种及其用途：短茎古当归 *A. brevicaulis* (Ruprecht) Reichenbach 在新疆以本种的根，即常称为的"独活"入药。

10. *Arcuatopterus* M. L. Sheh & R. H. Shan 弓翅芹属

Arcuatopterus M. L. Sheh & R. H. Shan (1986: 11); Sheh & Watson (2005: 173) (Type: *A. filipedicellus* M. L. Sheh & R. H. Shan)

特征描述：草本。根圆柱形或块根，根颈部有节；茎中空；叶片羽裂；复伞形花序多分枝，伞辐较少，纤细、开展且极不等长，小伞花序花少数；萼齿显著；花瓣长卵形，基部具爪；果实长圆形，背腹压扁，成熟时为棕色或红褐色，背棱不显著，侧棱宽翅状并向合生面弯曲，横剖面呈弓形。每棱槽油管 1，合生面油管 2。

分布概况：3-5/3（2）种，**14 型**；分布于东喜马拉雅地区；中国产西藏、四川、云南。

系统学评述：传统分类将弓翅芹属置于伞形科芹亚科前胡族阿魏亚族 Ferulinae [FRPS]。基于 ITS 序列的分子系统学研究显示，唐松叶弓翅芹 *A. thalictrioideus* M. L. Sheh & R. H. Shan 与广义阿魏属 *Ferula s.l.* 的成员 *F. kokanica* Gegel & Schmalhausen 和 *F. kingdon-wardii* Wolff 有较近亲缘关系，但广义阿魏属被置于针果芹族 Scandiceae，而唐松叶弓翅芹位于针果芹族外，独立组成弓翅芹 *Arcuatopterus* 分支而成为针果芹族的姐妹群，弓翅芹属为单系类群[1-3]。

DNA 条形码研究：BOLD 网站有该属 1 种 1 个条形码数据；GBOWS 网站已有 1 种 4 个条形码数据。

代表种及其用途：弓翅芹 *A. filipedicellus* M. L. Sheh & R. H. Shan 可作草药。

11. *Berula* Koch 天山泽芹属

Berula Koch (1826: 25); Pu & Watson (2005: 115) [Type: *B. angustifolia* F. K. Mertens & W. D. J. Koch, *nom. illeg.* (≡*Sium angustifolium* Linnaeus, *nom. illeg.*≡*Sium erectum* Hudson=*B. erecta* (Hudson) F. V. Coville)]

特征描述：草本，具根茎。茎基部有走茎。基生叶羽状全裂或沉水叶多裂，有羽片约 8 对；叶柄有鞘；茎生叶羽片 4-6 对。复伞形花序，有总苞片和小总苞片；小伞形花序有花 10-20，柄不等长；萼齿小；花瓣白色；花柱基圆锥状。果实光滑，果棱线形；油管多数，沿胚乳表面排成 1 圈；胚乳腹面平直；心皮柄 2 裂至基部。花粉粒 3 孔沟，皱波状-条纹状纹饰。

分布概况：2/1 种，**8-4 型**；分布于非洲，中亚，西南亚，澳大利亚，中美（墨西哥），欧洲，北美；中国产新疆。

系统学评述：传统分类将天山泽芹属置于伞形科芹亚科阿米芹族葛缕子亚族[FRPS]。分子系统学研究表明，天山泽芹属应转移至伞形科芹亚科的水芹族 Oenantheae，广义的天山泽芹属还应包含非洲的 *Afrocarum imbricatum* (Schinz) Rauschert、*Sium repandum* Welwitsch ex Hiern 及圣赫勒拿的 *S. bracteatum* (Roxburgh) Cronk 和 *S. burchellii* Hemsley，部分其他种类也被新组合至天山泽芹属[29]。

DNA 条形码研究：BOLD 网站有该属 4 种 37 个条形码数据。

12. *Bupleurum* Linnaeus 柴胡属

Bupleurum Linnaeus (1753: 236); Sheh & Watson (2005: 60) (Lectotype: *B. rotundifolium* Linnaeus)

特征描述：草本，根木质化。单叶全缘，基生叶柄有鞘；茎生叶常无柄，抱茎，心形或被茎贯穿。复伞形花序；总苞片 1-5；小苞片 3-10；花两性；萼齿不显；花瓣顶端有内折小舌片；花柱短，花柱基扁盘形。分生果椭圆形或卵状长圆形，果棱线形；每棱槽内有油管 1-3，合生面 2-6；心皮柄 2 裂至基部。花粉粒 3 孔沟，皱波状或条网状纹饰。染色体 x=4，6，7，8，10，11，13。

分布概况：约 100/36 种，**8-4 型**；分布于北半球的亚热带地区；中国产西北、西南。

系统学评述：Plunkett 和 Downie[30]及 Downie 等[31]的分子系统学研究支持柴胡属处于芹亚科的基部并应该处理为独立的族。通过对地中海地区柴胡属植物 35 个类群的 ITS 序列的系统发育分析，Neves 和 Watson[32]建议把柴胡属划分成 2 个亚属，即 *Bupleurum* subgen. *Penninveria* 和 *B.* subgen. *Bupleurum*，并认为 subgen. *Penninveria* 中的木本类群可能代表了该属的原始类型。Wang 等[33]对中国柴胡属部分种类的分子系统学研究表明，横断山区的柴胡属植物可能源自于西部地中海地区，中国柴胡属应属于 *B.* subgen. *Bupleurum*。

DNA 条形码研究：BOLD 网站有该属 96 种 211 个条形码数据；GBOWS 网站已有 30 种 592 个条形码数据。

代表种及其用途：北柴胡 *B. chinense* de Candolle、银州柴胡 *B. yinchowense* Shan & Li、红柴胡 *B. scorzonerifolium* Willdenow、黑柴胡 *B. smithii* Wolff、马尾柴胡 *B.*

microcephalum Diels 及锥叶柴胡 *B. bicaule* Helm 常作药用。

13. *Carlesia* Dunn 山茴香属

Carlesia Dunn (1902: 2739); Sheh & Watson (2005: 114) (Type: *C. sinensis* Dunn)

特征描述：草本。根粗厚，圆锥形。茎直立。基生叶羽状全裂；有叶鞘；茎生叶羽状全裂。复伞形花序；总苞片数枚，小总苞片钻形至线形；萼齿明显；花瓣倒卵形，基部渐狭，先端长而内折；雄蕊长于花瓣；花柱基隆起，圆锥形，花柱在花后与果实近等长。果实长倒卵形或长椭圆状卵形，表面被短糙毛，主棱钝；每棱槽内油管 3。胚乳腹面平直。

分布概况：1/1（1）种，**15 型**；特产中国东北。

系统学评述：传统分类将山茴香属划入伞形科芹亚科阿米芹族葛缕子亚族[FRPS]。分子系统学研究表明，其与 *Selinum candollii* de Candolle 具较近的亲缘关系[34]。

DNA 条形码研究：GBOWS 网站有该属 1 种 8 个条形码数据。

14. *Carum* Linnaeus 葛缕子属

Carum Linnaeus (1853: 263); Pu & Watson (2005: 81) (Type: *C. carvi* Linnaeus)

特征描述：草本。直根肉质。茎具纵条纹。叶具鞘，有柄，羽状分裂。复伞形花序常无萼齿；花瓣有内折的小舌片；花柱基圆锥形，短于花柱。果实长卵形或卵形，两侧扁压，果棱明显；棱槽内油管常单生，稀为 3，合生面油管 2-4。胚乳腹面平直或略凸起；心皮柄 2 裂至基部。花粉粒 3 孔沟，皱波状-条纹状纹饰。

分布概况：25-30/14 种，**8 型**；分布于欧洲，亚洲，北非及北美；中国广布东北、华北及西北，向南至西藏东南部、四川西部和云南西北部。

系统学评述：FRPS 把葛缕子置于芹亚科阿米芹族。Downie 等[20]基于 *rpl*16 和 *rpo*C1 基因片段对伞形科的分析表明，葛缕子属与 *Fuernrohria* 是姐妹群。Papini 等[35]及 Downie 等[1]的研究认为葛缕子属不是一个单系类群。

DNA 条形码研究：BOLD 网站有该属 12 种 32 个条形码数据；GBOWS 网站已有 2 种 54 个条形码数据。

代表种及其用途：葛缕子 *C. carvi* Linnaeus 能有效促进组织再生；可从葛缕子的果实中提取挥发油，并分离出香芹酮、苧烯、糠醛等成分，提取挥发油后剩下的残渣又可作为家畜饲料。

15. *Cenolophium* Koch 空棱芹属

Cenolophium Koch (1824: 103); Sheh & Watson (2005: 139) [Lectotype: *C. fischeri* W. D. J. Koch, *nom. illeg.* (=*C. denudatum* (Fischer & Hornemann) Tutin≡*Athamanta denudata* Fischer & Hornemann)]

特征描述：草本。根粗壮，宿存枯鞘纤维。茎有纵槽，常为紫色。基生叶有长柄，基部为宽阔叶鞘；叶片羽状全裂。复伞形花序；无总苞片，小伞形花序有多数花，小总苞片多数、线形；萼齿不显著；花瓣白色，阔卵形。顶端有内折小舌片。分生果卵形，两侧压扁，果棱均有翅，棱下中空，每棱槽油管 1，合生面油管 2。

分布概况：1/1 种，**10 型**；分布于欧洲，西伯利亚，西亚和中亚地区；中国产新疆。

系统学评述：传统分类将空棱芹属置于伞形科芹亚科阿米芹族西风芹亚族[FRPS]。分子系统学研究将该属置于滇芹分支 *Sinodielsia* clade[1]。

16. *Centella* Linnaeus 积雪草属

Centella Linnaeus (1763: 1393); Sheh & Watson (2005: 18) (Lectotype: *C. villosa* Linnaeus)

特征描述：草本。茎纤细、横走，节生根。单叶聚生于节；叶柄基部有叶鞘。单伞形花序，聚集成头状，单生或 2-4 个簇生于叶腋；苞片 2；花瓣覆瓦状排列，顶端向内弯折；花柱与花丝等长。果实肾形或球形，基部心形或截形，两侧压扁，合生面收缩；分果棱间有 7-9 条横脉；中果皮内果皮之间有晶体细胞层；内果皮木质。种子侧扁。花粉粒 3 孔沟，条网状纹饰。染色体 $2n=18$。

分布概况：20/1 种，**2 型**；分布于热带，亚热带，主产非洲南部；中国产华东、华南、西南。

系统学评述：该属由于具有果实两侧压扁、中果皮内侧有多层发达的木质化细胞，维管束多且数目不定，内果皮强烈木质化[4]；花瓣在花蕾中呈覆瓦状排列等特征被认为是传统上伞形科天胡荽亚科最原始的属，在进化上更接近较为原始的五加科。分子系统学研究也表明，积雪草属与五加科部分类群有着较伞形科芹亚科更近的亲缘关系[9-11]。

DNA 条形码研究：BOLD 网站有该属 2 种 25 个条形码数据；GBOWS 网站已有 1 种 14 个条形码数据。

代表种及其用途：积雪草 *C. asiatica* (Linnaeus) Urban 作药用，具有清热利湿、解毒消肿等功效。

17. *Chaerophyllopsis* H. Boissieu 滇藏细叶芹属

Chaerophyllopsis H. Boissieu (1909: 353); Sheh & Watson (2005: 29) (Type: *C. huai* H. Boissieu)

特征描述：草本。主根纤细。茎直立，纤细，少分枝。叶柄长，叶鞘长方形，叶片三至四回羽状分裂或羽状半裂；上部茎生叶较小，叶柄全叶鞘化。复伞形花序；苞片不存在或 1，伞辐近等长，小苞片狭窄，比花梗短。花两性，萼齿突出；花瓣背面具短柔毛，先端内折；花柱基宽矮圆锥形，花柱极短，早落。果实小，每棱槽油管 1-2，合生面油管 2；果瓣柄先端 1 裂。

分布概况：1/1（1）种，**15 型**；特产中国西藏和云南。

系统学评述：传统分类将滇藏细叶芹属置于针果芹族[FRPS]。

DNA 条形码研究：BOLD 网站有该属 1 种 2 个条形码数据。

18. *Chaerophyllum* Linnaeus 细叶芹属

Chaerophyllum Linnaeus (1753: 258); Sheh & Watson (2005: 25) (Lectotype: *C. temulum* Linnaeus)

特征描述：草本；根纺锤形或结节。茎直立，分枝；叶具鞘状叶柄，叶片二至多回羽状分裂。复伞形花序；苞片常无，小苞片 2-6；花瓣倒卵圆形，顶端内折。果长圆形，侧面压扁，合生面窄，无毛；具 5 棱，钝状，有时不明显；双悬果横截面近圆柱状；每棱槽油管 1，合生面油管 2。种子表面凹，或具 1 宽浅沟。花粉粒 3 孔沟，穿孔。染色体 x=11。

分布概况：40/2 种，**8 型**；分布于欧洲，北美及东亚；中国产西藏、四川、云南、新疆。

系统学评述：细叶芹属归属于芹亚科针果芹族针果芹亚族[1]。属下部分植物系统位置有争议，其中细叶芹 *C. villosum* de Candolle 曾被命名为 *Anthriscus boissieui* H. Léveillé，而新疆细叶芹 *C. prescottii* de Candolle 曾用名有 *A. prescottii* (de Candolle) Veesenmeyer 和 *C. bulbosum* Linnaeus subsp. *prescottii* (de Candolle) Nyman，表明细叶芹属和峨参属 *Anthriscus* 关系密切。

DNA 条形码研究：BOLD 网站有该属 49 种 105 个条形码数据；GBOWS 网站已有 1 种 15 个条形码数据。

代表种及其用途：新疆细叶芹 *C. prescottii* de Candolle 的鲜花具有较高的油含量，部分地区栽培用以提取油类可再生能源。

19. *Chamaesciadium* C. A. Meyer 矮伞芹属

Chamaesciadium C. A. Meyer (1831: 122); Pu & Watson (2005: 96) [Type: *C. flavescens* C. A. Meyer, *nom. illeg.* (=*C. acaule* (Marschall von Bieberstein) Boissier≡*Bunium acaule* Marschall von Bieberstein)]

特征描述：草本，茎常较短。叶片羽状分裂。复伞形花序有总苞及小总苞，萼齿不明显，花瓣有内折小舌片；花柱基短圆锥形，较花柱短。果实长卵形，光滑，果棱 5，隆起；每棱槽中有油管 3-4；胚乳腹面平直；心皮柄紧贴于合生面上，仅顶端 2 裂。

分布概况：3/1 种，**1 型**；分布于高加索向东南至阿富汗，土耳其，伊朗，印度；中国产新疆、西藏。

系统学评述：矮伞芹属置于芹亚科阿米芹族[FRPS]。该属植物的茎通常短缩，萼齿不明显等特点与瘤果芹属 *Trachydiuum* 相近，但该属的果实光滑，果皮上无泡状小瘤。该属植物的果实呈长卵形，花柱基短圆锥形，胚乳腹面平直，这些特点又与葛缕子属 *Carum* 相似，但该属花瓣较狭小，为长倒卵形至卵状披针形，不是阔倒卵形，心皮柄仅顶端 2 裂，不是裂至基部，与葛缕子属也不同[12]。Papini 等[36]基于 ITS 序列的分子系统学研究表明，矮伞芹属与葛缕子属位于 Careae 内。

DNA 条形码研究：BOLD 网站有该属 1 种 3 个条形码数据。

20. *Chamaesium* Wolff 矮泽芹属

Chamaesium Wolff (1925: 275); Pan et al. (2005: 38) (Type: *C. paradoxum* Wolff)

特征描述：多年生矮小草本。茎有纵棱；基部常残留黑紫色膜质叶鞘。叶片羽状分裂。复伞形花序，总苞片少数；伞幅不等长，小苞片少数或无。萼齿小；花瓣常不反折；

花柱基压扁。果实卵形至椭圆形，合生面收缩，光滑；5 条主棱及 4 条次棱均显著隆起成狭翅状；每棱槽油管 1，合生面油管 2。胚乳腹面凹陷，心皮柄自基部分叉。

分布概况：8/7（4）种，**14 型**；分布于喜马拉雅地区，尼泊尔，印度（锡金），不丹；中国产四川、云南、西藏。

系统学评述：矮泽芹属形态特征明显，是伞形科相对特殊的类群。分子系统学研究表明，矮泽芹属单独聚成一支，构成了与亚洲伞形科芹亚科其他类群（除柴胡属 *Bupleurum* 外）的姐妹分支，因此被认为是亚洲伞形科芹亚科最早分歧的类群之一[2,3]。

DNA 条形码研究：BOLD 网站有该属 3 种 4 个条形码数据；GBOWS 网站已有 3 种 34 个条形码数据。

21. *Changium* Wolff 明党参属

Changium Wolff (1924: 314); Sheh & Wason (2005: 37) (Type: *C. smyrnioides* Wolff)

特征描述：草本。主根粗壮，纺锤形或不规则膨大。茎直立，上部具少数分枝，基部有薄膜质枯残叶鞘。叶柄长，有膜质叶鞘；叶片羽状全裂。复伞形花序；总苞片少数或无；小苞片少数。萼齿小；花瓣内折；花柱基扁圆锥形，花柱向外反折。果实卵球形或卵状椭圆形，合生面收缩，表面光滑，有 10-12 条纵纹；油管多数，在中果皮中散生。胚乳腹面强烈内凹；心皮柄二叉状。花粉粒具 3 孔沟，条纹状纹饰。

分布概况：1/1（1）种，**15 型**；特产中国华东。

系统学评述：明党参属是中国特有的单型属，最早由 Wolff[37]于 1924 年根据采自浙江吴兴的模式标本建立。单人骅等[FRPS]根据明党参果实的形状和结构将其归入 Drude 分类系统[6]的芹亚科美味芹族 Smyrnieae。1958 年，Hiroe[38]在《亚洲伞形科植物志》中将其并入产于欧洲的属 *Conopodium*。佘孟兰等[39]对其形态特征等进行详细研究后，认为明党参属与 *Conopodium* 在地理分布和植物形态特征上均有显著差别，主张应恢复 Wolff 在 1924 年所发表的属名和种名。

DNA 条形码研究：GBOWS 网站有该属 1 种 12 个条形码数据。

代表种及其用途：明党参 *C. smyrnioides* Wolff 的根作药用，是中国传统的名贵中药。

22. *Chuanminshen* M. L. Sheh & R. H. Shan 川明参属

Chuanminshen M. L. Sheh & R. H. Shan (1980: 47); Sheh & Watson (2005: 192) (Type: *C. violaceum* M. L. Sheh & R. H. Shan)

特征描述：多年生草本。茎中空。叶片三出式二至三回羽状分裂。复伞形花序；总苞片和小苞片无或偶有 1-3 片，早落；伞辐 4-8；萼齿显著；花瓣紫色；花柱长为花柱基的两倍以上，向下弯曲，花柱基圆锥形。果实长椭圆形，顶部狭窄，背腹扁压，背棱和中棱线形凸起，侧棱稍宽，增厚；棱槽内油管 2-3，合生面油管 4-6。胚乳腹面平直。

分布概况：1/1（1）种，**15 型**；分布于中国四川和湖北。

系统学评述：在 Drude 的分类系统[6]中，川明参属隶属于芹亚科阿魏亚族，是伞形科中位于较为古老位置的单种属[FRPS]。佘孟兰等[39]根据花粉形态及其他特征并结合地理分布规律，将川明参属独立成属，并置于前胡族中，认为是较原始的古特有属。

DNA 条形码研究：BOLD 网站有该属 1 种 2 个条形码数据。

代表种及其用途：川明参 *C. violaceum* M. L. Sheh & R. H. Shan 药用，有利肺、和胃、化痰和解毒的作用。

23. *Cicuta* Linnaeus 毒芹属

Cicuta Linnaeus (1753: 255); Sheh & Watson (2005: 77) (Lectotype: *C. virosa* Linnaeus)

特征描述：草本，高大、直立、无毛。叶有柄；叶片二至三回羽状分裂。复伞形花序；伞辐多数，细长，上升开展；小总苞片多数。花白色；萼齿 5；花瓣顶端有内折的小舌片；花柱基幼时扁压，圆盘状，花柱短，向外反曲。分生果卵形至卵圆形；每棱槽内油管 1，合生面油管 2。胚乳腹面平直或微凹；心皮柄 2 裂。

分布概况：约 20/1 种，**8 型**；分布于北温带地区；中国产西北至东北。

系统学评述：毒芹属置于芹亚科阿米芹族[FRPS]。Downie 等[31]基于 *rpl*16 和 *rpo*C1 基因片段对伞形科的分析表明毒芹属位于 *Oenanthe* 支，显示该属与水芹属 *Oenanthe* 有较近的亲缘关系。

DNA 条形码研究：BOLD 网站有该属 8 种 80 个条形码数据；GBOWS 网站已有 1 种 24 个条形码数据。

代表种及其用途：毒芹 *C. virosa* Linnaeus 含有毒物质，牲畜误食会引起中毒。

24. *Cnidium* Cusson 蛇床属

Cnidium Cusson (1782: 280); Pu & Watson (2005: 136) [Lectotype: *C. monnieri* (Linnaeus) Cusson (≡*Selinum monnieri* Linnaeus)]

特征描述：一年生或多年生草本。茎直立，多从基部分枝。基生叶有柄，叶片常二至三回羽裂，末回裂片线形、披针形至倒卵形。复伞形花序顶生或侧生，总苞片少数，线形至披针形，小总苞片线形；花白色，稀带粉红色；萼齿不发达。分生果卵形至长圆形，果棱翅状且木栓化，剖面近五角形，每棱槽油管 1，合生面油管 2。染色体 $2n=20$。

分布概况：6-8/5（1）种，**10 型**；分布于欧洲和亚洲；中国南北均产。

系统学评述：传统分类将蛇床属置于伞形科芹亚科阿米芹族西风芹亚族[FRPS]。分子系统学研究表明，该属多数物种（含模式种）置于亮蛇床族 Selineae，而兴安蛇床 *C. dahuricum* (Jacquin) Fischer & C. A. Meyer 和 *C. officinale* Makino 置于滇芹分支[1-3,40]。

DNA 条形码研究：BOLD 网站有该属 3 种 11 个条形码数据；GBOWS 网站已有 2 种 30 个条形码数据。

代表种及其用途：蛇床 *C. monnieri* (Linnaeus) Cusson 作药用，果实为中药“蛇床子”，有杀虫止痒、燥湿的功效。

25. *Coelopleurum* Ledebour 高山芹属

Coelopleurum Ledebour (1844: 361); Pu & Watson (2005: 156) [Type: *C. gmelinii* (de Candolle) Ledebour (≡*Archangelica gmelinii* de Candolle)]

特征描述：草本。茎中空。叶羽状全裂或分裂，叶鞘膨大。复伞形花序；萼齿不明显；花瓣顶端有内折小舌片；花柱基扁平。双悬果横切面近圆形或背部稍扁，果棱肥厚，三角形或翅状，常木栓质化，油管多数，紧贴种子周围。棱槽中有油管 1，合生面油管 2，分生果成熟时，果皮与种皮仅部分相连。种子核果状。染色体 $2n$=28。

分布概况：4/2 种，**11 型**；分布于日本，朝鲜北部，俄罗斯；中国产吉林长白山。

系统学评述：1965 年，俄罗斯学者 Pimenov 将其并入当归属 *Angelica*[23]。FRPS 和 FOC 将高山芹属独立成属。廖晨阳[16]的研究认为高山芹属与俄罗斯远东地区的特有属 *Magadania* 有亲缘关系，且其分子证据支持高山芹属是单系类群。

DNA 条形码研究：BOLD 网站有该属 2 种 3 个条形码数据。

代表种及其用途：长白山高山芹 *C. nakaianum* (Kitagawa) Kitagawask 可作饲料。

26. *Conioselinum* Fischer ex Hoffmann 山芎属

Conioselinum Fischer ex Hoffmann (1814: 180); Pu & Watson (2005: 155) (Type: *C. tataricum* Hoffmann)

特征描述：草本。茎圆柱形，中空，具纵条纹。叶柄基部扩大成鞘；叶片羽状全裂。复伞形花序；总苞片少数或无；小总苞片多数，线形；萼齿不发育；花瓣卵形至倒卵形，具内折小舌片；花柱基隆起至圆锥状。分生果背腹扁压，长圆状卵形至卵形，背棱狭翅状，侧棱成宽翅；每棱槽内油管 1-3，合生面油管 2-6。胚乳腹面平直或微凹。染色体 x=22。

分布概况：12/3（1）种，**10 型**；分布于北半球；中国产新疆、安徽、江西及台湾。

系统学评述：山芎属归属于芹亚科前胡族当归亚族[FRPS]。分子证据表明山芎属属于亮蛇床族当归类群中的一个独立分支[16]，但是由于分子证据并不完善，对于其系统位置还有待进一步研究证实。

DNA 条形码研究：BOLD 网站有该属 2 种 3 个条形码数据。

代表种及其用途：山芎 *C. chinense* (Linnaeus) Britton 为知名的中药材。

27. *Conium* Linnaeus 毒参属

Conium Linnaeus (1753: 243); Pan & Watson (2005: 58) (Lectotype: *C. maculatum* Linnaeus)

特征描述：二年生草本。根直立粗大。茎具斑点。叶二回羽状全裂。复伞形花序腋生和顶生，分枝二歧式，有膜质的总苞片和小总苞片；伞辐多数，开展，直立。萼片无齿；花瓣倒心形白色，基部楔形，顶端内折，有小舌片；花柱基平压圆锥形，花柱外折。阔卵形果实，侧面扁压光滑，果棱线形，平钝、带波状弯曲。油管沿胚乳排成 1 环，胚乳腹面深陷。

分布概况：6/1 种，**10-3 型**；分布于欧洲，亚洲，北非，北美洲；中国产新疆。

系统学评述：传统分类将毒参属置于芹亚科美味芹族[FRPS]。

DNA 条形码研究：BOLD 网站有该属 3 种 22 个条形码数据；GBOWS 网站已有 1 种 4 个条形码数据。

代表种及其用途：毒参 *C. maculatum* Linnaeus 全草均有毒，以果实特别是种子最毒；由于毒参对呼吸中枢有直接抑制作用，因此它对呼吸系统的痉挛性疾病，如百日咳和气喘有治疗作用。

28. *Coriandrum* Linnaeus 芫荽属

Coriandrum Linnaeus (1753: 256); Sheh & Watson (2005: 30) (Lectotype: *C. sativum* Linnaeus)

特征描述：草本，有强烈芳香气味。直根细长。茎直立。叶柄有鞘；叶片一至二回羽状分裂；末回裂片形状多样。复伞形花序顶生或与叶对生；无苞片或稀具 1 苞片；伞幅少数，小总苞线形。萼齿短，常不等大；花瓣白色或玫瑰粉色，有辐射瓣；花柱基圆锥形，花柱直立。果实球形，成熟时不分离；无油管或仅具 1 不明显油管。胚乳内侧凹陷。子房柄深裂。花粉粒 3 孔沟，颗粒状纹饰。

分布概况：1/1 种，**2 型**；原产地中海；中国各地广泛栽培或栽培逸为野生。

系统学评述：芫荽属是分布于地中海地区的单型属，目前尚未见该属的系统研究。

DNA 条形码研究：BOLD 网站有该属 2 种 8 个条形码数据；GBOWS 网站已有 1 种 17 个条形码数据。

代表种及其用途：芫荽 *C. sativum* Linnaeus 气味芳香，西汉时期引入中国，民间常用作香料、食材；果实及全草入药。

29. *Cortia* de Candolle 喜峰芹属

Cortia de Candolle (1830: 186); Sheh & Watson (2005: 154) (Lectotype: *C. lindleyi* de Candolle)

特征描述：草本。根圆锥形、粗壮，上部宿存多数枯鞘纤维。茎退化。叶呈莲座状，叶鞘和叶柄内侧有短柔毛；叶片羽状深裂或全裂。复伞形花序无花梗，故以单伞形花序从根茎处抽生，伞辐不等长，总苞片少数；小总苞片多数；萼齿显著；花瓣白色。果实背腹压扁，背棱狭翅状，侧棱宽翅状，每棱槽内油管 1-2，合生面油管 2-4。

分布概况：3-4/1 种，**14 型**；分布于喜马拉雅山区；中国产西藏和四川。

系统学评述：传统分类将喜峰芹属置于伞形科芹亚科阿米芹族西风芹亚族[FRPS]；分子系统学研究将喜峰芹 *C. depressa* (D. Don) Norman 置于亮蛇床族，并与部分藁本属 *Ligusticum* 种类，如羽苞藁本 *L. daucoides* (Franchet) Franchet、抽亭藁本 *L. scapiforme* H. Wolff 和膜包藁本 *L. oliverianum* (H. de Boissieu) R. H. Shan 等有较近的亲缘关系[1-3]。

30. *Cortiella* C. Norman 栓果芹属

Cortiella C. Norman (1937: 94); Sheh & Watson (2005: 153) [Lectotype: *C. hookeri* (C. B. Clarke) C. Norman (≡*Cortia hookeri* C. B. Clarke)]

特征描述：多年生垫状草本。主根粗壮、圆锥形，根颈宿存枯鞘纤维。主茎退化或缩短。叶片二至三回羽裂，末回裂片线形；复伞形花序的花序梗退化而近于单伞花序，总苞片数枚、叶状，一至二回羽裂，伞辐 10-15，小总苞片多数，线形或 3 裂；萼齿显著；花瓣卵形，全缘会微缺；分生果近圆形，背腹压扁，果棱均为宽翅状且木栓化、不等长，每棱槽油管 1，合生面油管 2。

分布概况：3/3（1）种，**14 型**；分布于喜马拉雅山区；中国产西藏。

系统学评述：传统分类将栓果芹属置于伞形科芹亚科阿米芹族西风芹亚族[FRPS]。分子系统学研究将栓果芹 *C. hookeri* (C. B. Clarke) C. Norman 置于亮蛇床族，并嵌入部分藁本属 *Ligusticum* 种类中，如羽苞藁本 *L. daucoides* (Franchet) Franchet、抽亭藁本 *L. scapiforme* H. Wolff 和膜包藁本 *L. oliverianum* (H. de Boissieu) R. H. Shan，表明栓果芹与这些物种有较近的亲缘关系[1-3]。

DNA 条形码研究：BOLD 网站有该属 2 种 3 个条形码数据；GBOWS 网站已有 1 种 7 个条形码数据。

31. *Cryptotaenia* de Candolle 鸭儿芹属

Cryptotaenia de Candolle (1829: 42), *nom. cons.* ; Pan & Watson (2005: 80) [Type: *C. canadensis* (Linnaeus) de Candolle (≡*Sison canadense* Linnaeus)]

特征描述：草本。茎直立，圆柱形。叶柄有叶鞘；叶片三出式分裂，边缘有重锯齿，缺刻或不规则的浅裂。复伞形花序或呈圆锥状；伞辐少数，不等长。萼齿细小；花瓣白色，顶端内折；花丝短于花瓣，花药卵圆形；花柱基圆锥形，花柱短。分生果长圆形，主棱 5 条，圆钝，光滑；胚乳腹面平直，每棱槽内油管 1-3，合生面油管 4。

分布概况：7-8/1 种，**8 型**；分布于欧洲，非洲，北美洲及东亚；中国产华东、中南和西南。

系统学评述：传统分类将鸭儿芹属置于伞形科芹亚科阿米芹族葛缕子亚族[FRPS]。Downie 等[31]基于 *rpl*16 和 *rpo*C1 基因片段对伞形科的分析表明鸭儿芹属位于 *Oenanthe* 支。Spalik 和 Downie[41]的分子系统学研究将该属分为 3 个分支，即狭义鸭儿芹属 *Cryptotaenia s. s* 为 1 支；Canary Islands 特有的 *C. elegans* Webb ex Bolle 为 1 支；非洲产鸭儿芹属与非洲大陆和马达加斯加的其他伞形科植物为 1 支。

DNA 条形码研究：BOLD 网站有该属 7 种 42 个条形码数据；GBOWS 网站已有 1 种 28 个条形码数据。

代表种及其用途：鸭儿芹 *C. japonica* Hasskarl 可药用，也可用于制肥皂和油漆，是日本重要的栽培蔬菜之一。

32. *Cuminum* Linnaeus 孜然芹属

Cuminum Linnaeus (1753: 254); Pu & Watson (2005: 75) (Type: *C. cyminum* Linnaeus)

特征描述：草本，全株粉绿色或绿色泛白，无毛。基生叶有叶鞘；叶片全裂；茎上部叶无柄。复伞形花序，总苞片 3-6，小总苞片 3-5。萼齿明显；花瓣有内折的小舌片。

双悬果瓣不易分离，灰褐色，分生果长圆形，果棱略钝圆，凸起，有白色短刚毛，棱间有明显的次棱，被密集星状长刚毛；每棱槽内油管 1，合生面油管 2。胚乳腹面微凹。

分布概况：2/1 种，**6 型**；分布于地中海和中亚地区；中国新疆栽培。

系统学评述：传统分类将孜然芹属置于伞形科芹亚科阿米芹族葛缕子亚族。Downie 等[31]基于 *rpl*16 和 *rpo*C1 基因片段对伞形科的分析表明孜然芹属位于 *Daucus* 支。

DNA 条形码研究：BOLD 网站有该属 1 种 2 个条形码数据。

代表种及其用途：孜然 *C. cyminum* Linnaeus 的种子粉末有除腥膻、增香味的作用，可作为解羊肉膻味及制作“咖喱粉”和“辣椒粉”成分；欧洲人用其茎、叶作泡菜。

33. *Cyclorhiza* M. L. Sheh & R. H. Shan 环根芹属

Cyclorhiza M. L. Sheh & R. H. Shan (1980: 45); Sheh & Watson (2005: 53) [Type: *C. waltonii* (H. Wolff) M. L. Sheh & R. H. Shan (≡*Ligusticum waltonii* H. Wolff)]

特征描述：草本。主根短粗，近茎处形成胡萝卜状木质根，老时具环纹状凸起，每层环纹具整齐的条状纵裂，但不剥落。茎直立，中空，被叶鞘。叶柄具叶鞘；叶片羽状全裂。复伞形花序。萼齿小；花瓣黄色至黄绿色，不规则矩形、倒卵形至长圆形，中肋深色，先端稍反折。果实卵形至椭圆形，果棱 5。心皮柄自基部分叉。

分布概况：2/2（2）种，**15 型**；特产中国四川、云南、西藏。

系统学评述：环根芹属是中国西南地区的特有属。传统上认为其在形态上与 *Komarovia* 界限模糊[42]；分子系统学研究表明环根芹属为单系类群，与 *Komarovia* 聚为一支，并互为姐妹群[3]。

DNA 条形码研究：BOLD 网站有该属 2 种 2 个条形码数据；GBOWS 网站已有 1 种 15 个条形码数据。

34. *Cyclospermum* Lagasca 细叶旱芹属

Cyclospermum Lagasca (1821: 101), *nom. & orth. cons.*; Sheh & Watson (2005: 114) [Type: *C. leptophyllum* (Persoon) Sprague ex Britton & P. Wilson, *typ. cons.* (≡*Pimpinella leptophylla* Persoon)]

特征描述：草本。茎纤细，多分枝。基生叶叶柄有叶鞘；叶片羽状分裂。茎生叶向上退化，叶柄完全变为叶鞘。复伞形花序；总苞片和小苞片无；伞幅很少，纤细；小伞形花序花很少。萼齿不明显。花瓣先端反折，中肋突出；花柱短。果卵球形至球形，无毛；果棱圆钝，突出，有些木栓质；每棱槽内油管 1，合生面油管 2；胚乳腹面平直。

分布概况：3/1 种，**9-1 型**；分布于美洲热带，温带地区；中国已归化。

系统学评述：传统分类将细叶旱芹 *C. leptophyllum* (Persoon) Sprague ex Britton & P. Wilson 归入伞形科芹属 *Apium*[FRPS]。

DNA 条形码研究：BOLD 网站有该属 1 种 6 个条形码数据；GBOWS 网站已有 1 种 4 个条形码数据。

35. *Czernaevia* Turczaninow ex Ledebour 柳叶芹属

Czernaevia Turczaninow ex Ledebour (1844: 739); Pan & Watson (2005: 157) [Type: *C. laevigata* Turczaninow ex Ledebour (≡*Conioselinum czernaevia* Fischer & C. A. Meyer)]

特征描述：草本。叶羽状全裂，边缘有不整齐的粗锯齿。复伞形花序；总苞片无或有 1 片，早落；小总苞片 3-5；萼齿不明显；花瓣顶端有内卷的小舌片。双悬果近圆形或阔卵圆形；分生果横切面近半圆形，常 5 条棱为翼状，稀呈肋状，背棱狭翅状，侧棱宽翅状，约比背棱宽 1 倍，棱槽中各具油管 3-5，心皮柄 2 裂，分离。染色体 x=11。

分布概况：1/1 种，**11 型**；单属种，分布于朝鲜，俄罗斯（西伯利亚）；中国产东北和华北。

系统学评述：1936 年，Kitagawa 将其并入当归属 *Angelica*[43]。Vasil'eva 和 Pimenov[44]根据苏联的广义当归属植物的核型研究认为柳叶芹属应当并入当归属。《北美植物志》和《苏联植物志》也将柳叶芹属并入当归属。FRPS 和 FOC 将柳叶芹属独立成属。分子证据支持将柳叶芹属并入狭义当归属[16]，但由于分子证据的不完善，对于其具体归属仍然有待研究。

DNA 条形码研究：GBOWS 网站有该属 1 种 16 个条形码数据。

代表种及其用途：柳叶芹 *C. laevigata* Turczaninow ex Ledebour 的幼苗作春季山菜，嫩茎叶可作饲料。

36. *Daucus* Linnaeus 胡萝卜属

Daucus Linnaeus (1753: 242); Pu & Sheh (2005: 204) (Lectotype: *D. carota* Linnaeus)

特征描述：草本。根肉质。茎具糙硬毛。叶柄具鞘，叶片羽状分裂。复伞形花序；伞辐多数，开花后伸展或弯曲，果期紧实。总苞片和小苞片多数；萼齿不明显；花瓣有内折顶点；花柱基圆锥形，花柱短。果椭圆形；主棱丝状，具刚毛，次棱成翅，其上有刺。胚乳腹面浅凹直。花粉粒 3 孔沟。染色体 $2n$=18，20，22，44。

分布概况：21/1 种，**8 型**；分布于非洲北部，亚洲和欧洲；在温带地区广泛引种栽培；中国产西南、华中、华东。

系统学评述：胡萝卜属归属于针果芹族胡萝卜亚族[1]。Drude[6]基于形态学研究将芹亚科分为 8 个族，其中胡萝卜归属于芹亚科胡萝卜族 Dauceae。

DNA 条形码研究：BOLD 网站有该属 14 种 67 个条形码数据；GBOWS 网站已有 1 种 28 个条形码数据。

代表种及其用途：胡萝卜 *D. carota* Linnaeus 因含有胡萝卜素 A 而被广泛引种。胡萝卜也因其口感清甜，而被广泛引种为蔬菜。

37. *Dickinsia* Franchet 马蹄芹属

Dickinsia Franchet (1885: 244); Sheh & Watson (2005: 18) (Type: *D. hydrocotyloides* Franchet)

特征描述：一年生或二年生草本。根状茎短粗，根丛生；茎直立，光滑，不分枝，叶少数。叶柄长；基生叶叶柄基部有鞘；叶片圆形或肾形。单伞形花序顶生；总苞 2。花瓣卵形，平展，顶端圆钝；花柱基圆锥状，花柱短。果实近四棱形，背腹压扁；背棱丝状，凸出，中棱不发达，侧棱扩展成翅状；无油管或油管不发达。种子扁平。心皮柄在顶端稍裂，宿存。花粉粒 3 孔沟，拟脑纹-网状。

分布概况：1/1（1）种，**15 型**；特产中国西南。

系统学评述：传统观点认为马蹄芹属位于伞形科天胡荽亚科天胡荽族，后将其放置在天胡荽亚科马蹄芹族[45]。分子系统学研究则认为积雪草属 *Centella* 应转移至伞形科的牵环花亚科 Azorelloideae，位于伞形科系统进化树的基部[3,9]。从天胡荽亚科种类的果实解剖特征看，马蹄芹属更接近于芹亚科，也为上述学者的观点提供了果实解剖学证据[7]。

DNA 条形码研究：GBOWS 网站有该属 1 种 12 个条形码数据。

38. *Eriocycla* Lindley 绒果芹属

Eriocycla Lindley (1835: 232); Pu et al. (2005: 79) (Type: *E. nuda* Lindley)

特征描述：草本。茎基部多木质化。叶羽状分裂。复伞形花序，伞辐 2-10，不等长；小伞形花序有线形的小苞片。萼齿小；花瓣顶端内折；子房密被柔毛，花柱基扁压或为短圆锥状，花柱近直立或反卷。分生果卵状长圆形至椭圆形，密被柔毛，果棱细，每棱槽内有油管 1，合生面油管 2，胚乳腹面平直或稍凹入。染色体 x=11。

分布概况：约 8/3 种，**11 型**；分布于伊朗北部；中国产新疆、西藏、内蒙古、辽宁和河北。

系统学评述：传统分类将绒果芹属置于伞形科芹亚科阿米芹族[FRPS]。

DNA 条形码研究：GBOWS 网站有该属 2 种 12 个条形码数据。

39. *Eryngium* Linnaeus 刺芹属

Eryngium Linnaeus (1753: 232); Sheh & Watson (2005: 24) (Lectotype: *E. maritimum* Linnaeus)

特征描述：草本。茎直立。单叶全缘或稍有分裂，有时呈羽状或掌状分裂，边缘有刺状锯齿，叶脉平行或网状。头状花序单生或呈聚伞状或总状花序；萼齿 5，直立，硬而尖，有脉 1 条；花瓣 5，狭窄，中部以上内折成舌片；果卵圆形或球形，侧面略扁，表面有鳞片状或瘤状凸起。花粉粒 3 沟孔，穴网状、脑纹-网状纹饰。

分布概况：220-250/2 种，**2 型**；分布于热带和温带地区，特别是南美洲；中国产广东、广西、云南、新疆。

系统学评述：刺芹属是一个单系类群。经典分类上将刺芹属划为伞形科变豆菜亚科[FRPS]，分子系统学证据也支持这种观点，Calvino 等[46]基于叶绿体 *trn*Q-*trn*K 基因构建了伞形科变豆菜亚科的分子系统树，其中刺芹属为单系类群，与变豆菜属 *Sanicula* 互为姐妹群，共属于变豆菜亚科的变豆菜族中。Calvino 等[46]基于叶绿体 *trn*Q-*trn*K 基因对刺芹属的 35 种构建了系统发育树，刺芹属的 35 种先聚为一大支，为一个单系类群，然后又分为 2 个小分支，分别为旧世界类群和新世界类群。Clausing 等[47]利用 ISSR 对 *E. maritimum* Linnaeus 的 16 个居群进行了分析。Gaudeul 等[48]利用扩增片段长度多态性

（AFLP）和共显性微卫星标记对刺芹属的 *E. alpinum* Linnaeus 的 12 个居群的遗传多样性研究表明，AFLP 可用作 *E. alpinum* Linnaeus 种间遗传多样性的快速检测，但采用哪种分子标记取决于调查地理范围的不同。

DNA 条形码研究：BOLD 网站有该属 133 种 213 个条形码数据；GBOWS 网站已有 1 种 10 个条形码数据。

代表种及其用途：刺芹 *E. foetidum* Linnaeus 可用作食用香料，也可药用，利尿、治水肿病与蛇咬伤。

40. *Ferula* Linnaeus 阿魏属

Ferula Linnaeus (1753: 246); Sheh & Watson (2005: 174) (Lectotype: *F. communis* Linnaeus)

特征描述：多年生草本，有特殊气味。根粗壮、肉质，纺锤、圆锥或圆柱形。茎直立，向上分枝成圆锥状，折断后有白色胶质分泌物。基生叶莲座状、有叶鞘，叶片全裂或羽裂。复伞形花序组成总状花丛，中央两性花，侧生为雄花与杂性花；常无总苞片，小苞片少数或无；萼齿较小；花瓣黄色或淡黄色，稀为暗黄绿色，卵形或披针状长圆形，先端渐尖常内卷；果实卵形或椭圆形，背腹扁压，背棱线形，侧棱狭翅状，每棱槽油管 1 或多数，合生面油管 2 至多数。花粉粒 3 沟孔，皱波状-条纹状纹饰。染色体 $2n=22$。

分布概况：150/26（7）种，**12 型**；分布于地中海地区的南欧和北非，以及亚洲中部和西南部；中国产西北、西南、华北和华中。

系统学评述：阿魏属为复系类群；传统分类将阿魏属置于伞形科芹亚科前胡族阿魏亚族[FRPS]；ITS 序列分析研究表明，该属主要分为两大分支，即置于针果芹族的阿魏亚族或称广义阿魏属 *Ferula s.l.*，它与针果芹亚族 Scandicinae 形成姐妹群，以及置于滇芹分支的由 *F. tingitana* Linnaeus、*F. assa-foetida* Linnaeus 和 *F. communis* Linnaeus 组成的世系，这一类群与亮叶芹属 *Silaum* 构成姐妹群[1,49]。由于阿魏属和针果芹族成员形态差异极大，上述结论尚未获得其他证据的支持。

DNA 条形码研究：BOLD 网站有该属 71 种 80 个条形码数据；GBOWS 网站已有 3 种 23 个条形码数据。

代表种及其用途：阿魏属植物，如多伞阿魏 *F. feruloides* (Steudel) Korovin 等的树脂可作药用，能消积、杀虫，主治虫积、疟疾、心腹冷痛，民间也用于祛风湿、治疗关节痛。

41. *Foeniculum* Miller 茴香属

Foeniculum Miller (1754: 4); Sheh & Watson (2005: 134) (Lectotype: *F. vulgare* Miller)

特征描述：草本，有强烈香味。茎光滑。叶鞘边缘膜质；叶片多回羽状分裂。复伞形花序；无总苞片和小苞片；伞辐多数，开展，不等长；萼齿不明显；花瓣黄色，顶端有内折的小舌片；花柱基圆锥形，花柱短，向外反折。果实长圆形，光滑，主棱 5 条，尖锐或圆钝；每棱槽内有油管 1，合生面油管 2。胚乳腹面平直或微凹；心皮柄 2 裂至基部。

分布概况：1/1 种，**12 型**；分布于地中海地区，世界广泛栽培；中国大部分地区栽培。

系统学评述：茴香属在传统分类中被置于伞形科芹亚科阿米芹族西风芹亚族[FRPS]。分子系统学研究认为[1,14,29]，茴香属应隶属于伞形科芹亚科芹族。

DNA 条形码研究：BOLD 网站有该属 4 种 26 个条形码数据；GBOWS 网站已有 1 种 11 个条形码数据。

代表种及其用途：茴香 *F. vulgare* Miller 的嫩叶可作蔬菜食用或调味用；果实入药，有驱风、散寒等功效。

42. *Glehnia* F. Schmidt ex Miquel 珊瑚菜属

Glehnia F. Schmidt ex Miquel (1867: 61); Pan & Watson (2005: 173) (Type: *G. littoralis* F. Schmidt ex Miquel)

特征描述：草本，全株被柔毛。根粗壮，深入土中，茎短或近无。叶片革质羽状分裂。复伞形花序顶生；总苞片少数或无；小总苞片多数；小伞形花序近头状；萼齿细小，薄膜质；花瓣倒卵状披针形；花柱基扁圆锥形。果实椭圆形至圆球形，果棱有木栓翅，每棱槽内有油管 1-3，合生面油管 2-6。胚乳腹面微凹陷。染色体 x=11。

分布概况：2/1 种，**9 型**；分布于亚洲东部及北美洲太平洋沿岸；中国产沿海各省区。

系统学评述：珊瑚菜属归属于芹亚科前胡族当归亚族[FRPS]；分子证据表明珊瑚菜属属于亮蛇床族当归类群中的 1 个独立分支，是较为单一的类群[16]。但是由于分子证据并不完善，对于其系统位置还有待进一步研究证实。

DNA 条形码研究：BOLD 网站有该属 3 种 5 个条形码数据；GBOWS 网站已有 1 种 8 个条形码数据。

代表种及其用途：珊瑚菜 *G. littoralis* Fr. Schmidt ex Miquel 的根经加工后药用，为商品药材“北沙参”，有清肺、养阴止咳的功效，用于阳虚肺热干咳、虚痨久咳、热病伤津、咽干口渴诸症。

43. *Haplosphaera* Handel-Mazzetti 单球芹属

Haplosphaera Handel-Mazzetti (1920: 143); Sheh & Watson (2005: 152) (Type: *H. phaea* Handel-Mazzetti)

特征描述：草本。茎直立。基生叶具长柄，叶鞘膜质；叶片三回羽裂；花序顶生或侧生，伞形花序花密集近球形，总苞片数枚，线状披针形，全缘；萼齿细小、三角形；花瓣深褐色或紫褐色，卵形，尖端锐；花柱基压扁。分生果椭圆形至长圆形，背腹稍压扁，果棱显著、狭翅状，每棱槽油管 1-3，合生面油管 3-6。

分布概况：2/2（1）种，**14 型**；分布于不丹、印度；中国产西藏、青海、云南、四川。

系统学评述：传统分类将单球芹属置于伞形科芹亚科阿米芹族西风芹亚族[FRPS]；分子系统学研究表明单球芹 *H. phaea* Handel-Mazzetti 置于滇芎 *Physospermopsis* 支，并与宽叶羌活 *Notopterygium franchetii* H. de Boissieu、羌活 *N. incisum* C. C. Ting ex H. T. Chang 和

少裂凹乳芹 *Vicatia bipinnata* R. H. Shan & F. T. Pu 组成羌活 *Notopterygium* 亚支[1,3]。

DNA 条形码研究：BOLD 网站有该属 1 种 1 个条形码数据；GBOWS 网站已有 1 种 4 个条形码数据。

44. *Harrysmithia* Wolff 细裂芹属

Harrysmithia Wolff (1926: 310); Sheh & Watson (2005: 110) (Type: *H. heterophylla* Wolff)

特征描述：草本。叶羽状全裂，上部偶为异型叶。常无总苞片；小苞片少数；花两性，少数不育；萼齿不发育；花柱基扁圆锥形，花柱长，叉开。果实卵状圆球形，合生面轻微收缩，果棱明显凸起或呈狭翅状，翅等宽，棱槽较宽，果实表皮散生疣状毛或乳头状毛；每棱槽内有油管 1，合生面油管 2。分生果横剖面近五角形。胚乳腹面近于平直；心皮柄近顶端 2 裂。

分布概况：2/2（2）种，**15 型**；特产中国四川、云南和西藏南部。

系统学评述：细裂芹属置于伞形科芹亚科阿米芹族葛缕子亚族[FRPS]。目前缺乏全面的分子系统学研究。

DNA 条形码研究：BOLD 网站有该属 2 种 2 个条形码数据；GBOWS 网站已有 1 种 4 个条形码数据。

45. *Heracleum* Linnaeus 独活属

Heracleum Linnaeus (1753: 249); Pu & Watson (2005: 195) (Lectotype: *H. sphondylium* Linnaeus)

特征描述：草本。根纺锤形或圆柱形。叶片羽状多裂。复伞形花序，顶生伞形花序有两性花，外侧常只有雄花，总苞片少或缺，小苞片数枚；萼齿细小；花瓣白色；花柱基圆锥形，花柱短。果实背棱和中棱丝状，侧棱常翅状；每棱槽油管 1（-2），合生面油管 2（-6）或无。胚乳腹面平直；心皮柄深裂。花粉粒 3 孔沟，皱块状或短条网状纹饰。染色体 x=11，12，22，23。

分布概况：91/29（21）种，**8 型**；分布于亚洲，北美和地中海地区；中国南北均产，主产横断山区。

系统学评述：传统分类将独活属置于伞形科芹亚科前胡族环翅芹亚族 Tordyliinae [FRPS]；分子系统学研究表明独活属不是个单系。独活属的属下分类仍存有争议，部分种的归属与邻近属间的关系不甚清楚，形态特征和分子特征差异较大[50,51]。Yu 等[50]关于独活属的系统学研究提出，二管独活 *H. bivittatum* H. de Boissieu、尼泊尔独活 *H. nepalense* D. Don、贡山独活 *H. kingdonii* H. Wolff、云南独活 *H. yunnanense* Franchet、大叶独活 *H. olgae* Regel & Schmalhausen 的系统位置将由独活属转至四带芹属 *Tetrataenium*，而白亮独活 *H. candicans* Wallich ex de Candolle 及其变种和裂叶独活 *H. millefolium* Diels 及其变种将归属于大瓣芹属 *Semenovia*。Pimenov 等[52]根据形态解剖将隆萼当归 *Angelica oncosepala* (Handel-Mazzetti) Pimenov & Kljuykov 归属于独活属。

DNA 条形码研究：BOLD 网站有该属 57 种 83 个条形码数据；GBOWS 网站已有 21 种 794 个条形码数据。

代表种及其用途：独活 *H. hemsleyanum* Diels 的根可作药用。

46. *Hyalolaena* Bunge 斑膜芹属

Hyalolaena Bunge (1852: 128); Pu & Watson (2005: 112) (Type: *H. jaxartica* Bunge)

特征描述：草本。具块根。基生叶有长柄，有宽阔叶鞘；叶片羽状全裂。复伞形花序有总苞片和小苞片各 5；伞辐不等长；萼齿不显著；花瓣倒卵形，有内折的小舌片；花柱基圆锥状，花柱短，叉开或弯曲。分生果长圆形或长圆状椭圆形，背腹略扁压，有宽阔的合生面，外果皮紧贴，果棱丝状凸起；每棱槽内油管 1-4，合生面油管 2-10。心皮柄 2 深裂至基部。

分布概况：6-10/2 种，**2 型**；分布于中亚地区；中国产新疆。

系统学评述：传统分类将斑膜芹属划入伞形科芹亚科阿米芹族葛缕子亚族[FRPS]。目前缺乏全面的分子系统学研究。

DNA 条形码研究：BOLD 网站有该属 9 种 13 个条形码数据；GBOWS 网站已有 1 种 4 个条形码数据。

47. *Krasnovia* Popov ex Schischkin 块根芹属

Krasnovia Popov ex Schischkin (1950: 591); Pan & Watson (2005: 27) [Type: *K. longiloba* (Karelin & Kirilov) M. Popov ex Schischkin (≡*Sphallerocarpus longilobus* Karelin & Kirilov)]

特征描述：草本；块茎球形。茎具棱。叶二至四回三出式羽状分裂/羽状全裂。苞片无或早落；伞辐明显不等长；小苞片 5；萼齿退化；花瓣凹口具内折先端，外花瓣略有放大；花柱基短圆锥形，花柱下弯，是花柱基的 3 倍长，早落。果卵圆球形，侧面稍亚扁，表面光滑，先端收缩，棱明显，每宽棱槽油管 1，合生面油管 2。种子稍侧扁，表面具深槽。

分布概况：1/1 种，**13 型**；分布于哈萨克斯坦；中国产新疆。

系统学评述：块茎芹属位于伞形科芹亚科针果芹族[1]。

DNA 条形码研究：BOLD 网站有该属 1 种 1 个条形码数据。

代表种及其用途：块茎芹 *K. longiloba* (Karelin & Kirilov) Popov ex Schischkin 作蔬菜食用。

48. *Levisticum* Hill 欧当归属

Levisticum Hill (1756: 423); Pan & Watson (2005: 172) [Type: *L. officinale* Koch (≡*Ligusticum levisticum* Linnaeus)]

特征描述：多年生高大草本。叶片大，二至三回羽状分裂。复伞形花序；萼齿不明显；花瓣黄绿色至黄色，椭圆形，顶端短而反折。果实卵形至椭圆形，略侧扁，分生果的侧棱厚翅状，背棱钝翅状，棱槽内有油管 1，合生面油管 2（稀为 4）。染色体 x=11。

分布概况：3/1 种，**12 型**；产亚洲和欧洲；中国河北、河南、江苏、辽宁、内蒙古、陕西、山东、陕西引种栽培。

系统学评述：传统分类把欧当归属置于芹亚科前胡族当归亚族[FRPS]；分子证据表明欧当归属属于亮蛇床族当归类群，与当归 *Angelica sinensis* (Oliver) Diels 处于同一分支上[16]。由于分子证据不完善，对其系统位置仍然不清楚。

DNA 条形码研究：BOLD 网站有该属 1 种 4 个条形码数据。

代表种及其用途：欧当归 *L. officinale* Koch 在中国民间代当归用，而在欧洲一些国家将本品载于药典，其根可利尿、健胃、祛痰、芳香兴奋、驱风发汗，治疗妇科病、神经疾病、水肿和慢性心脏病等。食品、烟酒和医药工业用作调味料，嫩茎叶可作凉拌菜。

49. *Libanotis* Haller ex Zinn 岩风属

Libanotis Haller ex Zinn (1757: 226), *nom. cons.* ; Sheh et al. (2005: 117) [Type: *L. montana* Crantz (≡*Athamanta libanotis* Linnaeus)]

特征描述：草本，稀小灌木。茎有尖锐凸起，稀贴地生长。基生叶柄有叶鞘；叶片羽状分裂或全裂。复伞形花序；总苞片有时近无；小苞片多数；花瓣小舌片内折。萼齿显著；花柱长，花柱基短圆锥形。果棱线形或尖锐凸起；每棱槽中油管 1，少数 2-3，合生面油管 2-4，稀为 6-8。胚乳腹面平直。

分布概况：30/18（8）种，**10 型**；分布于亚洲，欧洲；中国产西北、东北、华东、华中。

系统学评述：传统分类将岩风属置于伞形科芹亚科阿米芹族西风芹亚族[FRPS]；分子系统学研究认为，岩风属应归于伞形科各分族、分支之中的亮蛇床族[1]。人们对该属与西风芹属 *Seseli* 的分与合存有不同意见。

DNA 条形码研究：BOLD 网站有该属 3 种 3 个条形码数据；GBOWS 网站已有 3 种 11 个条形码数据。

代表种及其用途：岩风 *L. buchtormensis* (Fischer) de Candolle 根部入药，有发散风寒、祛风湿、镇痛等功效。

50. *Ligusticum* Linnaeus 藁本属

Ligusticum Linnaeus (1753: 250); Pu & Watson (2005: 140) (Lectotype: *L. scoticum* Linnaeus)

特征描述：根茎发达或生不定根。茎基部有枯鞘纤维。叶片羽状全裂；复伞形花序，总苞片少数或缺，小总苞片多数；花瓣先端具内折小舌片；分生果椭圆形至长圆形，背腹扁压或不压扁，背棱凸起至狭翅状，侧棱翅状至宽翅状，每棱槽油管 1-4，合生面油管 6-8，胚乳腹面平直或微凹。花粉粒 3 孔沟，皱波状或条网状纹饰。染色体 $2n=22$ 或 44。

分布概况：60/40 种，**8 型**；分布于亚洲，欧洲和北美洲；中国南北均产，西南尤盛。

系统学评述：藁本属为复系类群；传统分类将藁本属置于伞形科芹亚科阿米芹族西风芹亚族。分子系统学研究表明[1-3]，该属是芹亚科中最复杂的类群之一，至少可分为 5 个分支，分别置于 *Acronema* 支、*Conioselinum chinense* 支、Pyramidoptereae 支、Selineae

支和 *Sinodielsia* 支，且大部分东亚藁本属物种集中于 2 个分支，即 Selineae 和 *Sinodielsia*。

DNA 条形码研究：BOLD 网站有该属 13 种 147 个条形码数据；GBOWS 网站已有 7 种 51 个条形码数据。

代表种及其用途：该属植物在民间多作药用，其中著名中药材川芎 *L. sinense* cv. Chuanxiong S. H. Qiu 的根茎供药用，能行气开郁、祛风燥湿、活血止痛，主治头痛眩晕、痈疽疮疡等，另有扶芎 *L. sinense* cv. Fuxiong S. M. Fang & H. D. Zhang，功能与川芎类似。

51. *Lithosciadium* Turczaninow 石蛇床属

Lithosciadium Turczaninow (1844: 730); Pu & Pimenov (2005: 136) (Type: *L. multicaule* Turczaninow)

特征描述：多年生草本。直根有分叉，根颈部残留枯鞘纤维。茎多分枝。基生叶有长柄，叶片一至二回羽裂，末回裂片扩卵形至椭圆形，茎生叶向上逐渐简化。复伞形花序顶生或侧生，总苞片少，小总苞片多数，线形、全缘；萼齿退化；花瓣绿色；花柱基扁平；果实长圆形，背腹稍压扁，果棱凸起、近等长，合生面较窄，每棱槽油管 1，合生面油管 2。

分布概况：2/1 种，**13 型**；分布于中亚和亚洲北部；中国产新疆北部。

系统学评述：传统分类认为石蛇床属与西风芹亚族的蛇床属 *Cnidium* 和亮蛇床属 *Selinum* 关系密切；但分子系统学研究将该属的 *L. multicaule* Turczaninow 置于滇芹分支，显示该属与蛇床属和亮蛇床属关系较远[1]。

52. *Meeboldia* H. Wolff 滇芹属

Meeboldia H. Wolff (1924: 313); Sheh & Watson (2005: 33) [Type: *M. selinoides* H. Wolff].——*Sinodielsia* H. Wolff (1925: 278)

特征描述：草本。茎直立，有纵纹。叶柄有鞘；三回羽状复叶。复伞形花序，花序梗长；苞片 1-3 或无；小总苞多数。花杂性，萼齿明显，钻形，急尖；花瓣倒卵形，顶端微凹，有内折小舌片，基部有爪；花柱基圆锥形，与萼齿近等长；花柱短粗，向内微弯。果实狭卵形；果棱丝状；每棱槽 2-3 油管，合生面 4 油管。胚乳腹面凹陷；心皮柄二叉状。

分布概况：3/2（1）种，**14 型**；分布于中国-喜马拉雅地区；中国产云南、西藏。

系统学评述：滇芹属是分布于中国西南-喜马拉雅地区的相对特殊的类群，最早由 Wolff 基于 *M. selinoides* H. Wolff 建立，后由于模式标本遗失，该属模式标本被 Mukherjee 和 Constance[53]在 1991 年重新指定为 *M. achilleifolia* (de Candolle) Mukherjee & Constance，同时指出 *M. selinoides* H. Wolff 与 *M. achilleifolia* (de Candolle) Mukherjee & Constance 系同种。Mukherjee 和 Constance[53]在该研究中又以萼齿发达、花柱基圆锥形、果实椭圆形至卵形，背棱及侧棱凸出，合生面稍收缩等主要特征为依据，主张将 *Sinodielsia* 并入该属。溥发鼎等[54]指出，该属仅包含 2 个物种，即滇芹 *M. yunnanensis* (H. Wolff) Constance & F. T. Pu 和蓍叶滇芹 *M. achilleifolia* (de Candolle) Mukherjee & Constance。佘孟兰等[FOC]提出，该属与东俄芹属 *Tonglola*、凹乳芹属 *Vicatia* 间存在分类问

题。分子系统学研究表明，该属位于 Acroema 分支内，但该研究仅包含了该属 1 种[3]。关于该属的系统问题尚有待进一步探讨。

DNA 条形码研究：BOLD 网站有该属 2 种 12 个条形码数据；GBOWS 网站已有 1 种 12 个条形码数据。

代表种及其用途：滇芹 *M. yunnanensis* (H. Wolff) Constance & F. T. Pu 在民间被称为“黄藁本”，可入药，有治疗风热感冒、发热头痛之功效。

53. *Melanosciadium* H. Boissieu 紫伞芹属

Melanosciadium H. Boissieu (1902: 803); Pu & Watson (2005: 56) (Type: *M. pimpinelloideum* H. Boissieu)

特征描述：草本。根长圆锥形。茎直立，带紫色，中上部分枝较多。叶柄长。复伞形花序无总苞；伞辐短，多数，极不等长；小总苞线形；小花柄极不等长。花瓣近圆形，向内弯曲成兜状，顶端凹陷，有内折小舌片，脉明显，深紫色；花柱基矮圆锥形，与花柱近等长，向两侧弯曲。果实近球形；棱槽内油管 2-4，合生面油管 6。

分布概况：1/1（1）种，**15 型**；特产中国重庆、陕西秦岭、湖北西部、贵州北部。

系统学评述：在传统的伞形科分类系统中，紫伞芹属被认为与茴芹属 *Pimpinella* 有较近亲缘关系，甚至曾被合并至茴芹属，后来又被归于美味芹族之下。周爱玲和吴菊兰[55]在紫伞芹 *M. pimpinelloideum* de Boissieu 中分离出了含白芷灵 anomalin 等化合物，而这种化合物也同样在当归属 *Angelica* 中出现。Pimenov 和 Kljuykov[56]将少裂凹乳芹 *Vicatia bipinnata* R. H. Shan & F. T. Pu 转移到了紫伞芹属下，同时描述了另外 1 个新种 *M. genuflexum* Pimenov & Kljukov。最近的分子系统学研究表明，紫伞芹与亮蛇床族下的当归属类群有较近缘关系，尤其是秦岭当归 *A. tsinlingensis* K. T. Fu，然而在周静等[3]的研究中，分别采自湖北和云南的 2 个紫伞芹居群并没有形成支持率较高的单系类群。

DNA 条形码研究：BOLD 网站有该属 1 种 2 个条形码数据。

54. *Nothosmyrnium* Miquel 白苞芹属

Nothosmyrnium Miquel (1867: 58); Pu & Watson (2005: 113) (Type: *N. japonicum* Miquel)

特征描述：多年生草本。有主根和须状的支根。茎直立，近叉式分枝，有纵条纹。叶片羽状分裂；叶柄长，基部有鞘。复伞形花序；总苞数片；小总苞数片；花瓣倒卵形；花柱基短圆锥形，花柱细长开展。果实双球状卵形，光滑，侧面扁平，合生面收缩，背棱和中棱线形，侧棱不明显，油管多数，心皮柄 2 裂。

分布概况：2/2 种，**14（SJ）型**，东亚特有属；分布于日本；中国产黄河以南和西藏。

系统学评述：该属植物区别于伞形科其他类群的主要特征是 3-5 片白色的披针形膜质总苞片。传统分类研究中白苞芹属被归于芹亚科阿米芹族[FRPS]。据潘泽惠等[57]报道，川白苞芹 *N. japonicum* var. *sutchuensis* de Boissieu 核型为 $2n=20=4sm+16st$，核型为 4A 型，是沿着平均臂比逐渐增加的方向演化很高的类群。分子系统学研究中，该属被归于茴芹族 Pimpinelleae[58]。王志新等的研究表明白苞芹属是单系类群[58]。但周静等的研究表明该属的系统位置并不稳定[3]。基于 ITS 序列的系统发育重建结果中，白苞芹属与

Athamanta 及 *Psammogeton* 等共同构成了茴芹族的基部类群；在 cpDNA 序列分析表明，该属处于西风芹族 Selineae 之下[58]。关于该属的系统位置需要增大茴芹族和西风芹族的采样。

DNA 条形码研究：BOLD 网站有该属 1 种 2 个条形码数据；GBOWS 网站已有 1 种 12 个条形码数据。

代表种及其用途：白苞芹 *N. japonicum* Miquel 在中国大部分地区作野菜食用。

55. *Notopterygium* H. Boissieu 羌活属

Notopterygium H. Boissieu (1903: 838); Sheh & Watson (2005: 53) (Lectotype: *N. forbesii* H. Boissieu)

特征描述：草本。根木质化。主茎粗短，具芳香味，中空，圆柱状；叶羽状分裂或全裂；叶鞘抱茎。复合伞形花序；苞片少；小苞片线形或羽状半裂。萼齿小；花瓣淡黄至白色。果椭圆球体或微球体，背腹略压扁；主棱 5；每棱槽油管 3-4，合生面油管 4-6。种子表面凹陷；果瓣柄 2 裂。花粉粒异极，3 孔沟，网状纹饰。染色体 $2n$=22。

分布概况：6/6（6）种，**15 型**；特产中国四川、云南、贵州、青海、甘肃、湖北。

系统学评述：羌活属原属于伞形科芹亚科美味芹族，但由于伞形科系统过于庞大，后又归属于伞形科芹亚科东亚分支的滇芹分支，与 *Hansenia* 关系较近，Pimenov 等[59]曾将羌活属归于 *Hansenia* 下。其中，羌活属中羌活 *N. incisum* C. C. Ting ex H. T. Chang 的系统位置较模糊，Pimenov[60]曾将其放到藁本属 *Ligusticum*，但需更进一步研究证实；卵叶羌活 *N. oviforme* R. H. Shan 的系统位置在 FOC 中最终以独立的种提出。目前缺乏全面的分子系统学研究验证其属下分类系统。

DNA 条形码研究：GBOWS 网站有该属 2 种 36 个条形码数据。

代表种及其用途：澜沧羌活 *N. forbesii* Wolff 作为中药有止痛、祛湿、活关节的功效。

56. *Oenanthe* Linnaeus 水芹属

Oenanthe Linnaeus (1753: 254); Pu & Watson (2005: 130) (Lectotype: *O. fistulosa* Linnaeus)

特征描述：草本。茎常匍匐性上升或直立。有叶鞘；叶片羽状分裂。复伞形花序；苞片少数或缺；小总苞片多数；萼齿；小伞形花序外缘花的花瓣为辐射瓣；花柱基平压或圆锥形，花柱伸长，宿存。果实圆卵形至长圆形，光滑，果棱钝圆，木栓质。分生果背部扁压；每棱槽中有油管 1，合生面油管 2。胚乳腹面平直；无心皮柄。花粉粒 3 孔沟，条纹状-皱波状纹饰。

分布概况：25-30/5 种，**8-4 型**；分布于非洲，亚洲；中国产西南至华中。

系统学评述：在传统分类中水芹属被置于伞形科芹亚科阿米芹族西风芹亚族 Seselina[FRPS]。分子系统学研究认为，水芹属应隶属于伞形科芹亚科的水芹族，为单系类群[29]。

DNA 条形码研究：BOLD 网站有该属 26 种 67 个条形码数据；GBOWS 网站已有 6 种 51 个条形码数据。

代表种及其用途：水芹 *O. javanica* (Blume) de Candolle 的茎叶可作蔬菜食用；全草

也作药用，有降血压的功效。

57. *Oreocomopsis* Pimenov & Kljuykov 羽苞芹属

Oreocomopsis Pimenov & Kljuykov (1996: 2); Pu et al. (2005: 154) (Type: *O. xizangensis* Pimenov & Kljuykov)

特征描述： 多年生草本。茎直立，基部宿存枯鞘纤维。叶片二至四回羽裂，末回裂片披针形或菱形，边缘有锯齿；总苞片数枚、羽裂，与上部茎生叶相似，小总苞片线形至丝状，常反折；萼齿缺失；花瓣长圆形或倒卵形，基部楔形，先端渐尖。果实椭圆形、无毛，背腹压扁，合生面较窄，果棱翅状，侧棱较宽，每棱槽油管 2-3，合生面油管 4-6。胚乳合生面略凹。

分布概况： 2/1（1）种，**14 型**；分布于喜马拉雅地区；中国产西藏南部。

系统学评述： 传统分类认为羽苞芹属与西风芹亚族的亲缘关系较近；但 ITS 序列研究将该属置于丝瓣芹 *Acronema* 分支[1]，这一处理尚缺乏形态学证据支持。

DNA 条形码研究： BOLD 网站有该属 1 种 1 个条形码数据。

58. *Oreomyrrhis* Endlicher 山茱莉芹属

Oreomyrrhis Endlicher (1839: 787) [≡*Caldasia* Lagasca (1821, non Humboldt ex Willdenow (1806)]; Pan & Watson (2005: 30) [Type: *Caldasia chaerophylloides* Lagasca (=*O. andicola* (Kunth) Endlicher ex J. D. Hooker≡*Myrrhis andicola* Kunth)]

特征描述： 丛生草本。茎极短，自基部分枝。叶基生，具膜质叶鞘；羽状复叶。单伞形花序；总苞 4-10，长于伞幅。花两性；无萼齿；花瓣顶端具短尖；花柱基扁圆锥形至圆锥形。果实长椭圆形至线状椭圆形，顶端渐尖，略微两侧压扁，合生面收缩；主棱 5，钝；每棱槽油管 1，合生面油管 2。胚乳腹面凹陷；心皮柄 2 裂。

分布概况： 23/1（1）种，**2-1 型**；分布于印度尼西亚，加里曼丹岛北部，大洋洲，中美洲，南美洲；中国特产台湾。

系统学评述： 山茱莉芹属是间断分布于中国台湾、印度尼西亚、加里曼丹岛北部、大洋洲、中美洲、南美洲的特殊类群，关于该属的分类、起源、进化和现代分布格局形成方式的研究层出不穷[31,34,61-69]。Chung 等[61]指出该属单系性支持率较低，且在形态上易与细叶芹属 *Chaerophyllum* 混淆；同时指出该属与细叶芹属起源地可能是欧亚大陆或美洲，经历了从欧亚大陆到美洲再到太平洋的扩散事件，或由欧亚大陆经历 2 次独立扩散事件从而形成现代分布格局。Chung 等[62]基于核基因和叶绿体基因系统发育分析结果提出将该属归并入细叶芹属。因此，关于该属的地位和属下分类系统研究尚有待进一步探讨。

DNA 条形码研究： BOLD 网站有该属 1 种 1 个条形码数据。

59. *Osmorhiza* Rafinesque 香根芹属

Osmorhiza Rafinesque (1819: 192); Sheh & Watson (2005: 27) [Type: *O. claytonii* (Michaux) C. B. Clarke (≡*Myrrhis claytonii* Michaux)]

特征描述：草本。茎有分枝。叶柄鞘状，干膜质；叶三角状卵形，二至三出羽状复叶；裂片锯齿状至羽状半裂。复合伞形花序常超过叶；伞辐少，不等长；小苞片反折。萼齿细长；花瓣顶端有内折舌片；花柱基圆锥形。果狭棍棒状，圆柱状，侧面轻微压扁，先端钝，基部具尾；油管不明显或无。种子横截面近圆柱状，合生面凹。

分布概况：10/1 种，**9 型**；分布于东亚和北美洲；中国主产东北到南部地区，甘肃和陕西的南部也有。

系统学评述：香根芹属归属于芹亚科针果芹族针果芹亚族[1]。属下部分物种的系统位置备有争议。*O. aristata* (Thunberg) Rydberg var. *aristata* 曾被命名为 *Chaerophyllum aristatum* Thunberg、*Chaerophyllum clatonii* (Michaux) Persoon 和 *Scandix aristata* (Thunberg) Makino 等，后被修订至香根芹属，这表明了香根芹属与其他属间的关系密切。

DNA 条形码研究：BOLD 网站有该属 14 种 166 个条形码数据；GBOWS 网站已有 12 种 150 个条形码数据。

代表种及其用途：香根芹 *O. aristata* (Thunberg) Rydberg 具散寒发表、止痛的功效；可治风寒感冒、头顶痛、周身疼痛。

60. *Ostericum* Hoffmann 山芹属

Ostericum Hoffmann (1814: 162); Pan & Watson (2005: 169) (Type: *O. pretense* Hoffmann)

特征描述：草本。茎中空。叶羽状分裂。复伞形花序；总苞片少数，小总苞片数枚；萼齿明显。果实卵状长圆形，背棱稍隆起，侧棱有宽翅，外果皮细胞向外凸出，棱槽内油管 1-3，合生面油管 2-8；果实成熟后，内果皮和中果皮结合与外果皮分离。胚乳腹面平直；心皮柄 2 裂。染色体 x=9，11。

分布概况：10/7（3）种，**10 型**；分布于朝鲜，日本和俄罗斯远东地区，少数至东欧和中亚地区；中国产东北、西北、华东和华南。

系统学评述：山芹属由 Hoffman 建立于 1814 年[70]，俄国学者 Maximowicz[71]及 Hiroe[38]分别将其降为当归属中的 1 个组，称为山芹组 *Angelica* sect. *Ostericum*，而后又被长期处理为当归属的 1 个亚属，称为山芹亚属 *A.* subgen. *Osterieum*[44,72]。《北美植物志》[73]和《日本伞形科植物志》[24]均将山芹属并入当归属，而《苏联植物志》[74]和 FRPS 则将之独立成属，但仍属于广义当归属范畴；袁昌齐和单人骅[75]、秦惠珍等[76]根据果实的解剖特征，佘孟兰等[77]根据花粉形态也认为山芹属应单独成属；薛华杰等[78]根据 ITS 序列分析发现山芹属与广义当归属的其他属相距甚远，山芹属应当作为一个相对独立的分类群处理，但由于分子证据的不完善，对于其具体归属及地位仍然有待研究。

DNA 条形码研究：BOLD 网站有该属 8 种 10 个条形码数据；GBOWS 网站已有 2 种 15 个条形码数据。

代表种及其用途：隔山香 *O. citriodorum* (Hance) C. Q. Yuan & Shan 的根可供药用。

61. *Pachypleurum* Ledebour 厚棱芹属

Pachypleurum Ledebour (1829: 296); Pu & Watson (2005: 151) (Type: *P. alpinum* Ledebour)

特征描述：草本。根粗壮，多分枝。茎基部密被枯鞘纤维。叶片羽裂；复伞形花序顶生或侧生；总苞片数枚，披针形，伞辐 5-40，小总苞片披针形至线状披针形，全缘或一至二回羽裂；萼齿显著，三角形或披针形；花瓣卵形至长圆形，基部具爪，末端有反折的小舌片。果实长圆形至阔卵形，背腹压扁，果棱均为翅状、近等长，每棱槽油管 1-2，合生面油管 2-4 或缺失。

分布概况：6/5（4）种，**10 型**；分布于亚洲，欧洲；中国产西藏和四川。

系统学评述：厚棱芹属为复系类群；传统分类将厚棱芹属置于伞形科芹亚科阿米芹族西风芹亚族[FRPS]。分子系统学研究表明该属部分物种置于丝瓣芹 *Acronema* 分支，而 *P. mutellinoides* (Crantz) Holub 置于亮蛇床族，与其他成员遗传距离较远[1]。

DNA 条形码研究：GBOWS 网站有该属 1 种 4 个条形码数据。

62. *Pastinaca* Linnaeus 欧防风属

Pastinaca Linnaeus (1753: 262); Pan & Watson (2005: 193) (Lectotype: *P. sativa* Linnaeus)

特征描述：草本；根茎粗大，长圆锥形。茎具棱。叶羽状多裂。伞形花序顶生和侧生，苞片和小苞片无，伞辐众多；萼齿微小；花瓣卵形，黄色，顶点内凹；花柱基短圆锥形，花柱短，叉开。果实广椭圆形，无毛，背部强烈压扁，背棱薄丝状，侧棱宽展成翅；每棱槽油管 1，合生面油管 2-4。胚乳腹面平直。花粉粒 3 孔沟。染色体 x=11，2n=22，44。

分布概况：14/1 种，**10 型**；分布于欧洲和亚洲；中国产新疆西部地区。

系统学评述：欧防风属归属于伞形科芹亚科环翅芹亚族[FRPS]。

DNA 条形码研究：BOLD 网站有该属 6 种 24 个条形码数据。

代表种及其用途：欧防风 *P. sativa* Linnaeus 的根富含糖分，广泛作为人和动物的食物，也用于酿酒。

63. *Petroselinum* Hill 欧芹属

Petroselinum Hill (1756: 424); Sheh & Wastson (2005: 76) [Type: *P. crispum* (Miller) Hill (≡*Apium crispum* Miller)]

特征描述：二年生草本，很少一年生。叶二至三回羽状分裂。花黄绿色或白色；萼齿不显；花瓣近基部心形，顶端凹入，凹处有内折小舌片；花柱基短圆锥形，花柱有头状柱头。果实卵形，侧面稍扁压，近基部圆形或不明显的心形，合生面稍收缩或呈现双球形；分生果有线形果棱 5；每棱槽内油管 1，合生面油管 2。胚乳腹面平直。

分布概况：3/1 种，**10 型**；原产欧洲西部和南部，现世界广泛栽培或逸生；中国有引种。

系统学评述：欧芹属置于芹亚科阿米芹族葛缕子亚族[FRPS]。Downie 等[20]对旧世界伞形科研究中，欧芹属与阿米芹属、莳萝属、*Deverra*、茴香属、*Naufraga*、*Ridolfia* 和芹属聚为一支；与阿米芹属在同一小支上。

DNA 条形码研究：BOLD 网站有该属 4 种 19 个条形码数据。

代表种及其用途：欧芹 *P. crispum* (Miller) Hill 的嫩叶作蔬菜；鲜根、茎汁可供药用。

64. *Peucedanum* Linnaeus 前胡属

Peucedanum Linnaeus (1753: 245); Sheh & Wastson (2005: 182) (Lectotype: *P. officinale* Linnaeus)

特征描述：多年生草本。根颈部常存留枯鞘纤维和环状叶痕。基生叶有柄，基部具叶鞘；复伞形花序；总苞片多数或缺，小苞片多数；花常杂生；萼齿无或不显著；花瓣白色；果实椭圆形或近圆形，中棱和背棱线形凸起，侧棱扩展成较厚的窄翅，合生面紧紧锲合，棱槽内油管 1 至数个，合生面油管 2 至多数。花粉粒 3 孔沟，短粗条网状或条网状。染色体 $2n$=22。

分布概况：100-200/40（33）种，**10 型**；分布于非洲，欧洲和亚洲；中国南北均产，主产西南。

系统学评述：前胡属为复系类群；传统分类将前胡属置于伞形科芹亚科前胡族阿魏亚族[FRPS]。分子系统学研究表明，虽然前胡属均置于亮蛇床族，但前胡属与其相关类群，如 *Cervaria*、*Holandrea*、*Imperatoria*、*Oreoselinum*、*Pteroselinum*、*Thysselinum*、*Tommasinia* 和 *Xanthoselinum* 等的关系极为复杂，因此，除单系的狭义前胡属分支 *Peucedanum s.s.*外，其他物种常嵌套在其近缘类群中，例如，*P. zedelmeyerianum* Mandenova 置于 *Thysselinum*，*P. bourgaei* Lange 置于 *Oreoselinum*，滨海前胡 *P. japonicum* Thunberg 置于 *Seseli*，滇西前胡 *P. delavayi* Franchet 则嵌入藁本属中[1,2,40]。

DNA 条形码研究：BOLD 网站有该属 31 种 136 个条形码数据；GBOWS 网站已有 13 种 196 个条形码数据。

代表种及其用途：该属植物根茎含白花前胡酯类化合物，在民间多作药用，如前胡 *P. praeruptorum* Dunn 为常用中药材，能解热、祛痰，用于治疗感冒咳嗽和支气管炎；另有天竺山前胡 *P. ampliatum* K. T. Fu、泰山前胡 *P. wawrae* (Wolff) Su ex M. L. Sheh 等，功效同前胡。

65. *Phlojodicarpus* Turczaninow ex Ledebour 胀果芹属

Phlojodicarpus Turczaninow ex Ledebour (1834: 331); Sheh & Watson (2005: 181) [Lectotype: *P. villosus* (Turczaninow ex Fischer & C. A. Meyer) Turczaninow ex Ledebour (≡*Libanotis villosa* Turczaninow ex Fischer & C. A. Meyer)]

特征描述：草本。茎髓部充实。叶鞘边缘膜质；叶片羽状全裂。复伞形花序；萼齿披针形或线形，花瓣；淡紫色；花柱初时直立，后向下弯曲，花柱基短圆锥形。分生果椭圆形或近圆形，背棱或中棱粗钝而隆起，侧棱宽翅状，外果皮肥厚，木栓质；每棱槽内有油管 1-3，合生面油管 2-4，油管有时消失。胚乳腹面平直；心皮柄 2 裂至基部。花粉粒 3 孔沟，脑纹-网状纹饰。

分布概况：2/2 种，**11 型**；分布于亚洲远东地区，俄罗斯，蒙古国；中国产东北和西北。

系统学评述：传统分类将胀果芹属置于芹亚科前胡族阿魏亚族[FRPS]。由于外部形态与前胡属 *Peucedanum* 和莳萝属 *Anethum* 相似，曾将胀果芹属置于前胡属，但经过花粉扫描电镜观察后发现其花粉外壁纹饰截然不同[79]，遂支持 Drude 系统，这 3 个属为独立的属[6]。

66. *Physospermopsis* H. Wolff 滇芎属

Physospermopsis H. Wolff (1925: 276); Pan & Watson (2005: 31) [Type: *P. delavayi* (Franchet) H. Wolff (≡*Arracacia delavayi* Franchet)]

特征描述：草本。主根圆锥形。茎具棱，基部被叶鞘包裹。叶片羽状分裂。伞形花序；总苞数枚，小苞片全缘或成羽状 3 裂。萼齿小；花瓣基部具爪，先端圆钝或稍反折；花柱基扁平，与花柱近等长。果实卵形至阔卵形，基部稍心形，果棱 5；每棱槽 2-3 油管，合生面 2-4 油管。胚乳腹面平或凹陷；心皮柄在先端分叉。

分布概况：10/8（4）种，**14 型**；分布于印度（锡金），不丹，尼泊尔；中国产云南、四川、西藏。

系统学评述：滇芎属是分布于中国-喜马拉雅地区高海拔生境的特殊类群。滇芎属是在系统上存在复合特征的类群，该属内部分种存在种间界限模糊的问题[FOC]，同时该属与棱子芹属 *Pleurospermum*、东俄芹属 *Tongoloa* 和瘤果芹属 *Trachydium* 等近缘属存在属间界限模糊等问题[2]，因此需要在综合其近缘属在内的全部地理分布区内进行全面的考察研究和修订。王萍莉和溥发鼎[80]基于形态学、孢粉学和生物地理学等证据指出该属可能由棱子芹属进化而来，近年的分子系统学研究支持了这种假设[3]。

DNA 条形码研究：BOLD 网站有该属 8 种 11 个条形码数据；GBOWS 网站已有 4 种 20 个条形码数据。

67. *Pimpinella* Linnaeus 茴芹属

Pimpinella Linnaeus (1753: 263); Pu & Watson (2005: 93) (Lectotype: *P. saxifraga* Linnaeus)

特征描述：草本。茎常直立。叶柄有叶鞘；茎生叶向上逐渐变小，常无柄，有叶鞘。复伞形花序；小伞形花序常有多数花；萼齿不明显；花瓣，基部顶端有内折小舌片；花柱基圆锥形、稀垫状，短于花柱。果实卵形、长卵形或卵球形；每棱槽内油管 1-4，合生面油管 2-6。胚乳腹面平直或微凹；心皮柄 2 裂至中部或基部。花粉粒 3 孔沟，脑纹状纹饰。

分布概况：150/39（28）种，**1 型**；分布于欧洲，亚洲和非洲，少数至美洲；中国南北均产。

系统学评述：在传统的伞形科分类系统中，茴芹属隶属于芹亚科阿米芹族葛缕子亚族[FRPS]。Wolff[81]于 1927 年根据生活史、花瓣颜色及果实和花瓣表面被毛程度将茴芹属分成 3 个组：毛果组 *Pimpinella* sect. *Tragium*、光果组 *P.* sect. *Tragoselinum* 和 *P.* sect. *Reutera*。溥发鼎[FRPS]承认了中国有 39 种，并将它们分别对应于毛果组和光果组，而在 FOC 中承认了 44 种，但没有进行分组处理。分子系统学研究表明该属不是单系类群[1]。Downie 等[1]认为茴芹属植物主要属于 7 个大分支，即丝瓣芹 *Acronema* 分支、葛缕子族 Careae、Echinophoreae、*Physospermopsis* 分支、茴芹族、Pyramidoptereae 和亮蛇床族；其中模式种 *P. saxifraga* Linnaeus 处于茴芹族中。王志新等基于核基因 ITS 和叶绿体片段对中国茴芹属进行系统发育重建，结果表明茴芹属不是单系类群，但是茴芹属核心类群却聚成了一个支持率很高的分支[58]。大多数的中国茴芹属植物都属于该核心类群，而余下的种类主要分布于其他 4 族，即亮蛇床族（直立茴芹 *P. smithii* H. Wolff）、丝瓣芹分支（短果茴芹 *P. brachycarpa* (Komarov) Nakai、锐叶茴芹 *P. argute* Diels 和具萼茴芹 *P. calycina* Maximowicz）、水芹族（锯边茴芹 *P. serra* Franchet & Savatier）和东亚分支（菱叶茴芹 *P. rhomboidea* Diels 及川鄂茴芹 *P. henryi* Diels 等）。另外，基于形态学、细胞学和分子生物学等方面的证据，还提出了将锐叶茴芹新组合至大叶芹属 *Spuriopimpinella*，同时支持将短果茴芹转移至大叶芹属，将锯边茴芹移到水芹属 *Oenanthe* 的观点[58]。

DNA 条形码研究：BOLD 网站有该属 66 种 92 个条形码数据；GBOWS 网站已有 9 种 61 个条形码数据。

代表种及其用途：该属很多种类具有药用价值，如茴芹 *P. anisum* Linnaeus、深紫茴芹 *P. atropurpurea* C. Y. Wu ex R. H. Shan & F. T. Pu、异叶茴芹 *P. diversifolia* de Candolle、羊红膻 *P. thellungiana* H. Wolff 等；此外，一些类群还被用作香水和香料等原材料，如茴芹、异叶茴芹等。

68. *Pleurospermopsis* C. Norman 簇苞芹属

Pleurospermopsis C. Norman (1938: 200); Pan & Watson (2005: 51) [Type: *P. sikkimensis* (C. B. Clarke) C. Norman (≡*Pleurospermum sikkimense* C. B. Clarke)]

特征描述：芳香草本。根粗壮。茎直立被叶鞘。叶柄基部具骤然开展的叶鞘；羽状复叶，无柄，边缘具粗锯齿。复伞形花序，总苞片数枚，硬纸质，浅裂，顶端具粗齿；伞幅缩短成簇状；小苞片显著。萼齿小；花瓣深紫红色至黑紫色；花柱基短于花柱。果狭椭圆形，光滑；果棱具狭翅；每棱槽 1-2 油管，合生面 4 油管。胚乳腹面凹陷；心皮柄 2 叉。

分布概况：1/1 种，**14-1 型**；分布于印度（锡金），不丹，尼泊尔；中国产西藏。

系统学评述：目前未见该属的系统学报道。

DNA 条形码研究：BOLD 网站有该属 1 种 1 个条形码数据。

69. *Pleurospermum* Hoffmann 棱子芹属

Pleurospermum Hoffmann (1814: 8); Pan & Watson (2005: 40) [Lectotype: *P. austuiacum* (Linnaeus) Hoffmann (≡*Ligusticum austriacum* Linnaeus)].——*Hymenidium* Lindley (1835: 233)

特征描述：草本。根茎有叶鞘。茎直立。羽状复叶。伞形花序；总苞多数，边缘常白色膜质；小苞片多数，边缘白色；花瓣白色或紫红色；花柱基圆锥形。果实椭圆形至阔卵形，稍两侧压扁，常密生瘤状凸起；果棱波状、冠状或具狭翅；每棱槽 1（-3）油管，合生面 2（-4-6）油管。胚乳腹面凹陷；心皮柄 2 叉。花粉粒 3 孔沟，皱波状-条纹状。

分布概况：50/39（22）种，**10 型**；分布于亚洲东部，北部至欧洲东部；中国产西南、西北至东北，西南尤多。

系统学评述：棱子芹属分布广泛，分类复杂，自建立以来范围一直备受争议，一些种类频繁被归入和移出该属[64,82-87]。传统分类将棱子芹属置于芹亚科美味芹族，单人骅等依据国内已有的分类并结合了 de Candolle、Ledebour 和 Klotzsch 的分类意见，将 *Hymenidium*、*Hymenolaena*、*Aulacospermum* 和 *Pterocyclu* 归并入棱子芹属[FRPS]。FOC 中对棱子芹属的分类处理基本沿用 FRPS 的分类方案，未对属下进行分组处理。分子系统学研究表明棱子芹属并非单系类群[2,3,14,20,34,88]。

DNA 条形码研究：BOLD 网站有该属 10 种 53 个条形码数据；GBOWS 网站已有 26 种 380 个条形码数据。

代表种及其用途：棱子芹属，如棱子芹 *P. uralense* Hoffmann 等，气味芳香，含有多种特殊化学成分，部分种类是中国重要的传统中药材和民族药用植物，仅《藏药志》记载作为药用的棱子芹属植物就达 12 种之多。此外，棱子芹属植物生境特殊，植株挺拔，总苞和花颜色各异形态美丽，在许多地区为少数民族所偏好，常被赋予吉祥美好的寓意，是民族文化中不可或缺的一部分。

70. *Prangos* Lindley 栓翅芹属

Prangos Lindley (1958: 145); Pan & Watson (2005: 58) [Lectotype: *P. ferulacea* (Linnaeus) Lindley (≡*Laserpitium ferulaceum* Linnaeus)].——*Cryptodiscus* Schrenk (1841: 64)

特征描述：多年生草本。茎直立，羽片三出或羽状分裂，小叶裂片细线形。果实长圆形，背腹扁压；背棱线状，侧棱有木栓质的翅，或全部棱不显著；棱槽中油管多数，合生面数枚。胚乳腹面平直或稍凹。花粉粒 3 孔沟，皱波状-条纹状纹饰。

分布概况：30/4 种，**12 型**；分布于欧洲地中海地区至中亚；中国产西藏南部及新疆天山地区。

系统学评述：栓翅芹属位于伞形科美味芹族[FRPS]。近来国外学者对该属及其邻近属做了较深入的研究，弄清了一些历史遗留的问题，其中涉及中国种类的有绵果芹属 *Cachrys* 和隐盘芹属 *Cryptcdiscus* 等类群[12,89]。Hiroe[38]将 *P. fertclacea* Lindley 选为栓翅芹属的模式种。绵果芹属的模式种是 *C. libanotis* Linnaeus，尽管对此并无异义，但该种的模式标本问题一度模糊不清，加上早先置于该属的部分种与栓果栓属的种类接近，致使有关学者对两属的定义、划分乃至合并意见不一。第十二届国际植物学大会澄清了这一问题，明确规定了 *C. libanotis* Linnaeus 的模式标本来自 Morison[4]。栓翅芹属最显著的特征是分生果较大而厚，中果皮具发达的通气组织（即海绵状细胞组织）而无明显的厚壁组织，绵果芹属果实不具发达的通气组织，果棱中有明显的厚壁组织。修订后的绵果芹属主要分布于欧洲，其他原置于该属的种则移至栓翅芹属[89]。最近，Pimenov 等[12]又将 *Cryptodiscus* 并入栓翅芹属。目前缺乏全面的分子系统学研究。

DNA 条形码研究：BOLD 网站有该属 5 种 6 个条形码数据。

71. *Pternopetalum* Franchet 囊瓣芹属

Pternopetalum Franchet (1885: 246); Pu & Phillippe (2005: 85) (Type: *P. davidii* Franchet)

特征描述：草本。常有根茎。茎直立。叶片分裂；复伞形花序常无总苞；小总苞片呈线状披针形；小伞形花序有花 2-4，花柄极不等长；萼齿小；花瓣下端常呈小袋，顶端凹陷，有 1 内折小舌片，或全缘；花柱基圆锥形，花柱伸长。果实圆卵形至长卵形，侧面扁平；心皮柄 2 裂至基部；胚乳腹面平直。

分布概况：25/23（19）种，**14（SH）**型；主要分布于中国，少数到朝鲜，日本，印度；中国产长江以南，以四川和云南东北部最多。

系统学评述：在传统的伞形科分类系统中，囊瓣芹属隶属于芹亚科阿米芹族，被认为与茴芹属 *Pimpinella* 有较近的亲缘关系[FRPS]。该属由 Franchet 于 1885 年描述和建立，其模式种为囊瓣芹 *P. davidii* Franchet，但由于属的界限不明确等，该属的分类系统一直非常混乱，曾多次被合并到其他属中，如茴芹属 *Pimpinella*、葛缕子属 *Carum* 等，还包括 *Cryptotaeniopsis* 等曾用名。Wolff[81]和 Handel-Mazzetti[90]等先后对该属进行了修订，其系统位置及分类界限等逐渐明晰。单人骅、吴征镒、溥发鼎及潘泽惠等对中国囊瓣芹属的系统分类学研究沿用了 Wolff[81]的观点，将该属分为 2 组，即蕨叶组 *Pternopetalum* sect. *Pteridophyllae* 和齿棱组 *P.* sect. *Denterioideae*[91-97]。根据 FOC，全世界约有 25 种，中国 23 种，其中 19 种为特有种，但是不再进行属下分组。基于野外考察和标本查询，王利松对该属进行了全面的系统修订，他认为全世界共有囊瓣芹属植物 15 种，包括 1 个新种羽裂囊瓣芹 *P. bipinnatum* L. S. Wang[98-102]。王利松还选取该属 32 个分类群 60 个形态性状用 UPGMA 算法进行聚类分析，结果表明属下形成以五匹青 *P. vulgare* (Dunn) Handel-Mazzetti 和东亚囊瓣芹 *P. tanakae* (Franchet & Savatier) Handel-Mazzetti 为代表的 2 个主要表征群，其分类结构和各自所包含的类群基本对应于前人研究中该属 2 组的属下处理[99]。同时根据全面相似性分析和部分形态学特征的评估，确认了属下 6 种的复合群，即五匹青、囊瓣芹 *P. davidii* Franchet、散血芹 *P. botrychioides* (Dunn) Handel-Mazzetti、洱源囊瓣芹 *P. molle* (Franchet) Handel-Mazzetti、澜沧囊瓣芹 *P. delavayi* (Franchet) Handel-Mazzetti 和东亚囊瓣芹复合群。分子系统学研究零星涉及该属的少数种类，Valiejo-Roman 等[42]及 Zhou[2,3]的研究都表明该属是与丝瓣芹属 *Acronema* 等具有近缘关系的单系类群。Downie 等[1]将该属置于丝瓣芹 Acronema 分支。但是由于涉及的种类很少，关于囊瓣芹属的系统发育重建还有待进一步研究。

DNA 条形码研究：BOLD 网站有该属 9 种 10 个条形码数据；GBOWS 网站已有 5 种 43 个条形码数据。

代表种及其用途：该属很多植物都具有重要的药用价值，如膜蕨囊瓣芹 *P. trichomanifolium* (Franchet) Handel-Mazzetti、散血芹 *P. botrychioides* (Dunn) Handel- Mazzetti。

72. *Pterygopleurum* Kitagawa 翅棱芹属

Pterygopleurum Kitagawa (1937: 654); Pu & Watson (2005: 136) [Type: *P. neurophyllum* (Maximowicz) Kitagawa (≡*Edosmia neurophyllum* Maximowicz)]

特征描述：多年生草本；茎有纵槽；基生叶有柄，叶柄基部扩展成膜质叶鞘；叶片一至二回羽裂或三出羽裂，末回裂片线形或线状披针形，全缘；复伞形花序疏松、顶生或侧生，总苞片和小总苞片少数、线形；萼齿显著；花瓣白色，倒心形，顶端有内折小舌片。果实长椭圆形、无毛，两侧稍压扁，果棱凸起、有翅，基部膨大，每棱槽油管1，合生面油管2。

分布概况：1/1种，**14型**；分布于东亚；中国产华东。

系统学评述：传统分类将棱翅芹属置于伞形科芹亚科阿米芹族西风芹亚族[FRPS]；分子系统学研究将棱翅芹属置于丝瓣芹 *Acronema* 分支，但该结论尚缺乏形态学证据支持[1]。

DNA 条形码研究：BOLD 网站有该属1种1个条形码数据。

73. *Sanicula* Linnaeus 变豆菜属

Sanicula Linnaeus (1753: 235); Sheh & Phillippe (2005: 19) (Lectotype: *S. europaea* Linnaeus)

特征描述：草本。茎直立或倾卧。叶近圆形至心状五角形，掌状分裂，裂片边缘有锯齿或刺毛状复锯齿。单伞形或不规则伸长的复伞形花序。雄花有柄；两性花无柄或有短柄；萼齿卵形、线状披针形或刺芒状。果实长椭圆状卵形或近球形，表面密生皮刺或瘤状凸起，刺基部膨大或呈薄片状相连，顶端尖直或呈钩状。花粉粒3沟孔，束状条纹、条纹-网状、脑纹-网状纹饰。

分布概况：40/17（11）种，**1型**；主要分布于温带，少数到亚热带；中国除新疆外，各省区均产。

系统学评述：变豆菜属位于伞形科基部，是单系类群。传统分类认为，变豆菜属隶属于伞形科变豆菜亚科[FRPS]。Shan 和 Constance[103]将变豆菜亚科划分为5组，即 *Sanicula* sect. *Tuberculatae*、*S.* sect. *Sanicla*、*S.* sect. *Pseudopetagnia*、*S.* sect. *Sandwicense* 和 *S.* sect. *Sanicoria*。Calvino 等[46]基于叶绿体 *trn*Q-*trn*K 基因构建了变豆菜亚科的分子系统树，将变豆菜亚科划分为2族，即变豆菜族和 Steganotaenieae 族，其中变豆菜族包括 *Actinolema*、*Alepidea*、*Arctopus*、*Astrantia*、刺芹属 *Eryngium*、*Petagnaea* 和变豆菜属 *Sanicula*；Steganotaenieae 族包括 *Steganotaenia* 和 *Polemanniopsis*。分子系统学观点也支持变豆菜属隶属于变豆菜亚科的变豆菜族[46]。变豆菜属包含40多种，其属下等级的分类研究多涉及国外的一些类群。研究将变豆菜属分为4组，分别为 *S.* sect. *Sanicoria*、*S.* sect. *Sandwicenses*、*S.* sect. *Pseudopetagnia* 和 *S.* sect. *Sanicula*[104,105]。Vargas 等[105]利用核基因 ITS 序列对变豆菜属4组进行了系统树重建，并分析了其组间进化关系。马永红等[106]对变豆菜属6种13个居群植物的叶表皮特征进行了光学显微观察，表明叶表皮特征对于变豆菜属种类的划分和亲缘关系的确定具有一定的分类学意义。

DNA 条形码研究：BOLD 网站有该属30种118个条形码数据；GBOWS 网站已有6种50个条形码数据。

代表种及其用途：部分种类全草入药，民间用作治疗跌打损伤或风寒感冒等，如天蓝变豆菜 *S. coerulescens* Franchet 和野鹅脚板 *S. orthacantha* S. Moore。

74. *Saposhnikovia* Schischkin 防风属

Saposhnikovia Schischkin (1951: 359); Pan & Watson (2005: 204) [Type: *S. divaricata* (Turczaninow ex

Ledebour) Schischkin (≡*Stenocoelium divaricatum* Turczaninow ex Ledebour)]

特征描述：草本。根粗壮，具分枝，有环纹，上部被叶鞘。茎多分枝，具细棱。叶羽状深裂至全裂。复伞形花序，有总苞；小苞片数枚。萼齿短。花瓣白色，花柱基圆锥形；子房具横向排列的瘤状凸起，果期消失或仅留有痕迹。双悬果椭圆形，背腹压扁；背棱稍凸起，侧棱具狭翅；每棱槽和主棱各有油管 1，合生面油管 2。胚乳腹面平坦。

分布概况：1/1 种，**11 型**；分布于西伯利亚东部和亚洲北部地区；中国产东北、华北。

系统学评述：防风属传统上被置于伞形科芹亚科脂胶芹族 Laserpiteae 防风亚族 Silerinae，与胡萝卜族构成近缘[FRPS]。分子系统学研究表明，防风属位于亮蛇床族分支，与松叶西风芹 *Seseli yunnanense* Franchet、前胡 *Peucedanum praeruptorum* Dunn 及长前胡 *Peucedanum turgeniifolium* H. Wolff 等构成近缘类群[1]。

DNA 条形码研究：BOLD 网站有该属 1 种 7 个条形码数据；GBOWS 网站已有 1 种 24 个条形码数据。

代表种及其用途：防风 *S. divaricata* (Turczaninow) Schischkin 植株含有色原酮类、香豆素类、多糖类、有机酸类、甘油酯类、升麻素苷等成分；根入药，有解表祛风、燥湿、止痉之功效。

75. *Scaligeria* de Candolle 丝叶芹属

Scaligeria de Candolle (1829: 70), *nom. cons.* ; Pan & Watson (2005: 60) (Type: *S. microcarpa* de Candolle)

特征描述：多年生草本，有块茎。茎直立，有棱。叶全裂，末回裂片线形。伞形花序有总苞片和小总苞片；花两性；萼无齿；花瓣白色，倒卵形，顶端凹，有内折的小舌片；花柱基近圆锥状，花柱短，外弯。果实椭圆形或球形，果棱不显著；油管在棱槽内单一或 3-5（6）。胚乳腹面深凹或平直。

分布概况：约 22/1 种，**12 型**；分布于欧洲地中海地区，至小亚细亚到中亚的塔尔巴哈台；中国产新疆。

系统学评述：在 Downie 等[31]对伞形科针果芹族，与 Degtjareva 等[107]对芹亚科的系统发育分析中有涉及该属的个别种。目前缺乏全面的分子系统学研究。

DNA 条形码研究：BOLD 网站有该属 2 种 3 个条形码数据。

76. *Scandix* Linnaeus 针果芹属

Scandix Linnaeus (1753: 256); Sheh & Watson (2005: 26) (Lectotype: *S. pecten-veneris* Linnaeus)

特征描述：草本。茎纤细，被短柔毛。叶柄大部分成狭窄的叶鞘；叶片一至三回羽状，末回裂片呈狭线形；伞辐很少；小苞片浅裂或全裂。萼齿退化；花瓣有 1 个内折顶点，外层花有时不等；花柱基扁平，花柱小。果近圆筒形，略微横向压扁，直立；侧向长达种子轴承部长度的 4 倍；棱细长，突出；油管小。果瓣柄先端深裂。花粉粒 3 孔沟，皱波状-条纹状纹饰。染色体 $2n=16$。

分布概况：20/1 种，**12 型**；分布于亚洲和地中海地区；中国产新疆天山。

系统学评述：传统分类学将针果芹属置于芹亚科针果芹族针果芹亚族[FRPS]。

DNA 条形码研究：BOLD 网站有该属 2 种 6 个条形码数据。

77. *Schrenkia* Fischer & C. A. Meyer 双球芹属

Schrenkia Fischer & C. A. Meyer (1841: 63); Pan & Watson (2005: 30) [Type: *S. vaginata* (Ledebour) Fischer & C. A. Meyer (≡*Cachrys vaginata* Ledebour)]

特征描述：草本。主根木质。茎有纵棱，基部被叶鞘包围；下部枝互生，上部枝对生、轮生或分歧成聚伞状。叶羽状分裂，有叶鞘。复伞形花序；总苞小；小总苞数枚。花杂性；萼齿显著；花瓣椭圆形至卵形，基部具爪，顶端凹缺，微内折；花柱基扁圆锥形，花柱向外倾斜。果实双扁球形，不分离，宽大于长，无毛；果皮革质，棱显著；油管不显著。胚乳腹面凹陷。

分布概况：7/1 种，**13 型**；分布于中亚，欧洲；中国产新疆西部。

系统学评述：该属尚未见系统学研究。

DNA 条形码研究：BOLD 网站有该属 10 种 10 个条形码数据。

78. *Schulzia* Sprengel 苞裂芹属

Schulzia Sprengel (1813: 30); Pu & Watson (2005: 133) [Type: *S. crinita* (Pallas) Sprengel (≡*Sison crinitum* Pallas)]

特征描述：草本。基生叶基部扩大成宽鞘。叶片羽状全裂。复伞形花序顶生，伞辐粗壮，不等长或近等长；总苞片和小总苞片羽状全裂，膜质或近膜质；萼齿不显著或无；花瓣白色，卵形，顶端向内弯曲；花柱基扁平圆锥形，花柱外弯或直立。分生果长圆形或卵形，两侧扁压，果棱稍凸起；每棱槽内油管 3-4，合生面油管 4-8。

分布概况：4/4 种，**13-1 或 11 型**；分布于中亚，喜马拉雅地区；中国产新疆。

系统学评述：苞裂芹属在传统分类中被置于伞形科芹亚科阿米芹族西风芹亚族[FRPS]。Valiejo-Roman 等[108]有关藁本属 *Ligusticum* 和亮蛇床属 *Selinum* 的分子系统学研究表明，苞裂芹属始终与 *Pyramidoptera*-group 聚集在一起。

DNA 条形码研究：BOLD 网站有该属 3 种 6 个条形码数据。

79. *Schumannia* Kuntze 球根阿魏属

Schumannia Kuntze (1887: 192); Sheh & Watson (2005: 180) (Type: *S. turcomanica* Kuntze)

特征描述：草本。根块茎状，增粗。叶片多回三出全裂，末回裂片线形。复伞形花序无总苞片；小伞形花序的花密集为头状；萼齿钻形或披针形，花后增大；花瓣淡黄色，卵形，外面被柔毛；花柱基扁圆锥形，花柱延长；分生果椭圆形或长圆形，具密集的短柔毛；背棱丝状，每棱槽内有油管 3-5，合生面油管 10-12；心皮柄 2 深裂。种子胚乳腹面平直。

分布概况：1/1 种，**13-2 型**；分布于伊朗，巴基斯坦，中亚；中国产新疆。

系统学评述：球根阿魏属隶属于芹亚科前胡族阿魏亚族[FRPS]，自建立以来其系统位置就受到了很大争议。球根阿魏属是 Kuntze[109]在 1887 年建立的单种属，但在 1851 年 Bunge[110]已将该属放在阿魏属 *Ferula* 中进行了描述，Korovin[111]也承认了球根阿魏属的独立性。Pimenov[12,112]依据中果皮存在硬化细胞层而将其并入阿魏属。

DNA 条形码研究：BOLD 网站有该属 1 种 1 个条形码数据。

80. *Selinum* Linnaeus 亮蛇床属

Selinum Linnaeus (1762: 350), *nom. cons.* ; Pu & Watson (2005: 137) [Type: *S. carvifolia* (Linnaeus) Linnaeus, *typ. cons.* (≡*Seseli carvifolia* Linnaeus)]

特征描述：草本。直根粗壮、圆柱形，根茎宿存枯鞘纤维。茎直立，基生叶叶柄基部膨大为膜质叶鞘，叶片二至三回羽裂，末回裂片长卵形、披针形至线形。复伞形花序顶生或侧生；总苞片少数或无，小总苞片多数，线形或羽裂；萼齿发达；花瓣白色，倒卵形，先端具内折小舌片；分生果卵形或近圆形，背腹压扁，背棱凸起，侧棱宽翅状，每棱槽油管 1-4，合生面油管 2-8。花粉粒 3 孔沟，皱波状-条纹状纹饰。

分布概况：8/3 种，**10 型**；分布于欧洲和亚洲；中国产西南和台湾。

系统学评述：亮蛇床属为复系类群；传统分类将亮蛇床属置于伞形亚科阿米芹族西风芹亚族[FRPS]。基于 ITS 序列分析，该属置于亮蛇床族，但模式种 *S. carvifolia* (Linnaeus) Linnaeus 和 *S. broteri* Hoffmanns & Link 处于亮蛇床族下较基部的位置，而其他物种置于末级分支[1,40]。

DNA 条形码研究：BOLD 网站有该属 4 种 4 个条形码数据；GBOWS 网站已有 2 种 23 个条形码数据。

代表种及其用途：亮蛇床 *S. cryptotaenium* de Boissieu 是一种草药。

81. *Semenovia* Regel & Herder 大瓣芹属

Semenovia Regel & Herder (1866: 78); Pu & Watson (2005: 202) (Type: *S. transiliensis* Regel & Herder).——*Platytaenia* Nevski & Vvedensky (1937: 270)

特征描述：草本。根纺锤形；叶片全裂或羽状分裂。复伞形花序；萼齿微小；花瓣白色，外花具辐射瓣，先端 2 深裂，背面被微柔毛；花柱基圆锥形，比花柱稍短。果卵球形或卵圆形、长圆形，背棱和中棱凸起，侧棱宽展成翅或与背棱等宽；每棱槽油管 1，合生面油管 2。胚乳腹面平直或略凹；心皮柄 2 深裂至基部。染色体 $2n=22$。

分布概况：26/6 种，**13 型**；分布于西南亚，中亚和东亚地区；中国产新疆、四川、甘肃、西藏和云南。

系统学评述：大瓣芹属归属于伞形科芹亚科环翅芹亚族[1]。大瓣芹属的许多物种与独活属 *Heracleum*、前胡属 *Peucedanum* 和艾叶芹属 *Zosima* 具有较近的亲缘关系。但余岩等[50]的研究表明 *H. millefolia* 应归属于大瓣芹属，其确实具有大瓣芹属的特征。Ukrainskaja 等[113]在塔吉克斯坦发现了 4 个新种，即 *S. pulvinata* Pimenov & Kljuykov、

S. dissectifolia Ukrainskaja & Kljuykov、*S. imbricata* Ukrainskaja & Kljuykov 和 *S. vachanica* Ukrainskaja & Kljuykov，同时也将 *S. torilifolia* (H. Boissieu) Pimenov 和 *S. malcolmii* (Hemsley & H. Pearson) 重新放入大瓣芹属。

DNA 条形码研究：BOLD 网站有该属 19 种 25 个条形码数据。

82. *Seseli* Linnaeus 西风芹属

Seseli Linnaeus (1753: 259); Sheh et al. (2005: 122) (Lectotype: *S. tortuosum* Linnaeus)

特征描述：草本。根茎单一或分叉，多木质化；根圆锥状。茎有纵长细条纹和浅纵沟。叶片羽状分裂或全裂。复伞形花序；萼齿宿存；花瓣白色或黄色；花柱基常圆锥形或垫状，较花柱短。分生果卵形、长圆形或圆筒形，果棱线形凸起，钝。胚乳腹面平直；心皮柄 2 裂达基部。花粉粒 3 孔沟，皱波状-条纹状纹饰。

分布概况：80/19 种，**10 型**；分布于欧洲和亚洲；中国产内蒙古、山西、陕西、宁夏、甘肃、四川、贵州、广西、云南、西藏、新疆。

系统学评述：传统分类将西风芹属置于伞形科芹亚科阿米芹族西风芹亚族[FRPS]。分子系统学研究认为西风芹属应归于伞形科中的 Selineae[1]。该属与岩风属 *Libanotis* 的分与合一直存有争论。

DNA 条形码研究：BOLD 网站有该属 18 种 19 个条形码数据；GBOWS 网站已有 3 种 16 个条形码数据。

代表种及其用途：竹叶西风芹 *S. mairei* H. Wolff 在中国云南、贵州一带入药，称为西防风或西风。

83. *Seselopsis* Schischkin 西归芹属

Seselopsis Schischkin (1950: 159); Pu & Watson (2005: 112) (Type: *S. tianschanicum* Schischkin)

特征描述：多年生草本。根块状。茎有浅纵细条纹，基部带紫色。基生叶柄，有宽阔叶鞘，边缘膜质白色；叶片羽状全裂。复伞形花序，无总苞，有小总苞；伞辐不等长；小伞形花序有花 15-25，花柄不等长；无萼齿；花瓣倒心形，有内折的小舌片；花柱基短圆锥状，柱头头状。分生果椭圆形或卵形，背面稍扁压，果棱翅状凸起；每棱槽内油管 1，粗大，合生面油管 2。

分布概况：2/1 种，**13 型**；分布于中亚；中国产新疆。

系统学评述：传统分类将西归芹属置于伞形科芹亚科阿米芹族葛缕子亚族[FRPS]。分子系统学研究则认为西归芹属与滇芹分支中的部分类群有更近的亲缘关系[1]。

DNA 条形码研究：BOLD 网站有该属 1 种 1 个条形码数据。

代表种及其用途：西归芹 *S. tianschanicum* Schischkin 的根入药，治跌打损伤、贫血等。

84. *Silaum* Miller 亮叶芹属

Silaum Miller (1754: 4); Sheh & Watson (2005: 134) [Neotype: *S. silaus* (Linnaeus) Schinz & Thellung (≡*Peucedanum silaus* Linnaeus)]

特征描述：草本。叶羽状分裂。伞形花序大；总苞片常无或少数；小苞片多数；萼齿小；花瓣黄绿色或淡黄色，顶端狭窄成内折的小舌片；花柱基短圆锥形，花柱短，外弯。果实长圆状卵形，横剖面近圆形，分生果有 5 条尖锐相等几成翅状凸起的主棱；油管小，多数，分布不均匀，果实成熟时消失；分生果横剖面五边形。胚乳腹面近于平直；心皮柄 2 裂，分离。花粉粒 3 孔沟，皱波状或条纹状纹饰。

分布概况：1-5/1 种，**10 型**；分布于欧洲地中海地区；中国有引种。

系统学评述：亮叶芹属在传统分类中被置于伞形科芹亚科阿米芹族西风芹亚族[FRPS]。Kurzyna-Mlynik 等[49]利用 ITS 片段分析探讨阿魏属 *Ferula* 的系统位置时，亮叶芹 *S. silaus* (Linnaeus) Schinz & Thellung 位于 Apioid 亚支，且认为研究所用的 3 个阿魏属样品，实际应视为亮叶芹属的某个种。

DNA 条形码研究：BOLD 网站有该属 1 种 7 个条形码数据；GBOWS 网站已有 1 种 4 个条形码数据。

代表种及其用途：亮叶芹 *S. silaus* (Linnaeus) Schinz & Thellung 的果实含挥发油。

85. *Sinocarum* H. Wolff ex R. H. Shan & F. T. Pu 小芹属

Sinocarum H. Wolff ex R. H. Shan & F. T. Pu (1980: 374); Pu et al. (2005: 82) [Type: *S. coloratum* (Diels) F. T. Pu (≡*Carum coloratum* Diels)]

特征描述：草本。根胡萝卜状。茎直立，单生或丛生，具纵条纹。叶有长柄，具叶鞘，羽状分裂，茎上部的叶片较小，有宽阔的叶鞘。复伞形花序；多数无小总苞片；萼齿小；花瓣大小不等，常伸展，不内折；花柱基垫状，花柱较短。果实卵形、阔卵形，果棱线形，每棱槽内油管常 1，胚乳腹面平直，稀微凹。

分布概况：7/7（7）种，**15 型**；中国产云南西部和西北部、四川西部及西藏东部和南部。

系统学评述：小芹属于 1927 年由 Wolff[81]从葛缕子属 *Carum* 中分出后，虽未正式建立，但一些植物分类学者及有关的文献中，已提到该属的名称及其所属的种类。根据现有的标本来看，该属植物纤细矮小，花瓣基部呈长或短的爪状，顶端钝圆或分裂，花柱基垫状，花柱较短等特点，与葛缕子属确有明显的区别，此外，其根为胡萝卜状，果实卵形，果棱线形，棱槽中的油管通常单生，胚乳腹面平直，这些特征又与葛缕子属相近，与其他属不同。该属的营养体态与东俄芹属 *Tongoloa* 相似，花瓣基部有爪，花柱都较短，但东俄芹属植株一般都较高大，果实顶端截形，基部心形，每棱槽中油管 3 或多数，胚乳腹面微凹，而小芹属植株细柔，果实卵形，棱槽中油管通常单生，胚乳腹面平直[FRPS]。

DNA 条形码研究：BOLD 网站有该属 4 种 4 个条形码数据；GBOWS 网站已有 4 种 16 个条形码数据。

86. *Sinolimprichtia* H. Wolff 舟瓣芹属

Sinolimprichtia H. Wolff (1922: 448); Pan & Watson (2005: 55) (Type: *S. alpina* H. Wolff)

特征描述：草本。主根粗壮。茎短粗，中空，有紫色沟纹，有叶鞘。叶大部基生，叶鞘宽阔，抱茎，常生于地下；叶片羽状复叶。复伞形花序无总苞；小苞片多数。萼齿小；花瓣卵形至倒卵形，黄色至白色，有时泛紫色，中肋深色，基部具爪，先端反折；花柱基扁圆锥形，深紫色；花柱长，反折。果实椭圆形，果棱 5。心皮柄细长。

分布概况：1/1（1）种，**15 型**；分布于中国四川、云南、西藏、青海。

系统学评述：舟瓣芹属是特产于中国青藏高原边缘的单型属，目前已经记载有 2 变种。传统观点认为该属系统位置与滇芎属 *Physospermopsis* 接近，但变种裂苞舟瓣芹 *S. alpina* var. *dissecta* R. H. Shan & S. L. Liou 的形态性状与细胞学资料与藁本 *Ligusticum capillaceum* H. Wolff 极为接近，容易混淆[FOC]。分子系统学研究表明，舟瓣芹属 2 个变种显示出明确的单系性，系统位置位于滇芎 *Physospermopsis* 分支[2,3]。

DNA 条形码研究：BOLD 网站有该属 2 种 3 个条形码数据；GBOWS 网站已有 2 种 27 个条形码数据。

87. *Sium* Linnaeus 泽芹属

Sium Linnaeus (1753: 251); Pu & Watson (2005: 115) (Lectotype: *S. latifolium* Linnaeus)

特征描述：草本。根为成束的须根或为块根。茎直立。叶柄具叶鞘；叶片羽状分裂至全裂。复伞形花序；总苞片全缘或有缺刻；小总苞片窄狭；萼齿常不等大；花瓣顶端内折；花柱反折，花柱基平陷或很少呈短圆锥形。果实球状卵形或卵状长圆形，光滑，果棱显著；每棱槽中有油管 1-3，合生面油管 2-6。胚乳腹面平直；心皮柄 2 裂达于基部。花粉粒 3 孔沟，条纹状纹饰。

分布概况：10/5 种，**1 型**；分布于北半球和非洲；中国产西南和东北。

系统学评述：泽芹属在传统分类中被置于伞形科芹亚科阿米芹族葛缕子亚族[FRPS]。分子系统学研究认为[29]，泽芹属应转移至水芹族；将部分种类组合至其他属后，余下的包括了 9 种的狭义泽芹属的单系性得到支持。

DNA 条形码研究：BOLD 网站有该属 12 种 66 个条形码数据；GBOWS 网站已有 2 种 26 个条形码数据。

代表种及其用途：泽芹 *S. suave* Walter 可用于水景园造景，全草亦可作药用，具散风寒、止头痛和降血压的功效。

88. *Soranthus* Ledebour 簇花芹属

Soranthus Ledebour (1829: 344); Sheh & Watson (2005: 181) (Type: *S. meyeri* Ledebour)

特征描述：草本。根圆柱形，细长。叶片多回羽状全裂。复伞形花序；小伞形花序几乎呈头状，花近无柄，小总苞片有白色短刺毛；萼齿短；花瓣淡绿色，卵形，外面有毛；花柱基扁圆锥形，花柱外弯。分生果椭圆形，背腹扁压，背棱丝状凸起，侧棱宽翅状，每棱内有油管 1，合生面油管 2-4。心皮柄 2 裂，种子胚乳腹面平直。

分布概况：1/1 种，**13 型**；分布于哈萨克斯坦，西伯利亚地区；中国产新疆。

系统学评述：簇花芹属隶属于芹亚科前胡族阿魏亚族[FRPS]，是由 Ledebour 于 1829

年建立的单种属[114]，仅含簇花芹 *S. meyeri* Ledebour。Willdenow[115]、Bunge[110]及 Drude[6]等将其置于阿魏属 *Ferula*，而 Korovin[111]承认簇花芹属独立成属。Pimenov 等[12,112]依据中果皮存在硬化细胞层而将其并入阿魏属。

DNA 条形码研究：GBOWS 网站有该属 1 种 8 个条形码数据。

89. *Sphallerocarpus* Besser ex de Candolle 迷果芹属

Sphallerocarpus Besser ex de Candolle (1829: 60); Sheh & Watson (2005: 29) (Type: *S. cyminum* Besser ex de Candolle)

特征描述：草本。茎多分枝，被短柔毛（尤其是在节点）；二至三回羽状复叶，裂片非常细碎。复伞形花序；伞辐众多，小苞片数枚。花瓣常具辐射瓣；萼齿微小；花柱基圆锥形或向下压扁；花柱短。果椭圆球形，侧面压扁，合生面缢缩，具 5 棱，每棱槽油管 2-3，合生面油管 4-6。种子表面具宽槽；果瓣柄 2 裂。染色体 $2n=20$。

分布概况：1/1 种，**13 型**；分布于日本，蒙古国，俄罗斯的东西伯利亚；中国产东北、华北、西北和西南。

系统学评述：迷果芹属归属于芹亚科针果芹族针果芹亚族 Scandicinae[FRPS]。

DNA 条形码研究：BOLD 网站有该属 1 种 1 个条形码数据；GBOWS 网站已有 1 种 24 个条形码数据。

代表种及其用途：迷果芹 *S. gracilis* (Besser ex Treviranus) Koso-Poljansky 不仅可供食用，还能祛风除湿，主治风湿性关节痛。

90. *Stenocoelium* Ledebour 狭腔芹属

Stenocoelium Ledebour (1829: 297); Pu & Watson (2005: 139) (Lectotype: *S. athamantoides* (Marschall von Bieberstein) Ledebour (≡*Cachrys athamantoides* Marschall von Bieberstein)]

特征描述：草本。根粗壮，根颈残留枯鞘纤维。茎缩短。有叶鞘，叶片二回羽状全裂。复伞形花序较大，伞辐 9-28，粗壮且不等长；总苞片线形或线状披针形，小伞花序多花，小总苞片多数，线形或披针形、多毛；萼齿三角形、显著；花瓣白色，顶端有内折小舌片，外部有柔毛。果实卵圆形、背腹稍压扁，背棱凸起、粗钝，侧棱宽翅状，每棱槽内油管 1，合生面油管 2。

分布概况：3/2 种，**13 型**；分布于中亚，西伯利亚；中国产新疆。

系统学评述：传统分类将狭腔芹属置于伞形科芹亚科阿米芹族西风芹亚族[FRPS]。分子系统学研究将该属置于亮蛇床族[1]。

DNA 条形码研究：BOLD 网站有该属 2 种 2 个条形码数据；GBOWS 网站已有 1 种 4 个条形码数据。

91. *Talassia* Korovin 伊犁芹属

Talassia Korovin (1962: 384); Sheh & Watson (2005: 193) [Type: *T. transiliensis* (Regel & Herder) Korovin (≡*Peucedanum transiliense* Regel & Herder)]

特征描述：草本。根粗，根颈分叉，木质化。茎多数。叶柄基部扩展成鞘，与叶片相接处具关节；叶片三回羽状全裂，末回裂片全缘或 3 深裂。复伞形花序，伞辐 8-18；无总苞片；小伞形花序有花 10-20，无小总苞片；萼齿三角形；花瓣黄色，广椭圆形；花柱基扁圆锥形，花柱短。分生果椭圆形，背腹扁压，背棱 3 条稍凸起，侧棱不明显；每棱槽内有油管 1，窄小，合生面油管 2。

分布概况：2/1 种，**13 型**；分布于中亚地区；中国产新疆。

系统学评述：伊犁芹属隶属于芹亚科前胡族阿魏亚族[FRPS]；自建立之初，其分类地位就备受争议。伊犁芹属最早放在前胡属 *Peucedanum* 中[116]，但 Korovin 将 *P. talassia* Korovin 从前胡属中分出成立新属 *Talassia*，即伊犁芹属[117]，其又将 *P. renardii* Regel & Schmalhausen 组合到伊犁芹属中[118]。Pimenov 等[12,112]依据中果皮存在硬化细胞层而将其并入阿魏属 *Ferula*。

92. *Tongoloa* H. Wolff 东俄芹属

Tongoloa H. Wolff (1925: 279); Pan & Watson (2005: 34) (Type: *T. gracilis* H. Wolff)

特征描述：草本。主根圆锥形。茎直立，具细肋或条纹。叶柄有膜质叶鞘；叶片羽状分裂。复伞形花序；总苞片和小总苞片少数，或无；萼有齿；花瓣基部狭窄或爪状，顶端钝或有小舌片；花柱基平压状，花柱短，向外反曲。双悬果合生面收缩，主棱 5；每棱槽有油管 2-3，合生面 2-4。胚乳腹面凹陷；心皮柄自中部分叉。花粉粒 3 孔沟，穴状纹饰、短条-网状纹饰、皱波状纹饰和网状纹饰。

分布概况：15/15（13）种，**14 型**；分布于印度（锡金），不丹，尼泊尔；中国产四川、云南、西藏。

系统学评述：周静等[3]的分子系统学研究表明该属位于东亚分支内的 *Tongoloa* 亚支，且该属不是单系类群。但 Downie 等[1]的研究则表明该属位于东亚分支下的滇芎 *Physospermopsis* 支，与舟瓣芹属 *Sinolimprichtia* 近缘。

DNA 条形码研究：BOLD 网站有该属 4 种 5 个条形码数据；GBOWS 网站已有 5 种 38 个条形码数据。

93. *Tordyliopsis* de Candolle 阔翅芹属

Tordyliopsis de Candolle (1930: 199); Pu & Watson (2005: 203) (Type: *T. brunonis* de Candolle)

特征描述：草本。根茎短，粗壮，分枝。茎基部被叶鞘；基生叶羽状多裂，有叶鞘。复伞形花序，苞片和小苞片多数。萼齿线形；花瓣二型，外花瓣辐射状，顶端缺口，具狭小内折舌片；花柱基圆顶，花柱长。果椭圆形，背部强烈压缩，幼时疏生毛，成熟后平滑；背棱不明显，侧棱延伸成宽翅，翅内缘附有力细胞。心皮柄 2 半裂至基部。染色体 x=11。

分布概况：1/1 种，**13-2 型**；分布于喜马拉雅山脉；中国产西藏南部。

系统学评述：阔翅芹属归属于伞形科芹亚科环翅芹亚族[1]；林奈将阔翅芹属归于独活属 *Angelica*。de Candolle[64]首次根据珠峰阔翅芹 *T. brunonis* de Candolle 发达的苞片和小苞片将阔翅芹属独立成属，但因并未获得成熟果实方面的证据，阔翅芹属的系统位置无定论。1959 年，Mandenova[119]以分生果龙骨状的背棱，油管具沟（有隔膜），花瓣形状将阔翅芹属和独活属及环翅芹亚族的其他属区别开。自此，阔翅芹属才被广泛认为是独立的属[120,121]。

DNA 条形码研究：BOLD 网站有该属 1 种 3 个条形码数据。

94. *Torilis* Adanson 窃衣属

Torilis Adanson (1763: 612); Sheh & Watson (2005: 28) [Lectotype: *T. anthriscus* (Linnaeus) C. C. Gmelin (≡*Tordylium anthriscus* Linnaeus)]

特征描述：草本，具毛。茎具脊；叶或羽状全裂；末回裂片具密急深齿至深裂，两面具糙毛。伞形花序；苞片少或无；小苞片 2-8；萼齿小；花瓣顶端具内折小舌片；花柱基厚，花柱短。果实圆卵形或长圆形；刺占据了整个果的表面区域。种子背侧扁平。花粉粒 3 孔沟，条纹状-皱波状纹饰。染色体 2*n*=14，16。

分布概况：20/2 种，**10-1 型**；广布非洲，欧洲，亚洲，北美洲，南美洲和太平洋群岛（尤其新西兰）；中国产西南、华南、华东。

系统学评述：窃衣属是芹亚科针果芹族[1]。该属部分成员系统位置经历了诸多变化，如 *T. anthriscus* (Linnaeus) C. C. Gmelin［曾用名 *Caucalis anthriscus* (Linnaeus) Hudson］、*Antriscus fetidus* (Linnaeus) Rafinesque、*Caucalis scandix* (Linnaeus) Scopoli、*Cerefolium anthriscus* (Linnaeus) Beck、*Chaerefolium anthriscus* (Linnaeus) Schinz & Thellung、*Chaerophyllum anthriscus* (Linnaeus) Crantz；*T. arvensis* (Hudson) Link［曾用名 *Anthriscus arvensis* (Hudson) Koso-Poljansky］；*T. gracilis* Engler［曾用名 *Caucalis gracilis* (Engler) H. Wolff ex R.E. Fries］等，显示这几个属间关系较近，形态上多有相似之处。

DNA 条形码研究：BOLD 网站有该属 3 种 40 个条形码数据；GBOWS 网站已有 2 种 64 个条形码数据。

代表种及其用途：窃衣属部分种类果实或全草入药，根据用量不同具有活血消肿、收敛杀虫等功效。可用于慢性腹泻、蛔虫病；外用治痈疮溃疡久不收口、阴道滴虫等症。

95. *Trachydium* Lindley 瘤果芹属

Trachydium Lindley (1835: 232); Pu & Watson (2005: 56) (Type: *T. roylei* Lindley)

特征描述：草本。根长圆锥形。茎常缩短。叶柄，具叶鞘；叶片三回羽状分裂，稀单叶。复伞形花序；伞辐长而粗壮，不等长，小总苞片与总苞片同形。花瓣白色或紫红色，基部有爪，顶端有内折小舌片；花柱较短，花基扁圆锥形，果实宽卵形或长椭圆形，果皮有泡状小瘤，果棱隆起；每棱槽中油管 1-3，合生面 2-6。胚乳腹面微凹，有的深凹或近平直。花粉粒 3 孔沟，皱波状-条纹状纹饰。

分布概况：6/6（4）种，**13-2 型**；广布中亚至喜马拉雅地区；中国产西南。

系统学评述：Norman[122]指出该属应该归到该亚科其他属之中。形态学研究表明该属一些种类与东俄芹属 *Tonglola*、滇芹属 *Meeboldia*、矮泽芹属 *Chamaesium*、棱子芹属

Pleurospermum、矮伞芹属 *Chamaesciadium*、藁本属 *Ligusticum* 之间的关系复杂；一些学者在 Norman 研究的基础上，限定该属为 1 个单型属，只包含瘤果芹 *T. roylei* Lindley，而另一些学者，却将其扩大成为包含 14 种，它们的分类地位始终存在争议[123]。蒲高忠和刘启新[124]通过果实表面微形态将该属与滇芹属区分开。周静等基于核基因 ITS，利用贝叶斯和最大似然法建立了伞形科芹亚科的系统发育树，得出前人所做的形态上界限划分较模糊和争议较大的属不是单系[2]。

DNA 条形码研究：BOLD 网站有该属 9 种 9 个条形码数据；GBOWS 网站已有 2 种 12 个条形码数据。

96. *Trachyspermum* Link 糙果芹属

Trachyspermum Link (1821: 267), *nom. cons.* ; Sheh & Watson (2005: 77) [Type: *T. copticum* (Linnaeus) Link (≡*Ammi copticum* Linnaeus)]

特征描述：草本。茎圆柱形。叶有柄，叶片羽状分裂或深裂。复伞形花序花序梗细弱，总苞片和小总苞片常无；伞辐少数，纤细；花柄不等长；萼齿退化；花瓣顶端有内折的小舌片，背面疏生糙毛；花柱基圆锥形，花柱短，外展；心皮柄 2 裂至基部。果实卵圆形或微心形，分生果主棱 5 条，表面白色糙毛；每棱槽内有油管 2-3。胚乳腹面平直。

分布概况：12/2 种，**6 型**；分布于非洲至南亚；中国产四川、云南、新疆。

系统学评述：糙果芹属形态差异较大，与茴芹属 *Pimpinella* 间的界限较为模糊。FRPS 记载中国有 2 种 2 变种，而 FOC 记载中国有 4 种。周静等的分子系统学研究表明：糙果芹属不是单系类群[2,3]。Downie 等[1]的研究表明该属植物属于 3 个大支，即 Echinophoreae、茴芹族和 Pyramidoptereae；王志新等[58]的研究支持上述结论。这些研究也表明，该属的模式种细叶糙果芹 *T. ammi* (Linnaeus) Sprague 隶属于 Pyramidoptereae，而 2 个中国特有种糙果芹 *T. scaberulum* (Franchet) H. Wolff 和马尔康糙果芹 *T. triradiatum* H. Wolff 则隶属于茴芹族，嵌插在茴芹属核心类群中。王志新等[58]建议只有将全部的 4 个中国类群收集齐全，并结合它们的形态与分子特征，才能解决中国糙果芹属和茴芹属之间的问题。

DNA 条形码研究：BOLD 网站有该属 3 种 4 个条形码数据；GBOWS 网站已有 1 种 4 个条形码数据。

代表种及其用途：该属植物的果实被用于香水原材料和调味的香料；在新疆地区作药用。

97. *Turgenia* Hoffmann 刺果芹属

Turgenia Hoffmann (1814: 59); Pan & Watson (2005: 28) [Type: *T. latifolia* (Linnaeus) Hoffmann (≡*Caucalis latifolia* Linnaeus)]

特征描述：草本，密被柔毛。主根细长。茎具干薄竖棱。常羽状复叶；叶柄窄，膜质鞘；羽片具粗齿。伞形花序；具苞片和小苞片；花杂性；萼齿突出；外扩花瓣辐射状；花柱基圆锥形，花柱短。果卵形，侧面扁平，密布刺或刚毛；主棱和次棱明显，每棱槽油管 1，主棱下油管 2，合生面油管 2。果瓣柄顶端开裂。

分布概况：2/1 种，**12 型**；分布于西北非，中亚，西南亚，以及欧洲的中部，南部和西部；中国产新疆。

系统学评述：刺果芹属位于芹亚科针果芹族[1]。

DNA 条形码研究：BOLD 网站有该属 2 种 3 个条形码数据。

98. *Vicatia* de Candolle 凹乳芹属

Vicatia de Candolle (1830: 243); Pu & Watson (2005: 52) (Type: *V. coniifolia* de Candolle)

特征描述：草本。根粗壮，偶具分枝。茎直立。叶柄下部有膜质叶鞘；羽状复叶，末回裂片狭而尖。复伞形花序，总苞片少数；小总苞线形。萼齿细小；花瓣白色、粉红色或紫红色；花柱基圆盘状，花柱短。分生果卵状长圆形，基部明显向内弯曲，主棱 5；棱槽油管 2-5，合生面油管 4-6。胚乳腹面呈深槽状；心皮柄不裂或 2 浅裂。花粉粒 3 孔沟，皱波状-条纹状纹饰。

分布概况：5/3（1）种，**14 型**；广布印度（锡金），不丹，尼泊尔；中国产四川、云南、西藏等。

系统学评述：周静等[3]的分子系统学研究表明，该属位于东亚分支下的羌活 *Notopterygium* 亚支。Downie 等[1]的研究显示该属位于东亚分支下的滇芎 *Physospermopsis* 支，与瘤果芹属 *Trachydium* 近缘。

DNA 条形码研究：BOLD 网站有该属 3 种 5 个条形码数据；GBOWS 网站已有 2 种 22 个条形码数据。

代表种及其用途：西藏凹乳芹 *V. thibetica* de Boissieu 在四川省马尔康一带用其根代替当归使用。

99. *Zosima* Hoffmann 艾叶芹属

Zosima Hoffmann (1814: 145); Pu & Pimenov (2005: 193) [Type: *Z. orientalis* Hoffmann, *nom. illeg.* (=*Z. absinthifolia* (Ventenat) Link≡*Heracleum absinthifolium* Ventenat)]

特征描述：草本。根纺锤形。茎密被短柔毛。叶片羽状全裂。复伞形花序，苞片和小苞片存在。花雌雄同株；萼齿微小；花瓣白色，倒心形。果宽卵形，背强烈压缩，背棱丝状，侧棱有薄翅，翅远端部分膨胀和木栓质；油管大，每棱槽油管 1，合生面油管 2。心皮柄 2 深裂至基部。花粉粒 3 孔沟。染色体 $2n$=20。

分布概况：4/1 种，**13-1 型**；广布中亚和西南亚地区；中国产新疆乌恰。

系统学评述：艾叶芹属归属于伞形科芹亚科环翅芹亚族[1]。

DNA 条形码研究：BOLD 网站有该属 2 种 4 个条形码数据。

主要参考文献

[1] Downie SR, et al. Major clades within Apiaceae subfamily Apioideae as inferred by phylogenetic analysis of nrDNA ITS sequences[J]. Plant Divers Evol, 2010, 128: 111-136.

[2] Zhou J. A molecular phylogeny of Chinese Apiaceae subfamily Apioideae inferred from nuclear ribo-

somal DNA internal transcribed spacer sequences[J]. Taxon, 2008, 57: 402-416.
[3] Zhou J. Towards a more robust molecular phylogeny of Chinese Apiaceae subfamily Apioideae: additional evidence from nrDNA ITS and cpDNA intron (*rpl*16 and *rps*16) sequences[J]. Mol Phylogenet Evol, 2009, 53: 56-68.
[4] Morison R. Plantarum Umbelliferum distribution nova[M]. Oxford: Morison, 1672.
[5] Dawson JW. Relationships of the New Zealand Umbelliferae[J]. Bot J Linn Soc, 1971, 64(Suppl): 43-62.
[6] Drude CGO. Umbelliferae[M]//Engler A, Prantl K. Die naturlichen planzenfamilien, 3. Leipzig: W. Engelmann, 1898: 63-250.
[7] 刘启新, 等. 中国伞形科天胡荽亚科果实解剖特征及其系统学意义[J]. 植物资源与环境学报, 2002, 11: 1-7.
[8] 吴征镒, 等. 被子植物的一个"多系-多期-多域"新分类系统总览[J]. 植物分类学报, 2002, 40: 289-322.
[9] Nicolas AN, et al. The demise of subfamily Hydrocotyloideae (Apiaceae) and the re-alignment of its genera across the entire order Apiales[J]. Mol Phylogenet Evol, 2009, 53: 134-151.
[10] Plunkett GM, et al. Higher level relationships of Apiales (Apiaceae and Araliaceae) based on phylogenetic analysis of *rbc*L sequences[J]. Am J Bot, 1996, 84: 499-515.
[11] Plunkett GM, et al. Clarification of the relationship beteen Apiaceae and Araliaceae based on *mat*K and *rbc*L sequence data[J]. Am J Bot, 1997, 84: 565-580.
[12] Pimenov MG, et al. The taxonomic problems in the genera *Prangos* Lindl., *Cachrys* L., *Cryptodiscus* Schrenk and *Hippomarathrum* Hoffmgg & Link (Umbellifeae-Apioideae)[J]. Feddes Repert, 1983, 94: 145-164.
[13] 陈晓亚, 等. 当归属及其邻近属果实特征的数量分析[J]. 南京大学学报, 1989, 25: 121-130.
[14] Downie SR, et al. Phylogenetic analysis of Apiaceae subfamily Apioideae using nucleotide sequences from the Chloroplastrpo C1 intron[J]. Mol Phylogenet Evol, 1996, 6: 1-18.
[15] Liao CY, et al. New Insights into the phylogeny of *Angelica* and its allies (Apiaceae) with emphasis on East Asian species, inferred from nrDNA, cpDNA, and morphological evidence[J]. Syst Bot, 2013, 38: 266-281.
[16] 廖晨阳. 广义当归属（*Angelica s.l.*）及其近缘类群的系统发育和生物地理学研究[D]. 成都: 四川大学博士学位论文, 2010.
[17] Linnaeus C. Species plantarum. Vols. 1-2. Stockholm: Impensis Laurentii Salvii, 1753.
[18] Marschall von Bieberstein FA. Flora Taurico-caucasica 1[M]. Kharkov: Typis academicis, 1808.
[19] Krzysztof S. Species boundaries, phylogenetic relationships, and ecological differentiation in *Anthriscus* (Apiaceae)[J]. Plant Syst Evol, 1996, 199: 17-32.
[20] Downie SR, et al. Molecular systematics of Old World Apioideae (Apiaceae): relationships among some members of tribe Peucedaneae *sensu lato*, the placement of several island-endemic species, and resolution within the apioid superclade[J]. Can J Bot, 2000, 78: 506-528.
[21] Ronse AC, et al. Taxonomic revision of European *Apium* L. *s.l.*: *Helosciadium* W. D. J. Koch restored[J]. Plant Syst Evol, 2010, 287: 1-17.
[22] Regel E, Schmalhausen IF. Descriptiones plantarum novarum vel minus cognitarum[J]. Trudy Sankt-Peterburgskogo Botanicheskogo Sada, 1878, 5: 575-646.
[23] Pimenov M. A chemical study of *Angelica*[J]. Nov Syst Plant Vasc, 1965, 207: 194-206.
[24] Hiroe M, Constance L. Umbelliferae of Japan[M]. Berkeley: University of California Press, 1958.
[25] Tutin TG, et al. Flora Europaea. Vol. 2. Rosaceae to Umbelliferae[M]. Cambridge: Cambridge University Press, 1968.
[26] Harborne J, et al. Separation of *Osterieum* from *Angelica* on the basis of leaf and mericarp flavonoids[J]. Biochem Syst Ecol, 1986, 14: 81-83.
[27] 陈晓亚, 海吾德. 柳叶芹属(伞形科)系统分类学研究[J]. 植物分类学报, 1988, 26: 29-32.
[28] 秦惠珍, 等. 中国当归属(*Angelica* L.)及其邻近四属等果实比较解剖[C]//南京中山植物园研究论文集编辑组. 南京中山植物园研究论文集. 南京: 江苏科学技术出版社, 1984-1985: 6-13.

[29] Spalik K, et al. Generic delimitations in the *Sium* alliance[J]. Taxon, 2009, 58: 735-748.

[30] Plunkett GM, Downie SR. Major lineages within Apiaceae subfamily Apioideae: a comparison of chloroplast restriction site and DNA sequence data[J]. Am J Bot, 1999, 86: 1014-1026.

[31] Downie SR, et al. A phylogeny of Apiaceae tribe Scandiceae: evidence from nuclear ribosomal DNA internal transcribed spacer sequences[J]. Am J Bot, 2000, 87: 76-95.

[32] Neves SS, Watson MF. Phylogenetic relationships in *Bupleurum* (Apiaceae) based on nuclear ribosomal DNA ITS sequence data[J]. Ann Bot, 2004, 93: 379-398.

[33] Wang QZ, et al. Phylogenetic inference of the genus *Bupleurum* (Apiaceae) in Hengduan Mountains based on chromosome counts and nuclear ribosomal DNA ITS sequences[J]. J Syst Evol, 2008, 46: 142-154.

[34] Downie SR, et al. A Molecular phylogeny of Apiaceae subfamily Apioideae: evidence from nuclear ribosomal DNA internal transcribed spacer sequences[J]. Am J Bot, 1996, 83: 234-251.

[35] Papini A, et al. Molecular evidence of polyphyletism in the plant genus *Carum* L. (Apiaceae)[J]. Genet Mol Biol, 2007, 2: 30.

[36] Papini A, et al. The systematic position of *Chamaesciadium* C. A. Meyer (Umbelliferae) on the basis of nuclear ITS sequence[J]. Fl Medit, 2006, 16: 5-15.

[37] Wolff H. *Changium*, genus novum Umbelliferarum Chekiangense[J]. Repert Spec Nov Regni Veg, 1924, 19: 314-315.

[38] Hiroe M. Umbelliferae of Asia (excluding Japan)[M]. Kyoto: Eicodo (Akira Imagawa), 1958.

[39] 佘孟兰, 等. 伞形科两新属—环根芹属和川明参属[J]. 植物分类学报, 1980, 18: 45-49.

[40] Spalik K, et al. The phylogenetic position of *Peucedanum sensu lato* and allied genera and their placement in tribe Selineae (Apiaceae, subfamily Apioideae)[J]. Plant Syst Evol, 2004, 243: 189-210.

[41] Spalik K, Downie SR. Intercontinental disjunctions in *Cryptotaenia* (Apiaceae, Oenantheae): an appraisal using molecular data[J]. J Biogeogr, 2007, 34: 2039-2054.

[42] Valiejo-Roman CM, et al. nrDNA ITS sequences and affinities of Sino-Himalayan Apioideae (Umbelliferae)[J]. Taxon, 2002, 51: 685-701.

[43] Kitagawa M. *Ostericum* and *Angelica* from Manchuria and Korea[J]. J Jap Bot, 1936, 12: 241.

[44] Vasil'eva M, Pimenov M. Karyo taxonomical analysis in the genus *Angelica* (Umbelliferae)[J]. Plant Syst Evol, 1991, 177: 117-138.

[45] Liu M, et al. The taxonomic value of fruit structure in the Chinese endemic genus *Dickinsia* (Apiaceae)[J]. Nord J Bot, 2008, 22: 603-607.

[46] Calvino CI, et al. The evolutionary history of *Eryngium* (Apiaceae, Saniculoideae): rapid radiations, long distance dispersals, and hybridizations[J]. Mol Phylogenet Evol, 2008, 46: 1129-1150.

[47] Clausing G, et al. Historical biogeography in a linear system: genetic variation of Sea Rocket (*Cakile maritima*) and Sea Holly (*Eryngium maritimum*) along European coasts[J]. Mol Ecol, 2000, 9: 1823-1833.

[48] Gaudeul M, et al. Genetic diversity in an endangered alpine plant, *Eryngium alpinum* L. (Apiaceae), inferred from amplified fragment length polymorphism markers[J]. Mol Ecol, 2000, 9: 1625-1637.

[49] Kurzyna-Młynik R, et al. Phylogenetic position of the genus *Ferula* (Apiaceae) and its placement in tribe Scandiceae as inferred from nrDNA ITS sequence variation[J]. Plant Syst Evol, 2008, 274: 47-66.

[50] Yu Y, et al. Phylogeny and biogeography of Chinese *Heracleum* (Apiaceae tribe Tordylieae) with comments on their fruit morphology[J]. Plant Syst Evol, 2011, 296: 179-203.

[51] 何兴金, 等. 四川 6 种伞形科植物的细胞学研究[J]. 西南农业大学学报, 1993, 16: 488-491.

[52] Pimenov MG, et al. Notes on some Sino-Himalayan species of Angelica and *Ostericum* (Umbelliferae)[J]. Willdenowia, 2003, 33: 121-137.

[53] Mukherjee PK, Constance L. New taxa and transfers in Indian Umbelliferae[J]. Edinb J Bot, 1991, 48: 41-44.

[54] 溥发鼎, 彭玉兰. 藏香芹属的修订[J]. 植物分类学报, 2005, 6: 552-556.

[55] 周爱玲, 吴菊兰. 紫伞芹的化学成分[J]. 植物资源与环境学报, 1992, 1: 60-61.

[56] Pimenov M, Kljuykov E. Generic disposition of *Vicatia bipinnata* in *Melanosciadium* and a new species (Umbelliferae)[J]. Feddes Repert, 2006, 117: 466-475.

[57] 潘泽惠, 等. 当归属及近缘小属的核型演化及地理分布研究[J]. 中国科学院研究生院学报, 1994, 32: 419-424.

[58] Wang ZX, et al. Molecular phylogenetics of *Pimpinella* and allied genera (Apiaceae), with emphasis on Chinese native species, inferred from nrDNA ITS and cpDNA intron sequence data[J]. Nord J Bot, 2014, 32: 642-657.

[59] Pimenov MG, et al. Reduction of *Notopterygium* to *Hansenia* (Umbelliferae)[J]. Willdenowia, 2008, 38: 155-172.

[60] Pimenov MG, Kljuykov EV. New nomenclatural combinations for Chinese Umbelliferae[J]. Feddes Repert, 1999, 110: 281-491.

[61] Chung KF, et al. Molecular systematics of the Trans-Pacific alpine genus *Oreomyrrhis* (Apiaceae): phylogenetic affinities and biogeographic implications[J]. Am J Bot, 2005, 92: 2054-2071.

[62] Chung KF, et al. Inclusion of the South Pacific alpine genus *Oreomyrrhis* (Apiaceae) in *Chaerophyllum* based on nuclear and chloroplast DNA sequences[J]. Syst Bot, 2007, 32: 671-681.

[63] Dawson JW, et al. Origins of the New Zealand alpine flora[J]. N Z J Ecol, 1963, 10: 12-15.

[64] de Candole A. Umbelliferae[M]//de Candolle A. Prodromus systematis naturalis regni vegetabilis. Vol. 4. Paris: Treuttel & Würtz, 1830: 55-250.

[65] Mathias ME, et al. The genus *Oreomyrrhis* (Umbelliferae), a problem in South Pacific distribution[J]. Univ Calif Publ Bot, 1955, 27: 347-416.

[66] Mathias ME, et al. A new species of *Oreomyrrhis* (Umbelliferae, Apiaceae) from New Guinea[J]. J Arnold Arbor, 1977, 58: 190-192.

[67] van Royen P. The alpine Flora of New Guinea. Vol. 4[M]. Vaduz, Liechtenstein: J. Cramer, 1983.

[68] van Steenis CGGJ. The land-bridge theory in botany with particular reference to tropical plants[J]. Blumea, 1962, 11: 235-372.

[69] Winkworth RC, et al. Plant dispersal news from New Zealand[J]. Trends Ecol Evol, 2002, 17: 514-520.

[70] Hoffmann GF. Plantarum Umbelliferarum genera. 2nd ed.[M]. Moscow, 1816.

[71] Maximowicz CI. Diagnoses plantarum novarum Japoniae et Mandshuriae[J]. Bull Acad Sci Petersb, 1874, 19: 475-540.

[72] Pimenov MG. Systematic grouping of the species of the genus *Angelica* L. of the USSR on the basis of similarity coefficients[J]. Bjull Moskovsk Obsc Isp Prir Otd Biol, 1968, 73: 124-139.

[73] Constance ML. North American Flora[M]. New York: New York Botanical Garden Press, 1994.

[74] Schischk BK. Umbelliferae[M]//Komarov VL. Flora of URSS. Vol. 17. Leningrad: Akademia Nauk SSSR, 1951: 1-314.

[75] 袁昌齐, 单人骅. 中国当归属和山芹属植物的分类研究[C]//南京中山植物园研究论文集编辑组. 南京中山植物园研究论文集. 南京: 江苏科学技术出版社, 1983: 6-13.

[76] 秦惠珍, 等. 东亚和北美当归属(广义)的果实解剖和演化[J]. 西北植物研究, 1995, 15: 48-54.

[77] 佘孟兰, 等. 东亚与北美当归属花粉形态的比较研究[J]. 植物资源与环境, 1997, 6: 41-47.

[78] 薛华杰, 等. 基于 ITS 序列的东亚当归属植物的分类学研究[J]. 植物分类学报, 2007, 45: 783-795.

[79] 舒璞, 佘孟兰. 中国伞形科植物花粉图志[M]. 上海: 上海科学技术出版社, 2002.

[80] 王萍莉, 溥发鼎. 中国横断山区滇芎属植物花粉形态分化及演化趋势[J]. 云南植物研究, 1992, 14: 413-417.

[81] Wolff H. Umbelliferae-Apioideae-Ammineae-Carinae, Ammineae-novemjugatae et genuinae[M]// Engler A. Das pflanzenreich, Heft 90 (IV. 228). Leipzig: W. Engelmann, 1927: 2-398.

[82] Boissieu H, et al. Note sur quelques Ombellifères de la Chine d'après les collections du Muséum nationalle de Paris[J]. Bull Soc Bot France, 1906, 53: 418-437.

[83] Franchet A. Plantae davidianae ex sinarum imperio. Pt. 1[J]. Nouv Arch Mus Hist Natur, Sér. 2, 1884, 6: 11-26.

[84] Franchet A. Plantae davidianae ex sinarum imperio. Pt. 2[J]. Nouv Arch Mus Hist Natur, Sér. 2, 1888,

10: 3-198.

[85] Ledebour CF. Flora Altaica. Vol. 4[M]. Berlin: Reimer, 1833.

[86] Lindley J. Notes upon some of the Himalayan Umbelliferae[M]//Royle JF. Illustrations of the botany and other branches of natural history of the Himalayan mountains and of the flora of Cashmere. London: W. H. Allen & Co., 1835: 232-233.

[87] Pimenov MG, et al. Taxonomic revision of *Pleurospermum* and related genera of Umbelliferae: general part I[J]. Feddes Repert, 2000, 111: 499-515.

[88] Downie SR, et al. Molecular systematics of Apiaceae subfamily Apioideae: phylogenetic analyses of nuclear ribosomal DNA internal transcribed spacer and plastid RPO C1 intron sequences[J]. Am J Bot, 1998, 85: 563-591.

[89] Herrnstadt I, et al. monographic study of the genus *Prangos* (Umbelliferae)[J]. Boissiera, 1977, 26: 1-91.

[90] Handel-Mazzetti HRE. Symbolae sinicae, botanische ergebnisse der expedition der akademie der Wissenschaften in Wien nach Sudwest-China. 1914/1918 (Umbelliferae)[M]. Wien: J. Springer, 1933.

[91] 单人骅, 溥发鼎. 中国囊瓣芹属的种类及其分布[J]. 中国科学院大学学报, 1978, 16: 65-78.

[92] 吴征镒, 等. 中国被子植物科属综论[M]. 北京: 科学出版社, 2003.

[93] 溥发鼎. 囊瓣芹属[M]//吴征镒. 西藏植物志. 北京: 科学出版社, 1986: 469-471.

[94] 溥发鼎. 囊瓣芹属[M]//王文采, 等. 横断山区维管植物. 北京: 科学出版社, 1993: 1313-1318.

[95] Pu FT. The distribution patterns of Umbelliferae in East China and Japan[M]//Zhang AL, Wu SG. Florsitic characteristics and diversity of East Asian plants. Beijing: China Higher Education Press, New York: Springer-Verlag Berlin Heidelberg, 1996: 163-168.

[96] 溥发鼎. 囊瓣芹属[M]//傅立国, 等. 中国高等植物. 青岛: 青岛出版社, 2001: 610-617.

[97] 潘泽惠. 囊瓣芹属[M]//吴征镒. 云南植物志. 北京: 科学出版社, 1997: 526-542.

[98] Wang LS. *Pternopetalum bipinnatum* (Apiaceae), a new species from limestone region of Guangxi, China[J]. Bot Zhurn, 2005, 12: 1898-1902.

[99] 王利松. 伞形科囊瓣芹属的系统学研究[D]. 北京: 中国科学院植物研究所博士学位论文, 2007.

[100] Wang LS. Taxon revision of *Pternopetalum delavayi* complex (Apiaceae)[J]. Ann Bot Fenn, 2008, 45: 105-112.

[101] Wang LS. The confusing identity of *Pternopetalum molle* (Apiaceae)[J]. Bot J Linn Soc, 2008, 158: 274-295.

[102] Wang LS. A revision of the genus *Pternopetalum* Franchet (Apiaceae)[J]. J Syst Evol, 2012, 50: 550-572.

[103] Shan RH, Constance L. The genus *Sanicula* (Umbelliferae) in the old world and the new word[J]. Univ Calif Publ Bot, 1951, 29: 145-318.

[104] Vargas P, et al. Nuclear ribosomal DNA evidence for a western North American origin of Hawaiian and South American species of *Sanicula* (Apiaceae)[J]. Proc Natl Acad Sci USA, 1998, 95: 235-240.

[105] Vargas P, et al. A phylogenetic study of *Sanicula* sect. *Sanicoria* and *S*. sect. *Sandwicenses* (Apiaceae) based on nuclear rDNA and morphological data[J]. Syst Bot, 1999, 24: 228-248.

[106] 马永红, 等. 变豆菜属植物叶表皮微形态及分类学意义[J]. 植物研究, 2010, 30: 12-17.

[107] Degtjareva GV, et al. ITS phylogeny of Middle Asian geophilic Umbelliferae-Apioideae genera with comments on their morphology and utility of *psb*A-*trn*H sequences[J]. Plant Syst Evol, 2013, 299: 985-1010.

[108] Valiejo-Roman CM, et al. An attempt to clarify taxonomic relationships in "Verwandtschaftskreis der Gattung Ligusticum" (Umbelliferae-Apioideae) by molecular analysis[J]. Plant Syst Evol, 2006, 257: 25-43.

[109] Kuntze O. Plantae orientali-rossicae[J]. Aeta Horti Petropol, 1887, 10: 135- 262.

[110] Bunge A. Beitrag zur Kenntnis der Flora Russlands und der Steppen Central-Asiens, Erste Abtheilung[M]. St. Petersbourg: Kaiserliche Akademie der Wiessenschaften, 1851.

[111] Korovin EP. Generis *Ferula* (Tourn) L. Monographia illustrate[M]. Tashkent: Academiae Scientiarum

UzSSR, 1947.

[112] Pimenov MG. Carpology of *Soranthus*, *Ladyginia*, *Eriosynaphe* and *Schumannia* in connection with the problem of the taxonomic limits of the genus *Ferula* (Apiaceae)[J]. Bot Zhurn, 1980, 65: 1756-1766.

[113] Ukrainskaja UA, et al. *Semenovia. pulvinata*, *S. dissectifolia*, *S. imbricata* and *S. vachanica* spp. nov. from Tajikistan and other nomenclatural combinations in *Semenovia* (Apiaceae)[J]. Nord J Bot, 2013, 31: 648-665.

[114] Ledebour CF. Flora Altaica. Vol. 1[M]. Berolini: G. Geimeri, 1829.

[115] Willdenow CL. Species plantarum. 4th ed., Vol. 1[M]. Berolini: G. C. Nauk, 1797.

[116] Regel E, Herder F. Enumeratio plantarum in regionibus cis-et transiliensibus a cl. Semenowio anno 1857 collectarum[J]. Bull Soc Imp des Nat Moscou, 1866, 39: 527-571.

[117] Korovin EP. The new genera and species of Umbelliferae from Kazakhstan flora[J]. Trudy Inst Bot (Alma-Ata), 1962, 13: 242-262.

[118] Pavlov NV. Flora of Kazakhstan. Vol. 6[M]. Alma-Ata: Academia of Science Kazakh SSR, 1963.

[119] Mandenova IP. Materialy po sistematike triby Pastinaceae K.-Pol. emendo Manden (Umbellilerae Apioideae)[J]. Trudy Tbilissk Bot Inst, 1959, 20: 3-57.

[120] Rani S, et al. Impaired male meiosis, morphology and distribution pattern of different cytotypes of *Bupleurum lanceolatum* Wall (Apiaceae) from the Western Himalayas[J]. Plant Syst Evol, 2013, 299: 1801-1807.

[121] Pimenov MG, et al. Four Himalayan Umbelliferae new to the flora of China with critical notes on *Tordyliopsis* DC. and *Keraymonia* Farille[J]. Willdenowia, 2000, 30: 361-367.

[122] Norman C, et al. On the genus *Trachydium*[J]. J Bot, 1938, 76: 229-233.

[123] Pimenov MG, 等. 珠穆朗玛地区伞形科植物的分类学研究[J]. 植物分类学报, 1996, 31: 1-11.

[124] 蒲高忠, 刘启新. 中国滇芎属果实解剖特征及分类学意义[J]. 植物资源与环境学报, 2005, 14: 1-6.

附图 1　维管植物目级系统发育框架图

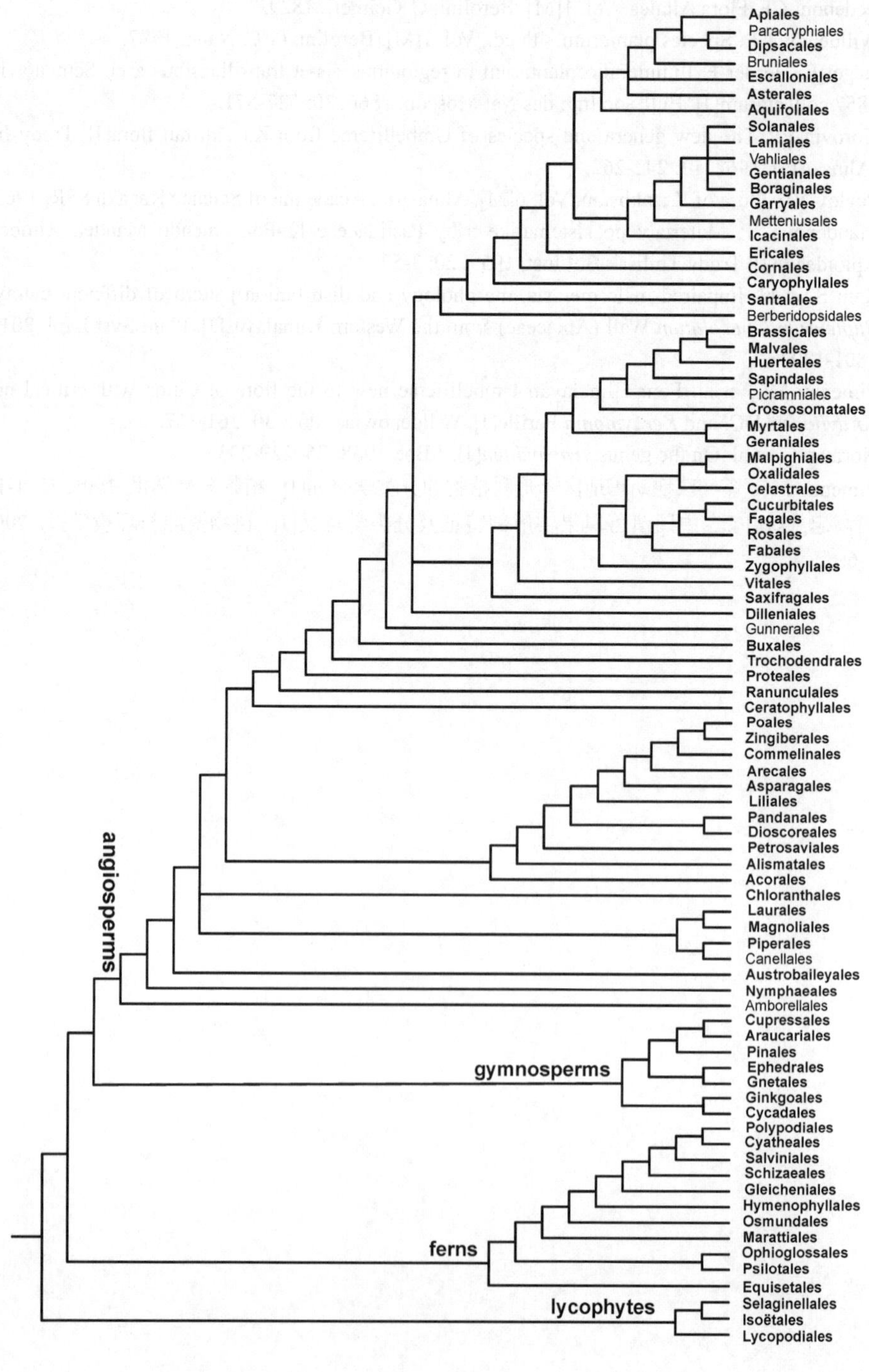

附图 2　维管植物科级系统发育框架图

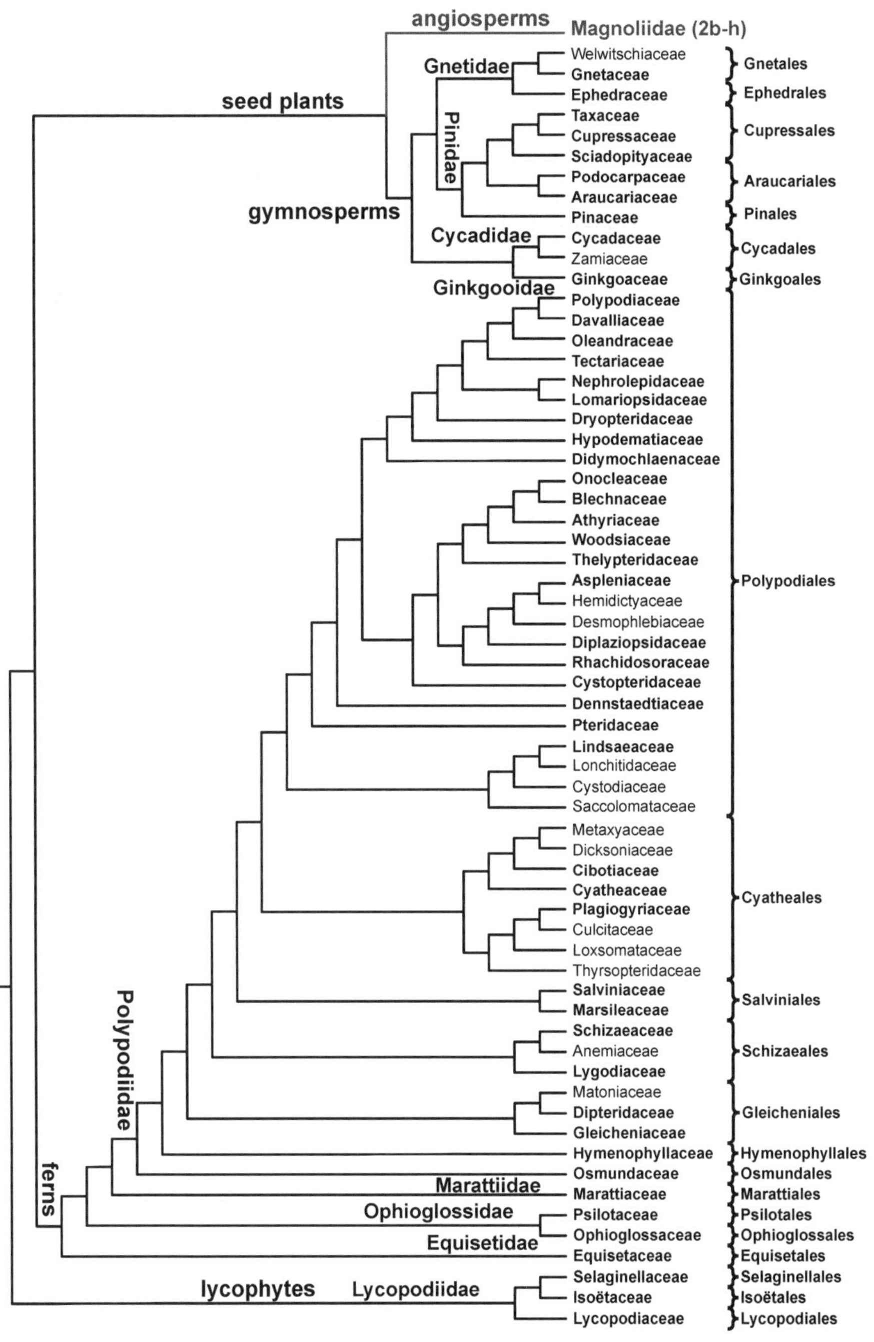

附图 2a　维管植物科级系统发育框架图（石松类 lycophytes、蕨类 ferns 和裸子植物 gymnosperms）

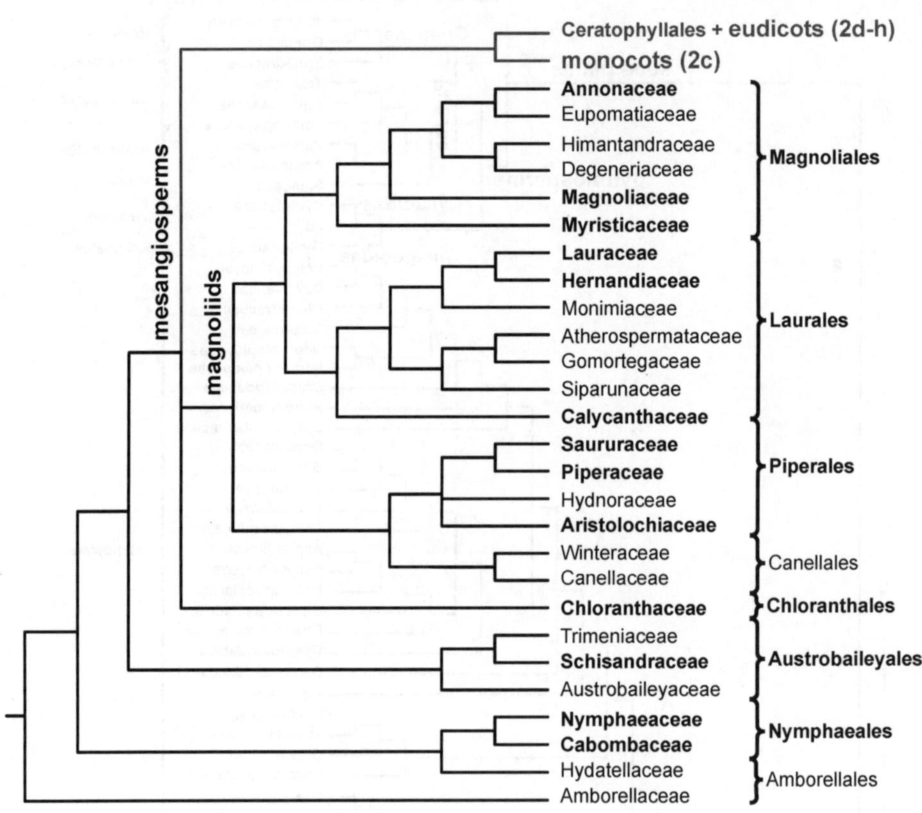

附图 2b　维管植物科级系统发育框架图（基部被子植物 basal angiosperms、木兰类 magnoliids 和金粟兰目 Chloranthales）

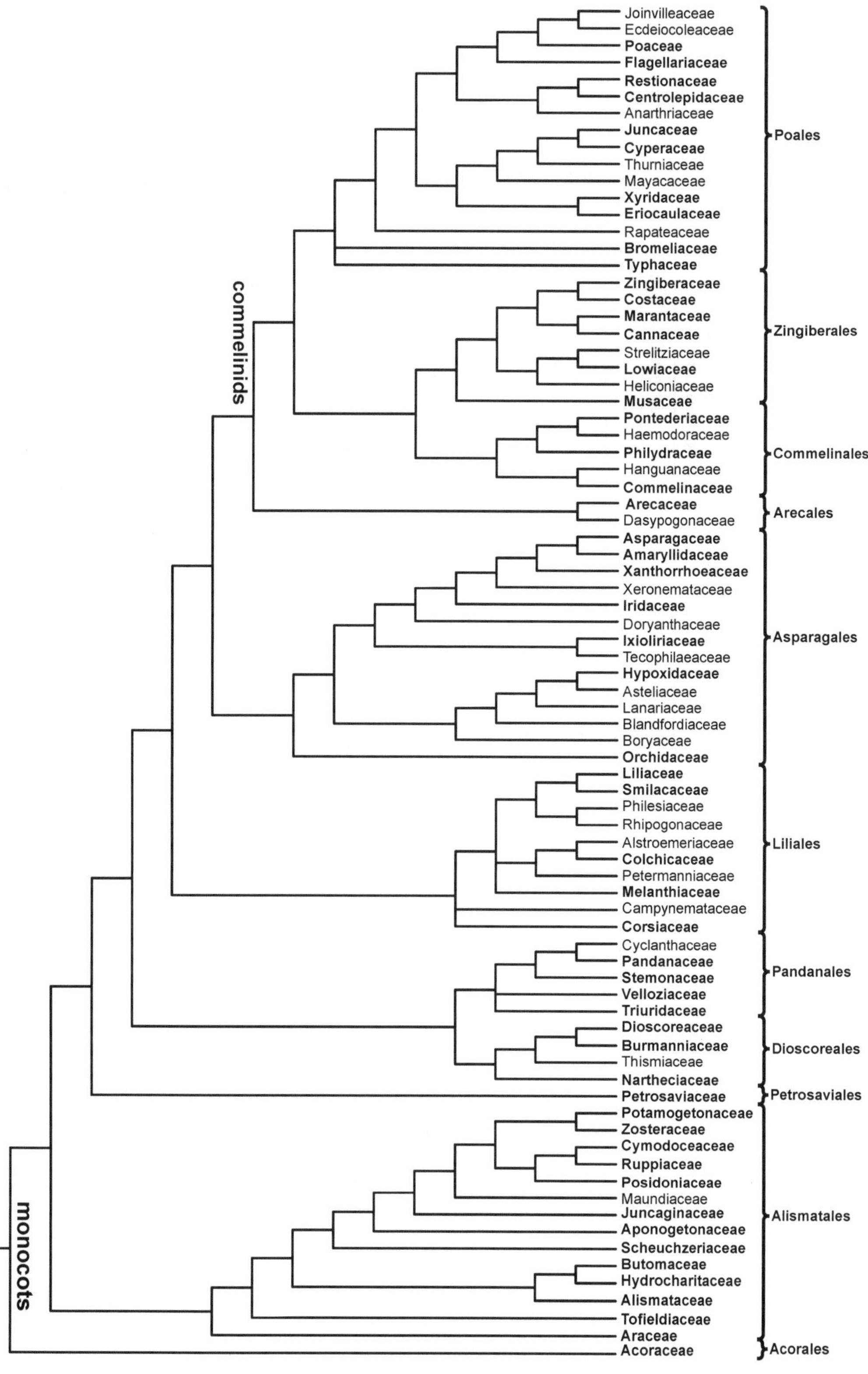

附图 2c 维管植物科级系统发育框架图（单子叶植物 monocots）

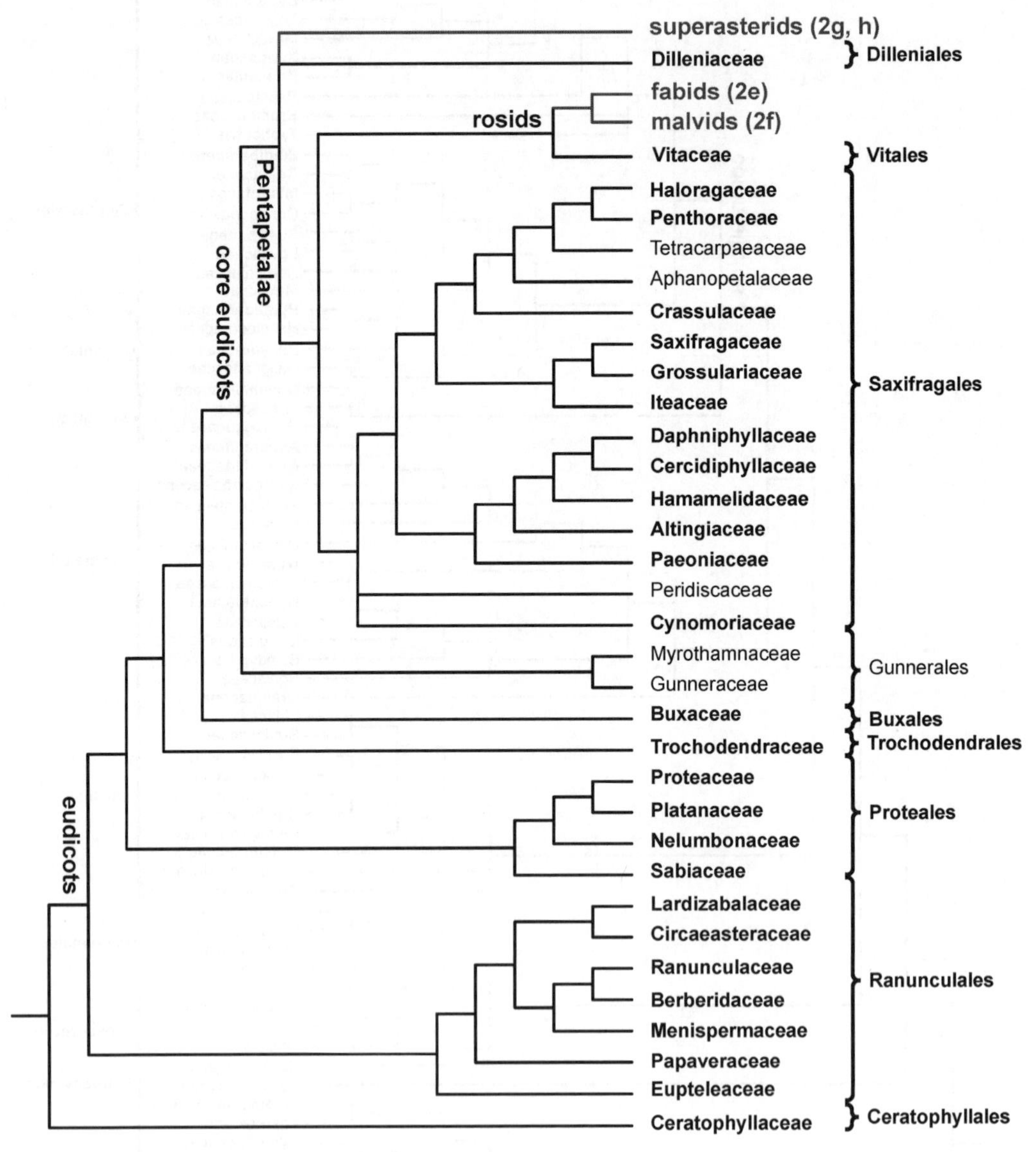

附图 2d　维管植物科级系统发育框架图（金鱼藻目 Ceratophyllales、基部真双子叶 basal eudicots、五桠果目 Dilleniales、大叶草目 Gunnerales、虎耳草目 Saxifragales 和葡萄目 Vitales）

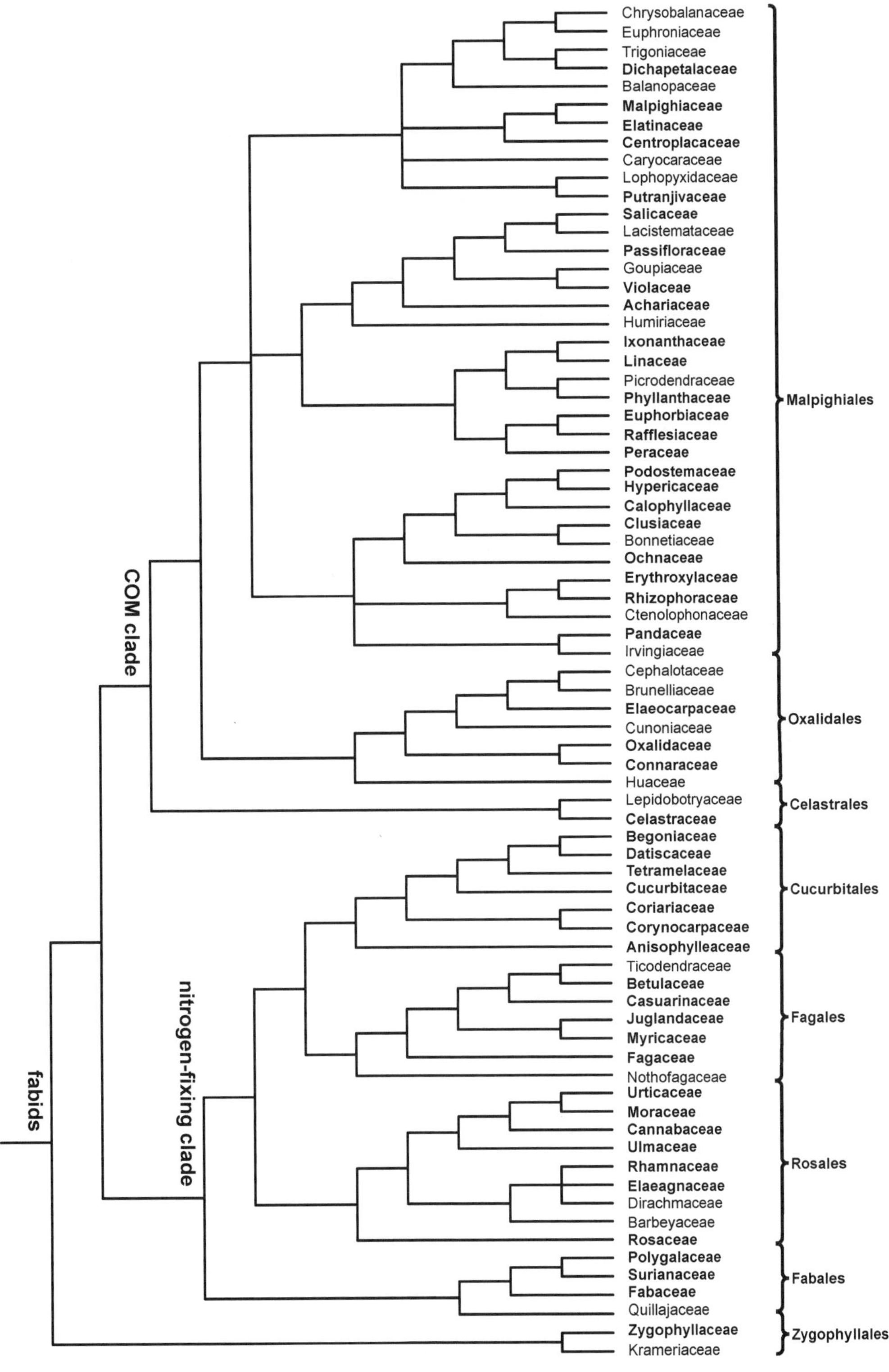

附图 2e　维管植物科级系统发育框架图（豆类 fabids）

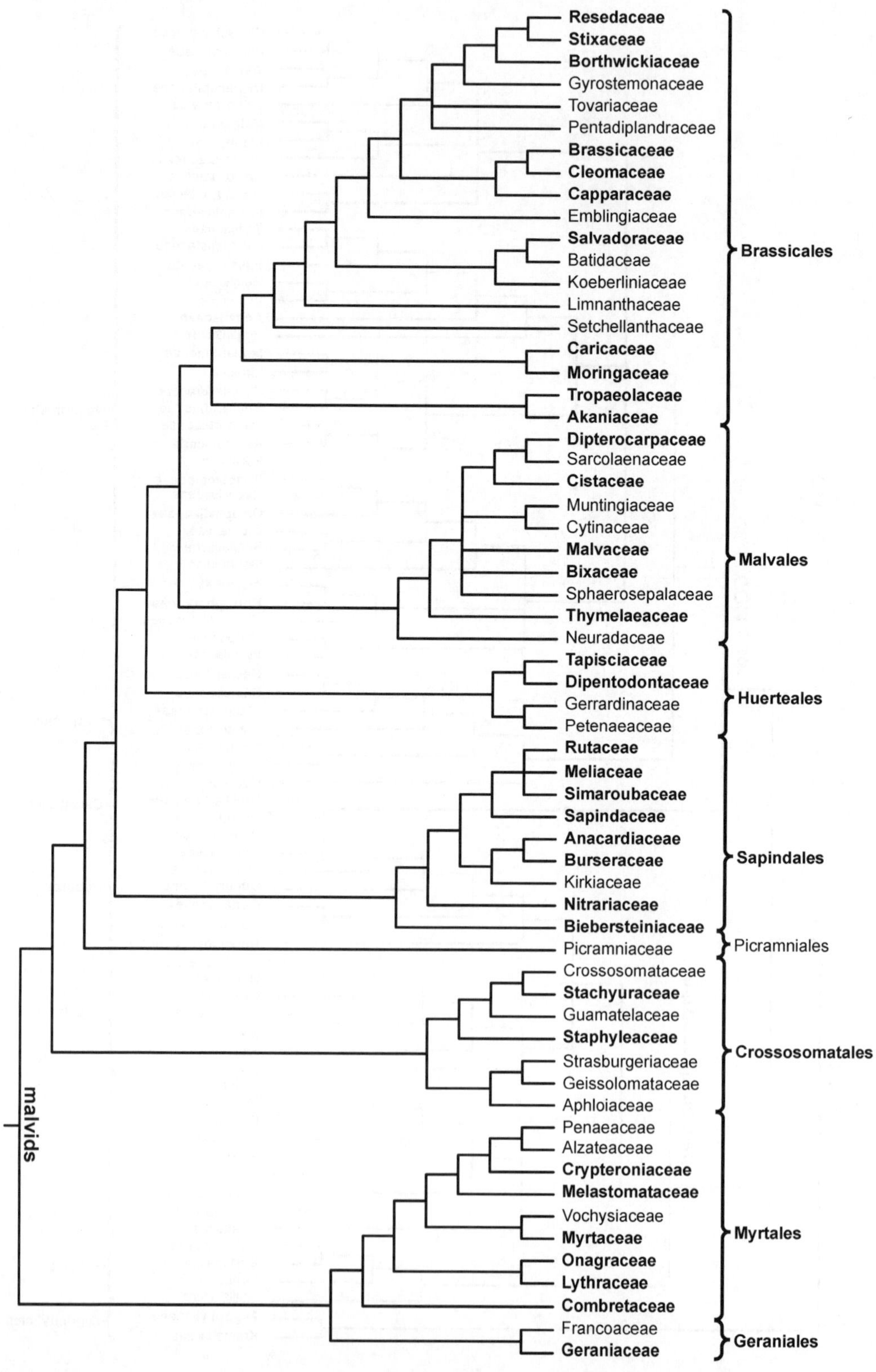

附图 2f 维管植物科级系统发育框架图（锦葵类 malvids）

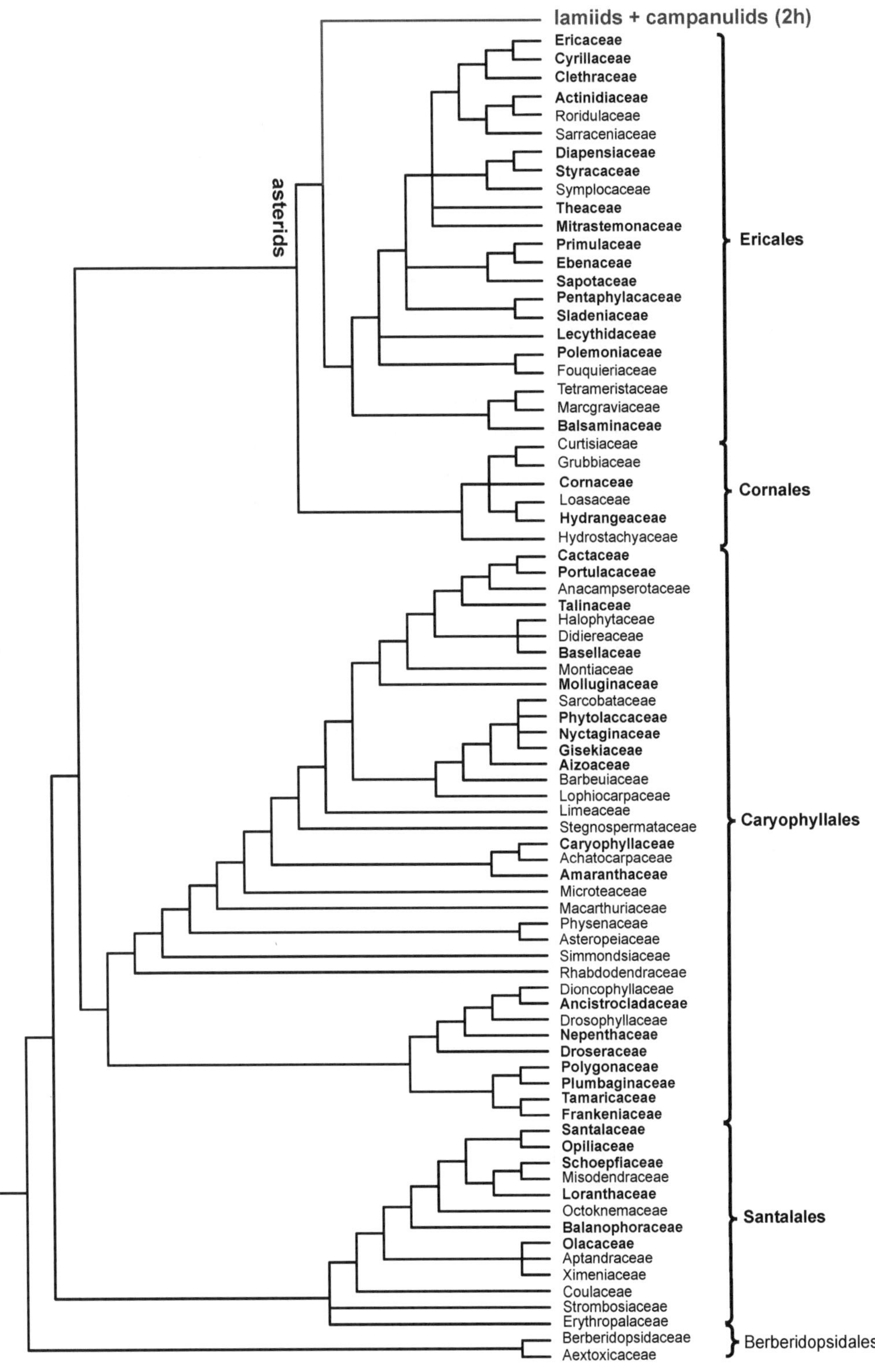

附图 2g　维管植物科级系统发育框架图（红珊藤目 Berberidopsidales、檀香目 Santalales、石竹目 Caryophyllales、山茱萸目 Cornales 和杜鹃花目 Ericales）

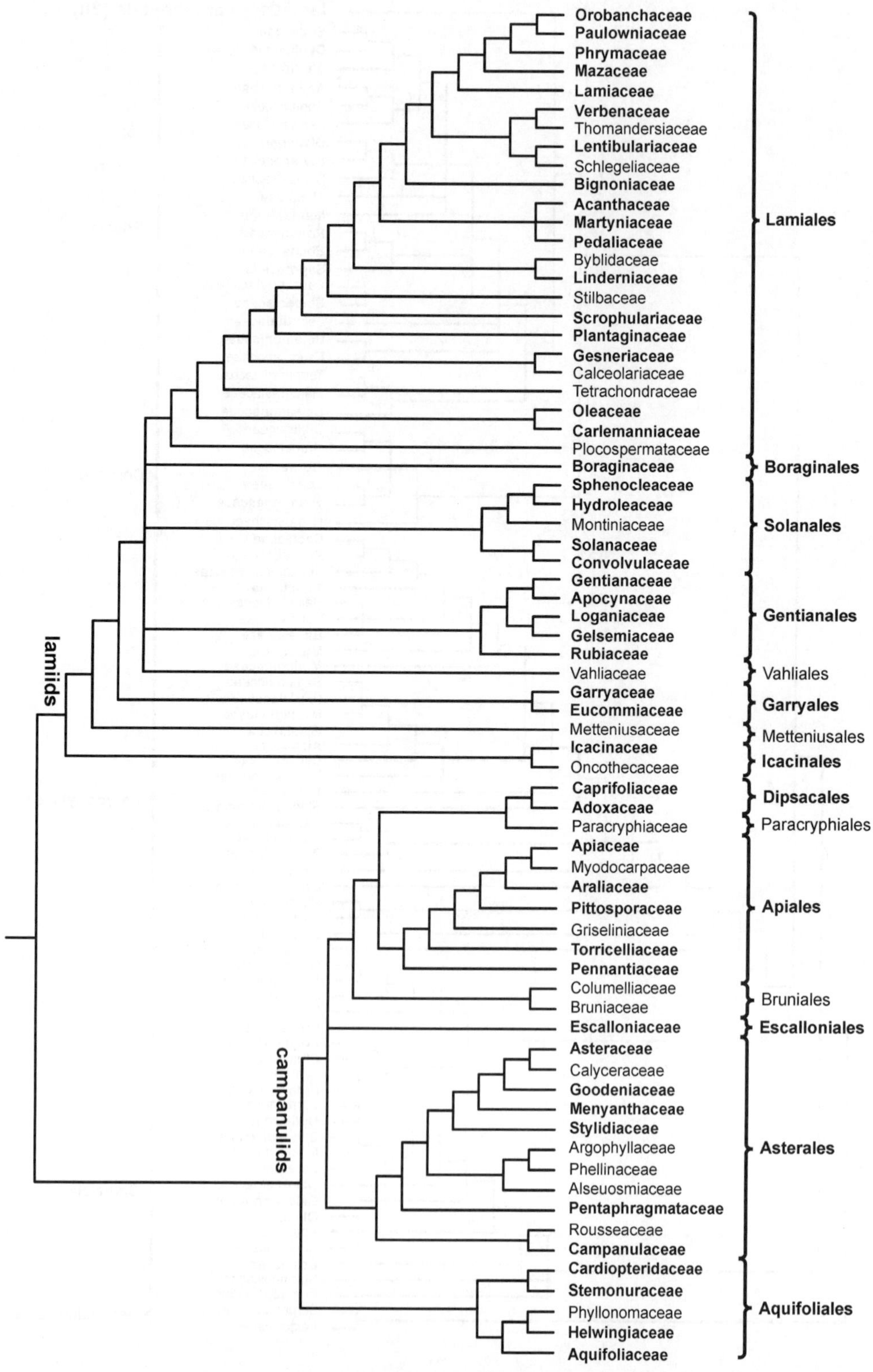

附图 2h　维管植物科级系统发育框架图（桔梗类 campanulids 和唇形类 lamiids）

主要参考文献

傅立国, 陈谭清, 郎楷永, 等. 2012. 中国高等植物[M]. 第一卷. 青岛: 青岛出版社.

侯宽昭, 吴德邻, 等. 1958, 1982, 1998. 中国种子植物科属词典[M]. 北京: 科学出版社.

刘冰, 叶建飞, 刘夙, 等. 2015. 中国被子植物科属概览: 依据 APG III 系统[M]. 生物多样性, 23(2): 225-231.

骆洋, 何延彪, 李德铢, 等. 2012. 中国植物志、*Flora of China* 和维管植物新系统中科的比较[J]. 植物分类与资源学报, 34(3): 231-238.

蒙涛, 彭日成, 钟国芳, 等. 2013. 黄金柏属——中国柏科一新记录属[J]. 广西植物, 33(3): 388-391.

秦仁昌. 1978. 中国蕨类植物科属的系统排列和历史来源[J]. 植物分类学报, 16(3): 1-19; 16(4): 16-37.

吴兆洪, 秦仁昌. 1991. 中国蕨类植物科属志[M]. 北京: 科学出版社.

吴征镒, 陈心启. 2004. 中国植物志[M]. 第一卷. 北京: 科学出版社.

吴征镒, 周浙昆, 孙航, 等. 2006. 种子植物分布区类型及其起源和分化[M]. 昆明: 云南科技出版社.

吴征镒, 路安民, 汤彦承, 等. 2002. 被子植物的一个"多系—多期—多域"新分类系统总览[J]. 植物分类学报, 40(4): 289-322.

吴征镒, 路安民, 汤彦承, 等. 2003. 中国被子植物科属综论[M]. 北京: 科学出版社.

吴征镒, 汤彦承, 路安民, 等. 1998. 试论木兰植物门的一级分类——一个被子植物八纲系统的新方案[J]. 植物分类学报, 36(5): 385-402.

张丽兵. 2017. 蕨类植物 PPG I 系统与中国石松类和蕨类植物分类[J]. 生物多样性, 25(3): 340-342.

郑万钧, 傅立国, 诚静容. 1975. 中国裸子植物. 植物分类学报[J], 13(4): 56-89.

郑万钧, 傅立国. 1978. 中国植物志[M]. 第七卷. 北京: 科学出版社.

中国高等植物彩色图鉴编委会. 2016. 中国高等植物彩色图鉴[M]. 北京: 科学出版社.

APG. 1998. An ordinal classification for the families of flowering plants[J]. Annals of the Missouri Botanical Garden, 85(4): 531-553.

APG II. 2003. An update of the Angiosperm Phylogeny Group classification for the orders and families of flowering plants: APG II[J]. Botanical Journal of the Linnean Society, 141(4): 399-436.

APG III. 2009. An update of the Angiosperm Phylogeny Group classification for the orders and families of flowering plants: APG III[J]. Botanical Journal of the Linnean Society, 161(2): 105-121.

APG IV. 2016. An update of the Angiosperm Phylogeny Group classification for the orders and families of flowering plants: APG IV[J]. Botanical Journal of the Linnean Society, 181(1): 1-20.

Brummitt RK, Powell CE. 1992. Authors of plant names[M]. Kew: Royal Botanic Gardens.

Chase MW, Reveal JL. 2009. A phylogenetic classification of the land plants to accompany APG III[J]. Botanical Journal of the Linnean Society, 161(2): 122-127.

Chen ZD, Yang T, Lin L, et al. 2016. Tree of life for the genera of Chinese vascular plants[J]. Journal of Systematics and Evolution, 54(4): 277-306.

Christenhusz MJM, Reveal JL, Farjon A, et al. 2011. A new classification and linear sequence of extant gymnosperms[J]. Phytotaxa, 19: 55-70.

Cronquist A. 1981. An integrated system of classification of the flowering plants[M]. New York: Columbia University Press.

Dahlgren R. 1983. General aspects of angiosperm evolution and macro-systematics[J]. Nordic Journal Botany, 3: 119-149.

Engler A. 1936. Syllabus Der Pflanzenfamilien[M]. 11th ed. Berlin: Gebrüder Borntraeger.

Hutchinson J. 1924-1936. The families of flowering plants, arranged according to a new system based on

their probable phylogeny[M]. Oxford: Clarendon Press.
Melchior H. 1964. Engler's syllabus der pfianzenfamilien[M]. Berlin-Nikolassee: Gebrüder Borntraeger.
PPG I. 2016. A community - derived classification for extant lycophytes and ferns[J]. Journal of Systematics and Evolution, 54: 563-603.
Takhtajan A. 2009. Flowering Plants[M]. 2nd ed. Heidelberg: Springer.
Thorne RF. 1992. Classification and geography of the flowering plants[J]. Botatical Review, 58: 225-348.
Wu ZY, Raven PH. 1994-2001. Flora of China[M]. Vols. 4, 8, 15-18, 24. Beijing: Science Press; St. Louis: Missouri Botanical Garden Press.
Wu ZY, Raven PH, Hong DY. 2001-2013. Flora of China[M]. Vols. 1-3, 5-7, 9-14, 19-23, 25. Beijing: Science Press; St. Louis: Missouri Botanical Garden Press.
Zhang LB, Gilbert MG. 2015. Comparison of classifications of vascular plants of China[J]. Taxon, 64: 17-26.
Zhang LB, Zhang L. 2015. Didymochlaenaceae-A new fern family of eupolypods I (Polypodiales)[J]. Taxon, 64: 27-38.

主要数据库网站

- **Angiosperm Phylogeny Website:**
  http://www.mobot.org/MOBOT/Research/APweb/welcome. html
- **Flora of China (FOC):**
  http://flora.huh.harvard.edu/china/
- **Index Nominum Genericorum (ING):**
  https://naturalhistory2.si.edu/botany/ing/
- **International Plant Name Index (IPNI):**
  http://www.ipni.org
- **The Plant List (TPL):**
  http://www.theplantlist.org/
- **Tropicos:**
  http://www.tropicos.org
- **iFlora 智能植物志:**
  http://iflora.cn
- **生命条形码数据库系统(Barcode of Life Data Systems, BOLD):**
  http://www.boldsystems.org
- **中国植物物种信息数据库:**
  http://db.kib.ac.cn
- **中国生物志库 · 植物:**
  http://zgzwz.lifescience.com.cn

科属拉丁名索引

B

C

I

J

U

V

W

科属中文名索引

C

J

M

W